电力系统继电保护与安全自动装置整定计算

崔家佩 孟庆炎 陈永芳 熊炳耀 编

中国电力出版社
CHINA ELECTRIC POWER PRESS

内 容 提 要

本书对继电保护与安全自动装置的整定计算做了比较全面的论述，是整定计算方面的专用书。全书共分十六章，主要内容有：继电保护整定计算总论；电力系统故障及振荡计算；超高压电网、低压电网、发电机、变压器、母线、电动机等设备的继电保护整定计算；电网安全自动装置的整定计算。另外，为便于读者熟悉和掌握整定计算的原则、方法，书中还附有例题及其详解。

本书可作为电力系统中发、供电部门及工矿企业等用电部门从事继电保护和生产运行等工作的工人及技术人员的培训教材；也可供电力设计部门的设计人员和大专院校有关专业的师生参考。

图书在版编目(CIP)数据

电力系统继电保护与安全自动装置整定计算/崔家佩等编．—北京：中国电力出版社，1993.3
（2025.6 重印）

ISBN 978-7-80125-284-5

Ⅰ．电⋯　Ⅱ．崔⋯　Ⅲ．电力系统-继电保护-安全技术-参数计算　Ⅳ．TM77

中国版本图书馆 CIP 数据核字（96）第 25216 号

出版发行：中国电力出版社
地　　址：北京市东城区北京站西街 19 号（邮政编码 100005）
网　　址：http://www.cepp.sgcc.com.cn
责任编辑：张　亮　王蔓莉（010-63412791）
责任校对：黄　蓓　王海南　马　宁　朱丽芳
装帧设计：郝晓燕
责任印制：石　雷

印　　刷：北京雁林吉兆印刷有限公司
版　　次：1993 年 3 月第一版
印　　次：2025 年 6 月北京第十七次印刷
开　　本：787 毫米×1092 毫米　16 开本
印　　张：40
字　　数：912 千字
印　　数：47201—48200 册
定　　价：160.00 元

前　言

随着我国电力工业的迅速发展，各大电力系统的容量和电网区域不断扩大。为适应大电网发展的需要，相继出现超高压电网和大容量机组，致使电网结构日趋复杂，电力系统稳定问题日益突出，因此对电力系统继电保护提出了更高的要求。为满足电力系统发展的需要，要求继电保护的配置更加齐全、种类更多、数量更大，这样一来，继电保护的专业管理分级层次将增多、整定管理范围将扩大、整定计算的复杂程度也将不断增加。在这种形势下，要使继电保护充分正确地发挥作用，完成“电网安全哨兵”的重任，需要有更多的人关心和参与继电保护的整定计算工作。因此，为满足从事继电保护工作的人员及其有关人员的需要，我们编写了本书。

本书中的整定计算原则一般是通用的，但是，由于继电保护的型式和原理在不断更新，即由感应、电磁式逐渐发展到集成、微机式，由单一量单一元件发展到复合量多元件，因而整定计算也有发展变化。应当指出，继电保护整定计算是一项系统工程，要依据电网结构的不同、运行要求的不同，在满足继电保护“四性”的前提下，求取其最佳方案。

本书是作者在总结长期从事继电保护工作经验的基础上编写的，力求做到理论联系实际、实用、方便。本书共分十六章，其中：第一、四、六、十六章由孟庆炎编写；第二、三、十三章由崔家佩编写；第七、九、十二、十四章由陈永芳编写；第五、十、十一、十五章由熊炳耀编写；第八章由陈永芳和熊炳耀共同编写。崔家佩、孟庆炎为本书主编。

郑奎璋、袁季修、周玉兰三位高级工程师对全稿进行了审阅，提出许多宝贵意见，在此表示衷心的感谢。

限于水平和成书仓促，本书错误之处在所难免，敬希读者批评指正。

作　者

1990 年 5 月

前言

符 号 说 明

1. 字母符号说明

F	发电机
B	变压器
D	电动机、短路点
J	继电器
XL	线路
DL	断路器
LH	电流互感器
YH	电压互感器
BH	保护装置
ZCH	自动重合闸
ZMC	自动灭磁装置
$DZJZ$	低周减载装置
FLL	负序电流滤过器
FYL	负序电压滤过器
I	电流
U	电压
E	电势
P	有功功率
Q	无功功率
S	视在功率、电源
L	电感
C	电容
R	电阻
X	电抗
Z	阻抗
l	长度；范围；自感
M	互感
N	变比
T	周期
t	时间
Δt	时间级差
K	系数
f	频率
a	算子，$a=e^{j120°}$
u、i	电压、电流瞬时值

2. 右下角符号说明

A、B、C	A 相、B 相、C 相（一次）
a、b、c	a 相、b 相、c 相（二次）
bp	不平衡
bh	保护
c	长度
cl	差流
cy	残余
ch	冲击
d	短路
$d\cdot t$、$d\cdot h$	断路器跳闸、合闸
dh	电弧
dz	动作
dz,j	继电器动作
e	额定
f	返回
fh	负荷
fj	继电器返回
fgz	非故障
fzq	非周期
fz	分支
gd	过渡
hg	弧光
j	继电器；基准
jg	精确工作
js	计算
jx	接线
k	可靠
lc	励磁
lm	灵敏
max；min	最大；最小、分
ph	配合；平衡
sq	死区
sd	速断
x	相
x-x	相间
xl	线路
xj	相继
xt	系统
yl	涌流

z	等值
zd	制动
zch	自动重合
zy	转移
zqd	自起动
zhd	振荡
zq	周期
0、1、2、3	零序、正序、负序或编号
Ⅰ、Ⅱ、Ⅲ、Ⅳ、Ⅴ	保护一、二、三、四、五段或编号
LH、YH	电流互感器、电压互感器

3. 右上角符号说明

(3)、(2)、(1)、(1.1)	三相短路、两相短路、单相接地短路、两相接地短路
′、″	暂态、次暂态或量的区别

4. 其他符号说明

ω	角频率　$\omega=2\pi f$
$\sum$	综合
β	阻抗比　$\beta=\frac{Z_{0\Sigma}}{Z_{1\Sigma}}$
φ、δ	相角、相角差
α	继电器内角

目　　录

第一章 总 论

第1-1节 继电保护整定计算的目的

继电保护装置与安全自动装置（以下简称继电保护）属于二次系统，但是，它是电力系统中的一个重要组成部分。它对电力系统安全稳定地运行起着极为重要的作用，特别是在现代的超高压、大容量的电力系统中，对继电保护提出了更高的要求，重点是提高其速动性。总之，电力系统一时一刻也不能离开继电保护，没有继电保护的电力系统是不能运行的。

继电保护工作类别多种多样，诸如设计、制造、调试、安装、运行等。继电保护整定计算是继电保护工作中的一项重要工作。在电力生产运行工作和电力工程设计工作中，继电保护整定计算是一项必不可少的内容。不同的部门其整定计算的目的是不同的。

电力生产的运行部门，例如电力系统的各级调度部门，其整定计算的目的是对电力系统中已经配置安装好的各种继电保护，按照具体电力系统的参数和运行要求，通过计算分析给出所需的各项整定值，使全系统中各种继电保护有机协调地部署，正确地发挥作用。

电力工程的设计部门，其整定计算的目的是按照所设计的电力系统进行计算分析，选择和论证继电保护的配置及选型的正确性，并最后确定其技术规范等，正确圆满地完成设计任务。

继电保护是建立在电力系统基础之上的，它的构成原则和作用必须符合电力系统的内在规律；同时，继电保护自身在电力系统中也构成一个有严密配合关系的整体，从而形成了继电保护的系统性。因之，继电保护的整定计算是一种系统工程。

第1-2节 继电保护整定计算的基本任务

继电保护整定计算的基本任务，就是要对各种继电保护给出整定值；而对电力系统中的全部继电保护来说，则需编制出一个整定方案。整定方案通常可按电力系统的电压等级或设备来编制，并且还可按继电保护的功能划分成小的方案分别进行。例如，一个220kV电网的继电保护整定方案，可分为相间距离保护方案、接地零序电流保护方案、重合闸方案、高频保护方案、设备保护方案等。这些方案之间既有相对的独立性，又有一定的配合关系。

各种继电保护适应电力系统运行变化的能力都是有限的，因而，继电保护整定方案也不是一成不变的。随着电力系统运行情况的变化（包括基本建设发展和运行方式变化），当其超出预定的适应范围时，就需要对全部或部分继电保护重新进行整定，以满足新的运行需要。

对继电保护整定方案的评价，是以整体保护效果的优劣来衡量的，并不着眼于某一套继电保护的保护效果。有时以降低某一个保护装置的保护效果来改善整体保护的保护效果，也是可取的。一个整定方案由于整定配合的方法不同，会有不同的保护效果。因此，如何获得一个最佳的整定方案，将是从事继电保护整定计算工作的工程技术人员的研究课题，这是个整定技巧问题。经过不断实践，若能比较熟练地运用各种整定原则和熟知所保护的电力系统运行特征时，就能做出比较满意的整定方案。

必须指出，任何一种保护装置的性能都是有限的，或者说任何一种保护装置对电力系统的适应能力都是有限的。当电力系统的要求超出该种保护装置所能承担的最大变化限度时，该保护装置便不能完成保护任务。

举例来说，零序电流保护是一种原理简单、性能良好的接地保护装置，但当电网结构比较复杂（例如环状网路多、双回线路多、短线路多、有零序互感的线路多等）、运行方式变化又很大时，零序电流保护的灵敏度将变得很低，动作时间将很长，保护效果大为降低。此时，即使选取最佳整定方案也难以改善保护效果。又如距离保护装置较电流保护装置性能优异，适应运行方式变化的能力较强。但用于短线路（一般为 5～10km）或短路电流较小（二次值一般为 8～10A）的情况时，整流型的距离保护也难以使用，这时就需要重新进行继电保护的配置和选型，以满足电力系统对继电保护的要求。

进一步说，当继电保护的配置和选型均难以满足电力系统的特殊需要时，必须考虑暂时改变电力系统的需要或采取某些临时措施加以解决。

总之，继电保护整定计算既有自身的整定技巧问题，又有继电保护的配置与选型问题，还有电力系统的结构和运行问题。因此，整定计算要综合、辩证、统一的运用。

整定计算的具体任务有以下几点：

（1）绘制电力系统接线图，如图 1-1 所示。

（2）绘制电力系统阻抗图，包括正序、负序、零序三个序网。正序阻抗图，如图 1-2 所示。

（3）建立电力系统设备参数表，如表 1-1、表 1-2、表 1-3、表 1-4 所示。

（4）建立电流、电压互感器参数表，如表 1-5、表 1-6 所示。

（5）确定继电保护整定需要满足的电力系统规模及运行方式变化限度。

（6）电力系统各点短路计算结果列表，如表 1-7 所示。

（7）建立各种继电保护整定计算表，如表 1-8 所示。

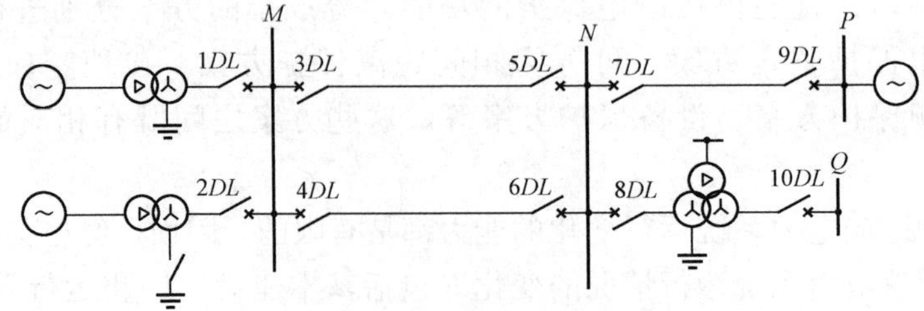

图 1-1　电力系统接线图

（8）按继电保护功能分类，分别绘制出整定值图，如图 1-3 所示为零序电流保护定值图。图中表示的是四段式保护。

（9）编写整定方案报告书，着重说明整定的原则问题、整定结果评价、存在的问题及采取的对策等。

表 1-1　　　　　　　　　　发电（调相）机参数表

<table>
<tr><td colspan="2">厂、站名称</td><td colspan="2"></td><td colspan="2">机　　号</td><td colspan="2"></td></tr>
<tr><td colspan="2">额定容量</td><td colspan="2"></td><td colspan="2">型　　式</td><td colspan="2"></td></tr>
<tr><td>功率因数</td><td colspan="2"></td><td>制造厂</td><td colspan="2"></td><td>投产日期</td><td></td></tr>
<tr><td rowspan="6">静子</td><td>额定电压</td><td colspan="2"></td><td rowspan="6">转子</td><td colspan="2">额定电压</td><td></td></tr>
<tr><td>额定电流</td><td colspan="2"></td><td colspan="2">额定电流</td><td></td></tr>
<tr><td>接线型式</td><td colspan="2"></td><td colspan="2">电极对数</td><td></td></tr>
<tr><td>冷却方式</td><td colspan="2"></td><td colspan="2">励磁方式</td><td></td></tr>
<tr><td></td><td colspan="2"></td><td colspan="2">冷却方式</td><td></td></tr>
<tr><td></td><td colspan="2"></td><td colspan="2">强励倍数</td><td></td></tr>
<tr><td colspan="2">次暂态电抗 x''_d</td><td colspan="2"></td><td colspan="3">转动惯量 J_{yua}</td><td></td></tr>
<tr><td colspan="2">暂态电抗 x'_d</td><td colspan="2"></td><td colspan="3">转动惯量 J_f</td><td></td></tr>
<tr><td colspan="2">同步电抗 x_d</td><td colspan="2"></td><td colspan="3">调整励磁方式</td><td></td></tr>
<tr><td colspan="2">负序电抗 x_2</td><td colspan="2"></td><td colspan="3">时间常数 T_a</td><td></td></tr>
<tr><td colspan="2">零序电抗 x_0</td><td colspan="2"></td><td colspan="3">时间常数 T''_d</td><td></td></tr>
<tr><td colspan="2"></td><td colspan="2"></td><td colspan="3">时间常数 T'_d</td><td></td></tr>
<tr><td colspan="2">备　　注</td><td colspan="6"></td></tr>
<tr><td colspan="2" rowspan="6">计算采用值</td><td colspan="2"></td><td colspan="2">标么值（基准容量）</td><td colspan="2">有名值（基准电压）</td></tr>
<tr><td colspan="2"></td><td colspan="2"></td><td colspan="2"></td></tr>
<tr><td colspan="2"></td><td colspan="2"></td><td colspan="2"></td></tr>
<tr><td colspan="2"></td><td colspan="2"></td><td colspan="2"></td></tr>
<tr><td colspan="2"></td><td colspan="2"></td><td colspan="2"></td></tr>
<tr><td colspan="2"></td><td colspan="2"></td><td colspan="2"></td></tr>
<tr><td colspan="8">记　录　　　　　　　　计　算　　　　　　　　年　　月　　日</td></tr>
</table>

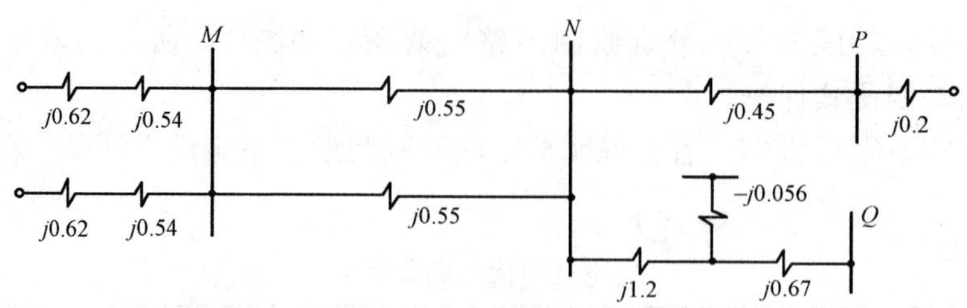

图 1-2　正序阻抗图

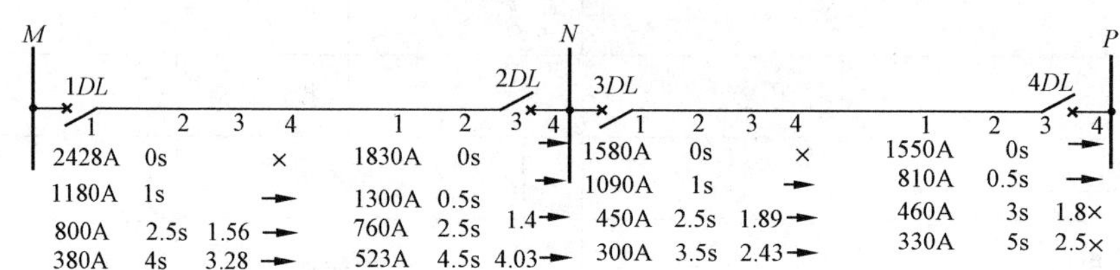

图 1-3　零序电流保护定值图

1—动作量；2—时间；3—灵敏系数；4—方向性

注："→"表示有方向性；"×"表示无方向性。

表 1-2　　　　**变 压 器 参 数 表**

<table>
<tr><td>变电站名称</td><td></td><td>变　号</td><td></td><td>投产日期</td><td></td></tr>
<tr><td>容　量</td><td></td><td>容 量 比</td><td></td><td>相　数</td><td></td></tr>
<tr><td>电 压 比</td><td colspan="3"></td><td>接　线</td><td></td></tr>
<tr><td>电　流</td><td colspan="3"></td><td>调压方式</td><td></td></tr>
<tr><td>型　式</td><td colspan="2"></td><td>制 造 厂</td><td colspan="2"></td></tr>
<tr><td colspan="2">冷却方式</td><td></td><td>短路电压（高）</td><td colspan="2"></td></tr>
<tr><td colspan="2">短路电压（高中）</td><td></td><td>短路电压（中）</td><td colspan="2"></td></tr>
<tr><td colspan="2">短路电压（高低）</td><td></td><td>短路电压（低）</td><td colspan="2"></td></tr>
<tr><td colspan="2">短路电压（中低）</td><td></td><td>铁损</td><td colspan="2"></td></tr>
<tr><td colspan="2">铜损（高中）</td><td></td><td>空载电流</td><td colspan="2"></td></tr>
<tr><td colspan="2">铜损（高低）</td><td></td><td>铁芯结构特点</td><td colspan="2"></td></tr>
<tr><td colspan="2">铜损（中低）</td><td></td><td>中性点接地要求</td><td colspan="2"></td></tr>
<tr><td>备注</td><td colspan="5"></td></tr>
<tr><td rowspan="4">计算采用值</td><td colspan="2"></td><td colspan="2">标么值（基准容量）</td><td>有名值（基准电压）</td></tr>
<tr><td colspan="2">高压电抗</td><td colspan="2"></td><td></td></tr>
<tr><td colspan="2">中压电抗</td><td colspan="2"></td><td></td></tr>
<tr><td colspan="2">低压电抗</td><td colspan="2"></td><td></td></tr>
<tr><td colspan="6">记　录　　　　　　　　计　算　　　　　　　　年　　月　　日</td></tr>
</table>

表 1-3　　　　　　　　　　输 电 线 路 参 数 表

<table>
<tr><td colspan="3">线路名称</td><td colspan="2"></td><td colspan="2">长　度</td><td></td><td colspan="2">安全电流</td><td></td></tr>
<tr><td colspan="3">运行电压</td><td colspan="2"></td><td colspan="2">投产日期</td><td colspan="4"></td></tr>
<tr><td colspan="11">原 始 数 据 及 计 算</td></tr>
<tr><td colspan="3"></td><td colspan="8">分段情况</td></tr>
<tr><td colspan="3" rowspan="2">导线型号、长度</td><td colspan="2"></td><td colspan="2"></td><td colspan="2"></td><td colspan="2"></td></tr>
<tr><td colspan="2"></td><td colspan="2"></td><td colspan="2"></td><td colspan="2"></td></tr>
<tr><td colspan="3" rowspan="2">地线型号、长度</td><td colspan="2"></td><td colspan="2"></td><td colspan="2"></td><td colspan="2"></td></tr>
<tr><td colspan="2"></td><td colspan="2"></td><td colspan="2"></td><td colspan="2"></td></tr>
<tr><td colspan="3">导线、地线排列方式</td><td colspan="2"></td><td colspan="2"></td><td colspan="2"></td><td colspan="2"></td></tr>
<tr><td colspan="3">总杆号、顺序</td><td colspan="2"></td><td colspan="2"></td><td colspan="2"></td><td colspan="2"></td></tr>
<tr><td rowspan="6">导线单位长度阻抗</td><td rowspan="3">正序</td><td>r</td><td colspan="2"></td><td colspan="2"></td><td colspan="2"></td><td colspan="2"></td></tr>
<tr><td>x</td><td colspan="2"></td><td colspan="2"></td><td colspan="2"></td><td colspan="2"></td></tr>
<tr><td>z</td><td colspan="2"></td><td colspan="2"></td><td colspan="2"></td><td colspan="2"></td></tr>
<tr><td rowspan="3">零序</td><td>r</td><td colspan="2"></td><td colspan="2"></td><td colspan="2"></td><td colspan="2"></td></tr>
<tr><td>x</td><td colspan="2"></td><td colspan="2"></td><td colspan="2"></td><td colspan="2"></td></tr>
<tr><td>z</td><td colspan="2"></td><td colspan="2"></td><td colspan="2"></td><td colspan="2"></td></tr>
<tr><td rowspan="6">部分长度阻抗</td><td rowspan="3">正序</td><td>R</td><td colspan="2"></td><td colspan="2"></td><td colspan="2"></td><td colspan="2"></td></tr>
<tr><td>X</td><td colspan="2"></td><td colspan="2"></td><td colspan="2"></td><td colspan="2"></td></tr>
<tr><td>Z</td><td colspan="2"></td><td colspan="2"></td><td colspan="2"></td><td colspan="2"></td></tr>
<tr><td rowspan="3">零序</td><td>R</td><td colspan="2"></td><td colspan="2"></td><td colspan="2"></td><td colspan="2"></td></tr>
<tr><td>X</td><td colspan="2"></td><td colspan="2"></td><td colspan="2"></td><td colspan="2"></td></tr>
<tr><td>Z</td><td colspan="2"></td><td colspan="2"></td><td colspan="2"></td><td colspan="2"></td></tr>
<tr><td colspan="3">全长阻抗</td><td>R</td><td></td><td>X</td><td></td><td>Z</td><td></td><td>X_0</td><td></td></tr>
<tr><td colspan="3">与相邻线路
平行情况及
零序互感抗</td><td colspan="8"></td></tr>
<tr><td colspan="2" rowspan="2">实测数据</td><td>正　序</td><td colspan="8"></td></tr>
<tr><td>零　序</td><td colspan="8"></td></tr>
<tr><td colspan="2" rowspan="4">计算采用值</td><td></td><td colspan="4">标么值（基准容量）</td><td colspan="4">有名值（基准电压）</td></tr>
<tr><td>正　序</td><td colspan="4"></td><td colspan="4"></td></tr>
<tr><td>零　序</td><td colspan="4"></td><td colspan="4"></td></tr>
<tr><td></td><td colspan="4"></td><td colspan="4"></td></tr>
<tr><td colspan="3">备　注</td><td colspan="8"></td></tr>
<tr><td colspan="11">记　录　　　　　　　　计　算　　　　　　　　年　　月　　日</td></tr>
</table>

表 1-4　　　　电抗器参数表

厂（站）名称		安装地点	
额定电压		额定电流	
电抗值		分裂耦合系数	
相　数		投产日期	
型　式		制造厂	
备　注			
计算采用值	标么值（基准容量）	有名值（基准电压）	
记　录	计　算	年　月　日	

表 1-5　　　　电流互感器参数表

厂（站）名称		主设备名称	
型　式		安装地点	
额定电压		投产日期	
变 流 比			
准确等级			
备　注			
记　录		年　月　日	

表 1-6　　　　电压互感器参数表

厂（站）名称		安装地点	
额定电压		型　式	
变 压 比		投产日期	
准确等级			
备　注			
记　录		年　月　日	

表 1-7　　电力系统故障计算表

<table>
<tr><td colspan="2">故障点名称</td><td colspan="2"></td><td colspan="3">基准电流、电压</td><td colspan="4"></td></tr>
<tr><td rowspan="2">序号</td><td rowspan="2" colspan="2">计算方式或编号</td><td rowspan="2">故障类型</td><td rowspan="2">故障点总电流</td><td colspan="6">各分支、各序电流及电压</td></tr>
<tr><td></td><td></td><td></td><td></td><td></td><td></td></tr>
<tr><td></td><td colspan="2"></td><td></td><td></td><td></td><td></td><td></td><td></td><td></td><td></td></tr>
<tr><td></td><td colspan="2"></td><td></td><td></td><td></td><td></td><td></td><td></td><td></td><td></td></tr>
<tr><td></td><td colspan="2"></td><td></td><td></td><td></td><td></td><td></td><td></td><td></td><td></td></tr>
<tr><td></td><td colspan="2"></td><td></td><td></td><td></td><td></td><td></td><td></td><td></td><td></td></tr>
<tr><td></td><td colspan="2"></td><td></td><td></td><td></td><td></td><td></td><td></td><td></td><td></td></tr>
<tr><td></td><td colspan="2"></td><td></td><td></td><td></td><td></td><td></td><td></td><td></td><td></td></tr>
<tr><td></td><td colspan="2"></td><td></td><td></td><td></td><td></td><td></td><td></td><td></td><td></td></tr>
<tr><td colspan="11">计　算　　　　　　　　　　　　　　　　　　　年　月　日</td></tr>
</table>

表 1-8　　××××保护整定计算表

<table>
<tr><td colspan="2">线路名称</td><td colspan="2">全线阻抗值</td><td colspan="2">断路器号</td><td colspan="2">保护安装处</td><td>保护型式</td></tr>
<tr><td colspan="2"></td><td colspan="2"></td><td colspan="2"></td><td colspan="2"></td><td></td></tr>
<tr><td rowspan="2">段　数</td><td colspan="6">选　用　整　定　值</td><td rowspan="2" colspan="2">运行变动要求</td></tr>
<tr><td>变流比</td><td>变压比</td><td>一　次</td><td>二　次</td><td>时　限</td><td>方向性</td></tr>
<tr><td>Ⅰ</td><td></td><td></td><td></td><td></td><td></td><td></td><td rowspan="5" colspan="2"></td></tr>
<tr><td>Ⅱ</td><td></td><td></td><td></td><td></td><td></td><td></td></tr>
<tr><td>Ⅲ</td><td></td><td></td><td></td><td></td><td></td><td></td></tr>
<tr><td>Ⅳ</td><td></td><td></td><td></td><td></td><td></td><td></td></tr>
<tr><td>Ⅴ</td><td></td><td></td><td></td><td></td><td></td><td></td></tr>
<tr><td colspan="9">⋮
⋮</td></tr>
<tr><td colspan="9">计　算　　　　　　　　　　　　　　　　　　　年　月　日</td></tr>
</table>

第 1-3 节　整定计算的准备工作和步骤

一、准备工作

（一）了解掌握电力系统情况并建立技术档案

了解掌握电力系统情况的重点是：

（1）画出电力系统图。

（2）了解各输电线之间的平行情况，考虑零序互感。

（3）厂、站母线接线方式，桥母线、双母线、一个半断路器母线等。

（4）建立发电机、变压器、输电线、电抗器等电气设备的技术档案。

（5）电抗器、电容器的工作方式。

（6）重要负荷的特性及要求，如不对称负荷、冲击负荷、不平衡负荷。

（7）建立继电保护用的电流、电压互感器技术档案。

（二）了解掌握继电保护情况和图纸资料

需要了解和掌握的继电保护内容主要有：原理展开图、有关的二次回路、盘面布置图、继电保护的技术说明书，等等。

（三）绘制阻抗图

阻抗图一般分为正序、负序、零序阻抗图三部分，通常都取正、负序阻抗值相同。对于有零序互感的线路，还应表示出互感电抗值及部位。阻抗图可采用标么值或有名值。

（四）研究确定电力系统运行方式

研究确定电力系统运行方式是继电保护整定计算的先决条件，对于电力系统运行部门来说，是由继电保护专业会同电力系统调度专业共同研究确定。其主要内容有以下几点：

（1）可能出现的最大、最小运行方式（以下简称最大、最小方式），包括开机方式、变压器中性点接地方式、线路投停原则等。

（2）电力系统潮流情况，特别是线路的最大负荷电流。

（3）电力系统稳定极限功率，要求切除故障的时间。

（4）无功补偿工作方式及特性。

（5）安全自动装置的使用方式，如采用单相或三相重合闸，对备用电源自投、电气设备的自投、切机、切负荷提出使用要求等。

（五）学习有关的规章制度

电力工业生产有其独特的规律，在长期的生产实践中总结出符合客观规律的宝贵经验，以倡导安全生产活动。同样，对于继电保护也不例外。因此，在进行继电保护整定计算前，应收集和学习有关的规章制度，以促使整定计算工作顺利进行。有关的规章制度有：《电力工业技术管理法规（试行）》、《继电保护和安全自动装置技术规程》DL 400—91、继电保护反事故措施、继电保护整定计算规则条例等。

（六）制定整定方案中特殊的整定原则和数据

每个电力系统都有自身的特点和要求，在不违反有关规章制度的前提下，应研究制定适合具体情况的技术措施和整定原则。例如，确定单相重合闸与保护配合的方式，选定无选择性解列点等。

二、整定计算的步骤

进行整定计算的步骤大致如下：

（1）按继电保护功能分类拟定短路计算的运行方式，选择短路类型，选择分支系数的计算条件。

（2）进行短路故障计算，录取结果。

（3）按同一功能的保护进行整定计算，如按距离保护或按零序电流保护分别进行的整定计算。选取出整定值并做出定值图，如图 1-3 所示。

（4）对整定结果分析比较，重复修改，以选出最佳方案。最后应归纳出存在的问题，并提出运行要求（包括对运行方式的要求及继电保护运行改变的要求）。

（5）画出定稿的定值图。

（6）编写整定方案说明（报告）书，一般应包括以下内容：

1）方案编制时间、电力系统概况。

2）电力系统运行方式选择原则及变化限度。

3）主要的、特殊的整定原则。

4）方案存在的问题及对策。

5）继电保护的运行规定，如保护的停、投，改变定值、改变使用要求以及对运行方式的限制要求等。

6）方案的评价及改进方向。

第 1-4 节　整定计算运行方式的选择原则

继电保护整定计算用的运行方式，是在电力系统确定好运行方式的基础上，在不影响继电保护的保护效果的前提下，为提高继电保护对运行方式变化的适应能力而进一步选择的，特别是有些问题主要是由继电保护方面考虑决定的。例如，确定变压器中性点是否接地运行，当变压器绝缘性能没有特殊规定时，则应以考虑改善零序电流保护性能来决定。整定计算用的运行方式选择合理与否，不仅影响继电保护的保护效果，也会影响继电保护配置和选型的正确性。

确定运行方式变化的限度，就是确定最大和最小运行方式，它应以满足常见运行方式为基础，在不影响保护效果的前提下，适当加大变化范围。其一般原则如下：

（1）必须考虑检修与故障两种状态的重迭出现，但不考虑多种重迭。

（2）不考虑极少见的特殊方式。因为出现特殊方式的机率较小，不能因此恶化了绝大部分时间的保护效果。必要时，可采取临时的特殊措施加以解决。

一、发电机、变压器运行变化限度的选择原则

发电机、变压器运行变化限度有如下选择原则：

（1）一个发电厂有两台机组时，一般应考虑全停方式，即一台机组在检修中，另一台机组又出现故障；当有三台以上机组时，则应选择其中两台容量较大机组同时停用的方式。对水力发电厂的机组，还应结合水库运行特性选择，如调峰、蓄能、用水调节发电等。

（2）一个厂、站的母线上无论接有几台变压器，一般应考虑其中容量最大的一台停用。因变压器运行可靠性较高，检修与故障重迭出现的机率很小。但对于发电机变压器组来说，则应服从于发电机的投停变化。

二、中性点直接接地系统中变压器中性点接地的选择原则

中性点直接接地系统中变压器中性点接地的选择原则是：

（1）发电厂及变电站低压侧有电源的变压器，中性点均应接地运行，以防止出现不接地系统的工频过电压状态。如事前确定不能接地运行，则应采取其他防止工频过电压的措施。

（2）自耦型和有绝缘要求的其他型变压器，其中性点必须接地运行。

（3）T 接于线路上的变压器，以不接地运行为宜。当 T 接变压器低压侧有电源时，则应采取防止工频过电压的措施。

（4）为防止操作过电压，在操作时应临时将变压器中性点接地，操作完毕后再断开，这种情况不按接地运行考虑。

三、线路运行变化限度的选择

线路运行变化限度的选择有以下几点：

（1）一个厂、站母线上接有多余线路，一般应考虑一条线路检修，另一条线路又遇故障的方式。

（2）双回线一般不考虑同时停用。

（3）相隔一个厂、站的线路，必要时，可考虑与上述（1）的条件重迭。

四、流过保护的最大、最小短路电流计算方式的选择

（一）相间保护

对单侧电源的辐射形网路，流过保护的最大短路电流出现在最大方式下，即选择所有机组、变压器、线路全部投入运行的方式。而最小短路电流，则出现在最小运行方式下。

对于双侧电源的网络，一般（当取 $x_1=x_2$ 时）与对侧电源的运行变化无关，可按单侧电源的方法选择。

对于环状网路中的线路，流过保护的最大短路电流应选开环运行方式，开环点应选在所整定保护线路的相邻下一级线路上。而对于最小短路电流，则应选闭环运行方式。同时，再合理地停用该保护背后的机组、变压器及线路。

（二）零序电流保护

对于单侧电源的辐射网路，流过保护的最大零序电流与最小零序电流，其选择方法可参照（一）中所述。只是要注意变压器接地点的变化。

对于双侧电源的网路及环状网路，同样也参照（一）中所述。其重点也是考虑变压器接地点的变化。

五、选取流过保护最大负荷电流的方法

按负荷电流整定的保护，需要考虑各种运行方式变化时出现的最大负荷电流，一般应考虑到以下的运行变化：

（1）备用电源自投引起的增加负荷。

（2）并联运行线路的减少，负荷转移。

（3）环状网路的开环运行，负荷转移。

（4）对于两侧电源的线路，当一侧电源突然切除发电机，引起另一侧增加负荷。

第 1-5 节　时间级差的计算与选择

相邻的上、下两级保护间，为取得选择性，其条件之一是保证保护动作有时间级差。时间级差一般按下式计算。

由图 1-4 定时限阶梯时间特性分析得

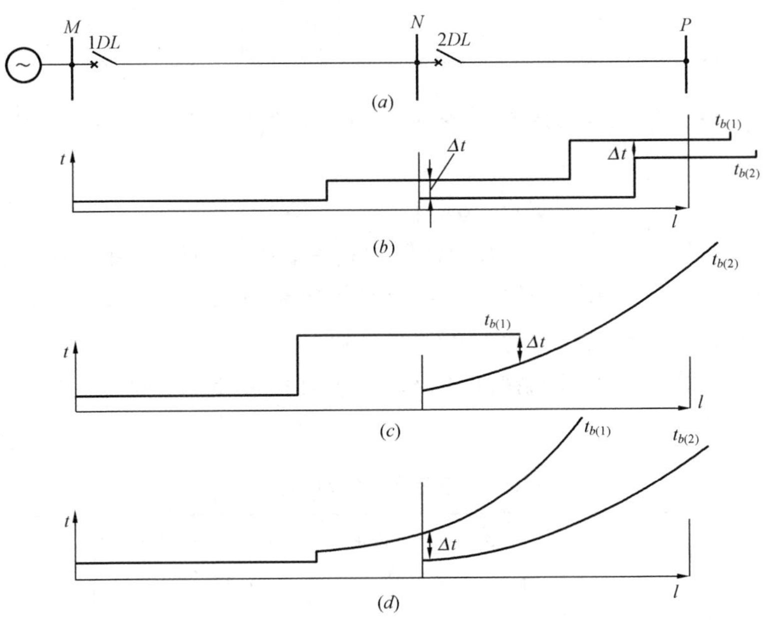

图 1-4　保护整定配合时间级差图

(a) 原始系统图；(b) 定时限保护时间级差；(c) 定时限保护与反时限保护时间级差；(d) 反时限保护时间级差

$$t_{bh(1)}=t_{bh(2)}+t_{s(1)}+t_{s(2)}+t_{dt(2)}+t_y=t_{bh(2)}+\Delta t \tag{1-1}$$

$$\Delta t=t_{bh(1)}-t_{bh(2)}=t_{s(1)}+t_{s(2)}+t_{dt(2)}+t_y \tag{1-2}$$

式中　$t_{bh(1)}$，$t_{bh(2)}$——分别为保护 1 及保护 2 的整组动作时间，是指从保护动作到出口发跳闸脉冲的时间；

$t_{s(1)}$，$t_{s(2)}$——分别为保护 1 及保护 2 的时间继电器的正、负误差。时间继电器误差值见表 1-9；

$t_{dt(2)}$ ——保护 2 的断路器跳闸时间。断路器跳闸时间见表 1-10；

t_y ——裕度时间。一般对定时限保护取 0.1s，对反时限保护取 0.3s。如时间继电器及测试仪器的精度较高，裕度时间可取 0.05s。

表 1-9　　电磁型与晶体管型时间继电器误差表

型　式	DS 型系列			BS 型系列			
延时范围（s）	0.1～1.3	0.25～3.5	0.5～9	0.2～1	0.5～2	1～3.5	3～9
允许误差（s）	±0.05	±0.1	±0.15	±0.015	±0.03	±0.04	±0.18

注　BS 型晶体管时间继电器为北京供电局研制，北京继电器厂和保定继电器厂生产。

表 1-10　　几种断路器跳闸时间数据表

型　号	SN1-1G	SN10-10	DW2-35	SW3-35D	DW3-110	SW3-110	SW6-110	SW6-220	KW6-220	330kV、500kV 断路器
跳闸时间（s）	0.1	0.06	0.05	0.08	0.04	≯0.07	0.04	0.04	≯0.04	≯0.04

当延时段保护与相邻下一级瞬时段保护（即无时限保护段，标称 0s 段）配合整定时，时间级差计算式为

$$\Delta t = t_{bh(2)} + t_{s(1)} + t_{dt(2)} + t_y \tag{1-3}$$

瞬时段保护的动作时间〔$t_{bh(2)}$〕，即为该保护装置的固有动作时间，不同原理的保护装置其固有动作时间是不同的。电磁型保护固有动作时间约为 0.1～0.2s；晶体管型、集成电路型及微机型保护的固有动作时间约为 0.02～0.05s。

时间级差应根据时间继电器的精度选择，一般可按表 1-11 选择。选择时间级差时应注意以下一些情况。

表 1-11　　各种保护整定配合的时间级差表

保护配合方式	相配合的保护类型	电磁型时间继电器 Δt（s）	晶体管时间继电器 Δt（s）	备　注
延时段与瞬时段相配合	电流、电压保护	0.4～0.5	0.25～0.3	
	横差、平衡保护	0.3～0.4	0.25～0.35	考虑相继动作时间
	距离保护	0.4～0.5	0.3～0.4	距离保护一段不经过切换
		0.5～0.6	0.4～0.5	距离保护一段经过切换
延时段与延时段保护相配合	电流、电压保护或距离保护	0.35～0.5	0.2～0.3	
定时限与反时限保护相配合	过电流保护	0.7	0.6	时间级差是指在定时限保护范围末端处与反时限的 Δt

（1）时间继电器的整定范围愈大，误差也愈大。随着保护整定时间的加长，时间级差应选择较大值。

（2）当保护装置中时间继电器（元件）精度较高时，可选择较小的时间级差。

（3）当相邻下一级保护在故障情况下可能产生相继动作时，则上一级保护应增大时间级差。

（4）反时限保护的延时误差较大，应选择较大的时间级差。

（5）保护装置的工作逻辑不论如何复杂，其整定时间均指整套保护从动作开始至发出跳闸脉冲的全部时间。

（6）对于多段式保护中各段保护的时间级差，都是指上一级某段保护相对于下一级与其配合整定的保护段的整定时间而言。

第 1-6 节　整定系数的分析与应用

继电保护的整定值一般通过计算公式计算得出，为使整定值符合电力系统正常运行及故障状态下的规律，达到正确整定的目的，在计算公式中需要引入各种整定系数。整定系数应根据保护装置的构成原理、检测精度、动作速度、整定条件以及电力系统运行特性等因素来选择。

一、可靠系数

由于计算、测量、调试及继电器等各项误差的影响，使保护的整定值偏离预定数值可能引起误动作，为此，整定计算公式中需引入可靠系数。可靠系数用 K_k 表示。

整定配合中应用可靠系数最多，在计算公式中有两种表现形式。如图 1-4 中断路器 1*DL* 和 2*DL* 均装设电流保护时，其整定配合公式为

$$I_{dz(1)} = K_k I_{dz(2)} \tag{1-4}$$

式中　$I_{dz(1)}$——所整定保护的动作电流；

$I_{dz(2)}$——所整定保护的下一级保护的动作电流；

K_k——可靠系数，按表 1-12 选择。

如果 1*DL* 和 2*DL* 均装设电压保护时，则整定配合公式为

$$U_{dz(1)} = \frac{U_{dz(2)}}{K_k} \tag{1-5}$$

式中　$U_{dz(1)}$——被整定保护的动作电压；

$U_{dz(2)}$——被整定保护的下一级保护的动作电压；

K_k——可靠系数。按表 1-12 选择。

可靠系数的取值与各种因素有关，整定计算时参照表 1-12 选择，同时应考虑以下情况。

（1）按短路电流整定的无时限保护，应选用较大的系数。

（2）按与相邻保护的整定值配合整定的保护，应选用较小的系数。

（3）保护动作速度较快时，应选用较大的系数。

（4）不同原理或不同类型的保护之间整定配合时，应选用较大的系数。

（5）运行中设备参数有变化或计算条件难以准确计算时，应选用较大的系数。例如变压

器参数及自起动计算。

（6）在短路计算中，当有零序互感时，因难以精确计算，故应选用较大的系数。

（7）整定计算中有附加误差因素时，应选用较大的系数，例如用曲线法进行整定配合将增大误差。

（8）感应型反时限电流电压保护，因惰性较大，应选用较大的系数。

表 1-12　　各种保护整定配合可靠系数表

<table>
<tr><th rowspan="2">保护类型</th><th rowspan="2">保护段</th><th rowspan="2" colspan="2">整定配合条件</th><th colspan="2">可靠系数</th></tr>
<tr><th>定时限保护</th><th>感应型反时限保护</th></tr>
<tr><td rowspan="4">电流(电压)速动保护</td><td rowspan="4">瞬时段</td><td colspan="2">按不伸出变压器差动保护范围整定</td><td>1.3～1.4</td><td>1.8～2</td></tr>
<tr><td colspan="2">按躲线路末端短路或躲背后短路整定</td><td>1.25～1.3</td><td>1.5～1.6</td></tr>
<tr><td colspan="2">与相邻电流速动保护配合(前加速)整定</td><td>1.1～1.15</td><td>1.2～1.3</td></tr>
<tr><td colspan="2">按躲振荡电流或残压整定</td><td>1.1～1.2</td><td></td></tr>
<tr><td rowspan="4">电流(电压)时限速动保护</td><td rowspan="4">延时段</td><td colspan="2">按不伸出变压器差动保护范围整定</td><td>1.2～1.3</td><td></td></tr>
<tr><td colspan="2">与相邻同类型电流(电压)保护配合整定</td><td>1.1～1.15</td><td></td></tr>
<tr><td colspan="2">与相邻不同类型电流(电压)保护配合整定</td><td>1.2～1.3</td><td></td></tr>
<tr><td colspan="2">与相邻距离保护配合整定</td><td>1.2～1.3</td><td></td></tr>
<tr><td rowspan="3">电流闭锁电压保护</td><td>瞬时段</td><td colspan="2">按电流元件灵敏度整定，或按电流电压两元件灵敏度相等整定，均取同一系数</td><td>1.25～1.3</td><td></td></tr>
<tr><td rowspan="2">延时段</td><td colspan="2">与相邻同类型电流(电压)保护配合整定，不论按电流元件或电压元件配合整定，均取同一系数</td><td>1.1～1.2</td><td></td></tr>
<tr><td colspan="2">与相邻不同类型电流(电压)保护配合整定，不论按电流元件或电压元件配合整定，均取同一系数</td><td>1.2～1.3</td><td></td></tr>
<tr><td rowspan="4">过电流保护</td><td rowspan="4">延时段</td><td rowspan="2">带低电压(复合电压)闭锁，按额定(负荷)电流整定</td><td>电流元件</td><td>1.15～1.25</td><td></td></tr>
<tr><td>电压元件</td><td>1.1～1.15</td><td></td></tr>
<tr><td colspan="2">不带低电压闭锁，按自起动电流整定</td><td>1.2～1.3</td><td></td></tr>
<tr><td colspan="2">与相邻保护(同类或不同类)配合整定</td><td>1.1～1.2</td><td></td></tr>
<tr><td rowspan="10">距离保护</td><td rowspan="4">Ⅰ段</td><td rowspan="2">按躲线路末端整定</td><td>相间保护</td><td>0.8～0.85</td><td></td></tr>
<tr><td>接地保护</td><td>0.7</td><td></td></tr>
<tr><td rowspan="2">按不伸出变压器差动保护范围整定</td><td>相间保护</td><td>0.7～0.75</td><td></td></tr>
<tr><td>接地保护</td><td>0.7</td><td></td></tr>
<tr><td rowspan="6">Ⅱ段</td><td rowspan="2">与相邻距离保护Ⅰ、Ⅱ段配合整定</td><td>本线路部分</td><td>0.85</td><td></td></tr>
<tr><td>相邻线路部分</td><td>0.8</td><td></td></tr>
<tr><td rowspan="2">与相邻电流(电压)保护配合整定</td><td>本线路部分</td><td>0.85</td><td></td></tr>
<tr><td>相邻线路部分</td><td>0.7～0.75</td><td></td></tr>
<tr><td rowspan="2">按不伸出变压器差动保护范围整定</td><td>本线路部分</td><td>0.85</td><td></td></tr>
<tr><td>相邻线路部分</td><td>0.7～0.75</td><td></td></tr>
</table>

续表

<table>
<tr><th rowspan="2">保护类型</th><th rowspan="2">保护段</th><th rowspan="2" colspan="2">整定配合条件</th><th colspan="2">可靠系数</th></tr>
<tr><th>定时限保护</th><th>感应型反时限保护</th></tr>
<tr><td rowspan="5">距离保护</td><td rowspan="5">Ⅲ段</td><td rowspan="2">与相邻距离保护Ⅱ、Ⅲ段配合整定</td><td>本线路部分</td><td>0.85</td><td></td></tr>
<tr><td>相邻线路部分</td><td>0.8</td><td></td></tr>
<tr><td rowspan="2">与相邻电流(电压)保护配合整定</td><td>本线路部分</td><td>0.85</td><td></td></tr>
<tr><td>相邻线路部分</td><td>0.75～0.8</td><td></td></tr>
<tr><td colspan="2">按躲负荷阻抗整定</td><td>0.7～0.8</td><td></td></tr>
<tr><td rowspan="4">元件(设备)差动保护</td><td rowspan="4">瞬时段</td><td colspan="2">按躲电流互感器二次断线时的额定电流整定</td><td>1.3</td><td></td></tr>
<tr><td rowspan="2">按躲励磁涌流整定(对额定电流倍数)</td><td>有躲非周期分量特性</td><td>1.3</td><td></td></tr>
<tr><td>无躲非周期分量特性</td><td>3～5</td><td></td></tr>
<tr><td colspan="2">按躲外部故障的不平衡电流整定</td><td>1.3</td><td></td></tr>
<tr><td rowspan="2">母线差动保护</td><td rowspan="2">瞬时段</td><td colspan="2">按躲电流互感器二次断线时的额定电流整定</td><td>1.3～1.5</td><td></td></tr>
<tr><td colspan="2">按躲外部故障的不平衡电流整定</td><td>1.3～1.5</td><td></td></tr>
</table>

注 1. 表中可靠系数除距离三段按负荷阻抗整定已包括返回系数外，其余均未计入其他任何系数(如返回系数、分支系数等)，须在计算公式中另计。

2. 可靠系数按计算条件的准确程度使用上下限。距离保护用的可靠系数小于1，与大于1的系数用法相反。

二、返回系数

按正常运行条件量值整定的保护，例如按最大负荷电流整定的过电流保护和最低运行电压整定的低电压保护，在受到故障量的作用动作时，当故障消失后保护不能返回到正常位置将发生误动作。因此，整定公式中引入返回系数，返回系数用 K_f 表示。对于按故障量值和按自起动量值整定的保护，则可不考虑返回系数。

返回系数的定义为 K_f＝返回量/动作量。于是可得，过量动作的继电器 $K_f<1$，欠量动作的继电器 $K_f>1$，它们的应用是不同的。

例如过电流保护整定公式为

$$I_{dz}=\frac{K_k}{K_f}I_{fh\cdot \max} \tag{1-6}$$

式中 K_k——可靠系数；

K_f——返回系数；

$I_{fh\cdot\max}$——最大负荷电流。

而低电压保护整定公式为

$$U_{dz}=\frac{U_{\min}}{K_kK_f} \tag{1-7}$$

式中　$U_{\min}$——最低运行电压；

K_k、K_f——可靠系数、返回系数。

返回系数的高低与继电器类型有关。电磁型继电器的返回系数约为 0.85；晶体管型、集成电路型以及数字微机型继电器（保护）的返回系数较高，约为 0.85～0.95，最高的可达 0.99。带有助磁特性的继电器返回系数较低，约为 0.5～0.65。

三、分支系数

多电源的电力系数中，相邻上、下两级保护间的整定配合，还受到中间分支电源的影响，将使上一级保护范围缩短或伸长，整定公式中需要引入分支系数。分支系数用 K_{fz} 表示。

（一）电流保护

图 1-5 中系统，在 D 点发生短路，假设 $1DL$ 及 $2DL$ 继电器的过电流保护均刚刚起动，即它们都处在灵敏度相等的状态下，则有如下关系式

$$\frac{I_{dz(1)}}{I_{dz(2)}} = \frac{\dot{I}_{(1)}}{\dot{I}_{(1)} + \dot{I}_{(2)}} \tag{1-8}$$

$$I_{dz(1)} = \frac{\dot{I}_{(1)}}{\dot{I}_{(1)} + \dot{I}_{(2)}} I_{dz(2)} = \dot{K}_{fz} I_{dz(2)} \tag{1-9}$$

式中　$\dot{K}_{fz}$ ——分支系数，$\dot{K}_{fz} = \dfrac{\dot{I}_{(1)}}{\dot{I}_{(1)} + \dot{I}_{(2)}}$。

当要取得保护 1 与保护 2 的选择性时，必须使上一级保护 1 的保护范围缩短，结合（1-4）式可得

$$I_{dz(1)} = K_k \dot{K}_{fz} I_{dz(2)} \tag{1-10}$$

电流分支系数的定义，是指在相邻线路短路时，流过本线路的短路电流占流过相邻线路短路电流的份数。当然，式（1-10）对元件设备的计算也是适用的。对过电流保护来说，在整定配合上应选取可能出现的最大分支系数。

（二）电压保护

图 1-5 中系统若装设低电压保护时，则有如下关系，即

$$\begin{aligned} \frac{U_{dz(1)}}{U_{dz(2)}} &= \frac{[\dot{I}_{(1)} + \dot{I}_{(2)}]Z_{(2)} + \dot{I}_{(1)} Z_{(1)}}{[\dot{I}_{(1)} + \dot{I}_{(2)}]Z_{(2)}} \\ &= 1 + \frac{\dot{I}_{(1)} Z_{(1)}}{[\dot{I}_{(1)} + \dot{I}_{(2)}]Z_{(2)}} \end{aligned} \tag{1-11}$$

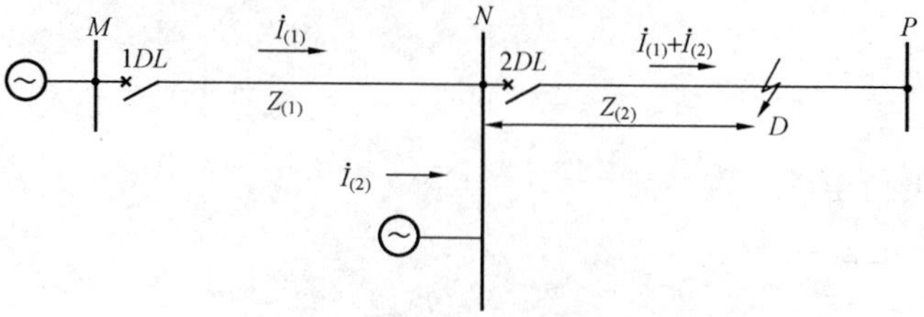

图 1-5　分支系数分析计算图

$$
\begin{aligned}
U_{dz(1)} &= \left\{1+\frac{\dot{I}_{(1)}Z_{(1)}}{[\dot{I}_{(1)}+\dot{I}_{(2)}]Z_{(2)}}\right\}\dot{U}_{dz(2)} \\
&= \left\{1+\dot{K}_{fz}\frac{Z_{(1)}}{Z_{(2)}}\right\}\dot{U}_{dz(2)}
\end{aligned}
\tag{1-12}
$$

式中　$\dot{K}_{fz}$ ——分支系数，$\dot{K}_{fz}=\dfrac{\dot{I}_{(1)}}{\dot{I}_{(1)}+\dot{I}_{(2)}}$。

低电压保护的分支系数与过电流保护的分支系数不同，在整定配合上应选取可能出现的最小值。

（三）距离保护

对于图 1-5 的系统，当 1DL 与 2DL 装设了距离保护时，则 1DL 处的距离保护测量阻抗

$$
\begin{aligned}
Z_{cl(1)} &= \frac{\dot{U}_{cl}}{\dot{I}_{cl}}=\frac{\dot{U}_{M}}{\dot{I}_{(1)}}=\frac{\dot{I}_{(1)}Z_{(1)}+[\dot{I}_{(1)}+\dot{I}_{(2)}]Z_{(2)}}{\dot{I}_{(1)}} \\
&= Z_{(1)}+\frac{\dot{I}_{(1)}+\dot{I}_{(2)}}{\dot{I}_{(1)}}Z_{(2)}=Z_{(1)}+\frac{1}{\dot{K}_{fz}}Z_{(2)} \\
&= Z_{(1)}+\dot{K}_{zz}Z_{(2)}
\end{aligned}
\tag{1-13}
$$

式中　$\dot{K}_{zz}$ ——助增系数，$\dot{K}_{zz}=\dfrac{1}{\dot{K}_{fz}}$。

助增系数等于电流分支系数的倒数。助增系数将使距离保护测量到的阻抗增大，保护范围缩短 。在整定配合上应选取可能出现的最小助增系数。当 $K_{zz}<1$ 时又称为汲出系数，对距离保护的影响与 $K_{zz}>1$ 的情况刚好相反，但在整定配合上汲出系数也应选取可能的最小值。

（四）分支系数分析

分支系数的变化范围随电网结构的不同而不同，其值一般在 0～2 之间。例如，单回线对双回线的分支系数可能达到 2。在结构复杂的电网中也可能大于 2。在单电源的辐射形电网中，分支系数值与选取的短路点位置无关；但对于环状电网及双回线的情况，分支系数值则随短路点的改变而变化。因此，分支系数计算选用的短路点，一般应选择不利的运行方式下在相邻线路保护配合段保护范围的末端。

应当指出，分支负荷电流产生的分支系数与短路电流的作用相反，在考虑应用时应予注意。但是，因为负荷电流分量相对于短路电流分量来说比重较小，一般情况可以不考虑。

分支系数是个复数值，为简化计算，一般取其绝对值。

四、灵敏系数

在继电保护的保护范围内发生故障，保护装置反应的灵敏程度称为灵敏度。灵敏度用灵敏系数 K_{lm}表示。灵敏系数指在被保护对象的某一指定点发生故障时，故障量与整定值之比（反应故障量增大动作的保护，如过电流保护），或整定值与故障量之比（反应故障量减小动作的保护，如低电压保护）。

灵敏系数一般分为主保护灵敏系数和后备保护灵敏系数两种。前者是对被保护对象的全部范围而言；后者则是对被保护对象的相邻保护对象的全部范围而言。

结合保护范围的概念来说，保护范围末端的灵敏系数等于 1。

灵敏系数在保证安全性的前提下，一般希望愈大愈好，但在保证可靠动作的基础上规定了下限值作为衡量的标准。不同类型保护的灵敏系数要求不同，其规定值见表 1-13。由于电流互感器接线形式的不同以及接入保护的相数不同，反应的灵敏度也不同，表 1-14 列出了选择校验灵敏度的短路类型及最小短路电流。

表 1-13　　短路保护的最小灵敏系数

<table>
<tr><th>保护分类</th><th>保 护 类 型</th><th colspan="2">组 成 元 件</th><th>灵敏系数</th><th>备　注</th></tr>
<tr><td rowspan="18">主保护</td><td rowspan="2">带方向和不带方向的电流保护或电压保护</td><td colspan="2">电流元件和电压元件</td><td>1.3～1.5</td><td>200km 以上线路不小于 1.3；50～200km 线路不小于 1.4；50km 以下线路不小于 1.5</td></tr>
<tr><td colspan="2">零序或负序方向元件</td><td>2.0</td><td></td></tr>
<tr><td rowspan="3">距离保护</td><td rowspan="2">起动元件</td><td>负序和零序增量或负序分量元件</td><td>4</td><td>距离保护第三段动作区末端故障灵敏系数大于 2</td></tr>
<tr><td>电流和阻抗元件</td><td>1.5</td><td rowspan="2">线路末端短路电流应为阻抗元件精确工作电流 2 倍以上。200km 以上线路不小于 1.3；50～200km 线路不小于 1.4；50km 以下线路不小于 1.5。整定时间不超过 1.5s</td></tr>
<tr><td colspan="2">距离元件</td><td>1.3～1.5</td></tr>
<tr><td rowspan="4">平行线路的横联差动方向保护和电流平衡保护</td><td colspan="2" rowspan="2">电流和电压起动元件</td><td>2.0</td><td rowspan="4">分子表示线路两侧均未断开前，其中一侧保护按线路中点短路计算的灵敏系数。
分母表示一侧断开后，另一侧保护按对侧短路计算的灵敏系数</td></tr>
<tr><td>1.5</td></tr>
<tr><td colspan="2" rowspan="2">零序方向元件</td><td>4.0</td></tr>
<tr><td>2.5</td></tr>
<tr><td rowspan="3">高频方向保护</td><td colspan="2">跳闸回路中的方向元件</td><td>3.0</td><td rowspan="2"></td></tr>
<tr><td colspan="2">跳闸回路中的电流和电压元件</td><td>2.0</td></tr>
<tr><td colspan="2">跳闸回路中的阻抗元件</td><td>1.5</td><td>个别情况下灵敏系数可为 1.3</td></tr>
<tr><td rowspan="2">高频相差保护</td><td colspan="2">跳闸回路中的电流和电压元件</td><td>2.0</td><td rowspan="2"></td></tr>
<tr><td colspan="2">跳闸回路中的阻抗元件</td><td>1.5</td></tr>
<tr><td>发电机、变压器、线路和电动机的纵联差动保护</td><td colspan="2">差电流元件</td><td>2.0</td><td></td></tr>
<tr><td>母线的完全电流差动保护</td><td colspan="2">差电流元件</td><td>2.0</td><td></td></tr>
<tr><td>母线的不完全电流差动保护</td><td colspan="2">差电流元件</td><td>1.5</td><td></td></tr>
<tr><td>发电机、变压器、线路和电动机的电流速断保护</td><td colspan="2">电流元件</td><td>2.0</td><td>按保护安装处短路计算</td></tr>
<tr><td rowspan="4">后备保护</td><td rowspan="2">远后备保护</td><td colspan="2">电流电压及阻抗元件</td><td>1.2</td><td rowspan="2">按相邻电力设备和线路末端短路计算（短路电流应为阻抗元件精确工作电流 2 倍以上）</td></tr>
<tr><td colspan="2">零序或负序方向元件</td><td>1.5</td></tr>
<tr><td rowspan="2">近后备保护</td><td colspan="2">电流电压及阻抗元件</td><td>1.3</td><td rowspan="2">按线路末端短路计算</td></tr>
<tr><td colspan="2">负序或零序方向元件</td><td>2.0</td></tr>
<tr><td>辅助保护</td><td>电流速断保护</td><td colspan="2"></td><td>1.2</td><td>按正常运行方式下保护安装处短路计算</td></tr>
</table>

注　1. 主保护的灵敏系数除表中注出者外，均按保护区末端计算。

2. 保护装置如反应故障时增长的量，灵敏系数为金属性短路计算值与保护整定值之比；如反应故障时减少的量，则为保护整定值与金属性短路计算值之比。

3. 各种类型保护中接于全电流和全电压的方向元件，灵敏系数不作规定。

4. 本表内未包括的其他类型保护装置，灵敏系数另作规定。

表 1-14　　　　　　不同接线不同相数电流保护校验灵敏度用的最小短路电流和短路类型

序号	保护接线方式及相别	流过保护的最小短路电流及短路类型		
		不经变压器的短路及经 Y，y 变压器的短路情况	经 Y，d11 变压器的短路情况	
			变压器另一侧保护中电流	两相与三相短路流过保护的电流比
1	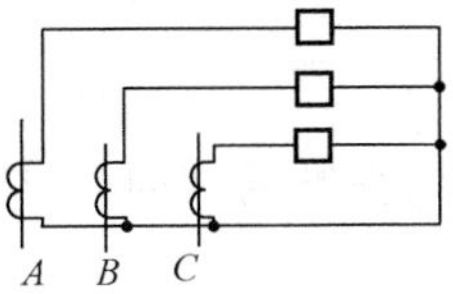	$I_d^{(2)} = \frac{\sqrt{3}}{2} I_d^{(3)}$	$I_d^{(2)} = I_d^{(3)}$	相同 1∶1
2	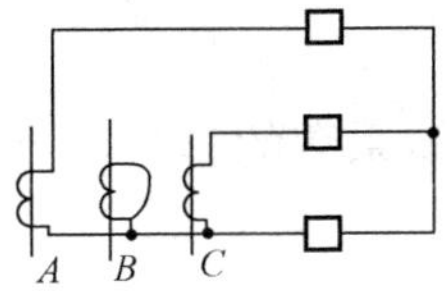	$I_d^{(2)} = \frac{\sqrt{3}}{2} I_d^{(3)}$	$I_d^{(2)} = I_d^{(3)}$	相同 1∶1
3	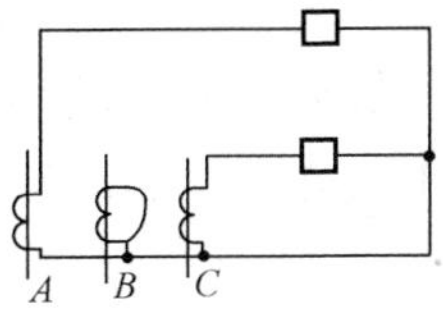	$I_d^{(2)} = \frac{\sqrt{3}}{2} I_d^{(3)}$	在△侧 $D_{AB}^{(2)}$ 或在人侧 $D_{BC}^{(2)}$ 时，另一侧 $\frac{1}{\sqrt{3}} I_d^{(2)} = \frac{1}{2} I_d^{(3)}$	两相较小有 1/3 机会 0.5∶1；有 2/3 机会 1∶1
4	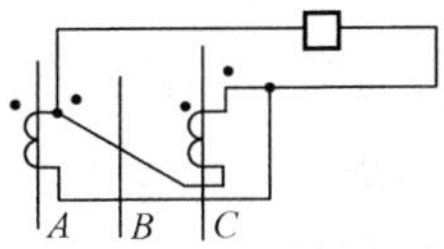	$D_{AB}^{(2)}$ 与 $D_{BC}^{(2)}$ 时相同 $I_d^{(2)} = \frac{3}{2} I_d^{(3)}$ $D_{CA}^{(2)}$ 时 $2I_d^{(2)} = \sqrt{3} I_d^{(3)}$	在△侧 $D_{BC}^{(2)}$ 与 $D_{CA}^{(2)}$ 相同，在人侧 $D_{AB}^{(2)}$ 与 $D_{CA}^{(2)}$ 相同，$\sqrt{3} I_d^{(2)} = \frac{\sqrt{3}}{2} I_d^{(3)}$ 在△侧 $D_{AB}^{(2)}$，在人侧 $D_{BC}^{(2)}$，$I_d^{(2)} = 0$	两相较小有 1/3 机会 0∶1；有2/3机会0.866∶1
5	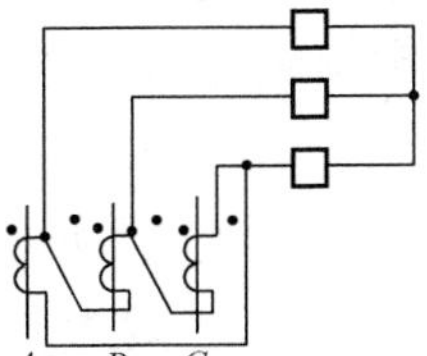	$2I_d^{(2)} = \sqrt{3} I_d^{(3)}$	$\sqrt{3} I_d^{(2)} = \frac{3}{2} I_d^{(3)}$	两相较小 0.866∶1
6	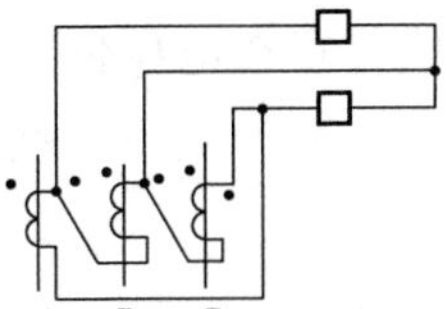	$D_{BC}^{(2)}$ 时，A、C 相中 $I_d^{(2)} = \frac{\sqrt{3}}{2} I_d^{(3)}$； B 相中 $2I_d^{(2)} = \sqrt{3} I_d^{(3)}$	$\sqrt{3} I_d^{(2)} = \frac{3}{2} I_d^{(3)}$	两相较小 0.866∶1

注　1. $I_d^{(3)}$、$I_d^{(2)}$ 分别表示三相及两相短路时短路点的相电流。

2. $D_{AB}^{(2)}$、$D_{BC}^{(2)}$、$D_{CA}^{(2)}$ 分别表示 AB、BC、CA 相别的两相短路。

3. 变压器接线组别符号 Y，d11（国家新标准）对应人/△-11（国家旧标准）。

对由几个检测元件构成的整套保护装置，因为各个检测元件担任的任务不同，对它们灵敏度的要求也不同，一般应满足

$$闭锁元件的 K_{lm} > 起动元件的 K_{lm} > 测量元件的 K_{lm}$$

例如方向过电流保护，要求方向元件的 $K_{lm} \geqslant 2$，电流测量元件的 $K_{lm} \geqslant 1.3 \sim 1.5$。对整套保护装置的灵敏系数，则应以各元件中最小的灵敏系数来代表。

选择计算灵敏系数的运行方式是至关重要的。选择的恰当与否直接影响对保护效果的评价。因此，一般应以选择常见的不利运行方式为原则。

校验灵敏度应注意以下问题：

(1) 计算灵敏系数，一般规定以金属性短路为计算条件。仅当特殊需要时，才考虑经过渡电阻短路进行计算。

(2) 选取不利的短路类型。

(3) 保护动作时间较长时，应计及短路电流的衰减。

(4) 对于有两侧电源的线路保护，应考虑保护相继动作对灵敏系数的影响，可能提高或降低灵敏系数。

(5) 经 Y，d 接线变压器之后的不对称短路，各相中短路电流分布将发生变化。接于不同相别、不同相数的保护，其灵敏度也不相同。

(6) 在保护动作的全过程中，灵敏系数均需满足规定的要求。例如：发生故障时保护第一次动作跳闸，重合闸重合于故障上，或手动试送断路器时又合于故障上；在单相重合闸过程中，非故障相再故障等。

五、自起动系数

按负荷电流整定的保护，必须考虑负荷电动机自起动状态的影响。当电力系统发生故障并被切除后，电动机将产生自起动过程，出现很大的自起动电流。负荷端电压降低的时间愈长(即切除故障的时间愈长)，电动机堕走转数下降愈多，自起动电流也愈大。极限状态是电动机由静止状态起动起来，自起动电流达到最大值。一般考虑自起动就选择这种极限状态。

自起动电流比负荷电流大许多倍，而且延续时间又长，故按负荷电流整定的保护整定公式中，需要引入自起动系数。自起动系数等于自起动电流与额定负荷电流之比，用 K_{zqd} 表示。

单台电动机在满载全电压下起动，一般 K_{zqd} 约为 4～8，综合负载（包括动力负荷与恒定负荷）的 K_{zqd} 约为 1.5～2.5，纯动力负荷（多台电动机的综合）的 K_{zqd} 约为 2～3。

顺便指出，在实际运行中，某些负荷因其工艺流程要求不允许自起动状态，所以在负荷端电压低到规定值时，便自动切除一部分电动机，例如低电压释放装置在电压低于保持工作电压时即自动断开电动机。这样，在电力系统故障过程中即切除了一部分负荷，使自起动电流减小，必要时可计及这一因素。

选择自起动系数应注意以下几点：

(1) 动力负荷比重大时，应选用较大的系数。

(2) 电气距离较远（即经过多级变压或线路较长者）的动力负荷，应选用较小的系数。

(3) 切除故障时间较长或负荷断电时间较长时，应选用较大的系数。

六、非周期分量系数

在电力系统短路的暂态过程中，短路电流含有非周期分量，其特征是偏移于时间轴一边，并随时间的延长而衰减。非周期分量对保护的正确工作有很大影响，反应在电流数值上增大了有效值，使电流互感器产生饱和，增大了差动保护的差电流以及使某些保护产生测量误差等。为消除它的影响，除在保护装置原理中采取措施加以消除外，在整定计算中还需采取加大定值的措施。在整定计算公式中引入非周期分量系数。非周期分量系数等于含有非周期分量的全电流有效值与周期分量电流有效值之比。非周期分量系数用 K_{fzq} 表示。

对带有躲非周期分量特性的差动保护，例如 BCH 型差动继电器，取 $K_{fzq}=1.3$；对不带躲非周期分量特性的差动保护，例如 DL 型电流继电器，取 $K_{fzq}=1.5\sim2$。

对于电流速动保护，其非周期分量系数一般在可靠系数中加以考虑，即适当加大系数。

第 1-7 节　整定配合的基本原则

电力系统中的继电保护是按断路器配置装设的，因此，继电保护必须按断路器分级进行整定。继电保护的分级是按保护的正方向来划分的，要求按保护的正方向各相邻的上、下级保护之间实现配合协调，以达到选择性的目的。这是继电保护整定配合的总原则。

在继电保护整定计算时，应按该保护在电力系统运行全过程中均能正确工作来设定整定计算的条件。举例来说，对于相电流过流保护，其任务是切除短路故障，但它在电力系统运行中将会遇到各种运行状态（包括短路、振荡、负荷自起动、重合闸等），除了在其保护范围内发生短路故障时应该动作外，在其他任何运行状态下它都不应动作。因此，在进行相电流过流保护整定计算时，就必须考虑并满足可能遇到的各种运行状态。

当保护装置已经具有防止某种运行状态下误动作的功能时，则整定计算就不再考虑该运行状态下的整定条件。

总之，归纳起来整定计算时应考虑的运行状态有：

（1）短路（三相短路、两相短路、单相接地、两相接地短路）及复故障。

（2）断线及非全相运行。

（3）振荡。

（4）负荷电动机自起动。

（5）变压器励磁涌流。

（6）发电机失磁、进相运行。

（7）重合闸及手动合闸，备用电源（设备）自动投入。

（8）不对称、不平衡负荷。

（9）保护的正、反方向短路。

继电保护的整定计算方法按保护构成原理分为两种。第一种是以差动为基本原理的保护，包括发电机、变压器、母线等差动保护，各种纵联方式的线路保护，如高频保护。它们在原理上具备了区分内、外部故障的能力，保护范围固定不变，而且它们的整定值与相邻保护没有配合关系，具有独立性，整定计算也比较简单。第二种是阶段式保护，它们的整定值要求与相邻的上、下级保护之间有严格的配合关系，而它们的保护范围又随电力系统运行方式的改变而变化，所以阶段式保护的整定计算是比较复杂的，整定结果的可选性也是比较多的。

一、各种保护的通用整定方法

各种保护的通用整定方法做如下介绍：

(1) 根据保护装置的构成原理和电力系统运行特点，确定其整定条件及整定公式中的有关系数。

(2) 按整定条件进行初选整定值，按电力系统可能出现的最小运行方式校验灵敏度，其灵敏系数应满足要求，在满足要求之后即可确定为选定的整定值。若不满足要求，就需重新考虑整定条件和最小运行方式的选择是否恰当，再进一步还可考虑保护装置的配置和选型问题。然后，经过重新计算直到选出合适的整定值。

二、各种差动及纵联原理保护的整定

这种保护（包括差动保护及各种纵联式保护，如导引线差动保护、各种高频保护等）的整定计算可以独立进行。它只要满足电力系统运行变化的限度就可确定整定值。

三、阶段式保护的整定

(1) 相邻上、下级保护之间的配合有三个要点：第一，在时间上应有配合，即上一级保护的整定时间应比与其相配合的下一级保护的整定时间大一个时间级差 Δt；第二，在保护范围上有配合，即对同一故障点而言，上一级保护的灵敏系数应低于下一级保护的灵敏系数；第三，上、下级保护的配合一般是按保护正方向进行的，其方向性一般由保护的方向特性或方向元件来保证。对于电流保护，为了提高其保护的可靠性，对其中的某一段保护如果它的整定值已能与反方向相应保护段配合时，应该取消方向元件对该段保护的控制。按保护的反方向进行配合而增大整定值的配合方法，一般是不可取的。

(2) 多段保护的整定应按保护段分段进行。第一段（一般指无时限保护段）保护通常按保护范围不伸出被保护对象的全部范围整定。其余的各段均应按上、下级保护的对应段进行整定配合。所谓对应段是指上一级保护的二段与下一级保护的一段相对应。同理类推其他保护段。当这样整定的结果不能满足灵敏度的要求时，可不按对应保护段整定配合，即上一级保护的二段与下一级保护的二段配合，或与三段配合。同理，其余各段保护亦按此方法进行，直至各段保护均整定完毕。

应当提出，多段式保护的最后一段，还可以采用各级保护最后一段之间相配合的方法。这种方法的优点是提高了保护的远后备性能，缺点则是整定时间过长，甚至达到不可接受的程度。特别是在环网中还有循环配合无终止的弊病，以致无法取得整定结果。实际上，为了取得较好的整定方案，以上几种整定配合方法总是交错使用的，经过分析比较后才能最后确定整定值。所以，这也是多段式保护整定比较复杂的原因之一。

(3) 一个保护与相邻的几个下一级保护整定配合或一种保护需按满足几个条件进行整定时，均应分别进行整定取得几个整定值，然后在几个整定值中选取最严重的数值为选定的整定值。具体来说，对反映故障量增大而动作的保护，应选取其中的最大值；对反映故障量减小而动作的保护，应选取其中的最小值。保护的动作时间则总是选取各条件中最长的时间为整定值。

（4）多段式保护的整定，应以改善提高主保护性能为主，兼顾后备性。当主保护段保护效果比较好时，可以尽量提高后备保护的作用。

（5）整个电网中阶段式保护的整定方法。首先，对电网中所有线路的第一段保护进行整定计算，然后，再依次进行所有线路的第二段保护整定计算，直至全网各段保护全部整定完毕。

（6）具有相同功能的保护之间进行配合整定。例如相间保护与相间保护进行配合，接地保护与接地保护进行配合。在特殊情况下，若不同功能的保护同时反应了一种故障，这种情况应防止无选择性的越级动作。举例来说，在线路上发生了相间短路，相邻上一级的零序电流保护某一段因不平衡电流过大而误动作，此时可通过提高该段保护的整定值来加以防止。

（7）判定电流保护是否使用方向元件的方法。

1）在一条线路的两侧，取具有相同整定时间的保护段，比较其动作电流。对于动作电流小者，应使用方向元件：动作电流大者，不使用方向元件：若相比的两个动作电流相等或相近（两个动作电流相差不大于5%），则两侧的保护段均不使用方向元件。

2）一条线路两侧的保护，若没有相同的整定时间段时，则改为与对侧中比本侧低一个时间级差（没有低一个时间级差的可选取低两个时间级差的，余之类推）的保护段相比，两者中动作电流小者使用方向元件，动作电流大者可不用方向元件。

四、反时限电流保护的整定特点

反时限电流保护的动作时间与其工作电流的倍数 K 值有关，两者呈反时限曲线关系。K 值等于流入继电器的电流与整定的动作电流之比

$$K=\frac{I_j}{I_{dz\cdot j}} \tag{1-14}$$

式中　I_j ——流入继电器的工作电流：

$I_{dz\cdot j}$ ——继电器的动作电流。

反时限保护的整定值，除了应给出动作电流和时间之外，还必须给出在指定点的 K 值下的动作时间，也即在指定点取得 Δt 而实现时间配合的时间，这是与定时限保护不同的。

（一）反时限保护与反时限保护的配合整定

在图1-4（a）中，当断路器 $1DL$ 与 $2DL$ 均装有反时限电流保护时，以整定 $1DL$ 的保护1为例，整定方法如下。

（1）保护1按有关整定条件进行整定，选定动作电流 $I_{dz(1)}$。

（2）计算出在保护2出口短路时的短路电流 I_d。

（3）求出保护1和保护2的电流倍数

$$K_1=\frac{I_d}{I_{dz(1)}},\quad K_2=\frac{I_d}{I_{dz(2)}}$$

（4）根据保护2的反时限特性，查得保护2在 K_2 电流倍数下的动作时间 $t_{bh(2)}$，则保护1的动作时间定在 K_1 电流倍数下为

$$t_{bh(1)} = t_{bh(2)} + \Delta t$$

保护时间配合特性曲线如图 1-4（d）所示。Δt 的配合点在保护 2 的出口处。

（二）定时限保护与反时限保护配合整定

在图 1-4（a）中，当断路器 1DL 装定时限保护，而 2DL 装反时限保护时，以整定保护 1 为例，整定方法如下。

（1）保护 1 按有关整定条件进行整定，选定动作电流 $I_{dz(1)}$。

（2）按保护 1 保护范围末端短路求取 I_d，也就是 $I_d = I_{dz(1)}$。

（3）求出保护 2 的电流倍数 K_2，即

$$K_2 = \frac{I_d}{I_{dz(2)}} = \frac{I_{dz(1)}}{I_{dz(2)}}$$

（4）根据保护 2 反时限特性，查得在 K_2 电流倍数下的动作时间 t_2，则保护 1 的动作时间为

$$t_{bh(1)} = t_{bh(2)} + \Delta t$$

保护时间配合特性曲线如图 1-4（c）所示。Δt 的配合点在保护 1 的保护范围末端。

五、继电保护的二次定值计算

继电保护的整定计算一般是在同一电压等级上以一次值进行的。在整定方案选定后需要换算至二次值（经电流、电压互感器变比换算）。二次值的取值精度应根据仪器、仪表的精度来确定，一般可准确至 2～3 位数即可。

由一次定值换算至二次定值，需要引入接线系数，应予注意。

1. 电流保护

$$I_{dz\cdot j} = \frac{I_{dz}K_{jx}}{n_{LH}} \tag{1-15}$$

式中　$I_{dz\cdot j}$——二次动作电流；

I_{dz}——一次动作电流；

K_{jx}——接线系数。变流器接线为△时，K_{jx} 取$\sqrt{3}$；变流器接线为⅄时，K_{jx} 取 1；变流器接线为两相差接时，K_{jx} 取$\sqrt{3}$；

n_{LH}——电流互感器变比。

2. 电压保护

$$U_{dz\cdot j} = \frac{U_{dz}}{K_{jx}n_{YH}} \tag{1-16}$$

式中　$U_{dz\cdot j}$——二次动作相间电压（线电压）；

U_{dz}——一次动作相间电压；

K_{jx}——接线系数。继电器接于相间电压时，K_{jx} 取 1；继电器接于相电压时，K_{jx} 取$\sqrt{3}$；

n_{YH}——电压互感器变比。

3. 距离保护

$$Z_{dz\cdot j} = Z_{dz}\frac{n_{LH}}{n_{YH}}K_{jx} \quad (\Omega/\text{相}) \tag{1-17}$$

式中　$Z_{dz \cdot j}$——二次动作阻抗，Ω/相；

Z_{dz}——一次动作阻抗，Ω/相；

n_{LH}、n_{YH}——分别为电流、电压互感器的变比；

K_{jx}——接线系数。方向阻抗继电器接入相电压、相电流时，K_{jx} 取 1；接入相间电压、两相电流差时，K_{jx} 取 1；接入相间电压、相电流时，K_{jx} 取 1（包括 +30°和 −30°两种接线方式）；全阻抗继电器接入相间电压、两相电流差时，K_{jx} 取 1：接入相间电压、相电流时，取$\sqrt{3}/2$（包括 +30°和 −30°两种接线方式）。

第 1-8 节　整定计算的工具

继电保护的整定计算是整体性很强的工作，电力系统中各级的各种保护之间都有配合的要求，因而计算工作量很大。计算工具的优劣，对解除繁重的劳动和保证计算结果的正确性具有重要意义。

在我国电力系统中，计算工具经历了由低级到高级的发展过程。50 年代初，用计算尺计算短路电流和进行整定计算；以后使用直流计算台计算短路电流；由于电网中多回路零序互感的出现，又发展为用直流计算台通入交流解决模拟零序互感问题，同时还可进行复杂的故障计算，使计算手段提高了一步。随着电子计算机应用的普及，70 年代初期首先将电子计算机用于短路故障计算，之后，进一步开发了利用计算机进行整定计算，可直接给出整定值，这时开始进入较高级阶段。利用计算机进行整定计算使工作效率提高了几倍，对提高计算准确性和防止出现差错等方面也提供了可靠保证。

目前，国内电力系统中继电保护运行部门使用微型计算机较为普遍，一般可实现下列功能：

（1）短路故障计算。

（2）继电保护整定分支系数计算。

（3）继电保护整定值的配合整定，可制表、制图。

（4）电力系统设备参数的管理。

（5）继电保护动作分析统计制表。

继电保护利用微型计算机进行整定计算还处于初期阶段，在软件方面有待进一步开发。使用计算机进行整定计算，目前还不能百分之百的由计算机自动完成，必要时还需加以人工干预，对某些难点需要人工设置整定值来解环，计算机才能给出可用的结果。出现这种情况的原因有两个方面：其一是电网结构比较复杂，按继电保护整定条件界限计算机走入“死点”不能进行下去，需要人工解环；其二是继电保护整定界限并不是不可逾越的，例如某个保护装置定值的灵敏系数达不到要求但又接近规定的数值时，其结果对局部、个别可能是不可取的，但对全局、整体整定方案则可能是可取的。因此，一个整定方案的可选性就可能有几个，这是计算机所不能选定的。今后，随着软件开发的深入发展，利用计算机进行继电保护整定计算一定会进入得心应手的高级阶段。

第二章　电力系统故障及振荡计算

第2-1节　电力系统故障及振荡概述

一、电力系统故障原因、种类、特征及后果

（一）故障原因

电力系统故障原因有：

（1）大自然方面造成的原因：雷击、雾闪、暴风雪、动物活动、植物生长、大气污染等，造成电气设备对地闪络放电或相间短路，或倒杆断线对地直接接地短路等故障。

（2）人员方面造成的原因：误操作、安装调试及运行维护不良、或运行方式不当等，造成电气设备短路、接地、过负荷、过电压等故障，而导致电气设备损坏。

（3）设备本身缺陷、绝缘老化或外力破坏等其他原因造成设备故障。

（二）故障种类

1. 单相接地短路

单相接地短路是最常见故障，约占全部故障机率的80%以上。对于中性点直接接地系统或中性点接地的三相四线制系统发生单相接地（或对零相短路）时，要求迅速切除故障点（由继电保护装置或保险器完成，以下同）；对于中性点不接地系统或中性点经消弧线圈接地的系统发生单相接地时，允许短时间带接地点运行，但要求尽快寻找接地点，将接地部分退出运行并进行处理。

2. 两相接地短路

两相接地短路故障一般不超过全部故障机率的10%。在中性点直接接地系统中，这种故障多在同一地点发生；在中性点非直接接地系统中，常见情况是先发生一点接地，而后其他两相对地电压升高，在绝缘薄弱处形成第二点接地，此两点接地多数不在同一地点。两相接地短路后，要求迅速切除故障点。

3. 两相短路及三相短路

两相短路及三相短路故障相对较少，一般不超过全部故障机率的5%。但是这种故障比较严重，故障发生后要求更迅速切除故障。

4. 断相

断相故障包括线路断线、断路器断相等。故障机率更少，约为1%。这种故障造成系统非全相运行，一般不允许长期存在，应由继电保护装置自动切除或由运行人员手动断开其他健全相。

5. 绕组匝间短路

这种故障发生在发电机、变压器、调相机、电动机等电机电器内部的绕组中，故障机率极少，但能严重损坏设备。一旦发生这类故障，要求由继电保护装置（匝间短路保护、瓦斯

保护等）迅速切除故障设备。

6. 转换性故障、重迭性故障

当发生以上五种故障之一后，往往由于故障的演变和扩大，可能由一种故障转换为另一种故障，或发生两种及两种以上的重迭性故障（通称复故障）。这种故障约占全部故障机率的5%以下。

（三）故障特征

1. 近距离短路点故障特征

近距离短路点是指距电源的电气距离较近、短路阻抗较小（一般指归算至各该电源容量的标么阻抗值<3）的短路点。近距离短路点对电源影响较大，发电机端电压下降很多，故障电流很大，因而发电机电枢去磁作用很强，致使短路电流中的周期分量随时间而衰减。但是由于发电机的自动电压调整装置及强行励磁装置很快动作，从而使短路电流中的周期分量还会回升（无自动电压调整装置时，不会回升）。对于带时限的保护装置，在校核其保护性能时，要考虑这种近距离短路点短路电流变化的故障特征。带自动电压调整装置的发电机电网内，近距离短路点三相短路电流（其中一相电流相角为－90°时短路）在短路过程中的电流变化曲线，如图 2-1（*a*）所示。图中：u_{fh}、i_{fh} 为正常运行方式下的电压及负荷电流；i_{zq}、

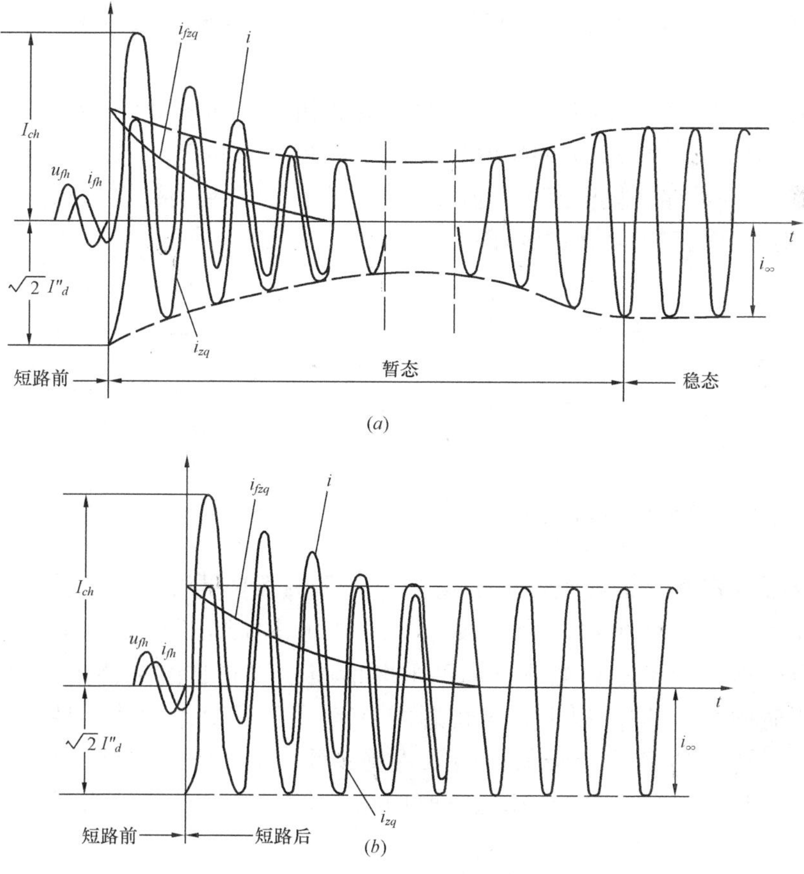

图 2-1　短路电流变化曲线

（*a*）近距离短路；（*b*）远距离短路

i_{fzq} 为短路暂态过程中短路电流周期分量及非周期分量瞬时值；i、i_{ch} 为实际短路电流瞬时值及冲击电流；I''_d 为短路开始后第一周期内短路电流周期分量有效值，即起始次暂态短路电流；i_∞ 为短路进入稳态过程后稳态短路电流瞬时值的最大值。短路电流非周期分量衰减时间一般为 0.1～0.2s，暂态过程持续时间一般为 3～5s。

2. 远距离短路点故障特征

远距离短路点是指距电源电气距离较远、短路阻抗较大（一般指归算至各对应电源容量的阻抗标么值>3）的短路点。远距离短路点对电源影响不大，即发电机端电压变化很小，其电压调整装置及强行励磁装置均可能不动作，发电机电势保持恒定，短路电流不衰减，如图 2-1（*b*）所示。

3. 超高压输电线路故障特征

超高压输电线路一般为重负荷长线路，采用分裂导线，有时还采用串联电容补偿或并联电抗补偿。因此，和中、低压线路故障比较，有显著的区别。

（1）超高压输电线路负荷电流大、线路阻抗大，当线路发生故障时，短路电流水平较负荷电流相差不大，因此，反应全电流的保护装置一般不适用。由于负荷电流大、线路阻抗大，线路输送的功率接近稳定极限（有时按低于静稳极限而高于动稳极限运行），因此，当线路发生故障时，必须快速切除（为保证快速切除故障，一般由双重主保护完成），否则，将可能引起系统振荡。

（2）线路的分布电容，影响故障电流的幅值和相位，如图 2-2、图 2-3 所示。当线路 XL_2 故障时，线路 XL_1 两侧电流的幅值和相位与不计分布电容 C 比较，有明显的差别（应当注意，正常运行时线路两侧电流的幅值和相位也有较小的差别）。在分析高频相差等保护动作性能时，对上述故障点需作详细计算。

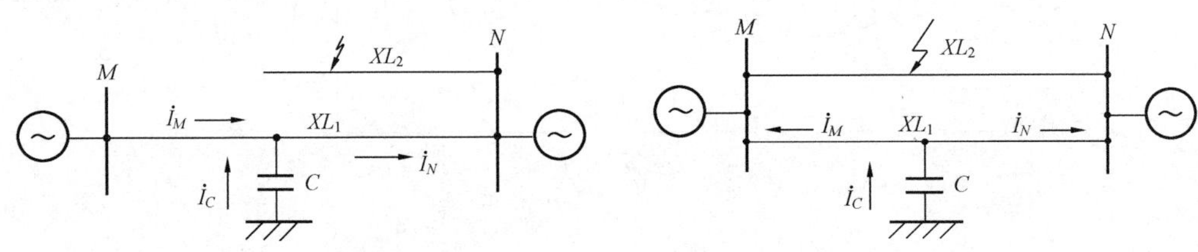

图 2-2　分布电容影响之一　　　图 2-3　分布电容影响之二

线路的分布电容及三相导线间的电场耦合，影响故障点电弧电流的熄灭。如图 2-4 所示，当线路发生单相接地故障时，故障相两侧断路器断开后，由于健全相对故障相存在电场耦合，就产生了潜供电流，如不采取措施（如并联电抗器中性点串电阻），此电流电弧熄灭时间可长达 1s 以上，这将影响自动重合闸动作的速动性。如采用快速重合闸方式，则重合成功率就会降低；如采用慢速重合闸方式（重合闸时间大于潜供电流电弧熄灭的最长时间），则非全相运行时间增长，有些保护装置需退出运行，以防止误动作。

（3）超高压输电线路使用串联电容补偿及并联电抗补偿时，在线路发生短路故障后，暂态过程要增长，而且故障电流中存在高频、低频、直流电流分量，这将对继电保护装置有一定影响，即：当发生外部故障时可能误动；当发生内部故障时可能延迟故障切除时间。另外，对于带串联电容补偿的线路，当发生三相短路或系统振荡时，可能引起电容器保护间隙不对称击穿，从而产生负序及零序分量，影响继电保护的性能。

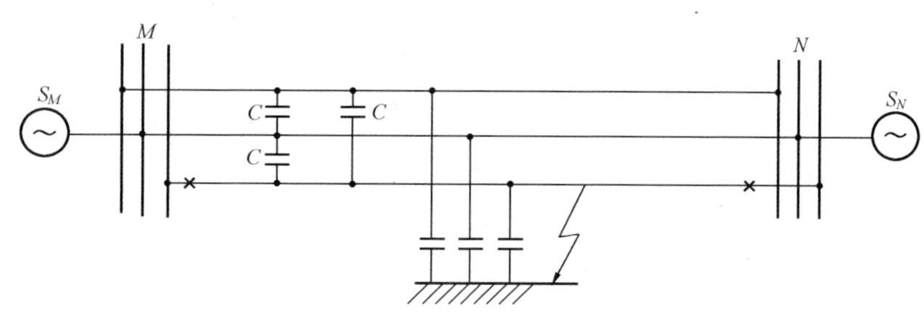

图 2-4　分布电容影响之三

4. 经过渡电阻的短路故障

在短路故障中，金属性短路是比较少的（例如人员误操作，带接地线合断路器造成三相接地短路等），一般情况下都是经过渡电阻短路的。过渡电阻包括故障点的电弧电阻、杆塔及其接地电阻、短接物电阻等。过渡电阻并非常数，故障开始时刻很小，随故障持续时间的延长而增大，因而故障电流也并非常数。实践证明，由于过渡电阻随故障持续时间延长而增大（主要是电弧拉长使电阻增大），故障电流有可能降低到不足于维持电弧而使故障点自然消失，有时短接物被烧掉也可能熄弧，使故障消失。

5. 瞬时性短路故障

实践证明，瞬时性短路故障较为普遍，在全部故障统计中，特别是输电线路的故障统计中，三分之二以上是瞬时性的，永久性故障较少。根据这一特点，在输电线路上均使用了自动重合闸装置，以提高供电可靠性。

（四）故障后果

电气设备发生故障后，其继电保护装置如果能够迅速切除，则其后果和影响并不可怕，系统能很快恢复正常运行。否则，其后果和影响将很严重。第一，故障电流的热效应和电动力的机械效应，直接加重故障设备的损坏程度；第二，系统中其他正常设备也由于电流增大、电压降低难以继续正常运行；第三，对那些近距离故障点或超高压电网内故障，切除时间较长将引起发电厂或发电机之间失去同步，有时导致系统振荡、破坏系统稳定运行，这不仅是电力系统的灾难，也是用户的灾难；第四，对于大电流接地系统的接地故障，由于接地故障电流电磁互感的影响，对平行的通信线路或铁路信号系统产生干扰，也有可能危及人身和设备安全。

实践证明，电力系统的故障，不仅严重威胁发供电设备，而且对社会有极其不良的影响，甚至在事故当中往往会由于某一原因又引起事故的扩大（例如事故中断路器或继电保护不正确动作，或工作人员对事故处理不当等）。因此，对电力系统来说，不论是简单故障还是复杂故障，其后果都难以预测。为此，电力系统提出“安全第一”的指导思想，并采取种种反事故措施，尽量避免事故，以保证电力系统安全运行。

二、电力系统振荡原因、种类、特征及后果

（一）振荡原因

1. 静稳定破坏引起系统振荡

静稳定破坏是指系统无短路故障情况下，即正常运行中受到小的干扰，例如系统中较大机组的开停或失去励磁、负荷较大的变动、电磁环网的解环使潮流变化较大等原因，均可能引起发电机组的摆动。发电机组在摆动过程中，其本身可能因为无能力自动调节平衡、无能力恢复到原来运行状态而发生失步，此时即称静稳定破坏。

电力系统内各发电机组正常运行时，其原动机的机械功率（即驱动功率）与发电机向系统输送的电功率（即制动功率）保持平衡。此时，各发电机同步运行，转速保持额定。图2-5为静稳定储备大时（单机向无限大系统送电）的功角特性图。图中，P_0 为原动机驱动功率，曲线 $P=\frac{\dot{E}\dot{U}}{Z_\Sigma}\sin\delta$ 为发电机电功率（式中 $\dot{E}$ 为发电机电势，$\dot{U}$ 为无限大系统母线电压，δ 为 $\dot{E}$ 超前 $\dot{U}$ 的相角，Z_Σ 为发电机与系统之间综合阻抗）。正常运行时，工作点在 a 处，直线 P_0 与曲线 P 相交，即驱动功率等于制动功率，处于平衡状态。当系统受到小的扰动使发电机的工作点短时由 a 移向 a' 时，发电机暂时处于不平衡状态；当扰动消失后，由于发电机原动机功率 P_0 未变，并大于对应于 a' 点的制动功率，所以发电机要加速、δ 增大、P 也增加，工作点将由 a' 回到 a，由于惯性，可能到达 a'' 点。此时，制动功率又大于驱动功率，发电机又开始减速，又由于惯性，工作点由 a'' 过 a 而可能到达 a'''，并重复以上过程。当发电机正常运行功角 δ_0 较小（即静稳定储备较大）时，在受到上述小扰动后，经几次摆动，工作点还可回到原来位置，静稳定没有破坏，振荡不发生。当 δ_0 较大（即静稳定储备较小）时，例如图2-6，δ_0 接近 90°（发电机所带负荷较大、系统电压水平较低）时，则由于负荷的波动可能使工作点由 a 降到 a'，再回升到 a 并可能到达 a''，此时驱动功率仍大于制动功率，δ 继续增加，工作点再也回不到原处，此时发电机失步、静稳定破坏，引起发电机与系统之间的振荡。

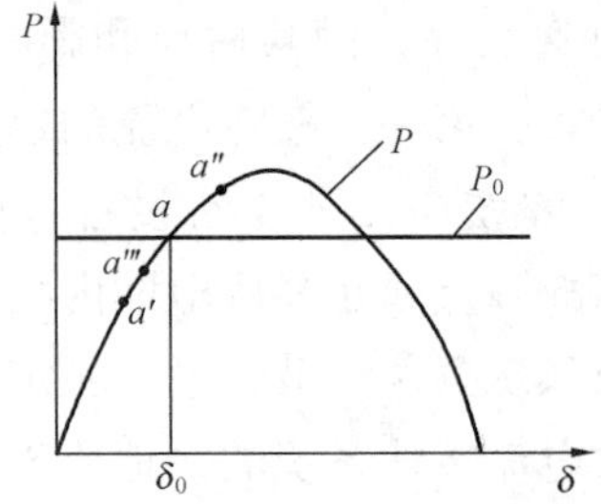

图2-5　静稳定储备大时功角特性

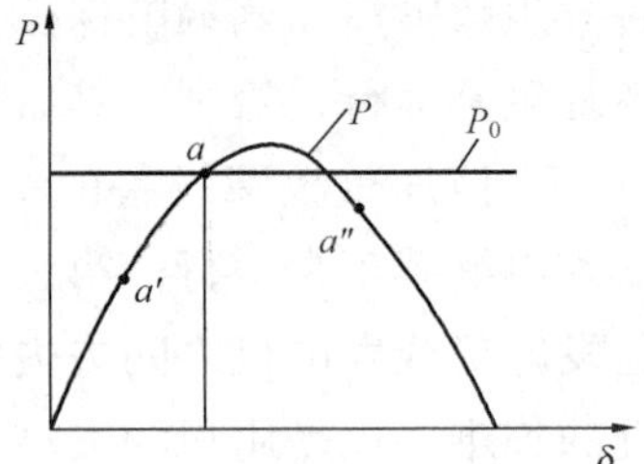

图2-6　静稳定储备小时功角特性

2. 动稳定破坏引起系统振荡

动稳定破坏是指系统受到大的扰动后，例如短路故障等，致使电源之间的转移阻抗剧增、系统电压剧降，发电机电功率减到远小于原动机功率，导致发电机严重加速，如果此时继电保护切除故障时间较长时，即使短路故障已被切除，发电机也无能力恢复同步运行，称动稳定破坏。

避免动稳定破坏的条件是加速面积小于减速面积。图 2-7 为单机经双回线向无限大系统送电，其功角特性如图 2-8 所示。正常运行工作点在 a，电功率为曲线 1；Ⅱ回线故障后，电功率为曲线 3；故障切除后，电功率为曲线 2。故障开始时刻，发电机转速不能突变（惯性作用），即 δ 不变，但电功率由 P_1（等于 P_0）降到 P_2，P_0-P_2 为加速功率，即故障发生后由于发电机驱动功率大于电功率，发电机开始加速，δ 增加，电功率沿曲线 3 上升。当 δ 由 δ_1 增至 δ_2 时，故障被切除，电功率由 P_3 升到 P_4（故障切除时刻仅电功率变化，δ 不变）。此时，$P_4>P_0$，发电机开始减速，但转速仍大于同步转速，仅转速降低，δ 缓慢增加。当 $\delta=\delta_3$ 时，发电机转速降到等于同步转速。由于此时制动功率大于驱动功率，发电机转速开始小于同步转速，δ 开始减小，当 $\delta=\delta_4$ 时，在 h 点功率重新平衡，但由于惯性，发电机将在 h 点附近沿曲线 2 摆动几次，才能停在新的工作点 h 稳定运行，这种情况属于动稳定没有破坏，不会引起系统振荡。从图 2-8 中看出，加速面积 S_{abcd} 小于减速面积 S_{defg}，故动稳定没有破坏。当继电保护动作性能差，切除故障时间较长时，则可能使加速面积大于减速面积，导致动稳定破坏，引起系统振荡。如图 2-9 所示，正常运行及发生故障时刻，功角 $\delta=\delta_1$，切除故障时刻为 $\delta=\delta_2$，则加速面积 S_{abcd} 大于减速面积 S_{defg}，发电机将一直加速，无法恢复同步运行，振荡不息，直至振荡解列装置动作或人为处理将发电机解列停机。

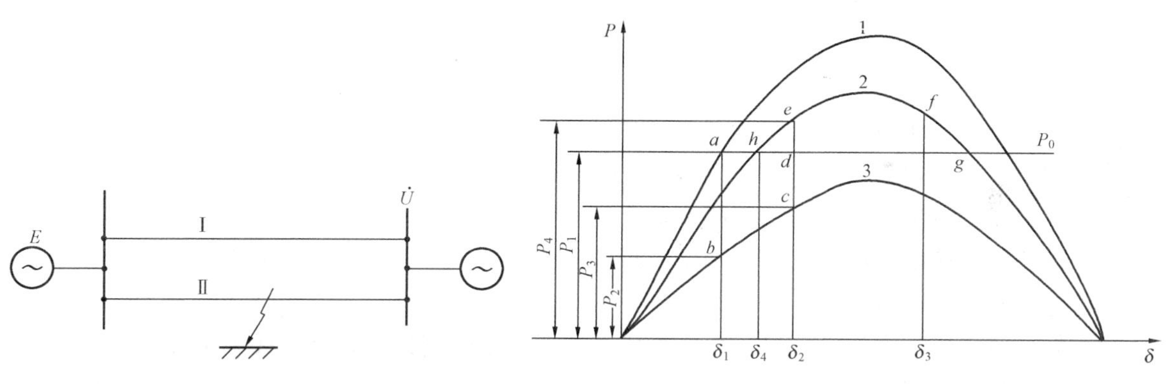

图 2-7　单机经双回线向无限大系统送电（其中Ⅱ回线故障）

图 2-8　不失稳情况功角特性

3. 非同期重合闸引起系统振荡

非同期重合闸装置比较简单，在有条件使用的系统，优先并推广使用。非同期重合闸装置在重合时，两侧电源电势相角差可能很大，最大可能为 180°，在大相角差下合闸；就可能引起系统摆动或振荡。对于使用重合闸装置的线路来说，虽然对瞬时性故障可挽回停电损失（包括非同期重合闸和其他类型的重合闸），但如果重合到永久性故障上，则将产生第二次故障冲击，尤其当重合是在不利时刻进行时，由于连续两次大扰动，更可能引起系统振荡。

（二）振荡种类

1. 衰减振荡（同步振荡）

运行中的发电机，因故与系统振荡后，考虑到以下因素，在异步运行中经过几次摆动，发电机可能再拉入同步。即振荡开始时，振幅大，周期短，经过一段异步运行和摆动之后，振幅逐渐减小，周期逐渐增长，形成衰减性质的振荡，最后又拉入同步。

（1）发电机异步运行中，其轴上的制动功率有同步功率和异步功率两部分。考虑到同步功率的大小和方向在振荡中是变化的，变化量的平均值很小，故以异步功率作用为主。发电机转速增大，异步功率也增大（制动作用增大），异步功率 P_{yb} 与转差率 s 绝对值近似成正比，如图 2-10 所示。转差率越大，制动作用越大，这种作用阻止发电机加速。

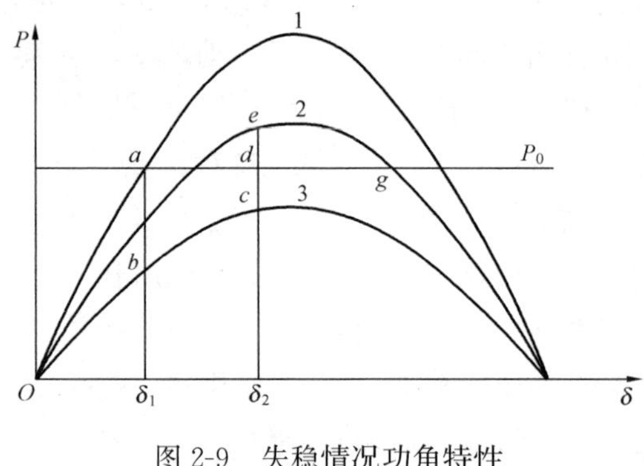

图 2-9　失稳情况功角特性

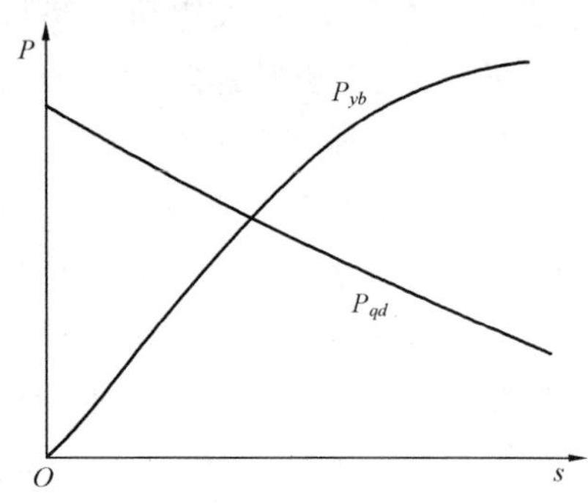

图 2-10　异步功率、驱动功率和转差率的关系

（2）发电机转速增大，其原动机的调速器将起调节作用，减少进汽（或进水）量，使原动机驱动功率 P_{qd} 降低，如图 2-10 所示，减少了发电机的加速动力。

（3）异步运行中发电机的励磁调节系统使励磁电流增加，则同步功率的振荡幅度增加，从而使转差率振荡幅度增加。当转差振幅超过转差平均值时，则转差率可能过零，此时，发电机可能进入同步运行。

（4）对于容量较小的发电机或地区电厂，与大系统联网运行，联络线采用非同期重合闸时，如果电气联系紧密（即同步功率较大），则在非同期重合闸时，即使角差很大，但合闸后仍能被大系统强行拉入同步。

实践证明，在有些情况下，特别是汽轮发电机组在系统振荡或摆动过程中，有时是能够自行平息并恢复正常运行的。图 2-11 是衰减振荡时功角 δ 的变化与时间 t 的关系。其中图（a）是周期性衰减振荡；图（b）是非周期性衰减振荡。δ_1 为原运行功角；δ_2 为新运行状态下功角；δ_3 为振荡时摆动的最大功角。

2. 不衰减的振荡（非同期振荡）

对于电气联系不太紧密的重负荷、长线路连接的两个区域系统，如图 2-12 所示，发生振荡时，自行平息比较困难。原因是：第一，两个区域系统在上述情况下功率很不平衡，如图中所示，M 侧功率过剩，N 侧功率不足，振荡时两侧转速相差可能很大，转差率的平均值较高，可能超过转差率的振幅；第二，电气上的联系较弱，同步功率小，转差率的振荡幅度变化小，难于过零。转差率不能过零或接近零，就不具备再拉入同步的条件，将持续振荡下去，δ 值将由正常运行角度增大到 360°、720°，以至很大，如图 2-13 所示。

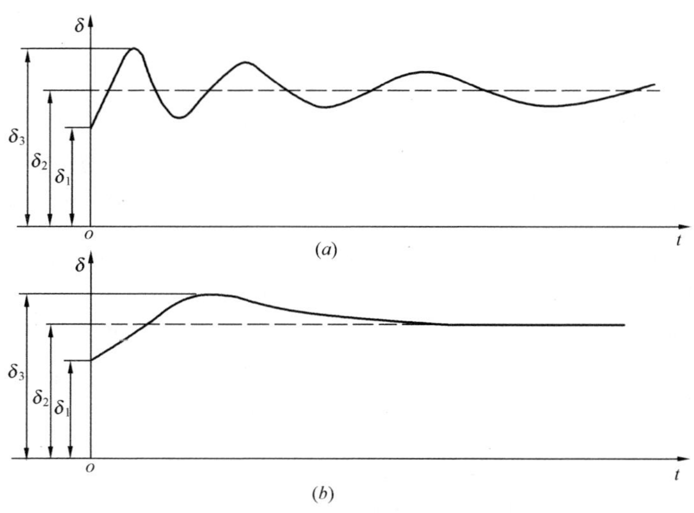

图 2-11　衰减振荡时功角 δ 与时间 t 的关系

（a）周期性衰减振荡；（b）非周期性衰减振荡

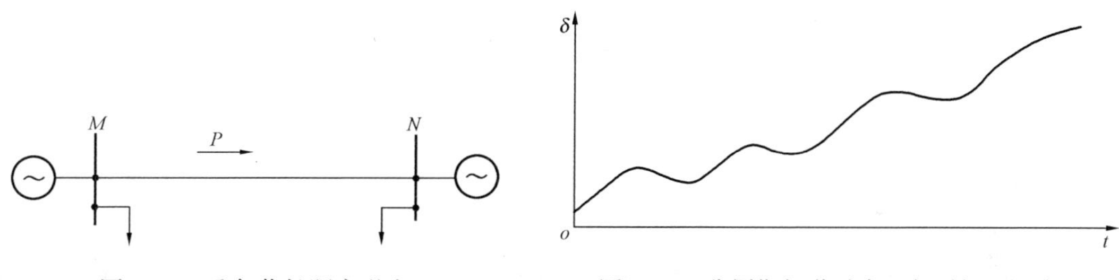

图 2-12　重负荷长距离送电　　　　图 2-13　非周期振荡功角 δ 与时间 t 的关系

（三）振荡特征

1. 振荡周期和时间

发电机失稳后在振荡中，半周期为发电机运行，半周期为电动机运行，其转子电流、定子电流、有功功率、无功功率都在大幅度摆动。摆动周期和持续时间的长短，决定于功率不平衡程度。当送电端电源功率过剩、受电端电源功率不足越严重时，即两侧电源频率差越大时，振荡周期越短、持续时间越长。在振荡的全过程中，振荡周期是变化的，据有关资料（文献 3）统计：振荡开始第一个周期，一般较长，约 1～2s；振荡过程中，振荡周期较短，最短一般约 0.1～0.3s，个别情况可能小于 0.1s；拉入同步前最后一个振荡周期也较长，约 1s 左右。在作有关计算时，振荡周期一般按 1～1.5s 考虑。振荡持续时间的长短和恢复稳定的措施有关。当功率过剩端采取切机或短时投入电气制动、功率不足端采取切负荷或水电机组低频快速自起动投入时，可缩短振荡持续时间。否则，振荡时间可长达数分钟。例如，西北电网在 1987 年 6 月 27 日的一次 110kV～220kV 电磁大环网中，220kV 线路距离保护误动解环，引起 110kV 系统振荡长达 4～5min，直到振荡电流将双回联络线相继烧断为止。由非同期重合闸引起的系统振荡时间，据西北电网统计，一般在 5～6 个周期，约 6～7s 振荡即可停息。

2. 振荡电流和电压

系统振荡时，电流、电压均在周期性脉动变化，一般为三相对称。电流变化幅度决定于电源之间联络阻抗及电势相角差，电压变化幅度决定于某点位置（振荡中电网各点电压值是不同的），处于电气中点或称振荡中心处（当阻抗角相同时，为纵向总阻抗之和的二分之一处），电压变化幅度最大，可在零到额定电压之间变化。但振荡时电流、电压变化与短路故障时电流、电压变化不同，前者是平滑变化，后者是突然变化。

（四）振荡后果

电力系统的振荡事故，有时很严重，可能导致系统瓦解，或使系统解列为几个部分。由于部分地区电力负荷不平衡，则地区电厂很难运行，即使不解列，也要甩掉很多负荷。振荡时，随着电源电势之间相角差的变化，系统各点电压都在脉动变化。靠近振荡中心的用户，由于电压急骤变化，也会严重影响生产甚至停产；对电厂来说，由于电压波动会影响厂用电的正常运行，从而加重事故的严重性；发电机本身也会承受大的冲击电流，危及其安全；有些继电保护装置，不采取措施可能误动，从而扩大事故。因此，系统振荡事故确是系统灾难，必须采取防止系统振荡的各种措施。例如：改善电网结构、加强电气联络、利用各种补偿装置提高电压水平、采用快速励磁、安排合理的运行方式等，提高稳定储备；加强快速保护或采用双重主保护、配置低周减载、振荡解列、远方切机、系统稳定装置等安全自动装置，以保证系统振荡事故发生时，使损失降到最小。

三、电力系统故障及振荡计算假设

工程上的实用计算，一般不要求十分精确，这样可以简化计算条件、减少工作量。为此，作如下假设。

（1）故障及振荡都发生在三相对称的电力系统中，即系统发生故障（对称或不对称故障）及振荡时，各电源的 A、B、C 三相电势不变，大小相等，相位差 120°，三相阻抗相等。这样可以按单相系统（以参考相或特殊相）进行计算。

（2）在作远距离短路点计算及振荡计算时，可认为：电源电势恒定，对短路计算可取标么电势等于 1，电势同相位；对振荡计算可取标么电势等于 1.05，电势相角任意。

（3）在作近距离短路点计算时，要考虑电源电势的变化；同类型发电机电气距离接近时，按同一变化规律计算。短路前后，发电机均按同相、同步运行考虑，认为不因发生短路而使发电机失步和摇摆（这样算出的短路电流值较实际值偏大）。

（4）短路计算一般按金属性短路考虑，不计过渡电阻；当需要专题分析计算时才给予考虑。

（5）不考虑线路的分布电容及并联补偿电抗器的影响；当需要专题分析计算时，才给予考虑。

（6）电阻分量大于 1/3 电抗分量时，用阻抗的模值计算；电阻分量小于 1/3 电抗分量时，不计电阻。当计算非周期分量衰减时间常数时，要考虑电阻。

（7）不考虑元件参数的非线性，计算中可用重迭原理。

（8）简单短路计算一般不考虑负荷电流，当考虑集中负荷时，用固定阻抗表示。

（9）不考虑变压器励磁阻抗（当作无限大），仅按漏抗计算；对于三相三柱全星形接线的变压器的零序电抗要用实测值（即零序励磁阻抗为有限值，应考虑其影响）。

第 2-2 节　近距离故障点短路电流周期分量计算

一、三相短路电流周期分量计算

对近距离短路点，三相短路电流周期分量计算，一般采用运算曲线法。70 年代以前采用苏联机组的典型运算曲线，1980 年原水利电力部“关于试行《短路电流实用计算方法》的通知”（文献 16）印发以后，即采用国产机组的典型运算曲线，详见后面介绍的表 2-5～2-8 及图 2-20～图 2-28，本节将使用这些典型曲线进行计算。

计算步骤和方法：

1. 参数换算及绘制标么阻抗图

采用标么制计算时，通常先将给定的发电机、变压器、线路等元件的原始参数，按一定基准条件（即基准容量和基准电压）进行换算，换算为同一基准条件下的标么值（或采用有名制时换算为同一基准条件下的有名值），然后才能进行计算。标么制计算中，基准条件一般选基准容量 $S_j=100\text{MVA}$，基准电压 $U_j=U_p$（U_p 为电网线电压平均值）。当 S_j、U_j 确定后，对应的基准电流为 $I_j=\dfrac{S_j}{\sqrt{3}U_j}$、基准阻抗为 $Z_j=\dfrac{U_j^2}{S_j}$。当 $S_j=100\text{MVA}$ 时，U_j、I_j、Z_j 值如下：

U_j(kV)	0.23	0.4	0.525	3.15	6.3	10.5	15.75	37	115	162	230	345	525
I_j(kA)	251	144	110	18.3	9.16	5.5	3.665	1.56	0.502	0.356	0.251	0.167	0.11
Z_j(Ω)	$\dfrac{0.0529}{100}$	0.0016	0.0028	0.0995	0.397	1.103	2.48	13.69	132.3	262	529	1190	2756

（1）发电机等旋转电机 x''_d 的换算，即

$$X_{*j}=X''_d\frac{S_j}{S_e} \tag{2-1}$$

式中　X_{*j}——基准条件下的电抗标么值；

X''_d——额定容量条件下的次暂态电抗标么值；

S_j、S_e——基准容量、额定容量（MVA）。

（2）变压器短路电压 $U_k\%$ 的换算，即

$$X_{*j}=\frac{U_k\%}{100}\frac{S_j}{S_e} \tag{2-2}$$

式中　$U_k\%$——短路电压。

其他符号含义同前。

根据定义，短路电压是变压器短路电流等于额定电流时产生的相电压降与额定相电压之比的百分值，即

$$\frac{I_eX_\Omega}{U_e/\sqrt{3}}=\frac{U_k\%}{100}$$

每相阻抗（电阻可忽略不计）欧姆值

$$X_{\Omega}=\frac{U_k\%}{100}\cdot\frac{U_e}{\sqrt{3}I_e}$$

将有名值换算到以变压器额定容量为基准的标么值，则

$$X_{*e}=\frac{X_{\Omega}}{U_e^2}S_e=\frac{U_k\%}{100}\times\frac{S_e}{\sqrt{3}U_eI_e}=\frac{U_k\%}{100}$$

即变压器的短路电压标么值等于其短路电抗标么值。

（3）线路阻抗换算。线路阻抗一般用有名值表示，$Z=R+jX$。当 $R<\frac{1}{3}X$ 时，计算中可取 $Z=jX$。

$$\left.\begin{aligned}Z_{*j}&=Z_{\Omega}\frac{S_j}{U_p^2}\\X_{*j}&=X_{\Omega}\frac{S_j}{U_p^2}\end{aligned}\right\}\tag{2-3}$$

式中 Z_{*j}、X_{*j}——基准条件下的阻抗、电抗标么值；

Z_{Ω}、X_{Ω}——线路阻抗、电抗有名值（Ω）；

其他符号同前。

（4）电抗器百分电抗的换算，即

$$X_{*j}=\frac{X_{*e}\%}{100}\times\frac{I_jU_e}{I_eU_p}\tag{2-4}$$

式中 $X_{*e}\%$——电抗器额定电流、额定电压下的阻抗标么值百分数；

I_e、U_e——电抗器额定电流（kA）、额定电压（kV）；

I_j——基准电流；

其他符号同前。

各元件参数换算后，即可根据给定的一次电气接线图绘制计算用的标么阻抗图。

2. 网络化简及转移阻抗计算

根据标么阻抗图，对各计算点进行网络化简，求出各电源的发电机组或同类型机组对计算点的转移阻抗。

例如在图 2-14（*a*）中，各机组对短路点 *D* 的综合短路电抗为

$$X_{\Sigma}=X_{xl}+X_{f1}\,/\!/\,X_{f2}\,/\!/\,X_{f3}$$

则各机组对短路点 *D* 的转移电抗用分支系数法计算为：

1 号机 $$X_{f1zy}=\frac{X_{\Sigma}}{K_{1fzh}}=\frac{X_{\Sigma}}{X_{f1}\,/\!/\,X_{f2}\,/\!/\,X_{f3}}X_{f1}$$

2 号机 $$X_{f2zy}=\frac{X_{\Sigma}}{K_{2fzh}}=\frac{X_{\Sigma}}{X_{f1}\,/\!/\,X_{f2}\,/\!/\,X_{f3}}X_{f2}$$

3 号机 $$X_{f3zy}=\frac{X_{\Sigma}}{K_{3fzh}}=\frac{X_{\Sigma}}{X_{f1}\,/\!/\,X_{f2}\,/\!/\,X_{f3}}X_{f3}$$

式中 X_{f1zy}、X_{f2zy}、X_{f3zy}——1、2、3 号机至 *D* 点转移电抗；

K_{1fzh}、K_{2fzh}、K_{3fzh} ——1、2、3 号机电流分支系数。

图 2-14（b）即为各机组对短路点 D 的转移电抗。

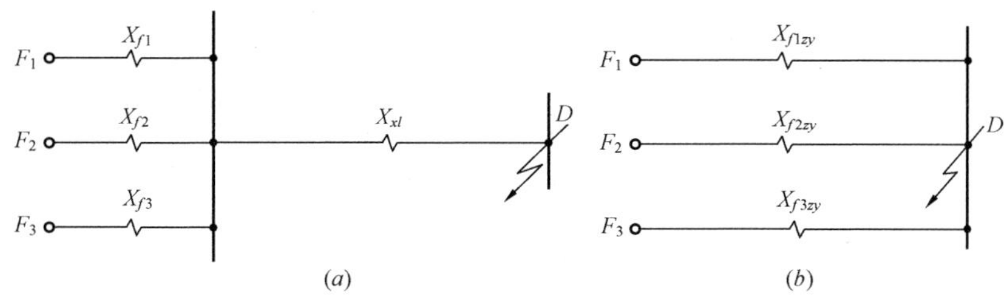

图 2-14 转移电抗计算

（a）原始电抗图；（b）转移电抗图

3. 由转移电抗换算为计算电抗

因为运算曲线的纵、横坐标，是以发电机额定容量为基准条件的标么电流（周期分量对额定电流之比）和标么电抗（即计算电抗）制作的，故必须将原选基准条件下的转移阻抗或电抗标么值换算为额定容量条件下的计算阻抗或电抗，即

$$X_{js} = X_{zy}\frac{S_e}{S_j} \tag{2-5}$$

式中 X_{js} ——计算电抗；

X_{zy} ——转移电抗。

其他符号含义同前。其中 S_e 也可能是一台发电机或数台发电机的等值机额定容量。

4. 求短路后各支路任意时间周期分量标么值和有名值

按电源性质（汽轮发电机或水轮发电机）查其相应的运算曲线。根据横坐标计算电抗 X_{js} 值，查某一时间 t 秒曲线所对应的纵坐标值，即为某一时间 t 秒时的短路电流周期分量标么值 I_*。此标么值乘以发电机额定电流 I_e（当该支路电抗为数台发电机等值计算电抗时，乘以数台发电机组额定电流之和 $I_{e\Sigma}$），即得三相短路电流周期分量有名值，即

$$\left.\begin{aligned} I_{zq} &= I_* I_e \\ \text{或}\quad I_{zq} &= I_* I_{e\Sigma} \end{aligned}\right\} \tag{2-6}$$

二、三相短路电流周期分量算例

（一）已知条件

某 330kV 电力系统简化接线图如图 2-15 所示，各元件参数如下。

1. 发电机 F_1、F_2

汽轮发电机型号为 QFQS-200-2，其参数为：

S_e＝235.29MVA；

U_e＝15.75kV；

X''_d＝0.1444。

2. 发电机 F_3、F_4

水轮发电机，型号为SF320-48/12800-G，其参数为：

S_e=355.6MVA；

U_e=15.75kV；

X''_d=0.2114。

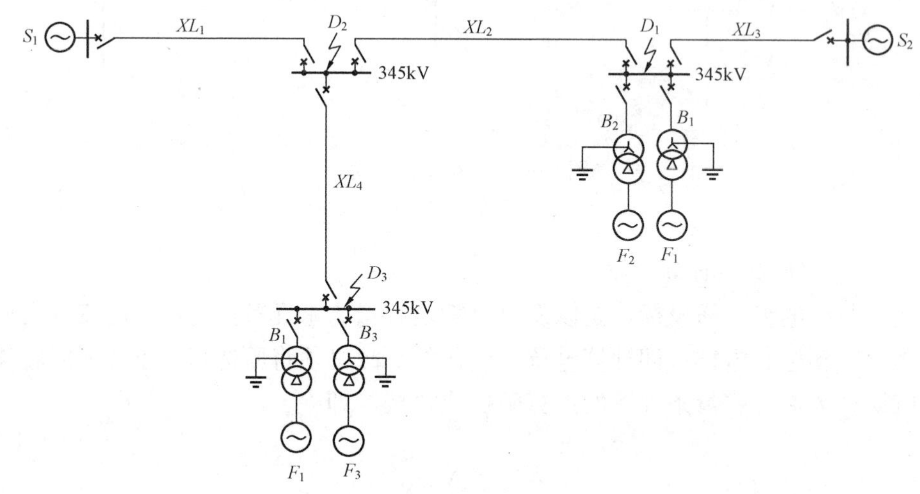

图 2-15　某电力系统简化接线图

3. 变压器 B_1、B_2

S_e=240MVA；

U_e=(363±2×2.5%)kV/15.75kV；

U_k%=14.6%；

接线 YN，d11。

4. 变压器 B_3、B_4

S_e=360MVA；

U_e=(363±2×2.5%)kV/15.75kV；

U_k%=15.57%；

接线 YN，d11。

5. 线路

XL_1：l=50.661km，$Z=2.659+j16.413=16.63\angle 80.8°(\Omega)$；

XL_2：l=109.876km，$Z=5.768+j35.86=36.32\angle 80.86°(\Omega)$；

XL_3：l=161.345km，$Z=8.634+j52.641=53.351\angle 80.7°(\Omega)$；

XL_4：l=233km，$Z=12.58+j74.21=75.27\angle 80.38°(\Omega)$。

6. 系统

S_1、S_2 为无穷大电源，系统电抗 $X_{xt1}=X_{xt2}=0$。

（二）计算内容

求图 2-15 中 D_1、D_2、D_3 点 t 秒三相短路电流周期分量值。

（三）例题计算

按本节“一、(一)”计算步骤计算。

1. 参数换算及绘制阻抗图

选基准容量 $S_j=100\text{MVA}$、基准电压 $U_j=345\text{kV}$，换算各元件在基准条件下的标么值。

（1）发电机：

F_1、F_2 $$X_{*j}=X''_d\frac{S_j}{S_e}=0.1444\times\frac{100}{235.29}=0.06137$$

F_3、F_4 $$X_{*j}=X''_d\frac{S_j}{S_e}=0.2114\times\frac{100}{355.6}=0.05945$$

（2）变压器：

B_1、B_2 $$X_{*j}=\frac{U_k\%}{100}\times\frac{S_j}{S_e}=\frac{14.6\%}{100}\times\frac{100}{240}=0.0608$$

B_3、B_4 $$X_{*j}=\frac{U_k\%}{100}\times\frac{S_j}{S_e}=\frac{15.57\%}{100}\times\frac{100}{360}=0.04306$$

（3）线路：

XL_1 $$X_{*j}=X\frac{S_j}{U_j^2}=16.413\times\frac{100}{(345)^2}=0.01379$$

XL_2 $$X_{*j}=X\frac{S_j}{U_j^2}=35.86\times\frac{100}{(345)^2}=0.03013$$

XL_3 $$X_{*j}=X\frac{S_j}{U_j^2}=52.641\times\frac{100}{(345)^2}=0.04422$$

XL_4 $$X_{*j}=X\frac{S_j}{U_j^2}=74.21\times\frac{100}{(345)^2}=0.06235$$

将上述各元件标么电抗按图 2-15 接线，绘出标么阻抗图如图 2-16 所示（图中为电抗值，j 号省略）。

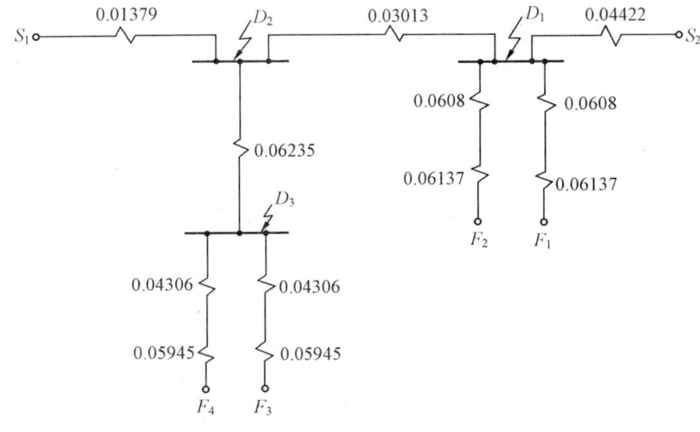

图 2-16　阻抗图

2. 网络化简及转移阻抗计算

（1）D_1 点短路：

1）电源 S_1 及发电机 F_3、F_4 至 D_1 点短路电抗计算为

$$X_\Sigma=\left(\frac{0.05945+0.04306}{2}+0.06235\right)//0.01379+0.03013$$

$$=0.113605//0.01379+0.03013=0.0123+0.03013=0.04243$$

2）电源 S_1 及发电机 F_3、F_4 电流分支系数：

电源 S_1 $$K_{s1\cdot fzh}=\frac{0.0123}{0.01379}=0.892$$

发电机 F_3、F_4 $$K_{f3\cdot fzh}=K_{f4\cdot fzh}=\frac{0.0123}{0.113605}0.5=0.054$$

3）电源 S_1、发电机 F_3、F_4 至 D_1 点转移电抗：

电源 S_1 $$S_{s1\cdot zy}=\frac{X_\Sigma}{K_{s1\cdot fzh}}=\frac{0.04243}{0.892}=0.04757$$

发电机 F_3、F_4 $$X_{f3\cdot zy}=X_{f4\cdot zy}=\frac{X_\Sigma}{K_{f3\cdot fzh}}=\frac{0.04243}{0.054}=0.7857$$

4）电源 S_2、发电机 F_1、F_2 转移电抗仍为本身电抗：

电源 S_2 $$X_{s2\cdot zy}=0.04422$$

发电机 F_1、F_2 $$X_{f1\cdot zy}=0.06137+0.0608=0.12217$$

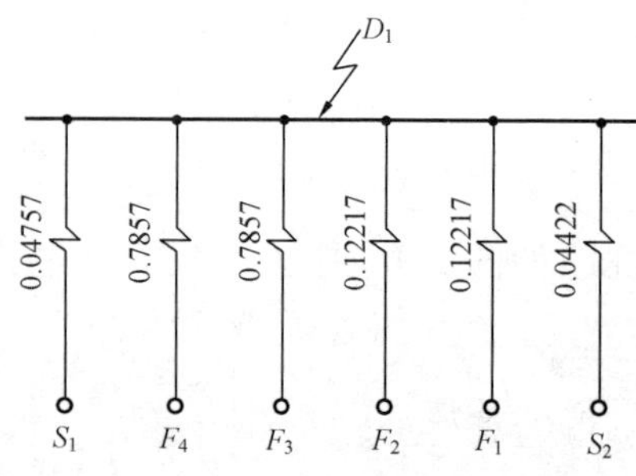

图 2-17 D_1 点转移电抗图

转移阻抗计算结果如图 2-17 所示。

（2）同（1）项，可计算出在 D_2、D_3 点短路时各电源转移阻抗值，如图 2-18、图 2-19 所示。

3. 由转移电抗换算为计算电抗

在所计算的系统中，S_1、S_2 为无穷大电源，各点短路时，电源电势不变，短路电流不衰减，可视为远距离短路点，故不必查运算曲线，可直接由转移阻抗计算短路电流。

发电机对 D_1 点计算电抗按式（2-5）求得：

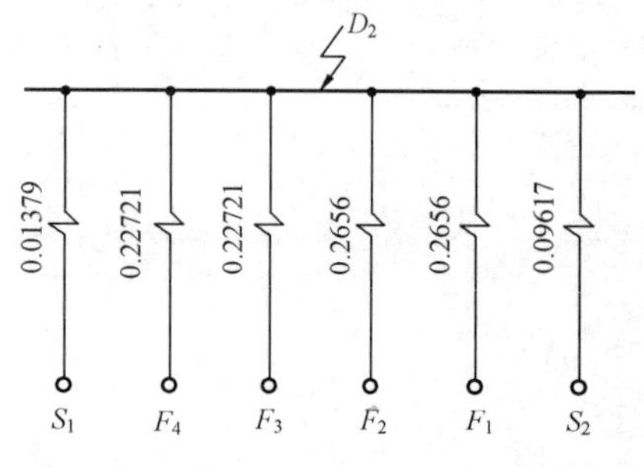

图 2-18 D_2 点转移电抗图

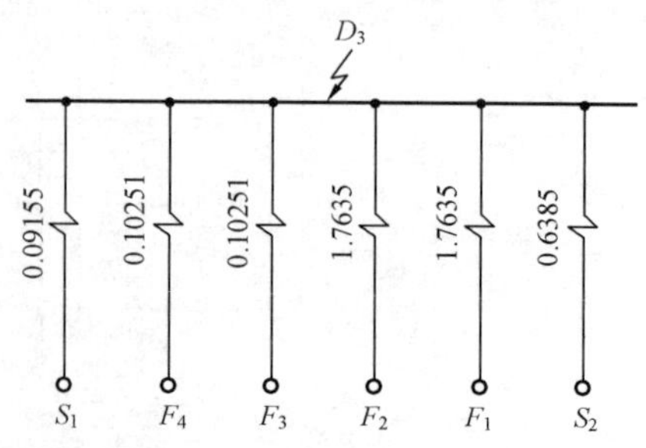

图 2-19 D_3 点转移电抗图

发电机 F_1、F_2　　　$X_{js}=X_{zy}\dfrac{S_e}{S_j}=0.12217\times\dfrac{235.29}{100}=0.28745$

发电机 F_3、F_4　　　$X_{js}=0.7857=\dfrac{355.6\text{mva}}{100\text{mva}}=2.7939$

同理，发电机对 D_2、D_3 点计算电抗见表 2-1。

表 2-1　　　　　　　　　　发 电 机 计 算 电 抗

短路点 / 发电机	D_1	D_2	D_3
F_1 或 F_2	0.28745	0.6249	4.149
F_3 或 F_4	2.7939	0.808	0.3645

4. 任意时间 t 秒三相短路电流周期分量标么值和有名值的计算

（1）D_1 点三相短路。汽轮发电机 F_1、F_2，按 $X_{js}=0.28745$ 查图 2-20、2-21；水轮发电机 F_3、F_4 按 $X_{js}=2.7939$ 查图 2-27、2-28；系统 S_1、S_2 直接由转移阻抗计算 $I_*=\dfrac{1}{X_{zy}}$。将查曲线和计算结果列入表 2-2。

（2）用与（1）项同样的方法，计算 D_2、D_3 点三相短路电流周期分量，其计算结果如表 2-3、2-4 所示。

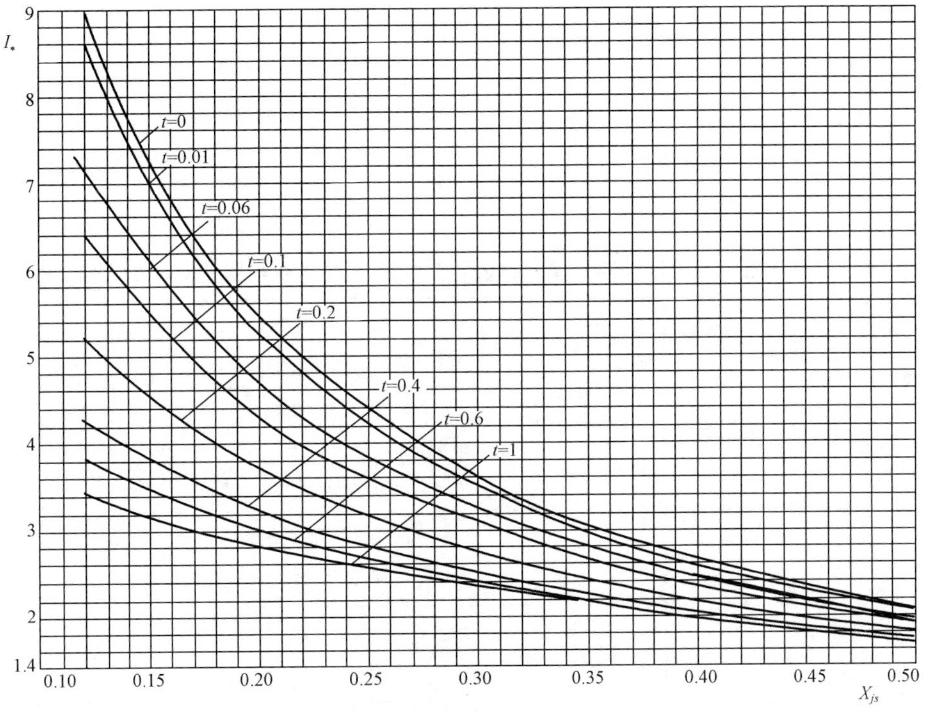

图 2-20　汽轮发电机运算曲线（一）（$X_{js}=0.12\sim0.50$）

表 2-2　　D_1 点三相短路电流周期分量（有名值，折算至 345kV 电压级）计算结果

支路＼时间	t(s)	0	0.1	0.2	0.6	1	4
F_1 或 F_2 I_e=393.7A	I_*	3.7	3.2	2.85	2.5	2.42	2.36
	I_{zq}(A)	1456.7	1259.8	1122	984.3	952.8	929.1
F_3 或 F_4 I_e=595.6A	I_*	0.372	0.373	0.374	0.374	0.374	0.374
	I_{zq}(A)	221.6	222.2	222.8	222.8	222.8	222.8
S_1 I_j=167.3A	I_*	$I_*=\frac{1}{0.04757}=21.02$					
	I_{zq}(A)	$I_{zq}=21.02\times167.3=3516.9$					
S_2 I_j=167.3A	I_*	$I_*=\frac{1}{0.04422}=22.61$					
	I_{zq}(A)	$I_{zq}=22.61\times167.3=3783.4$					

表 2-3　　D_2 点三相短路电流周期分量（有名值，折算至 345kV 电压级）计算结果

支路＼时间	t(s)	0	0.1	0.2	0.6	1	4
F_1 或 F_2 I_e=393.7A	I_*	1.7	1.55	1.45	1.4	1.5	1.85
	I_{zq}(A)	669.3	610.2	570.9	551.2	590.6	728.3
F_3 或 F_4 I_e=595.6A	I_*	1.32	1.26	1.25	1.37	1.47	1.7
	I_{zq}(A)	786.2	750.5	744.5	816	875.5	1012.5
S_1 I_j=167.3A	I_*	$I_*=\frac{1}{0.01379}=72.516$					
	I_{zq}(A)	$I_z=72.516\times167.3=12132$					
S_2 I_j=167.3A	I_*	$I_*=\frac{1}{0.09617}=10.4$					
	I_{zq}(A)	$I_z=10.4\times167.3=1739.6$					

表 2-4　　D_3 点三相短路电流周期分量（有名值，折算至 345kV 电压级）计算结果

支路＼时间	t(s)	0	0.1	0.2	0.6	1	4
F_3 或 F_4 I_e=595.6A	I_*	3.06	2.6	2.55	2.58	2.63	2.83
	I_{zq}(A)	1822.5	1548.6	1518.8	1536.6	1566.4	1685.5
F_1 或 F_2 I_e=393.7A	I_*	$I_*=\frac{1}{4.149}=0.241$（远距离短路点）					
	I_{zq}(A)	$I_z=0.241\times393.7=94.9$					
S_1 I_j=167.3A	I_*	$I_*=\frac{1}{0.09155}=10.92$					
	I_{zq}(A)	$I_z=10.92\times167.3=1827.4$					
S_2 I_j=167.3A	I_*	$I_*=\frac{1}{0.6385}=1.566$					
	I_{zq}(A)	$I_z=1.566\times167.3=262$					

表中 $t=0$s 时的周期分量即为次暂态短路电流，即 $I_{zq}=I''$；$t=4$s 时的周期分量，可认为略等于稳态短路电流，即 $I_{zq}=I_\infty$。

表 2-5　　汽轮发电机运算曲线数字表（X_{js}=0.12～0.95）

X_{js} \ t (s)	0	0.01	0.06	0.1	0.2	0.4	0.5	0.6	1	2	4
0.12	8.963	8.603	7.186	6.400	5.220	4.252	4.006	3.821	3.344	2.795	2.512
0.14	7.718	7.467	6.441	5.839	4.878	4.040	3.829	3.673	3.280	2.808	2.526
0.16	6.763	6.545	5.660	5.146	4.336	3.649	3.481	3.359	3.060	2.706	2.490
0.18	6.020	5.844	5.122	4.697	4.016	3.429	3.288	3.186	2.944	2.659	2.476
0.20	5.432	5.280	4.661	4.297	3.715	3.217	3.099	3.016	2.825	2.607	2.462
0.22	4.938	4.813	4.296	3.988	3.487	3.052	3.951	2.882	2.729	2.561	2.444
0.24	4.526	4.421	3.984	3.721	3.286	2.904	2.816	2.758	2.638	2.515	2.425
0.26	4.178	4.088	3.714	3.486	3.106	2.769	2.693	2.644	2.551	2.467	2.404
0.28	3.872	3.705	3.472	3.274	2.939	2.641	2.575	2.534	2.464	2.415	2.378
0.30	3.603	3.536	3.255	3.081	2.785	2.520	2.463	2.429	2.379	2.360	2.347
0.32	3.368	3.310	3.063	2.909	2.646	2.410	2.360	2.332	2.299	2.306	2.316
0.34	3.159	3.108	2.891	2.754	2.519	2.308	2.264	2.241	2.222	2.252	2.283
0.36	2.975	2.930	2.736	2.614	2.403	2.213	2.175	2.156	2.149	2.109	2.250
0.38	2.811	2.770	2.597	2.487	2.297	2.126	2.093	2.077	2.081	2.148	2.217
0.40	2.664	2.628	2.471	2.372	2.199	2.045	2.017	2.004	2.017	2.099	2.184
0.42	2.531	2.499	2.357	2.267	2.110	1.970	1.946	1.936	1.956	2.052	2.151
0.44	2.411	2.382	2.253	2.170	2.027	1.900	1.879	1.872	1.899	2.006	2.119
0.46	2.302	2.275	2.157	2.082	1.950	1.835	1.817	1.812	1.845	1.963	2.088
0.48	2.203	2.178	2.069	2.000	1.879	1.774	1.759	1.756	1.794	1.921	2.057
0.50	2.111	2.088	1.988	1.924	1.813	1.717	1.704	1.703	1.746	1.880	2.027
0.55	1.913	1.894	1.810	1.757	1.665	1.589	1.581	1.583	1.635	1.785	1.953
0.60	1.748	1.732	1.662	1.617	1.539	1.478	1.474	1.479	1.538	1.699	1.884
0.65	1.610	1.596	1.535	1.497	1.431	1.382	1.381	1.388	1.452	1.621	1.819
0.70	1.492	1.479	1.426	1.393	1.336	1.297	1.298	1.307	1.375	1.549	1.734
0.75	1.390	1.379	1.332	1.302	1.253	1.221	1.225	1.235	1.305	1.484	1.596
0.80	1.301	1.291	1.249	1.223	1.179	1.154	1.159	1.171	1.243	1.424	1.474
0.85	1.222	1.214	1.176	1.152	1.114	1.094	1.100	1.112	1.186	1.358	1.370
0.90	1.153	1.145	1.110	1.089	1.055	1.039	1.047	1.060	1.134	1.279	1.279
0.95	1.091	1.084	1.052	1.032	1.002	0.990	0.998	1.012	1.087	1.200	1.200

表 2-6　　汽轮发电机运算曲线数字表（X_{js}=1.00～3.45）

X_{js} \ t (s)	0	0.01	0.06	0.1	0.2	0.4	0.5	0.6	1	2	4
1.00	1.035	1.028	0.999	0.981	0.954	0.945	0.954	0.968	1.043	1.129	1.129
1.05	0.985	0.979	0.952	0.935	0.910	0.904	0.914	0.928	1.003	1.067	1.067
1.10	0.940	0.934	0.908	0.893	0.870	0.866	0.876	0.891	0.966	1.011	1.011
1.15	0.898	0.892	0.869	0.854	0.833	0.832	0.842	0.857	0.932	0.961	0.961
1.20	0.860	0.855	0.832	0.819	0.800	0.800	0.811	0.825	0.898	0.915	0.915
1.25	0.825	0.820	0.799	0.786	0.769	0.770	0.781	0.796	0.864	0.874	0.874
1.30	0.793	0.788	0.768	0.756	0.740	0.743	0.754	0.769	0.831	0.836	0.836
1.35	0.763	0.758	0.739	0.728	0.713	0.717	0.728	0.743	0.800	0.802	0.802
1.40	0.735	0.731	0.713	0.703	0.688	0.693	0.705	0.720	0.769	0.770	0.770
1.45	0.710	0.705	0.688	0.678	0.665	0.671	0.682	0.697	0.740	0.740	0.740
1.50	0.686	0.682	0.665	0.656	0.644	0.650	0.662	0.676	0.713	0.713	0.713
1.55	0.663	0.659	0.644	0.635	0.623	0.630	0.642	0.657	0.687	0.687	0.687
1.60	0.642	0.639	0.623	0.615	0.604	0.612	0.624	0.638	0.664	0.664	0.664
1.65	0.622	0.619	0.605	0.596	0.586	0.594	0.606	0.621	0.642	0.642	0.642
1.70	0.604	0.601	0.587	0.579	0.570	0.578	0.590	0.604	0.621	0.621	0.621

续表

X_{js} \ t (s)	0	0.01	0.06	0.1	0.2	0.4	0.5	0.6	1	2	4
1.75	0.586	0.583	0.570	0.562	0.554	0.562	0.574	0.589	0.602	0.602	0.602
1.80	0.570	0.567	0.554	0.547	0.539	0.548	0.559	0.573	0.584	0.584	0.584
1.85	0.554	0.551	0.539	0.532	0.524	0.534	0.545	0.559	0.566	0.566	0.566
1.90	0.540	0.537	0.525	0.518	0.511	0.521	0.532	0.544	0.550	0.550	0.550
1.95	0.526	0.523	0.511	0.505	0.498	0.508	0.520	0.530	0.535	0.535	0.535
2.00	0.512	0.510	0.498	0.492	0.486	0.496	0.508	0.517	0.521	0.521	0.521
2.05	0.500	0.497	0.486	0.480	0.474	0.485	0.496	0.504	0.507	0.507	0.507
2.10	0.488	0.485	0.475	0.469	0.463	0.474	0.485	0.492	0.494	0.494	0.494
2.15	0.476	0.474	0.464	0.458	0.453	0.463	0.474	0.481	0.482	0.482	0.482
2.20	0.465	0.463	0.453	0.448	0.443	0.453	0.464	0.470	0.470	0.470	0.470
2.25	0.455	0.453	0.443	0.438	0.433	0.444	0.454	0.459	0.459	0.459	0.459
2.30	0.445	0.443	0.433	0.428	0.424	0.435	0.444	0.448	0.448	0.448	0.448
2.35	0.435	0.433	0.424	0.419	0.415	0.426	0.435	0.438	0.438	0.438	0.438
2.40	0.426	0.424	0.415	0.411	0.407	0.418	0.426	0.428	0.428	0.428	0.428
2.45	0.417	0.415	0.407	0.402	0.399	0.410	0.417	0.419	0.419	0.419	0.419
2.50	0.409	0.407	0.399	0.394	0.391	0.402	0.409	0.410	0.410	0.410	0.410
2.55	0.400	0.399	0.391	0.387	0.383	0.394	0.401	0.402	0.402	0.402	0.402
2.60	0.392	0.391	0.383	0.379	0.376	0.387	0.393	0.393	0.393	0.393	0.393
2.65	0.385	0.384	0.376	0.372	0.369	0.380	0.385	0.386	0.386	0.386	0.386
2.70	0.377	0.377	0.369	0.365	0.362	0.373	0.378	0.378	0.378	0.378	0.378
2.75	0.370	0.370	0.362	0.359	0.356	0.367	0.371	0.371	0.371	0.371	0.371
2.80	0.363	0.363	0.356	0.352	0.350	0.361	0.364	0.364	0.364	0.364	0.364
2.85	0.357	0.356	0.350	0.346	0.344	0.354	0.357	0.357	0.357	0.357	0.357
2.90	0.350	0.350	0.344	0.340	0.338	0.348	0.351	0.351	0.351	0.351	0.351
2.95	0.344	0.344	0.338	0.335	0.333	0.343	0.344	0.344	0.344	0.344	0.344
3.00	0.338	0.338	0.332	0.329	0.327	0.337	0.338	0.338	0.338	0.338	0.338
3.05	0.332	0.332	0.327	0.324	0.322	0.331	0.332	0.332	0.332	0.332	0.332
3.10	0.327	0.326	0.322	0.319	0.317	0.326	0.327	0.327	0.327	0.327	0.327
3.15	0.321	0.321	0.317	0.314	0.312	0.321	0.321	0.321	0.321	0.321	0.321
3.20	0.316	0.316	0.312	0.309	0.307	0.316	0.316	0.316	0.316	0.316	0.316
3.25	0.311	0.311	0.307	0.304	0.303	0.311	0.311	0.311	0.311	0.311	0.311
3.30	0.306	0.306	0.302	0.300	0.298	0.306	0.306	0.306	0.306	0.306	0.306
3.35	0.301	0.301	0.298	0.295	0.294	0.301	0.301	0.301	0.301	0.301	0.301
3.40	0.297	0.297	0.293	0.291	0.290	0.297	0.297	0.297	0.297	0.297	0.297
3.45	0.292	0.292	0.289	0.287	0.286	0.292	0.292	0.292	0.292	0.292	0.292

表 2-7　　水轮发电机运算曲线数字表（X_{js}=0.18～0.95）

X_{js} \ t (s)	0	0.01	0.06	0.1	0.2	0.4	0.5	0.6	1	2	4
0.18	6.127	5.695	4.623	4.331	4.100	3.933	3.867	3.807	3.605	3.300	3.081
0.20	5.526	5.184	4.297	4.045	3.856	3.754	3.716	3.681	3.563	3.378	3.234
0.22	5.055	4.767	4.026	3.806	3.633	3.556	3.531	3.508	3.430	3.302	3.191
0.24	4.647	4.402	3.764	3.575	3.433	3.378	3.363	3.348	3.300	3.220	3.151
0.26	4.290	4.083	3.538	3.375	3.253	3.216	3.208	3.200	3.174	3.133	3.098
0.28	3.993	3.816	3.343	3.200	3.096	3.073	3.070	3.067	3.060	3.049	3.043
0.30	3.727	3.574	3.163	3.039	2.950	2.938	2.941	2.943	2.952	2.970	2.993
0.32	3.494	3.360	3.001	2.892	2.817	2.815	2.822	2.828	2.851	2.895	2.943
0.34	3.285	3.168	2.851	2.755	2.692	2.699	2.709	2.719	2.754	2.820	2.891
0.36	3.095	2.991	2.712	2.627	2.574	2.589	2.602	2.614	2.660	2.745	2.837

续表

X_{js} \ t (s)	0	0.01	0.06	0.1	0.2	0.4	0.5	0.6	1	2	4
0.38	2.922	2.831	2.583	2.508	2.464	2.484	2.500	2.515	2.569	2.671	2.782
0.40	2.767	2.685	2.464	2.398	2.361	2.388	2.405	2.422	2.484	2.600	2.728
0.42	2.627	2.554	2.356	2.297	2.267	2.297	2.317	2.336	2.404	2.532	2.675
0.44	2.500	2.434	2.256	2.204	2.179	2.214	2.235	2.255	2.329	2.467	2.624
0.46	2.385	2.325	2.164	2.117	2.098	2.136	2.158	2.180	2.258	2.406	2.575
0.48	2.280	2.225	2.079	2.038	2.023	2.064	2.087	2.110	2.192	2.348	2.527
0.50	2.183	2.134	2.001	1.964	1.953	1.996	2.021	2.044	2.130	2.293	2.482
0.52	2.095	2.050	1.928	1.895	1.887	1.933	1.958	1.983	2.071	2.241	2.438
0.54	2.013	1.972	1.861	1.831	1.826	1.874	1.900	1.925	2.015	2.191	2.396
0.56	1.938	1.899	1.798	1.771	1.769	1.818	1.845	1.870	1.963	2.143	2.355
0.60	1.802	1.770	1.683	1.662	1.665	1.717	1.744	1.770	1.866	2.054	2.263
0.65	1.658	1.630	1.559	1.543	1.550	1.605	1.633	1.660	1.759	1.950	2.137
0.70	1.534	1.511	1.452	1.440	1.451	1.507	1.535	1.562	1.663	1.846	1.964
0.75	1.428	1.408	1.358	1.349	1.363	1.420	1.449	1.476	1.578	1.741	1.794
0.80	1.336	1.318	1.276	1.270	1.286	1.343	1.372	1.400	1.498	1.620	1.642
0.85	1.254	1.239	1.203	1.199	1.217	1.274	1.303	1.331	1.423	1.507	1.513
0.90	1.182	1.169	1.138	1.135	1.155	1.212	1.241	1.268	1.352	1.403	1.403
0.95	1.118	1.106	1.080	1.078	1.099	1.156	1.185	1.210	1.282	1.308	1.308

表 2-8　　水轮发电机运算曲线数字表（X_{js}＝1.00～3.45）

X_{js} \ t (s)	0	0.01	0.06	0.1	0.2	0.4	0.5	0.6	1	2	4
1.00	1.061	1.050	1.027	1.027	1.048	1.105	1.132	1.156	1.211	1.225	1.225
1.05	1.009	0.999	0.979	0.980	1.002	1.058	1.084	1.105	1.146	1.152	1.152
1.10	0.962	0.953	0.936	0.937	0.959	1.015	1.038	1.057	1.085	1.087	1.087
1.15	0.919	0.911	0.896	0.898	0.920	0.974	0.995	1.011	1.029	1.029	1.029
1.20	0.880	0.872	0.859	0.862	0.885	0.936	0.955	0.966	0.977	0.977	0.977
1.25	0.843	0.837	0.825	0.829	0.852	0.900	0.916	0.923	0.930	0.930	0.930
1.30	0.810	0.804	0.794	0.798	0.821	0.866	0.878	0.884	0.888	0.888	0.888
1.35	0.780	0.774	0.765	0.769	0.792	0.834	0.843	0.847	0.849	0.849	0.849
1.40	0.751	0.746	0.738	0.743	0.766	0.803	0.810	0.812	0.813	0.813	0.813
1.45	0.725	0.720	0.713	0.718	0.740	0.774	0.778	0.780	0.780	0.780	0.780
1.50	0.700	0.696	0.690	0.695	0.717	0.746	0.749	0.750	0.750	0.750	0.750
1.55	0.677	0.673	0.668	0.673	0.694	0.719	0.722	0.722	0.722	0.722	0.722
1.60	0.655	0.652	0.647	0.652	0.673	0.694	0.696	0.696	0.696	0.696	0.696
1.65	0.635	0.632	0.628	0.633	0.653	0.671	0.672	0.672	0.672	0.672	0.672
1.70	0.616	0.613	0.610	0.615	0.634	0.649	0.649	0.649	0.649	0.649	0.649
1.75	0.598	0.595	0.592	0.598	0.616	0.628	0.628	0.628	0.628	0.628	0.628
1.80	0.581	0.578	0.576	0.582	0.599	0.608	0.608	0.608	0.608	0.608	0.608
1.85	0.565	0.563	0.561	0.566	0.582	0.590	0.590	0.590	0.590	0.590	0.590
1.90	0.550	0.548	0.546	0.552	0.566	0.572	0.572	0.572	0.572	0.572	0.572
1.95	0.536	0.533	0.532	0.538	0.551	0.556	0.556	0.556	0.556	0.556	0.556
2.00	0.522	0.520	0.519	0.524	0.537	0.540	0.540	0.540	0.540	0.540	0.540
2.05	0.509	0.507	0.507	0.512	0.523	0.525	0.525	0.525	0.525	0.525	0.525
2.10	0.497	0.495	0.495	0.500	0.510	0.512	0.512	0.512	0.512	0.512	0.512
2.15	0.485	0.483	0.483	0.488	0.497	0.498	0.498	0.498	0.498	0.498	0.498
2.20	0.474	0.472	0.472	0.477	0.485	0.486	0.486	0.486	0.486	0.486	0.486

续表

X_{js} \ t (s)	0	0.01	0.06	0.1	0.2	0.4	0.5	0.6	1	2	4
2.25	0.463	0.462	0.462	0.466	0.473	0.474	0.474	0.474	0.474	0.474	0.474
2.30	0.453	0.452	0.452	0.456	0.462	0.462	0.462	0.462	0.462	0.462	0.462
2.35	0.443	0.442	0.442	0.446	0.452	0.452	0.452	0.452	0.452	0.452	0.452
2.40	0.434	0.433	0.433	0.436	0.441	0.441	0.441	0.441	0.441	0.441	0.441
2.45	0.425	0.424	0.424	0.427	0.431	0.431	0.431	0.431	0.431	0.431	0.431
2.50	0.416	0.415	0.415	0.419	0.422	0.422	0.422	0.422	0.422	0.422	0.422
2.55	0.408	0.407	0.407	0.410	0.413	0.413	0.413	0.413	0.413	0.413	0.413
2.60	0.400	0.399	0.399	0.402	0.404	0.404	0.404	0.404	0.404	0.404	0.404
2.65	0.392	0.391	0.392	0.394	0.396	0.396	0.396	0.396	0.396	0.396	0.396
2.70	0.385	0.384	0.384	0.387	0.388	0.388	0.388	0.388	0.388	0.388	0.388
2.75	0.378	0.377	0.377	0.379	0.380	0.380	0.380	0.380	0.380	0.380	0.380
2.80	0.371	0.370	0.370	0.372	0.373	0.373	0.373	0.373	0.373	0.373	0.373
2.85	0.364	0.363	0.364	0.365	0.366	0.366	0.366	0.366	0.366	0.366	0.366
2.90	0.358	0.357	0.357	0.359	0.359	0.359	0.359	0.359	0.359	0.359	0.359
2.95	0.351	0.351	0.351	0.352	0.353	0.353	0.353	0.353	0.353	0.353	0.353
3.00	0.345	0.345	0.345	0.346	0.346	0.346	0.346	0.346	0.346	0.346	0.346
3.05	0.339	0.339	0.339	0.340	0.340	0.340	0.340	0.340	0.340	0.340	0.340
3.10	0.334	0.333	0.333	0.334	0.334	0.334	0.334	0.334	0.334	0.334	0.334
3.15	0.328	0.328	0.328	0.329	0.329	0.329	0.329	0.329	0.329	0.329	0.329
3.20	0.323	0.322	0.322	0.323	0.323	0.323	0.323	0.323	0.323	0.323	0.323
3.25	0.317	0.317	0.317	0.318	0.318	0.318	0.318	0.318	0.318	0.318	0.318
3.30	0.312	0.312	0.312	0.313	0.313	0.313	0.313	0.313	0.313	0.313	0.313
3.35	0.307	0.307	0.307	0.308	0.308	0.308	0.308	0.308	0.308	0.308	0.308
3.40	0.303	0.302	0.302	0.303	0.303	0.303	0.303	0.303	0.303	0.303	0.303
3.45	0.298	0.298	0.298	0.298	0.298	0.298	0.298	0.298	0.298	0.298	0.298

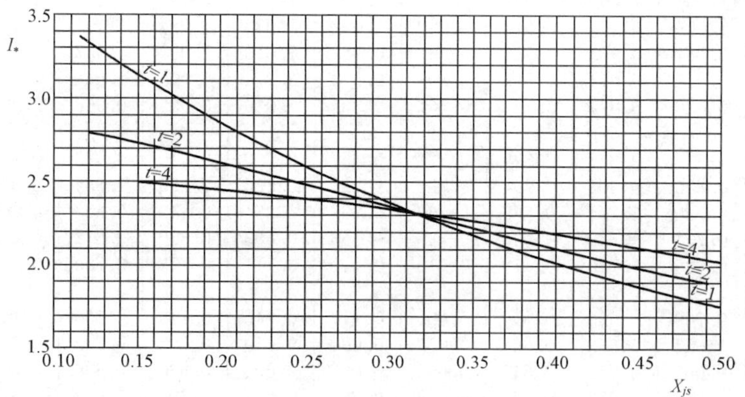

图 2-21　汽轮发电机运算曲线（二）(X_{js}=0.12～0.50)

三、两相短路电流周期分量的计算与算例

（一）两相短路电流周期分量的计算

对近距离短路点，两相短路电流周期分量的计算，也采用运算曲线法，计算方法和步骤类似三相短路电流周期分量计算。不同之处是用两倍计算电抗（如负序电抗不等于正序电抗时，取二者之和）作为横坐标值，即以 $2X_{js}$ 值查取任意时间 t 秒的曲线，所对应的纵坐标值乘以$\sqrt{3}$，即$\sqrt{3}I_*$就是两相短路电流周期分量标么值，再乘以发电机额定电流（当计算电抗

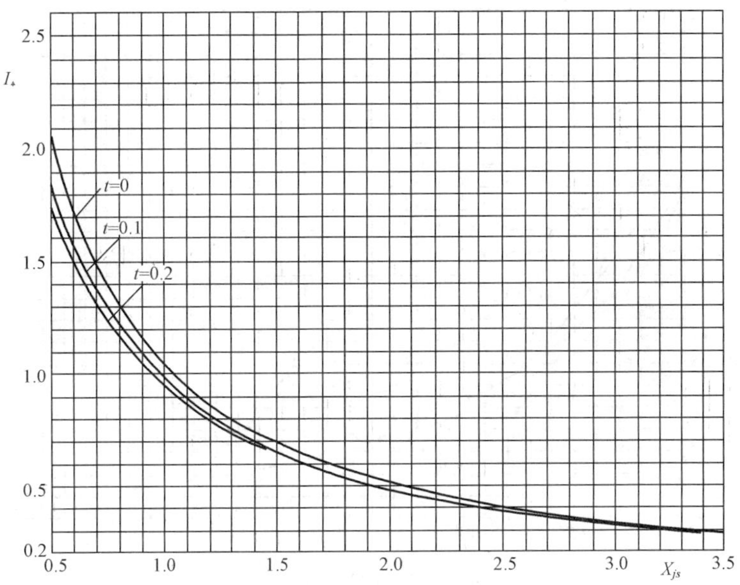

图 2-22　汽轮发电机运算曲线（三）（X_{js}＝0.50～3.45）

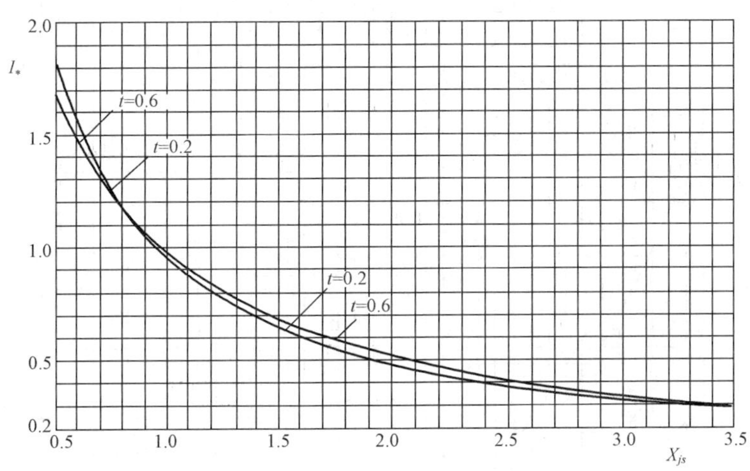

图 2-23　汽轮发电机运算曲线（四）（X_{js}＝0.5～3.45）

为数台发电机等值计算电抗时，乘以数台发电机组额定电流之和 $I_{e\Sigma}$），即得有名值。

（二）两相短路电流周期分量算例

已知条件及计算内容：按本节图 2-15 中的元件参数，计算 D_1 点两相短路，发电机 F_1 送出的 t＝0s 及 t＝4s 时的短路电流值。

查表 2-1，得发电机 F_1 对 D_1 点的计算电抗 X_{js}＝0.2875，以 $2X_{js}$＝2×0.2875＝0.575（这里假设负序电抗等于正序电抗），查图 2-22 汽轮发电机运算曲线（三），得 t＝0s 时 I_*＝1.8；查图 2-24 汽轮发电机运算曲线（五），得 t＝4s 时 I_*＝1.9。

由表 2-2 知，发电机 F_1 额定电流（折算至 345kV 侧）为 I_e＝393.7A，则 D_1 点两相短路，发电机 F_1 送出的两相短路电流周期分量值为：

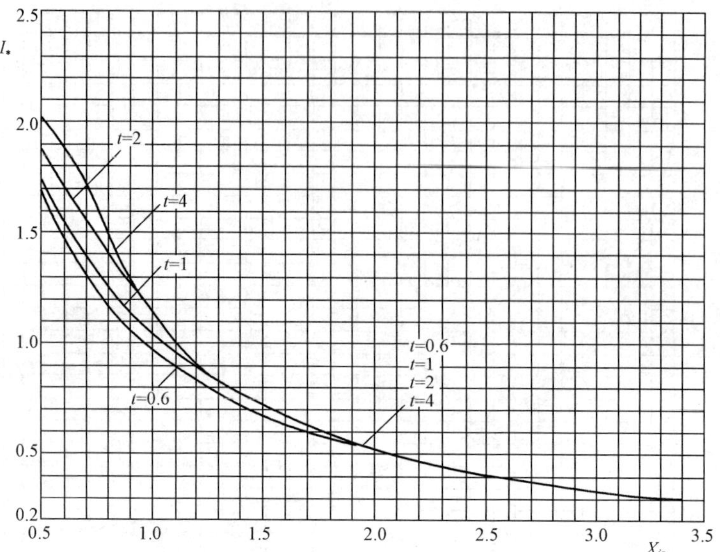

图 2-24　汽轮发电机运算曲线（五）（X_{js}＝0.5～3.45）

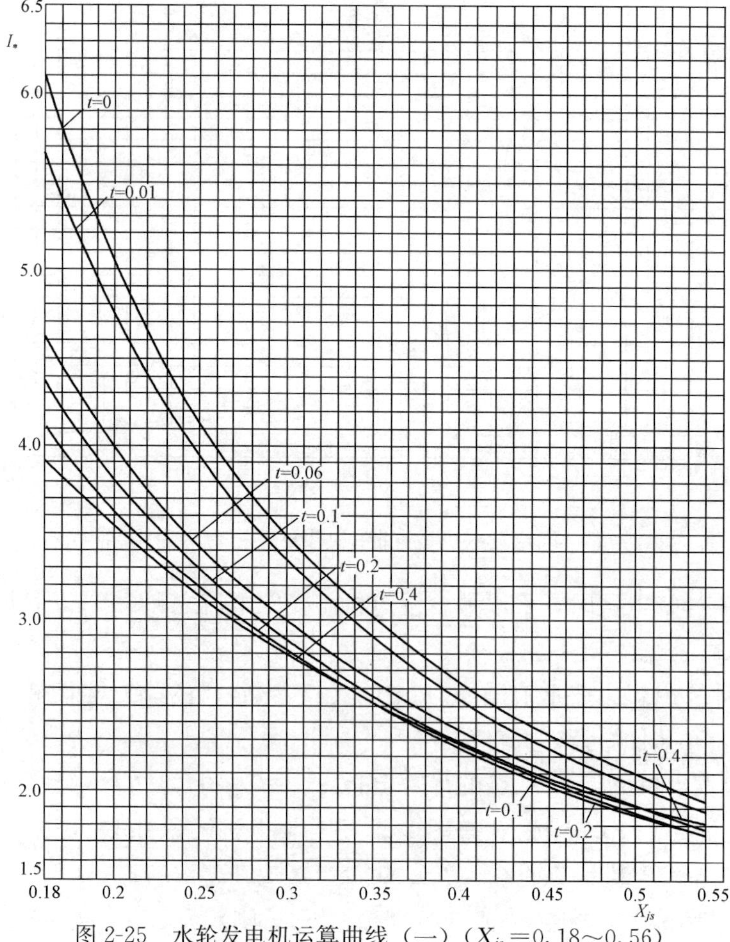

图 2-25　水轮发电机运算曲线（一）（X_{js}＝0.18～0.56）

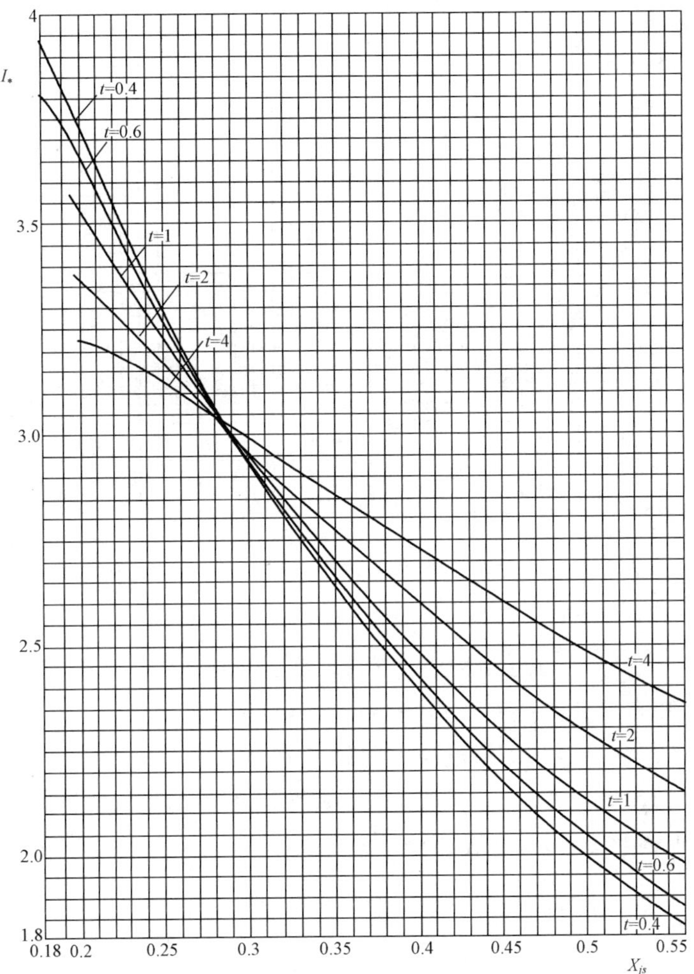

图 2-26　水轮发电机运算曲线（二）（X_{js}＝0.18～0.56）

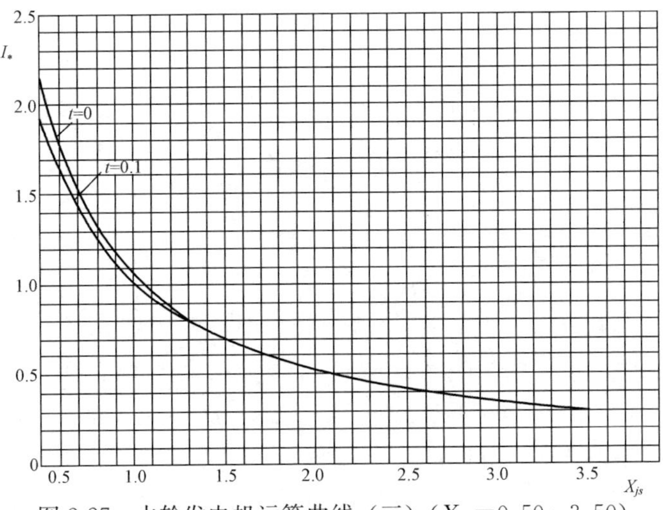

图 2-27　水轮发电机运算曲线（三）（X_{js}＝0.50～3.50）

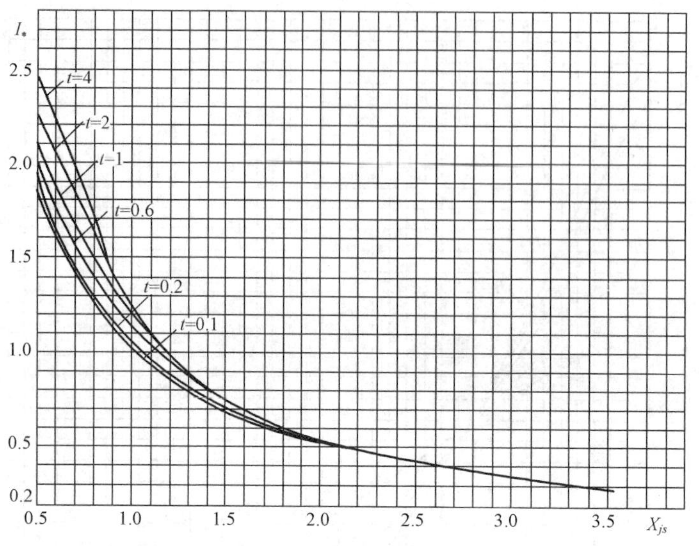

图 2-28　水轮发电机运算曲线（四）（$X_{js}=0.50\sim3.50$）

$$t = 0\text{s} \qquad I_{zq}^{(2)} = \sqrt{3} I_* I_e = \sqrt{3} 1.8 \times 393.7 = 1227.4(\text{A})$$

$$t = 4\text{s} \qquad I_{zq}^{(2)} = \sqrt{3} 1.9 \times 393.7 = 1295.6(\text{A})$$

由表 2-2 知，D_1 点三相短路时，F_1 短路电流周期分量为：$t=0\text{s}$，$I_{zq}^{(3)}=1456.7\text{A}$；$t=4\text{s}$，$I_z^{(3)}=929.1\text{A}$。同一点两相短路电流周期分量为：$t=0\text{s}$，$I_{zq}^{(2)}=1227.4\text{A}$；$t=4\text{s}$，$I_{zq}^{(2)}=1295.6\text{A}$。两者比较：$t=0\text{s}$，$I_{zq}^{(3)}>I_{zq}^{(2)}$；$t=4\text{s}$，$I_{zq}^{(3)}<I_{zq}^{(2)}$。这是由于近距离短路点，发电机正序电抗在暂态过程中逐渐变大的缘故。只有当 $t=0\text{s}$、$X_2=X''_d$（取发电机负序电抗等于正序电抗）时，或对于远距离短路点综合正序阻抗等于综合负序阻抗时，$I_{zq}^{(2)}=\frac{\sqrt{3}}{2}I_{zq}^{(3)}$ 的等式关系才成立。由表 2-5 可知，对汽轮发电机运算曲线，当计算电抗 $X_{js}<0.48$ 时，$I_{zq\infty}^{(2)}>I_{zq\infty}^{(3)}$；$X_{js}\geqslant 0.48$时，$I_{zq\infty}^{(2)}<I_{zq\infty}^{(3)}$。由表 2-7 可知，对水轮发电机运算曲线，当计算电抗 $X_{js}<0.42$时，$I_{zq\infty}^{(2)}>I_{zq\infty}^{(3)}$；$X_{js}\geqslant 0.42$ 时，$I_{zq\infty}^{(2)}<I_{zq\infty}^{(3)}$（$I_{zq\infty}^{(2)}$ 及 $I_{zq\infty}^{(3)}$ 为两相短路及三相短路周期分量稳态值）。

第 2-3 节　三相短路电流非周期分量及冲击电流计算

一、三相短路电流非周期分量及冲击电流计算

（一）三相短路电流非周期分量计算

电力系统中一般为电感性电路，在电感性电路中，发生短路时，磁通及电流均不能突变。根据这一基本原理，短路的初瞬间 $t=0\text{s}$ 时，电路中的电流仍维持短路前的电流。当短路前无电流，则 $t=0\text{s}$ 时，短路电流应等于零。要满足这一基本原理，则短路的初瞬间，电路中必然存在大小相等、方向相反的两个电流分量（叠加后为零）。这两个电流分量就是根据电工原理解算出的周期分量（在电源电势作用下产生的强制分量）和非周期分量（按指数曲线衰减的自由分量）。

电感性电路突然短路时，如图 2-29 所示，根据基尔霍夫定律，电路方程为

$$L\frac{di}{dt}+Ri=E_m\sin(\omega t+\varphi_{0e}) \tag{2-7}$$

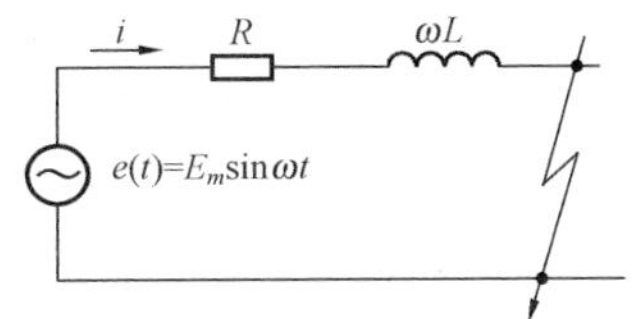

图 2-29　电感性电路突然短路计算图

由式（2-7）对 i 求解得

$$i=i_{zq}+i_{fzq}=\frac{\dot{E}_m}{Z}\sin(\omega t+\varphi_{0e}-\varphi)-\frac{\dot{E}_m}{Z}\sin(\varphi_{0e}-\varphi)e^{-\frac{t}{T_a}} \tag{2-8}$$

式中　i_{zq}——短路后电流周期分量瞬时值，等号右边第一项（A）；

i_{fzq}——短路后电流非周期分量瞬时值，等号右边第二项（A）；

$\dot{E}_m$——电源电势最大值（幅值）（V）；

Z——短路阻抗，$Z=\sqrt{R^2+(\omega L)^2}$（Ω）；

φ——短路阻抗角，即电流滞后电势的相角，$\varphi=\text{arctg}\frac{\omega L}{R}$（rad）；

φ_{0e}——短路初瞬间 $t=0$s 时，电源电势相位角（rad）；

ω——角频率，$\omega=2\pi f=314.16$（rad/s）；

t——短路后经过的时间（s）；

T_a——时间常数，$T_a=\frac{L}{R}=\frac{X}{\omega R}$（s）。

从式（2-8）中看出，非周期分量的大小与短路时刻电源电势相位角有关。有两种极端情况：

（1）短路时刻　$\varphi_{0e}=\varphi$，即电流周期分量过零时短路：

$t=0$s 时

$$\left.\begin{aligned}i_{zq}&=\frac{E_m}{Z}\sin(\omega t+\varphi_{0e}-\varphi)=0\\ i_{fzq}&=-\frac{E_m}{Z}\sin(\varphi_{0e}-\varphi)e^{-\frac{t}{Ta}}=0\\ i&=i_{zq}+i_{fzq}=0\end{aligned}\right\} \tag{2-9}$$

$t\neq 0$s 时

$$\left.\begin{aligned}i_{zq}&=\frac{E_m}{Z}\sin\omega t\\ i_{fzq}&=0\\ i=i_{zq}&=\frac{E_m}{Z}\sin\omega t\end{aligned}\right\} \tag{2-10}$$

如图 2-30 所示，此时短路电流中无非周期分量，仅有周期分量。

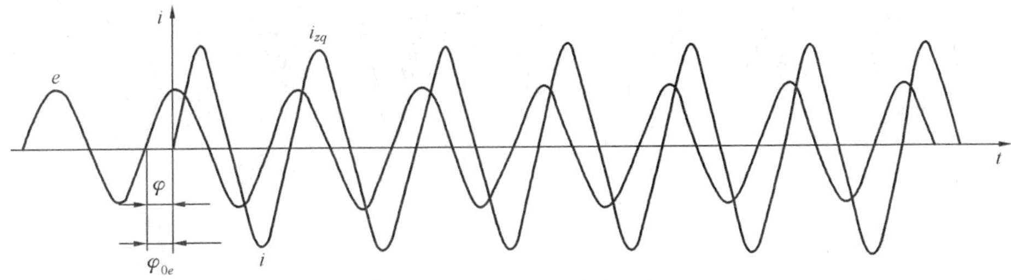

图 2-30　$\varphi_{0e}=\varphi$ 时刻短路

（2）短路时刻 $\varphi_{0e}=\varphi\pm\frac{\pi}{2}$，即电流周期分量为最大值时短路：

$$\left.\begin{aligned}
t=0\text{s 时}\qquad & i_{zq}=\frac{E_m}{Z}\sin\left(\pm\frac{\pi}{2}\right)=\pm\frac{E_m}{Z}=\pm\sqrt{2}I''_d\\
& i_{fzq}=-\frac{E_m}{Z}\sin(\varphi_{0e}-\varphi)e^{-\frac{t}{T_a}}=\mp\frac{E_m}{Z}=\mp\sqrt{2}I''_d\\
& i=i_{zq}+i_{fzq}=0
\end{aligned}\right\}\tag{2-11}$$

式中　I''_d ——三相短路时，次暂态短路电流周期分量有效值，$I''_d=\frac{E_m}{\sqrt{2}Z}$。

$$\left.\begin{aligned}
t\neq0\text{s 时}\qquad & i_{zq}=\frac{E_m}{Z}\sin\left(\omega t\pm\frac{\pi}{2}\right)=\sqrt{2}I''_d\sin\left(\omega t\pm\frac{\pi}{2}\right)\\
& i_{fzq}=\mp\frac{E_m}{Z}e^{-\frac{t}{T_a}}=\mp\sqrt{2}I''_d e^{-\frac{t}{T_a}}\\
& i=i_{zq}+i_{fzq}=\frac{E_m}{Z}\sin\left(\omega t\pm\frac{\pi}{2}\right)\mp\frac{E_m}{Z}e^{-\frac{t}{T_a}}
\end{aligned}\right\}\tag{2-12}$$

如图2-31、图2-32所示，此时刻短路，非周期分量起始值达到最大值，等于次暂态短路

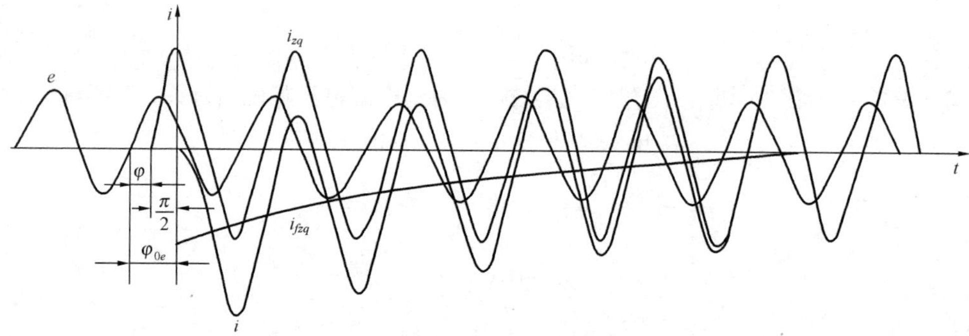

图 2-31　$\varphi_{0e}=\varphi+\frac{\pi}{2}$ 时刻短路

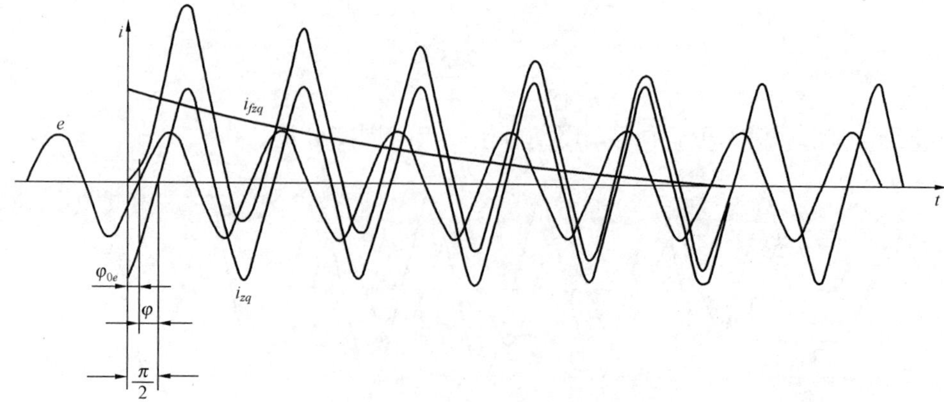

图 2-32　$\varphi_{0e}=\varphi-\frac{\pi}{2}$ 时刻短路

电流周期分量的最大值。短路后 ts 时刻的非周期分量计算用式（2-12）。

（二）三相短路冲击电流计算

在图 2-31 及 2-32 中，$t=0.01$s 时刻（即 $f=50$Hz 时，短路后径半周时刻），周期分量与非周期分量变为同相并叠加达到最大，如果时间常数 T_a 很大时，则合成电流接近两倍周期分量。$t=0.01$s 时刻的合成电流，即实际的全电流，为冲击电流，由下式表示为：

$$\begin{aligned} i_{ch} &= \frac{E_m}{Z}\sin\left(0.01\omega \pm \frac{\pi}{2}\right) \mp \frac{E_m}{Z}e^{-\frac{0.01}{T_a}} \\ &= \mp \frac{E_m}{Z}(1+e^{-\frac{0.01}{T_a}}) \\ &= \mp K_{ch}\sqrt{2}I''_d \end{aligned} \tag{2-13}$$

式中 i_{ch} ——冲击电流，短路电流峰值；

K_{ch}——冲击系数，等于冲击电流与次暂态短路电流周期分量最大值之比，即 $K_{ch}=\dfrac{i_{ch}}{\sqrt{2}I''_d}=1+e^{-\frac{0.01}{T_a}}$。

当回路时间常数 T_a 已知时，则冲击系数即可求出。不同短路点等效时间常数的推荐值（文献 16），如表 2-9 所示。

表 2-9　　不同短路点等效时间常数推荐值

短路点	汽轮发电机端	水轮发电机端	高压侧母线		远离发电厂的短路点	发电机出线电抗器之后
			主变压器容量在 100MVA 以上	主变压器容量在 10～100MVA 之间		
T_a	80(rad) 0.2546(s)	60(rad) 0.191(s)	40(rad) 0.1273(s)	35(rad) 0.1114(s)	15(rad) 0.0477(s)	40(rad) 0.1273(s)

当考虑周期分量的衰减时，冲击电流表示为$\left(取\ \varphi_{0e}=\varphi-\frac{\pi}{2}\right)$

$$i_{ch}=\sqrt{2}(I_{zq0.01}+I''_d e^{-\frac{0.01}{T_a}}) \tag{2-14}$$

式中 $I_{zq0.01}$ ——$t=0.01$s 时的周期分量，由第二章第 2-2 节计算方法求得；

I''_d ——见式（2-11）。

当考虑周期分量衰减及表 2-9 中不同短路点位置时，冲击系数 K_{ch} 的推荐值（文献 16），如表 2-10 所示。

表 2-10　　冲击系数 K_{ch} 的推荐值

短路点	发电机端	发电厂高压侧母线	远离发电厂的地点
K_{ch}	1.9	1.85	1.8

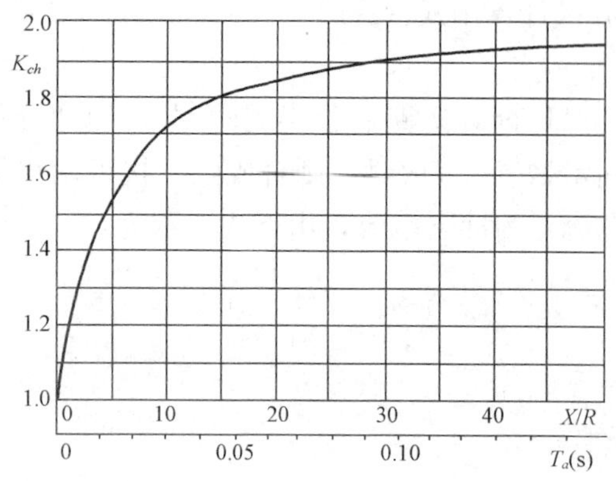

图 2-33　冲击系数 K_{ch} 与时间常数 T_a 及 X/R 的关系曲线

纯电阻回路中 $X=0$ 时，$K_{ch}=1$；纯电抗回路中 $R=0$ 时，$K_{ch}=2$，即 $1\leqslant K_{ch}\leqslant 2$。冲击系数 K_{ch} 与时间常数 T_a 及回路参数 X/R 的关系曲线如图 2-33 所示。

当冲击系数已知时，可按式（2-13）计算冲击电流。

在短路暂态过程中，由于非周期分量是衰减的，所以全电流波形与时间轴不对称（不是正弦波），而短路后第一周期内全电流最大，其有效值也最大，称为冲击电流有效值，并用周期分量与 $t=0.01$s 时的非周期分量均方根值表示为

$$I_{ch}=\sqrt{I_{zq}^2+i_{fzq0.01}^2}=I_{zq}\sqrt{1+2(K_{ch}-1)^2} \tag{2-15}$$

式中　$i_{fzq0.01}$——$t=0.01$s 时刻非周期分量瞬时值，$i_{fzq0.01}=(K_{ch}-1)\sqrt{2}I_{zq}$。

在 A、B、C 三相对称系统中，三相短路时，各相短路电流周期分量幅值相同，但由于短路瞬间各相短路电流周期分量的初始值不同，则非周期分量也不同。图 2-30、2-31、2-32 中电流波形仅为三相中的一相，其他两相（相位差±120°）均未画出。

二、三相短路电流非周期分量及冲击电流算例

（一）已知条件

选图 2-15 作为实例，标么阻抗图见图 2-34，即计入线路电阻。参数换算同第二章第2-2节。

（二）计算内容

图 2-34 中 D_2 点三相短路。求发电机 F_3、F_4 的短路电流非周期分量及冲击电流。

（三）计算

1. 将线路 XL_4 的阻抗换算为标么值

$$Z_{*j}=Z_{\Omega}\frac{S_j}{U_j^2}=(12.58+j74.21)\Omega\,\frac{100\text{MVA}}{(345\text{kV})^2}=0.01057+j0.06235$$
$$=0.0632\angle 80.378^{\circ}$$

将图 2-15 中有关部分阻抗一并绘入图 2-34 中。

2. 网络化简及转移阻抗计算

总阻抗

$$Z_{\Sigma}=\frac{1}{2}(j0.05945+j0.04306)$$
$$+0.01057+j0.06135$$
$$=0.01057+j0.113605$$

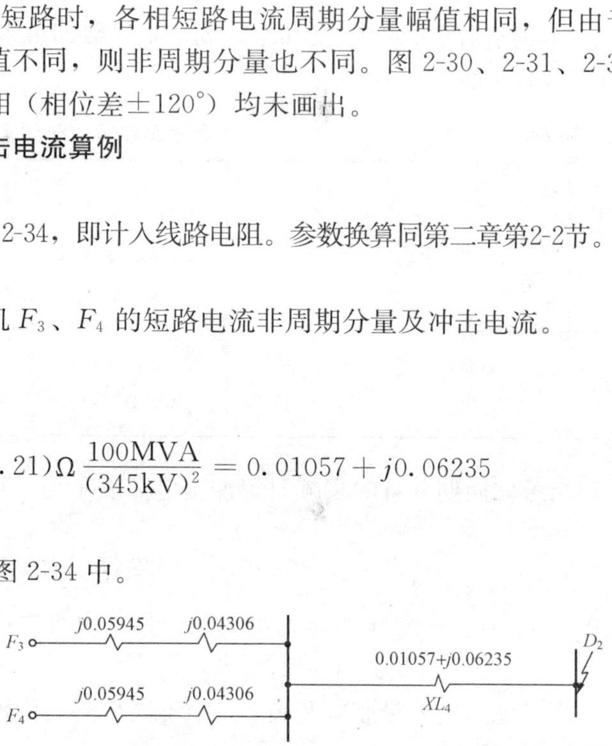

F_3 　$j0.05945$ 　$j0.04306$
F_4 　$j0.05945$ 　$j0.04306$
$0.01057+j0.06235$ 　XL_4 　D_2

图 2-34　标么阻抗图

F_3 或 F_4 转移阻抗

$$Z_{zy}=\frac{Z_{\Sigma}}{K_{fzh}}=\frac{Z_{\Sigma}}{0.5}=0.02114+j0.22721=0.2282\angle 84.68^{\circ}$$

3. 计算非周期分量和冲击电流

以上阻抗均为标么值，故选用标么值计算为宜。在基准条件 $S_j=100\text{MVA}$、$U_j=345\text{kV}$ 时，基准电流 $I_j=\dfrac{100}{\sqrt{3}345}=167.3\text{A}$；取 $E_*=1$，则 $E_{*m}=\sqrt{2}$，$T_a=\dfrac{L}{R}=\dfrac{X}{\omega R}=\dfrac{0.22721}{314\times0.02114}=0.0342\text{s}$。

(1) 计算非周期分量：按式（2-12）计算，并取 $\varphi_{0e}=\varphi-\dfrac{\pi}{2}$，则非周期分量起始最大值为

$$i_{fzq}=\frac{E_m}{Z}e^{-\frac{T}{T_a}}=\frac{E_{*m}}{Z_*}I_je^{-\frac{t}{T_a}}=\frac{\sqrt{2}167.3}{0.2282}e^{-\frac{t}{T_a}}\bigg|_{t=0\text{s}}=1036.6(\text{A})$$

其中 $I''_d=\dfrac{I_j}{Z_*}=\dfrac{167.3}{0.2282}=733.1(\text{A})$，与上节用运算曲线查得的结果 786.2A 相比，相当于 93.2%，有些偏小，但误差不大。

本算例相当于远离发电厂的短路点，时间常数不大，$T_a=0.0342\text{s}$，非周期分量衰减较快。当 $t=0.1\text{s}$（即短路后 5 个周波）时，非周期分量为

$$i_{fzq}=1036.6e^{-\frac{0.1}{0.0342}}=1036.6\times0.0537=55.67(\text{A})$$

即 0.1s 以后非周期分量衰减到起始值的 5.37%，故此例中 0.1s 以后，非周期分量可忽略不计。

(2) 计算冲击电流：当不考虑周期分量衰减时，将 $t=0.01\text{s}$ 代入式（2-13），则冲击电流为

$$i_{ch}=1036.6(1+e^{-\frac{0.01}{0.0342}})=1036.6\times1.746=1810(\text{A})$$

当考虑周期分量衰减时，按式（2-14）计算。由表 2-1 中 F_3、F_4 对 D_2 点的计算电抗 $X_{js}=0.808$，查表 2-7 水轮发电机运算曲线数字表得：$t=0\text{s}$ 时，$I''_*=1.32$；$t=0.01\text{s}$ 时，$I_{*0.01}=1.3$。比较这两个数据相差不大，故可认为周期分量还没有衰减。一般情况下（远离发电厂的短路点），按式（2-14）计算冲击电流时，可不考虑周期分量的衰减。

第 2-4 节　远距离故障点简单短路计算

本节介绍不考虑短路电流衰减的远距离故障点发生三相短路、两相短路、单相接地和两相接地短路时，次暂态（$t=0\text{s}$ 时）短路电流周期分量的计算。计算中采用对称分量法。

计算步骤参看本章第 2-2 节。首先根据各元件原始参数进行参数换算。为了简化计算，本节计算中忽略元件电阻并设负序阻抗等于正序阻抗。先将各元件标么电抗按一次接线图连接，绘制标么阻抗图；再对各计算点进行网络简化并归并出各计算点的正（负）、零序综合电抗值；根据所计算的故障类型，按对应序网连接图计算故障点各序总电流（正、负、零序分量总电流），然后按各序网电流分支系数计算支路各序分支电流及相应电压。

一、三相短路计算

(一) 三相短路电流计算

图 2-35 (a) 为网络化简、归并后的三相对称系统等值计算电路图。设图中 D 点发生三相金属性短路，则

$$\dot{I}_{dA}^{(3)} = \frac{\dot{E}_A}{j(X_{1xt} + X_{1xl})} \tag{2-16}$$

$$\dot{I}_{dB}^{(3)} = \frac{\dot{E}_B}{j(X_{1xt} + X_{1xl})} = a^2 \dot{I}_{dA}^{(3)} \tag{2-17}$$

$$\dot{I}_{dc}^{(3)} = \frac{\dot{E}_C}{j(X_{1xt} + X_{1xl})} = a\dot{I}_{dA}^{(3)} \tag{2-18}$$

式中　$\dot{E}_A$、$\dot{E}_B$、$\dot{E}_C$ ——A、B、C 三相电势，$\dot{E}_B = a^2\dot{E}_A$，$\dot{E}_C = a\,\dot{E}_A$；

$\dot{I}_{dA}^{(3)}$、$\dot{I}_{dB}^{(3)}$、$\dot{I}_{dC}^{(3)}$ ——三相短路时，A、B、C 三相短路电流；

X_{1xt}、X_{1xl} ——系统及线路正序电抗；

a——算子。$a = e^{j120^\circ} = -\frac{1}{2} + j\frac{\sqrt{3}}{2}$；$a^2 = e^{j240^\circ} = -\frac{1}{2} - j\frac{\sqrt{3}}{2}$。

三相短路电流计算通式为

$$\dot{I}_d^{(3)} = \frac{\dot{E}}{jX_{1\Sigma}} \tag{2-19}$$

式中　$X_{1\Sigma}$ ——短路点综合正序电抗，在这里 $X_{1\Sigma} = X_{1xt} + X_{1xl}$。

三相短路后 A 相电流相量图如图 2-35 (b) 所示。B、C 相电流分别落后于 $\dot{E}_B$、$\dot{E}_C$90°(电阻忽略不计时)，图中未示出。

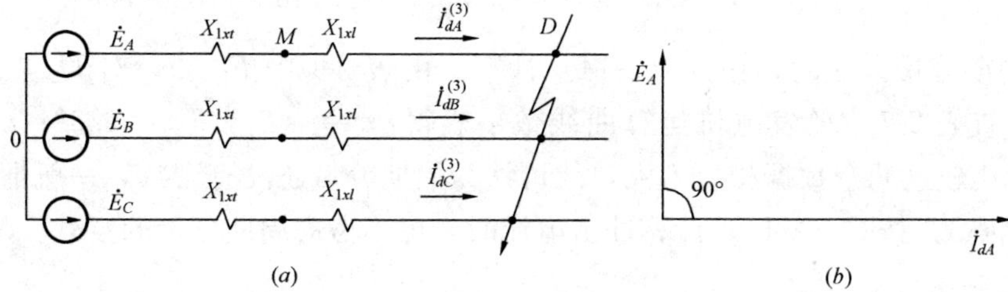

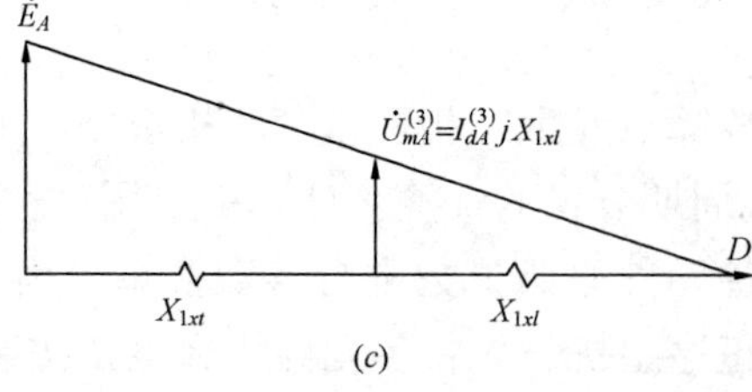

图 2-35　三相短路计算图

(a) 系统等值计算电路；(b) 三相短路 A 相电流相量图；(c) 三相短路 A 相电压分布图

当采用标幺值计算时，取标幺电势 $E_*=1$，标幺电抗用 X_* 表示，则三相短路电流通式为

$$\dot{I}_{d*}^{(3)}=\frac{\dot{E}_*}{jX_{1\Sigma*}}=\frac{1}{jX_{1\Sigma*}}=\dot{I}''_* \tag{2-20}$$

$$\dot{I}_{d}^{(3)}=\dot{I}_{d*}^{(3)}\dot{I}_j=\frac{\dot{I}_j}{jX_{1\Sigma*}} \tag{2-21}$$

式中　$\dot{I}_{d*}^{(3)}$、$\dot{I}_{d}^{(3)}$——三相短路电流标幺值和有名值；

$\dot{I}''_*$——三相短路次暂态短路电流周期分量标幺值；

$\dot{I}_j$——对应计算电压级基准电流。

三相短路后，短路容量为

$$S_{d*}^{(3)}=\frac{\dot{E}_*^2}{jX_{1\Sigma*}}=\frac{1^2}{jX_{1\Sigma*}}=S''_* \tag{2-22}$$

$$S_{d}^{(3)}=S''_*S_j=\frac{S_j}{jX_{1\Sigma*}} \tag{2-23}$$

式中　$S_{d*}^{(3)}$、$S_{d}^{(3)}$——三相短路容量标幺值和有名值；

S''_*——三相短路次暂态短路容量周期分量标幺值；

S_j——基准容量。

（二）M 点母线电压计算

由图 2-35（a）计算 M 点电压为

$$\dot{U}_{mA}^{(3)}=j\dot{I}_{dA}^{(1)}X_{1xl} \tag{2-24}$$

当用标幺值表示时

$$\dot{U}_{mA*}=\frac{X_{1xl}}{X_{1xt}+X_{1xl}}=\frac{X_{1xl}}{X_{1\Sigma}} \tag{2-25}$$

A 相电压分布情况如图 2-35（c）所示。B、C 相电压分布与 A 相相同，但相角互差 120°。

二、两相短路计算

（一）由短路点边界条件求计算用序网连接图

图 2-36（a）为网络化简、归并后的三相对称系统等值计算电路。图中 D 点 B、C 两相金属性短路，短路点边界条件为：

$$\left.\begin{array}{ll}\text{故障相电流} & \dot{I}_{dB}^{(2)}=-\dot{I}_{dC}^{(2)}\\ \text{故障相电压} & \dot{I}_{dB}^{(2)}=\dot{U}_{dC}^{(2)}\\ \text{非故障相电流} & \dot{I}_{dA}^{(2)}=0\end{array}\right\} \tag{2-26}$$

由式（2-26），用对称分量法求参考相 A 相故障点处各序电流及电压分量：

$$
\left.
\begin{aligned}
&\text{A 相正序电流} && \dot{I}_{dA1}^{(2)} = \frac{1}{3}(\dot{I}_{dA}^{(2)} + a\dot{I}_{dB}^{(2)} + a_2\dot{I}_{dC}^{(2)}) \\
& && = \frac{1}{3}(\dot{I}_{dA}^{(2)} + a\dot{I}_{dB}^{(2)} - a^2\dot{I}_{dB}^{(2)}) \\
& && = \frac{1}{3}(a - a^2)\dot{I}_{dB}^{(2)} = \frac{1}{\sqrt{3}}j\dot{I}_{dB}^{(2)} \\
&\text{A 相负序电流} && \dot{I}_{dA2}^{(2)} = \frac{1}{3}(\dot{I}_{dA}^{(2)} + a^2\dot{I}_{dB}^{(2)} + a\dot{I}_{dC}^{(2)}) \\
& && = -\frac{1}{\sqrt{3}}j\dot{I}_{dB}^{(2)} \\
&\text{A 相零序电流} && \dot{I}_{dA0}^{(2)} = \frac{1}{3}(\dot{I}_{dA}^{(2)} + \dot{I}_{dB}^{(2)} + \dot{I}_{dC}^{(2)}) = 0 \\
&\text{A 相各序电流关系} && \dot{I}_{dA1}^{(2)} = -\dot{I}_{dA2}^{(2)},\ \dot{I}_{dA0}^{(2)} = 0
\end{aligned}
\right\}
\tag{2-27}
$$

$$
\left.
\begin{aligned}
&\text{A 相正序电压} && \dot{U}_{dA1}^{(2)} = \frac{1}{3}(\dot{U}_{dA}^{(2)} + a\dot{U}_{dB}^{(2)} + a^2\dot{U}_{dC}^{(2)}) \\
& && = \frac{1}{3}[\dot{U}_{dA}^{(2)} + (a + a^2)\dot{U}_{dB}^{(2)}] = \frac{1}{3}(\dot{U}_{dA}^{(2)} - \dot{U}_{dB}^{(2)}) \\
&\text{A 相负序电压} && \dot{U}_{dA2}^{(2)} = \frac{1}{3}(\dot{U}_{dA}^{(2)} + a^2\dot{U}_{dB}^{(2)} + a\dot{U}_{dC}^{(2)}) \\
& && = \frac{1}{3}[\dot{U}_{dA}^{(2)} + (a^2 + a)\dot{U}_{dB}^{(2)}] = \frac{1}{3}(\dot{U}_{dA}^{(2)} - \dot{U}_{dB}^{(2)}) \\
&\text{A 相零序电压} && \dot{U}_{dA0}^{(2)} = \frac{1}{3}(\dot{U}_{dA}^{(2)} + \dot{U}_{dB}^{(2)} + \dot{U}_{dC}^{(2)}) = -\dot{I}_{dA0}^{(2)}X_{0\Sigma} = 0 \\
&\text{A 相各序电压关系} && \dot{U}_{dA1}^{(2)} = \dot{U}_{dA2}^{(2)},\ \dot{U}_{dA0}^{(2)} = 0 \\
& && \dot{U}_{dA}^{(2)} = \dot{U}_{dA1}^{(2)} + \dot{U}_{dA2}^{(2)} + \dot{U}_{dA0}^{(2)} = 2\dot{U}_{dA1}
\end{aligned}
\right\}
\tag{2-28}
$$

由式（2-27）、（2-28），可画出两相短路时计算用序网连接图，如图 2-36（b）所示。

（二）两相短路电流计算

由图 2-36（b）计算 A 相电流正序分量

$$
\begin{aligned}
\dot{I}_{dA1}^{(2)} &= \frac{\dot{E}_A}{j(X_{1xt} + X_{1xl}) + j(X_{2xt} + X_{2xl})} \\
&= \frac{\dot{E}_A}{jX_{1\Sigma} + jX_{2\Sigma}} = \frac{\dot{E}_A}{j2X_{1\Sigma}} = \frac{1}{2}\dot{I}_d^{(3)}
\end{aligned}
\tag{2-29}
$$

式中　$X_{1\Sigma}$、$X_{2\Sigma}$——正、负序综合电抗。其中：$X_{1\Sigma} = X_{1xt} + X_{1xl}$，$X_{2\Sigma} = X_{2xt} + X_{2xl}$，并设 $X_{1\Sigma} = X_{2\Sigma}$。

上式表明，两相短路电流的正序分量等于$\frac{1}{2}$三相短路电流。由式（2-27）及（2-29）可求出故障相电流为

$$\left.\begin{aligned}\dot{I}_{dB}^{(2)} &= -j\sqrt{3}\dot{I}_{dA1}^{(3)} = -j\frac{\sqrt{3}}{2}\dot{I}_{d}^{(3)} \\ \dot{I}_{dC}^{(2)} &= j\frac{\sqrt{3}}{2}\dot{I}_{d}^{(3)}\end{aligned}\right\} \tag{2-30}$$

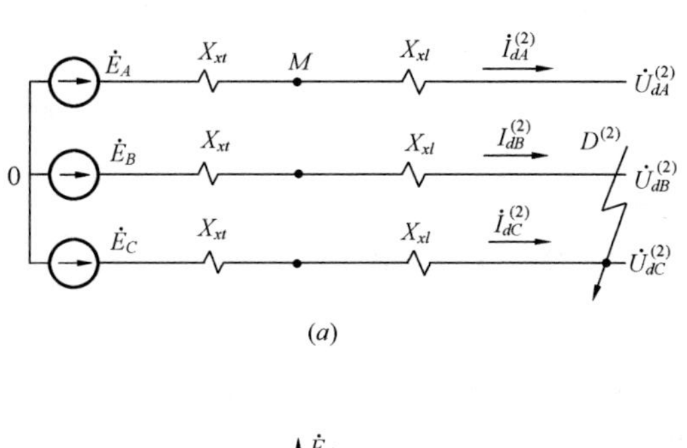

(a)

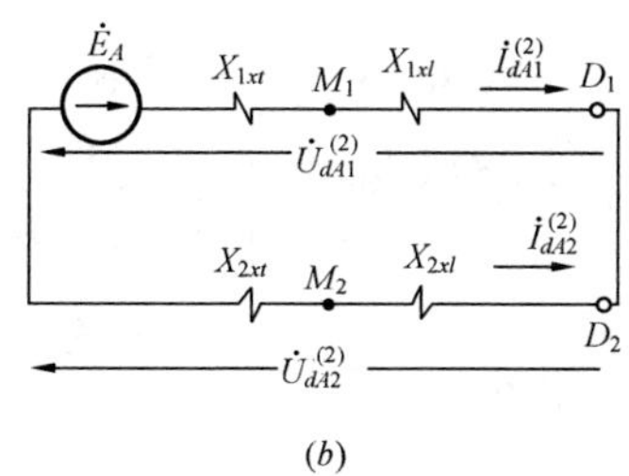

(b)

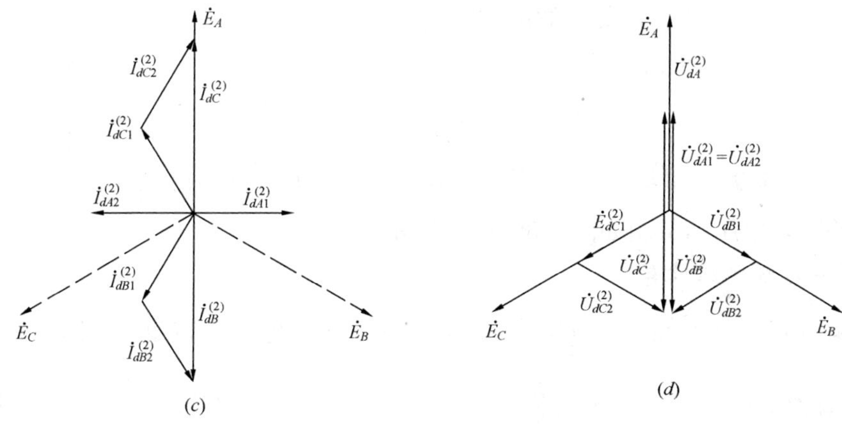

(c) (d)

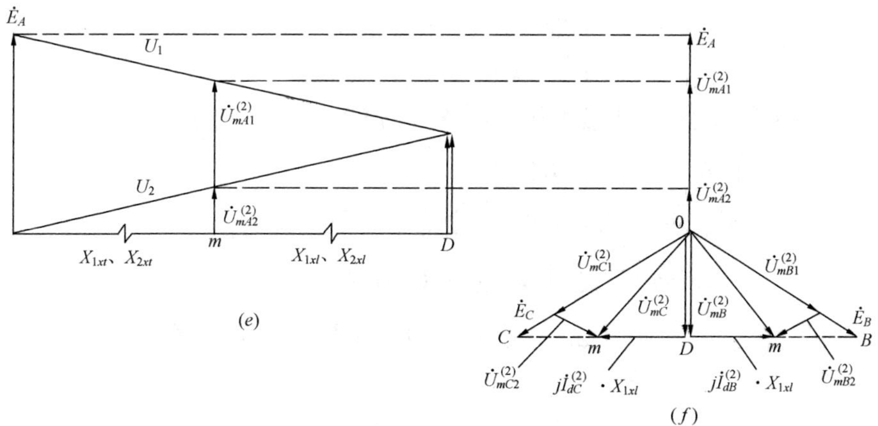

(e) (f)

图 2-36　B、C 两相短路计算图

(a) 系统等值计算电路；(b) 两相短路序网连接图；(c) 电流相量图；(d) 短路点电压相量图；(e) 正、负序电压分布图；(f) m 点电压相量图

B、C两相短路时电流相量图，如图 2-36（c）所示。

（三）故障点各序电压及全电压计算

由图 2-36（b）求 A 相序分量电压

$$\dot{U}_{dA1}^{(2)} = \dot{E}_A - j\dot{I}_{dA1}^{(2)} X_{1\Sigma} \tag{2-31}$$

$$\dot{U}_{dA2}^{(2)} = -j\dot{I}_{dA2}^{(2)} X_{2\Sigma} = j\dot{I}_{dA1}^{(2)} X_{1\Sigma} \tag{2-32}$$

其中　$\dot{I}_{dA1}^{(2)} = -\dot{I}_{dA2}^{(2)}$，$X_{1\Sigma} = X_{2\Sigma}$

由式（2-28）$\dot{U}_{dA0}^{(2)} = 0$，则得

$$\begin{aligned}\dot{U}_{dA}^{(2)} &= \dot{U}_{dA1}^{(2)} + \dot{U}_{dA2}^{(2)} + \dot{U}_{dA0}^{(2)} \\ &= \dot{E}_A - j\dot{I}_{dA1}^{(2)} X_{1\Sigma} + j\dot{I}_{dA1}^{(2)} X_{1\Sigma} + 0 = \dot{E}_A\end{aligned}$$

由式（2-28）得

$$\dot{U}_{dA1}^{(2)} = \dot{U}_{dA2}^{(2)} = \frac{1}{2}\dot{E}_A \tag{2-33}$$

故障相全电压由对称分量关系确定，即

$$\left.\begin{aligned}\dot{U}_{dB}^{(2)} &= \dot{U}_{dB1}^{(2)} + \dot{U}_{dB2}^{(2)} + \dot{U}_{dB0}^{(2)} \\ &= a^2\dot{U}_{dA1}^{(2)} + a\dot{U}_{dA2}^{(2)} + \dot{U}_{dA0}^{(2)} = (a^2 + a)\dot{U}_{dA1}^{(2)} = -\frac{1}{2}\dot{E}_A \\ \dot{U}_{dC}^{(2)} &= a\dot{U}_{dA1}^{(2)} + a^2\dot{U}_{dA2}^{(2)} + \dot{U}_{dA0}^{(2)} = (a + a^2)\dot{U}_{dA1}^{(2)} = -\frac{1}{2}\dot{E}_A\end{aligned}\right\} \tag{2-34}$$

两相短路时，电压相量图如图 2-36（d）所示。

（四）M 点母线电压计算

根据故障点 $\dot{U}_{dA1}^{(2)} = \dot{U}_{dA2}^{(2)} = \frac{1}{2}\dot{E}_A$ 关系，作出正、负序电压分布图，如图 2-36（e）所示，图中 M 点位置按阻抗比例关系（即 $\frac{X_{1xl}}{X_{1\Sigma}}$ 比值）找出，则 M 点 $\dot{U}_{mA1}^{(2)}$、$\dot{U}_{mA2}^{(2)}$ 可由图解求出。

M 点母线电压也可由图 2-36（b）计算求得，即

$$\dot{U}_{mA1}^{(2)} = \dot{U}_{dA1}^{(2)} + j\dot{I}_{dA1}^{(2)} X_{1xl}$$

$$\dot{U}_{mA2}^{(2)} = \dot{U}_{dA2}^{(2)} + j\dot{I}_{dA2}^{(2)} X_{2xl}$$

因为 $\dot{I}_{dA1}^{(2)} = -\dot{I}_{dA2}^{(2)}$，$\dot{U}_{dA1}^{(2)} = \dot{U}_{dA2}^{(2)}$，$X_{1xl} = X_{2xl}$，所以

$$\dot{U}_{mA2}^{(2)} = \dot{U}_{dA1}^{(2)} - j\dot{I}_{dA1}^{(2)} X_{1xl}$$

$$\dot{U}_{mA}^{(2)} = \dot{U}_{mA1}^{(2)} + \dot{U}_{mA2}^{(2)} + \dot{U}_{mA0}^{(2)} = 2\dot{U}_{dA1}^{(2)} = \dot{E}_A$$

$$\begin{aligned}\dot{U}_{mB}^{(2)} &= a^2\dot{U}_{mA1}^{(2)} + a\dot{U}_{mA2}^{(2)} + \dot{U}_{mA0} \\ &= a^2(\dot{U}_{dA1}^{(2)} + j\dot{I}_{dA1}^{(2)} X_{1xl}) + a(\dot{U}_{dA2}^{(2)} + j\dot{I}_{dA2}^{(2)} X_{2xl}) \\ &= \dot{U}_{dB}^{(2)} + j\dot{I}_{dB}^{(2)} X_{1xl}\end{aligned} \tag{2-35}$$

其中　$a^2\dot{U}_{dA1}^{(2)} = \dot{U}_{dB1}^{(2)}$，$a\dot{U}_{dA2}^{(2)} = \dot{U}_{dB2}^{(2)}$，$\dot{U}_{dB}^{(2)} = \dot{U}_{dB1}^{(2)} + \dot{U}_{dB2}^{(2)}$

$a^2\dot{I}_{dA1}^{(2)} = \dot{I}_{dB1}^{(2)}$，$a\dot{I}_{dA2}^{(2)} = \dot{I}_{dB2}^{(2)}$，$\dot{I}_{dB}^{(2)} = \dot{I}_{dB1}^{(2)} + \dot{I}_{dB2}^{(2)}$

同理

$$\dot{U}_{mC}^{(2)} = \dot{U}_{dC}^{(2)} + j\dot{I}_{dC}^{(2)} X_{1xl} \tag{2-36}$$

两相短路 M 点母线电压相量图，如图 2-36（f）所示。

当用标么值计算时，取 $\dot{E}=1$（＊号省略），则式（2-33）、（2-34）为 $\dot{U}_{dA1}^{(2)}=\dot{U}_{dA2}^{(2)}=0.5$，$\dot{U}_{dB}^{(2)}=\dot{U}_{dC}^{(2)}=-0.5$。将由式（2-30）求出的 $\dot{I}_{dB}^{(2)}=-j\frac{\sqrt{3}}{2}\frac{1}{jX_{1\Sigma}}=-\frac{\sqrt{3}}{2X_{1\Sigma}}$，$\dot{I}_{dC}^{(2)}=\frac{\sqrt{3}}{2X_{1\Sigma}}$，代入式（2-35）、（2-36），则

$$\left.\begin{aligned}\dot{U}_{mB}^{(2)}&=-0.5-j\frac{\sqrt{3}}{2}\frac{X_{1xl}}{X_{1\Sigma}}=-0.5-j\frac{\sqrt{3}}{2}K_1\\\dot{U}_{mC}^{(2)}&=-0.5+j\frac{\sqrt{3}}{2}\frac{X_{1xl}}{X_{1\Sigma}}=-0.5+j\frac{\sqrt{3}}{2}K_1\\\dot{U}_{mA}^{(2)}&=\dot{E}_A\end{aligned}\right\}\tag{2-37}$$

式中　K_1——M 点至故障点 D 之间的正序电抗（此式中的线路正序电抗）与故障点综合正序电抗之比，$K_1=\frac{X_{1xl}}{X_{1\Sigma}}$。

由式（2-27）可知，随着 M 点由故障点向电源靠近，即 K_1 由 0→1，则 $\dot{U}_{mB}^{(2)}$ 由 $-0.5\rightarrow\dot{E}_B$，$\dot{U}_{mC}^{(2)}$ 由 $-0.5\rightarrow\dot{E}_C$。因此，$\dot{U}_{mB}^{(2)}$、$\dot{U}_{mC}^{(2)}$ 相量终端的轨迹为 DB、DC 直线，如图 2-36（f）所示。

三、单相接地短路计算

（一）由短路点边界条件求计算用序网连接图

图 2-37（a）为网络化简、归并后的三相对称系统等值计算电路。设图中 D 点 A 相单相金属性接地短路，短路点边界条件为：

$$\left.\begin{aligned}&\text{故障相电压}\qquad \dot{U}_{dA}^{(1)}=0\\&\text{非故障相电流}\qquad \dot{I}_{dB}^{(1)}=\dot{I}_{dC}^{(1)}=0\end{aligned}\right\}\tag{2-38}$$

由式（2-38），用对称分量法求故障点 A 相各序电流和电压分量：

A 相正序电流
$$\dot{I}_{dA1}^{(1)}=\frac{1}{3}(\dot{I}_{dA}^{(1)}+a\dot{I}_{dB}^{(1)}+a^2\dot{I}_{dC}^{(1)})=\frac{1}{3}(\dot{I}_{dA}^{(1)}+0+0)=\frac{1}{3}\dot{I}_{dA}^{(1)}$$

A 相负序电流
$$\dot{I}_{dA2}^{(1)}=\frac{1}{3}(\dot{I}_{dA}^{(1)}+a^2\dot{I}_{dB}^{(1)}+a\dot{I}_{dC}^{(1)})=\frac{1}{3}(\dot{I}_{dA}^{(1)}+0+0)=\frac{1}{3}\dot{I}_{dA}^{(1)}$$

A 相零序电流
$$\dot{I}_{dA0}^{(1)}=\frac{1}{3}(\dot{I}_{dA}^{(1)}+\dot{I}_{dB}^{(1)}+\dot{I}_{dC}^{(1)})=\frac{1}{3}(\dot{I}_{dA}^{(1)}+0+0)=\frac{1}{3}\dot{I}_{dA}^{(1)}$$

A 相各序电流关系
$$\dot{I}_{dA1}^{(1)}=\dot{I}_{dA2}^{(1)}=\dot{I}_{dA0}^{(1)}=\frac{1}{3}\dot{I}_{dA}^{(1)}\tag{2-39}$$

A 相各序电压关系
$$\dot{U}_{dA}^{(1)}=\dot{U}_{dA1}^{(1)}+\dot{U}_{dA2}^{(1)}+\dot{U}_{dA0}^{(1)}=0$$

$$\dot{U}_{dA1}^{(1)}=-(\dot{U}_{dA2}^{(1)}+\dot{U}_{dA0}^{(1)}) \tag{2-40}$$

由式（2-39）、(2-40）可画出单相接地短路时计算用序网连接图，如图 2-37（b）所示。

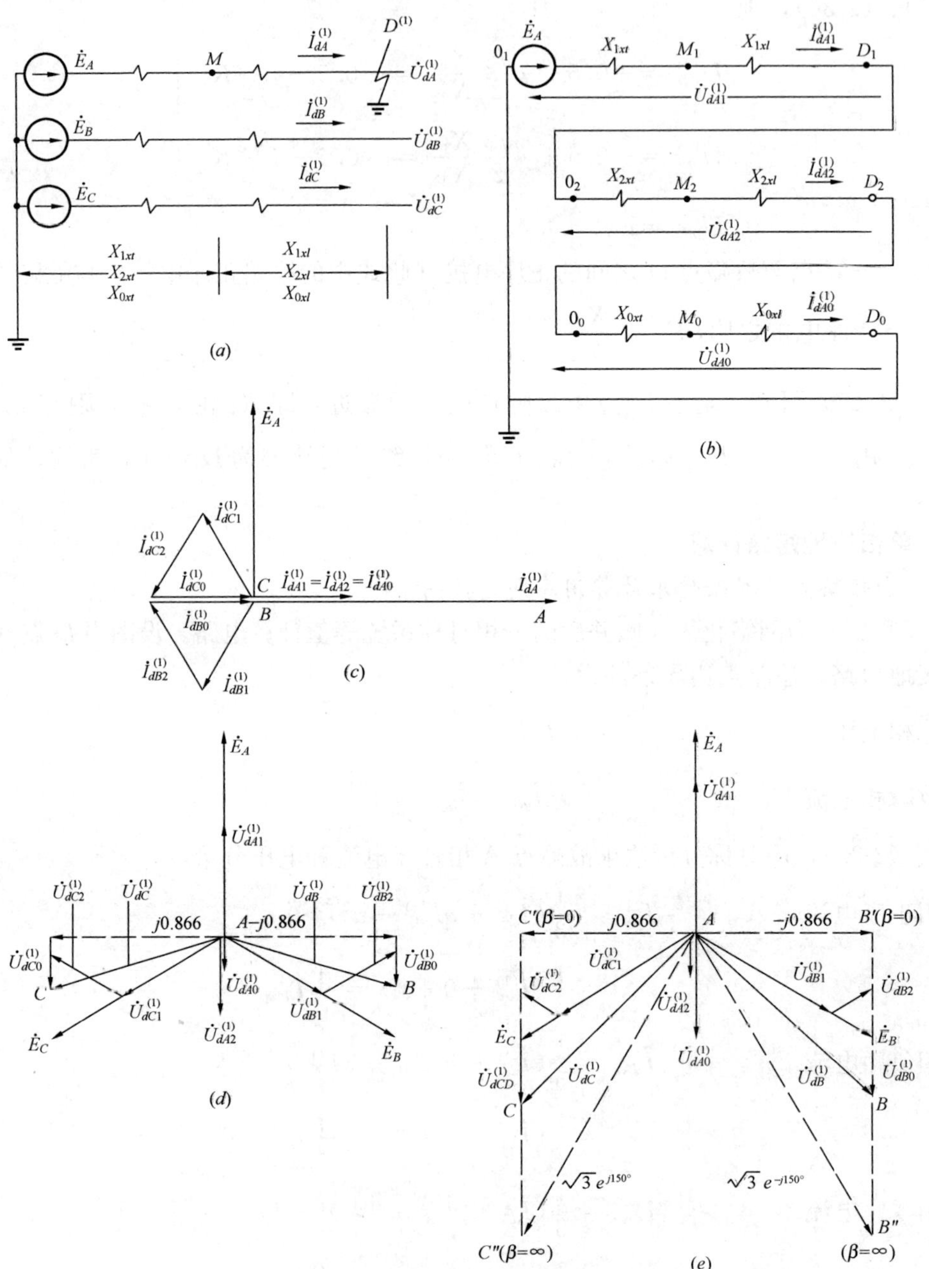

图 2-37　单相接地短路计算图

（a）系统等值计算电路；（b）单相接地序网连接图；（c）电流相量图；

（d）$X_{0\Sigma}<X_{1\Sigma}$ 时短路点电压相量图；（e）$X_{0\Sigma}>X_{1\Sigma}$ 时短路点电压相量图

（二）单相接地短路电流计算

由图 2-37（b）计算 A 相各序电流

$$\left.\begin{aligned}
&\dot{I}_{dA1}^{(1)}=\dot{I}_{dA2}^{(1)}=\dot{I}_{dA0}^{(1)}=\frac{\dot{E}_A}{j(X_{1\Sigma}+X_{2\Sigma}+X_{0\Sigma})}=\frac{\dot{E}_A}{j(2X_{1\Sigma}+X_{0\Sigma})}\\
\text{或}\quad&\dot{I}_{dA1}^{(1)}=\dot{I}_{dA2}^{(1)}=\dot{I}_{dA0}^{(1)}=\frac{\dot{E}_A}{jX_{1\Sigma}\left(2+\dfrac{X_{0\Sigma}}{X_{1\Sigma}}\right)}=\dot{I}_d^{(3)}\frac{1}{2+\beta}=K_{d1、2}^{(1-3)}\dot{I}_d^{(3)}\\
&3\dot{I}_{dA0}^{(1)}=\frac{3}{2+\beta}\dot{I}_d^{(3)}=K_{d0}^{(1-3)}\dot{I}_d^{(3)}
\end{aligned}\right\}\tag{2-41}$$

式中　$X_{1\Sigma}$、$X_{2\Sigma}$、$X_{0\Sigma}$——故障点综合正、负、零序电抗。其中：$X_{1\Sigma}=X_{1xt}+X_{1xl}$、$X_{2\Sigma}=X_{2xt}+X_{2xl}$、$X_{0\Sigma}=X_{0xt}+X_{0xl}$，并假设 $X_{1\Sigma}=X_{2\Sigma}$；

$\dot{I}_d^{(3)}$——同一点三相短路电流，$\dot{I}_d^{(3)}=\dfrac{\dot{E}_A}{jX_{1\Sigma}}$；

β——阻抗比，$\beta=\dfrac{X_{0\Sigma}}{X_{1\Sigma}}$；

$K_{d1、2}^{(1-3)}$、$K_{d0}^{(1-3)}$——单相接地短路电流正、负序分量及三倍零序分量对同一点三相短路电流之比，$K_{d1、2}^{(1-3)}=\dfrac{1}{2+\beta}$、$K_{d0}^{(1-3)}=\dfrac{3}{2+\beta}$。

A 相全电流为

$$\dot{I}_{dA}^{(1)}=\dot{I}_{dA1}^{(1)}+\dot{I}_{dA2}^{(1)}+\dot{I}_{dA0}^{(1)}=\frac{3}{2+\beta}\dot{I}_d^{(3)}=K_d^{(1-3)}\dot{I}_d^{(3)}\tag{2-42}$$

式中　$K_d^{(1-3)}$——单相接地短路电流对同一点三相短路电流之比，$K_d^{(1-3)}=\dfrac{3}{2+\beta}$。

由式（2-41）、（2-42）可知，故障点三相短路电流 $I_d^{(3)}$ 及阻抗比 β 值算出后，则单相接地短路时全电流及各序分量电流可由式（2-41）、（2-42）进行计算。

根据对称分量关系，由 A 相各序电流可确定 B、C 相各序电流及全电流，其相量图如图 2-37（c）所示。由图中可见，B、C 相全电流为零。

（三）故障点各序电压及非故障相电压计算

由图 2-37（b）计算 A 相各序电压为

$$\left.\begin{aligned}
\dot{U}_{dA1}^{(1)}&=\dot{E}_A-j\dot{I}_{dA1}^{(1)}X_{1\Sigma}\\
\dot{U}_{dA2}^{(1)}&=-j\dot{I}_{dA2}^{(1)}X_{2\Sigma}\\
\dot{U}_{dA0}^{(1)}&=-j\dot{I}_{dA0}^{(1)}X_{0\Sigma}
\end{aligned}\right\}\tag{2-43}$$

将式（2-41）代入式（2-43），得

$$
\left.\begin{aligned}
\dot{U}_{dA1}^{(1)} &= \dot{E}_A - j\left(\dot{I}_d^{(3)} \frac{1}{2+\beta}\right)X_{1\Sigma} \\
&= \dot{E}_A - j\left(\frac{\dot{E}_A}{jX_{1\Sigma}} \times \frac{1}{2+\beta}\right)X_{1\Sigma} = \dot{E}_A \frac{1+\beta}{2+\beta} \\
\dot{U}_{dA2}^{(1)} &= -j\left(\dot{I}_d^{(3)} \frac{1}{2+\beta}\right)X_{2\Sigma} = -\dot{E}_A \frac{1}{2+\beta} \\
\dot{U}_{dA0}^{(1)} &= -j\left(\dot{I}_d^{(3)} \frac{1}{2+\beta}\right)X_{0\Sigma} = -\dot{E}_A \frac{1}{2+\beta}
\end{aligned}\right\} \tag{2-44}
$$

当用标么制计算时，取 $\dot{E}_A = 1$（*号省略），则式（2-44）变为

$$
\left.\begin{aligned}
\dot{U}_{dA1}^{(1)} &= \frac{1+\beta}{2+\beta} \\
\dot{U}_{dA2}^{(1)} &= -\frac{1}{2+\beta} \\
\dot{U}_{dA0}^{(1)} &= -\frac{\beta}{2+\beta}
\end{aligned}\right\} \tag{2-45}
$$

由式（2-45）计算非故障相电压为

$$
\begin{aligned}
\dot{U}_{dB}^{(1)} &= \dot{U}_{dB1}^{(1)} + \dot{U}_{dB2}^{(1)} + \dot{U}_{dB0}^{(1)} = a^2\dot{U}_{dA1}^{(1)} + a\dot{U}_{dA2}^{(1)} + \dot{U}_{dA0}^{(1)} \\
&= \frac{1}{2+\beta}[a^2(1+\beta) - a - \beta] = \frac{1}{2+\beta}[(a^2-a) + (a^2-1)\beta]
\end{aligned}
$$

将 $(a^2-a) = -j\sqrt{3}$、$(a^2-1) = -\left(\frac{3}{2} + j\frac{\sqrt{3}}{2}\right)$ 代入上式，并取模值，则

$$
\left.\begin{aligned}
\dot{U}_{dB}^{(1)} &= \frac{1}{2+\beta}\left[-j\sqrt{3} - \left(\frac{3}{2} + j\frac{\sqrt{3}}{2}\right)\beta\right] \\
&= \frac{\sqrt{3}}{2+\beta}\left[-\frac{\sqrt{3}}{2}\beta - j\left(1+\frac{1}{2}\beta\right)\right] \\
|\dot{U}_{dB}^{(1)}| &= \frac{\sqrt{3}}{2+\beta}\sqrt{1+\beta+\beta^2}
\end{aligned}\right\} \tag{2-46}
$$

$$
\begin{aligned}
\dot{U}_{dC}^{(1)} &= \dot{U}_{dC1}^{(1)} + \dot{U}_{dC2}^{(1)} + \dot{U}_{dC0}^{(1)} = a\dot{U}_{dA1}^{(1)} + a^2\dot{U}_{dA2}^{(1)} + \dot{U}_{dA0}^{(1)} \\
&= \frac{1}{2+\beta}[a(1+\beta) - a^2 - \beta] = \frac{1}{2+\beta}[(a-a^2) + (a-1)\beta]
\end{aligned}
$$

将 $(a-a^2) = j\sqrt{3}$，$(a-1) = -\left(\frac{3}{2} - j\frac{\sqrt{3}}{2}\right)$ 代入上式，并取模值，则

$$
\left.\begin{aligned}
\dot{U}_{dC}^{(1)} &= \frac{1}{2+\beta}\left[j\sqrt{3} - \left(\frac{3}{2} - j\frac{\sqrt{3}}{2}\right)\beta\right] \\
&= \frac{\sqrt{3}}{2+\beta}\left[-\frac{\sqrt{3}}{2}\beta + j\left(1+\frac{1}{2}\beta\right)\right] \\
|\dot{U}_{dC}^{(1)}| &= \frac{\sqrt{3}}{2+\beta}\sqrt{1+\beta+\beta^2}
\end{aligned}\right\} \tag{2-47}
$$

从式（2-45）、（2-46）、（2-47）看出，故障相（A 相）各序电压分量相量之和为零；非故障相（B、C 相）各序电压分量相量之和可能高于（$\beta>1$ 时）或低于（$\beta<1$ 时）额定电压，其相量图，如图 2-37（d）、（e）所示。

当 $X_{0\Sigma}<X_{1\Sigma}$（即 $\beta<1$）时，非故障相电压降低，其极限值为

$$|\dot{U}_{dB}^{(1)}|=\lim_{\beta\to 0}\frac{\sqrt{3}}{2+\beta}\sqrt{1+\beta+\beta^2}=\frac{\sqrt{3}}{2} \tag{2-48}$$

此时 $\dot{U}_{dB}^{(1)}=-j\dfrac{\sqrt{3}}{2}$、$\dot{U}_{dC}^{(1)}=j\dfrac{\sqrt{3}}{2}$，$B$、$C$ 相电压相位差 180°，如图 2-37（d）所示。

当 $X_{0\Sigma}>X_{1\Sigma}$（即 $\beta>1$）时，非故障相电压升高，其极限值为

$$|\dot{U}_{dB}^{(1)}|=\lim_{\beta\to \infty}\frac{\sqrt{3}}{2+\beta}\sqrt{1+\beta+\beta^2}=\sqrt{3} \tag{2-49}$$

此时，$\dot{U}_{dB}^{(1)}=\sqrt{3}e^{-j150^\circ}$、$\dot{U}_{dC}^{(1)}=\sqrt{3}e^{-j150^\circ}$，$B$、$C$ 相电压相位差 60°，如图 2-37（e）所示。

当 $X_{0\Sigma}=X_{1\Sigma}$（即 $\beta=1$）时，非故障相电压不变，即 $|\dot{U}_{dB}^{(1)}|=1$、$\dot{U}_{dB}^{(1)}=\dot{E}_B$、$\dot{U}_{dC}^{(1)}=\dot{E}_C$。

式（2-46）及式（2-47）的另一种表达型式是

$$\left.\begin{aligned}\dot{U}_{dB}^{(1)}&=-1.5\frac{\beta}{2+\beta}-j\frac{\sqrt{3}}{2}\\ \dot{U}_{dC}^{(1)}&=-1.5\frac{\beta}{2+\beta}+j\frac{\sqrt{3}}{2}\end{aligned}\right\} \tag{2-50}$$

当 β 由 $0\to\infty$ 变化时，$\dot{U}_{dB}^{(1)}$、$\dot{U}_{dC}^{(1)}$ 虚轴分量不变$\left(为\mp j\dfrac{\sqrt{3}}{2}\right)$，而实轴分量由 $0\to-1.5$。因此，$\dot{U}_{dB}^{(1)}$、$\dot{U}_{dC}^{(1)}$ 相量终端轨迹为 $B'B''$、$C'C''$ 直线，如图 2-37（e）所示。

（四）M 点母线电压计算

当短路点的 β 值确定后，短路点 A 相各序电压分量便可由式（2-45）求出，然后以线路正（负）、零序电抗（即 MD 之间的电抗）与综合正（负）、零序电抗的比例关系（即 $\dfrac{X_{1xl}}{X_{1\Sigma}}=K_1$、$\dfrac{X_{0xl}}{X_{0\Sigma}}=K_0$ 值），按出 M_1、M_2 的位置，则按图 2-38（a）各序分量电压分布情况，用图解法可方便地求出 M 点 A 相各序分量电压，而 M 点 B、C 相电压按对称分量关系求解，如图 2-38（b）所示$\left(图中按 \beta=\dfrac{X_{0\Sigma}}{X_{1\Sigma}}=1 作图，并假设 X_{1xl}=X_{2xl}=\dfrac{1}{3}X_{0xl}\right)$。

M 点母线电压计算如下〔以标么值表示，取 $\dot{E}=1$（＊号省略）〕，由式（2-41）、（2-45）及图 2-37（b）得

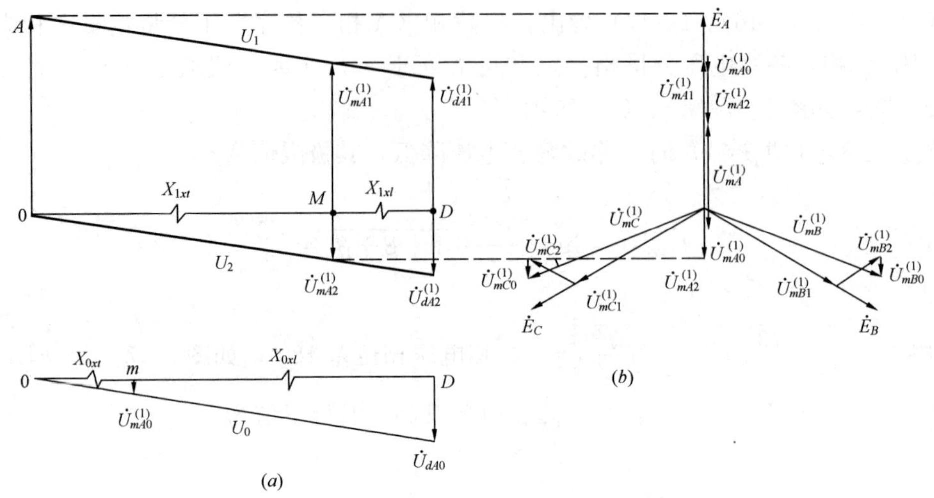

图 2-38　单相接地各序电压分布及 M 点电压

（a）电压分布；（b）M 点电压相量图

$$\left.\begin{aligned}
\dot{U}_{mA1}^{(1)} &= \dot{U}_{dA1}^{(1)} + j\dot{I}_{dA1}^{(1)} X_{1xl} = \frac{1+\beta}{2+\beta} + \frac{X_{1xl}}{X_{1\Sigma}+X_{2\Sigma}+X_{0\Sigma}} \\
\dot{U}_{mA2}^{(1)} &= \dot{U}_{dA2}^{(1)} + j\dot{I}_{dA2}^{(1)} X_{2xl} = -\frac{1}{2+\beta} + \frac{X_{2xl}}{X_{1\Sigma}+X_{2\Sigma}+X_{0\Sigma}} \\
\dot{U}_{mA0}^{(1)} &= \dot{U}_{dA0}^{(1)} + j\dot{I}_{dA0}^{(1)} X_{0xl} = -\frac{\beta}{2+\beta} + \frac{X_{0xl}}{X_{1\Sigma}+X_{2\Sigma}+X_{0\Sigma}} \\
\dot{U}_{mA}^{(1)} &= \dot{U}_{dA} + j\dot{I}_{dA1}^{(1)} X_{1xl} + j\dot{I}_{dA2}^{(1)} X_{2xl} + j\dot{I}_{dA0}^{(1)} X_{0xl} \\
&= 0 + \frac{X_{1xl}+X_{2xl}+X_{0xl}}{X_{1\Sigma}+X_{2\Sigma}+X_{0\Sigma}} = \frac{2X_{1xl}+X_{0xl}}{2X_{1\Sigma}+X_{0\Sigma}} = \frac{2K_1+\beta K_0}{2+\beta}
\end{aligned}\right\} \quad (2\text{-}51)$$

其中
$$K_1 = \frac{X_{1xl}}{X_{1\Sigma}},\ K_0 = \frac{X_{0xl}}{X_{0\Sigma}},\ \beta = \frac{X_{0\Sigma}}{X_{1\Sigma}}$$

由式（2-51）可知：当 $K_1=0$、$K_0=0$，相当于 M 点移到 D 点时，则电压为零，即 $\dot{U}_{dA}^{(1)}=0$；当 $K_1=1$、$K_0=1$，相当于 M 点移到电源电势端点时，则电压为电源电势，即 $\dot{U}_{mA}^{(1)}=1$。当 M 点在线路首端时，B 相电压为

$$\begin{aligned}
\dot{U}_{mB}^{(1)} &= \dot{U}_{dB}^{(1)} + a^2 j\dot{I}_{dA1}^{(1)} X_{1xl} + aj\dot{I}_{dA2}^{(1)} X_{2xl} + j\dot{I}_{dA0}^{(1)} X_{0xl} \\
&= \dot{U}_{dB}^{(1)} + \frac{X_{0xl}-X_{1xl}}{2X_{1\Sigma}+X_{0\Sigma}} = \dot{U}_{dB}^{(1)} + \frac{\beta K_0 - K_1}{2+\beta}
\end{aligned} \quad (2\text{-}52)$$

同理得

$$\dot{U}_{mC}^{(1)} = \dot{U}_{dC}^{(1)} + \frac{\beta K_0 - K_1}{2+\beta} \quad (2\text{-}53)$$

因线路的零序电抗大于正序电抗（$X_{0xl} > X_{1xl}$），对于线路故障而言（非母线故障），在式（2-52）、（2-53）中第 2 项一般为正实数，而 $\dot{U}_{dB}^{(1)}$、$\dot{U}_{dC}^{(1)}$ 的实部为负实数，故式（2-52）、（2-53）中实部绝对值减小，而虚部不变。由此可知，非故障相（B、C 相）M 点电压低于 D

点电压。

四、两相接地短路计算

（一）由短路点边界条件求计算用序网连接图

图 2-39（a）为网络化简、归并后的三相对称系统等值计算电路。图中 D 点 B、C 相两相接地短路，短路点边界条件为：

$$\left.\begin{aligned}&\text{故障相电压}\quad \dot{U}_{dB}^{(1.1)}=0,\ \dot{U}_{dC}^{(1.1)}=0\\&\text{非故障相电流}\quad \dot{I}_{dA}^{(1.1)}=0\end{aligned}\right\}\tag{2-54}$$

将式（2-54）用对称分量法求故障点 A 相（参考相）各序电流和电压分量：

A 相正序电压
$$\dot{U}_{dA1}^{(1.1)}=\frac{1}{3}(\dot{U}_{dA}^{(1.1)}+a\dot{U}_{dB}^{(1.1)}+a^2\dot{U}_{dC}^{(1.1)})$$
$$=\frac{1}{3}(\dot{U}_{dA}^{(1.1)}+0+0)=\frac{1}{3}\dot{U}_{dA}^{(1.1)}$$

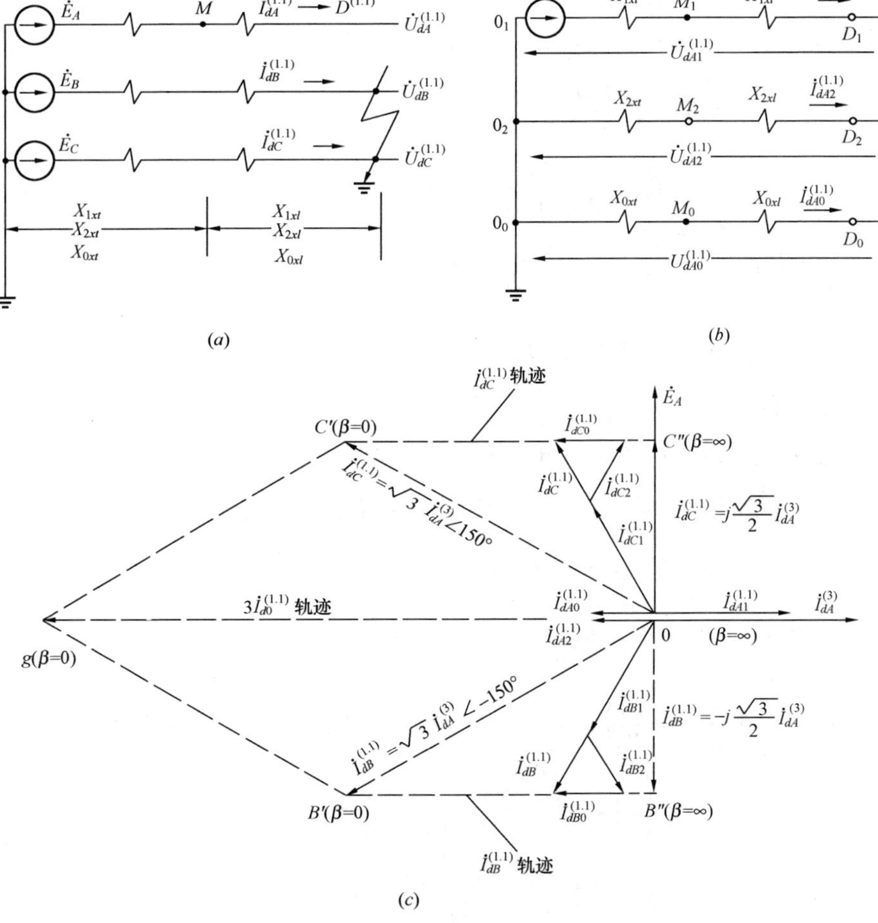

图 2-39　两相接地短路计算图

（a）系统等值计算电路；（b）序网连接图；（c）电流相量图（β=1 时）

A 相负序电压 $\dot{U}_{dA2}^{(1.1)}=\frac{1}{3}(\dot{U}_{dA}^{(1.1)}+a^2\dot{U}_{dB}^{(1.1)}+a\dot{U}_{dC}^{(1.1)})$

$$=\frac{1}{3}(\dot{U}_{dA}^{(1.1)}+0+0)=\frac{1}{3}\dot{U}_{dA}^{(1.1)}$$

A 相零序电压 $\dot{U}_{dA0}^{(1.1)}=\frac{1}{3}(\dot{U}_{dA}^{(1.1)}+\dot{U}_{dB}^{(1.1)}+\dot{U}_{dC}^{(1.1)})=\frac{1}{3}\dot{U}_{dA}^{(1.1)}$

A 相各序电压关系 $\dot{U}_{dA1}^{(1.1)}=\dot{U}_{dA2}^{(1.1)}=\dot{U}_{dA0}^{(1.1)}=\frac{1}{3}\dot{U}_{dA}^{(1.1)}$ (2-55)

A 相各序电流关系 $\dot{I}_{dA}^{(1.1)}=\dot{I}_{dA1}^{(1.1)}+\dot{I}_{dA2}^{(1.1)}+\dot{I}_{dA0}^{(1.1)}=0$

$$\dot{I}_{dA1}^{(1.1)}=-(\dot{I}_{dA2}^{(1.1)}+\dot{I}_{dA0}^{(1.1)}) \tag{2-56}$$

由式（2-55）、（2-56）可画出两相接地短路时计算用序网连接图，如图 2-39（b）所示。

（二）两相接地短路电流计算

由图 2-39（b）计算 A 相（参考相）各序电流为

$$\left.\begin{aligned}
\dot{I}_{dA1}^{(1.1)}&=\frac{\dot{E}_A}{j\left(X_{1\Sigma}+\dfrac{X_{2\Sigma}X_{0\Sigma}}{X_{2\Sigma}+X_{0\Sigma}}\right)}=\frac{\dot{E}_A}{jX_{1\Sigma}}\times\frac{1}{\left(1+\dfrac{X_{0\Sigma}}{X_{1\Sigma}+X_{0\Sigma}}\right)}\\
&=\dot{I}_d^{(3)}\frac{1+\beta}{1+2\beta}\\
\dot{I}_{dA2}^{(1.1)}&=-\dot{I}_{dA1}^{(1.1)}\frac{X_{0\Sigma}}{X_{2\Sigma}+X_{0\Sigma}}=-\dot{I}_d^{(3)}\frac{\beta}{1+2\beta}\\
\dot{I}_{dA0}^{(1.1)}&=-\dot{I}_{dA1}^{(1.1)}\frac{X_{2\Sigma}}{X_{2\Sigma}+X_{0\Sigma}}=-\dot{I}_d^{(3)}\frac{\beta}{1+2\beta}
\end{aligned}\right\} \tag{2-57}$$

式中 $\dot{I}_d^{(3)}$ ——同一点三相短路电流，$\dot{I}_d^{(3)}=\frac{\dot{E}_A}{jX_{1\Sigma}}$；

其他符号含义同前。

故障相电流由式（2-57）及对称分量关系求解为

$$\begin{aligned}
\dot{I}_{dB}^{(1.1)}&=\dot{I}_{dB1}^{(1.1)}+\dot{I}_{dB2}^{(1.1)}+\dot{I}_{dB0}^{(1.1)}=a^2\dot{I}_{dA1}^{(1.1)}+a\dot{I}_{dA2}^{(1.1)}+\dot{I}_{dA0}^{(1.1)}\\
&=\dot{I}_d^{(3)}\frac{1}{1+2\beta}[a^2(1+\beta)-a\beta-1]\\
&=\dot{I}_d^{(3)}\frac{1}{1+2\beta}[(a^2-1)+(a^2-a)\beta]
\end{aligned}$$

将 $(a^2-1)=-\left(\frac{3}{2}+j\frac{\sqrt{3}}{2}\right)$、$(a^2-a)=-j\sqrt{3}$ 代入上式，并取模值，则

$$\left.\begin{aligned}
\dot{I}_{dB}^{(1.1)}&=\dot{I}_d^{(3)}\frac{\sqrt{3}}{1+2\beta}\left[-\frac{\sqrt{3}}{2}-j\left(\frac{1}{2}+\beta\right)\right]\\
|\dot{I}_{dB}^{(1.1)}|&=\dot{I}_d^{(3)}\frac{\sqrt{3}}{1+2\beta}\sqrt{1+\beta+\beta^2}
\end{aligned}\right\} \tag{2-58}$$

式中符号含义同前。

从式（2-57）、（2-58）可知，当 $I_d^{(3)}$ 及 β 已知时，两相接地短路各序分量及故障相全电

流可由式（2-57）及（2-58）计算。

同理

$$\left.\begin{aligned}\dot{I}_{dC}^{(1.1)}&=\dot{I}_{d}^{(3)}\frac{\sqrt{3}}{1+2\beta}\left[-\frac{\sqrt{3}}{2}+j\left(\frac{1}{2}+\beta\right)\right]\\ |\dot{I}_{dC}^{(1.1)}|&=\dot{I}_{d}^{(3)}\frac{\sqrt{3}}{1+2\beta}\sqrt{1+\beta+\beta^{2}}\end{aligned}\right\}\tag{2-59}$$

由式（2-58）、（2-59）得出，两相接地短路电流与三相短路电流之比为

$$K_{d}^{(1.1\text{-}3)}=\frac{\dot{I}_{d}^{(1.1)}}{\dot{I}_{d}^{(3)}}=\frac{\sqrt{3}}{1+2\beta}\sqrt{1+\beta+\beta^{2}}\tag{2-60}$$

$\beta\to0$ 时，$K_{d}^{(1.1\text{-}3)}$ 有最大值，即

$$\lim_{\beta\to0}\frac{\sqrt{3}}{1+2\beta}\sqrt{1+\beta+\beta^{2}}=\sqrt{3}$$

$\beta\to\infty$时，$K_{d}^{(1.1\text{-}3)}$ 有最小值，即

$$\lim_{\beta\to\infty}\frac{\sqrt{3}}{1+2\beta}\sqrt{1+\beta+\beta^{2}}=\frac{\sqrt{3}}{2}$$

显然，$\beta=1$ 时，$K_{d}^{(1.1\text{-}3)}=1$，因此，$\frac{\sqrt{3}}{2}<K_{d}^{(1.1\text{-}3)}<\sqrt{3}$。

由式（2-57）得出，两相接地短路电流中负序及三倍零序分量与三相短路电流之比为

$$\frac{\dot{I}_{d2}^{(1.1)}}{\dot{I}_{d}^{(3)}}=K_{d2}^{(1.1\text{-}3)}=\frac{\beta}{1+2\beta}\quad(\beta\text{ 由 }0\to\infty\text{ 变化时},0<K_{d2}^{(1.1\text{-}3)}<0.5)\tag{2-61}$$

$$\frac{3\dot{I}_{d0}^{(1.1)}}{\dot{I}_{d}^{(3)}}=K_{d0}^{(1.1\text{-}3)}=\frac{3}{1+2\beta}\quad(\beta\text{ 由 }0\to\infty\text{ 变化时},0<K_{d0}^{(1.1\text{-}3)}<3)\tag{2-62}$$

由式（2-57）、（2-58）、（2-59）可画出各序电流及故障相全电流相量图，如图 2-39（c）所示。当 β 由 0→∞变化时，故障相全电流 $\dot{I}_{dB}^{(1.1)}$、$\dot{I}_{dC}^{(1.1)}$ 相量终端轨迹为 $B'B''$、$C'C''$直线。三倍零序电流 $3\dot{I}_{d0}^{(1.1)}$ 相量终端轨迹为 $0g$ 直线。

（三）故障点各序电压及非故障相电压计算

由图 2-39（b）计算 A 相各序电压为

$$\left.\begin{aligned}\dot{U}_{dA1}^{(1.1)}&=\dot{E}_{A}-j\dot{I}_{dA1}^{(1.1)}X_{1\Sigma}\\ \dot{U}_{dA2}^{(1.1)}&=-j\dot{I}_{dA2}^{(1.1)}X_{2\Sigma}\\ \dot{U}_{dA0}^{(1.1)}&=-j\dot{I}_{dA0}^{(1.1)}X_{0\Sigma}\end{aligned}\right\}\tag{2-63}$$

将式（2-57）代入式（2-63）得

$$\begin{aligned}\dot{U}_{dA1}^{(1.1)}&=\dot{E}_{A}-j\left(\dot{I}_{d}^{(3)}\frac{1+\beta}{1+2\beta}\right)X_{1\Sigma}\\ &=\dot{E}_{A}-j\left(\frac{\dot{E}_{A}}{jX_{1\Sigma}}\times\frac{1+\beta}{1+2\beta}\right)X_{1\Sigma}=\dot{E}_{A}\frac{\beta}{1+2\beta}\end{aligned}$$

$$\dot{U}_{dA2}^{(1,1)} = -j\left(-\dot{I}_d^{(3)} \frac{\beta}{1+2\beta}\right)X_{2\Sigma} = \dot{E}_A \frac{\beta}{1+2\beta}$$

$$\dot{U}_{dA0}^{(1,1)} = -j\left(-\dot{I}_d^{(3)} \frac{1}{1+2\beta}\right)X_{0\Sigma} = \dot{E}_A \frac{\beta}{1+2\beta}$$

当用标么值计算时，$\dot{E}_A = 1$（* 号省略），则

$$\dot{U}_{dA1}^{(1,1)} = \dot{U}_{dA2}^{(1,1)} = \dot{U}_{dA0}^{(1,1)} = \frac{\beta}{1+2\beta} \tag{2-64}$$

由式（2-64）计算非故障相电压为

$$\dot{U}_{dA}^{(1,1)} = \dot{U}_{dA1}^{(1,1)} + \dot{U}_{dA2}^{(1,1)} + \dot{U}_{dA0}^{(1,1)} = \frac{3\beta}{1+2\beta} \tag{2-65}$$

由式（2-64）按对称分量关系确定的 B、C 相电压显然为零；由式（2-65）表示的非故障相电压的大小由 β 值而定。当 $\beta<1$ 时，非故障相电压降低，$\beta\rightarrow 0$，$\dot{U}_{dA}^{(1,1)}\rightarrow 0$；当 $\beta>1$ 时，非故障相电压升高，$\beta\rightarrow\infty$，$\dot{U}_{dA}^{(1,1)}\rightarrow 1.5$；当 $\beta=1$ 时，非故障相电压 $\dot{U}_{dA}^{(1,1)}=1$。

由式（2-64）表示的正、负、零序电压也仅和 β 有关。当 $\beta\rightarrow 0$，各序电压→0；当 $\beta\rightarrow\infty$，各序电压→0.5。

两相接地短路故障点电压相量图，如图 2-40（*a*）所示。

（四）*M* 点母线电压计算

当短路点的 β 值确定后，短路点 A 相各序电压分量便可由式（2-64）求出，然后以 MD 之间正（负）、零序电抗与综合正（负）、零序电抗比例关系 $\left(\text{即}\frac{X_{1xl}}{X_{1\Sigma}}=K_1,\ \frac{X_{0xl}}{X_{0\Sigma}}=K_0\text{ 值}\right)$，找出 M_1、M_0 的位置，则根据各序电压分布情况，用图解法求出 M 点 A 相各序电压分量，如图 2-40（*b*）所示。M 点 B、C 相电压按对称分量关系求解，如图 2-40（*c*）所示 $\left(\text{图 2-40 按 }\beta=1\text{ 作图，并假设 }X_{1xl}=X_{2xl}=\frac{1}{3}X_{0xl}\right)$。

M 点母线电压计算式为（以标么值表示，* 号省略）

$$\dot{U}_{mA}^{(1,1)} = \dot{U}_{dA}^{(1,1)} + j\dot{I}_{dA1}^{(1,1)}X_{1xl} + j\dot{I}_{dA2}^{(1,1)}X_{2xl} + j\dot{I}_{dA0}^{(1,1)}X_{0xl} \tag{2-66}$$

将式（2-57）、（2-65）代入式（2-66），得

$$\begin{aligned}\dot{U}_{mA}^{(1,1)} &= \frac{3\beta}{1+2\beta} + j\dot{I}_d^{(3)}\frac{1+\beta}{1+2\beta}X_{1xl} + j\left(-\dot{I}_d^{(3)}\frac{\beta}{1+2\beta}\right)X_{2xl} + j\left(-\dot{I}_d^{(3)}\frac{1}{1+2\beta}\right)X_{0xl}\\ &= \frac{3\beta}{1+2\beta} - \frac{X_{0xl}-X_{1xl}}{X_{1\Sigma}(1+2\beta)} = \frac{3\beta}{1+2\beta} - \frac{\beta K_0 - K_1}{1+2\beta}\end{aligned} \tag{2-67}$$

式（2-67）等号右边第 2 项一般为正值（线路零序电抗大于正序电抗），故 M 点电压一般低于故障点电压（$\dot{U}_{mA}^{(1,1)}<\dot{U}_{dA}^{(1,1)}$）。但根据 β 值及 M 点的位置不同，M 点电压可能高于或低于电源电压，而 M 点靠近至电源点时，$\dot{U}_{mA}^{(1,1)}=1$。$\dot{U}_{mB}^{(1,1)}$ 计算为

$$\begin{aligned}\dot{U}_{mB}^{(1,1)} &= \dot{U}_{dB}^{(1,1)} + j\dot{I}_{dB1}^{(1,1)}X_{1xl} + j\dot{I}_{dB2}^{(1,1)}X_{2xl} + j\dot{I}_{dB0}^{(1,1)}X_{0xl}\\ &= 0 + a^2 j\dot{I}_d^{(3)}\frac{1+\beta}{1+2\beta}X_{1xl} + a_j\left(-\dot{I}_d^{(3)}\frac{\beta}{1+2\beta}\right)X_{2xl} + j\left(-\dot{I}_d^{(3)}\frac{1}{2+\beta}\right)X_{0xl}\end{aligned}$$

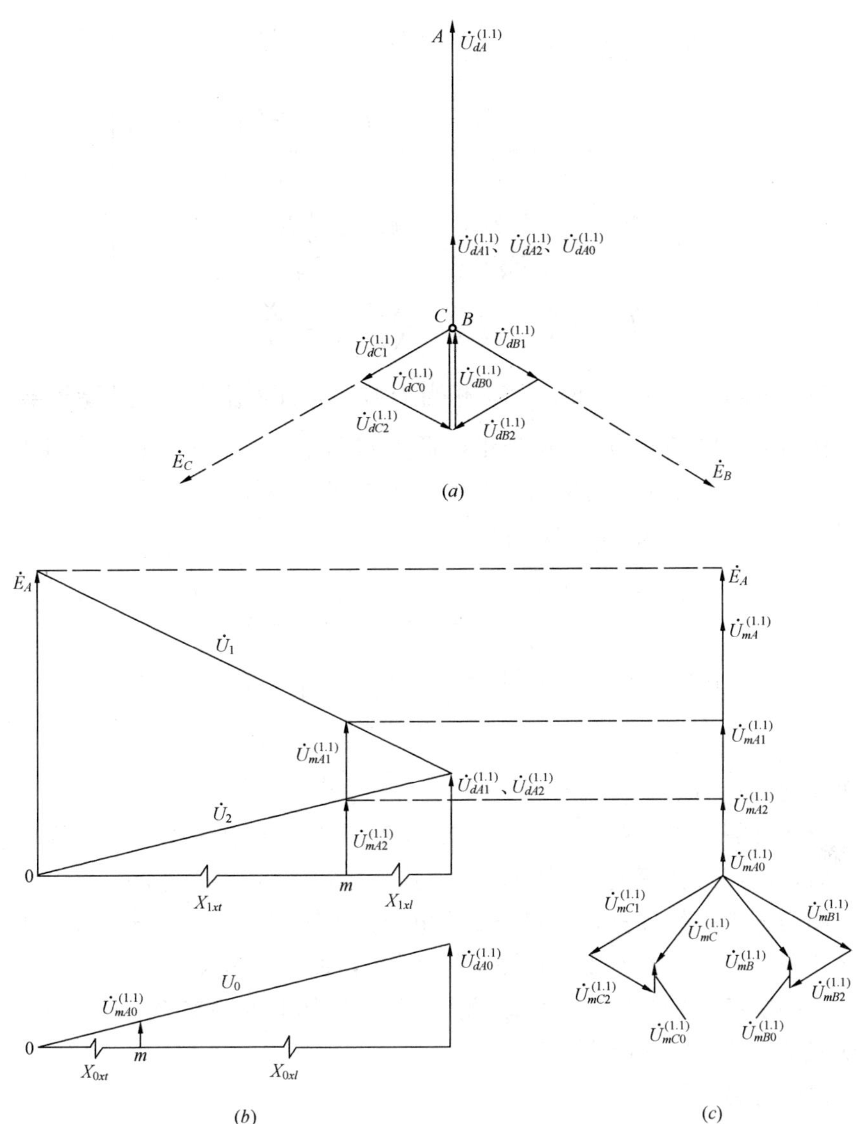

图 2-40　两相接地短路电压分布及 M 点电压

(a) 短路点电压相量图；(b) 电压分布图；(c) M 点电压相量图

$$=j\frac{\dot{I}_d^{(3)}}{1+2\beta}[a^2(1+\beta)X_{1xl}-a\beta X_{2xl}-X_{0xl}]$$

因为 $\dot{I}_d^{(3)}=\dfrac{\dot{E}_A}{jX_{1\Sigma}}=\dfrac{1}{jX_{1\Sigma}}$（取 $\dot{E}_A=1$，以标么值表示），$X_{1xl}=X_{2xl}$，所以

$$\left.\begin{aligned}\dot{U}_{mB}^{(1,1)}&=\frac{1}{X_{1\Sigma}(1+2\beta)}\left[\left(-\frac{1}{2}-j\frac{\sqrt{3}}{2}-j\sqrt{3}\beta\right)X_{1xl}-X_{0xl}\right]\\ \dot{U}_{mC}^{(1,1)}&=\frac{1}{X_{1\Sigma}(1+2\beta)}\left[\left(-\frac{1}{2}+j\frac{\sqrt{3}}{2}+j\sqrt{3}\beta\right)X_{1xl}-X_{0xl}\right]\end{aligned}\right\}\quad(2\text{-}68)$$

同理

或

$$\left.\begin{aligned}\dot{U}_{mB}^{(1)} &= \frac{1}{1+2\beta}\left[\left(-\frac{1}{2}-j\frac{\sqrt{3}}{2}-j\sqrt{3}\beta\right)K_1-\beta K_0\right]\\ &= \frac{-j\left(\frac{\sqrt{3}}{2}+\sqrt{3}\beta\right)K_1}{1+2\beta}-\frac{\beta K_0+\frac{1}{2}K_1}{1+2\beta}\\ \dot{U}_{mC}^{(1,1)} &= \frac{j\left(\frac{\sqrt{3}}{2}+\sqrt{3}\beta\right)K_1}{1+2\beta}-\frac{\beta K_0+\frac{1}{2}K_1}{1+2\beta}\end{aligned}\right\}\tag{2-69}$$

其中

$$K_1=\frac{X_{1xd}}{X_{1\Sigma}},\ K_0=\frac{X_{0xd}}{X_{0\Sigma}},\ \beta=\frac{X_{0\Sigma}}{X_{1\Sigma}}$$

由式（2-69）可知，$K_1=0$、$K_0=0$，相当于 D 点电压 $\dot{U}_{dB}^{(1,1)}=0$、$\dot{U}_{dC}^{(1,1)}=0$；$K_1=1$、$K_0=1$（M 点移到电源电势端点），相当于电源电势 $\dot{U}_{mB}^{(1,1)}=\dot{E}_B=1e^{-j120^\circ}$，$\dot{U}_{mC}^{(1,1)}=\dot{E}_C=1e^{+j120^\circ}$。当 K_1、K_0、β 已知时，则由式（2-69）可求 M 点电压。

以 $K_1=1$、$K_0=1$ 代入式（2-69），则得

$$\begin{aligned}\dot{U}_{mB}^{(1,1)} &= \frac{-j\frac{\sqrt{3}}{2}-j\sqrt{3}\beta-\beta-\frac{1}{2}}{1+2\beta}=\frac{-\frac{1}{2}-j\frac{\sqrt{3}}{2}-(j\sqrt{3}+1)\beta}{1+2\beta}\\ &= \frac{a^2+2a^2\beta}{1+2\beta}=\frac{a^2(1+2\beta)}{1+2\beta}=a^2=1e^{-j120^\circ}\end{aligned}$$

同理

$$\dot{U}_{mC}^{(1,1)}=a=1e^{+j120^\circ}$$

五、简单短路计算小结

根据以上分析计算结果，有关公式汇总在表 2-11 中。表中计算值均对故障点而言，当求各支路电流时，应注意各序电流按各序网的分支系数计算，即支路的正序（负序）电流按正序（负序）网络分支系数计算，支路的零序电流按零序网络分支系数计算。正、负序分支系数一般假设相等（即取各元件正、负序阻抗相等），但零序分支系数一般与正、负序分支系数不相等。序网中某点母线电压，由故障点各序电压加上各序支路电流在故障点至该点之间对应的各序阻抗上产生的压降求得。

六、简单短路计算图解法

电力系统继电保护整定计算中，经常需要计算故障电流及故障电压（包括序分量）的最大值或最小值。为了计算这些最大值或最小值，要选取不同的运行方式及不同的故障类型。对于三相短路及两相短路而言，故障量的计算很简便，最大、最小值所对应的运行方式及故障类型也容易选择。但对于接地故障（单相或两相接地短路）而言，利用常用公式计算某些故障量，有时由于选择运行方式和故障类型不当而增加了计算工作量。为了选择恰当的运行方式和有决定意义的故障类型，避免不必要的计算，可采用图解法。利用图解还可以使计算人员认识故障量变化趋势，建立故障量极限值的宏观概念。

在表 2-11 中以三相短路电流值作为 1，即取 $K_d^{(3)}=1$（图 2-41 中纵坐标为 1 的直线），则其他各类型故障电流（包括全电流、各序分量电流）与三相短路电流之比的绝对值如表 2-12 所示；故障点的各电压量均取标么值（表 2-11 中取 $\dot{E}_A=1$）并以绝对值表示，也列入表 2-12中。从表2-12中各式可知，各量均为β的函数，以β为横坐标，其他各量为纵坐标便作

表 2-11　　　　故障点简单短路计算公式

序号	故障类型	ABC 三相短路	BC 两相短路	A 相单相接地短路	BC 两相接地短路
	计算用序网图	$\dot{E}_A$　$X_{1\Sigma}$　$\dot{I}_{dA1}$　$\dot{U}_{dA1}$	$\dot{E}_A$　$X_{1\Sigma}$　$\dot{I}_{dA1}$　$\dot{I}_{dA2}$　$X_{2\Sigma}$　$\dot{U}_{dA1}$　$\dot{U}_{dA2}$	$\dot{E}_A$　$X_{1\Sigma}$　$\dot{I}_{dA1}$　$X_{2\Sigma}$　$\dot{I}_{dA2}$　$X_{0\Sigma}$　$\dot{I}_{dA0}$　$\dot{U}_{dA1}$　$\dot{U}_{dA2}$　$\dot{U}_{dA0}$	$\dot{E}_A$　$X_{1\Sigma}$　$\dot{I}_{dA1}$　$\dot{I}_{dA2}$　$X_{2\Sigma}$　$\dot{U}_{dA2}$　$\dot{I}_{dA0}$　$X_{0\Sigma}$　$\dot{U}_{dA1}$　$\dot{U}_{dA0}$
1	A 相正序电流 $\dot{I}_{dA1}$	$\dfrac{\dot{E}_A}{jX_{1\Sigma}}$	$\dfrac{\dot{E}_A}{j(X_{1\Sigma}+X_{2\Sigma})}$ 或 $\dfrac{1}{2}\times\dfrac{\dot{E}_A}{jX_{1\Sigma}}$	$\dfrac{\dot{E}_A}{j(X_{1\Sigma}+X_{2\Sigma}+X_{0\Sigma})}$ 或 $\dfrac{1}{2+\beta}\times\dfrac{\dot{E}_A}{jX_{1\Sigma}}$	$\dfrac{\dot{E}_A}{j\left(X_{1\Sigma}+\dfrac{X_{2\Sigma}X_{0\Sigma}}{X_{2\Sigma}+X_{0\Sigma}}\right)}$ 或 $\dfrac{1+\beta}{1+2\beta}\times\dfrac{\dot{E}_A}{jX_{1\Sigma}}$
2	A 相负序电流 $\dot{I}_{dA2}$	0	$-\dfrac{1}{2}\times\dfrac{\dot{E}_A}{jX_{1\Sigma}}$	$\dfrac{\dot{E}_A}{j(X_{1\Sigma}+X_{2\Sigma}+X_{0\Sigma})}$ 或 $\dfrac{1}{2+\beta}\times\dfrac{\dot{E}_A}{jX_{1\Sigma}}$	$-\dfrac{\beta}{1+2\beta}\times\dfrac{\dot{E}_A}{jX_{1\Sigma}}$
3	A 相零序电流 $\dot{I}_{dA0}$	0	0	$\dfrac{\dot{E}_A}{j(X_{1\Sigma}+X_{2\Sigma}+X_{0\Sigma})}$ 或 $\dfrac{1}{2+\beta}\times\dfrac{\dot{E}_A}{jX_{1\Sigma}}$	$-\dfrac{1}{1+2\beta}\times\dfrac{\dot{E}_A}{jX_{1\Sigma}}$
4	A 相全电流 $\dot{I}_{dA}$	$\dfrac{\dot{E}_A}{jX_{1\Sigma}}$	0	$\dfrac{3}{2+\beta}\cdot\dfrac{\dot{E}_A}{jX_{1\Sigma}}$	0
5	B 相全电流 $\dot{I}_{dB}$	$a^2\dfrac{\dot{E}_A}{jX_{1\Sigma}}$	$-j\dfrac{\sqrt{3}}{2}\times\dfrac{\dot{E}_A}{jX_{1\Sigma}}$	0	$\dfrac{(a^2-1)+(a^2-a)\beta}{1+2\beta}\times\dfrac{\dot{E}_A}{jX_{1\Sigma}}$
6	C 相全电流 $\dot{I}_{dC}$	$a\dfrac{\dot{E}_A}{jX_{1\Sigma}}$	$j\dfrac{\sqrt{3}}{2}\times\dfrac{\dot{E}_A}{jX_{1\Sigma}}$	0	$\dfrac{(a-1)+(a-a^2)\beta}{1+2\beta}\times\dfrac{\dot{E}_A}{jX_{1\Sigma}}$
7	A 相正序电压 $\dot{U}_{dA1}$	0	$\dfrac{\dot{E}_A}{2}$	$\dfrac{1+\beta}{2+\beta}\dot{E}_A$	$\dfrac{\beta}{1+2\beta}\dot{E}_A$
8	A 相正序电压 $\dot{U}_{dA2}$	0	$\dfrac{\dot{E}_A}{2}$	$-\dfrac{1}{2+\beta}\dot{E}_A$	$\dfrac{\beta}{1+2\beta}\dot{E}_A$
9	A 相零序电压 $\dot{U}_{dA0}$	0	0	$-\dfrac{\beta}{2+\beta}\dot{E}_A$	$\dfrac{\beta}{1+2\beta}\dot{E}_A$
10	A 相全电压 $\dot{U}_{dA}$	0	$\dot{E}_A$	0	$\dfrac{3\beta}{1+2\beta}\dot{E}_A$
11	B 相全电压 $\dot{U}_{dB}$	0	$-\dfrac{\dot{E}_A}{2}$	$\dfrac{(a^2-a)+(a^2-1)\beta}{2+\beta}\dot{E}_A$	0
12	C 相全电压 $\dot{U}_{dC}$	0	$-\dfrac{\dot{E}_A}{2}$	$\dfrac{(a-a^2)+(a-1)\beta}{2+\beta}\dot{E}_A$	0

注　1. 当表中电抗以标么值表示时，计算电流量的各式中用基准电流 $\dot{I}_j$ 代替 $\dot{E}_A$，计算电压量的各式中取 $\dot{E}_A=1$，电压量为标么值。

2. 表中取 $X_{1\Sigma}=X_{2\Sigma}$，$\beta=\dfrac{X_{0\Sigma}}{X_{1\Sigma}}$，未计及电阻。

3. 由表（2-46）、（2-47）知 $|(a^2-a)+(a^2-1)\beta|=|(a-a^2)+(a-1)\beta|=\sqrt{3}\sqrt{1+\beta+\beta^2}$；

由表（2-58）、（2-59）知 $|(a^2-1)+(a^2-a)\beta|=|(a-1)+(a-a^2)\beta|=\sqrt{3}\sqrt{1+\beta+\beta^2}$。

表 2-12　　与 **β** 值对应的各故障量数值

故障类型	故障点故障量名称	故障量表示式	$\beta = X_{0\Sigma}/X_{1\Sigma}$ 值												
			0	0.2	0.4	0.6	0.8	1.0	1.5	2	2.5	3	3.5	4	∞
单相接地短路	正序电压标么值	$U_{d1}^{(1)} = \frac{1+\beta}{2+\beta}$	0.5	0.545	0.583	0.615	0.643	0.667	0.714	0.75	0.778	0.8	0.818	0.833	1
	负序电压标么值	$U_{d2}^{(1)} = \frac{1}{2+\beta}$	0.5	0.455	0.417	0.385	0.357	0.333	0.286	0.25	0.222	0.2	0.182	0.167	0
	零序电压标么值	$U_{d0}^{(1)} = \frac{\beta}{2+\beta}$	0	0.091	0.166	0.231	0.286	0.333	0.429	0.5	0.556	0.6	0.636	0.667	1
	非故障相电压标么值	$U_{dfgz} = \frac{\sqrt{3}}{2+\beta}\sqrt{1+\beta+\beta^2}$	0.866	0.877	0.901	0.933	0.966	1	1.079	1.146	1.202	1.248	1.29	1.323	$\sqrt{3}$
	正序电流或负序电流与三相短路电流之比	$K_{d1.2}^{(1\text{-}3)} = \frac{1}{2+\beta}$	0.5	0.455	0.417	0.385	0.357	0.333	0.286	0.25	0.222	0.2	0.182	0.167	0
	故障相电流或三倍零序电流与三相短路电流之比	$K_d^{(1\text{-}3)} = \frac{3}{2+\beta}$	1.5	1.363	1.25	1.154	1.071	1	0.857	0.75	0.667	0.6	0.545	0.5	0
两相接地短路	负序电流与三相短路电流之比	$K_{d2}^{(1.1\text{-}3)} = \frac{\beta}{1+2\beta}$	0	0.143	0.222	0.273	0.308	0.333	0.375	0.4	0.416	0.429	0.438	0.444	0.5
	三倍零序电流与三相短路电流之比	$K_{d0}^{(1.1\text{-}3)} = \frac{3}{1+2\beta}$	3	2.143	1.667	1.364	1.154	1	0.75	0.6	0.5	0.429	0.375	0.333	0
	故障相电流与三相短路电流之比	$K_d^{(1.1\text{-}3)} = \frac{\sqrt{3}}{1+2\beta}\sqrt{1+\beta+\beta^2}$	$\sqrt{3}$	1.378	1.202	1.102	1.041	1	0.944	0.917	0.901	0.892	0.886	0.882	0.886
	正序、负序、零序电压标么值	$U_{d1}^{(1.1)} = U_{d2}^{(1.1)} = U_{d0}^{(1.1)} = \frac{\beta}{1+2\beta}$	0	0.143	0.222	0.273	0.308	0.333	0.375	0.4	0.416	0.429	0.438	0.444	0.5
	非故障相电压标么值	$U_{dfgz}^{(1.1)} = \frac{3\beta}{1+2\beta}$	0	0.429	0.667	0.818	0.923	1	1.125	1.2	1.25	1.286	1.313	1.333	1.5

出图 2-41。由图 2-41 便可以图解各故障量（文献 31）。

（一）短路电流图解

1. 计算所取短路点的三相短路电流 $\dot{I}_d^{(3)}$ 及阻抗比 β 值

由网络化简或计算工具（计算台或计算机）算出故障点综合正（负）、零序电抗 $X_{1\Sigma}(X_{2\Sigma})$、$X_{0\Sigma}$，则三相短路电流和 β 值为

$$\left.\begin{aligned}&\dot{I}_d^{(3)}=\frac{\dot{E}_A}{jX_{1\Sigma}} \quad 或 \quad \dot{I}_d^{(3)}=\frac{\dot{I}_j}{jX_{1\Sigma_*}} \quad （以标么值计算时）\\&\beta=\frac{X_{0\Sigma}}{X_{1\Sigma}}\end{aligned}\right\} \tag{2-70}$$

2. 由 β 值查曲线图

由 β 值查图 2-41 中曲线Ⓐ、Ⓑ、Ⓒ、Ⓓ、Ⓔ，得出 $K_d^{(1\text{-}3)}$、$K_d^{(1.1\text{-}3)}$、$K_{d0}^{(1.1\text{-}3)}$、$K_{d2}^{(1.1\text{-}3)}$、$K_{d1.2}^{(1\text{-}3)}$ 值（即查得各种短路电流与同一点三相等路电流之比值）。

3. 计算该点短路时的各种短路电流值

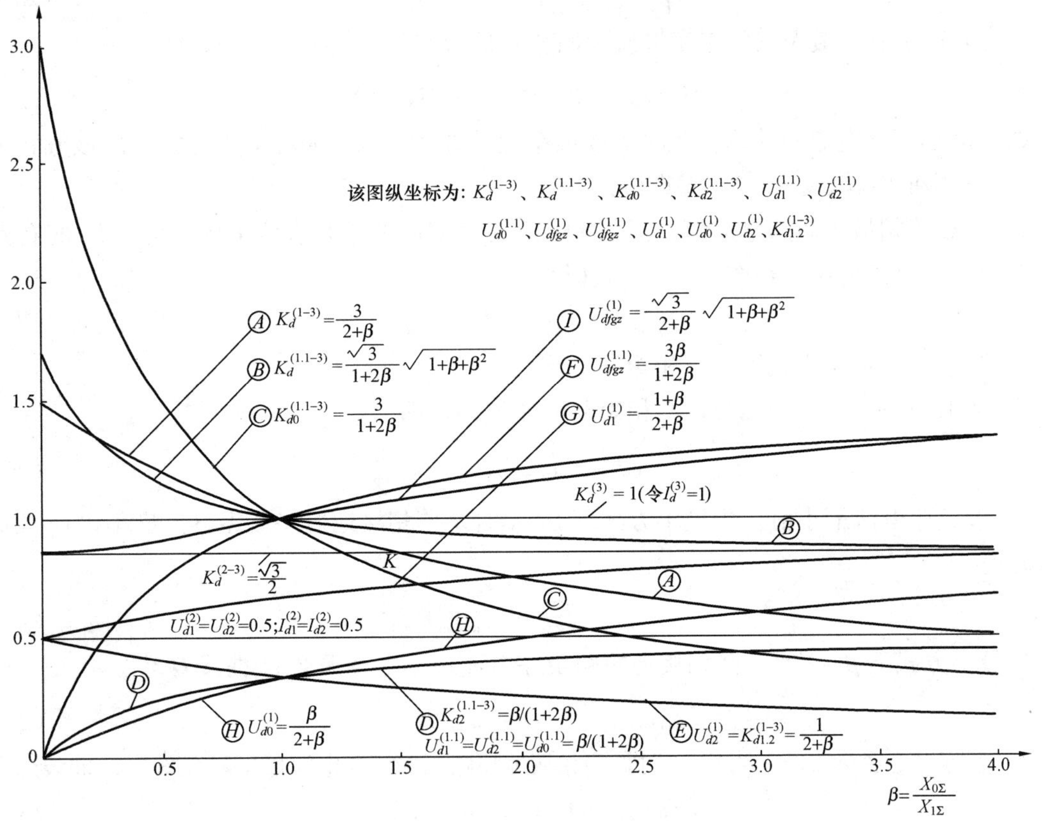

图 2-41　故障参数计算曲线

$$\left.\begin{array}{ll}\text{单相接地短路全电流或三倍零序电流} & \dot{I}_d^{(1)}=3\dot{I}_{d0}^{(1)}=\dot{I}_d^{(3)}K_d^{(1\text{-}3)} \\ \text{单相接地短路正(负)序电流} & \dot{I}_{d1}^{(1)}=\dot{I}_{d2}^{(1)}=\dot{I}_d^{(3)}K_{d1.2}^{(1\text{-}3)} \\ \text{两相接地短路全电流} & \dot{I}_d^{(1.1)}=\dot{I}_d^{(3)}K_d^{(1.1\text{-}3)} \\ \text{两相接地短路三倍零序电流} & 3\dot{I}_{d0}^{(1.1)}=\dot{I}_d^{(3)}K_{d0}^{(1.1\text{-}3)} \\ \text{两相接地短路负序电流} & \dot{I}_{d2}^{(1.1)}=\dot{I}_d^{(3)}K_{d1.2}^{(1.1\text{-}3)}\end{array}\right\} \tag{2-71}$$

(1) 最大短路电流的计算。此时应取最大运行方式（以下简称最大方式）及该方式下的最小 β 值。由曲线Ⓐ、Ⓑ、Ⓒ可看出：

1）当 $\beta>1$ 时，最大短路电流为三相短路电流，即

$$\dot{I}_{d.\max}=\dot{I}_d^{(3)}$$

2）当 $0.226<\beta<1$ 时，最大短路电流为单相接地短路电流，即

$$\dot{I}_{d.\max}=\dot{I}_d^{(1)}=\dot{I}_d^{(3)}K_d^{(1\text{-}3)} \tag{2-72}$$

3）当 $0<\beta<0.226$ 时，最大短路电流为两相接地短路电流，即

$$\dot{I}_{d.\max}=\dot{I}_d^{(1.1)}=\dot{I}_d^{(3)}K_d^{(1.1\text{-}3)} \tag{2-73}$$

4）当 $\beta>1$ 时，最大三倍零序电流为单相接地短路电流，即

$$3\dot{I}_{d0.\max}=3\dot{I}_{d0}^{(1)}=\dot{I}_d^{(3)}K_d^{(1\text{-}3)} \tag{2-74}$$

5）当 $\beta<1$ 时，最大三倍零序电流为两相接地短路的三倍零序电流，即

$$3\dot{I}_{d0.\max}=3\dot{I}_{d0}^{(1.1)}=\dot{I}_d^{(3)}K_{d0}^{(1.1\text{-}3)} \tag{2-75}$$

(2) 最小短路电流的计算。此时应取最小运行方式（以下简称最小方式）及该方式下的最大 β 值，由曲线Ⓐ、Ⓒ、Ⓓ、Ⓔ查得：

1）求故障相最小短路电流值。当 $\beta>1.46$ 时（即曲线Ⓐ和直线 $K_d^{(2\text{-}3)}$ 交点 K 的右侧），单相接地短路电流最小，查图 2-41 曲线Ⓐ得

$$\dot{I}_{d.\min}=\dot{I}_d^{(1)}=\dot{I}_{d.\min}^{(3)}K_d^{(1\text{-}3)} \tag{2-76}$$

式中 $\dot{I}_{d.\min}^{(3)}$——最小方式下的三相短路电流。

当 $\beta<1.46$ 时（K 点左侧），两相短路电流最小，即

$$\dot{I}_{d.\min}=\dot{I}_d^{(2)}=\dot{I}_{d.\min}^{(3)}K_d^{(2\text{-}3)}=\frac{\sqrt{3}}{2}\dot{I}_{d.\min}^{(3)} \tag{2-77}$$

2）求负序电流最小值。当最小方式下 $\beta>1$ 时，单相接地短路负序电流最小，查图 2-41 曲线Ⓔ得

$$\dot{I}_{d2.\min}=\dot{I}_{d2}^{(1)}=\dot{I}_{d.\min}^{(3)}K_{d1.2}^{(1\text{-}3)} \tag{2-78}$$

当最小方式下 $\beta<1$ 时，两相接地短路负序电流最小，查图 2-41 曲线Ⓓ得

$$\dot{I}_{d2.\min}=\dot{I}_{d2}^{(1.1)}=\dot{I}_{d.\min}^{(3)}K_{d2}^{(1.1\text{-}3)} \tag{2-79}$$

3）求零序电流最小值。当 $\beta>1$ 时，两相接地短路三倍零序电流最小，查图 2-41 曲线Ⓒ得

$$3\dot{I}_{d0.\min}=3\dot{I}_{d0}^{(1.1)}=\dot{I}_{d.\min}^{(3)}K_{d0}^{(1.1\text{-}3)} \tag{2-80}$$

当 $\beta<1$ 时，单相接地短路三倍零序电流最小，查图 2-41 曲线Ⓐ得

$$3\dot{I}_{d0.\min}=3\dot{I}_{d0}^{(1)}=\dot{I}_{d.\min}^{(3)}K_d^{(1\text{-}3)} \tag{2-81}$$

（二）故障点各电压量图解

图 2-41 表明，除单相接地短路负序电压 $\dot{U}_{d2}^{(1)}$ 随 β 增加而降低外（见曲线Ⓔ），其他各量（非故障相电压 $\dot{U}_{dfgz}^{(1)}$、$\dot{U}_{dfgz}^{(1.1)}$；单相接地短路正序、零序电压 $\dot{U}_{d1}^{(1)}$、$\dot{U}_{d0}^{(1)}$；两相接地短路正序、负序、零序电压 $\dot{U}_{d1}^{(1.1)}$、$\dot{U}_{d2}^{(1.1)}$、$\dot{U}_{d0}^{(1.1)}$）均随 β 增加而增加（见曲线Ⓘ、Ⓕ、Ⓖ、Ⓓ、Ⓗ）。因此，根据计算目的（求最大值或最小值）选取 β 值后，即可从曲线的纵坐标值求出相应的各电压量标么值，其标么值乘以额定电压即得到有名值。

图中曲线Ⓓ、Ⓗ有交叉，求最小零序电压值时（校验保护灵敏度用），$\beta>1$ 查曲线Ⓓ，$\beta<1$ 查曲线Ⓗ。

图中曲线Ⓓ、Ⓔ也交叉，求最小负序电压值时（校验保护灵敏度用），$\beta>1$ 查曲线Ⓑ，$\beta<1$ 查曲线Ⓓ，但要比较两种情况，取其最小值。

（三）β 值不同时，故障点各故障量大小关系

由图 2-41 可知，有如下关系。

（1）短路电流关系：

1）$0<\beta<0.266$ 时，　$I_d^{(1.1)}>I_d^{(1)}>I_d^{(3)}>I_d^{(2)}$；

2）$0.226<\beta<1$ 时　$I_d^{(1)}>I_d^{(1.1)}>I_d^{(3)}>I_d^{(2)}$；

3）$1<\beta<1.46$ 时，　$I_d^{(3)}>I_d^{(1.1)}>I_d^{(1)}>I_d^{(2)}$；

4）$\beta>1.46$ 时，　$I_d^{(3)}>I_d^{(1.1)}>I_d^{(2)}>I_d^{(1)}$；

5）$\beta\leqq 1$ 时，　$3I_{d0}^{(1.1)}\gtreqless 3I_{d0}^{(1)}$；

6）$\beta\leqq 1$ 时，　$I_{d2}^{(1)}\gtreqless I_{d2}^{(1.1)}$；

7）令 $I_d^{(3)}=1$ 时，$I_{d1}^{(2)}=I_{d2}^{(2)}=0.5$、$I_d^{(2)}=\frac{\sqrt{3}}{2}I_d^{(3)}$，与 β 无关。

（2）负序电压关系：

1）$\beta<1$ 时　$U_{d2}^{(2)}>U_{d2}^{(1)}>U_{d2}^{(1.1)}$；

2）$\beta>1$ 时　$U_{d2}^{(2)}>U_{d2}^{(1.1)}>U_{d2}^{(1)}$；

3）$U_d^{(2)}=0.5$ 与 β 值无关。

（3）零序电压关系：当 $\beta\leqq 1$ 时，

$$U_{d0}^{(1.1)}\gtreqless U_{d0}^{(1)}$$

（4）非故障相电压关系：当 $\beta\leqq 1$ 时，

$$U_{dfgz}^{(1.1)}\leqq U_{dfgz}^{(1)}\leqq 1$$

七、简单短路计算算例

图 2-42 为网络化简归并后的某 330kV 系统主接线和标么阻抗图。图中标么阻抗接基准容量为 100MVA 换算（其中电阻忽略，仅为电抗值）。

已知参数均标在图中，假设不计负荷电流，正、负序电抗相等，试用图解法计算 D 点三相短路、两相短路、单相接地和两相接地短路总的故障电流及故障点电压（包括全量和相序分量）；用解析法计算最大方式下 D 点三相短路、两相短路、单相接地和两相接短路时 M 侧电源分流及 M 点电压（包括全量和相序分量）。

解：

（一）按图 2-41 图解 D 点短路各故障量。

1. 标么电抗归并

最大方式下 $X_{1\Sigma} = (0.05 + 0.03) \mathbin{/\!/} (0.035 + 0.061) = 0.0436$

$$X_{0\Sigma} = (0.06 + 0.0922) \mathbin{/\!/} (0.04 + 0.1815) = 0.0902$$

$$\beta = \frac{X_{0\Sigma}}{X_{1\Sigma}} = \frac{0.0902}{0.0436} = 2.07$$

最小方式下 $X_{1\Sigma} = (0.06 + 0.03) \mathbin{/\!/} (0.04 + 0.061) = 0.0476$

$$X_{0\Sigma} = (0.07 + 0.0922) \mathbin{/\!/} (0.05 + 0.1815) = 0.0954$$

$$\beta = \frac{0.0954}{0.0476} = 2$$

2. 三相短路及两相短路电流计算（只计算模值，不计相角，以下同）由表 2-11 公式计算。

最大方式下
$$I_d^{(3)} = \frac{I_j}{X_{1\Sigma}} = \frac{167.3}{0.0436} = 3837(\text{A})$$

$$I_d^{(2)} = \frac{\sqrt{3}}{2} I_d^{(3)} = 0.866 \times 3837 = 3323(\text{A})$$

式中 I_j——345kV 电压级基准电流，$I_j = 167.3\text{A}$。

最小方式下
$$I_d^{(3)} = \frac{167.3}{0.0476} = 3515(\text{A})$$

$$I_d^{(2)} = 0.866 \times 3515 = 3044(\text{A})$$

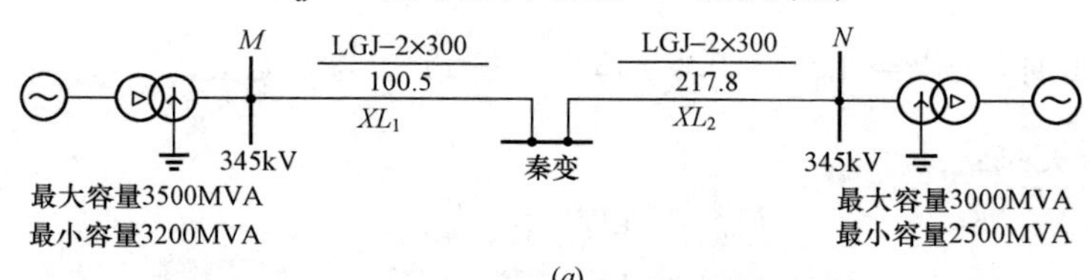

(a)

0.05～0.06
0.03
0.061
0.035～0.04
D
最大方式0.05
最小方式0.06
最大方式0.035
最小方式0.04

(b)

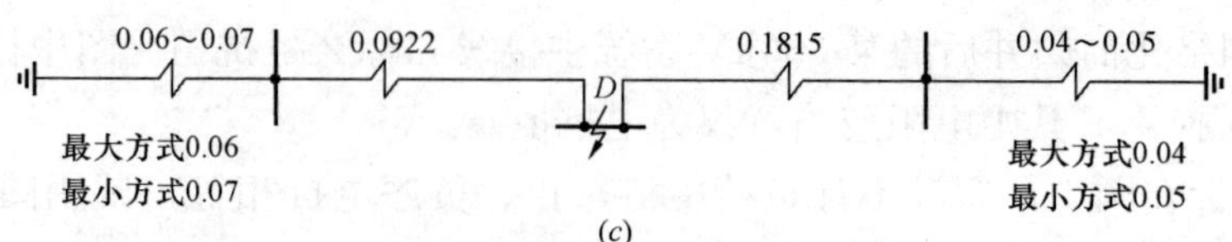

(c)

图 2-42 简单短路计算图

（a）系统简化接线；（b）正（负）序标么电抗图；（c）零序标么电抗图

3. 单相接地短路和两相接地短路电流计算

按最大、最小两种方式的β值，分别查图 2-41 相应曲线。

（1）单相接地短路全电流及三倍零序电流计算，需查曲线Ⓐ。

最大方式下$\beta=2.07$，查曲线Ⓐ得 $K_d^{(1\text{-}3)}=0.737$，则

$$I_d^{(1)}=3I_{d0}^{(1)}=I_d^{(3)}K_d^{(1\text{-}3)}=3837\times0.737=2828(\text{A})$$

最小方式下$\beta=2$，查曲线Ⓐ得 $K_d^{(1\text{-}3)}=0.75$，则

$$I_d^{(1)}=3I_{d0}^{(1)}=3515\times0.75=2636(\text{A})$$

（2）单相接地短路正（负）序电流计算。由 $K_d^{(1\text{-}3)}=\dfrac{3}{2+\beta}$、$K_{d1.2}^{(1\text{-}3)}=\dfrac{1}{2+\beta}$知

$$I_{d1}^{(1)}=I_{d2}^{(1)}=\frac{1}{3}I_d^{(1)}=878.7(\text{A})$$

（3）两相接地短路全电流计算，需查曲线Ⓑ。

最大方式下$\beta=2.07$，查曲线Ⓑ得 $K_d^{(1.1\text{-}3)}=0.91$，则

$$I_d^{(1.1)}=3837\times0.91=3492(\text{A})$$

最小方式下$\beta=2$，查曲线Ⓑ得 $K_d^{(1.1\text{-}3)}=0.917$，则

$$I_d^{(1.1)}=3515\times0.917=3223(\text{A})$$

（4）两相接地短路三倍零序电流计算，需查曲线Ⓒ。

最大方式下$\beta=2.07$，查曲线Ⓒ得 $K_{d0}^{(1.1\text{-}3)}=0.584$，则

$$3I_{d0}^{(1.1)}=3837\times0.584=2241(\text{A})$$

最小方式下$\beta=2$，查曲线Ⓒ得 $K_{d0}^{(1.1\text{-}3)}=0.6$，则

$$3I_d^{(1.1)}=3515\times0.6=2109(\text{A})$$

（5）两相接地短路负序电流计算，需查曲线Ⓓ。

最大方式下$\beta=2.07$，查曲线Ⓓ得 $K_{d2}^{(1.1\text{-}3)}=0.403$，则

$$I_{d2}^{(1.1)}=3837\times0.403=1546$$

最小方式下$\beta=2$，查曲线Ⓓ得 $K_d^{(1.1\text{-}3)}=0.4$，则

$$I_{d2}^{(1.1)}=3515\times0.4=1406$$

（6）D点短路时最大短路电流判别。两种方式下均为$\beta>1$，查图 2-41 得三相短路电流最大。

（7）D点短路最小电流判别。两种方式下均为$\beta>1.46$，查图 2-41 得最小短路电流由曲线Ⓐ确定，即单相接地短路电流最小。

4. D点短路时故障点各电压量计算

由表 2-11 知：三相短路各相各序电压为零；两相短路，故障相电压为$-\dfrac{1}{2}\dot{E}_\varphi$，非故障相电压为$\dot{E}_\varphi$，正、负序电压为$\dfrac{1}{2}\dot{E}_\varphi$，均与$\beta$值无关；单相接地短路和两相接地短路各电压量完全决定于β值，计算如下：

（1）故障点非故障相电压计算。由图 2-41 曲线Ⓘ、Ⓕ可知，β越大，非故障相电压越高。当$1<\beta<4$时，曲线Ⓕ高于曲线Ⓘ，故欲求非故障相最高电压，则取最大β值，查曲线

Ⓕ即可。本算例中取 $\beta=2.07$，查曲线Ⓕ得两相接地短路非故障相电压值为

$$U_{dfgz}^{(1.1)}=1.208$$

换算为有名值一次相电压为

$$U_{dfgz}^{(1.1)}=1.208\frac{345}{\sqrt{3}}=240.6(\text{kV})$$

换算为有名值二次相电压为

$$U_{dfgz}^{(1.1)}=\frac{240.6}{n_{yh}}=\frac{240.6}{3300}=72.9(\text{V})$$

式中　n_{yh}——330kV 电网电压互感器变比，$n_{yh}=\dfrac{330/\sqrt{3}}{0.1/\sqrt{3}}=3300$。

当 $\beta>4$ 时，单相接地短路非故障相电压较高。若超出曲线，可由 $U_{dfgz}^{(1)}=\dfrac{\sqrt{3}}{2+\beta}\times\sqrt{1+\beta+\beta^2}$ 式计算。

（2）负序电压最大值和最小值计算。曲线Ⓓ、Ⓔ是负序电压曲线，$\beta=2\sim2.07$ 段。曲线Ⓓ较高、故最大值查曲线Ⓓ，最小值查曲线Ⓔ。但观察曲线Ⓓ，其极限值 $U_{d2}^{(1.1)}=0.5(\beta\rightarrow\infty$ 时)，而两相短路时 $U_{d2}^{(2)}=0.5$，与 β 无关，故两相短路时负序电压最高。查曲线Ⓓ，$\beta=2.07$，$U_{d2}^{(1.1)}=0.4027<U_{d2}^{(2)}$。

负序电压最小值查曲线Ⓔ，按 $\beta=2.07$ 查曲线得 $U_{d2}^{(1)}=0.246$。换算为二次有名值为

$$U_{d2.\min}=U_{d2}^{(1)}=0.246\frac{345\text{kV}/\sqrt{3}}{3300}=14.85(\text{V})$$

（3）零序电压最大值和最小值计算。曲线Ⓓ、Ⓗ是零序电压曲线，$\beta=2\sim2.07$ 段，曲线Ⓗ较高，故最大值查曲线Ⓗ，最小值查曲线Ⓓ。

以 $\beta=2.07$ 查曲线Ⓗ，得 $U_{d0}^{(1)}=0.5086$；

以 $\beta=2$ 查曲线Ⓓ，得 $U_{d0}^{(1.1)}=0.4$。

将最小值换算为二次有名值为

$$3U_{d0\cdot\min}=3U_{d0}^{(1.1)}=3\times0.4\frac{345\text{kV}/\sqrt{3}}{330/\sqrt{3}/0.1}=125.5(\text{V})$$

式中　$330/\sqrt{3}/0.1$——330kV 电网电压互感器开口三角绕组变比。

以上 $U_{d2\cdot\min}$、$3U_{d0\cdot\min}$ 常用来校验有关保护灵敏度。

解：

（二）由图 2-42 接线和参数，画出最大方式下 D 点各种短路时序网连接图，如图 2-43 所示。因采用标幺制计算，图中电抗均为标幺值，并取 $\dot{E}_m=\dot{E}_n=1$。

1. 三相短路及两相短路计算

由于 M、N 两侧电源之间无其他并联支路（例如环网线路等）及 M、N 两电源并列点与短路点之间无其他阻抗（即短路点不在并列点引出支线上，及短路点也不考虑弧光电阻），故可以直接按 M 侧电源单供计算，而不用先求总电流再求分支电流的方法。

（1）三相短路电流。由图 2-43（a）得

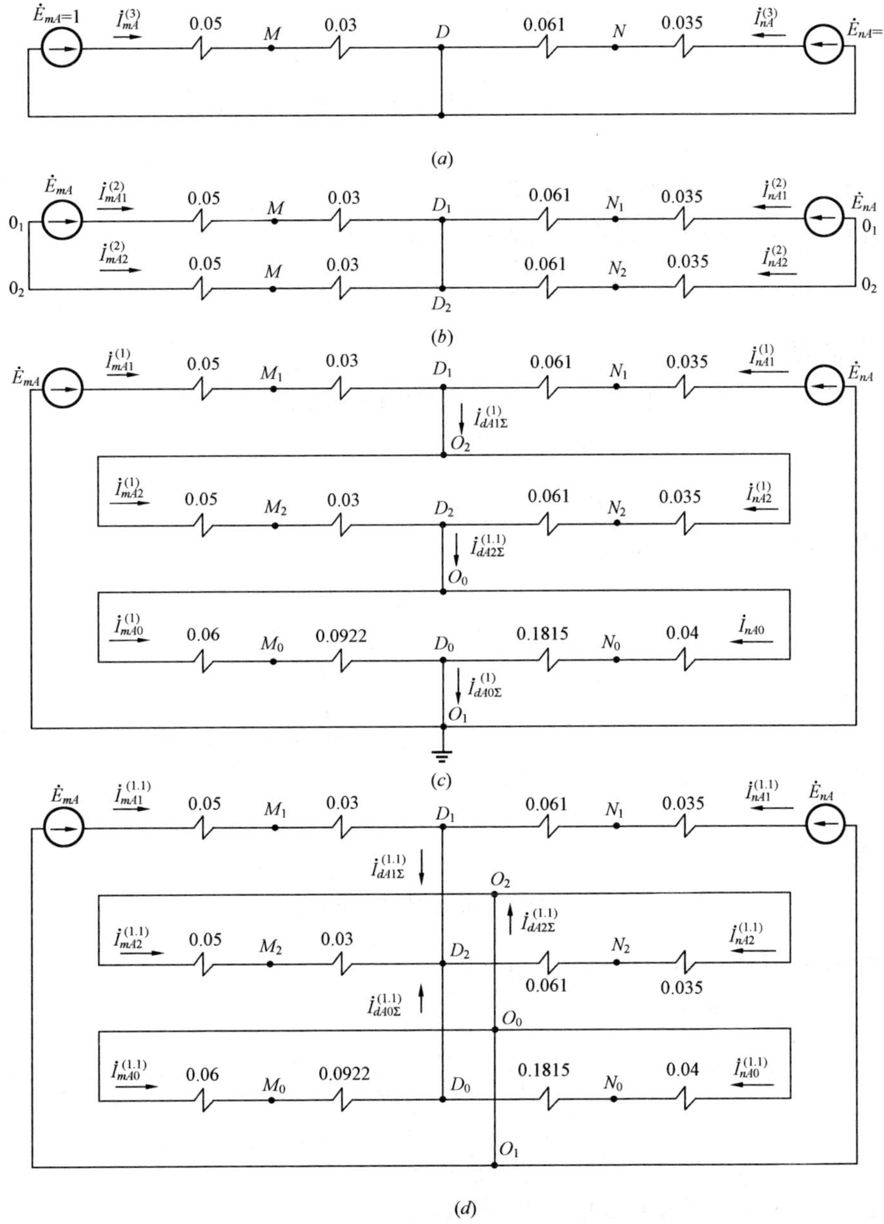

图 2-43　图 2-42 中 D 点各种简单短路序网连接图（图中为标么电抗值）

（a）三相短路；（b）两相短路；（c）单相接地短路；（d）两相接地短路

$$\dot{I}_{mA}^{(3)}=\frac{167.3}{j(0.05+0.03)}=-j2091(\mathrm{A})$$

式中　$\dot{I}_{mA}^{(3)}$ ——M 侧电源三相短路电流，$\dot{I}_{mA}^{(3)}$ 落后 $\dot{E}_A$ 90°。

（2）B、C 两相短路电流。由图 2-43（b）得

$$\dot{I}_{mA1}^{(2)}=\frac{167.3}{j2(0.05+0.03)}=-j1045.6(\mathrm{A})$$

$$\dot{I}_{mA2}^{(2)} = -\dot{I}_{mA1} = j1045.6(\text{A})$$

由式（2-30）得

$$\dot{I}_{mB}^{(2)} = -j\sqrt{3}\dot{I}_{mA1}^{(2)} = -j\sqrt{3}(-j1045.6) = -1811(\text{A})$$

$$\dot{I}_{mC}^{(2)} = 1811(\text{A})$$

即 $\dot{I}_d^{(2)} = 1811(\text{A})$（仅 M 侧两相短路电流）

（3）三相短路 M 点电压（以标么值表示）。由式（2-25）得

$$\dot{U}_{m*} = \frac{0.03}{0.03+0.05} = 0.375$$

换为有名值为

$$U_{m\varphi} = 0.375\frac{345}{\sqrt{3}} = 74.69(\text{kV})$$

$$U_{m\varphi-\varphi} = 0.375 \times 345 = 129.38(\text{kV})$$

式中　$U_{m\varphi}, U_{m\varphi-\varphi}$——$M$ 点相电压和相间电压。

三相短路三相电压对称，如图 2-44 所示。

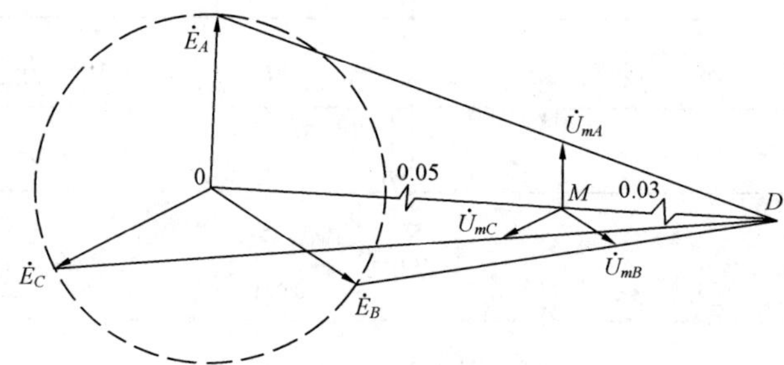

图 2-44　三相短路电压分布

（4）两相短路 M 点电压。由式（2-37）得

$$\dot{U}_{mA}^{(2)} = 1$$

$$\dot{U}_{mB}^{(2)} = -0.5 - j\frac{\sqrt{3}}{2}\frac{0.03}{0.03+0.05} = 0.5963\angle-147°$$

$$\dot{U}_{mC}^{(2)} = -0.5 + j\frac{\sqrt{3}}{2}\frac{0.03}{0.03+0.05} = 0.5963\angle+147°$$

两相短路三相电压不对称，如图 2-45 所示。

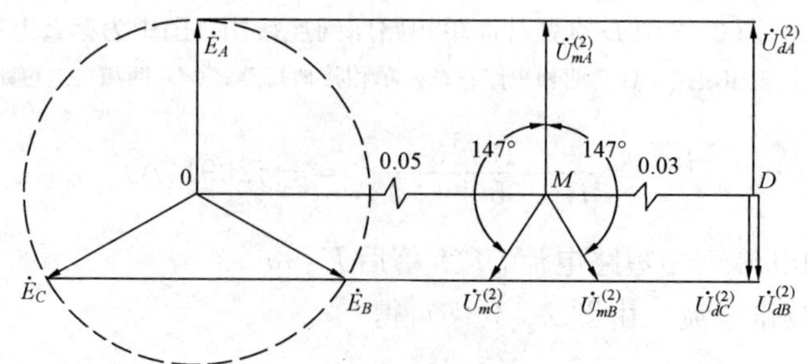

图 2-45　两相短路电压分布

2. 单相接地短路计算

(1) 单相接地短路各序总电流、分流及全电流计算。由图 2-43 (*c*) 得

$$X_{1\Sigma}=(0.05+0.03)\,/\!/\,(0.035+0.061)=0.08\,/\!/\,0.096=0.0436$$

$$X_{2\Sigma}=X_{1\Sigma}$$

$$K_{m1}=K_{m2}=\frac{0.0436}{0.08}=0.545$$

$$X_{0\Sigma}=(0.06+0.0922)\,/\!/\,(0.04+0.1815)=0.1522\,/\!/\,0.2215=0.0902$$

$$K_{m0}=\frac{0.0902}{0.1522}=0.593$$

式中 K_{m1}、K_{m2}、K_{m0} ——*M* 侧正序、负序、零序电流分配系数。

此方式下

$$\beta=\frac{X_{0\Sigma}}{X_{1\Sigma}}=\frac{0.0902}{0.0436}=2.07$$

$$\dot{I}_{d\Sigma}^{(3)}=\frac{\dot{I}_j}{jX_{1\Sigma}}=\frac{167.3}{j0.0436}=-j3837(\mathrm{A})$$

各序总电流、全电流为

$$\dot{I}_{dA1\Sigma}^{(1)}=\dot{I}_{dA2\Sigma}^{(1)}=\dot{I}_{dA0\Sigma}^{(1)}=\frac{\dot{I}_j}{j(X_{1\Sigma}+X_{2\Sigma}+X_{0\Sigma})}=\frac{167.3}{j(2\times0.0436+0.0902)}=-j943.1(\mathrm{A})$$

$$\dot{I}_{dA}^{(1)}=3\dot{I}_{dA1\Sigma}^{(1)}=3(-j943.1)=-j2829.3(\mathrm{A})$$

M 侧各序分流及各相全电流为

$$\dot{I}_{mA1}^{(1)}=\dot{I}_{mA2}^{(1)}=K_{m1}\dot{I}_{dA1\Sigma}^{(1)}=0.545\times(-j943.1)=-j514(\mathrm{A})$$

$$\dot{I}_{mA0}^{(1)}=K_{m0}\dot{I}_{dA0\Sigma}^{(1)}=0.593(-j943.1)=-j559.3(\mathrm{A})$$

$$\dot{I}_{mA}^{(1)}=\dot{I}_{mA1}^{(1)}+\dot{I}_{mA2}^{(1)}+\dot{I}_{m0}^{(1)}=-j1587.3(\mathrm{A})$$

$$\begin{aligned}\dot{I}_{mB}^{(1)}&=a^2\dot{I}_{mA1}^{(1)}+a\dot{I}_{mA2}^{(1)}+\dot{I}_{m0}^{(1)}\\&=(a^2+a)\dot{I}_{mA1}^{(1)}+\dot{I}_{m0}^{(1)}=-(-j514)-j559.3=-j45.3(\mathrm{A})\end{aligned}$$

$$\dot{I}_{mC}^{(1)}=a\dot{I}_{mA1}^{(1)}+a^2\dot{I}_{mA2}^{(1)}+\dot{I}_{m0}^{(1)}=-j45.3(A)$$

验证

$$\begin{aligned}\dot{I}_{m0}^{(1)}&=\frac{1}{3}(\dot{I}_{mA}^{(1)}+\dot{I}_{mB}^{(1)}+\dot{I}_{mC}^{(1)})\\&=\frac{1}{3}(-j1587.3-j45.3-j45.3)=-j559.3(\mathrm{A})\end{aligned}$$

无误。则

$$3\dot{I}_{m0}^{(1)}=-j1677.9(\mathrm{A})$$

由上述计算可知：当 $K_{m1}\neq K_{m0}$ 时，两电源之间非故障相（*B*、*C* 相）电流不等于零，当对侧中性点不接地时，非故障相电流达到最大值。而在故障点 *D*，非故障相对地电流总是为零。如图 2-46 (*a*) 所示，*M* 侧电流相量图如图 2-46 (*b*) 所示。

(2) 单相接地短路 *M* 点电压计算（以标么值表示，* 号省略）。

先计算故障点电压，由式 (2-45)、(2-46) 得

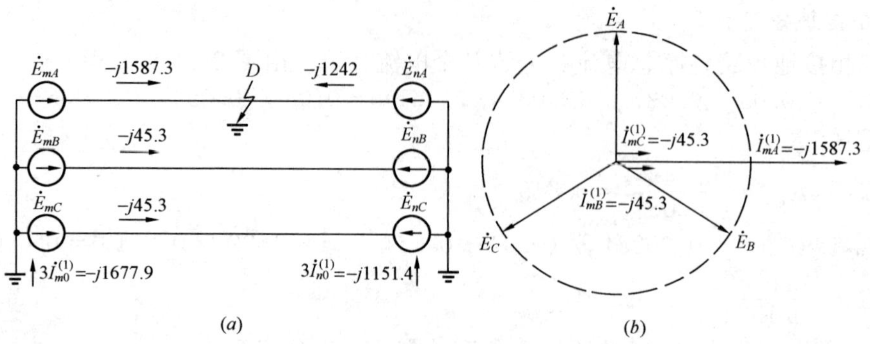

图 2-46　单相接地短路

(a) 电流分布；(b) M 侧电流相量图

$$\dot{U}_{dA1}^{(1)} = \frac{1+\beta}{2+\beta} = \frac{1+2.07}{2+2.07} = 0.7543$$

$$\dot{U}_{dA2}^{(1)} = -\frac{1}{2+\beta} = -\frac{1}{2+2.07} = -0.2457$$

$$\dot{U}_{dA0}^{(1)} = -\frac{\beta}{2+\beta} = -\frac{2.07}{2+2.07} = -0.5086$$

$$\dot{U}_{dB}^{(1)} = 0$$

$$\dot{U}_{dB}^{(1)} = \frac{\sqrt{3}}{2+\beta}\left[-\frac{\sqrt{3}}{2}\beta - j\left(1+\frac{1}{2}\beta\right)\right]$$

$$= \frac{\sqrt{3}}{2+2.07}[-0.866\times 2.07 - j(1+0.5\times 2.07)] = -0.7631 - j0.866$$

$$= 1.154\angle -131.3^\circ$$

$$\dot{U}_{de}^{(1)} = -0.7631 + j0.866 = 1.154\angle 131.3^\circ$$

M 点电压计算。由式（2-51）得

$$\dot{U}_{mA1}^{(1)} = \dot{U}_{dA1} + j\dot{I}_{mA1}^{(1)}\times 0.03 = 0.7543 + j\left(-j\frac{514}{167.3}\right)\times 0.03$$

$$= 0.7543 + 0.09217 = 0.8465$$

$$\dot{U}_{mA2}^{(1)} = \dot{U}_{dA2} + j\dot{I}_{mA2}^{(1)}\times 0.03 = -0.2457 + j\left(-j\frac{514}{167.3}\right)0.03$$

$$= -0.2457 + 0.09217 = -0.1535$$

$$\dot{U}_{mA0} = \dot{U}_{dA0} + j\dot{I}_{mA0}^{(1)}\times 0.0922 = -0.5086 + j\left(-j\frac{559.3}{167.3}\right)0.0922$$

$$= -0.5086 + 0.3082 = -0.2$$

$$\dot{U}_{mA}^{(1)} = \dot{U}_{mA1}^{(1)} + \dot{U}_{mA2}^{(1)} + \dot{U}_{mA0}^{(1)} = 0.493$$

式中　$\frac{514}{167.3}$，$\frac{559.3}{167.3}$——正（负）、零序电流标么值。

由式（2-52）得

$$\dot{U}_{mB}^{(1)} = \dot{U}_{dB}^{(1)} + a^2 j\dot{I}_{mA1}^{(1)}\times 0.03 + aj\dot{I}_{mA2}^{(1)}\times 0.03 + j\dot{I}_{mA0}\times 0.0922$$

$$=-0.7631-j0.866+(a^2+a)0.03j\left(-j\frac{514}{167.3}\right)+0.3082$$

$$=-0.7631-j0.866-0.09217+0.3082=1.024\angle-122.3°$$

同理：

$$\dot{U}_{mC}^{(1)}=1.024\angle 122.3°$$

单相接地短路电压分布，如图 2-47 所示。

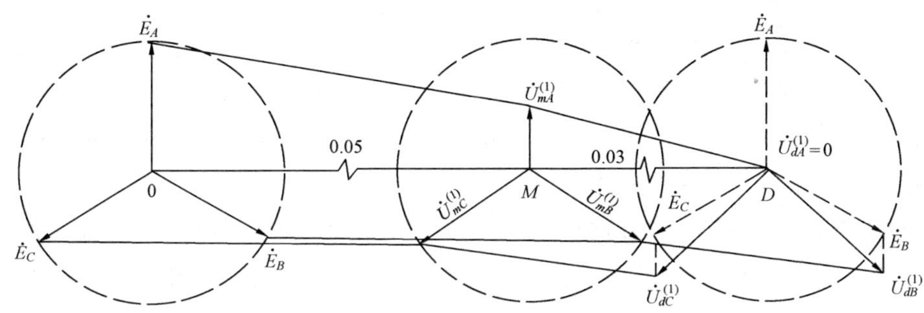

图 2-47　单相接地短路电压分布

3. 两相接地短路计算

（1）两相接地短路各序总电流、分流及全电流计算。从上述“2”中已知 $X_{1\Sigma}=X_{2\Sigma}=0.0436$、$X_{0\Sigma}=0.0902$、$K_{m1}=0.545$、$K_{m0}=0.593$、$\beta=2.07$、$\dot{I}_d^{(3)}=-j3837\text{A}$，这些数值仍可使用。

各序总电流由式（2-57）得

$$\dot{I}_{dA1\Sigma}^{(1.1)}=\dot{I}_d^{(3)}\frac{1+\beta}{1+2\beta}=-j3837\frac{1+2.07}{1+2\times2.07}=-j2291.7(\text{A})$$

$$\dot{I}_{dA2\Sigma}^{(1.1)}=-\dot{I}_d^{(3)}\frac{1+\beta}{1+2\beta}=j3837\frac{2.07}{1+2\times2.07}=j1545.2(\text{A})$$

$$\dot{I}_{dA0\Sigma}^{(1.1)}=-\dot{I}_d^{(3)}\frac{1}{1+2\beta}=j3837\frac{1}{1+2\times2.07}=j746.5(\text{A})$$

对参考相验证

$$\dot{I}_{dA\Sigma}^{(1.1)}=\dot{I}_{dA1\Sigma}^{(1.1)}+\dot{I}_{dA2\Sigma}^{(1.1)}+\dot{I}_{dA0\Sigma}^{(1.1)}=-j2291.7+j1545.2+j746.5=0$$

无误。

故障相全电流由式（2-58）、（2-59）求得，即

$$\dot{I}_{dB\Sigma}^{(1.1)}=\dot{I}_d^{(3)}\frac{\sqrt{3}}{1+\beta}[-0.866-j(0.5+\beta)]$$

$$=-j3837\frac{\sqrt{3}}{1+2\times2.07}[-0.866-j(0.5+2.07)]$$

$$=-j3837(-0.2918-j0.866)=-3323+j1119.6=3506.6\angle-198.62°$$

$$\dot{I}_{dC\Sigma}^{(1.1)}=\dot{I}_d^{(3)}\frac{\sqrt{3}}{1+2\beta}[-0.866+j(0.5+\beta)]$$

$$=-j3837\frac{\sqrt{3}}{1+2\times2.07}[-0.866+j(0.5+2.07)]=3506.6\angle+18.62°$$

M 侧各序分流及各相全电流为

$$\dot{I}_{mA1}^{(1.1)}=K_{m1}\dot{I}_{dA1\Sigma}^{(1.1)}=0.545(-j2291.7)=-j1249(\text{A})$$

$$\dot{I}_{mA2}^{(1.1)}=K_{m2}\dot{I}_{dA2\Sigma}^{(1.1)}=0.545(j1545.2)=j842.1(\text{A})$$

$$\dot{I}_{mA0}^{(1.1)}=K_{m0}\dot{I}_{dA0\Sigma}^{(1.1)}=0.593(j746.5)=j442.7(\text{A})$$

$$\dot{I}_{mA}^{(1.1)}=\dot{I}_{mA1}^{(1.1)}+\dot{I}_{mA2}^{(1.1)}+\dot{I}_{mA0}^{(1.1)}=j35.8(\text{A})$$

$$\begin{aligned}\dot{I}_{mB}^{(1.1)}&=a^2\dot{I}_{mA1}^{(1.1)}+a\dot{I}_{mA2}^{(1.1)}+\dot{I}_{mA0}^{(1.1)}\\&=(-0.5+j0.866)(-j1249)+(-0.5+j0.866)(j842.1)+j442.7\\&=-1811+j646.15=1922.8\angle-199.64^\circ(\text{A})\end{aligned}$$

$$\dot{I}_{mC}^{(1.1)}=a\dot{I}_{mA1}^{(1.1)}+a^2\dot{I}_{mA2}^{(1.1)}+\dot{I}_{mA0}^{(1.1)}=1811+j646.15=1922.8\angle19.64^\circ(\text{A})$$

$$3\dot{I}_{mA0}^{(1.1)}=3j442.7=j1328.1(\text{A})$$

由上述计算可知，两相接地短路和单相接地短路相同点是，当 $K_{m1}\neq K_{m0}$ 时，非故障相电流均不为零，如图 2-48（a）所示。图 2-48（b）为 M 侧电流相量图。

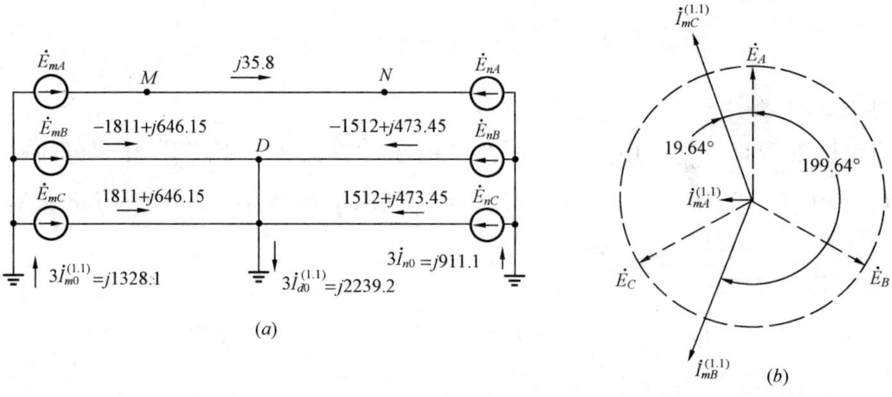

图 2-48　两相接地短路

（a）电流分布；（b）M 侧电流相量图

（2）两相接地短路 M 点电压计算（以标么值表示，* 号省略）。先计算故障点电压，由式（2-64）得

$$\dot{U}_{dA1}^{(1.1)}=\dot{U}_{dA2}^{(1.1)}=\dot{U}_{dA0}^{(1.1)}=\frac{\beta}{1+2\beta}=\frac{2.07}{1+2\times2.07}=0.4027$$

由式（2-65）得非故障相电压为

$$\dot{U}_{dA}^{(1.1)}=\dot{U}_{df\cdot gz}^{(1.1)}=\frac{3\beta}{1+2\beta}=3\times0.4027=1.208$$

故障相电压

$$\dot{U}_{dB}^{(1.1)}=0,\ \dot{U}_{dC}^{(1.1)}=0$$

M 点电压由故障点电压加故障点至 M 点之间电压降求得

$$\begin{aligned}\dot{U}_{mA1}^{(1.1)}&=\dot{U}_{dA1}^{(1.1)}+j\dot{I}_{mA1}^{(1.1)}X_{1xl1}\\&=0.4027+j\left(-j\frac{1249}{167.3}\right)\times0.03=0.4027+0.224=0.6267\end{aligned}$$

$$\dot{U}_{dA2}^{(1,1)} = \dot{U}_{dA2}^{(1,1)} + j\dot{I}_{mA2}^{(1,1)} X_{2xl1}$$

$$= 0.4027 + j\left(j\frac{842.1}{167.3}\right)\times 0.03 = 0.4027 - 0.151 = 0.2517$$

$$\dot{U}_{mA0}^{(1,1)} = \dot{U}_{dA0}^{(1,1)} + j\dot{I}_{mA0}^{(1,1)} X_{0xl1}$$

$$= 0.4027 + j\left(j\frac{442.7}{167.3}\right)\times 0.0922 = 0.4027 - 0.244 = 0.1587$$

$$\dot{U}_{mA}^{(1,1)} = \dot{U}_{mA1}^{(1,1)} + \dot{U}_{mA2}^{(1,1)} + \dot{U}_{mA0}^{(1,1)}$$

$$= 0.6267 + 0.2517 + 0.1587 = 1.0371$$

式中 $\frac{1249}{167.3}$、$\frac{842.1}{167.3}$、$\frac{442.7}{167.3}$——正、负、零序电流标么值。

$$\dot{U}_{mB}^{(1,1)} = \dot{U}_{dB}^{(1,1)} + a^2\dot{U}_{mA1}^{(1,1)} + a\dot{U}_{mA2}^{(1,1)} + \dot{U}_{mA0}^{(1,1)}$$

$$= 0 + (-0.5 - j0.866)0.6267 + (-0.5 + j0.866)0.2517 + 0.1587$$

$$= -0.2805 - j0.32475 = 0.4291\angle -130.82°$$

$$\dot{U}_{mC}^{(1,1)} = \dot{U}_{dC}^{(1,1)} + a\dot{U}_{mA1}^{(1,1)} + a^2\dot{U}_{mA2}^{(1,1)} + \dot{U}_{mA0}^{(1,1)}$$

$$= 0 + (-0.5 + j0.866)0.6276 + (-0.5 - j0.866)0.2517 + 0.1587$$

$$= -0.2805 + j0.32475 = 0.4291\angle +130.82°$$

两相接地短路电压分布如图 2-49 所示。

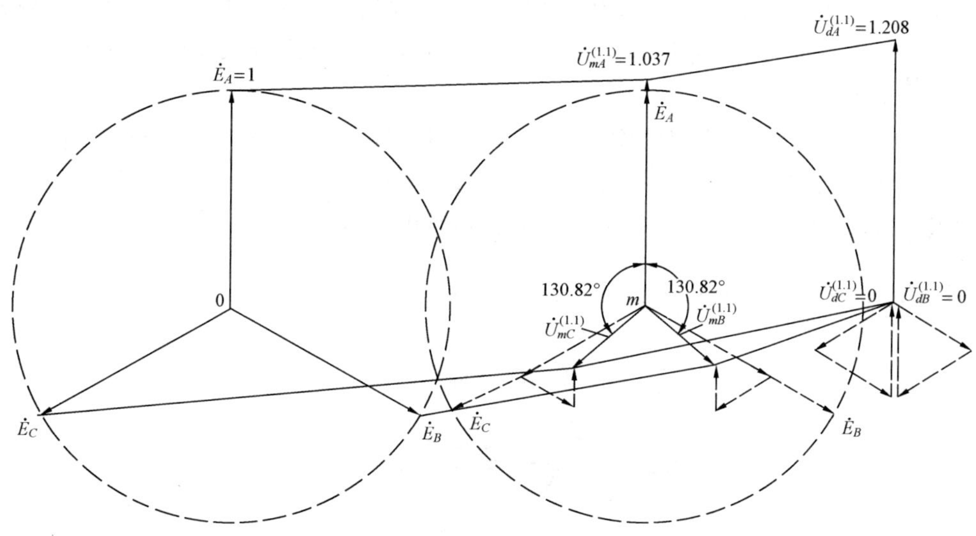

图 2-49　两相接地短路电压分布

第 2-5 节　中性点不接地系统接地故障计算

一、单相接地计算

（一）电压计算

中性点不接地系统中，如果不考虑线路的分布电容（例如线路很短，总长度不大时）及电气设备对地电容，则在发生单相接地后，仅引起系统各点对地电位的变化，并无电流产生。当考虑电容存在时，才产生很小的电容电流（数安或数十安），此电流在线路等元件上产生的阻抗压降一般很小，因此不影响系统各点对地电位的变化。在图 2-50（a）中，A 相 D 点金属性接地，接地点 $\dot{U}_{dA}=0$，全网 A 相电压为零，例如 $\dot{U}_{mA}=\dot{U}_{dA}=0$，则中性点电位 $\dot{U}_0=-\dot{E}_A$。根据中性点电位可计算非故障相电压为

$$\dot{U}_{dB}=\dot{U}_{mB}=\dot{U}_0+\dot{E}_B=-\dot{E}_A+\dot{E}_B=\sqrt{3}\dot{E}_Ae^{-j150^\circ}$$

$$\dot{U}_{dC}=\dot{U}_{mC}=\dot{U}_0+\dot{E}_C=-\dot{E}_A+\dot{E}_C=\sqrt{3}\dot{E}_Ae^{j150^\circ}$$

即全网 B、C 相电压均升高为相电压的$\sqrt{3}$倍。

故障点各序电压为

$$\left.\begin{aligned}\dot{U}_{dA1}&=\frac{1}{3}(\dot{U}_{dA}+a\dot{U}_{dB}+a^2\dot{U}_{dC})=\frac{1}{3}(0+\sqrt{3}\dot{E}_Ae^{-j30^\circ}+\sqrt{3}\dot{E}_Ae^{j130^\circ})=\dot{E}_A\\ \dot{U}_{dA2}&=\frac{1}{3}(\dot{U}_{dA}+a^2\dot{U}_{dB}+a\dot{U}_{dC})=\frac{1}{3}(0+\sqrt{3}\dot{E}_Ae^{j90^\circ}+\sqrt{3}\dot{E}_Ae^{-j90^\circ})=0\\ \dot{U}_{dA0}&=\frac{1}{3}(\dot{U}_{dA}+\dot{U}_{dB}+\dot{U}_{dC})=\frac{1}{3}(0+\sqrt{3}\dot{E}_Ae^{-j150^\circ}+\sqrt{3}\dot{E}_Ae^{j150^\circ})=-\dot{E}_A\end{aligned}\right\}\tag{2-82}$$

上式表明，中性点不接地系统发生单相接地后，系统中无负序电压，其零序电压即为中性点位移电压，如图 2-50（b）所示。由于 A、B、C 电压三角形未变，故不影响用户用电。

（二）电流计算

鉴于线路分布电容（图中以集中电容表示）所构成的容抗远大于线路阻抗。故计算中可忽略线路阻抗；鉴于线路架设方式考虑了换位（以保证正常运行中三相电压平衡），三相对地电容近似相等，即 $C_A=C_B=C_C=C$，故各线路电容电流为

线路 XL_{I}

$$\left.\begin{aligned}\dot{I}_{B\text{I}}&=\frac{\dot{U}_{dB}}{-jX_{C\text{I}}}=j\sqrt{3}\omega C_{\text{I}}\dot{E}_Ae^{-j150^\circ}=\sqrt{3}\omega C_{\text{I}}\dot{E}_Ae^{-j60^\circ}\\ \dot{I}_{C\text{I}}&=\frac{\dot{U}_{dC}}{-jX_{C\text{I}}}=j\sqrt{3}\omega C_{\text{I}}\dot{E}_Ae^{j150^\circ}=\sqrt{3}\omega C_{\text{I}}\dot{E}_Ae^{j240^\circ}\end{aligned}\right\}\tag{2-83}$$

线路 XL_{II}

$$\left.\begin{aligned}\dot{I}_{B\text{II}}&=\frac{\dot{U}_{dB}}{-jX_{C2}}=\sqrt{3}\omega C_{\text{II}}\dot{E}_Ae^{-j60^\circ}\\ \dot{I}_{C\text{II}}&=\frac{\dot{U}_{dC}}{-jX_{C2}}\sqrt{3}\omega C_{\text{II}}\dot{E}_Ae^{j240^\circ}\end{aligned}\right\}\tag{2-84}$$

因 $\dot{U}_{dA}=0$（故障相电压为零），故 A 相集中电容 C_{I}、C_{II} 中无电流。对于 D 点有如下关系

$$\dot{I}_{dA}+\dot{I}_{B\text{I}}+\dot{I}_{C\text{I}}+\dot{I}_{B\text{II}}+\dot{I}_{C\text{II}}=0$$

则

$$\begin{aligned}\dot{I}_{dA}&=-(\dot{I}_{B\text{I}}+\dot{I}_{C\text{I}}+\dot{I}_{B\text{II}}+\dot{I}_{C\text{II}})=-\sqrt{3}\omega\dot{E}_A(C_{\text{I}}+C_{\text{II}})e^{-j60^\circ}-\sqrt{3}\omega\dot{E}_A(C_{\text{I}}+C_{\text{II}})e^{j240^\circ}\\ &=j3\omega\dot{E}_A(C_{\text{I}}+C_{\text{II}})=j3\omega C_{\Sigma}\dot{E}_A\end{aligned}\tag{2-85}$$

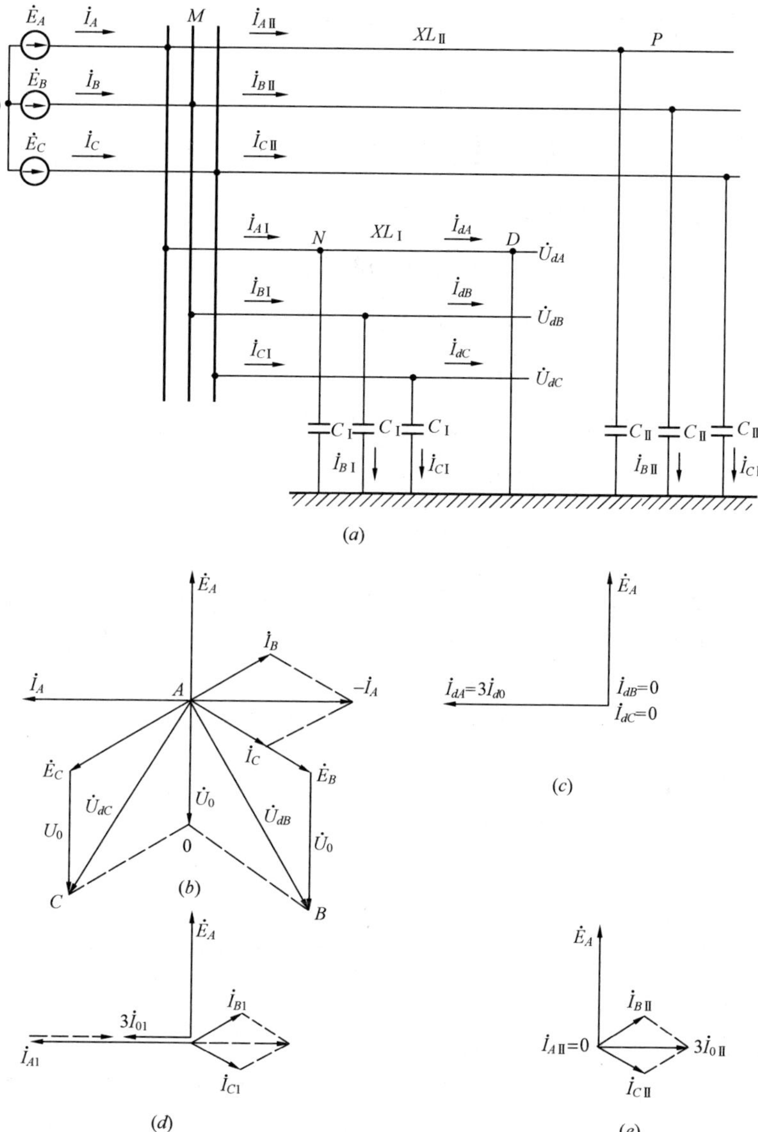

图 2-50　中性点不接地系统单相接地

（a）简化系统接线中 A 相接地；（b）电压相量图；（c）D 点电流相量图；

（d）MN 段电流相量图；（e）线路 XL_{II} 电流相量图

式中　C_{Σ} ——所计算电压级全部线路每相对地总电容；

$\dot{I}_{dA}$ ——故障线故障相电流。

故障线零序电流计算：

$$ND\ 段\quad \dot{I}_{d0}=\frac{1}{3}(\dot{I}_{dA}+\dot{I}_{dB}+\dot{I}_{dC})=\frac{1}{3}(j3\omega C_{\Sigma}\dot{E}_{A}+0+0)=j\omega C_{\Sigma}\dot{E}_{A}\tag{2-86}$$

$$MN\ 段\quad \dot{I}_{0\mathrm{I}}=\frac{1}{3}(\dot{I}_{A\mathrm{I}}+\dot{I}_{B\mathrm{I}}+\dot{I}_{C\mathrm{I}})=\frac{1}{3}(j3\omega C_{\Sigma}\dot{E}_{A}+\sqrt{3}\omega C_{\mathrm{I}}\dot{E}_{A}e^{-j60^{\circ}}$$

$$+\sqrt{3}\omega_{C\mathrm{I}}\dot{E}_{A}e^{j240^{\circ}})=j\omega(C_{\Sigma}-C_{\mathrm{I}})\dot{E}_{A}\tag{2-87}$$

非故障线零序电流计算：

$$MP\text{ 段}\quad \dot{I}_{0\text{II}}=\frac{1}{3}(\dot{I}_{A\text{II}}+\dot{I}_{B\text{II}}+\dot{I}_{C\text{II}})$$

$$=\frac{1}{3}(0+\sqrt{3}\omega C_{\text{II}}\dot{E}_A e^{-j60^\circ}+\sqrt{3}\omega C_{\text{II}}\dot{E}_A e^{j240^\circ})=-j\omega C_{\text{II}}\dot{E}_A \tag{2-88}$$

电源支路 OM 段电流计算为

$$\left.\begin{aligned}
&\dot{I}_A=\dot{I}_{A\text{I}}+\dot{I}_{A\text{II}}=\dot{I}_{dA}=j3\omega C_\Sigma\dot{E}_A\\
&\dot{I}_B=\dot{I}_{B\text{I}}+\dot{I}_{B\text{II}}=\sqrt{3}\omega C_{\text{I}}\dot{E}_A e^{-j60^\circ}+\sqrt{3}\omega C_{\text{II}}\dot{E}_A e^{-j60^\circ}\\
&\quad=\sqrt{3}\omega C_\Sigma\dot{E}_A e^{-j60^\circ}\\
&\dot{I}_C=\dot{I}_{C\text{I}}+\dot{I}_{C\text{II}}=\sqrt{3}\omega C_{\text{I}}\dot{E}_A e^{j240^\circ}+\sqrt{3}\omega C_{\text{II}}\dot{E}_A e^{j240^\circ}\\
&\quad=\sqrt{3}\omega C_\Sigma\dot{E}_A e^{j240^\circ}\\
&\dot{I}_0=\frac{1}{3}(\dot{I}_A+\dot{I}_B+\dot{I}_C)=0
\end{aligned}\right\} \tag{2-89}$$

电源支路 0M 段电流相量图如图 2-50（b）所示，故障线 ND 段电流相量图如图 2-50（c）所示，MN 段电流相量图，如图 2-50（d）所示；非故障线 MP 段电流相量图，如图 2-50（e）所示。

关于线路电容电流的计算，可查表 2-13，也可按式（2-90）计算。

$$\left.\begin{aligned}
&\text{6kV 架空线路}\quad I_C=0.015(\text{A/km})\\
&\text{10kV 架空线路}\quad I_C=0.025(\text{A/km})\\
&\text{6kV 电缆线路}\quad I_C=\frac{95+2.84S}{2200+6S}6(\text{A/km})\\
&\text{10kV 电缆线路}\quad I_C=\frac{95+1.44S}{2200+0.23S}10(\text{A/km})
\end{aligned}\right\} \tag{2-90}$$

式中　S——电缆截面（mm^2）。

二、单电源辐射线不同地点两相接地计算

对于中性点不接地系统，由于某处绝缘不良或其他原因（雷击、雾闪等），造成单相接地后，其他两相对地电压升高$\sqrt{3}$倍。此时，其他两相在绝缘薄弱之处又可能因电压升高而击穿放电，形成不同地点的两点接地，这是常见故障之一。

在图 2-51 中：线路Ⅰ，B 相 D 点金属性接地；线路Ⅱ，C 相 P 点金属性接地。由于两相接地短路电流远大于单相接地电容电流，故计算中不考虑线路分布电容的影响。

（一）利用边界条件及对称分量法解两点接地短路电流

D 点边界条件为 $\dot{I}_{A\text{I}}=\dot{I}_{C\text{I}}=0$，$\dot{I}_{B\text{I}}\neq 0$，则 D 点 A 相正序、负序、零序电流为

$$\left.\begin{aligned}
&\dot{I}_{A\text{I}\cdot 1}=\frac{1}{3}(\dot{I}_{A\text{I}}+a\dot{I}_{B\text{I}}+a^2\dot{I}_{C\text{I}})=\frac{1}{3}a\dot{I}_{B\text{I}}\\
&\dot{I}_{A\text{I}\cdot 2}=\frac{1}{3}(\dot{I}_{A\text{I}}+a^2\dot{I}_{B\text{I}}+a\dot{I}_{C\text{I}})=\frac{1}{3}a^2\dot{I}_{B\text{I}}\\
&\dot{I}_{A\text{I}\cdot 0}=\frac{1}{3}(\dot{I}_{A\text{I}}+\dot{I}_{B\text{I}}+\dot{I}_{C\text{I}})=\frac{1}{3}\dot{I}_{B\text{I}}
\end{aligned}\right\} \tag{2-91}$$

表 2-13　　**每公里架空线路及电缆线路单相金属性接地电容电流平均值（A）**（f=50Hz 时）

	线路架设情况	6kV	10kV	35kV
架空线路	无架空地线的单回线路	0.013	0.0256	0.078
	有架空地线的单回线路	—	0.032	0.091
	无架空地线的双回线路	0.017	0.035	0.102
	有架空地线的双回线路	—	—	0.110
电缆线路	电缆芯的标称截面为（mm^2）			
	10	0.33	0.46	—
	16	0.37	0.52	—
	25	0.46	0.62	—
	35	0.52	0.69	—
	50	0.59	0.77	—
	70	0.71	0.9	3.7
	95	0.82	1.0	4.1
	120	0.89	1.1	4.4
	150	1.1	1.3	4.8
	185	1.2	1.4	5.2

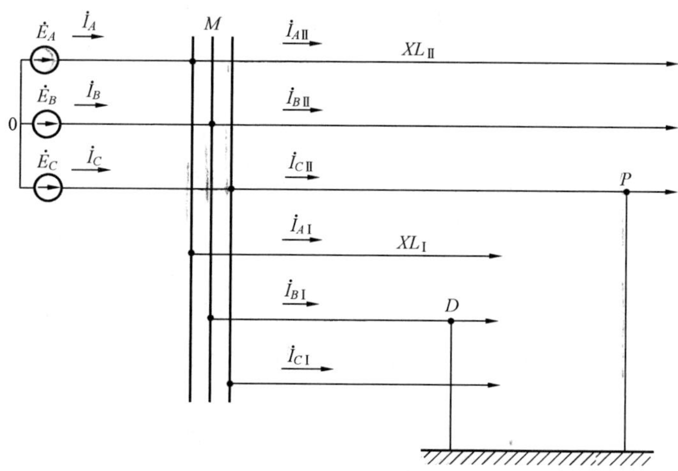

图 2-51　单电源中性点不接地系统不同地点两点接地

D 点 B 相各序电流及全电流为

$$\left.\begin{aligned}&\dot{I}_{B\mathrm{I}\cdot 1}=a^2\dot{I}_{A\mathrm{I}\cdot 1}=\frac{1}{3}\dot{I}_{B\mathrm{I}}\\&\dot{I}_{B\mathrm{I}\cdot 2}=a\dot{I}_{A\mathrm{I}\cdot 2}=\frac{1}{3}\dot{I}_{B\mathrm{I}}\\&\dot{I}_{B\mathrm{I}\cdot 0}=\dot{I}_{A\mathrm{I}\cdot 0}=\frac{1}{3}\dot{I}_{B\mathrm{I}}\\&\dot{I}_{B\mathrm{I}\cdot 1}=\dot{I}_{B\mathrm{I}\cdot 2}=\dot{I}_{B\mathrm{I}\cdot 0}=\dot{I}_{d0},\ \dot{I}_{B\mathrm{I}}=3\dot{I}_{d0}\end{aligned}\right\}\tag{2-92}$$

式中　$\dot{I}_{d0}$ ——D 零点序电流分量。

D 点 A 相各序电流用 $\dot{I}_{d0}$ 表示

$$\left.\begin{aligned}&\dot{I}_{A\mathrm{I}\cdot 1}=\frac{1}{3}a\dot{I}_{B\mathrm{I}}=a\dot{I}_{d0}\\&\dot{I}_{A\mathrm{I}\cdot 2}=\frac{1}{3}a^2\dot{I}_{B\mathrm{I}}=a^2\dot{I}_{d0}\\&\dot{I}_{A\mathrm{I}\cdot 0}=\dot{I}_{d0}\end{aligned}\right\}\tag{2-93}$$

式（2-92）、（2-93）相量图，如图 2-52（a）所示。

P 点边界条件为：$\dot{I}_{A\mathrm{II}}=\dot{I}_{B\mathrm{II}}=0$、$\dot{I}_{C\mathrm{II}}\neq 0$，则 P 点 A 相各序电流为

$$\left.\begin{aligned}&\dot{I}_{A\mathrm{II}\cdot 1}=\frac{1}{3}(\dot{I}_{A\mathrm{II}}+a\dot{I}_{B\mathrm{II}}+a^2\dot{I}_{C\mathrm{II}})=\frac{1}{3}a^2\dot{I}_{C\mathrm{II}}\\&\dot{I}_{A\mathrm{II}\cdot 2}=\frac{1}{3}(\dot{I}_{A\mathrm{II}}+a^2\dot{I}_{B\mathrm{II}}+a\dot{I}_{C\mathrm{II}})=\frac{1}{3}a\dot{I}_{C\mathrm{II}}\\&\dot{I}_{A\mathrm{II}\cdot 0}=\frac{1}{3}(\dot{I}_{A\mathrm{II}}+\dot{I}_{B\mathrm{II}}+\dot{I}_{C\mathrm{II}})=\frac{1}{3}\dot{I}_{C\mathrm{II}}\end{aligned}\right\}\tag{2-94}$$

P 点 C 相各序电流及全电流为

$$\left.\begin{aligned}&\dot{I}_{C\mathrm{II}\cdot 1}=a\dot{I}_{A\mathrm{II}\cdot 1}=\frac{1}{3}\dot{I}_{C\mathrm{II}}\\&\dot{I}_{C\mathrm{II}\cdot 2}=a^2\dot{I}_{A\mathrm{II}\cdot 2}=\frac{1}{3}\dot{I}_{C\mathrm{II}}\\&\dot{I}_{C\mathrm{II}\cdot 0}=\frac{1}{3}\dot{I}_{C\mathrm{II}}\\&\dot{I}_{C\mathrm{II}\cdot 1}=\dot{I}_{C\mathrm{II}\cdot 2}=\dot{I}_{C\mathrm{II}\cdot 0}=\dot{I}_{p0},\ \dot{I}_{C\mathrm{II}}=3\dot{I}_{p0}\end{aligned}\right\}\tag{2-95}$$

式中　$\dot{I}_{p0}$ ——P 点零序电流分量。

因地接点 D、P 等电位（可认为是一点），故 $\dot{I}_{d0}+\dot{I}_{p0}=0$，即 $\dot{I}_{p0}=-\dot{I}_{d0}$。$P$ 点 A 相各序电流用 $\dot{I}_{d0}$ 表示时

$$\left.\begin{aligned}&\dot{I}_{A\mathrm{II}\cdot 1}=a^2\dot{I}_{C\mathrm{II}\cdot 1}=a^2\dot{I}_{p0}=-a^2\dot{I}_{d0}\\&\dot{I}_{A\mathrm{II}\cdot 2}=a\dot{I}_{C\mathrm{II}\cdot 2}=a\dot{I}_{p0}=-a\dot{I}_{d0}\\&\dot{I}_{A\mathrm{II}\cdot 0}=\dot{I}_{p0}=-\dot{I}_{d0}\end{aligned}\right\}\tag{2-96}$$

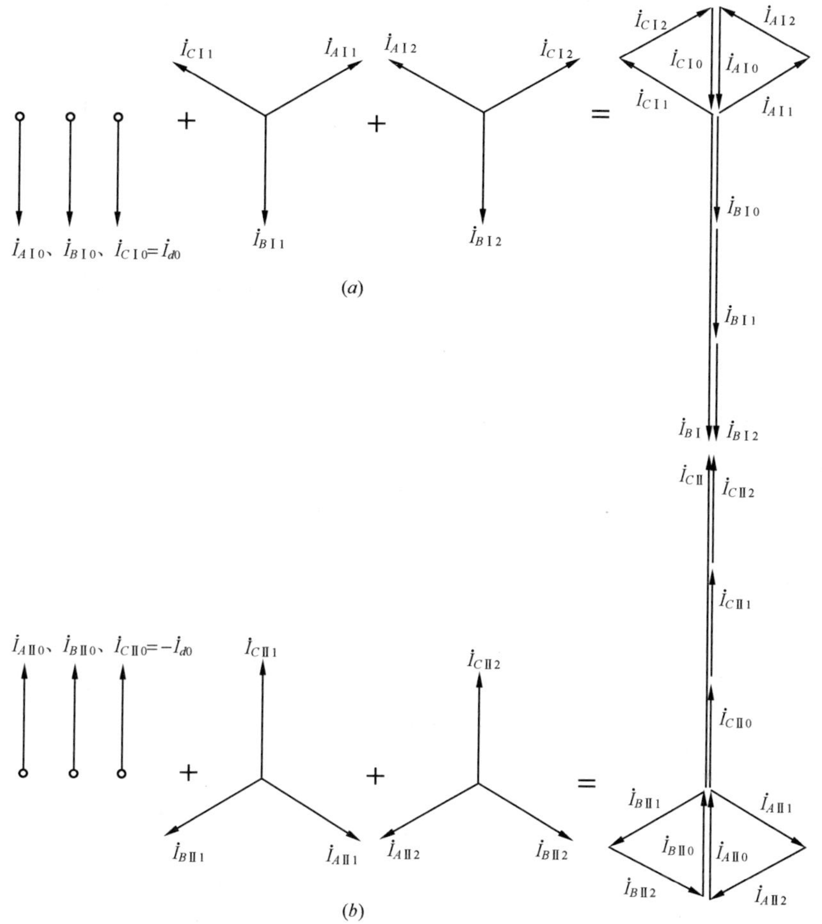

图 2-52　图 2-51 中不同地点两点接地电流相量图

(*a*) 线路Ⅰ电流相量图；(*b*) 线路Ⅱ电流相量图

式 (2-95)、(2-96) 电流相量图，如图 2-52 (*b*) 所示。

由电源送出的各序电流及各相全电流为

$$\left.\begin{aligned}\dot I_{A\cdot 1}&=\dot I_{A\,\mathrm{I}\cdot 1}+\dot I_{A\,\mathrm{II}\cdot 1}=a\dot I_{d0}+a^2\dot I_{p0}=a\dot I_{d0}-a^2\dot I_{d0}=j\sqrt{3}\dot I_{d0}\\ \dot I_{A\cdot 2}&=\dot I_{A\,\mathrm{I}\cdot 2}+\dot I_{A\,\mathrm{II}\cdot 2}=a^2\dot I_{d0}+a\dot I_{p0}=a^2\dot I_{d0}-a\dot I_{d0}=-j\sqrt{3}\dot I_{d0}\\ \dot I_{A\cdot 0}&=\dot I_{A\,\mathrm{I}\cdot 0}+\dot I_{A\,\mathrm{II}\cdot 0}=\dot I_{d0}+\dot I_{p0}=0\end{aligned}\right\}\quad(2\text{-}97)$$

$$\left.\begin{aligned}\dot I_A&=\dot I_{A\cdot 1}+\dot I_{A\cdot 2}+\dot I_{A\cdot 0}=0\\ \dot I_B&=a^2\dot I_{A\cdot 1}+a\dot I_{A\cdot 2}+\dot I_{A0}=a^2j\sqrt{3}\dot I_{d0}-aj\sqrt{3}\dot I_{d0}=3\dot I_{d0}\\ \dot I_C&=a\dot I_{A\cdot 1}+a^2\dot I_{A\cdot 2}+\dot I_{A0}=aj\sqrt{3}\dot I_{d0}-a^2j\sqrt{3}\dot I_{d0}=-3\dot I_{d0}\end{aligned}\right\}\quad(2\text{-}98)$$

将上述计算结果标入图 2-53 中，以便列出各序电压方程，最后求出 $\dot I_{d0}$。

$\dot I_{d0}$ 计算：根据图 2-53 列出如下方程，由方程组求解 $\dot I_{d0}$。

回路 0—*M*—*D* 正序电压方程为

$$\dot{E}_A - \dot{U}_{dA1} = \dot{I}_{A1}Z_{1xt} + \dot{I}_{A\,\mathrm{I}\cdot 1}Z_{1xl1} = j\sqrt{3}\dot{I}_{d0}Z_{1xt} + a\dot{I}_{d0}Z_{1xl\,\mathrm{I}} \tag{2-99}$$

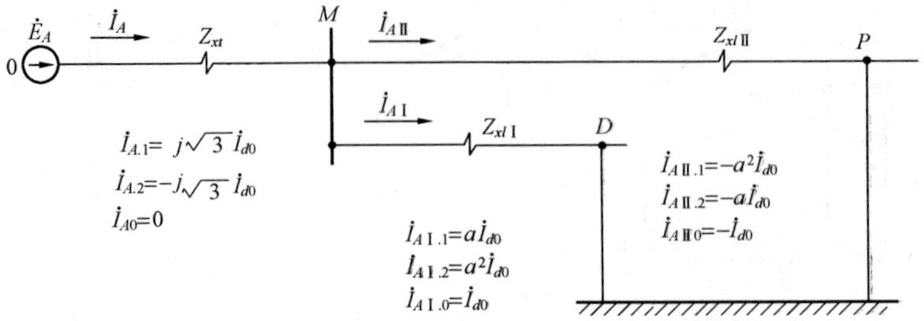

图 2-53　图 2-51 中不同地点两点接地电流分布

式（2-99）乘 a^2 得

$$a^2\dot{E}_A - a^2\dot{U}_{dA1} = a^2 j\sqrt{3}\dot{I}_{d0}Z_{1xt} + \dot{I}_{d0}Z_{1xl\,\mathrm{I}} \tag{2-100}$$

回路 0—M—D 负序电压方程为

$$0 - \dot{U}_{dA2} = \dot{I}_{A\cdot 2}Z_{2xt} + \dot{I}_{A\,\mathrm{I}\cdot 2}Z_{2\cdot xl\,\mathrm{I}} = -j\sqrt{3}\dot{I}_{d0}Z_{2xt} + a^2\dot{I}_{d0}Z_{2xl\,\mathrm{I}} \tag{2-101}$$

式（2-101）乘 a 得

$$-a\dot{U}_{dA2} = -aj\sqrt{3}\dot{I}_{d0}Z_{2xt} + \dot{I}_{d0}Z_{2xl\,\mathrm{I}} \tag{2-102}$$

电路 0—M—P 正序电压方程为

$$\dot{E}_A - \dot{U}_{pA1} = \dot{I}_{A\cdot 1}Z_{1xt} + \dot{I}_{A\,\mathrm{II}\cdot 1}Z_{1xl\,\mathrm{II}} = j\sqrt{3}\dot{I}_{d0}Z_{1xt} - a^2\dot{I}_{d0}Z_{1xl\,\mathrm{II}} \tag{2-103}$$

式（2-103）乘（$-a$）得

$$-a\dot{E}_A + a\dot{U}_{pA1} = -aj\sqrt{3}\dot{I}_{d0}Z_{1xt} + \dot{I}_{d0}Z_{1xl\,\mathrm{II}} \tag{2-104}$$

回路 0—M—P 负序电压方程为

$$0 - \dot{U}_{pA2} = \dot{I}_{A\cdot 2}Z_{2xt} + \dot{I}_{A\,\mathrm{II}\cdot 2}Z_{2xl\,\mathrm{II}} = -j\sqrt{3}\dot{I}_{d0}Z_{2xt} - a\dot{I}_{d0}Z_{2xl\,\mathrm{II}} \tag{2-105}$$

式（2-105）乘（$-a^2$）得

$$a^2\dot{U}_{pA2} = a^2 j\sqrt{3}\dot{I}_{d0}Z_{2xt} + \dot{I}_{d0}Z_{2xl\,\mathrm{II}} \tag{2-106}$$

回路 P—M—D 零序电压方程为

$$\dot{U}_{pA0} - \dot{U}_{dA0} = -\dot{I}_{A\,\mathrm{II}\cdot 0}Z_{0xl\,\mathrm{II}} + \dot{I}_{A\,\mathrm{I}\cdot 0}Z_{0xl\,\mathrm{I}} = \dot{I}_{d0}Z_{0xl\,\mathrm{II}} + \dot{I}_{d0}Z_{0xl\,\mathrm{I}} \tag{2-107}$$

式（2-100）、（2-102）、（2-104）、（2-106）、（2-107）中，当正、负序阻抗相等时，并考虑到故障点 $\dot{U}_{dB} = \dot{U}_{dB1} + \dot{U}_{dB2} + \dot{U}_{dB0} = a^2\dot{U}_{dA1} + a\dot{U}_{dA2} + \dot{U}_{dA0} = 0$ 及 $\dot{U}_{pC} = \dot{U}_{pC1} + \dot{U}_{pC2} + \dot{U}_{pC0} = a\dot{U}_{pA1} + a^2\dot{U}_{pA2} + \dot{U}_{pA0} = 0$ 的条件，则五式相加后，可求出 D 点零序电流为

$$\dot{I}_{d0} = \frac{-j\sqrt{3}\dot{E}_A}{6Z_{1xt} + 2(Z_{1xl\,\mathrm{I}} + Z_{1xl\,\mathrm{II}}) + Z_{0xl\,\mathrm{I}} + Z_{0xl\,\mathrm{II}}} \tag{2-108}$$

当接地点 D 经过渡电阻 R_d 接地及接地点 P 经过渡电阻 R_p 接地时，$\dot{I}_{d0}$ 计算（公式推导同上）为

$$\dot{I}_{d0} = \frac{-j\sqrt{3}\dot{E}_A}{6Z_{1xt} + 2(Z_{1xl\,\mathrm{I}} + Z_{1xl\,\mathrm{II}}) + Z_{0xl\,\mathrm{I}} + Z_{0xl\,\mathrm{II}} + 3R_d + 3R_p} \tag{2-109}$$

故障相电流由式（2-92）得

$$\dot{I}_{dB}=\dot{I}_{B\mathrm{I}}=3\dot{I}_{d0}=\frac{-j\sqrt{3}\dot{E}_A}{2Z_{1xt}+\dfrac{2(Z_{1xl\mathrm{I}}+Z_{1xl\mathrm{II}})+Z_{0xl\mathrm{I}}+Z_{0xl\mathrm{II}}}{3}+R_d+R_p} \tag{2-110}$$

对于35kV及以下的单回线路，一般 $Z_{0xl}=3.5Z_{1xl}$，当不考虑 R_d、R_p 过渡电阻时，故障相电流可直接计算为

$$\dot{I}_{dB}=\frac{-j\sqrt{3}\dot{E}_A}{2Z_{1xt}+\dfrac{2Z_{1xl}+Z_{0xl}}{3}}=\frac{-j\sqrt{3}E_A}{2Z_{1xt}+1.833Z_{1xl}} \tag{2-111}$$

式中 Z_{1xl}——D、P点之间线路正序（负序）阻抗。在式（2-111）中，$Z_{1xl}=Z_{1xl\mathrm{I}}+Z_{1xl\mathrm{II}}$；

Z_{0xl}——D、P之间线路零序阻抗。设 $Z_{0xl}=3.5Z_{1xl}$，在式（2-11）中，$Z_{0xl}=Z_{0xl\mathrm{I}}+Z_{0xl\mathrm{II}}$；

Z_{1xt}——系统正序阻抗。

式（2-111）从物理概念上看，其电源电势为 $-j\sqrt{3}\dot{E}_A=\dot{E}_B-\dot{E}_C$，环路阻抗为 $2Z_{1xt}+1.833Z_{1xl}$，产生的环路电流为 $\dot{I}_{dB}$（纯电抗时，$\dot{I}_{dB}$ 落后 $\dot{E}_A 180°$ 或落后 $\dot{E}_B-\dot{E}_C 90°$）。式(2-111)也适用于图2-54。

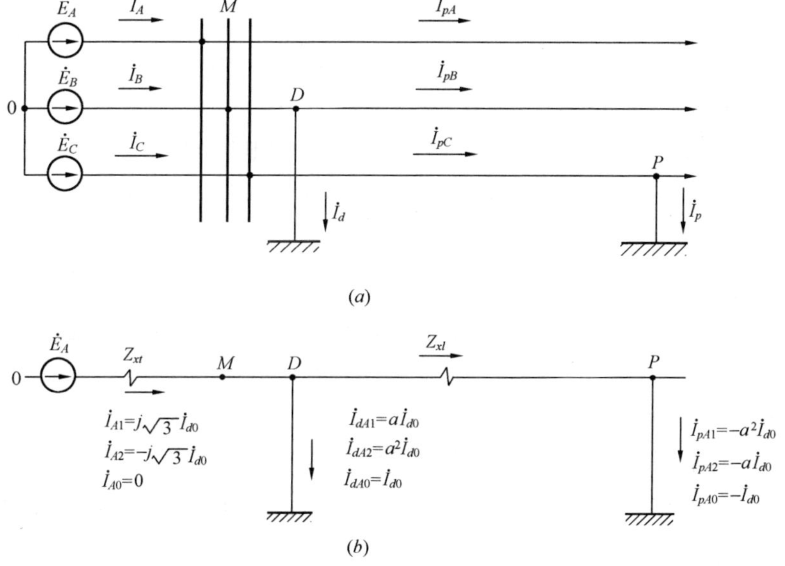

图2-54 不同地点两点接地在同一线上电流分布

(*a*) 全电流；(*b*) 序电流（A相）

比较图2-51和图2-54可知，当图2-51中线路Ⅰ的阻抗 $Z_{xl\mathrm{I}}=0$（即线路长度为零）或将D点移动到M点时，则图2-51与图2-54完全相同。因此，单电源辐射线两点接地故障，不论发生在两条线上还是发生在一条线上，其计算方法和分析结果均相同，故障点电流及电源支路电流也相同，如图2-54（*b*）所示。

当采用标么制计算时，式（2-108）～（2-111）中用基准电流 I_j 代替 $\dot{E}_A$（$\dot{E}_A$ 标么值取1），式中阻抗均用标么值，则得出有名值算式如下（标么值 * 号省略）

$$\dot{I}_{d0}=\frac{-j\sqrt{3}I_j}{6Z_{1xt}+2(Z_{1xl\text{I}}+Z_{1xl\text{II}})+Z_{0xl\text{I}}+Z_{0xl\text{II}}} \tag{2-112}$$

或

$$\dot{I}_{d0}=\frac{-j\sqrt{3}I_j}{6Z_{1rt}+2(Z_{1xl\text{I}}+Z_{1xl\text{II}})+Z_{0xl\text{I}}+Z_{0xl\text{II}}+3R_d+3R_p} \tag{2-113}$$

$$\dot{I}_{dB}=\frac{-j\sqrt{3}I_j}{2Z_{1xt}+\frac{2(Z_{1xl\text{I}}+Z_{1xl\text{II}})+Z_{0xl\text{I}}+Z_{0xl\text{II}}}{3}+R_d+R_p} \tag{2-114}$$

或

$$\dot{I}_{dB}=\frac{-j\sqrt{3}I_j}{2Z_{1xt}+1.833Z_{1xl}} \tag{2-115}$$

（二）D、P 点电压计算

1.D 点电压计算

由图 2-53 可知

$$\dot{U}_{dA1}=\dot{E}_A-\dot{I}_{A1}\dot{Z}_{1xt}-\dot{I}_{A\text{I}1}Z_{1xl\text{I}}=\dot{E}_A-\dot{I}_{d0}(j\sqrt{3}Z_{1xt}+aZ_{1xl\text{I}}) \tag{2-116}$$

$$\dot{U}_{dA2}=0-\dot{I}_{A2}Z_{2xt}-\dot{I}_{A\text{I}2}Z_{2xl\text{I}}=\dot{I}_{d0}(j\sqrt{3}Z_{1xt}-a^2Z_{1xl\text{I}}) \tag{2-117}$$

$$\dot{U}_{dB1}=a^2[\dot{E}_A-\dot{I}_{d0}(j\sqrt{3}Z_{1xt}+aZ_{1xl\text{I}})]$$

$$\dot{U}_{dB2}=a\dot{I}_{d0}(j\sqrt{3}Z_{1xt}-a^2Z_{1xl\text{I}})$$

因为 $\dot{U}_{dB1}+\dot{U}_{dB2}+\dot{U}_{dB0}=0$，所以

$$\dot{U}_{dB0}=-(\dot{U}_{dB1}+\dot{U}_{dB2})=-a^2\dot{E}_A+\dot{I}_{d0}(3Z_{1xt}+2Z_{1xl1})$$

$$\dot{U}_{dA0}=-a^2\dot{E}_A+\dot{I}_{d0}(3Z_{1xt}+2Z_{1xl\text{I}}) \tag{2-118}$$

将式（2-116）、(2-117)、(2-118）相加得 D 点 A 相电压为

$$\dot{U}_{dA}=\dot{U}_{dA1}+\dot{U}_{dA2}+\dot{U}_{dA0}=\sqrt{3}\dot{E}_Ae^{j30^\circ}+3\dot{I}_{d0}(Z_{1xt}+Z_{1xl\text{I}}) \tag{2-119}$$

2.P 点电压计算

由图 2-53 可知

$$\dot{U}_{pA1}=\dot{E}_A-\dot{I}_{A1}Z_{1xt}-\dot{I}_{A\text{II}1}Z_{1xl\text{II}}=\dot{E}_A-\dot{I}_{d0}(j\sqrt{3}Z_{1xt}-a^2Z_{1xl\text{II}}) \tag{2-120}$$

$$\dot{U}_{pA2}=0-\dot{I}_{A2}Z_{2xt}-\dot{I}_{A\text{II}2}Z_{2xl\text{II}}=\dot{I}_{d0}(j\sqrt{3}Z_{1xt}+aZ_{1xl\text{II}}) \tag{2-121}$$

$$\dot{U}_{pA0}=-a\dot{E}_A-\dot{I}_{d0}(3Z_{1xt}+2Z_{1xl\text{II}}) \tag{2-122}$$

将式（2-120）、(2-121）、(2-122）相加得 P 点 A 相电压为

$$\dot{U}_{pA}=\dot{U}_{pA1}+\dot{U}_{pA2}+\dot{U}_{pA0}=\sqrt{3}\dot{E}_Ae^{-j30^\circ}-3\dot{I}_{d0}(Z_{1xt}+Z_{1xl\text{II}}) \tag{2-123}$$

3.M 点电压计算

同理

$$\left.\begin{aligned}\dot{U}_{mA1}&=\dot{U}_{dA1}+\dot{I}_{A\text{I}1}Z_{1xl\text{I}}=\dot{U}_{dA1}+a\dot{I}_{d0}Z_{1xl\text{I}}\\ \dot{U}_{mA2}&=\dot{U}_{dA2}+\dot{I}_{A\text{I}2}Z_{2xl\text{I}}=\dot{U}_{dA2}+a^2\dot{I}_{d0}Z_{2xl\text{I}}\\ \dot{U}_{mA0}&=\dot{U}_{dA0}+\dot{I}_{A\text{I}0}Z_{0xl\text{I}}=\dot{U}_{dA0}+\dot{I}_{d0}Z_{0xl\text{I}}\\ \dot{U}_{mA}&=\dot{U}_{mA1}+\dot{U}_{mA2}+\dot{U}_{mA0}=\sqrt{3}E_Ae^{j30^\circ}+I_{d0}(3Z_{1xt}+2Z_{1xl\text{I}}+Z_{0xl\text{I}})\end{aligned}\right\} \tag{2-124}$$

三、单电源辐射线不同地点两相接地算例

在图 2-51 中，设电网电压为 37kV（相间电压），电源支路及线路阻抗均为基准容量 $S_j=100\text{MVA}$的标么值，已知系统及线路阻抗为 $Z_{1xt}=Z_{2xt}=j0.3$，$Z_{0xt}=\infty$；$Z_{1xl\text{I}}=Z_{2xt\text{I}}=j0.2$，$Z_{0xl\text{I}}=j0.7$，$Z_{1xl\text{II}}=2_{2xl\text{II}}=j0.5$，$Z_{0xl\text{II}}=j1.75$。试求线路Ⅰ$B$ 相 D 点单相金属

性接地短路，同时线路ⅡC相P点单相金属性接地短路时，各支路电流及D、P、M三点电压、并画出相量图。

（一）各支路电流计算

1. 线路 XL_{I} 电流计算

由式（2-112）计算D点零序电流为

$$\dot{I}_{d0}=\frac{-j\sqrt{3}\dot{I}_j}{6j0.3+2(j0.2+j0.5)+j0.7+j1.75}=\frac{-j\sqrt{3}}{j5.65}1560$$
$$=-0.3066\times1560=-478.2(\text{A})$$

式中 $\dot{I}_j$ ——37kV电压级基准电流，$\dot{I}_j=\frac{S_j}{\sqrt{3}U_j}=\frac{100}{\sqrt{3}\times37}=1560(\text{A})$；

0.3066—— $\dot{I}_{d0}$ 的标么值。

由式（2-92）得故障相电流为

$$\dot{I}_{B\text{I}}=3\dot{I}_{d0}=-3\times478.2=-1434.6(\text{A})$$

与 $\dot{E}_A$ 相位差为180°。

由图2-52可知，$\dot{I}_{A\text{I}}=0$，$\dot{I}_{C\text{I}}=0$。

2. 线路 XL_{II} 电流计算

由式（2-96）计算P点零序电流

$$\dot{I}_{A\text{II}0}=\dot{I}_{p0}=-\dot{I}_{d0}=478.2(\text{A})$$

由式（2-95）得故障相电流为

$$\dot{I}_{C\text{II}}=3\dot{I}_{p0}=3\times478.2=1434.6(\text{A})\quad（与\ \dot{E}_A\ 同向）$$

由图2-52得

$$\dot{I}_{A\text{II}}=0,\ \dot{I}_{B\text{II}}=0$$

3. 电源支路电流计算

由式（2-98）得

$$\dot{I}_A=0$$
$$\dot{I}_B=3\dot{I}_{d0}=-3\times478.2=-1434.6(\text{A})$$
$$\dot{I}_C=-3\dot{I}_{d0}=1434.6(\text{A})$$

（二）各点电压计算

1. D点电压计算

由式（2-116）得D点正序电压为

$$\dot{U}_{dA\text{I}}=\dot{E}_A-\dot{I}_{d0}(j\sqrt{3}Z_{1xt}+aZ_{1xl\text{I}})$$

以 $\dot{E}_A=1$、$\dot{I}_{d0}=-0.3066$ 代入上式（电势、电流、电压、阻抗均为标么值，以下同，* 号省略），得

$$\dot{U}_{dA1}=1+0.3066(j\sqrt{3}j0.3+aj0.2)=0.7876-j0.03065=0.7882\angle-2.2^\circ$$

由式（2-117）得D点负序电压为

$$\dot{U}_{dA2}=\dot{I}_{d0}(j\sqrt{3}Z_{2xt}-a^2Z_{2xl\text{I}})=-0.3066(j\sqrt{3}j0.3-a^2j0.2)$$
$$=0.212-j0.03065=0.214\angle-8.2^\circ$$

由式（2-118）得D点零序电压为

$$\dot{U}_{dA0}=a^2\dot{E}_A+\dot{I}_{d0}(3Z_{1xt}+2Z_{1xl\mathrm{I}})=-a^2-0.3066(3j0.3+2j0.2)$$
$$=0.5+j0.4674=0.6844\angle 43.1^\circ$$

$$\dot{U}_{dA}=\dot{U}_{dA\mathrm{I}}+\dot{U}_{dA2}+\dot{U}_{dA0}=0.7876+0.212+0.5+j$$
$$\times(-0.03065-0.03065+0.4674)=1.5+j0.4063=1.554\angle 15.16^\circ$$

按式（2-119）计算得

$$\dot{U}_{dA}=\sqrt{3}\dot{E}e^{j30^\circ}+3(-0.3066)(j0.3+j0.2)$$
$$=1.5+j0.866-j0.4599=1.554\angle 15.16^\circ$$

即非故障相对地电压为额定值的 1.554 倍。

$$\dot{U}_{dB}=\dot{U}_{dB1}+\dot{U}_{dB2}+\dot{U}_{dB0}=a^2\dot{U}_{dA1}+a\dot{U}_{dA2}+\dot{U}_{dA0}$$
$$=(-0.5-j0.866)(0.7876-j0.03065)+(-0.5$$
$$+j0.866)(0.212-j0.03065)+0.5+j0.4674$$
$$=-0.3938+j0.0153-j0.682-0.0265-0.106$$
$$+j0.0153+j0.184+0.0265+0.5+j0.4674=0$$

故障相电压为零，计算无误。

$$\dot{U}_{dC}=\dot{U}_{dC1}+\dot{U}_{dC2}+\dot{U}_{dC0}=a\dot{U}_{dA1}+a^2\dot{U}_{dA2}+\dot{U}_{dA0}$$
$$=(-0.5+j0.866)(0.7876-j0.03065)+(-0.5$$
$$-j0.866)(0.212-j0.03065)+0.2+j0.4674$$
$$=-0.3938+j0.0153+j0.682+0.0265-0.106$$
$$+j0.0153-j0.184-0.0265+0.5+j0.4674$$
$$=0+j0.996$$

D 点各序电压及全电压相量图，如图 2-55 所示。

2. P 点电压计算

由式（2-120）～式（2-122）得 P 点各序电压为

$$\dot{U}_{pA1}=\dot{E}_A-\dot{I}_{d0}(j\sqrt{3}Z_{1xt}-a^2Z_{1xl\mathrm{II}})$$
$$=1+0.3066(j\sqrt{3}j0.3-a^2j0.5)$$
$$=0.708+j0.0766=0.712\angle 6.18^\circ$$

$$\dot{U}_{pA2}=\dot{I}_{d0}(j\sqrt{3}Z_{1xt}+aZ_{1xl\mathrm{II}})=-0.3066(j\sqrt{3}j0.3+aj0.5)$$
$$=0.2921+j0.0766=0.302\angle 14.7^\circ$$

$$\dot{U}_{pA0}=-a\dot{E}_A-\dot{I}_{d0}(3Z_{1xt}+2Z_{1xl\mathrm{II}})$$
$$=-(-0.5+j0.866)+0.3066(3j0.3+2j0.5)$$
$$=0.5-j0.2835=0.575\angle -29.55^\circ$$

$$\dot{U}_{pA}=\dot{U}_{pA1}+\dot{U}_{pA2}+\dot{U}_{pA0}=0.708+0.2921$$
$$+0.5+j0.0766+j0.0766-j0.2835$$
$$=1.5-j0.13=1.5056\angle -4.95^\circ$$

$$\dot{U}_{pB}=\dot{U}_{pB1}+\dot{U}_{pB2}+\dot{U}_{pB0}=a^2\dot{U}_{pA1}+a\dot{U}_{pA2}+\dot{U}_{pA0}$$
$$=(-0.5-j0.866)(0.708+j0.0766)+(-0.5+j0.866)$$
$$\times(0.2921+j0.0766)+0.5-j0.2835=0-j0.72$$

$$\dot{U}_{pC}=\dot{U}_{pC1}+\dot{U}_{pC2}+\dot{U}_{pC0}=a\dot{U}_{pA1}+a^2\dot{U}_{pA2}+\dot{U}_{pA0}$$
$$=(-0.5+j0.866)(0.708+j0.0766)+(-0.5-j0.866)$$
$$\times(0.2921+j0.0766)+0.5-j0.2835=0$$

P 点各序电压及全电压相量图，如图 2-55 所示。

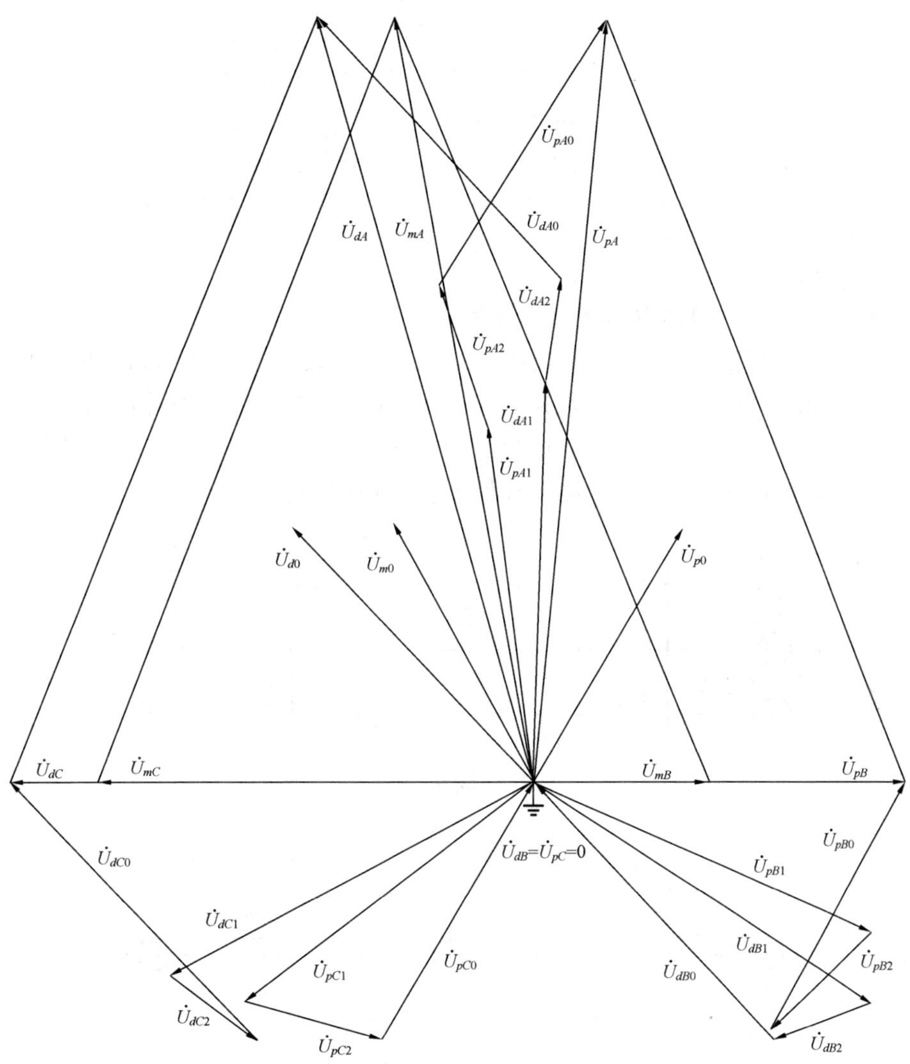

图 2-55 单电源线路不同地点两点接地算例电压相量图

3. M 点电压计算

由式（2-124）得 M 点各序电压为

$$\dot{U}_{mA1}=\dot{U}_{dA1}+a\dot{I}_{d0}Z_{1xl\text{I}}=0.7876-j0.03065+(-0.5+j0.866)$$
$$\times(-0.3066)j0.2=0.84\angle0^\circ$$

$$\dot{U}_{mA2}=\dot{U}_{dA2}+a^2\dot{I}_{d0}Z_{2xl\text{I}}=0.212-j0.03065+(-0.5-j0.866)$$
$$\times(-0.3066)j0.2=0.16\angle0^\circ$$

$$\dot U_{mA0}=\dot U_{dA0}+\dot I_{d0}Z_{0xl\,\mathrm{I}}=0.5+j0.4674-0.3066j0.7$$
$$=0.5+j0.253=0.56\angle 26.84^\circ$$
$$\dot U_{mA}=\dot U_{mA1}+\dot U_{mA2}+\dot U_{mA0}=0.84+0.16+0.5+j0.253$$
$$=1.5+j0.253=1.521\angle 9.57^\circ$$
$$\dot U_{mB}=\dot U_{mB1}+\dot U_{mB2}+\dot U_{mB0}=a^2\dot U_{mA1}+a\dot U_{mA2}+\dot U_{mA0}$$
$$=(-0.5-j0.866)(0.84)+(-0.5+j0.866)(0.16)$$
$$+0.5+j0.253=-j0.336$$
$$\dot U_{mC}=\dot U_{mC1}+\dot U_{mC2}+\dot U_{mC0}=a\dot U_{mA1}+a^2\dot U_{mA2}+\dot U_{mA0}$$
$$=(-0.5+j0.866)(0.84)+(-0.5-j0.866)(0.16)$$
$$+0.5+j0.253=j0.842$$

M 点全电压相量图如图 2-55 所示。

四、双电源联络线不同地点两相接地计算

图 2-56（a）为简化后的中性点不接地双电源系统，设联络线 M 侧 D 点 B 相金属性接地，N 侧 P 点 C 相金属性接地。对故障点 D、P 两点，就其边界条件而言，图 2-56 与图 2-51或图 2-54 完全相同，即 D、P 两点对地电流中各序电流关系及表达式相同，如图 2-56（b）所示（图中，A 相为参考相），但电源支路及线路中的电流不同。

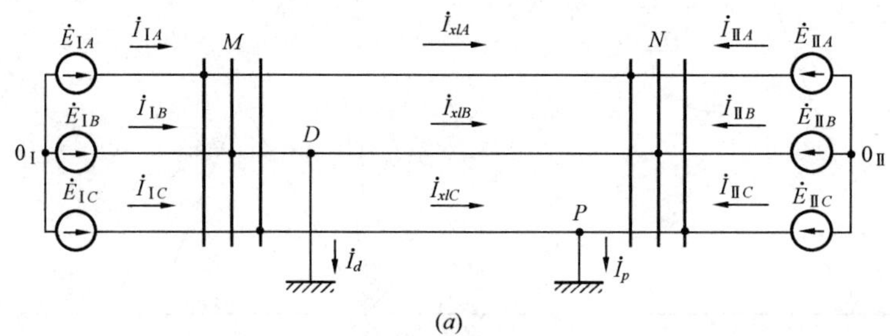

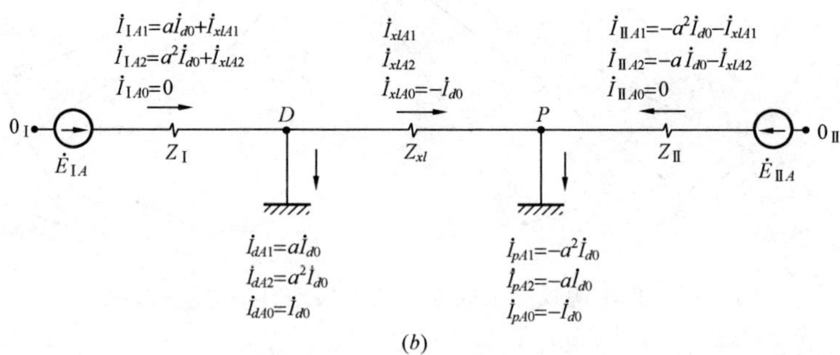

图 2-56　双电源线路不同地点两点接地电流分布

（a）全电流；（b）序电流（A 相）

两侧电源中性点均不接地，故电源支路零序电流为零，从而得出线路中的零序电流必经 P 点和地回路回到 D 点，即 $\dot I_{xlA0}=\dot I_{pA0}=-\dot I_{dA0}=-\dot I_{d0}$；设线路中的正、负序电流为 $\dot I_{xlA1}$、$\dot I_{xlA2}$，则根据节点电流定律，由 D、P 两点对地正、负序电流即可确定电源支路的正、负序电流，如图 5-56（b）所示。

两点接地短路电流计算：为简化计算，假设两侧电势相等，即 $\dot{E}_{\mathrm{I}}=\dot{E}_{\mathrm{II}}=\dot{E}$；正、负序阻抗相等，即 $Z_1=Z_2$。

1. 接地点零序电流 $\dot{I}_{d0}$ 计算

对于 D 点电压由图 2-56（b）计算得

$$\dot{U}_{dA1}=\dot{E}_{\mathrm{I}A}-\dot{I}_{\mathrm{I}A1}Z_{\mathrm{I}_1}=\dot{E}_{\mathrm{I}A}-(a\dot{I}_{d0}+\dot{I}_{xlA1})Z_{\mathrm{I}_1}$$

$$\dot{U}_{dB1}=a^2\dot{U}_{dA1}=a^2\dot{E}_{\mathrm{I}A}-a^2\dot{I}_{xlA1}Z_{\mathrm{I}1}-\dot{I}_{d0}Z_{\mathrm{I}_1}\tag{2-125}$$

$$\dot{U}_{dA2}=0-\dot{I}_{1A2}Z_{\mathrm{I}_2}=-(a^2\dot{I}_{d0}+\dot{I}_{xlA2})Z_{\mathrm{I}_2}$$

$$\dot{U}_{dB2}=a\dot{U}_{dA2}=-a\dot{I}_{xlA2}Z_{\mathrm{I}_2}-\dot{I}_{d0}Z_{\mathrm{I}_2}\tag{2-126}$$

$$\dot{U}_{d0}=\dot{U}_{p0}+\dot{I}_{xlA0}Z_{xl0}=\dot{U}_{p0}-\dot{I}_{d0}Z_{xl0}\tag{2-127}$$

式（2-125）、（2-126）、（2-127）相加即为故障相 D 点对地电压，其值应为零。即

$$\begin{aligned}\dot{U}_{dB}&=\dot{U}_{dB1}+\dot{U}_{dB2}+\dot{U}_{d0}\\&=a^2\dot{E}_{\mathrm{I}A}+\dot{U}_{p0}-a^2\dot{I}_{xlA1}Z_{\mathrm{I}_1}-a\dot{I}_{xlA2}Z_{\mathrm{I}_1}-\dot{I}_{d0}(2Z_{\mathrm{I}_1}+Z_{xl0})=0\end{aligned}$$

得

$$\dot{U}_{p0}=-a^2\dot{E}_{\mathrm{I}A}+a^2\dot{I}_{xlA1}Z_{\mathrm{I}_1}+a\dot{I}_{xlA2}Z_{\mathrm{I}_1}+\dot{I}_{d0}(2Z_{\mathrm{I}_1}+Z_{xl0})\tag{2-128}$$

P 点电压由图 2-56（b）计算得

$$\dot{U}_{pA1}=\dot{E}_{\mathrm{II}A}-\dot{I}_{\mathrm{II}A1}Z_{\mathrm{II}_1}=\dot{E}_{\mathrm{II}A}+(a^2\dot{I}_{d0}+\dot{I}_{xlA1})Z_{\mathrm{II}_1}$$

$$\dot{U}_{pC1}=a\dot{U}_{pA1}=a\dot{E}_{\mathrm{II}A}+a\dot{I}_{xlA1}Z_{\mathrm{II}_1}+\dot{I}_{d0}Z_{\mathrm{II}_1}\tag{2-129}$$

$$\dot{U}_{pA2}=0-\dot{I}_{\mathrm{II}A2}Z_{\mathrm{II}_2}=(a\dot{I}_{d0}+\dot{I}_{xlA2})Z_{\mathrm{II}_1}$$

$$\dot{U}_{pC2}=a^2\dot{U}_{pA2}=a^2\dot{I}_{xlA2}Z_{\mathrm{II}_1}+\dot{I}_{d0}Z_{\mathrm{II}_1}\tag{2-130}$$

式（2-128）、（2-129）、（2-130）相加即为故障相 P 点对地电压，其值应为零。即

$$\begin{aligned}\dot{U}_{pC}&=\dot{U}_{pC1}+\dot{U}_{pC2}+\dot{U}_{p0}\\&=-a^2\dot{E}_{\mathrm{I}A}+a\dot{E}_{\mathrm{II}A}+(a^2Z_{\mathrm{I}_1}+aZ_{\mathrm{II}_1})\dot{I}_{xlA1}+(aZ_{\mathrm{I}_1}\\&\quad+a^2Z_{\mathrm{II}_1})\dot{I}_{xlA2}+\dot{I}_{d0}(2Z_{\mathrm{I}_1}+2Z_{\mathrm{II}_1}+Z_{xl0})\\&=0\end{aligned}$$

得

$$\begin{aligned}(a^2-a)\dot{E}_A&=(a^2Z_{\mathrm{I}_1}+aZ_{\mathrm{II}_1})\dot{I}_{xlA1}+(aZ_{\mathrm{I}_1}+a^2Z_{\mathrm{II}_1})\\&\quad\times\dot{I}_{xlA2}+\dot{I}_{d0}(2Z_{\mathrm{I}_1}+2Z_{\mathrm{II}_1}+Z_{xl0})\end{aligned}\tag{2-131}$$

式（2-131）中，$\dot{I}_{xlA1}$、$\dot{I}_{xlA2}$ 由回路 O_{I}—D—P—O_{II} 电压方程求解：

正序电压方程

$$\dot{E}_{\mathrm{I}A}-\dot{E}_{\mathrm{II}A}=\dot{I}_{\mathrm{I}A1}Z_{\mathrm{I}_1}+\dot{I}_{xlA1}Z_{xl1}-\dot{I}_{\mathrm{II}A1}Z_{\mathrm{II}_1}$$

$$0=(a\dot{I}_{d0}+\dot{I}_{xlA1})Z_{\mathrm{I}_1}+\dot{I}_{xlA1}Z_{xl1}+(a^2\dot{I}_{d0}+\dot{I}_{xlA1})Z_{\mathrm{II}_1}$$

$$\dot{I}_{xlA1}=-\dot{I}_{d0}\frac{aZ_{\mathrm{I}_1}+a^2Z_{\mathrm{II}_1}}{Z_{\mathrm{I}_1}+Z_{xl1}+Z_{\mathrm{II}_1}}=-\dot{I}_{d0}\frac{aZ_{\mathrm{I}_1}+a^2Z_{\mathrm{II}_1}}{Z_{1\Sigma}}\tag{2-132}$$

其中

$$Z_{1\Sigma}=Z_{\mathrm{I}_1}+Z_{xl1}+Z_{\mathrm{II}_1}$$

负序电压方程

$$0=(a^2\dot{I}_{d0}+\dot{I}_{xlA2})Z_{\mathrm{I}_2}+\dot{I}_{xlA2}Z_{xl2}+(a\dot{I}_{d0}+\dot{I}_{xlA2})Z_{\mathrm{II}_2}$$

$$\dot{I}_{xlA2}=-\dot{I}_{d0}\frac{a^2Z_{\mathrm{I}1}+aZ_{\mathrm{II}_1}}{Z_{1\Sigma}} \tag{2-133}$$

将 $\dot{I}_{xlA1}$、$\dot{I}_{xlA2}$ 代入式（2-131），即可求得 $\dot{I}_{d0}$，即

$$\dot{I}_{d0}=\frac{-j\sqrt{3}\dot{E}_A}{2\frac{Z_{\mathrm{I}_1}Z_{xl1}+Z_{xl1}Z_{\mathrm{II}_1}+3Z_{\mathrm{I}_1}Z_{\mathrm{II}_1}}{Z_{1\Sigma}}+Z_{xl0}} \tag{2-134}$$

同理，当 D 点经过渡电阻 R_d，P 点经过渡电阻 R_p 接地时，可求出 $\dot{I}_{d0}$ 为

$$\dot{I}_{d0}=\frac{-j\sqrt{3}\dot{E}_A}{2\frac{Z_{\mathrm{I}_1}Z_{xl1}+Z_{\mathrm{II}_1}Z_{xl1}+3Z_{\mathrm{I}_1}Z_{\mathrm{II}_1}}{Z_{1\Sigma}}+Z_{xl0}+3(R_d+R_p)} \tag{2-135}$$

由式（2-132）、（2-133）、（2-134），求出 $\dot{I}_{xlA1}$、$\dot{I}_{xlA2}$、$\dot{I}_{d0}$ 后，则图 2-56（*b*）中各线段 A 相各序电流即可求解，其结果如图 2-57（*a*）所示，再按对称分量关系求 B、C 相各序电流并合成各相全电流，计算结果如图 2-57（*b*）所示。即求线段正、负、零序电流时用图 2-57（*a*），求各线段全电流时用图 2-57（*b*）。图 2-57（*a*）和（*b*）中各电流表达式也适用于单电源，当 M 侧为单电源时，以 $Z_{\mathrm{II}_1}=\infty$ 代入各表达式；当 N 侧为单电源时，以 $Z_{\mathrm{I}1}=\infty$ 代入各表达式。以上两种情况均会得出与图 2-54 同样的结果。

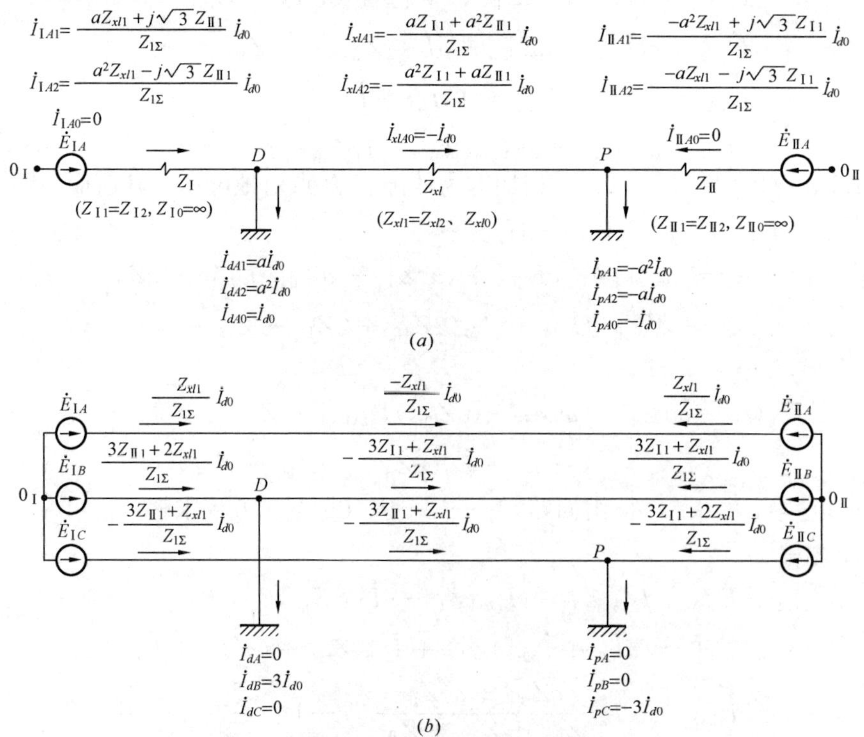

图 2-57　双电源线路不同地点两点接地电流分布

（*a*）序电流分布（*A* 相）；（*b*）全电流分布

2. 两点接地 D、P 两点电压计算

(1) D 点电压计算：由图 2-57 (a) 可知

$$\dot{U}_{dA1}=\dot{E}_{\text{I}A}-\dot{I}_{\text{I}A1}Z_{\text{I}_1}=\dot{E}_{\text{I}A}-\frac{aZ_{xl1}+j\sqrt{3}Z_{\text{II}1}}{Z_{1\Sigma}}Z_{\text{I}_1}\dot{I}_{d0} \tag{2-136}$$

$$\dot{U}_{dA2}=0-\dot{I}_{\text{I}A2}Z_{\text{I}_2}=-\frac{a^2Z_{xl1}+j\sqrt{3}Z_{\text{II}_1}}{Z_{\text{I}_1}+Z_{xl1}+Z_{\text{II}_1}}Z_{\text{I}_1}\dot{I}_{d0} \tag{2-137}$$

$$\dot{U}_{dB1}=a\dot{U}_{dA1}=a^2\dot{E}_{\text{I}A}-\frac{Z_{xl1}+a^2j\sqrt{3}Z_{\text{II}_1}}{Z_{1\Sigma}}Z_{\text{I}_1}\dot{I}_{d0} \tag{2-138}$$

$$\dot{U}_{dB2}=a\dot{U}_{dA2}=-\frac{Z_{xl1}-aj\sqrt{3}Z_{\text{II}_1}}{Z_{1\Sigma}}Z_{\text{I}_1}\dot{I}_{d0} \tag{2-139}$$

因为　$\dot{U}_{dB}=\dot{U}_{dB1}+\dot{U}_{dB2}+\dot{U}_{dB0}=0$，$\dot{U}_{dB0}=\dot{U}_{dA0}=\dot{U}_{d0}$，所以

$$\dot{U}_{d0}=-(\dot{U}_{dB1}+\dot{U}_{dB2})=-a^2\dot{E}_{\text{I}A}+\frac{2Z_{xl1}+3Z_{\text{II}_1}}{Z_{1\Sigma}}Z_{\text{I}_1}\dot{I}_{d0} \tag{2-140}$$

当 N 侧无电源时，以 $Z_{\text{II}_1}=\infty$ 代入式 (2-140)，则

$$\dot{U}_{d0}=-a^2\dot{E}_{\text{I}A}+3Z_{\text{I}_1}\dot{I}_{d0} \tag{2-141}$$

当 D 点移到 M 母线上时，式 (2-141) 与式 (2-118) 相同。

(2) P 点电压计算：由图 2-57 (a) 可知

$$\dot{U}_{pA1}=\dot{E}_{\text{II}A}-\dot{I}_{\text{II}A1}Z_{\text{II}_1}=\dot{E}_{\text{II}A}+\frac{a^2Z_{xl1}-j\sqrt{3}Z_{\text{I}_1}}{Z_{1\Sigma}}Z_{\text{II}_1}\dot{I}_{d0} \tag{2-142}$$

$$\dot{U}_{pA2}=0-\dot{I}_{\text{II}A2}Z_{\text{II}_2}=\frac{aZ_{xl1}+j\sqrt{3}Z_{\text{I}_1}}{Z_{1\Sigma}}Z_{\text{II}_1}\dot{I}_{d0} \tag{2-143}$$

$$\dot{U}_{pC1}=a\dot{U}_{pA1}=a\dot{E}_{\text{II}A}+\frac{Z_{xl1}-aj\sqrt{3}Z_{\text{I}_1}}{Z_{1\Sigma}}Z_{\text{II}_1}\dot{I}_{d0} \tag{2-144}$$

$$\dot{U}_{pC2}=a^2\dot{U}_{pA2}=\frac{Z_{xl1}+a^2j\sqrt{3}Z_{\text{I}_1}}{Z_{1\Sigma}}Z_{\text{II}_1}\dot{I}_{d0} \tag{2-145}$$

因为　　$\dot{U}_{pC}=\dot{U}_{pC1}+\dot{U}_{pC2}+\dot{U}_{pC0}=0$，所以

$$\dot{U}_{p0}=\dot{U}_{pC0}=-(\dot{U}_{pC1}+\dot{U}_{pC2})=-a\dot{E}_{\text{II}A}-\frac{2Z_{xl1}+3Z_{\text{I}_1}}{Z_{1\Sigma}}Z_{\text{II}_1}\dot{I}_{d0} \tag{2-146}$$

以上 D、P 两点正、负零序电压求解后，可通过对称分量关系求两点的每相每压，即

$$\left.\begin{aligned}\dot{U}_{dA}&=\dot{U}_{dA1}+\dot{U}_{dA2}+\dot{U}_{d0}\\\dot{U}_{dB}&=a^2\dot{U}_{dA1}+a\dot{U}_{dA2}+\dot{U}_{d0}\\\dot{U}_{dC}&=a\dot{U}_{dA1}+a^2\dot{U}_{dA2}+\dot{U}_{d0}\end{aligned}\right\} \tag{2-147}$$

$$\left.\begin{aligned}\dot{U}_{pA}&=\dot{U}_{pA1}+\dot{U}_{pA2}+\dot{U}_{p0}\\\dot{U}_{pB}&=a^2\dot{U}_{pA1}+a\dot{U}_{pA2}+\dot{U}_{p0}\\\dot{U}_{pC}&=a\dot{U}_{pA1}+a^2\dot{U}_{pA2}+\dot{U}_{p0}\end{aligned}\right\} \tag{2-148}$$

电压相量图，参见下面算例中的图 2-59。

五、双电源联络线不同地点两相接地算例

在图 2-56 中，设电网电压为 37kV（相间电压），两侧电源及线路阻抗均为基准容量 $S_j=100\text{MVA}$ 的标么值（＊号省略）。令系统阻抗为 $Z_{\text{I}_1}=Z_{\text{I}_2}=j0.3$、$Z_{\text{I}_0}=\infty$；$Z_{\text{II}_1}=Z_{\text{II}_2}=j0.4$、$Z_{\text{II}0}=\infty$；线路阻抗为 $Z_{L1}=Z_{L2}=j0.5$、$Z_{L0}=j1.75$。试求图 2-56（a）中 D、P 两点金属性接地时，两侧电源及联络线中全电流、零序电流及 D、P 两点各序电压和相电压，并画出相量图。

（一）电流计算

将已知标么阻抗值代入式（2-134），并用基准电流 I_j 代替 $\dot{E}_A$（$\dot{E}_A$ 标么值取 1），则求出 D 点零序电流有名值为

$$\dot{I}_{d0}=\frac{-j\sqrt{3}1560}{2\dfrac{j0.3\times j0.5+j0.5\times j0.4+3j0.3\times j0.4}{j(0.3+0.5+0.4)}+j1.75}$$
$$=-0.5905\times1560=-921.2(\text{A})$$

与 $\dot{E}_A$ 反向。

$$3\dot{I}_{d0}=-2763.6(\text{A})$$

Ⅰ侧电源各相全电流〔由图 2-57（b）计算，以下同〕为

$$\dot{I}_{\text{I}A}=\frac{-j0.5}{j(0.3+0.5+0.4)}(-921.2)=383.8(\text{A})\quad(\text{与}\dot{E}_{\text{I}A}\text{同向})$$

$$\dot{I}_{\text{I}B}=\frac{3j0.4+2j0.5}{j1.2}(-921.2)=-1688.9(\text{A})\quad(\text{与}\dot{E}_{\text{I}A}\text{反向})$$

$$\dot{I}_{\text{I}C}=-\frac{3j0.4+j0.5}{j1.2}(-921.2)=1305(\text{A})\quad(\text{与}\dot{E}_{\text{I}A}\text{同向})$$

$$\dot{I}_{\text{I}0}=\frac{1}{3}(\dot{I}_{\text{I}A}+\dot{I}_{\text{I}B}+\dot{I}_{\text{I}C})=0\quad(\text{零序电流为零})$$

Ⅱ侧电源各相全电流为

$$\dot{I}_{\text{II}A}=\frac{j0.5}{j1.2}(-921.2)=-383.8(\text{A})\quad(\text{与}\dot{E}_{\text{I}A}\text{反向})$$

$$\dot{I}_{\text{II}B}=\frac{3j0.3+j0.5}{j1.2}(-921.2)=-1074.7(\text{A})\quad(\text{与}\dot{E}_{\text{I}A}\text{反向})$$

$$\dot{I}_{\text{II}C}=-\frac{3j0.3+2j0.5}{j1.2}(-921.2)=1458.56(\text{A})\quad(\text{与}\dot{E}_{\text{I}A}\text{同向})$$

$$\dot{I}_{\text{II}0}=\frac{1}{3}(\dot{I}_{\text{II}A}+\dot{I}_{\text{II}B}+\dot{I}_{\text{II}C})=0\quad(\text{零序电流为零})$$

联络线电流

$$I_{LA}=I_{\text{I}A}=383.8(\text{A})$$
$$I_{LB}=-I_{\text{II}B}=1074.7(\text{A})$$
$$I_{LC}=I_{\text{I}C}=1305(\text{A})$$
$$L_{L0}=\frac{1}{3}(\dot{I}_{LA}+\dot{I}_{LB}+\dot{I}_{LC})=\frac{1}{3}(383.8+1074.8+1305)=921.2(\text{A})$$

由图 2-57（a）看出，$I_{LA0}=I_{L0}=-\dot{I}_{d0}=-(-921.2)=921.2\text{A}$，所以计算无误。将实际电流标入图 2-58 中。

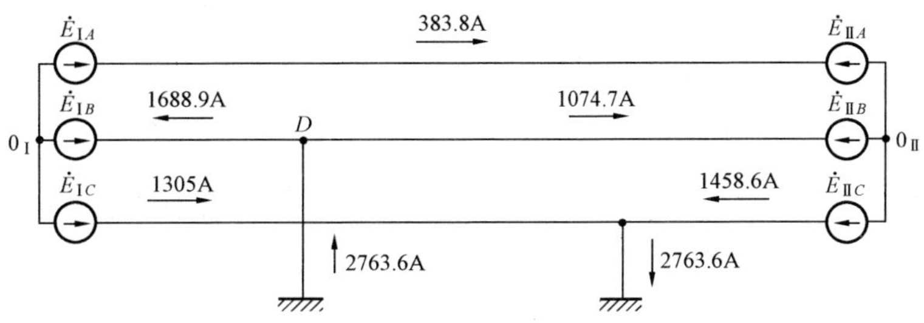

图 2-58　两点接地全电流分布

（二）电压计算

采用标么值计算，$\dot{E}_A=1$，并由电流计算中得 $\dot{I}_{d0}$ 的标么值为 $\dot{I}_{d0}=\dfrac{-921.2}{1560}=-0.5905$。将已知标么阻抗代入式（2-136）～（2-148），即可求出所有电压值：

D 点电压：由式（2-136）得 $\dot{U}_{dA1}$，即

$$\dot{U}_{dA1}=1-\frac{(-0.5+j0.866)j0.5+j\sqrt{3}j0.4}{j(0.3+0.5+0.4)}j0.3(-0.5905)$$
$$=0.8338-j0.0369=0.835\angle-2.53^{\circ}\quad(\text{落后 }\dot{E}_A 2.53^{\circ})$$

由式（2-137）得 $\dot{U}_{dA2}$，即

$$\dot{U}_{dA2}=-\frac{(-0.5-j0.866)j0.5-j\sqrt{3}j0.4}{j1.2}j0.3(-0.5905)$$
$$=0.1662-j0.0369=0.1702\angle-12.52^{\circ}\quad(\text{落后 }\dot{E}_A 12.52^{\circ})$$

由式（2-140）得 $\dot{U}_{d0}$，即

$$\dot{U}_{d0}=-(-0.5-J0.866)+\frac{2\times j0.5+3j0.4}{j1.2}j0.3(-0.5905)$$
$$=0.5+j0.541=0.737\angle 47.26^{\circ}\quad(\text{超前 }\dot{E}_A 47.26^{\circ})$$

由式（2-147）得 $\dot{U}_{dA}$，即

$$\begin{aligned}\dot{U}_{dA}&=\dot{U}_{dA1}+\dot{U}_{dA2}+\dot{U}_{dA0}\\&=0.8338-J0.0369+0.1662-j0.0369+0.5+j0.541\\&=1.5+j0.4672=1.571\angle 17.3^{\circ}\end{aligned}$$

$$\begin{aligned}\dot{U}_{dB}=&(-0.5-j0.866)(0.8338-j0.0369)+(-0.5+j0.866)\\&\times(0.1662-j0.0369)+0.5+j0.541=0\end{aligned}$$

$$\begin{aligned}\dot{U}_{dC}=&(-0.5+j0.866)(0.8338-j0.0369)+(-0.5-j0.866)\\&\times(0.1662-j0.0369)+0.5+j0.541=1.156\angle+90^{\circ}\end{aligned}$$

P 点电压：

由式（2-142）得 $\dot{U}_{pA1}$，即

$$\dot{U}_{pA1}=1+\frac{(-0.5-j0.866)j0.5-j\sqrt{3}j0.3}{j1.2}j0.4(-0.5905)$$
$$=0.812+j0.0492=0.814\angle 3.47^{\circ}$$

由式（2-143）得 $\dot{U}_{pA2}$，即

$$\dot{U}_{pA2}=\frac{(-0.5+j0.866)j0.5+j\sqrt{3}j0.3}{j1.2}j0.4(-0.5905)$$
$$=0.1874+j0.0492=0.194\angle 14.71^{\circ}$$

由式（2-146）得 $\dot{U}_{p0}$，即

$$\dot{U}_{p0}=-(-0.5+j0.866)-\frac{2j0.5+j3\times 0.3}{j1.2}j0.4(-0.5905)$$
$$=0.5-j0.492=0.701\angle -44.54^{\circ}$$

由（2-148）式得 $\dot{U}_{pA}$、$\dot{U}_{pB}$、$\dot{U}_{pC}$，即

$$\dot{U}_{pA}=0.812+j0.0492+0.1874+j0.0492+0.5-j0.492$$
$$=1.5-j0.394=1.55\angle -14.7^{\circ}$$

$$\dot{U}_{pB}=(-0.5-j0.866)(0.812+j0.0492)+(-0.5+j0.866)$$
$$\times(0.1874+j0.0492)+0.5-j0.492=-j1.082$$

$$\dot{U}_{pC}=(-0.5+j0.866)(0.812+j0.0492)+(-0.5-j0.866)$$
$$\times(0.1874+j0.0492)+0.5-j0.492=0$$

D、P 两点各序电压及各相全电压相量图如图 2-59 所示。图中，$\dot{U}_{d0}$、$\dot{U}_{p0}$ 分别为 O_{I}、O_{II} 点对地电压（即中性点位移电压）。

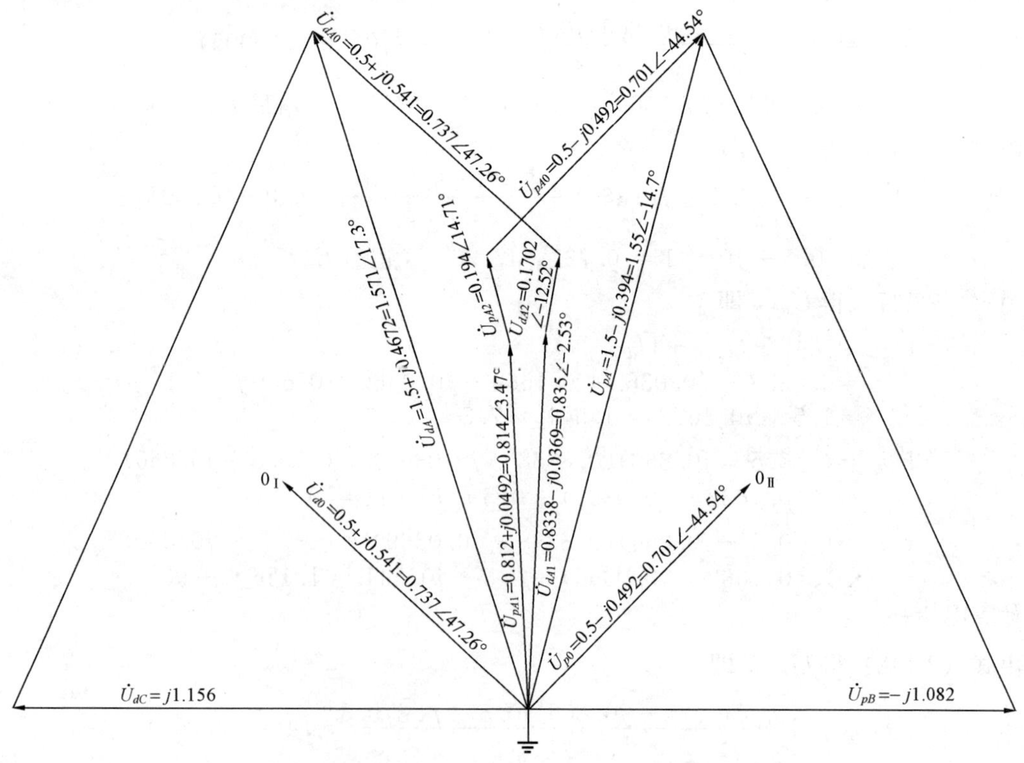

图 2-59　双电源线路不同地点两点接地算例电压相量图

第 2-6 节　经 Y，d11 变压器的短路计算

一、短路计算

系统中不论升压或降压，普遍采用了 Y，d11（或 YN，y，d11）接线的变压器，这种变压器星形侧或三角形侧短路时，故障侧与非故障侧的电流、电压在数值和相位上均有所不同。为了校核继电保护动作性能，需要对这种短路故障进行分析计算。

图 2-60（*a*）为 Y，d11 变压器绕组接线图，图 2-60（*b*）为电气接线展开图。图中星形侧和三角形侧引出端子分别为 *A*、*B*、*C* 和 *a*、*b*、*c*，各侧电流及绕组中的电流标在图中。图 2-60（*c*）为正常时两侧电压相量图，其中三角形侧相电压 $\dot{U}_{a0}$、$\dot{U}_{b0}$、$\dot{U}_{c0}$ 为电压三角形 *a*、*b*、*c* 顶点对人为中性点（电压三角形 *abc* 的重心）的电压。为分析问题方便起见，设变压器变比（即两侧线电压之比）等于 1。

两侧电流关系：

正常情况及三相短路时均三相对称，电流方向如图 2-60 所示。根据安匝平衡原理，对于 *A* 相铁芯及绕组有如下关系，即

$$\dot{I}_A W_{\curlywedge} = \dot{I}_a W_{\triangle} \tag{2-149}$$

根据变压器变比等于 1，及电压与绕组匝数成正比的关系，则有

$$\frac{\text{Y相侧间电压}}{\triangle\text{ 侧相间电压}} = \frac{\sqrt{3}W_{Y}}{W_{\triangle}} = 1$$

即

$$W_{\triangle} = \sqrt{3}W_{Y} \tag{2-150}$$

则
$$\dot{I}_a = \dot{I}_A \frac{W_Y}{W_{\triangle}} = \frac{\dot{I}_A}{\sqrt{3}}$$

同理
$$\left.\begin{aligned} \dot{I}_\alpha &= \frac{\dot{I}_A}{\sqrt{3}} \\ \dot{I}_\beta &= \frac{\dot{I}_B}{\sqrt{3}} \\ \dot{I}_\gamma &= \frac{\dot{I}_C}{\sqrt{3}} \end{aligned}\right\} \tag{2-151}$$

△侧线电流由节点电流定律求得为

$$\left.\begin{aligned} \dot{I}_a &= \dot{I}_\alpha - \dot{I}_\beta = \frac{1}{\sqrt{3}}(\dot{I}_A - \dot{I}_B) \\ \dot{I}_b &= \dot{I}_\beta - \dot{I}_\gamma = \frac{1}{\sqrt{3}}(\dot{I}_B - \dot{I}_C) \\ \dot{I}_c &= \dot{I}_\gamma - \dot{I}_\alpha = \frac{1}{\sqrt{3}}(\dot{I}_C - \dot{I}_A) \end{aligned}\right\} \tag{2-152}$$

由式（2-152）可得出Y侧线电流（也即相电流）为

$$
\left.\begin{aligned}
\dot{I}_A &= \frac{1}{\sqrt{3}}\,(\dot{I}_a - \dot{I}_c) \\
\dot{I}_B &= \frac{1}{\sqrt{3}}\,(\dot{I}_b - \dot{I}_a) \\
\dot{I}_C &= \frac{1}{\sqrt{3}}\,(\dot{I}_c - \dot{I}_b)
\end{aligned}\right\} \tag{2-153}
$$

式（2-152）、(2-153）即为 Y，d11 接线的变压器两侧电流互换关系，当一侧电流已知时，另一侧电流可由式（2-152）或（2-153）求得。

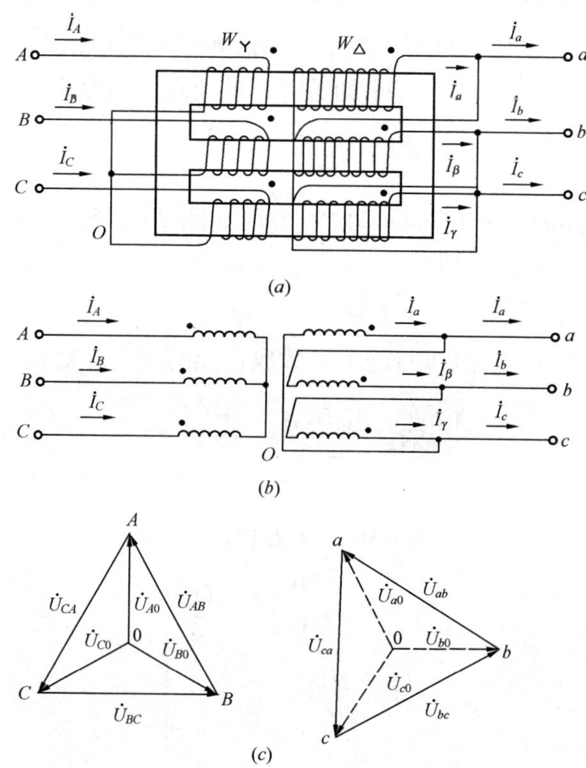

图 2-60　Y，d11 变压器计算图

（a）绕组接线图；（b）电气展开图；（c）正常时电压相量图

当对用对称分量计算时，式（2-151）、(2-152)、(2-153）依然可用。对于正序分量

$$
\left.\begin{aligned}
\dot{I}_{a1} &= \frac{1}{\sqrt{3}}(\dot{I}_{A1} - \dot{I}_{B1}) = \frac{1}{\sqrt{3}}(\dot{I}_{A1} - a^2\dot{I}_{A1}) = \dot{I}_{A1}e^{j30^\circ} \\
\dot{I}_{b1} &= \frac{1}{\sqrt{3}}(\dot{I}_{B1} - \dot{I}_{C1}) = \frac{1}{\sqrt{3}}(\dot{I}_{B1} - a^2\dot{I}_{B1}) = \dot{I}_{B1}e^{j30^\circ} \\
\dot{I}_{c1} &= \frac{1}{\sqrt{3}}(\dot{I}_{C1} - \dot{I}_{A1}) = \frac{1}{\sqrt{3}}(\dot{I}_{C1} - a^2\dot{I}_{C1}) = \dot{I}_{C1}e^{j30^\circ}
\end{aligned}\right\} \tag{2-154}
$$

$$\left.\begin{aligned}\dot{I}_{A1}&=\frac{1}{\sqrt{3}}(\dot{I}_{a1}-\dot{I}_{c1})=\frac{1}{\sqrt{3}}(\dot{I}_{a1}-a\dot{I}_{a1})=\dot{I}_{a1}e^{-j30^\circ}\\\dot{I}_{B1}&=\frac{1}{\sqrt{3}}(\dot{I}_{b1}-\dot{I}_{a1})=\frac{1}{\sqrt{3}}(\dot{I}_{b1}-a\dot{I}_{b1})=\dot{I}_{b1}e^{-j30^\circ}\\\dot{I}_{C1}&=\frac{1}{\sqrt{3}}(\dot{I}_{c1}-\dot{I}_{b1})=\frac{1}{\sqrt{3}}(\dot{I}_{c1}-a\dot{I}_{c1})=\dot{I}_{c1}e^{-j30^\circ}\end{aligned}\right\}\tag{2-155}$$

对于负序分量

$$\left.\begin{aligned}\dot{I}_{a2}&=\frac{1}{\sqrt{3}}(\dot{I}_{A2}-\dot{I}_{B2})=\frac{1}{\sqrt{3}}(\dot{I}_{A2}-a\dot{I}_{A2})=\dot{I}_{A2}e^{-j30^\circ}\\\dot{I}_{b2}&=\frac{1}{\sqrt{3}}(\dot{I}_{B2}-\dot{I}_{C2})=\frac{1}{\sqrt{3}}(\dot{I}_{B2}-a\dot{I}_{B2})=\dot{I}_{B2}e^{-j30^\circ}\\\dot{I}_{c2}&=\frac{1}{\sqrt{3}}(\dot{I}_{C2}-\dot{I}_{A2})=\frac{1}{\sqrt{3}}(\dot{I}_{C2}-a\dot{I}_{C2})=\dot{I}_{C2}e^{-j30^\circ}\end{aligned}\right\}\tag{2-156}$$

$$\left.\begin{aligned}\dot{I}_{A2}&=\frac{1}{\sqrt{3}}(\dot{I}_{a2}-\dot{I}_{c2})=\frac{1}{\sqrt{3}}(\dot{I}_{a2}-a^2\dot{I}_{a2})=\dot{I}_{a2}e^{j30^\circ}\\\dot{I}_{B2}&=\frac{1}{\sqrt{3}}(\dot{I}_{b2}-\dot{I}_{a2})=\frac{1}{\sqrt{3}}(\dot{I}_{b2}-a^2\dot{I}_{b2})=\dot{I}_{b2}e^{j30^\circ}\\\dot{I}_{C2}&=\frac{1}{\sqrt{3}}(\dot{I}_{c2}-\dot{I}_{b2})=\frac{1}{\sqrt{3}}(\dot{I}_{C2}-a^2\dot{I}_{C2})=\dot{I}_{C2}e^{j30^\circ}\end{aligned}\right\}\tag{2-157}$$

对于零序分量

$$\dot{I}_{a0}=\frac{1}{\sqrt{3}}(\dot{I}_{A0}-\dot{I}_{B0})=0$$

$$\dot{I}_{b0}=\frac{1}{\sqrt{3}}(\dot{I}_{B0}-\dot{I}_{C0})=0$$

$$\dot{I}_{c0}=\frac{1}{\sqrt{3}}(\dot{I}_{C0}-\dot{I}_{A0})=0$$

即Y侧短路时，由于 $\dot{I}_{A0}=\dot{I}_{B0}=\dot{I}_{C0}$，则△侧绕组之外无零序电流流出。但△侧绕组内有零序电流，即

$$\dot{I}_{\alpha0}=\frac{1}{\sqrt{3}}\dot{I}_{A0}$$

$$\dot{I}_{\beta0}=\frac{1}{\sqrt{3}}\dot{I}_{B0}$$

$$\dot{I}_{\gamma0}=\frac{1}{\sqrt{3}}\dot{I}_{C0}$$

由于 $\dot{I}_{\alpha0}$，$\dot{I}_{\beta0}$，$\dot{I}_{\gamma0}$ 大小相等、方向相同，故在△绕组中形成环流。

△侧无零回路与外界相连，故△侧各种短路均无零序电流通过变压器。

式（2-154）、（2-156）相量图，如图 2-61（*a*）所示；式（2-155）、（2-157）相量图，如

图 2-61（*b*）所示。从图中看出，不论故障发生在哪一侧，△侧正序电流总是超前Y侧正序电流 30°，△侧负序电流总是落后Y侧负序电流 30°。

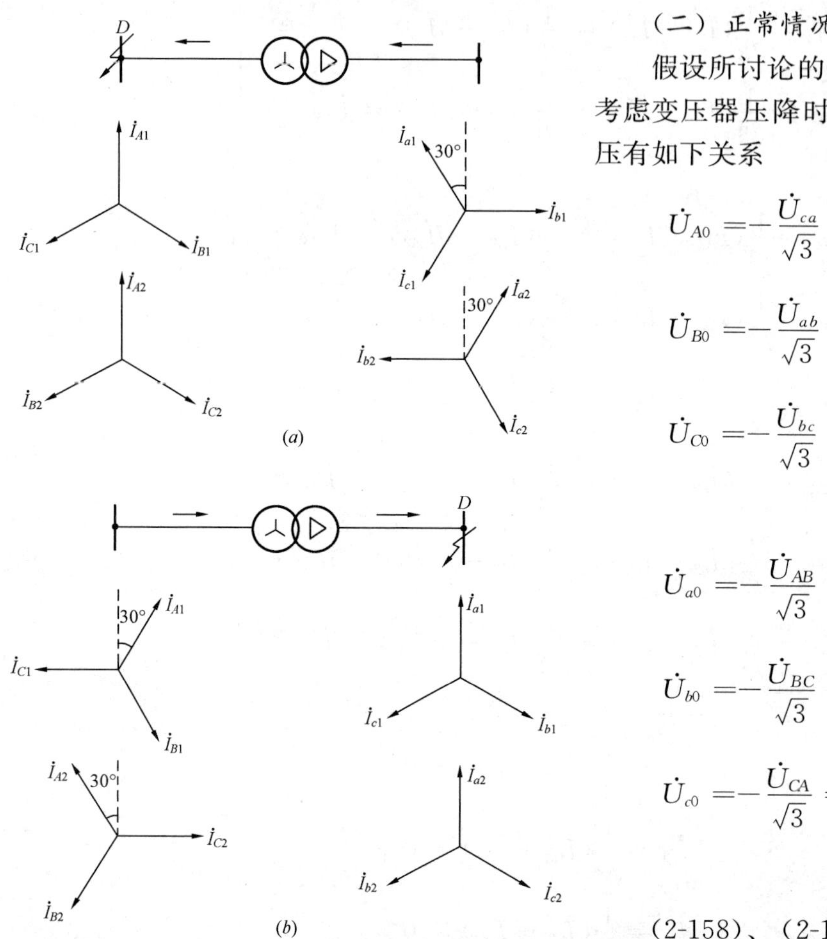

图 2-61　Y，d11 变压器两侧正、负序电流相量图

（*a*）Y侧为基准；（*b*）△侧为基准

（二）正常情况下两侧电压关系

假设所讨论的变压器变比为 1，在不考虑变压器压降时，图 2-60（*c*）中各电压有如下关系

$$\left.\begin{aligned}\dot{U}_{A0}&=-\frac{\dot{U}_{ca}}{\sqrt{3}}=\frac{1}{\sqrt{3}}(\dot{U}_{a0}-\dot{U}_{c0})\\\dot{U}_{B0}&=-\frac{\dot{U}_{ab}}{\sqrt{3}}=\frac{1}{\sqrt{3}}(\dot{U}_{b0}-\dot{U}_{a0})\\\dot{U}_{C0}&=-\frac{\dot{U}_{bc}}{\sqrt{3}}=\frac{1}{\sqrt{3}}(\dot{U}_{c0}-\dot{U}_{b0})\end{aligned}\right\}\quad(2\text{-}158)$$

$$\left.\begin{aligned}\dot{U}_{a0}&=-\frac{\dot{U}_{AB}}{\sqrt{3}}=\frac{1}{\sqrt{3}}(\dot{U}_{A0}-\dot{U}_{B0})\\\dot{U}_{b0}&=-\frac{\dot{U}_{BC}}{\sqrt{3}}=\frac{1}{\sqrt{3}}(\dot{U}_{B0}-\dot{U}_{C0})\\\dot{U}_{c0}&=-\frac{\dot{U}_{CA}}{\sqrt{3}}=\frac{1}{\sqrt{3}}(\dot{U}_{C0}-\dot{U}_{A0})\end{aligned}\right\}\quad(2\text{-}159)$$

（2-158）、（2-159）两式即为 Y，d11 变压器两侧电压的互换关系。此两式与（2-152）、（2-153）两式比较有完全相同的形式。当用对称分量计算时，正序电压及负序电压两侧互换关系与式（2-154）～（2-157）也完全相似，因此两侧电压相量图也和图 2-61 完全相似。在图 2-61 中以对应的相序电压置换相序电流，即成为电压相量图。由图可见，不论故障发生在哪一侧（即不论如何互换），△侧正序电压总是超前Y侧正序电压 30°，△侧负序电压总是落后Y侧负序电压 30°。即电流、电压有相同的互换关系。

二、经 Y，d11 变压器短路的算例

图 2-62（*a*）为图 2-15 中线路 XL_2 停电时系统接线图，即仅两台 20 万 kW 机组向无限大系统 S_2 送电，各元件参数与图 2-16 有关部分相同，变压器 B_1、B_2 抽头为 345kV/15.75kV。试计算图 2-62 中 D_1 点两相短路、单相接地短路及 D_2 点两相短路时，变压器 B_1 高、低压侧在 $t=0$s 时的电流和电压值，并画出相量图。

图 2-62（*b*）为正（负）序标么阻抗图，（*c*）为零序标么阻抗图，基准容量 $S_j=100$MVA。

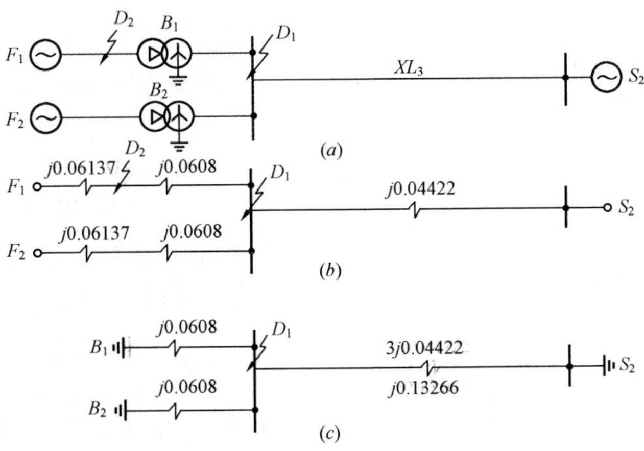

图 2-62 经 Y，d11 变压器短路计算

(a) 简化系统接线；(b) 正（负）序标么阻抗图；(c) 零序标么阻抗图

（一）计算 D_1 点 B、C 两相短路时变压器 B_1 两侧的电流

1. 用全电流法计算（两相短路时 F_1、B_1 可单独计算）

故障点边界条件为 $\dot{I}_{dA}^{(2)}=0$，$\dot{I}_{dB}^{(2)}=-\dot{I}_{dC}^{(2)}$。

由式（2-30）得两相短路故障电流（取 $X_{2\Sigma}=X_{1\Sigma}$）为

$$\dot{I}_{dB}^{(2)}=-j\frac{\sqrt{3}}{2}\dot{I}_{d}^{(3)}=-j\frac{\sqrt{3}}{2}\times\frac{I_j}{jX_{1\Sigma}}=-j\frac{\sqrt{3}}{2}\times\frac{167.3}{j(0.06137+0.0608)}$$

$$=-j\frac{\sqrt{3}}{2}(-j1369.4)=-1185.9(\text{A})\quad(\text{落后 }\dot{E}_A 180°)$$

$$\dot{I}_{dC}^{(2)}=-\dot{I}_{dB}=1185.9(\text{A})\ (\text{与 }\dot{E}_A\text{ 同相})$$

式中 $\dot{I}_{d}^{(3)}$ ——F_1 送至 D_1 点的三相短路电流，$\dot{I}_{d}^{(3)}=-j1369.4\text{A}$；

$\dot{I}_j$ ——345kV 电压级基准电流，$\dot{I}_j=167.3\text{A}$。

由式（2-152）求 B_1△侧线电流（变压器变比 $n=\dfrac{345\text{kV}}{15.75\text{kV}}=21.9$）

$$\dot{I}_{a}^{(2)}=\frac{1}{\sqrt{3}}(\dot{I}_{dA}^{(2)}-\dot{I}_{dB}^{(2)})n=\frac{1}{\sqrt{3}}(-\dot{I}_{dB}^{(2)})n=\frac{1}{\sqrt{3}}\left(j\frac{\sqrt{3}}{2}\dot{I}_{d}^{(3)}\right)n$$

$$=j\frac{1}{2}\dot{I}_{d}^{(3)}\cdot n=j\frac{1}{2}(-j1369.4)21.9=14994.9(\text{A})$$

$$\dot{I}_{b}^{(2)}=\frac{1}{\sqrt{3}}(\dot{I}_{dB}^{(2)}-\dot{I}_{dC}^{(2)})n=\frac{1}{\sqrt{3}}(2\dot{I}_{dB}^{(2)})n=-j\dot{I}_{d}^{(3)}\cdot n=-29989.8(\text{A})$$

$$\dot{I}_{c}^{(2)}=\frac{1}{\sqrt{3}}(\dot{I}_{dc}^{(2)}-\dot{I}_{dA}^{(2)})n=\frac{1}{\sqrt{3}}(\dot{I}_{dc}^{(2)})n=j\frac{1}{2}\dot{I}_{d}^{(3)}\cdot n=14994.9(\text{A})$$

由上述计算中看出，△侧 A 相线电流不等于零，$\dot{I}_{a}^{(2)}=I_{c}^{(2)}=\dfrac{1}{2}\mid I_{d}^{(3)}\mid$，$I_{b}^{(2)}=\mid I_{d}^{(3)}\mid$，即三相中有一相电流等于同一点三相短路电流，其他两相为 0.5 倍三相短路电流，全电流相量图如图 2-63（b）所示。

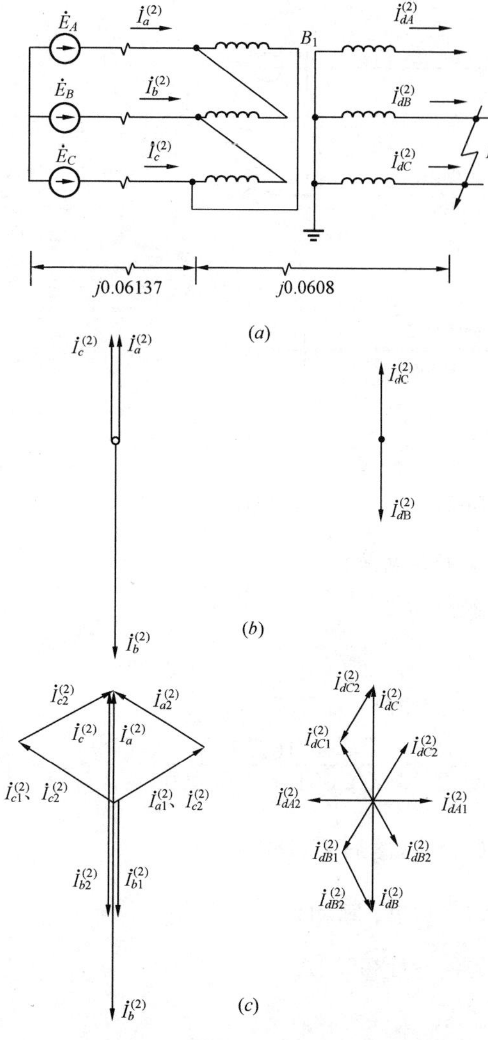

图 2-63　Y，d11 变压器Y侧 BC 两相短路电流相量图

(a) 计算接线图；(b) 全电流相量图；(c) 序电流相量图

2. 用对称分量法计算

由故障点边界条件 $\dot{I}_{dA}^{(2)}=0$ 及式（2-39），得

$$\dot{I}_{dA1}^{(2)}=-\dot{I}_{dA2}^{(2)}=\frac{1}{2}\dot{I}_d^{(3)}$$

$$=\frac{1}{2}(-j1369.4)=-j684.7(\text{A})$$

故障相电流为

$$\dot{I}_{dB}^{(2)}=\dot{I}_{dB1}^{(2)}+\dot{I}_{dB2}^{(2)}=a^2\dot{I}_{dA1}^{(2)}+a\dot{I}_{dA2}^{(2)}$$

$$=-j\sqrt{3}\dot{I}_{dA1}^{(2)}=-1185.9(\text{A})$$

$$\dot{I}_{dC}^{(2)}=-\dot{I}_{dB}=1185.9(\text{A})$$

由式（2-154）、（2-156）按变比为 1∶1 变压器，求 B_1△侧线电流，即

$$\dot{I}_a^{(2)}=\dot{I}_{a1}^{(2)}+\dot{I}_{a2}^{(2)}=\dot{I}_{dA1}^{(2)}e^{j30^\circ}+\dot{I}_{dA2}^{(2)}e^{-j30^\circ}$$

$$=\dot{I}_{dA1}^{(2)}(e^{j30^\circ}-e^{-j30^\circ})$$

$$=j\dot{I}_{dA1}^{(2)}=684.7(\text{A})$$

考虑变压器变比后，得

$$\dot{I}_a^{(2)}=21.9\times684.7=14994.9(\text{A})$$

同样按变比为 1∶1 变压器计算 b 相电流，即

$$\dot{I}_b^{(2)}=\dot{I}_{b1}^{(2)}+\dot{I}_{b2}^{(2)}$$

$$=\dot{I}_{dB1}^{(2)}e^{j30^\circ}+\dot{I}_{dB2}^{(2)}e^{-j30^\circ}$$

$$=a^2\dot{I}_{dA1}^{(2)}e^{j30^\circ}+a\dot{I}_{dA2}^{(2)}e^{-j30^\circ}$$

$$=-j2\dot{I}_{dA1}^{(2)}=-1369.4(\text{A})$$

考虑变压器变比后，得

$$\dot{I}_b^{(2)}=21.9(-1369.4)=-29989.8(\text{A})$$

同理　　$\dot{I}_c^{(2)}=14994.9(\text{A})$

以上两种方法计算结果相同。

（二）计算 D_1 点 B、C 两相短路时变压器 B_1 两侧电压

由式（2-33）得Y侧 A 相正、负序电压为

$$\dot{U}_{dA1}^{(2)}=\dot{U}_{dA2}^{(2)}=\frac{1}{2}\dot{E}_A$$

由式（2-34）得Y侧故障相电压为

$$\dot{U}_{dB}^{(2)}=\dot{U}_{dC}^{(2)}=-\frac{1}{2}\dot{E}_A$$

采用标么值计算，取 $\dot{E}_{A_*}=1$，则未经Y—△转换时，A 相正、负序电压分布如图 2-64（a）所示。

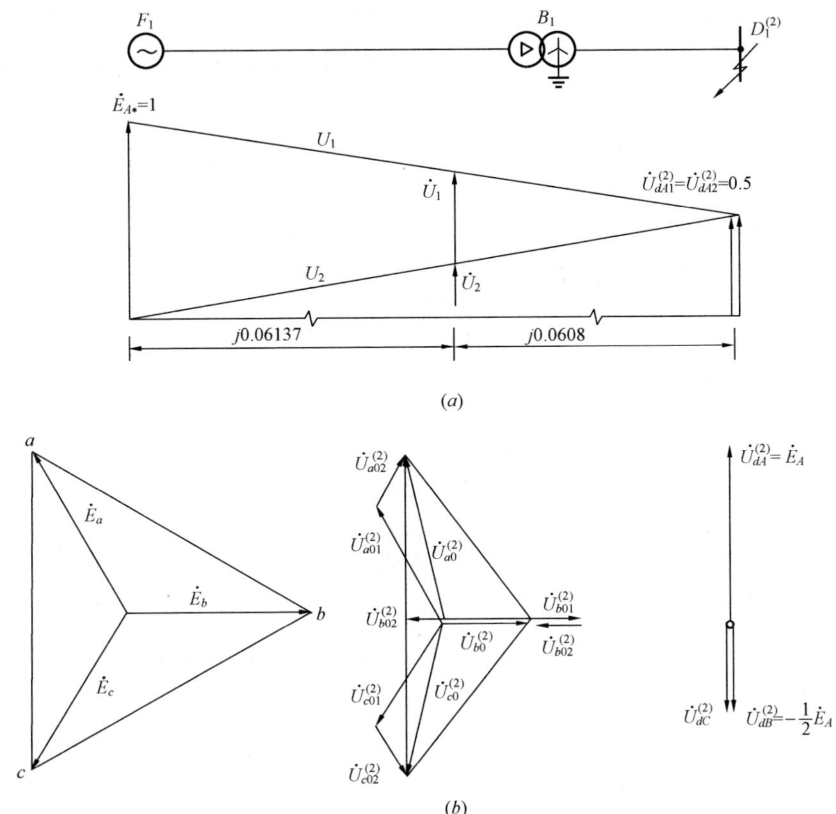

图 2-64　Y，d11 变压器Y侧两相短路电压相量图

（a）正、负序电压分布；（b）两侧电压相量图

B_1△侧电压为

$$\dot{U}_{a01}^{(2)}=\dot{U}_1 e^{j30^\circ}=\left(0.5+0.5\frac{0.0608}{0.06137+0.0608}\right)e^{j30^\circ}=0.7488e^{j30^\circ}$$

$$\dot{U}_{a02}^{(2)}=\dot{U}_2 e^{-j30^\circ}=\left(0.5-0.5\frac{0.0608}{0.06137+0.0608}\right)e^{-j30^\circ}=0.2512e^{-j30^\circ}$$

$$\begin{aligned}\dot{U}_{a0}^{(2)}&=\dot{U}_{a01}^{(2)}+\dot{U}_{a02}^{(2)}=0.7488e^{j30^\circ}+0.2512e^{-j30^\circ}=0.7488(\cos 30^\circ+j\sin 30^\circ)\\&\quad+0.2512(\cos 30^\circ-j\sin 30^\circ)=0.866+j0.2488=0.901\angle 17.81^\circ\end{aligned}$$

$$\dot{U}_{b01}^{(2)}=a^2\dot{U}_{a01}^{(2)}=0.7488e^{j270^\circ}=-j0.7488$$

$$\dot{U}_{b02}^{(2)}=a\dot{U}_{a02}^{(2)}=0.2512e^{j90^\circ}=j0.2512$$

$$\dot{U}_{b0}^{(2)}=\dot{U}_{b01}^{(2)}+\dot{U}_{b02}^{(2)}=-j0.4976$$

$$\dot{U}_{c01}^{(2)}=a\dot{U}_{a01}^{(2)}=0.7488e^{j150^\circ}$$

$$\dot{U}_{c02}^{(2)}=a^2\dot{U}_{a02}^{(2)}=0.2512e^{j210^\circ}$$

$$\begin{aligned}\dot{U}_{c0}^{(2)}&=\dot{U}_{c01}^{(2)}+\dot{U}_{c02}^{(2)}=0.7488e^{j150^\circ}+0.2512e^{j210^\circ}\\&=-0.866+j0.2488=0.901\angle 162.19^\circ\end{aligned}$$

B_1 变压器两侧电压相量图，如图 2-64（b）所示。

（三）计算 D_1 点 A 相接地短路时变压器 B_1 两侧的电流

由图 2-62 计算 D_1 点短路综合正（负）、零序阻抗，及变压器 B_1 支路正、负、零序电流分支系数，得

$$Z_{1\Sigma}=j0.04422 /\!/ (j0.06137+j0.0608) /\!/ (j0.06137+j0.0608)=j0.02565$$

$$Z_{2\Sigma}=Z_{1\Sigma}$$

$$Z_{0\Sigma}=j0.13266 /\!/ j0.0608 /\!/ j0.0608=j0.02473$$

B_1 正、负、零序电流分支系数为

$$K_{1fz}=\frac{j0.02565}{j0.06137+j0.0608}=0.20995$$

$$K_{2fz}=K_{1fzh}$$

$$K_{0fz}=\frac{j0.02473}{j0.0608}=0.40674$$

由式（2-41）计算故障点正、负、零序总电流为

$$\dot{I}_{dA1}=\dot{I}_{dA2}=\dot{I}_{dA0}=\frac{167.3}{j0.02565+j0.02565+j0.02473}=-j2200(\mathrm{A})$$

由式（2-42）计算故障相全电流为

$$\dot{I}_{dA}=\dot{I}_{dA1}+\dot{I}_{dA2}+\dot{I}_{dA0}=3\dot{I}_{dA1}=-j6600(\mathrm{A})$$

B_1 Y侧正（负）、零序电流分流及各相电流为

$$\dot{I}_{A1}=K_{1fz}\dot{I}_{dA1}=0.20995\times(-j2200)=-j461.9(\mathrm{A})$$

$$\dot{I}_{A2}=\dot{I}_{A1}$$

$$\dot{I}_{A0}=K_{0fz}\dot{I}_{dA0}=0.40674(-j2200)=-j894.8(\mathrm{A})$$

$$\dot{I}_{A}=\dot{I}_{A1}+\dot{I}_{A2}+\dot{I}_{A0}=2(-j461.9)+(-j894.8)=-j1818.6(\mathrm{A})$$

$$\dot{I}_{B}=a^2\dot{I}_{A1}+a\dot{I}_{A2}+\dot{I}_{A0}=-j432.8(\mathrm{A})$$

$$\dot{I}_{C}=a\dot{I}_{A1}+a^2\dot{I}_{A2}+\dot{I}_{A0}=-j432.8(\mathrm{A})$$

由于变压器 B_1 支路正（负）、零序分配系数不相等，所以非故障相电流不等于零。Y侧电流相量图，如图 2-65（*c*）所示。

变压器 B_1△侧 a、b、c 三相绕组内零序电流因大小相等、方向相同，故成环流，绕组外无零序电流流通，仅有正、负序电流，其数值按式（2-154）、（2-156）计算，并考虑变压器实际变比 $n=\frac{345}{15.75}=21.90$，计算△侧正、负序电流为

$$\dot{I}_{a1}=n\dot{I}_{A1}e^{j30^\circ}=21.90(-j461.9)e^{j30^\circ}=10117.8e^{-j60^\circ}(\mathrm{A})$$

$$\dot{I}_{a2}=n\dot{I}_{A2}e^{-j30^\circ}=21.90(-j461.9)e^{-j30^\circ}=10117.8e^{-j120^\circ}(\mathrm{A})$$

$$\dot{I}_{a}=\dot{I}_{a1}+\dot{I}_{a2}=10117.8(e^{-j60^\circ}+e^{-j120^\circ})=-j17525(\mathrm{A})$$

$$\dot{I}_{b}=\dot{I}_{b1}+\dot{I}_{b2}=a^2\dot{I}_{a1}+a\dot{I}_{a2}=10117.8(e^{j180^\circ}+e^{j0^\circ})=0(\mathrm{A})$$

$$\dot{I}_{c}=\dot{I}_{c1}+\dot{I}_{c2}=a\dot{I}_{a1}+a^2\dot{I}_{a2}=10117.8(e^{j60^\circ}+e^{j120^\circ})=j17525(\mathrm{A})$$

△侧电流相量图，如图 2-65（*b*）所示。

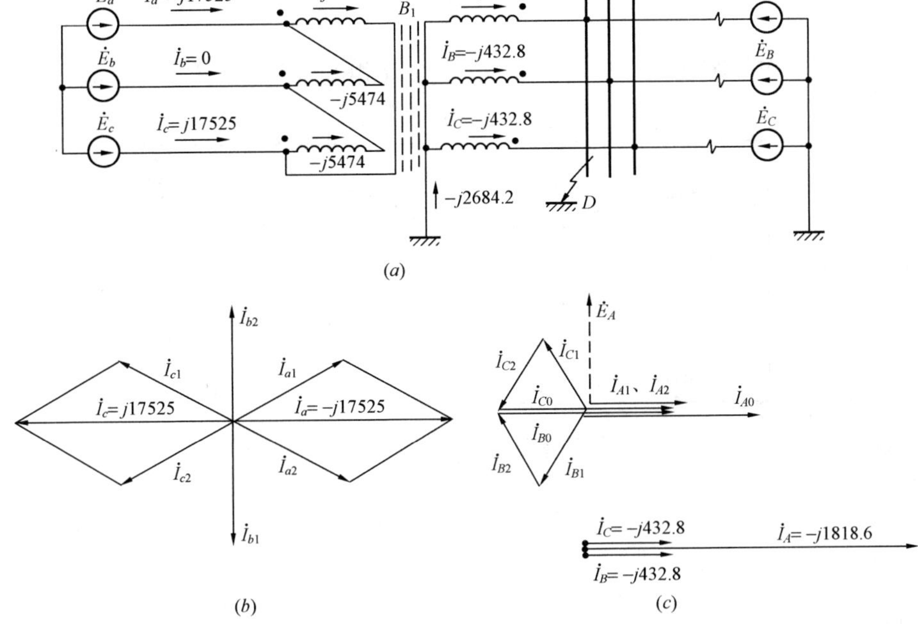

图 2-65　Y，d11 变压器Y侧单相接地电流相量图

（a）计算接线图；（b）△侧电流相量图；（c）Y侧电流相量图

由式（2-151）及变压器变比 $n=\dfrac{345}{15.75}$，求△侧绕组中的电流为

$$\dot{I}_a=\frac{\dot{I}_A}{\sqrt{3}}n=-j1816.8\,\frac{345}{\sqrt{3}15.75}=-j23000(\mathrm{A})$$

$$\dot{I}_\beta=\frac{\dot{I}_B}{\sqrt{3}}n=-j432.8\,\frac{345}{\sqrt{3}15.75}=-j5474(\mathrm{A})$$

$$\dot{I}_\gamma=\frac{\dot{I}_C}{\sqrt{3}}n=-j432.8\,\frac{345}{\sqrt{3}15.75}=-j5474(\mathrm{A})$$

Y，d11 变压器绕组中电流示于图 2-65（a）中。

（四）计算 D_1 点 A 相单相接地短路时变压器 B_1 两侧的电压

由式（2-45）计算 D_1 点各序电压分量标么值为

$$\dot{U}_{dA1}=\frac{1+\beta}{2+\beta}=\frac{1+\dfrac{X_{0\Sigma}}{X_{1\Sigma}}}{2+\dfrac{X_{0\Sigma}}{X_{1\Sigma}}}=\frac{1+\dfrac{j0.02473}{j0.02565}}{2+\dfrac{j0.02473}{j0.02565}}=0.6626$$

$$\dot{U}_{dA2}=-\frac{1}{2+\beta}=-0.3373$$

$$\dot{U}_{dA0}=-\frac{\beta}{2+\beta}=-0.3253$$

A 相各序电压分布如图 2-66（a）所示，故障点 A 相电压 $\dot{U}_{dA}=\dot{U}_{dA1}+\dot{U}_{dA2}+\dot{U}_{dA0}=0$

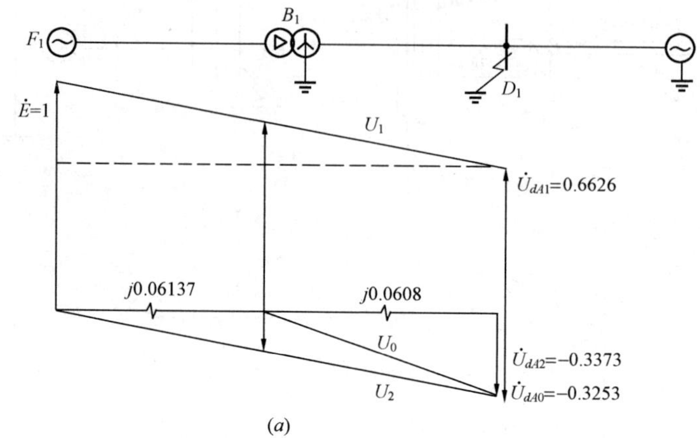

(a)

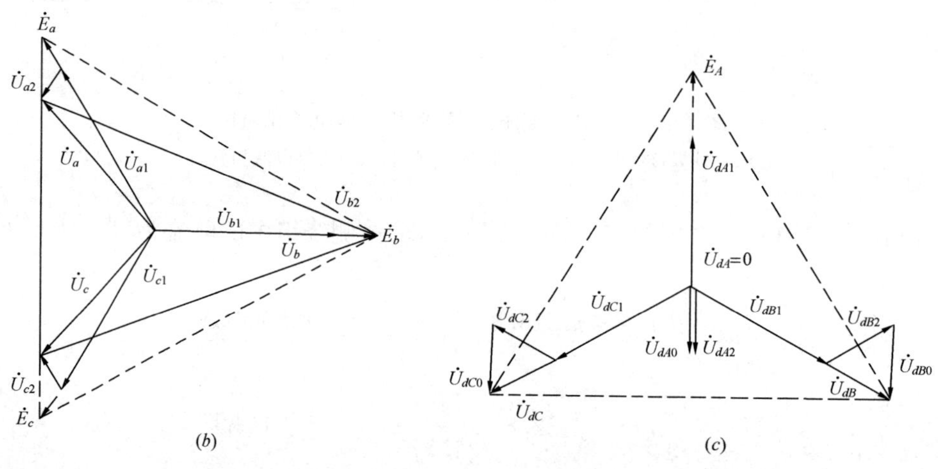

(b) (c)

图 2-66　Y，d11 变压器Y侧 A 相接地电压相量图

（a）电压分布；（b）△侧电压相量图；（c）Y侧电压相量图

变压器 B_1 Y侧 B、C 相电压由式（2-50）计算为

$$\dot{U}_{dB}=-1.5\frac{\beta}{2+\beta}-j\frac{\sqrt{3}}{2}=-0.4879-j0.866=0.994\angle-119.4^{\circ}$$

$$\dot{U}_{dC}=-1.5\frac{\beta}{2+\beta}+j\frac{\sqrt{3}}{2}=-0.4879+j0.866=0.994\angle119.4^{\circ}$$

其中

$$\beta=\frac{X_{0\Sigma}}{X_{1\Sigma}}=0.96413$$

Y侧电压相量图，如图 2-66（c）所示。

△侧电压计算：

由图 2-66（a）A 相电压分布，先计算 A 相正、负序电压大小，然后转±30°，即为△侧 a 相正负序电压。

$$\dot{U}_{a1}=\left[0.6626+(1-0.6626)\frac{0.0608}{0.06137+0.0608}\right]e^{j30^\circ}=0.8305e^{j30^\circ}$$

$$\dot{U}_{a2}=-0.3373\frac{0.06137}{0.06137+0.0608}e^{-j30^\circ}=-0.1694e^{-j30^\circ}=0.1694e^{j150^\circ}$$

$$\dot{U}_a=\dot{U}_{a1}+\dot{U}_{a2}=0.8305e^{j30^\circ}+0.1694e^{+j150^\circ}=0.5725+j0.5=0.76\angle 41.13^\circ$$

$$\dot{U}_b=a^2\dot{U}_{a1}+a\dot{U}_{a2}=0.8305e^{j270^\circ}+0.1694e^{-j90^\circ}=-j0.9999$$

$$\dot{U}_c=a\dot{U}_{a1}+a^2\dot{U}_{a2}=0.8305e^{j150^\circ}+0.1694e^{j30^\circ}=-0.5725+j0.5=0.76\angle 138.86^\circ$$

△侧电压相量图，如图（2-66）（b）所示。图中，$\dot{U}_b$ 为额定相电压；a、c 相间电压最低为

$$\dot{U}_{ac}=\frac{2\times 0.5725}{\sqrt{3}}=66.1\%$$

即最低相间电压也比较高，可见单相接地短路时，变压器低压侧残压较高。

（五）计算 D_2 点 b、c 两相短路时变压器 B_1 两侧的电流

由图 2-62 计算 S_2 系统及 F_2 机组至 D_2 点短路阻抗（因 F_1 机组短路电流不经变压器 B_1，故可省略）

$$Z_1=j0.0608+j0.04422\,//\,(j0.06137+j0.0608)=j0.0608+j0.032468=j0.093268$$

用全电流法计算，由式（2-30）得两相短路电流为

$$\dot{I}_{db}^{(2)}=-j\frac{\sqrt{3}}{2}\dot{I}_d^{(3)}=-j\frac{\sqrt{3}}{2}\frac{3666}{j0.093268}=-34039(\text{A})$$

$$\dot{I}_{dc}^{(2)}=-\dot{I}_{db}=34039(\text{A})$$

$$\dot{I}_{da}^{(2)}=0$$

式中 3666——15.75kV 电压级基准电流（A）。

由式（2-153）及变压器变比 $n=\frac{345}{15.75}$，求变压器 B_1 Y侧各相电流

$$\dot{I}_A=\frac{1}{\sqrt{3}}(\dot{I}_a-\dot{I}_c)\frac{1}{n}=\frac{1}{\sqrt{3}}(0-34039)\frac{1}{\frac{345}{15.75}}=-897.15(\text{A})$$

$$\dot{I}_B=\frac{1}{\sqrt{3}}(\dot{I}_b-\dot{I}_a)\frac{1}{n}=\frac{1}{\sqrt{3}}(-34039-0)\frac{1}{\frac{345}{15.75}}=-897.15(\text{A})$$

$$\dot{I}_c=\frac{1}{\sqrt{3}}(\dot{I}_c-\dot{I}_b)\frac{1}{n}=\frac{1}{\sqrt{3}}(34039+34039)\frac{15.75}{345}=1794.3(\text{A})$$

由式（2-151）及变压器变比 $n=\frac{345}{15.75}$，求变压器 B_1△侧绕组中电流

$$\dot{I}_a=\frac{\dot{I}_A}{\sqrt{3}}n=\frac{-897.15}{\sqrt{3}}\frac{345}{15.75}=-11345.68(\text{A})$$

$$\dot{I}_{\beta}=\frac{\dot{I}_{B}}{\sqrt{3}}n=\frac{-897.15}{\sqrt{3}}\frac{345}{15.75}=-11345.68(\mathrm{A})$$

$$\dot{I}_{\gamma}=\frac{\dot{I}_{C}}{\sqrt{3}}n=\frac{1794.3}{\sqrt{3}}\frac{345}{15.75}=22691.36(\mathrm{A})$$

变压器 B_1 两侧电流分布及相量图，如图 2-67（a）、（b）所示。

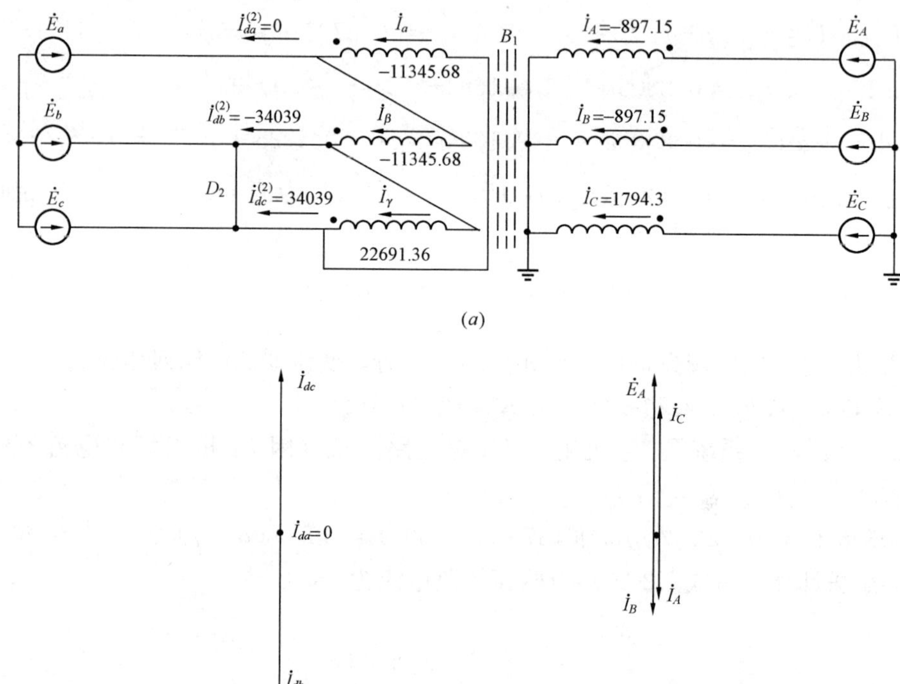

(a)

$\dot{I}_{dc}$ $\dot{I}_{da}=0$ $\dot{I}_{db}$ $\dot{E}_A$ $\dot{I}_C$ $\dot{I}_B$ $\dot{I}_A$

(b)

图 2-67　Y，d11 变压器△侧 b、c 两相短路电流相量图

（a）计算接线简图；（b）两侧电流相量图

（六）计算 D_2 点 b、c 两相短路时变压器 B_1 两侧的电压

由式（2-33）得△侧 a 相正、负序电压为

$$\dot{U}_{da1}^{(2)}=\dot{U}_{da2}^{(2)}=\frac{1}{2}\dot{E}_a=0.5(\text{采用标么值计算 }\dot{E}_a=1)$$

由式（2-34）得△侧故障相电压为

$$\dot{U}_{db}^{(2)}=\dot{U}_{dc}^{(2)}=-\frac{1}{2}\dot{E}_a=-0.5$$

a 相正、负序电压分布如图 2-68（a）所示。

变压器 B_1 Y侧电压为

$$\dot{U}_{A1}^{(2)}=\dot{U}_1e^{-j30^\circ}=\left(0.5+0.5\frac{j0.0608}{j0.0608+j0.032468}\right)e^{-j30^\circ}=0.82594\angle-30^\circ$$

$$\dot{U}_{A2}^{(2)}=\dot{U}_2e^{j30^\circ}=0.5\frac{j0.032468}{j0.0608+j0.032468}e^{-j30^\circ}=0.17406\angle30^\circ$$

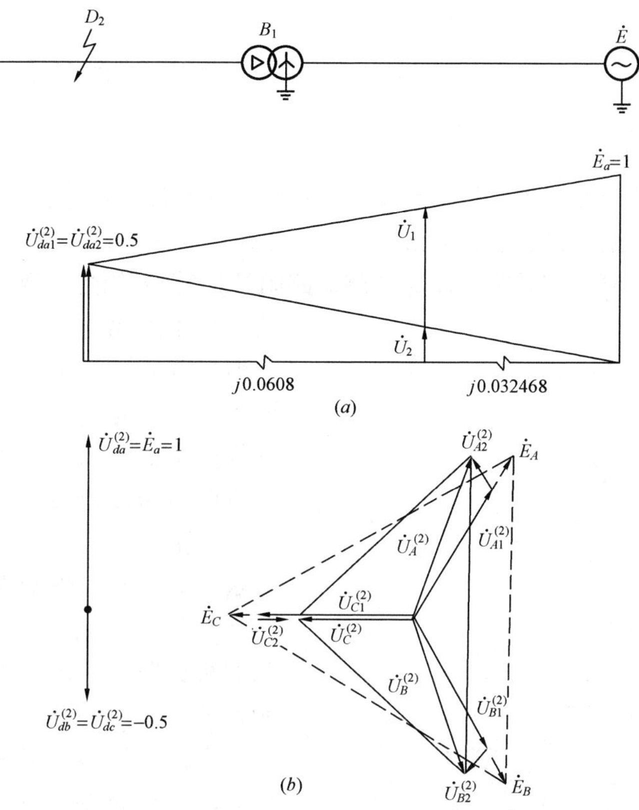

图 2-68　Y，d11 变压器△侧 *b*、*c* 两相短路电压相量图

（*a*）正、负序电压分布；（*b*）两侧电压相量图

$$\dot{U}_A^{(2)}=\dot{U}_{A1}^{(2)}+\dot{U}_{A2}^{(2)}=0.82594\angle-30^\circ+0.17406\angle30^\circ=0.866-j0.32594$$
$$=0.92531\angle-22.92^\circ$$
$$\dot{U}_B^{(2)}=a^2\dot{U}_{A1}^{(2)}+a\dot{U}_{A2}^{(2)}=0.9253\angle202.92^\circ$$
$$\dot{U}_C^{(2)}=a\dot{U}_{A1}^{(2)}+a^2\dot{U}_{A2}^{(2)}=j0.82594+0.17406e^{j270^\circ}$$
$$=j0.65188$$

变压器 B_1 两侧电压相量图，如图 2-68（*b*）所示。图中，Y侧残余电压三角形为实线，电势三角形为虚线。Y侧最低相电压 $\dot{U}_C^{(2)}$ 为额定相电压的 65.188%，最低相间电压（与额定值相比）为

$$|\dot{U}_{CA}^{(2)}|=\frac{\sqrt{0.866^2+(0.65188+0.32594)^2}}{\sqrt{3}}=\frac{1.306}{\sqrt{3}}=75.4\%$$

$$(|\dot{U}_{BC}^{(2)}|=|\dot{U}_{CA}^{(2)}|)$$

△侧最低相电压为 50%，最低相间电压为零（$\dot{U}_{dbc}^{(2)}=0$）。而△侧三相短路时，△侧相间电压为零，Y侧相电压及相间电压均为 $\frac{0.0608}{0.0608+0.032468}=65.188\%$（与△侧两相短路时Y侧最低相电压相同）。

第 2-7 节　经 YN，a0，d11 自耦变压器的短路计算

一、短路计算

自耦变压器与普通变压器比较，在额定容量相同的条件下，前者铁芯和导线截面较后者为小，因此体积小、造价低、运行经济，为电力系统广泛采用。自耦变压器的短路计算方法与普通变压器基本相同，都是将变压器各侧短路阻抗换算成等值人型阻抗进行计算。各侧电流、电压关系与同类型（指绕组接线型式类似）普通变压器基本相同（见第 2-6 节）。所不同之处是自耦变压器有公共绕组，公共绕组中的电流及中性点的电流，其大小和方向与短路点发生在哪一侧及各侧系统短路阻抗有关；另外，自耦变压器低压侧容量一般较小，作短路试验时，为避免低压绕组过载，高—低压侧及中—低压侧之间的短路阻抗，均以低压侧额定容量为限额，即给出的短路阻抗标么值（或短路电压标么值）是以低压侧额定容量为基准的。但有时是经过换算的（换算为以高压侧额定容量为基准的）标么值，计算时需要注意。

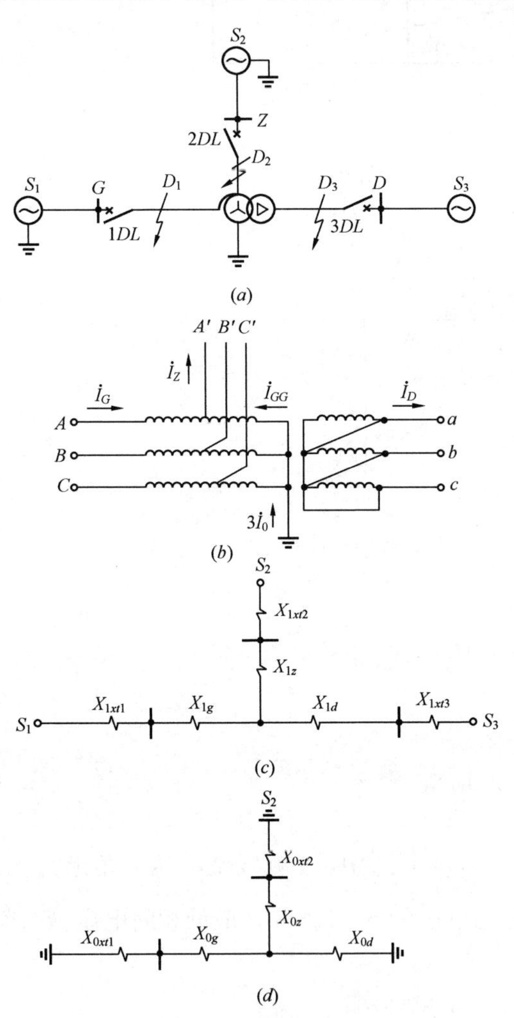

图 2-69　自耦变压器计算

（*a*）运行接线图；（*b*）电气展开图；

（*c*）正、负序阻抗图；（*d*）零序阻抗图

图 2-69（*a*）为 YN，a0，d11 三相自耦变压器在系统中的运行接线图，自耦变压器的中性点要求直接接地以防过电压。图 2-69（*b*）为自耦变压器电气接线展开图，图中高、中、低压三侧引出端为 *A*、*B*、*C*、*A*′、*B*′、*C*′，*a*、*b*、*c*，各侧电流及公共绕组中的电流标在图中。图 2-69（*c*）为正（负）序标么阻抗图，图 2-69（*d*）为零序标么阻抗图，图中 X_{1xt1}、X_{1xt2}、X_{1xt3} 及 X_{0xt1}、X_{0xt2} 为系统 S_1、S_2、S_3 的正序及零序短路电抗；X_{1g}、X_{1z}、X_{1d} 及 X_{0g}、X_{0z}、X_{0d} 为自耦变压器的高、中、低三侧等值正序及零序电抗。在图 2-69（*d*）中，当 $X_{0d}=0$时，则高中压侧的零序网络各自独立，即分成两个互不相干的零序网络（当无平行线互感时），此时当一侧发生接地故障时，另一侧不产生零序电流。对于自耦变压器而言，$X_{0D}\neq 0$，故不会产生上述情况。但是，对于某些三绕组变压器（低压侧为电源，向高、中

压侧送电时，低压侧等值阻抗有时为零）则可出现上述情况。

（一）计算高压侧三相短路时自耦变压器三侧及公共绕组中的电流

图 2-69 中高压侧电源与中、低压侧系统之间没有其他联系，在此情况下，对三相短路故障，如果我们仅分析变压器绕组中的电流，并不关心高压侧电源向故障点提供的电流，则可简化计算，可设变压器高压侧断路器 1DL 断开，故障发生在 1DL 与变压器之间，即图 2-69（a）中 D_1 点。由图 2-69（c）计算系统 S_2、S_3 至短路点综合短路阻抗为

$$Z_{1\Sigma}=X_{1g}+(X_{1z}+X_{1xt2})\ /\!/\ (X_{1d}+X_{1xt3})$$

高压侧三相短路电流为

$$\dot{I}_g^{(3)}=\dot{I}_d^{(3)}=\frac{1}{Z_{1\Sigma}}\dot{I}_j \tag{2-160}$$

式中　$\dot{I}_j$ ——高压侧基准电流。

中压侧分流为

$$\dot{I}_z^{(3)}=K_{fz\cdot z}n_{gz}\dot{I}_d^{(3)} \tag{2-161}$$

式中　$K_{fz\cdot z}$ ——高压侧短路，中压侧电流分支系数，$K_{fz\cdot z}=\dfrac{X_{1d}+X_{1xt3}}{X_{1z}+X_{1d}+X_{1xt2}+X_{1xt3}}$；

n_{gz}——高、中压之间变压比，$n_{gz}=\dfrac{U_g}{U_z}$；

U_g、U_z ——高、中压侧额定相间电压（或实际抽头电压）。

低压侧分流为

$$\dot{I}_D^{(3)}=K_{fz\cdot d}n_{gd}\dot{I}_d^{(3)} \tag{2-162}$$

式中　$K_{fz\cdot d}$ ——高压侧短路，低压侧电流分支系数，$K_{fz\cdot d}=\dfrac{X_{1z}+X_{1xt2}}{X_{1z}+X_{1d}+X_{1xt2}+X_{1xt3}}$；

n_{gd}——高、低压之间变压比，$n_{gd}=\dfrac{U_g}{U_d}$。

公共绕组中电流为

$$\dot{I}_{gg}^{(3)}=\dot{I}_g^{(3)}-\dot{I}_z^{(3)}=(1-K_{fz\cdot z}n_{gz})\dot{I}_d^{(3)} \tag{2-163}$$

分析式（2-163）可知，公共绕组中的电流大小和方向取决于 $K_{fz\cdot z}$ 和 n_{gz}。当 $K_{fz\cdot z}n_{gz}<1$（电源 S_2 很小）时，电流方向如图 2-70 所示；当 $K_{fz\cdot z}n_{gz}>1$ 时，电流反向。可见，当运行方式变化时，公共绕组中的电流大小和方向都可能变化。

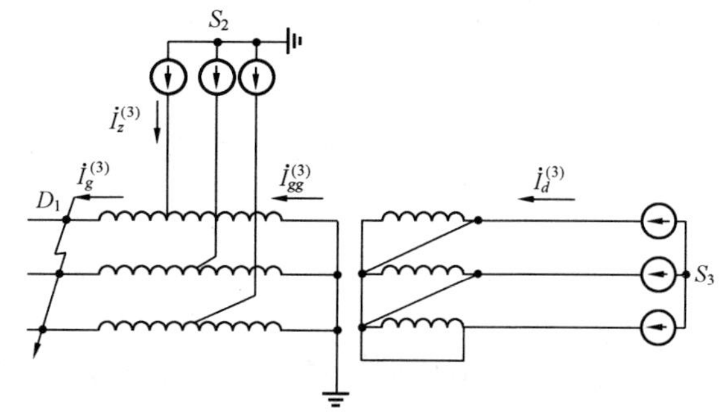

图 2-70　自耦变压器高压侧三相短路

（二）计算中压侧三相短路时公共绕组中的电流

为简化计算，可设变压器中压侧断路器断开，故障发生在断路器 2DL 与变压器之间，即图 2-69（a）中 D_2 点。由图 2-69（c）

计算系统 S_1、S_3 至短路点综合短路阻抗为

$$Z_{1\Sigma} = X_{1z} + (X_{1g} + X_{1xt1}) // (X_{1d} + X_{1xt3})$$

中压侧三相短路电流为

$$\dot{I}_z^{(3)} = \dot{I}_d^{(3)} = \frac{1}{Z_{1\Sigma}}\dot{I}_j \tag{2-164}$$

式中　$\dot{I}_j$ ——中压侧基准电流。

高压侧电流为

$$\dot{I}_g^{(3)} = K_{fz\cdot g}\frac{1}{n_{gz}}\dot{I}_d^{(3)}$$

式中　$K_{fz\cdot g}$ ——中压侧短路，高压侧电流分支系数，$K_{fz\cdot g} = \dfrac{X_{1d} + X_{1xt3}}{X_{1g} + X_{1d} + X_{1xt1} + X_{1xt3}}$。

n_{gz} ——含义同前。

公共绕组中的电流为

$$\dot{I}_{gg}^{(3)} = \dot{I}_z^{(3)} - \dot{I}_g^{(3)} = \left(1 - \frac{K_{fz\cdot g}}{n_{gz}}\right)\dot{I}_d^{(3)} \tag{2-165}$$

分析式（2-165）可知，公共绕组中的电流大小可变，方向不变，因 $K_{fz\cdot g}/n_{gz} < 1$，所以电流方向如图 2-71 所示。

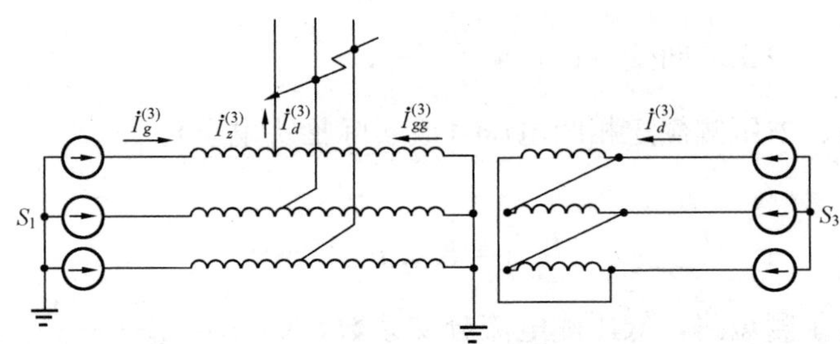

图 2-71　自耦变压器中压侧三相短路

（三）计算低压侧三相短路时公共绕组中的电流

在图 2-69（a）中，D_3 点三相短路。为简化计算，设变压器低压侧断路器 3DL 断开，如图 2-72 所示。由图 2-69（c）计算系统 S_1、S_2 至短路点综合短路阻抗为

$$Z_{1\Sigma} = X_{1d} + (X_{1g} + X_{1xt1}) // (X_{1z} + X_{1xt2})$$

低压侧三相短路电流为

$$\dot{I}_D^{(3)} = \dot{I}_d^{(3)} = \frac{1}{Z_{1\Sigma}}\dot{I}_j \tag{2-166}$$

式中　$\dot{I}_j$ ——低压侧基准电流。

高压侧电流为

$$\dot{I}_g^{(3)} = K_{fz\cdot g}\frac{\dot{I}_d^{(3)}}{n_{gd}} \tag{2-167}$$

式中　$K_{fz\cdot g}$ ——低压侧短路高压侧电流分支系数，$K_{fz\cdot g} = \dfrac{X_{1z} + X_{1xt2}}{X_{1g} + X_{1z} + X_{1xt1} + X_{1xt2}}$。

中压侧电流为

$$\dot{I}_z^{(3)} = K_{fz\cdot z}\frac{1}{n_{zd}}\dot{I}_d^{(3)} \tag{2-168}$$

式中　$K_{fz\cdot z}$——低压侧短路，中压侧电流分支系数，$K_{fz\cdot z}=\dfrac{X_{1g}+X_{1xt1}}{X_{1g}+X_{1z}+X_{1xt1}+X_{1xt2}}$；

n_{zd}——中、低压之间变压比。

公共绕组中的电流为

$$\dot{I}_{gg}^{(3)} = \dot{I}_g^{(3)}+\dot{I}_z^{(3)} = (K_{fz\cdot g}/n_{gd}+K_{fz\cdot z}/n_{zd})\dot{I}_d^{(3)} \tag{2-169}$$

由式（2-169）可知，低压侧短路时，公共绕组中的电流方向不变，如图 2-72所示。

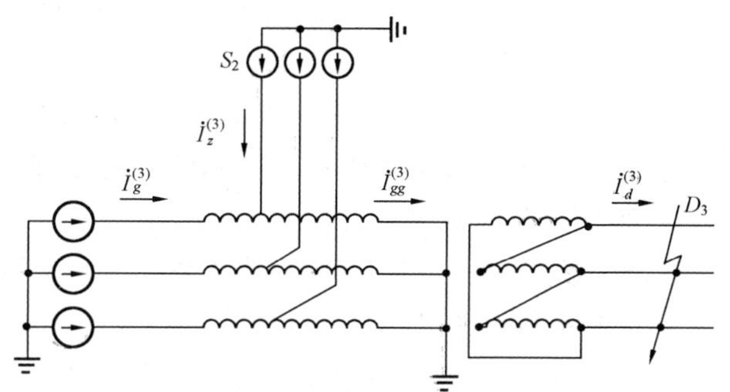

图 2-72　自耦变压器低压侧三相短路

以上分析计算结果表明，仅当高压侧短路时，公共绕组中的电流方向才是不固定的，因而可能出现公共绕组中短路电流为零的情况。

用同样分析方法可以分析计算出高压侧发生接地故障时，中性点的零序电流方向也是不固定的，因而中性点的电流也可出现为零的情况。由图 2-69（d），可计算出高压侧接地短路时公共绕组中的零序电流〔与三相短路电流计算式类似，见式（2-163)〕，也即中性点的零序电流为

$$\dot{I}_{0gg} = (1-K_{fz\cdot z}n_{gz})\dot{I}_{0g} \tag{2-170}$$

式中　$\dot{I}_{0gg}$——高压侧接地故障时，公共绕组（即中性点）的零序电流；

$K_{fz\cdot z}$——高压侧接地故障时，中压侧零序电流分支系数，由图 2-69（d）得

$$K_{fz\cdot z}=\frac{X_{0d}}{X_{0d}+X_{0z}+X_{0xt2}};$$

$\dot{I}_{0g}$——高压侧接地故障时，高压绕组中的零序电流。

当式（2-170）中 $K_{fz\cdot z}n_{gz}=1$ 时，中性点电流为零，此时 $\dot{I}_{0z}=\dot{I}_{0g}$；当 $K_{fz\cdot z}n_{gz}<1$ 时，中性点零序电流方向如图 2-73 所示；当 $K_{fz\cdot z}n_{gz}>1$ 时，$3\dot{I}_{0gg}$ 方向相反。

高压侧单相接地短路时，低压侧绕组中零序电流为

$$\dot{I}_{0d} = K_{fz\cdot d}\frac{n_{gd}}{\sqrt{3}}\dot{I}_{0g} \tag{2-171}$$

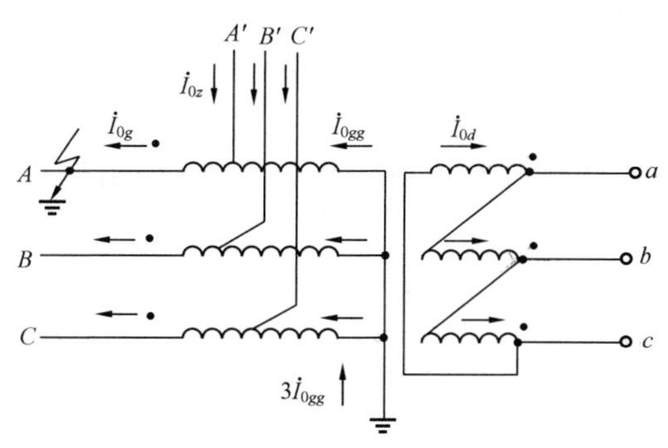

图 2-73　自耦变压器高压侧 A 相接地

式中　$K_{fz\cdot d}$——高压侧接地故障时，低压侧零序电流分支系数，由图 2-69（d）得

$$K_{fz\cdot d}=\frac{X_{0z}+X_{0xt2}}{X_{0d}+X_{0z}+X_{0xt2}}。$$

二、经 YN，ao，d11 自耦变压器的短路计算算例

（一）已知条件及计算内容

图 2-74（a）为经自耦变压器送电的简化系统

接线图，高、中压侧接入系统，低压侧无电源。变压器参数为：

型号　　OSFPSZ—240000/330；

接线　　YN，a0，d11；

电压比　　330±8×1.25%/121/35kV；

电量比　　240/240/72MVA；

电流比　　420/1176/1187.7A；

短路阻抗　　高、中压之间　10.29%（240MVA 时标么值）；

　　　　　　高、低压之间　7.37%　（72MVA 时标么值）；

　　　　　　中、低压之间　3.84%　（72MVA 时标么值）。

系统参数（以基准容量为 100MVA 的标么值）为：

S_1 系统　$X_1=0.05$　$X_0=0.06$　　（$X_1=X_2$）；

S_2 系统　$X_1=0.07$　$X_0=0.097435$　（$X_1=X_2$）；

自耦变运行抽头为 330/121/35kV。

试计算 330kV 侧母线单相接地时，自耦变各绕组短路电流。

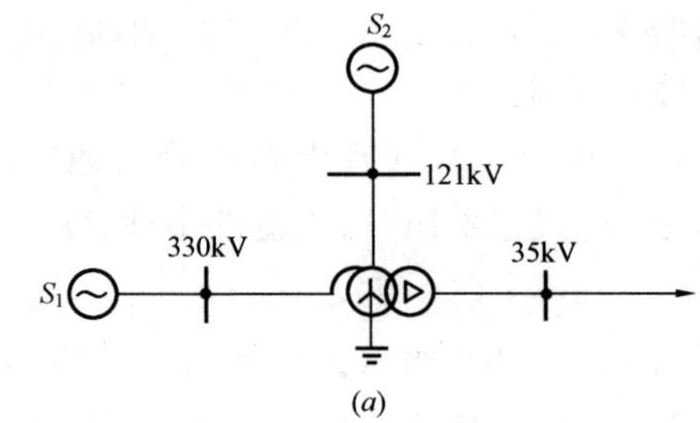

(a)

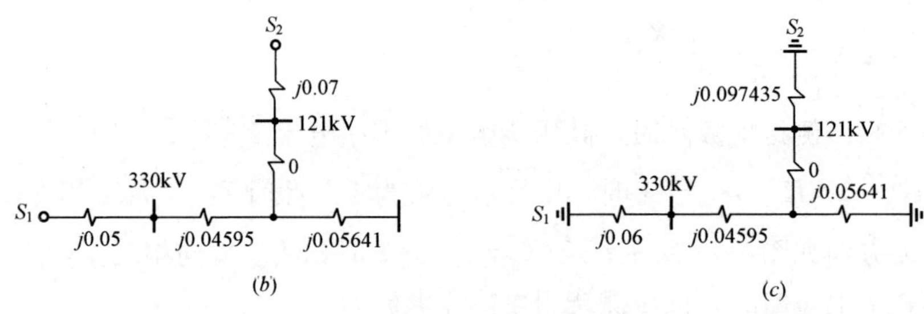

(b)　　(c)

图 2-74　自耦变压器短路计算

(a) 计算接线图；(b) 正负序标么阻抗图；(c) 零序标么阻抗图

（二）题解

（1）将已知变压器短路阻抗换算为以 100MVA 为基准的标么值，并用等值人型阻抗表示，即：

高、中压之间　$$X_{gz}=U_k\%\frac{S_j}{S_e}=10.29\%\times\frac{100}{240}=0.042875$$

高、低压之间　$$X_{gd}=7.37\%\times\frac{100}{72}=0.10236$$

中、低压之间　$$X_{zd}=3.84\%\times\frac{100}{72}=0.05333$$

高压侧等值阻抗 $X_g = \frac{1}{2}(X_{gz} + X_{gd} - X_{zd})$

$= \frac{1}{2}(0.042875 + 0.10236 - 0.05333) = 0.04595$

中压侧等值阻抗 $X_z = \frac{1}{2}(X_{gz} + X_{zd} - X_{gd})$

$= \frac{1}{2}(0.042875 + 0.05333 - 0.10236) = -0.0030775 \approx 0$

低压侧等值阻抗 $X_d = \frac{1}{2}(X_{gd} + X_{zd} - X_{gz})$

$= \frac{1}{2}(0.10236 + 0.05333 - 0.042875) = 0.05641$

假设变压器的零序阻抗等于正（负）序阻抗。

将系统及变压器的阻抗，标在计算用的标么阻抗图中，图 2-74（*b*）为正（负）序阻抗图，图 2-74（*c*）为零序阻抗图。

（2）计算 330kV 母线 *A* 相单相接地时总的故障电流。短路点综合短路阻抗为

$$X_{1\Sigma} = 0.05 \,/\!/\, (0.04595 + 0.07) = 0.05 \,/\!/\, 0.11595 = 0.034935$$

$$X_{0\Sigma} = 0.06 \,/\!/\, (0.04595 + 0.097435 \,/\!/\, 0.05641) = 0.06 \,/\!/\, (0.04595 + 0.035726)$$

$$= 0.06 \,/\!/\, 0.081676 = 0.03459$$

各序总的故障电流为

$$\dot{I}_{1\Sigma}^{(1)} = \dot{I}_{2\Sigma}^{(1)} = \dot{I}_{0\Sigma}^{(1)} = \frac{\dot{I}_j}{j(X_{1\Sigma} + X_{2\Sigma} + X_{0\Sigma})} = \frac{167.3}{j(2 \times 0.034935 + 0.03459)}$$

$$= 1601.57\angle -90^\circ(\text{A})$$

（3）计算自耦变压器高压侧各序分流及各相全电流为

$$\dot{I}_{1g} = \frac{0.034935}{0.11595}1601.57 = 0.301294 \times 1601.57 = 482.543\angle -90^\circ(\text{A})$$

$$\dot{I}_{2g} = \dot{I}_{1g}$$

$$\dot{I}_{0g} = \frac{0.03459}{0.081676}1601.57 = 0.4235 \times 1601.57 = 678.2673\angle -90^\circ(\text{A})$$

$$\dot{I}_{Ag} = \dot{I}_{1g} + \dot{I}_{2g} + \dot{I}_{0g} = 2 \times 482.543 + 678.2673 = 1643.353\angle -90^\circ(\text{A})$$

$$\dot{I}_{Bg} = a^2\dot{I}_{1g} + a\dot{I}_{2g} + \dot{I}_{0g} = a^2 482.543 + a482.543 + 678.2673$$

$$= 195.724\angle -90^\circ(\text{A})$$

$$\dot{I}_{Cg} = a\dot{I}_{1g} + a^2\dot{I}_{2g} + \dot{I}_{0g} = a482.543 + a^2 482.543 + 678.2673$$

$$= 195.724\angle -90^\circ(\text{A})$$

高压侧电流相量图如图 2-75（*a*）所示。

（4）计算自耦变压器中压侧各序分流及各相全电流为

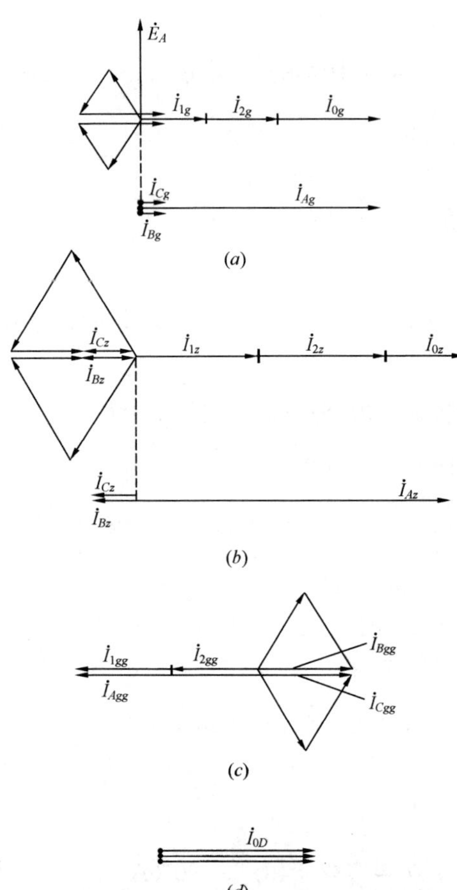

图 2-75　自耦变压器高压侧 A 相接地各侧电流相量图

（a）高压侧序电流及全电流；（b）中压侧序电流及全电流；（c）公共绕组序电流及全电流；（d）低压绕组零序电流

$$\dot{I}_{1z}=n_{gz}\dot{I}_{1g}=\frac{330}{121}482.543\angle-90^{\circ}$$
$$=1316.03\angle-90^{\circ}(\mathrm{A})$$

$$\dot{I}_{2z}=\dot{I}_{1z}$$

$$\dot{I}_{0z}=K_{fz\cdot z}n_{gz}\dot{I}_{0g}=\frac{0.05641}{0.05641+0.097435}$$
$$\times\frac{330}{121}678.2673\angle-90^{\circ}(\mathrm{A})$$
$$=0.36667\times2.72727\times678.2673$$
$$=678.2673\angle-90^{\circ}(\mathrm{A})$$

$$\dot{I}_{Az}=\dot{I}_{1z}+\dot{I}_{2z}+\dot{I}_{0z}$$
$$=3310.3273\angle-90^{\circ}(\mathrm{A})$$

$$\dot{I}_{Bz}=a^2\dot{I}_{1z}+a\dot{I}_{2z}+\dot{I}_{0z}$$
$$=j637.7627(\mathrm{A})$$

$$\dot{I}_{Cz}=a\dot{I}_{1z}+a^2\dot{I}_{2z}+\dot{I}_{0z}$$
$$=j637.7627(\mathrm{A})$$

中压侧电流相量图如图 2-75（b）所示。

（5）计算自耦变压器公共绕组中各序电流及各相全电流。由式（2-163）得

$$\dot{I}_{1gg}=(1-K_{fz\cdot z}n_{gz})\dot{I}_{1g}$$
$$=\left(1-\frac{330}{121}\right)(-j482.543)$$
$$=j833.482(\mathrm{A})$$

式中　$K_{fz\cdot z}$——中压侧分支系数，因低压侧无电源，$K_{fz\cdot z}=1$。

$$\dot{I}_{2gg}=\dot{I}_{1gg}$$

由式（2-170）得

$$\dot{I}_{0gg}=(1-K_{fz\cdot z}n_{gz})\dot{I}_{0g}$$
$$=\left(1-\frac{0.05641}{0.05641+0.097435}\times\frac{330}{121}\right)$$
$$\times678.2673\angle-90^{\circ}=0$$

$$\dot{I}_{Agg}=\dot{I}_{1gg}+\dot{I}_{2gg}+\dot{I}_{0gg}=2\times\dot{I}_{1gg}=j1666.964(\mathrm{A})$$
$$\dot{I}_{Bgg}=a^2\dot{I}_{1gg}+a\dot{I}_{2gg}+\dot{I}_{0gg}=(a^2+a)\dot{I}_{1gg}=-j833.482(\mathrm{A})$$
$$\dot{I}_{Cgg}=a\dot{I}_{1gg}+a^2\dot{I}_{2gg}+\dot{I}_{0gg}=(a+a^2)\dot{I}_{1gg}=-j833.482(\mathrm{A})$$

公共绕组电流相量图如图 2-75（c）所示。

（6）计算自耦变压器低压绕组中的电流。因低压侧无电源，故低压绕组无正、负序电

流，零序电流按式（2-171）计算为

$$\dot{I}_{0d}=K_{fz\cdot d}\frac{n_{gd}}{\sqrt{3}}\dot{I}_{0g}$$

$$=\frac{0.097435}{0.097435+0.05641}=\frac{330/35}{\sqrt{3}}678.2673\angle-90^{\circ}$$

$$=0.63333\times5.4434\times678.2673=-j2338.32(\mathrm{A})$$

低压绕组中电流相量图如图 2-75（d）所示。

自耦变压器各绕组中正（负）、零序电流及全电流实际分布情况如图 2-76（a）、（b）、（c）所示。

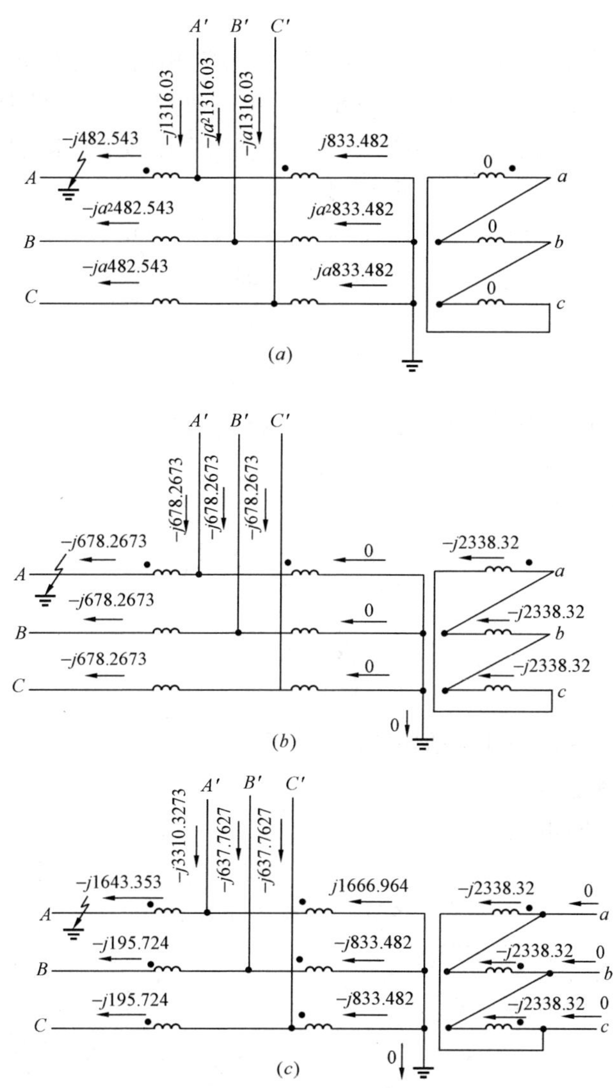

图 2-76　自耦变压器高压侧 A 相接地电流分布图

（a）正序电流分布；（b）零序电流分布；（c）全电流分布

由全电流分布校核各相绕组安匝平衡情况：

A 相绕组　　$AW = 1643.353\frac{330-121}{\sqrt{3}} - 1666.964\frac{121}{\sqrt{3}} - 2338.32 \times 35 = 0$

BC 相绕组　　$AW = 195.724\frac{330-121}{\sqrt{3}} + 833.482\frac{121}{\sqrt{3}} - 2338.32 \times 35 = 0$

各相绕组磁势平衡计算无误。

第 2-8 节　经 V/V 变压器的短路计算

一、短路计算

电气牵引变电站，常使用 V/V 接线的变压器，以两相向不同方向的电机车供电，这样较经济。当 D，d 接线运行的变压器一相故障时，也可改用 V/V 接线临时供电。由于 V/V 变压器的短路阻抗不对称，因此其短路计算与三相绕组变压器有所区别。

（一）V/V 变压器短路阻抗及等值电路图

对于三相绕组变压器（如 Y，d；YN，a0，d；Y，y；D，d 等），其短路阻抗（或短路电压）均为以三相额定容量为基准的每相标么值，即

$$U_k\% = X_\Omega \frac{S_e}{U_e^2} \tag{2-172}$$

式中　$U_k\%$——短路电压百分值，以三相额定容量为基准；

S_e，U_e——三相额定容量、额定相间电压；

X_Ω——每相阻抗欧姆值。

对于两相绕组 V/V 变压器，其短路阻抗（或短路电压）均以本身容量（单相容量）为基准的标么值为

$$U'_k\% = \frac{I_e X_\Omega}{U_e} = X_\Omega \times \frac{S_{e\cdot x}}{U_e^2} \tag{2-173}$$

式中　$U'_k\%$——以单相容量为基准的短路电压百分值；

$S_{e\cdot x}$——单相额定容量；

U_e——额定相间电压。

式（2-172）、（2-173），换算为同一基准容量 S_j 条件下的标么电抗值为

$$X_* = U_k\% \frac{S_j}{S_e} \tag{2-174}$$

$$X'_* = U_k\% \frac{S_j}{S_{e\cdot x}} \tag{2-175}$$

从上式看出，在短路电压相同时 V/V 变压器的短路阻抗较大 $X'_* = 3X_*$，但其中有一相阻抗为零。V/V 变压器等值电路图如图 2-77 所示。

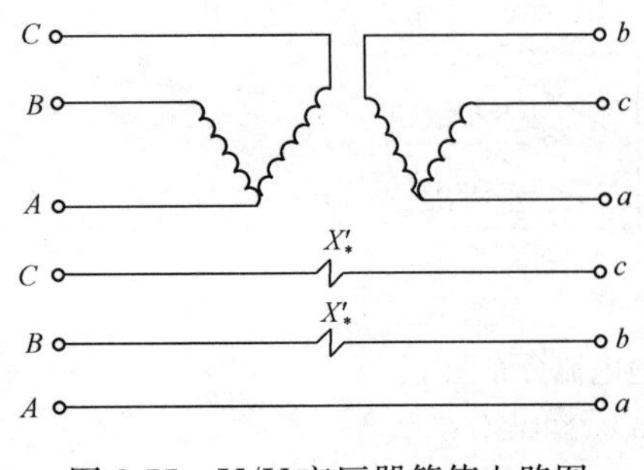

图 2-77　V/V 变压器等值电路图

（二）V/V 变压器后三相短路计算

在图 2-78 中，假设系统对称，$\dot{E}_A = a\dot{E}_B = a^2\dot{E}_C$，$X_{xtA} = X_{xtB} = X_{xtC} = X$（系统三相阻抗相等，并假设不计电阻）。

变压器短路电抗用 X'表示。

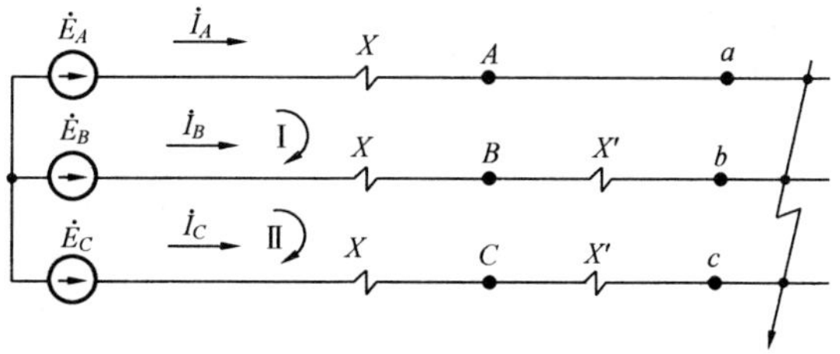

图 2-78　V/V 变压器后三相短路

图 2-78 中，对回路Ⅰ、Ⅱ的方程分别为

$$\dot{E}_A - \dot{E}_B = \dot{E}_A(1-a^2) = \dot{I}_A jX - \dot{I}_B j(X+X') \tag{2-176}$$

$$\dot{E}_B - \dot{E}_C = \dot{E}_A(a^2-a) = 0 + \dot{I}_B j(X+X') - \dot{I}_C j(X+X') \tag{2-177}$$

又根据三相短路时有

$$0 = \dot{I}_A + \dot{I}_B + \dot{I}_C \tag{2-178}$$

解以上三式得

$$\dot{I}_A = \frac{\begin{vmatrix} \dot{E}_A(1-a^2) & -j(X+X') & 0 \\ \dot{E}_A(a^2-a) & +j(X+X') & -j(X+X') \\ 0 & 1 & 1 \end{vmatrix}}{\begin{vmatrix} jX & -j(X+X') & 0 \\ 0 & +j(X+X') & -j(X+X') \\ 1 & 1 & 1 \end{vmatrix}} = \frac{\dot{E}_A}{j\left(X+\dfrac{X'}{3}\right)} \tag{2-179}$$

$$\dot{I}_B = \frac{\begin{vmatrix} jX & \dot{E}_A(1-a^2) & 0 \\ 0 & \dot{E}_A(a^2-a) & +j(X+X') \\ 1 & 0 & 1 \end{vmatrix}}{\begin{vmatrix} jX & -j(X+X') & 0 \\ 0 & +j(X+X') & -j(X+X') \\ 1 & 1 & 1 \end{vmatrix}} = \frac{\dot{E}_A[3a^2X+(a^2-1)X']}{j(X+X')(3X+X')} \tag{2-180}$$

$$\dot{I}_C = \frac{\begin{vmatrix} jX & -j(X+X') & \dot{E}_A(1-a^2) \\ 0 & j(X+X') & \dot{E}_A(a^2-a) \\ 1 & 1 & 0 \end{vmatrix}}{\begin{vmatrix} jX & -j(X+X') & 0 \\ 0 & +j(X+X') & -j(X+X') \\ 1 & 1 & 1 \end{vmatrix}} = \frac{\dot{E}_A[3aX+(a-1)X']}{j(X+X')(3X+X')} \tag{2-181}$$

（三）V/V 变压器后两相短路计算

1. a、b 相短路

由图 2-79 回路Ⅰ得

$$\dot{I}_A^{(2)} = -\dot{I}_B^{(2)} \qquad (\dot{I}_C^{(2)} = 0)$$

$$\dot{E}_A - \dot{E}_B = \dot{E}_A(1-a^2) = \dot{I}_A^{(2)} jX - \dot{I}_B^{(2)} j(X+X') = \dot{I}_A^{(2)} j(2X+X')$$

所以

$$\left.\begin{aligned}\dot{I}_A^{(2)} &= \frac{\dot{E}_A(1-a^2)}{j(2X+X')} = \frac{\sqrt{3}\dot{E}_A}{2X+X'}e^{-j60^\circ} \\ \dot{I}_B^{(2)} &= -\dot{I}_A^{(2)}\end{aligned}\right\} \tag{2-182}$$

2. b、c 相短路

由图 2-80 回路Ⅱ得

$$\dot{I}_B^{(2)} = -\dot{I}_C^{(2)} \quad (\dot{I}_A^{(2)} = 0)$$

$$\dot{E}_B - \dot{E}_C = \dot{I}_B^{(2)} j(X+X') - \dot{I}_C^{(2)} j(X+X') = \dot{I}_B^{(2)} j2(X+X')$$

所以

$$\left.\begin{aligned}\dot{I}_B^{(2)} &= \frac{\dot{E}_B - \dot{E}_C}{j2(X+X')} = -\frac{\sqrt{3}\dot{E}_A}{2(X+X')} \\ \dot{I}_C^{(2)} &= -\dot{I}_B^{(2)}\end{aligned}\right\} \tag{2-183}$$

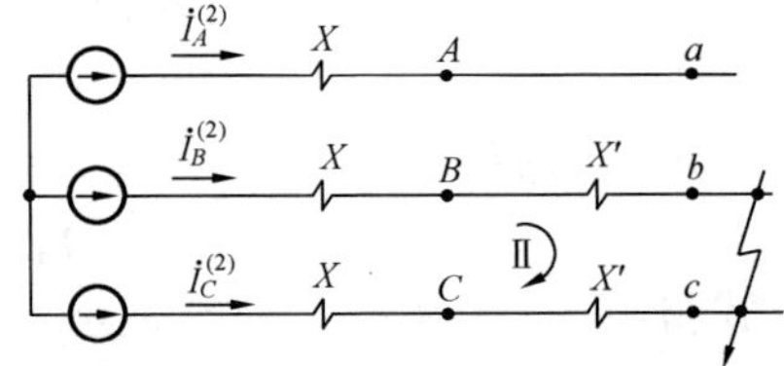

图 2-79 V/V 变压器后 a、b 两相短路　图 2-80 V/V 变压器后 b、c 两相短路

3. c、a 相短路

同理可得

$$\left.\begin{aligned}\dot{I}_C^{(2)} &= \frac{\sqrt{3}\dot{E}_A}{2X+X'}e^{j60^\circ} \\ \dot{I}_A^{(2)} &= -\dot{I}_C^{(2)}\end{aligned}\right\} \tag{2-184}$$

二、V/V 变压器后短路算例

(一) 已知条件及计算内容

图 2-81 为某铁路电机车牵引变电站供电系统图，牵引主变压器为 V/V 接线，主变参数为：

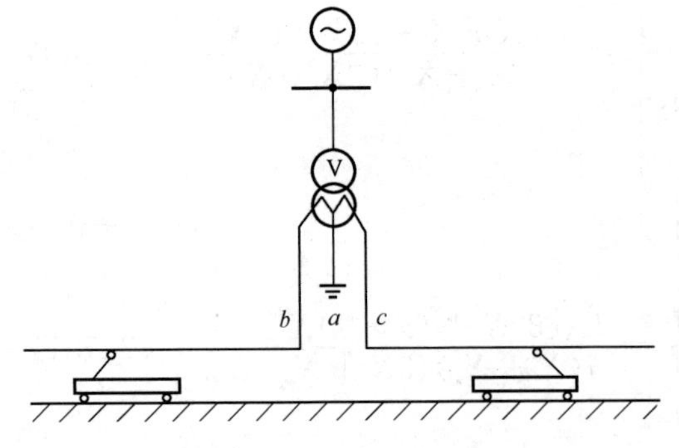

图 2-81 V/V 变压器供电举例

型号　DFL—15000/110；

容量　15000kVA；

相量　单相；

接线　1/1—12，两台组成 V/V 接线；

电压　110±2×2.5%/27.5kV；

短路阻抗 10.36%（为 15000kVA 标么值）；

换算为 100MVA 标么值时，$X'_* = 10.36\% \frac{100}{15} = 0.691$。

系统参数：

标么电势 $\dot{E}_A = 1$；

标么电抗 $X_* = 0.2$（以 100MVA 为基准的正序电抗标么值）；

110kV 侧基准电流按 115kV 计，$I_j=502\text{A}$。

试计算 V/V 变压器后各种短路电流及高压侧电压，并绘出相量图。

（二）题解

1. 三相短路计算

由式（2-179）、（2-180）、（2-181）得

$$\dot{I}_A=\frac{\dot{I}_j}{j\left(X_*+\dfrac{X'_*}{3}\right)}=\frac{502}{j\left(0.2+\dfrac{0.691}{3}\right)}=1166.54\angle-90^\circ(\text{A})$$

$$\dot{I}_B=\frac{3a^2X_*+(a^2-1)X'_*}{j(X_*+X'_*)(3X_*+X'_*)}\dot{I}_j=\frac{3(-0.5-j0.866)0.2+(-1.5-j0.866)0.691}{j(0.2+0.691)(3\times0.2+0.691)}$$
$$\times502=-487.9+j583.27=760.42\angle-235.65^\circ(\text{A})$$

$$\dot{I}_C=\frac{3aX_*+(a-1)X'_*}{j(X_*+X'_*)(3X_*+X'_*)}\dot{I}_j=\frac{3(-0.5+j0.866)0.2+(-1.5+j0.866)0.691}{j(0.2+0.691)(3\times0.2+0.691)}$$
$$\times502=487.9+j583.27=760.42\angle55.65^\circ(\text{A})$$

$$\dot{I}_A+\dot{I}_B+\dot{I}_C=-j1166.54-487.9+j583.27+487.9+j583.27=0$$

计算无误。

V/V 变压器 110kV 侧电压（以标么值表示，以下同）计算为

$$\dot{U}_A=0$$

$$\dot{U}_B=j\dot{I}_BX'_*=\frac{760.42\angle-235.65^\circ}{502}j0.691=1.0467\angle-145.65^\circ$$

$$\dot{U}_C=j\dot{I}_CX'_*=\frac{760.42\angle55.65^\circ}{502}j0.691=1.0467\angle145.65^\circ$$

$$\dot{U}_{AB}=\frac{\dot{U}_A-\dot{U}_B}{\sqrt{3}}=\frac{1.0467}{\sqrt{3}}\angle-145.65^\circ=0.604\angle34.35^\circ$$

$$\dot{U}_{BC}=\frac{\dot{U}_B-\dot{U}_C}{\sqrt{3}}=\frac{1.0467}{\sqrt{3}}[(\cos145.65^\circ-j\sin145.65^\circ)$$
$$-(\cos145.65^\circ+j\sin145.65^\circ)]=0.682\angle-90^\circ$$

$$\dot{U}_{CA}=\frac{\dot{U}_C-\dot{U}_A}{\sqrt{3}}=\frac{1.0467}{\sqrt{3}}\angle145.65^\circ=0.604\angle145.65^\circ$$

注意：设每相电势标么值为 1，则空载时相电压 $U_x=1$，相间电压 $U_{\chi-\chi}=\sqrt{3}$。

三相短路电流及电压相量图见图 2-82（a）。

2. 两相短路计算

（1）a、b 相短路。由式（2-182）得

$$\dot{I}_A^{(2)}=\frac{\sqrt{3}}{2X_*+X'_*}\dot{I}_je^{-j60^\circ}=\frac{\sqrt{3}502}{2\times0.2+0.691}\angle-60^\circ=796.99\angle-60^\circ(\text{A})$$

$$\dot{I}_B^{(2)}=-\dot{I}_A^{(2)}=796.99\angle120^\circ(\text{A})$$

$$\dot{I}_C=0$$

V/V 变压器 110kV 侧电压为

$$\dot{U}_A=0$$

$$\dot{U}_B=j\dot{I}_BX'_*=\frac{796.99\angle120^\circ}{502}j0.691=1.097\angle-150^\circ$$

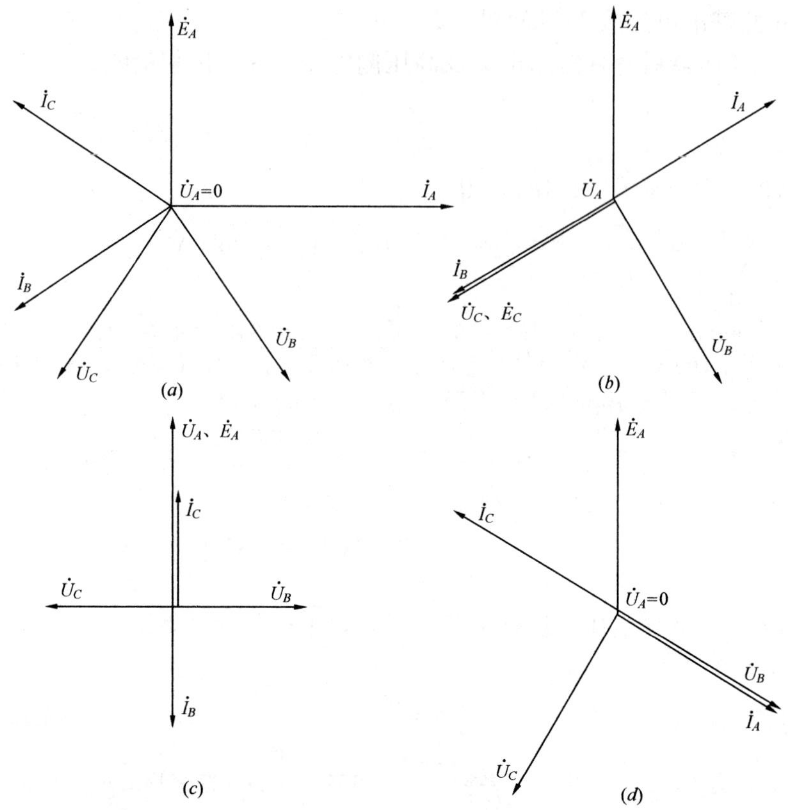

图 2-82　V/V 变压器低压侧短路，高压侧电流、电压相量图

(*a*) *a*、*b*、*c* 三相短路；(*b*) *a*、*b* 两相短路；(*c*) *b*、*c* 两相短路；(*d*) *c*、*a* 两相短路

$$\dot{U}_C = \dot{U}_C = 1\angle 120°$$

$$\dot{U}_{AB} = \frac{\dot{U}_A - \dot{U}_B}{\sqrt{3}} = -\frac{1.097}{\sqrt{3}}\angle -150° = 0.633\angle 30°$$

$$\dot{U}_{BC} = \frac{\dot{U}_B - \dot{U}_C}{\sqrt{3}} = \frac{1}{\sqrt{3}}[1.097(\cos150° - j\sin150°) - 1(\cos120° + j\sin120°)]$$

$$= \frac{1}{\sqrt{3}}[(-0.95 - j0.5485) - (-0.5 + j0.866)] = 0.857\angle -107.65°$$

$$\dot{U}_{CA} = \frac{\dot{U}_C - \dot{U}_A}{\sqrt{3}} = \frac{\dot{U}_C}{\sqrt{3}} = 0.577\angle 120°$$

a、*b* 两相短路电流、电压相量图，见图 2-82（*b*）。

（2）*b*、*c* 相短路。由式（2-183）得

$$\dot{I}_B^{(2)} = -\dot{I}_C^{(2)} = \frac{-\sqrt{3}\dot{I}_j}{2(X_* + X'_*)} = -\frac{\sqrt{3}502}{2(0.2 + 0.691)} = -487.91(\text{A})$$

$$\dot{I}_A = 0$$

V/V 变压器 110kV 侧电压为

$$\dot{U}_A = \dot{E}_A$$

$$\dot{U}_B = j\dot{I}_B X'_* = \frac{-487.91}{502} j0.691 = -j0.6716$$

$$\dot{U}_C = j\dot{I}_C X'_* = j0.6716$$

b、c 两相短路电流、电压相量图见图 2-82（c）。

（3）c、a 相短路。由式（2-184）得

$$\dot{I}_C^{(2)} = -\dot{I}_A^{(2)} = \frac{\sqrt{3}\dot{I}_j e^{j60^\circ}}{2X_* + X'_*} = \frac{\sqrt{3}502\angle 60^\circ}{2\times 0.2 + 0.691} = 797\angle 60^\circ$$

$$\dot{I}_B = 0$$

V/V 变压器 110kV 侧电压为

$$\dot{U}_A = 0$$

$$\dot{U}_B = \dot{E}_B = 1\angle -120^\circ$$

$$\dot{U}_C = j\dot{I}_C^{(2)} X'_* = \frac{797}{502} 0.691\angle 150^\circ = 1.097\angle 150^\circ$$

c、a 两相短路电流、电压相量图，见图 2-82（d）。

第 2-9 节　考虑负荷影响时的短路电流计算

一、短路计算

在图 2-83（a）中，系统 S_1 经较长的 MN 输电线向系统 S_2 送电。当输送负荷较重，负荷电流较大时（即重载长线），如果线路发生不对称短路（非三相短路），其短路电流的计算，应当考虑负荷电流的影响（必要时尚需考虑线路分布电容的影响）。考虑负荷电流影响的短路电流计算方法，通常采用重迭原理法，即将正常运行情况下的负荷电流与故障状态下的短路电流故障分量相迭加，二者合成即为考虑负荷影响时的短路电流。

（一）考虑负荷时单相接地短路计算

正常运行情况下，全网运行电压正常，线路 MN 的某点（例如 D 点）三相对地电压为 $\dot{U}_{afh}$、$\dot{U}_{bfh}$、$\dot{U}_{cfh}$（正常负荷时 a、b、c 三相电压），线路中三相负荷电流为 $\dot{I}_{afh}$，$\dot{I}_{bfh}$，$\dot{I}_{cfh}$，如图 2-83（a）所示。由于正常时系统对称，负荷平衡，故负荷电流中仅为正序电流，无负序及零序电流。

当 D 点 A 相发生金属性接地短路时，A 相对地电压为零，即 $\dot{U}_{da} = 0$，这相当于在原运行电压 $\dot{U}_{afh}$ 上串一个附加电压 $-\dot{U}_{afh}$，二者迭加等于零，如图 2-83（b）所示。非故障相 B、C 的电压，可能与原运行电压略有不同$\left(\text{和}\frac{X_{0\Sigma}}{X_{1\Sigma}}\text{有关，见本章第 4 节}\right)$。

将附加电压 $-\dot{U}_{afh}$ 单独作用于系统（此时需将系统电势短接），即得出故障分量计算图，如图 2-83（c）所示。该图与图 2-83（a）迭加即为故障状态图，即图 2-83（b）。

由图 2-83（c）故障边界条件，按对称分量法计算故障分量。已知

$$\left.\begin{aligned} \dot{I}_{db} &= \dot{I}_{dc} = 0 \\ -\dot{U}_{afh} &= \dot{U}_{da1} + \dot{U}_{da2} + \dot{U}_{da0} \end{aligned}\right\} \tag{2-185}$$

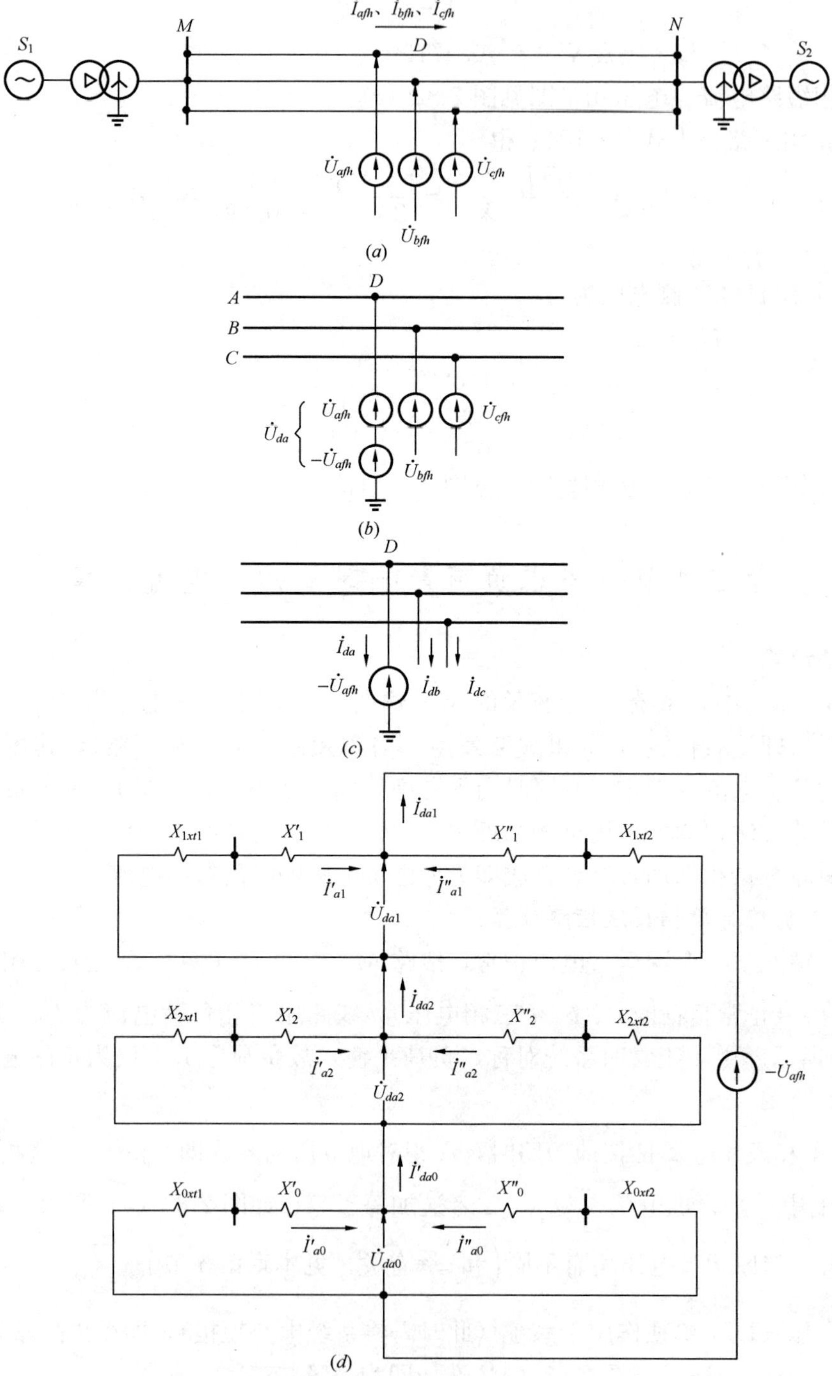

图 2-83　考虑负荷电流影响的单相接地计算图

（a）正常运行状态；（b）A 相接地状态；

（c）故障分量状态；（d）故障分量计算序网连接图

根据对称分量法，由式（2-185）可写出 A 相各序故障分量电流为

$$\dot{I}_{da1}=\dot{I}_{da2}=\dot{I}_{da0}=\frac{1}{3}\dot{I}_{da} \tag{2-186}$$

依据式（2-186）各序电流关系及式（2-185）电压关系，可给出序网连接图，如图 2-83（d）所示。根据序网图可求出 A 相各序故障分量电压为：

$$\left.\begin{aligned}\dot{U}_{da1}&=-j\dot{I}_{da1}X_{1\Sigma}\\ \dot{U}_{da2}&=-j\dot{I}_{da2}X_{2\Sigma}\\ \dot{U}_{da0}&=-j\dot{I}_{da0}X_{0\Sigma}\end{aligned}\right\} \tag{2-187}$$

式中　$X_{1\Sigma}$、$X_{2\Sigma}$、$X_{0\Sigma}$——短路点正、负、零序综合短路电抗。在图 2-83（d）中

$$X_{1\Sigma}=\frac{(X_{1xt1}+X'_1)(X''_1+X_{1xt2})}{X_{1xt1}+X'_1+X''_1+X_{1xt2}};$$

$$X_{2\Sigma}=\frac{(X_{2xt1}+X'_2)(X''_2+X_{2xt2})}{X_{2xt1}+X'_2+X''_2+X_{2xt2}};$$

$$X_{0\Sigma}=\frac{(X_{0xt1}+X'_0)(X''_0+X_{0xt2})}{X_{0xt1}+X'_0+X''_0+X_{0xt2}};$$

$\dot{I}_{da1}$、$\dot{I}_{da2}$、$\dot{I}_{da0}$——正、负、零序故障分量总电流。在图 2-83（d）中 $\dot{I}_{da1}=\dot{I}'_{a1}+\dot{I}''_{a1}$；$\dot{I}_{da2}=\dot{I}'_{a2}+\dot{I}''_{a2}$；$\dot{I}_{da0}=\dot{I}'_{a0}+\dot{I}''_{a0}$。

由图 2-83（d）得

$$\begin{aligned}-\dot{U}_{afh}&=\dot{U}_{da1}+\dot{U}_{da2}+\dot{U}_{da0}=-j\dot{I}_{da1}X_{\lambda\Sigma}-j\dot{I}_{da2}X_{2\Sigma}-j\dot{I}_{da0}X_{0\Sigma}\\&=-j\dot{I}_{da1}(X_{1\Sigma}+X_{2\Sigma}+X_{0\Sigma})\end{aligned}$$

则

$$\dot{I}_{da1}=\frac{\dot{U}_{afh}}{j(X_{1\Sigma}+X_{2\Sigma}+X_{0\Sigma})} \tag{2-188}$$

M 侧各序故障分量电流为

$$\left.\begin{aligned}\dot{I}'_{a1}&=\frac{X_{1\Sigma}}{X_{1xt1}+X'_1}\dot{I}_{da1}\\ \dot{I}'_{a2}&=\frac{X_{2\Sigma}}{X_{2xt1}+X'_2}\dot{I}_{da2}\\ \dot{I}'_{a0}&=\frac{X_{0\Sigma}}{X_{0xt1}+X'_0}\dot{I}_{da0}\end{aligned}\right\} \tag{2-189}$$

N 侧各序故障分量电流为

$$\left.\begin{aligned}\dot{I}''_{a1}&=\frac{X_{1\Sigma}}{X_{1xt2}+X''_1}\dot{I}_{da1}\\ \dot{I}''_{a2}&=\frac{X_{2\Sigma}}{X_{2xt2}+X''_2}\dot{I}_{da2}\\ \dot{I}''_{a0}&=\frac{X_{0\Sigma}}{X_{0xt2}+X''_0}\dot{I}_{da0}\end{aligned}\right\} \tag{2-190}$$

考虑线路负荷电流时，将上述故障分量与负荷电流迭加，则得出考虑负荷时的短路电流。

M 侧

$$\left.\begin{aligned}\dot{I}_{ma1}&=\dot{I}'_{a1}+\dot{I}_{afh}\\\dot{I}_{ma2}&=\dot{I}_{a2}\\\dot{I}_{ma0}&=\dot{I}_{a0}\\\dot{I}_{ma}&=\dot{I}_{ma1}+\dot{I}_{ma2}+\dot{I}_{ma0}\\\dot{I}_{mb}&=a^2\dot{I}_{ma1}+a\dot{I}_{ma2}+\dot{I}_{ma0}\\\dot{I}_{mc}&=a\dot{I}_{ma1}+a^2\dot{I}_{ma2}+\dot{I}_{ma0}\end{aligned}\right\}\tag{2-191}$$

式中　$\dot{I}_{ma}$、$\dot{I}_{mb}$、$\dot{I}_{mc}$——*M* 侧 *A*、*B*、*C* 相全电流。

N 侧

$$\left.\begin{aligned}\dot{I}_{na1}&=\dot{I}''_{a1}-\dot{I}_{afh}\\\dot{I}_{na2}&=\dot{I}''_{a2}\\\dot{I}_{na0}&=\dot{I}''_{a0}\\\dot{I}_{na}&=\dot{I}_{na1}+\dot{I}_{na2}+\dot{I}_{na0}\\\dot{I}_{nb}&=a^2\dot{I}_{na1}+a\dot{I}_{na2}+\dot{I}_{na0}\\\dot{I}_{nc}&=a\dot{I}_{na1}+a^2\dot{I}_{na2}+\dot{I}_{na0}\end{aligned}\right\}\tag{2-192}$$

式中　$\dot{I}_{na}$、$\dot{I}_{nb}$、$\dot{I}_{nc}$——*N* 侧 *A*、*B*、*C* 相全电流。

以上计算结果表明，考虑负荷电流影响时的单相接地短路计算，主要是故障分量的计算。而故障分量的计算，考虑负荷影响与不考虑负荷影响的差别，就在于前者用带负荷时的运行电压，后者用空载电压（即电源电势），比较式（2-41）与式（2-188）可看出，两式分母相同，分子有区别。在实用计算中，如不要求很精确，则 $\dot{E}_* \approx \dot{U}_{*fh}$，此时两式近似相同。这样就可以利用不考虑负荷影响的短路计算公式（见本章第 2-4 节），通过这些公式算出各种不对称短路时各相序分量（即故障分量），然后与负荷电流迭加（应按实际负荷电流方向迭加，并注意负荷电流中仅有正序电流，一般不考虑负序及零序电流），迭加后即为考虑负荷影响时的短路电流。

故障点各相全电压可通过先计算故障相各序电压求得。

相序电压为

$$\left.\begin{aligned}\dot{U}_{a1}&=\dot{U}_{afh}+\dot{U}_{da1}=\dot{U}_{afh}-j\dot{I}_{da1}X_{1\Sigma}\\\dot{U}_{a2}&=\dot{U}_{da2}=-j\dot{I}_{da2}X_{2\Sigma}\\\dot{U}_{a0}&=\dot{U}_{da0}=-j\dot{I}_{da0}X_{0\Sigma}\end{aligned}\right.$$

全电压为

$$\left.\begin{aligned}\dot{U}_{a}&=\dot{U}_{a1}+\dot{U}_{a2}+\dot{U}_{a0}\\\dot{U}_{b}&=a^2\dot{U}_{a1}+a\dot{U}_{a2}+\dot{U}_{a0}\\\dot{U}_{c}&=a\dot{U}_{a1}+a^2\dot{U}_{a2}+\dot{U}_{a0}\end{aligned}\right\}\tag{2-193}$$

M 侧母线各相电压计算

相序电压为

$$\left.\begin{aligned}\dot{U}_{ma1}&=\dot{U}_{a1}+j\dot{I}_{ma1}X'_1\\\dot{U}_{ma2}&=\dot{U}_{a2}+j\dot{I}_{ma2}X'_2\end{aligned}\right\}\tag{2-194a}$$

$$\left.\begin{aligned}
\dot{U}_{ma0} &= \dot{U}_{a0} + j\dot{I}_{ma0}X'_0 \\
\text{全电压为}\quad & \\
\dot{U}_{ma} &= \dot{U}_{ma1} + \dot{U}_{ma2} + \dot{U}_{ma0} \\
&= j\dot{I}_{ma1}X'_1 + j\dot{I}_{ma2}X'_2 + j\dot{I}_{ma0}X'_0 \\
\dot{U}_{mb} &= a^2\dot{U}_{ma1} + a\dot{U}_{ma2} + \dot{U}_{ma0} \\
\dot{U}_{mc} &= a\dot{U}_{ma1} + a^2\dot{U}_{ma2} + \dot{U}_{ma0}
\end{aligned}\right\} \tag{2-194b}$$

N 侧母线各相电压计算

相序电压为

$$\left.\begin{aligned}
\dot{U}_{na1} &= \dot{U}_{a1} + j\dot{I}_{na1}X''_1 \\
\dot{U}_{na2} &= \dot{U}_{a2} + j\dot{I}_{na2}X''_2 \\
\dot{U}_{na0} &= \dot{U}_{a0} + j\dot{I}_{na0}X''_0 \\
\text{全电压为}\quad & \\
\dot{U}_{na} &= \dot{U}_{na1} + \dot{U}_{na2} + \dot{U}_{na0} \\
&= j\dot{I}_{na1}X''_1 + j\dot{I}_{na2}X''_2 + j\dot{I}_{na0}X''_0 \\
\dot{U}_{nb} &= a^2\dot{U}_{na1} + a\dot{U}_{na2} + \dot{U}_{na0} \\
\dot{U}_{nc} &= a\dot{U}_{na1} + a^2\dot{U}_{na2} + \dot{U}_{na0}
\end{aligned}\right\} \tag{2-195}$$

（二）考虑负荷时两相短路及两相接地短路计算

计算方法仍然用重迭原理。根据有负荷影响时对单相接地短路计算结果的分析，在实用计算中如对精度要求不高，可引用本章第 2-4 节介绍的方法，即先计算两相短路及两相接地短路电流作为故障分量，然后与负荷电流迭加，合成后即得考虑负荷影响时的短路电流。

1. 图 2-83（a）D 点 B、C 两相短路电流计算

对于故障分量电流计算，参看式（2-29），将式中 E_A 用 $\dot{U}_{afh}$ 代替，则

$$\left.\begin{aligned}
\dot{I}_{da1} &= \frac{\dot{U}_{afh}}{j(X_{1\Sigma} + X_{2\Sigma})} \\
\dot{I}_{da2} &= -\dot{I}_{da1}\text{〔见式(2-27)〕} \\
\dot{I}_{da0} &= 0
\end{aligned}\right\} \tag{2-196}$$

将故障分量与负荷电流迭加。

M 侧为

$$\left.\begin{aligned}
\dot{I}_{ma1} &= \dot{I}'_{a1} + \dot{I}_{afh} = \frac{X_{1\Sigma}}{X_{1xt1} + X'_1}\dot{I}_{da1} + \dot{I}_{afh} \\
\dot{I}_{ma2} &= \dot{I}'_{a2} = \frac{X_{2\Sigma}}{X_{2xt1} + X'_2}\dot{I}_{da2} \\
\dot{I}_{ma} &= \dot{I}_{ma1} + \dot{I}_{ma2} \\
\dot{I}_{mb} &= a^2\dot{I}_{ma1} + a\dot{I}_{ma2} \\
\dot{I}_{mc} &= a\dot{I}_{ma1} + a^2\dot{I}_{ma2}
\end{aligned}\right\} \tag{2-197}$$

N 侧为

$$
\left.\begin{aligned}
\dot{I}_{na1} &= \dot{I}''_{a1} - \dot{I}_{afh} = \frac{X_{1\Sigma}}{X_{1xt2}+X''_{1}}\dot{I}_{da1} - \dot{I}_{afh} \\
\dot{i}_{na2} &= \dot{I}''_{a2} = \frac{X_{2\Sigma}}{X_{2xt2}+X''_{2}}\dot{I}_{da2} \\
\dot{I}_{na} &= \dot{I}_{na1} + \dot{I}_{na2} \\
\dot{I}_{nb} &= a^{2}\dot{I}_{na1} + a\dot{I}_{na2} \\
\dot{I}_{nc} &= a\dot{I}_{na1} + a^{2}\dot{I}_{na2}
\end{aligned}\right\} \quad (2\text{-}198)
$$

2. 图 2-83（a）D 点 B、C 两相接地短路电流计算

故障分量电流计算，参看式（2-57），将式中 $\dot{E}_{A}$ 用 $\dot{U}_{afh}$ 代替，则

$$
\left.\begin{aligned}
\dot{I}_{da1} &= \frac{\dot{U}_{afh}}{j\left(X_{1\Sigma}+\dfrac{X_{2\Sigma}X_{0\Sigma}}{X_{2\Sigma}+X_{0\Sigma}}\right)} \\
\dot{I}_{da2} &= -\dot{I}_{da1}\frac{X_{0\Sigma}}{X_{2\Sigma}+X_{0\Sigma}} \\
\dot{I}_{da0} &= -\dot{I}_{da1}\frac{X_{2\Sigma}}{X_{2\Sigma}+X_{0\Sigma}}
\end{aligned}\right\} \quad (2\text{-}199)
$$

将故障分量与负荷电流迭加。

M 侧为

$$
\left.\begin{aligned}
\dot{I}_{ma1} &= \frac{X_{1\Sigma}}{X_{1xt1}+X'_{1}}\dot{I}_{da1} + \dot{I}_{afh} \\
\dot{I}_{ma2} &= \frac{X_{2\Sigma}}{X_{2xt1}+X'_{2}}\dot{I}_{da2} \\
\dot{I}_{ma0} &= \frac{X_{0\Sigma}}{X_{0xt1}+X'_{0}}\dot{I}_{da0} \\
\dot{I}_{ma} &= \dot{I}_{ma1} + \dot{I}_{ma2} + \dot{I}_{ma0} \\
\dot{I}_{mb} &= a^{2}\dot{I}_{ma1} + a\dot{I}_{ma2} + \dot{I}_{ma0} \\
\dot{I}_{mc} &= a\dot{I}_{ma1} + a^{2}\dot{I}_{ma2} + \dot{I}_{ma0}
\end{aligned}\right\} \quad (2\text{-}200)
$$

N 侧为

$$
\left.\begin{aligned}
\dot{I}_{na1} &= \frac{X_{1\Sigma}}{X_{1xt2}+X''_{1}}\dot{I}_{da1} - \dot{I}_{afh} \\
\dot{I}_{na2} &= \frac{X_{2\Sigma}}{X_{2xt2}+X''_{2}}\dot{I}_{da2} \\
\dot{I}_{na0} &= \frac{X_{0\Sigma}}{X_{0xt2}+X''_{0}}\dot{I}_{da0} \\
\dot{I}_{na} &= \dot{I}_{na1} + \dot{I}_{na2} + \dot{I}_{na0} \\
\dot{I}_{nb} &= a^{2}\dot{I}_{na1} + a\dot{I}_{na2} + \dot{I}_{na0} \\
\dot{I}_{nc} &= a\dot{I}_{na1} + a^{2}\dot{I}_{na2} + \dot{I}_{na0}
\end{aligned}\right\} \quad (2\text{-}201)
$$

3. 故障点及 M、N 母线电压计算

当发生两相短路或两相接地短路时，先将电流的故障分量算出，然后由式（2-187）计算电压故障分量，再由式（2-193）计算故障点的相序分量及各相全电压，最后由式（2-194）、（2-195）计算 M、N 母线的相序电压及各相全电压（其方法同单相接地短路计算）。

二、考虑负荷影响时短路计算算例

（一）已知条件及计算内容

图 2-84（a）为某 330kV 系统简化网络接线图。系统 S_1 经长 217.8km 输电线 MN 向系

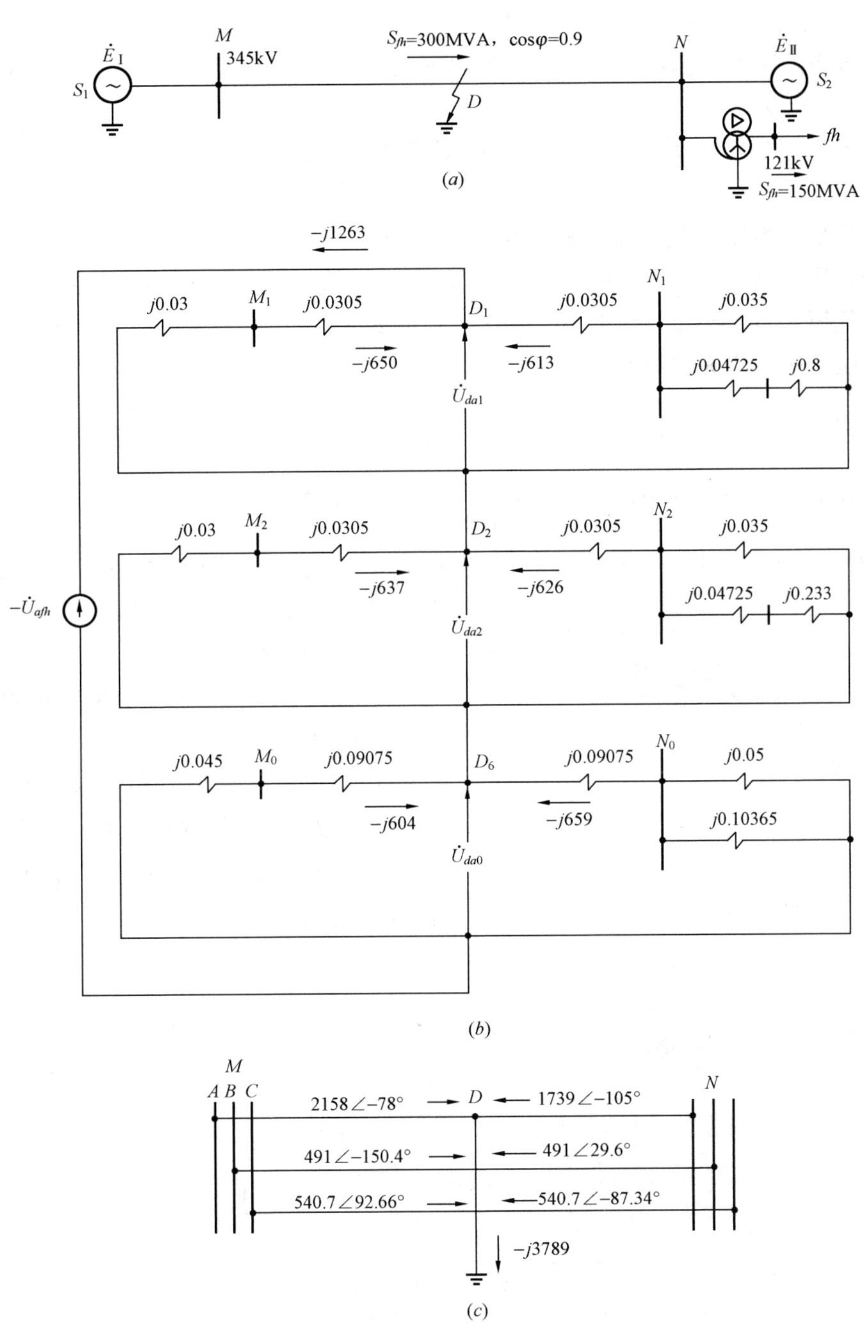

图 2-84　考虑负荷影响线路中点单相接地计算图

（a）系统接线及故障点；（b）故障分量计算序网图；

（c）考虑负荷影响时单相接地短路电流分布

统S_2送电，输送视在功率为300MVA，功率因数为0.9，受端母线N供一台240MVA自耦变压器，自耦变压器121kV侧带集中负荷150MVA。已知参数为：

（1）系统S_1至M侧母线正、负、零序短路阻抗标么值（折算至100MVA），以下同为：$X_{1xt1}=0.03$、$X_{2xt1}=0.03$、$X_{0xt1}-0.045$。

（2）系统S_2至N侧母线正、负、零序短路阻抗标么值为：$X_{1xt2}=0.035$、$X_{2xt2}=0.035$、$X_{0xt2}=0.05$。

（3）MN线路正、负、零序阻抗标么值为：$X_{1xL}=0.061$、$X_{2xL}=0.061$、$X_{0xL}=0.1815$。

（4）自耦变压器正、负、零序短路阻抗标么值：

高压对中压　$X_1=X_2=X_0=0.04725$，但中压侧负荷端中性点不接地。

高压对低压　$X_1=X_2=X_0=0.10365$，但低压侧空载。

自耦变压器中性点直接接地。

（5）集中负荷阻抗标么值：$X_1=1.2\times\frac{100}{150}=0.8$、$X_2=0.35\times\frac{100}{150}=0.233$。

（6）330kV电压级基准电流：$I_j=\frac{100}{\sqrt{3}345}=167.3(\text{A})$。

试求MN输电线路中间短路点（设该点为远距离短路点）单相接地短路，并考虑负荷影响时，M、N两侧故障电流及母线电压。

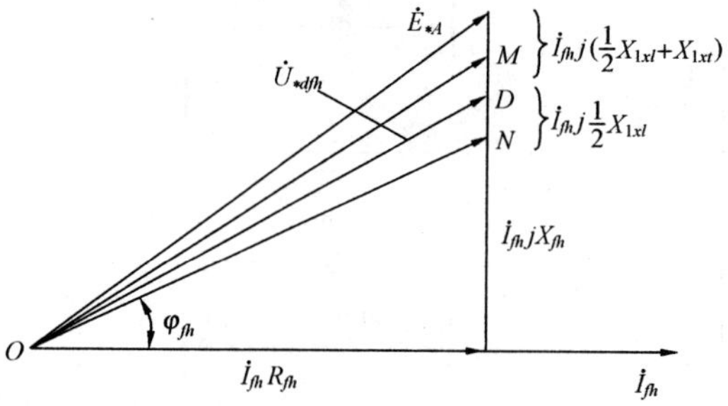

图2-85　运行电压计算图

（二）题解

线路中间短路时，计算用序网图，如图2-84（b）所示。

（1）根据线路输送负荷及系统S_1等值电势，求线路中间点运行电压。考虑到是长距离输电，取电势标么值$\dot{E}_{*A}=1.05$，则计算点运行电压由图2-85得

$$\dot{U}_{*dfh}=\dot{E}_{*A}\sqrt{\frac{R_{fh}^2+\left(X_{fh}+\frac{1}{2}X_{1xl}\right)^2}{R_{fh}^2+(X_{fh}+X_{1xl}+X_{1xt})^2}}$$

$$=1.05\sqrt{\frac{\left(\frac{\cos\varphi_{fh}}{S_{*fh}}\right)^2+\left(\frac{\sin\varphi_{fh}}{S_{*fh}}+\frac{1}{2}X_{1xl}\right)^2}{\left(\frac{\cos\varphi_{fh}}{S_{*fh}}\right)^2+\left(\frac{\sin\varphi_{fh}}{S_{*fh}}+X_{1xl}+X_{1xl}\right)^2}}$$

$$=1.05\sqrt{\frac{\left(\frac{0.9}{300/100}\right)^2+\left(\frac{0.4359}{300/100}+0.0305\right)^2}{\left(\frac{0.9}{300/100}\right)^2+\left(\frac{0.4359}{300/100}+0.061+0.03\right)^2}}=0.956$$

式中　$\dot{U}_{*dfh}$——D点运行电压标么值；

R_{fh}、X_{fh} ——对应于线路负荷为 300MVA、功率因数 $\cos\varphi_{fh}=0.9$ 时的负荷电阻和电抗，并以标么值表示

$$R_{fh}=\frac{Z_{fh}\cos\varphi_{fh}}{Z_j}=\frac{\frac{U^2}{S_{fh}}\cos\varphi_{fh}}{\frac{U^2}{S_j}}=\frac{\cos\varphi_{fh}}{\frac{S_{fh}}{S_j}}=\frac{\cos\varphi_{fh}}{S_{*fh}}，X_{fh}=\frac{\sin\varphi_{fh}}{S_{*fh}}；$$

S_{*fh} ——线路视在功率标么值，并以 100MVA 为基准。

(2) 计算短路点总电抗。由图 2-84 (b) 得

$$X_{1\Sigma}=\frac{(0.03+0.0305)\left(0.0305+\frac{0.035\times0.84725}{0.035+0.84725}\right)}{(0.03+0.0305)+\left(0.0305+\frac{0.035\times0.84725}{0.035+0.84725}\right)}$$

$$=\frac{0.0605\times0.06411}{0.0605+0.06411}=0.03113$$

$$X_{2\Sigma}=\frac{(0.03+0.0305)\left(0.0305+\frac{0.035\times0.28025}{0.035+0.28025}\right)}{(0.03+0.0305)+\left(0.0305+\frac{0.035\times0.28025}{0.035+0.28025}\right)}$$

$$=\frac{0.0605\times0.061614}{0.0605\times0.061614}=0.03053$$

$$X_{0\Sigma}=\frac{(0.045+0.09075)\left(0.09075+\frac{0.05\times0.10365}{0.05+0.10365}\right)}{(0.045+0.09075)+\left(0.09075+\frac{0.05\times0.10365}{0.05+0.10365}\right)}$$

$$=\frac{0.13575\times0.12448}{0.13575+0.12448}=0.06494$$

(3) 计算故障电流分量及各侧分流。

1) 由式 (2-186)、(2-188) 计算故障分量各序总电流分别为

$$\dot{I}_{da1}=\dot{I}_{da2}=\dot{I}_{da0}=\frac{0.956\times167.3}{j(0.03113+0.03053+0.06494)}=-j1263(\text{A})$$

$$\dot{I}_{da}=3\dot{I}_{da1}=-j3789(\text{A})$$

2) M 侧故障分量各序分流为

$$\dot{I}'_{a1}=\frac{0.03113}{0.0605}(-j1263)=-j650(\text{A})$$

$$\dot{I}'_{a2}=\frac{0.03053}{0.0605}(-j1263)=-j637(\text{A})$$

$$\dot{I}'_{a0}=\frac{0.06494}{0.13575}(-j1263)=-j604(\text{A})$$

$$\dot{I}'_a = -j(650+637+604) = -j1891(\text{A})$$

3）N 侧故障分量各序电流为

$$\dot{I}''_{a1} = \frac{0.03113}{0.06411}(-j1263) = -j613(\text{A})$$

$$\dot{I}''_{a2} = \frac{0.03053}{0.061614}(-j1263) = -j626(\text{A})$$

$$\dot{I}''_{a0} = \frac{0.06494}{0.12448}(-j1263) = -j659(\text{A})$$

$$\dot{I}''_a = -j(613+626+659) = -j1898$$

将上述故障分量计算结果列于图 2-84（b）中。

（4）考虑负荷电流时计算各序电流及各相全电流。

1）由已知输送功率计算负荷电流为

$$\dot{I}_{afh} = \frac{S_{fh}}{S_j}\dot{I}_j(\cos\varphi_{fh} - j\sin\varphi_{fh}) = \frac{300}{100}167.3(0.9-j0.436)$$

$$=451.7-j218.8 = 501.9\angle-25.85°(\text{A})$$

$$\dot{I}_{bfh} = 501.9\angle-145.85°(\text{A})$$

$$\dot{I}_{cfh} = 501.9\angle94.15°(\text{A})$$

2）M 侧相序电流及各相全电流，由式（2-191）得

$$\dot{I}_{ma1} = \dot{I}'_{a1} + \dot{I}_{afh} = -j650+451.7-j218.8 = 451.7-j868.8(\text{A})$$

$$\dot{I}_{ma2} = \dot{I}'_{a2} = -j637(\text{A})$$

$$\dot{I}_{ma0} = \dot{I}'_{a0} = -j604(\text{A})$$

$$\dot{I}_{ma} = 451.7-j(868.8+637+604) = 451.7-j2109.8 = 2158\angle-78°(\text{A})$$

$$\dot{I}_{mb} = (-0.5-j0.866)(451.7-j868.8)+(-0.5+j0.866)(-j637)$$
$$+(-j604) = -426.6-j242.3 = 491\angle-150.4°(\text{A})$$

$$\dot{I}_{mc} = (-0.5+j0.866)(451.7-j868.8)+(-0.5-j0.866)(-j637)$$
$$+(-j604) = -24.05+j540.1 = 540.7\angle92.66°(\text{A})$$

3）N 侧相序电流及各相全电流，由式（2-192）得

$$\dot{I}_{na1} = \dot{I}''_{a1} - \dot{I}_{afh} = -j613-451.7+j218.8 = -451.7-j394.2(\text{A})$$

$$\dot{I}_{na2} = \dot{I}''_{a2} = -j626(\text{A})$$

$$\dot{I}_{na0} = \dot{I}''_{a0} = -j659(\text{A})$$

$$\dot{I}_{na} = -451.7-j394.2-j626-j659 = -451.7-j1679.2 = 1739\angle-105°(\text{A})$$

$$\dot{I}_{nb} = (-0.5-j0.866)(-451.7-j394.2)+(-0.5+j0.866)(-j626)-j659$$
$$=426.6+j242.3 = 491\angle29.6°(\text{A})$$

$$\dot{I}_{nc} = (-0.5+j0.866)(-451.7-j394.2)+(-0.5-j0.866)(-j626)-j659$$
$$=25.05-j540.1 = 540.7\angle-87.34°(\text{A})$$

将上述计算结果示于图 2-84（c）中。从图中可看出，非故障相（B、C 相）电流，与故障前负荷电流（501.9A）接近，相角变化也不大；对故障相电流而言，送电侧电流增大，受电侧电流减小，但均在 10%左右。当不考虑负荷影响而从电网平均电压计算短路电流时，

其计算结果与考虑负荷电流影响时比较，误差在10%之内。故在一般工程计算中，计算短路电流时，不考虑负荷电流影响是允许的。

（5）计算故障点及两侧母线电压。

1）故障点电压（以标么值表示，以下同），由式（2-193）得

$$\dot{U}_{a1}=\dot{U}_{afh}+\dot{U}_{da1}=\dot{U}_{afh}-j\dot{I}_{da1}X_{1\Sigma}=0.956-j\left(-j\frac{1263}{167.3}\right)0.03113$$

$$=0.956-0.235=0.721$$

$$\dot{U}_{a2}=\dot{U}_{da2}=-j\dot{I}_{da2}X_{2\Sigma}=-j\left(-j\frac{1263}{167.3}\right)0.03053=-0.2305$$

$$\dot{U}_{a0}=\dot{U}_{da0}=-j\dot{I}_{da0}X_{0\Sigma}=-j\left(-j\frac{1263}{167.3}\right)0.06491=-0.49$$

式中　167.3——345kV电压级基准电流（A）。

$$\dot{U}_{a}=\dot{U}_{a1}+\dot{U}_{a2}+\dot{U}_{a0}=0$$

$$\dot{U}_{b}=(-0.5-j0.866)0.721+(-0.5+j0.866)(-0.2305)-0.49$$
$$=-0.3605-j0.624+0.115-j0.2-0.49=-0.7355-j0.824=1.105\angle-131.8^{\circ}$$

$$\dot{U}_{c}=(-0.5+j0.866)0.721+(-0.5-j0.866)(-0.2305)-0.49=-0.3605$$
$$+j0.624+0.115+j0.2-0.49=-0.7355+j0.824=1.105\angle131.8^{\circ}$$

因故障点综合阻抗 $X_{0\Sigma}>X_{1\Sigma}$，故非故障电压升高。

2）M侧母线电压，由式（2-194）得

$$\dot{U}_{ma1}=0.721+j\left(\frac{451.7-j868.8}{167.3}\right)0.0305=0.879+j0.0823=0.883\angle5.35^{\circ}$$

$$\dot{U}_{ma2}=-0.2305+j\left(\frac{-j637}{167.3}\right)0.0305=-0.1143$$

$$\dot{U}_{ma0}=-0.49+j\left(\frac{-j604}{167.3}\right)0.09075=-0.162$$

$$\dot{U}_{ma}=0.879-0.1143-0.162+j0.0823=0.6027+j0.0823=0.608\angle7.78^{\circ}$$

$$\dot{U}_{mb}=(-0.5-j0.866)(0.879+j0.0823)+(-0.5+j0.866)(-0.1143)-0.162$$
$$=-0.4395-j0.04115-j0.7612+0.0712+0.0572-j0.099-0.162$$
$$=0.4731-j0.9014=1.018\angle-117.7^{\circ}$$

$$\dot{U}_{mc}=(-0.5+j0.866)(0.879+j0.0823)+(-0.5-j0.866)(-0.1143)-0.162$$
$$=-0.4395-j0.04115-j0.7612-0.0712+0.0572+j0.099-0.162$$
$$=-0.616+j0.819=1.025\angle126.95^{\circ}$$

3）N侧母线电压，由式（2-195）得

$$\dot{U}_{na1}=0.721+j\left(\frac{-451.7-j394.2}{167.3}\right)0.0305=0.793-j0.08235=0.797\angle-5.9^{\circ}$$

$$\dot{U}_{na2}=-0.2305+j\left(\frac{-j626}{167.3}\right)0.0305=-0.116$$

$$\dot{U}_{na0} = -0.49 + j\left(\frac{-j659}{167.3}\right)0.09075 = -0.133$$

$$\dot{U}_{na} = 0.793 - j0.08235 - 0.116 - 0.133 = 0.544 - j0.08235 = 0.55\angle -8.6^\circ$$

$$\begin{aligned}\dot{U}_{nb} &= (-0.5 - j0.866)(0.793 - j0.08235) + (-0.5 + j0.866)(-0.116) - 0.133 \\ &= -0.3965 + j0.0412 - j0.687 - 0.0713 + 0.058 - j0.1 - 0.133 \\ &= -0.543 - j0.746 = 0.923\angle -126.05^\circ\end{aligned}$$

$$\begin{aligned}\dot{U}_{nc} &= (-0.5 + j0.866)(0.793 - j0.08235) + (-0.5 - j0.866)(-0.116) - 0.133 \\ &= -0.3965 + j0.0412 + j0.687 + 0.0713 + 0.058 + j0.1 - 0.133 \\ &= -0.4 + j0.828 = 0.92\angle 115.8^\circ\end{aligned}$$

第 2-10 节　电力系统振荡计算

一、振荡计算

系统静稳定或动稳定储备不足或系统采用非周期重合闸装置，均可能出现系统振荡问题。图 2-86（*a*）是简化为两个等值机的某双电源系统，其联络线配置了非同期重合闸装置，当联络线发生瞬时性相间故障三相跳闸后，三相非同期重合。重合时，两侧电势相角差可能为 180°，重合后可能引起系统振荡。但实践证明，这种振荡很可能自行平息。原因是当大系统向小系统送电时，线路故障跳闸后，虽然小系统功率缺额大，频率下降快，但大系统功率过剩不多（百分值），频率升高不大，重合以后小系统可被大系统拉入同步。因此，在振荡后果不严重的情况下，采用非周期重合闸装置，可以大大提高供电可靠性。

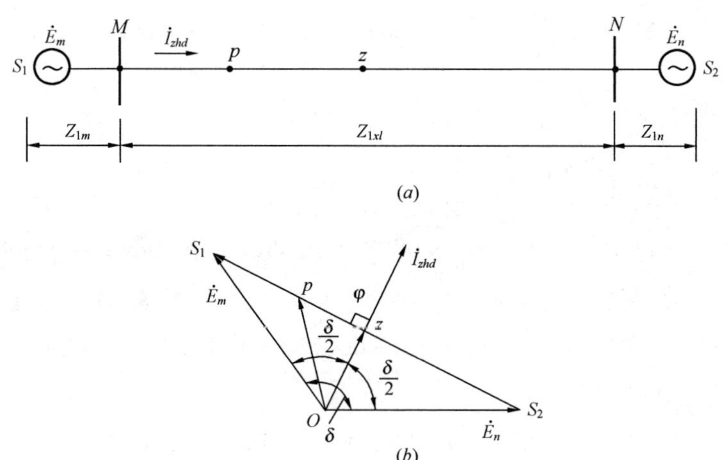

图 2-86　振荡电流、电压计算

（*a*）简化系统接线图；（*b*）两侧电势相量图

（一）振荡电流计算

图 2-86（*a*）中，系统 S_1 向系统 S_2 送电，设某种原因引起系统振荡，$\dot{E}_m$ 超前 $\dot{E}_n$ 的相角为 δ，其相对关系可看做 $\dot{E}_n$ 相对静止，而 $\dot{E}_m$ 相对 $\dot{E}_n$ 逆时针旋转，如图 2-86（*b*）所示。在两电势差 $\dot{E}_m - \dot{E}_n$ 作用下，系统内就产生了振荡电流，其计算公式为

$$\dot{I}_{zhd} = \frac{\dot{E}_m - \dot{E}_n}{Z_{1\Sigma}} \tag{2-202}$$

在图 2-86（b）中

$$\dot{E}_m - \dot{E}_n = \overline{S_1 S_2} = \overline{2zS_2} = 2E\sin\frac{\delta}{2}$$

故

$$I_{zhd} = \frac{2E\sin\frac{\delta}{2}}{Z_{1\Sigma}} \tag{2-203}$$

设两侧电源电势幅值相等，则

$$E = |\dot{E}_m| = |\dot{E}_n|$$

式中　$Z_{1\Sigma}$——两侧系统之间综合正序阻抗，$Z_{1\Sigma} = Z_{1m} + Z_{xl} + Z_{1n}$（图中假设阻抗角相同）；

z——$\overline{S_1 S_2}$ 中垂点，当各元件阻抗角相同时，为电气中心或叫振荡中心。

从式（2-202）可知，振荡电流 $\dot{I}_{zhd}$ 滞后电势差（$\dot{E}_m - \dot{E}_n$）的相角，总是等于综合正序阻抗角 φ。当各元件电阻忽略不计时，$\dot{I}_{zhd}$ 滞后（$\dot{E}_m - \dot{E}_n$）$90°$，如图 2-86（b）所示。当 $\dot{E}_m$ 超前 $\dot{E}_n$ 的相角 δ 由 $0°$向 $360°$变化时，$\dot{I}_{zhd}$ 相量末端的轨迹如图 2-87 中圆 O_1 所示。当 $\delta=0°$时，$\dot{I}_{zhd} = 0$；$\delta = 90°$ 时，$\dot{I}_{zhd} = \dot{I}_{zhd1}$；$\delta = 180°$ 时，$\dot{I}_{zhd} = \dot{I}_{zhd2}$；$\delta = 270°$ 时，$\dot{I}_{zhd} = \dot{I}_{zhd3}$；$\delta = 360°$ 时，$\dot{I}_{zhd} = 0$。$\dot{I}_{zhd}$ 超前 $\dot{E}'_n$ 的相角在 $0°$～$180°$范围内变化（如图 2-87 所示）。

式（2-202）用瞬时值表示时振荡电流为

$$i_{zhd} = \frac{\dot{E}_{m\max}\sin 2\pi f_1 t - \dot{E}_{n\max}\sin 2\pi f_2 t}{Z_{1\Sigma}} \tag{2-204}$$

式中　$\dot{E}_{m\max}$、$\dot{E}_{n\max}$——M、N 两侧电势的最大值；

f_1、f_2——M、N 两侧电势的频率。

当假设 $|\dot{E}_{m\max}| = |\dot{E}_{n\max}| = 1$ 及 $Z_{1\Sigma}$ 用标么值表示时，得出振荡电流标么值，则式(2-204)为

$$i_{zhd} = \frac{\sin 2\pi f_1 t - \sin 2\pi f_2 t}{Z_{1\Sigma}} = \frac{2\cos 2\pi\frac{f_1 + f_2}{2}t\sin 2\pi\frac{f_1 - f_2}{2}t}{Z_{1\Sigma}} \tag{2-205}$$

式（2-205）中的余弦函数表明，振荡电流的频率为 $\frac{f_1 + f_2}{2}$，而式中的正弦函数部分的瞬时值则以频率 $\frac{f_1 - f_2}{2}$ 周期性地变化，周期为 $T' = \frac{2}{f_1 - f_2}$。而振荡周期（即振荡电流）由一个最小值（或最大值）变到下一个最小值（或最大值）所经过的时间为 $T = \frac{1}{f_1 - f_2}$，振荡周期就是 $\dot{E}_m$ 绕 $\dot{E}_n$ 旋转一周（δ=360°非周期振荡时）所经历的时间。振荡电流波形如图 2-88（c）所示。

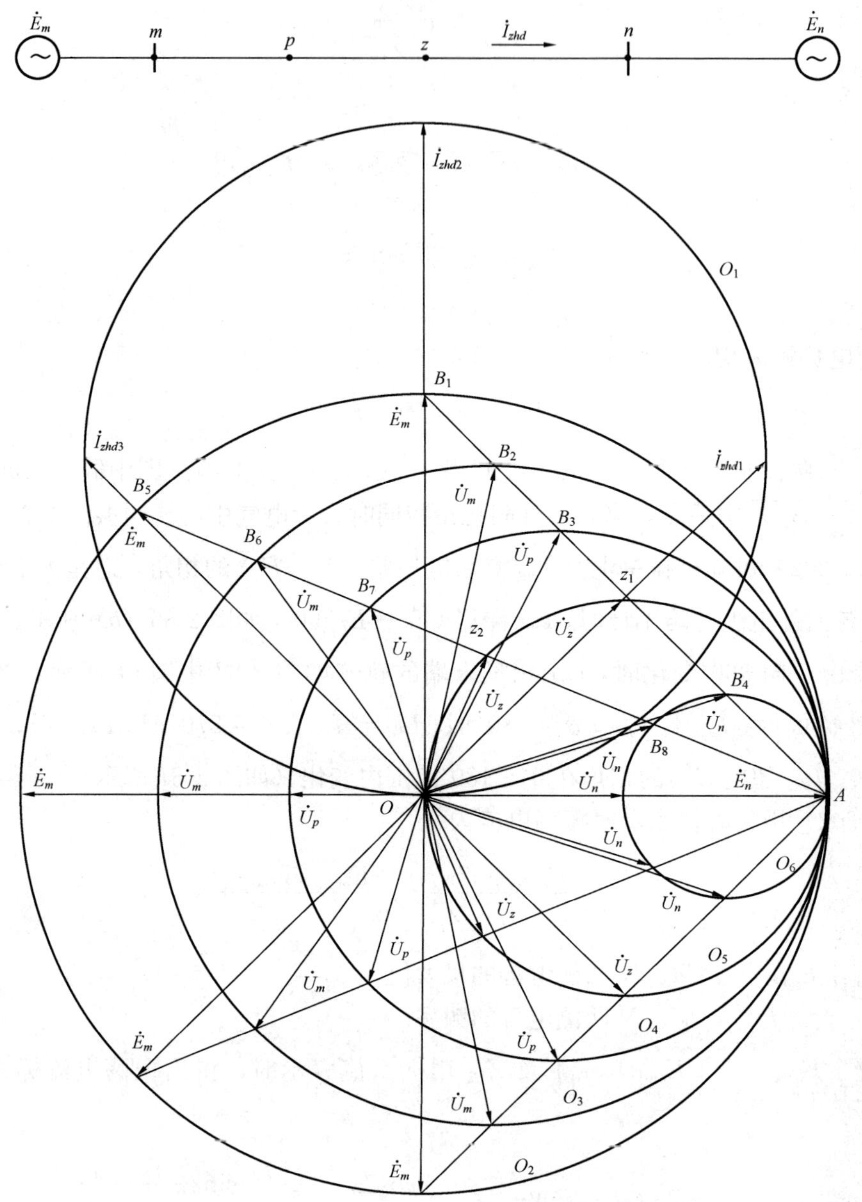

图 2-87 振荡中 $\dot{E}_m$ 在 0～360°范围内变化时各点电压轨迹

（二）振荡电压计算

根据振荡电流，可求任意点，例如图 2-87 中 p 点电压，即

$$\dot{U}_p = \dot{E}_m - \dot{I}_{zhd} Z_{1s1p} = \dot{E}_m - \dot{I}_{zhd}\left(\frac{1}{2} Z_{1\Sigma} - Z_{1pz}\right) \tag{2-206}$$

式中 Z_{1s1p}——电源 S_1 至 p 点之间的正序阻抗；

Z_{1pz}——振荡中心 z 点至 p 点之间的正序阻抗；

$Z_{1\Sigma}$——两电源之间的综合正序阻抗。

1. p 点电压值计算

在图 2-86（b）中，$\overline{Oz}=\dot{E}\cos\frac{\delta}{2}$，$\overline{S_1z}=\dot{E}\sin\frac{\delta}{2}$，$\frac{\overline{pz}}{S_1z}=\frac{Z_{1pz}}{\frac{1}{2}Z_{1\Sigma}}$，即

$$\overline{pz}=2\,\overline{S_1z}\frac{Z_{1pz}}{Z_{1\Sigma}}$$

所以

$$\overline{pz}=2\dot{E}\frac{Z_{1pz}}{Z_{1\Sigma}}\sin\frac{\delta}{2}$$

从图 2-86（b）$\triangle Ozp$ 中，可求得 p 点电压为

$$U_p=\overline{Op}=\sqrt{\overline{Oz}^2+\overline{pz}^2}=E\sqrt{\cos^2\frac{\delta}{2}+\left(2\frac{Z_{1pz}}{Z_{1\Sigma}}\sin\frac{\delta}{2}\right)^2} \tag{2-207}$$

当 p 点移至 z 点时，$Z_{1pz}=0$，则 p 点电压为振荡中心电压，即

$$\dot{U}_p=\dot{E}\cos\frac{\delta}{2} \tag{2-208}$$

在工程计算中，用作图法较为简便、直观。当 δ 由 0°～360°变化时，各点电压如图 2-87 所示。取标么电势 $\dot{E}_*=1$，则图中相应线段即为该点电压标么值。例如，当 $\delta=0°$，$\dot{E}_m$、$\dot{E}_n$ 同相时，全网电压均为额定值；当 $\delta=90°$时，各点电压沿直线 $B_1B_2B_3z_1B_4A$ 分布（B_2、B_3…… 各点位置由各段阻抗按比例确定）。显然，图中 $\dot{U}_m$、$\dot{U}_p$、$\dot{U}_z$、$\dot{U}_n$ 均小于电源电势，其数值为：$\dot{U}_m=OB_2$、$\dot{U}_p=OB_3$、$\dot{U}_z=Oz_1$、$\dot{U}_n=OB_4$；当 $\delta=135°$时，各点电压沿直线 $B_5B_6B_7z_2B_8A$ 分布，其数值为：$\dot{U}_m=OB_6$、$\dot{U}_p=OB_7$、$\dot{U}_z=Oz_2$、$\dot{U}_n=OB_8$。当 δ 为任意角时，各点电压可由图 2-87 电压变化轨迹求出。其中：

电源电势 $\dot{E}_m$ 相量末端轨迹为圆 O_2，相量起点为 O；

母线电压 $\dot{U}_m$ 相量末端轨迹为圆 O_3，相量起点为 O；

p 点电压 $\dot{U}_p$ 相量末端轨迹为圆 O_4，相量起点为 O；

振中电压 $\dot{U}_z$ 相量末端轨迹为圆 O_5，相量起点为 O；

母线电压 $\dot{U}_n$ 相量末端轨迹为圆 O_6，相量起点为 O；

电源电势 $\dot{E}_n$ 相对静止，用 OA 表示。

2. p 点电压相角

从图 2-87 中可知，p 点位置不同时，p 点电压的相角（例如超前 $\dot{E}_n$ 的相角）也不同。p 点在图 2-86 中 S_1z 之间时，$\dot{U}_p$ 超前 $\dot{U}_n$ 的相角为 0°～360°；p 点在 S_2z 之间时，$\dot{U}_p$ 超前 $\dot{E}_n$ 的相角较小（例如 $\dot{U}_n$ 的相角）；当 p 点向 S_2 越靠近时，则相角变化越小。因此，各点电压与振荡电流的相角差不是同一数值，但 p 点确定后则由图 2-87 可求出两者之间相角差。例如在图 2-87 中 $\delta=180°$时，$\dot{I}_{zhd2}$ 超前 $\dot{E}_n$90°，$\dot{U}_p$ 超前 $\dot{E}_n$180°，则 $\dot{U}_p$ 超前 $\dot{I}_{zhd2}$90°；又如 $\delta=90°$时，$\dot{I}_{zhd1}$ 超前 $\dot{E}_n$45°，则 $\dot{U}_p$ 超前 $\dot{E}_n$ 为 $\angle B_3OA$，则 $\dot{U}_p$ 超前 $\dot{I}_{zhd1}$ 为 $\angle B_3Oz_1$ 等。

3. p 点电压的频率

由式（2-202）及（2-206）得 p 点电压为

$$\dot{U}_p=\dot{E}_m-\frac{\dot{E}_m-\dot{E}_n}{Z_{1\Sigma}}\left(\frac{1}{2}Z_{1\Sigma}-Z_{1pz}\right)$$
$$=\dot{E}_m\left(\frac{1}{2}+\frac{Z_{1pz}}{Z_{1\Sigma}}\right)+\dot{E}_n\left(\frac{1}{2}-\frac{Z_{1pz}}{Z_{1\Sigma}}\right) \tag{2-209}$$

当用瞬时值表示，并取 $E_{m\cdot\max}=E_{n\cdot\max}=1$ 及两侧电势频率为 f_1 和 f_2 时，则式（2-209）为

$$\dot{U}_p=\left(\frac{1}{2}+\frac{Z_{1pz}}{Z_{1\Sigma}}\right)\sin2\pi f_1t+\left(\frac{1}{2}-\frac{Z_{1pz}}{Z_{1\Sigma}}\right)\sin2\pi f_2t \tag{2-210}$$

在式（2-210）中，$Z_{1pz}=0$（即 p 点移到振荡中心）时，则

$$\dot{U}_p=\dot{U}_z=\frac{1}{2}\sin2\pi f_1t+\frac{1}{2}\sin2\pi f_2t$$
$$=\sin2\pi\frac{f_1+f_2}{2}t\cos2\pi\frac{f_1-f_2}{2}t \tag{2-211}$$

式（2-211）为振荡中心 z 点电压，其频率为 $\frac{f_1+f_2}{2}$，式中的余弦函数则使电压包络线的幅值呈周期性变化。电压包络线由一个最小值（或最大值）变到下一个最小值（或最大值）所经过的时间为 $T=\frac{1}{f_1-f_2}$，即电压、电流具有同样的振荡周期。振荡中心的电压波形，如图 2-88（a）所示。

由式（2-210）可知，当 Z_{1pz} 变化（即 p 点移动）时，p 点的电压和电压频率均具有不同的数值。当图 2-86 中 p 点移到 S_1 点时，即 $Z_{1pz}=Z_{1S1z}=\frac{1}{2}Z_{1\Sigma}$ 时，式（2-210）等号右第二项为零，即

$$\dot{U}_p=\sin2\pi f_1t \tag{2-212}$$

此时，p 点电压和频率变为电源 S_1 的电势和频率。

当 p 点移到 S_2 点时，即 $Z_{1pz}=Z_{1S2z}=-\frac{1}{2}Z_{1\Sigma}$ 时，式（2-210）等号右第一项为零，即

$$\dot{U}_p=\sin2\pi f_2t \tag{2-213}$$

此时 p 点电压和频率变为电源 S_2 的电势和频率。

由以上分析说明，振荡时系统各点的电压及其频率是不同的，任意点 p 越靠近某侧电源，则越接近某侧电源的电势和频率，振荡中心的电压频率恰是两侧电源电势频率的平均值。

当 p 点离开振荡中心时，电压波形如图 2-88（b）所示。

在振荡过程中振荡周期及电压、电流频率一般不是常数，对于周期振荡（两系统可再同步），其振荡周期逐渐增长，频率变化趋向稳定，直到恢复同步运行。对于非同期振荡（两侧功率很不平衡，频差较大时），振荡周期会逐渐减小，振荡加快，有可能失步，直到系统解列运行。

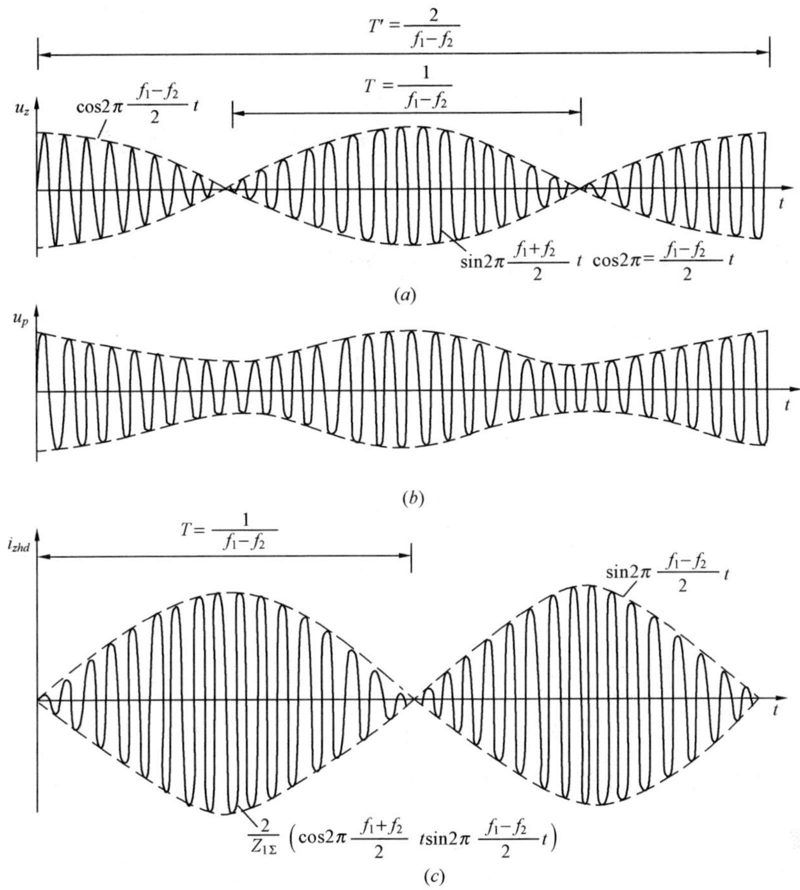

图 2-88　振荡时电压、电流波形

（*a*）振荡中心电压波形；（*b*）任意点 *p* 的电压波形；

（*c*）线路负荷为零时振荡电流波形

二、振荡计算算例

（一）已知条件和计算内容

图 2-89（*a*）为某 110kV 系统简化接线图。系统 S_1 经线路 *MN* 向系统 S_2 送电，线路采

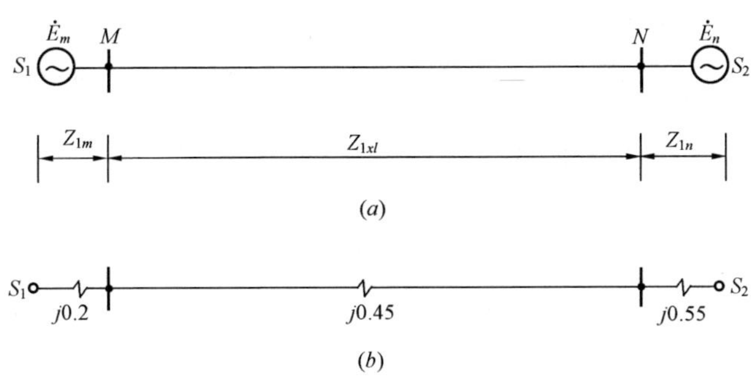

图 2-89　振荡算例

（*a*）简化系统接线；（*b*）等值阻抗图

用非同期重合闸装置。当线路瞬时性故障，MN 两侧三相跳开并非同期重合时，合闸角为 $\delta=180^\circ$，系统 S_1 的频率升高为 $f_1=51\text{Hz}$，系统 S_2 的频率下降为 $f_2=48.5\text{Hz}$，系统阻抗及线路阻抗如图 2-89（b）所示（均为以 100MVA 为基准的标幺值）。试计算非同期合闸时产生的振荡电流、振荡周期、振荡中心位置及 MN 母线最低电压值和电压分布。

（二）题解

1. 振荡电流计算

按式（2-203）计算 $\delta=180^\circ$时的振荡电流，即

$$\dot{I}_{zhd}=\frac{2\dot{E}\sin\dfrac{\delta}{2}}{Z_{1\Sigma}}=\frac{2\dot{E}_*\sin\dfrac{\delta}{2}}{Z_{*1\Sigma}}\dot{I}_j$$

$$=\frac{2\sin\dfrac{180^\circ}{2}}{j(0.2+0.45+0.55)}502=837\angle-90^\circ(\text{A})$$

$\dot{I}_{zhd}$ 滞后 $\dot{E}_m 90^\circ$，如图 2-87 中的 $\dot{I}_{zhd2}$。

2. 振荡周期（重合后第一个周期）

振荡周期计算为

$$T=\frac{1}{f_1-f_2}=\frac{1}{51-48.5}=0.4(\text{s})$$

重合后由于机组频率的自动调节作用，振荡周期会改变。

3. 振荡中心位置

假设各元件阻抗角均为 90°（纯电抗），故振荡中心即为电气中心。振荡中心距 M 侧母线的阻抗为

$$X=\frac{X_{1\Sigma}}{2}-X_{1m}=\frac{0.2+0.45+0.55}{2}-0.2=0.4$$

$$\frac{X}{X_{1xl}}=\frac{0.4}{0.45}=88.89\%$$

即振荡中心位置在 MN 线路的 88.89%处（由 M 端算起）。

4. M、N 侧母线最低电压

由图 2-87 可知，$\delta=180^\circ$时，M、N 侧母线电压（标幺值）最低为

$$U_m=\frac{X}{\dfrac{1}{2}X_{1\Sigma}}=\frac{0.4}{0.6}=66.67\%$$

$$U_n=\frac{X_{1xl}-X}{\dfrac{1}{2}X_{1\Sigma}}=\frac{0.45-0.4}{0.6}=8.33\%$$

5. 电压分析

当 $\delta=180^\circ$时，$\dot{E}_m$、$\dot{E}_n$ 及电压分布情况，如图 2-90 所示，振荡中心电压 $\dot{U}_z=0$。

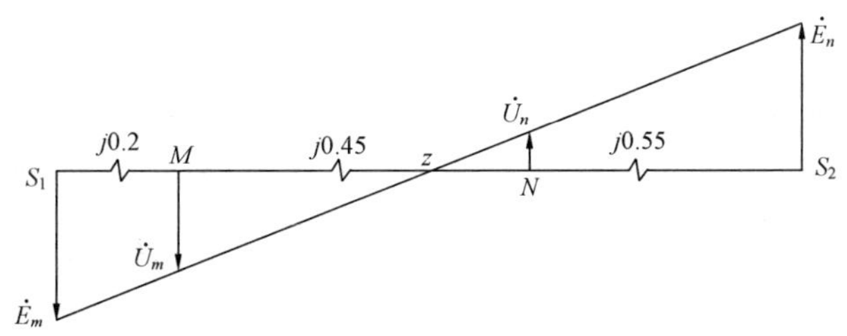

图 2-90　振荡过程中 $\delta=180°$时电压分布

第 2-11 节　断 相 故 障 计 算

线路断线，分相断路器跳开一相，线路单相重合闸过程中瞬时性单相故障一侧拒合或两侧拒合，及短期非全相运行等，均属断相状态。它与短路形成的横向故障不同，此属纵向故障，虽没有短路故障后果严重，但也对旋转电机及系统运行和继电保护有一定影响，故障需进行分析计算，以便制订相应对策。

一、单相继相计算

图 2-91（a）中，mn 处 A 相因故断相，断相后形成短期非全相状态，A 相电流为零，当断相前有负荷电流时，在断相点 mn 之间就产生了电压。

应用重迭原理在图 2-91（a）中 mn 之间附加一组纵向电压，如图 2-91（b）所示，在此电压作用下产生一组故障分量电流，此电流与 A 相负荷电流迭加后合成电流为零，即图 2-91（b）中 $\dot{I}_{Adx}=0$。对于 B、C 相而言，附加纵向电压应为零（无断口），即图 2-91（b）中 $\Delta\dot{U}_{Bdx}=0$、$\Delta\dot{U}_{Cdx}=0$。这样，非全相状态等于正常运行全相状态与附加纵向电压单独作用下的全相状态的迭加。因此，计算出后一状态（称故障状态）的故障分量与正常负荷迭加，即为断相后的计算量。根据断相处边界条件得各序电流、电压为

$$\dot{I}_{Adx}=\dot{I}_{1dx}+\dot{I}_{2dx}+\dot{I}_{0dx}=0 \tag{2-214}$$

$$\dot{I}_{Bdx}=a^2\dot{I}_{1dx}+a\dot{I}_{2dx}+\dot{I}_{0dx} \tag{2-215}$$

$$\dot{I}_{Cdx}=a\dot{I}_{1dx}+a^2\dot{I}_{2dx}+\dot{I}_{0dx} \tag{2-216}$$

$$\Delta\dot{U}_{Adx}=\Delta\dot{U}_{1dx}+\Delta\dot{U}_{2dx}+\Delta\dot{U}_{0dx} \tag{2-217}$$

$$\Delta\dot{U}_{Bdx}=a^2\dot{U}_{1dx}+a\Delta\dot{U}_{2dx}+\Delta\dot{U}_{0dx}=0 \tag{2-218}$$

$$\Delta\dot{U}_{Cdx}=a\dot{U}_{1dx}+a^2\Delta\dot{U}_{2dx}+\Delta\dot{U}_{0dx}=0 \tag{2-219}$$

式（2-217）～（2-219）相加，得

$$\Delta\dot{U}_{Adx}=3\Delta\dot{U}_{0dx} \tag{2-220}$$

式（2-218）乘 a 减式（2-219）得

$$\Delta\dot{U}_{1dx}=\Delta\dot{U}_{0dx} \tag{2-221}$$

式（2-218）减式（2-219）乘 a 得

$$\Delta\dot{U}_{2dx}=\Delta\dot{U}_{0dx} \tag{2-222}$$

由式（2-220）～（2-222）得

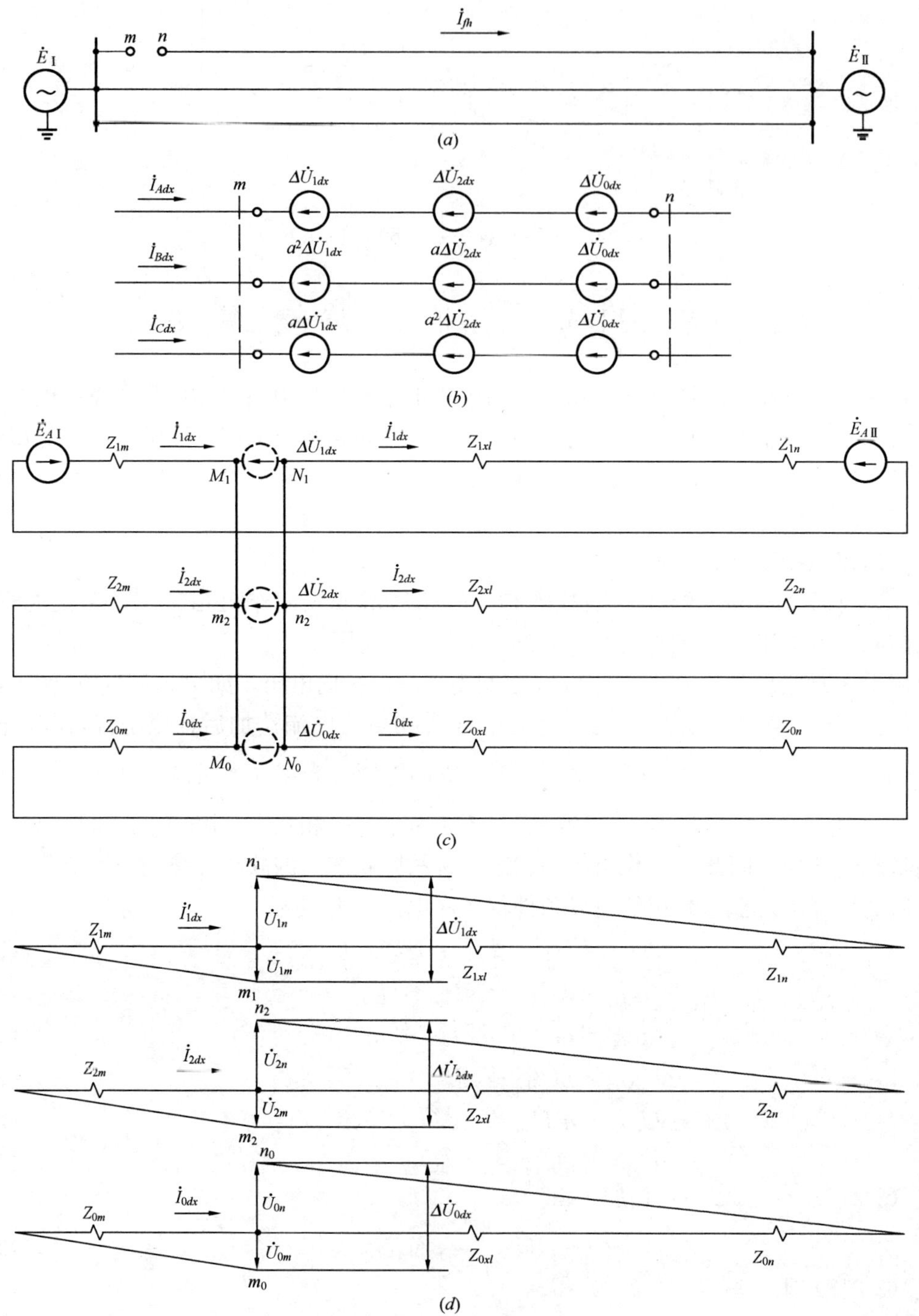

图 2-91　A 相断相计算

（a）简化系统接线图；（b）断相处附加电压；

（c）断相计算序网连接图；（d）断相后各序电压故障分量分布

$$\Delta\dot{U}_{1dx}=\Delta\dot{U}_{2dx}=\Delta\dot{U}_{0dx}=\frac{1}{3}\Delta\dot{U}_{Adx} \tag{2-223}$$

根据式（2-214）及（2-223）可作出 A 相断线序网连接图，如图 2-91（c）所示。图中：

Z_{1m}、Z_{2m}、Z_{0m} ——m 侧系统正、负、零序阻抗；

Z_{1n}、Z_{2n}、Z_{0n} ——n 侧系统正、负、零序阻抗；

Z_{1xl}、Z_{2xl}、Z_{0xl} ——线路正、负、零序阻抗。

在图 2-91（c）中，令 $\dot{E}_{A\text{I}}=0$、$\dot{E}_{A\text{II}}=0$（电源电势短接），则在附加正、负、零序电压单独作用下产生断相电流故障分量为

$$\left.\begin{aligned}\dot{I}'_{1dx}&=-\frac{\Delta\dot{U}_{1dx}}{Z_{1\Sigma}}\\ \dot{I}_{2dx}&=-\frac{\Delta\dot{U}_{2dx}}{Z_{2\Sigma}}\\ \dot{I}_{0dx}&=-\frac{\Delta\dot{U}_{0dx}}{Z_{0\Sigma}}\end{aligned}\right\} \tag{2-224}$$

式中 $Z_{1\Sigma}$、$Z_{2\Sigma}$、$Z_{0\Sigma}$ ——mn 端口输入阻抗，$Z_{1\Sigma}=Z_{1m}+Z_{1xl}+Z_{1n}$；$Z_{2\Sigma}=Z_{2m}+Z_{2xl}+Z_{2n}$；$Z_{0\Sigma}=Z_{0m}+Z_{0xl}+Z_{0n}$。

式（2-224）中，电流正方向与电压正方向假设方向相反，故取负号。

在图 2-91（c）中，令 $\Delta U_{1dx}=\Delta U_{2dx}=\Delta U_{0dx}=0$（附加电压短接），则在 $\dot{E}_{A\text{I}}-\dot{E}_{A\text{II}}$ 单独作用下产生断相前的负荷电流 $\dot{I}_{fh}$ 为

$$\dot{I}_A=\dot{I}_{fh}=\frac{\dot{I}_{A\text{I}}-\dot{I}_{A\text{II}}}{Z_{1\Sigma}} \tag{2-225}$$

由迭加原理，断相后 A 相电流应为零，即

$$\dot{I}_{Adx}=\dot{I}_{fh}+\dot{I}'_{1dx}+\dot{I}_{2dx}+\dot{I}_{0dx}=0 \tag{2-226}$$

将式（2-224）代入上式，则

$$\dot{I}_{fh}=\Delta\dot{U}_{1dx}\left(\frac{1}{Z_{1\Sigma}}+\frac{1}{Z_{2\Sigma}}+\frac{1}{Z_{0\Sigma}}\right)$$

$$\Delta\dot{U}_{1dx}=\frac{\dot{I}_{fh}}{\left(\frac{1}{Z_{1\Sigma}}+\frac{1}{Z_{2\Sigma}}+\frac{1}{Z_{0\Sigma}}\right)} \tag{2-227}$$

由式（2-223）和（2-227）得

$$\Delta\dot{U}_{Adx}=\frac{3\dot{I}_{fh}}{\left(\frac{1}{Z_{1\Sigma}}+\frac{1}{Z_{2\Sigma}}+\frac{1}{Z_{0\Sigma}}\right)} \tag{2-228}$$

由式（2-223）、（2-224）、（2-227）计算断相后各序电流：

正序电流为负荷电流与故障分量正序电流迭加，即

$$\begin{aligned}\dot{I}_{1dx} &= \dot{I}_{fh} + \dot{I}'_{1dx} \\ &= \dot{I}_{fh} - \frac{\Delta\dot{U}_{1dx}}{Z_{1\Sigma}} = \dot{I}_{fh} - \frac{\dot{I}_{fh}}{\left(\frac{1}{Z_{1\Sigma}} + \frac{1}{Z_{2\Sigma}} + \frac{1}{Z_{0\Sigma}}\right)Z_{1\Sigma}} \\ &= \frac{\dot{I}_{fh}Z_{1\Sigma}}{Z_{1\Sigma} + \frac{Z_{2\Sigma}Z_{0\Sigma}}{Z_{2\Sigma}+Z_{0\Sigma}}}\end{aligned} \tag{2-229}$$

负序电流即故障分量负序电流，负荷电流中不考虑负序分量

$$\dot{I}_{2dx} = -\frac{\dot{I}_{fh}}{\left(\frac{1}{Z_{1\Sigma}} + \frac{1}{Z_{2\Sigma}} + \frac{1}{Z_{0\Sigma}}\right)Z_{2\Sigma}} = -\frac{\dot{I}_{fh}Z_{1\Sigma}}{Z_{1\Sigma} + \frac{Z_{2\Sigma}Z_{0\Sigma}}{Z_{2\Sigma}+Z_{0\Sigma}}} \times \frac{Z_{0\Sigma}}{Z_{2\Sigma}+Z_{0\Sigma}} \tag{2-230}$$

同理

$$\dot{I}_{0dx} = -\frac{\dot{I}_{fh}}{\left(\frac{1}{Z_{1\Sigma}} + \frac{1}{Z_{2\Sigma}} + \frac{1}{Z_{0\Sigma}}\right)Z_{0\Sigma}} = -\frac{\dot{I}_{fh}Z_{1\Sigma}}{Z_{1\Sigma} + \frac{Z_{2\Sigma}Z_{0\Sigma}}{Z_{2\Sigma}+Z_{0\Sigma}}} \times \frac{Z_{0\Sigma}}{Z_{2\Sigma}+Z_{0\Sigma}} \tag{2-231}$$

断相处全电流为

$$\dot{I}_{Adx} = \dot{I}_{1dx} + \dot{I}_{2dx} + \dot{I}_{0dx} = 0$$

$$\begin{aligned}\dot{I}_{Bdx} &= a^2\dot{I}_{1dx} + a\dot{I}_{2dx} + \dot{I}_{0dx} \\ &= \frac{\dot{I}_{fh}Z_{1\Sigma}}{Z_{1\Sigma} + \frac{Z_{2\Sigma}Z_{0\Sigma}}{Z_{2\Sigma}+Z_{0\Sigma}}}\left[\left(-0.5 - j\frac{\sqrt{3}}{2}\right) - \left(-0.5 + j\frac{\sqrt{3}}{2}\right)\frac{Z_{0\Sigma}}{Z_{2\Sigma}+Z_{0\Sigma}} - \frac{Z_{2\Sigma}}{Z_{2\Sigma}+Z_{0\Sigma}}\right] \\ &= \dot{I}_{fh}\frac{-1.5\frac{Z_{2\Sigma}}{Z_{0\Sigma}} - j\sqrt{3}\left(1 + \frac{Z_{2\Sigma}}{2Z_{0\Sigma}}\right)}{1 + \frac{Z_{2\Sigma}}{Z_{1\Sigma}} + \frac{Z_{2\Sigma}}{Z_{0\Sigma}}}\end{aligned} \tag{2-232}$$

$$\begin{aligned}\dot{I}_{cdx} &= a\dot{I}_{1dx} + a^2\dot{I}_{2dx} + \dot{I}_{0dx} \\ &= \dot{I}_{fh}\frac{-1.5\frac{Z_{2\Sigma}}{Z_{0\Sigma}} + j\sqrt{3}\left(1 + \frac{Z_{2\Sigma}}{2Z_{0\Sigma}}\right)}{1 + \frac{Z_{2\Sigma}}{Z_{1\Sigma}} + \frac{Z_{2\Sigma}}{Z_{0\Sigma}}}\end{aligned} \tag{2-233}$$

断相后三倍零序电流为

$$\begin{aligned}3\dot{I}_{0dx} &= \dot{I}_{Adx} + \dot{I}_{Bdx} + \dot{I}_{Cdx} \\ &= \frac{-2\times 1.5\frac{Z_{2\Sigma}}{Z_{0\Sigma}}\dot{I}_{fh}}{1 + \frac{Z_{2\Sigma}}{Z_{1\Sigma}} + \frac{Z_{2\Sigma}}{Z_{0\Sigma}}} = -\frac{3\dot{I}_{fh}}{1 + \frac{Z_{0\Sigma}}{Z_{1\Sigma}} + \frac{Z_{0\Sigma}}{Z_{2\Sigma}}}\end{aligned} \tag{2-234}$$

当 $Z_{1\Sigma} = Z_{2\Sigma}$ 时，断相后各序电流分量由式（2-229）、（2-230）、（2-231）得

$$\left.\begin{aligned}\dot{I}_{1dx} &= \dot{I}_{fh}\frac{1}{1+\dfrac{Z_{0\Sigma}}{Z_{1\Sigma}+Z_{0\Sigma}}}\\ \dot{I}'_{1dx} &= \dot{I}_{2dx} = -\dot{I}_{fh}\frac{1}{2+\dfrac{Z_{1\Sigma}}{Z_{0\Sigma}}}\\ \dot{I}_{0dx} &= -\dot{I}_{fh}\frac{1}{1+\dfrac{2Z_{0\Sigma}}{Z_{1\Sigma}}}\end{aligned}\right\}\tag{2-235}$$

断相后断口各序故障电压分量计算：

m 点

$$\left.\begin{aligned}\dot{U}'_{1m} &= -\dot{I}'_{1dx}Z_{1m}\\ \dot{U}_{2m} &= -\dot{I}_{2dx}Z_{2m}\\ \dot{U}_{0m} &= -\dot{I}_{0dx}Z_{0m}\end{aligned}\right\}\tag{2-236}$$

n 点

$$\left.\begin{aligned}\dot{U}'_{1n} &= \dot{I}'_{1dx}(Z_{1n}+Z_{1xl})\\ \dot{U}_{2n} &= \dot{I}_{2dx}(Z_{2n}+Z_{2xl})\\ \dot{U}_{0n} &= \dot{I}_{0dx}(Z_{0n}+Z_{0xl})\end{aligned}\right\}\tag{2-237}$$

断相后各序故障电压分量的分布情况如图 2-91（d）所示。

将正常运行电压 $\dot{U}_{fh}$（线路不太长时，可认为其两侧运行电压近似相等）与式（2-236）、（2-237）故障电压分量迭加后，可得到断相后各点相序分量电压。

m 点相序电压为

$$\left.\begin{aligned}\dot{U}_{1m} &= \dot{U}_{mfh}+\dot{U}'_{1m} = \dot{U}_{mfh}-\dot{I}'_{1dx}Z_{1m}\\ \dot{U}_{2m} &= 0+\dot{U}_{2m} = -\dot{I}_{2dx}Z_{2m}\\ \dot{U}_{0m} &= 0+\dot{U}_{0m} = -\dot{I}_{0dx}Z_{0m}\end{aligned}\right\}\tag{2-238}$$

式中 $\dot{I}'_{1dx}$、$\dot{I}'_{2dx}$、$\dot{I}'_{0dx}$ ——正、负、零序电流故障分量；

$\dot{U}_{mfh}$ ——断相前 m 点正常运行电压。

n 点相序电压为

$$\left.\begin{aligned}\dot{U}_{1n} &= \dot{U}_{nfh}+\dot{U}'_{1n} = \dot{U}_{nfh}+\dot{I}'_{1dx}(Z_{1n}+Z_{1xt})\\ \dot{U}_{2n} &= 0+\dot{U}_{2n} = \dot{I}_{2dx}(Z_{2n}+Z_{2xl})\\ \dot{U}_{0n} &= 0+\dot{U}_{0n} = \dot{I}_{0dx}(Z_{0n}+Z_{0xl})\end{aligned}\right\}\tag{2-239}$$

式中 $\dot{U}_{nfh}$—— 断相前 n 点正常运行电压，此处 $\dot{U}_{nfh}=\dot{U}_{mfh}$。

二、两相断相计算

与单相断相计算方法相同，用迭加原理。在 mn 之间加一组附加纵向电压，如图 2-91（b）所示。但断相边界条件按 B、C 相断相考虑，即 A 相附加电压 $\Delta U_{Adx}=0$，B、C 相断相电流 $\dot{I}_{Bdx}=\dot{I}_{Cdx}=0$。根据上述边界条件，得参考相 A 相的各序电流、电压关系应为

$$\left.\begin{aligned}\Delta\dot{U}_{Adx} &= \Delta\dot{U}_{1dx}+\Delta\dot{U}_{2dx}+\Delta\dot{U}_{0dx}=0\\ \dot{I}_{Adx} &= \dot{I}_{1dx}+\dot{I}_{2dx}+\dot{I}_{0dx}\\ \dot{I}_{Bdx} &= 0\\ \dot{I}_{Cdx} &= 0\end{aligned}\right\}\tag{2-240}$$

对于式（2-240），由对称分量法得

$$\dot{I}_{1dx}=\dot{I}_{2dx}=\dot{I}_{0dx}=\frac{1}{3}\dot{I}_{Adx} \tag{2-241}$$

根据式（2-240）A 相各序附加电压之和为零，及式（2-241）A 相各序电流相等关系，可作出 B、C 相断相后参考相序网连接图，如图 2-92（b）所示。在序网图中，令 $\Delta\dot{U}_{1dx}=0$（相当于 m、n 两点短接），即为正常运行情况下，在 $\dot{E}_{A\text{I}}-\dot{E}_{A\text{II}}$ 作用下所产生的负荷电流为

$$\dot{I}_{fh}=\frac{\dot{E}_{A\text{I}}-\dot{E}_{A\text{II}}}{Z_{1\Sigma}}$$

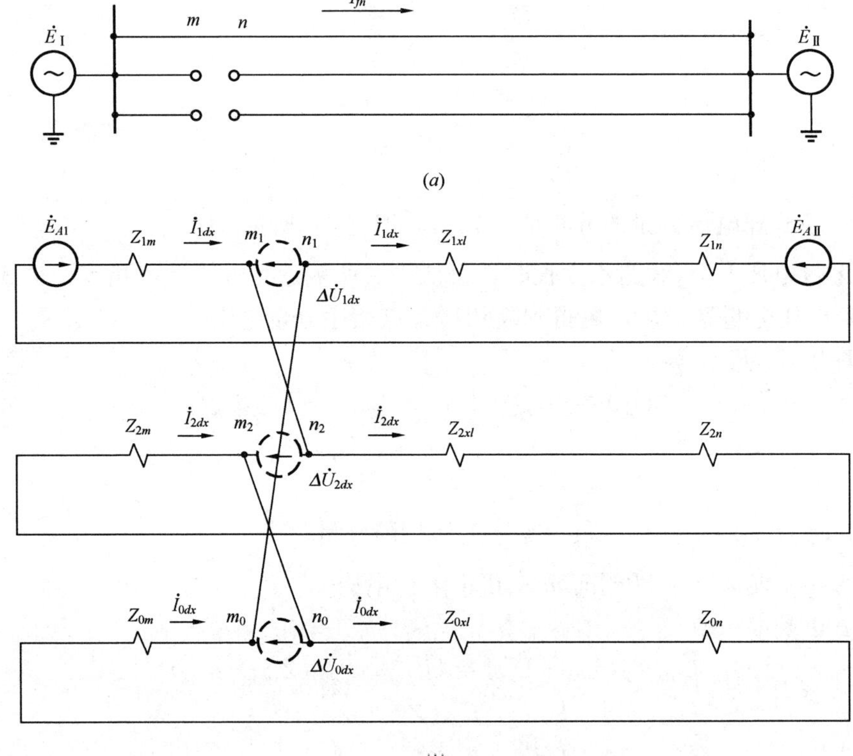

图 2-92　B、C 相断相计算

（a）简化系统接线；（b）断相计算序网连接图

断相后各相序电流可由图 2-92（b）计算，即

$$\dot{I}_{1dx}=\dot{I}_{2dx}=\dot{I}_{0dx}=\frac{\dot{E}_{A\text{I}}-\dot{E}_{A\text{II}}}{Z_{1\Sigma}+Z_{2\Sigma}+Z_{0\Sigma}}=\frac{\dot{I}_{fh}Z_{1\Sigma}}{Z_{1\Sigma}+Z_{2\Sigma}+Z_{0\Sigma}} \tag{2-242}$$

式中　$Z_{1\Sigma}$、$Z_{2\Sigma}$、$Z_{0\Sigma}$——m、n 断口输入阻抗。

在式（2-242）中，$\dot{I}_{1dx}$ 为断相后综合正序电流，它等于负荷电流 $\dot{I}_{fh}$ 与正序电流故障分量 $\dot{I}'_{1dx}$ 相迭加，即 $\dot{I}_{1dx}=\dot{I}_{fh}+\dot{I}'_{1dx}$，所以故障电流正序分量为

$$\dot{I}'_{1dx}=\dot{I}_{1dx}-\dot{I}_{fh}=\frac{\dot{I}_{fh}Z_{1\Sigma}}{Z_{1\Sigma}+Z_{2\Sigma}+Z_{0\Sigma}}-\dot{I}_{fh}=-\frac{\dot{I}_{fh}(Z_{2\Sigma}+Z_{0\Sigma})}{Z_{1\Sigma}+Z_{2\Sigma}+Z_{0\Sigma}} \tag{2-243}$$

故障电流负、零序分量由式（2-242）表示。

由式（2-241）、（2-242）得断相处全电流为

$$\dot{I}_{Adx}=3\dot{I}_{1dx}=\frac{3\dot{I}_{fh}Z_{1\Sigma}}{Z_{1\Sigma}+Z_{2\Sigma}+Z_{0\Sigma}}$$

当 $X_{1\Sigma}=X_{2\Sigma}$ 时

$$\left.\begin{aligned}\dot{I}_{Adx}&=\frac{3\dot{I}_{fh}}{2+\dfrac{X_{0\Sigma}}{X_{1\Sigma}}}\\ \dot{I}_{1dx}&=\dot{I}_{2dx}=\dot{I}_{0dx}=\frac{\dot{I}_{fh}}{2+\dfrac{X_{0\Sigma}}{X_{1\Sigma}}}\end{aligned}\right\} \tag{2-244}$$

断相处相序电压为

$$\left.\begin{aligned}\Delta\dot{U}_{1dx}&=-\dot{I}'_{1dx}Z_{1\Sigma}=\frac{\dot{I}_{fh}Z_{1\Sigma}(Z_{2\Sigma}+Z_{0\Sigma})}{Z_{1\Sigma}+Z_{2\Sigma}+Z_{0\Sigma}}\\ \Delta\dot{U}_{2dx}&=-\dot{I}_{2dx}Z_{2\Sigma}=-\frac{\dot{I}_{fh}Z_{1\Sigma}Z_{2\Sigma}}{Z_{1\Sigma}+Z_{2\Sigma}+Z_{0\Sigma}}\\ \Delta\dot{U}_{0dx}&=-\dot{I}_{0dx}Z_{0\Sigma}=-\frac{\dot{I}_{fh}Z_{1\Sigma}Z_{0\Sigma}}{Z_{1\Sigma}+Z_{2\Sigma}+Z_{0\Sigma}}\end{aligned}\right\} \tag{2-245}$$

m、n 两点相序电压计算参看式（2-238）、（2-239），但式中 $\dot{I}_{1dx}$ $\dot{I}'_{1dx}$、$\dot{I}_{2dx}$、$\dot{I}_{0dx}$ 由式（2-242）、（2-243）计算。

从图 2-91(*c*) 及图 2-92(*b*) 可看出，当中性点接地方式变化时，例如一侧不接地时（对于单侧电源供电的受电侧变压器中性点，如果线路不采用单相重合闸，往往可以不接地，此时 $Z_{0n}=\infty$），零序网络开路，则零序电流 $\dot{I}_{0dx}=0$。对于单相断线，正、负序网络还完整，断相后 $\dot{I}_{1dx}=\dot{I}_{2dx}$；对于两相断线，则由于零序网络开路，使整个序网连接图不通，故 $\dot{I}_{1dx}=\dot{I}_{2dx}=\dot{I}_{0dx}=0$。当考虑线路分布电容影响时，则在图 2-92(*b*) 中，正、负、零序电流由分布电容产生（图中未示出）。

三、非全相充电电流计算

由于线路 A、B、C 三相对地及相间均存在分布电容，故在线路充电后会产生相当大的电容电流（尤其是高电压、长线路更是这样）。假设线路架设时全循环换位，则三相对地及相间分布电容对称，如图 2-93(*a*) 所示，图中，C_{xd} 为相对地电容，C_{xj} 为相同电容（分布电容均用集中电容表示）。将相间电容 C_{xj} 等值三角形化为等值星形，则 $C'_{xj}=3C_{xj}$，如图 2-93(*b*) 所示。于是线路在全相运行时，每相总电容为

$$C_1=3C_{xj}+C_{xd}$$

式中　C_1 ——线路的正序电容；

C_{xd} ——线路对地电容，即线路的零序电容，$C_0 = C_{xd}$。

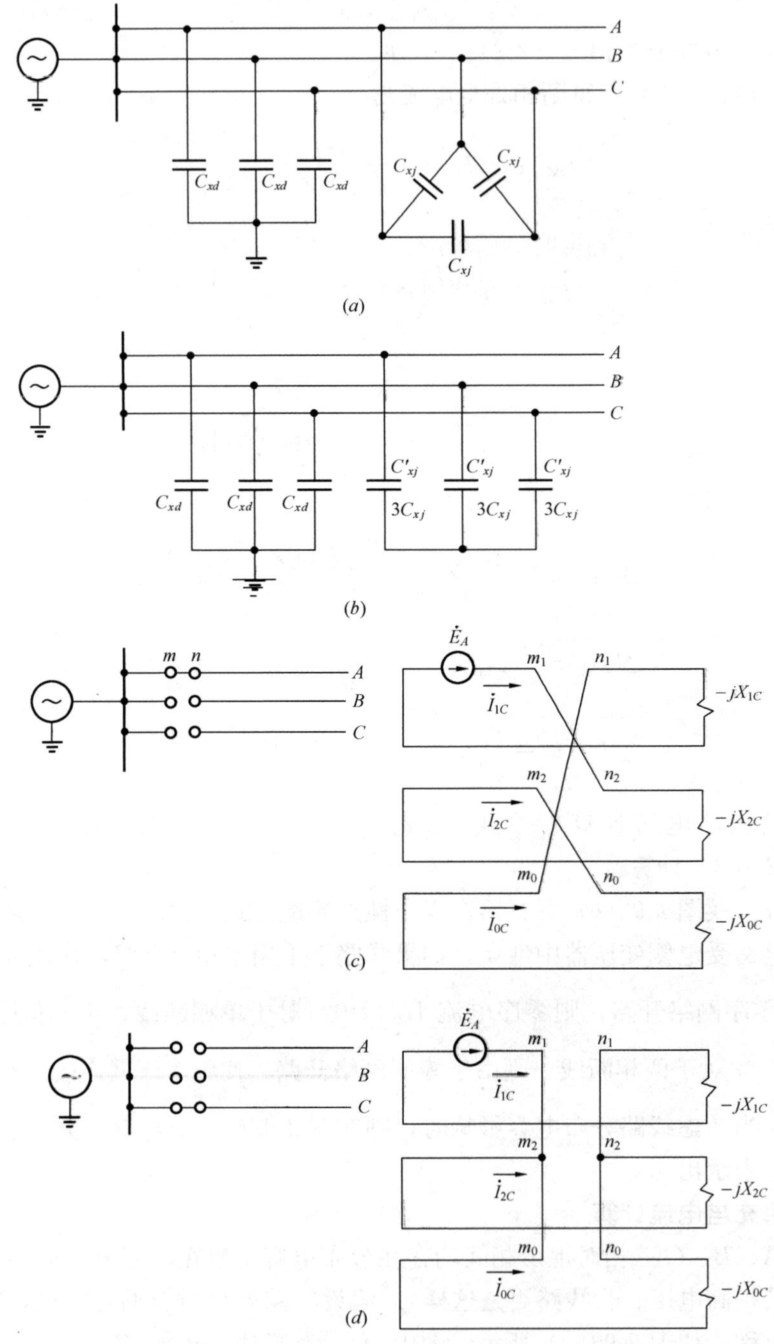

图 2-93　非全相充电计算

（*a*）正常运行时，线路对地及相间存在电容；（*b*）等值电容；

（*c*）一相接通充电电流计算序网图；（*d*）两相接通充电电流计算序网图

注意 C'_{xj} 所组成的星形，中性点不接地，故无零序电流经 C'_{xj} 入地。

计算充电电流时，也可用容抗计算。正（负）序及零序容抗为

$$\left.\begin{aligned}X_{1C}&=X_{2C}=\frac{1}{\omega C_1 l}=\frac{1}{b_1 l}\\X_{0C}&=\frac{1}{\omega C_0 l}=\frac{1}{b_0 l}\end{aligned}\right\}\tag{2-246}$$

式中 b_1、b_0——每公里线路正（负）序、零序电纳；

l——线路长度（km）。

当线路容抗远大于系统阻抗时，系统阻抗可以忽略不计，此时线路全相充电电流为

$$\dot{I}_{\varphi}=\dot{I}_{1C}=\frac{\dot{E}_{\varphi}}{-jX_{1C}}=jb_1 l\dot{E}_{\varphi}\tag{2-247}$$

$\dot{I}_{1C}$ 为电容电流的正序分量，相角超前对应相电势 90°；负序及零序分量为零。

线路非全相充电时，一相充电由图 2-93(*c*) 序网连接图计算，图中忽略系统阻抗（序网图按 A 相接通、$\dot{I}_B=\dot{I}_C=0$ 的边界条件得来，参看图 2-92），A 相充电正、负、零序电流为

$$\left.\begin{aligned}&\dot{I}_{1C}=\dot{I}_{2C}=\dot{I}_{0C}=\frac{\dot{E}_A}{-j(X_{1C}+X_{2C}+X_{0C})}=\frac{j\dot{E}_A}{2X_{1C}+X_{0C}}\\&=\frac{j\dot{E}_A}{2\dfrac{1}{b_1 l}+\dfrac{1}{b_0 l}}=j\frac{b_1 b_0}{b_1+2b_0}l\dot{E}_A\\&A\text{ 相全电流为}\\&\dot{I}_{AC}=3\dot{I}_{1C}=j\frac{3b_1 b_0}{b_1+2b_0}l\dot{E}_A\end{aligned}\right\}\tag{2-248}$$

式中取 $X_{1C}=X_{2C}$，$b_1=b_2$。

线路非全相两相充电由图 2-93(*d*) 序网连接图计算（序网图按 B、C 两相接通 $\dot{I}_A=0$ 的边界条件得来，参看图 2-91）。B、C 相充电，参考相 A 相正、负、零电流为

$$\left.\begin{aligned}&\dot{I}_{1C}=\frac{\dot{E}_A}{-jX_{1C}-j\dfrac{X_{2C}X_{0C}}{X_{2C}+X_{0C}}}=\frac{\dot{E}_A}{-j\dfrac{1}{b_1 l}-j\dfrac{\dfrac{1}{b_2 l}\times\dfrac{1}{b_0 l}}{\dfrac{1}{b_2 l}+\dfrac{1}{b_0 l}}}\\&=j\frac{(b_1^2+b_1 b_0)l}{2b_1+b_0}\dot{E}_A\\&\dot{I}_{2C}=-\dot{I}_{1C}\frac{-jX_{0C}}{-j(X_{2C}+X_{0C})}=-j\frac{b_1^2 l}{2b_1+b_0}\dot{E}_A\\&\dot{I}_{0C}=-\dot{I}_{1C}\frac{-jX_{2C}}{-j(X_{2C}+X_{0C})}=-j\frac{b_1 b_0 l}{2b_1+b_0}\dot{E}_A\end{aligned}\right\}\tag{2-249}$$

当 b_1、b_2、b_0 已知时，充电电流由式（2-247）～（2-249）计算。表 2-14 为充电时一相、两相、三相合闸，各电压级线路充电电流参考值。

表 2-14　　各级电压线路充电电流参考值（每 100km 值）

线路计算电压（kV）		220	330	500
一相合闸	正、负、零序电流（A）　$j\dfrac{b_1b_0}{b_1+2b_0}100\dot{E}_\varphi$	10	19.32	34.15
	三倍零序电流（A）　$j\dfrac{3b_1b_0}{b_1+2b_0}100\dot{E}_\varphi$	30	57.96	102.45
两相合闸	正序电流（A）　$j\dfrac{b_1^2+b_1b_0}{2b_1+b_0}100\dot{E}_\varphi$	20.6	41.8	76.12
	负序电流（A）　$-j\dfrac{b_1^2}{2b_1+b_0}100\dot{E}_\varphi$	12.78	24.6	46.86
	三倍零序电流（A）　$-j\dfrac{3b_1b_0}{2b_1+b_0}100\dot{E}_\varphi$	26.78	51.5	87.78
三相合闸	相电流（A）　$jb_1100\dot{E}_\varphi$	34.3	66.3	123
计算电纳	b_1、b_2(1/Ω·km)	2.7×10^{-6}	3.48×10^{-6}	4.26×10^{-6}
	b_0(1/Ω·km)	1.9×10^{-6}	2.43×10^{-6}	2.66×10^{-6}

注　330kV 线路为两分裂导线，500kV 线路为四分裂导线。

四、非全相运行断开相电压计算

在图 2-94(a) 中，A 相两侧断开，B、C 相两相运行，由于健全相（B、C 相）对断开相（A 相）存在电磁耦合，故 A 相电压不等于零。A 相电压值决定于线路分布电容及 B、C 相负荷电流产生的零序电流分量。

（1）由于线路分布电容影响，在健全相 B、C 相电压作用下，在断线相 A 相产生对地电压的计算。如图 2-94(a) 所示，全线相间分布电容用集中电容 C_{xj} 表示，其等值星形值 $C'_{xj}=3C_{xj}$；相对地分布电容用集中电容 C_{xd} 表示。则 A 相对地电压可通过图 2-94(b) 中，对等值星形 0 点电压进行计算，然后由 $3C_{xj}$ 和 C_{xd} 回路分压，从而求出 A 点电压，即

$$\dot{U}_0=\frac{\dot{U}_BY_B+\dot{U}_CY_C}{Y_A+Y_B+Y_C}=\frac{3C_{xj}+C_{xd}}{6C_{xj}+3C_{xd}}(\dot{U}_B+\dot{U}_C) \tag{2-250}$$

其中

$$Y_A=\frac{1}{\dfrac{1}{j\omega C_{xd}}+\dfrac{1}{j\omega 3C_{xj}}}=j\omega\frac{3C_{xj}C_{xd}}{3C_{xj}+C_{xj}}$$

$$Y_B=Y_C=\frac{1}{\dfrac{1}{j\omega 3C_{xj}}}=j\omega 3C_{xj}$$

由图 2-94(b) 及式（2-250）求 A 点电压为

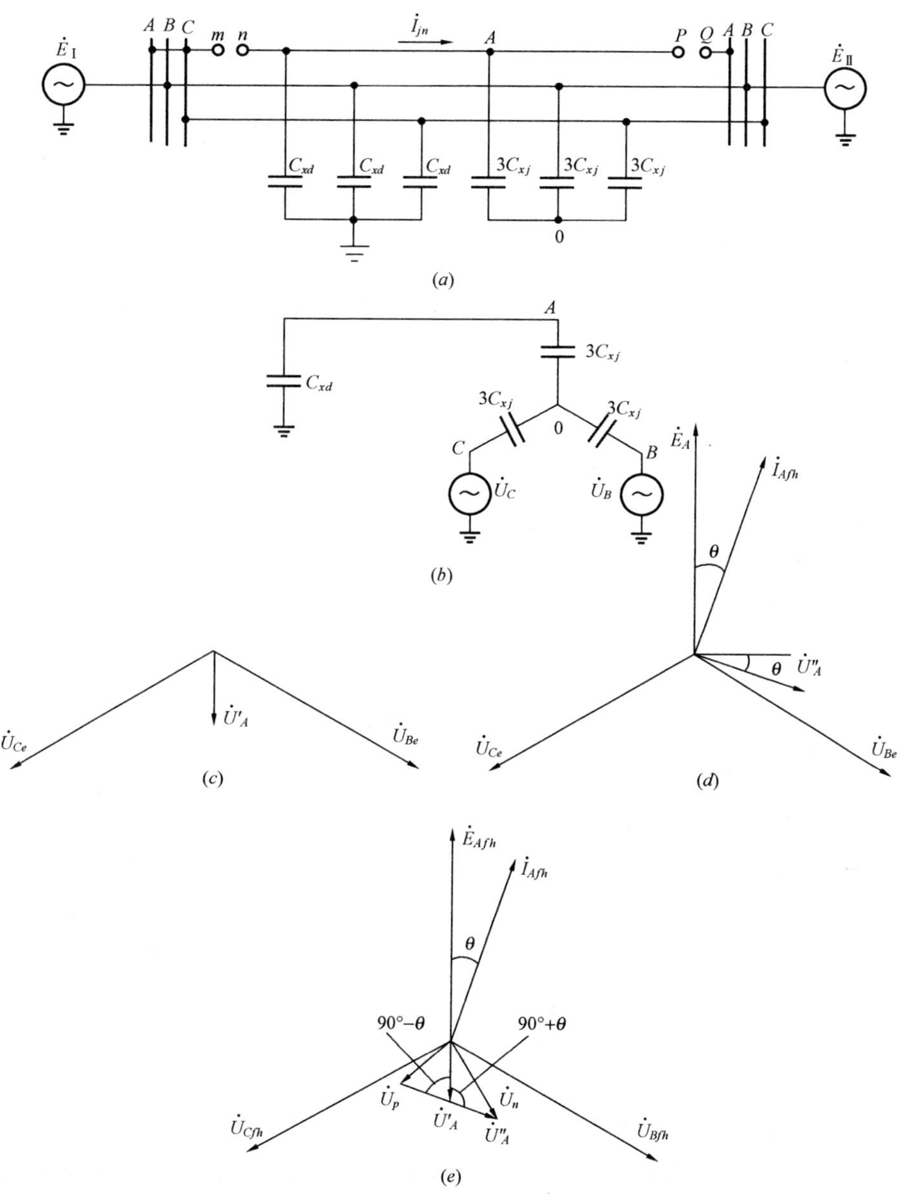

图 2-94　非全相运行中断开相电压

（a）断相后接线；（b）A 相分布电容等值电路；（c）由分布电容影响产生的断开相电压；（d）由负荷电流影响产生的断开相电压；（e）断开相合成电压

$$
\begin{aligned}
\dot{U}'_A &= \dot{U}_0 \frac{3C_{xj}}{3C_{xj}+C_{xd}} = \frac{3C_{xj}+C_{xd}}{6C_{xj}+3C_{xd}} \times \frac{3C_{xj}}{3C_{xj}+C_{xd}}(\dot{U}_B+\dot{U}_C) \\
&= \frac{3C_{xj}}{2(3C_{xj}+C_{xd})+C_{xd}}(\dot{U}_B+\dot{U}_C) \\
&= \frac{C_1-C_0}{2C_1+C_0}(\dot{U}_B+\dot{U}_C) \\
&= \frac{b_1-b_0}{2b_1+b_0}(\dot{U}_B+\dot{U}_C) \qquad (2\text{-}51)
\end{aligned}
$$

式中　C_1 ——全线正序电容，$C_1 = 3C_{xj} + C_{xd}$；

C_0 ——全线零序电容，$C_0 = C_{xd}$；

b_1、b_0 ——每公里正序及零序电纳，$b_1 = \dfrac{\omega C_1}{l}$，$b_0 = \dfrac{\omega C_0}{l}$（1/Ω · km）。

由式（2-251）可知，线路非全相运行时，断开相电压在不考虑负荷电流时与线路长度无关，仅决定于单位长度的正序及零序电纳，由表 2-14 中 b_1、b_0 值及 $\dot{U}_B$、$\dot{U}_C$ 电压值，用式（2-251）可算出 $\dot{U}_A$。当$(\dot{U}_{Be} + \dot{U}_{Ce}) = -\dot{U}_{Ae}$时，即断相前 A、B、C 相电压为额定电压时，断开相 A 相电压为

$$\dot{U}'_A = -\frac{b_1 - b_0}{2b_1 + b_0}\dot{U}_{Ae} \tag{2-252}$$

$\dot{U}'_A$ 的相量图如图 2-94(c) 所示。

(2) B、C 相负荷电流对断开相产生互感电压的计算。B、C 相负荷电流对断开相 A 相所产生的互感电压由下式计算，即

$$\dot{U}''_A = \dot{I}_B Z_m l + \dot{I}_C Z_m l = (\dot{I}_B + \dot{I}_C) Z_m l$$

式中　Z_m ——相间互感阻抗，考虑到线路全换位，各相间互感阻抗相等（Ω/km）；

l ——线路长度（km）。

因为 $\dot{I}_B + \dot{I}_C = 3\dot{I}_0$，$Z_m = \dfrac{1}{3}(Z_0 - Z_1)$，一相断相后零序电流分量由式（2-235）$\dot{I}_0 = -\dfrac{\dot{I}_{fh}}{1 + 2\dfrac{Z_{0\Sigma}}{Z_{1\Sigma}}}$，得

$$\dot{U}''_A = \frac{(Z_0 - Z_1)l}{1 + 2\dfrac{Z_{0\Sigma}}{Z_{1\Sigma}}}\dot{I}_{fh} \tag{2-253}$$

式中　Z_0、Z_1 ——线路单位长度零序及正序阻抗（Ω/km）；

$Z_{0\Sigma}$、$Z_{1\Sigma}$ ——综合零序及正序阻抗（Ω），分别等于两侧系统零序阻抗与线践零序阻抗之和及两侧系统正序阻抗与线路正序阻抗之和。

由式（2-253）可知：①$\dot{U}''_A$ 是一沿导线的纵向电压，方向与负荷电流方向相反，纯电阻电路时与负荷电流相位差为 180°；纯感抗电路时滞后负荷电流 90°，相量图如图 2-94(d) 所示（图中按纯感抗考虑）；②负荷电流及系统阻抗变化时 $\dot{U}''_A$ 也变化，$\dot{U}''_A$ 不是常数；③当两侧电源之一中性点不接地时（相当于 $Z_{0\Sigma} = \infty$），$\dot{U}''_A = 0$。

(3) 线路分布电容及负荷电流同时考虑时，断开相电压的计算。将式（2-252）及式（2-253）计算结果迭加，即为两种因素均考虑时断开相电压。设线路参数用等值 T 型电路表示且不计电阻，负荷电流方向由 $\dot{E}_{\mathrm{I}}$ 指向 $\dot{E}_{\mathrm{II}}$，则断开相各点电压由图 2-94(e) 得绝对

值为：

线路中间点 $\dot{U}=\dot{U}'_A$

$$\left.\begin{aligned}&\text{线路送端}\quad \dot{U}=|\dot{U}_n|=\sqrt{(U'_A)^2+\left(\frac{U''_A}{2}\right)^2-U'_AU''_A\cos(90^\circ+\theta)}\\&\text{线路受端}\quad \dot{U}=|\dot{U}_p|=\sqrt{(U'_A)^2+\left(\frac{U''_A}{2}\right)^2-U'_AU''_A\cos(90^\circ-\theta)}\end{aligned}\right\}\tag{2-254}$$

式中 θ——功率因数角。

(4) 算例。某 330kV 系统，线路参数为：$l=128.5\text{km}$、$Z_1=j0.321\Omega/\text{km}$、$Z_0=j0.963\Omega/\text{km}$、$b_1=3.48\times10^{-6}1/\Omega\cdot\text{km}$、$b_0=2.43\times10^{-6}1/\Omega\cdot\text{km}$、$I_{fh}=500\text{A}$、$\cos\theta=0.8$ ($\theta=37^\circ$)。系统参数为：E_{I} 端（送端），$Z_{1\text{I}}=Z_{2\text{I}}=j29.75\Omega$、$Z_{0\text{I}}=j35.7\Omega$，$E_{\text{II}}$ 端（受端），$Z_{1\text{II}}=Z_{2\text{II}}=j41.65\Omega$、$Z_{0\text{II}}=j47.6\Omega$，求非全相（断开一相）运行中断开相电压。

由式（2-252）求得

$$U'_A=\frac{3.48-2.43}{2\times3.48+2.43}\times\frac{330}{\sqrt{3}}=-21.305(\text{kV})$$

$\dot{U}'_A$ 落后 $\dot{E}_A 180^\circ$。

由式（2-253）求得

$$U''_A=\frac{j(0.963-0.321)128.5}{1+2\dfrac{j0.963\times128.5+j35.7+j47.6}{j0.321\times128.5+j29.75+j41.65}}500\angle-37^\circ$$

$$=8.82\angle-127^\circ(\text{kV})\ (\dot{U}''_A\text{ 落后 }\dot{I}_{fh}90^\circ\text{，落后 }\dot{E}_A127^\circ)$$

将 $\dot{U}'_A$、$\dot{U}''_A$ 值代入式（2-254），得线路送端电压绝对值

$$U=\sqrt{21.305^2+\left(\frac{8.82}{2}\right)^2-21.305\times8.82\cos(90^\circ+37^\circ)}$$
$$=24.2\ (\text{kV})$$

线路受端电压绝对值

$$U=\sqrt{21.305^2+\left(\frac{8.82}{2}\right)^2-21.305\times8.82\cos(90^\circ-37^\circ)}$$
$$=19\ (\text{kV})$$

五、断相计算算例

图 2-92(a) 为某 345kV 电网简化接线图，水电厂两台 320MW 机组 F_1、F_2 向系统 S 送电，经 233km 双回线，送电负荷电流为 $2\times500\angle-25.85^\circ\text{A}$ ($\cos\varphi=0.9$)。电厂、线路、系统标么阻抗值（基准容量为 100MVA）如图 2-95(b) 所示。试计算Ⅰ回线电厂侧断路器 A 相断相及 B、C 相断相时，断相电流及 MN 母线电压。假设不考虑线路分布电容。

（一）A 相断相计算

从断口 mn 计算输入阻抗，计算图如图 2-96 所示。

$$X_{1\Sigma}=0.06235+\left(\frac{0.05945+0.04306}{2}+0.03\right)//0.06235=0.09763$$

$$X_{2\Sigma}=X_{1\Sigma}$$

$$X_{0\Sigma}=0.0353+\left(\frac{0.04306}{2}+0.025+0.1447\right)//0.0353=0.0651$$

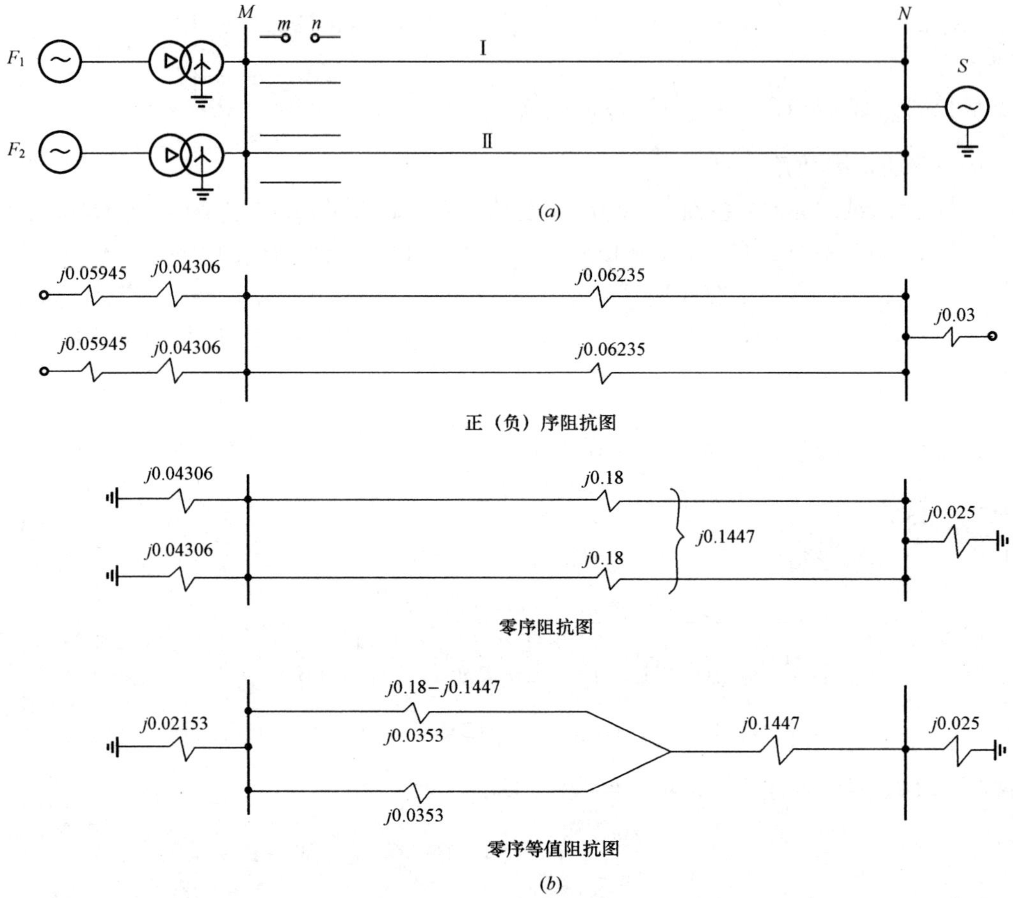

图 2-95 断相计算图

(*a*) 系统接线图；(*b*) 等值阻抗图

1. 断相电流故障分量计算

由式 (2-235) 得正、负、零序故障分量为

$$\dot{I}'_{1dx}=\dot{I}_{2dx}=\frac{-\dot{I}_{fh}}{2+\dfrac{Z_{1\Sigma}}{Z_{0\Sigma}}}=\frac{-500\angle-25.85^{\circ}}{2+\dfrac{0.09763}{0.0651}}=-142.87\angle-25.85^{\circ}\ (\text{A})$$

$$\dot{I}_{0dx}=\frac{-\dot{I}_{fh}}{1+2\dfrac{Z_{0\Sigma}}{Z_{1\Sigma}}}=\frac{-500\angle-25.85^{\circ}}{1+2\dfrac{0.0651}{0.09763}}=-214.26\angle-25.85^{\circ}\ (\text{A})$$

负荷电流与正序故障分量迭加为合成正序电流为

$$\dot{I}_{1dx}=500\angle-25.85^{\circ}-142.87\angle-25.85^{\circ}=357.13\angle-25.85^{\circ}\ (\text{A})$$

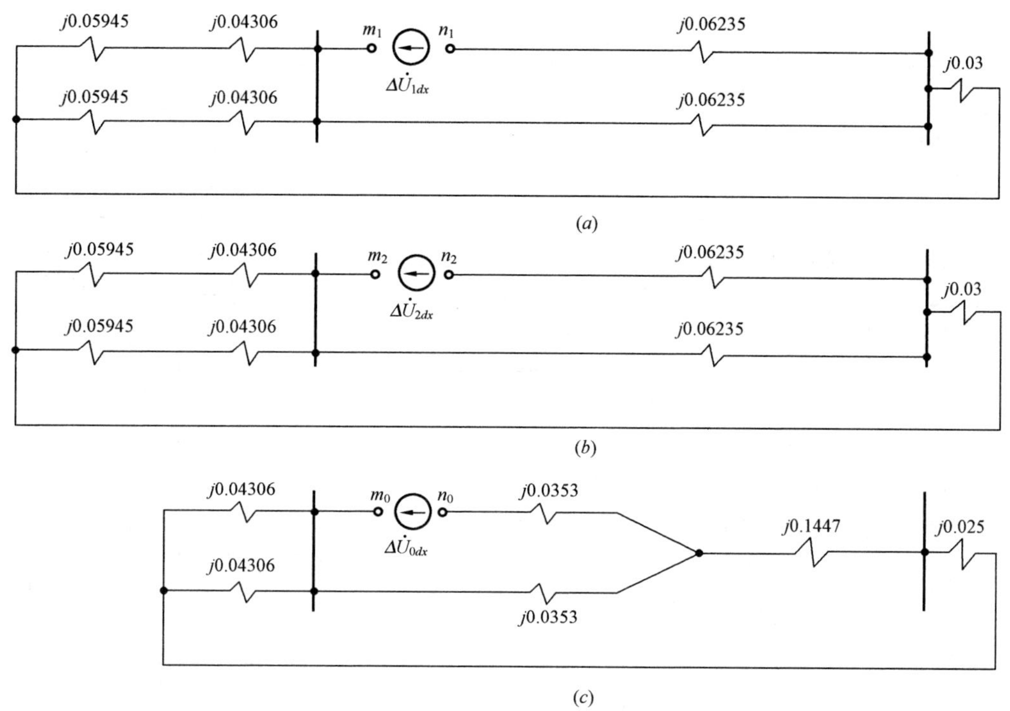

图 2-96　输入阻抗计算图

(*a*) 正序阻抗图；(*b*) 负序阻抗图；(*c*) 零序阻抗图

电厂侧故障分量分支电流分别为

$$\dot{I}'_1 = -142.87\angle -25.85^\circ \frac{0.06235}{0.06235 + 0.03 + \dfrac{0.05945 + 0.04306}{2}}$$

$$= 0.43416(-142.87\angle -25.85^\circ) = -62.03\angle -25.85^\circ \ (\text{A})$$

$$\dot{I}_2 = \dot{I}'_1$$

$$\dot{I}_0 = -214.26\angle -25.85^\circ \frac{0.0353}{0.0353 + 0.025 + 0.1447 + \dfrac{0.04306}{2}}$$

$$= 0.15583(-214.26\angle -25.85^\circ) = -33.388\angle -25.85^\circ \ (\text{A})$$

Ⅱ回线故障分量分支电流分别为

$$\dot{I}'_1 = (1 - 0.43416)(-142.87\angle -25.85^\circ) = -80.84\angle -25.85^\circ \ (\text{A})$$

$$\dot{I}_2 = \dot{I}'_1$$

$$\dot{I}_0 = (1 - 0.15583)(-214.26\angle -25.85^\circ) = -180.87\angle -25.85^\circ \ (\text{A})$$

故障分量电流分布如图 2-97(*a*) 所示。

2. Ⅰ回线全电流计算

$$\dot{I}_A = 357.13\angle -25.85^\circ - 142.87\angle -25.85^\circ - 214.26\angle -25.85^\circ = 0$$

B、*C* 相电流电式 (2-232)、(2-233) 计算，即

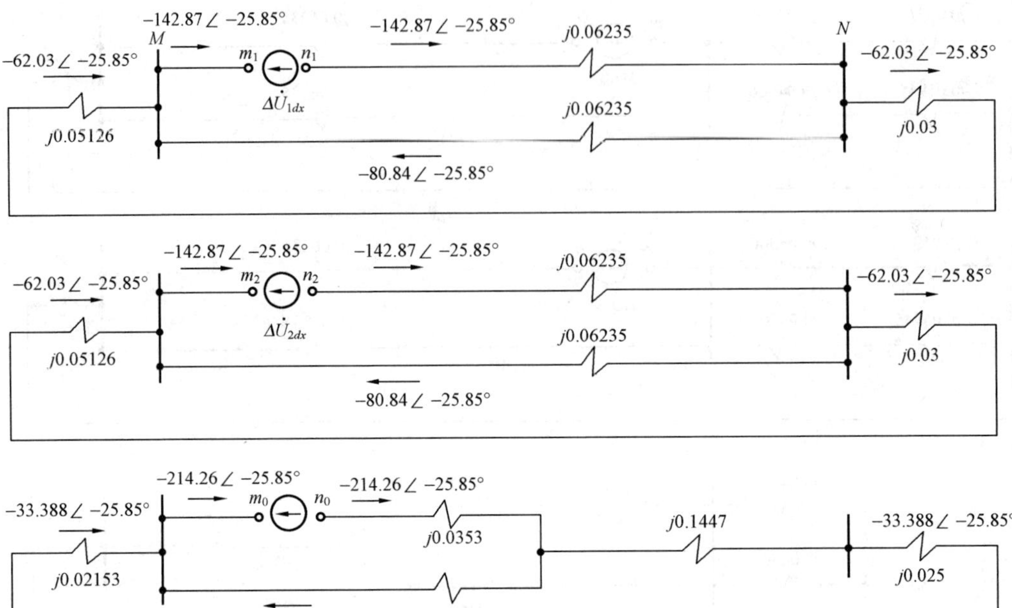

(a)

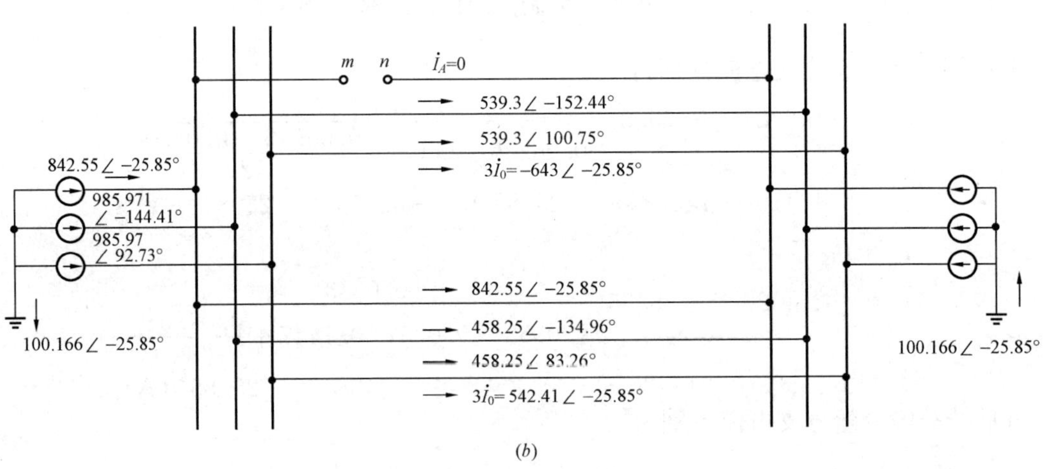

(b)

图 2-97　一相断相电流计算

(a) 正、负、零序故障分量电流分布；(b) 全电流分布

$$\dot{I}_B = 500\angle -25.85^\circ \frac{-1.5\dfrac{0.09763}{0.0651} - j\sqrt{3}\left(1+\dfrac{0.9763}{2\times 0.0651}\right)}{1+1+\dfrac{0.9763}{0.0651}}$$

$$= 500\angle -25.85^\circ(-0.643 - j0.866) = 500\angle -25.85^\circ \times 1.0786\angle -126.6^\circ$$

$$= 539.3\angle -152.44^\circ \text{ (A)}$$

同理 $\dot{I}_C = 500\angle -25.85°(-0.643 + j0.866) = 500\angle -25.85° \times 1.0786\angle +126.6°$
$= 539.3\angle 100.75°$ (A)

三倍零序电流为

$$3\dot{I}_0 = \dot{I}_A + \dot{I}_B + \dot{I}_C = 500(-0.643 - j0.866 - 0.643 + j0.866)$$
$$= -643\angle -25.85° \text{ (A)}$$

3. 电厂侧全电流计算

各序电流为

$$\dot{I}_1 = 1000\angle -25.85° - 62.03\angle -25.85° = 937.97\angle -25.85° \text{ (A)}$$

$$\dot{I}_2 = -62.03\angle -25.85° \text{ (A)}$$

$$\dot{I}_0 = -33.388\angle -25.85° \text{ (A)}$$

各相全电流为

$$\dot{I}_A = (937.97 - 62.03 - 33.388)\angle -25.85° = 842.55\angle -25.85° \text{ (A)}$$

$$\dot{I}_B = [a^2 937.97 + a(-62.03) + (-33.388)]\angle -25.85°$$
$$= [(-0.5 - j0.866)937.97 - (-0.5 + 30.866)(62.03) - 33.388]\angle -25.85°$$
$$= [-471.358 - j866]\angle -25.85° = 985.97\angle -144.41° \text{ (A)}$$

同理 $\dot{I}_C = [a937.97 + a^2(-62.03) + (-33.388)\angle -25.85°$
$= [-471.358 + j866]\angle -25.85° = 985.97\angle 92.73°$ (A)

$\dot{I}_B$、$\dot{I}_C$ 相角差为 360°−144.41°−92.73°=122.86°，断相前为 120°，相角差变化不大。

电厂侧三倍零序电流为

$$3\dot{I}_0 = \dot{I}_A + \dot{I}_B + \dot{I}_C = 842.55 - 471.358 - j866 - 471.358 + j866$$
$$= -100.166\angle -25.85° \text{ (A)}$$

4. Ⅱ回线全电流计算

各序电流为

$$\dot{I}_1 = 500\angle -25.85° + 80.84\angle -25.85° = 580.84\angle -25.85° \text{ (A)}$$

$$\dot{I}_2 = 80.84\angle -25.85° \text{ (A)}$$

$$\dot{I}_0 = 180.87\angle -25.85° \text{ (A)}$$

各相全电流为

$$\dot{I}_A = (580.84 + 80.84 + 180.87)\angle -25.85°$$
$$= 842.55\angle -25.85° \text{ (A)}$$

$$\dot{I}_B = (a^2 580.84 + a80.84 + 180.87)\angle -25.85° \text{ (A)}$$
$$= [(-0.5 - j0.866)580.84 + (-0.5 + j0.866)80.84 + 180.87]\angle -25.85°$$
$$= [-150 - j433]\angle -25.85° = 458.25\angle -134.96° \text{ (A)}$$

同理 $\dot{I}_C = [-150 + j433]\angle -25.85° = 458.25\angle 83.26°$ (A)

$\dot{I}_B$、$\dot{I}_C$相角差为 360°−134.96°−83.26°=141.78°，断相后相角差增大 21.78°。Ⅱ回线三倍零序电流为

$$3\dot{I}_0 = 3 \times 180.87\angle -25.85° = 542.41\angle -25.85° \text{ (A)}$$

Ⅰ、Ⅱ回线全电流分布如图 2-97(b) 所示。

5. m、n 断口电压计算

由式（2-223）、（2-227）得

$$\Delta\dot{U}_{1dx}=\Delta\dot{U}_{2dx}=\Delta\dot{U}_{0dx}=\frac{500\angle-25.85^{\circ}/167.3}{\left(\frac{1}{j0.09762}+\frac{1}{j0.09762}+\frac{1}{j0.0651}\right)}$$

$$=0.0834\angle64.15^{\circ}$$

式中 500/167.3——负荷电流标么值，167.3A 为 345kV 电压级基准电流（以下同）；

$\Delta\dot{U}_{1dx}$、$\Delta\dot{U}_{2dx}$、$\Delta\dot{U}_{0dx}$——断口电压正、负、零序分量标么值（以下同）。

6. M 点母线电压计算

由式（2-238）及图 2-97(a) 各序电流分布，计算 M 点各相序电压为

$$\dot{U}_{1m}=\dot{U}_{mfh}-\dot{I}'_{1dx}Z_{1m}=\dot{U}_{mfh}-(-62.03\angle-25.85^{\circ}/167.3)\,j0.05126$$

$$=\dot{U}_{mfh}+0.019\angle64.15^{\circ}$$

$$\dot{U}_{2m}=-\dot{I}_{2dx}\cdot Z_{2m}=-(-62.03\angle-25.85^{\circ}/167.3)j0.05126=0.019\angle64.15^{\circ}$$

$$\dot{U}_{0m}=-\dot{I}_{0dx}\cdot Z_{0m}=-(-33.388\angle-25.85^{\circ}/167.3)j0.02153=0.0043\angle64.15^{\circ}$$

各相全电压计算为

$$\dot{U}_{Am}=\dot{U}_{Amfh}+0.019\angle64.15^{\circ}+0.019\angle64.15^{\circ}+0.0043\angle64.15^{\circ}$$

$$=\dot{U}_{Amfh}+0.0423\angle64.15^{\circ}$$

$$\dot{U}_{Bm}=a^{2}(\dot{U}_{Amfh}+0.019\angle64.15^{\circ})+a0.019\angle64.15^{\circ}+0.0043\angle64.15^{\circ}$$

$$=\dot{U}_{Bmfh}-0.0147\angle64.15^{\circ}$$

$$\dot{U}_{Cm}=a(\dot{U}_{Amfh}+0.019\angle64.15^{\circ})+a^{2}0.019\angle64.15^{\circ}+0.0043\angle64.15^{\circ}$$

$$=\dot{U}_{Cmfh}-0.0147\angle64.15^{\circ}$$

式中 $\dot{U}_{Amfh}$、$\dot{U}_{Bmfh}$、$\dot{U}_{Cmfh}$——M 点母线 A、B、C 相正常运行电压（标么值）。

由以上计算结果看，双回线断开一相，母线电压变化很小。

7. N 点母线电压计算

由式（2-237）及图 2-97(a) 计算电压故障分量为

$$\dot{U}'_{1n}=\frac{62.03\angle-25.85^{\circ}}{167.3}j0.03=-0.01112\angle64.15^{\circ}$$

$$\dot{U}_{2n}=\dot{U}'_{1n}$$

$$\dot{U}_{0n}=-\frac{33.388\angle-25.85^{\circ}}{167.3}j0.025=-0.005\angle64.15^{\circ}$$

各相全电压计算为

$$\dot{U}_{An}=\dot{U}_{Anfh}+(-0.01112-0.01112-0.005)\angle64.15^{\circ}$$

$$=\dot{U}_{Anfh}-0.02724\angle64.15^{\circ}$$

$$\dot{U}_{Bn}=\dot{U}_{Bnfh}+[a^{2}(-0.01112)+a(-0.01112)+(-0.005)]\angle64.15^{\circ}$$

$$=\dot{U}_{Bnfh}+0.00612\angle64.15^{\circ}$$

同理 $\dot{U}_{Cn}=\dot{U}_{Cnfh}+0.00612\angle64.15^{\circ}$

式中 $\dot{U}_{Anfh}$、$\dot{U}_{Bnfh}$、$\dot{U}_{Cnfh}$——N 点母线 A、B、C 相正常运行电压。

由以上计算结果看，N 侧母线电压变化也很小。

（二）B、C 两相断相计算

m、n 断口输入阻抗与图 2-96 相同，$Z_{1\Sigma}=j0.09763$、$Z_{2\Sigma}=j0.09763$、$Z_{0\Sigma}=j0.0651$。

1. 断相电流故障分量计算

由式（2-242）、（2-243）得

$$\dot{I}'_{1dx}=-\frac{500\angle-25.85°(0.09763+0.0651)}{2\times0.09763+0.0651}=-312.50\angle-25.85°\ (\mathrm{A})$$

$$\dot{I}_{2dx}=\dot{I}_{0dx}=\frac{500\angle-25.85\times0.09763}{2\times0.09763+0.0651}=187.5\angle-25.85°\ (\mathrm{A})$$

负荷电流与 $\dot{I}'_{1dx}$（故障分量）迭加得综合正序电流为

$$\dot{I}_{1dx}=500\angle-25.85°-312.5\angle-25.85°=187.5\angle-25.85°\ (\mathrm{A})$$

电厂侧故障分量分支电流为

$$\dot{I}'_{1}=-312.5\angle-25.85°\times\frac{0.06235}{0.06235+0.03+0.05126}=-135.675\angle-25.85°\ (\mathrm{A})$$

$$\dot{I}_{2}=187.5\angle-25.85°\times\frac{0.06235}{0.06235+0.03+0.05126}=81.405\angle-25.85°(\mathrm{A})$$

$$\dot{I}_{0}=187.5\angle-25.85\frac{0.0353}{0.0353+0.025+0.02153+0.1447}=29.22\angle-25.85°(\mathrm{A})$$

Ⅱ回线故障分量分支电流为

$$\dot{I}'_{1}=-312.5\angle-25.85°-(-135.675)\angle-25.85°=-176.83\angle-25.85°\ (\mathrm{A})$$

$$\dot{I}_{2}=(187.5-81.405)\angle-25.85°=106.1\angle-25.85°\ (\mathrm{A})$$

$$\dot{I}_{0}=(187.5-29.22)\angle-25.85°=158.28\angle-25.85°\ (\mathrm{A})$$

故障分量电流分布如图 2-98(a) 所示。

2. Ⅰ 回线全电流计算

$$\dot{I}_{A}=3\times187.5\angle-25.85°=562.5\angle-25.85°\ (\mathrm{A})$$

$$\dot{I}_{B}=\dot{I}_{C}=0$$

$$3\dot{I}_{0}=\dot{I}_{A}=562.5\angle-25.85°\ (\mathrm{A})$$

3. 电厂侧全电流计算

各序电流为

$$\dot{I}_{1}=1000\angle-25.85°-135.675\angle-25.85°=864.325\angle-25.85°\ (\mathrm{A})$$

$$\dot{I}_{2}=81.405\angle-25.85°\ (\mathrm{A})$$

$$\dot{I}_{0}=29.22\angle-25.85°\ (\mathrm{A})$$

各相全电流为

$$\dot{I}_{A}=(864.325+81.405+29.22)\angle-25.85°=974.95\angle-25.85°\ (\mathrm{A})$$

$$\begin{aligned}\dot{I}_{B}&=(a^2 864.325+a81.405+29.22)\angle-25.85°\\&=[(-0.5-j0.866)864.325+(-0.5+j0.866)81.405+29.22]\angle-25.85°\\&=[-443.6-j678]\angle-25.85°=810.25\angle-149.05°\ (\mathrm{A})\end{aligned}$$

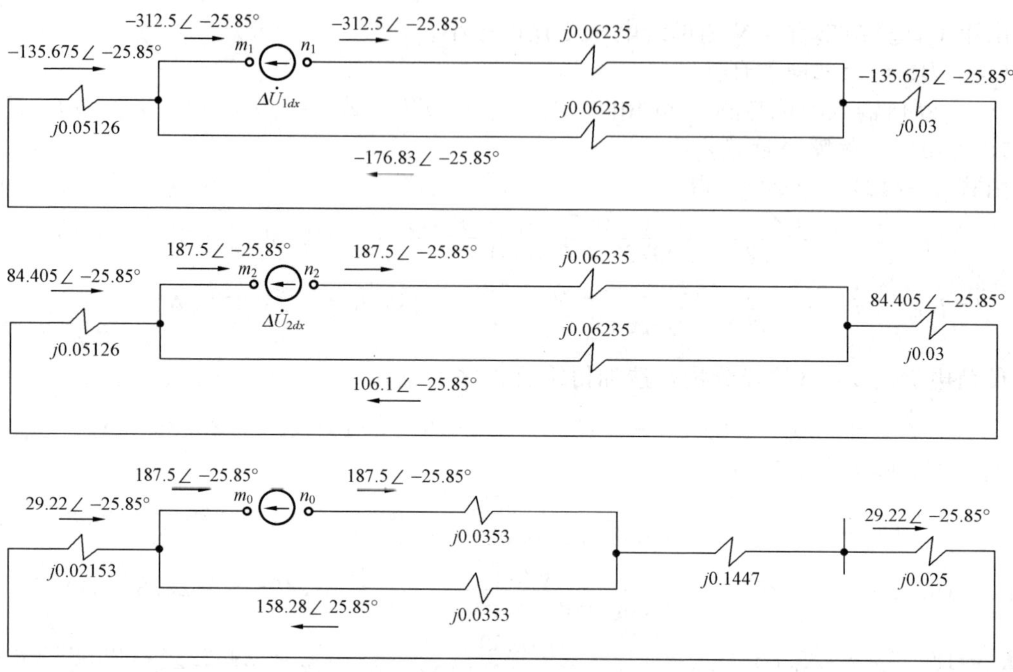

(a)

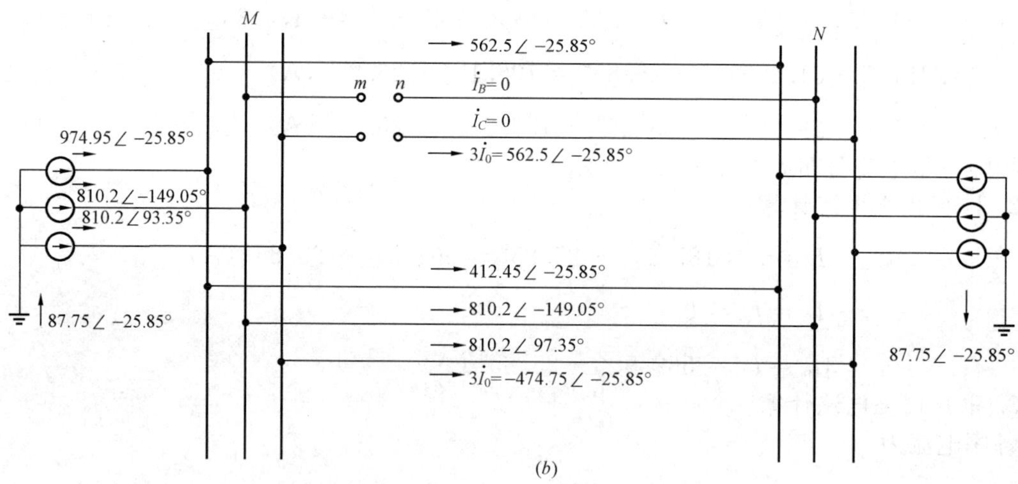

(b)

图 2-98　两相断相电流计算

(a) 正、负、零序故障分量电流分布；(b) 全电流分布

$$\dot{I}_C = (a864.325 + a^2 81.405 + 29.22)\angle -25.85^\circ$$
$$= (-443.6 + j678)\angle -25.85^\circ = 810.25\angle 97.35^\circ \text{ (A)}$$

$$3\dot{I}_0 = [974.95 + (-443.6 - j678) + (-443.6 + j678)]\angle -25.85^\circ$$
$$= 87.75\angle -25.85^\circ \text{ (A)}$$

4. Ⅱ 回线全电流计算

各序电流为

$$\dot{I}_1 = (500 + 176.83)\angle -25.85° = 676.83\angle -25.85° \text{ (A)}$$

$$\dot{I}_2 = -106.1\angle -25.85° \text{ (A)}$$

$$\dot{I}_0 = -158.28\angle -25.85° \text{ (A)}$$

各相全电流为

$$\dot{I}_A = (676.83 - 106.1 - 158.28)\angle -25.85° = 412.45\angle -25.85° \text{ (A)}$$

$$\begin{aligned}\dot{I}_B &= [a^2 676.83 + a(-106.1) + (-158.28)]\angle -25.85° \\ &= [(-0.5 - j0.866)676.83 + (-0.5 + j0.866)(-106.1) - 158.28]\angle -25.85° \\ &= [-443.6 - j678]\angle -25.85° = 810.23\angle -149.05° \text{ (A)}\end{aligned}$$

$$\begin{aligned}\dot{I}_C &= [a676.83 + a^2(-106.1) - 158.28]\angle -25.85° \\ &= [-443.6 + j678]\angle -25.85° = 810.23\angle 97.35° \text{ (A)}\end{aligned}$$

$$\begin{aligned}3\dot{I}_0 &= (412.45 - 443.6 - j678 - 443.6 + j678)\angle -25.85° \\ &= -474.75\angle -25.85° \text{ (A)}\end{aligned}$$

全电流分布如图 2-98(b) 所示。

5. m、n 断口电压计算

由式（2-245）计算得

$$\begin{aligned}\Delta\dot{U}_{1dx} &= \frac{500/167.3\angle -25.85° \times j0.09762(j0.09762 + j0.0651)}{2 \times j0.09762 + j0.0651} \\ &= 0.182535\angle 64.15°\end{aligned}$$

$$\begin{aligned}\Delta\dot{U}_{2dx} &= \frac{-500/167.3\angle -25.85° \times j0.09762(j0.09762)}{2 \times j0.09762 + j0.0651} \\ &= -0.1094\angle 64.15°\end{aligned}$$

$$\begin{aligned}\Delta\dot{U}_{0dx} &= \frac{-500/167.3\angle -25.85° \times j0.09762(j0.0651)}{2 \times j0.09762 + j0.0651} \\ &= -0.07295\angle 64.15°\end{aligned}$$

6. M 点母线电压计算

由式（2-238）及图 2-98(a) 电流分布计算各相序电压，得

$$\begin{aligned}\dot{U}_{1m} &= \dot{U}_{mfh} - \dot{I}'_{1dx} Z_{1m} \\ &= \dot{U}_{mfh} - (-135.675/167.3\angle -25.85° \times j0.05126) \\ &= \dot{U}_{mfh} + 0.04157\angle 64.15°\end{aligned}$$

$$\begin{aligned}\dot{U}_{2m} &= -\dot{I}_{2dx} Z_{2m} = -84.405/167.3\angle -25.85° \times j0.05126 \\ &= -0.02586\angle 64.15°\end{aligned}$$

$$\dot{U}_{0m} = -\dot{I}_{0dx}Z_{0m} = -29.22/167.3\angle -25.85° \times j0.02153$$
$$= -0.0038\angle 64.15°$$

各相全电压计算为

$$\dot{U}_{Am} = \dot{U}_{Amfh} + (0.04157 - 0.02586 - 0.0038)\angle 64.15°$$
$$= \dot{U}_{Amfh} + 0.01191\angle 64.15°$$
$$\dot{U}_{Bm} = \dot{U}_{Bmfh} + [0.04157a^2 + a(-0.02586) - 0.0038]\angle 64.15°$$
$$= \dot{U}_{Bmfh} + [(-0.5 - j0.866)0.04157 + (-0.5 + j0.866) \times (-0.02586) - 0.0038]\angle 64.15°$$
$$= \dot{U}_{Bmfh} + [-0.011655 - j0.05839]\angle 64,15°$$
$$= \dot{U}_{Bmfh} + 0.0595\angle -101.29° \cdot \angle 64.15°$$
$$= \dot{U}_{Bmfh} + 0.0595\angle -37.14°$$

（故障分量 $0.0595\angle -37.14° = 0.0474 - j0.0359$）

$$\dot{U}_{Cm} = \dot{U}_{Cmfh} + [0.04157a + a^2(-0.02586) - 0.0038]\angle 64.15°$$
$$= \dot{U}_{Cmfh} + 0.0595\angle 165.44°$$

（故障分量 $0.0595\angle 165.44° = -0.05759 + j0.01496$）

7. N 点母线电压计算

由式（2-239）及图 2-98(a) 电流分布计算各相序电压得（以下电压 U 的下标 n 指母线 N，并非断口 n）

$$\dot{U}_{1n} = \dot{U}_{nfh} + \dot{I}'_{1dx}Z_{1n} = \dot{U}_{nfh} + (-135.675\angle -25.85°/167.3)\,j0.03$$
$$= \dot{U}_{nfh} - 0.02433\angle 64.15°$$
$$\dot{U}_{2n} = \dot{I}_{2dx}Z_{2n} = (84.405\angle -25.85°/167.3)j0.03 = 0.01514\angle 64.15°$$
$$\dot{U}_{0n} = \dot{I}_{0dx}Z_{0n} = (29.22\angle -25.85°/167.3)j0.025 = 0.0044\angle 64.15°$$

各相全电压计算为

$$\dot{U}_{An} = \dot{U}_{Anfh} + (-0.02433 + 0.01514 + 0.0044)\angle 64.15°$$
$$= \dot{U}_{Anfh} - 0.0048\angle 64.15° = \dot{U}_{Anfh} + 0.0048\angle -115.85°$$
$$\dot{U}_{Bn} = \dot{U}_{Bnfh} + [a^2(-0.02433) + a0.01514 + 0.0044]\angle 64.15°$$
$$= \dot{U}_{Bnfh} + [0.009 + j0.03417]\angle 64.15°$$
$$= \dot{U}_{Bnfh} + 0.03534\angle 139.4°$$
$$\dot{U}_{Cn} = \dot{U}_{Cnfh} + [a(-0.02433) + a^2\,0.01514 + 0.0044]\angle 64.15°$$
$$= \dot{U}_{Cnfh} + [0.009 - j0.03417]\angle 64.15°$$
$$= \dot{U}_{Cnfh} + 0.03534\angle -11.1°$$

从以上计算结果看，两相断相后 MN 两侧母线电压变化均不大。

图 2-99(a)、(b)、(c) 和 (a)′、(b)′、(c)′为一相和两相断相，断口电压相序分量电压分布及相量图。图 2-100(a) 和 (b) 为一相和两相断相线路两侧相序电流及 M、N 两侧母线负序、零序电压相量图。从图 2-100 可知，两种断相方式下线路两侧负序及零序电流均超前本侧母线负序及零序电压 90°，这和线路内部接地故障（单相接地或两相接地短路）有同样的相位关系，因此，在断相情况下两侧负序及零序方向属于正方向。

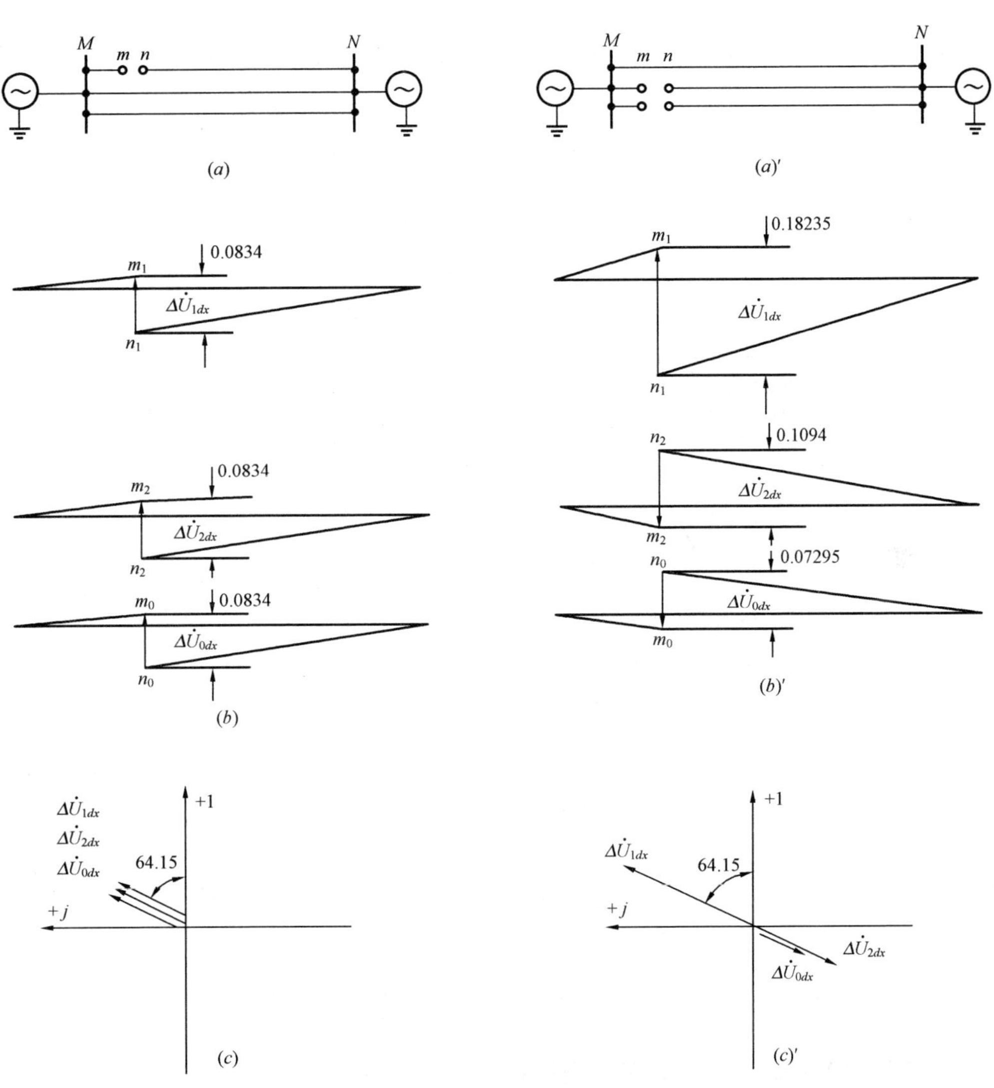

图 2-99 断相电压计算结果

(a)、(a')—系统接线；(b)、(b')—断相电压正、负、零序分量分布；(c)、(c')—断相电压断口处正、负、零序电压相量图

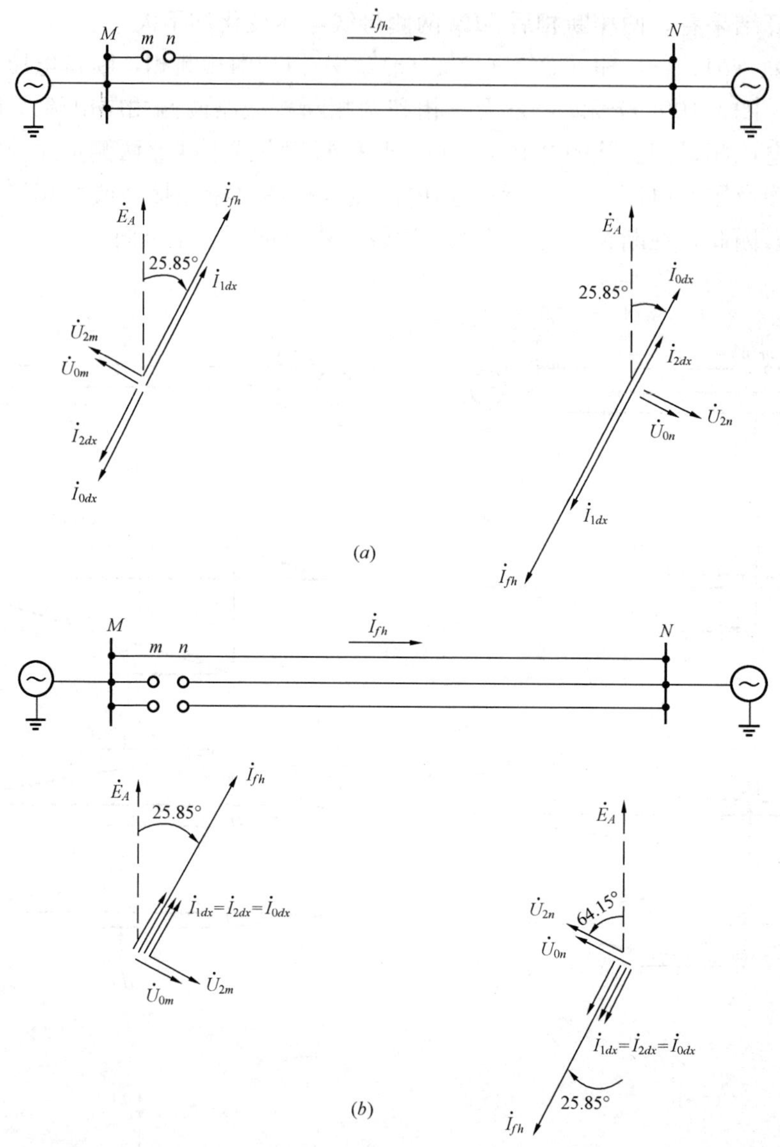

图 2-100　断相后两侧序分量电压、电流相量图

(a) 一相断相情况；(b) 两相断相情况

第 2-12 节　短路与振荡同时发生时短路电流计算

一、短路与振荡同时发生时短路电流计算

电力系统短路故障引起系统振荡，是常见故障情况之一。例如图 2-101(a) 中，当发电厂母线引出线路三相短路时，如不能快速切除，则由于母线残压太低，使功率送不出去，发电机将加速和失步，并可能引起系统振荡。在振荡中两侧电源电势相角差可能增大到 180°，此时振荡电流达到最大值，母线电压达到最小值，如振荡中心在母线上，则母线电压为零，故障线路短路电流也为零。当振荡中心不在母线上时，则短路电流不过零，是一脉动电流，

如图 2-102 所示。这种特征可能使带时限的过电流保护拒绝动作。

D 点三相短路并伴随系统振荡时，短路电流计算式为

$$\dot{I}_d = \frac{\dot{E}_\Sigma}{Z_\Sigma + Z} \tag{2-255}$$

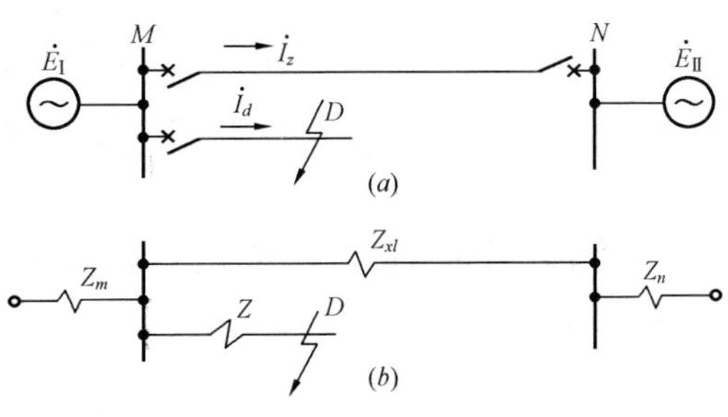

图 2-101　短路加振荡计算

(a) 系统接线；(b) 阻抗图

式中　Z_Σ——系统至 M 母线等值阻抗。在图 2-101 中 $Z_\Sigma = \dfrac{Z_m(Z_{xl}+Z_n)}{Z_m+Z_{xl}+Z_n}$；

$\dot{E}_\Sigma$——系统等值电势，

$$\dot{E}_\Sigma = \frac{\dot{E}_{\mathrm{I}}(Z_{xl}+Z_n)+\dot{E}_{\mathrm{II}}Z_m}{Z_m+Z_{xl}+Z_n}。$$

当两侧电源电势 $|\dot{E}_{\mathrm{I}}|=|\dot{E}_{\mathrm{II}}|=|\dot{E}$、$\dot{E}_{\mathrm{II}}=\dot{E}_{\mathrm{I}}e^{-j\delta}$ 时

$$\dot{E}_\Sigma = \frac{\dot{E}(Z_{xl}+Z_n)+\dot{E}e^{-j\delta}Z_m}{Z_m+Z_{xl}+Z_n} \tag{2-256}$$

当采用标幺值计算（取 $\dot{E}=1$，阻抗均以标幺值表示）时

$$\dot{I}_d = \frac{Z_{xl}+Z_n+Z_m e^{-j\delta}}{(Z_m+Z_{xl}+Z_n)(Z_\Sigma+Z)}\dot{I}_j = \frac{Z_{xl}+Z_n+Z_m e^{-j\delta}}{Z_m(Z_{xl}+Z_n)+Z(Z_m+Z_{xl}+Z_n)}\dot{I}_j \tag{2-257}$$

式中　$\dot{I}_j$——基准电流（A）；

$e^{-j\delta}$——单位旋转矢量，$e^{-j\delta}=\cos\delta - j\sin\delta$。

当 δ 角由 0°→360°变化时，$\dot{I}_d$ 的模值如图 2-102 所示。

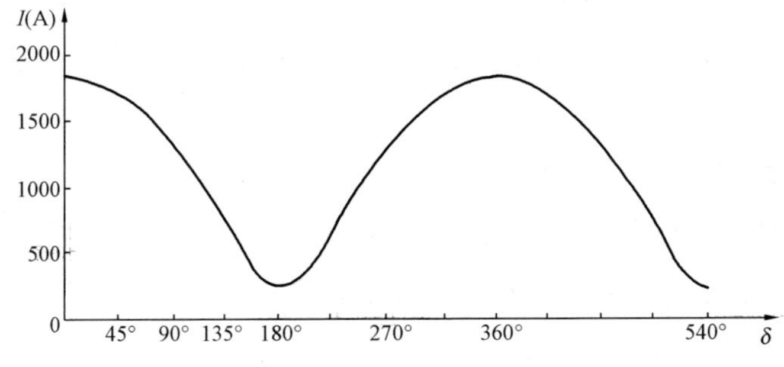

图 2-102　短路加振荡短路电流

二、算例

在图 2-101 中，假设阻抗均为标幺电抗（基准电压为 115kV、基准容量为 100MVA，基准电流为 502A），$Z_m=j0.3$、$Z_{xl}=j0.25$、$Z_n=j0.15$、$Z=j0.1$，电势标幺值取 $\dot{E}=1$。试求由 D 点三相短路引起振荡时的短路电流值。

由式（2-257）计算，将已知参数代入，则

$$\dot{I}_d=\frac{0.25+0.15+0.3e^{-j\delta}}{0.3(0.25+0.15)+0.1(0.3+0.25+0.15)}502$$
$$=\frac{0.4+0.3(\cos\delta-j\sin\delta)}{0.19}502\ (\text{A})$$

令 δ 角为不同数值，代入上式得短路电流绝对值计算结果如表 2-15 所示。其 $\dot{I}_d=f(\delta)$ 的曲线如图 2-102 所示。

表 2-15　　　　短路电流绝对值计算结果

δ (°)	0	45	90	135	180	270	360
I_d(A)	1849.5	1711.5	1321	748.7	264.2	1321	1849.5

第 2-13 节　接地短路与断相同时发生时短路电流计算

一、单相接地短路与断相同时发生时短路电流计算

短路与断相同时发生属复杂故障，复杂故障的计算方法很多，例如正、负、零序对称分量法，α、β、0 分量法，A、B、C 三相坐标系统法等（文献 4）。本节仅介绍后一种计算方法。计算中假设 A、B、C 三相系统对称，正、负序阻抗相等，忽略线路分布电容及负荷电流（一般情况下短路电流远大于电容电流及负荷电流），不考虑系统振荡。

（一）同名相单相接地短路与断相计算

图 2-103(a) 为双电源单回线 A 相接地与断相二重故障状态示意图。应用迭加原理，在接地支路附加两个大小相等、方向相反的电势（满足接地点 D 电压为零的条件），则可将二重故障状态分解为接地短路前的断相状态〔如图 2-103(b) 所示〕和接地短路后的短路附加状态〔如图 2-103(c) 所示〕，分别对两种状态进行计算，然后迭加则可得出二重故障计算结果。根据假设条件，接地短路前全网空载，$\dot{E}_{\mathrm{I}}=\dot{E}_{\mathrm{II}}=\dot{E}$，电流为零，故仅需计算接地后的短路附加状态即可。

1. 计算接地短路与断相后各相全电流

由图 2-103(c) 计算。在附加电势 $\dot{E}$ 作用下，产生了短路电流故障分量，如图中 $\dot{I}_A$，$\dot{I}_B$，$\dot{I}_C$ 所示。对于 A 相一地回路，可建立以下电压方程

$$\dot{E}=Z_{L\mathrm{II}}\dot{I}_A+Z_{M\mathrm{II}}\dot{I}_B+Z_{M\mathrm{II}}\dot{I}_C \tag{2-258}$$

式中　$Z_{L\mathrm{II}}$ ——Ⅱ侧每相自感阻抗，$Z_{L\mathrm{II}}=\frac{1}{3}(Z_{0\mathrm{II}}+2Z_{1\mathrm{II}})$，式中的 $Z_{0\mathrm{II}}$、$Z_{1\mathrm{II}}$ 分别为Ⅱ侧零序及正序阻抗；

$Z_{M\mathrm{II}}$ ——Ⅱ侧相间互感阻抗，$Z_{M\mathrm{II}}=\frac{1}{3}(Z_{0\mathrm{II}}-Z_{1\mathrm{II}})$；

$\dot{I}_B$、$\dot{I}_C$ ——由 $\dot{I}_A$ 对 B、C 相产生的互感电流，在线路全换位、互感相同的情况下，$\dot{I}_B=\dot{I}_C$。

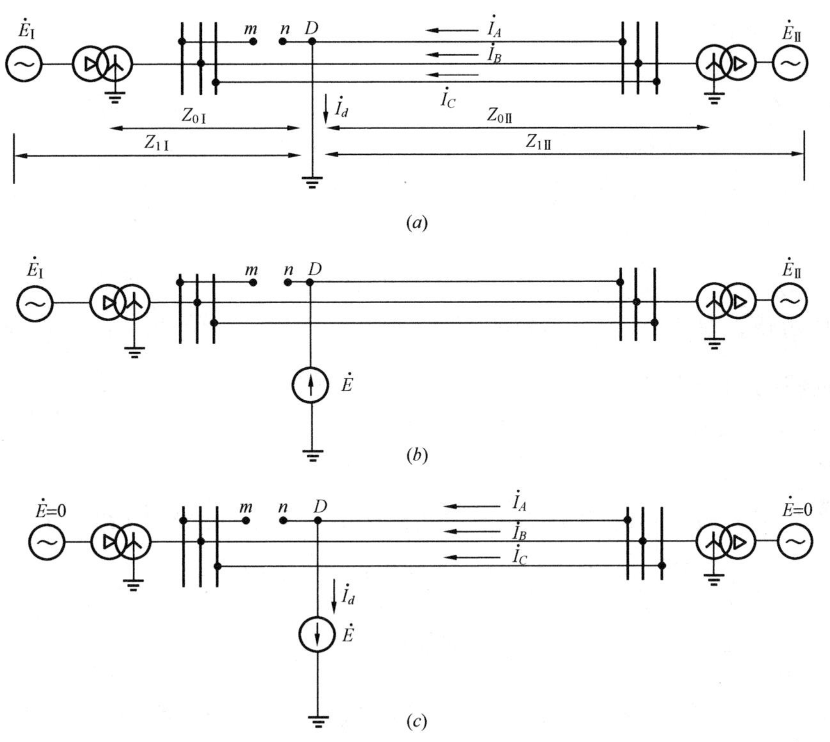

图 2-103　双电源单回线同名相接地断相

(a) 接地加断相故障状态；(b) 断相状态；(c) 接地短路附加状态

式（2-258）用序阻抗表示时

$$3\dot{E}=(Z_{0\text{II}}+2Z_{1\text{II}})\dot{I}_A+2(Z_{0\text{II}}-Z_{1\text{II}})\dot{I}_B \tag{2-259}$$

B 相一地回路，可建立以下电压方程

$$0=Z_{M\text{II}}\dot{I}_A+Z_{L\Sigma}\dot{I}_B+Z_{M\Sigma}\dot{I}_C \tag{2-260}$$

式中　$Z_{L\Sigma}$——全回路每相自感阻抗，$Z_{L\Sigma}=\dfrac{1}{3}(Z_{0\Sigma}+2Z_{1\Sigma})$；

$Z_{M\Sigma}$——全回路相间互感阻抗，$Z_{M\Sigma}=\dfrac{1}{3}(Z_{0\Sigma}-Z_{1\Sigma})$，其中 $Z_{0\Sigma}=Z_{0\text{I}}+Z_{0\text{II}}$，$Z_{1\Sigma}=Z_{1\text{I}}+Z_{1\text{II}}$。

式（2-260）用序阻抗表示时

$$0=(Z_{0\text{II}}-Z_{1\text{II}})\dot{I}_A+(Z_{0\Sigma}+2Z_{1\Sigma})\dot{I}_B+(Z_{0\Sigma}-Z_{1\Sigma})\dot{I}_C$$

$$0=(Z_{0\text{II}}-Z_{1\text{II}})\dot{I}_A+(2Z_{0\Sigma}+Z_{1\Sigma})\dot{I}_B \tag{2-261}$$

式（2-259）、（2-261）联立求解得

$$\dot{I}_A=\frac{\begin{vmatrix}3\dot{E} & 2(Z_{0\text{II}}-Z_{1\text{II}})\\ 0 & (2Z_{0\Sigma}+Z_{1\Sigma})\end{vmatrix}}{\begin{vmatrix}(Z_{0\text{II}}+2Z_{1\text{II}}) & 2(Z_{0\text{II}}-Z_{1\text{II}})\\ (Z_{0\text{II}}-Z_{1\text{II}}) & (2Z_{0\Sigma}+Z_{1\Sigma})\end{vmatrix}}=\frac{(2Z_{0\Sigma}+Z_{1\Sigma})3\dot{E}}{(Z_{0\text{II}}+2Z_{1\text{II}})(2Z_{0\Sigma}+Z_{1\Sigma})-2(Z_{0\text{II}}-Z_{1\text{II}})^2} \tag{2-262}$$

$$\dot{I}_B = \frac{\begin{vmatrix} (Z_{0\text{II}} + 2Z_{1\text{II}}) & 3\dot{E} \\ (Z_{0\text{II}} - Z_{1\text{II}}) & 0 \end{vmatrix}}{\begin{vmatrix} (Z_{0\text{II}} + 2Z_{1\text{II}}) & 2(Z_{0\text{II}} - Z_{1\text{II}}) \\ (Z_{0\text{II}} - Z_{1\text{II}}) & (2Z_{0\Sigma} + Z_{1\Sigma}) \end{vmatrix}} = \frac{(Z_{1\text{II}} - Z_{0\text{II}})3\dot{E}}{(Z_{0\text{II}} + 2Z_{1\text{II}})(2Z_{0\Sigma} + Z_{1\Sigma}) - 2(Z_{0\text{II}} - Z_{1\text{II}})^2} \tag{2-263}$$

$$\dot{I}_C = \dot{I}_B$$

D 点接地短路，对Ⅱ侧电源而言相当于线路末端故障，一般情况下 $Z_{0\text{II}} > Z_{1\text{II}}$，故此时 $\dot{I}_B$、$\dot{I}_C$ 的方向将与图中假设方向相反。

2. 计算接地短路与断相后相序电流

正序电流为

$$\begin{aligned}\dot{I}_1 &= \frac{1}{3}(\dot{I}_A + a\dot{I}_B + a^2\dot{I}_C) = \frac{1}{3}[\dot{I}_A + \dot{I}_B(a + a^2)] = \frac{1}{3}(\dot{I}_A - \dot{I}_B) \\ &= \frac{1}{3}\,\frac{(2Z_{0\Sigma} + Z_{1\Sigma}) - (Z_{1\text{II}} - Z_{0\text{II}})}{|A|}3\dot{E} \\ &= \frac{(2Z_{0\Sigma} + Z_{1\Sigma}) + (Z_{0\text{II}} - Z_{1\text{II}})}{|A|}\dot{E}\end{aligned} \tag{2-264}$$

其中 $|A| = (Z_{0\text{II}} + 2Z_{1\text{II}})(2Z_{0\Sigma} + Z_{1\Sigma}) - 2(Z_{0\text{II}} - Z_{1\text{II}})^2$

负序电流为

$$\dot{I}_2 = \frac{1}{3}(\dot{I}_A + a^2\dot{I}_B + a\dot{I}_C) = \frac{1}{3}[\dot{I}_A + \dot{I}_B(a^2 + a)] = \frac{1}{3}(\dot{I}_A - \dot{I}_B) = \dot{I}_1$$

零序电流为

$$\begin{aligned}\dot{I}_0 &= \frac{1}{3}(\dot{I}_A + \dot{I}_B + \dot{I}_C) = \frac{1}{3}(\dot{I}_A + 2\dot{I}_B) \\ &= \frac{(2Z_{0\Sigma} + Z_{1\Sigma}) - 2(Z_{0\text{II}} - Z_{1\text{II}})}{|A|}\dot{E}\end{aligned} \tag{2-265}$$

在式（2-262）、(2-263)、(2-264)、(2-265）中，如果阻抗均为标幺值，则式中 $\dot{E}$ 用基准电流 $\dot{I}_j$ 代替，所得全电流或相序电流均为有名值（A）（以下同）。

（二）异名相单相接地短路与一相断相计算

图 2-104(a) 为双电源单回线 B 相断相 A 相接地二重故障状态示意图。图 2-104(b) 为接地短路前断相状态。由假设条件可知，此状态全网空载，$\dot{E}_{\text{I}} = \dot{E}_{\text{II}} = \dot{E}$，电流为零。图 2-104($c$) 为接地短路后短路附加状态。由于断相状态电流为零，故可仅计算短路附加状态即可。

1. 各相全电流计算

由图 2-104(c) 计算。B 相无接地短路但有断相，故 $\dot{I}_B = 0$，$\dot{I}_A$、$\dot{I}_C$ 由回路电压方程计算。

Ⅰ侧 A 相—地回路电压方程为

$$\dot{E} = Z_{L\text{I}}\dot{I}_{A\text{I}} - Z_{M\text{I}}\dot{I}_{C\text{II}}$$

$$3\dot{E} = (Z_{0\text{I}} + 2Z_{1\text{I}})\dot{I}_{A\text{I}} - (Z_{0\text{I}} - Z_{1\text{I}})\dot{I}_{C\text{II}} \tag{2-266}$$

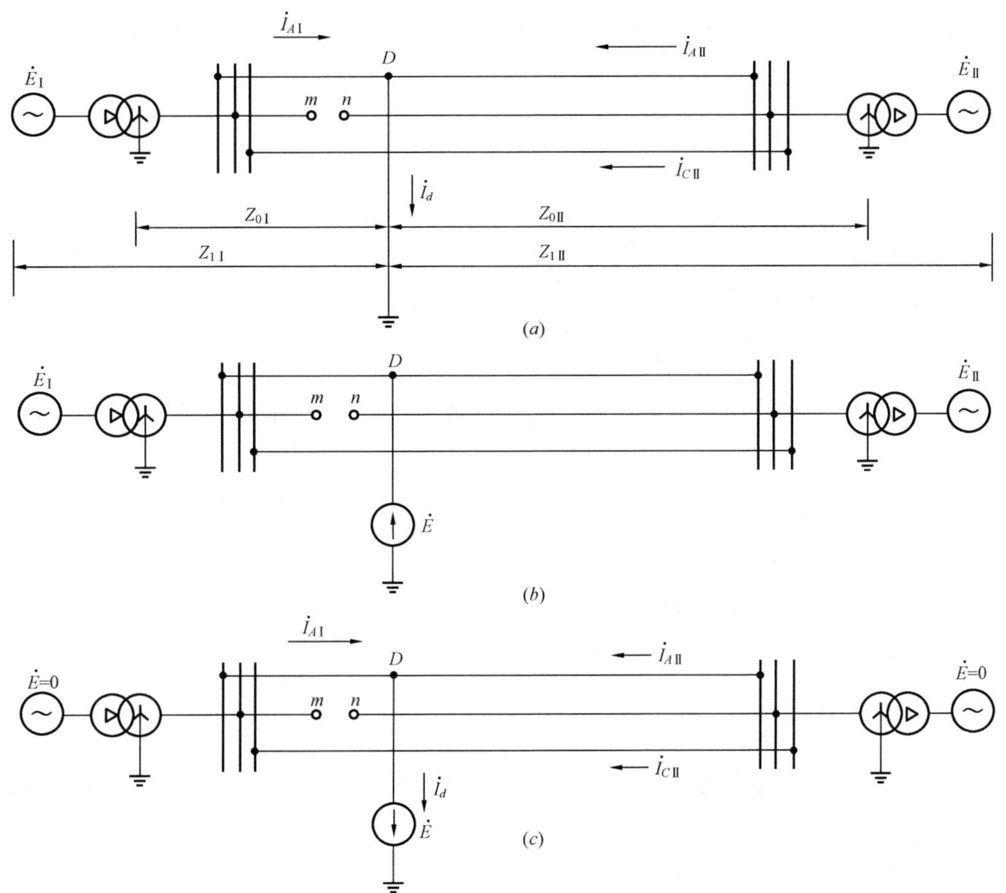

图 2-104　双电源单回线异名相接地断相

（a）接地加断相故障状态；（b）断相状态；（c）接地短路附加状态

式中　$Z_{L\,\text{I}}$ ——Ⅰ侧每相自感阻抗，$Z_{L\,\text{I}}=\frac{1}{3}(Z_{0\,\text{I}}+2Z_{1\,\text{I}})$，$Z_{0\,\text{I}}$、$Z_{1\,\text{I}}$ 为Ⅰ侧零序及正序阻抗；

$Z_{M\,\text{I}}$ ——Ⅰ侧相间互感阻抗 $Z_{M\,\text{I}}=\frac{1}{3}(Z_{0\,\text{I}}-Z_{1\,\text{I}})$。

Ⅱ侧 A 相—地回路电压方程为

$$\dot{E}=Z_{L\,\text{II}}\dot{I}_{A\,\text{II}}+Z_{M\,\text{II}}\dot{I}_{C\,\text{II}}$$

$$3\dot{E}=(Z_{0\,\text{II}}+2Z_{1\,\text{II}})\dot{I}_{A\,\text{II}}+(Z_{0\,\text{II}}-Z_{1\,\text{II}})\dot{I}_{C\,\text{II}} \tag{2-267}$$

式中　$Z_{L\,\text{II}}$、$Z_{M\,\text{II}}$ 含义同式（2-258）。

C 相—地回路电压方程为

$$0=-Z_{M\,\text{I}}\dot{I}_{A\,\text{I}}+Z_{M\,\text{II}}\dot{I}_{A\,\text{II}}+Z_{L\Sigma}\dot{I}_{C\,\text{II}}$$

$$0=-(Z_{0\,\text{I}}-Z_{1\,\text{I}})\dot{I}_{A\,\text{I}}+(Z_{0\,\text{II}}-Z_{1\,\text{II}})\dot{I}_{A\,\text{II}}+(Z_{0\Sigma}+2Z_{1\Sigma})\dot{I}_{C\,\text{II}} \tag{2-268}$$

式中　$Z_{L\Sigma}$——全回路（两侧）每相自感阻抗，$Z_{L\Sigma}=Z_{L\mathrm{I}}+Z_{L\mathrm{II}}=\frac{1}{3}(Z_{0\Sigma}+2Z_{1\Sigma})$，其中 $Z_{0\Sigma}=Z_{0\mathrm{I}}+Z_{0\mathrm{II}}$，$Z_{1\Sigma}=Z_{1\mathrm{I}}+Z_{1\mathrm{II}}$。

式（2-266）、（2-267）、（2-268）联立求解得

$$\dot{I}_{A\mathrm{I}}=\frac{\begin{vmatrix}3\dot{E} & 0 & -(Z_{0\mathrm{I}}-Z_{1\mathrm{I}})\\ 3\dot{E} & (Z_{0\mathrm{II}}+2Z_{1\mathrm{II}}) & (Z_{0\mathrm{II}}-Z_{1\mathrm{II}})\\ 0 & (Z_{0\mathrm{II}}-Z_{1\mathrm{II}}) & (Z_{0\Sigma}+2Z_{1\Sigma})\end{vmatrix}}{\begin{vmatrix}(Z_{0\mathrm{I}}+2Z_{1\mathrm{I}}) & 0 & -(Z_{0\mathrm{I}}-Z_{1\mathrm{I}})\\ 0 & (Z_{0\mathrm{II}}+2Z_{1\mathrm{II}}) & (Z_{0\mathrm{II}}-Z_{1\mathrm{II}})\\ -(Z_{0\mathrm{I}}-Z_{1\mathrm{I}}) & (Z_{0\mathrm{II}}-Z_{1\mathrm{II}}) & (Z_{0\Sigma}+2Z_{1\Sigma})\end{vmatrix}}$$

$$=\frac{(Z_{0\mathrm{II}}+2Z_{1\mathrm{II}})(Z_{0\Sigma}+2Z_{1\Sigma})-(Z_{0\mathrm{I}}-Z_{1\mathrm{I}})(Z_{0\mathrm{II}}-Z_{1\mathrm{II}})-(Z_{0\mathrm{II}}-Z_{1\mathrm{II}})^2}{|B|}3\dot{E} \tag{2-269}$$

其中 $|B|=(Z_{0\mathrm{I}}+2Z_{1\mathrm{I}})(Z_{0\mathrm{II}}+2Z_{1\mathrm{II}})(Z_{0\Sigma}+2Z_{1\Sigma})-(Z_{0\mathrm{I}}-Z_{1\mathrm{I}})^2(Z_{0\mathrm{II}}+2Z_{1\mathrm{II}})-(Z_{0\mathrm{I}}+2Z_{1\mathrm{I}})(Z_{0\mathrm{II}}-Z_{1\mathrm{II}})^2$

$$\dot{I}_{A\mathrm{II}}=\frac{\begin{vmatrix}(Z_{0\mathrm{I}}+2Z_{1\mathrm{I}}) & 3\dot{E} & -(Z_{0\mathrm{I}}-Z_{1\mathrm{I}})\\ 0 & 3\dot{E} & (Z_{0\mathrm{II}}-Z_{1\mathrm{II}})\\ -(Z_{0\mathrm{I}}-Z_{1\mathrm{I}}) & 0 & (Z_{0\Sigma}+2Z_{1\Sigma})\end{vmatrix}}{|B|}$$

$$=\frac{(Z_{0\mathrm{I}}+2Z_{1\mathrm{I}})(Z_{0\Sigma}+2Z_{1\Sigma})-(Z_{0\mathrm{I}}-Z_{1\mathrm{I}})(Z_{0\mathrm{II}}-Z_{1\mathrm{II}})-(Z_{0\mathrm{I}}-Z_{1\mathrm{I}})^2}{|B|}3\dot{E} \tag{2-270}$$

式中的 $|B|$ 的含义同式（2-269）。

$$\dot{I}_{C\mathrm{II}}=\frac{\begin{vmatrix}(Z_{0\mathrm{I}}+2Z_{1\mathrm{I}}) & 0 & 3\dot{E}\\ 0 & (Z_{0\mathrm{II}}+2Z_{1\mathrm{II}}) & 3\dot{E}\\ -(Z_{0\mathrm{I}}-Z_{1\mathrm{I}}) & (Z_{0\mathrm{II}}-Z_{1\mathrm{II}}) & 0\end{vmatrix}}{|B|}$$

$$=\frac{(Z_{0\mathrm{I}}-Z_{1\mathrm{I}})(Z_{0\mathrm{II}}+2Z_{1\mathrm{II}})-(Z_{0\mathrm{I}}+2Z_{1\mathrm{I}})(Z_{0\mathrm{II}}-Z_{1\mathrm{II}})}{|B|}3\dot{E} \tag{2-271}$$

式中的 $|B|$ 的含义同式（2-269）。

2. 序电流计算

Ⅰ 侧

$$\left.\begin{aligned}\dot{I}_{1A\mathrm{I}}&=\frac{1}{3}(\dot{I}_{A\mathrm{I}}+a\dot{I}_{B\mathrm{I}}+a^2\dot{I}_{C\mathrm{I}})=\frac{1}{3}(\dot{I}_{A\mathrm{I}}-a^2\dot{I}_{C\mathrm{II}})\\ \dot{I}_{2A\mathrm{I}}&=\frac{1}{3}(\dot{I}_{A\mathrm{I}}+a^2\dot{I}_{B\mathrm{I}}+a\dot{I}_{C\mathrm{I}})=\frac{1}{3}(\dot{I}_{A\mathrm{I}}-a^2\dot{I}_{C\mathrm{II}})\\ \dot{I}_{0A\mathrm{I}}&=\frac{1}{3}(\dot{I}_{A\mathrm{I}}+\dot{I}_{B\mathrm{I}}+\dot{I}_{C\mathrm{I}})=\frac{1}{3}(\dot{I}_{A\mathrm{I}}-\dot{I}_{C\mathrm{II}})\end{aligned}\right\} \tag{2-272}$$

其中
$$\dot{I}_{B\mathrm{I}}=0\quad \dot{I}_{C\mathrm{I}}=-\dot{I}_{C\mathrm{II}}$$

由式（2-269）及（2-271）求出 $\dot{I}_{A\mathrm{I}}$ 及 $\dot{I}_{C\mathrm{II}}$，并代入式（2-272）中，则Ⅰ侧正、负、零

序电流即可求出。对于Ⅱ侧，则

$$\left.\begin{aligned}\dot{I}_{1A\text{Ⅱ}} &= \frac{1}{3}(\dot{I}_{A\text{Ⅱ}} + a\dot{I}_{B\text{Ⅱ}} + a^2\dot{I}_{C\text{Ⅱ}}) = \frac{1}{3}(\dot{I}_{A\text{Ⅱ}} + a^2\dot{I}_{C\text{Ⅱ}}) \\ \dot{I}_{2A\text{Ⅱ}} &= \frac{1}{3}(\dot{I}_{A\text{Ⅱ}} + a^2\dot{I}_{B\text{Ⅱ}} + a\dot{I}_{C\text{Ⅱ}}) = \frac{1}{3}(\dot{I}_{A\text{Ⅱ}} + a\dot{I}_{C\text{Ⅱ}}) \\ \dot{I}_{0A\text{Ⅱ}} &= \frac{1}{3}(\dot{I}_{A\text{Ⅱ}} + \dot{I}_{B\text{Ⅱ}} + \dot{I}_{C\text{Ⅱ}}) = \frac{1}{3}(\dot{I}_{A\text{Ⅱ}} + \dot{I}_{C\text{Ⅱ}})\end{aligned}\right\} \tag{2-273}$$

由式（2-270）及（2-271）求出 $\dot{I}_{A\text{Ⅱ}}$ 及 $\dot{I}_{C\text{Ⅱ}}$，并代入式（2-273），则Ⅱ侧正、负、零序电流即可求出。

（三）*A* 相接地短路与 *B*、*C* 相断相计算

根据以上分析方法，可计算短路附加状态，短路附加状态如图 2-105 所示。

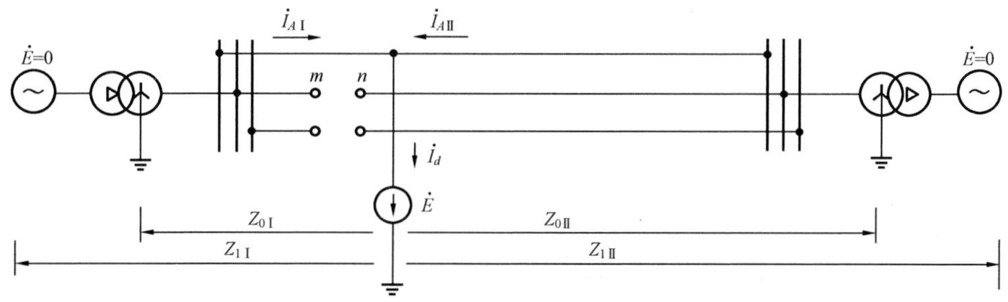

图 2-105　*A* 相接地短路 *B*、*C* 相断线短路附加状态

1. *A* 相全电流计算

Ⅰ侧 *A* 相—地回路电压方程为

$$\dot{E}_A = Z_{L\text{Ⅰ}}\dot{I}_{A\text{Ⅰ}} = \frac{1}{3}(Z_{0\text{Ⅰ}} + 2Z_{1\text{Ⅰ}})\dot{I}_{A\text{Ⅰ}}$$

$$\dot{I}_{A\text{Ⅰ}} = \frac{3\dot{E}_A}{2Z_{1\text{Ⅰ}} + Z_{0\text{Ⅰ}}} \tag{2-274}$$

Ⅱ侧 *A* 相—地回路电压方程为

$$\dot{E}_A = Z_{L\text{Ⅱ}}\dot{I}_{A\text{Ⅱ}} = \frac{1}{3}(Z_{0\text{Ⅱ}} + 2Z_{1\text{Ⅱ}})\dot{I}_{A\text{Ⅱ}}$$

$$\dot{I}_{A\text{Ⅱ}} = \frac{3\dot{E}_A}{2Z_{1\text{Ⅱ}} + Z_{0\text{Ⅱ}}} \tag{2-275}$$

由式（2-274）、（2-275）可知，*B*、*C* 两相断相后，*A* 相接地短路电流仅和本侧阻抗有关，和对侧阻抗无关，相当于两个单侧电源互不相干的单相接地。在 *B*、*C* 相不断线时，*A* 相接地，则两侧电流为

$$\left.\begin{aligned}\dot{I}_{A\mathrm{I}} &= \frac{2\dfrac{Z_{1\mathrm{II}}}{Z_{1\mathrm{I}}+Z_{1\mathrm{II}}}+\dfrac{Z_{0\mathrm{II}}}{Z_{0\mathrm{I}}+Z_{0\mathrm{II}}}}{2\dfrac{Z_{1\mathrm{I}}Z_{1\mathrm{II}}}{Z_{1\mathrm{I}}+Z_{1\mathrm{II}}}+\dfrac{Z_{0\mathrm{I}}Z_{0\mathrm{II}}}{Z_{0\mathrm{I}}+Z_{0\mathrm{II}}}}\dot{E}_A \\ \dot{I}_{A\mathrm{II}} &= \frac{2\dfrac{Z_{1\mathrm{I}}}{Z_{1\mathrm{I}}+Z_{1\mathrm{II}}}+\dfrac{Z_{0\mathrm{I}}}{Z_{0\mathrm{I}}+Z_{0\mathrm{II}}}}{2\dfrac{Z_{1\mathrm{I}}Z_{1\mathrm{II}}}{Z_{1\mathrm{I}}+Z_{1\mathrm{II}}}+\dfrac{Z_{0\mathrm{I}}Z_{0\mathrm{II}}}{Z_{0\mathrm{I}}+Z_{0\mathrm{II}}}}\dot{E}_A\end{aligned}\right\} \tag{2-276}$$

比较式（2-275）、（2-276）可知，单相接地短路时，其他两相断相与不断相情况不同，应予注意。

2. 序电流计算

因为 $\dot{I}_B=\dot{I}_C=0$，则

$$\dot{I}_1=\dot{I}_2=\dot{I}_0=\frac{1}{3}\dot{I}_A=\frac{\dot{E}_A}{2Z_1+Z_0}$$

两侧情况相同，即

$$\begin{aligned}\dot{I}_{1A\mathrm{I}}=\dot{I}_{2A\mathrm{I}}=\dot{I}_{0A\mathrm{I}}&=\frac{\dot{E}_A}{2Z_{1\mathrm{I}}+Z_{0\mathrm{I}}}\\ \dot{I}_{1A\mathrm{II}}=\dot{I}_{2A\mathrm{II}}=\dot{I}_{0A\mathrm{II}}&=\frac{\dot{E}_A}{2Z_{1\mathrm{II}}+Z_{0\mathrm{II}}}\end{aligned} \tag{2-277}$$

二、两相接地短路与断相同时发生时短路电流计算

（一）同名相两相接地短路与断相计算

图 2-106(a) 为双电源单回线 A、B 相两相接地与断相复杂故障示意图。应用重迭原理，在 A、B 相接地支路分别加 $+\dot{E}_A$、$-\dot{E}_A$ 及 $+\dot{E}_B$、$-\dot{E}_B$。两组大小相等、方向相反的电势（满足 A，B 相接地点 D 电压为零的条件），则可将复杂故障状态分解为接地短路前的断相状态〔如图 2-106(b) 所示〕和接地短路后的短路附加状态〔如图 2-106(c) 所示〕。假设断相前负荷电流为零，则断相后的断相状态电流也为零，此时就可只计算短路附加状态。

1. 各相全电流计算

由图 2-106(c) 计算。Ⅰ侧 $\dot{I}_{A\mathrm{I}}=\dot{I}_{B\mathrm{I}}=0$，可仅计算Ⅱ侧。

Ⅱ侧 A 相—地回路电压方程为

$$\dot{E}_A=Z_{L\mathrm{II}}\dot{I}_{A\mathrm{II}}+Z_{M\mathrm{II}}\dot{I}_{B\mathrm{II}}+Z_{M\mathrm{II}}\dot{I}_{C\mathrm{II}}$$

$$3\dot{E}_A=(Z_{0\mathrm{II}}+2Z_{1\mathrm{II}})\dot{I}_{A\mathrm{II}}+(Z_{0\mathrm{II}}-Z_{1\mathrm{II}})\dot{I}_{B\mathrm{II}}+(Z_{0\mathrm{II}}-Z_{1\mathrm{II}})\dot{I}_{C\mathrm{II}} \tag{2-278}$$

Ⅱ侧 B 相—地回路电压方程为

$$\dot{E}_B=Z_{M\mathrm{II}}\dot{I}_{A\mathrm{II}}+Z_{L\mathrm{II}}\dot{I}_{B\mathrm{II}}+Z_{M\mathrm{II}}\dot{I}_{C\mathrm{II}}$$

$$3\dot{E}_B=(Z_{0\mathrm{II}}-Z_{1\mathrm{II}})\dot{I}_{A\mathrm{II}}+(Z_{0\mathrm{II}}+2Z_{1\mathrm{II}})\dot{I}_{B\mathrm{II}}+(Z_{0\mathrm{II}}-Z_{1\mathrm{II}})\dot{I}_{C\mathrm{II}} \tag{2-279}$$

C 相—地回路电压方程为

$$0=(Z_{0\mathrm{II}}-Z_{1\mathrm{II}})\dot{I}_{A\mathrm{II}}+(Z_{0\mathrm{II}}-Z_{1\mathrm{II}})\dot{I}_{B\mathrm{II}}+(Z_{0\Sigma}+2Z_{1\Sigma})\dot{I}_{C\mathrm{II}} \tag{2-280}$$

由式（2-278）、（2-279）、（2-280）联立求解得

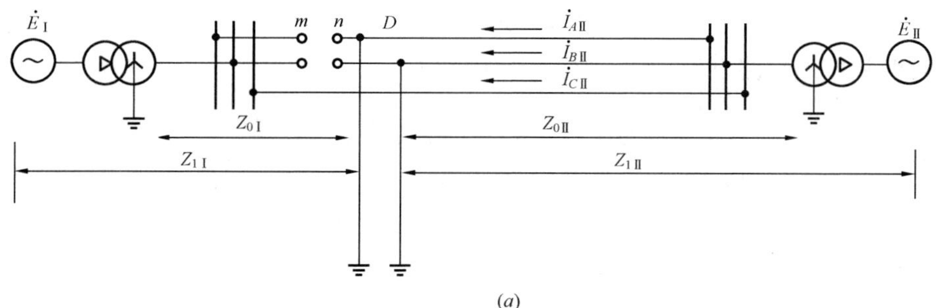

(a)

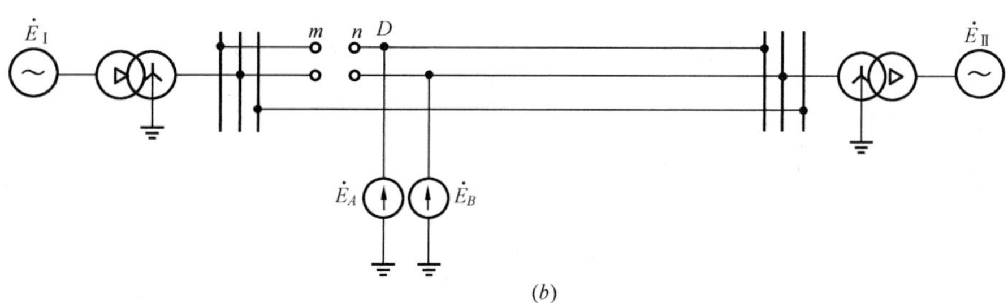

(b)

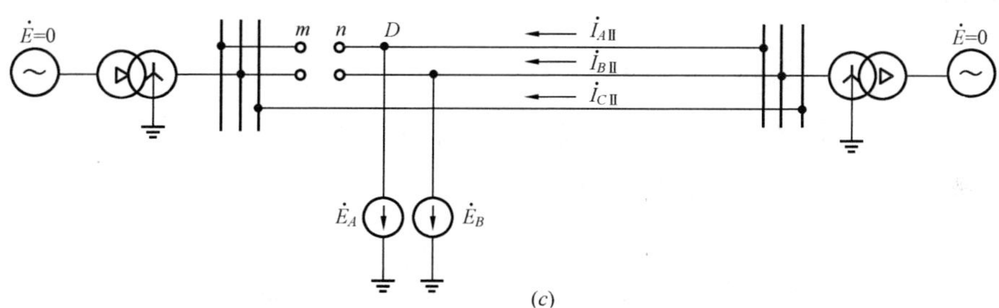

(c)

图 2-106　双电源单回线同名相两相接地断相

(a) 接地加断相故障状态；(b) 断相状态；(c) 接地短路附加状态

$$\dot{I}_{AⅡ}=\frac{\begin{vmatrix}3\dot{E}_A & (Z_{0Ⅱ}-Z_{1Ⅱ}) & (Z_{0Ⅱ}-Z_{1Ⅱ})\\ 3\dot{E}_B & (Z_{0Ⅱ}+2Z_{1Ⅱ}) & (Z_{0Ⅱ}-Z_{1Ⅱ})\\ 0 & (Z_{0Ⅱ}-Z_{1Ⅱ}) & (Z_{0\Sigma}+2Z_{1\Sigma})\end{vmatrix}}{\begin{vmatrix}(Z_{0Ⅱ}+2Z_{1Ⅱ}) & (Z_{0Ⅱ}-Z_{1Ⅱ}) & (Z_{0Ⅱ}-Z_{1Ⅱ})\\ (Z_{0Ⅱ}-Z_{1Ⅱ}) & (Z_{0Ⅱ}+2Z_{1Ⅱ}) & (Z_{0Ⅱ}-Z_{1Ⅱ})\\ (Z_{0Ⅱ}-Z_{1Ⅱ}) & (Z_{0Ⅱ}-Z_{1Ⅱ}) & (Z_{0\Sigma}+2Z_{1\Sigma})\end{vmatrix}}$$

$$=\frac{[(Z_{0Ⅱ}+2Z_{1Ⅱ})(Z_{0\Sigma}+2Z_{1\Sigma})-(Z_{0Ⅱ}-Z_{1Ⅱ})^2]}{|C|}$$

$$\frac{+a^2[(Z_{0Ⅱ}-Z_{1Ⅱ})^2-(Z_{0Ⅱ}-Z_{1Ⅱ})(Z_{0\Sigma}+2Z_{1\Sigma})]}{|C|}3\dot{E}_A \qquad (2\text{-}281)$$

其中　$|C|=(Z_{0Ⅱ}+2Z_{1Ⅱ})^2(Z_{0\Sigma}+2Z_{1\Sigma})+2(Z_{0Ⅱ}-Z_{1Ⅱ})^3-2(Z_{0Ⅱ}+2Z_{1Ⅱ})(Z_{0Ⅱ}-Z_{1Ⅱ})^2$
$-(Z_{0\Sigma}+2Z_{1\Sigma})(Z_{0Ⅱ}-Z_{1Ⅱ})^2$

$$a^2=-0.5-j0.866 \quad \dot{E}_B=a^2\dot{E}_A$$

当 $Z_{0Ⅱ}=Z_{1Ⅱ}$ 时

$$\dot{I}_{A\text{II}}=\frac{\dot{I}_A}{Z_{1\text{II}}}=|\dot{I}_d^{(3)}|$$

即此时两相接地短路电流为同一点三相短路电流。

$$\dot{I}_{B\text{II}}=\frac{\begin{vmatrix}(Z_{0\text{II}}+2Z_{1\text{II}}) & 3\dot{E}_A & (Z_{0\text{II}}-Z_{1\text{II}})\\(Z_{0\text{II}}-Z_{1\text{II}}) & 3\dot{E}_B & (Z_{0\text{II}}-Z_{1\text{II}})\\(Z_{0\text{II}}-Z_{1\text{II}}) & 0 & (Z_{0\Sigma}+2Z_{1\Sigma})\end{vmatrix}}{|C|}$$

$$=\frac{a^2[(Z_{0\text{II}}+2Z_{1\text{II}})(Z_{0\Sigma}+2Z_{1\Sigma})-(Z_{0\text{II}}-Z_{1\text{II}})^2]}{|C|}$$

$$\frac{+[(Z_{0\text{II}}-Z_{1\text{II}})^2-(Z_{0\text{II}}-Z_{1\text{II}})(Z_{0\Sigma}+2Z_{1\Sigma})]}{|C|}3\dot{E}_A \qquad (2\text{-}282)$$

式中 $|C|$ 的含义同式（2-281）。

在式（2-282）中，当 $Z_{0\text{II}}=Z_{1\text{II}}$ 时

$$\dot{I}_{B\text{II}}=\frac{a^2\dot{E}_A}{Z_{1\text{II}}}=\frac{\dot{E}_B}{Z_{1\text{II}}}=|\dot{I}_d^{(3)}|$$

也等于三相短路电流。

$$\dot{I}_{C\text{II}}=\frac{\begin{vmatrix}(Z_{0\text{II}}+2Z_{1\text{II}}) & (Z_{0\text{II}}-Z_{1\text{II}}) & 3\dot{E}_A\\(Z_{0\text{II}}-Z_{1\text{II}}) & (Z_{0\text{II}}+2Z_{1\text{II}}) & 3\dot{E}_B\\(Z_{0\text{II}}-Z_{1\text{II}}) & (Z_{0\text{II}}-Z_{1\text{II}}) & 0\end{vmatrix}}{|C|}$$

$$=\frac{[(Z_{0\text{II}}-Z_{1\text{II}})^2-(Z_{0\text{II}}-Z_{1\text{II}})(Z_{0\text{II}}+2Z_{1\text{II}})]}{|C|}$$

$$\frac{+a^2[(Z_{0\text{II}}-Z_{1\text{II}})^2-(Z_{0\text{II}}-Z_{1\text{II}})(Z_{0\text{II}}+2Z_{1\text{II}})]}{|C|}3\dot{E}_A$$

$$=\frac{-a[(Z_{0\text{II}}-Z_{1\text{II}})^2-(Z_{0\text{II}}-Z_{1\text{II}})(Z_{0\text{II}}+2Z_{1\text{II}})]}{|C|}3\dot{E}_A \qquad (2\text{-}283)$$

式中 $|C|$ 的含义同式（2-281）。

当 $Z_{0\text{II}}=Z_{1\text{II}}$ 时

$$\dot{I}_{C\text{II}}=0$$

2. 序电流计算

Ⅰ侧

$$\left.\begin{aligned}\dot{I}_{1A\text{I}}&=\frac{1}{3}(\dot{I}_{A\text{I}}+a\dot{I}_{B\text{I}}+a^2\dot{I}_{C\text{I}})=\frac{1}{3}(-a^2\dot{I}_{C\text{II}})\\\dot{I}_{2A\text{I}}&=\frac{1}{3}(\dot{I}_{A\text{I}}+a^2\dot{I}_{B\text{I}}+a\dot{I}_{C\text{I}})=\frac{1}{3}(-a\dot{I}_{C\text{II}})\\\dot{I}_{0A\text{I}}&=\frac{1}{3}(\dot{I}_{A\text{I}}+\dot{I}_{B\text{I}}+\dot{I}_{C\text{I}})=\frac{1}{3}(-\dot{I}_{C\text{II}})\end{aligned}\right\} \qquad (2\text{-}284)$$

由式（2-283）算出 $\dot{I}_{C\text{II}}$，则Ⅰ侧正、负、零序电流由式（2-284）计算。

Ⅱ侧

$$\left.\begin{aligned}\dot{I}_{1A\text{Ⅱ}}&=\frac{1}{3}(\dot{I}_{A\text{Ⅱ}}+a\dot{I}_{B\text{Ⅱ}}+a^2\dot{I}_{C\text{Ⅱ}})\\\dot{I}_{2A\text{Ⅱ}}&=\frac{1}{3}(\dot{I}_{A\text{Ⅱ}}+a^2\dot{I}_{B\text{Ⅱ}}+a\dot{I}_{C\text{Ⅱ}})\\\dot{I}_{0A\text{Ⅱ}}&=\frac{1}{3}(\dot{I}_{A\text{Ⅱ}}+\dot{I}_{B\text{Ⅱ}}+\dot{I}_{C\text{Ⅱ}})\end{aligned}\right\}\tag{2-285}$$

由式（2-281）、（2-282）、（2-283）算出 $\dot{I}_{A\text{Ⅱ}}$、$\dot{I}_{B\text{Ⅱ}}$、$\dot{I}_{C\text{Ⅱ}}$，并代入式（2-285），侧Ⅱ侧正、负、零序电流即可求出。

（二）异名相两相接地短路与断相计算

图 2-107(*a*) 为双电源单回线 *A*、*B* 两相接地短路与 *B*、*C* 两相断相复杂故障示意图。其分析方法同上。将复杂故障状态分解为接地短路前的断相状态〔如图 2-107(*b*) 所示〕和接地短路后的短路附加状态〔如图 2-107(*c*) 所示〕。假设不考虑负荷电流，则仅计算短路附加状态即可（断相状态电流为零）。

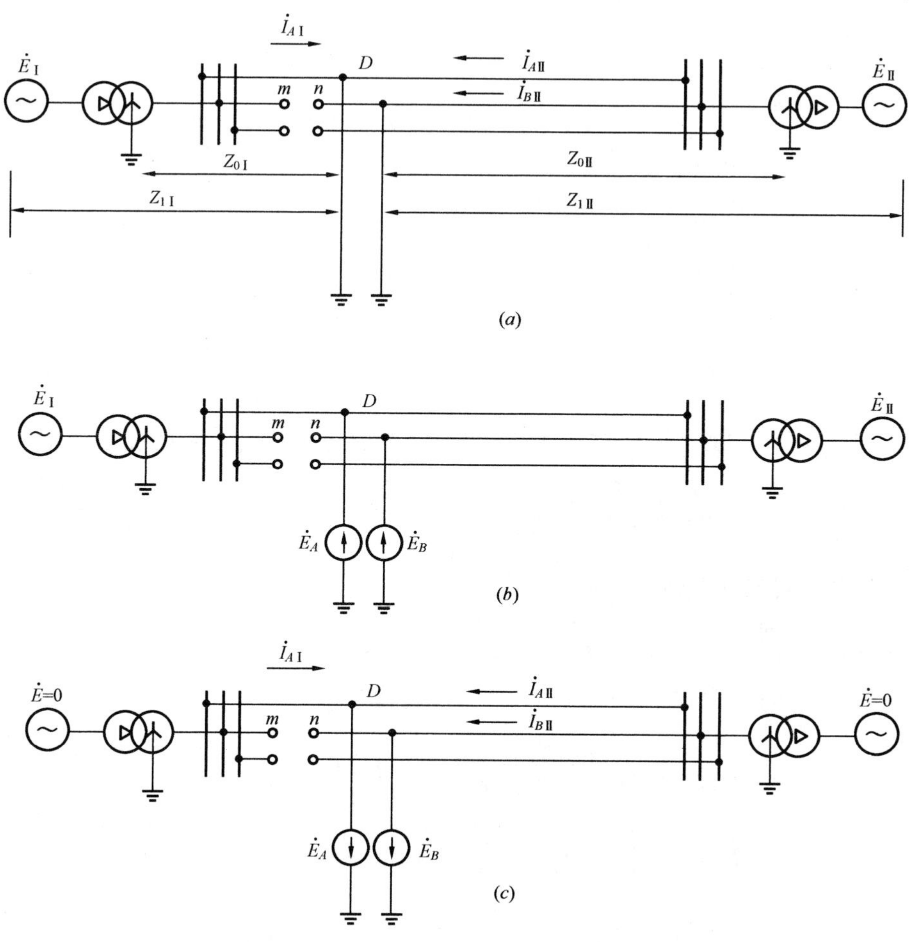

图 2-107　双电源单回线异名相两相接地断相

(*a*) 接地加断相故障状态；(*b*) 断相状态；(*c*) 接地短路附加状态

1. 各相全电流计算

由图 2-107(c) 计算。图中：Ⅰ侧 $\dot{I}_{B\mathrm{I}}=\dot{I}_{C\mathrm{I}}=0$；Ⅱ侧 $\dot{I}_{C\mathrm{II}}=0$，仅计算 $\dot{I}_{A\mathrm{I}}$、$\dot{I}_{A\mathrm{II}}$、$\dot{I}_{B\mathrm{II}}$ 即可。

Ⅰ 侧
$$\dot{I}_{A\mathrm{I}}=\frac{3\dot{E}_A}{2Z_{1\mathrm{I}}+Z_{0\mathrm{I}}}$$

与式（2-274）相同。

Ⅱ侧　A 相—地回路电压方程为

$$\dot{E}_A=Z_{L\mathrm{II}}\dot{I}_{A\mathrm{II}}+Z_{M\mathrm{II}}\dot{I}_{B\mathrm{II}}$$

$$3\dot{E}_A=(Z_{0\mathrm{II}}+2Z_{1\mathrm{II}})\dot{I}_{A\mathrm{II}}+(Z_{0\mathrm{II}}-Z_{1\mathrm{II}})\dot{I}_{B\mathrm{II}} \tag{2-286}$$

Ⅱ侧　B 相—地回路电压方程为

$$\dot{E}_B=Z_{m\mathrm{II}}\dot{I}_{A\mathrm{II}}+Z_{L\mathrm{II}}\dot{I}_{B\mathrm{II}}$$

$$3\dot{E}_B=(Z_{0\mathrm{II}}-Z_{1\mathrm{II}})\dot{I}_{A\mathrm{II}}+(Z_{0\mathrm{II}}+2Z_{1\mathrm{II}})\dot{I}_{B\mathrm{II}} \tag{2-287}$$

由式（2-286)、(2-287）联立求解得

$$\dot{I}_{A\mathrm{II}}=\frac{\begin{vmatrix}3\dot{E}_A & (Z_{0\mathrm{II}}-Z_{1\mathrm{II}})\\ 3\dot{E}_B & (Z_{0\mathrm{II}}+2Z_{1\mathrm{II}})\end{vmatrix}}{\begin{vmatrix}(Z_{0\mathrm{II}}+2Z_{1\mathrm{II}}) & (Z_{0\mathrm{II}}-Z_{1\mathrm{II}})\\ (Z_{0\mathrm{II}}-Z_{1\mathrm{II}}) & (Z_{0\mathrm{II}}+2Z_{1\mathrm{II}})\end{vmatrix}}=\frac{(Z_{0\mathrm{II}}+2Z_{1\mathrm{II}})-a^2(Z_{0\mathrm{II}}-Z_{1\mathrm{II}})}{(Z_{0\mathrm{II}}+2Z_{1\mathrm{II}})^2-(Z_{0\mathrm{II}}-Z_{1\mathrm{II}})^2}3\dot{E}_A$$

$$=\frac{Z_{0\mathrm{II}}(1-a^2)+Z_{1\mathrm{II}}(1-a)}{(Z_{0\mathrm{II}}+2Z_{1\mathrm{II}})^2-(Z_{0\mathrm{II}}-Z_{1\mathrm{II}})^2}3\dot{E}_A \tag{2-288}$$

其中　$1-a^2=1.5+j0.866$　$1-a=1.5-j0.866$

$$\dot{I}_{B\mathrm{II}}=\frac{\begin{vmatrix}(Z_{0\mathrm{II}}+2Z_{1\mathrm{II}}) & 3\dot{E}_A\\ (Z_{0\mathrm{II}}-Z_{1\mathrm{II}}) & 3\dot{E}_B\end{vmatrix}}{\begin{vmatrix}(Z_{0\mathrm{II}}+2Z_{1\mathrm{II}}) & (Z_{0\mathrm{II}}-Z_{1\mathrm{II}})\\ (Z_{0\mathrm{II}}-Z_{1\mathrm{II}}) & (Z_{0\mathrm{II}}+2Z_{1\mathrm{II}})\end{vmatrix}}=\frac{a^2(Z_{0\mathrm{II}}+2Z_{1\mathrm{II}})-(Z_{0\mathrm{II}}-Z_{1\mathrm{II}})}{(Z_{0\mathrm{II}}+2Z_{1\mathrm{II}})^2-(Z_{0\mathrm{II}}-Z_{1\mathrm{II}})^2}3\dot{E}_A$$

$$=\frac{Z_{0\mathrm{II}}(a^2-1)+Z_{1\mathrm{II}}(2a^2+1)}{(Z_{0\mathrm{II}}+2Z_{1\mathrm{II}})^2-(Z_{0\mathrm{II}}-Z_{1\mathrm{II}})^2}3\dot{E}_A \tag{2-289}$$

其中　$a^2-1=-1.5-j0.866$　$2a^2+1=-j\sqrt{3}$

当 $Z_{0\mathrm{II}}=Z_{1\mathrm{II}}$ 时，由式（2-288)、(2-289）可得

$$\dot{I}_{A\mathrm{II}}=\frac{\dot{E}_A}{Z_{1\mathrm{II}}}=|\dot{I}_d^{(3)}|$$

$$\dot{I}_{B\mathrm{II}}=\frac{\dot{E}_B}{Z_{1\mathrm{II}}}=|\dot{I}_d^{(3)}|$$

2. 各序电流计算

Ⅰ 侧
$$\dot{I}_{1A\mathrm{I}}=\dot{I}_{2A\mathrm{I}}=\dot{I}_{0A\mathrm{I}}=\frac{1}{3}\dot{I}_{A\mathrm{I}}=\frac{\dot{E}_A}{2Z_{1\mathrm{I}}+Z_{0\mathrm{I}}} \tag{2-290}$$

Ⅱ 侧

$$\left.\begin{aligned}\dot{I}_{1A\mathrm{II}}&=\frac{1}{3}(\dot{I}_{A\mathrm{II}}+a\dot{I}_{B\mathrm{II}})\\ \dot{I}_{2A\mathrm{II}}&=\frac{1}{3}(\dot{I}_{A\mathrm{II}}+a^2\dot{I}_{B\mathrm{II}})\\ \dot{I}_{0A\mathrm{II}}&=\frac{1}{3}(\dot{I}_{A\mathrm{II}}+\dot{I}_{B\mathrm{II}})\end{aligned}\right\}\tag{2-291}$$

将式（2-288）、（2-289）代入式（2-291）中，得Ⅱ侧各序电流为

$$\left.\begin{aligned}\dot{I}_{1A\mathrm{II}}&=\frac{Z_{0\mathrm{II}}+Z_{1\mathrm{II}}}{(Z_{0\mathrm{II}}+2Z_{1\mathrm{II}})^2-(Z_{0\mathrm{II}}-Z_{1\mathrm{II}})^2}3\dot{E}_A\\ \dot{I}_{2A\mathrm{II}}&=\frac{-a^2Z_{0\mathrm{II}}}{(Z_{0\mathrm{II}}+2Z_{1\mathrm{II}})^2-(Z_{0\mathrm{II}}-Z_{1\mathrm{II}})^2}3\dot{E}_A\\ \dot{I}_{0A\mathrm{II}}&=\frac{-aZ_{1\mathrm{II}}}{(Z_{0\mathrm{II}}+2Z_{1\mathrm{II}})^2-(Z_{0\mathrm{II}}-Z_{1\mathrm{II}})^2}3\dot{E}_A\end{aligned}\right\}\tag{2-292}$$

三、算例

（一）同名相单相接地短路与断相计算算例

假设条件同本节“一”，计算图例如图 2-103 所示。设图中阻抗均为标么值，即

$$Z_{1\mathrm{I}}=j0.1,\ Z_{1\mathrm{II}}=j0.3,\ Z_{1\Sigma}=Z_{1\mathrm{I}}+Z_{1\mathrm{II}}=j0.4$$

$$Z_{0\mathrm{I}}=j0.05,\ Z_{0\mathrm{II}}=j0.5,\ Z_{0\Sigma}=Z_{0\mathrm{I}}+Z_{0\mathrm{II}}=j0.55$$

基准电压为 230kV，基准容量为 100MVA，基准电流为 251A，计算图 2-103(*a*) 中各相电流及序电流。

1. 相电流计算

由式（2-262）得

$$\dot{I}_A=\frac{(2j0.55+j0.4)3\times251}{(j0.5+2j0.3)(2j0.55+j0.4)-2(j0.5-j0.3)^{+2}}$$

$$=\frac{j1.5}{-1.57}753=-j719.4\ (\mathrm{A})$$

式中　3×251——三倍基准电流。由于用标么值计算，故式（2-262）中 $3\dot{E}$ 用 $3\dot{I}_j$ 代替（以下同）。

由式（2-263）得

$$\dot{I}_B=\frac{j(0.3-0.5)}{-1.57}753=j95.92\ (\mathrm{A})$$ （电流方向与 $\dot{I}_A$ 反向）

$$\dot{I}_C=\dot{I}_B=j95.92\ (\mathrm{A})$$

2. 各序电流计算

由式（2-264）得

$$\dot{I}_1=\frac{(2j0.55+j0.4)+(j0.5-j0.3)}{-1.57}251=-j271.78\ (\mathrm{A})$$

$$\dot{I}_2=\dot{I}_1=-j271.78\ (\mathrm{A})$$

由式（2-265）得

$$\dot{I}_0=\frac{(2j0.55+j0.4)-2(j0.5-j0.3)}{-1.57}251=-j175.86\ (\text{A})$$

$$\dot{I}_A=\dot{I}_1+\dot{I}_2+\dot{I}_0=-j271.78-j271.78-j175.86=-j719.42\ (\text{A})$$

计算无误。

（二）异名相单相接地短路与一相断相计算算例

全部参数及计算假设条件同“(一)”，但计算图例如图 2-104 所示。

1. 相电流计算

由式（2-269）计算 $\dot{I}_{A\text{I}}$

$$\dot{I}_{A\text{I}}=\frac{(j0.5+2j0.3)(j0.55+2j0.4)}{|B|}$$

$$\frac{-j(0.05-j0.1)(j0.5-j0.3)-(j0.5-j0.3)^2}{|B|}3\times 251$$

$$=\frac{-1.455}{-j0.3585}753=-j3056.1\ (\text{A})$$

其中　$|B|=(j0.05+2j0.1)(j0.5+2j0.3)(j0.55+2j0.4)-(j0.05-j0.1)^2\times(j0.5+2j0.3)-(j0.05+2j0.1)(j0.5-j0.3)^2=-j0.3585$

由式（2-270）计算 $\dot{I}_{A\text{II}}$ 为

$$\dot{I}_{A\text{II}}=\frac{(j0.05+2j0.1)(j0.55+2j0.4)}{-j0.3585}$$

$$\frac{-(j0.05-j0.1)(j0.5-j0.3)-(j0.05-j0.1)^2}{-j0.3585}3\times 251$$

$$=\frac{-0.345}{-j0.3585}753=-j724.6\ (\text{A})$$

由式（2-271）计算 $\dot{I}_{C\text{II}}$ 为

$$\dot{I}_{C\text{II}}=\frac{(j0.05-j0.1)(j0.5+2j0.3)-(j0.05+2j0.1)(j0.5-j0.3)}{-j0.3585}3\times 251$$

$$=\frac{0.015}{-j0.3585}753=j220.5\ (\text{A})$$ （电流方向与 $\dot{I}_{A\text{II}}$ 反向）

2. 计算各序电流

由式（2-272）得Ⅰ侧电流为

$$\dot{I}_{1A\text{I}}=\frac{1}{3}[-j3056.1-(-0.5-j0.866)j220.5]$$

$$=\frac{1}{3}(-191-j2945.85)=984\angle-90.3^\circ\ (\text{A})$$

$$\dot{I}_{2A\text{I}}=\frac{1}{3}[-j3056.1-(-0.5+j0.866)j220.5]$$

$$=\frac{1}{3}(+191-j2945.85)=984\angle-89.7^\circ\ (\text{A})$$

$$\dot{I}_{0A\text{I}}=\frac{1}{3}(-j3056.1-j220.5)=945.2\angle-90°\ (\text{A})$$

由式（2-273）得Ⅱ侧电流为

$$\dot{I}_{1A\text{II}}=\frac{1}{3}[-j724.6+(-0.5-j0.866)j220.5]$$

$$=\frac{1}{3}(-j834.85+191)=285.5\angle-77.1°\ (\text{A})$$

$$\dot{I}_{2A\text{II}}=\frac{1}{3}[-j724.6+(-0.5+j0.866)j220.5]$$

$$=\frac{1}{3}(-191-j834.85)=285.5\angle-102.9°\ (\text{A})$$

$$\dot{I}_{0A\text{II}}=\frac{1}{3}(-j724.6+j220.5)=168\angle-90°\ (\text{A})$$

（三）同名相两相接地短路与断相算例

全部参数及计算假设条件同“（一）”，但计算图例为图 2-106，即 A、B 相接地与断相计算。

1. 相电流计算

由式（2-281）、（2-282）、（2-283）得

$$\dot{I}_{A\text{II}}=\frac{[(j0.5+2j0.3)(j0.55+2j0.4)-(j0.5-j0.3)^2]}{|C|}$$

$$\frac{+(-0.5-j0.866)[(j0.5-j0.3)^2-(j0.5-j0.3)(j0.55+2j0.4)]}{|C|}3\times251$$

$$=\frac{-1.56-j0.199}{-j1.5}753=(0.1327-j1.04)753=789.5\angle-82.73°\ (\text{A})$$

其中 $|C|=(j0.5+2j0.3)^2(j0.55+2j0.4)+(j0.5-j0.3)^3-2(j0.5+2j0.3)$

$$\times(j0.5-j0.3)^2-(j0.55+2j0.4)(j0.5-j0.3)^2=-j1.5$$

$$\dot{I}_{B\text{II}}=\frac{(-0.5-j0.866)[(j0.5+2j0.3)(j0.55+2j0.4)-(j0.5-j0.3)^2]}{|C|}$$

$$\frac{+[(j0.5-j0.3)^2-(j0.5-j0.3)(j0.55+2j0.4)]}{|C|}3\times251$$

$$=\frac{0.9525+j1.25137}{-j1.5075}753=(-0.834+j0.635)753=789.3\angle142.7°\ (\text{A})$$

$$\dot{I}_{C\text{II}}=\frac{[(j0.5-j0.3)^2-(j0.5-j0.3)(j0.5+2j0.3)]+(-0.5-j0.866)}{|C|}$$

$$\frac{\times[(j0.5-j0.3)^2-(j0.5-j0.3)(j0.5+2j0.3)]}{|C|}3\times251$$

$$=\frac{0.09-j0.1559}{-j1.5}753=(0.1039+j0.06)753=90.3\angle30°\ (\text{A})$$

2. 各序电流计算

Ⅰ侧 $\dot{I}_{1A\mathrm{I}}=\frac{1}{3}(-a^{2}90.3\angle 30°)=30.1\angle 90°\ (\mathrm{A})$

$\dot{I}_{2A\mathrm{I}}=\frac{1}{3}(-a90.3\angle 30°)=30.1\angle -30°\ (\mathrm{A})$

$\dot{I}_{0A\mathrm{I}}=\frac{1}{3}(90.3\angle 30°)=30.1\angle -150°\ (\mathrm{A})$

$\dot{I}_{A\mathrm{I}}=30.1\angle 90°+30.1\angle -30°+30.1\angle -150°=0$

Ⅱ侧 $\dot{I}_{1A\mathrm{II}}=\frac{1}{3}[(0.1327-j1.04)+a(-0.834+j0.635)$

$+a^{2}(0.1039+j0.06)]\times 753$

$=\frac{1}{3}(-j2.2)753=552.2\angle -90°\ (\mathrm{A})$

$\dot{I}_{2A\mathrm{II}}=\frac{1}{3}[(0.1327-j1.04)+a^{2}(-0.83+j0.632)$

$+a(0.1039+j0.06)]753$

$=\frac{1}{3}(0.996-j0.572)753=288.7\angle -30°\ (\mathrm{A})$

$\dot{I}_{0A\mathrm{II}}=\frac{1}{3}[(0.1327-j1.0348)+(-0.83+j0.632)+(0.1034+j0.059)]753$

$=\frac{1}{3}(-0.5974-j0.345)753=173.2\angle -150°\ (\mathrm{A})$

$\dot{I}_{A\mathrm{II}}=I_{1A\mathrm{II}}+I_{2A\mathrm{II}}+I_{0A\mathrm{II}}$

$=\frac{1}{3}(-j2.2+0.996-j0.572-0.5974-j0.3458)753$

$=(0.1329-j1.04)753=789.5\angle -82.73°\ (\mathrm{A})$

计算无误。

（四）异名相两相接地短路与断相算例

全部参数及计算假设条件同“（一）”，但计算图例为2-107，即A、B相接地和BC相断相计算。

1. 相电流计算

由式（2-274）得Ⅰ侧相电流为

$$\dot{I}_{A\mathrm{I}}=\frac{3\times 251}{2j0.1+j0.05}=3012\angle -90°\ (\mathrm{A})$$

由式（2-288）及（2-289）得Ⅱ侧相电流

$$\dot{I}_{A\mathrm{II}}=\frac{j0.5(1.5+j0.866)+j0.3(1.5-j0.866)}{(j0.5+2j0.3)^{2}-(j0.5-j0.3)^{2}}753$$

$$=\frac{-0.1732+j1.2}{-1.17}753=(0.148-j1.0256)753=780.3\angle-81.8^\circ\ (\mathrm{A})$$

$$\dot{I}_{B\mathrm{II}}=\frac{j0.5(-1.5-j0.866)+j0.3(-j\sqrt{3})}{-1.17}$$

$$=\frac{0.953-j0.75}{-1.17}753=(-0.814+j0.641)753=780.2\angle141.8^\circ\ (\mathrm{A})$$

$$\dot{I}_{C\mathrm{II}}=0$$

2. 各序电流计算

由式（2-290）得Ⅰ侧各序电流为

$$\dot{I}_{1A\mathrm{I}}=\dot{I}_{2A\mathrm{I}}=\dot{I}_{0A\mathrm{I}}=\frac{1}{3}3012=1004\angle-90^\circ\ (\mathrm{A})$$

由式（2-292）得Ⅱ侧各序电流为

$$\dot{I}_{1A\mathrm{II}}=\frac{j0.5+j0.3}{-1.17}753=514.87\angle-90^\circ\ (\mathrm{A})$$

$$\dot{I}_{2A\mathrm{II}}=\frac{-(-0.5-j0.866)j0.5}{-1.17}753$$

$$=(0.37-j0.2137)753=321.7\angle-30^\circ\ (\mathrm{A})$$

$$\dot{I}_{0A\mathrm{II}}=\frac{-(-0.5+j0.866)j0.3}{-1.17}753$$

$$=(-0.222-j0.1282)753=193\angle-150^\circ\ (\mathrm{A})$$

$$\dot{I}_{A\mathrm{II}}=-j514.87+(0.37-j0.2137)753+(-0.222-j1282)753$$

$$=111.4-j772.3=780.3\angle-81.8^\circ\ (\mathrm{A})$$

计算无误。

第2-14节　断相与振荡同时发生时振荡电流计算

一、断相与振荡同时发生时振荡电流计算

断相与振荡同时发生叫非全相振荡，这在使用单相或综合重合闸的系统中是会碰到的；在使用非同期三相一次重合闸的系统中，当断路器三相不同时合闸时，也会短时产生非全相振荡冲击电流，这对系统继电保护有一定影响，故需分析计算。鉴于振荡电流一般较大，故计算中不计负荷电流影响。

（一）单相断相与振荡计算

在本章第2-11节图2-91(*a*)中，设 $\dot{I}_{fh}=0$，则由图2-91(*c*)得断相后各序电流为

$$\dot{I}_{1dx}=\frac{\dot{E}_{A\mathrm{I}}-\dot{E}_{A\mathrm{II}}}{Z_{1\Sigma}+\dfrac{Z_{2\Sigma}Z_{0\Sigma}}{Z_{2\Sigma}+Z_{0\Sigma}}}=\frac{2\dot{E}\sin\dfrac{\delta}{2}}{Z_{1\Sigma}+\dfrac{Z_{2\Sigma}Z_{0\Sigma}}{Z_{2\Sigma}+Z_{0\Sigma}}}\tag{2-293}$$

式中　$Z_{1\Sigma}$、$Z_{2\Sigma}$、$Z_{0\Sigma}$ ——综合正序、负序、零序阻抗，在图 2-91(c) 中

$$Z_{1\Sigma}=Z_{1m}+Z_{1xl}+Z_{1n}$$
$$Z_{2\Sigma}=Z_{2m}+Z_{2xl}+Z_{2n}$$
$$Z_{0\Sigma}=Z_{0m}+Z_{0xl}+Z_{0n};$$

δ ——振荡后两侧电源电势相角差，式中设 $|\dot{E}_{\text{I}}|=|\dot{E}_{\text{II}}|=\dot{E}_1$；

$\dot{I}_{1dx}$ ——单相断相并振荡时正序电流。

$$\left.\begin{aligned}\dot{I}_{2dx}&=-\dot{I}_{1dx}\frac{Z_{0\Sigma}}{Z_{2\Sigma}+Z_{0\Sigma}}\\ \dot{I}_{0dx}&=-\dot{I}_{1dx}\frac{Z_{2\Sigma}}{Z_{2\Sigma}+Z_{0\Sigma}}\end{aligned}\right\}\tag{2-294}$$

式中　$\dot{I}_{2dx}$、$\dot{I}_{0dx}$ ——单相断相并振荡时负序、零序电流。

当 $\delta=180°$、$Z_{1\Sigma}=Z_{2\Sigma}$ 时，由式（2-293)、(2-294）得

$$\left.\begin{aligned}\dot{I}_{1dx}&=\frac{2\dot{E}}{Z_{1\Sigma}^2+2Z_{1\Sigma}Z_{0\Sigma}}(Z_{1\Sigma}+Z_{0\Sigma})\\ \dot{I}_{2dx}&=\frac{-2\dot{E}}{Z_{1\Sigma}^2+2Z_{1\Sigma}Z_{0\Sigma}}Z_{0\Sigma}\\ \dot{I}_{0dx}&=\frac{-2\dot{E}}{Z_{1\Sigma}^2+2Z_{1\Sigma}Z_{0\Sigma}}Z_{1\Sigma}\end{aligned}\right\}\tag{2-295}$$

当式（2-295）中阻抗用标么值时，以基准电流 $\dot{I}_j$ 取代 $\dot{E}$，则一相断相，两侧电势摆开相角差为 $\delta=180°$时各序电流为

$$\left.\begin{aligned}\dot{I}_{1dx}&=\frac{2\dot{I}_j}{Z_{1\Sigma}^2+2Z_{1\Sigma}Z_{0\Sigma}}(Z_{1\Sigma}+Z_{0\Sigma})\\ \dot{I}_{2dx}&=\frac{-2\dot{I}_j}{Z_{1\Sigma}^2+2Z_{1\Sigma}Z_{0\Sigma}}Z_{0\Sigma}\\ \dot{I}_{0dx}&=\frac{-2\dot{I}_j}{Z_{1\Sigma}^2+2Z_{1\Sigma}Z_{0\Sigma}}Z_{1\Sigma}\\ \text{或}\quad \dot{I}_{0dx}&=\frac{-2\dot{I}_j}{Z_{1\Sigma}+2Z_{0\Sigma}}\end{aligned}\right\}\tag{2-296}$$

（二）两相断相与振荡计算

在本章第 2-11 节图 2-92(a) 中，设 $\dot{I}_{fh}=0$，则由图 2-92(b) 得断相后各序电流为

$$\dot{I}_{1dx}=\dot{I}_{2dx}=\dot{I}_{0dx}=\frac{\dot{E}_{A\text{I}}-\dot{E}_{A\text{II}}}{Z_{1\Sigma}+Z_{2\Sigma}+Z_{0\Sigma}}=\frac{2\dot{E}\sin\dfrac{\delta}{2}}{Z_{1\Sigma}+Z_{2\Sigma}+Z_{0\Sigma}}\tag{2-297}$$

式中符号含义同前。

当 $\delta=180°$、$Z_{1\Sigma}=Z_{2\Sigma}$ 时，由式（2-297）得

$$\dot{I}_{1dx}=\dot{I}_{2dx}=\dot{I}_{0dx}=\frac{2\dot{E}}{2Z_{1\Sigma}+Z_{0\Sigma}} \tag{2-298}$$

当式（2-298）中阻抗用标么值时，以基准电流 $\dot{I}_j$ 取代 $\dot{E}$ 则

$$\dot{I}_{1dx}=\dot{I}_{2dx}=\dot{I}_{0dx}=\frac{2\dot{I}_j}{2Z_{1\Sigma}+Z_{0\Sigma}} \tag{2-299}$$

二、算例

设在图 2-91(a) 的简化系统中，联络线采用三相一次非同期重合闸，试计算在非同期合闸中由于断路器三相不同时接通产生的最大三倍零序电流。已知标么阻抗 $Z_{1\Sigma}=Z_{2\Sigma}=j0.5$、$Z_{0\Sigma}=j1$，线路电压为 115kV。

（一）断路器两相先接通计算

最大三倍零序电流发生在两侧电源电势相角差 δ=180°时，由式（2-296）得

$$3\dot{I}_0=3\times\frac{-2\times502}{j(0.5+2\times1)}=1204.8\angle90°\ (\text{A})$$

式中　502——115kV 电压级基准电流（A）。

$3\dot{I}_0$ 的相角超前断开相电势相角 90°。

（二）断路器一相先接通计算

由式（2-299）得

$$3\dot{I}_0=3\times\frac{2\times502}{j(2\times0.5+1)}=1506\angle-90°\ (\text{A})$$

$3\dot{I}_0$ 的相角落后接通相电势相角 90°。

第三章　输电线路电流、电压保护装置整定计算

第 3-1 节　电流、电压保护装置概述

一、电流、电压保护装置构成原理及使用范围

电流、电压保护装置是反应相间短路基本特征（即反应电流突然增大、母线电压突然降低），并接于全电流、全电压的相间短路保护装置。整套电流、电压保护装置一般由瞬时段、定时段组成，构成三段式保护阶梯特性，如图 3-1 所示。三段式电流、电压保护一般用于 110kV 及以下电压级的单电源出线上，对于双电源辐射线可以加方向元件组成带方向的各段保护。三段式保护的第Ⅰ、Ⅱ段为主保护段，第Ⅲ段为后备保护段。Ⅰ段一般不带时限，称瞬时电流速断或瞬时电流闭锁电压速断，其动作时间是保护装置固有动作时间；Ⅱ段带较小的延时，一般称延时电流速断或延时电流闭锁电压速断；Ⅲ段称定时限过电流保护，带较长时限。对于 6～10kV 配电线路，一般采用两段式保护。两段式保护的第Ⅰ段为主保护段，第Ⅱ段为后备保护段。6～10kV 配电线及电动机保护，有时采用有限反时限过电流保护，该保护装置有速断部分和反时限部分，兼主保护和后备保护功能，如图 3-2 所示。其整定计算见第八章。

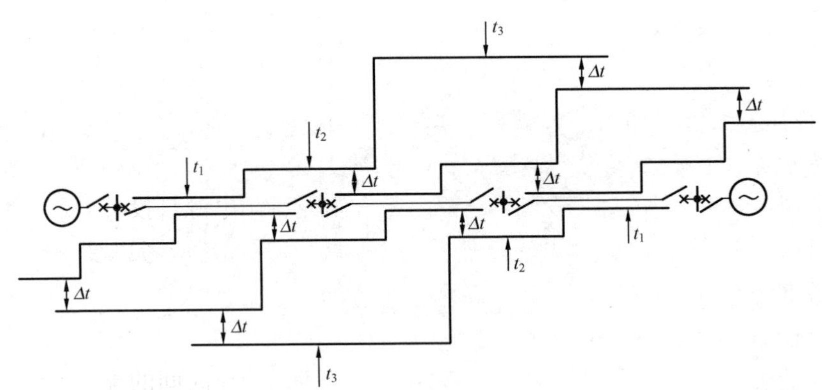

图 3-1　三段式保护阶梯特性

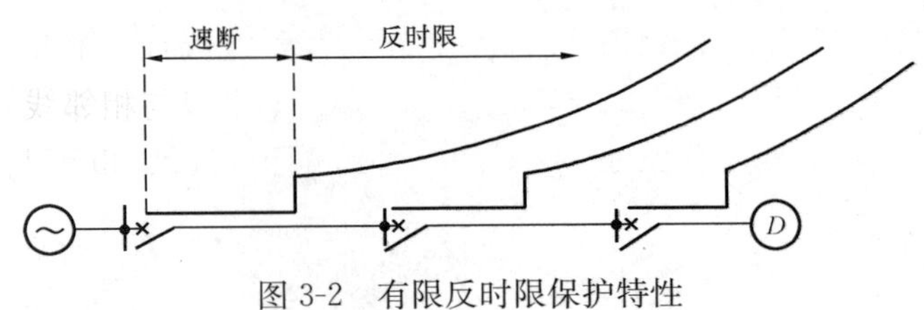

图 3-2　有限反时限保护特性

电流、电压保护装置中，一般不采用只反应低电压的保护装置，如瞬时电压速断或延时电压速断。因为这种保护在电压互感器断线时可能误动（无断线闭锁装置时），或在母线其他出线故障或特殊小方式下将无选择性动作。因此，这种保护必须和电流元件（作为闭锁元件）组成电流、电压保护装置。

在中性点非直接接地系统中，电流、电压保护为两相式，电流常取 A、C 相（有时取 A、C 相的电流之后，再取 A、C 相电流之和，即负 B 相，组成两相三继电器式保护），因此，当两点接地不在同一地点时，保护装置有 2/3 机会断开一个接地点，仅 A、C 相接地时，才有可能断开两个接地点。当 A、B 或 B、C 相两点接地，B 相接地点在辐射串联线路相邻线上时，相邻线保护可能越级动作。在中性点直接接地系统中，电流、电压保护装置为三相式，以检测各种相间短路故障。

对于各级电压线路，当采用带方向的保护时，为消灭死区或某种特殊需要，例如加速切除线路近端故障时，可装设辅助性质的瞬时电流速断，通称辅助保护。辅助电流速断不带方向。

电流、电压保护简单可靠，有一定反应弧光电阻的能力，因此，当保护性能满足基本要求时，应优先采用。

二、对电流、电压保护装置的基本要求及整定计算考虑原则

（一）保护区及灵敏度

保护装置第Ⅰ段，要求无时限动作，保护区不小于线路全长的 20%；第Ⅱ、Ⅲ段灵敏度应满足表 1-13 的规定（文献 2）。对于第Ⅲ段除作本线后备外，还应作相邻元件（线路或变压器）的远后备，如果远后备灵敏度不够，在技术上又有困难时，允许按下列原则处理：

（1）如果要求切除下列短路点，保护过于复杂或难于实现，允许缩短后备区。

1）当相邻线上短路时，在大电源助增影响下，保护不起动。

2）当相邻线很长，在末端短路时，保护不起动。

3）当在变压器后及带电抗器的线路上短路时，保护不起动。

（2）可按常见的方式及故障类型校验后备灵敏度。

（3）后备保护按非选择性动作整定，并用重合闸或备用电源自投补救。

当第Ⅲ段作 Y，d 或 V/V 接线变压器故障的远后备时，还应考虑变压器另一侧两相短路有不同灵敏度的情况。

（二）定值配合及动作时间

保护定值的配合，包括电流、电压元件定值的配合及动作时间的配合。电流、电压元件定值的配合由可靠系数保证（见表 1-12）；动作时间定值的配合由时间级差保证（见第一章第 1-5 节）。

保护装置第Ⅰ段一般只保护本线的一部分，不与相邻线配合。第Ⅱ段一般与相邻线的第Ⅰ段配合，当灵敏度不足时，可与相邻线第Ⅱ段配合。第Ⅲ段与相邻线（或变压器）第Ⅲ段（或后备段）配合，当灵敏度足够时，为了降低Ⅲ段动作时间，也可与下邻线第Ⅱ段配合整定。

（三）计算用运行方式及短路电流

保护定值计算、灵敏度校验及运行方式选择，均采用实际可能的最大、最小（最不利）方式及一般故障类型，不考虑节假日等特殊方式及双重的复杂故障类型；对于发电厂直馈线或接近电厂的带较长时间的保护，整定计算时要考虑短路电流衰减。对于无时限动作或远离电厂的保护，整定计算时不考虑短路电流衰减。

（四）系统振荡及电动机自起动

电流、电压保护装在双电源线路上，一般用整定值躲开振荡影响，而不设振荡闭锁装置，以便简化保护。对于振荡中心附近的母线单电源出线，当系统振荡可能拒动时（例如后备保护动作时间超过振荡周期时），应设低电压保持装置（或保持回路），以保证线路故障可靠切除。对因电动机自起动可能造成后备保护误动时，应从定值上躲开或加低电压闭锁，以防止误动。

第 3-2 节　瞬时电流速断保护整定计算

瞬时电流速断保护（以下简称电流速断），在不同的线路上有不同的整定原则，分别叙述如下。

一、按躲本线路末端母线故障整定

当本线路末端有多条出线或多台变压器时，按躲本线路末端母线故障的最大故障电流整定，以保证相邻下一级出线或变压器故障时，不致越级动作。其计算公式为

$$l_{dz} = K_k I_{d\cdot\max} = K_k \frac{I_j}{Z_{xt\cdot\max} + Z_{xl}} \tag{3-1}$$

式中　l_{dz}——电流速断一次定值（A）；

I_j——线路所在电压级基准电流（A）；

K_k——可靠系数。电磁型保护取 $K_k=1.2\sim1.3$，感应型保护取 $K_k=1.5\sim1.6$；

$Z_{xt\cdot\max}$——保护装置背后，系统最大方式下正序短路阻抗，以标么值表示；

Z_{xl}——本线路正序阻抗，以标么值表示。

二、按与变压器速动保护配合整定

当线路无其他出线，仅有变压器时，如图 3-3(*a*) 所示，如果变压器速动保护（差动或电流速断）有跳闸自保持、线路保护有自动重合闸装置，则有条件增加该线路保护的速动保护区，并按与变压器速动保护配合整定。这样整定，当变压器内部发生故障时，可由其速动保护自保持跳闸，而线路的电流速断保护可能会出现非选择性动作，但可由自动重合闸纠正其非选择性，恢复对正常变压器的供电。

（1）当线路末端为一台变压器，其主保护为差动保护时，按与差动保护配合整定，即

$$l_{dz} = K_k I_{d\cdot\max} \tag{3-2}$$

式中　K_k——可靠系数，取 $K_k=1.3\sim1.4$；

$I_{d\cdot\max}$——变压器中压或低压侧最大三相短路电流，换算至线路保护所在电压级（A）。

（2）当线路末端为一台变压器，其主保护为瞬时电流速断时，按与瞬时电流速断配合整

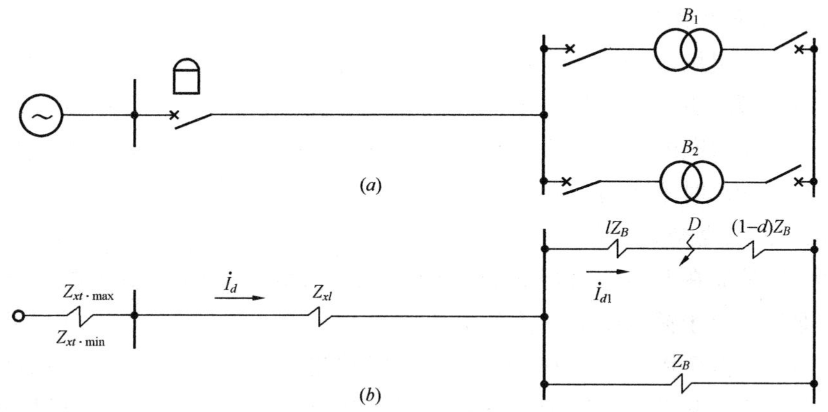

图 3-3　非选择性电流速断由重合闸纠正计算图

(a) 一次接线简图；(b) 阻抗图

定，即

$$I_{dz}=K_k I'_{dz} \tag{3-3}$$

式中　K_k——可靠系数，取 $K_k=1.1$；

I'_{dz}——被配合变压器瞬时电流速断保护定值。

(3) 当线路末端为两台同容量并联变压器，其主保护均为瞬时电流速断时，按与瞬时电流速断配合整定，即

$$I_{dz}=K_k I'_{dz}\frac{2}{2-l} \tag{3-4}$$

式中　K_k——可靠系数，取 $K_k=1.1$；

I'_{dz}——被配合变压器（这里设两台变压器阻抗相等）瞬时电流速断保护定值；

l——变压器速断保护区，以变压器阻抗 Z_B 的百分值表示。

变压器速断保护的定值一般按一台变压器运行、在最大运行方式下、躲低压侧三相短路整定，因此

$$I'_{dz}=K_k I^{(3)}_{d\cdot max}=\frac{K_k I_j}{Z_{xt\cdot max}+Z_{xl}+Z_B} \tag{3-5}$$

式中　K_k——可靠系数，取 $K_k=1.3$；

其他符号含义同前。

下面进行变压器速断保护区 l 的计算。由式 (3-4) 可知，l 越大，I_{dz} 越大。因此，应按最大运行方式计算 l。当最大运行方式下变压器速断保护区末端三相短路时，由图 3-3(b) 可得

$$I_{d1}=I'_{dz}=I_d\frac{2-l}{2}=\frac{I_j}{Z_{xt\cdot max}+Z_{xl}+\frac{l(2-l)}{2}Z_b}\times\frac{2-l}{2} \tag{3-6}$$

式中　I_{d1}——变压器速断保护区末故障流经故障变压器的三相短路电流，此情况下，即等于变压器速断保护定值；

I_d——线路中短路电流。

解式（3-6）得

$$I'_{dz}Z_b l^2-(I_j+2I'_{dz}Z_b)l+2[I_j-I'_{dz}(Z_{xt\cdot\max}+Z_{xl})]=0 \tag{3-7}$$

将式（3-7）各项均除以 I'_{dz}，则得

$$l=\frac{\left(\frac{I_j}{I'_{dz}}+2Z_b\right)\pm\sqrt{\left(\frac{I_j}{I'_{dz}}+2Z_b\right)^2-8Z_b\left(\frac{I_j}{I'_{dz}}-Z_{xt\cdot\max}-Z_{xl}\right)}}{2Z_b} \tag{3-8}$$

由式（3-5）算出 I'_{dz}，并代入式（3-8），即可求出 l 值，取有实际意义的根（$0<l<1$），代入式（3-4），即可求出线路瞬时电流速断定值。

（4）按与“T”接线路、“T”接变压器速动保护配合整定。

110kV 及以下电网，为节省设备投资，又满足用户一般性用电要求，有时就近“T”接引出线路或降压变压器，而不设专线，如图 3-4 所示，此时，当具备以下两条要求时，可以按躲降压变压器中低压侧故障整定。

1）所有降压变压器必须配置带跳闸自保持的速动保护（如差动、瓦斯、电流速断等保护）。

2）线路配置自动重合闸装置，当变压器故障时，可用自动重合闸纠正非选择性动作。

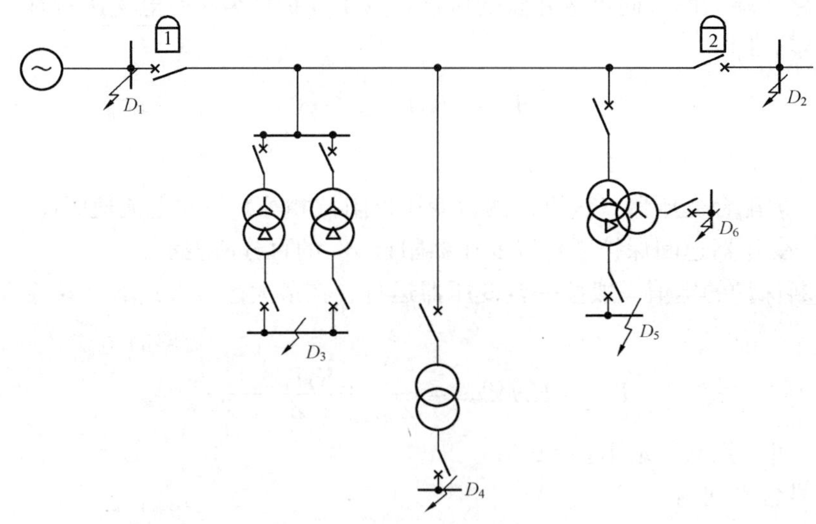

图 3-4 “T”接线保护整定计算

图 3-4 中，1、2 号保护电流速断（假设保护无方向）整定时，除躲 D_1、D_2 点短路故障外，对 D_3、D_4、D_5、D_6 点短路故障都应躲开，并与所有变压器速动保护配合整定。计算公式同式（3-1）～（3-8），即计算时按单侧电源供电考虑（此为最不利方式）。从对各点计算结果中，取其最大值作为电流速断整定值。该保护除对线路有速动区外，还可能伸入近端变压器内部。此时，线路另一侧电流速断对远端变压器内部故障，可能相继动作，或由延时段动作跳闸，但均应由自动重合闸纠正（此方式下重合闸整定时间必须足够长，以保证延时段动作跳闸之后再重合）。按此原则整定时，应校核其定值，是否躲开所有变压器的励磁涌流，

即满足以下要求：

1）当系统至变压器端部阻抗与变压器本身阻抗相比较可以忽略不计时，取

$$I_{dz} = (3 \sim 4) I_{be\Sigma} \tag{3-9}$$

式中　$I_{be\Sigma}$——各“T”接变压器额定电流之和。

2）当系统至变压器端部阻抗与变压器本身阻抗相比较不能忽略不计时，取

$$I_{dz} = \sum a(3 \sim 4) I_{be} \tag{3-10}$$

式中　Σ——表示总和的符号；

a——电压降低系数，即考虑系统向变压器充电时，由于系统及线路阻抗存在压降，变压器在低于额定电压下充电，励磁涌流降低系数。设最大方式下系统至变压器端部阻抗为 Z_{max}，变压器阻抗为 Z_b，则 $a = \dfrac{Z_b}{Z_{max} + Z_b}$。

I_{be}——变压器额定电流。

三、按保证母线残压整定

对发电厂或重要用户的单电源配电线，有时按厂用电或用户要求，需按保证母线残压不低于50%～60%额定电压整定。

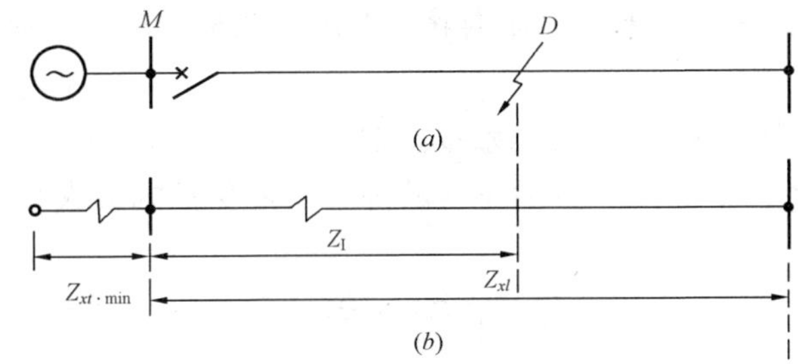

图 3-5　电流速断按保证残压整定

（a）一次接线图；（b）阻抗图

图 3-5 中，设 D 点故障在保护区末端，此时母线 M 的残压为

$$U_m = \frac{Z_{\mathrm{I}}}{Z_{xt\cdot min} + Z_{\mathrm{I}}} \tag{3-11}$$

式中　U_m——母线残压，以标么值表示；

Z_{I}——电流速断保护区，以阻抗标么值表示；

$Z_{xt\cdot min}$——系统最小方式下，母线短路阻抗标么值。

令 $U_m = 0.6$，则式（3-11）中 $Z_{\mathrm{I}} = 1.5Z_{xt\cdot min}$。考虑到两相短路时电流速断保护的保护区要缩短，缩短后仍保证 $U_m \geqslant 0.6$，则电流速断定值应计算为

$$I_{dz} = \frac{0.866 I_j}{Z_{xt\cdot min} + 1.5Z_{xt\cdot min}} = 0.346 \frac{I_j}{Z_{xt\cdot min}} \tag{3-12}$$

按此条件计算出的定值一般偏小，应校核与下一级保护是否能配合。当配合有困难时，改用延时电流速断并再校核配合情况。

四、按躲振荡电流整定

当电流速断在双电源线路上使用，线路两侧电源有可能振荡时（例如线路采用非同期重合闸等），要按躲振荡电流整定，即

$$I_{dz} = K_k I_{zhd} \tag{3-13}$$

式中　K_k——可靠系数，取 $K_k = 1.1 \sim 1.2$；

I_{zhd}——振荡电流，按式（2-203）计算。

一般按图 3-6 中两侧电源电势的相角差 $\delta = 180°$ 时合闸计算，此时由式（2-203）得

$$I_{zhd} = \frac{2E}{Z_{\Sigma}}$$

当按标么值计算，取 $E_* = |\dot{E}_{\mathrm{I}}| = |\dot{E}_{\mathrm{II}}| = 1.05$ 时，则

$$I_{zhd} = 2.1\frac{I_j}{E_{*\Sigma}} \quad (3\text{-}14)$$

式中 I_j ——线路所在电压级基准电流（A）；

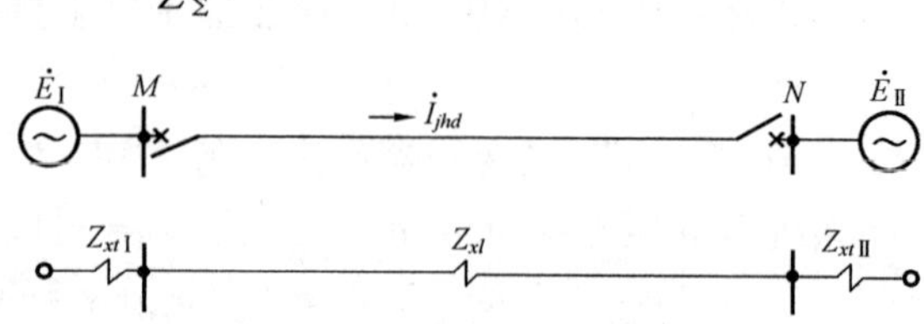

图 3-6 振荡电流计算图

$E_{*\Sigma}$ ——两侧电源在最大方式下，系统及联络线正序标么阻抗之和，即

$$Z_{*\Sigma} = Z_{xt\mathrm{I}} + Z_{xl} + Z_{xt\mathrm{II}}$$

五、按躲背后母线故障整定

对于双电源联络线电流速断，一般不希望带方向，以避免出现方向元件电压死区，但背后故障不能误动，故需躲开背后母线最大故障电流，即

$$I_{dz} = K_k I_{d\cdot\max} \quad (3\text{-}15)$$

式中 K_k ——可靠系数，取 $K_k = 1.2 \sim 1.3$；

$I_{d\cdot\max}$ ——背后母线故障，流经保护的最大短路电流。

第 3-3 节 瞬时电流速断保护性能分析

通常，瞬时电流速断使用在单电源辐射线上最基本的整定公式是式（3-1），其保护性能好坏的主要标志是保护区的大小。对电流保护而言，最小保护区按最小运行方式下两相短路计算、分析计算最小保护区即可阐明其保护性能。

一、保护区计算

保护区末端故障时，故障电流等于保护定值，即

$$I_{d\cdot\min}^{(2)} = \frac{\frac{\sqrt{3}}{2}I_j}{Z_{xt\cdot\min} + Z_i^{(2)}} = I_{dz} \quad (3\text{-}16)$$

式中 $I_{d\cdot\min}^{(2)}$ ——系统最小运行方式下，保护区末端两相短路电流；

$Z_{xt\cdot\min}$ ——系统最小运行方式下，保护背后电源短路阻抗标么值；

$Z_i^{(2)}$ ——两相短路时保护区，用标么阻抗表示；

I_j ——保护所在电压级基准电流。

将式（3-1）代入式（3-16），得

$$\frac{\frac{\sqrt{3}}{2}I_j}{Z_{xt\cdot\min} + Z_i^{(2)}} = K_k\frac{I_j}{Z_{xt\cdot\max} + Z_{xl}} \quad (3\text{-}17)$$

电磁型保护应用最多，取 $K_k = 1.3$ 为例，解式（3-17）得

$$Z_i^{(2)} = 0.666Z_{xl} + 0.666Z_{xt\cdot\max} - Z_{xt\cdot\min}$$

保护区以线路阻抗的百分值表示时为

$$I_i^{(2)}=0.666+0.666\frac{Z_{xt\cdot\max}}{Z_{xl}}-\frac{Z_{xt\cdot\min}}{Z_{xl}}$$

$$=0.666-\frac{K_f-0.666}{K_c} \quad (3\text{-}18)$$

式中 K_f ——方式系数，表示运行方式或系统阻抗变化大小，$K_f=\frac{Z_{xt\cdot\min}}{Z_{xt\cdot\max}}$；

K_c ——长度系数，表示线路阻抗（与线路长度成正比）相对于系统阻抗的大小，$K_c=\frac{Z_{xl}}{Z_{xt\cdot\max}}$；

$I_i^{(2)}$ ——两相短路时电流保护最小保护区百分值。

同理，三相短路时，电流保护最小保护区计算为

$$I_{d\cdot\min}^{(3)}=\frac{I_j}{Z_{xt\cdot\min}+I_i^{(3)}}=I_{dz} \quad (3\text{-}19)$$

将式（3-1）代入式（3-19），得

$$I_i^{(3)}=0.7692-\frac{K_f-0.7692}{K_c} \quad (3\text{-}20)$$

式中 $I_i^{(3)}$ ——三相短路最小保护区，百分值，$I_i^{(3)}=Z_i^{(3)}/Z_{xl}$。

当已知保护定值为 I_{dz}，在某一中间运行方式下，系统阻抗为 Z_{xt}（标么值）时，保护区由下式计算为

$$I_{dz}=\frac{\frac{\sqrt{3}}{2}I_j}{Z_{xt}+Z_i^{(2)}}=\frac{\frac{\sqrt{3}}{2}I_j}{Z_{xt}+l_i^{(2)}Z_{xl}}$$

$$l_i^{(2)}=\frac{1}{Z_{xl}}\left(\frac{\frac{\sqrt{3}}{2}I_j}{I_{dz}}-Z_{xt}\right) \quad (3\text{-}21)$$

同理

$$l_i^{(3)}=\frac{1}{Z_{xl}}\left(\frac{I_j}{I_{dz}}-Z_{xt}\right) \quad (3\text{-}22)$$

二、保护性能分析

分析式（3-18）、（3-20）中 K_f、K_c 的变化规律，即可找到保护区 l_i 的变化规律。给定不同的 K_f、K_c 值，按式（3-18）可计算出 $l_i^{(2)}$ 值，如表 3-1 所示。由表 3-1 的数据绘出 $l_i=f(K_f、K_c)$ 的函数曲线，如图 3-7 所示（图中曲线 $I_1\sim I_{20}$）。根据保护装置所在处的 K_f、K_c 值查曲线（图 3-7 中 $I_1\sim I_{20}$），可得 $I_i^{(2)}$ 值。例如，$K_f=1.5$、$K_c=5$ 时，得 $I_i^{(2)}=50\%$。

（一）电流速断可选用的最低条件

根据对电流速断的最低要求，保护区应不小于线路全长 20%，则式（3-18）为

表 3-1　电流保护的最小保护区 $l_i^{(2)}$ 和方式系数 K_f、长度系数 K_c 的关系

〔$l_i^{(2)}=0.666-(K_f-0.666)/K_c$〕

K_f \ l_i \ K_c	0.3	0.5	1.0	1.5	2.0	3.0	4.0	5.0	7.0	9.0	无穷大
1.000	−0.447	−0.002	0.332	0.443	0.499	0.555	0.583	0.599	0.618	0.629	0.666
1.100	−0.781	−0.202	0.232	0.377	0.449	0.521	0.557	0.579	0.604	0.618	0.666
1.200	−1.114	−0.402	0.132	0.310	0.399	0.488	0.532	0.559	0.590	0.607	0.666
1.300	−1.447	−0.602	0.032	0.243	0.349	0.455	0.507	0.539	0.575	0.596	0.666
1.400	−1.781	−0.802	−0.068	0.177	0.299	0.421	0.482	0.519	0.561	0.584	0.666
1.500	−2.114	−1.002	−0.168	0.110	0.249	0.388	0.457	0.499	0.547	0.573	0.666
1.600	−2.447	−1.202	−0.268	0.043	0.199	0.355	0.432	0.479	0.533	0.562	0.666
1.700	−2.781	−1.402	−0.368	−0.023	0.149	0.321	0.407	0.459	0.518	0.551	0.666
1.800	−3.114	−1.602	−0.468	−0.090	0.099	0.288	0.382	0.439	0.504	0.540	0.666
1.900	−3.447	−1.802	−0.568	−0.157	0.049	0.255	0.357	0.419	0.490	0.529	0.666
2.000	−3.781	−2.002	−0.668	−0.223	−0.001	0.221	0.332	0.399	0.475	0.518	0.666
2.200	−4.447	−2.402	−0.868	−0.357	−0.101	0.155	0.282	0.359	0.447	0.496	0.666
2.400	−5.114	−2.802	−1.068	−0.490	−0.201	0.088	0.232	0.319	0.418	0.473	0.666
2.600	−5.781	−3.202	−1.268	−0.623	−0.301	0.021	0.182	0.279	0.390	0.451	0.666
2.800	−6.447	−3.602	−1.468	−0.757	−0.401	−0.045	0.132	0.239	0.361	0.429	0.666
3.000	−7.114	−4.002	−1.668	−0.890	−0.501	−0.112	0.082	0.199	0.333	0.407	0.666
4.000	−10.447	−6.002	−2.668	−1.557	−1.001	−0.445	−0.168	−0.001	0.190	0.296	0.666
5.000	−13.781	−8.002	−3.668	−2.223	−1.501	−0.779	−0.418	−0.201	0.047	0.184	0.666
6.000	−17.114	−10.002	−4.668	−2.890	−2.001	−1.112	−0.668	−0.401	−0.096	0.073	0.666

$$l_i^{(2)}=0.666-\frac{K_f-0.666}{K_c}\geqslant 20\%$$

则
$$K_c\geqslant 2.146K_f-1.429 \tag{3-23}$$

式（3-23）为直线方程，其图象如图 3-8 中直线Ⅰ-Ⅰ′所示。直线左上方为电流速断可

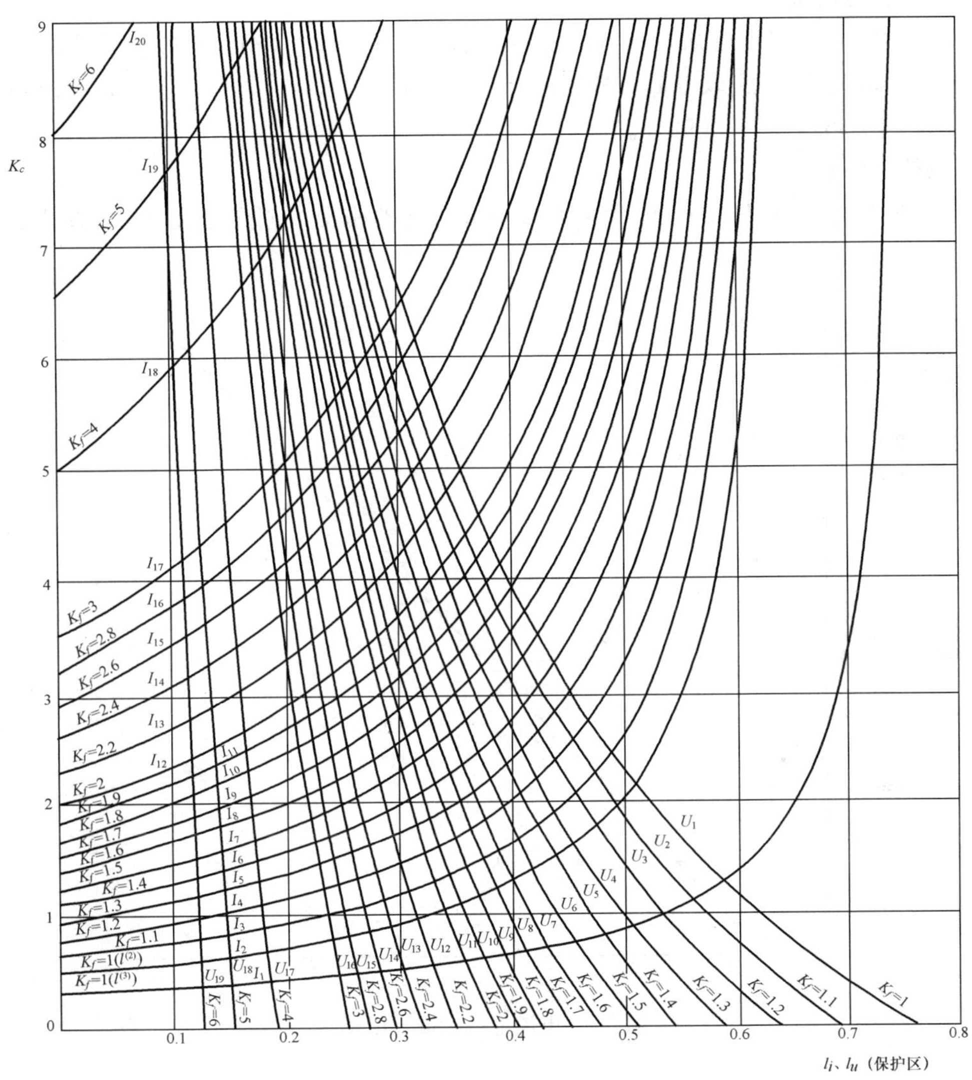

图 3-7　保护区与方式系数 K_f 及长度系数 K_c 的关系曲线

选用区，即由 K_f、K_c 之值所确定的点落在该区，电流速断可满足最低要求。

图 3-7 曲线使用说明：该曲线为设计电流、电压保护或对运行中的电流、电压保护评价其保护性能优劣时使用。其用法是：根据已知保护安装处最小方式与最大方式系统阻抗之比求出方式系数 K_f，$K_f=\dfrac{X_{xt\cdot\min}}{X_{xt\cdot\max}}$；再根据已知线路阻抗与最大方式系统阻抗之比，求出长度系数 K_c，$K_c=\dfrac{X_{xl}}{X_{xt\cdot\max}}$，由 K_c 值（纵坐标）与 K_f 值（曲线，对电流保护查曲线 $I_2\sim I_{20}$；对电压保护查曲线 $U_1\sim U_{19}$）相交之点的横坐标（l_i、l_u），即为电流、电压保护的最小保护区。

两者比较，保护区大者为优。曲线 I_1 为三相短路最大保护区。

（二）电流速断最大保护区

由式（3-8）、（3-20）可知，当 K_f 为有限值，$K_c \rightarrow \infty$ 时（相当于很长的线路，线路阻抗远大于系统阻抗），两式取极值，分别得 $l_i^{(2)}=0.666$、$l_i^{(3)}=0.7692$，因此，电流速断的最大保护区为 $l_i=66.6\%\sim76.92\%$。

（三）最小保护区

观察图 3-7，$l_i=f(K_f、K_c)$，每务曲线均可与纵轴相交，相交处 $l_i=0$，即最小保护区为零。

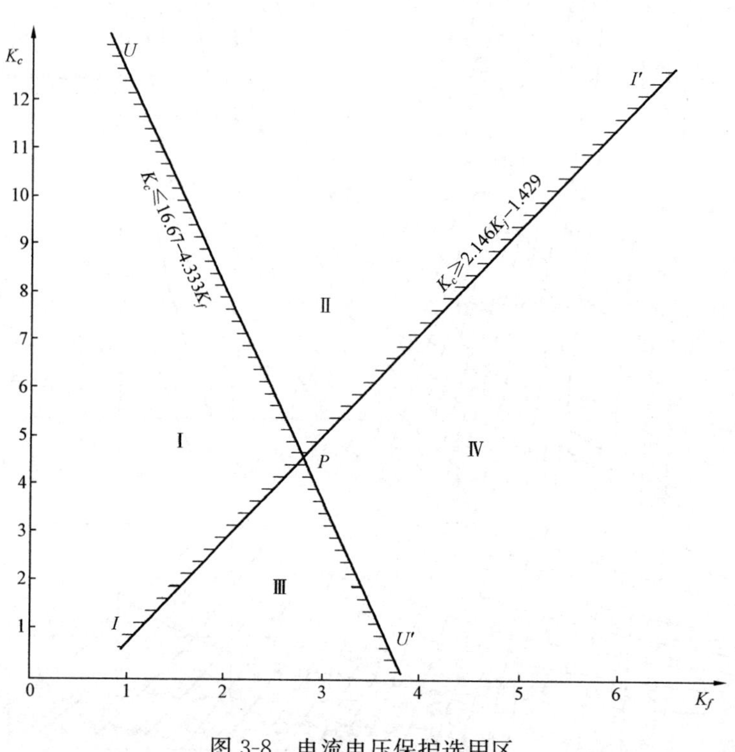

图 3-8 电流电压保护选用区

第 3-4 节 瞬时电流闭锁电压速断保护整定计算

在第 3-3 节中由分析可知，瞬时电流速断保护装置有时保护性能很差，保护区可能为零或很小，以至影响与相邻线路保护的配合。此时，需改用瞬时电流闭锁电压速断保护装置以改善保护性能。其整定计算原则，可根据以下具体情况而定。

一、按躲本线路末端母线故障整定

当本线路末端有多条线路或多台变压器时，为保证这些设备故障，线路保护不致越级动作，应按躲开本线路末端母线故障整定。对于瞬时电流闭锁电压速断保护中的电流元件（一般起闭锁作用），按保证本线路末端故障有足够灵敏度整定；对于电压元件（控制保护区，保证选择性），按躲本线路末端母线故障整定。整定公式如下：

$$
\left.\begin{aligned}
&\text{电流元件定值} \quad I_{dz}=\frac{I_{d\cdot\min}^{(2)}}{K_{lm}}=\frac{\frac{\sqrt{3}}{2}I_j}{K_{lm}(Z_{xt\cdot\min}+Z_{xl})}\ (\mathrm{A})\\
&\text{电压元件定值} \quad U_{dz}=\frac{U_{cy\cdot\min}}{K_k}=\frac{Z_{xl}}{K_k(Z_{xt\cdot\min}+Z_{xl})}
\end{aligned}\right\} \tag{3-24}
$$

式中 $I_{d\cdot\min}^{(2)}$——线路末端故障最小两相短路电流（A）；

$U_{cy\cdot\min}$——线路末端故障保护安装处母线最小残压标么值，当计算点为近距离短路点时，尚应取衰减后最低残压，以防短路电流衰减引起残压降低而误动；

K_{lm}——灵敏系数，取 $K_{lm}=1.5$；

K_k——可靠系数，取 $K_k=1.3$；

$Z_{xt\cdot\min}$——系统最小方式下，保护背后电源至保护安装处母线短路阻抗，以标么值表示；

Z_{xl}——线路标么阻抗；

I_j——保护所在电压级基准电流（A）。

电压元件定值为标么值，乘以额定电压即得有名值（以下同）。

二、按电流电压元件保护区相等整定

当系统运行方式变化不大时，为了获得较好的保护区，可以按电流、电压元件保护区大致相等整定。在图 3-9 中，设 D 点故障是电流、电压元件动作边界，即该方式下具有相同保护区，则

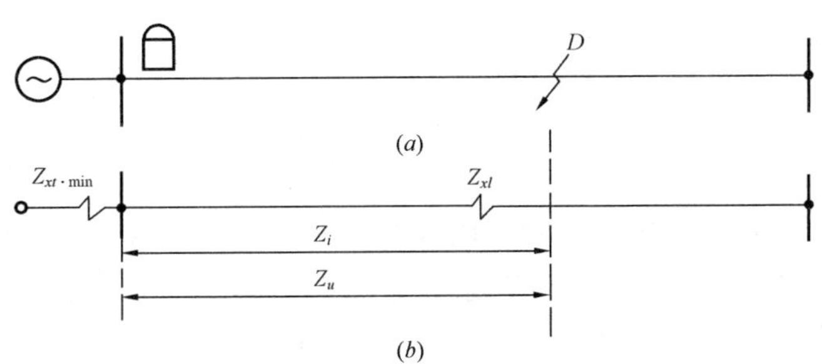

图 3-9 电流、电压保护区相等计算图
（a）一次接线简图；（b）阻抗图

$$
\left.\begin{aligned}
I_{dz}&=\frac{0.866I_j}{Z_{xt\cdot\min}+Z_i}=\frac{0.866I_j}{Z_{xt\cdot\min}+Z}\\
U_{dz}&=\frac{Z_u}{Z_{xt\cdot\min}+Z_u}=\frac{Z}{Z_{xt\cdot\min}+Z}
\end{aligned}\right\} \tag{3-25}
$$

式中 Z_i、Z_u——电流、电压元件两相短路保护区，以阻抗标么值表示，设 $Z_i=Z_u=Z$；

$Z_{xt\cdot\min}$——系统最小运行方式下，保护背后电源短路阻抗标么值；

I_{dz}、U_{dz}——电流元件定值（A）、电压元件定值（标么值）；

I_j——线路所在电压级基准电流（A）。

为了躲开线路末端故障以保证选择性，电压元件定值应取

$$U_{dz}=\frac{\frac{I_{dz}}{I_j}Z_{xl}}{K_k} \tag{3-26}$$

式中　K_k——可靠系数，取 $K_k=1.3$。

由式（3-25）得

$$U_{dz}=\frac{I_{dz}}{0.866I_j}Z \tag{3-27}$$

由式（3-26）和（3-27）得

$$Z=\frac{0.866}{1.3}Z_{xl}=0.666Z_{xl} \tag{3-28}$$

将式（3-28）代入式（3-25），则电流、电压元件定值表示式为

$$\left.\begin{aligned}I_{dz}&=\frac{0.866I_j}{Z_{xt\cdot\min}+0.666Z_{xl}}\\U_{dz}&=\frac{0.666Z_{xl}}{Z_{xt\cdot\min}+0.666Z_{xl}}\end{aligned}\right\} \tag{3-29}$$

式中符号同前。

必须指出，按式（3-29）算出的定值，需校核躲开线路末端故障的可靠性。当线路阻抗较大时，一般不能保证可靠性。由式（3-24）及式（3-29），计算电压元件满足可靠性要求的条件为

$$\frac{0.666Z_{xl}}{Z_{xt\cdot\min}+0.666Z_{xl}}\leqslant\frac{Z_{xl}}{K_k(Z_{xt\cdot\min}+Z_{xl})}$$

当上式中 $K_k=1.3$ 时，$Z_{xl}\leqslant 0.67Z_{xt\cdot\min}$，即满足$\frac{Z_{xl}}{Z_{xt\cdot\min}}\leqslant 67\%$时，才可保证可靠性，避免越级动作。例如：当 $Z_{xl}=2Z_{xt\cdot\min}$ 时，代入式（3-29），其计算结果对线路末端三相短路（计算方式仍为最小方式）：电流元件可靠系数为 1.11；电压元件可靠系数为 1.16。可靠系数均偏低，对区外故障可能越级动作。由此可见，该整定原则只用于较短线路。

当定值由式（3-29）确定后，则可由式（3-25）计算保护动作区。式（3-25）中电流元件两相短路和三相短路保护区分别为

$$\left.\begin{aligned}Z_i^{(2)}&=\frac{0.866I_j}{I_{dz}}-Z_{xt\cdot\min}\\Z_i^{(3)}&=\frac{I_j}{I_{dz}}-Z_{xt\cdot\min}\end{aligned}\right\} \tag{3-30}$$

式中　$Z_i^{(2)}$、$Z_i^{(3)}$——系统最小方式下两相和三相短路保护区。当求系统最大方式下保护区时，以最大方式下系统阻抗 $Z_{xt\cdot\max}$ 代替最小方式下系统阻抗 $Z_{xt\cdot\min}$，式中阻抗均为标么值（以下同）。

电压元件（接于三个相间电压）两相或三相短路保护区均为

$$Z_u = \frac{U_{dz}}{1-U_{dz}} Z_{xt \cdot \max} \tag{3-31}$$

式中　Z_u——系统最大方式下最小保护区。欲求最大保护区时，以 $Z_{xt \cdot \min}$ 代替 $Z_{xt \cdot \max}$。

三、按电流、电压元件灵敏度相等整定

对于线路变压器组供电方式，或具备与线路末端数台变压器速动保护配合条件整定时（即速动保护有跳闸自保持；同时，线路有自动重合闸），可按线路末端故障，电流、电压元件均保证灵敏度整定。电流元件按最小方式下线路末端两相短路保证灵敏度整定；电压元件按最大方式下线路末端两相或三相短路保证灵敏度整定。其计算公式为

$$\left.\begin{aligned} I_{dz} &= \frac{I_{d \cdot \min}}{K_{lmi}} = \frac{0.866 I_j}{K_{lmi}(Z_{xt \cdot \min} + Z_{xl})} \\ U_{dz} &= K_{lmu} U_{cy \cdot \max} = K_{lmu} \frac{Z_{xl}}{Z_{xt \cdot \max} + Z_{xl}} \end{aligned}\right\} \tag{3-32}$$

式中　$I_{d \cdot \min}$——系统最小方式下，线路末端两相短路，保护中的电流（A）；

$U_{cy \cdot \max}$——系统最大方式下，线路末端三相短路，保护所在母线残压（标么值）；

K_{lmi}、K_{lmu}——电流、电压元件灵敏系数。

当取 $K_{lmi} = K_{lmu}$ 时，由式（3-32）得

$$I_{dz} = \frac{\dfrac{0.866 I_j}{(Z_{xt \cdot \min} + Z_{xl})} \times \dfrac{Z_{xl}}{(Z_{xt \cdot \max} + Z_{xl})}}{U_{dz}} \tag{3-33}$$

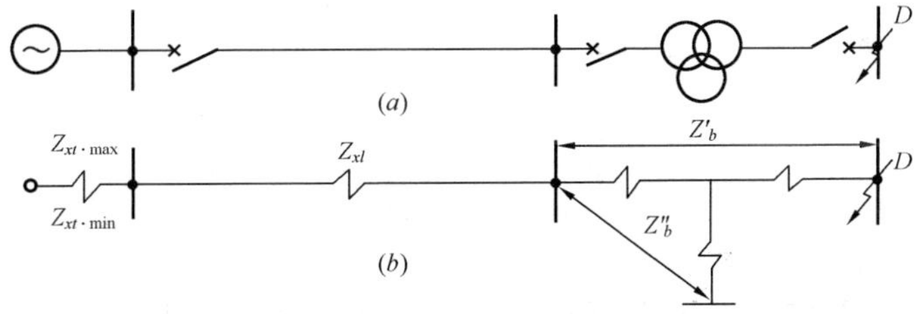

图 3-10　躲变压器中、低侧故障计算

（a）一次接线简图；（b）阻抗图

为躲开变压器低压或中压侧故障，如图 3-10 所示，电压元件定值应满足下式要求，即

$$U_{dz} = \frac{I_{dz}}{I_j}(Z_{xl} + Z_b)/K_k \tag{3-34}$$

式中　Z_b——变压器阻抗（当为三绕组变压器时，取 Z'_b、Z''_b 中最小值），标么值。当数台变压器并联运行时，Z_b 为变压器并联阻抗。

将式（3-34）代入式（3-33）得

$$\left.\begin{aligned} I_{dz} &= I_j \sqrt{\frac{0.866 K_k Z_{xl}}{(Z_{xt \cdot \min} + Z_{xl})(Z_{xt \cdot \max} + Z_{xl})(Z_{xl} + Z_b)}} \\ U_{dz} &= \sqrt{\frac{0.866 Z_{xl}(Z_{xl} + Z_b)}{K_k(Z_{xt \cdot \min} + Z_{xl})(Z_{xt \cdot \max} + Z_{xl})}} \end{aligned}\right\} \tag{3-35}$$

在实践中有时碰到由式（3-35）计算的结果，对变压器低压侧故障，电流、电压结合可靠系数较低，即 $K_k = K_{ki}K_{ku} < 1.5$。此时，电压元件定值可由下式计算，以躲开变压器中、低压侧故障

$$U_{dz} = \frac{U_{cy\cdot\min}}{K_k} = \frac{Z_{xl} + Z_b}{K_k(Z_{xt\cdot\min} + Z_{xl} + Z_b)} \tag{3-36}$$

式中 $U_{cy\cdot\min}$——变压器中、低压侧故障，保护安装处母线最小残压。

比较式（3-34）、（3-36）可知，式（3-36）取值较小。将式（3-36）代入式（3-33），得

$$I_{dz} = \frac{0.866K_kZ_{xl}(Z_{xt\cdot\min} + Z_{xl} + Z_b)I_j}{(Z_{xt\cdot\min} + Z_{xl})(Z_{xt\cdot\max} + Z_{xl})(Z_{xl} + Z_b)} \tag{3-37}$$

在图 3-10 中，当 $Z_{xt\cdot\max} = j0.15$、$Z_{xt\cdot\min} = j0.3$、$Z_{xl} = j0.1$、$Z_b = j0.5$ 时，按式（3-36）、（3-37）计算定值为

$$U_{dz} = \frac{0.1 + 0.5}{1.3(0.3 + 0.1 + 0.5)} = 0.5123$$

$$I_{dz} = \frac{0.866 \times 1.3 \times 0.1(0.3 + 0.1 + 0.5)I_j}{(0.3 + 0.1)(0.15 + 0.1)(0.1 + 0.5)} = 1.69I_j$$

该保护对线路末端故障灵敏度为

电流元件 $$K_{lmi} = \frac{I^{(2)}_{d\cdot\min}}{I_{dz}} = \frac{\frac{0.866}{0.3 + 0.1}I_j}{1.69I_j} = 1.28$$

电压元件 $$K_{lmu} = \frac{U_{dz}}{U_{cy\cdot\max}} = \frac{0.5123}{\frac{0.1}{0.15 + 0.1}} = 1.28$$

当由式（3-36）、（3-37）算出定值后，校核电流元件应能躲开本线路最大负荷电流，电压元件应能躲开最低运行电压。

四、按保证母线残压整定

按发电厂或重要用户要求，线路故障母线残压在 50%～60%额定电压时瞬时切除，此时按保证母线残压整定。仍采用标么值计算，图 3-11 中阻抗均为标么值，电压元件保护区末故障时发电厂 M 母线残压为 50%～60% U_e，即残压为

$$U_{cy} = \frac{Z_{b\Sigma} + Z_u}{Z_{f\Sigma} + Z_{b\Sigma} + Z_u} \geqslant (0.5 \sim 0.6) \tag{3-38}$$

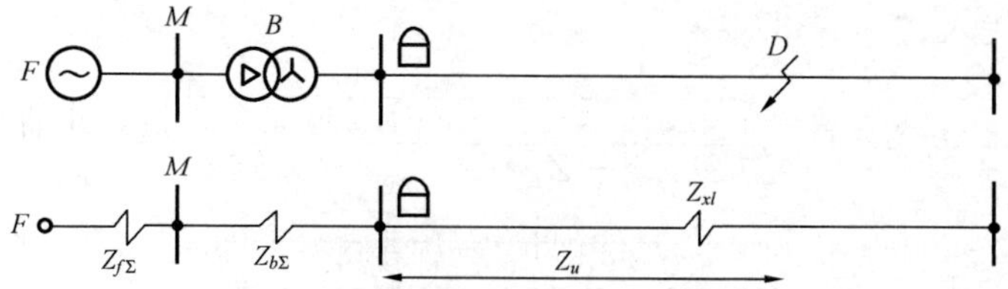

图 3-11 残压计算图

由式（3-38）中求得电压元件保护区为

$$Z_u \geqslant \frac{0.5 \sim 0.6}{0.4 \sim 0.5} Z_{f\Sigma} - Z_{b\Sigma} = (1 \sim 1.5) Z_{f\Sigma} - Z_{b\Sigma}$$

则电压元件定值应为

$$U_{dz} = \frac{(1 \sim 1.5) Z_{f\Sigma} - Z_{b\Sigma}}{Z_{f\Sigma} + Z_{b\Sigma} + (1 \sim 1.5) Z_{f\Sigma} - Z_{b\Sigma}} = \frac{(1 \sim 1.5) Z_{f\Sigma} - Z_{b\Sigma}}{(2 \sim 2.5) Z_{f\Sigma}}$$

按保证 50% U_e 残压整定，则

$$\left.\begin{aligned} U_{dz} &= 0.5 - 0.5 \frac{Z_{b\Sigma}}{Z_{f\Sigma}} \\ Z_u &= Z_{f\Sigma} - Z_{b\Sigma} \end{aligned}\right\}$$

按保证 60% U_e 残压整定，则

$$\left.\begin{aligned} U_{dz} &= 0.6 - 0.4 \frac{Z_{b\Sigma}}{Z_{f\Sigma}} \\ Z_u &= 1.5 Z_{f\Sigma} - Z_{b\Sigma} \end{aligned}\right\} \quad (3\text{-}39)$$

当已知电压元件定值 U_{dz} 时，可以由下式校核残压。当只计电抗忽略电阻时，图 3-12 中各量有下列关系，即

$$\frac{U_{dz}}{X_u} = \frac{U_{cy \cdot m}}{X_u + X_{b\Sigma}} = \frac{1}{X_{f\Sigma} + X_{b\Sigma} + X_u} \quad (3\text{-}40)$$

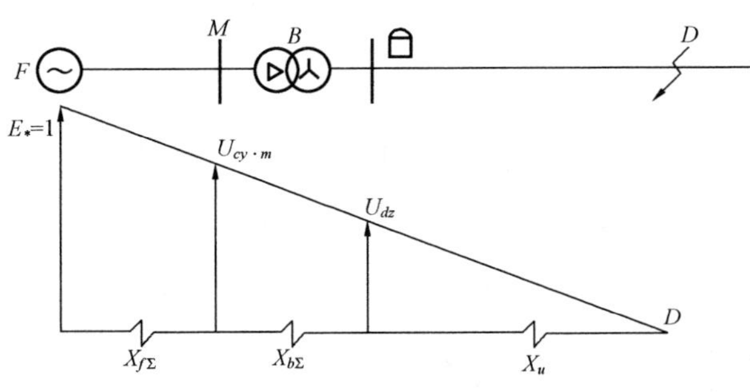

图 3-12 残压分布图

由式（3-40）可得

$$\left.\begin{aligned} X_u &= \frac{U_{dz}(X_{f\Sigma} + X_{b\Sigma})}{1 - U_{dz}} \\ U_{cy \cdot m} &= U_{dz} + \frac{(1 - U_{dz}) X_{b\Sigma}}{X_{f\Sigma} + X_{b\Sigma}} \end{aligned}\right\} \quad (3\text{-}41)$$

式（3-41）为已知电压元件定值及发电机变压器电源综合阻抗，求保护区及母线残压计算式。

电流元件定值按两相短路与电压元件保护区相同整定，即

$$I_{dz} = \frac{0.866 I_j}{Z_{f\Sigma} + Z_{b\Sigma} + Z_u} \quad (3\text{-}42)$$

式中　$Z_{f\Sigma}$、$Z_{b\Sigma}$、Z_u——发电厂 M 母线电源综合阻抗、变压器并联阻抗、电压保护区阻抗（均为标么值）。

即当按保证残压整定时，电压元件定值由式（3-29）计算，电流元件定值由式（3-42）计算。

五、按躲振荡影响整定

当电流、电压保护在双电源线上运行时，如无振荡闭锁装置（对简单的电流、电压保护一般不装设振荡闭锁），则应躲振荡影响。如图 3-6 中，线路 M 侧装设瞬时电流闭锁电压速断保护，由于保护不带时限，故可按最严重条件两侧电源电势相角差 $\delta=180°$计算：

（1）电流元件按式（3-13）、（3-14）计算，即

$$I_{dz}=2.1K_k\cdot\frac{I_j}{Z_\Sigma}\tag{3-43}$$

（2）电压元件计算如下：在图 3-13 中母线 M 的电压为

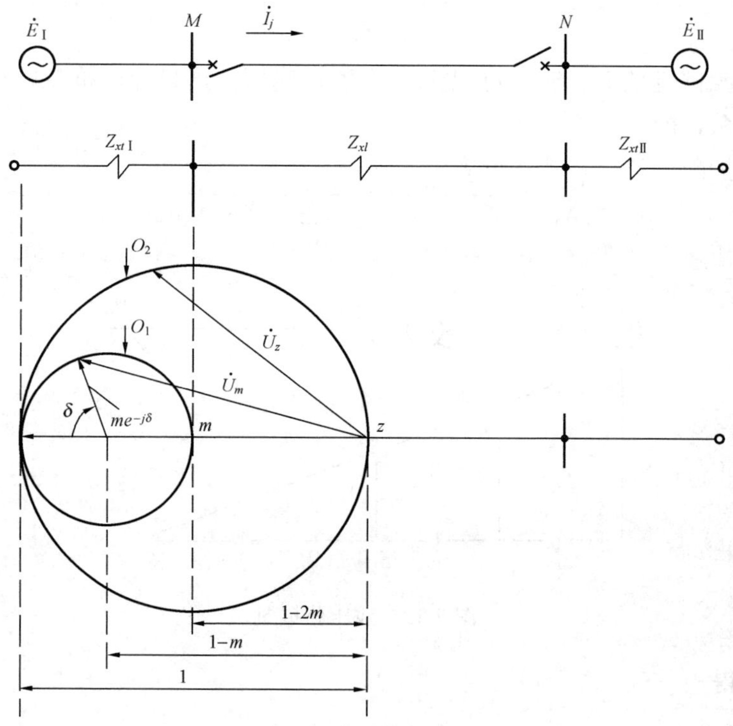

图 3-13　振荡时电压计算

$$\dot{U}_m=\dot{E}_{\mathrm{I}}-\dot{I}_jZ_{xt\mathrm{I}}=\dot{E}_{\mathrm{I}}-\frac{\dot{E}_{\mathrm{I}}-\dot{E}_{\mathrm{II}}}{Z_\Sigma}Z_{xt\mathrm{I}}$$

$$Z_{xt\mathrm{I}}=\dot{E}_{\mathrm{I}}[(1-m)+me^{-j\delta}]\tag{3-44}$$

其中
$$\frac{\dot{E}_{\mathrm{II}}}{\dot{E}_{\mathrm{I}}}=1e^{-j\delta},\ \frac{Z_{xt\mathrm{I}}}{Z_\Sigma}=m,\ Z_\Sigma=Z_{xt\mathrm{I}}+Z_{xl}+Z_{xt\mathrm{II}}$$

当 $\dot{E}_{\mathrm{I}}$，$\dot{U}_m$ 用标么值表示时，取 $\dot{E}_{\mathrm{I}}=1$（* 号省略），则

$$\dot{U}_m = 1 - m + me^{-j\delta} \tag{3-45}$$

当 $\delta=180°$时，母线 M 电压最低为

$$\dot{U}_{m\cdot\min} = 1 - 2m \tag{3-46}$$

因此，电压元件定值标么值满足下式要求，保护不会误动，即

$$U_{dz} \leqslant \frac{1-2m}{K_k} \tag{3-47}$$

式中　K_k——可靠系数，取 $K_k=1.1\sim1.2$。

母线 M 电压轨迹由式（3-45）表示，如图 3-13 中圆 O_1 所示；振荡中心电压轨迹为圆 O_2。

由图可看出，远离振荡中心的电压保护，较容易躲振荡影响。

对于电流、电压保护整套装置来说，电流、电压两个元件之一能躲开振荡影响，就认为振荡时保护不会误动。

六、按与本线路末端变压器速动保护配合整定

在本章第 3-2 节“二”所述条件下，瞬时电流闭锁电压速断保护，也可与变压器差动或瞬时电流速断保护配合整定，其系统接线如图 3-3 所示。

（一）与变压器差动保护配合整定

电流元件定值按保证线路末端故障灵敏度整定，计算公式同式（3-24）；电压元件按与变压器差动保护配合，并躲变压器低压侧故障整定，即

$$U_{dz} = \frac{Z_{xl} + \frac{1}{2}Z_b}{\left(Z_{xt\cdot\min} + Z_{xl} + \frac{1}{2}Z_b\right)K_k} \tag{3-48}$$

式中　K_k——可靠系数，$K_k=1.3\sim1.4$；

$Z_{xt\cdot\min}$——图 3-3 中，系统最小方式下短路阻抗标么值；

其他符号同前。

（二）与线路末端两台并联变压器电流速断保护配合整定

电流元件整定同上，电压元件定值为

$$U_{dz} = \frac{Z_{xl} + \frac{l(2-l)}{2}Z_b}{\left[Z_{xt\cdot\min} + Z_{xl} + \frac{l(2-l)}{2}Z_b\right]K_k} \tag{3-49}$$

式中　K_k——可靠系数，$K_k=1.1\sim1.2$；

l——变压器电流速断保护的最小保护区，以变压器阻抗 Z_b 的百分值表示。

变压器电流速断保护定值计算同式（3-5），l 的计算参看式（3-6）和（3-8），但 l 应取最小值，因此式（3-6）改为

$$I_{dz} = I_{d\cdot\min}^{(2)}\frac{2-l}{2} = \frac{0.866I_j}{Z_{xt\cdot\min} + Z_{xl} + \frac{l(2-l)}{2}Z_b} \times \frac{2-l}{2} \tag{3-50}$$

式中　$I_{d\cdot\min}^{(2)}$——变压器电流速断保护区末端故障，线路保护中的电流（参看图 3-3）。

解式（3-50）得

$$l=\frac{\left(\frac{0.866I_j}{I'_{dz}}+2Z_b\right)\pm\sqrt{\left(\frac{0.866I_j}{I'_{dz}}+2Z_b\right)^2-8Z_b\left(\frac{0.866I_j}{I'_{dz}}-Z_{xt\cdot\min}-Z_{xl}\right)}}{2Z_b}\tag{3-51}$$

将式（3-5）中的 I'_{dz} 代入式（3-51）求出 l 值，取有意义的根，将 l 值（$0<l<1$）代入式（3-49），即可求出电压元件定值。

第 3-5 节　瞬时电流闭锁电压速断保护性能分析

瞬时电流闭锁电压速断保护在一般线路上使用，常用式（3-24）确定保护定值，而该式中电压元件定值决定了保护区，因此分析保护性能，应分析电压元件在最大方式下保护区最小时的保护性能。

一、电压元件保护区计算

式（3-24）中电压元件整定值为

$$U_{dz}=\frac{Z_{xl}}{(Z_{xt\cdot\min}+Z_{xl})K_k}\tag{3-52}$$

当最大运行方式下保护区末端故障时，母线残压等于保护整定值，即

$$U_{cy\cdot\max}=\frac{Z_u}{Z_{xt\cdot\max}+Z_u}=U_{dz}\tag{3-53}$$

由式（3-52）、（3-53）可得

$$Z_u=\frac{Z_{xl}}{K_k\frac{Z_{xt\cdot\min}}{Z_{xt\cdot\max}}+(K_k-1)\frac{Z_{xl}}{Z_{xt\cdot\max}}}\tag{3-54}$$

式中　K_k——可靠系数，取 $K_k=1.3$；

$Z_{xt\cdot\max}$、$Z_{xt\cdot\min}$——系统最大、最小方式下，电源至保护安装处短路阻抗标么值，令 $K_f=\frac{Z_{xt\cdot\min}}{Z_{xt\cdot\max}}$，$K_f$ 为方式系数；

Z_{xl}——线路阻抗标么值，令 $K_c=\frac{Z_{xl}}{Z_{xt\cdot\max}}$，$K_c$ 为长度系数；

Z_u——电压元件保护区，阻抗标么值。

当保护区用线路阻抗百分值表示，并将 K_k、K_f、K_c 代入式（3-54）时，电压元件最小保护区为

$$l_u = \frac{1}{1.3K_f + 0.3K_c} \tag{3-55}$$

同理，最小方式下电压元件有最大保护区为

$$l_{u\cdot\max} = \frac{1}{1.3 + 0.3\dfrac{Z_{xl}}{Z_{xt\cdot\min}}} \tag{3-56}$$

当已知保护安装处的 K_f、K_c 值时，可直接由式（3-55）计算最小保护区，无需计算定值即可鉴别保护性能。

当整定值 U_{dz} 已知、系统为中间运行方式、系统阻抗为 Z_{xt} 时，因为

$$U_{dz} = \frac{l_u Z_{xl}}{Z_x + l_u Z_{xl}}$$

所以保护区计算为

$$l_u = \frac{U_{dz}}{(1 - U_{dz})} \times \frac{Z_{xt}}{Z_{xl}} \tag{3-57}$$

对电压保护而言，两相或三相短路保护区相等，即

$$l_u^{(2)} = l_u^{(3)}$$

二、保护性能分析

给定不同的 K_f、K_c 值，按式（3-55）可计算出 l_u 值，如表 3-2 所示。由表 3-2 的数据绘出 $l_u = f(K_f, K_c)$ 的函数曲线，如图 3-7 所示（图中曲线 $U_1 \sim U_{19}$）。根据保护装置所在处的 K_f、K_c 值查曲线（图 3-7 中 $U_1 \sim U_{19}$）可得出 l_u 值。例如，$K_f = 1.5$，$K_c = 3$ 时，$l_u = 35\%$。

表 3-2　电压保护的最小保护区 l_u 和方式系数 K_f、长度系数 K_c 的关系

〔$l_u = 1/(1.3K_f + 0.3K_c)$〕

K_f ＼ l_u ＼ K_c	0.0	0.3	0.5	1.0	1.5	2.0	3.0	4.0	5.0	7.0	9.0	无穷大
1.000	0.769	0.719	0.690	0.625	0.571	0.526	0.455	0.400	0.357	0.294	0.250	0.000
1.100	0.699	0.658	0.633	0.578	0.532	0.493	0.429	0.380	0.341	0.283	0.242	0.000
1.200	0.641	0.606	0.585	0.538	0.498	0.463	0.407	0.362	0.327	0.273	0.235	0.000
1.300	0.592	0.562	0.543	0.503	0.467	0.437	0.386	0.346	0.313	0.264	0.228	0.000
1.400	0.549	0.524	0.508	0.472	0.441	0.413	0.368	0.331	0.301	0.255	0.221	0.000
1.500	0.513	0.490	0.476	0.444	0.417	0.392	0.351	0.317	0.290	0.247	0.215	0.000
1.600	0.481	0.461	0.448	0.420	0.395	0.373	0.336	0.305	0.279	0.239	0.209	0.000
1.700	0.452	0.435	0.424	0.398	0.376	0.356	0.322	0.293	0.270	0.232	0.204	0.000

续表

l_u / K_c / K_f	0.0	0.3	0.5	1.0	1.5	2.0	3.0	4.0	5.0	7.0	9.0	无穷大
1.800	0.427	0.412	0.402	0.379	0.358	0.340	0.309	0.282	0.260	0.225	0.198	0.000
1.900	0.405	0.391	0.382	0.361	0.342	0.326	0.297	0.272	0.252	0.219	0.193	0.000
2.000	0.385	0.372	0.364	0.345	0.328	0.312	0.286	0.263	0.244	0.213	0.189	0.000
2.200	0.350	0.339	0.332	0.316	0.302	0.289	0.266	0.246	0.229	0.202	0.180	0.000
2.400	0.321	0.312	0.306	0.292	0.280	0.269	0.249	0.231	0.216	0.192	0.172	0.000
2.600	0.296	0.288	0.283	0.272	0.261	0.251	0.234	0.218	0.205	0.182	0.164	0.000
2.800	0.275	0.268	0.264	0.254	0.244	0.236	0.220	0.207	0.195	0.174	0.158	0.000
3.000	0.256	0.251	0.247	0.238	0.230	0.222	0.208	0.196	0.185	0.167	0.152	0.000
4.000	0.192	0.189	0.187	0.182	0.177	0.172	0.164	0.156	0.149	0.137	0.127	0.000
5.000	0.154	0.152	0.150	0.147	0.144	0.141	0.135	0.130	0.125	0.116	0.109	0.000
6.000	0.128	0.127	0.126	0.123	0.121	0.119	0.115	0.111	0.108	0.101	0.095	0.000

（一）电压元件可选用的最低条件

根据对电流、电压保护的最低要求，保护区不小于线路全长20%，则式（3-55）为

$$l_u = \frac{1}{1.3K_f + 0.3K_c} \geqslant 20\%$$

则

$$K_c \leqslant 16.67 - 4.333K_f \tag{3-58}$$

式（3-58）为直线方程，其图像如图3-8中直线U-U'所示，直线左下方为电压保护可选用区，即由K_f、K_c之值所确定的点落在该区，则满足电压元件可选用的最低要求。

（二）电压元件最大保护区

由式（3-55）可知，当$K_f \to 1$、$K_c \to 0$（即线路很短或线路阻抗与系统阻抗之比很小）时，式（3-55）取极值得$l_{u\cdot\max} = 76.92\%$。即极短线路使用电压速断与极长线路使用电流速断，其最大保护区在理论上均为76.92%。但实际上在极短的线路发生短路时，弧光电阻对电压保护性能影响极大，如不加瞬时测定（特别是延时动作的电压保护），将可能发生拒动。

（三）最小保护区

观察图3-7，当$K_f \geqslant 1$（K_f的定义）、$K_c \to \infty$（即线路阻抗很大、系统阻抗很小）时，式（3-55）取极值$l_u = 0$。保护区为零的物理意义是，该线路由无穷大电源母线供电，系统阻抗为零，线路故障母线电压不降低，故保护区为零。

三、电流、电压保护性能比较

图 3-8 中，直线Ⅰ-Ⅰ′与 U-U' 相交于 P 点，两直线相交后形成Ⅰ、Ⅱ、Ⅲ、Ⅳ四个区域。当保护装置所在处 K_f、K_c 值所确定的点落在Ⅰ区时，则电流、电压保护均可满足最小保护区的要求，说明该情况下电流速断或电压速断（电流闭锁电压速断的电压元件）均可使用，但哪个为优则需查图 3-7。例如：当 $K_f=2$、$K_c=5$ 时，参数点落在图 3-8 中Ⅰ区，再查图 3-7，得 $l_i^{(2)}=40\%$、$l_u=24\%$，则电流保护优越；当 $K_f=1.5$、$K_c=2$ 时，参数点也落在图 3-8 中Ⅰ区，但查图 3-7，得 $l_i^{(2)}=24.9\%$、$l_u=39.2\%$，则电压保护优越。当 K_f、K_c 值参数点落在Ⅱ区时，只能用电流保护；当 K_f、K_c 值参数点落在Ⅲ区时，只能用电压保护（即电流闭锁电压速断）；当 K_f、K_c 值参数点落在Ⅳ区时，电流、电压保护均不宜使用，需采用距离等复杂保护。对于图 3-7、3-8，在设计保护或检查运行方式变化后的保护性能时可作参考。

第 3-6 节　延时电流速断保护整定计算

延时电流速断保护属第Ⅱ段，应保护全线，并与相邻下一级线路（以下简称相邻线）保护Ⅰ段（配合有困难时与Ⅱ段）相配合。对Ⅱ段按主保护要求，其灵敏度应满足表 1-13 的规定。根据其相邻线保护的具体情况，整定计算原则如下：

一、与相邻线瞬时电流速断保护配合整定

（一）定值计算

当相邻线被配合段保护区末端故障时，该保护应具有选择性，其定值应为

$$I_{dz}=K_kK_{fz\cdot\max}\cdot I_{dz\,\mathrm{I}} \tag{3-59}$$

式中　K_k——可靠系数，$K_k=1.1\sim1.2$；

$K_{fz\cdot\max}$——最大分支系数，$K_{fz\cdot\max}=\dfrac{\text{本线最大分支电流}}{\text{被配合线路故障电流}}$；

$I_{dz\,\mathrm{I}}$——相邻线瞬时电流速断定值（A）。

保护动作时间为

$$t=t_{\mathrm{I}}+\Delta t \tag{3-60}$$

式中　t_{I}——相邻线Ⅰ段保护整定时间，对无时限电流速断 $t_{\mathrm{I}}=0\mathrm{s}$；

Δt——时间级差，见表 1-11。

（二）最大分支系数计算

（1）单回线保护与单回线保护配合，本线路末端有助增电源时，如图 3-14 所示。最大分支系数按本侧电源 S_1 最大方式，助增电源 S_2 最小方式计算，得

$$K_{fz\cdot\max}=\frac{I_1}{I_2}=\frac{Z_{xt2\cdot\min}}{Z_{xt1\cdot\max}+Z_{xl}+Z_{xt2\cdot\min}} \tag{3-61}$$

在式（3-61）中，当系统 S_2 断开时，即 $Z_{xt2\cdot\min}=\infty$时，$K_{fz\cdot\max}=1$，相当于无助增的单回线对单回线保护配合。

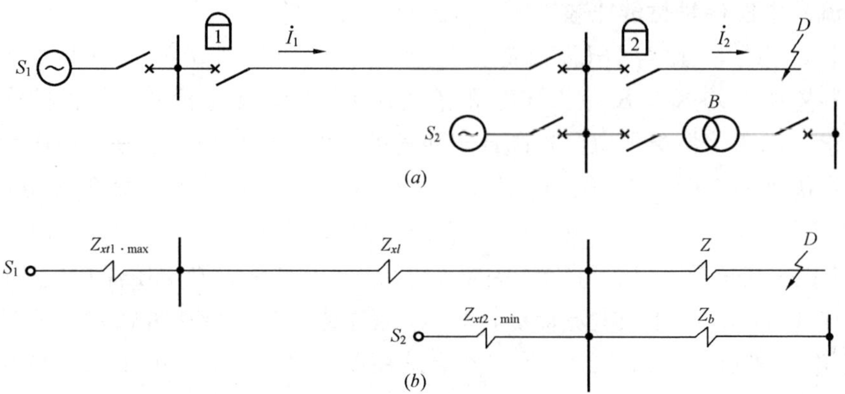

图 3-14　有助增时最大分支系数计算

（a）一次接线简图；（b）阻抗图

（2）单回线保护与环网保护配合，本线路末端无助增电源时，如图 3-15 所示，最大分支系数按本侧电源最大方式计算：

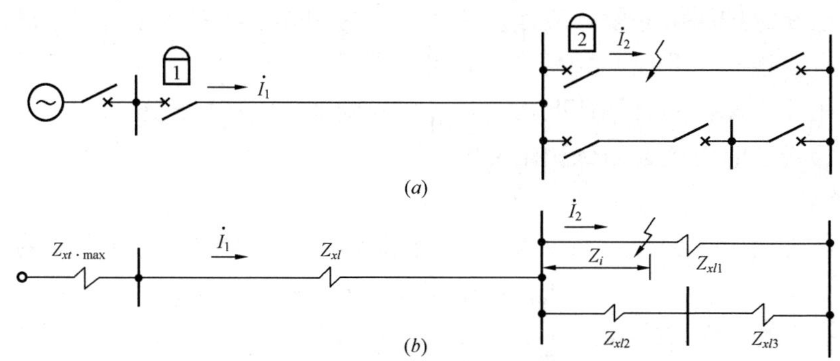

图 3-15　环网时最大分支系数计算

（a）一次接线简图；（b）阻抗图

在图 3-15 中，设 $Z_\Sigma = Z_{xl1} + Z_{xl2} + Z_{xl3}$，2 号保护电流速断保护区为 Z_i，则当保护区末端故障时有如下关系

$$\left.\begin{aligned} K_{fz\cdot\max} &= \frac{I_1}{I_2} = \frac{I_1}{I_{dz\,\mathrm{I}}} = \frac{I_1}{I_1\dfrac{Z_\Sigma - Z_i}{Z_\Sigma}} = \frac{Z_\Sigma}{Z_\Sigma - Z_i} \\ I_1 &= I_{dz\,\mathrm{I}}\ \frac{Z_\Sigma}{Z_\Sigma - Z_i} \end{aligned}\right\} \tag{3-62}$$

保护区末端故障总的短路电流为

$$I_1 = \frac{I_j}{Z_{xt\cdot\max} + Z_{xl} + \dfrac{Z_i(Z_\Sigma - Z_i)}{Z_\Sigma}} \tag{3-63}$$

式（3-62）、（3-63）中阻抗均为标幺值，两式联立则得

$$Z_i^2-\left(\frac{I_j}{I_{dz\,\mathrm{I}}}+Z_\Sigma\right)Z_i+Z_\Sigma\left(\frac{I_j}{I_{dz\,\mathrm{I}}}-Z_{xt\cdot\max}-Z_{xl}\right)=0$$

$$Z_i=\frac{\left(\frac{I_j}{I_{dz\,\mathrm{I}}}+Z_\Sigma\right)\pm\sqrt{\left(\frac{I_j}{I_{dz\,\mathrm{I}}}+Z_\Sigma\right)^2-4Z_\Sigma\left(\frac{I_j}{I_{dz\,\mathrm{I}}}-Z_{xt\cdot\max}-Z_{xl}\right)}}{2} \tag{3-64}$$

在式（3-64）中，各量均为已知，则 Z_i 值便可求出（取有意义根），并代入式（3-62），则 $K_{fz\cdot\max}$ 即可求出。在复杂电网中，一般由计算机或计算台来给出相邻下一级线路故障时本线路的各种电流分配系数，由最大电流分配系数即可求出最大分支系数。

当延时电流速断保护与相邻单电源双回线分保护（接于每一回线上的保护）配合时，式（3-59）至式（3-64）仍然适用，仅式中 Z_Σ 为双回线阻抗之和。当双回线每回线阻抗相等时，式（3-64）与式（3-8）相似。

二、与相邻线瞬时电流闭锁电压速断保护配合整定

延时电流速断保护与相邻线瞬时电流闭锁电压速断保护的电流、电压元件均应配合，以保证最大、最小方式下均有配合。与电流元件定值配合的计算公式与式（3-59）相同，与电压元件定值配合计算如下。

设图 3-14 中，2 号保护为瞬时电流闭锁电压速断，其电压元件定值为 U_{dz}（标幺值），电压元件最小保护区所对应的标幺阻抗为 $Z_{u\cdot\min}$ 则

$$Z_{u\cdot\min}=\frac{U_{dz}(Z_{xt1\cdot\max}+Z_{xl})Z_{xt2\cdot\max}}{(1-U_{dz})(Z_{xt1\cdot\max}+Z_{xl}+Z_{xt2\cdot\max})}$$

$$=\frac{U_{dz}}{1-U_{dz}}(Z_{xt1\cdot\max}+Z_{xl})K_{fz\cdot\min} \tag{3-65}$$

式中　$K_{fz\cdot\min}$——电压元件保护区末端故障，1 号保护的最小分支系数，$K_{fz\cdot\min}=\frac{Z_{xt2\cdot\max}}{Z_{xt1\cdot\max}+Z_{xl}+Z_{xt2\cdot\max}}$。

上述保护区末端故障时，1 号保护中的电流为

$$I_1=\frac{I_j}{Z_{u\cdot\min}+\frac{(Z_{xt1\cdot\max}+Z_{xl})Z_{xt2\cdot\max}}{Z_{xt1\cdot\max}+Z_{xl}+Z_{xt2\cdot\max}}}\times\frac{Z_{xt2\cdot\max}}{(Z_{xt1\cdot\max}+Z_{xl}+Z_{xt2\cdot\max})}$$

$$=\frac{I_j}{\frac{Z_{u\cdot\min}}{K_{fz\cdot\min}}+Z_{xt1\cdot\max}+Z_{xl}} \tag{3-66}$$

将式（3-65）代入式（3-66），得

$$I_1=\frac{I_j}{\frac{U_{dz}}{1-U_{dz}}(Z_{xt1\cdot\max}+Z_{xl})+Z_{xt1\cdot\max}+Z_{xl}}$$

$$=\frac{1-U_{dz}}{Z_{xt1\cdot\max}+Z_{xl}}I_j \tag{3-67}$$

式（3-67）表明，助增电源阻抗被消去，即与电压保护配合时，可直接用式（3-67）计算，不必考虑助增电源（或分支系数影响），于是延时电流速断与电压元件配合时，可整定为

$$I_{dz}=\frac{1-U_{dz}}{K_kZ_{xt1\cdot\max}+Z_{xl}}I_j \tag{3-68}$$

式中 K_k ——可靠系数，取 $K_k=1.1\sim1.2$；

U_{dz} ——相邻线电压元件定值（标么值）；

$Z_{xt1\cdot\max}$、Z_{xl} ——最大方式下 S_1 电源阻抗、线路阻抗（均为标么值）。

由式（3-59）、（3-68）计算结果中取较大者作为保护定值。保护动作时间整定与式(3-60)相同。

三、与相邻线距离保护Ⅰ段配合整定

设相邻线距离Ⅰ段定值为 $Z_{dz\,\mathrm{I}}$（标么值），则式（3-66）中用 $Z_{dz\,\mathrm{I}}$ 置换 $Z_{u\cdot\min}$ 及用 $K_{fz\cdot\max}$ 置换 $K_{fz\cdot\min}$，即可利用式（3-66），求出距离Ⅰ段保护区末端故障时流经本保护的最大故障电流，保护动作电流应躲开此故障电流，即该保护定值为

$$I_{dz}=K_k\frac{I_j}{Z_{dz\,\mathrm{I}}/K_{fz\cdot\max}+Z_{xt1\cdot\max}+Z_{xl}} \tag{3-69}$$

式中 K_k ——可靠系数，$K_k=1.2\sim1.3$；

$K_{fz\cdot\max}$ ——见式（3-61）；

$Z_{xt1\cdot\max}$、Z_{xl} ——同前。

保护动作时间整定与式（3-60）相同。但 Δt 应按第一章表 1-11 规定取值。

四、与相邻线全线速动保护配合整定

当相邻线为双回线装有横差、平衡保护，或单回线装有高频、纵差保护时，必要时可与这些全线速动保护配合整定。用相应的双回线并联阻抗（与横差、平衡配合时）或单回线阻抗（与高频、纵差配合时），置换式（3-69）中 $Z_{dz\,\mathrm{I}}$ 时，则式（3-69）即为该定值计算公式。但应注意，当双回线以单回方式运行及单回线全线速动保护退出时，仍应与阶段式保护配合整定。

保护动作时间整定与式（3-60）相同。但 Δt 应按第一章表 1-11 规定取值。

五、与线路末端变压器或“T”接变压器速动保护配合整定

整定方法和本章第 3-2 节之“二”相同，动作时间整定应满足表 1-11 中时间级差的要求。

六、按保证本线路末端故障灵敏度整定

$$I_{dz}=\frac{I^{(2)}_{d\cdot\min}}{K_{lm}}=\frac{0.866I_j}{K_{lm}(Z_{xt\cdot\min}+Z_{xl})} \tag{3-70}$$

式中 $I^{(2)}_{d\cdot\min}$ ——本线路末端最小两相短路电流；

K_{lm} ——灵敏度，应满足表 1-13 的规定；

$Z_{xt\cdot\min}$、Z_{xl} ——系统最小方式下至保护安装处的短路阻抗及线路阻抗（均为标么值）。

当不按式（3-70）取值，而按其他原则选取定值时，也应校验本线路末端故障最小灵敏度，并应满足表 1-13 的规定。灵敏度校验公式为

$$K_{lm\cdot\min}=\frac{I_{d\cdot\min}^{(2)}}{I_{dz}} \tag{3-71}$$

式中 I_{dz} ——最后选取的整定值。

七、按躲振荡影响整定

当双电源联络线上装设延时电流速断时，必须用整定值（动作电流或动作时间）躲开振荡影响，但由于该段保护带延时，故不必躲开最大振荡电流（瞬时段需躲开最大振荡电流、见本章第 3-2 节）。这是因为两侧电源电势相角差大到某值时保护才起动，小到某值时保护又返回，从动作到返回所经过的时间如果小于延时电流速断整定时间，则保护不会误动跳闸。下面计算在电流定值已知的情况下保护受振荡影响的时间。

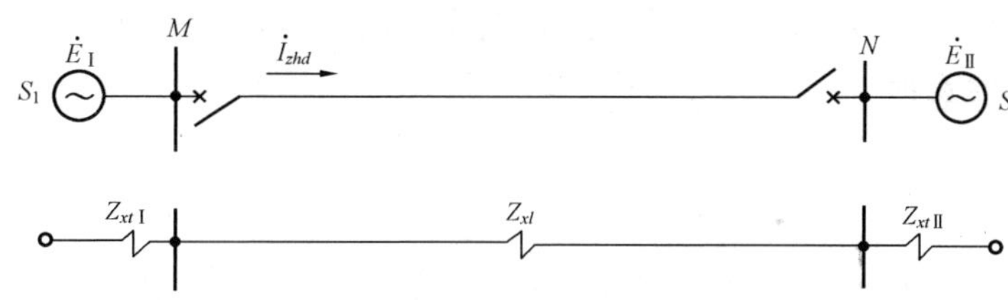

图 3-16 振荡计算

图 3-16 中，振荡电流为

$$\dot{I}_{zhd}=\frac{\dot{E}_{\mathrm{I}}-\dot{E}_{\mathrm{II}}}{Z_{xt\mathrm{I}}+Z_{xl}+Z_{xt\mathrm{II}}}=\frac{\dot{E}_{\mathrm{I}}}{Z_{\Sigma\cdot\max}}(1-ql^{-j\delta}) \tag{3-72}$$

式中 $Z_{\Sigma\cdot\max}$ ——系统最大方式下综合阻抗，$Z_{\Sigma\cdot\max}=Z_{xt\mathrm{I}}+Z_{xl}+Z_{xt\mathrm{II}}$；

q ——两侧电势模值之比，可假设 $q=\dfrac{E_{\mathrm{II}}}{E_{\mathrm{I}}}=1$；

δ —— $\dot{E}_{\mathrm{I}}$、$\dot{E}_{\mathrm{II}}$ 相角差，$\dot{E}_{\mathrm{II}}$ 落后于 $\dot{E}_{\mathrm{I}}$ 的相角。

式（3-72）中 $|(1-qe^{-j\delta})|=\sqrt{1+q^2-2q\cos\delta}$，则

$$\dot{I}_{zhd}=\frac{\dot{E}_{\mathrm{I}}}{Z_{\Sigma\cdot\max}}\sqrt{1+q^2-2q\cos\delta} \tag{3-73}$$

设 $|\dot{E}_{\mathrm{I}}|=|\dot{E}_{\mathrm{II}}|=E$，则由式（3-73）得

$$\delta=\cos^{-1}\left[1-\frac{1}{2}\left(\frac{I_{zhd}Z_{\Sigma\cdot\max}}{E}\right)^2\right] \tag{3-74}$$

由式（2-203）得

$$\delta=2\sin^{-1}\frac{I_{zhd}Z_{\Sigma\cdot\max}}{2E} \tag{3-75}$$

当振荡电流 I_{zhd} 等于保护动作电流（整定值）I_{dz} 时，由式（3-74）或式（3-75）均可求出保护开始动作时的电势相角差 δ_{dz}，由式（3-75）得

$$\delta_{dz}=2\sin^{-1}\frac{I_{dz}Z_{\Sigma\cdot\max}}{2E} \tag{3-76}$$

当振荡电流 I_{zhd} 等于保护返回电流 I_f 时（$I_f = K_f I_{dz}$，对电磁型电流继电器返回系数 K_f =0.85），由式（3-74）或式（3-75），可求出保护返回时的电势相角 δ_f，即

$$\delta_f = 2\sin^{-1}\frac{I_f Z_{\Sigma \cdot \max}}{2E} \tag{3-77}$$

δ_{dz}、δ_f 如图 3-17 所示。

保护由动作到返回所经过的时间为

$$t = \frac{360-(\delta_{dz}+\delta_f)}{360}T_{\max} \tag{3-78}$$

式中　$T_{\max}$——系统振荡时，最大振荡周期，一般取 $T_{\max}$ =1～1.5s。

当保护整定时限大于受振荡影响的时间，并有一定裕度时，则保护可躲开振荡影响。否则，可以适当提高电流定值（在保证线路末端故障灵敏度前提下），或适当提高时间定值（在不影响相邻线路保护动作时间配合的前提下），以躲开振荡影响。

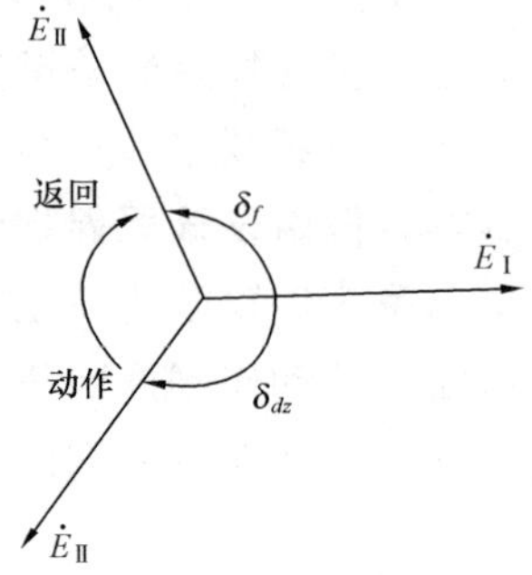

图 3-17　动作角和返回角

第 3-7 节　延时电流闭锁电压速断保护整定计算

延时电流闭锁电压速断保护装置，只是在使用延时电流速断保护装置对线路末端故障不能满足灵敏度要求时使用。该段保护按主保护要求，对于线路末端故障的灵敏度应满足表 1-13 的规定。其整定原则根据相邻线保护方式的不同而异，分别叙述如下。

一、与相邻线瞬时电流速断保护配合整定

在图 3-14 中，设 2 号保护Ⅰ段为瞬时电流速断，1 号保护为要整定的延时电流闭锁电压速断，为获得选择性其电流元件需按式（3-59）整定，电压元件按躲开线路末端变压器中低压侧故障整定，即

$$U_{dz} = \frac{\sqrt{3}I_{dz}(Z_{xl}+Z_b/K_{fz\cdot\max})}{K_k} \tag{3-79}$$

式中　I_{dz}、U_{dz}——1 号保护电流、电压元件整定值（A）、（V）；

Z_{xl}、Z_b——图 3-14 中线路、变压器阻抗（Ω）；

$K_{fz\cdot\max}$——最大分支系数，见式（3-61）；

K_k——可靠系数，K_k =1.3～1.4。

在式（3-79）中，电压阻抗均用标么值时（＊号省略）

$$U_{dz} = \frac{\frac{I_{dz}}{I_j}(Z_{xl}+Z_B/K_{fz\cdot\max})}{K_k} \tag{3-80}$$

保护动作时间整定同式（3-60）。

本线路末端故障灵敏度校验：电流、电压元件的灵敏度分别为

$$\left.\begin{aligned} K_{lmi} &= \frac{I_{d\cdot\min}^{(2)}}{I_{dz}} \\ K_{lmu} &= \frac{U_{dz}}{U_{cy\cdot\max}} \end{aligned}\right\} \tag{3-81}$$

式中　K_{lmi}，K_{lmu}——电流电压元件最小灵敏度，应满足表 1-13 规定；

$I_{d\cdot\min}^{(2)}$——本线路末端故障时最小两相短路电流；

$U_{cy\cdot\max}$——本线路末端故障时，保护安装处母线的最大残压。

二、按保证线路末端故障灵敏度整定

对保护的第Ⅱ段，全线故障应能可靠动作，一般按保证本线路末端故障有一定灵敏度整定。在图 3-14 中，1 号保护电流、电压元件定值应为

$$\left.\begin{aligned} I_{dz} &= \frac{I_{d\cdot\min}^{(2)}}{K_{lmi}} = \frac{0.866I_j}{K_{lmi}(Z_{xt1\cdot\min}+Z_{xl})} \\ U_{dz} &= K_{lmu}U_{cy\cdot\max} = K_{lmu}\frac{Z_{xl}}{Z_{xt1\cdot\max}+Z_{xl}} \end{aligned}\right\} \tag{3-82}$$

式中　$Z_{xt1\cdot\max}$、$Z_{xt1\cdot\min}$——保护背后系统最大、最小方式下至保护安装处母线短路阻抗（标么值）；

其他符号意义同前。

按式（3-82）整定后，尚应按式（3-59）、（3-79）校核与相邻线保护配合情况。保护动作时间整定同式（3-60）。

三、与相邻线瞬时电流闭锁电压速断保护配合整定

相邻线路上下级电流元件之间的配合，计算公式同式（3-59），电压元件之间的配合计算为

$$U_{dz} = \frac{\frac{I_{dz\,\mathrm{I}}}{I_j}Z_{xl} + U_{dz\,\mathrm{I}}}{K_k} \tag{3-83}$$

式中　$I_{dz\,\mathrm{I}}$，$U_{dz\,\mathrm{I}}$——相邻线电流闭锁电压速断保护电流、电压元件定值（标么值）；

U_{dz}、Z_{xl}——本线电压元件定值，线路阻抗（均为标么值）；

K_k——可靠系数，$K_k=1.1\sim1.2$。

保护动作时间整定同式（3-60）。

本线路末端故障灵敏度校核同式（3-81）。

四、与相邻线距离保护Ⅰ段配合整定

电流元件按保证本线末故障灵敏度整定，计算公式同式（3-82）。

电压元件按躲开相邻线距离Ⅰ段保护区末端故障整定，即

$$U_{dz} = \frac{\frac{I_{dz\,\mathrm{I}}}{I_j}(Z_{xl} + Z_{dz\,\mathrm{I}}/K_{fz\cdot\max})}{K_k} \tag{3-84}$$

式中　$Z_{dz\,\mathrm{I}}$——相邻线距离Ⅰ段定值（标么值）；

其他符号意义同前。

当按式（3-84）计算出的定值，不满足式（3-81）要求时，应按相邻线距离保护Ⅱ段配合整定，此时以相邻线 $Z_{dz\,\mathrm{II}}$ 置换式（3-84）中的 $Z_{dz\,\mathrm{I}}$。

保护动作时间整定为

$$t = t_{\mathrm{II}} + \Delta t \tag{3-85}$$

式中 t_{II} ——相邻线距离保护Ⅱ段整定时间（s）；

Δt ——时间级差，见表 1-11 的规定。

本线路末端故障时灵敏度校验同式（3-81）。

五、与相邻线全线速动保护配合整定

考虑原则与本章第 3-6 节之四相同，不同之处如下：

电流元件定值按保证本线路末端故障灵敏度整定，同式（3-82）。

电压元件定值按躲开相邻线路末端母线故障整定。在式（3-84）中，用相邻线双回线并联阻抗或单回线阻抗（全线有速动保护时）置换 $Z_{dz\,\mathrm{I}}$，则式（3-84）即为该定值计算公式。

六、按躲振荡影响整定

当该保护在双电源线上运行时，定值必须躲开振荡影响。电流元件在振荡中的动作角度和时间由式（3-76）、（3-77）、（3-78）计算。电压元件在振荡中的动作角度和时间计算如下：

在图 3-16 中，设线路 M 侧装设了延时电流闭锁电压速断保护，在系统 S_1、S_2 振荡中，母线 M 的电压为

$$\dot{U}_m = \dot{E}_{\mathrm{I}} - \dot{I}_z Z_{xt\,\mathrm{I}} = \dot{E}_{\mathrm{I}} - \frac{\dot{E}_{\mathrm{I}} - \dot{E}_{\mathrm{II}}}{Z_{\Sigma}} Z_{xt\,\mathrm{I}} \tag{3-86}$$

设 $\dfrac{\dot{E}_{\mathrm{II}}}{\dot{E}_{\mathrm{I}}} = qe^{-j\delta}$，$\dfrac{Z_{xt\,\mathrm{I}}}{Z_{\Sigma}} = m$，则式（3-86）变为

$$U_m = \dot{E}_{\mathrm{I}}(1 - m + mqe^{-j\delta})$$

$$\left|\frac{\dot{U}_m}{E_{\mathrm{I}}}\right| = |\ (1-m) + mqe^{-j\delta}\ | = \sqrt{(1-m)^2 + (mq)^2 + 2(1-m)mq\cos\delta}$$

解上式得

$$\delta = \cos^{-1}\frac{\left(\dfrac{U_m}{E_{\mathrm{I}}}\right)^2 - (1-m)^2 - (mq)^2}{2(1-m)mq} \tag{3-87}$$

当母线电压 U_m 等于电压元件动作定值时，由式（3-87）可求出动作角为

$$\delta_{dz} = \cos^{-1}\frac{\left(\dfrac{U_{dz}}{E_{\mathrm{I}}}\right)^2 - (1-m)^2 - (mq)^2}{2(1-m)mq} \tag{3-88}$$

式中 $\dfrac{U_{dz}}{E_{\mathrm{I}}}$ ——为整定值的标么值。

当母线电压U_m等于电压元件返回电压时（$U_f = K_f U_{dz}$，对电磁型电压继电器返回系数$K_f = 1.2 \sim 1.25$），由式（3-87）可求出返回角为

$$\delta_f = \cos^{-1} \frac{\left(\frac{U_f}{E_{\mathrm{I}}}\right)^2 - (1-m)^2 - (mq)^2}{2(1-m)mq} \tag{3-89}$$

式中　$\frac{U_f}{E_{\mathrm{I}}}$——返回值的标么值。

当$q=1$时，式（3-86）为

$$\dot{U}_m = \dot{E}_{\mathrm{I}} - \frac{\dot{E}_{\mathrm{I}} - \dot{E}_{\mathrm{II}}}{Z_{\Sigma}} Z_{xt\mathrm{I}} = \dot{E}\left(1 - 2m\sin\frac{\delta}{2}\right)$$

$$\delta = 2\sin^{-1} \frac{1 - \frac{U_m}{E}}{2m} \tag{3-90}$$

在式（3-90）中，以U_{dz}及U_f代替U_m则可求出δ_{dz}、δ_f值。

保护装置电压元件由动作到返回所经过的时间为

$$t = \frac{360 - (\delta_{dz} + \delta_f)}{360} T_{\max} \tag{3-91}$$

电流、电压元件受振荡影响的动作时间算出后，可与保护整定时间进行比较，当整定时间大于电流、电压元件中较小的动作时间，并有一定裕度时，就可避免误动。这是因为在电流、电压元件中，只要有一个元件返回，整套保护就可返回。

第 3-8 节　过电流保护整定计算

过电流保护是阶段式保护的后备段，除对本线故障有足够灵敏度外，对相邻线也应有一定远后备灵敏度，详见表 1-3，保护动作电流应大于本线路最大负荷电流，并在电流定值及动作时间上与相邻线后备段相配合，其整定原则如下：

一、不带低电压闭锁的定时限过电流保护整定

（一）按躲开本线路最大负荷电流整定

对电网中非直馈线为

$$I_{dz} = \frac{K_k}{K_f} I_{fh\cdot\max} \tag{3-92}$$

对电网中直馈线为

$$I_{dz} = \frac{K_k K_{zqd}}{K_f} I_{fh\cdot\max} \tag{3-93}$$

式中　K_k——可靠系数，$K_k = 1.15 \sim 1.25$；

K_f——返回系数，电磁型继电器$K_f = 0.85$；

K_{zqd}——电动机自起动系数，取$K_{zqd} = 1.5 \sim 2.5$；

$I_{fh\cdot\max}$——本线最大负荷电流（A）。

（二）与相邻单回线定时限过电流保护配合整定

在图 3-14 中，设 1 号与 2 号保护配合，则 1 号保护定值为

$$I_{dz}=K_kK_{fz\cdot\max}I_{dz\mathrm{III}} \tag{3-94}$$

式中　K_k——可靠系数，$K_k=1.1\sim1.2$；

$K_{fz\cdot\max}$——最大分支系数，$K_{fz\cdot\max}=\dfrac{Z_{xt2\cdot\min}}{Z_{xt1\cdot\min}+Z_{xl}+Z_{xt2\cdot\min}}$；

$I_{dz\mathrm{III}}$——2 号保护定时限过电流保护定值。

（三）与相邻环网线定时限过电流保护配合整定

（1）在小环网中如图 3-18 所示，设环网线 2、3 号定时限过电流保护有重迭保护区时，1 号保护定值应为

$$I_{dz}=K_k(I_{dz2}+I_{dz3})K_{fz\cdot\max} \tag{3-95}$$

式中　I_{dz2}，I_{dz3}——2、3 号保护被配合段定值；

其他符号同前。

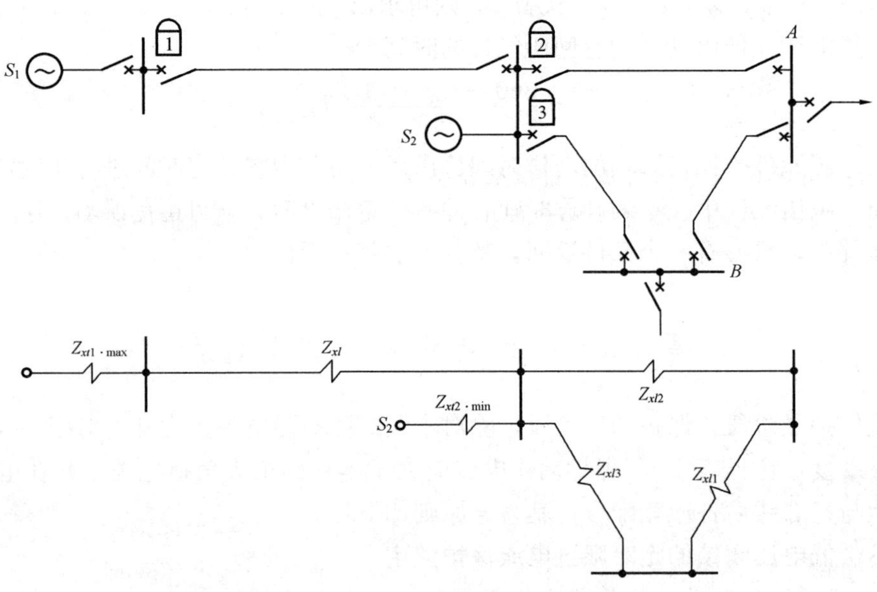

图 3-18　与环网保护配合计算图

（2）在图 3-18 中，当 2、3 号定时限过电流保护无重迭保护区时，1 号保护应与 2、3 号保护中定值较大者配合整定，例如 $I_{dz2}>I_{dz3}$ 时，1 号保护定值应为

$$I_{dz}=K_kK_{fz\cdot\max}I_{dz2} \tag{3-96}$$

式中　$K_{fz\cdot\max}$——最大分支系数，求法仿照式（3-62），即假设图 3-18 中 S_2 电源断开（最不利方式），此时 $K_{fz\cdot\max}=\dfrac{Z_\Sigma}{Z_\Sigma-Z_{i\mathrm{III}}}$，式中 Z_Σ 仍为环网总阻抗，$Z_{i\mathrm{III}}$ 为 2 号保护Ⅲ段保护区阻抗；

K_k，I_{dz2}——含义同前。

2 号保护Ⅲ段保护区仿照式（3-64）计算，设 2 号保护Ⅲ段定值为 I_{dz2}：

$$Z_{i\text{Ⅲ}}=\frac{\left(\frac{I_j}{I_{dz2}}+Z_\Sigma\right)\pm\sqrt{\left(\frac{I_j}{I_{dz2}}+Z_\Sigma\right)^2-4Z_\Sigma\left(\frac{I_j}{I_{dz2}}-Z_{xt1\cdot\max}-Z_{xl}\right)}}{2} \tag{3-97}$$

将已知各参数代入式（3-97），求出 $Z_{i\text{Ⅲ}}$，取有意义根，代入式（3-62），即可计算 $K_{fz\cdot\max}$。式（3-97）中阻抗值均为标么值。

（四）与相邻单回线相间距离Ⅲ段配合整定

在图 3-14 中，1 号保护为待整定保护，其定值与 2 号保护距离Ⅲ段配合整定，即

$$I_{dz}=\frac{K_kI_j}{\frac{Z_{dz\text{Ⅲ}}}{K_{fz\cdot\max}}+Z_{xt1\cdot\max}+Z_{xl}} \tag{3-98}$$

式中 $Z_{dz\text{Ⅲ}}$ ——2 号保护距离Ⅲ段阻抗定值（标么值）；

$K_{fz\cdot\max}$ ——最大分支系数见式（3-61）；

$Z_{xt1\cdot\max}$ ——S_1 系统最大方式下短路阻抗（标么值）；

$Z_{xt2\cdot\max}$ ——S_2 系统最小方式下短路阻抗（标么值）；

Z_{xl} ——线路阻抗（标么值）；

K_k ——可靠系数，$K_k=1.2\sim1.3$。

（五）与相邻环网线的相间距离Ⅲ段配合整定

（1）图 3-18 中 2、3 号保护为距离保护，当距离Ⅲ段有重迭保护区时，1 号保护定时限过电流定值为

$$I_{dz}=\frac{K_kI_j}{\frac{Z_{dz2}Z_{dz3}}{K_{fz\cdot\max}(Z_{dz2}+Z_{dz3})}+Z_{xt1\cdot\max}+Z_{xl}} \tag{3-99}$$

式中 Z_{dz2}，Z_{dz3} ——2，3 号保护距离Ⅲ段定值（标么值）；

其他符号意义同前。

（2）图 3-18 中 2、3 号距离保护Ⅲ段无重迭保护区（例如特大环网中，或变电站 A、B 有大电源助增时，均可能如此。为分析问题简便起见，假设为特大环网时）1 号保护应与 2、3 号距离Ⅲ段定值较小者配合整定。例如 $Z_{dz2}<Z_{dz3}$ 时，1 号保护定值为

$$I_{dz}=\frac{K_kI_j}{\frac{Z_{dz2}}{K_{fz\cdot\max}}+Z_{xt1\cdot\max}+Z_{xl}} \tag{3-100}$$

式中 $K_{fz\cdot\max}$ ——最大分支系数。在图 3-18 中，不考虑 S_2 电源时 $K_{fz\cdot\max}=\frac{Z_\Sigma}{Z_\Sigma-Z_{dz2}}$；考虑 S_2 电源时 $K_{fz\cdot\max}=\frac{Z_\Sigma}{Z_\Sigma-Z_{dz2}}\times\frac{Z_{xt2\cdot\min}}{Z_{xt1\cdot\max}+Z_{xl}+Z_{xt2\cdot\min}}$，式中 $Z_\Sigma=Z_{xl1}+Z_{xl2}+Z_{xl3}$，当 $Z_{dz2}>Z_\Sigma$ 时并考虑到相继动作，可取 $K_{fz\cdot\max}=\frac{Z_{xt2\cdot\min}}{Z_{xt1\cdot\max}+Z_{xl}+Z_{xt2\cdot\min}}$。

（六）对于单电源线路或双电源有“T”接变压器的线路

当定时限过电流保护采用重合闸后加速时（瞬时加速），其定值应躲过变压器励磁涌流，计算公式见式（3-9）、（3-10）。

（七）保护灵敏度计算

从以上整定计算中，选取较大的定值，然后计算灵敏度。其灵敏度应满足表 1-13 的规定。

1. 本线路末端灵敏度 K_{lm}

本线路末端灵敏度 K_{lm} 为

$$K_{lm} = \frac{I_{d\cdot\min}^{(2)}}{I_{dz}} \tag{3-101}$$

式中 $I_{d\cdot\min}^{(2)}$——本线路末端最小两相短路电流。对于电厂附近的线路，要考虑短路电流衰减；对于高压电网及远离电厂的线路，一般取 $I_{d\cdot\min}^{(2)} = 0.866 I_{d\cdot\min}^{(3)}$。

2. 相邻元件故障远后备灵敏度 K'_{lm}

（1）相邻元件是线路时灵敏度为

$$K'_{lm} = \frac{I_{d\cdot\min}^{(2)}}{I_{dz}} \tag{3-102}$$

式中 $I_{d\cdot\min}^{(2)}$——相邻线路末端两相短路，流经本线保护装置中的最小两相短路电流（计算时要考虑对侧电源的最大助增作用）。

（2）相邻元件是 Y，d 接线的变压器时的灵敏度：

1）对于两相两继电器式保护为

$$K'_{lm} = \frac{1}{2} \times \frac{I_{d\cdot\min}^{(3)}}{I_{dz}} \tag{3-103a}$$

2）对于两相三继电器式保护为

$$K'_{lm} = \frac{I_{d\cdot\min}^{(3)}}{I_{dz}} \tag{3-103b}$$

式中 $I_{d\cdot\min}^{(3)}$——Y，d 接线变压器另一侧三相短路，流经本线保护装置中的最小三相短路电流。

（3）相邻元件是 Y，y 接线变压器的灵敏度为

$$K'_{lm} = \frac{I_{d\cdot\min}^{(2)}}{I_{dz}} \tag{3-104}$$

式中 $I_{d\cdot\min}^{(2)}$——Y，y 接线变压器另一侧两相短路，流经本线保护装置中的最小两相短路电流。

（八）定时限过电流保护动作时间整定值

（1）单电源辐射线，一般为后备段与后备段配合，上下差一个 Δt。

（2）环网线路，按后备段与后备段配合整定时，将产生循环配合，时间无法整定。因此，应在环网中选择一个配合起点，此起点的定时限过电流保护一般与相邻线Ⅱ段配合，动

作时间大一个 Δt，又能保证本线及邻线后备灵敏度；或者找一个非选择性解列点，该解列点的保护灵敏度高、动作时间短，非选择性动作后由自动重合闸补救。例如图 3-19 中 A、B

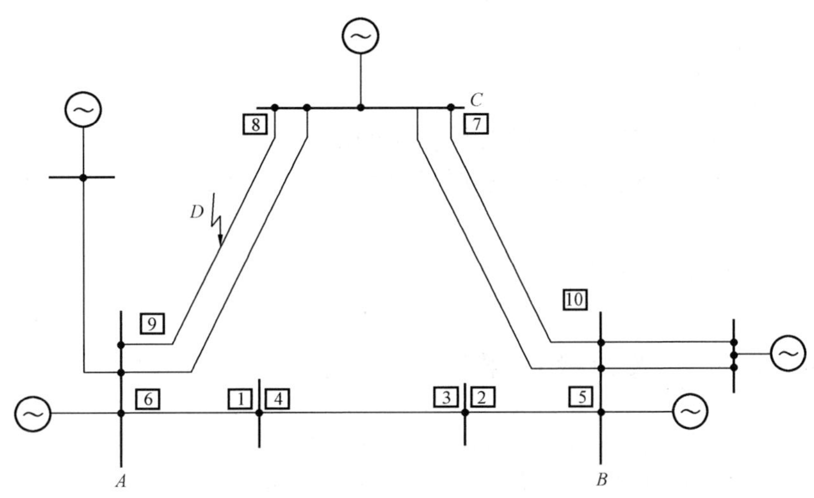

图 3-19　环网时间配合

母线有多台机组或系统电源时，1、2 号保护（一般均带方向）可与相邻线 9、10 号保护Ⅱ段或Ⅲ段电流定值配合（以保证本线及邻线有灵敏度为前提），但 1、2 号保护动作时间均可只带 1～2 级延时。例如取 1s，1、2 号保护重合闸时间按大于相邻线后备段切除故障的一个重合闸周期加裕度，一般整定为 4～5s（或再长些，视具体情况而定）。这样，当 A、C 厂站之间的线路发生故障时（如图中 D 点），1 号保护非选择性先跳闸，9 号保护在 A 母线其他电源作用下，保证跳闸，并进行重合；如为永久性故障，9 号保护再跳闸，然后 1 号保护再重合，恢复供电；瞬间故障时，9 号保护先重合，1 号保护后重合，均恢复供电。这样整定结果，1、3、5、7、9 号保护及 2、4、6、8、10 号保护均以较低时限满足配合关系。

二、带低电压闭锁的定时限过电流保护整定

电流元件整定与式（3-92）相同，即不考虑电动机自起动问题，可仅躲开本线路正常情况下的最大负荷电流。

电压元件整定：按躲母线最低运行电压整定，即

$$U_{dz}=\frac{U_{fh\cdot\min}}{K_k K_f} \tag{3-105}$$

式中　$U_{fh\cdot\min}$——最低运行电压，$U_{fh\cdot\min}=(0.9\sim0.95)$ 额定电压；

K_k——可靠系数，$K_k=1.15\sim1.25$；

K_f——返回系数，电磁型继电器，$K_f=1.25$。

保护动作时间整定同本节之“一”。

三、带复合电压闭锁的定时限过电流保护整定

电流元件整定同本节之“二”。

电压元件整定：相间电压元件整定同式（3-105）。负序电压元件按躲正常运行中最大不

平衡电压整定，即

$$U_{2dz}=\frac{K_k U_{2bp\cdot\min}}{K_f} \tag{3-106}$$

式中 K_k——可靠系数，$K_k=1.5\sim2$；

K_f——返回系数，$K_f=0.85$；

$U_{2bp\cdot\max}$——电压互感器二次负序最大不平衡电压。

当$U_{2bp\cdot\max}$较小时，一般按负序电压继电器最低整定值（下限）整定。取$U_{2dz}=5\sim6$V（二次定值）。

保护动作时间整定同本节之“一”。

第 3-9 节　双回线与单回线电流、电压保护整定配合

中、低压双回平行线路，一般以方向横差或电流平衡作为双回线路主保护，阶段式保护（电流、电压或距离保护）作为后备保护。在双回线改为单回线方式运行时，横差平衡保护退出工作，阶段式保护当作主保护及后备保护。因此，阶段式保护要适应单、双回线两种方式运行，而阶段式保护又有两种接法（和电流与分电流），其相应整定配合分别叙述如下。

一、和保护整定计算

接于双回线电流之和的阶段式保护，简称和保护，动作后跳双回线断路器。

（一）瞬时电流速断保护

该段保护为瞬时段，故双回线运行中必须退出（双回线运行中，线路故障时由横差平衡保护选跳故障线），仅单回线运行时投入，并按单回线运行整定，躲开以下电流：

（1）躲本线路最大故障电流，计算公式同式（3-1）。

（2）双侧电源时，躲最大振荡电流，计算公式同式（3-13）。

（3）双侧电源时，躲背后最大故障电流，计算公式同式（3-15）。

当保护不带方向，无振荡闭锁时取以上三者中最大者。

（二）瞬时电流闭锁电压速断保护

该段使用原则同瞬时电流速断，电流元件定值按单回线运行时，线路末端故障灵敏度整定，同式（3-24）；电压元件定值按躲单回线运行时线路故障的最低残压整定，计算公式同式（3-24）。

该保护在双侧电源线路上运行时，按单回线运行躲振荡电流或振荡电压整定，计算方法同本章第 4 节之“五”；如保护不带方向，还应按躲背后最大故障电流整定，其计算公式同式（3-15）。

（三）延时电流速断及延时电流闭锁电压速断保护

该段保护在单双回线运行时均投入使用。按双回线运行时，与相邻线配合整定；按单回线运行时，校验本线路故障灵敏度。其整定计算方法同本章第 3-6 节及第 3-7 节。

（四）定时限过电流保护

该段保护在单双回线运行时均投入使用。按双回线运行时，与相邻线配合，并按躲双回

线最大负荷电流之和整定；按单回线运行时，校验本线及邻线故障灵敏度。其整定计算方法同本章第 3-8 节。

二、分保护整定计算

接于双回线每一回线电流的阶段式保护，简称分保护，动作后只跳本线断路器。

（一）瞬时电流速断保护

该段保护为瞬时段，单、双回线运行均投入使用。按单回线运行时躲本线路故障整定。计算方法同本节之“一”。

（二）瞬时电流闭锁电压速断保护

该段保护在单、双回线运行时均投入使用。电流元件一般按双回线运行，保证本线路故障灵敏度整定（双回线运行灵敏度较低）；电压元件一般按双回线运行躲本线路故障整定。其计算公式用式（3-24），但式中线路阻抗用双回线并联阻抗，每回线电流等于式（3-24）中总电流乘分支系数，即

$$\left.\begin{aligned}I_{dz1}&=\frac{\frac{\sqrt{3}}{2}I_j}{K_{lm}(Z_{xt\cdot\min}+Z_{xl1}\ /\!/\ Z_{xl2})}\times\frac{Z_{xl2}}{Z_{xl1}+Z_{xl2}}\\I_{dz2}&=\frac{\frac{\sqrt{3}}{2}I_j}{K_{lm}(Z_{xt\cdot\min}+Z_{xl1}\ /\!/\ Z_{xl2})}\times\frac{Z_{xl1}}{Z_{xl1}+Z_{xl2}}\\U_{dz}&=\frac{Z_{xl1}\ /\!/\ Z_{xl2}}{(Z_{xt\cdot\min}+Z_{xl1}\ /\!/\ Z_{xl2})K_k}\end{aligned}\right\}\tag{3-107}$$

式中 I_{dz1}，I_{dz2} ——1、2 回线电流元件定值（A）；

Z_{xl1}，Z_{xl2} ——1、2 回线线路阻抗（标么值）；

U_{dz} ——1、2 回线电压元件定值（标么值）。

该保护在双电源双回线路上使用时，为躲振荡影响应按单回线运行验算电流元件，按双回线运行验算电压元件（选择振荡中心距保护最近的运行方式），计算方法同本章第 3-4 节。

（三）延时电流速断及延时电流闭锁电压速断保护

按单回线运行配合条件整定电流元件；按双回线运行配合条件整定电压元件。校验灵敏度时，电流元件按双回线运行；电压元件按单回线运行。其计算方法同本章第 3-6 节及第 3-7节。

（四）定时限过电流

按单回线运行与相邻线配合整定，并躲开双回线运行中一回线故障断开，另一回线所产生的最大负荷电流；校验本线及邻线故障灵敏度，均按双回线运行计算。其整定计算方法同本章第 3-8 节。

第 3-10 节　电流、电压保护算例

一、线路—变压器组保护方式算例

（一）已知条件和计算内容

图 3-20(a) 为系统 S 经 6km 35kV 线路向变电站 B 供电的简化系统接线图。变电站 B

有两台 SL1—5000/35 型 Y，d11 接线的降压变压器，其额定容量为 5000kVA、额定电压为 35kV/10.5kV、短路电压（阻抗）$U_k\%=7\%$，保护配置为瓦斯、瞬时电流速断（带跳闸自保持）及定时限过电流。35kV 线路保护配置为瞬时电流速断、定时限过电流及三相一次自动重合闸，线路最大负荷电流为 165A，电流互感器变比为 300/5。计算用的阻抗图如图 3-20(b) 所示，图中阻抗均为标么值（基准电压为 37kV、基准容量为 100MVA、基准电流为 1560A)，假设各短路点为远距离短路点，不计短路电流衰减。试计算在给定最大、最小运行方式下 35kV 线路保护定值。

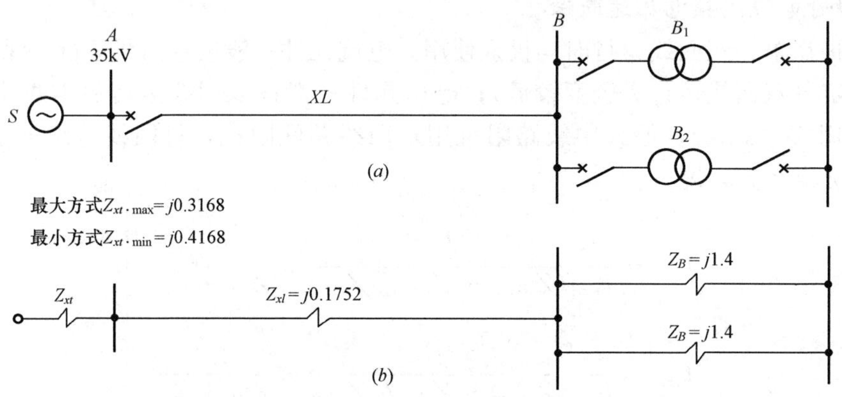

图 3-20　电流电压保护算例

(a) 一次接线简图；(b) 阻抗图

（二）题解

1. 瞬时电流速断定值计算

根据题意，线路保护可按线路一变压器组方式整定并与变压器瞬时电流速断保护相配合确定定值。按式（3-5)，先计算变压器瞬时电流速断定值为

$$I_{dzB}=\frac{1.3\times1560}{j(0.3168+0.1752+1.4)}=1071.9\ (\text{A})$$

再按式（3-8）计算变压器电流速断保护的最大保护区为

$$l=\frac{\frac{1560}{1071.9}+2\times1.4)\pm\sqrt{\left(\frac{1560}{1071.9}+2\times1.4\right)^2-8\times1.4\left(\frac{1560}{1071.9}-0.3168-0.1752\right)}}{2\times1.4}$$

$$=1.5196\pm0.966$$

因 $0<l<1$，故取 $l=1.5196-0.966=0.5536$(即保护区为 55.36%)。

将 $I_{dzB}=1071.9\text{A}$ 及 $l=0.5536$ 代入式（3-4)，则线路保护定值为

$$I_{dz}=1.1\times1071.9\frac{2}{2-0.5536}=1630.4\ (\text{A})$$

保护二次定值（即继电器整定值）为

$$I_{dz\cdot j}=\frac{I_{dz}}{n_{LH}}=\frac{1630.4}{300/5}=27.2\ (\text{A})$$

保护动作时间为固有动作时间，$t=0\text{s}$。

最小运行方式下线路末端故障最小灵敏度按式（3-71）计算，即

$$K_{lm\cdot\min}=\frac{0.866\dfrac{1560}{0.4168+0.1752}}{1630.4}=\frac{2282}{1630.4}=1.4$$

按表 1-13 规定，50km 以下线路最小灵敏度≥1.5，故该定值不满足规程要求。下面试选用电流闭锁电压速断保护，并观察其保护性能。

当采用电流、电压保护作瞬动段时，一般电流元件按保证线路末端故障灵敏度整定，即

$$I_{dz}=\frac{2282}{1.5}=1521\ (\text{A})$$

电压元件按与变压器电流速断保护配合即躲开其保护区末端故障整定。因为最小方式下变压器电流速断保护区最小，而线路保护电压元件的保护区最大，故应取最小方式下两相短路作为配合的最不利方式。由式（3-51）计算变压器电流速断最小保护区为

$$\begin{aligned}l=&\left\{\left(\frac{0.866\times1560}{1071.9}+2\times1.4\right)\pm\left[\left(\frac{0.866\times1560}{1071.9}+2\times1.4\right)^2\right.\right.\\&\left.\left.-8\times1.4\left(\frac{0.866\times1560}{1071.9}-0.4168-0.1752\right)\right]^{\frac{1}{2}}\right\}\times\frac{1}{2\times1.4}\\=&1.45\pm1.0715\end{aligned}$$

取有意义根为

$$l=1.45-1.0715=0.3785$$

由式（3-49）计算电压元件定值（标么值）为

$$U_{dz}=\frac{0.1752+\dfrac{0.3785(2-0.3785)}{2}\times1.4}{\left[0.4168+0.1752+\dfrac{0.3785(2-0.3785)}{2}\times1.4\right]1.1}=0.5383$$

最大方式下，线路末端故障电压元件有最小灵敏度为

$$K_{lm\cdot\min}=\frac{U_{dz}}{U_{cy\cdot\max}}=\frac{0.5383}{\dfrac{0.1752}{0.3168+0.1752}}=1.512$$

计算结果，电流闭锁电压速断保护性能，满足规程对灵敏度要求，如按此保护取定值，则二次定值为

$$I_{dz\cdot j}=\frac{1521}{300/5}=25.35\ (\text{A})$$

$$U_{dz\cdot j}=0.5383\times\frac{37}{35/0.1}=56.9(V)$$

$$t=0\text{s}$$

$$K_{lm}\geqslant1.5$$

2. 定时限过电流保护整定

电流定值按式（3-93）计算为

$$I_{dz}=\frac{1.2\times2}{0.85}165=465.9\ (\mathrm{A})$$

$$I_{dz\cdot j}=\frac{465.9}{300/5}=7.77\ (\mathrm{A})$$

本线路末端故障时，最小方式下两相短路灵敏度为

$$K_{lm}^{(2)}=\frac{0.866\dfrac{1560}{0.4168+0.1752}}{465.9}=4.898$$

规程要求 $K_{lm}^{(2)}$ 为1.3～1.5，定值可适当提高。

变压器低压侧故障，远后备灵敏度按一台变压器运行低压侧三相或两相短路计算，三相短路时灵敏度为

$$K_{lm}^{(3)}=\frac{1560}{(0.4168+0.1752+1.4)465.9}=1.68$$

规程要求 $K_{lm}^{(3)}\geqslant1.2$。

经Y，d11连接的变压器两相短路，非故障侧有一相电流为三相短路电流，另两相为$\frac{1}{2}$三相短路电流，故线路保护如为两相两继电器式时，则对变压器的远后备灵敏度小于规定值$\left(\text{即有}\frac{1}{3}\text{两相短路灵敏度为}\frac{1.68}{2}<1.2\right)$，此时需改为两相三继电器式保护并可按三相短路校验灵敏度。

线路定时限过电流保护动作时间，应与变压器定时限过电流保护动作时间配合，前者比后者至少大一级（一个Δt）时限。

二、双电源单回线与环网保护配合算例

（一）已知条件及计算内容

图3-21(a)为某35kV地区电网，环网内各线路均配置三段式相间距离保护，联络线均可使用三相一次非同期重合闸，线路最大负荷电流示于图中。图3-21(b)为各电源及线路标么阻抗图（基准电压37kV、基准容量100MVA），试计算并确定线路XL_1M侧1号保护配置方案和整定值。LH变比为600/5，YH变比为$35/\sqrt{3}/0.1/\sqrt{3}$。

（二）题解

1. 瞬时段保护计算与选择

整定原则为躲过线路末端故障、邻线出口故障不越级动作。已知1号保护安装处方式系数$K_f=\frac{0.535}{0.4}=1.3375$，线长系数$K_c=\frac{0.1461}{0.4}=0.36525$。查图3-8，参数点（$K_f$、$K_c$）落在Ⅲ区，故电流速断不能使用。由式（3-18），得此情况下电流速断最小保护区$l_{i\cdot\min}^{(2)}=0.666-(1.3375-0.666)/0.36525<0$，故宜选用电流闭锁电压速断保护。由式（3-55）得此情况

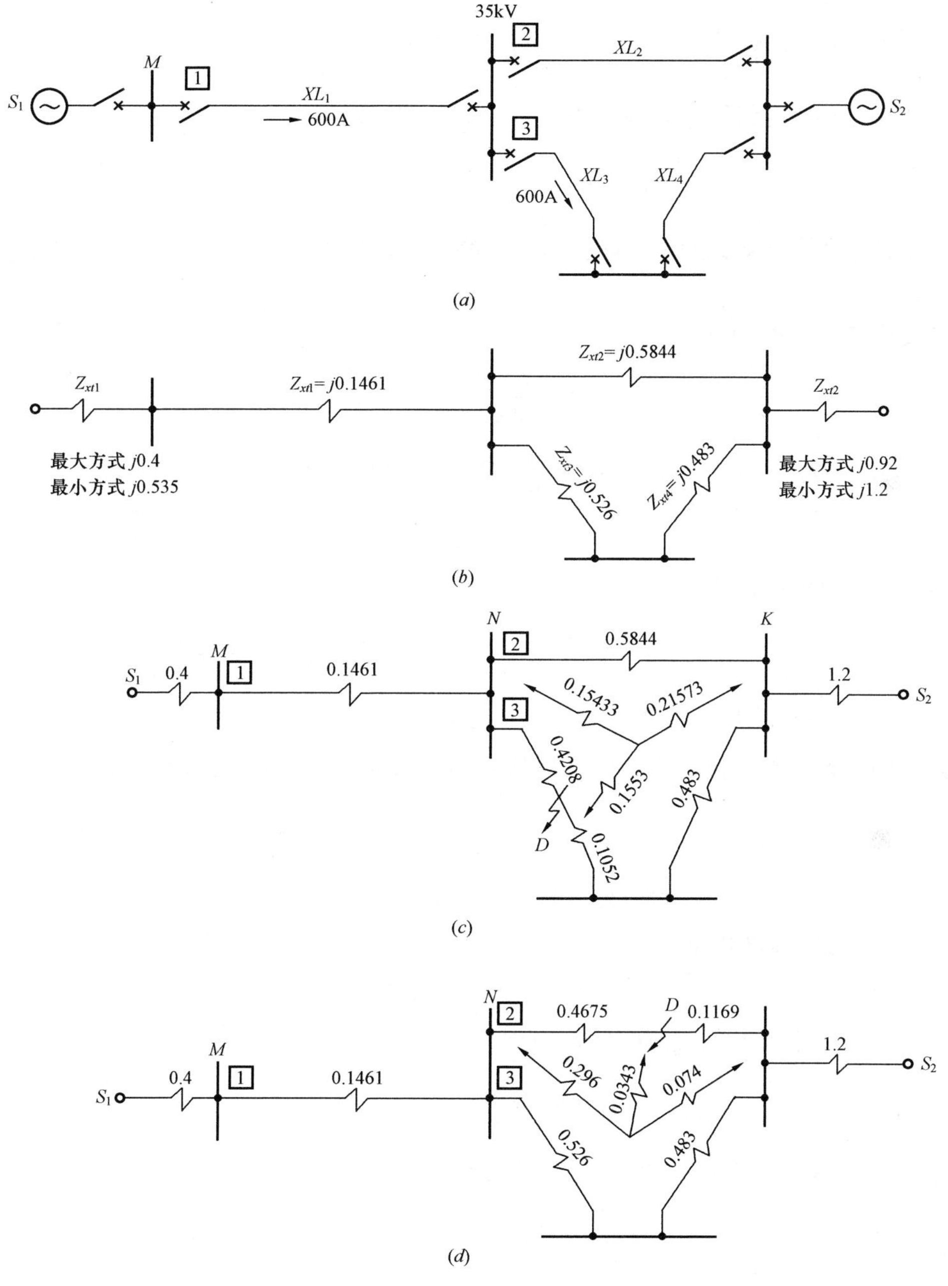

图 3-21　单回线与环网保护配合计算图

(a) 一次接线简图；(b) 阻抗图；(c)、(d) 最小分支系数计算

下电流闭锁电压速断保护的电压元件最小保护区 $l_{u\cdot\min}=\dfrac{1}{1.3\times1.3375+0.3\times0.36525}=0.541=54.1\%$。

瞬时电流闭锁电压速断保护整定：

(1) 电流元件按保证线路末端故障灵敏度整定，由式（3-24）得

$$I_{dz}=\frac{I^{(2)}_{d\cdot\min}}{K_{lm}}=\frac{0.866\dfrac{1560}{0.535+0.1461}}{1.5}=\frac{1983.5}{1.5}=1322\text{（A）}$$

（2）电压元件按躲线路末端故障整定，由式（3-24）得

$$U_{dz}=\frac{U_{cy\cdot\min}}{K_k}=\frac{0.1461}{(0.535+0.1461)1.3}=0.165$$

当计算点为近距离短路点时，尚应考虑短路电流衰减后引起的残压降低。此处按远距离短路点计算。

保护装置二次定值为

$$I_{dz\cdot j}=\frac{1322}{600/5}=11\text{（A）}$$

$$U_{dz\cdot j}=\frac{0.165\times 37}{35/0.1}=17.4\text{（V）}$$

$$t=0\text{s}$$

保护区按式（3-57）计算为

$$l=\frac{U_{dz}}{1-U_{dz}}\times\frac{Z_{xt1\cdot\max}\sim Z_{xt1\cdot\min}}{Z_{xl1}}=\frac{0.165}{1-0.165}\times\frac{0.4\sim 0.535}{0.1461}$$
$$=54.1\%\sim 72.36\%$$

检查保护是否需带方向：保护背后母线故障，最大反向三相短路电流为

$$I^{(3)}_{d\cdot\max}=\frac{1560}{0.92+0.5844//(0.526+0.483)+0.1461}$$
$$=1086.3\text{（A）}$$

按躲背后母线故障整定时

$$l_{dz}=1.3\times 1086.3=1412.2\text{（A）}$$

如取此定值，则线路末端故障时灵敏度为

$$K_{lmi}=\frac{1983.5}{1412.2}=1.4046$$

所以 1412.2A 定值可以采用。此时二次定值为

$$I_{dz\cdot j}=\frac{1412.2}{600/5}=11.8\text{（A）}$$

瞬动段可以不带方向。

2. 延时段保护计算与选择

整定原则为按与相邻线 2、3 号保护距离Ⅰ段定值配合整定。2 号保护Ⅰ段定值为 $Z_{dz}=0.8\times 0.5844=0.4675$，3 号保护Ⅰ段定值为 $Z_{dz}=0.8\times 0.526=0.4208$。先选用延时电流速断保护，按躲 2、3 号保护Ⅰ段区末端故障整定。计算方式，取 S_1 最大方式、S_2 最小方式、35kV 环网运行，此时 1 号保护最大分支系数，可能大于 1（有吸出电流）。当计算结果小于 1 时，则取环网开环方式，此时分支系数等于 1。

（1）与 3 号保护配合时，由式（3-69）得

$$I_{dz}=1.3\frac{1560}{\dfrac{0.4208}{K_{fz\cdot \max}}+0.4+0.1461}$$

其中 $K_{fz\cdot \max}$ 由图 3-21(c) 计算。

先将 NKD 三角形阻抗用星形阻抗表示，如图 3-21(c) 所示。则 D 点短路时，S_1 电源电流分支系数为

$$K_{fz}=\frac{0.21573+1.2}{0.4+0.1461+0.15433+0.21573+1.2}=\frac{1.41573}{2.11616}=0.669$$

N—D 支路电流分支系数为

$$K_{fz\cdot nd}=\frac{0.1553+0.669\times 0.15433}{0.4208}=0.6144$$

1 号保护对 3 号保护最大分支系数为

$$K_{fz\cdot \max}=\frac{K_{fz}}{K_{fz\cdot nd}}=\frac{0.669}{0.6144}=1.089(K_{fz\cdot \max}>1，闭环运行方式不利)$$

则电流整定值为

$$I_{dz}=1.3\times\frac{1560}{\dfrac{0.4208}{1.089}+0.1461+0.4}=2175\ (\mathrm{A})$$

（2）与 2 号保护配合时：图 3-21(d) D 点短路，S_1 电源电流分支系数为

$$K_{fz}=\frac{1.2+0.074}{0.4+0.1461+0.296+0.074+1.2}=\frac{1.274}{2.1161}=0.602$$

N—D 支路电流分配系数为

$$K_{fz\cdot nd}=\frac{0.0343+0.602\times 0.296}{0.4675}=0.4545$$

1 号保护对 2 号保护最大分支系数为

$$K_{fz\cdot \max}=\frac{K_{fz}}{K_{fz\cdot nd}}=\frac{0.602}{0.4545}=1.3245$$

与 2 号保护配合定值为

$$I_{dz}=1.3\frac{1560}{\dfrac{0.4675}{1.3245}+0.1461+0.4}=2255.7\ (\mathrm{A})$$

本线路最小故障电流为 1983.5A，故采用延时电流速断与 2、3 号保护配合，均不满足灵敏度要求。

下面按延时电流闭锁电压速断保护计算：

电流元件按保证线路末端故障时灵敏度整定，可取与Ⅰ段相同定值，以躲背后母线故

障，$I_{dz}=1412.2\text{A}$、$I_{dz\cdot j}=11.8\text{A}$，$K_{lm}=1.4046$。

电压元件按与 2、3 号保护配合整定。从以上计算中可知，与 2 号保护配合较为不利，故取与 2 号保护配合，由式（3-84）得

$$U_{dz}=\frac{\frac{1412.2}{1560}(0.1461+0.4675/1.3245)}{1.2}=0.3765$$

线路末端故障灵敏度按 S_1 最大方式校验，最小灵敏度为

$$K_{lm\cdot\min}=\frac{U_{dz}}{U_{cy\cdot\max}}=\frac{0.3765}{\frac{0.1461}{0.4+0.1461}}=1.407$$

以上定值基本可用，保护装置二次定值为

$$I_{dz\cdot j}=11.8\text{A}$$

$$U_{dz\cdot j}=\frac{0.3765\times 37}{35/0.1}=39.8\ (\text{V})$$

$$t=0.6\text{s}$$

3. 受振荡影响计算

该线采用了非同期重合闸，应校核非同期重合时引起的振荡，保护是否误动，如果误动则需加装振荡闭锁装置。

（1）电流元件校核：

1）0s 段。按两侧电源均为最大方式 $\delta=180°$ 合闸，由式（3-13）、（3-14）计算得

$$I_{dz}\geqslant 1.1\times 2.1\frac{1560}{0.4+0.1461+0.5844//(0.526+0.483)+0.92}$$

$$=\frac{3603.6}{1.836}=1962.7$$

因实取定值为 1412.2A，故躲不开振荡影响。

2）0.6s 段。计算方式同上，由式（3-76）、（3-77）计算得

$$\delta_{dz}=2\sin^{-1}\frac{\frac{1412.2}{1560}1.836}{2\times 1.05}=104.64°$$

$$\delta_f=2\sin^{-1}\frac{0.85\frac{1412.2}{1560}1.836}{2\times 1.05}=84.56°$$

保护振荡受影响而动作的时间为

$$t=\frac{360°-(104.64°+84.56°)}{360°}(1\sim 1.5)=0.474\sim 0.711\ (\text{s})$$

0.6s 段电流元件在振荡中也会误动。

（2）电压元件校核：

1）0s 段。对电压元件的校核应选取使振荡中心最靠近保护的运行方式，此例题中应取 S_1 电源最小方式、S_2 电源最大方式、环网闭环运行、按 $\delta=180°$合闸，由式（3-47）计算母线 M 的最低残压及应取定值为

$$U_{dz}\leqslant\frac{U_{m\cdot\min}}{K_k}=\frac{1-2\dfrac{0.535}{0.535+0.1461+0.37+0.82}}{1.1}=0.415$$

实取定值为 $U_{dz}=0.165$，远低于 0.415，故不会误动。

2）0.6s 段。该段定值 $U_{dz}=0.3765$，也低于 0.415，$K_k=\dfrac{0.415}{0.3765}=1.1$，又是 0.6s 段，故也不会误动。

整套保护装置由于电压元件可躲开振荡影响，故不必装设振荡闭锁。

4. 定时过电流保护整定计算

按躲开本线路最大负荷电流整定，由式（3-92）计算

$$I_{dz}=\frac{1.2\times600}{0.85}=847\text{（A）}$$

$$I_{dz\cdot j}=\frac{847}{600/5}=7.06\text{（A）}$$

按与 2、3 号保护Ⅲ段配合整定：2、3 号保护Ⅲ段定值均为 $Z_{dz}=0.7\dfrac{35}{\sqrt{3}600\text{A}}=23.576$（Ω），以标么值表示为

$$Z_{dz*}=\frac{23.576\Omega}{\dfrac{(37\text{kV})^2}{100\text{MVA}}}=\frac{23.576\Omega}{13.69\Omega}=1.722$$

保护区已伸入 S_2 电源内，故应按式（3-99）校核定值，按 2、3 号保护Ⅲ段配合整定，即

$$I_{dz}=\frac{21.2\times1560}{\dfrac{1.722}{2}+0.4+0.1461}=1330\text{（A）}$$

该定值对线路末端故障灵敏度为

$$K_{lm}=\frac{1983.5}{1330}=1.49$$

远后备灵敏度为：

XL_3 停电对 XL_2 线路末端故障

$$K_{lm}=\frac{0.866\dfrac{1560}{0.535+0.1461+0.5844}}{1300}=\frac{1067.5}{1330}<1$$

XL_2 停电对 XL_3 线路末端故障

$$K_{lm}=\frac{0.866\dfrac{1560}{0.535+0.1461+0.526}}{1300}=\frac{1119.2}{1330}<1$$

鉴于远后备灵敏度不满足规定要求，故定值不宜提高，仍取 $I_{dz}=847\text{A}$，此时对 XL_2 线路末端故障时

$$K_{lm}=\frac{1067.5}{847}=1.26$$

在环网内，当不考虑线路故障两侧同时拒动时，则一般不会引起 1 号保护越级动作，故可取 847A，而不取 1330A。但当环网内弧光短路使 2、3 号保护在动作边界状态时，仍可能引起 1 号保护越级动作。

保护装置动作时间应大于 2、3 号保护Ⅲ段时间一个级差。

第四章　中性点直接接地系统的零序电流保护和接地距离保护整定计算

第 4-1 节　概　　述

中性点直接接地系统中发生接地短路，将产生很大的零序电流分量，利用零序电流分量构成保护，可作为一种主要的接地短路保护。因为它不反映三相和两相短路，在正常运行和系统发生振荡时也没有零序分量产生，所以它有较好的灵敏度。另一方面，零序电流保护仍有电流保护的某些弱点，即它受电力系统运行方式变化的影响较大，灵敏度将因此降低；特别是在短距离的线路上以及复杂的环网中，由于速动段的保护范围太小，甚至没有保护范围，致使零序电流保护各段的性能严重恶化，使保护动作时间很长，灵敏度很低。

当零序电流保护的保护效果不能满足电力系统要求时，则应装设接地距离保护。接地距离保护因其保护范围比较固定，对本线路和相邻线路的保护效果都会有所改善。

零序电流保护接于电流互感器的零序滤过器，接线简单可靠，如图 4-1 所示。零序电流保护通常由多段组成，一般是四段式，并可根据运行需要而增减段数。为了适应某些运行情况的需要，也可设置两个一段或二段，以改善保护的效果。

接地距离保护一般是二段式，一般都是以测量正序阻抗为基本原理。接地距离保护的保护性能受接地电阻大小的影响很大。为此，许多新产品在继电器工作原理上作了种种改进。

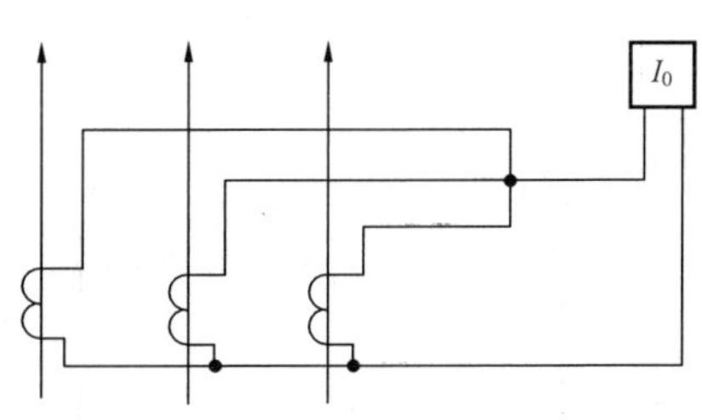

图 4-1　零序电流保护原理接线示意图

当线路配置了接地距离保护时，根据运行需要一般还应配置阶段式零序电流保护。特别是零序电流保护中最小定值的保护段，它对检测经较大接地电阻的短路故障较为优越，因此，零序电流保护不宜取消，但可适当减少设置的段数。

零序电流保护和接地距离保护一般按阶梯特性构成，其整定配合遵循反映同种故障类型的保护上下级之间必须相互配合的原则，主要考虑与相邻下一级的接地保护相配合；当装设了两种反映接地短路故障的保护时，则一般在同原理的保护之间进行配合整定。同时在系统保护设计时，也要注意保护的合理配置，为保护的整定配合创造有利条件。

第 4-2 节　零序电流保护整定计算的运行方式分析

一、接地短路电流、电压的特点

根据接地短路故障的计算方法可知，接地短路是相当于在正序网络的短路点增加额外附加电抗的短路。这个额外附加电抗就是负序和零序综合电抗。各序的电流分配，只决定该序网中各支路电抗的反比关系；而各序电流的绝对值要受其他序电抗的影响。

计算分支零序电流的分布时，例如：计算电流分支系数，只须研究零序序网的情况，当要计算零序电流绝对值大小时，必须同时分析正、负、零三个序网的变化。零序电压的特点，类似零序电流的情况。零序电压分布在短路点最高，随着距短路点的远离而逐渐降低，在变压器中性点接地处为零。

相邻线路的零序互感对零序电流、电压的数值有很大影响。如图 4-2 中的情况，双回线路间有零序互感，在对侧母线上发生接地短路时，由于两回线路中电流 $\dot{I}_{0\cdot\mathrm{I}}$、$\dot{I}_{0\cdot\mathrm{II}}$ 同方向而产生助磁作用，使零序电抗增大，零序电流减小。

在图 4-3 中，当一回线一端发生接地短路，一侧断路器先跳开后，由于 $\dot{I}_{0\cdot\mathrm{I}}$ 与 $\dot{I}_{0\cdot\mathrm{II}}$ 方向相反而产生去磁作用，零序电抗减小，零序电流增大。

图 4-4 中是双回线路中一回线路停电检修并两端接地的情况，其等值电路类似图 4-2 的处理。只连接于一端母线的双回线路也同样可用上述分析方法。对于具有零序互感的多回路情况，也可应用上述分析方法，但因为网络较为复杂，不宜用等价网络，应用计算机或计算台进行计算。

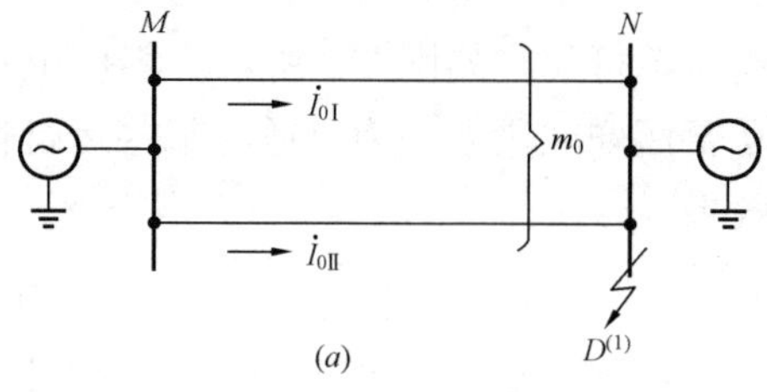

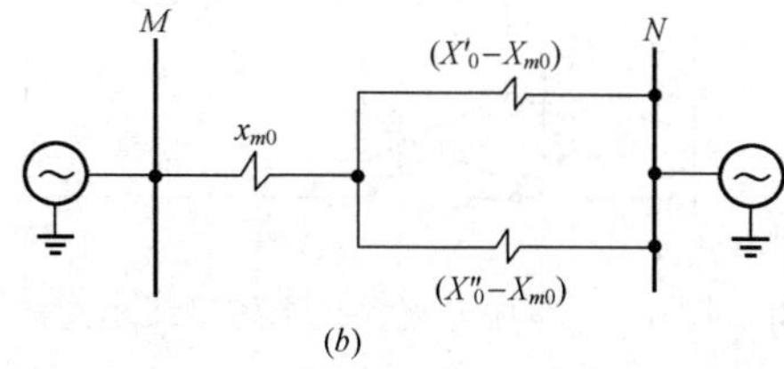

图 4-2　双回线路有零序互感的情况

(a) 系统接线示意图；(b) 零序等值电路图

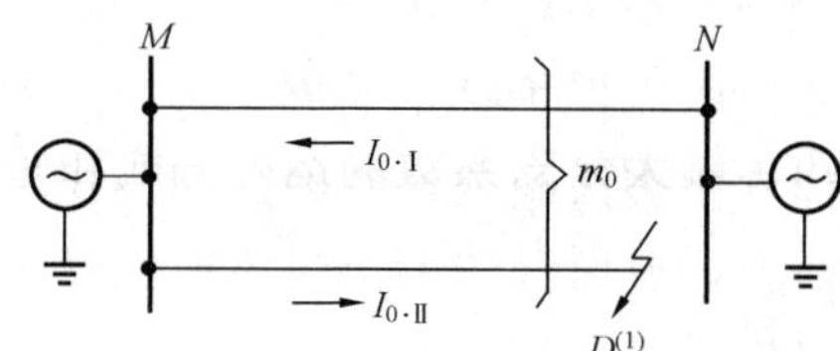

图 4-3　双回线路有零序互感相继跳闸的情况

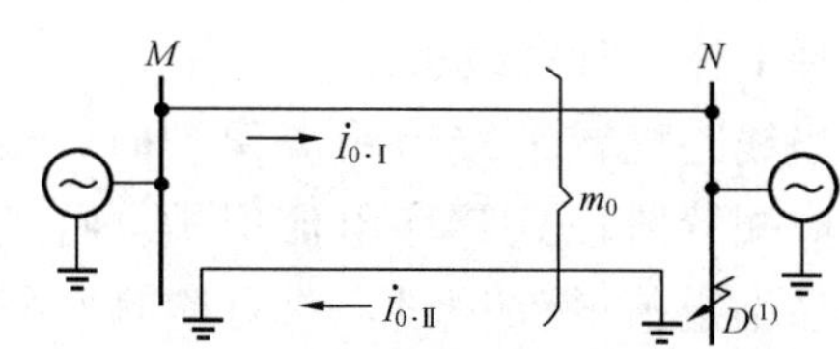

图 4-4　双回线路有零序互感其中一回停电两端接地的情况

二、接地短路计算的运行方式选择

计算零序电流大小和分布的运行方式选择，是零序电流保护整定计算的第一步。选择运行方式就是考虑零序电流保护所能适应的发电机、变压器以及线路变化大小的问题。一般来说，运行方式变化主要取决于电力系统调度管理部门，但继电保护可在此基础上，加以分析选择。其中变压器中性点接地数目的多少和分配地点，对零序电流保护影响极大，通常由继电保护整定计算部门决定。变压器中性点接地方式的选择，一般可按下述条件考虑。

(1) 总的原则是，不论发电厂或是变电所，首先是按变压器设备的绝缘要求来确定中性点是否接地；其次是以保持对该母线的零序电抗在运行中变化最小为出发点来考虑。

当变压器台数较多时，也可采取几台变压器组合的方法，使零序电抗变化最小。

（2）发电厂的母线上至少应有一台变压器中性点接地运行，这是电力系统过电压保护和继电保护功能所需要的。为改善设备过电压的条件，对双母线上接有多台（一般是四台以上）变压器时，可选择两台变压器同时接地运行，并各分占一条母线，这样在双母线母联断路器断开后，也各自保持着接地系统。

（3）变电所的变压器中性点分为两种情况，单侧电源受电的变压器，如果不采用单相重合闸，其中性点一般应不接地运行，以简化零序电流保护的整定计算；双侧电源受电的变压器，则视该母线上连接的线路条数和变压器台数的多少以及变压器容量的大小，按变压器零序电抗变化最小的原则进行组合。

三、流过保护最大零序电流的运行方式选择

（1）单侧电源辐射形电网，一般取最大运行方式，线路末端的变压器中性点不接地运行。

（2）多电源的辐射形电网及环状电网，应考虑到相邻线路的停运或保护的相继动作，并考虑在最大开机方式下对侧接地方式最小，而本侧（保护的背后）接地方式最大。

（3）双回线路中一回停用，如存在有零序互感时，还应将停用的线路两端同时接地。

（4）相邻平行的线路存在零序互感时，应考虑相邻线停用并将其两端接地。

（5）比较短路点的综合电抗 $X_{1\Sigma}$ 与 $X_{0\Sigma}$ 的大小，决定选取短路故障的类型。

四、最大分支系数的运行方式和短路点位置的选择

（1）辐射形电网中线路保护的分支系数与短路的位置无关。如图 4-5 中的 a 曲线所示，保护 1 对保护 2 的分支系数 K_{fz} 沿线路 XL_2 上各点为一衡定值。

（2）环状电网中线路的分支系数随短路点的移远而逐渐减小，如图 4-5 中 b 曲线。但实际上整定需要最大分支系数，故还是选择开环运行方式。

（3）单回线路对双回线路中一回的分支系数与短路点位置有关，如图 4-5 中的 c 曲线所示。当短路点在其中一回线上移远时，分支系数逐渐增大；当短路点移到线路末端时，分支系数达到最大值。

（4）双回线路对单回线路的分支系数，在双回线路停用一回时最大；如双回线路之间有零序互感存在时，还应将停用的线路两端接地。

（5）环外线路对环内线路的分支系数也与短路点有关，随着短路点的移远，分支系数逐渐增大，可以增加到很大很大，但具体整定并不是选一个最大值，而应按实际整定配合点的分支系数计算。

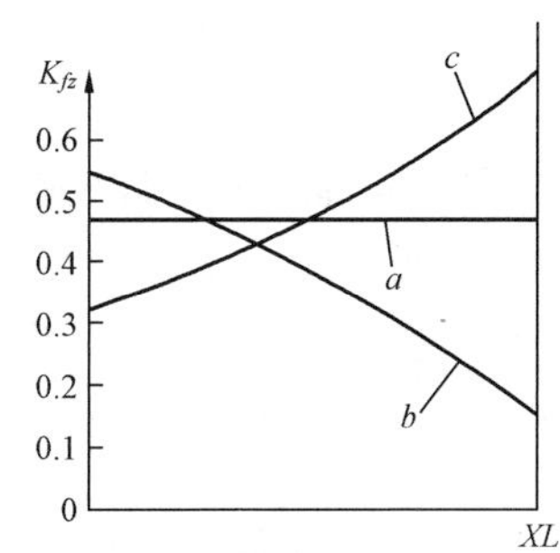

图 4-5　分支系数与短路点位置的关系图

a—辆射形电网中的分支系数曲线；b—环状电网中的分支系数曲线；c—单回线对双回线路中一回线的分支系数曲线

（6）连接于一端共母线的平行线路存在零序互感，如图 4-6 所示。一回线路对另一回线路的分支系数随短路点移动而变化。图 4-6（b）是求取任一点分支系数的图解法。线路 NM 对线 MP 的分支系数，例如：在 D_1 点，$K_{fz}=\overline{bc}/\overline{ac}$；在 D_2 点，$K'_{fz}=\overline{ef}/\overline{df}$。显然

$K'_{fz} > K_{fz}$。整定配合应选择在相邻线路保护范围末端的分支系数。图中 a 点为相邻保护一段保护范围末端，对应的分支系数为 K_{fz}。

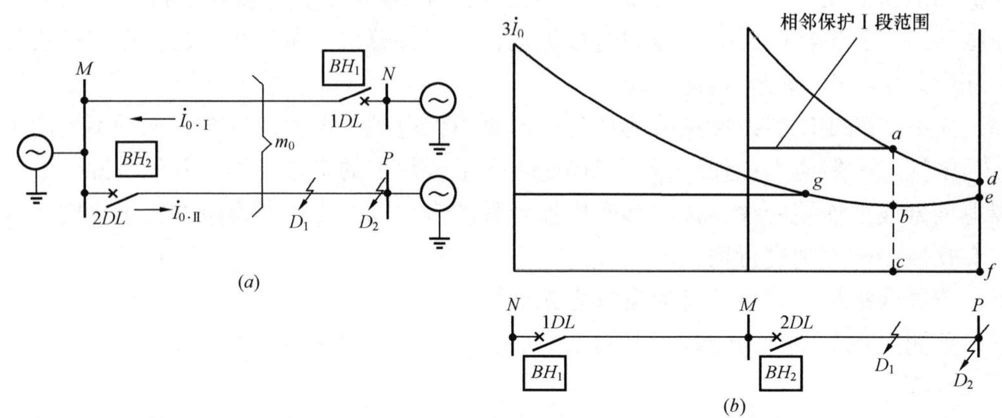

图 4-6　有零序互感的平行线路保护的配合整定图解

第 4-3 节　采用三相重合闸零序电流保护的整定计算

阶段式各段零序电流保护的整定需分段说明，为了便于说明假定有以下前提：

（1）零序电流保护各段均有方向性。实际中是否需要带方向性，可以在整定值选定后再进行判断，判断方法参看第一章第 1-7 节所述；

（2）零序电流保护各段的时间整定，均按比相邻对应配合段的时间大一个时间级差整定。

一、零序电流保护Ⅰ段的整定

（一）常规零序电流保护Ⅰ段的整定

此段为无时限保护段，标称 0s 段。按满足以下两个条件整定：

（1）按躲开本线路末端接地短路的最大零序电流整定，即

$$I_{dz} = K_k 3I_{0\cdot\max} \tag{4-1}$$

式中　K_k——可靠系数，取 1.25～1.3；

$I_{0\cdot\max}$——线路末端接地短路时流过保护的最大零序电流。

（2）按躲开线路断路器三相不同时合闸的最大零序电流整定，即

$$I_{dz} = K_k 3I_{0\cdot bt\cdot\max} \tag{4-2}$$

式中　K_k——可靠系数，取 1.1～1.2；

$I_{0\cdot bt\cdot\max}$——断路器三相不同时合闸所产生的零序电流最大值，计算方法详见第二章。

（二）几种特殊情况的整定

（1）线路末端变压器组的情况，包括变压器低压侧有电源的情况，零序保护Ⅰ段一般可按不伸出变压器范围整定。如末端的变压器为两台及以上时，是否仍按上述原则整定可视具体情况比较优缺点后再决定。具体整定方法有三种：

末端变压器中性点不接地运行，只按躲开变压器低压侧母线相间短路的最大不平衡电流整定，即

$$I_{dz}=K_kK_{bp}K_{fzq}I_{d\cdot\max}^{(3)} \tag{4-3}$$

式中 K_k ——可靠系数，取 1.3；

K_{bp} ——不平衡系数，取 0.1；

K_{fzq} ——非周期分量系数，取 2；

$I_{d\cdot\max}^{(3)}$ ——变压器低压侧三相短路最大短路电流。

线路末端变压器中性点接地运行时，应按满足以下三个条件整定：

1）按躲开变压器空载投入的励磁涌流整定，即

$$I_{dz}=K_{yl}\alpha I_e \tag{4-4}$$

其中

$$\alpha=\frac{X_b}{X_{xt}+X_b+X_{xl}} \tag{4-5}$$

式中 K_{yl} ——考虑涌流的系数，取 3～4；当保护带有躲非周期分量性能时，则取 1.3；

α ——考虑变压器端电压下降的系数；

X_{xt}、X_b、X_{xl} ——分别为系统、变压器、线路的正序电抗；

I_e ——变压器高压侧的额定电流。

2）按躲开断路器三相不同时合闸的最大零序电流整定。按式（4-2）计算。

3）按躲开变压器另一侧母线接地短路的最大零序电流整定，即

$$I_{dz}=K_k3I_{0\cdot\max} \tag{4-6}$$

式中 K_k ——可靠系数，取 1.3～1.5；

$I_{0\cdot\max}$ ——线路末端变压器另一侧母线发生接地短路时流过保护的最大零序电流。

（2）末端线路上带有 T 接变压器时，仍参照式（4-3）至（4-6）计算。

（3）当线路长度太短致使零序Ⅰ段保护范围很小，甚至没有保护范围时，则零序Ⅰ段保护应停用。

二、零序电流保护Ⅱ段的整定

此段保护一般担负主保护任务，要求在本线路末端达到规定的灵敏系数。此段保护的整定原则也适用于零序电流保护Ⅲ段的整定。此段保护按满足以下条件整定：

（1）按与相邻下一级线路的零序电流保护Ⅰ段配合整定，即

$$I_{dz\text{Ⅱ}}=K_kK_{fz}I'_{dz\text{Ⅰ}} \tag{4-7}$$

式中 K_k ——可靠系数，取 1.15～1.2；

K_{fz} ——分支系数，按实际情况选取可能的最大值；

$I'_{dz\text{Ⅰ}}$ ——相邻下一级线路的零序电流保护Ⅰ段整定值。当按此整定结果达不到规定灵敏系数时，可改为与相邻下一级线路的零序电流保护Ⅱ段配合整定。

（2）按躲开本线路末端母线上变压器的另一侧母线接地短路时流过的最大零序电流整定，参照式（4-6）计算。

（3）当本段保护整定时间等于或低于本线路相间保护某段的时间时，其整定值还必须躲

开该段相间保护范围末端发生相间短路的最大不平衡电流，参照式（4-3）计算。

（4）当使用本段保护作为重合闸后加速或手动合闸后加速时，应考虑可能出现线路变压器组的情况，可参照式（4-3）及（4-4）计算。

三、零序电流保护Ⅲ段及Ⅳ段保护的整定

此两段保护一般是起后备保护作用。Ⅲ段保护通常是作为零序电流保护Ⅱ段保护的补充作用。对后备保护的要求是在相邻下一级线路末端达到规定的灵敏系数。零序电流保护Ⅲ段保护按满足以下条件整定：

（1）按与相邻下一级线路的零序电流保护Ⅱ段配合整定，参照式（4-7）计算。当本保护的零序电流保护Ⅱ段已达到规定的灵敏系数时，此零序电流保护Ⅲ段也可按与相邻下一级线路的零序电流保护Ⅲ段或Ⅳ段配合整定，以改善后备性能。

（2）当本段保护范围已伸出本线末端变压器的范围以外时，应按与该变压器另一侧的线路接地短路保护配合整定，即

$$I_{dz} = K_k K_{fz} I'_{dz} \times \frac{1}{n_B} \tag{4-8}$$

式中　K_k——可靠系数，取1.1～1.15；

K_{fz}——分支系数，线路对变压器中低压侧出线的分支系数；

I'_{dz}——变压器中低压侧出线零序电流保护的整定值；

n_B——变压器的变压比。

（3）按零序电流保护Ⅱ段整定中的（3）项条件整定。

（4）按零序电流保护Ⅱ段保护整定中的（4）项条件整定。

（5）当零序电流保护最后一段整定值较小时，其下限条件应大于变压器中、低压侧相间短路的最大不平衡电流，参照式（4-3）计算。

四、零序电流保护整定配合的其他问题

（1）各段保护的整定时间均应按整定配合原则增加时间级差 Δt 。

（2）当分支系数随短路点的移远而变大时，例如有零序互感的平行线路，保护的整定配合应按相配合保护段的保护范围末端进行计算，一般可用图解法整定，如图4-6所示。图中，断路器2DL的零序电流保护Ⅰ段保护范围末端为 a 点，对应于断路器1DL保护的短路电流为 b 点，配合整定后其保护范围末端为 g 点。

（3）与相邻双回线路的零序保护配合整定。当双回线路装设了横联差动保护时，为提高灵敏度，可按与横联差动保护配合整定，即按双回线路全线为快速保护范围考虑，但时间整定要考虑横联差动保护相继动作的延时；如考虑双回线运行中将横联差动保护停用的情况时，可相应提出将双回线路运行临时改为单回线路运行的措施。

（4）变压器励磁涌流衰减过程是很长的，为避免小定值的零序电流保护发生误动作，需要在电流数值和整定时间上加以考虑。经验证明，零序电流保护的最小整定值应不小于0.5倍变压器额定电流，动作时间应不小于3s。

（5）双回线路的零序电流保护，因线路长度太短或零序互感影响严重而灵敏度很差时，可考虑不同运行方式采用不同整定值的办法加以改善，即在同一保护段下采用两个或更多的

整定值，分别对应两个或更多的运行方式的变化。当然，这样处理不仅需要对运行调度部门提出规定限制，也给现场的运行调试工作增加了工作量。

五、零序方向元件灵敏度的校验

零序方向元件（继电器）在零序电流保护中是个判别功能元件，要求它比零序电流各段保护有较高的灵敏度。阶段式零序电流保护一般共用一个方向元件。根据零序电流、电压的分布规律，当接地短路点远离保护安装处时，其灵敏度将逐渐降低。因此，零序方向元件的灵敏度应按零序电流保护中最后一段保护的保护范围末端进行校验，要求灵敏系数不小于1.2。对本线路的灵敏系数要求不小于2。

方向元件的灵敏系数计算为

$$K_{lm}=\frac{P_{d0\cdot j}}{P_{dz\cdot j}} \tag{4-9}$$

$$P_{d0\cdot j}=\frac{3U_0 3I_0}{n_{LH}n_{YH\cdot 0}} \tag{4-10}$$

式中 $P_{d0\cdot j}$——零序方向元件端子上的短路零序功率；

U_0、I_0——分别为在灵敏度校验点发生接地短路，保护安装处的零序电压和流过保护的零序电流；

n_{LH}、$n_{YH\cdot 0}$——分别为电流互感器的变流比和电压互感器的零序电压变比。通常电压互感器的零序电压有两种变比，即 $n_{YH\cdot 0}=\frac{U_e}{\sqrt{3}}\Big/100$，及 $n_{YH\cdot 0}=\frac{U_e}{\sqrt{3}}\Big/\frac{100}{3}$；

$P_{dz\cdot j}$——零序方向元件的动作功率，一般可从继电器技术说明书中查得，感应型零序方向继电器动作功率约为20VA，晶体管型和整流型的零序方向继电器动作功率约为（2～3）VA。

【例4-1】试对图4-7中1*XL*及2*XL*线路零序电流保护进行整定计算。

一、已知条件

（1）该系统采用三相重合闸方式。

（2）零序电流保护为四段式，电磁型。

（3）*A*、*B*、*C*变电站母线短路电流计算结果列于表4-1、4-2、4-3中。

表4-1　　　　A母线短路电流计算表

运行方式	短路类型	短路点总零序电流（A）	各分支路电流（A）		
			1*XL*	3*XL*	1*B*高压侧
正常方式	$D^{(1)}$	6911	2212	2754	1945
正常方式	$D^{(1.1)}$	5526	1769	2202	1555
3*XL*停运	$D^{(1)}$	3563	1896	—	1667
3*XL*停运	$D^{(1.1)}$	3116	1658	—	1458

注　1. 表中电流为$3I_0$。

2. 1*XL*停与2*DL*重合于出口短路的状态相同。

3. 后面的表4-2、4-3的注同此表注，故从略。

表 4-2　　　　　　　　　　**B 母线短路电流计算表**

运行方式	短路类型	短路点总零序电流（A）	各分支路电流（A）		
			1XL	2XL	3B 高压侧
正常方式	$D^{(1)}$	5891	2452	1249	2190
正常方式	$D^{(1.1)}$	5103	2124	1082	1890
1XL 停运	$D^{(1)}$	2662	—	965	1697
1XL 停运	$D^{(1.1)}$	2647	—	960	1687
2XL 停运	$D^{(1)}$	4375	2311	—	2064
2XL 停运	$D^{(1.1)}$	3918	2069	—	1849

表 4-3　　　　　　　　　　**C 母线短路电流计算表**

运行方式	短路类型	短路点总零序电流（A）	各分支路电流（A）		
			2XL	4XL	5B 高压侧
正常方式	$D^{(1)}$	4766	1470	959	2337
正常方式	$D^{(1.1)}$	4052	1250	815	1987
4XL 停运	$D^{(1)}$	3230	1240	—	1990
4XL 停运	$D^{(1.1)}$	3007	1157	—	1850

（4）与 1XL 和 2XL 相邻线路及变压器的相关定值，如图 4-8 所示。

（5）A、B、C 三个变电站均有两台同型、同容量的变压器。其中性点均具备相互备用倒替的条件。

（6）A 变电站 1B 110kV 母线接地短路，流过 2DL 的最大 $3I_0$ 为 520A，条件是 3XL 停运。

（7）B 变电站 3B 110kV 母线接地短路，流过 1DL 的最大 $3I_0$ 为 750A，条件是 2XL 停运；流过 4DL 的最大 $3I_0$ 为 685A，条件是 1XL 停运。

（8）C 变电站 5B 110kV 母线接地短路，流过 3DL 的最大 $3I_0$ 为 660A，条件是 4XL 停运。

（9）2DL 对 1B 110kV 侧零序保护的分支系数 $K_{fz}=0.12$；4DL 对 3B 110kV 侧零序保护的分支系数为 $K_{fz}=0.16$；3DL 对 5B 110kV 侧零序保护的分支系数 $K_{fz}=0.18$；1DL 对 3B 110kV 侧零序电流保护的分支系数 $K_{fz}=0.21$。

二、整定计算

（一）2DL 零序保护的整定

1. Ⅰ段保护

（1）按躲开本线路末端短路的最大短路电流整定。查表 4-1 得最大短路电流为 2212A，

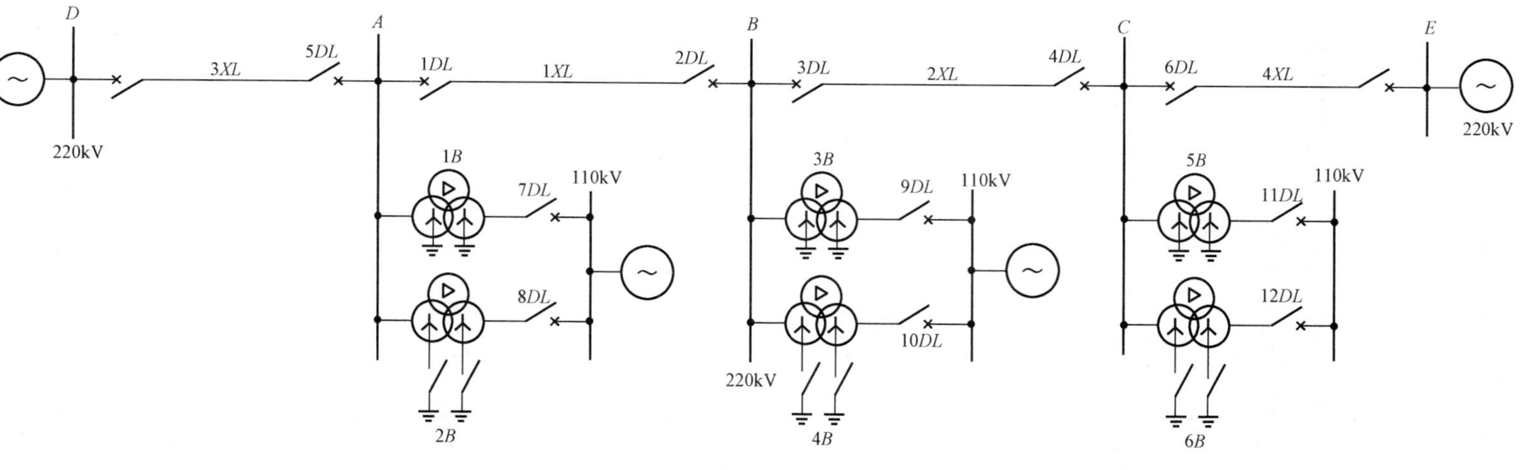

图 4-7 〔例 4-1〕的系统接线示意图

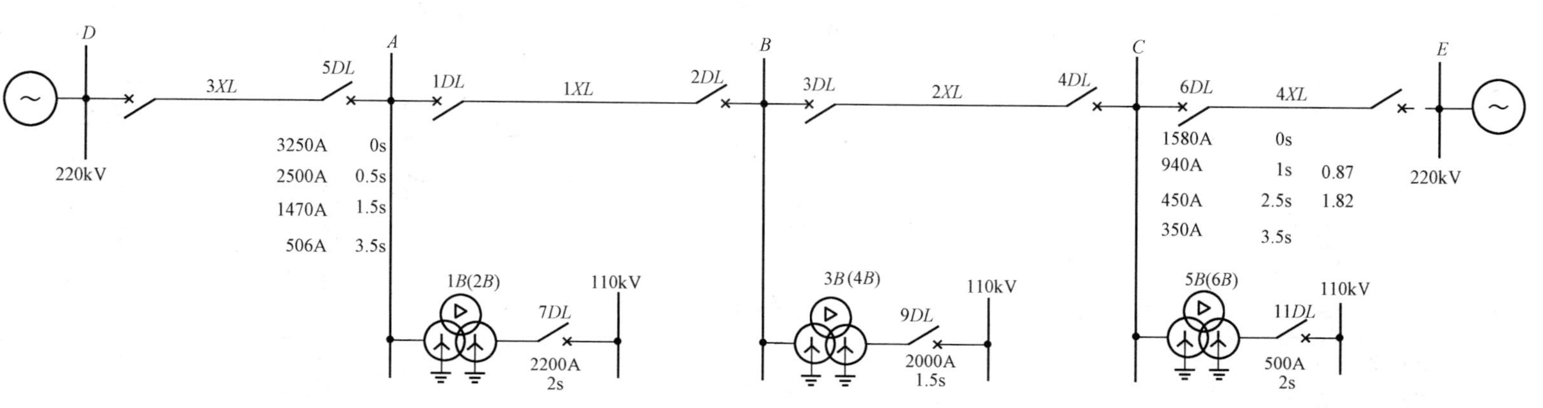

图 4-8 〔例 4-1〕中已知的相关整定值

计算得

$$I_{dz\,\mathrm{I}} = K_k 3I_{0\cdot\max} = 1.3 \times 2212 = 2875.6\ (\mathrm{A})$$

$$t_{\mathrm{I}} = 0\ (\mathrm{s})$$

（2）选定 $I_{dz\,\mathrm{I}}=2875\mathrm{A}$，$t=0\mathrm{s}$。

2. Ⅱ 段保护

（1）按与 $5DL$ Ⅰ段保护配合整定。$2DL$ 对 $5DL$ 的分支系数，由表 4-1 查得的数据计算。因为 B 变电站有两台变压器，所以不考虑一台变压器停运的方式。

正常方式 $$K_{fz}=\frac{2212\mathrm{A}}{2212\mathrm{A}+1945\mathrm{A}}=0.532$$

$3XL$ 停运方式 $$K_{fz}=\frac{1896\mathrm{A}}{1896\mathrm{A}+1667\mathrm{A}}=0.532$$

计算选定 $K_{fz}=0.532$，则

$$I_{dz\,\mathrm{II}} = K_k K_{fz} I'_{dz\,\mathrm{I}} = 1.15 \times 0.532 \times 3250 = 1988.3\ (\mathrm{A})$$

$$t_{\mathrm{II}} = t'_{\mathrm{I}} + \Delta t = 0 + 0.5 = 0.5\ (\mathrm{s})$$

（2）按不伸出 $1B$ 110kV 母线整定（与变压器差动保护配合），即

$$I_{dz\,\mathrm{II}} = K_k 3I_{0\cdot\max} = 1.3 \times 520 = 676\ (\mathrm{A})$$

$$t_{\mathrm{II}} = t' + \Delta t = 0 + 0.5 = 0.5\ (\mathrm{s})$$

（3）比较上述两个条件，选定 1988A、0.5s。

（4）校验灵敏度，查表 4-1 得最小电流为 1658A，则

$$K_{lm} = \frac{1658}{1988} = 0.83$$

3. Ⅲ段保护

（1）按与 $5DL$ Ⅱ段保护 0.5s 配合整定，即

$$I_{dz\,\mathrm{III}} = K_k K_{fz} I'_{dz\,\mathrm{II}} = 1.15 \times 0.532 \times 2500 = 1529.5\ (\mathrm{A})$$

$$t_{\mathrm{III}} = t'_{\mathrm{II}} + \Delta t = 0.5 + 0.5 = 1\ (\mathrm{s})$$

（2）按不伸出 $1B$ 110kV 母线整定，即

$$I_{dz\,\mathrm{III}} = 676\mathrm{A} \quad t = 0.5\mathrm{s}$$

（3）比较上述两个条件，选定 1529A、1s。

（4）灵敏度校验，得

$$K_{lm} = \frac{1658}{1529} = 1.08$$

4. Ⅳ段保护

（1）按与 $5DL$ Ⅲ段保护 1.5s 配合整定，即

$$I_{dz\,\mathrm{IV}} = K_k K_{fz} I'_{dz\,\mathrm{III}} = 1.15 \times 0.532 \times 1470 = 899.3\ (\mathrm{A})$$

$$t_{\mathrm{IV}} = t'_{\mathrm{III}} + \Delta t = 1.5 + 0.5 = 2\ (\mathrm{s})$$

（2）按不伸出 $1B$ 110kV 母线整定，即

$$I_{dz\mathrm{IV}} = 676\mathrm{A} \quad t = 0.5\mathrm{s}$$

（3）比较上述两个条件，选定 899A、2s。

（4）校验灵敏度，得

$$K_{lm} = \frac{1658}{899} = 1.84$$

2 *DL* 零序保护整定结果表明，其Ⅱ、Ⅲ段灵敏度不满足要求：

2875 A，0s；

1988 A，0.5s；

1529 A，1s；

899 A，2s。

（二）4*DL* 零序保护整定

1. Ⅰ 段保护

（1）按躲开本线末端短路的最大短路电流整定，查表 4-2 得最大短路电流为 1249 A，则

$$I_{dz\mathrm{I}} = K_k 3I_{0\cdot\max} = 1.3 \times 1249 = 1623\ (\mathrm{A})$$

$$t_{\mathrm{I}} = 0\ (\mathrm{s})$$

（2）选定 1623A、0s。

2. Ⅱ段保护

（1）按与 2*DL* Ⅰ段保护 0s 配合整定。4*DL* 对 2*DL* 的分支系数，因为 *B* 变电站有两台变压器，其中性点可倒换接地，故可选正常方式的数据，由表 4-2 查得数据计算为：

正常方式

$$K_{fz} = \frac{1249}{1248+2190} = 0.363$$

$$I_{dz\mathrm{II}} = K_k K_{fz} I'_{dz\mathrm{I}} = 1.15 \times 0.363 \times 2875 = 1200.16\ (\mathrm{A})$$

$$t_{\mathrm{II}} = t'_{\mathrm{I}} + \Delta t = 0 + 0.5 = 0.5\ (\mathrm{s})$$

（2）按不伸出 3*B* 110kV 母线整定，即

$$I_{dz\mathrm{II}} = K_k 3I_{0\cdot\max} = 1.3 \times 685 = 890\ (\mathrm{A})$$

$$t_{\mathrm{II}} = t'_{\mathrm{I}} + \Delta t = 0 + 0.5 = 0.5\ (\mathrm{s})$$

（3）比较上述两条件，选定 1198A、0.5s。

（4）校验灵敏度，查表 4-2 得最小短路电流为 960A，则

$$K_{lm} = \frac{960}{1198} = 0.8$$

3. Ⅲ段保护

（1）按与 2*DL* Ⅱ段保护 0.5s 配合整定，即

$$I_{dz\mathrm{III}} = K_k K_{fz} I'_{dz\mathrm{II}} = 1.15 \times 0.363 \times 1988 = 829.9\ (\mathrm{A})$$

$$t_{\mathrm{III}} = t'_{\mathrm{II}} + \Delta t = 0.5 + 0.5 = 1\ (\mathrm{s})$$

（2）按不伸出 3*B* 110kV 母线整定，即

$$I_{dz\mathrm{III}} = 890\mathrm{A} \quad t = 0.5\mathrm{s}$$

（3）比较上述两条件，由于电流值与本线Ⅱ段保护非常接近，对灵敏度没有改善，故不选定，应重新整定。

（4）按与 $2DL$ Ⅲ段保护 1s 配合整定，即

$$I_{dz\text{Ⅲ}} = K_k K_{fz} I'_{dz\text{Ⅲ}} = 1.15 \times 0.363 \times 1529 = 638.3\ (\text{A})$$

$$t_{\text{Ⅲ}} = t'_{\text{Ⅲ}} + \Delta t = 1 + 0.5 = 1.5\ (\text{s})$$

（5）按与 $3B$ 110kV 侧零序保护 2000A、1.5s 配合整定，即

$$I_{dz\text{Ⅲ}} = K_k K_{fz} I'_{dz} = \frac{U_{110}}{U_{220}} = 1.15 \times 0.16 \times 2000 \times \frac{110000}{220000}$$

$$=184\ (\text{A})$$

$$t_{\text{Ⅲ}} = t' + \Delta t = 1.5 + 0.5 = 2\ (\text{s})$$

（6）比较上述两条件，选定 636A、2s。

（7）校验灵敏度，得

$$K_{lm} = \frac{960}{636} = 1.51$$

4. Ⅳ段保护

（1）按与 $2DL$ Ⅳ段保护 2s 配合整定，则

$$I_{dz\text{Ⅳ}} = K_k K_{fz} I'_{dz\text{Ⅳ}} = 1.15 \times 0.363 \times 899 = 375\ (\text{A})$$

$$t_{\text{Ⅳ}} = t'_{\text{Ⅳ}} + \Delta t = 2 + 0.5 = 2.5\ (\text{s})$$

（2）按与 $3B$ 110kV 侧 $9DL$ 零序保护 2000A、1.5s 配合整定，即

$$I_{dz\text{Ⅳ}} = 184\text{A}$$

$$t = t' + \Delta t = 1.5 + 0.5 = 2\ (\text{s})$$

（3）比较上述两条件，选定 374A、2.5s。

$4DL$ 零序保护整定结果表明，Ⅱ段保护灵敏度不满足要求：

1623A，0s；

1198A，0.5s；

636A，2s；

374A，2.5s。

（三）$3DL$ 零序保护整定

1. Ⅰ段保护

（1）按躲开本线路末端短路时的最大短路电流整定。查表 4-3 得最大短路电流为 1470 A，则

$$I_{dz\text{Ⅰ}} = K_k 3I_{0\cdot\max} = 1.3 \times 1470A = 1911\ (\text{A})$$

$$t_{\text{Ⅰ}} = 0\ (\text{s})$$

（2）选定　　$I_{dz\text{Ⅰ}} = 1911\ (\text{A})\quad t_{\text{Ⅰ}} = 0\ (\text{s})$

2. Ⅱ段保护

（1）按与 $6DL$ Ⅰ段保护 0s 配合整定。$3DL$ 对 $6DL$ 的分支系数，由于 C 变电站两台变压器中性点接地可以倒换，故可按正常方式计算。由表 4-3 查得数据计算为

$$K_{fz}=\frac{1470}{1470+2337}=0.386$$

$$I_{dz\,\mathrm{II}}=K_kK_{fz}I'_{dz\,\mathrm{I}}=1.15\times0.386\times1580=701.4\ (\mathrm{A})$$

$$t_{\mathrm{II}}=t'_{\mathrm{I}}+\Delta t=0+0.5=0.5\ (\mathrm{s})$$

（2）按不伸出 5B 110kV 母线整定，即

$$I_{dz\,\mathrm{II}}=K_k3I_{0\cdot\max}=1.3\times660=358\ (\mathrm{A})$$

$$t=t'+\Delta t=0+0.5=0.5\ (\mathrm{s})$$

（3）比较上述两条件，选定 858A、0.5s。

（4）校验灵敏度，查表 4-3 得最小 $3I_0$ 为 1157A，得

$$K_{lm}=\frac{1157}{858}=1.35$$

3. Ⅲ段保护

（1）按与 6DLⅡ段保护 1s 配合整定，则

$$I_{dz\,\mathrm{III}}=K_kK_{fz}I'_{dz\,\mathrm{II}}=1.15\times0.386\times940=417.3\ (\mathrm{A})$$

$$t_{\mathrm{III}}=t'_{\mathrm{II}}+\Delta t=1+0.5=1.5\ (\mathrm{s})$$

（2）按与 5B 110kV 侧零序保护 2s 配合整定，则

$$I_{dz\,\mathrm{III}}=K_kK_{fz}I'_{dz}\times\frac{U_{110}}{U_{220}}$$

$$=1.15\times0.18\times500\times\frac{110000}{220000}=51.8\ (\mathrm{A})$$

$$t_{\mathrm{III}}=t'+\Delta t=2+0.5=2.5\ (\mathrm{s})$$

（3）比较上述两条件，选定 417A、2.5s。

（4）校验灵敏度，得

$$K_{lm}=\frac{1157}{417}=2.77$$

4. Ⅳ段保护

（1）按与 6DLⅢ段保护 2.5s 配合整定。

$$I_{dz\,\mathrm{IV}}=K_kK_{fz}I'_{dz\,\mathrm{III}}=1.15\times0.386\times450=199.8\ (\mathrm{A})$$

$$t_{\mathrm{IV}}=t'_{\mathrm{III}}+\Delta t=2.5+0.5=3\ (\mathrm{s})$$

（2）按与 5B 110kV 侧零序保护 2s 配合整定，则

$$I_{dz\,\mathrm{IV}}=51.8\ (\mathrm{A})$$

$$t_{\mathrm{IV}}=t'+\Delta t=2+0.5=2.5\ (\mathrm{s})$$

（3）比较上述两条件，选定 200A、3s。

（4）校验灵敏度，得

$$K_{lm}=\frac{1157}{200}=5.78$$

3DL 零序保护整定结果表明，灵敏度基本满足要求：

1911A，0s

858A，0.5s

417A，2.5s；

200A，3s。

（四）1*DL* 零序保护整定

1. Ⅰ段保护

（1）按躲开本线路末端短路时的最大短路电流整定。查表 4-2 得最大短路电流为 2452A，则

$$I_{dz\,\mathrm{I}} = K_k 3I_{0\cdot\max} = 1.3 \times 2452 = 3187\ (\mathrm{A})$$

$$t_{\mathrm{I}} = 0\ (\mathrm{s})$$

（2）选定 3187A，0s。

2. Ⅱ段保护

（1）与 3*DL* Ⅰ段保护 0s 配合整定。1*DL* 对 3*DL* 的分支系数由表 4-2 查得数据计算为

正常方式 $$K_{fz} = \frac{2452}{2452+1249} = 0.663$$

由于 *B* 变电站两台变压器中性点可以倒替接地，故可选取正常运行之值，即

$$I_{dz\,\mathrm{II}} = K_k K_{fz} I'_{dz\,\mathrm{I}} = 1.15 \times 0.663 \times 1911 = 1457\ (\mathrm{A})$$

$$t_{\mathrm{II}} = t'_{\mathrm{I}} + \Delta t = 0 + 0.5 = 0.5\ (\mathrm{s})$$

（2）按不伸出 3*B* 110kV 母线整定，则

$$I_{dz\,\mathrm{II}} = K_k I'_{dz} = 1.3 \times 750 = 975\ (\mathrm{A})$$

$$t_{\mathrm{II}} = t' + \Delta t = 0 + 0.5 = 0.5\ (\mathrm{s})$$

（3）比较上述两条件，选定 1457A、0.5s。

（4）校验灵敏度，查表 4-2 得最小 $3I_0$ 为 2069A，则

$$K_{lm} = \frac{2069}{1457} = 1.42$$

3. Ⅲ段保护

（1）按与 3*DL* Ⅱ段保护 0.5s 配合整定，则

$$I_{dz\,\mathrm{III}} = K_k K_{fz} I'_{dz\,\mathrm{II}} = 1.15 \times 0.663 \times 858 = 654\ (\mathrm{A})$$

$$t_{\mathrm{III}} = t'_{\mathrm{II}} + \Delta t = 0.5 + 0.5 = 1\ (\mathrm{s})$$

（2）按与伸出 3*B* 110kV 母线整定，则

$$I_{dz\,\mathrm{III}} = 975\mathrm{A} \quad t = 0.5\mathrm{s}$$

（3）比较上述两条件，选定 975A、1s。

（4）校验灵敏度 $$K_{lm} = \frac{2069}{975} = 2.12$$

4. Ⅳ段保护

（1）按与 3*DL* Ⅲ段保护 2.5s 配合整定，则

$$I_{dz\,\mathrm{IV}} = K_k K_{fz} I'_{dz\,\mathrm{III}} = 1.15 \times 0.663 \times 417 = 317.9\ (\mathrm{A})$$

$$t_{\mathrm{IV}} = t'_{\mathrm{III}} + \Delta t = 2.5 + 0.5 = 3\ (\mathrm{s})$$

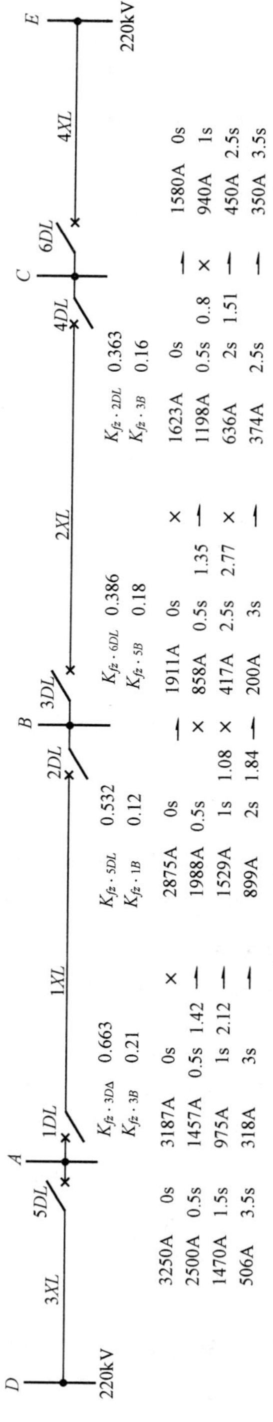

图 4-9 〔例 4-1〕的定值图

$K_{fz.3DL}$—对 3DL 的分支系数；1457A、0.5s—整定值的电流与时间；1.42—灵敏系数；

→—用方向性；×—不用方向性

(2) 按与 $3B$ 110kV 侧零序保护 2s 配合整定，则

$$I_{dz\text{IV}} = K_k K_{fz} I'_{dz} \times \frac{U_{110}}{U_{220}}$$

$$= 1.15 \times 0.21 \times 2000 \times \frac{110000}{220000} = 241.5\ (\text{A})$$

$$t_{\text{IV}} = t' + \Delta t = 2 + 0.5 = 2.5\ (\text{s})$$

(3) 比较上述两条件，选定 318A、3s。

$1DL$ 零序保护整定结果表明，灵敏度满足要求：

3187A，0s；

1457A，0.5s；

975A，1s；

318A，3s。

此题分析结论：

(1) $2DL$ 及 $4DL$ 的零序主保护段灵敏度低，不满足要求，应增设或改用接地距离保护加以改善。

(2) 各段保护是否需带方向性，按第一章第 1-7 节所述方法进行判断，其结果已示于图 4-9 中。

(3) 此题的系统定值图，如图 4-9 所示。

第 4-4 节　采用单相重合闸零序电流保护的整定计算

一、单相重合闸对零序电流保护的影响

采用单相重合闸的线路，在重合闸的过程中出现三种运行状态，即接地短路、断线并接地的复故障（线路一侧断路器断开一相，短路未消除）以及非全相运行（线路两侧的断路器均断开一相，故障消除）。前两种状态将由零序电流保护动作切除故障；第三种状态（非全相）是单相重合闸必须具备的状态，此时故障相已被切除，需防止零序保护再次动作而误跳开三相，造成单相重合闸失败。

在非全相运行状态中，线路中将出现负序和零序分量。零序电流是沿导线以同一方向流动的，其大小和方向决定于线路中负荷电流的大小及线路两侧电源电势摆角的大小。非全相状态中流过保护的零序电流值的最大值可能超过线路末端接地短路时的最大值。由线路零序电流与母线上的零序电压构成零序方向保护时，实际方向仍指向线路，方向元件将动作；但由线路的零序电流与线路上的零序电压构成零序方向保护时，方向将处于不明确区附近，多数情况下方向元件不能动作。

在采用单相重合闸的系统中，零序电流保护整定用分支系数一般与采用三相重合闸的情况相同。只有在有互感的双回线路上，非全相过程中双回线路之间的分支系数才有所增大。图 4-10(a) 是有互感的双回线路；图 4-10(b) 是采用三相重合闸的双回线路，其保护 1 对保护 4 的最大分支系数为

$$K_{fz} = \frac{I'_0}{I''_0} = \frac{X_{m0} + X_{0\cdot n}}{X_{0\cdot m} + X_{0\cdot n} + X'_0} \tag{4-11}$$

图 4-10（c）是采用单相重合闸的非全相状态时的双回线路，其保护 1 对保护 4 的最大分支系数为

$$K_{fz} = \frac{I'_0}{I''_0} = \frac{X_{0\cdot m} + X_{0\cdot n} + X_{m0}}{X_{0\cdot m} + X_{0\cdot n} + X'_0} \tag{4-12}$$

显然式（4-12）比式（4-11）的数值大。

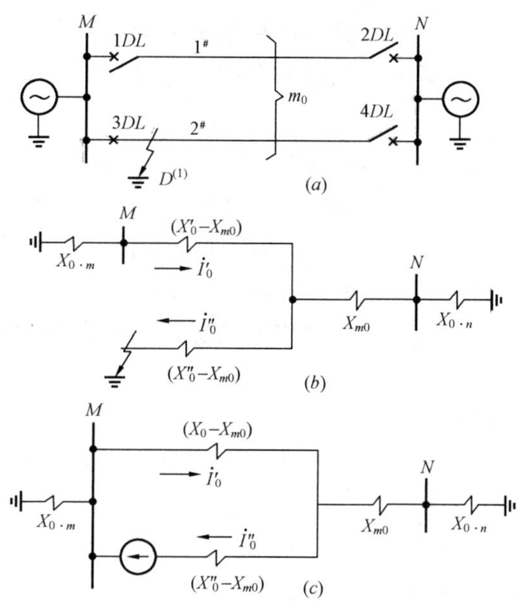

图 4-10　双回线路间分支系数分析图

（a）原始系统图；（b）三相重合闸情况；（c）单相重合闸情况

二、单相重合闸过程中防止零序电流保护误动的措施

单相重合闸过程中的非全相状态，当线路中零序电流数值很大时，应防止零序电流保护某一段误动作而 跳开三相断路器。零序电流保护是否会误动作，决定于零序电流出现的大小和时间。据此可采取三种防止措施：

（1）利用重合闸装置实现闭锁零序电流保护。综合重合闸装置中设有 M 端的保护跳闸接口，M 端可实现起动重合闸并在非全相中闭锁接入该端的零序电流保护段。通常是零序电流保护Ⅱ段或Ⅲ段保护接入 M 端。用此办法防止零序保护误动，只能用于发生故障的线路上保护动作跳闸的情况。而对于相邻线路上的保护，因没有跳闸，则其零序保护不能被闭锁。

（2）利用保护的动作电流值来躲开非全相运行状态。此保护段可接入综合重合闸装置的 N 端。N 端的跳闸接口只起动重合闸，而不闭锁该段保护。这种办法可用于故障线路和非故障线路保护的整定，通常是零序保护Ⅰ段或躲非全相保护Ⅱ段接入 N 端。

（3）用保护的动作延时躲非全相运行过程。此保护段的延时按大于单相重合闸周期的时间整定。这种办法可用于故障线路和非故障线路的保护整定。通常是零序电流保护Ⅲ、Ⅳ段使用此方法。

（4）有的综合重合闸装置还设有 P 端子接口，该端子可接入在相邻线路非全相中会误动的保护。它可用于非故障线路，经过选相元件实现闭锁作用。

三、各段零序电流保护的整定

零序电流保护各段的整定，假定以下的条件都是相同的。

（1）零序各段都带有方向性。实际是否需带有方向性，待各段定值全部选定后，再进行判断，见第一章第 1-7 节所述。

（2）零序保护各段的时间整定，都是按与相邻配合保护段的时间增加一个时间级差。

（一）躲非全相零序电流Ⅰ段的整定

将保护接于综合重合闸的 N 端子。按满足以下条件整定。

（1）按躲开线路末端接地短路的最大零序电流整定。参见式（4-1）。

（2）按躲开本线路非全相运行时的最大零序电流整定，即

$$I_{dz\,\mathrm{I}} = K_k 3I_{0\cdot fqx} \quad (4\text{-}13)$$

式中 K_k——可靠系数，取1.1～1.2；

$I_{0\cdot fqx}$——本线路非全相运行中产生的最大零序电流。此电流值应由稳定计算提供。如不能获得实际的电流值，可按线路两侧电源电势摆角为180°进行计算。计算方法参见第二章所述。

（3）对线路变压器组的情况，参照式（4-2）～（4-4）及（4-6）计算。

（二）零序电流保护Ⅰ段的整定

将保护接于重合闸的M端子，按满足以下条件整定。

（1）按躲开本线路末端接地短路的最大零序电流整定。参照式（4-1）计算。

（2）对线路变压器组使用综合重合闸的情况，参照式（4-2）～（4-4）及（4-6）计算。

（三）零序电流保护Ⅱ段的整定

按满足以下条件整定。

（1）按与相邻下一级线路接于N端的零序电流保护Ⅰ段配合整定，参照式(4-7)计算。

（2）按躲开线路末端变压器中压或低压侧母线接地短路的最大零序电流整定，参照式（4-6）计算。

（3）当使用综合重合闸试用此段保护重合闸后加速或手动合闸加速时，应考虑变压器的励磁涌流，参照式（4-4）计算。

（4）选定定值后，此段保护接于综合重合闸的M端子。当整定结果的电流值大于本线路非全相运行状态下的最大零序电流时，可将此段保护改接于综合重合闸的N端。

（四）零序电流保护Ⅲ段的整定

按满足以下条件整定。

（1）按与相邻下一级线路接于N端的零序电流保护Ⅱ段或Ⅲ段保护配合整定，参照式（4-7）计算。

（2）按躲开本线路末端变压器中压侧母线接地短路的最大零序电流整定。当接地短路条件整定时间太长时，可改按与相邻变压器中压侧的出线零序电流Ⅰ段保护配合整定。参照式（4-7）或（4-8）计算。

（3）该段的整定还可参见零序电流保护Ⅱ段整定条件中的（3）项。

（4）本段是接于综合重合闸的N端或M端，则由电流值或时间是否能躲开本线路的非全相状态而定。

（五）零序电流保护Ⅳ段的整定

（1）按与相邻下一级线路保护接于N端的零序电流保护Ⅲ段或接于R端的零序电流保护Ⅳ段配合整定，参照式（4-7）计算。

（2）参照零序电流保护Ⅲ段整定条件中的（2）、（3）两项整定方法。

（六）采用单相重合闸的零序电流保护整定的配合分析

（1）采用单相重合闸的零序电流保护，配合要求的基本原则是，上一级不论接于综合重

合闸的哪个端子的保护段，均须与相邻下一级线路接于 N 端或 R 端的保护段进行配合。图 4-11 示出配合关系。

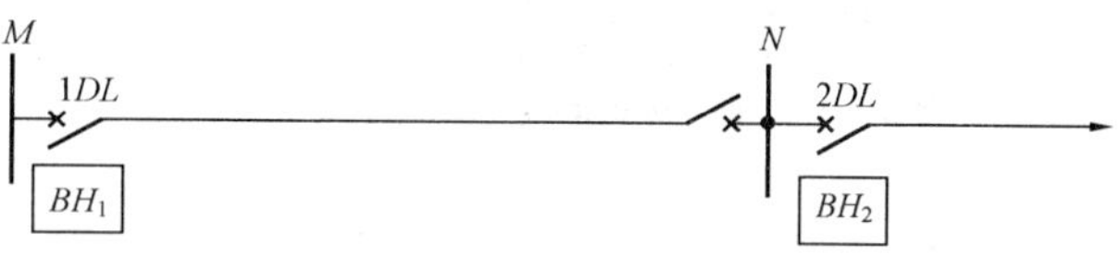

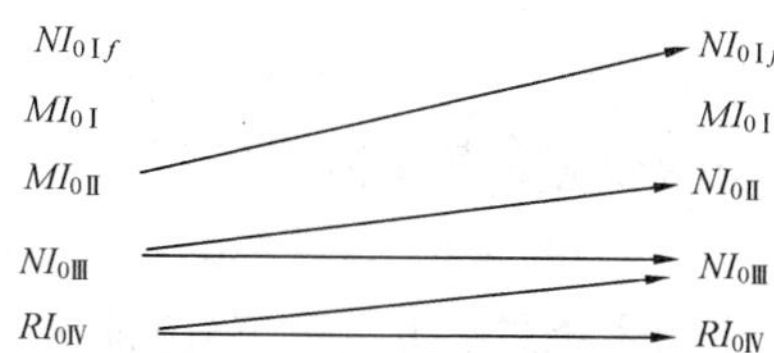

图 4-11　采用单相重合闸的零序电流保护各段与相邻保护配合整定关系图

$I_{0\,\mathrm{I}f}$—躲非全相零序Ⅰ段；$I_{0\,\mathrm{I}}$—零序Ⅰ段；$I_{0\,\mathrm{II}}$—零序Ⅱ段；$I_{0\,\mathrm{III}}$—零序Ⅲ段；$I_{0\,\mathrm{IV}}$—零序Ⅳ段

N、M、R—分别表示该段保护接入综合重合闸的端子符号

注：箭头指向表示与该段保护配合整定。

（2）单相重合闸时间的整定与保护线路全长的保护段时间有关。当单相重合闸时间确定后，单相重合闸周期也随之确定，但因此又会影响零序保护的时间整定，因此有循环影响的问题。

为了降低系统保护的整定时间，提高保护效果，关键是降低单相重合闸的时间。可采取只在快速保护动作时才进行单相重合闸的工作方式。例如，单相重合闸只与高频保护配合使用时，单相重合闸时间可整定为 0.5s 左右。这样，单相重合闸的周期约为 1s，故凡大于 1s 的保护段均可接于综合重合闸的 N 端。

但是这种工作方式的缺点是，当高频保护退出运行时，需同时停用单相重合闸。否则，单相重合闸将可能不成功，会对系统造成多余的不必要的冲击。另外，对稳定条件要求较严的线路，单相重合闸时间还常常取决于系统稳定计算的结果。在多数 220kV 系统中，有利于稳定的最佳合闸时间在 1s 左右，如偏离最佳分闸时间过长，当重合于永久性故障时，其第二次冲击将对系统稳定产生不利影响，甚至导致系统失去稳定性。因此，对某些场合，上述以降低重合闸时间来降低接地保护动作时间的做法就不一定适宜。所以，采取哪种配合方式好，需按系统稳定运行的需要而定。

【例 4-2】试对图 4-7 中 $1XL$ 及 $2XL$ 线路零序电流保护进行整定计算。

一、已知条件

（1）该系统采用单相重合闸方式。

（2）重合闸及零序电流保护采用 JZZC-3 型装置。该装置未设 P 端子。

（3）$1XL$ 非全相振荡电流：当 $\delta=180°$时，$3I_0=2080$A；

$2XL$ 非全相振荡电流：当 $\delta=180°$时，$3I_0=1620$A。

（4）根据稳定计算，系统发生单相接地故障时稳定裕度较大，单相重合时间不受稳定限制。为改善保护效果，采取快速重合闸方式，即按快速保护动作选取重合闸动作时间，取为 0.5s。快速保护按高频保护计，非全相时间将小于 1s，也即单相重合闸周期约为 1s。当零序保护时间整定大于 1s，即可接于综合重合闸的 N 端子。但由于只考虑按重合闸与快速保护配合使用，故大于单相重合闸周期的延时段保护，应接于综合重合闸的 R 端子，即不希望再起动重合闸。

（5）其余已知条件均同于〔例 4-1〕所述。

二、整定计算

（一）2DL 掌序电流保护整定

1. Ⅰ段保护

（1）按躲井本线路末端短路最大电流整定，查表 4-1 得最大短路电流为 2212A，则

$$I_{dz\,\mathrm{I}} = K_k 3I_{0\cdot\max} = 1.3 \times 2212 = 2875.6\ (\mathrm{A})$$

$$t_{\mathrm{I}} = 0\ (\mathrm{s})$$

（2）按躲开本线路非全相最大电流整定，即

$$I_{dz\,\mathrm{I}} = K_k 3I_{0\cdot\max} = 1.1 \times 2080 = 2288\ (\mathrm{A})$$

（3）比较上述两个条件，由于短路电流大于非全相振荡电流，故只有一个Ⅰ段保护段，并接于综合重合闸的 N 端子。选定 2875A、0s。

2. Ⅱ段保护

（1）按与 5DL 接于 N 端子Ⅰ段保护 0s 配合整定，则

$$I_{dz\,\mathrm{II}} = K_k K_{fz} I'_{dz\,\mathrm{I}} = 1.15 \times 0.532 \times 3250 = 1988.3\ (\mathrm{A})$$

$$t_{\mathrm{II}} = t'_{\mathrm{I}} + \Delta t = 0 + 0.5 = 0.5\ (\mathrm{s})$$

（2）按不伸出 1B 110kV 母线整定，则

$$I_{dz\,\mathrm{II}} = K_k 3I_{0\cdot\max} = 1.3 \times 520 = 676\ (\mathrm{A})$$

$$t_{\mathrm{II}} = t' + \Delta t = 0 + 0.5 = 0.5\ (\mathrm{s})$$

（3）比较上述两条件，选定 1988A、0.5s。将此段保护接于综合重合闸的 M 端子。

（4）校验灵敏度，得

$$K_{lm} = \frac{1658}{1988} = 0.83$$

3. Ⅲ段保护

（1）按与 5DL 接于 N 端的Ⅱ段保护 0.5s 配合整定，则

$$I_{dz\,\mathrm{III}} = K_k K_{fz} I'_{dz\,\mathrm{II}} = 1.15 \times 0.532 \times 2500 = 1529\ (\mathrm{A})$$

$$t_{\mathrm{III}} = t'_{\mathrm{II}} + \Delta t = 0.5 + 0.5 = 1\ (\mathrm{s})$$

（2）按不伸出 1B 110kV 母线整定，则

$$I_{dz\,\mathrm{III}} = 676\mathrm{A} \quad t_{\mathrm{III}} = 0.5\mathrm{s}$$

（3）比较上述两个条件，可选取 1529A、1s。但为改善与相邻上一级保护配合，此段须接于综合重合闸的 R 端子。所以选定定值为 1529A、1.5s，以延时躲开本线路的非全相运行时间。

（4）校验灵敏度，得

$$K_{lm} = \frac{1658}{1529} = 1.08$$

4. Ⅳ段保护

（1）按与 5DL 接于 R 端的Ⅲ段保护 1.5s 配合整定，则

$$l_{dz\,\mathrm{IV}} = K_k K_{fz} I'_{dz\,\mathrm{III}} = 1.15 \times 0.532 \times 1470 = 899.3\ (\mathrm{A})$$

$$t_{\mathrm{IV}} = t'_{\mathrm{III}} + \Delta t = 1.5 + 0.5 = 2\ (\mathrm{s})$$

（2）按不伸出 1B 110kV 母线整定，则

$$I_{dz\mathrm{IV}} = 676\mathrm{A} \quad t_{\mathrm{IV}} = 0.5\mathrm{s}$$

（3）比较上述两个条件，选定 899A、2s。

（4）校验灵敏度，得

$$K_{lm} = \frac{1658}{899} = 1.84$$

2DL 零序电流保护整定结果表明，其Ⅱ、Ⅲ段灵敏度不满足要求：

N　　2875A，0s；

M　　1988A，0.5s；

R　　1529A，1.5s；

R　　899A，2s。

（二）4DL 零序电流保护整定

1. Ⅰ段保护

（1）按躲开本线路末端短路时的最大短路电流整定，则

$$I_{dz\mathrm{I}} = K_k 3I_{0\cdot\max} = 1.3 \times 1249 = 1623\ (\mathrm{A})$$
$$t = 0\ (\mathrm{s})$$

（2）按躲开本线路非全相时的最大零序电流整定，则

$$I_{dz\mathrm{I}} = K_k 3I_{0fqx} = 1.1 \times 1620 = 1782\ (\mathrm{A})$$
$$t_{\mathrm{I}} = 0\ (\mathrm{s})$$

（3）比较上述两个条件，选定躲开非全相Ⅰ段 1782A、$t_{\mathrm{I}}=0$s，接于综合重合闸的 N 端子；零序电流保护Ⅰ段 1623A、t=0s，接于综合重合闸的 M 端子。

2. Ⅱ段保护

（1）按与 2DL 接于 N 端子的Ⅰ段保护 0s 配合整定，则

$$I_{dz\mathrm{II}} = K_k K_{fz} I'_{dz\mathrm{I}} = 1.15 \times 0.363 \times 2875 = 1198.9\ (\mathrm{A})$$
$$t_{\mathrm{II}} = t'_{\mathrm{I}} + \Delta t = 0 + 0.5 = 0.5\ (\mathrm{s})$$

（2）按不伸出 3B 110kV 母线整定，则

$$I_{dz\mathrm{II}} = K_k 3I_{0\max} = 1.3 \times 865 = 890\ (\mathrm{A})$$
$$t_{\mathrm{II}} = t' + \Delta t = 0 + 0.5 = 0.5\ (\mathrm{s})$$

（3）比较上述两个条件，选定 1198A、0.5s，将此段保护接于综合重合闸的 M 端子。

（4）校验灵敏度，得

$$K_{lm} = \frac{960}{1198} = 0.8$$

3. Ⅲ段保护

（1）按与 2DL 接于 R 端的Ⅲ段保护 1.5s 配合整定，则

$$I_{dz\mathrm{III}} = K_k K_{fz} I'_{dz\mathrm{III}} = 1.15 \times 0.363 \times 1529 = 638.3\ (\mathrm{A})$$
$$t_{\mathrm{III}} = t'_{\mathrm{III}} + \Delta t = 1.5 + 0.5 = 2\ (\mathrm{s})$$

（2）按与 3B 110kV 侧零序电流保护 2000A、1.5s 配合整定，则

$$I_{dz\text{Ⅲ}}=K_kK_{fz}I'_{dz}=1.15\times0.16\times2000\times\frac{110000}{220000}=184\text{（A）}$$

$$t_{\text{Ⅲ}}=t'+\Delta t=1.5+0.5=2\text{（s）}$$

（3）比较上述两个条件，选取 636A、2s，将此段保护接于综合重合闸的 R 端子。

（4）校验灵敏度，得

$$K_{lm}=\frac{960}{636}=1.51$$

4. Ⅳ段保护

（1）按与 2DL 接于 R 端的Ⅳ段保护配合整定，则

$$I_{dz\text{Ⅳ}}=K_kK_{fz}I'_{dz\text{Ⅳ}}=1.15\times0.363\times899=375\text{（A）}$$

$$t_{\text{Ⅳ}}=t'_{\text{Ⅳ}}+\Delta t=2+0.5=2.5\text{（s）}$$

（2）按与 3B 110kV 侧零序电流保护 1.5s 配合整定，则

$$I_{dz\text{Ⅳ}}=184\text{A}\quad t_{\text{Ⅳ}}=2\text{s}$$

（3）比较上述两个条件，选取 374A、2.5s，将此段保护接于综合重合闸的 R 端子。

（4）校验灵敏度，得

$$K_{lm}=\frac{960}{374}=2.5$$

4DL 零序电流保护整定结果表明，其Ⅱ段保护灵敏度不满足要求：

M　　1623A，0s；

N　　1782A，0s；

M　　1198A，0.5s；

R　　636A，2s；

R　　375A，2.5s。

（三）3DL 零序电流保护整定

1. Ⅰ段保护

（1）按躲开本线路末端短路时的最大短路电流整定，则

$$I_{dz\text{Ⅰ}}=K_k3I_{0\cdot\max}=1.3\times1470=1911\text{（A）}$$

$$t_{\text{Ⅰ}}=0\text{（s）}$$

（2）按躲本线路非全相时最大零序电流整定，则

$$I_{dz\text{Ⅰ}}=K_k3I_{0\cdot fqx}=1.1\times1620=1782\text{（A）}$$

$$t_{\text{Ⅰ}}=0\text{（s）}$$

（3）比较上述两个条件，选定 1911A、0s，此段保护接于综合重合闸的 N 端。

2. Ⅱ段保护

（1）按与 6DL 接于 N 端的Ⅰ段保护 0s 配合整定，则

$$I_{dz\text{Ⅱ}}=K_kK_{fz}I'_{dz\text{Ⅰ}}=1.15\times0.386\times1580=701.4\text{（A）}$$

$$t_{\text{Ⅱ}}=t'_{\text{Ⅰ}}+\Delta t=0+0.5=0.5\text{（s）}$$

（2）按不伸出 5*B* 110kV 母线整定，则

$$l_{dz\text{Ⅱ}}=K_k 3I_{0\cdot\max}=1.3\times660=858\text{（A）}$$

$$t_{\text{Ⅱ}}=t'+\Delta t=0+0.5=0.5\text{（s）}$$

（3）比较上述两个条件，选定 858A、0.5s，此段保护接于综合重合闸的 *M* 端。

（4）校验灵敏度，得

$$K_{lm}=\frac{1157}{858}=1.35$$

3. 躲非全相Ⅱ段保护

由于零序电流保护Ⅱ段已有足够灵敏度，故可考虑用此段保护加强在非全相运行中的保护作用。

（1）按躲本线路非全相时最大零序电流整定，则

$$l_{dz\text{Ⅱ}}=1782\text{A}\quad t=0\text{s}$$

（2）按与 6*DL* 接于 *N* 端的Ⅰ段保护 0s 配合整定，则

$$l_{dz\text{Ⅱ}}=701.4\text{A}\quad t=0.5\text{s}$$

（3）按不伸出 5*B* 110kV 母线整定，则

$$l_{dz\text{Ⅱ}}=858\text{A}\quad t=0.5\text{s}$$

（4）比较上述三个条件，选定 1782A、0.5s，此段保护接于综合重合闸的 *N* 端。

（5）校验灵敏度，得

$$K_{lm}=\frac{1157}{1782}=0.65$$

4. Ⅲ段保护

（1）按与 6*DL* 接于 *R* 端的Ⅲ段保护 2.5s 配合整定，则

$$l_{dz\text{Ⅳ}}=K_k K_{fz} I'_{dz\text{Ⅲ}}=1.15\times0.386\times450=199.8\text{（A）}$$

$$t_{\text{Ⅲ}}=t'_{\text{Ⅲ}}+\Delta t=2.5+0.5=3\text{（s）}$$

（2）按与 5*B* 110kV 侧零序保护配合整定，则

$$l_{dz\text{Ⅲ}}=K_k K_{fz} I'_{dz}=1.15\times0.18\times500\times\frac{110000}{220000}$$

$$=51.8\text{（A）}$$

$$t_{\text{Ⅳ}}=t'+\Delta t=2+0.5=2.5\text{（s）}$$

（3）比较上述两个条件，选定 200A、3s，此段保护接于综合重合闸的 *R* 端。

（4）校验灵敏度，得

$$K_{lm}=\frac{1157}{200}=5.79$$

此保护装置有三个延时保护段，现已整定用完，且三段保护已有足够的灵敏度，故无需再整定Ⅳ段保护。3*DL* 零序保护整定结果如下：

N　　1911A，0s；

N　　1782A，0.5s；

M　　858A，0.5s；

R　　200A，3s。

（四）1DL 零序电流保护整定

1. Ⅰ段保护

（1）按躲开本线路末端短路时的最大短路电流整定，则

$$I_{dz\,\mathrm{I}} = K_k 3I_{0\cdot\max} = 1.3\times 2452 = 3187\ (\mathrm{A})$$

$$t_{\mathrm{I}} = 0\ (\mathrm{s})$$

（2）按躲开本线路非全相中最大零序电流整定，则

$$I_{dz\,\mathrm{I}} = K_k 3I_{0\cdot fqx} = 1.1\times 2080 = 2288\ (\mathrm{A})$$

（3）比较上述两个条件，选定 3187A、0s，此段保护接于综合重合闸的 N 端。

2. Ⅱ 段保护

（1）按与 3DL 接于 N 端的Ⅰ段保护 0s 配合整定，则

$$I_{dz\,\mathrm{II}} = K_k K_{fz} I'_{dz\,\mathrm{I}} = 1.15\times 0.663\times 1911 = 1457\ (\mathrm{A})$$

$$t_{\mathrm{II}} = t'_{\mathrm{I}} + \Delta t = 0 + 0.5 = 0.5\ (\mathrm{s})$$

（2）按不伸出 3B 110kV 母线整定，则

$$I_{dz\,\mathrm{II}} = K_k 3I_{0\cdot\max} = 1.3\times 750 = 975\ (\mathrm{A})$$

$$t_{\mathrm{II}} = t' + \Delta t = 0 + 0.5 = 0.5\ (\mathrm{s})$$

（3）比较上述两个条件，选定 1457A、0.5s，此段保护接于综合重合闸的 M 端。

（4）校验灵敏度，得

$$K_{lm} = \frac{2069}{1457} = 1.42$$

3. Ⅲ段保护

（1）按与 3DL 接于 N 端的躲非全相Ⅱ段保护 0.5s 配合整定，则

$$I_{dz\,\mathrm{III}} = K_k K_{fz} I'_{dz\,\mathrm{II}} = 1.15\times 0.663\times 1782 = 1358.7\ (\mathrm{A})$$

$$t_{\mathrm{III}} = t'_{\mathrm{II}} + \Delta t = 0.5 + 0.5 = 1\ (\mathrm{s})$$

（2）按不伸出 3B 110kV 母线整定，则

$$l_{dz\,\mathrm{III}} = 975\mathrm{A}\quad t = 0.5\mathrm{s}$$

（3）比较上述两个条件，选定 1359A、1s，此段保护接于综合重合闸的 M 端。

（4）校验灵敏度，得

$$K_{lm} = \frac{2069}{1359} = 1.52$$

4. Ⅳ段保护

（1）按与 3DL 接于 R 端的Ⅲ段保护 3s 配合整定，则

$$l_{dz\,\mathrm{IV}} = K_k K_{fz} I'_{dz\,\mathrm{III}} = 1.15\times 0.663\times 200 = 152.5\ (\mathrm{A})$$

$$t_{\mathrm{IV}} = t'_{\mathrm{III}} + \Delta t = 3 + 0.5 = 3.5\ (\mathrm{s})$$

（2）按与 3B 110kV 侧零序过 流保护 2s 配合整定，则

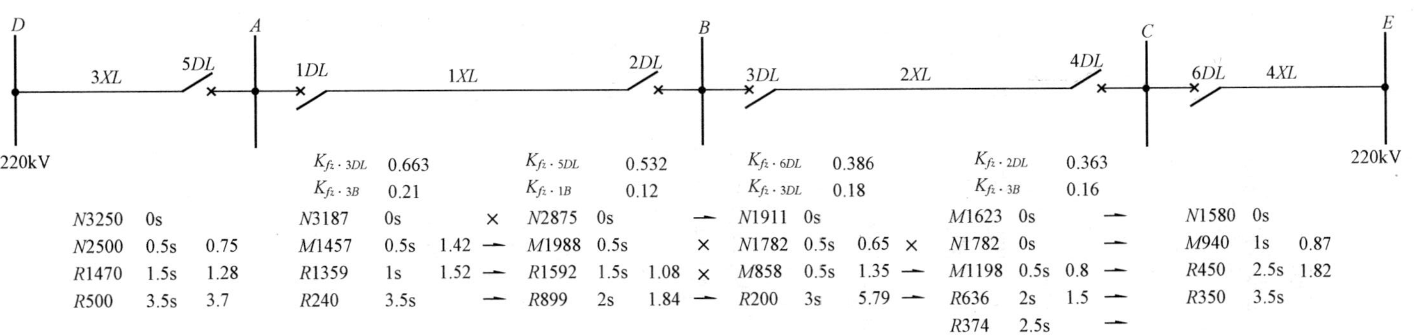

图 4-12 〔例 4-2〕的定值图

$$l_{dz\mathrm{IV}} = K_k K_{fz} I'_{dz} = 1.15 \times 0.21 \times 2000 \times \frac{110000}{220000} = 241.5\ (\mathrm{A})$$

(3) 比较上述两个条件，选定 240A、3.5s，此段保护接于综合重合闸的 R 端。

(4) 校验灵敏度，得

$$K_{lm} = \frac{2069}{240} = 8.62$$

1DL 零序电流保护整定结果表明，灵敏度满足要求：

N　　3187A，0s；

M　　1457A，0.5s；

M　　1359A，1s；

R　　240A，3.5s。

各段保护是否带方向性的判断方法，见第一章第 7 节所述，其结果已示于图 4-12 中。

此题分析结论：2DL 及 4DL 的零序主保护段灵敏度不满足要求，应增设或改用接地距离保护加以改善。此题的系统定值图如图 4-12 所示。

第 4-5 节　接地距离保护的整定计算

一、零序电流补偿系数的分析与应用

在中性点直接接地系统中，当线路上发生接地短路时，故障相的电压与电流之比将大于其线路正序相阻抗值，换句话说，母线上故障相电压值不等于故障相电流与其正序相阻抗的乘积。为使接地距离保护正确地反映正序相阻抗值，接地距离保护需引入零序电流补偿系数进行修正。零序电流补偿系数值与线路的正序阻抗和零序阻抗、以及零序互感阻抗有关，整定计算采取的零序电流补偿系数应根据保护的功能作用来选择。例如接地距离保护的测量元件与接地距离担任选相元件时要求是不同的，所选取的零序电流补偿系数值是不同的。

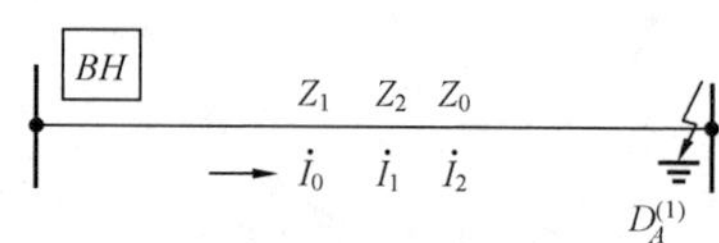

图 4-13　接地距离保护测量阻抗分析图

（一）单回线路情况

图 4-13 是单回线路在末端发生 A 相接地短路的情况，以测量正序阻抗原理的接地距离保护测量阻抗为

$$\begin{aligned}\dot{U}_d &= \dot{U}_a = (\dot{U}_{d1} + \dot{I}_{a1} Z_1) + (\dot{U}_{d2} + \dot{I}_{a2} Z_2) + (\dot{U}_{d0} + \dot{I}_{a0} Z_0) \\ &= (\dot{U}_{d1} + \dot{U}_{d2} + \dot{U}_{d0}) + \dot{I}_{a1} Z_1 + \dot{I}_{a2} Z_2 + \dot{I}_{a0} Z_0\end{aligned}$$

对接地点有 $\dot{U}_{d1} + \dot{U}_{d2} + \dot{U}_{d0} = 0$，并设 $Z_1 = Z_2$，则 $\dot{U}_d$ 式可简化为

$$\dot{U}_d = \dot{I}_a Z_1 + \dot{I}_{a0}(Z_0 - Z_1) \tag{4-14}$$

因为 $\dot{I}_0 = \dot{I}_{a0}$，所以

$$\dot{U}_d = \dot{I}_a Z_1 + \dot{I}_0 (Z_0 - Z_1) \tag{4-15}$$

取

$$\dot{I}_d = \dot{I}_a + 3K\dot{I}_0 \tag{4-16}$$

则
$$Z_d = \frac{\dot{U}_d}{\dot{I}_d} = \frac{\dot{I}_a Z_1 + \dot{I}_0 (Z_0 - Z_1)}{\dot{I}_a + 3\dot{K}\dot{I}_0}$$

$$= \frac{Z_1 \left[\dot{I}_a + \frac{(Z_0 - Z_1)}{Z_1} \dot{I}_0 \right]}{\dot{I}_a + 3\dot{K}\dot{I}_0} \tag{4-17}$$

对式（4-17），欲得 $Z_d = Z_1$，则须有

$$\dot{I}_a + \frac{(Z_0 - Z_1)}{Z_1} \dot{I}_0 = \dot{I}_a + 3\dot{K}\dot{I}_0$$

得
$$\dot{K} = \frac{Z_0 - Z_1}{3Z_1} \tag{4-18}$$

式中　$\dot{U}_d$、$\dot{I}_d$——分别为接入接地距离保护的电压和电流；

$\dot{I}_a$、$\dot{I}_{a1}$、$\dot{I}_{a2}$、$\dot{I}_{a0}$——分别为接入接地距离保护故障相的相电流及正、负、零序电流；

Z_1、Z_0——分别为线路的正序阻抗及零序阻抗；

$\dot{K}$——接地距离保护的零序电流补偿系数。

利用零序电流进行补偿需要经过 $\dot{K}$ 倍变换后引入接地距离保护。因 Z_1 与 Z_0 的相角差别不大，为简化计算通常采用实数 K。一般利用自耦变流器实现补偿，K 即是变流器的变流比。

（二）具有零序互感的双回线路情况

图 4-14 是带有零序互感的双回线路的几种接地故障情况，由于零序互感的影响使零序电流补偿系数发生变化。

图 4-14(a) 双回线路中，当一回线路末端发生 A 相接地短路时，以测量正序阻抗原理的接地距离保护测量阻抗为

$$\dot{U}_d = \dot{U}_{d1} + \dot{U}_{d2} + \dot{U}_{d0} + \dot{I}_{a1} Z_1 + \dot{I}_{a2} Z_2 + \dot{I}_{a0} Z_0 + \dot{I}'_0 Z_{m0} \tag{4-19}$$

设 $Z_1 = Z_2$，则

$$\dot{U}_d = \dot{I}_a Z_1 + \dot{I}_0 (Z_0 - Z_1) + \dot{I}'_0 Z_{m0} \tag{4-20}$$

取
$$\dot{U}_d = \dot{I}_a + 3\dot{K}\dot{I}_0 \tag{4-21}$$

则
$$Z_d = \frac{\dot{U}_d}{\dot{I}_d} = \frac{\dot{I}_a Z_1 + \dot{I}_0 (Z_0 - Z_1) + \dot{I}'_0 Z_{m0}}{\dot{I}_a + 3\dot{K}\dot{I}_0}$$

$$= \frac{Z_1 \left[\dot{I}_a + \frac{(Z_0 - Z_1)}{Z_1} \dot{I}_0 + \frac{Z_{m0}}{Z_1} \dot{I}'_0 \right]}{\dot{I}_a + 3\dot{K}\dot{I}_0} \tag{4-22}$$

对式（4-22），欲得 $Z_d = Z_1$，则须有

$$\dot{I}_a + \frac{(Z_0 - Z_1)}{Z_1} \dot{I}_0 + \frac{Z_{m0}}{Z_1} \dot{I}'_0 = \dot{I}_a + 3\dot{K}\dot{I}_0$$

可得
$$\dot{K} = \frac{Z_0 - Z_1 + Z_{m0} \frac{\dot{I}'_0}{\dot{I}_0}}{3Z_1} \tag{4-23}$$

式中　Z_{m0}——双回线路的零序互感阻抗（Ω）；

$\dot{I}_0$、$\dot{I}'_0$——分别为本线路和相邻线路的零序电流（A）。

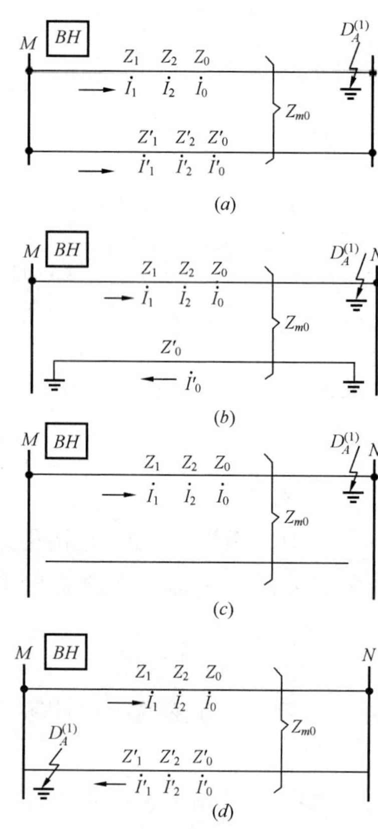

图 4-14　有零序互感线路的接地距离保护测量阻抗分析图

当双回线路中的电流 $\dot{I}_0=\dot{I}'_0$ 时，式（4-23）变为

$$\dot{K}=\frac{Z_0-Z_1+Z_{m0}}{3Z_1} \tag{4-24}$$

上述的 $\dot{K}$ 值是利用本线路的零序电流 $\dot{I}_0$ 代替相邻线路的零序电流 $\dot{I}'_0$ 进行补偿的方法。如果将相邻线路的零序电流 $\dot{I}'_0$ 引入到本线路的接地距离保护中进行补偿，则式（4-22）将变换为

$$Z_d=\frac{Z_1\left[\dot{I}_a+\dfrac{Z_0-Z_1}{Z_1}\dot{I}_0+\dfrac{Z_{m0}}{Z_1}\dot{I}'_0\right]}{\dot{I}_a+3\dot{K}'\dot{I}_0+3\dot{K}''\dot{I}'_0} \tag{4-25}$$

对式（4-25），欲得 $Z_d=Z_1$，则须有

$$\dot{K}'=\frac{Z_0-Z_1}{3Z_1} \tag{4-26}$$

$$\dot{K}''=\frac{Z_{m0}}{3Z_1} \tag{4-27}$$

式中　$\dot{K}'$——本线路零序电流补偿系数；

$\dot{K}''$——相邻线路零序电流补偿系数。

在图 4-14(*b*) 双回线路中，其中一回线路停电并两端接地，而在运行线路的末端发生 *A* 相接地短路。因相邻线路中 $\dot{I}'_0$ 与本线路中 $\dot{I}_0$ 的流向相反，依照上述分析方法可得

$$\dot{K}=\frac{Z_0-Z_1-Z_{m0}\dfrac{\dot{I}'_0}{\dot{I}_0}}{3Z_1} \tag{4-28}$$

$$\because\quad \dot{I}'_0=\frac{\dot{I}_0Z_{m0}}{Z'_0}$$

$$\therefore\quad \dot{K}=\frac{Z_0-Z_1-\dfrac{Z_{m0}^2}{Z'_0}}{3Z_1} \tag{4-29}$$

式中　$\dot{Z}'_0$——相邻线路的零序阻抗。

在图 4-14(*c*) 双回线路中，其中一回线路停电，而在运行线路的末端发生 *A* 相接地短路。这种情况与图 4-13 单回线路的情况相同，$\dot{K}$ 的计算公式同式（4-18）。

在图 4-14(*d*) 双回线路中，当相邻一回线路保护出口发生 *A* 相接地短路，相邻接地保护首先跳开其断路器时，则本线路接地距离保护的保护范围的大小，将随零序电流补偿系数和补偿方式的不同而不同。分析表明，采用式（4-23）的 $\dot{K}$ 值保护范围最长；采用式（4-29）

的 $\dot{K}$ 值保护范围最短。

（三）与相邻线路有零序互感的情况

图 4-15 表示出两端不共母线的平行线情况。依照前述分析方法可得零序电流补偿系数如下：

在图 4-15(*a*) 中，当 $\dot{I}'_0$ 与 $\dot{I}_0$ 流向相同时（图中虚线箭头）

$$\dot{K}=\frac{Z_0-Z_1+Z_{m0}\dfrac{\dot{I}'_0}{\dot{I}_0}}{3Z_1}$$

$\dot{I}'_0$ 与 $\dot{I}_0$ 流向相反时（图中实线箭头）

$$\dot{K}=\frac{Z_0-Z_1-Z_{m0}\dfrac{\dot{I}'_0}{\dot{I}_0}}{3Z_1}$$

式中　Z_{m0} ——平行线路间的零序互感阻抗。

图 4-15(*b*) 中与图 4-14(*b*) 的情况相同，故

$$\dot{K}=\frac{Z_0-Z_1-\dfrac{Z_{m0}^2}{Z'_0}}{3Z_1}$$

从上述情况分析可知，有零序互感的线路在不同的运行方式下和不同地点发生接地短路时，接地距离保护的零序电流补偿系数是不同的。在整定计算中，若采用一个固定不变的 $\dot{K}$ 值时，则保护范围将是变化的。从继电保护的选择性要求来看，任何情况下均不希望保护范围伸长，以免失去选择性而造成越级跳闸；但对担任选相任务的接地距离元件，在保证正确选相的前提下，则可考虑使保护范围适当伸长。总之，采用何种补偿方式以及如何选取整定的 $\dot{K}$ 值，均应根据具体情况和要求并经分析后决定。就一般情况而言，对有零序互感的线路接地距离保护整定应采用式 (4-29) 的 $\dot{K}$ 值，不宜用相邻线路的零序电流补偿方式，以免失去选择性。

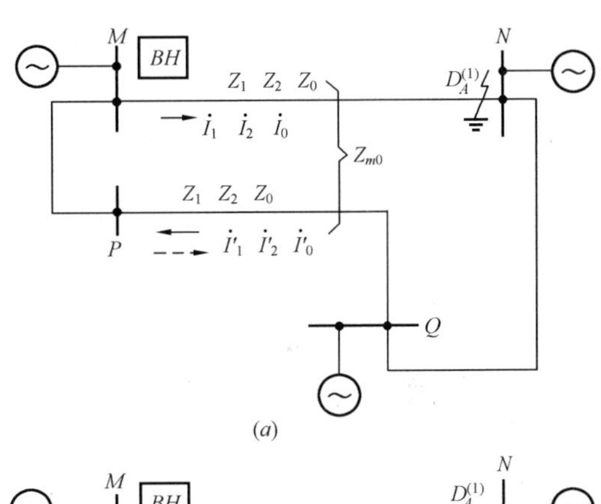

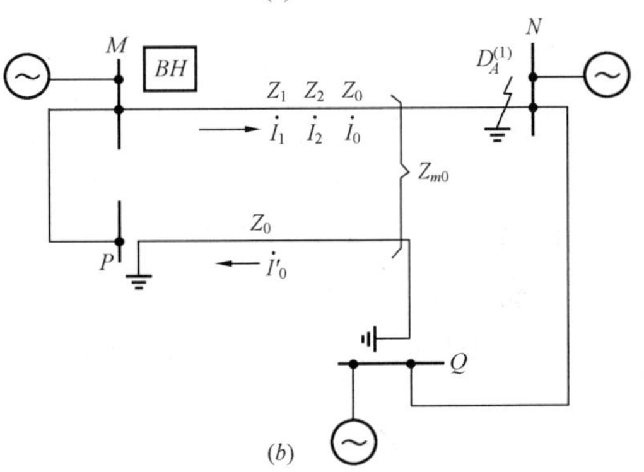

图 4-15　相邻线路有零序互感的零序电流补偿系数计算图

(*a*) 正常运行情况；(*b*) 相邻线路停用两端接地情况

如要求接地距离保护的保护范围在各种情况下不发生变化，则需随着运行情况的改变和接地短路点位置的不同而改变 $\dot{K}$ 值才能达到，这对常用的一般型式的（电磁式、晶体管式、集成电路式）保护装置是难以实现的。对新的微机型保护装置，因其功能较强，可利用距离测量元件的测量保护范围进行判断，选取适当的 $\dot{K}$ 值进行补偿，保证保护范围的正确性，

提高保护的效果。

二、接地距离保护的整定

接线为 $\dot{U}_x/\dot{I}_x+K\dot{I}_0$ 的接地距离保护，它是以测量保护安装处至接地短路点之间的相阻抗来反映线路长度距离的。因此，整定公式也以线路相阻抗（正序阻抗）表示。图 4-16 中线路 XL_1 的接地距离保护整定原则为

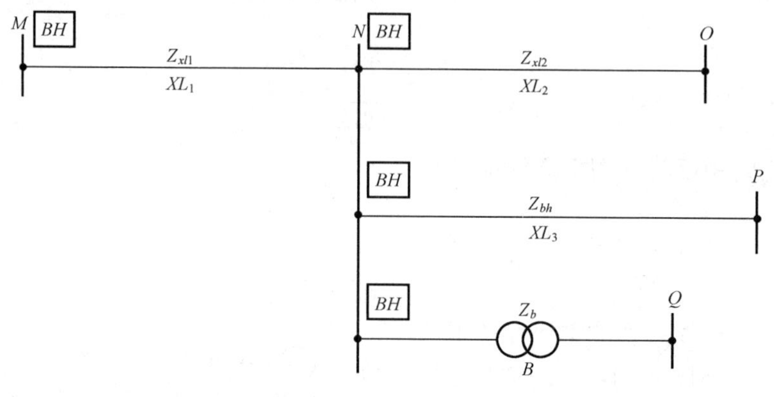

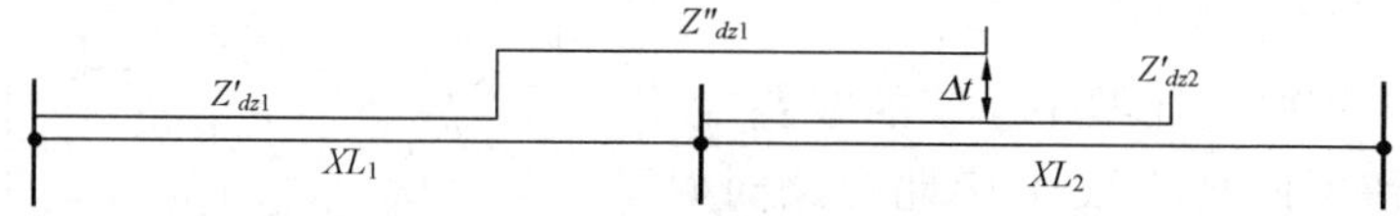

图 4-16　接地距离保护整定配合图

（一）接地距离保护Ⅰ段整定

$$Z_{dz\,\mathrm{I}}=K_kZ_{xl} \tag{4-30}$$

式中　K_k——可靠系数，取 0.7；

Z_{xl}——本线路全长的阻抗值（Ω）；

$Z_{dz\,\mathrm{I}}$——被整定线路接地距离保护Ⅰ段定值。

（二）接地距离保护Ⅱ段整定

按满足以下三个条件整定。

（1）按与相邻线路接地距离保护Ⅰ段定值配合整定，即

$$Z_{dz\,\mathrm{II}}=K_k\Big[Z_{xl}+K_{zz1}\times Z'_{dz\,\mathrm{I}}+\frac{(K_{zz0}-K_{zz1})(1+3K)\dot{I}_0}{\dot{I}_x+3K\dot{I}_0}Z'_{dz\,\mathrm{I}}+\frac{(K'-K)3K_{zz0}\dot{I}_0}{\dot{I}_x+3K\dot{I}_0}Z'_{dz\,\mathrm{I}}\Big] \tag{4-31}$$

式中　K_k——可靠系数，取 0.7；

Z_{xl}——本线路全长阻抗值（Ω）；

K_{zz1}、K_{zz0}——分别为正序和零序的助增系数；

K'、K——分别为邻线路和本线路的零序电流补偿系数；

$\dot{I}_x$、$\dot{I}_0$ ——分别为本线路故障相的相电流和零序电流（A）；

$Z_{dz\,\mathrm{II}}$ ——本线路接地距离保护Ⅱ段定值（Ω）；

$Z'_{dz\,\mathrm{I}}$ ——相邻线路接地距离保护Ⅰ段定值（Ω）。

（2）按躲开线路末端母线上变压器的中压侧母线短路整定（对三绕组变压器，假定、中压侧阻抗为零并接地运行时才按此条件整定；对 YN，d 双绕组变压器则不考虑此项整定条件）

$$Z_{dz\,\mathrm{II}}=K_k\Big[Z_{xl}+K_{zz1}Z_{b1}+\frac{(K_{zz0}-K_{zz1})(1+3K)\dot{I}_0}{\dot{I}_x+3K\dot{I}_0}Z_{b1}+\frac{(K'-K)3K_{zz0}\dot{I}_0}{\dot{I}_x+3K\dot{I}_0}Z_{b1}\Big] \tag{4-32}$$

式中　K_k ——取 0.7～0.8；

Z_b ——变压器的正序阻抗值（Ω）。

（3）按与相邻线路的零序电流Ⅰ段（或Ⅱ段）保护整定，即

$$Z_{dz\,\mathrm{II}}=K_k\Big[Z_{xl}+K_{zz1}Z_{bh}+\frac{(K_{zz0}-K_{zz1})(1+3K)\dot{I}_0}{\dot{I}_x+3K\dot{I}_0}Z_{bh}+\frac{(K'-K)3K_{zz0}\dot{I}_0}{\dot{I}_x+3K\dot{I}_0}Z_{bh}\Big] \tag{4-33}$$

式中　Z_{bh} ——相邻线路零序Ⅰ段（或Ⅱ段）保护范围的相应正序阻抗值（Ω）；

K_k ——可靠系数，取 0.7。

$Z_{dz\,\mathrm{II}}$ 的计算，利用计算机较为方便，如利用其他计算工具则较为复杂，需要借助于绘制曲线以及单相接地短路的电流、电压曲线进行计算。

方法一：直接计算整定值。图 4-17 中是 XL_1 接地距离保护与 XL_2 零序电流Ⅰ段保护配合整定的情况。首先计算并绘制在各种可能的运行方式下（图 4-17 中曲线只是一种运行方式）的 XL_2 单相接地短路电流曲线，以及相应 XL_1 的电流和电压曲线。在 $XL_2I'_0$ 曲线上找出零序Ⅰ段保护（$I'_{dz\,\mathrm{I}}/3$）的保护范围末端（图中 G 点），同时找出对应的 XL_1 的 $I_1(\overline{a0})$、$I_0(\overline{b0})$ 和 M 母线上的 $U_2(\overline{d0})$、$U_0(\overline{c0})$。将上述数值代入式（4-34）直接计算出 XL_1 接地距离保护的Ⅱ段定值 $Z_{dz\,\mathrm{II}}$。选取各种运行方式中最小的 $Z_{dz\,\mathrm{II}}$ 为整定值，即

$$Z_{dz\,\mathrm{II}}=K_kZ_d=K_k\frac{U_1+U_2+U_0}{I_1+I_2+I_0+3KI_0}=K_k\frac{E_x+2U_2+U_0}{2I_1+(1+3K)I_0} \tag{4-34}$$

式中　E_x ——电网额定相电势，可取相电压；

U_2、U_0 ——分别为接地距离保护安装处的负序电压和零序电压；

I_1、I_0——分别为流过接地距离保护的正序电流和零序电流；

K_k ——可靠系数，一般取 0.7。

方法二：求取 Z_{bh}，间接进行整定。如图 4-18 所示，首先绘制在各种可能的运行方式下（图 4-18 中曲线只是一种运行方式）的 XL_2 单相接地短路时，I'_1、I'_0及相应流过 XL_1 的

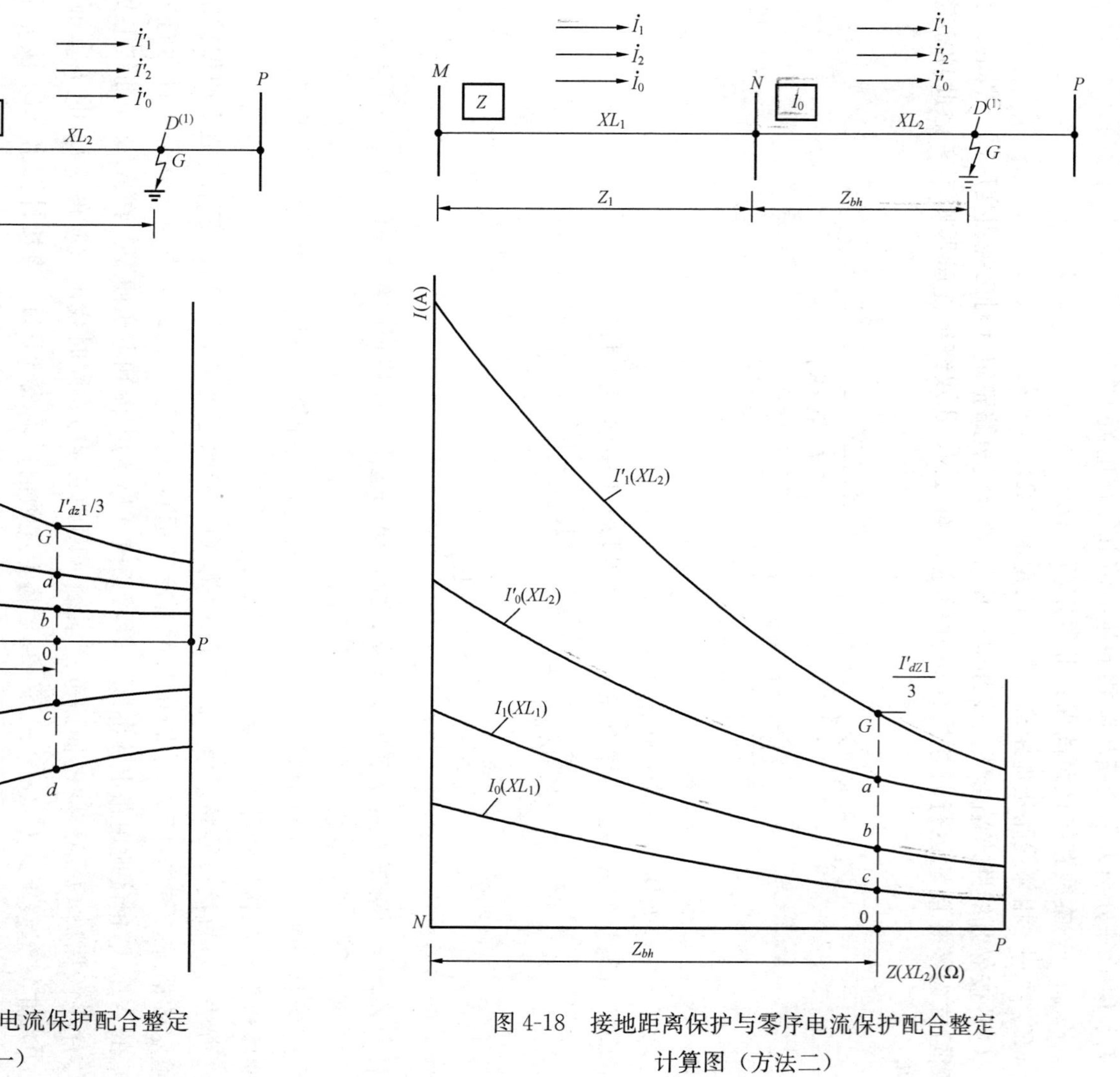

图 4-17　接地距离保护与零序电流保护配合整定计算图（方法一）

图 4-18　接地距离保护与零序电流保护配合整定计算图（方法二）

I_1、I_0 曲线。从 I'_0 曲线找出 XL_2 零序Ⅰ段（$I'_{dz\text{Ⅰ}}$）的保护范围末端（图中 G 点），即可得出 Z_{bh} 之值。由 G 点还可找出 $I'_1(\overline{G0})$、$I'_0(\overline{a0})$、$I'_1(\overline{b0})$、$I_0(\overline{c0})$，于是得：

正序助增系数 $$K_{zz1}=\frac{I'_1}{I_1}=\frac{\overline{G0}}{\overline{b0}}$$

零序助增系数 $$K_{zz0}=\frac{I'_0}{I_0}=\frac{\overline{a0}}{\overline{c0}}$$

将 Z_{bh}、K_{zz1}、K_{zz0} 代入式（4-33），即可计算出 $Z_{dz\text{Ⅱ}}$。

（三）接地距离保护Ⅲ段整定

接地距离保护Ⅲ段的整定，可参照接地距离保护Ⅱ段的整定方法进行。若需求取 XL_2 零序电流保护Ⅱ段的保护范围，也可参照其零序电流保护Ⅰ段的计算方法，依然用曲线解之。

三、接地距离保护整定计算公式的分析与应用

从式（4-31）可见，接地距离保护比相间距离保护计算要复杂，而且影响计算准确度的因素也较多。但根据电网具体参数情况可做适当简化，现分析如下：

（1）式（4-31）中第三项，由于正序网与零序网的不同，产生正序助增系数与零序助增系数不相等。当 $(K_{zz0}-K_{zz1})>0$ 时，使整定阻抗增大；当 $(K_{zz0}-K_{zz1})<0$ 时，使整定阻抗减小；当 $K_{zz0}=K_{zz1}$ 时，则不产生影响。从保护整定配合的选择性角度看，应选用可能出现的 $(K_{zz0}-K_{zz1})<0$ 的最小值进行计算。当 $(K_{zz0}-K_{zz1})\geqslant0$ 时，可删掉公式中第三项。

（2）式（4-31）中第四项，由于相邻两条线路 Z_1/Z_0 的比值不同而产生影响。当 $(K'-K)<0$ 时，使整定阻抗减小；当 $(K'-K)>0$ 时，使整定阻抗增大；当 $(K'-K)=0$ 时，不产生影响。从保护整定配合选择性角度看，应选用可能出现的 $(K'-K)<0$ 的最小值进行计算。在无零序互感的线路上，K 与 K' 一般是相差不多的，可以忽略第四项。但对于式（4-32）中，由于变压器的 K 值很小，故不能忽略。

（3）对于 Z_{xl} 与 $Z'_{dz\text{Ⅰ}}$ 两者阻抗相角不同的影响，与相间阻抗保护整定式（4-31）中一样是可以忽略不计的。

【例 4-3】 试对图 4-19(a) 中系统的 XL_1 线路接地距离保护进行整定。

一、已知条件

（1）线路 XL_1 与 XL_2 均装设原理为 $\dfrac{U_x}{I_x+3KI_0}$ 的接地距离保护。

（2）电网参数见图 4-19(b)。图中参数均是以 230kV 为基准的有名值。

（3）2DL 的接地距离保护定值（一次值）为：

Ⅰ段　5.55Ω　0s；

Ⅱ段　12.7Ω　0.5s；

Ⅲ段　17.45Ω　2s。

（4）XL_1 对 XL_2 的助增系数，以 A 相为特殊相。

在 2DL Ⅰ段保护范围末端，正常方式下：$K_{zz1}=1.29$、$K_{zz0}=1.8$、$I_x=1.663$、$I_0=0.446$（电流为标幺值，以 1000MVA 为基准，以下均同）；1B 停运方式：$K_{zz1}=1$、K_{zz0}

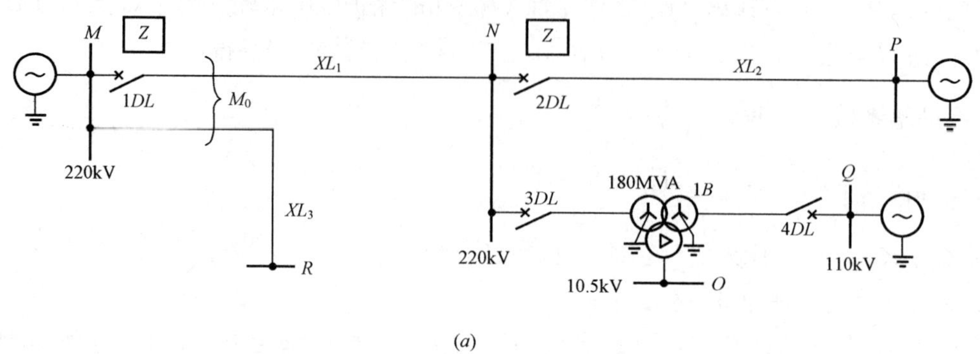

(a)

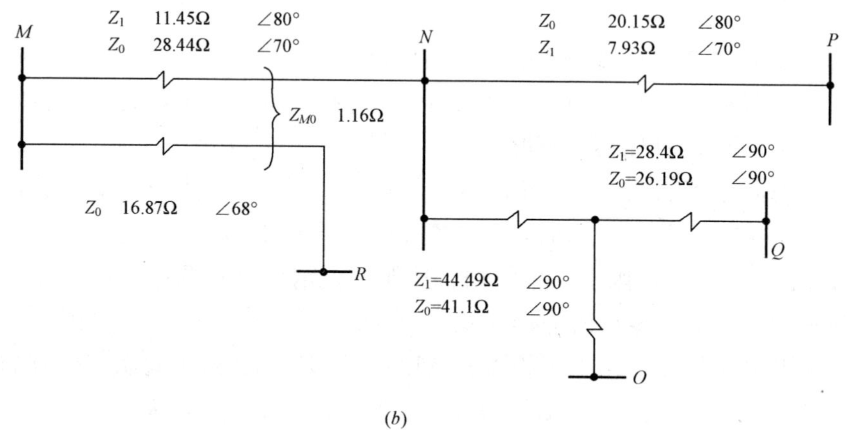

(b)

图 4-19 〔例 4-3〕的系统图

(a) 原始系统图；(b) 系统参数图

=1。

在 2DLⅡ段保护范围末端，正常方式下：$K_{zz1}=1.315$、$K_{zz0}=1.816$、$I_a=1.246$、$I_0=0.313$；1B 停运方式：$K_{zz1}=1$、$K_{zz0}=1$、$I_a=1.87$、$I_0=0.59$。

2DLⅢ段保护范围内的助增系数与其Ⅱ段保护相同。

XL_1 对 1B 110kV 的助增系数，正常方式下：$K_{zz1}=1.84$、$K_{zz0}=1.96$、$I_a=0.44$、$I_0=0.31$。XL_2 停运的方式下：$K_{zz1}=1$、$K_{zz0}=1$、$I_a=0.498$、$I_0=0.384$。

(5) 1DL 的电流互感器变比为 1200/5，电压互感器变比为 $220000/\sqrt{3}/100/\sqrt{3}/100$。

二、整定计算

(一) 零序电流补偿系数

由图 4-19(b) 中的参数可计算。

$$XL_1 \qquad K=\frac{Z_0-Z_1-\frac{Z_{m0}^2}{Z_0'}}{3Z_1}=\frac{28.44-11.45-\frac{1.16^2}{16.87}}{3\times 11.45}$$

$$=0.49$$

XL_2 $$K=\frac{Z_0-Z_1}{3Z_1}=\frac{20.15-7.93}{3\times 7.93}=0.51$$

$1B$ $$K=\frac{Z_0-Z_1}{3Z_1}=\frac{41.1-44.49}{3\times 44.49}=0.0254$$

（二）1*DL* 的保护Ⅰ段整定

$$Z_{dz\cdot \mathrm{I}}=K_kZ_{xl}=0.7\times 11.45=8.015(\Omega)$$

取 8Ω。

$$t=0\ (\mathrm{s})$$

（三）1*DL* 的保护Ⅱ段整定

（1）按与 2*DL* 接地距离Ⅰ段 0s 配合整定。助增系数应考虑可能出现的两种情况：一是正常方式；二是 1*B* 停运的方式。现分别计算如下：

1）正常方式时

$$\begin{aligned}Z_{dz\cdot \mathrm{II}}&=K_k\Big[Z_{xl}+K_{zz1}Z'_{dz\cdot \mathrm{I}}+\frac{(K_{zz0}-K_{zz1})(1+3K)I_0Z'_{dz\cdot \mathrm{I}}}{I_x+3KI_0}\\&\quad+\frac{(K'-K)3K_{zz0}I_0Z'_{dz\cdot \mathrm{I}}}{I_x+3KI_0}\Big]\\&=0.7\Big[11.45+1.29\times 5.55+\frac{(1.8-1.29)\times(1+3\times 0.49)\times 0.446\times 5.55}{1.663+3\times 0.49\times 0.446}\\&\quad+\frac{(0.51-0.49)\times 3\times 1.8\times 0.446\times 5.55}{1.663+3\times 0.49\times 0.446}\Big]\\&=14.05\ (\Omega)\end{aligned}$$

$$t=t'_{\mathrm{I}}+\Delta t=0+0.5=0.5\ (\mathrm{s})$$

2）1*B* 停运方式下，两条线路中间无分支负荷，要求取得选择性没有实际意义，故按不伸出相邻线路Ⅰ段保护范围整定，即

$$Z_{dz\cdot \mathrm{II}}=K_k\times(Z_{xl}+Z'_{dz\cdot \mathrm{I}})=0.9\times(11.45+5.55)=15.3\ (\Omega)$$

$$t=t'_{\mathrm{I}}+\Delta t=0+0.5=0.5\ (\mathrm{s})$$

（2）按与 1*B* 差动保护范围配合整定。1*B* 变压器中压侧为零阻抗，故按变压器高压绕组等值阻抗整定。选择 XL_2 停运的方式比较严重，得

$$\begin{aligned}Z_{dz\cdot \mathrm{II}}&=K_k\Big[Z_{xl}+K_{zz1}Z_{b1}+\frac{(K_{zz0}-K_{zz1})(1+3K)\times I_0\times Z_{b1}}{I_x+3KI_0}\\&\quad+\frac{(K'-K)3K_{zz0}I_0Z_{b1}}{I_x+3KI_0}\Big]\\&=0.7\times\Big[11.45+1\times 44.49+\frac{(1-1)(1+3\times 0.49)\times 0.384\times 44.49}{0.498+3\times 0.49\times 0.384}\\&\quad+\frac{(-0.0254-0.49)\times 3\times 1\times 0.384\times 44.49}{0.498+3\times 0.49\times 0.384}\Big]\\&=21.75\ (\Omega)\end{aligned}$$

$$t = t'_{\mathrm{I}} + \Delta t = 0 + 0.5 = 0.5\ (\mathrm{s})$$

（3）比较上述两个条件，应选择 14.35Ω、0.5s。

$$K_{lm} = \frac{14.35}{11.45} = 1.23$$

（4）由（3）项可知，灵敏度较低，不可取，重新按与 2DL 接地距离保护Ⅱ段配合整定。按正常方式计算，得

$$Z_{dz\cdot\mathrm{II}} = 0.7\left[11.45 + 1.315 \times 12.7 + \frac{(1.816 - 1.315) \times (1 + 3 \times 0.49) \times 0.313 \times 12.7}{1.246 + 3 \times 0.49 \times 0.313} + \frac{(0.51 - 0.49) \times 3 \times 0.313 \times 1.816 \times 12.7}{1.246 + 3 \times 0.49 \times 0.313}\right]$$

$$= 21.9\ (\Omega)$$

$$t = t'_{\mathrm{II}} + \Delta t = 0.5 + 0.5 = 1\ (\mathrm{s})$$

（5）比较（2）与（4）的数值，应选取 21.75Ω、1s。

$$K_{lm} = \frac{21.75}{11.45} = 1.9$$

（四）1DL 保护Ⅲ段整定

（1）按与 2DL 接地距离保护Ⅲ段配合整定。由已知条件保护Ⅲ段与Ⅱ段的助增系数相同，得

$$Z_{dz\cdot\mathrm{III}} = 0.7\left[11.45 + 1.315 \times 17.45 + \frac{(1.816 - 1.315) \times (1 + 3 \times 0.49) \times 0.313 \times 17.45}{1.246 + 3 \times 0.49 \times 0.313} + \frac{(0.51 - 0.49) \times 3 \times 0.313 \times 1.816 \times 17.45}{1.246 + 3 \times 0.49 \times 0.313}\right]$$

$$= 28.31\ (\Omega)$$

$$t = t'_{\mathrm{III}} + \Delta t = 2 + 0.5 = 2.5(\mathrm{s})$$

（2）按与 1B 差动保护范围配合整定。已知：$Z_{dz\mathrm{II}} = 21.75\Omega$、$t = 0.5\mathrm{s}$。

（3）为不使保护Ⅲ段时间过分提高，不考虑保护范围伸出 1B 差动保护范围的整定条件，最后选取 21.75Ω、2.5s。

（五）整定结果

$Z_{dz\cdot\mathrm{I}} = 8\Omega\quad 0\mathrm{s}$；

$Z_{dz\cdot\mathrm{II}} = 21.75\Omega\quad 1\mathrm{s}$；

$Z_{dz\cdot\mathrm{III}} = 21.75\Omega\quad 2.5\mathrm{s}$。

整定结果分析，灵敏度及动作时间均满足要求，可以采用。

第五章　相间距离保护整定计算

第5-1节　概　　述

一、距离保护装置的主要元件——阻抗继电器

阻抗继电器是距离保护装置的主要元件，它是反映从故障点至保护安装处之间阻抗值大小的测量元件，通常称为阻抗继电器。阻抗继电器的种类很多，但根据其基本性质可分为两大类，即第Ⅰ类阻抗继电器和第Ⅱ类阻抗继电器。第Ⅰ类阻抗继电器的主要特点是，它的动作特性可直接表示在阻抗（或导纳）复数平面上，因而可利用它在复数平面上的特性曲线，对继电器在各种故障方式及系统运行方式下的行为进行分析。这些特性曲线，都可以表示为通入继电器的电压与电流的某种函数。根据各种不同的构成方式，可以得到圆、直线、椭圆、平行四边形等各种轨迹曲线；也可以构成带有方向性的圆特性及带有偏移的圆特性曲线。对于第Ⅱ类阻抗继电器，根据它的动作原理，其动作特性不能表示成为复数平面上的单一变量 Z 的某个函数曲线，因而只能根据继电器的原始动作方程式，以及具体的系统运行方式和故障类型，对继电器的动作行为进行分析，所以其特性分析较为复杂。

二、距离保护的基本特性和特点

距离保护的基本特性：

1. 距离保护的基本构成

距离保护是以反映从故障点到保护安装处之间阻抗大小（距离大小）的阻抗继电器为主要元件（测量元件），动作时间具有阶梯特性的相间保护装置。当故障点至保护安装处之间的实际阻抗大于预定值时，表示故障点在保护范围之外，保护不动作；当上述阻抗小于预定值时，表示故障点在保护范围之内，保护动作。当再配以方向元件（方向特性）及时间元件，即组成了具有阶梯特性的距离保护装置。

当故障线路中的电流大于阻抗继电器的允许精确工作电流时，保护装置的动作性能与通过保护装置的故障电流的大小无关。

2. 距离保护的应用

距离保护可以应用在任何结构复杂、运行方式多变的电力系统中，能有选择性地、较快地切除相间故障。当线路发生单相接地故障时，距离保护在有些情况下也能动作；当发生两相短路接地故障时，它可与零序电流保护同时动作，切除故障。因此，在电网结构复杂，运行方式多变，采用一般的电流、电压保护不能满足运行要求时，则应考虑采用距离保护装置。

3. 距离保护各段动作特性

距离保护一般装设三段，必要时也可采用四段。其中第Ⅰ段可以保护全线路的80%～85%，其动作时间一般不大于0.03～0.1s（保护装置的固有动作时间），前者为晶体管保护

的动作时间，后者为机电型保护的动作时间。第Ⅱ段按阶梯特性与相邻保护相配合，动作时间一般为0.5～1.5s，通常能够灵敏而较快速地切除全线路范围内的故障。由Ⅰ、Ⅱ段构成线路的主要保护。第Ⅲ（Ⅳ）段，其动作时间一般在2s以上，作为后备保护段。

4. 距离保护装置特点

（1）由于距离保护主要反映阻抗值，一般说其灵敏度较高，受电力系统运行方式变化的影响较小，运行中躲开负荷电流的能力强。在本线路故障时，装置第Ⅰ段的性能基本上不受电力系统运行方式变化的影响（只要流过装置的故障电流不小于阻抗元件所允许的精确工作电流）。当故障点在相邻线路上时，由于可能有助增作用，对于第Ⅱ、Ⅲ段，保护的实际动作区可能随运行方式的变化而有所变化，但一般情况下，均能满足系统运行的要求。

（2）由于保护性能受电力系统运行方式的影响较小，因而装置运行灵活、动作可靠、性能稳定。特别是在保护定值整定计算和各级保护段相互配合上较为简单灵活，是保护电力系统相间故障的主要阶段式保护装置。

三、距离保护装置成套屏

距离保护装置已有各种型式的成套保护屏，各厂家生产的成套屏性能不同，型式各异，且同一厂家的产品也在不断更新。

虽然各厂家之成套屏的构成不同，但其遵循的原则基本相似。主要包括以下几个方面：

（1）大多数按三段式保护构成。其Ⅰ、Ⅱ段构成了主要保护段，第Ⅲ段作为后备段。根据需要也可设置第Ⅳ段。某些产品也有两段式的保护屏。

（2）设置振荡闭锁装置，以防止系统振荡时保护发生误动作。

（3）设置断线闭锁装置，以防止断线时保护的误动作。

（4）设置与重合闸装置相配合的重合闸后加速保护动作的回路。

（5）防止因弧光电阻过大而引起保护拒绝动作的瞬时测定回路。

目前我国电力系统中所采用的距离保护装置，除少数由国外引进的设备之外，国内各厂家生产了多种型号的成套屏。目前，各厂家已开始生产经国家定型的“四统一产品”，其详细内容可参考各厂家的产品说明书。

第5-2节　距离保护整定计算的准备工作及计算的主要项目

（一）详细了解所采用成套屏的说明书

计算之前应参阅采用保护屏说明书，了解其主要性能及其参数范围。通常主要了解以下几方面的内容：

（1）保护段数，各保护段的参数及定值整定范围，保护各段的切换方法及要求事项。

（2）保护装置的起动方式（如低阻抗、电流、电压、负序电流、零序电流、负序电流增量、零序电流增量等），各起动方式下起动值的整定范围。

（3）采用阻抗继电器的特性及参数：如全阻抗、方向阻抗，有否偏移特性、多相补偿阻抗继电器等；阻抗整定值的参数及范围，阻抗角整定范围，阻抗元件的接线方式，精确工作电流的允许值等。

（4）振荡闭锁元件的构成情况：起动方式、定值范围、整组复归时间的整定范围、所闭锁保护段数等。

（5）断线闭锁构成方式，整定参数及定值范围。

（6）重合闸后加速方式及加速哪几段。

（7）是否设有瞬时测定回路，了解其使用方式。

（8）保护装置上的有关连接端子及其要求（如瞬时测定回路、重合闸后加速回路等有关端子的连接）。

（9）其他注意事项，如电流互感器、电压互感器的使用变比、装设位置等。

（二）距离保护定值计算的主要内容及项目

距离保护定值的整定计算工作，主要内容包括以下几个方面：

（1）各保护段的整定阻抗、保护动作时间、最大灵敏角、阻抗继电器整定分接头位置、精确工作电流的要求值以及各保护段的灵敏度。

（2）振荡闭锁元件的整定值（起动值）、整组复归时间及复归方式和要求所闭锁的保护段。

（3）断线闭锁元件的整定值及有关要求。

（4）重合闸后加速方式及加速的保护段。

（5）指明是否用瞬时测定回路。

（6）有关连接端子或跨线的连接方式。

（7）其他必要的说明事项。如对系统的运行方式有哪些要求及限制；运行中应注意的事项等。

第5-3节　相间距离保护装置各保护段定值配合的原则和助增系数计算原则

一、距离保护定值配合的基本原则

距离保护定值配合的基本原则如下：

（1）距离保护装置具有阶梯式特性时，其相邻上、下级保护段之间应逐级配合，即两配合段之间应在动作时间及保护范围上互相配合。

距离保护也应与上、下相邻的其他保护装置在动作时间及保护范围上相配合。例如：当相邻为发电机变压器组时，应与其过电流保护相配合；当相邻为变压器或线路时，若装设电流、电压保护，则应与电流、电压保护之动作时间及保护范围相配合。

（2）在某些特殊情况下，为了提高保护某段的灵敏度，或为了加速某段保护切除故障的时间，采用所谓“非选择性动作，再由重合闸加以纠正”的措施。例如：当某一较长线路的中间接有分支变压器时，线路距离保护装置第Ⅰ段可允许按伸入至分支变压器内部整定，即可仍按所保护线路总阻抗的80％～85％计算，但应躲开分支变压器低压母线故障；当变压器内部发生故障时，线路距离保护第Ⅰ段可能与变压器差动保护同时动作（因变压器差动保护设有出口跳闸自保护回路），而由线路自动重合闸加以纠正，使供电线路恢复正常供电。

（3）采用重合闸后加速方式，达到保护配合的目的。采用重合闸后加速方式，除了加速故障切除，以减小对电力设备的破坏程度外，还可借以保证保护动作的选择性。这可在下述情况下实现：当线路发生永久性故障时，故障线路由距离保护断开，线路重合闸动作，进行重合。此时，线路上、下相邻各距离保护的Ⅰ、Ⅱ段可能均由其振荡闭锁装置所闭锁，而未经振荡闭锁装置闭锁的第Ⅲ段，在有些情况下往往在时限上不能互相配合（因有时距离保护Ⅲ段与相邻保护的第Ⅱ段配合），故重合闸后将会造成越级动作。其解决办法是采用重合闸后加速距离保护Ⅲ段，一般只要重合闸后加速距离保护Ⅲ段在1.5～2s，即可躲过系统振荡周期，故只要线路距离保护Ⅲ段的动作时间大于2～2.5s，即可满足在重合闸后仍能互相配合的要求。

二、距离保护定值计算中所用助增系数（或分支系数）的选择及计算

助增系数（或分支系数）的正确计算，直接影响到距离保护定值及保护范围的大小，也就影响了保护各段的相互配合及灵敏度。正确选择与计算助增系数，是距离保护计算配合的重要工作内容之一。选择计算助增系数，要紧密结合系统的运行方式，要在可能的运行方式下，选取较小的助增系数。在计算时，允许不考虑分支负荷电流的影响。只有当分支负荷电流较大，对于按负荷电流大小整定的某些保护段（如某些保护的第Ⅲ段）或者有必要精确计算时，才考虑分支负荷电流的影响。

对于助增系数的计算，应结合系统实际运行中可能出现的运行方式，选取既符合安全运行要求而又合理的情况下的数值，现介绍几种常见的情况如下：

1. 对于辐射状结构电网的线路保护配合时

这种系统，其助增系数与故障点之位置无关。计算时故障点可取在线路的末端，主电源侧采取大运行方式，分支电源采用小运行方式，如图5-1所示。

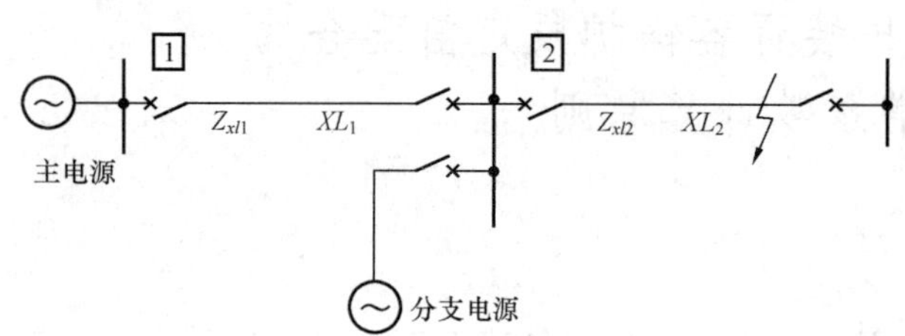

图5-1 辐射状电力网助增系数计算图

2. 环形电力网中线路保护间助增系数的计算

这种电力网中的助增系数随故障点位置的不同而变化。图5-2所示的电网，在计算时，应采用开环运行的方式，以求出最小助增系数。按图中应将断路器1DL断开，电源A及B一般应采用大运行方式，电源C采用小运行方式。

3. 单回辐射线路与环网内线路保护相配合时

如图5-3所示，当线路XL_1与线路XL_2的保护相配合时，应按环网为闭环运行方式下，在线路末端故障时计算。电源A采用大运行方式，电源B采用小运行方式。当电源B向线路XL_3送短路电流时，XL_3应按断开方式计算。

4. 环状电网对环网外辐射线路保护间相配合时

如图5-4所示，环网内线路XL_1与环网外线路XL_2保护的配合，助增系数计算按环网

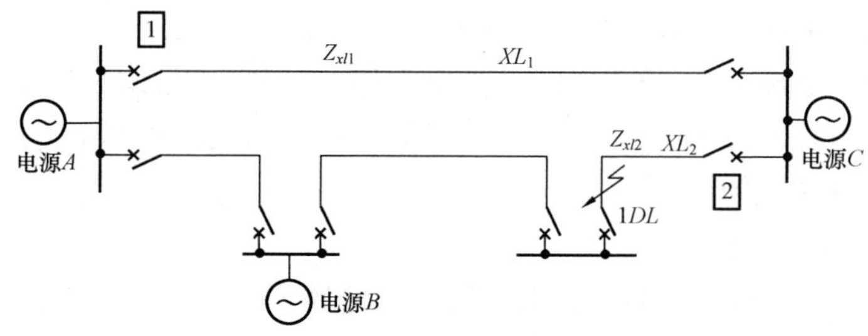

图 5-2　环状电网、助增系统计算图

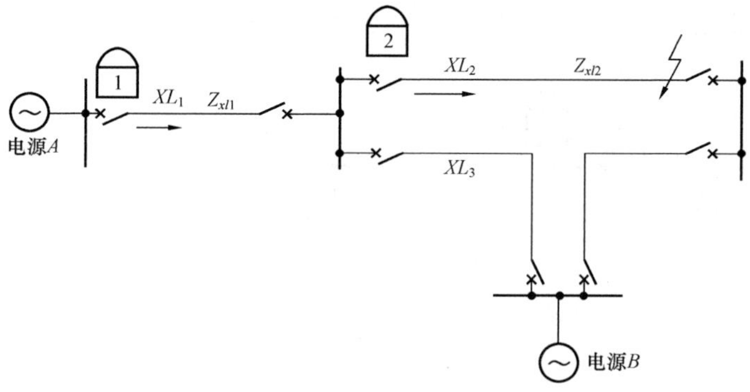

图 5-3　环网中肋增系数计算图

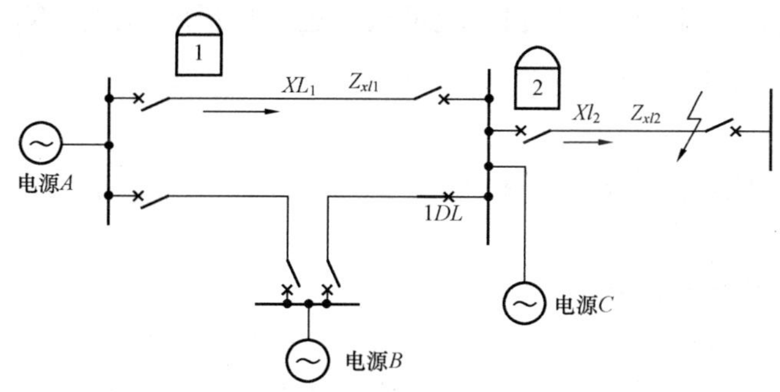

图 5-4　环网线路助增系数的计算图

开环，即开关 1*DL* 断开的方式下计算。电源 *A* 及 *B* 均采用大运行方式，电源 *C* 采用小运行方式。

5. 单回线路对相邻为双回线路的保护相配合时

如图 5-5 所示的电网，进行助增系数计算时，应按双回线并列运行的方式下，故障点可

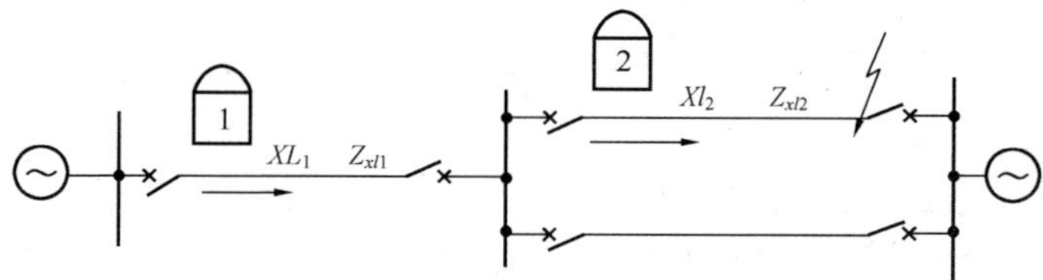

图 5-5　单回线与双回线配合助增系数计算图

近似取在双回线路的末端（这样助增系数偏小于较小值）。若双回线路上装设“分”电流保护装置时，则助增系数按 $K_z=0.5$（即为吸出作用）计算；若双回线路上装设“和”电流保护装置时，则助增系数按 $K_z=1$ 计算。上述值是在双回线路母线上无电源的情况下采用；若有电源，则应进行具体的计算。

6. 双回线对单回线保护相配合时

如图 5-6 所示，进行助增系数计算时：若双回线路上装设“分”电流保护，则按双回线在单回线路运行方式下（即一回线停电）考虑，而助增系数按照单回线与单回线配合时的情况计算：若双回线路上装设“和”电流的保护装置，则按双回线路并列运行的方式下计算，故障点可取在线路末端。

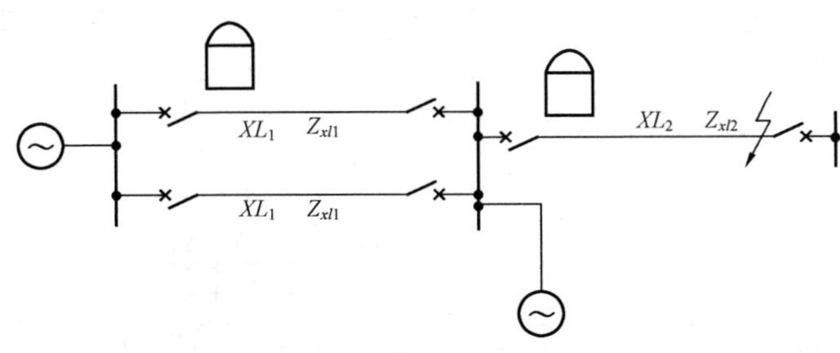

图 5-6 双回线路与单回线路保护相配合时助增系数的计算图

应该指出，上述原则无论对于辐射状电网内，还是环形电网内的双回线与单回线间的助增系数的计算都是适用的。

第 5-4 节 距离保护装置阻抗继电器的接线方式和整定阻抗

一、阻抗继电器的接线方式

阻抗继电器的电流及电压回路的接入，有各种不同的接线方式，譬如：有接入相电压和相电流的；有接入相间电压和相电流之差的；有接入相间电压和相电流的等。对于不同的接线方式，在各种类型的短路故障情况下，继电器端子上所测得的阻抗值是不同的。

按照接至阻抗继电器端子上的电流及电压的不同组合情况，常用的继电器接线方式如表 5-1所示。

表 5-1 阻抗继电器接线方式

相别	0°接线 U_Δ/I_Δ		+30°接线 U_Δ/I_λ		−30°接线 U_Δ/I_λ		0°接线 U_λ/I_λ		补偿接线 $U_\lambda/I_\lambda+K3I_0$	
	U_j	i_j	U_j	i_j	U_j	i_j	U_j	i_j	U_j	i_j
A	U_{AB}	I_A-I_B	U_{AB}	I_A	U_{AB}	$-I_B$	U_A	I_A	U_A	I_A+K3I_0
B	U_{BC}	I_B-I_C	U_{BC}	I_B	U_{BC}	$-I_C$	U_B	I_B	U_B	I_B+K3I_0
C	U_{CA}	I_C-I_A	U_{CA}	I_C	U_{CA}	$-I_A$	U_C	I_C	U_C	I_C+K3I_0

表 5-2　　　　不同接线方式的阻抗继电器测量阻抗值

故障	0°接线	+30°接线	−30°接线	0°接线	补偿接线
类型	U_{Δ}/I_{Δ}	$U_{\Delta}/I_{人}$	$U_{\Delta}/I_{人}$	$U_{人}/I_{人}$	$U_{人}/I_{人}+K3I_0$
$D_{(3)}$	Z_1	$\sqrt{3}Z_1e^{j30^{\circ}}$	$\frac{\sqrt{3}}{2}Z_1e^{-j30^{\circ}}$	Z_1	Z_1
$D_{(2)}$	Z_1	$2Z_1$	Z_1	—	—
$D_{(1)}$	—	—	—	$\frac{2Z_1+Z_2}{3}$	Z_1
$D^{(1,1)}$	Z_1	$\left(2-\frac{3I_0}{I_{人}}\right)Z_1$	$\left(2-\frac{3I_0}{I_{人}}\right)\frac{Z_1}{2}$	—	—

注　表中 Z_1 为线路的正序相阻抗，并假定电流互感器及电压互感器之变比均为 1。

二、阻抗继电器的整定阻抗

在进行距离保护装置的定值计算时，首先按照计算原则及要求，算出各保护段的一次整定阻抗值（详见本章第 5-5 节）。计算的结果用线路的一次正序相阻抗表示。这样就可给出距离保护定值配置图，并根据实际情况和习惯可以按以下几种不同方式给出调试用定值。

第一种方式：根据所计算出的距离保护各段的一次定值，直接给出距离保护各段的“整定阻抗”Z_{dz}。该定值为当线路三相短路时，从保护区末端至保护安装处每相线路正序阻抗的一次欧姆值。至于考虑由该一次“整定阻抗”换算至电流互感器及电压互感器二次侧的“整定阻抗”以及继电器接线系数等因素影响时的计算工作，均由试验部门根据实际情况确定。这种方式给出保护定值的优点是，概念清楚、不易发生差错；其缺点则是，要求调试者熟悉一、二次定值的换算关系，给调试单位增加了一些工作量。

第二种方式：根据电流互感器及电压互感器的变比，结合继电器的接线系数，按式（5-1）计算出在三相短路故障方式下，阻抗继电器的二次“整定阻抗”值，并依此给出各保护段的整定值，即

$$Z_{dz\cdot j}=Z_{dz}\times\frac{n_{LH}}{n_{YH}}\times K_{jx} \tag{5-1}$$

式中　$Z_{dz\cdot j}$——阻抗继电器的二次整定阻抗（Ω/相）；

Z_{dz}——距离保护的一次整定阻抗（Ω/相）；

n_{YH}、n_{LH}——分别为电压互感器及电流互感器的变比；

K_{jx}——三相短路时，阻抗继电器的接线系数，可由表 5-2 查得。对于 U_{Δ}/I_{Δ} 的 0°接线方式，当三相短路时，$K_{jx}=1$；对 $U_{\Delta}/I_{人}$ 的 +30°接线，则 $K_{jx}=\sqrt{3}e^{+j30^{\circ}}$。

第三种方式：按照已选的电流互感器及电压互感器变比，给出从保护范围末端至保护安装处之间线路正序相阻抗的二次值（即换算至电流互感器及电压互感器二次侧的正序相阻抗），可按下式计算为

$$Z_{dz\cdot j}=Z_{dz}\times\frac{n_{LH}}{n_{YH}} \tag{5-2}$$

式中　$Z_{dz \cdot j}$ ——距离保护的二次整定阻抗（Ω/相）；

Z_{dz} ——距离保护的一次整定阻抗（Ω/相）；

n_{YH}、n_{LH} ——分别为电流互感器、电压互感器的变比。

上式中的整定阻抗为从保护范围末端至保护安装处之间的一个假想的二次正序相阻抗，它不考虑继电器的接线系数（即继电器的接线方式），在其整定值的通知单中应加以说明。根据通知单中的“整定值”，调试单位在调试时应结合继电器的具体接线方式及试验方法进行。

第 5-5 节　距离保护整定计算

一、距离保护Ⅰ段整定计算

（一）当被保护线路无中间分支线路（或分支变压器）时

定值计算按躲过本线路末端故障整定，一般可按被保护线路正序阻抗的 80%～85%计算，即

$$Z_{dz \cdot \mathrm{I}} \leqslant K_k Z_{xl} \tag{5-3}$$

对方向阻抗继电器则有

$$\theta_{lm} = \theta_{xl} \tag{5-4}$$

式中　$Z_{dz \cdot \mathrm{I}}$ ——距离保护Ⅰ段的整定阻抗；

Z_{xl} ——被保护线路的正序相阻抗；

K_k ——可靠系数，可取 0.8～0.85；

θ_{lm} ——继电器最大灵敏角；

θ_{xl} ——被保护线路的阻抗角。

保护的动作时间按 $t_{\mathrm{I}}=0\mathrm{s}$（即保护固有动作时间）整定。

（二）当线路末端仅为一台变压器时（即线路变压器组）

其定值计算按不伸出线路末端变压器内部整定，即按躲过变压器其他各侧的母线故障整定

$$Z_{dz \cdot \mathrm{I}} \leqslant K_k Z_{xl} + K_{kb} Z_b \tag{5-5}$$

式中　Z_b ——线路末端变压器的阻抗；

K_{kb} ——可靠系数，取 0.75；

K_k ——可靠系数，取 0.8～0.85；

Z_{xl} ——线路正序阻抗。

保护动作时间按 $t_{\mathrm{I}}=0\mathrm{s}$（即保护固有动作时间）整定。

（三）当线路末端变电所为两台及以上变压器并列运行且变压器均装设有差动保护时

如果本线路上装设有高频保护时，距离Ⅰ段仍可按“（一）”项的方式计算。当本线路上未装设高频保护时，则可以按躲开本线路末端故障或按躲开终端变电所其他母线故障整定

$$Z_{dz \cdot \mathrm{I}} < K_k Z_{xl} \tag{5-6}$$

或

$$Z_{dz \cdot \mathrm{I}} \leqslant K_k Z_{xl} + K_{kb} Z'_b$$

式中　K_k ——可靠系数，取 0.8～0.85；

K_{kb} ——可靠系数，取 0.75；

Z_{xl} ——线路正序阻抗；

Z'_b ——终端变电所变压器并联阻抗；

$Z_{dz\cdot \text{I}}$ ——距离保护Ⅰ段动作阻抗。

（四）当线路终端变电所为两台及以上变压器并列运行（变压器未装设差动保护）时

如果本线路未装设高频保护，根据情况可以按躲开本线路末端故障，或者按躲变压器的电流速断保护范围末端故障整定，即

$$Z_{dz\cdot \text{I}} \leqslant K_k Z_{xl} + K_{kb} Z_{b(bh)} \tag{5-7}$$

式中 $Z_{b(bh)}$ ——终端变电所变压器并列运行时，电流速断保护之保护范围最小阻抗值；

其他符号同式（5-6）。

（五）当被保护线路中间接有分支线路或分支变压器时

其计算按同时躲开本线路末端和躲开分支线路（分支变压器）末端故障整定，即

$$Z_{dz\cdot \text{I}} \leqslant K_k Z_{xl}$$

及

$$Z_{dz\cdot \text{I}} \leqslant K_k Z'_{xl} + K_{kb} Z_b \tag{5-8}$$

式中 Z_{xl} ——本线路正序阻抗；

Z'_{xl} ——本线中间接分支线路（分支变压器）处至保护安装处之间的线路的正序阻抗。

二、距离保护Ⅱ段整定计算

（一）按与相邻线路距离保护Ⅰ段配合整定

$$Z_{dz\cdot \text{II}} \leqslant K_k Z_l + K'_k K_z Z'_{dz\cdot \text{I}} \tag{5-9}$$

式中 Z_{xl} ——被保护线路阻抗；

$Z'_{dz\cdot \text{I}}$ ——相邻距离保护Ⅰ段动作阻抗；

K_k ——可靠系数，取 0.8～0.85；

K'_k ——可靠系数，取 0.8；

K_z ——助增系数，选取可能的最小值。

保护动作时间

$$t_{\text{II}} \geqslant \Delta t \tag{5-10}$$

式中 Δt ——时间级差，一般取 0.5s。

最大灵敏角

$$\theta_{lm} = \theta_{xl} \tag{5-11}$$

式中 θ_{xl} ——线路正序阻抗角。

（二）按躲过相邻变压器其他侧母线故障整定

$$Z_{dz\cdot \text{II}} \leqslant K_k Z_l + K_{kb} K_z Z'_b \tag{5-12}$$

式中 Z_{xl} ——本线路正序阻抗；

Z'_b ——相邻变压器阻抗（若多台变压器并列时，按并联阻抗计）；

K_k ——可靠系数，取 0.8～0.85；

K_{kb} ——可靠系数，取 0.7～0.75；

K_z ——助增系数，取最小可能值。

保护动作时间及最大灵敏角的整定同式（5-10）、（5-11）。

（三）按与相邻距离保护Ⅱ段相配合整定

$$Z_{dz\cdot \mathrm{II}} \leqslant K_k Z_{xl} + K'_k K_z Z'_{dz\cdot \mathrm{II}} \tag{5-13}$$

式中 $Z'_{dz\cdot \mathrm{II}}$ ——相邻距离保护Ⅱ段动作阻抗值；

K_k ——可靠系数，取 0.8～0.85；

K'_k ——可靠系数，取 0.8；

K_z ——助增系数，取可能的最小值；

Z_{xl} ——被保护线路正序阻抗。

最大灵敏角

$$\theta_{lm} = \theta_{xl}$$

式中 θ_{xl} ——线路正序阻抗角。

保护动作时间

$$t_{\mathrm{II}} \geqslant t'_{\mathrm{II}} + \Delta t$$

式中 t'_{II} ——相邻距离保护Ⅱ段动作时间。

（四）按保证被保护线路末端故障保护有足够灵敏度整定

当按（一）、（二）、（三）各项条件所计算的动作阻抗值，在本线路末端故障时，保护的灵敏度很高，与此同时又出现保护的Ⅰ段与Ⅱ段之间的动作阻抗相差很大，使继电器的整定范围受到限制而无法满足Ⅰ、Ⅱ段计算定值的要求时，则可改为按保证本线路末端故障时有足够灵敏度的条件计算，即

$$Z_{dz\cdot \mathrm{II}} = K_{lm} Z_{xl} \tag{5-14}$$

式中 Z_{xl} ——线路正序阻抗值；

K_{lm} ——被保护线路末端故障保护的灵敏度。

对最小灵敏度的要求为：

当线路长度为 50km 以下时，不小于 1.5；

当线路长度为 50～200km 时，不小于 1.4；

当线路长度为 200km 以上时，不小于 1.3。

同时应满足短路时有 10Ω 弧光电阻保护能可靠动作。

（五）当相邻线路末端装设有其他类型的保护时

1. 当相邻线路装有相间电流保护时

距离保护Ⅱ段定值可计算为

$$Z_{dz\cdot \mathrm{II}} = K_k Z_l + K'_k K_z Z_{bh} \tag{5-15}$$

式中 Z_{xl} ——被保护线路的正序阻抗值；

K_k ——可靠系数，取 0.8～0.85；

K'_k ——可靠系数，取 0.75；

K_z ——助增系数，取可能的最小值；

Z_{bh} ——相邻线路电流保护最小保护范围（以阻抗值表示）。

Z_{bh} 计算为

$$Z_{bh}=\frac{\sqrt{3}E_{x\cdot\min}}{2I'_{dz}}-Z_{xt\cdot\max} \tag{5-16}$$

式中 $E_{x\cdot\min}$——系统最小运行方式相电势；

$Z_{xt\cdot\max}$——系统至相邻线路保护安装处的最大阻抗值（最小运行方式下的阻抗值）。

保护动作时间

$$t_{\text{Ⅱ}}\geqslant t'+\Delta t$$

式中 t'——相邻电流保护的动作时间；

Δt——时间级差。

2. 当相邻线路装设电压保护时

此时保护定值计算为：

$$Z_{dz\cdot\text{Ⅱ}}\leqslant K_kZ_{xl}+K'_kK_zZ_{bh} \tag{5-17}$$

式中 Z_{bh}——相邻线路电压保护之最小保护范围阻抗值。Z_{bh} 值可计算为

$$Z_{bh}=\frac{U'_{dz}}{\sqrt{3}E_x-U'_{dz}}\times Z_{xt\cdot\min} \tag{5-18}$$

式中 U'_{dz}——电压保护之动作电压（线电压值）；

E_x——系统运行相电势；

$Z_{xt\cdot\min}$——系统至相邻线路电压保护安装处之间的最小阻抗（最大运行方式下）；符号 Z_{xl}、K_k、K'_k、K_z 含义同“1”项。

保护动作时间

$$t_{\text{Ⅱ}}\geqslant t'+\Delta t$$

式中 t'——相邻电压保护之动作时间。

3. 当相邻线路装设电流、电压保护时

距离Ⅱ段动作阻抗可分别按“1”及“2”项计算出电流、电压保护的电流元件和电压元件的保护范围 Z_{bh}，再按式（5-15）计算出距离保护Ⅱ段的动作阻抗值。

保护动作时间

$$t_{\text{Ⅱ}}\geqslant t'+\Delta t$$

式中 t'——相邻电流、电压保护的动作时间；

Δt——时间级差。

（六）距离保护Ⅱ段灵敏度的计算

Ⅱ段保护的灵敏度可计算为

$$K_{lm}=\frac{Z_{dz\cdot\text{Ⅱ}}}{Z_{xt}} \tag{5-19}$$

式中 $Z_{dz\cdot\text{Ⅱ}}$——距离保护Ⅱ段动作阻抗值；

Z_{xl}——线路正序阻抗值。

三、距离保护Ⅲ段整定计算

（一）按与相邻距离保护Ⅱ段相配合整定

此时，保护的整定值计算为

$$Z_{dz\cdot Ⅲ} \leqslant K_k Z_{xl} + K'_k K_k Z'_{dz\cdot Ⅱ} \tag{5-20}$$

式中　$Z'_{dz\cdot Ⅱ}$ ——相邻距离保护Ⅱ段动作阻抗；

Z_{xl} ——线路正序阻抗；

K_k ——可靠系数，取0.8～0.85；

K'_k ——可靠系数，取0.8；

K_z ——助增系数，取可能的最小值。

最大灵敏角

$$\theta_{lm} = \theta_{xl}$$

式中　θ_{xl} ——线路阻抗角。

距离保护Ⅲ段动作时间按以下条件分别整定：

（1）相邻距离保护Ⅱ段在重合闸后不经振荡闭锁控制，且距离Ⅲ段保护范围不伸出相邻变压器之其他母线时

$$t_{Ⅲ} \geqslant t'_{Ⅱ\cdot z} + \Delta t \tag{5-21}$$

式中　$t'_{Ⅱ\cdot z}$ ——相邻距离Ⅱ段在重合闸之后不经振荡闭锁控制时的Ⅱ段动作时间。

（2）当Ⅲ段保护范围伸出相邻变压器之其他母线时，其动作时间整定为

$$t_{Ⅲ} \geqslant t'_b + \Delta t \tag{5-22}$$

式中　t'_b ——相邻变压器之后备保护动作时间。

（二）按与相邻距离Ⅲ段相配合

距离Ⅲ段按与相邻距离Ⅲ段相配合时，动作阻抗计算为

$$Z_{dz\cdot Ⅲ} \leqslant K_k Z_{xl} + K'_k K_z Z'_{dz\cdot Ⅲ} \tag{5-23}$$

式中　$Z'_{dz\cdot Ⅲ}$ ——相邻距离Ⅲ段之动作阻抗；

Z_{xl} ——线路正序阻抗；

K_k ——可靠系数，取0.8～0.85；

K'_k ——可靠系数，取0.8；

K_z ——助增系数，取可能的最小值。

最大灵敏角

$$\theta_{lm} = \theta_{xl}$$

式中　θ_{xl} ——线路阻抗角。

距离Ⅲ段动作时间为

$$t_{Ⅲ} \geqslant t'_{Ⅲ} + \Delta t \tag{5-24}$$

式中　$t'_{Ⅲ}$ ——相邻距离保护Ⅲ段动作时间。

（三）按与相邻变压器的电流、电压保护配合整定

其定值计算为

$$Z_{dz\cdot Ⅲ} \leqslant K_k Z_{xl} + K'_k K_z Z_{bh} \tag{5-25}$$

式中　Z_{bh} ——电流元件或电压元件的最小保护范围阻抗值。

该保护范围按以下各条件分别进行计算：

对相邻保护为电压元件时计算为

$$Z_{bh} = \frac{U'_{dz}}{\sqrt{3}E_x - U'_{dz}} \times Z_{xt \cdot \min} \quad (5\text{-}26)$$

式中　U'_{dz}——相邻电压元件动作电压（线电压）；

E_x——系统运行相电压势；

$Z_{xt \cdot \min}$——系统至相邻电压保护安装处之最小综合阻抗（最大运行方式）。

对相邻保护为电流元件时计算为

$$Z_{bh} = \frac{\sqrt{3}E_x}{2I'_{dz}} - Z_{xt \cdot \max} \quad (5\text{-}27)$$

式中　I'_{dz}——相邻电流元件动作电流；

$Z_{xt \cdot \max}$——系统至相邻电流保护安装处之间的最大等值阻抗（最小运行方式下）。

最大灵敏角

$$\theta_{lm} = \theta_{xl}$$

式中　θ_l——线路阻抗角。

保护Ⅲ段动作时间为

$$t_{\rm III} \geqslant t'_b + \Delta t \quad (5\text{-}28)$$

式中　t'_b——相邻变压器电流、电压保护动作时间。

（四）按躲过线路最大负荷时的负荷阻抗配合整定

（1）当距离Ⅲ段为电流起动元件时，其整定值为

$$I_{dz \cdot {\rm III}} = \frac{K'_k K_{zqd}}{K_f} \times I_{fh \cdot \max} \quad (5\text{-}29)$$

式中　K_k——可靠系数，取1.2～1.25；

K_f——电流元件返回系数，取0.85；

K_{zqd}——负荷自起动系数，根据负荷性质，可取1.5～2.5；

$I_{fh \cdot \max}$——线路最大负荷电流。

（2）当距离Ⅲ段为全阻抗起动元件时，其整定值为

$$Z_{dz \cdot {\rm III}} \leqslant \frac{Z_{fh \cdot \min}}{K_k K_f K_{zqd}} \quad (5\text{-}30)$$

式中　K_k——可靠系数，取1.2～1.25；

K_f——返回系数，取1.15～1.25；

K_{zqd}——负荷的自起动系数，按负荷性质可取1.5～2.5；

$Z_{fh \cdot \min}$——最小负荷阻抗值。

最小负荷阻抗值计算为

$$Z_{fh \cdot \min} = \frac{(0.9 \sim 0.95)U_e \sqrt{3}}{I_{fh \cdot \max}} \quad (5\text{-}31)$$

式中　U_e——额定运行电压（相间电压）；

$I_{fh \cdot \max}$——线路最大负荷电流。

（3）当为方向阻抗起动元件时：

1）对方向阻抗元件为0°接线方式时，Ⅲ段定值计算为

$$Z_{dz\cdot \mathrm{III}}=\frac{Z_{fh\cdot \min}}{K_k K_f K_{zq}\cos(\varphi_{fh}-\varphi_{xl})} \tag{5-32}$$

2）当方向阻抗元件为－30°接线方式时，Ⅲ段定值计算为

$$Z_{dz\cdot \mathrm{III}}=\frac{Z_{fh\cdot \min}}{K_k K_f K_{zq}\cos(\varphi_{fh}-\varphi_{xl}-30^\circ)} \tag{5-33}$$

式中 φ_{fh}——负荷的阻抗角；

φ_{xl}——线路正序阻抗角；

$Z_{fh\cdot \min}$——最小负荷阻抗，$Z_{fh\cdot \min}=\dfrac{(0.9\sim 0.95)U_e/\sqrt{3}}{I_{fh\cdot \max}}$；

其他符号含义与“（2）”项同。

（五）距离Ⅲ段的灵敏度

线路末端灵敏度计算为

$$K_{lm}=\frac{Z_{dz\cdot \mathrm{III}}}{Z_{xl}} \tag{5-34}$$

后备保护灵敏度计算为

$$K_{lm}=\frac{Z_{dz\cdot \mathrm{III}}}{Z_{xl}+K_z Z'_{xl}} \tag{5-35}$$

式中 Z_{xl}——线路正序阻抗；

$Z_{dz\cdot \mathrm{III}}$——距离Ⅲ段动作阻抗；

K_z——助增系数。

对距离Ⅲ段灵敏度的要求：

对于110kV线路，在考虑相邻线路相继动作后，对相邻元件后备保护灵敏度要求$K_{lm}\geqslant 1.2$。

对于220kV及以上电压的线路，对相邻元件后备保护灵敏度要求$K_{lm}\geqslant 1.3$；若后备灵敏度不够时，根据电力系统的运行要求，可考虑装设近后备保护；对于相邻元件为⅄/△接线的变压器，当变压器低压侧发生两相短路时，按U_Δ/I_Δ接线的阻抗继电器，其反应短路故障的能力很差，一般起不到足够的后备作用。

四、距离保护各段动作时间的选择配合原则

（一）距离保护Ⅰ段的动作时间

距离保护Ⅰ段动作时间按保护装置本身的动作时间，一般为不大于0.03～0.10s（前者为晶体管保护的动作时间，后者为机电型保护的动作时间），不作特殊的计算。

（二）距离保护Ⅱ段的动作时间

距离保护Ⅱ段动作时间应按阶梯式特性逐段配合。当距离保护Ⅱ段与相邻线路距离保护Ⅰ段配合时，若距离Ⅰ段动作时间（本身的固有动作时间）为0.1s以下时，Ⅱ段动作时间可按0.5s考虑；当相邻距离保护Ⅰ段动作时间为0.1s以上时，或者与相邻变压器差动保护配合时，则距离保护Ⅱ段动作时间可选择为0.5～0.6s。当距离保护Ⅱ段与相邻距离保护Ⅱ段配合时，按式$t_{\mathrm{II}}=t'_{\mathrm{II}}+\Delta t$计算，其中$t'_{\mathrm{II}}$为相邻距离保护Ⅱ段的时限。当相邻母线上有失灵保护时，距离保护Ⅱ段的动作时间尚应与失灵保护相配合，但为了降低主保护的动作时间，此情况的配合级差允许按$\Delta t=0.2\sim 0.25$s考虑。

（三）距离保护Ⅲ段的动作时间

距离保护Ⅲ段的动作时间仍应遵循阶梯式逐级配合的原则，但应注意：

1. 躲过系统振荡周期

距离保护Ⅲ段动作时间不得低于常见的系统振荡周期（因距离保护Ⅲ段一般不经过振荡闭锁控制）。系统常见的振荡周期为1～1.5s，故距离保护Ⅲ段动作时间应大于或等于2s。另外，当相邻距离保护Ⅱ段经振荡闭锁控制时，为了在重合闸后距离保护能与相邻的距离保护相配合，可将距离保护Ⅲ段经重合闸后延时加速到1.5s，这样既可满足躲过振荡的要求，又满足了与相邻距离保护Ⅲ段相配合的效果（因相邻距离保护Ⅲ段仍为大于或等于2s的动作时间）。

2. 在环状电网中距离保护动作时间的配合

在环状电网中，距离保护Ⅲ段的动作时间，仍应按阶梯式特性逐级配合，但若所有Ⅲ段均按与相邻Ⅲ段配合，则势必要出现相互循环配合的结果。例如，某环网由 l_1、l_2、l_3 三条线路组成，若按Ⅲ段与Ⅲ段时间配合，则将有 l_1 的Ⅲ段的 $t_{Ⅲ(l_1)}=t_{Ⅲ(l_2)}+\Delta t$；而 $t_{Ⅲ(l_2)}=t_{Ⅲ(l_3)}+\Delta t$；则又需 $t_{Ⅲ(l_3)}=t_{Ⅲ(l_1)}+\Delta t$，这是不可能的。所以，必须选取某一线路之距离保护Ⅲ段与其相邻线路之距离保护Ⅱ段动作时间相配合。此即环网中距离保护Ⅲ段动作时间的起始配合点，此起始点的选择原则为：应该尽可能使整个环网距离保护Ⅲ段的保护灵敏度较高，动作时间较短。通常，按以下几个方面考虑：

（1）若相邻线路较本线路长，则本线路距离保护Ⅲ段可考虑按与相邻线路距离Ⅱ段动作时间配合。

（2）本线路与相邻线路之间有较大的助增系数，且受运行方式变化的影响较小，可按本线路距离保护Ⅲ段与相邻距离保护Ⅱ段动作时间相配合。

（3）当相邻线路距离保护Ⅱ段动作时间较短而相邻线路的距离保护Ⅲ段的动作时间又过长时，可考虑本线路距离保护Ⅲ段与相邻距离保护Ⅱ段动作时间相配合。

第5-6节　阻抗继电器其他参数的计算

一、阻抗继电器调整用分接头的计算

阻抗继电器整定值的调整，系由电流回路中的电抗变压器进行粗调（一般继电器分为四档），由电压回路中的自耦变压器进行细调（一般继电器可在10%～100%范围内调整）。定值整定计算时，先根据要整定的阻抗值，选取粗调电抗变压器分接头。其原则为选取粗调分接头的阻抗值应略小于整定值计算所得的阻抗值。然后按下式选择细调分接头，即

$$n=\frac{Z_j}{Z_{dz\cdot j}}\times 100\% \tag{5-36}$$

式中　Z_j——继电器已选好的粗调分接头阻抗值；

$Z_{dz\cdot j}$——继电器二次整定相阻抗值；

n——细调分接头（百分值）。

二、阻抗继电器最大灵敏角与线路阻抗角不等时的换算

因为对于方向阻抗继电器，其动作阻抗值与阻抗角有关，所以阻抗继电器的最大灵敏角

按与被保护线路的阻抗角相等来整定。但实际上，继电器阻抗角的调整范围有一定限制（如超过了调整范围或者无合适的细调档）；另一方面，发生实际故障时，若故障点在相邻线路（元件）上，则都会使实际故障的阻抗角与继电器调整的最大灵敏角不等。最好能选用相近而偏小的角度作为继电器的整定灵敏角，以便减小弧光电阻的影响。由于继电器角度变化范围最大偏差为±5°，这反映在阻抗整定值上的偏差还不到百分之一，故实用上可以忽略不计。而当角度的偏差较大时，则应计算对阻抗值的影响。为了将实际整定阻抗值换算到继电器为最大灵敏角时的相应阻抗值，可按以下几方面换算：

（1）对于方向阻抗继电器，如图 5-7 所示，则

$$Z'_{dz\cdot j}=\frac{Z_{dz\cdot j}}{\cos(\varphi_{xl}-\varphi_{lm})} \tag{5-37}$$

式中　$Z_{dz\cdot j}$ ——按实际线路阻抗角所算得的整定阻抗；

$Z'_{dz\cdot z}$ ——为换算到继电器最大灵敏角的阻抗；

φ_{xl} ——线路正序阻抗角；

φ_{lm} ——继电器最大灵敏角。

按式（5-37）即可计算出在最大灵敏角时继电器的动作阻抗。

（2）对于带偏移特性的方向阻抗继电器，如图 5-8 所示，则

$$Z_{dz\cdot j}=\frac{Z'_{dz\cdot j}}{\cos(\varphi_{xl}-\varphi_{lm})}-\Delta Z_{dz\cdot j} \tag{5-38}$$

式中　$\Delta Z_{dz\cdot j}$ ——继电器由于特性偏移由换算引起的阻抗误差：

其他符号含义与（1）项同。

$\Delta Z_{dz\cdot j}$ 的计算较为复杂，为简单起见，可按作图法求得，如图 5-8 所示。在坐标上按最大灵敏角 φ_{lm} 画出直线$\overline{DD'}$，取 CA 为 10 等分，CO 为偏移特性之偏移度，以 CA 为直径作一圆，在 φ_{xl} 角处，直线$\overline{OB}=Z_{dz\cdot j}$，则

$$Z'_{dz\cdot j}=Z_{dz\cdot j}\frac{\overline{OA}}{\overline{OB}}$$

如欲求出 $\Delta Z_{dz\cdot j}$，则可在 B 点作垂直于 OB 的直线$\overline{EE'}$，直线$\overline{OA}$之延长线与$\overline{EE'}$交于 F

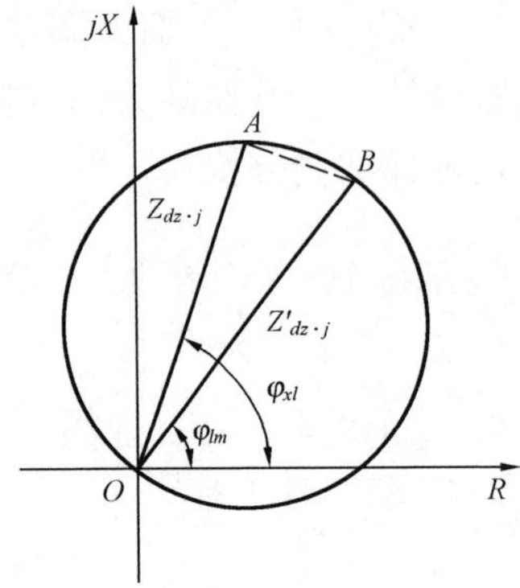

图 5-7　方向阻抗继电器换算图

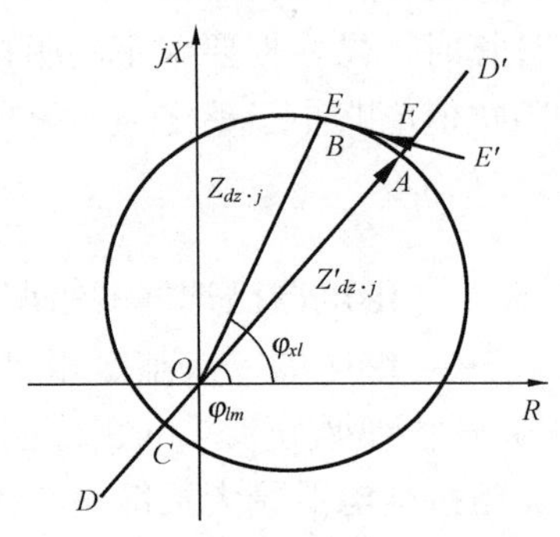

图 5-8　偏移阻抗继电器换算图

点，$\overline{AF}$即为所求得的$\Delta Z_{dz\cdot j}$值。故

$$\Delta Z_{dz\cdot j} = Z_{dz\cdot j}\frac{\overline{AF}}{\overline{OB}}$$

三、阻抗继电器的精确工作电流及其灵敏度

阻抗继电器虽系反映继电器端子上所感受的阻抗值的，但其精确的动作仍然需要有一定的动作电流（或动作功率）值，这就是所谓阻抗继电器的精确工作电流。一般规定能使继电器测量阻抗值之误差不超过10%时所需要的最小电流，称为继电器的精确工作电流。在实际的整定值计算中，为保证各段之间的配合，要求流过各段距离保护装置的短路电流稍大于继电器的精确工作电流。

1. 精确工作电流灵敏度的计算

为了使保护能正确动作，要求其精确工作电流有一定的灵敏度。通常灵敏度计算为

$$K_{lm\cdot jg} = \frac{I_{d\cdot \min}}{I_{jg}} \tag{5-39}$$

式中 I_{jg}——继电器的精确工作电流；

$I_{d\cdot \min}$——在校验方式下，流过继电器的最小短路电流（二次值）；

$K_{lm\cdot jg}$——继电器精确工作电流的灵敏度，一般在校验点不小于2。

2. 校验精确工作电流灵敏度用的最小短路电流的计算

通常校验精确工作电流灵敏度用的最小短路电流，按保护段末端故障时的最小短路电流考虑。为简化计算起见，按下述原则进行：对距离保护Ⅰ、Ⅱ段，在本线路末端故障时计算；对距离保护Ⅲ段（后备段），在相邻线路末端故障时计算。

3. 各种类型的阻抗继电器的精确工作电流值

继电器的精确工作电流值，可以继电器产品说明书中所规定的数值为准。下面介绍几种阻抗继电器精确工作电流的计算方法，以供参考。

（1）对不带偏移特性的全阻抗继电器。这种继电器的耦确工作电流与保护的整定阻抗值无关，可直接由产品说明书中查到。

（2）对带偏移特性的全阻抗继电器。如对机电型的GZ-01型、GZ-11型等，其精确工作电流计算为

$$I'_{jg} = \frac{1.38}{\sqrt{\frac{1}{\alpha}+0.1}} \times I_{jg} \tag{5-40}$$

$$\alpha = \frac{X_1}{X_2}\text{（见图 5-9）}$$

式中 I_{jg}——在电抗互感器某一分接头下，当整定自耦变压器在100%分接头时，继电器的精确工作电流（由产品说明书查得）；

I'_{jg}——对应于特性圆移动之后的继电器精确工作电流。

（3）对于多相补偿的方向阻抗继电器。如对机电型的GZ-31型，有关系式

$$I'_{jg} = I_{jg} \times \frac{1}{\omega_y^*} \tag{5-41}$$

式中　I_{jg} ——在电抗互感器某一分接头下，当自耦变压器在100%分接头时，继电器的精确工作电流（自产品说明书查得）；

I'_{jg} ——由于自耦变压器分接头的变化引起的继电器的精确工作电流；

ω_y^*　自耦变压器分接头之百分数。

（4）对于方向阻抗继电器，其方向阻抗特性圆见图5-10。如机电型的GZ-21，有关系式

$$I'_{jg} = I_{jg}\sqrt{\omega_y^*} \tag{5-42}$$

式中的符号含义同（3）项。

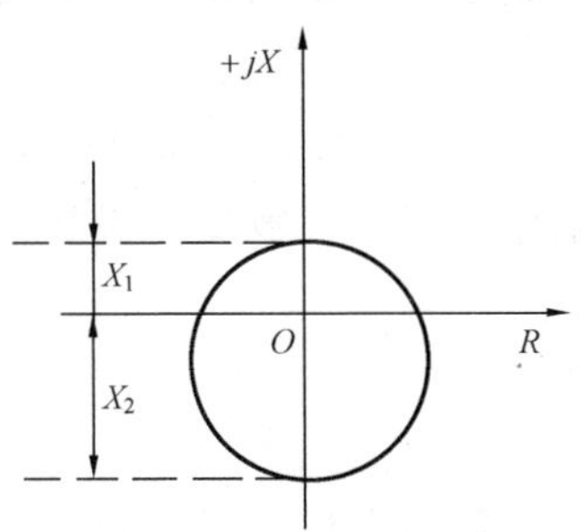

图5-9　偏移特性阻抗圆

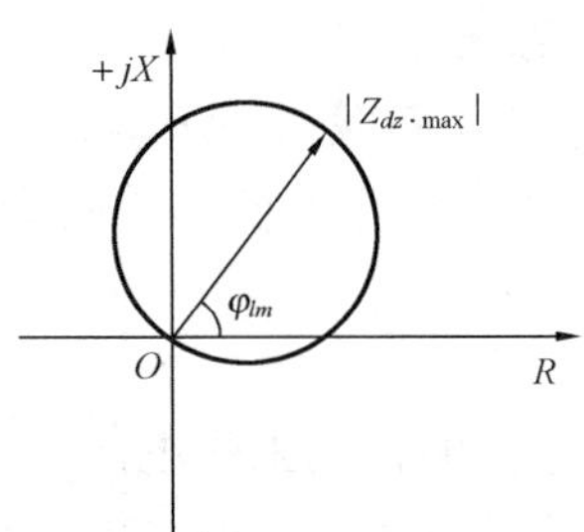

图5-10　方向阻抗特性圆

（5）对整流型的阻抗继电器（全阻抗、方向阻抗）。由于整流型阻抗继电器的动作速度快，因而其精确工作电流不受Ⅰ、Ⅱ段切换的影响。据分析，其精确工作电流与自耦变压器所采用的分接头无关，可计算为

$$I'_{jg} = I_{jg} \times \frac{Z_j}{Z'_j} \tag{5-43}$$

式中　Z_j，I_{jg} ——分别为继电器所采用的电抗互感器分接头下的阻抗及相应的精确工作电流；

Z'_j，I'_{jg} ——分别为继电器所采用的电抗互感器另一分接头下的阻抗及精确工作电流。

四、阻抗继电器的允许功率特性

当电力系统运行情况改变时，其负荷若超过预定的负荷时，可能引起距离保护的误动作。运行中为了防止因超负荷引起距离保护误动作，需作出阻抗元件的功率特性曲线。对于方向阻抗继电器，其功率特性曲线为一条直线；对于有移动特性的阻抗继电器及全阻抗继电器，其功率特性曲线为一圆（见图5-13）。下面介绍按下述方法作出的特性曲线。

（一）对于方向阻抗继电器（0°接线方式）

（1）由关系式知

$$S_{dz} = \frac{\dot{U}_{\min}^2}{Z_{dz}} \tag{5-44}$$

式中　S_{dz} ——相应于动作阻抗 Z_{dz} 及线间电压 $\dot{U}_{\min}$ 时的动作功率（三相视在功率）；

Z_{dz} ——继电器动作阻抗（复数）。

在式（5-44）中，若假定母线电压不变，即设 $\dot{U}_{\min}^2 = K$（常数），则

$$S_{dz} = K\frac{1}{Z_{dz}}$$

写成带幅角的形式，则

$$|S_{dz}|e^{j\varphi gz} = K\frac{1}{|S_{dz}|e^{j\varphi dz}} \quad (5\text{-}45)$$

式中 $|S_{dz}|$——动作动率模值；

φ_{gz}——动作动率幅角；

$|Z_{dz}|$——动作阻抗模值；

φ_{dz}——动作阻抗幅角。

当 $\varphi_{dz}=\varphi_{lm}$、$|Z_{dz}|=|Z_{dz\cdot\max}|$ 时，其中 φ_{lm} 为最大灵敏角，则得到关系式

$$\begin{aligned}|S_{dz\cdot\max}|e^{j\varphi_{gz}} &= K\times\frac{1}{|Z_{dz\cdot\max}|e^{j\varphi_{lm}}}\\ &= K\times\frac{1}{|Z_{dz\cdot\max}|}\times e^{-j\varphi_{lm}}\end{aligned} \quad (5\text{-}46)$$

所以

$$|S_{dz\cdot\max}| = K\times\frac{1}{|Z_{dz\cdot\max}|}$$

为最小值。此时

$$\varphi_{gz} = -\varphi_{lm}$$

在 P-Q 坐标系中，作出相量 $\overline{OA}=\frac{K}{|Z_{dz\cdot\max}|}\times e^{-j\varphi_{lm}}$，得 $|\overline{OA}|=\frac{K}{|Z_{dz\cdot\max}|}$ 和$\overline{OA}$ 相量之幅角 $\varphi=-\varphi_{lm}$（见图 5-11）。过相量$\overline{OA}$末端 A 点，作垂直于 $\overline{OA}$ 之直线 BC，此即所求的功率（负荷电流）特性曲线。

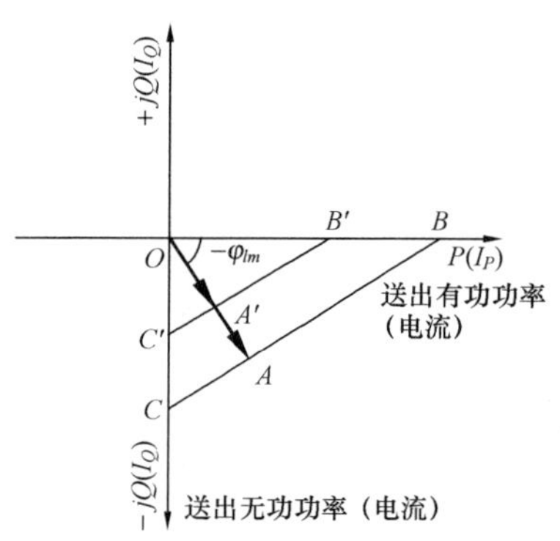

图 5-11 0°接线时方向阻抗继电器允许功率（负荷电流）特性曲线

为了留有余度，作直线 BC 之平行线 $B'C'$ 作为运行用的允许功率特性曲线。

（2）有时为了方便，可将功率特性曲线换算成电流特性曲线。如当图 5-11 中$\overline{OA}$段表示为“阻抗在最大灵敏角下的最大允许负荷电流值 $I_{fh\cdot\max}$”时，则可按下述关系式进行换算，即令

$$OA = \frac{U_{e\cdot\min}}{\sqrt{3}|Z_{dz\cdot\max}|} = \frac{(0.9\sim0.95)U_e}{\sqrt{3}|Z_{dz\cdot\max}|} \quad (5\text{-}47)$$

则上图中之直线 $B'C'$ 即为运行允许电流曲线。

（二）对于（—30°）接线之方向阻抗继电器

当负荷阻抗为 Z_{fh} 时，三相功率为 $S_{fh}=\frac{\dot{U}_{\min}^2}{Z_{fh}}$，$\dot{U}_{\min}^2$ 为最低运行线间电压。对（—30°）接线的方向阻抗继电器，有关系式，即

$$Z_{dz} = \left(\frac{\sqrt{3}}{2}e^{-j30^\circ}\right)Z_{fh}$$

故得继电器的动作功率为

$$S_{dz}=\frac{\sqrt{3}}{2}\times\frac{\dot{U}_{\min}^{2}}{|Z_{dz\cdot\max}|e^{j(\varphi_{lm}+30°)}}$$

令电压为常数，得

$$S_{dz}=K\times\frac{\sqrt{3}}{2}\times\frac{1}{|Z_{dz\cdot\max}|e^{j(\varphi_{lm}+30°)}}=K\times\frac{\sqrt{3}}{2}\times\frac{1}{|Z_{dz\cdot\max}|}\times e^{-j(\varphi_{lm}+30°)} \tag{5-48}$$

则 $$|S_{dz\cdot\min}|=K\times\frac{\sqrt{3}}{2}\times\frac{1}{|Z_{dz\cdot\max}|};\ \varphi_{gz}=-(\varphi_{lm}+30°)$$

在坐标系 P-Q 中，作相量$\overline{OA}$，令 $|OA|=K\times\frac{\sqrt{3}}{2}\times\frac{1}{|Z_{dz\cdot\max}|}$、$\varphi_{gz}=-(\varphi_{lm}+30°)$，如图 5-12 所示。图中，$AC$ 即为功率特性曲线。同样可作出相应的电流特性曲线。若令

$$\overline{OA}=I_{fh\cdot\min}=\frac{U_{\min}}{\sqrt{3}|Z_{fh\cdot\max}|}=\frac{1}{2}\times\frac{0.9\sim0.95\dot{U}_{e}}{|Z_{dz\cdot\max}|e^{j(\varphi_{lm}+30°)}}$$

$$=(0.45\sim0.475)U_{e}\times\frac{1}{|Z_{dz\cdot\max}|}\times e^{-j(\varphi_{lm}+30°)} \tag{5-49}$$

即可作出电流特性曲线。

（三）对全阻抗继电器（或带有偏移特性的阻抗继电器）

继电器的动作功率特性曲线为一圆，以全阻抗继电器为例。由公式

$$S_{dz}=\frac{\dot{U}_{\min}^{2}}{Z_{dz}e^{j\varphi}}=\rho e^{j(-\varphi)} \tag{5-50}$$

其中 $$\rho=\frac{U^{2}}{|Z_{dz}|}$$

对于全阻抗继电器，当电压为常数时，ρ 为一常数，而 φ 为一变数，故为一圆特性曲线。继电器动作特性圆上的$\overline{OA}$，对应于功率特性圆上的$\overline{OA}$，如图 5-13 所示。

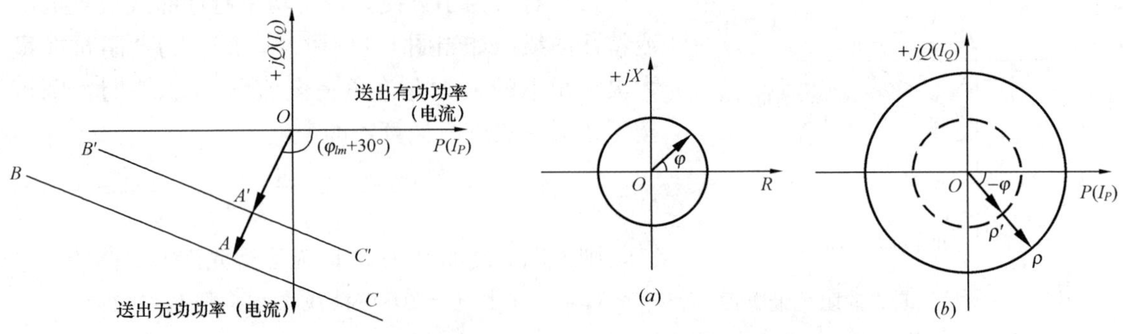

图 5-12 （−30°）接线方向阻抗继电器功率特性曲线（电流特性曲线）

图 5-13 全阻抗继电器特性圆
(a) 全阻抗继电器动作阻抗圆；(b) 全阻抗继电器功率特性圆

为了使运行中留有余度，可作小于 $S_{dz}=\rho e^{j(-\varphi)}$ 的同心圆，〔见图 5-13(b)〕，$S'_{dz}=\rho' e^{j(-\varphi)}=\frac{\rho}{K_{k}}e^{j(-\varphi)}$。也可换算成允许的电流特性曲线。即令 $\overline{OA}=I_{fh}=\frac{U_{e\cdot\min}}{\sqrt{3}\times Z_{dz}e^{j\varphi}}=\rho e^{j(-\varphi)}$

其中 $$\rho=\frac{(0.9-0.95)U_e}{\sqrt{3}Z_{dz}}=OA$$

及 $$\rho'=\frac{\rho}{K_k}=\frac{(0.9-0.95)U_e}{\sqrt{3}Z_{dz}K_k}=OA'$$

对于带偏移特性的方向阻抗继电器，根据电工学中圆图的映射原理可知，其功率特性亦为一个圆。因为按照功率的表示式 $S_{dz}=\frac{\dot{U}_{\min}^2}{Z}$ 可知，当复数函数 Z 的轨迹为一圆时，S_{dz} 所相对应的轨迹亦为一个圆。

第 5-7 节　弧光电阻对阻抗继电器的影响及防止保护拒动的措施

一、弧光电阻对阻抗继电器的影响

弧光电阻的存在，增大了阻抗继电器所感受的阻抗，从而降低了保护动作的灵敏度，故对阻抗继电器能否准确工作影响很大，尤其对于短线路，由于线路本身阻抗很小，故相对而言，弧光电阻影响更大。

弧光电阻对各种类型的阻抗继电器的影响不同。对于双侧电源，由于其对侧有助增作用，存在各种不同类型的短路故障，其影响更为复杂，现对几种典型情况加以介绍。

1. 单侧电源时

(1) 全阻抗继电器。对于全阻抗继电器，计算带有弧光电阻故障时保护的灵敏度，按式 (5-51) 进行，如图 5-14 所示。

$$K_{lm}=\frac{|Z_{dz}|}{|Z_{dl}+R_{hg}|}\tag{5-51}$$

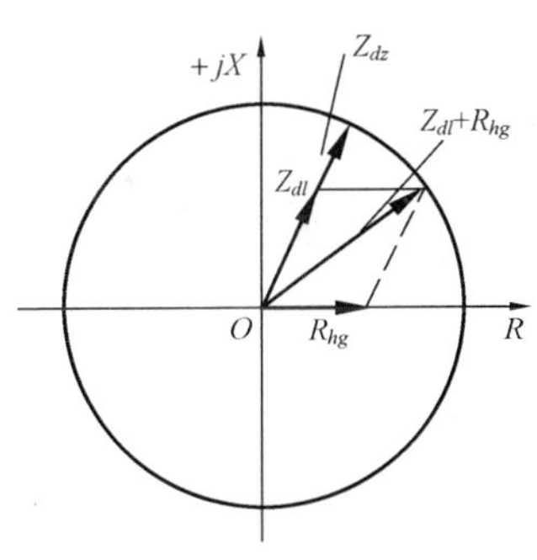

图 5-14　全阻抗继电器有弧光电阻时灵敏度计算图

式中　Z_{dl} ——校验点故障时，故障点至保护安装处之间的线路阻抗（每相值）；

Z_{dz} ——保护的动作阻抗；

R_{hg} ——故障点每相的弧光电阻。

(2) 方向阻抗继电器。当其有弧光电阻时的保护灵敏度计算按式 (5-52) 进行，如图 5-15所示。

$$K_{lm}=\frac{Z_{dz}\cos(\varphi_{lm}-\varphi)}{|Z_{dl}+R_{hg}|}\tag{5-52}$$

式中　Z_{dl} ——校验负故障时，故障点至保护安装处之间的线路阻抗（每相值）；

Z_{dz} ——保护之动作阻抗；

R_{hg} ——弧光电阻值。

有时为了校验在某一整定值之下允许的弧光电阻，可按式（5-53）进行计算，即

$$R_{hg}=\frac{(Z_{dz}-2Z_{dl})\cos\varphi_l+\sqrt{(2Z_{dl}-Z_{dz})^2\cos^2\varphi_{lm}-4(Z_{dl}^2-Z_{dl}Z_{dz})}}{2} \tag{5-53}$$

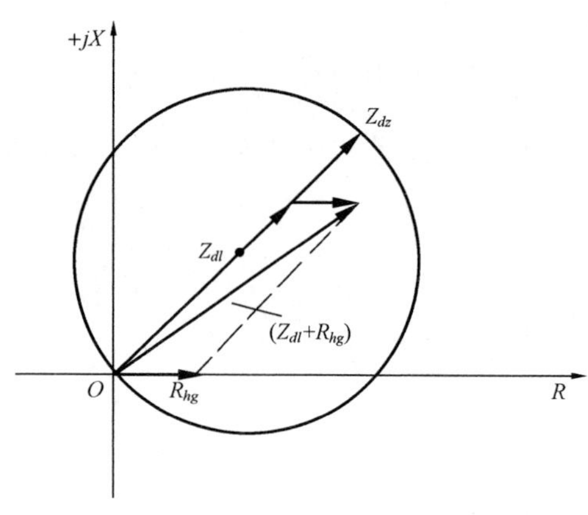

图 5-15　方向阻抗继电器有弧光电阻时灵敏度之计算图

式中　Z_{dz}——保护动作阻抗（每相值）；

Z_{dl}——故障点至保护安装处间的线路阻抗（每相值）；

R_{hg}——故障点弧光电阻（每相值）。

在式（5-53）中，当 $Z_{dl}=0$ 时，得

$$R_{hg}=Z_{dz}\cos\varphi_{lm}$$

上式说明，当在保护出口短路时，若弧光电阻大于 $Z_{dz}\cos\varphi_{lm}$ 时，保护将拒动。

2. 双侧电源时

双侧电源时，弧光电阻中流过的电流为两侧所供给的总电流，所以保护阻抗元件所感受的阻抗与对侧电源有关，因为对侧电源有助增作用，以图 5-16 为例。发生故障时，测得保护的阻抗为

$$\begin{aligned}Z&=Z_{xl1}+\frac{\dot{I}_{d\Sigma}}{\dot{I}_d}\times R_{hg}\\&=|Z_{xl1}|\angle\varphi_{xl}+\frac{\dot{I}_{d\Sigma}\angle\varphi_{d\Sigma}}{|\dot{I}_d|\angle\varphi_d}\times R_{hg}\\&=|Z_{xl1}|\angle\varphi_{xl}+\left[\left|\frac{\dot{I}_{d\Sigma}}{\dot{I}_d}\right|\angle(\varphi_{d\Sigma}-\varphi_d)\right]R_{hg}\\&=|Z_{xl1}|\angle\varphi_{xl}+[K\angle\varphi']R_{hg}\end{aligned} \tag{5-54}$$

式中　$\dot{I}_d$——M 侧所供的短路电流值；

$I_{d\Sigma}$——流过弧光电阻的总短路电流；

Z_{xl1}——故障点至保护安装处之间的线路正序阻抗；

φ'——$\dot{I}_d$ 及 $\dot{I}_{d\Sigma}$ 之相角差，当 $\dot{I}'_d$ 落后于 $\dot{I}_d$ 时，φ' 取为负值，反之为正值；

K——$\left|\frac{\dot{I}_{d\Sigma}}{\dot{I}_d}\right|$ 值，与两侧电源的运行方式及其值的大小有关。

图 5-17 为双侧电源时方向阻抗继电器有弧光电阻影响时的计算图。

从式（5-54）及图 5-17 可知：当 $\angle\varphi$ 为 $\varphi'_{(+)}$ 时，弧光电阻具有感性阻抗的性质；当 $\angle\varphi$ 为 $\varphi'_{(-)}$ 时，弧光电阻具有容性阻抗的性质。以上是仅对按 U_Δ/I_Δ 接线方式的方向阻抗继电器在三相或两相短路时的情况而言的，实际上弧光电阻对阻抗继电器的影响还与继电器的接线方式、短路故障类型等有关。这方面的分析计算也较复杂，需要专题分析，可参考有关的

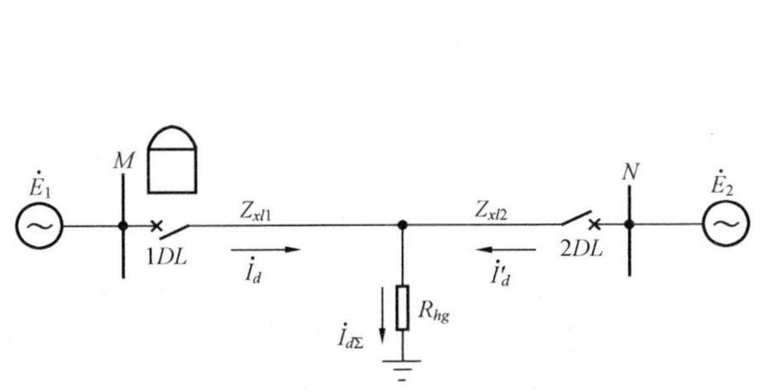

图 5-16　双侧电源时有弧光电阻影响时的接线图

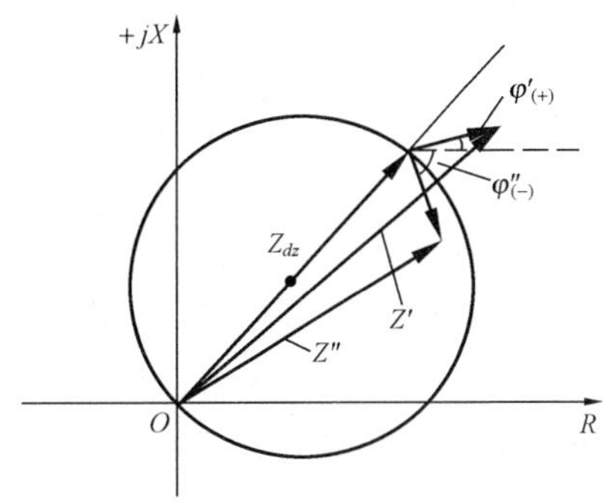

图 5-17　双侧电源时方向阻抗继电器有弧光电阻影响时的计算图

书籍及专题资料。

二、防止弧光电阻对阻抗继电器影响的措施

当出现弧光电阻时，若弧光电阻达到一定程度，将使距离保护拒绝动作，尤其对于距离保护Ⅱ段和短线路影响较大。除在条件允许时采用提高保护灵敏度的办法之外，可以采用所谓“瞬时测定”和使阻抗特性圆偏移的办法，这是目前减轻阻抗元件受弧光电阻影响的主要方法。

1. 采用瞬时测定装置

瞬时测定装置就是将距离保护测量元件的最初动作状态，通过灵敏度很高的起动元件的动作而固定下来。若距离测量元件在短路点因弧光电阻增大而可能返回时，整套保护可通过瞬时测定回路，仍以预定的动作时间动作于跳闸。由于短路初瞬，弧光电阻一般很小，随着时间的延长，弧光电阻与电弧的长度成正比增大。电弧长度增长，弧光电阻随之增大，利用这一特点，采用上述瞬时测定的办法是可行的。

图 5-18 为瞬时测定装置的原理接线图。图中系采用电流起动元件的接线图。当采用其他起动元件（如阻抗起动元件）时，回路的接线完全相同。

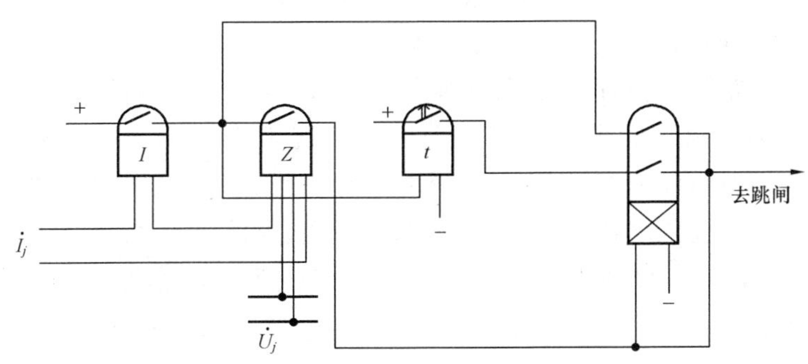

图 5-18　瞬时测定装置的原理接线图

在距离保护中采用瞬时测定的原则为：

（1）一般在短线路上使用，并应经过验算。当保护不能满足有关规定时，应采用瞬时测定接线（如“文献 1”要求，短线路经过 10Ω 弧光电阻接地时，保护范围末端故障，保护应仍能动作）。

（2）相邻各线路的相应保护段若采用瞬时测定时，则各段均应采用瞬时测定措施，以免引起保护越级动作。

（3）当单回线的相邻线为双回线路时，在单回线上一般不能采用瞬时测定，否则可能引起保护越级动作。图 5-19 所示为单回线路与双回线路相配合的系统图。当故障发生在靠近母线 B 的线路 D_1 点时，若保护装置 1 装设有瞬时测定装置，保护装置 5 的距离保护Ⅰ段动作，切断断路器 $5DL$，由于保护装置 1 的距离保护Ⅱ段经瞬时测定装置，在 $5DL$ 未动作之前，保护装置 1 的距离保护Ⅱ段之测量元件可以起动而经瞬时测定回路加以固定。当断路器 $5DL$ 断开后，若保护装置 6 的距离保护Ⅱ段动作时间等于或大于保护装置 1 距离保护Ⅱ段的动作时间，且在断路器 $5DL$ 断开的情况下，保护装置 1 的起动元件仍能动作（因其起动元件灵敏度较高），由于瞬时测定回路的固定作用，保护装置 1 仍能以预定的距离保护Ⅱ段时间动作切断 $1DL$，造成越级动作。同理，在靠近母线 C 的一端故障时，则可能造成电源 N 侧的相邻单回线路的越级动作。

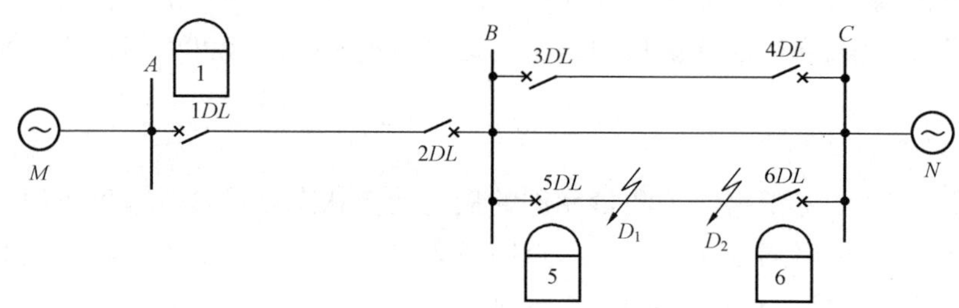

图 5-19　单回线路与双回线路配合采用瞬时测定装置时引起误动的系统图

当单回线路与相邻的环网线路配合时，采用瞬时测定装置也能出现相同的结果。

（4）采用非同期重合闸的线路，不宜采用瞬时测定装置。因为非同期重合时，易引起系统振荡，因而可引起瞬时测定回路的动作，造成保护误跳的事故。

2. 偏移阻抗圆以减轻弧光电阻影响的措施

（1）对全阻抗继电器。在保护范围不变的前提下，沿 X 轴偏移的阻抗圆，如图 5-20 所示。图 5-20(a) 为全阻抗继电器在移动前后的情况，由图可知移动后允许的弧光电阻 R'_{hg} 比未移动的 R_{hg} 大；在保护范围中间短路时，允许弧光电阻则较在保护出口允许的弧光电阻小。但是不能过分地移动特性圆，否则将增加误动的机会。如在图 5-20(b) 所示的情况，在双电源情况下，由于对侧有助增作用，使弧光电阻呈电容性，当在保护范围外故障（$Z_{dl} > Z_{dz}$）时，保护可能发生误动作。对全阻抗继电器不宜采用沿正的 X 轴方向移动的办法。

（2）对方向阻抗继电器。可在保持保护范围不变的前提下将特性圆向 $+R$ 轴转过某一角度（即减小阻抗特性圆最大灵敏角），如图 5-21 所示。在图中 R_{hg} 为转动前的允许弧光电阻，R'_{hg} 为转动后的允许弧光电阻。

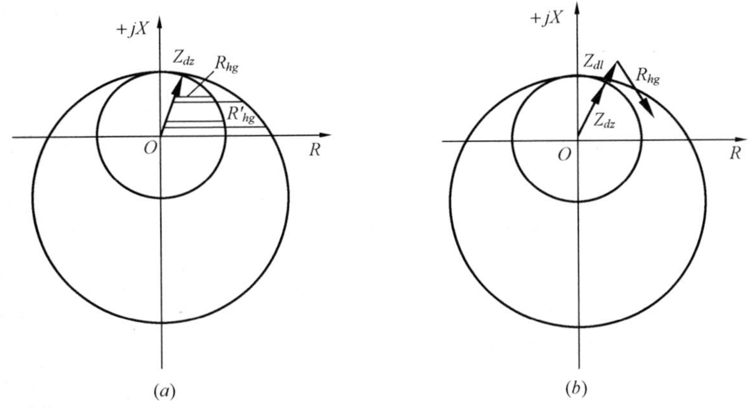

图 5-20　沿（$-X$）轴偏移的阻抗圆

(a) 有弧光电阻影响时沿($-X$)轴移动的阻抗圆(单电源)；(b) 有弧光电阻影响时沿($-X$)轴移动的阻抗圆(双电源)

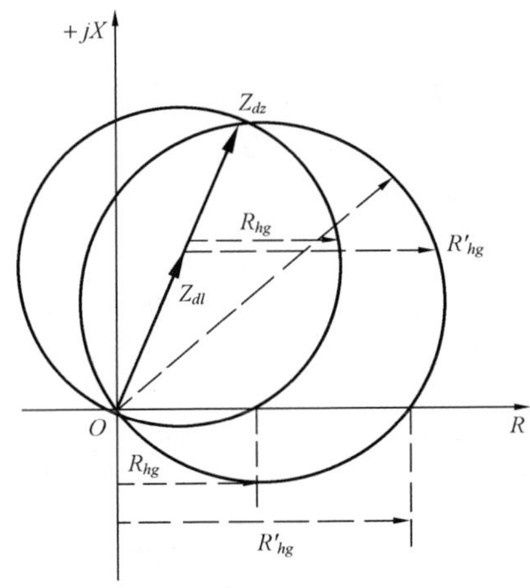

图 5-21　方向阻抗圆向（$+R$）轴转某一角度的特性阻抗圆图

第 5-8 节　线路串联补偿电容器对距离保护的影响

在 220kV 及以上电压等级的线路上，有时需装设串联电容补偿装置。由于补偿电容与线路电感的串联，破坏了距离保护阻抗元件所测量的阻抗与线路长度成比例的关系，故应对此作具体的分析，以防止距离保护的误动作。

一、当串联电容器接于线路的一端时

图 5-22 为带串联电容器的系统图，图中线路两侧距离保护Ⅰ段定值计算为

$$Z_{dz} \leqslant (0.8 \sim 0.85)(Z_{xl1} + Z_C) = (0.8 \sim 0.85)(Z_{xl1} - jX_C)$$

式中　Z_{xl1} ——线路正序阻抗；

Z_C ——串联电容器阻抗（$Z_C = -jX_C$）。

（1）对于图 5-22 中的保护装置 1，其阻抗特性如图 5-23 所示。图中，$\overline{NM}=Z_{xl1}-jX_C$，保护Ⅰ段能正确动作，但保护范围将有些缩短。

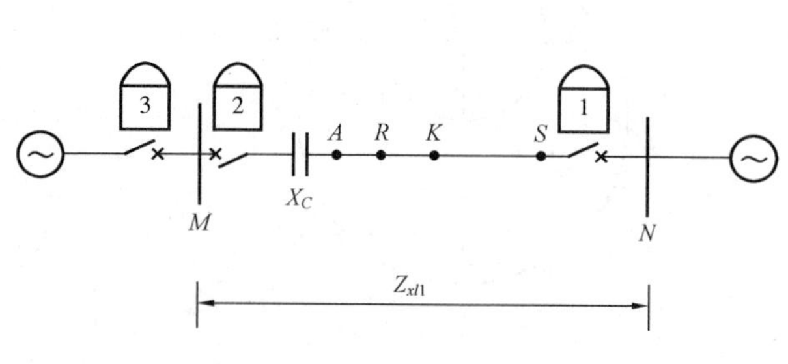

图 5-22 带串联电容器的系统图

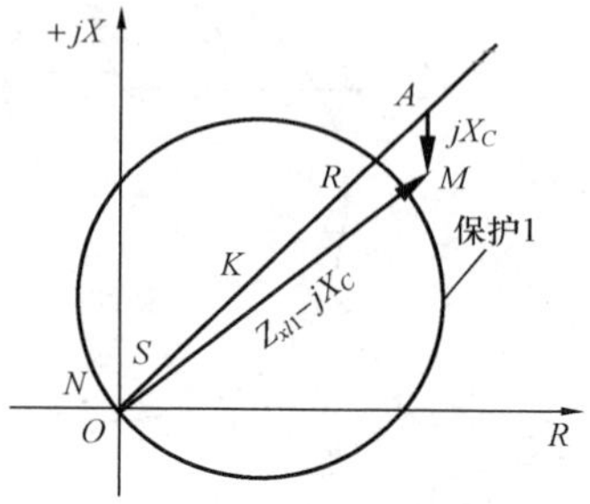

图 5-23 对保护装置 1 的阻抗特性图

（2）对于图 5-22 中的保护装置 2，其阻抗特性如图 5-24 所示。图中，$\overline{NM}=Z_{xl1}-jX_C$，当 $Z_{dz}\leqslant(0.8\sim0.85)(Z_{xl1}-jX_C)$ 时，除 AR 段外，保护可正确动作；在 AR 段故障，保护可能拒绝动作。

（3）对图 5-22 中的保护 3，其阻抗特性如图 5-25 所示。在 AR 段故障时，保护 3 可能失去方向性，故在此情况下距离保护Ⅰ段不能应用。

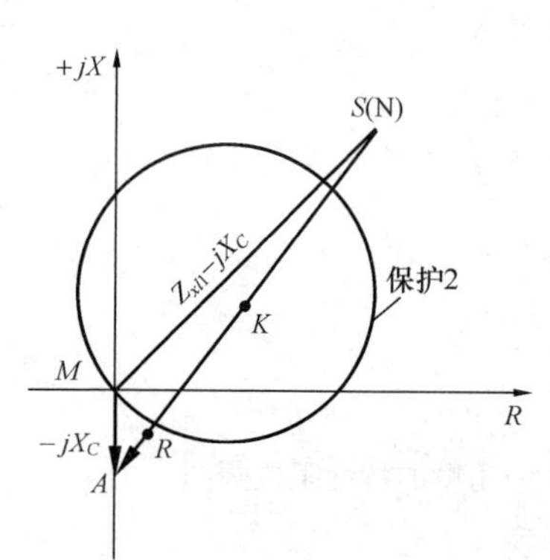

图 5-24 对保护装置 2 的阻抗特性图

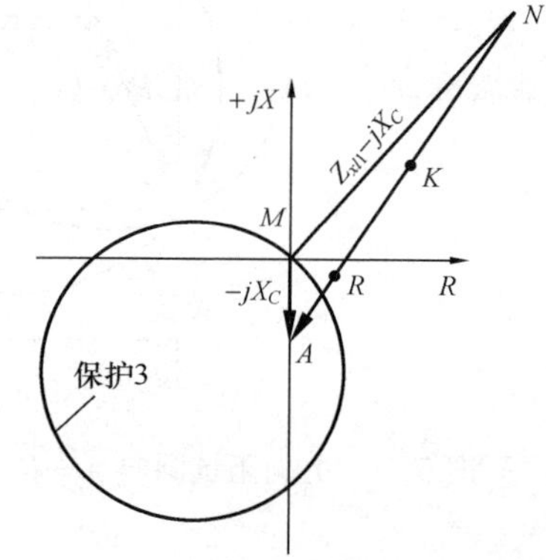

图 5-25 对保护装置 3 的阻抗特性图

二、当串联电容器接在线路中间时

如图 5-26 所示的系统图，串联电容器在线路中间，此方式的缺点是维护不便。

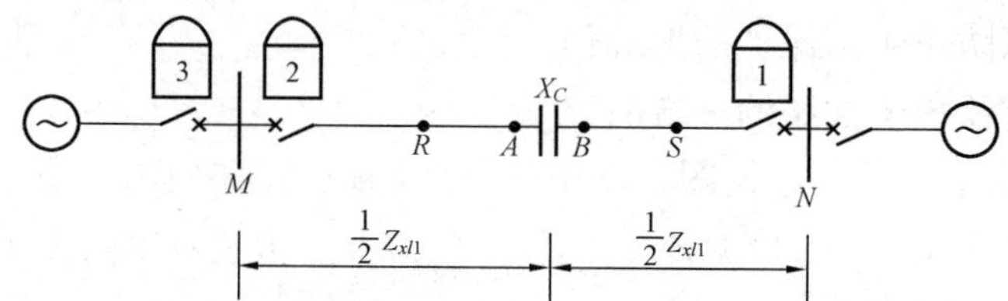

图 5-26 串联电容器接在线路中间的系统图

（1）当串联电容器的阻抗为 $|X_C|<\frac{1}{2}|Z_{xl1}|$ 时，如图 5-27 所示。在线路出口故障时，保护不拒动，对相邻保护（如保护 3）也不会误动（不会失去方向性）。

（2）当串联电容器阻抗为 $|X_C|>\frac{1}{2}|Z_{xl1}|$ 时，如图 5-28 所示。在电容器前的 RA 段，保护拒动，在电容器后的 BSN 段，保护拒动。但对保护 3 而言，不会失去方向性。

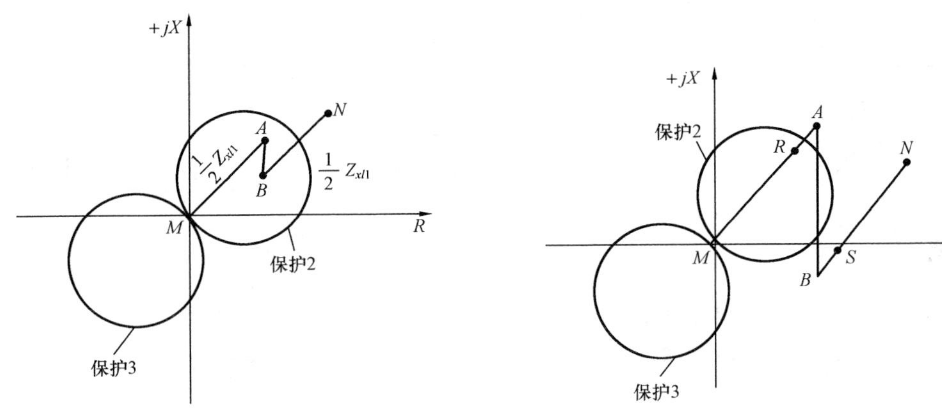

图 5-27　当 $|X_C|<\frac{1}{2}|Z_{xl1}|$ 时的阻抗图　　图 5-28　当 $|X_C|>\frac{1}{2}|Z_{xl1}|$ 时的阻抗图

三、当串联电容器接在变电所两组母线之间时

当串联电容器装设于变电所两组母线之间（变电所为双母线的情况）时，如图 5-29 所示。

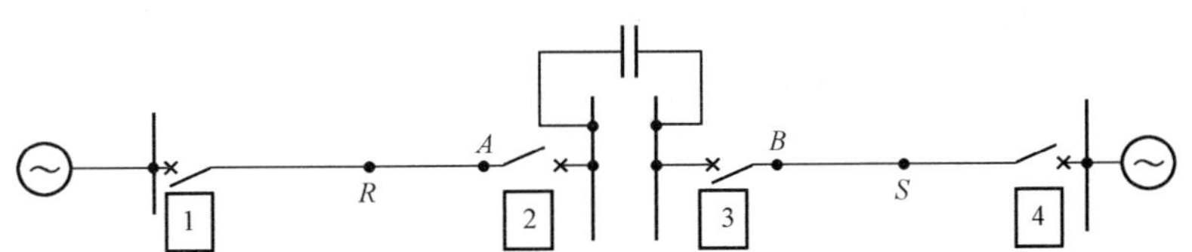

图 5-29　串联电容器装于变电所两组母线之间的系统图

保护装置 2 在相邻线路出口的 B 点故障时，将可能误动作。其防止措施如下：

（1）如为了防止保护装置 2 在相邻线出口故障时误动作，对于方向阻抗继电器，在其记忆作用未消失之前，只要有 $|X_C|<|Z_{dz}|$，即串联电容器电抗绝对值小于继电器的整定阻抗绝对值时，继电器不会误动作。图 5-30 为有完全记忆作用的方向阻抗继电器在反向短路时的动作特性圆。当 $|X_C|<|Z_{dz}|$ 时，在电容器出口短路，保护显然不会误动。

用上述特点，在 B 点短路时，由于保护 3 动作快（正方向保护出口故障），而保护 2 需待记忆作用消失后方可动作（误动作）的特点，采用在保护 3 的 Ⅰ 段动作后立即将保护 2 Ⅰ 段闭锁的方法，即可防止保护 2 的误动作。同样也可用于关于保护装置 3 在相邻线的出口 A 点故障时的误动作。另外一种办法，利用振荡闭锁装置开放保护的时间来限制保护 2（及 3）

的上述误动作。即当振荡闭锁开放时间小于方向阻抗元件记忆作用的时间时，以便在方向阻抗继电器未来得及误动之前（记忆尚未消失），采用由振荡闭锁装置将保护闭锁的办法，以防止反方向电容器出口短路时的误动作。

（2）装设比较短路前后母线电压相位变化的闭锁继电器，以防止方向阻抗继电器在反向电容器出口故障时的误动作，如图 5-31 所示。

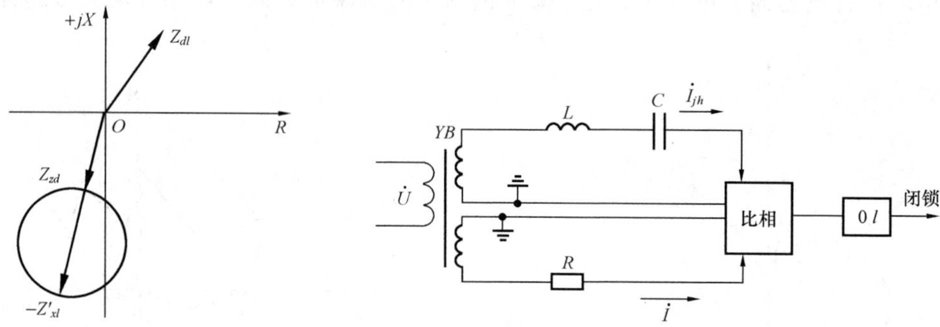

图 5-30　有完全记忆作用的方向阻抗继电器在反方向短路时的动作特性圆

图 5-31　比较短路前后母线电压相位变化的闭锁继电器原理图

由母线电压 $\dot{U}$ 通过两个不同回路，产生两个电流 $\dot{I}_{jh}$ 和 $\dot{I}$。正常时，$\dot{I}_{jh}$、$\dot{I}$ 的相位差 180°，此时相位比较回路无输出。因 $\dot{I}_{jh}$ 是有记忆作用的，当在串联补偿电容器后故障时，电流 $\dot{I}$ 的相位随母线电压而突变，而 $\dot{I}_{jh}$ 由于有记忆作用，相位不会突变。于是在短时间内 $\dot{I}_{jh}$ 和 $\dot{I}$ 同相位，相位比较回路有输出，通过脉冲展宽回路输出一个较长的闭锁脉冲，只需此时间大于保护Ⅰ段的允许跳闸时间时，就可防止保护的误动作。

第 5-9 节　距离保护经变压器后以及不同侧互感器的定值换算

当距离保护经过变压器之后或由于实际条件的限制，需要采用电流互感器与电压互感器接入不同电压级的保护时，保护定值必须经过适当的变换。

一、保护接于主变压器高压侧并作为低压侧出线的后备保护

图 5-32 所示为经 Y，d11 接线的降压变压器后的距离保护接入系统图。分为下述几种情况：

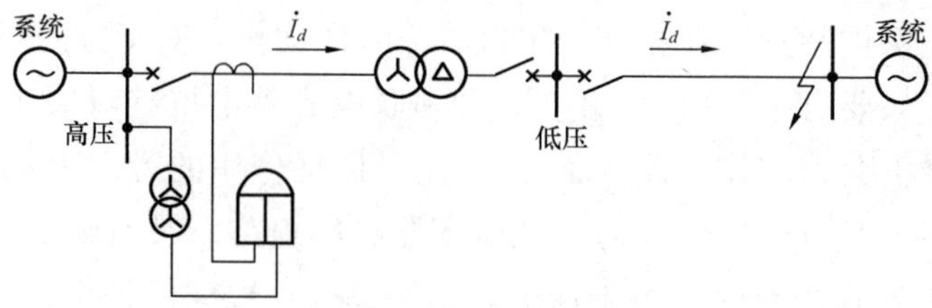

图 5-32　经 Y，d11 接线的降压变压器后的距离保护接入图

（1）当距离保护的阻抗继电器按 $U_{人}/I_{人}$ 的 0°接线方式时。在此种方式下，对低压侧的三相短路，测量阻抗值正确；对低压侧两相短路，测量阻抗为一相正确，另两相偏大，故可

用作低压线路的后备保护。但不能正确反映变压器前的（即高压侧的）短路故障。

例如，当在变压器低压侧两相短路（BC 短路）时，则变压器高、低压侧之电流及电压关系为（假设变压器变比为 1）

$$\dot{I}_{A\curlywedge}=\frac{1}{\sqrt{3}}\dot{I}_{b\Delta} \qquad \dot{U}_{A\curlywedge}=\frac{\dot{U}_{\Delta ac}}{\sqrt{3}}$$

$$\dot{I}_{B\curlywedge}=\frac{1}{\sqrt{3}}\dot{I}_{b\Delta} \qquad \dot{U}_{B\curlywedge}=\frac{\dot{U}_{\Delta ba}}{\sqrt{3}}$$

$$\dot{I}_{C\curlywedge}=\frac{1}{\sqrt{3}}\dot{I}_{b\Delta} \qquad \dot{U}_{C\curlywedge}=\frac{\dot{U}_{\Delta cb}}{\sqrt{3}}$$

故可得阻抗继电器的测量阻抗为

$$Z_A=\frac{\dot{U}_{A\curlywedge}}{\dot{I}_{A\curlywedge}}=\frac{\dot{U}_{\Delta ac}}{\dot{I}_{b\Delta}}>Z_{l1}$$

$$Z_B=\frac{\dot{U}_{B\curlywedge}}{\dot{I}_{B\curlywedge}}=\frac{\dot{U}_{\Delta ba}}{\dot{I}_{b\Delta}}>Z_{l1}$$

$$Z_C=\frac{\dot{U}_{C\curlywedge}}{\dot{I}_{C\curlywedge}}=-\frac{1}{2}\times\frac{\dot{U}_{\Delta cb}}{\dot{I}_{b\Delta}}=Z_{l1}$$

当在变压器高压侧发生 BC 两相短路时

$$Z_A=\frac{\dot{U}_{A\curlywedge}}{\dot{I}_{A\curlywedge}}$$

$$Z_B=\frac{\dot{U}_{B\curlywedge}}{\dot{I}_{B\curlywedge}}>Z_{l1}$$

$$Z_C=\frac{\dot{U}_{C\curlywedge}}{\dot{I}_{C\curlywedge}}>Z_{l1}$$

因 $\dot{I}_{A\curlywedge}=0$，继电器不动作。

（2）当阻抗继电器按 U_{Δ}/I_{Δ} 0° 接线方式时。在此方式下：对三相短路测量阻抗正确；对变压器低压侧两相短路，一相阻抗元件测量为无限大，另外两相偏大，故此方式不能采用。

（3）保护整定值的计算。对于采用（1）项接线方式的距离保护定值，按以下原则计算：

1）保护的一次定值按用变压器高压侧电压为基准电压的正序相阻抗整定（应计及变压器及线路的阻抗）。

2）阻抗继电器的二次整定值计算为

$$Z_{zd\cdot j}=Z_{zd}\times\frac{n_{LH}}{n_{YH}} \tag{5-55}$$

式中 n_{LH}、n_{YH}——分别为电流、电压互感器之变比；

Z_{zd}——距离保护的一次定值；

$Z_{zd\cdot j}$——距离保护的二次定值。

二、距离保护接于主变压器低压侧并作为高压侧出线的后备保护

按 Y，d11 接线的升压变压器，当距离保护接于低压侧时，需作为高压侧出线的后备保护。这种情况一般较少。可按下述原则考虑，如图 5-33 所示。

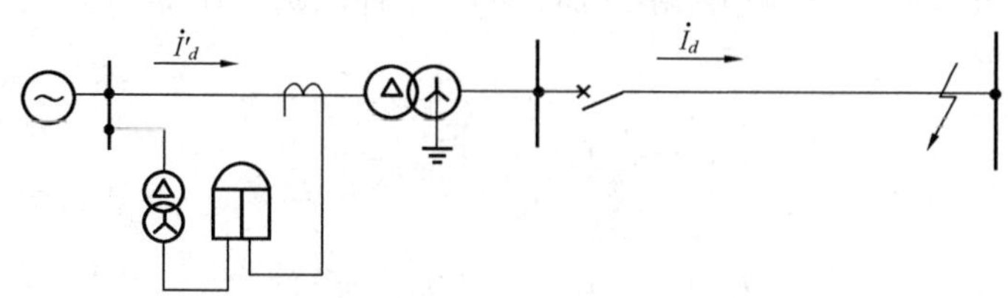

图 5-33　按 Y，d11 接线的升压变压器距离保护装于低压侧时的系统图

（1）为了正确测量高压侧的三相及两相短路故障，电压互感器采用△/⅄-1 的接线方式，电流互感器采用⅄型接线，距离继电器采用 $U_{\triangle}/I_{\curlywedge}$ 的＋30°接线。

（2）保护整定值用以低压侧电压为基准电压的阻抗值（应计变压器及线路的阻抗）。

（3）距离保护二次整定值的计算，一般采用全阻抗特性或向 $-X$ 轴偏移的阻抗特性。在三相短路时，其测量阻抗为 $\sqrt{3}Z_{l1}$；在两相短路时，其测量阻抗为 2 Z_{l1}，故二次动作阻抗为

$$Z_{dz\cdot j}=K_{jx}\times\frac{n_{LH}}{n_{YH}}\times Z_{dz} \tag{5-56}$$

式中　Z_{dz} ——保护装置的一次动作阻抗（用线路一次正序相阻抗表示）；

$Z_{dz\cdot j}$ ——模拟两相短路时，继电器的动作阻抗；

n_{LH}、n_{YH} ——分别为电流互感器、电压互感器的变比；

K_{jx} ——继电器的接线系数，$K_{jx}=\frac{\sqrt{3}}{2}$。

三、当距离保护采用变压器高压侧电流互感器，低压侧电压互感器时

此方式的接线图如图 5-34 所示。可按下述要求确定距离保护整定值。

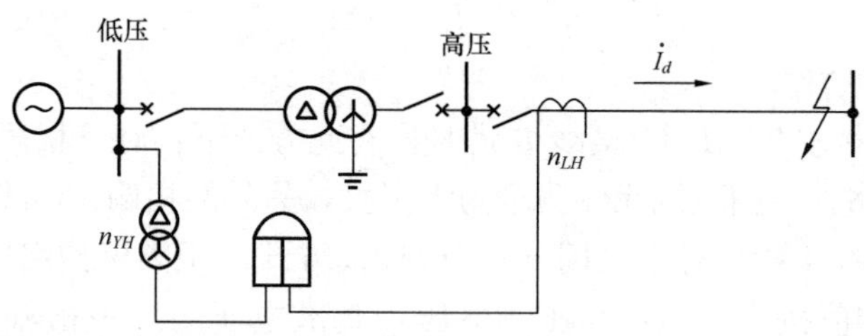

图 5-34　变压器为 Y，d11 接线，电流互感器接于高压侧，电压互感器接于低压侧接线图

（1）保护应按 $U_{\triangle}/I_{\triangle}$ 的 0°接线方式；电流互感器按⅄型接线，电压互感器则按△/⅄-1 组别的接线。此时，作为线路的相间保护，能够正确反映故障。

（2）以低压侧电压为基准电压计算出一次保护整定值（应计及变压器及线路的阻抗值）。

（3）距离保护的二次整定值计算为

$$Z_{dz\cdot j}=Z_{zd}\times\frac{n_{LH}n_b}{n_{YH}} \tag{5-57}$$

式中　n_b ——变压器高、低压之间的变比；
n_{YH}、n_{LH} ——电压互感器、电流互感器的变比；
Z_{zd} ——保护的一次整定值；
$Z_{zd\cdot j}$ ——保护的二次整定值。

四、当距离保护采用变压器高压侧电压互感器，低压侧电流互感器时

这种接线方式的系统图如图 5-35 所示。可按下述要求确定距离保护的二次整定值。

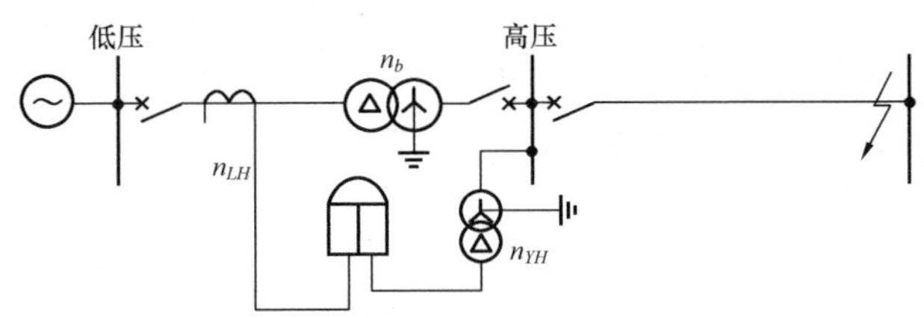

图 5-35　变压器为 Y，d11 接线，电流互感器接低压侧，电压互感器接高压侧系统图

（1）距离保护接线采用 $U_\Delta/I_\Delta 0^\circ$ 接线方式，（三相式）电压互感器为⅄/Δ-11 接线；电流互感器为⅄型接线。作为线路的相间保护，能正确测量线路故障。

（2）保护一次定值采用以高压侧电压为基准电压的阻抗值。

（3）保护二次定值计算为

$$Z_{zd\cdot j} = Z_{dz} \times \frac{n_{LH}}{n_{YH} n_b} \tag{5-58}$$

式中的符号含义与式（5-57）中的符号相同。

第 5-10 节　距离保护振荡闭锁装置及其整定计算

一、电力系统振荡及振荡中心

当电力系统发生振荡时，系统中的电流和电压（各点的电压不同）将发生周期性的波动，波动的周期即为系统振荡时的振荡周期。与一般系统故障的区别是，系统的电流、电压量的变化较故障时缓慢，三相系统的量始终保持对称。

对于一般复杂的电力系统，发生振荡的过程是极其复杂的，只有通过电力系统的稳定计算，才能定量地解决，通常可近似地将电力系统简化为两端电源的等值系统，如图 5-36 所示。

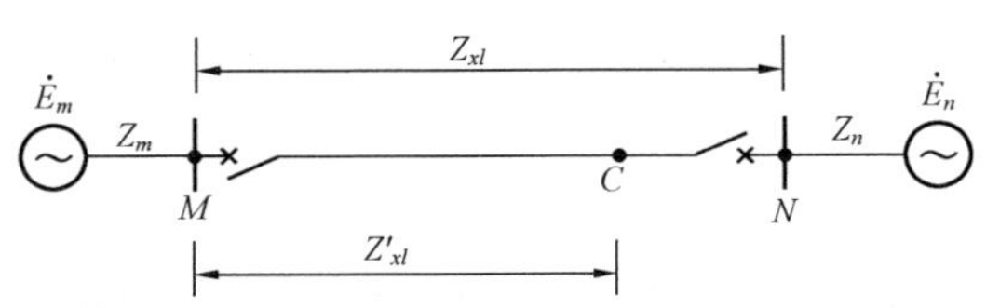

图 5-36　简化为两端电源的等值系统图

当两端等值机的电势夹角为 δ，且认为 $|\dot{E}_m| = |\dot{E}_n|$ 时，系统振荡时的电流为

$$\dot{I}_{zhd}\ \frac{\dot{E}_m - \dot{E}_n}{Z_m + Z_{xl} + Z_n} = \frac{E_m(1-e^{-j\delta})}{Z_\Sigma} \tag{5-59}$$

M、N 母线电压分别为

$$\dot{U}_m = \dot{E}_m - Z_m \dot{I}_{zhd}$$
$$\dot{U}_n = \dot{E}_m - (Z_m + Z_{xl})\dot{I}_{zhd} = \dot{E}_n + \dot{Z}_n \dot{I}_{zhd} \tag{5-60}$$

式中　$\dot{I}_{zhd}$——系统振荡电流。

系统某一点C处的电压为

$$\dot{U}_c = \dot{E}_m - (Z_m + Z'_{xl})\dot{I}_{zhd} \tag{5-61}$$

在系统振荡时，其中总有一点之电压为最低。假设系统阻抗角相等时，则在δ=180°时，某点之最低电压可低到零，此点称为振荡中心。令式（5-61）之$\dot{U}_c=0$，则

$$0 = \dot{E}_m - (Z_m + Z'_{xl})\dot{I}_{zhd}$$

即

$$\dot{I}_{zhd} = \frac{\dot{E}_m}{Z_m + Z'_{xl}} = \frac{\dot{E}_m - \dot{E}_n}{\dot{Z}_m + \dot{Z}_{xl} + \dot{Z}_n} = \frac{E_m(1 - e^{-j\delta})}{Z_m + Z_{xl} + Z_n} \tag{5-62}$$

当δ=180°时，则

$$\frac{\dot{E}_m}{Z_m + Z'_{xl}} = \frac{2\dot{E}_m}{Z_m + Z_n + Z_{xl}}$$

所以

$$Z_m + Z'_{xl} = \frac{Z_m + Z_{xl} + Z_n}{2}$$

故振荡中心在$Z_\Sigma(=Z_m + Z'_{xl} + Z_n)$的中点。两端电源电力系统的等值阻抗图，如图5-37所示。

图5-38示出当两端电源电力系统之电势夹角为δ时，电力系统的电位图。当夹角δ变化时，电位随之变化。由图5-38可知，系统中总有一点为最低电位。当夹角δ变化时，最低电位点亦随之变化。

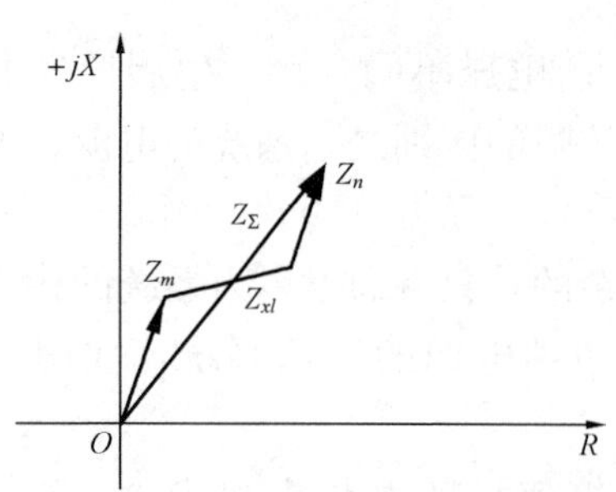

图5-37　两端电源电力系统的等值阻抗图

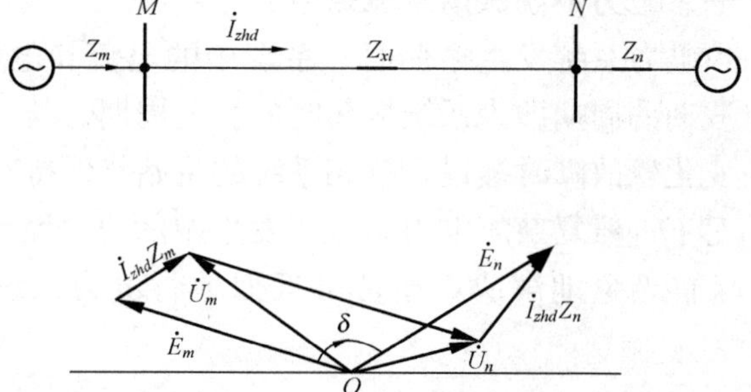

图5-38　当两端电源电力系统之电势夹角为δ时电力系统及其电位图

二、电力系统振荡时对距离保护阻抗元件的影响

由上述电力系统的电位图可知，当系统振荡时，可以求出保护安装处继电器感受的电压值，该电压值除以相应的振荡电流，即可求得阻抗元件所测量的阻抗值。一般情况下，该阻

抗的轨迹为一圆或一组圆。在特殊情况下，即当 $|\dot{E}_m|=|\dot{E}_n|$ 时，在 $R-X$ 平面上不同地点的感受阻抗为一组直线，可用公式表示为

$$Z_j=\left[\left(\frac{1}{2}-m\right)-j\times\frac{1}{2}\times\text{ctg}\frac{\delta}{2}\right]Z_\Sigma \tag{5-63}$$

其中

$$m=Z_m/Z_\Sigma$$

$$Z_\Sigma=Z_m+Z_{xl}+Z_n$$

图 5-39 为继电器感受阻抗的轨迹图。从以上分析可知

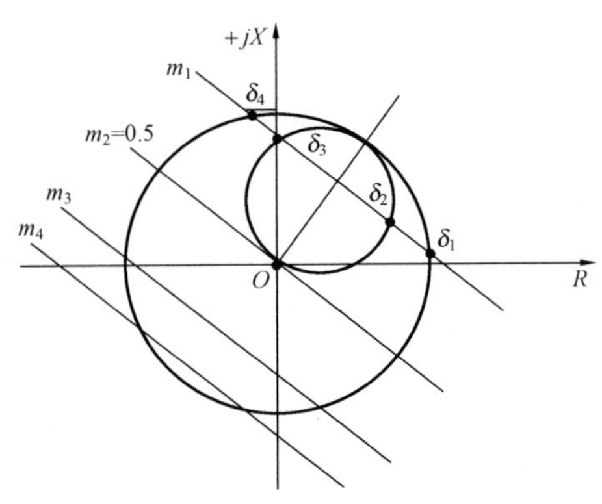

图 5-39　全阻抗及方向阻抗继电器感受阻抗的轨迹图（$m_4>m_3>m_2>m_1$）

（1）当系统振荡时阻抗继电器可能误动作。当系统振荡时，系统中各点的电流及电压将随振荡发生周期性的波动，阻抗继电器感受阻抗亦随两端电势夹角之变化而作周期性变化。由图 5-39 可知，对方向阻抗继电器，当相角差在 $\Delta\delta=\delta_3-\delta_2$ 之范围内时，继电器将发生误动作。

（2）当系统振荡时阻抗继电器接点闭合的时间。当系统振荡时，若振荡周期为 T，则阻抗继电器接点闭合的时间为

$$t=\frac{\Delta\delta}{360^\circ}\times T$$

（3）只要保护动作时间大于 1.5～2s，即可躲过振荡对保护的影响。因一般电力系统振荡周期为 0.15～3s。在系统失去稳定后，第一个振荡周期较长；当振荡发展起来后，振荡周期则缩短；在最后拉入同步时，振荡周期又会增长。一般地说，只要保护的动作时间大于 1.5～2s，即可躲过振荡对保护的影响。

（4）由振荡闭锁装置控制的保护段。对距离保护Ⅰ段，只要保证振荡中心不落入本线路保护范围内，就可不经振荡闭锁控制。

对距离保护Ⅱ段，只要保证振荡中心不落入本线路及相邻线路保护范围内，就可不经振荡闭锁控制。

对距离保护Ⅲ段，只要保护动作时间大于 1.5～2s，就可不经振荡闭锁控制。由于要求距离保护Ⅲ段不应经过振荡闭锁控制（否则，当重合闸动作后，所有保护段可能均被闭锁），所以距离保护Ⅲ段的动作时间一般均应大于 1.5～2s。

三、振荡闭锁装置的构成及基本要求

为了防止距离保护误动作，一般应设振荡闭锁装置。

1. 对振荡闭锁装置的基本要求

（1）在保护区内发生故障时，无论是否伴有振荡 1 距离保护应立即投入工作，以便快速、有选择地切除故障。

（2）当系统发生振荡（系统无故障）时，振荡闭锁应能将距离保护可靠地闭锁，以免保护发生误动。

2. 振荡闭锁装置的构成

（1）正常运行时，距离保护之闭锁段经振荡闭锁装置闭锁。

（2）当系统发生故障时，在故障初始一段时间内（约 0.25～0.3s）由振荡闭锁将保护投入工作。

（3）在故障后经 0.25～0.3s 时间，振荡闭锁装置又将被闭锁段退出工作（即又将保护重新闭锁）。

（4）以预定的时间和预定的方式使整套闭锁装置又复归至准备好下次再动作的状态。在未复归之前，即使系统再次发生故障，距离保护经振荡闭锁所控制的保护段不再能够动作。这时故障只能由未经振荡闭锁的保护段去切除。

四、振荡闭锁装置的使用原则

振荡闭锁装置一般只用于在系统发生振荡时可能引起误动的保护段，即：

（1）当系统振荡时，振荡中心可能落入该保护段内时，则该保护段应经振荡闭锁控制。

（2）当保护段的动作时间小于或接近于 1.5s 时，该保护段应考虑经振荡闭锁控制（通常，距离保护Ⅰ、Ⅱ段动作时间均小于 0.5～1.5s，而距离保护Ⅲ段动作时间为 2s 及以上）。

（3）对于原理上不反映振荡的阻抗继电器（例如多相补偿阻抗继电器），可以不经振荡闭锁装置控制。

五、振荡闭锁装置的整组复归方式及复归时间

1. 振荡闭锁的整组复归方式

（1）按预定的延时时间整组复归。当振荡闭锁装置动作后，经预定的延时时间，使装置整组复归到准备好下次故障时再次动作的状态。这种复归方式的优点是，可防止因故障引起系统振荡时距离保护的误动作。在延时复归的时间内，当断路器重合于永久性故障时，由重合闸后加速的保护段以较快的时间切除故障。其缺点是，在延时复归的时间内，若系统发生故障（第二次的故障），则只能由第Ⅲ保护段的未经振荡闭锁控制的保护，以较长的时间切除故障。若相邻上一级保护之振荡闭锁在第一次故障时未起动，而在第二次故障时（可能与第一次故障不是同一个故障点）却能够起动，则将造成保护越级动作，但是这种机会很少。

（2）快速复归方式。振荡闭锁装置按反映某一参数量而快速复归。如当系统电压恢复后快速复归；当断路器重合闸动作后而快速复归等。按电压恢复而快速复归之动作电压一般可按二次线间电压为 75～85V 整定。

快速复归之优点为：当发生短时间内的重复性故障时，由于快速复归，能迅速切除故障。其缺点为：当重合闸而引起系统振荡时，可能引起保护装置的误动作。

（3）在预定的复归时间内且待振荡平息后方可整组复归的方式。当达到预定延时复归时间时，若系统发生了振荡，该方式则应等待振荡平息之后，才使闭锁装置整组复归，此性能可由装设于复归回路中的电流闭锁触点来实现。

2. 预定复归时间的整定

预定复归时间的整定原则为：整组复归时间应大于相邻线路距离保护Ⅱ段（有足够灵敏

度者）动作时间加上重合闸周期、再加上重合于永久性故障时保护再次动作后的全部时间，以防止当相邻线路重合闸引起系统振荡时，振荡中心落入本保护段内而使距离保护误动作。

整组复归时间的整定分两种情况：

（1）复归时间继电器计时是从故障开始时计算的，其整定时间计算为

$$f_{fg} = t_{dz\cdot \mathrm{II}} + 2t'_{kd} + t'_{kh} + t'_{ch} + t'_{dz\cdot \mathrm{III}} + \Delta t \tag{5-64}$$

式中 $t'_{dz\cdot \mathrm{II}}$——相邻线路距离保护Ⅱ段动作时间；

t'_{kd}——相邻线路断路器跳闸动作时间；

t'_{kh}——相邻线路断路器合闸动作时间；

t'_{ch}——相邻线路断路器重合闸动作时间；

$t'_{dz\cdot \mathrm{III}}$——相邻线路Ⅲ段重合闸后加速时间；

Δt——时间裕度。

一般整组复归时间整定为 6～8s 即可。

（2）当复归继电器计时按距离保护Ⅲ段返回（即故障被切除之后）开始计算时，则

$$t_{fg} = t'_{kd} + t'_{kh} + t'_{ch} + t'_{dz\cdot \mathrm{III}} + \Delta t \tag{5-65}$$

式中的各符号含义同“（1）”项。

六、振荡闭锁装置起动方式及有关定值计算

1. 闭锁装置的起动方式构成原则

在判明系统出现故障时，能快速而灵敏的起动闭锁装置，以便将保护的有关保护段投入工作。

一般主要采用反映故障时出现的相序分量来起动闭锁装置，例如：

（1）采用负序电压或其增量（$\dot{U}_2$ 或 $\Delta\dot{U}_2$）。

（2）采用负序电流或其增量（$\dot{I}_2$ 或 $\Delta\dot{I}_2$）。

（3）采用复合起动方式，即（$\dot{U}_2 + K\dot{I}_0$）或（$\dot{I}_2 + K\dot{I}_0$）方式。

（4）采用负序电压及负序电流方式（U_2 和 I_2）。

（5）采用负序电压增量及负序电流增量方式（ΔU_2 及 ΔI_2）。

另外，尚有采用两个阻抗圆大小不等的阻抗继电器构成的所谓大小圆起动方式，多用于有较大非全相运行负荷的系统中。

2. 振荡闭锁起动值的计算

（1）负序电压起动方式。负序电压的定值按躲过系统正常运行时的不平衡电压整定，即

$$U_{dz2} = K_k U_{bp2} \tag{5-66}$$

当系统可能出现非全相运行方式时，尚应满足

$$U_{dz2} = K_k (U_{bp2} + U_{fbp2}) \tag{5-67}$$

式中 K_k——可靠系数，取 1.5～2；

U_{bp2}——系统正常运行及振荡时，电压互感器二次侧不平衡电压，一般为 1V 左右。若有非全相负荷（如有电力机车等）时，不平衡电压可能较大，应以实测为准；

U_{fbp2} ——系统非全相运行时产生的负序电压，可由计算求得，也可由实测求得。

由于负序电压元件的灵敏度一般较高，故可不作详细的计算。成套设备均有固定的整定用抽头，一般可取中间抽头使用，也可按元件具有的足够灵敏度计算出整定值。

起动元件灵敏度的计算：按被保护设备保护范围内故障时的最低负序电压校验，即

$$K_{lm} = U_{c2 \cdot \min}/U_{dz2} \tag{5-68}$$

式中 K_{dz2} ——负序起动元件的整定值；

$U_{c2 \cdot \min}$ ——在校验点发生故障时，保护安装处的最小负序电压。对于中性点直接接地系统：当 $X_{2\Sigma} \leqslant X_{0\Sigma}$ 时，采用单相接地故障时之值；当 $X_{2\Sigma} > X_{0\Sigma}$ 时，采用两相接地故障时之值。对于中性点非直接接地系统，采用两相短路故障时之值。

K_{lm} ——灵敏度系数。按规程要求：在本线路末端故障时，$K_{lm} \geqslant 4$；在距离保护Ⅲ段范围末端故障时，$K_{lm} \geqslant 2$。

（2）负序电流起动方式。按躲开正常运行及系统振荡时电流互感器二次侧最大不平衡电流计算，即

$$I_{dz2} = \frac{K_k}{K_f} \times I_{bp2 \cdot \max} \tag{5-69}$$

$$I_{bp2 \cdot \max} = \left(\frac{\Delta I\%}{3 \times 100} + K_e \times \frac{\Delta f}{f_e} + \frac{\Delta\phi\%}{100}\right) I_{js}$$

式中 K_k ——可靠系数，取 1.5～2；

$\Delta I\%$ ——由电流互感器误差引起的不平衡电流的百分数；

Δf ——频率偏差绝对值，取实际可能最大值；

f_e ——系统频率额定值，f_e＝50Hz；

K_e ——与滤过器型式有关的系数，取 0.5；

$\Delta\phi\%$ ——由于滤过器调整不精确所引起的不平衡电流百分值，一般为 1%；

I_{js} ——所取计算条件下，计算用的电流值；

$I_{bp \cdot 2 \cdot \max}$ ——正常运行及系统振荡时，电流互感器二次侧的最大不平衡电流。

由于负序滤过器在系统振荡情况下出现不平衡电流时易引起误动，因此可附加相电流元件予以反闭锁，此时振荡闭锁装置可只按该相电流元件整定值下的最大不平衡电流计算 I_{bp2} 之值。

一般取：$\Delta I\% = 3$、$\Delta f = 3$Hz、$K_e = 0.5$、$\Delta\phi\% = 1$，并代入式（5-69），得

$$I_{bp2} = 0.05 I_{js}$$

则

$$I_{dz2} = \frac{K_k}{K_f}(0.05 I_{js}) \doteq 0.1 I_{js} \tag{5-70}$$

实用中，可不作详细计算，成套设备屏给出了整定用的抽头，一般使用中间抽头位置即可，也可按起动元件是否具有足够灵敏度计算。

装置起动元件灵敏度按式（5-71）校验，即

$$K_{lm} \geqslant \frac{I_{d2 \cdot \min}}{I_{dz2}} \tag{5-71}$$

式中 K_{lm} ——灵敏度系数。按要求，在本线路末端故障时，$K_{lm} \geqslant 4$；在距离保护Ⅲ段保护区末端故障时，$K_{lm} \geqslant 2$；

I_{dz2} ——起动元件动作电流；

$I_{d2 \cdot \min}$ ——验算点故障，流过保护装置的最小负序电流。验算点故障短路类型的选择原则与负序电压元件的相同。

(3) 零序电流起动元件。在中性点直接接地系统中，有时因为负序电流或负序电压元件的灵敏度不够，需要加入零序电流分量，以提高接地故障时的灵敏度。该零序电流计算为

$$I_{dz0} = K_k I_{bp0} \tag{5-72}$$

$$I_{bp0} = K_{fzq} K_{tx} K_i I_{js} \tag{5-73}$$

式中 K_k ——可靠系数，取 1.5～2；

I_{bp0} ——正常运行及系统振荡时，电流互感器二次侧的最大不平衡零序电流；

K_{fzq} ——非周期分量系数；

K_{tx} ——电流互感器的同型系数。当互感器为同型号时，取 0.5；异型号时，取 1；

K_i ——电流互感器误差，一般取 0.1；

I_{js} ——所取计算条件下的计算用电流值。由于当系统振荡时零序电流滤过器会出现较高的不平衡电流而引起误动，为此附加相电流元件，予以反闭锁。因此，I_{js} 可以按此相电流元件之定值计算，求出 I_{bp0} 值。

灵敏度校验：当单独使用零序电流时，则

$$K_{lm0} = 3I_{d0 \cdot \min} / I_{dz0} \tag{5-74}$$

式中 K_{lm0} ——校验点灵敏度。按规程要求：在本线路末端故障时，$K_{lm0} \geqslant 4$；在距离保护Ⅲ段范围末端故障时，$K_{lm0} \geqslant 2$。

$I_{d0 \cdot \min}$ ——当校验点故障时，流过保护的最小零序电流。当 $X_{2\Sigma} < X_{0\Sigma}$ 时，采用两相接地短路故障时之值；当 $X_{2\Sigma} > X_{0\Sigma}$ 时，采用单相接地故障时之值。一般零序分量多用于复合式起动元件，由于两个分量相互影响，此时其灵敏度为一组曲线，此曲线在产品说明书中可以查到。

(4) 负序电流增量元件。当系统发生三相短路时，若故障从两相短路开始发展成三相短路的过程较快，这时采用负序电流或负序电压起动元件可能拒绝动作。目前，采用负序电流增量起动方式的效果较好。同时，这对于躲开有较大负序电流分量的电气化机车负荷也有很明显的作用。

负序电流增量元件的动作电流定值计算，亦需按满足规程要求的灵敏度，即：在本线路末端故障时，$K_{lm} \geqslant 4$；在距离Ⅱ段保护范围末端故障时，$K_{lm} \geqslant 2$。其定值亦可按照能保证有足够的灵敏度进行计算，但通常继电器有三个抽头可供定值整定，一般可取中间抽头。同时，还设有零序电流的分接头，可与负序电流的分接头同时使用。

七、振荡闭锁装置的开放时间整定

1. 采用距离保护Ⅰ段与Ⅱ段切换方式

此时开放时间原则上应能保证距离保护Ⅱ段可靠动作。故开放时间应大于自保护装置起

动到切换至使距离保护Ⅱ段测量元件可靠动作，一般按下式计算

$$
\begin{aligned}
t_{kf} &\geq t_1 + t_2 + t_3 + t_{yd} \\
&\approx 0.05 + (0.1 \sim 0.15) + 0.08 + 0.02 \approx 0.25 \sim 0.3\ (\mathrm{s})
\end{aligned}
\tag{5-75}
$$

式中 t_{kf}——振荡闭锁开放时间，一般取 0.3s；

t_1——起动元件起动时间，一般取 0.05s；

t_2——保护Ⅰ、Ⅱ段切换时间，一般取 0.1～0.15s；

t_3——保护Ⅱ段测量元件动作时间，一般取 0.08s；

t_{yd}——时间裕度，取 0.02s。

2. 采用距离保护Ⅱ、Ⅲ段切换方式

保护开放时间可以较短，这样能更好地避免在稳定性遭到严重破坏时保护的误动作。例如，此时对保护Ⅱ段的开放时间可以更短一些，应主要按系统稳定的要求，最短可以整定为 0.08～0.1s。

3. 对于成套距离保护装置屏

此时应结合保护装置屏的性能，按照保护说明书中有关振荡闭锁装置部分的具体要求和系统运行情况，确定振荡闭锁之开放时间。

第 5-11 节　距离保护断线闭锁装置及其整定计算

为了防止距离保护电压回路断线而引起的保护误动作，一般需装设电压回路断线闭锁装置。经验说明，这是一项保证距离保护装置安全运行的重要措施。在实际运行中，以往由于电压回路出现故障而造成距离保护装置误动作的事故，在距离保护误动作次数中占有很大的比例。另外，为提高距离保护断线闭锁装置的可靠性及灵敏度，还加入了用负序电流增量（或负序电流）进行闭锁的回路。

常采用的电压回路断线闭锁装置的型式及整定值如下。

一、按照零序滤过器原理构成的断线闭锁装置

由零序滤过器原理构成的断线闭锁装置的原理接线图，示于图 5-40 中。其定值的整定应按照保护装置说明书中的规定及要求确定，例如在老式的感应型保护装置中，其电压继电器的定值整定范围为 6～12V。该定值一般不需经过详细的计算，可选取其中间电压位置（如取 8V）。通常，可在调试中模拟电压回路断线故障，以检验装置动作之灵敏度，然后根据需要再适当变动定值。

二、按磁平衡原理构成的断线闭锁装置

由磁平衡原理构成的断线闭锁装置的原理接线图，示于图 5-41 中。其定值的整定应按照保护装置说明书中的规定及要求确定，例如在一些整流型的保护装置（如在 LH-11 型）中，这种闭锁装置的继电器定值整定范围为 8～16V。其定值一般不需作详细计算，可整定在其中间电压位置（如取 12V），但应在调试中模拟电压回路断线故障，以检验装置动作的灵敏度，然后根据需要可适当变动其定值（据厂家数据，当定值为 8V 时，电压回路断线时，其灵敏度约为 6）。

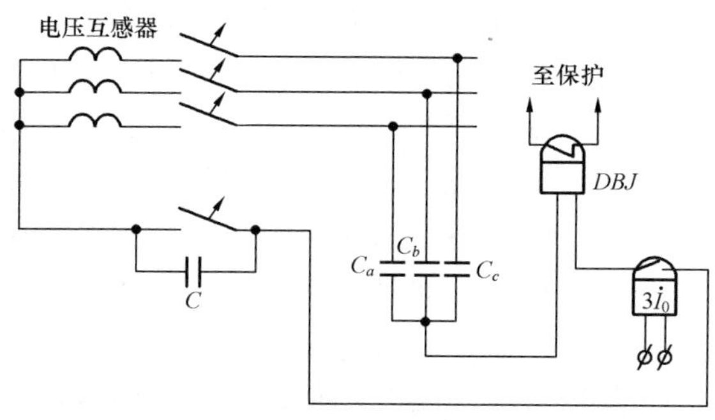

图 5-40　由零序滤过器原理构成的断线闭锁装置原理接线图

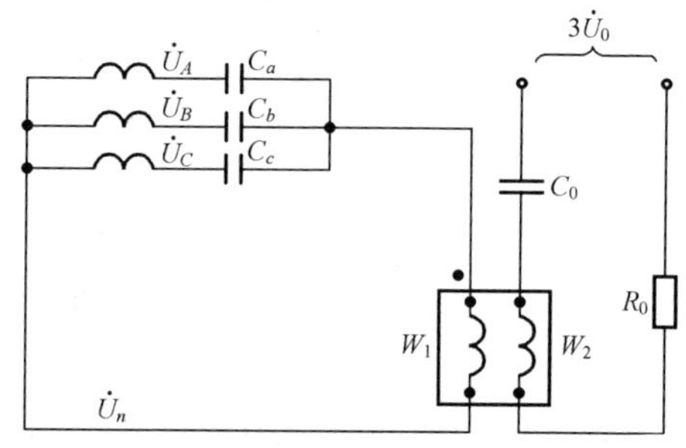

图 5-41　由磁平衡原理构成的断线闭锁装置原理接线图

三、利用振荡闭锁的起动元件（负序电流及负序电压的综合方式）兼起断线闭锁的作用

这种闭锁方式简单易行，而且闭锁效果更好。距离保护的Ⅰ、Ⅱ、Ⅲ段均经振荡闭锁元件中的负序电流及负序电压元件闭锁。当电压回路断线时，由于负序电流元件不动作，从而闭锁了保护，同时根据出现的负序电压发出断线信号（延时）。

第 5-12 节　影响距离保护定值配合的几个有关问题

在电力系统中，距离保护的上、下级保护段之间必须在定值和时限上相互配合，但由于各种类型距离保护装置的特点不同，因此必须考虑到由此而引起的在定值配合上出现的一些问题，以避免由于配合不当所带来的保护误动作事故。归纳起来主要有以下几方面：

（1）相间距离保护与接地距离保护对不同类型故障的保护范围不同，故一般不易互相配合，所以可以不考虑它们之间的互相配合问题。

（2）带有偏移特性圆与不带偏移特性圆的距离保护，由于对电弧电阻的反应能力不同，在有较大弧光短路时，不易互相配合。所以，各保护段上、下级应采用相同特性圆的距离保护装置，但若在实际中出现这种特性不同的保护装置时，必须作详细配合的分析计算，以取得在允许的弧光电阻范围内达到上、下级保护段的相互配合，而避免保护的非选择性动作。

（3）电抗型阻抗继电器与阻抗型阻抗继电器受弧光电阻的影响差别更大，较难很好配合。一般情况下应尽可能予以换型，若确需采用，则应经过仔细的计算配合，否则易于发生误动。

（4）采用瞬时测定的各保护段间应相配合，否则将可能发生保护越级动作。这可用图 5-42的保护动作过程加以说明。图 5-42 为单回线与下邻双回线路配合时的系统图。当保护装置 5 附近 D_1 点发生短路时，保护装置 6 和 1 的测量阻抗均在第Ⅱ段保护范围内，而保护装置 5 的测量阻抗则处于第Ⅰ段保护范围，所以将瞬时动作，使断路器跳闸。当断路器 5 跳开后，保护装置 1 的测量阻抗立即增大，其第Ⅱ段应返回，而保护装置 6 仍以第Ⅱ段的动作时限将故障线路切除。但是，如果在保护装置 1 处采用了瞬时测定，则在断路器 5 断开之后，它仍可能处于动作状态。当保护第Ⅱ段时限到达时（若其Ⅱ段时限等于或小于保护装置

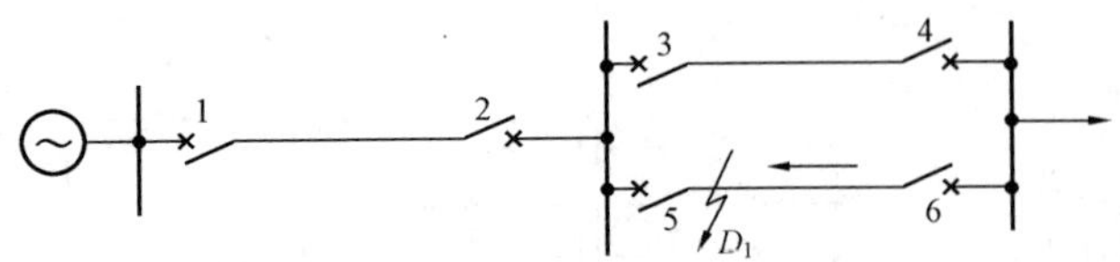

图 5-42　实现瞬时测定可能造成保护非选择性动作的系统图

6 的Ⅱ段时限)，就将动作而跳开断路器 1。为了防止这种非选择性的动作，在距离保护 1 处就不允许装设瞬时测定装置。因此，瞬时测定只能在单回线辐射形电网中的距离保护装置带时限的保护段（通常是距离保护Ⅱ段）上采用。这时在被保护方向上与其相邻的所有线路都应同时采用瞬时测定回路（由于保护Ⅰ段为瞬时动作，过渡电阻的数值不大，因此没必要采用瞬时测定回路)。

(5) 距离保护装置的振荡闭锁方式及整组复归方式最好相同。若不尽相同，则必须使其起动装置的灵敏度和闭锁时间相互配合，否则也有发生保护误动的可能。

(6) 对于短线路（如对 110kV 在 10km 以内；220kV 在 20km 以内的线路），一般采用三段式保护；对于特长线路，经过计算分析，也可只采用两段式保护，以便简化保护装置。

(7) 当长线路采用了带有偏移特性圆的起动元件，而其反向相邻又为短线路时，应考虑反向配合问题。

(8) 当距离保护装置采用电流元件作为起动元件时，若使用振荡闭锁装置，应考虑由于切除过程中短路电流分布发生变化而产生的相继动作，会使后来起动的保护Ⅰ、Ⅱ段被闭锁装置闭锁，从而引起越级动作的事故。

第 5-13 节　距离保护定值计算算例

【例 5-1】 某 330kV 线路，为某电厂 A 送向系统的主供线路，系统主接线及其主要参数，如图 5-43 所示。

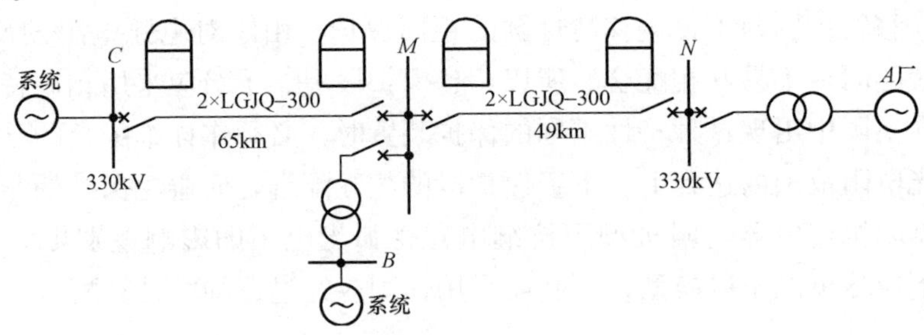

图 5-43　系统主接线及其主要参数

(一) 已知数据

线路及变压器参数如图 5-43、5-44 所示，各线路断路器均装设有 JJ-12C 型距离保护屏，线路 M-C 之 M 侧距离保护定值已知为：

Ⅰ段　$Z_{dz\cdot Ⅰ}=18.7\Omega$　$t_{Ⅰ}=0s$

Ⅱ段　$Z_{dz\cdot Ⅱ}=33\Omega$　$t_{Ⅱ}=0.6s$

Ⅲ段　$Z_{dz\cdot Ⅲ}=68\Omega$　$t_{Ⅲ}=3s$

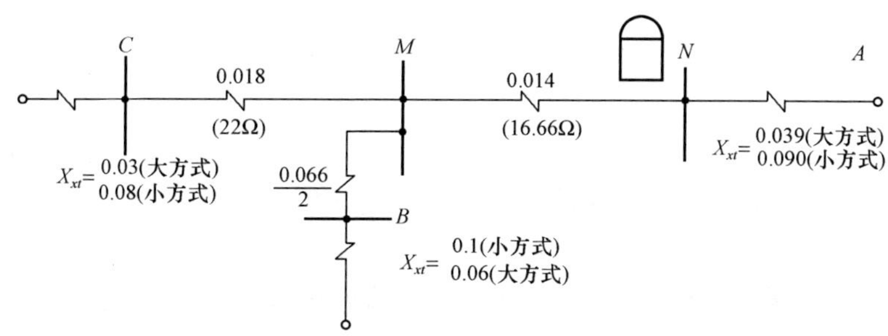

图 5-44　系统阻抗图（以 100MVA 为基准）

变电站 M 主变压器 330kV 侧相间过电流保护动作时间为 3s，主变压器各侧母线上均装设有母线差动保护。

电厂 A 及变电站 M、N 低压系统运行方式的参数已归算至以 100MVA 为基准的标么值，如图 5-44 所示。

（二）计算线路 N 侧的相间距离保护定值

（1）距离保护Ⅰ段（阻抗按一次正序相阻抗给出，下同）：按躲开本线路末端故障计算，即

$$Z_{dz\cdot \mathrm{I}} = K_k Z_{xl} Z_j = 0.85 \times 0.014 \times 1190$$
$$= 0.85 \times 16.66 = 14.16(\Omega)$$

最大灵敏角为

$$\theta_{lm} = 81^{\circ}$$

保护动作时间

$$t = 0\mathrm{s}$$

（2）距离保护Ⅱ段：

1）按与相邻线路 M-C 之距离保护Ⅰ段配合，相邻距离保护Ⅰ段定值为

$$Z'_{dz\cdot \mathrm{I}} = 18.7\Omega \qquad t_{\mathrm{I}} = 0\mathrm{s}$$
$$Z'_{dz\cdot \mathrm{II}} = K_k Z_{xl} + K'_k K_z Z'_{dz\cdot \mathrm{I}}$$

K_z 的计算：按题图 5-44 数据。

电厂 A 取最大运行方式，$X_{xt}=0.039$；变电站 M 低压电源取最小运行方式，$X_{xt}=0.1$。则由线路 NM 至变电所 M 的等值阻抗为

$$X_{\Sigma 1} = 0.039 + 0.014 = 0.053$$

由变电所 M 的低压电源至 330kV 母线的等值阻抗，当 BM 之间有两台主变压器，按单台运行时计算为

$$X_{\Sigma 2} = 0.1 + 0.066 = 0.166$$

则助增系数为

$$K_z = \frac{X_{\Sigma 1} + X_{\Sigma 2}}{X_{\Sigma 2}} = \frac{0.053 + 0.166}{0.166} = 1.32$$

由此得出

$$Z_{dz\cdot \text{II}} = 0.85 \times 16.66 + 0.8 \times 1.32 \times 18.7$$
$$= 14.16 + 19.74 = 33.9(\Omega)$$
$$K_{lm} = \frac{33.9}{16.66} = 2.03$$

2）按射开 M 变电所的主变压器低压侧故障整定，即

$$Z_{dz\cdot \text{II}} = K_k Z_{xl} + K_{kb} K_z Z'_b$$

助增系数 K_z 之计算：因为线路 MC 可能停电检修，故 K_z 值可按最小值（即 $K_z = 1$）计算，即

$$Z_{dz\cdot \text{II}} = 0.85 \times 16.66 + 0.7 \times \frac{0.066}{2} \times 1190 = 41.65(\Omega)$$
$$K_{lm} = \frac{41.65}{16.66} = 2.5$$

选取 $Z_{dz\cdot \text{II}} = 39.9(\Omega) \quad K_{lm} = 2.03$

最大灵敏角 $\theta_{lm} = 81^\circ$

保护动作时间 $t_{\text{II}} = t'_{\text{I}} + \Delta t = 0.5(\text{s})$

（3）距离保护Ⅲ段：

1）按与相邻线路距离保护Ⅱ段相配合整定，即

$$Z_{dz\cdot \text{III}} = K_k Z_{xl} + K'_k K_z Z'_{dz\cdot \text{II}}$$
$$= 0.85 \times 16.66 + 0.8 \times 1.32 \times 33$$
$$= 14.16 + 34.8 = 48.96(\Omega)$$

线末灵敏度为

$$K_{lm} = \frac{48.96}{16.66} = 2.94$$

2）按与相邻线路距离保护Ⅲ段相配合整定，即

$$Z_{dz\cdot \text{III}} = K_k Z_{xl} + K'_k K_z Z'_{dz\cdot \text{III}}$$
$$= 0.85 \times 16.66 + 0.8 \times 1.32 \times 68 = 86(\Omega)$$

线路末端故障灵敏度 $K_{lm} = \frac{86}{16.66} = 5.16$

3）按最大负荷电流整定（最大负荷电流为 1000A），即

$$Z_{fh\cdot \min} = \frac{0.95 \times 330\sqrt{3}}{1000} = 0.181(\text{k}\Omega)$$
$$Z_{dz\cdot \text{III}} = \frac{181}{1.2 \times 1.2 \times \cos(81^\circ - 37^\circ)}$$
$$= \frac{181}{1.035} = 174.9(\Omega)$$

选取 $Z_{dz\cdot \text{III}} = 86\Omega$

保护动作时间 $t_{\text{III}} = 3 + 0.5 = 3.5(\text{s})$

对相邻线路 MC 的后备灵敏度为

$$K'_{lm}=\frac{Z_{dz\cdot Ⅲ}}{Z_l+K_zZ'_l}=\frac{86}{16.66+2.12\times22}=\frac{86}{63.3}=1.35>1.2$$

式中 K_z——A 厂为最小方式，B 系统为最大方式下助增系数，$K_z=\dfrac{0.09+0.014+0.033+0.06}{\dfrac{0.066}{2}+0.06}$ $=2.12$。

最大灵敏度 $\theta_{lm}=81°$

（三）计算线路 NM 之 N 侧相间距离保护的其他定值

1. 起动元件定值

（1）负序电流起动元件：I_{dz2} 可按产品说明书中的规范，初步选用中间抽头 0.66A（电流互感器变比为 1200/5）。

验算灵敏度：线末故障最小短路电流为

$$I^{(3)}_{d\cdot\min}=\frac{167}{X_{\Sigma1}}=\frac{167}{0.1040}=1598(\text{A})$$

负序电流为

$$I_{d\cdot\min\cdot2}=\frac{1598}{2}=799(\text{A})$$

$$K_{lm}=\frac{799/240}{0.66}=\frac{3.33}{0.66}=5.04>4$$

负序电流起动元件可采用。

（2）零序电流起动元件：根据产品说明书，按负序元件定值的 1～3 倍整定。现取其定值与负序电流起动元件的定值相同，即

$$I_{dz0}=I_{dz2}=0.66\text{A}$$

2. 相电流元件定值

按躲过最大负荷电流整定，即

$$I_{dz\cdot\varphi}=\frac{K_k}{K_f}\times I_{fh\cdot\max}=1.5\times1000=1500(\text{A})$$

3. 阻抗元件精确工作电流

阻抗元件精确工作电流按线路末端故障 $K_{lm}\geqslant4$ 计算，因线路末端最小三相短路电流 $I^{(3)}_{d\cdot\min}=1598\text{A}$（见前），则线路末端故障时，继电器最小精确工作电流应小于以下数值，即

$$I^{(3)}_{jg\cdot\min}=\frac{I^{(3)}_{d\cdot\min}/n_{LH}}{K_{lm}}=\frac{1598/240}{4}=\frac{6.65}{4}=1.66(\text{A})$$

$$I^{(2)}_{jg\cdot\min}=1.66\times0.866=1.42(\text{A})$$

（四）计算结果（电流互感器变比为 1200/5）

距离保护Ⅰ段 $Z_{dz\cdot Ⅰ}=14.16\Omega$ $t_{Ⅰ}=0\text{s}$ $\theta_{lm}=81°$

距离保护Ⅱ段 $Z_{dz\cdot Ⅱ}=33.9\Omega$ $t_{Ⅱ}=0.5\text{s}$ $\theta_{lm}=81°$

距离保护Ⅲ段　$Z_{dz\cdot Ⅲ}=86\Omega$　$t_{Ⅲ}=3.5s$　$\theta_{lm}=81°$

负序电流元件　$I_{dz2}=0.66A$(电流互感器变比为 1200/5)

零序电流元件　$I_{dz0}=0.66A$(电流互感器变比为 1200/5)

相电流元件　$I_{dz\varphi}=1500A$(一次值)

阻抗元件精确工作电流（电流互感器变比 1200/5）为

$$I_{jg}^{(3)}\leqslant 1.66A \qquad I_{jg}^{(2)}\leqslant 1.42A$$

【例 5-2】 某 110kV 双回线路为电厂 B 与系统 C 的联络线，系统接线如图 5-45 所示。保护用电流互感器变比为 600/5。

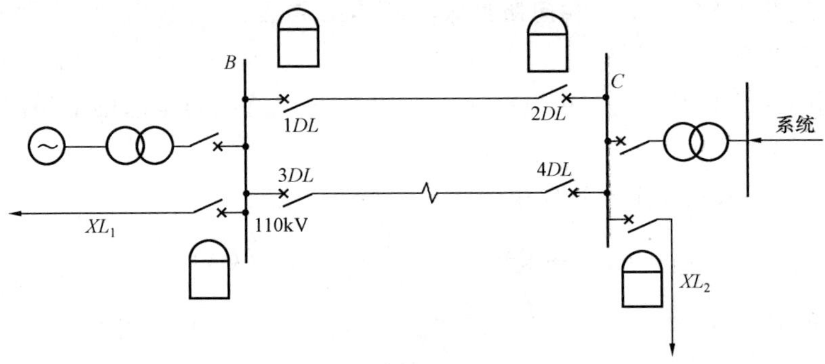

图 5-45　双回联络线系统接线图

（一）已知数据

各线路及变压器参数如图 5-46 所示。各线路上均装设有 JJ-12C 型距离保护屏，电厂 B 及系统变电站 C 之 110kV 出线距离保护定值已知。

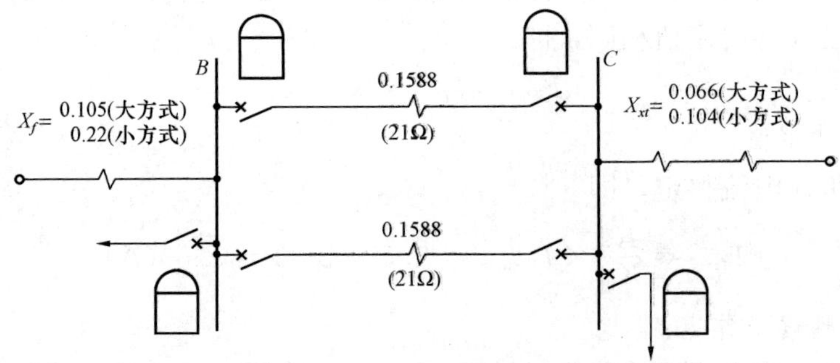

图 5-46　双回联络线系统阻抗图
（以 100MVA 为基准）

电厂 B 的出线 XL_1 定值为：

Ⅰ段　$Z_{Ⅰ}=10\Omega$　$t_{Ⅰ}=0s$

Ⅱ段　$Z_{Ⅱ}=18\Omega$　$t_{Ⅱ}=0.5s$

Ⅲ段　$Z_{Ⅲ}=50\Omega$　$t_{Ⅲ}=2.5s$

变电站 C 的出线 XL_2 定值为

Ⅰ段　$Z_{Ⅰ}=12\Omega$　$t_{Ⅰ}=0s$

Ⅱ段　　$Z_{Ⅱ}=20\Omega$　　$t_{Ⅱ}=1s$

Ⅲ段　　$Z_{Ⅲ}=60\Omega$　　$t_{Ⅲ}=3s$

发电厂及系统变电站主变压器各侧母线上均装设有母线差动保护。

发电厂 B 及系统 C 的运行方式及其参数已归算到以 100MVA 为基准的标么值，如图 5-46 所示。

（二）试计算双回线路距离保护定值

1. 计算双回线路 B 侧的距离保护定值

（1）距离保护Ⅰ段（按一次线路正序相阻抗表示，下同），按躲过线末故障整定，即

$$Z_{dz\cdot Ⅰ}=K_kZ_{xl}=0.85\times21=17.85(\Omega)$$

$$\theta_{lm}=63^{\circ}\qquad t_{Ⅰ}=0s$$

（2）距离保护Ⅱ段：

1）按与线路 XL_2 距离保护Ⅰ段相配合整定，即

$$\begin{aligned}Z_{dz\cdot Ⅱ}&=K_kZ_{xl}+K'_kK_zZ'_{dz\cdot Ⅰ}\\&=0.85\times21+0.8K_z\times12\end{aligned}$$

计算 K_z：计算方式为双回线路中之一回线断开，B 电厂为大运行方式，系统 C 为小运行方式。则由图 5-46 可知：

由发电厂 B 计算至变电所 C 母线处之综合阻抗为

$$X_{\Sigma1}=0.105+0.1588=0.2638$$

由系统 C 至变电所母线处的综合阻抗为：

$$X_{\Sigma2}=0.104$$

因为

$$K_z=\frac{X_{\Sigma1}+X_{\Sigma2}}{X_{\Sigma2}}=\frac{0.2638+0.104}{0.104}=3.53$$

所以

$$Z_{dz\cdot Ⅱ}=0.85\times21+0.8\times3.53\times12=17.85+33.89=51.74(\Omega)$$

$$K_{lm}=\frac{51.74}{21}=2.46$$

2）按与线路 XL_2 距离保护Ⅱ段定值相配合整定，即

$$\begin{aligned}Z_{dz\cdot Ⅱ}&=K_kZ_{xl}+K'_kK_zZ'_{dz\cdot Ⅱ}\\&=0.85\times21+0.8\times3.53\times20\\&=17.85+56.48=74.33(\Omega)\end{aligned}$$

$$K_{lm}=\frac{74.33}{21}=3.54$$

3）按与双回线路中另一回线路对侧断路器距离保护Ⅰ段相配合整定（例如 1DL 的Ⅱ段与 4DL 的Ⅰ段配合整定，此时考虑另一回线路之 B 侧断路器 3DL 为断开方式），即

$$\begin{aligned}Z_{dz\cdot Ⅱ}&=K_kZ_{xl}+K'_kK_zZ'_{dz\cdot Ⅰ}\\&=0.85\times21+0.8\times3.53\times(0.85\times21)\\&=17.85+50.4\\&=68.25(\Omega)\end{aligned}$$

$$K_{lm}=\frac{68.25}{21}=3.25$$

取
$$Z_{dz\cdot Ⅱ}=51.74\Omega \qquad K_{lm}=2.46$$
$$\theta_{lm}=63^{\circ} \qquad t_{Ⅱ}=0.5\text{s}$$

（3）距离保护Ⅲ段：

1）按与线路 XL_2 距离保护Ⅱ段定值相配合整定，即

$$\begin{aligned}Z_{dz\cdot Ⅲ}&=K_kZ_{xl}+K'_kK_zZ'_{dz\cdot Ⅱ}\\&=0.85\times21+0.8\times3.53\times20\\&=17.85+56.48=74.33(\Omega)\end{aligned}$$

$$K_{lm}=\frac{74.33}{21}=3.54 \qquad t_{Ⅲ}=1+0.5=1.5\text{s}$$

2）按与线路 XL_2 距离保护Ⅲ段定值相配合整定，即

$$\begin{aligned}Z_{dz\cdot Ⅲ}&=0.85\times21+0.8\times3.53\times60\\&=17.85+169.44=187.27(\Omega)\end{aligned}$$

$$K_{lm}=\frac{187.29}{21}=8.9 \qquad t_{Ⅲ}=3+0.5=3.5\text{s}$$

3）与双回线路中另一回线路对侧断路器距离保护Ⅱ段相配合整定（考虑另一回线路在发电厂 B 侧之断路器 $3DL$ 为断开方式），即

$$\begin{aligned}Z_{dz\cdot Ⅲ}&=K_kZ_{xl}+K'_kK_zZ'_{dz\cdot Ⅱ}\\&=0.85\times21+0.8\times3.53\times46.65\\&=17.85+131.7=149.55(\Omega)\end{aligned}$$

$$K_{lm}=\frac{149.55}{21}=7.12 \qquad t_{Ⅲ}=1+0.5=1.5\text{s}$$

4）按最大负荷电流整定（$I_{fh\cdot\max}=400\text{A}$），即

$$Z_{fh\cdot\min}=\frac{0.95\times110\sqrt{3}}{0.4}=151.0(\Omega)$$

$$\begin{aligned}Z_{dz\cdot Ⅲ}&=\frac{Z_{fh\cdot\min}}{K_kK_fK_{zq}\cos(\varphi_{fh}-\varphi_{xl})}=\frac{151}{1.2\times1.2\times2\times0.898}\\&=58.4(\Omega)\end{aligned}$$

选取
$$Z_{dz\cdot Ⅲ}=58.4\Omega \qquad t_{Ⅲ}=2\text{s}$$
$$\theta_{lm}=63^{\circ}$$

对本线路末端，灵敏度为

$$K_{lm}=\frac{58.4}{21}=2.78$$

双回线并列运行时，若一回线故障切除，线路负荷将增大一倍，故距离保护Ⅲ段按双回线最大负荷电流整定，此时对相邻线的后备灵敏度较低。

（4）计算其他参数及定值：

1）负序电流起动元件：I_{dz2} 可按产品说明书中的规范，选取中间抽头 0.66A（电流互感器变比为 600/5）。

验算灵敏度：经计算线路末端故障时流经保护的最小负序电流为

$$I_{d2\cdot\min} = 419\text{A}(\text{按双回线并列运行})$$

$$K_{lm} = \frac{419/120}{0.66} = \frac{3.49}{0.66} = 5.29 > 4$$

2）零序电流起动元件：按与负序电流元件定值相同时整定，即取 0.66A。

3）相电流元件定值：按躲过最大负荷电流整定，即

$$I_{dz\cdot x} = \frac{K_k}{K_f} \times I_{fh\cdot\max} = 1.5 \times 2 \times 400 = 1200(\text{A})$$

4）阻抗元件精确工作电流计算为

$$I_{jg\cdot\min}^{(3)} = \frac{I_{d\cdot\min}^{(3)}/n_{LH}}{K_{lm}} = \frac{838/120}{4} = \frac{6.98}{4} = 1.74(\text{A})$$

$$I_{jg\cdot\min}^{(2)} = 1.74 \times 0.866 = 1.5(\text{A})$$

（5）计算结果（电流互感器变比为 600/5）：

距离保护Ⅰ段　$Z_{dz\cdot\text{I}} = 17.85\Omega$　$t_{\text{I}} = 0\text{s}$

$\theta_{lm} = 63°$

距离保护 Ⅱ 段　$Z_{dz\cdot\text{II}} = 51.74\Omega$　$t_{\text{II}} = 0.5\text{s}$

$\theta_{lm} = 63°$　$K_{lm} = 2.46$

距离保护 Ⅲ 段　$Z_{dz\cdot\text{III}} = 58.4\Omega$　$t_{\text{III}} = 2\text{s}$

$\theta_{lm} = 63°$　$K_{lm} = 2.78$（对本线）

负序电流起动元件　$I_{dz2} = 0.66\text{A}$

零序电流起动元件　$I_{dz0} = 0.66\text{A}$

相电流元件　$I_{dz\cdot x} = 1200\text{A}$（一次值）

阻抗元件精确工作电流 $I_{jg\cdot\min}^{(3)} = 1.74\text{A}$　$I_{jg\cdot\min}^{(2)} = 1.5\text{A}$

2. 计算双回线路 C 侧距离保护定值

（1）距离保护Ⅰ段（用一次线路正序相阻抗表示，下同），按躲开本线路末端故障整定，即

$$Z_{dz\cdot\text{I}} = K_k Z_{xl} = 0.85 \times 21 = 17.85(\Omega)$$

$$\theta_{lm} = 63° \qquad t_{\text{I}} = 0\text{s}$$

（2）距离保护Ⅱ段：

1）按与线路 XL_1 距离保护Ⅰ段相配合整定，即

$$\begin{aligned} Z_{dz\cdot\text{II}} &= K_k Z_{xl} + K'_k K_z Z'_{dz\cdot\text{I}} \\ &= 0.85 \times 21 + 0.8 \times K_z \times 10 \end{aligned}$$

计算 K_z：取系统 C 侧为大运行方式，电厂 B 为小运行方式。在线路 BC 为单回线运行情况下进行计算，即

$$X_{\Sigma 1} = 0.066 + 0.1588 = 0.2248$$

$$X_{\Sigma2} = 0.22$$

$$K_z = \frac{X_{\Sigma1} + X_{\Sigma2}}{X_{\Sigma2}} = \frac{0.2248 + 0.22}{0.22} = \frac{0.4448}{0.22} = 2.02$$

$$\begin{aligned} Z_{dz\cdot \mathrm{II}} &= 0.85 \times 21 + 0.8 \times 2.02 \times 10 \\ &= 17.85 + 16.16 = 34.01(\Omega) \end{aligned}$$

$$t_{\mathrm{II}} = 0.5\mathrm{s}$$

本线路末端故障时的灵敏度为 $K_{lm} = \dfrac{34.01}{21} = 1.62$

2）按与线路 XL_1 距离保护Ⅱ段相配合整定，即

$$\begin{aligned} Z_{dz\cdot \mathrm{II}} &= K_k Z_{xl} + K'_k K_z Z'_{dz\cdot \mathrm{II}} \\ &= 0.85 \times 21 + 0.8 \times 2.02 \times 18 \\ &= 17.85 + 29 = 46.85(\Omega) \end{aligned}$$

$$t_{\mathrm{II}} = 0.5 + 0.5 = 1\mathrm{s} \qquad K_{lm} = \frac{46.85}{21} = 2.23$$

3）按与双回线中另一回线对侧距离保护Ⅰ段配合（即考虑 $2DL$Ⅱ段与 $3DL$Ⅰ段配合，另一回线 C 侧断路器 $4DL$ 为断开方式）整定，即

$$\begin{aligned} Z_{dz\cdot \mathrm{II}} &= K_k Z_{xl} + K'_k K_z Z'_{dz\cdot \mathrm{I}} \\ &= 0.85 \times 21 + 0.8 \times 2.02 \times 17.85 \\ &= 17.85 + 28.8 = 46.65(\Omega) \end{aligned}$$

$$t_{\mathrm{II}} = 0.5\mathrm{s} \qquad K_{lm} = \frac{46.65}{21} = 2.22$$

取 $Z_{dz\cdot \mathrm{II}} = 46.65\Omega \quad t_{\mathrm{II}} = 1\mathrm{s} \quad \theta_{lm} = 63°$

（3）距离保护Ⅲ段：

1）按与线路 XL_1 距离保护Ⅱ段相配合整定，即

$$\begin{aligned} Z_{dz\cdot \mathrm{III}} &= K_k Z_{xl} + K'_k K_z Z'_{dz\cdot \mathrm{II}} \\ &= 0.85 \times 21 + 0.8 \times 2.02 \times 18 \\ &= 17.85 + 29 = 46.85(\Omega) \end{aligned}$$

$$K_{lm} = \frac{46.85}{21} = 2.23$$

2）按与线路 XL_1 距离保护Ⅲ段相配合整定，即

$$\begin{aligned} Z_{dz\cdot \mathrm{III}} &= K_k Z_{xl} + K'_k K_z Z'_{dz\cdot \mathrm{III}} \\ &= 0.85 \times 21 + 0.8 \times 2.02 \times 50 \\ &= 17.85 + 80.8 = 98.65(\Omega) \end{aligned}$$

$$K_{lm} = \frac{98.65}{21} = 4.69$$

3）按与双回线另一回线对侧距离保护Ⅲ段相配合整定，即

$$Z_{dz\cdot Ⅲ}=K_kZ_{xl}+K'_kK_zZ'_{dz\cdot Ⅲ}$$
$$=0.85\times 21+0.8\times 2.02\times 58.4$$
$$=17.85+94.3=112.15(\Omega)$$
$$K_{lm}=\frac{112.15}{21}=5.34$$

4）按最大负荷电流整定（$I_{fh\cdot\max}=400\text{A}$），即

$$Z_{fh\cdot\min}=\frac{0.95\times 110\sqrt{3}}{0.4}=151(\Omega)$$

$$Z_{dz\cdot Ⅲ}=\frac{Z_{fh\cdot\min}}{K_kK_fK_{zq}\cos(\varphi_{fh}-\varphi_{xl})}=\frac{151}{1.2\times 1.2\times 2\times 0.898}=58.4(\Omega)$$

选取 $Z_{dz\cdot Ⅲ}=58.4\Omega \quad t_{Ⅲ}=2.5+0.5=3\text{s}$

$$\theta_{lm}=63^\circ \qquad K_{lm}=\frac{58.4}{21}=2.78$$

（4）计算其他参数及定值：

1）负序电流起动元件：其动作电流 I_{dz2}，按躲不平衡电流整定。一般可按产品说明书中的规范，选用中间抽头 0.66A（电流互感器二次额定电流为 5A 时）。

校验灵敏度：经计算，当本线路末端故障时，流经保护的最小负序电流为

$$I_{dz\cdot\min}=685\text{A}（双回线并列运行）$$

灵敏度为

$$K_{lm}=\frac{685/n_{LH}}{0.66}=\frac{685/120}{0.66}=8.63>4$$

2）零序电流起动元件：按与负序电流起动元件定值相同时整定，即

$$I_{dz0}=0.66\text{A}$$

3）相电流元件定值：按躲过最大负荷电流整定，即

$$I_{dz\cdot x}=\frac{K_k}{K_f}\times I_{fh\cdot\max}=1.5\times 2\times 400=1200(\text{A})$$

4）阻抗元件精确工作电流计算：

$$I^{(3)}_{jg\cdot\min}=\frac{I^{(3)}_{d\cdot\min}/n_{LH}}{K_{lm}}=\frac{1370/120}{4}=2.85(\text{A})$$

$$I^{(2)}_{jg\cdot\min}=\frac{I^{(2)}_{d\cdot\min}/n_{LH}}{K_{lm}}=\frac{1186/120}{4}=2.47(\text{A})$$

（5）计算结果（电流互感器变化为 600/5）：

距离保护Ⅰ段 $Z_{dz\cdot Ⅰ}=17.85\Omega, t_{Ⅰ}=0\text{s}, \theta_{lm}=65^\circ$

距离保护 Ⅱ 段 $Z_{dz\cdot Ⅱ}=46.65\Omega, t_{Ⅱ}=1\text{s}, \theta_{lm}=65^\circ, K_{lm}=2.22$

距离保护 Ⅲ 段 $Z_{dz\cdot Ⅲ}=58.4\Omega, t_{Ⅲ}=3\text{s}, \theta_{lm}=65^\circ, K_{lm}=2.78$

负序及零序电流元件定值 $I_{dz2}=0.66\text{A} \quad I_{dz0}=0.66\text{A}$

相电流元件 $I_{dz\cdot x}=1200\text{A}$（一次值）

第六章　双回输电线路的横联差动保护整定计算

第 6-1 节　概　　述

双回线路的特点是两条线路在两端均有相连的公共母线，双回线路的线路长度也应相差不多。双回线路按架设方式不同分为三种：①同杆并架式；②双回线平行式（指两回线架设在同一个走廊内）；③双回线式（指两回线架设在两个不同的路径）。架设方式不同对保护的影响也不同。例如：线路长度不相等或导线型号不同时，都会使同名相差电流增大；在中性点直接接地系统中，两回线路之间距离较近时，零序互感较大，对各种保护都有影响，因而必须采取措施加以处理。

双回线路保护的配置，除了与单回线路相同外，根据双回线路的结构特点，还可采用横联差动保护做为主保护的补充。由于横联差动保护差电流元件有相继动作区，使切除故障时间加长，所以，严格地讲，横联差动保护还不能算是完善的主保护。此外，横联差动电流方向保护，其方向元件还有电流死区和电压死区，尽管新型方向元件的死区很小，但也还是它的不足之处。

横联差动保护有两种型式：一种是电流平衡保护，它必须用于双回线路的电源侧，而不能用于单电源双回线路的负荷端；另一种是横联差动电流方向保护，它可用于双回线路的电源端和非电源端。按保护的功能不同，还可分为相间的和零序（接地）的横联差动保护，它们分别作为相间短路和接地短路故障时的保护。为了提高横联差动保护差电流元件的灵敏度，可在起动回路中加设电压起动元件；在相间和零序两种横联差动保护中加设零序电压元件，使之分别只在相间短路和接地短路故障类型下工作，从而简化了差电流元件的整定计算条件。

进一步分析，在中性点直接接地系统中，双回线路同时发生同名相接地短路时，横联差动方向保护可能拒动；而双回线路如同时发生不同名相的接地短路时，横联差动方向保护也难以正确选相。这些情况虽然发生的机率很小，但作为对一种保护功能的评价，在选用时也应予注意。

第 6-2 节　相间横联差动保护整定计算

一、差电流元件整定

相间横联差动保护只适用于双回线路两端接于一个断路器的接线，如图 6-1 所示。保护需要给出差电流整定值。

差电流元件动作电流按躲开双回线路外部短路的最大不平衡电流整定。不平衡电流包括两部分，一是由电流互感器特性不一致引起的；二是由双回线路参数不相等引起的。其动作

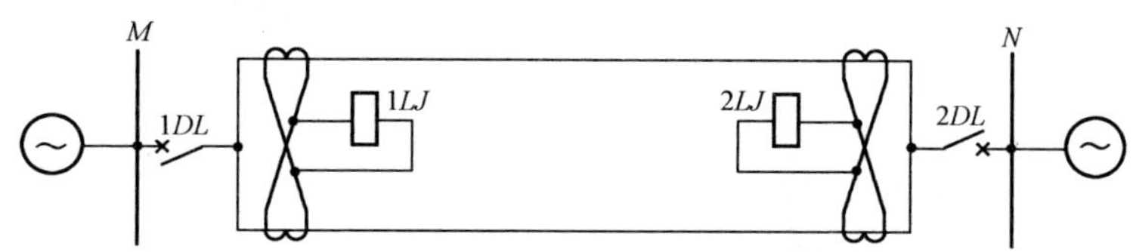

图 6-1 横联差动电流保护原理接线图

电流整定为

$$I_{dz}=K_kI_{bp\cdot\max}=K_k(I'_{bp}+I''_{bp}) \tag{6-1}$$

其中

$$I'_{bp}=K_{LH}K_{tx}K_{fzq}\frac{I^{(3)}_{d\cdot\max\cdot\Sigma}}{2} \tag{6-2}$$

$$I''_{bp}=K_{cl\cdot1}K_{fzq}I^{(3)}_{d\cdot\max} \tag{6-3}$$

式中 K_k—— 可靠系数,取 1.3 ～ 1.5；

$l_{bp\cdot\max}$—— 双回线路外部短路时产生的最大不平衡电流；

I'_{bp}—— 由两组电流互感器特性不同引起的不平衡电流；

I''_{bp}—— 由双回线路阻抗不相等引起的不平衡电流；

K_{LH}—— 电流互感器比误差系数,取 0.1；

K_{tx}—— 电流互感器同型系数,同型式者取 0.5,不同型式者取 1；

$K_{cl\cdot1}$—— 双回线路的正序差电流系数,由计算或实测决定；

K_{fzq}—— 短路电流的非周期分量系数,一般电流继电器取 1.5 ～ 2;对能躲非周期分量的继电器取 1 ～ 1.3；

$l^{(3)}_{d\cdot\max\cdot\Sigma}$ ——双回线路外部三相短路时流过双回线路中的最大总短路电流，短路点分别选在两侧母线上，取其中最大者。

二、横联差动保护电流相继动作区的计算

横联差动保护电流相继动作区一般以百分数表示，其计算公式为

$$l_{xj}=\frac{I_{dz}}{I_{d\cdot\min\cdot\Sigma}}\times100\% \tag{6-4}$$

式中 I_{dz} ——横联差动保护差电流动作值；

$I_{d\cdot\min\cdot\Sigma}$ ——相继动作区分界点处短路的总短路电流，一般短路点近似选在保护对端的母线上。

电流相继动作区是表示横联差动保护切除故障速度的一个指标。一般要求相继动作区不应大于 50％。

双回线路两侧的横联差动保护差电流元件整定值应分别进行计算。当两侧横联差动保护使用的电流互感器型式相同时，两侧应选取相同的整定值。

第 6-3 节 相间横联差动电流方向保护整定计算

相间横联差动电流方向保护用于两侧装有四个断路器的双回线路。如图 6-2 所示。这种

保护只保护相间短路故障。按保护构成的原理回路不同，分别按不同的条件和项目进行整定。

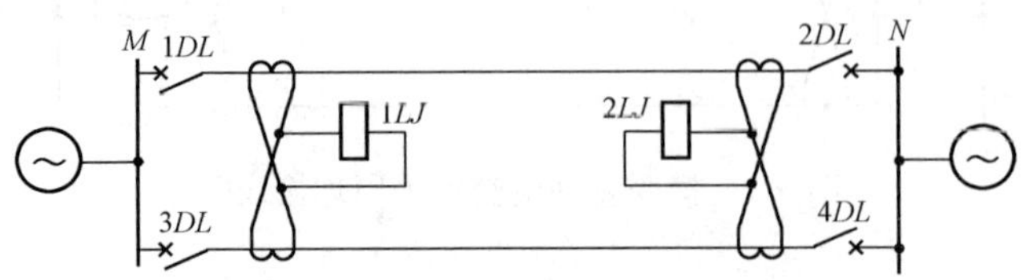

图 6-2 横联差动电流方向保护原理图

一、不带电压起动的横联差动电流方向保护的整定

这种保护只需给出差电流元件动作电流。差电流元件动作电流按满足以下三个条件整定。

（1）按躲开单回线路运行的最大负荷电流整定。即考虑另一回线路由一侧向线路充电，充电侧的横联差动电流方向保护不应动作。其动作值计算公式为

$$I_{dz} = \frac{K_k}{K_f} I_{fh \cdot \max} \tag{6-5}$$

式中 K_k——可靠系数，取 1.2；

K_f——返回系数，其大小按保护的具体类型决定，电磁型电流继电器取 0.85；

$I_{fh \cdot \max}$——单回线路运行时的最大负荷电流。

（2）按躲双回线路外部短路时流过保护的最大不平衡电流整定。其计算用公式为式 (6-1)～（6-3)。

（3）按躲双回线路中一回线路发生接地短路时，相继动作中先跳开对侧三相断路器后流过非故障相线路中的最大短路电流（即非故障相的差电流）整定，即

$$I_{dz} = K_k I_{d.fg} \tag{6-6}$$

式中 K_k——可靠系数，取 1.3；

$I_{d.fg}$——当双回线路内部的一回线路发生接地短路，而短路点选在本侧零序横联差动电流方向保护相继动作区分界点（或本侧接地保护Ⅰ段范围末端以外且又处于对侧接地保护Ⅰ段范围以内）时，对侧断路器首先跳开三相后，流过非故障相线路的最大短路电流。

下面分析非故障线路横联差动电流方向保护的动作情况。如图 6-3 所示，在靠近 N 侧的 D 点发生 A 相接地短路，断路器 $4DL$ 未跳开前，M 侧断路器 $1DL$ 与 $3DL$ 中三相均有电流流过，故 M 侧相间横联差动电流方向保护中，只有故障线路的 A 相可能动作。但是，当 N 侧某种保护若先动作跳开断路器 $4DL$ 三相之后，则流过断路器 $3DL$ 中的电流只有 A 相有短路电流，B、C 相中电流等于零。而断路器 $1DL$ 中三相却均有电流，其电流的大小与方向取决于序电流的分布，并与负荷电流有关。如果非故障线路的 B、C 相电流大到横联差动保护电流动作值时，差电流元件就能动作；此时，若横联差动保护中指向非故障线路的方向元件再动作，于是 M 侧的横联差动电流方向保护将在跳开断路器 $3DL$ 的同时，也将 $1DL$ 跳开，造成双回线路全被跳开的错误结果。

如不计负荷电流的影响，M 侧横联差动电流方向保护指向非故障线路的方向元件，其动作情况主要由非故障线路中的正序电流与零序电流之比决定。当 $I_0<I_1$ 时，B 相方向元件将动作；当 $I_0>I_1$ 时，则 C 相方向元件动作。

在图 6-3 的系统中，若 N 侧无电源且变压器中性点又接地运行时，M 侧横联差动电流方向保护最容易误动作跳开双回线路。

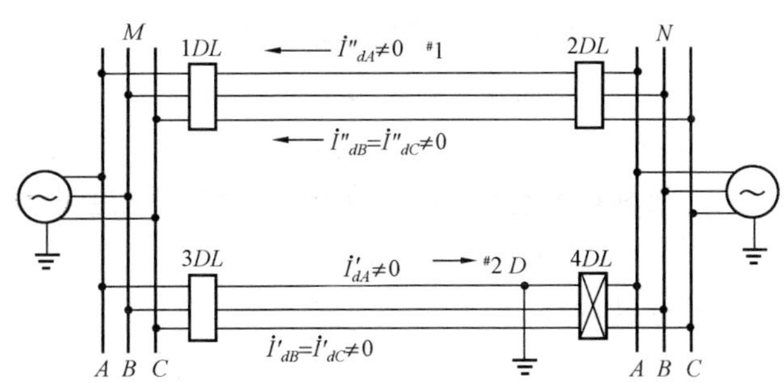

图 6-3　分析非故障线路横联差动电流方向保护误动作的示意图

二、带电压起动横联差动电流方向保护的整定

横联差动电流方向保护加装了电压起动元件后，动作电流即不再考虑式（6-5）的计算条件，可只按式（6-1）、（6-2）、（6-3）及式（6-6）的条件进行计算。电压元件有两种构成方式，其整定原则也不同。

（一）相间电压元件的整定

相间电压元件有三个，分别接于 AB、BC、CA 相别，其动作电压按躲开正常运行的最低电压整定，即

$$U_{dz}=\frac{U_{\min}}{K_kK_f}=\frac{(0.9\sim0.95)U_e}{K_kK_f}\tag{6-7}$$

式中　K_k——可靠系数，取 1.1；

K_f——返回系数，其大小按保护的具体类型决定，电磁型电压继电器取 1.2；

$U_{\min}$——最低运行电压，一般可取（0.9～0.95）U_e；

U_e——电网的额定相间电压。

（二）复合电压元件的整定

复合电压元件由一个相间电压元件和一个负序电压元件组成。其中相间电压元件动作电压整定同式（6-7），而负序电压元件动作电压按躲开正常运行下的最大不平衡电压整定，即

$$U_{dz\cdot2}=K_kU_{bp\cdot2}\tag{6-8}$$

式中　K_k——可靠系数，取 1.5～2；

$U_{bp\cdot2}$——正常运行下电压互感器的最大不平衡电压，此电压一般不大，约为 1～2V。

按式（6-8）计算，当灵敏度很高时，可适当加大整定值，以免继电器整定在最小刻度值。

三、带零序电压闭锁的横联差动电流方向保护的整定

横联差动电流方向保护装设了零序电压闭锁，在接地短路故障时被闭锁而退出工作，所以取消了式（6-6）的计算条件。但仍按式（6-1）～（6-3）及式（6-5）计算整定值。

零序电压元件的动作电压按躲开正常运行时的最大不平衡电压整定，即

$$U_{dz,0} = K_k U_{bp\cdot 0} \tag{6-9}$$

式中　K_k——可靠系数，取1.5～2.0；

$U_{bp\cdot 0}$——正常运行条件下，电压互感器开口三角形的最大不平衡电压，此电压一般不超过5V。电容式电压互感器比电磁式电压互感器的不平衡电压略高，可实测而得；

$U_{dz\cdot 0}$——零序电压元件的动作电压值，此值为3倍零序电压值。

四、相间横联差动电流方向保护灵敏度校验及相继动作区的计算

1. 差电流元件灵敏度计算

其灵敏度计算为

$$K_{lm} = \frac{I_{d\cdot \min}}{I_{dz}} \tag{6-10}$$

式中　$I_{d\cdot \min}$——双回线路内部短路，流过横联差动电流方向保护的最小短路电流，其短路点选在一回线路的中点或选在一回线路的末端。

灵敏度要求：当双回线路中的一回线路中点短路时，在两侧断路器均未跳开之前，其中一侧保护的灵敏系数应不小于2；而在任何一侧跳开之后，按线路末端短路时的灵敏度应不小于1.5。

2. 相间电压元件的灵敏度计算

其灵敏度计算为

$$K_{lm} = \frac{U_{dz}}{U_{cy\cdot \max}} \tag{6-11}$$

式中　$U_{cy\cdot \max}$——当双回线路内部短路时，横联差动电流方向保护所在母线的最大残余相间电压。

对电压元件的灵敏度要求与对差电流元件的要求相同。

3. 负序电压元件的灵敏度计算

其灵敏度计算为

$$K_{lm} = \frac{U_{d\cdot 2\cdot \min}}{U_{dz\cdot 2}} \tag{6-12}$$

式中　$U_{d\cdot 2\cdot \min}$——当双回线路内部短路时，横联差动电流方向保护所在母线的最小负序相间电压。

对负序电压元件的灵敏度要求与对差电流元件的要求相同。

4. 零序电压元件的灵敏度计算

其灵敏度计算为

$$K_{lm} = \frac{3U_{d\cdot 0\cdot \min}}{U_{dz\cdot 0}} \tag{6-13}$$

式中　$U_{d\cdot 0\cdot \min}$——当双回线路内部短路时，横联差动电流方向保护所在母线的最小零序电压。

对零序电压元件的灵敏度要求与对差电流元件的要求相同。

5. 方向元件的灵敏度计算

其灵敏度计算为

$$K_{lm}=\frac{P_{d\cdot j}}{P_{dz\cdot j}} \tag{6-14}$$

其中

$$P_{d\cdot j}=\frac{I_d U_{cy}\cos(\varphi_g+a)}{\sqrt{3}\cdot n_{LH}n_{YH}} \tag{6-15}$$

式中 $P_{dz\cdot j}$——功率继电器动作功率，其值按具体继电器类型决定。对于 GG-11 感应型功率继电器，当电流大于 5A 时，$P_{dz\cdot j}=13\sim15\text{VA}$；对于 LLG-3 整流型功率继电器，当电流大于 5A 时，$P_{dz\cdot j}=1.5\text{VA}$；

$P_{d\cdot j}$——当双回线路内部短路时，功率继电器端子上的功率；

I_d——当双回线路内部短路时，流过横联差动电流方向保护的短路电流；

U_{cy}——双回线路内部短路，横联差动电流方向保护所在母线上的残压；

φ_g——功率继电器端子上电流、电压间夹角，电流落后于电压者为正，否则为负。当按 90°接线法时，$\varphi_g=(\varphi_d-90°)$，$\varphi_d$ 为短路电流、电压间夹角，当电流落后于电压时为正；

a——功率继电器的内角，其大小由具体继电器类型决定，一般 LG-11 及 GG-11 型功率继电器为＋30°及＋45°；

n_{LH}，n_{YH}——分别为电流、电压互感器的变比。

对方向元件灵敏度的要求：当在双回线路中的一回线路中点短路时，两侧断路器均未跳开之前，其中一侧保护的灵敏系数不应小于 4；而在任何一侧跳开之后，按线路末端短路的灵敏系数不应小于 2.5。

6. 电流相继动作区的计算

电流相继动作区按式（6-4）进行计算。

五、相间横联差动电流方向保护死区的计算

双回线路中的一回线路，在靠近母线侧附近的区域内发生相间短路时，母线上残压很小，方向继电器将会拒动，这个区域就是电压死区。电压死区一般不应大于线路全长的 10%；在线路末端附近的区域发生短路时，由于流入方向继电器中的电流很小，继电器将拒动，这个区域就是电流死区。对电流死区一般没有要求，因为当对侧横联差动保护动作跳开断路器后，电流死区将自动消失，它与电流元件的相继动作区相比是较小的，所以一般可不考虑。

确定电压死区有计算法和图解法两种方法。

（一）计算法

对于接入相间电压和相电流的单相方向继电器，其动作功率计算为

$$P_{dz\cdot j}=\frac{\sqrt{3}I_{d\Sigma}^2 LZ_1}{2n_{LH}n_{YH}}(\beta+x)(1-x)x\cos(\varphi_g+a) \tag{6-16}$$

$$\frac{2n_{LH}n_{YH}P_{dz\cdot j}}{\sqrt{3}I_{d\Sigma}^2 LZ_1\cos(\varphi_g+a)}=(\beta+x)(1-x)x \tag{6-17}$$

式中　$P_{dz \cdot j}$——方向继电器的动作功率（W）。其值为一变值，一般可以电流为 5A 时的 1.5 $P_{dz \cdot j}$ 值代入计算。可查阅继电器技术说明；

$I_{d\Sigma}$——电压死区分界点处三相短路的总短路电流。因电压死区很小，$I_{d\Sigma}$ 可近似取保护安装处母线短路时的短路电流（A）；

L——线路的全长（km）；

Z_1——线路单位长度阻抗值（Ω/km）；

x——电压死区分界点至对侧母线的长度，以占全长的份数表示，如图 6-4 所示；

β——被计算保护背后系统流入双回线路的短路电流占短路点总电流的份数，如图 6-4 所示；

n_{LH}, n_{YH}——分别为电流、电压互感器的变化。

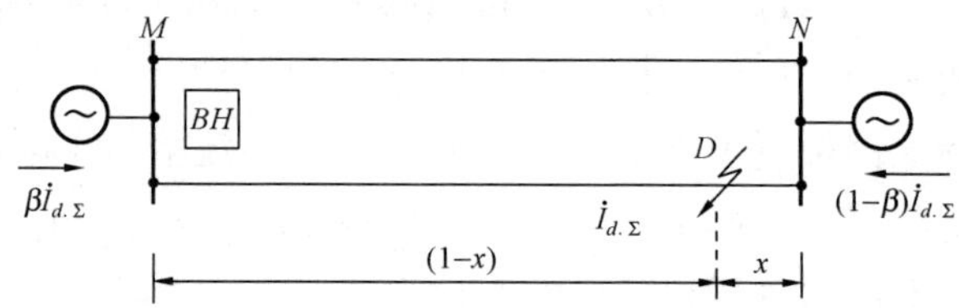

图 6-4　由计算法确定的保护死区

式（6-17）中的左侧均为已知数，可写为

$$k=(\beta+x)(1-x)x \tag{6-18}$$

式（6-18）为三次方程，可近似用逐步试算法求解。求解式为

$$x=1-\frac{k}{(\beta+x)x} \tag{6-19}$$

已知电压死区在保护安装处附近，第一步用 $x=1$ 的近似值代入式（6-19），计算得

$$x'=1-\frac{k}{(\beta+1)\times 1}$$

将 x' 再代入式（6-19）进行第二步试算，得

$$x''=1-\frac{k}{(\beta+x'')x''}$$

如 x' 与 x'' 相接近时，即可取其结果。若相差较多，则继续将 x'' 代入式（6-19）替代 x 进行计算，直到前后两个 x 解值相近为止。则电压死区为 $l_{sq}=(1-x)l$。

上述计算复杂，一般不需十分精确，可用方向继电器的最小动作电压计算。例如，LLG-3 型方向继电器，当电流为 5A 时，其最小动作电压约为 0.3V。其死区计算为

$$l_{sq}=\frac{U_{dz \cdot \min} n_{YH}}{\sqrt{3} I_{d \cdot \min} Z_1} \tag{6-20}$$

式中　$U_{dz \cdot \min}$——方向继电器最小动作电压值（V），可由继电器技术说明书中查得；

l_{sq}——方向继电器死区长度（km）；

$I_{d\cdot\min}$——当双回线路中一回线路的保护出口发生三相短路时，流过被计算保护的最小短路电流（A）；

其余符号意义同式（6-16）。

（二）图解法

按接入相间电压和相电流的单相方向继电器计算。先按式（6-15）计算得出 $P_{d\cdot f}=f_1(l)$ 曲线，在同一坐标图上再画出方向继电器动作功率 $P_{dz\cdot j}=f_2(l)$（一般近似用直线代替）曲线，则得出两个交点，如图 6-5 中 a 点和 b 点，图中 $\Delta l'$ 代表电压死区，$\Delta l''$ 代表电流死区。$P_{d\cdot j}=f_1(l)$ 的计算，是在双回线路中的一回线路上取几个短路点，分别计算出 $P_{d\cdot j}$，最后画出曲线。

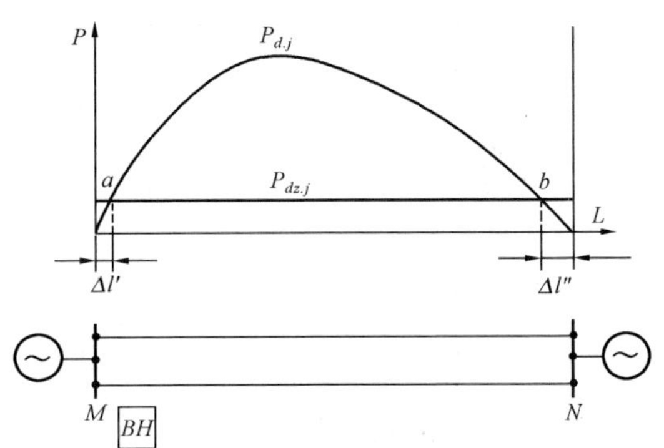

图 6-5　用图解法确定保护死区

【例 6-1】 试对图 6-6（a）中双回线路的相间横联差动电流方向保护进行整定计算。

一、已知条件

（1）双回线路为同杆并架线路。电流互感器均为 LCDW-110 型，变比为 600/5，能满足 10% 误差要求；电压互感器为电磁型，变比为 $110000/\sqrt{3}/100\sqrt{3}/100$。

（2）相间横联差动电流方向保护为电磁型、三相式、有三个相间电压元件和零序电压闭锁。零序电压闭锁元件与零序横联差动电流方向保护共用，方向继电器为 LLG-3 型。

（3）实测正序差电流系数为 0.005。

（4）双回线路外部短路流过每回线路的最大短路电流，如图 6-6（b）所示。

（5）最小运行方式下，双回线路内部短路的电流分布，如图 6-6（c）所示。

（6）最小运行方式下，当双回线路中一回线路一侧出口内部短路时，一侧断路器先跳开后的短路电流分布，如图 6-6（d）所示。

（7）最大运行方式下，双回线路内部短路相继动作时的一侧母线最大残余电压值，如图 6-6（e）所示。

二、整定计算

（一）差电流元件整定

据已知条件，横联差动保护由三个相间电压起动，并由零序电压闭锁，其整定值只按躲开外部三相短路的最大不平衡电流整定。由图 6-6（b）可知，M 侧母线短路流过双回线路的电流小于 N 侧母线短路流过双回线路的电流，故取 N 侧母线短路时的电流，取 $I_{d\cdot\max}^{(3)}=4620+4620=9240(\mathrm{A})$，$K_{LH}=0.1$、$K_{tx}=0.5$、$K_{fzq}=1.5$（因电压等级不甚高，故取较小的系数），按式（6-2），得

$$I'_{bp}=K_{LH}K_{tx}K_{fzq}\frac{I_{d\cdot\max}}{2}$$

$$=0.1\times0.5\times1.5\times\frac{9240}{2}=346.5(\mathrm{A})$$

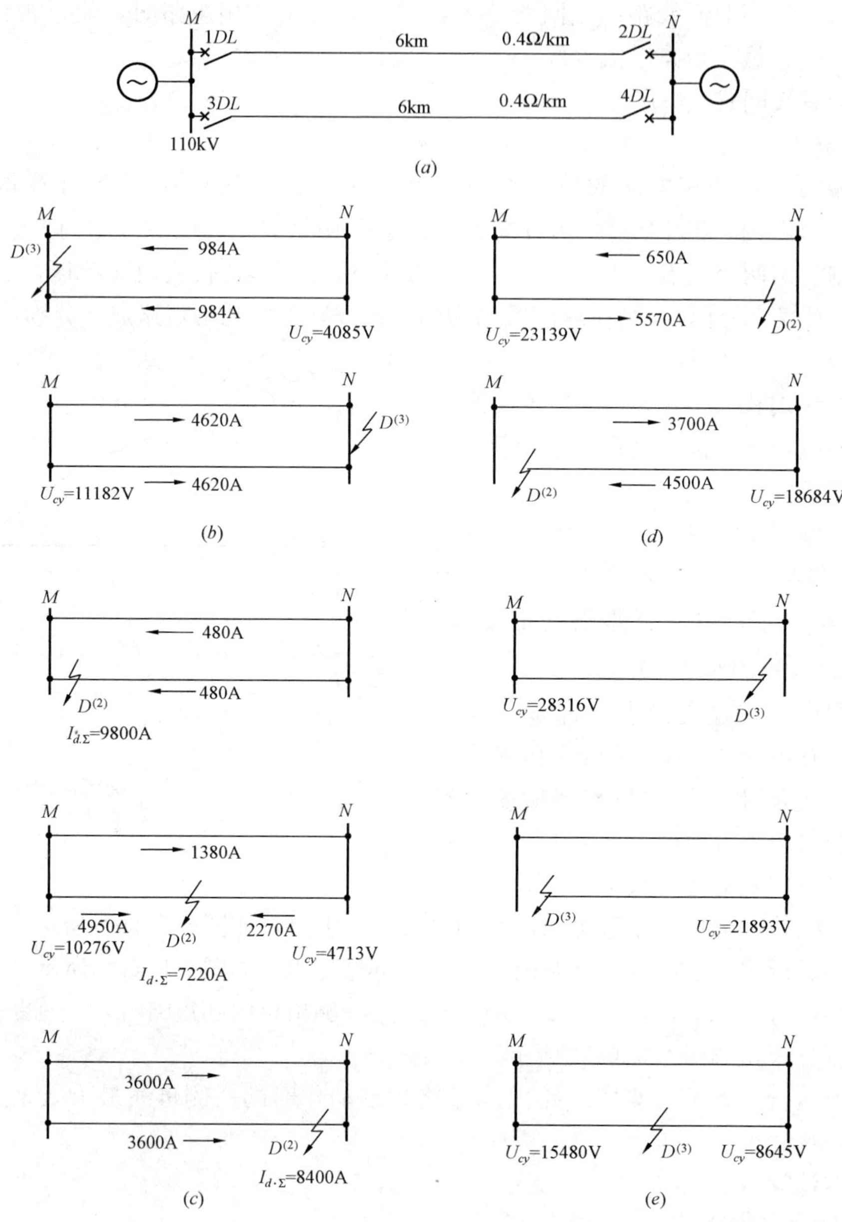

图 6-6 〔例 6-1〕的系统数据图

(*a*) 原始系统图；(*b*) 双回线路外部短路的最大短路电流；(*c*) 最小运行方式下双回线路内部短路的电流分布；(*d*) 最小运行方式下内部短路及相继动作时的短路电流分布；(*e*) 最大运行方式下内部短路及相继动作时的最大残余电压

已知 $K_{cl\cdot 1}=0.005$，按式（6-3）得

$$I''_{bp}=K_{cl\cdot 1}K_{fzq}I^{(3)}_{d\cdot \max}$$

$$=0.005\times 1.5\times 9240=69.3(\text{A})$$

按式（6-1）得

$$I_{dz}=K_k(I'_{bp}+I''_{bp})$$
$$=1.5\times(346.5+69.3)=623.7(\text{A})$$

选定为624A。

二次电流为

$$I_{dz\cdot j}=\frac{I_{dz}}{n_{LH}}=\frac{624}{600/5}=5.2(\text{A})$$

1. 差电流元件灵敏度验算

(1) 一回线路中点短路，按图 6-6（c）可得：

M 侧 $$K_{lm}=\frac{4950-1380}{624}=5.72$$

N 侧 $$K_{lm}=\frac{2270+1380}{624}=5.85$$

(2) 双回线路中一回线路末端内部短路及相继动作时，由图 6-6（d）可得：

M 侧 $$K_{lm}=\frac{5570+650}{624}=9.97$$

N 侧 $$K_{lm}=\frac{4500+370}{624}=13.14$$

2. 横联差动保护相继动作区验算

按图 6-6（c）可得：

M 侧 $$L_{xj}\%=\frac{624}{8400}\times100\%=7.43\%$$

N 侧 $$L_{xj}\%=\frac{624}{9800}\times100\%=6.37\%$$

以上计算结果均满足要求。

（二）相间电压元件整定

M、N 两侧母线电压运行水平较好，故取最低运行电压为 $0.95U_e$，按式（6-7）得

$$U_{dz}=\frac{U_{\min}}{K_kK_f}=\frac{0.95\times110000}{1.1\times1.25}=76000(\text{V})$$

二次电压为

$$U_{dz\cdot j}=\frac{U_{dz}}{n_{YH}}=\frac{76000}{110000/100}=69(\text{V})$$

相间电压元件灵敏度验算：

(1) 一回线路中点短路时，由图 6-6（e）得：

M 侧 $$K_{lm}=\frac{76000}{15480}=4.91$$

N 侧 $$K_{lm}=\frac{76000}{8645}=8.79$$

（2）一回线路内部短路及相继动作时，由图 6-6（e）得：

M 侧 $$K_{lm}=\frac{76000}{28316}=2.68$$

N 侧 $$K_{lm}=\frac{76000}{21893}=3.47$$

灵敏度验算结果满足要求。

（三）零序电压元件的整定

零序电压元件因与零序横联差动方向保护共用，故在此从略，其值可参见零序横联差动方向保护的整定。

（四）方向继电器死区计算

已知 LLG-3 型方向继电器在通入 5A 电流条件下，动作电压不大于 0.3V，最小动作伏安约为 1.5VA。由图 6-6（c）得两侧保护出口三相短路流入继电器的最小电流远大于 5A，故可按继电器最小动作电压计算其死区，将数据代入式（6-20），得：

M 侧 $$I_{d\cdot j}=\frac{9800}{600/5}=81.67(\mathrm{A})$$

$$l_{sq}=\frac{U_{dz\cdot\min}n_{YH}}{\sqrt{3}I_{d\cdot\min}Z_1}=\frac{0.3\times 110000/100}{\sqrt{3}\times 9800\times 0.4}=0.0487(\mathrm{km})$$

$$l_{sq}\%=\frac{l_{sq}}{l}\times 100\%=\frac{0.0487}{6}\times 100\%=0.81\%$$

N 侧 $$I_{d\cdot j}=\frac{8400}{600/5}=70(\mathrm{A})$$

$$l_{sq}=\frac{U_{dz\cdot\min}n_{YH}}{\sqrt{3}I_{d\cdot\min}Z_1}=\frac{0.3\times 110000/100}{\sqrt{3}\times 8400\times 0.4}=0.0568(\mathrm{km})$$

$$l_{sq}\%=\frac{l_{sq}}{l}\times 100\%=\frac{0.0568}{6}\times 100\%=0.947\%$$

两侧方向继电器电压死区均小于 10%，满足要求。

（五）相间横联差动方向保护定值选择

差电流元件为 5.2A。

电压起动元件：相间电压 69V；

零序电压见〔例 6-2〕。

第 6-4 节　零序横联差动电流方向保护整定计算

一、不带零序电压起动的差电流元件整定

差电流元件的动作电流按满足两个条件整定。

（1）按躲开双回线路外部接地短路时的最大不平衡电流整定，即

$$I_{dz.0}=K_k(I'_{pb.0}+I''_{bp.0}) \tag{6-21}$$

其中 $$I'_{bp.0}=K_{LH}K_{tx}K_{fzq}\frac{3I_{d\cdot 0\cdot \max}}{2} \tag{6-22}$$

$$I''_{bp.0}=K_{cl.0}K_{fzq}3I_{d\cdot 0\cdot \max} \tag{6-23}$$

式中 K_k——可靠系数，取 1.3～1.5；

$I'_{bp.0}$——由两组电流互感器特性不同引起的不平衡电流；

$I''_{bp.0}$——由双回线路阻抗不等引起的不平衡电流；

K_{LH}——电流互感器比误差系数，取 0.1；

K_{tx}——电流互感器同型系数，同型者取 0.5，不同型者取 1；

K_{fzq}——短路电流的非周期分量系数，一般电流继电器取 1.5～2，对能躲非周期分量的继电器取 1～1.3；

$K_{cl.0}$——双回线路的零序差电流系数；

$3I_{d.0.\max}$——双回线路外部接地短路，流过双回线路中三倍最大零序总电流，短路点分别选在两侧母线上，并且要比较单相接地和两相接地短路类型。

（2）按躲开本侧断路器出口三相短路时流过保护的最大不平衡电流整定，即

$$I_{dz.0}=K_kK_{LH}I^{(3)}_{d\cdot \max} \tag{6-24}$$

式中 K_k——可靠系数，取 1.3；

K_{LH}——电流互感器比误差系数，取 0.1；

$I^{(3)}_{d\cdot \max}$——本侧断路器出口三相短路时流过横联差动电流方向保护的最大短路电流。

二、带零序电压起动的差电流元件整定

差动电流元件的动作电流按式（6-21）、（6-22）、（6-23）整定。

三、零序电压元件整定

零序电压元件的动作电压按式（6-9）整定。

四、零序差电流元件与零序电压元件的灵敏度及相继动作区的计算

零序差电流元件与零序电压元件的灵敏度计算方法和要求，均可参照相间横联差动电流方向保护的计算方法和要求；零序差电流相继动作区的计算方法和要求亦然，不再重复。当然其计算要用接地短路类型和零序分量。

五、零序方向元件电压死区和灵敏度的计算

根据接地短路时的零序电压分布特点，短路点愈远母线上的零序电压愈低，因此零序方向元件的电压死区是出现在线路的远端，一般可不计算，只要灵敏度满足要求即可。对灵敏度的要求与对相间横联差动保护的要求相同，可参照本章第 6-3 节所述，不再重述。

【例 6-2】 试对图 6-6（*a*）中双回线路的零序横联差动电流方向保护进行整定计算。

一、已知条件

（1）零序横联差动电流方向保护为电磁型；其电流回路接于零序过滤器的二次侧；保护由零序电压起动；零序方向元件为 LLG-5 型继电器。

（2）电流互感器为 LCDW-110 型，变流比 600/5，能满足 10％误差要求；电压互感器变压比为 $110000/\sqrt{3}/100/\sqrt{3}/100$。

（3）实测零序差电流系数 $K_{cl\cdot 0}=0.012$。

（4）外部接地短路最大零序电流如图 6-7（a）所示。

（5）最小运行方式双回线路内部接地短路时，短路电流分布如图 6-7（b）所示。

（6）最小运行方式下双回线路之一的一侧出口接地短路相继动作时，电流分布如图 6-7（c）所示。

（7）最大运行方式下双回线路之一的中点接地短路及一侧出口接地短路相继动作时，两侧母线最大零序电压值如图 6-7（d）所示。

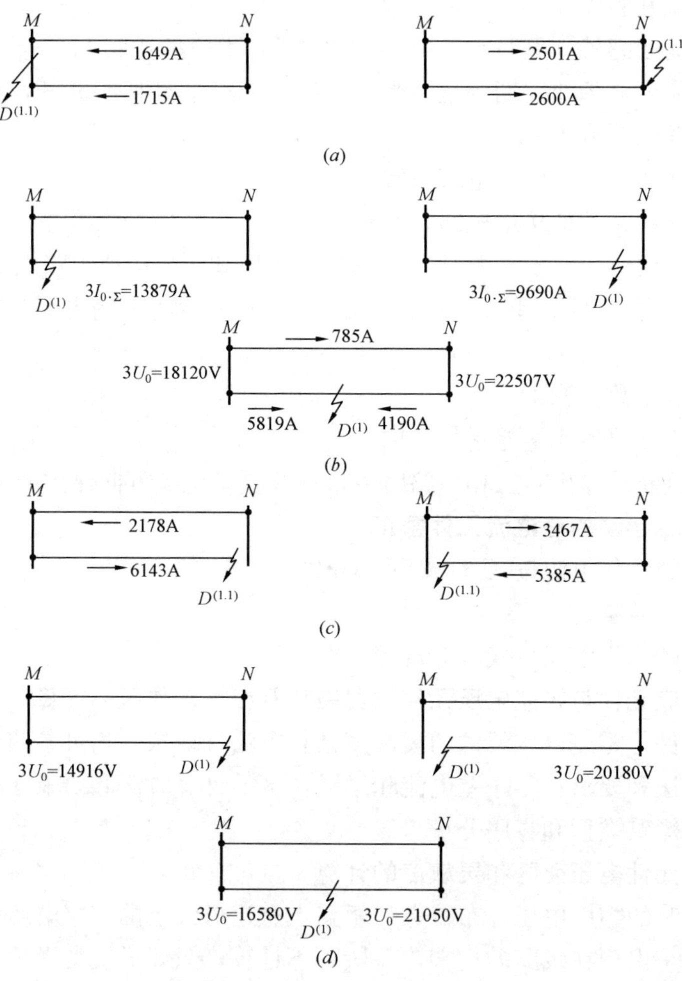

图 6-7 〔例 6-2〕的系统数据图

（a）双回线路外部短路的最大零序电流；（b）最小运行方式下线路内部短路电流分布；（c）最小运行方式下双回线路内部短路相继动作时电流分布；（d）最大运行方式下双回线路内部短路零序电压分布

注：图中零序电流均为 3 倍值。

二、整定计算

（一）差电流元件整定

据已知条件，因有零序电压起动，故可按式（6-21）、（6-22）、（6-23）整定。由图 6-7

(a) 可知，N 侧母线接地短路时流过双回线路的电流最大，$3I_{d\cdot 0\cdot \max}=2501+2600=5101(\mathrm{A})$，$K_{LH}=0.1$、$K_{tx}=0.5$、$K_{fzq}=1.5$（因电压等级不甚高，取较小的系数），则

$$I'_{bp}=K_{LH}K_{tx}K_{fzq}\frac{3I_{d\cdot 0\cdot \max}}{2}$$

$$=0.1\times 0.5\times 1.5\times \frac{5101}{2}=191.3(\mathrm{A})$$

$$I''_{bp}=K_{cl}K_{fzq}3I_{d\cdot 0\cdot \max}$$

$$=0.012\times 1.5\times 5101=91.8(\mathrm{A})$$

$$I_{dz}=K_k(I'_{bp}+I''_{bp})$$

$$=1.5\times(191.3+91.8)=424.6(\mathrm{A})$$

选定 424A。

二次定值

$$I_{dz\cdot j}=\frac{424}{600/5}=3.53(\mathrm{A})$$

1. 检验灵敏度

(1) 按图 6-7（c）得一回线路中点接地短路电流，则：

M 侧 $$K_{lm}=\frac{5819-785}{424}=\frac{5034}{424}=11.87$$

N 侧 $$K_{lm}=\frac{4190+785}{424}=\frac{4975}{424}=11.73$$

(2) 一回接地短路相继动作时：

M 侧 $$K_{lm}=\frac{6143+2178}{424}=\frac{8321}{424}=19.6$$

N 侧 $$K_{lm}=\frac{5385+3467}{424}=\frac{8852}{424}=20.88$$

2. 相继动作区验算

按图 6-7（b）得：

M 侧 $$l_{xj}\%=\frac{424}{9690}\times 100\%=4.38\%$$

N 侧 $$l_{xj}\%=\frac{424}{13879}\times 100\%=3.05\%$$

（二）零序电压起动元件整定

根据已知条件，因接地短路时零序电压数值较高，远大于最大不平衡电压，故按相继动作时的灵敏系数等于 2 整定。

M 侧 $$U_{dz\cdot 0}=\frac{3U_{d\cdot 0\cdot \min}}{K_{lm}}=\frac{14916}{2}=7458(\mathrm{A})$$

$$U_{dz\cdot 0\cdot j}=\frac{7458}{n_{y\cdot 0}}=\frac{7458}{635.8}=11.73(\mathrm{V})$$

其中
$$n_{y\cdot 0}=\frac{110000\text{V}}{\sqrt{3}}/100=635.8$$

N 侧
$$U_{dz\cdot 0}=\frac{3U_{d\cdot 0\cdot \min}}{K_{lm}}=\frac{20180}{2}=10090(\text{V})$$

$$U_{dz\cdot 0\cdot j}=\frac{10090}{635.8}=15.86(\text{V})$$

最后选定，M 侧用 10V；N 侧用 15V。

（三）方向继电器死区计算

已知 LLG-5 型零序方向继电器动作功率很小，约为 2.3VA。当通入电流大于 2A 时，动作电压不大于 1.15V，因为灵敏度很高，故可省略不进行计算。

（四）零序横联差动电流方向保护定值选择

其各项数据均满足规定要求。选定结果如下：

差电流元件为 3.53A；

零序电压元件：M 侧为 10V；N 侧为 15V。

第 6-5 节　电流平衡保护整定计算

一、电流平衡保护的特点

电流平衡保护与横联差动电流方向保护相同之处，都是用双回线路的差电流作为起动元件；不同之处在于电流平衡保护是用电流平衡继电器代替方向继电器来判断双回线路中的故障线路。电流平衡继电器是按比较双回线路中电流绝对值而工作的，同时还引入了电压量进行制动。电压量的大小将影响继电器动作的灵敏度，电压量降低，继电器的灵敏度将提高，所以在线路发生故障时保护的灵敏度较高。由于有了电压量制动，动作电流不再是衡定值，电压与电流之间是曲线变化关系。其特性曲线如图 6-8 所示。

电流平衡保护如用于双回线路的非电源侧时，当非电源侧线路出口发生故障，两回线路中电流值几乎相等，电流平衡继电器将会拒绝动作，故不应采用这种保护方式。

二、带电压起动的相间电流平衡保护中差电流元件的整定

根据电流平衡继电器制动特性（见图 6-8）可知，在制动电压为 100%的情况下：当制动电流为零时，其动作电流约为 8A；如双回线路中一回线路由一侧向线路充电，即使电流互感器二次侧为 5A 时，电流平衡保护也不会发生误动作。所以，差电流元件的动作电流只按躲开正常运行情况下的最大不平衡电流整定，即

$$I_{dz}=K_kI_{bp\cdot \max} \tag{6-25}$$

式中　K_k——可靠系数，取 1.3；

$l_{bp\cdot \max}$——双回线路正常运行情况下流过差电流元件的最大不平衡电流，可参照式（6-2）、式（6-3）计算，但公式中 $l_{d\cdot \max\cdot \Sigma}$ 应用 $I_{fh\cdot \max}$ 代替，并取消非周期分量系数 K_{fzq}。

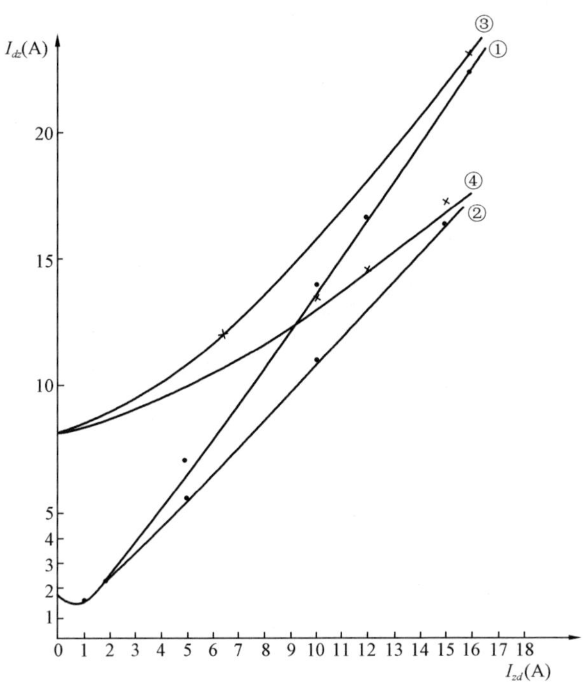

图 6-8　LP 型电流平衡继电器制动特性曲线

①—$U_z=0, \varphi=0°$；②—$U_z=0, \varphi=180°$；③—$U_z=100V, \varphi=0°$；④—$U_z=100V, \varphi=180°$

三、带零序电压起动的零序电流平衡保护中零序差电流元件的整定

零序差电流元件动作电流按躲开正常运行时的最大不平衡电流整定，可参照式（6-21）、（6-22）、（6-23）计算，但公式中 $I_{d\cdot0\cdot\max}$ 应用 $I_{fh\cdot\max}$ 代替，并取消非周期分量系数 K_{fzq} 。

四、相间电压元件及零序电压元件的整定

两个电压元件动作电压的整定方法，均与横联差动电流方向保护中电压元件的整定方法相同，参见式（6-7）、（6-8）、（6-9）。

五、电流平衡保护相继动作区的计算

电流平衡保护中差电流起动元件整定值较小，其相继动作区也较小，计算公式参见式（6-4）。但平衡继电器的相继动作区则比较大一些，因此应以检查平衡继电器的相继动作区为主。平衡继电器的相继动作区用计算法非常复杂，不适用。通常用图解法较为简便直观。其作图方法如下：

（1）首先计算最小运行方式下，当双回线路中一回线路发生短路时，做出故障线路和非故障线路的短路电流对短路点位置的变化曲线，如图 6-9 中 $I_{\mathrm{I}\cdot j}=f_1(l)$ 与 $I_{\mathrm{II}\cdot j}=f_2(l)$，$I_{\mathrm{I}\cdot j}$ 与 $I_{\mathrm{II}\cdot j}$ 应用短路电流的二次值。图中为线路Ⅰ发生短路。

（2）将平衡继电器制动特性曲线 $I_{dz}=f(I_{dz})$ 与短路电流分布曲线 $I_{\mathrm{I}\cdot j}=f_1(l)$ 和 $I_{\mathrm{II}\cdot j}=f_2(l)$ 画在同一比例的坐标系中，如图 6-9 所示。

（3）画 $l_{\mathrm{I}\cdot j}=F(I_{\mathrm{II}\cdot j})$ 曲线 PQ。在图 6-9 中找出 A 点[$I_{\mathrm{II}\cdot j}=f_2(l)$ 与横坐标的交点，即 $I_{\mathrm{II}\cdot j}=0$ 处]，再对应找到 $I_{\mathrm{I}\cdot j}=f_1(l)$ 上的 B 点（当非故障线路短路电流为零时故障线路中的

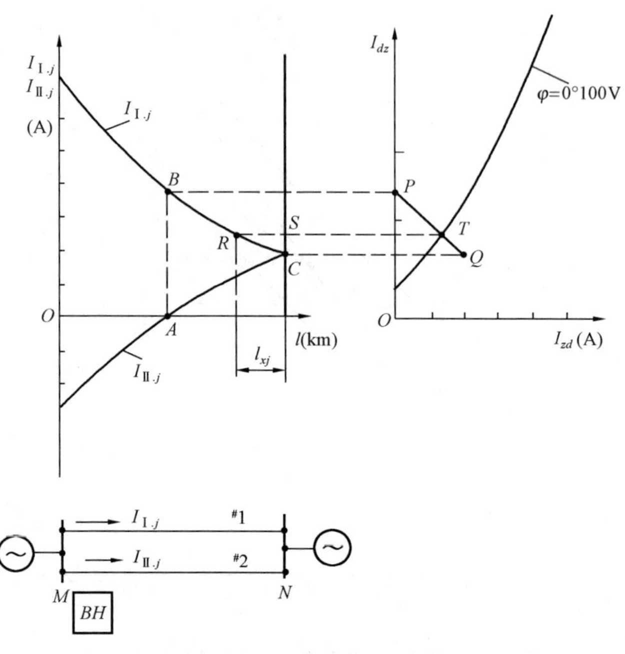

图 6-9　用图解法确定电流平衡保护的相继动作区

短路电流）。由 B 点向右与 $I_{dz}=f(I_{dz})$ 曲线的纵坐标相交得 P 点（此点为平衡继电器制动电流为零时的动作电流）。由故障线路末端找到 C 点（此点的制动电流等于动作电流），由 C 点向右在 $I_{dz}=f(I_{zd})$ 曲线坐标系中找到 Q 点（此点为平衡继电器中制动电流等于动作电流的一点），连接 PQ 点得 PQ 曲线。PQ 曲线与 $I_{dz}=f(I_{zd})$ 曲线相交于 T 点（此点为平衡继电器处于动作边界时双回线路中制动电流与动作电流的情况）。由 T 点向左，在 $I_{\text{I}\cdot j}=f_1(l)$ 曲线上找到 R 点（此点为故障线路的短路电流等于平衡继电器的动作电流），由 R 点至线路末端 S 点的距离 $\overline{RS}$ 线段，就是电流平衡保护的相继动作区范围 l_{xj}。如 l 以公里表示，则 l_{xj} 即为相继动作区的公里数。

平衡继电器制动特性曲线分四种情况，共有 4 条，由 $\varphi=0°$、$\varphi=180°$ 与 $U_z=0$V、$U_z=100$V 组合而成。检查相继动作区时，应使用最不利的情况，即 $\varphi=0°$、$U_z=100$V 的曲线。

【例 6-3】 试对图 6-10 中的双回线路 M 侧相间电流平衡保护进行整定计算。

（一）已知条件

（1）每回线路正常最大负荷电流为 600A；

（2）保护装置带有相间及零序电压元件；保护采用 LP-1 型平衡继电器和 DL-6 型电磁式电流继电器；

（3）短路电流值如图 6-10 所示；

（4）电流互感器均为 LCDW-110 型，变比为 600/5；

（5）正序差流系数为 0.1。

（二）整定计算

（1）电流起动元件整定。按躲开正常负荷电流下最大不平衡电流整定，不平衡电流计算为

$$I'_{bp}=K_{LH}K_{tx}\frac{I_{fh\cdot\max}}{2}$$

$$=0.1\times1\times\frac{(620+620)}{2}=62(\mathrm{A})$$

$$I''_{bp}=K_{cl}I_{fh\cdot\max}=0.1\times(620+620)=124(\mathrm{A})$$

起动电流

$$I_{dz}=K_k(I'_{bp}+I''_{bp})=1.3(62+124)$$

$$=241(\mathrm{A})$$

起动元件相继动作区

$$l_{sj}=\frac{241\times100\%}{12060}=2\%$$

（2）电流平衡相继动作区用作图法求得。

将图 6-10 中一次电流折为二次电流画于图 6-11（a）中，此处，因线路末端短路时两回线电流不相等，故有动作电流 19.58A（x 点）和制动电流 20.4A（y 点），注意 Q 点坐标应为（19.58，20.4）。

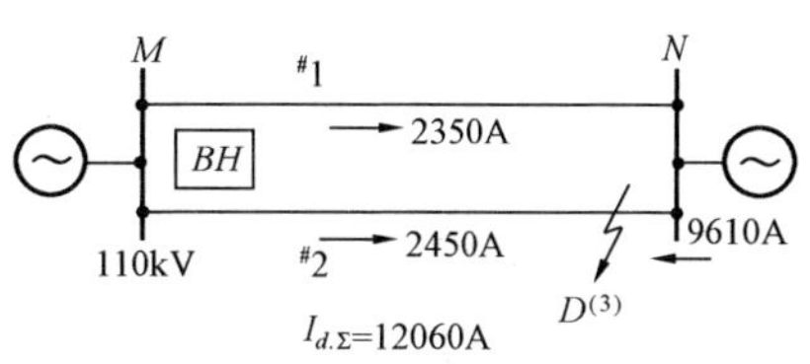

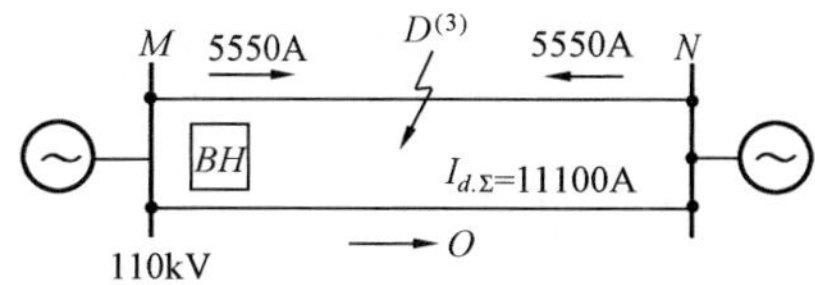

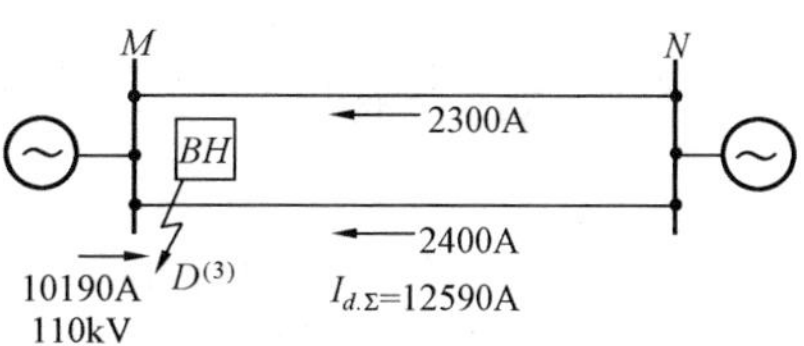

图 6-10 〔例 6-3〕的系统及数据图

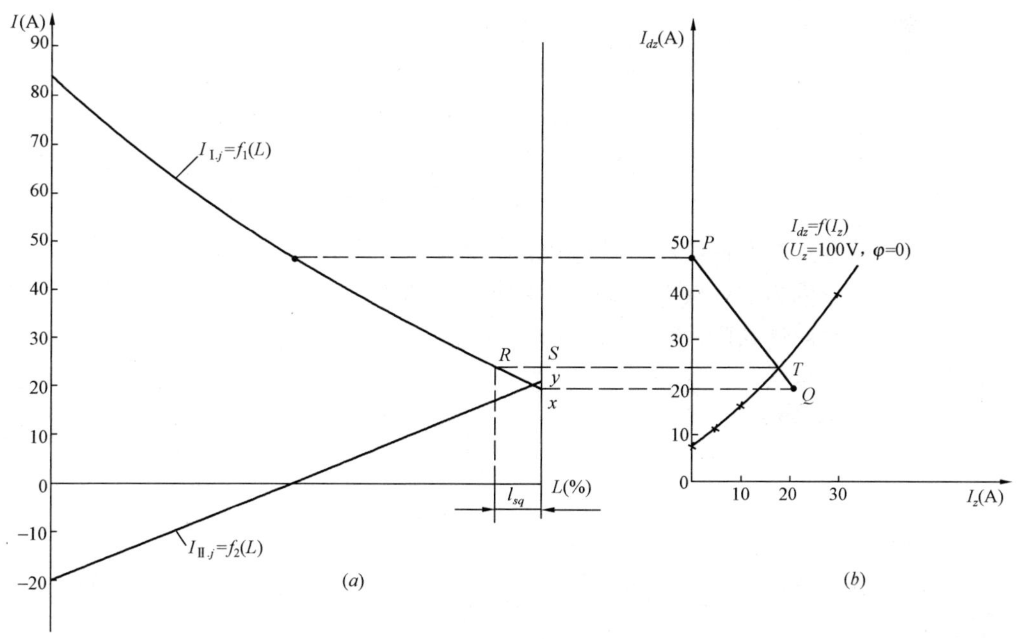

图 6-11 电流平衡保护相继动作区图解

（a）双回线路的短路电流分布；（b）LP-1 型电流平衡继电器制动特性

由图 6-11（a）可见，相继动作区约为 10%，大于起动电流的相继动作区。

（3）其余电压元件的计算方法同〔例 6-1〕，在此从略。

（4）整定结果。差动二次电流 $I_{dz\cdot j}=\dfrac{241}{600/5}=2(\text{A})$

差电流元件及电压起动元件的灵敏度计算方法和要求，与横联差动电流方向保护的相同，此处从略。

第 6-6 节　差电流系数计算

双回线路的长度和导线的型号可能是不相同的，双回线路同名相之间必然有差电流。即使是同型号导线的同杆并架双回线路，也会因换位不均匀、架设不完全对称等原因而产生差电流。特别是短距离的双回线路，甚至因只一回线路装设了阻波器对差电流也有影响。

差电流系数是横联差动保护整定计算必不可少的参数。差电流系数可由计算求得，也可用实测方法求得。但经验表明，计算法准确性较差，因为有多种因素是不能准确计及的。例如：全线架设方式、大地导电率、换位情况的不同，以及相邻屏蔽等因素，均难以准确计算，故最好是用通电实际测量。

差电流系数用 K_{cl} 表示，它是一个复数，但实用上常近似取其绝对值。

（1）对于正序差电流系数 K_{cl1}，可按图 6-12 计算为

$$K_{cl1}=\left|\frac{\dot{I}''_1-\dot{I}'_1}{\dot{I}''_1+\dot{I}'_1}\right|=\left|\frac{Z'_1-Z''_1}{Z'_1+Z''_1}\right|=\left|\frac{(R'_1+jx'_1)-(R''_1+jx''_1)}{(R'_1+jx'_1)+(R''_1+jx''_1)}\right| \tag{6-26}$$

式中　$\dot{I}'_1$、$\dot{I}''_1$——分别为双回线路的正序电流（A）；

Z'_1、Z''_1——分别为双回线路的全线正序阻抗（Ω）。

（2）对于零序差电流系数 K_{cl0}，可按图 6-13 计算为

$$K_{cl0}=\left|\frac{\dot{I}''_0-\dot{I}'_0}{\dot{I}''_0+\dot{I}'_0}\right|=\left|\frac{(Z'_0-Z_{m0})-(Z''_0-Z_{m0})}{(Z'_0-Z_{m0})+(Z''_0-Z_{m0})}\right| \tag{6-27}$$

式中　$\dot{I}'_0$、$\dot{I}''_0$——分别为双回线路的零序电流（A）；

Z'_0、Z''_0——分别为双回线路的全线零序阻抗（Ω）；

Z_{m0}——双回线路间的零序互感阻抗（Ω）。

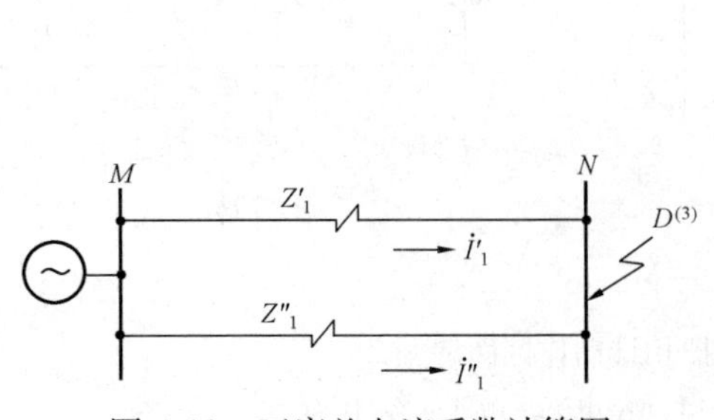

图 6-12　正序差电流系数计算图

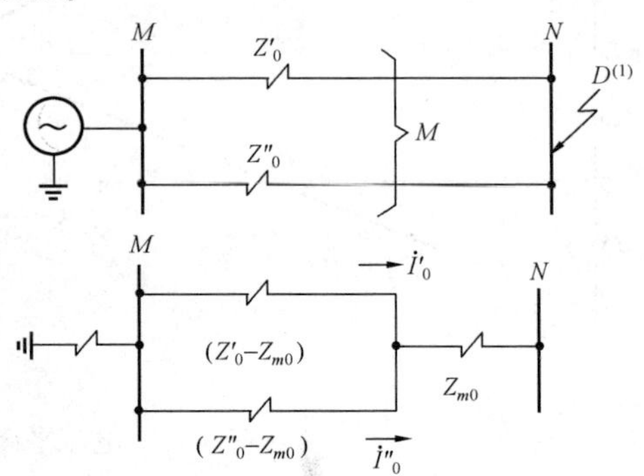

图 6-13　零序差电流系数计算图

应当注意，当双回线路间没有零序互感时，则需将式（6-27）中的 Z_{m0} 取消。

为简化计算，式（6-27）中的 Z_0 也可用 x_0 代入计算。

第 6-7 节　横联差动保护有关整定计算的其他问题

横联差动保护整定还有以下几个问题需要补充说明。

（1）当差电流动作值太大时，影响横联差动保护的灵敏度，可改用带有躲非周期分量特性的继电器，以降低整定值。

（2）双回线路的电流互感器应采用相同的变流比。当电流互感器变流比不相同或两回路中电流相差较大时，均可用补偿变流器进行平衡。应当注意，这种平衡只对绝对值起作用，而不能补偿相角差。

（3）双回线路中间带有 T 接负荷变压器时，横联差动保护整定条件，除本章中所介绍的条件外，还须按躲开 T 接负荷变压器中压或低压母线短路时的最大差电流整定。

T 接点的位置对横联差动保护的差电流元件整定值有影响，T 接点位置距离母线愈近，整定值可能愈高，从而使横联差动保护的相继动作区增大，保护效果降低。

当双回线路在同一地点双 T 接变压器时，双 T 接点之间一般以分列运行为宜，以避免使保护复杂化。

对于双 T 接线路以及 T 接变压器带有电源的情况，都将使横联差动保护的整定复杂化，往往也使保护效果大为恶化，一般不宜采用横联差动保护方式。

第七章 输电线路纵联保护整定计算

第7-1节 纵联保护基本概念

当线路故障时，靠保护单侧的电气量变化，作为保护装置的动作判据，难以达到全线瞬时切除故障的要求。而纵联保护可借助于通道，将判别量传送到各侧，然后根据特定的关系，判定区内、外故障性质，以达到瞬时切除全线故障的目的。因此，判别元件和通道是纵联保护构成的主要部分。由于所选取的判别量及构成通道方式的不同，目前形成两大类纵联保护。

第一类是载波纵联保护，其特点是判别量用间接方式传送给对侧，进行判别比较。由于判别量的不同，又可分为方向比较、相位比较及电流差动三种方式。其通道有载波、电缆、光缆及微波通道。目前，在220kV及以上高压电网中，大多采用电力载波通道为主，判别回路多采用闭锁跳闸式，由于这种保护方式在线路内部故障时，即使所传送的信号在故障点被短接而不能送到对侧时，保护仍能正确动作，所以它在国内得到较广泛的采用。

第二类是输电线路纵联差动保护或导引线保护，它的特点是将判别量直接经专用线传送给对方，进行比较。由于受传送距离的影响，又分为两种方式，一种是电缆线连接方式，另一种是将电流互感器二次电流变换后远距离传送方式。

随着超高压、大电网的发展，线路纵联保护在电网中占有重要地位，由于系统稳定要求及继电保护配合需要，纵联保护往往用来作为线路主保护。各种保护因其构成不同，故适用范围及使用条件也不相同，但其共同的特点是：

（1）不反应被保护线路以外的故障，故在定值选择上不需要与相邻线路配合，也不能作为相邻线路的后备保护。

（2）能反应各种类型的短路故障。

（3）动作时间一般约2周波，能与快速重合闸配合，提高系统的稳定度。

（4）它由线路两侧装置构成一套完整保护系统，故要求两侧装置同型号，且两侧应同时投入运行。

（5）载波高频保护，在运行中要求定期交换通道信号，以监视其装置的完好状态。

第7-2节 高频闭锁方向保护整定计算

一、装置构成

通常由起动元件和方向元件组成。有的将起动元件和方向元件接全电压和全电流，也有的接相序电压和相序电流，还有将起动元件与方向元件两功能综合在一起，选用阻抗继电器来完成。对于后一种保护装置，专门在下节中介绍，这一节介绍前两种。对于接于全电压和全电流的装置，在系统振荡时，可能误动作，应附有振荡闭锁装置；对接负序、零序分量的保护装置，不反应系统振荡。

二、起动元件的整定

为防止在区外故障时，由于线路两侧电流互感器误差不同和起动元件动作值的离散，而出现单侧起动元件动作的情况，以致造成误跳闸，往往在线路两侧分别装设两只灵敏度不同的起动元件。灵敏度高的起动元件用于发信（一般称低值），灵敏度低的起动元件用于起动跳闸回路（一般称高值），并且它们之间有一定的灵敏度配合关系，以保证一侧高值动作时，对侧低值一定被起动，从而可防止误切非故障线路。

（一）全电流、全电压起动元件整定

1. 电流元件整定

对于起动跳闸的电流元件（或正向起动电流元件）：

（1）按大于本线最大负荷电流整定，即

$$I_{dz\cdot qt}=\frac{K_k I_{fh\cdot\max}}{K_f} \tag{7-1}$$

式中 $F_{fh\cdot\max}$ ——最大负荷电流；

K_k ——可靠系数，取2.5～3；

K_f ——返回系数，取0.85；

$I_{dz\cdot qt}$ ——起动跳闸元件动作值，未说明均为一次值。

（2）按保证线路末端有灵敏度整定，即

$$I_{dz\cdot qt}=\frac{I_{d\cdot\min}}{K_{lm}} \tag{7-2}$$

式中 $I_{d\cdot\min}$ ——线路末端发生各种金属性故障时，流过本侧的最小故障电流值；

K_{lm} ——灵敏系数，取1.5～2。

所选定值需同时满足上述（1）、（2）两个条件。

起动发信的电流元件（或反向起动电流元件）：按与起动跳闸元件配合整定，即

$$I_{dz\cdot qx}=\frac{I_{dz\cdot qt}}{K_k} \tag{7-3}$$

式中 $I_{dz\cdot qx}$ ——起动发信元件动作值，未说明均为一次值；

K_k ——可靠系数，取1.6～2。

2. 电压元件整定

按躲过最低运行电压整定，即

$$U_{dz}=\frac{(0.9\sim0.95)U_{x-x}}{K_k K_f} \tag{7-4}$$

式中 U_{x-x} ——额定相间电压；

K_k ——可靠系数，取1.2；

K_f ——返回系数，取1.15。

电压元件灵敏度校验

$$K_{lm}=\frac{U_{dz}}{U_{cy}} \tag{7-5}$$

式中　U_{cy}——线路末端故障时，保护安装处的残压一次值；

K_{lm}——灵敏系数，要求大于1.5。

（二）负序电流、负序电压起动元件整定

1. 负序电流元件整定

起动跳闸元件：

（1）按保证线路末端故障有灵敏度整定，即

$$I_{dz\cdot qt}=\frac{I_{dz\cdot \min}}{K_{lm}} \tag{7-6}$$

式中　$I_{dz\cdot\min}$——线路末端发生各种非对称故障时，流过本侧的最小负序电流值，当还有零序起动元件时，可只考虑两相短路的负序电流；

K_{lm}——灵敏系数，取2。

（2）对于超高压线路，还要求大于空载充电，由于开关不同期合闸所产生的负序电容电流为

$$I_{dz\cdot qt}=K_kI_{C2} \tag{7-7}$$

式中　I_{C2}——负序电容电流，查阅表2-14或按实际参数计算；

K_k——可靠系数，取2.5～3。

取动作值须大于“（2）”项的，小于“（1）”项的。

起动发讯元件：按与起动跳闸元件配合整定，即

$$I_{dz\cdot q1}=\frac{I_{dz\cdot q2}}{K_p} \tag{7-8}$$

式中　K_p——配合系数，取1.6～2。

2. 负序电压元件整定

按大于正常负荷状态下的负序不平衡电压整定，即

$$U_{dz}=K_kU_{bp} \tag{7-9}$$

式中　U_{bp}——最大不平衡负序电压值，一般在3V以下；

K_k——可靠系数，取1.2。

灵敏度校验

$$K_{lm}=\frac{U_{cy2\cdot\min}}{U_{dz}} \tag{7-10}$$

式中　$U_{cy2\cdot\min}$——线路末端故障时保护安装处的最小负序电压值；

K_{lm}——灵敏系数，要求大于1.5。

（三）零序电流起动元件整定

1. 起动跳闸元件

（1）按线路末端发生接地故障时有灵敏度整定，即

$$I_{dz\cdot qt}=\frac{3I_{0\cdot\min}}{K_{lm}} \tag{7-11}$$

式中　$3I_{0\cdot\min}$——线路末端发生接地故障时，流过本保护之最小零序电流；

　　K_{lm}——灵敏系数，取1.5～2。

（2）对超高压线路，还要求起动元件动作值，大于空载充电开关不同期时的零序电容电流，即

$$I_{dz\cdot qt}=K_k I_{C0} \tag{7-12}$$

式中　I_{C0}——零序电容电流，可查阅表2-14或按实际参数计算；

　　K_k——可靠系数，取2.5～3。

选动作值须大于“（2）”项数值的，小于“（1）”项数值的。

2. 起动发信元件

其动作值的计算与负序电流起动发讯元件相同。

三、方向元件的计算

方向元件用于区分区内、外故障，一般情况下，接全电压和全电流的电力方向继电器，灵敏度很高，故可以不作校验。对于负序和零序功率方向元件，当线路较短时，也可不作校验。唯有长线路的大电源侧，当线路末端发生故障时，保护所在母线的负序或零序电压很低，这时需校验功率方向继电器的灵敏度，即

$$K_{lm}=\frac{U_{cy2}I_{d2}}{P_{dz2}}\ 及\ K_{lm}=\frac{U_{cy0}3I_0}{P_{dz0}} \tag{7-13}$$

式中　U_{cy2}、U_{cy0}——线路不对称短路时，保护安装处的负序或零序最低残压；

　　l_{d2}、$3I_0$——线路短路时，保护装置通过的最小负序电流或零序电流；

　　P_{dz2}、P_{dz0}——负序或零序方向继电器动作功率，见产品样本，应折合至一次侧代入；

　　K_{lm}——灵敏系数，要求大于4。

第7-3节　高频闭锁距离、零序保护整定计算

一、装置构成

距离保护是一般线路的主保护和后备保护，但作为主保护，它只能瞬时切除线路80%左右的故障，这对日益复杂的高压电网是满足不了稳定运行要求的。若将构成距离保护的主要元件阻抗继电器，用于高频闭锁方向保护的停信元件，线路内部故障能全线瞬动，而对母线及相邻元件又能起一定的后备作用，那将是很合适的。为此，在距离保护上配上收发信机，构成高频闭锁距离保护。这种保护方式，近年来在电力系统中得到了广泛的应用。同理，在零序电流方向保护上配上收发讯机，构成高频闭锁零序保护，也是常用的保护方式之一。

二、高频闭锁距离保护的整定

（1）距离元件的整定：在构成高频闭锁距离保护中，方向阻抗元件Ⅰ、Ⅱ、Ⅲ段与振荡

闭锁装置构成“与”门，起动停信，原距离保护Ⅰ、Ⅱ、Ⅲ段仍然独立，不失距离保护的完整性，故其整定原则仍按距离保护整定原则进行。

（2）起动元件的整定：负序电流与零序电流元件作为装置的起动元件，与相电流辅助起动元件配合，起动发信并构成振荡闭领回路。这是国产高频闭锁距离保护中普遍采用的方法，由于起动发信与起动跳闸元件灵敏度配合的需要，负序与零序电流元件按以下原则整定：

1）本线末两相短路负序电流元件灵敏度大于4；

2）本线末单相或两相接地短路，负序或零序电流元件灵敏度均大于4；

3）距离保护第Ⅲ段保护范围末端两相短路，负序电流元件灵敏度大于2；

4）距离保护第Ⅲ段保护范围末端单相或两相接地短路，负序或零序电流元件灵敏度均大于2。

相电流元件的整定为

$$I_{dz}=\frac{K_k I_{fh\cdot\max}}{K_f} \tag{7-14}$$

式中 $I_{fh\cdot\max}$——最大负荷电流；

K_k——可靠系数，取1.2～1.3；

K_f——返回系数，取0.85。

三、高频闭锁零序电流方向保护的整定

由阶段式零序方向电流保护与高频收发信机配合，构成高频闭锁零序保护。它能快速切除全相运行时的各种接地故障，通常与相间距离保护共用通道设备，构成既能快速切除接地故障，又能快速切除相间故障的高频闭锁距离、零序保护，且阶段式零序保护各段照常发挥本身的功能。

停信元件动作值是取零序方向电流保护Ⅱ段定值作为动作值，其要求是应保证本线路末端故障时的灵敏度。

发信元件整定：

（1）按与本侧或对侧（其中较小者）停信元件配合整定，即

$$I_{dz\cdot qx}=\frac{I_{dz\cdot q2}}{K_p} \tag{7-15}$$

式中 K_p——配合系数，取1.6～2。

（2）按与相邻线路零序保护Ⅲ段或Ⅳ段配合整定，即

$$I_{dz\cdot qx}=K_k K_{fz} I'_{dz\text{Ⅲ}(\text{Ⅳ})} \tag{7-16}$$

式中 $I'_{dz\text{Ⅲ}(\text{Ⅳ})}$——相邻线路零序Ⅲ（Ⅳ）段动作值；

K_{fz}——分支系数，取最大值；

K_k——可靠系数，取1.3。

当按条件（2）计算所得值小于条件（1）的时，可按条件（1）取电流定值。

（3）当按上述条件整定不能满足阶段式零序电流保护的配合关系时，应视线路的重要程度和保护设置状况，决定是否需要增设零序电流保护段数。

四、单侧电源高频闭锁距离、零序保护的特殊整定

高频闭锁距离、零序保护，都要求区外故障时发信，区内故障时停信。而在受电侧，因区内故障有时不能停信，因此对受电侧高频闭锁距离保护往往用反向（带偏移特性）距离起动元件发信，而对高频闭锁零序保护则改用反向零序方向元件发信。具体整定方法如下：

受电侧反向距离发信元件整定为

$$Z_{dz\cdot qx(N)}=\frac{Z_{dz\cdot qt(M)}-Z_{xl}}{K_k K_{fz}} \tag{7-17}$$

式中　$Z_{dz\cdot qt(M)}$——M侧（送电侧）距离跳闸元件动作值；

Z_{xl}——线路阻抗；

K_k——可靠系数，取0.7～0.8；

K_{fz}——M侧保护范围末端故障时，对应于N侧反向保护的分支系数（取各种运行方式下的最小值）。

受电侧零序反向发信元件整定为

$$I_{dz\cdot qx(N)}=\frac{I_{dz\cdot qt(M)}}{K_k K_{fz}} \tag{7-18}$$

式中　$I_{dz\cdot qt(M)}$——M侧（送电侧）零序跳闸元件动作值；

K_k——可靠系数，取1.6～2；

K_{fz}——M侧保护范围末端故障时，对应于N侧反向保护的分支系数（取各种运行方式下的最大值）。

保护性能配合见图7-1。

五、高频闭锁保护运行注意事项

（1）当线路一侧的发信元件与对侧的跳闸元件之间灵敏度不满足配合要求时，可采用远方起动回路。因远方起动回路易受操作产生的干扰信号而频繁起动，故多带有若干毫秒的延时。

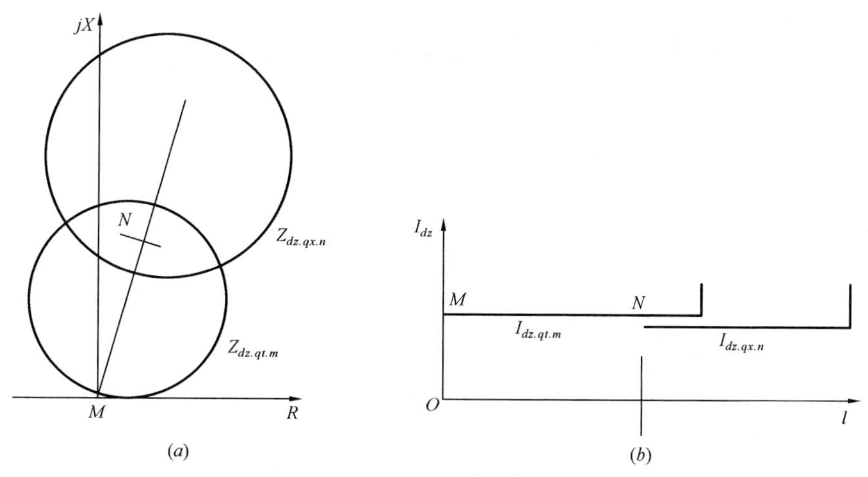

图7-1　保护性能配合关系示意图

（a）反向距离元件；（b）反向零序方向元件

（2）非全相运行中，高频闭锁保护有可能误动作，为防止重合闸过程中保护误动，可将本保护接于重合闸装置的“M”端子上（非全相运行期间退出工作）。

第7-4节　电压相位比较式高频闭锁方向保护整定计算

一、装置构成

现有国产电压相位比较式高频闭锁方向保护由起动发信元件和方向停信元件组成。起动元件采用负序电流和零序电流幅值的突变量$\Delta I_2+\Delta 3I_0$原理，方向元件有反应不对称短路的相电压补偿式方向元件，它不反应三相短路及全相和非全相状态下的系统振荡，因此，在非全相运行时仍可继续工作。另外，还设有反应三相短路的方向阻抗元件。为了提高保护在线路经过较大电阻发生单相接地短路的反应能力，本装置还设有零序电流速断和相电流速断元件。这两个元件动作时可直接跳闸并停信。保护装置中的高频收发信机，可根据系统情况，按长期发信和故障发信两种方式工作，并设有远方起动回路。

二、起动元件的整定

由ΔI_2、$\Delta 3I_0$组成的起动元件，其高定值用于实现阻抗元件的振荡闭锁及出口回路闭锁，其低定值用于起动收发信机。

高定值整定：按线路故障，本保护流过最小负序电流或最小零序电流时，保护有一定灵敏度计算，即

$$\Delta I_{2\cdot qt}=\frac{I_{d2\cdot \min}}{K_{lm}}$$

$$\Delta 3I_{0\cdot qt}=\frac{3I_{0\cdot \min}}{K_{lm}} \tag{7-19}$$

式中　$I_{d2\cdot \min}$，$3I_{0\cdot \min}$——线路发生各种不对称短路时，流过本保护的最小负序或零序电流；

K_{lm}——灵敏度，取1.5～2；

$\Delta I_{2\cdot qt}$，$\Delta 3I_{0\cdot qt}$——负序或零序起动元件高定值。

低定值整定为

$$\Delta I_{2\cdot qx}=\left(\frac{1}{1.6}\sim\frac{1}{2.0}\right)\Delta I_{2\cdot q2} \tag{7-20}$$

$$\Delta 3I_{0\cdot qx}=\left(\frac{1}{1.6}\sim\frac{1}{2.0}\right)\Delta 3I_{0\cdot q2} \tag{7-21}$$

式中　$\Delta I_{2\cdot qx}$，$\Delta 3I_{0\cdot qx}$——负序或零序起动元件低定值。

三、相电压补偿方向元件整定

1. 零序补偿系数n

零序补偿系数计算为

$$n=\frac{Z_{\Sigma 0}-Z_{\Sigma 1}}{Z_{\Sigma 1}} \tag{7-22}$$

其中 $$Z_{\Sigma 0} = Z_{0xt \cdot N \cdot \min} + Z_{0xl} \tag{7-23}$$

$$Z_{\Sigma 1} = Z_{1xt \cdot N \cdot \min} + Z_{1xl} \tag{7-24}$$

式中 $Z_{1xt \cdot N \cdot \min}$、$Z_{0xt \cdot N \cdot \min}$——保护所指方向的对侧系统大方式下的正序、零序最小阻抗值，N 表示为对侧；

Z_{1xtl}，Z_{0xl}——线路正序、零序阻抗值。

2. 灵敏度 K_{lm} 值

灵敏度计算为

$$K_{lm} = \frac{Z_{1xl} + Z_{1xt \cdot n \cdot \min}}{Z_{1xl}} \tag{7-25}$$

（1）为保证相邻线路非全相状态伴随系统振荡情况下，完好相经补偿后电压相位方向不会误动，应满足

$$K_{lm} Z_{1xl} \geqslant \frac{Z_{1xl} + Z_{1xt \cdot n \cdot \max} - Z_{1xt \cdot n \cdot \min}}{2} \tag{7-26}$$

式中 $Z_{1xt \cdot n \cdot \max}$——对侧系统小方式下的正序最大阻抗值；

$Z_{1xt \cdot n \cdot \min}$——本侧系统大方式下的正序最小阻抗值。

（2）为防止反方向两相接地短路，以及单相接地并伴随系统振荡时误动，还应校验

$$\frac{Z_{1xl} + Z_{1xl \cdot n \cdot \max} - hZ_{1xl \cdot m \cdot \min}}{1+h} \leqslant K_{lm} Z_{1xl} \leqslant \frac{Z_{1xl} + Z_{1xl \cdot n \cdot \min} + hZ_{1xl \cdot m \cdot \min}}{1-h} \tag{7-27}$$

式中 h——对侧与本侧电势比。一般送电侧取为 0.9，受电侧在 $h>1$ 时方向元件不会误动。

（3）一般取 $K_{lm}>1.5$。

3. 补偿阻抗及灵敏角

按所求出的 K_{lm} 值，求出补偿阻抗 $K_{lm}Z_{xl}$，灵敏角一般取线路阻抗角 φ_{xl}。

四、方向阻抗元件整定

反应线路三相短路的方向阻抗元件，在断路器三相合闸瞬间，能切换成带偏移阻抗的特性圆，以保证合闸于出口三相短路的线路上时，阻抗元件能动作跳闸。

阻抗元件动作值按线路故障，保护有足够灵敏度整定，即

$$Z_{dz} = K_{lm} Z_{lx} \tag{7-28}$$

式中 K_{lm}——灵敏系数，对 200km 以上线路不低于 1.3，对 50～200km 线路不小于 1.4，对 50km 以下线路一般取为 2～2.5。

阻抗元件精确工作电流校验，其精确工作电流裕度系数计算为

$$K_{jg} = \frac{I_{d \cdot \min}^{(3)}}{I_{jg} n_{LH}} \geqslant 2 \tag{7-29}$$

式中 $I_{d \cdot \min}^{(3)}$——线路短路流过本保护的最小三相短路电流；

I_{jg}——继电器精确工作电流，参见继电器手册；

K_{jg} ——精确工作电流裕度系数。

五、相电流速断与零序电流速断保护的整定

相电流速断保护的整定：

(1) 按躲过保护背后母线及线路末端三相短路流过本保护的最大短路电流整定，即

$$I_{dz}=K_kI_{d\cdot\max}^{(3)} \tag{7-30}$$

式中 K_k ——可靠系数，取 1.25～1.3。

(2) 按躲过全相振荡时流过本保护的最大电流整定，即

$$I_{dz}=K_kI_{zhd\cdot\max} \tag{7-31}$$

对单回线两机系统，其中

$$I_{zhd}=\frac{2E}{Z_{\Sigma1}}\sin\frac{\delta}{2} \tag{7-32}$$

式中 $I_{zhd\cdot\max}$ ——振荡电流最大值；

K_k ——可靠系数，取 1.2～1.3；

E——电源电势；

$Z_{\Sigma1}$ ——线路及两侧系统正序阻抗串联值；

δ——两侧电势间的相角差。

零序电流速断保护的整定：

(1) 按躲过保护背后母线及线路不对称短路时，流过本保护的最大零序电流整定，即

$$I_{dz}=K_k3I_{0\cdot\max} \tag{7-33}$$

式中 K_k ——可靠系数，取 1.3。

(2) 按躲过非全相振荡时流过本保护的最大零序电流整定，即

$$I_{dz}=K_k3I_{0zhd\cdot\max} \tag{7-34}$$

对单线两机系统，其中

$$3I_{0zhd}=\frac{3\times2E\sin\dfrac{\delta}{2}}{Z_{1mn}+2Z_{0mn}} \tag{7-35}$$

以上式中 $3I_{0zhd}$ ——非全相振荡电流；

Z_{1mn}、Z_{0mn} ——从线路断口看入，系统正序及零序开路阻抗值；

K_k ——可靠系数，取 1.3；

δ ——两侧电势相角差。

对多回线及环状系统，上式中的 $2E$ 应由线路三相断开，两侧电势差为 180°时的断口间所呈现的电压代替。

六、反应断路器位置的相电流元件

因其作用是反应断路器的位置，故整定值应小于线路一相的电容电流。

高定值
$$I_{dz}=\frac{I_C}{K_{lm}} \tag{7-36}$$

式中 I_C——线路电容电流值，每百公里 220kV 线路为 34.2A；330kV 线路为 66.8A；

500kV 线路为 113A，以上均为每相电流值；

K_{lm} ——灵敏系数，取 1.5～2。

低定值则为高定值的二分之一。

七、运行注意事项

（1）当收发信机故障、通道故障及单侧电源供电时，本保护均应退出工作；

（2）在非全相运行中，当健全相发生单相短路及两相短路故障时，本保护仍可起保护作用，故非全相运行时本保护不退出工作。

第 7-5 节　相差动高频保护整定计算

一、装置构成

对于电流相差高频保护，用比较两侧工频电流相位相对关系的办法，判断故障是发生在线路内部还是外部。由于它仅比较两侧电流相位，故有不反应系统振荡及与电压回路无关的特点。按其工作原理，主要组成部分有起动元件、操作滤过器及相位比较元件等。

二、起动元件的整定

国产电流相差高频保护的起动元件多采用 I_2+KI_0 元件。

1. I_2+KI_0 起动元件高定值

（1）按躲过最大负荷时的不平衡电流整定，即

$$I_{dz2}=0.02K_kI_{fh\cdot\max} \tag{7-37}$$

式中　I_{dz2} ——当仅采用负序起动时之动作值；

K_k ——可靠系数，取 2.5；

$I_{fh\cdot\max}$ ——被保护线路的最大负荷电流。

（2）按躲过线路一侧带电投入时，由于开关三相不同期合闸而产生的负序电容电流整定，即

$$I_{dz2}=K_k\frac{l}{100}I_{C2} \tag{7-38}$$

式中　K_k ——可靠系数，取 2；

l——被保护线路长度（km）；

I_{C2} ——每百公里的充电负序电流值，其计算见表 2-1。

按以上两式中较大值折算至二次侧，选择接近的整定抽头。其低值动作电流，已按 0.25～0.5 高定值在装置中调好。

（3）灵敏度校验为

$$K_{lm}=\frac{I_{d2\cdot\min}}{I_{dz2}} \tag{7-39}$$

式中　$I_{d2\cdot\min}$ ——被保护线路发生各种短路时，流入本保护的最小负序电流；

I_{dz2} ——被选择的负序起动元件高定值，应折算至一次侧；

K_{lm} ——灵敏度，不得小于 2。

（4）当仅用负序分量起动不能达到规定灵敏度时，可采用 I_2+KI_0 复合电流起动。此时通入的动作电流，可粗略地按躲过线路单相充电产生的负序和 3 倍零序电容电流之和整定，即

$$I_{dz}=K_k\frac{l}{100}(I_{C2}+3I_{0C}) \tag{7-40}$$

式中 K_k——可靠系数，取 1.7～2；

$I_{C2}+3I_{0C}$——每百公里线路充电的负序和零序电流，可查阅表 2-1，或按实际参数计算。

将上式计算值折算至二次值，选择合适的抽头，此时应注意零序电流抽头一般不宜选的过小，以防在相邻线路切除故障后，被保护线路的低值起动元件不返回。

（5）接入 KI_0 时之灵敏度校验为

$$K_{lm}=K_s\left(\frac{I_{d2\cdot\min}}{I_{dz2}}+\frac{3I_{0\cdot\min}}{I_{dz\cdot3I0}}\right)\geqslant 2\sim3 \tag{7-41}$$

式中 $I_{d2\cdot\min},3I_{0\cdot\min}$——被保护线路发生各种短路时，流经本保护的最小负序及零序电流；

$I_{dz2},I_{dz\cdot3I0}$——分别为继电器负序及零序高值一次值；

K_s——修正系数，考虑滤过器非线性关系而引入，取 $K_s=0.9$。

2. 相电流辅助起动元件

其低定值按躲过最大负荷电流整定，即

$$I_{dz}=\frac{K_kI_{fh\cdot\max}}{K_f} \tag{7-42}$$

式中 I_{dz}——一次值动作电流；

$I_{fh\cdot\max}$——最大负荷电流；

K_k——可靠系数，取 1.5；

K_f——返回系数，取 0.85。

高定值为低定值的 2 倍。

3. 三相短路判别相电流元件

（1）按线路末端三相短路有灵敏度整定，即

$$I_{dz}=\frac{I_{d\cdot\min}^{(3)}}{K_{lm}} \tag{7-43}$$

式中 $I_{d\cdot\min}^{(3)}$——线路最小三相短路电流；

K_{lm}——灵敏系数，取 1.5 以上。

（2）按大于本线的电容电流整定，即

$$I_{dz}=K_kI_C \tag{7-44}$$

式中 K_k——可靠系数，取 2；

l_C——线路电容电流值（参见表 2-14）。

（3）取（1）、（2）中较大者，当该定值小于负荷电流时，则应将其断开不用，可用阻抗

元件代替。

4. 阻抗元件

（1）按躲过正常运行方式下的最小负荷阻抗整定，即

$$Z_{dz} \leqslant 0.7 Z_{fh\cdot\min} \tag{7-45}$$

其中
$$Z_{fh\cdot\min} = \frac{(0.9 \sim 0.95)U_{x-x}}{\sqrt{3}K_k K_f I_{fh\cdot\max}\cos(\varphi_{lm} - \varphi_{xl})} \tag{7-46}$$

式中 $Z_{fh\cdot\min}$——最小负荷阻抗值；

$I_{fh\cdot\max}$——最大负荷电流值；

U_{x-x}——线路额定相间电压；

K_k——可靠系数，取 1.2；

K_f——返回系数，取 1.5；

φ_{lm}——继电器最大灵敏角；

φ_{xl}——线路阻抗角。

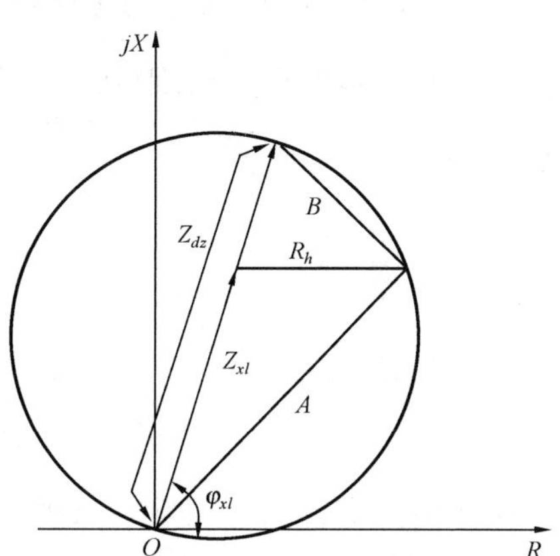

图 7-2　动作阻抗与弧光电阻关系示意图

Z_{dz}—一次动作阻抗值；R_h—弧光电阻值；

Z_{xl}—线路阻抗值；φ_{xl}—线路阻抗角

（2）动作阻抗应具有一定的抗弧光电阻能力，见图 7-2，图中

$$A^2 = R_h^2 + Z_{xl}^2 - 2R_h Z_{xl}\cos(180^\circ - \varphi_{xl})$$

$$B^2 = (Z_{dz} - Z_{xl}{}^2 + R_h^2 - 2(Z_{dz} - Z_{xl})R_h\cos\varphi_{xl}$$

则
$$A^2 + B^2 = Z_{dz}^2$$

将上面三式联立求解得

$$Z_{dz} = \frac{R_h^2 + 2R_h Z_{xl}\cos\varphi_{xl} + Z_{xl}^2}{R_h\cos\varphi_{xl} + Z_{xl}} \tag{7-47}$$

表 7-1　　**当 R_h＝10Ω 时 Z_{dz} 与 Z_{xl} 、φ_{xl} 值**

φ_{xl} 80° 70° 60°	Z_{xl}(Ω)										
	0	10	20	30	40	50	60	70	80	90	100
Z_{dz}(Ω)	57.6	20	26.2	34.8	44	53.6	63.3	73	82.9	92.8	102.7
	29.2	20	27.2	36.06	45.45	55.07	64.8	74.6	84.48	94.36	104.27
	20	20	28	37.14	46.67	56.36	66.15	76	85.88	95.79	105.74

（3）当以上两条件符合要求时，按保证灵敏度整定。即

$$Z_{dz} = K_{lm} Z_{xl} \tag{7-48}$$

式中 K_{lm}——灵敏系数：对 200km 以上线路，不低于 1.3；对 50～200km 线路，不低于 1.4；对 50km 以下线路，一般取为 2～2.5。

三、操作滤过器 K 值的选择

由于在各种不对称短路中，负序电流的相位变化最小，故操作电流选用 K 倍 I_2。为兼顾三相短路的情况，采用 I_1+KI_2 进行操作，为保证操作灵敏度，要求

$$KI_2>I_1,\text{即 } KI_2=1.5I_1$$

$$K=1.5\left|\frac{I_1}{I_2}\right| \tag{7-49}$$

式中 I_1、I_2——故障线路的正序电流和负序电流。

(1) 求$\frac{I_1}{I_2}$最大比值出现的短路类型。根据短路电流计算得知，两相接地短路时$\frac{I_1}{I_2}$比值最大。

单相接地短路 $$\frac{I_1}{I_2}=1$$

两相接地短路 $$\frac{I_1}{I_2}=\frac{1}{\dfrac{Z_{0\Sigma}}{Z_{2\Sigma}+Z_{0\Sigma}}}=\frac{Z_{2\Sigma}+Z_{0\Sigma}}{Z_{0\Sigma}}>1$$

由于滤过器输出电压是以 A 相相序分量表示的，因此，在各种短路类型下，复式滤过器输出电压相量如图 7-3 所示。

由图 7-3 知，BC 两相接地短路，滤过器输出电压最小。此时电压的正序分量与负序分量相差 180°，应作为计算故障类型。

(2) 求 $\frac{I_1}{I_2}$ 最大比值时短路点位置的选择。当短路点在线路上移动时，$\frac{I_1}{I_2}$ 比值并非常数，而是取决于 $\frac{Z_{2\Sigma}+Z_{0\Sigma}}{Z_{0\Sigma}}$ 之比，因而根据线路各短路点负序和零序综合阻抗值 $Z_{2\Sigma}$、$Z_{0\Sigma}$ 作图，可以看出，$\frac{I_1}{I_2}$ 比值应按被保护线路末端作为计算点来选择，如图 7-4 所示。

(3) 计入负荷电流影响，K 值的求法。对于重负荷线路，$\left|\frac{I_1}{I_2}\right|$ 比值中有必要计入负荷电流的影响，其简化方法为用相量迭加方法求得 $\dot{I}_1+K\dot{I}_2$，如图 7-5 所示。

假定两侧保护 $\dot{I}_1+K\dot{I}_2$ 间允许 $\theta\leqslant 60°$，然后利用下式，即可求出 K 值，则

$$\text{tg}\theta=\text{tg}(\alpha+\beta)=\frac{\text{ctg}\alpha+\text{ctg}\beta}{\text{ctg}\alpha\text{ctg}\beta-1}=\frac{\dfrac{KI'_2-I'_1}{I_{fh}}+\dfrac{KI''_2-I''_1}{I_{fh}}}{\dfrac{(KI'_2-I'_1)(KI''_2-I''_1)}{I_{fh}^2}}$$

$$=\frac{I_{fh}(KI_2-I_1)}{(KI'_2-I'_1)(KI''_2-I''_1)-I_{fh}^2}\leqslant\sqrt{3} \tag{7-50}$$

式中 I_1，I_2——分别为短路点正序、负序电流；

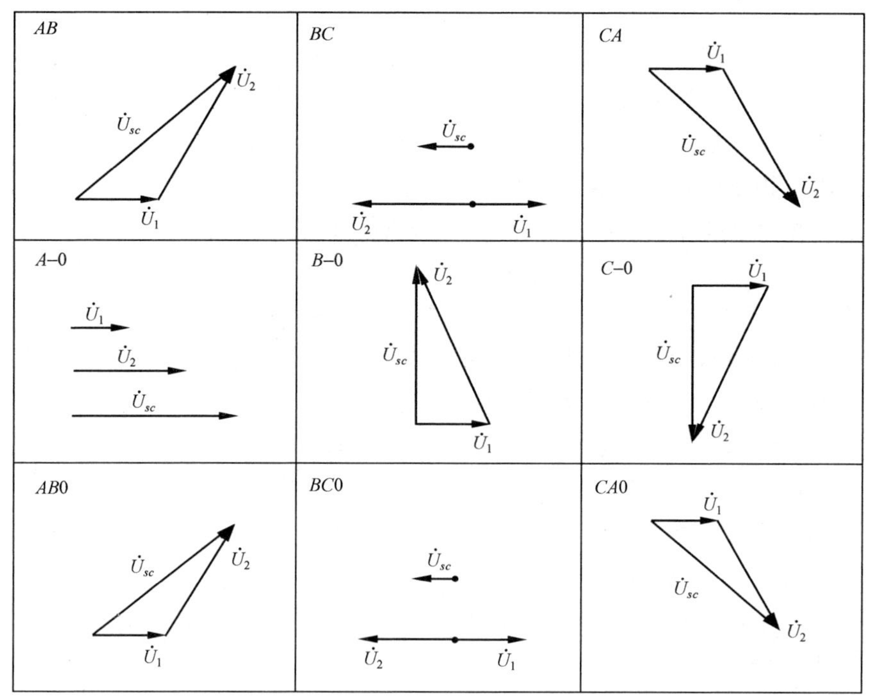

图 7-3　各种不对称短路时，复式滤过器输出电压相量图

$\dot{U}_1$、$\dot{U}_2$— 在该相别短路时，$\dot{I}_1$、$\dot{I}_2$ 分别在滤过器中产生的电压；$\dot{U}_{sc}$ —滤过器输出电压

I'_1，I'_2 ——分别为 M 侧正序、负序短路电流；

I''_1，I''_2 ——分别为 N 侧正序、负序短路电流；

I_{fh} ——故障前的负荷电流。

（4）K 值的经验取法。一般取 $K=6$；只有当电流互感器误差很大时，才取 $K=4$。较小的 K 值，可减小在外部故障时由于电流互感器的误差而引起滤过器出口电压相位的变化。对于带分支线的线路，K 可选用 8。

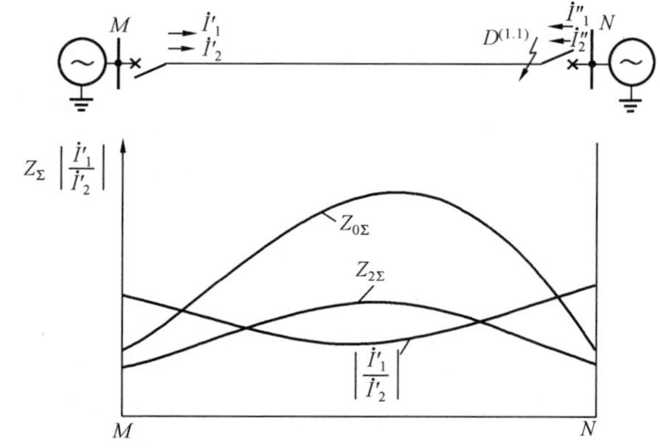

图 7-4　在两相接地短路时，线路一侧 $\left|\frac{I'_1}{I'_2}\right|$ 比值与短路点位置的关系曲线

四、闭锁角的整定

保护装置相位特性曲线上动作电流的大小，决定了保护动作角 φ_{dz} 的大小，而动作角 $\varphi_{dz}=180°-\delta_{bs}$，由闭锁角 δ_{bs} 决定。当线路在区内、区外故障时，两侧高频信号的相位差，并不是完全同相或反相的，而是受若干因素影响的，主要影响因素有：

（1）高频信号传输时间的角误差

$$\delta_{ch} = 0.06l$$

式中　l——被保护线路长度公里数。

（2）电流互感器的角误差 $\delta_{LH} \leqslant 7°$；

（3）保护装置操作滤过器等元件的误差 $\delta_{bh} = 15°$；

（4）在采用单相重合闸的线路上，因电容电流引起负序电流的附加相角差 δ_{fj}，一般在中长线路（约 150km 以上）应加以考虑。

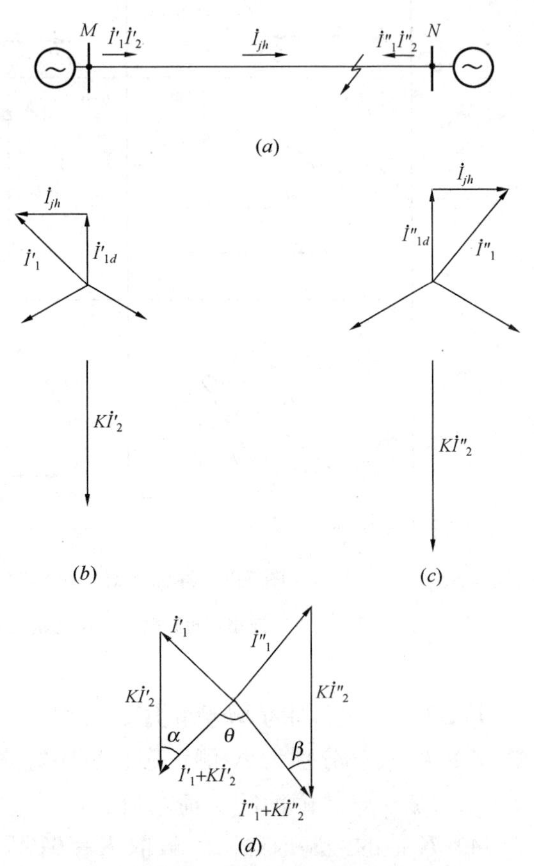

图 7-5　两相接地短路计入负荷电流时选择 K 值的计算相量图

（a）系统图；（b）M 侧电流相量；（c）N 侧电流相量；（d）两侧 I_1+KI_2 的电流间相角 θ

对于闭锁角的整定，要求在外部故障时，能可靠闭锁。因此，闭锁角应大于误差角，并增加一个裕度角 δ_y，一般取 15°。其具体计算方法是：

（1）对 30km 以内的短线路

$$\begin{aligned}\delta_{bs} &= \delta_{LH} + \delta_{bh} + \delta_{ch} + \delta_y \\ &= 37° + 0.06l \end{aligned} \tag{7-51}$$

式中　δ_{bs}——闭锁角；

δ_{LH}——电流互感器的角误差，一般取为 7°；

δ_{bh}——操作滤过器的误差，一般取为 15°；

δ_{ch}——高频信号传送角；

δ_y——裕度角，取为 15°。

（2）对于大于 30km 的长线路，则尚应考虑不因反射信号频拍而误动，即

$$\delta_{bs} = 2(0.06l) + \delta_{chd} + \delta_y \tag{7-52}$$

式中　δ_{chd}——重迭角，一般为 10°～35°，可实测。

（3）若采用单相重合闸，还要考虑非全相运行时，负序电流引起的附加相角差 δ_{fj}，即

$$\delta_{bs} = \delta_{lb} + \delta_{bh} + 0.06l + \delta_{fj} + \delta_v \tag{7-53}$$

（4）关于闭锁角的整定，要求在内部故障时，保护要有足够的灵敏度，其分析如下：

1）当区内发生三相短路故障时，由于线路两侧电势间有相位差，并且故障点两侧线路阻抗角也不同，在最不利的情况下，两侧电流的相位差达到很大的角度，如图 7-6 所示。

假设 $\dot{E}_n$ 超前 $\dot{E}_m$ 的相位角 δ_e 为 70°，Z_m 的阻抗角为 90°，Z_n 的阻抗角为 60°，这样 $\dot{I}_m$ 滞后 $\dot{I}_n$ 的相角差 $\delta_i = 100°$，再考虑误差角后，两侧高频信号的间隙为

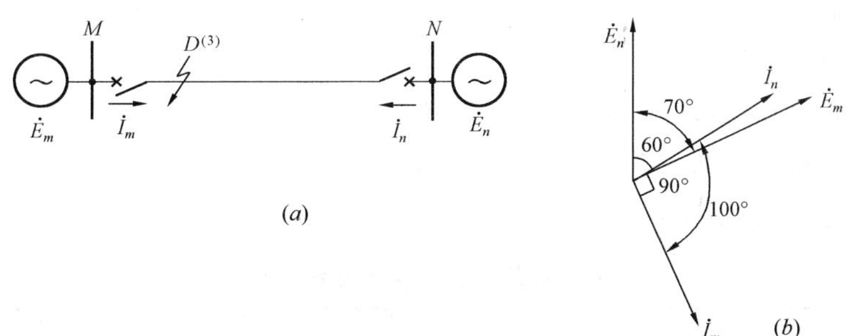

图 7-6　三相短路电流相位图

（a）系统图；（b）相位图

$$\left.\begin{aligned}&N\text{侧}\qquad \delta_{dz}=180°-(122°+0.06l)\\&M\text{侧}\qquad \delta_{dz}=180°-(122°-0.06l)\end{aligned}\right\}\tag{7-54}$$

其中　$122°=90°+70°-60°+7°+15°$

式中　δ_{dz}——N 或 M 侧相比元件动作角。

当线路长度为 100km 时的最小间隙角，N 侧约为 52°，M 侧约为 64°。若将闭锁角整定为 55°，则 M 侧可正确动作，N 侧则可能拒绝动作。因此，高频相差保护的应用，将受到线路长度的限制。对于上述一侧拒动问题，目前多采用三相跳闸停信办法，以加速对侧跳闸。

2）当发生单相接地短路或两相接地短路以及两相短路时，因相电流的相位受线路两侧电源电势差的影响，较三相短路时小，故保护产生相继动作的可能性大为降低。

综上所述，闭锁角一般可按下述情况选用：

线路长度为 50km 以内，取 $\delta_{bs}=\pm45°$；

线路长度为 50～150km，$\delta_{bs}=\pm52°$；

线路长度在 150km 以上，$\delta_{bs}=\pm60°$。

在采用单相重合闸的长线路上，闭锁角整定为 60°或 60°以上。

第 7-6 节　高频通道的计算

一、高频通道的构成

高频通道是用来传送高频信号用的通路。高频通道的种类很多，最经济最方便的是用输电线路作为高频载波通道。由于输电线路主要担负着传送工频电流的任务，故需增加高频加工设备，以隔离对工频参量的影响和保证设备及人身安全。

高频通道最简单的接线方式，目前多采用相—地耦合方式和相—相耦合方式。为了区分高频电流与工频电流，并将高频电流只限制在被保护线路上传送，高频通道中需装设高频加工设备和连接设备。采用相—地制高频通道所需这些设备的数量最少，因此，目前这种通道得到了广泛的应用。这种通道的接线是，两侧的高频收发信机，经高频电缆连接滤波器、耦合电容器，然后通过输电线相连。由于输电线两侧装有高频阻波器，可防止高频信号分流，这样，高频信号可以顺利地经输电线路这一通路传达到另一侧，从而构成了高频通路。

二、通道衰耗的计算

（1）高频阻波器衰耗 b_z=0.869～1.303dB。

（2）结合滤波器衰耗 b_j =0.869～1.303dB。

（3）高频电缆衰耗 b_{dl} 见表 7-2。

表 7-2　　高频电缆公里衰耗 β 与频率的关系

工作频率 f（kHz）	50	100	150	200	250	300
PK-2 型同轴电缆（dB/km）	2.172	2.432	2.780	2.605	3.474	3.909
HZQ 型同轴电缆（dB/km）	1.303	1.737	2.085	2.432	3.04	3.648

（4）输电线路衰耗

$$b_{xl} = K\sqrt{f}l_{xl} \tag{7-55}$$

式中　f——通道工作频率（kHz）；

K——线路类型系数；

35kV 线路　　$K=1.4\times10^{-3}$；

110kV 线路　　$K=1.0\times10^{-3}$；

220kV 线路　　$K=0.75\times10^{-3}$；

330kV 线路　　$K=0.79\times10^{-3}$；

500kV 线路　　$K=0.83\times10^{-3}$；

l_{xl}——保护区内输电线路载波通道长度（km）。

（5）始端衰耗和终端衰耗 $2b_d$：

对 110～220kV 线路　　$2b_d$=1.303dB；

对 330～500kV 线路　　$2b_d$=1.737dB。

（6）高频通道的总衰耗：对 330～500kV 线路的高频通道总衰耗计算公式为

$$\begin{aligned} b_\Sigma &= 2(b_z + b_j + b_d) + b_{dl} + b_{xl} \\ &= (6.949 \sim 8.686) + \beta l_\Sigma + K\sqrt{f}l_{xl} \end{aligned} \tag{7-56}$$

式中　β——高频电缆公里衰耗，见表 7-2；

l_Σ——两侧高频电缆长度之和（km）。

（7）实测高频通道总衰耗电平为

$$b = \frac{1}{2}\ln\frac{p_f}{p_s} \tag{7-57}$$

式中　p_f——发送端发信机发出的功率（W）；

p_s——接收端收信机收到的功率（W）。

实际应用中可直接测出发送电平和接收电平，表计中的读数是绝对电平，即采用功率 1mW 的电平作零电平。测量点的绝对电平是该点的信号功率 p_x 与零电平功率 p_0 的比

值，即

$$p = 10\log\frac{p_x}{p_0} = 10\log\frac{p_x}{10^{-3}}(\text{dB}) \tag{7-58}$$

三、通道余量

为了使发信机输出电平 p_f，除减去通道衰耗 b_Σ 外，还应保证收信电平 p_s 大于收信机入口处的工作电平，必须有一定的余量，以保证在通道衰耗增大的情况下，也能可靠工作。因此，通道余量应满足

$$\Delta b = p_f - (b_\Sigma + p_s)\text{dB} \tag{7-59}$$

式中 p_f ——发信电平；

p_s ——收信电平；

b_Σ ——通道总衰耗。

关于发信机输出电平 p_f，见表 7-3。

表 7-3　发信机发信电平值

直流电压（V）	110	220	220
输出功率（W）	6～7	20～25	25～30
输出电平（dB）	37.784	42.996	44.733

对于 110～220kV 长 200km 左右的线路，通道衰耗一般不超过 17.372～21.715dB。如果收信电平为 8.686dB，通道余量为 8.686dB，则发信电平 $p_f \geqslant 8.686 + 21.715 + 8.686 = 39.087$dB，所以发信机一般 20W 就够了。

四、频率选择

高频保护通道的频率范围是 50～300Hz，在此频率范围内，通常还有通信和远动装置存在。为了防止其间的相互干扰，通道频率的分布应有统一安排。保护通道的可靠性要求高，有的使用独立的一相导线，也有的和通信复用通道。对于高频保护通道频率的选择，一般推荐为：

（1）当被保护线路为长度超过 100km 的 110kV 线路，或超过 150km 的 220kV 线路，或超过 200km 的 330kV 及以上电压级的线路，建议采用 60～80kHz 的频率。

（2）当被保护线路是长度在 70～100km 的 110kV 线路、100km 左右的 220kV 线路和 150km 左右的 330kV 及其以上电压级的线路时，可采用 150kHz 左右的频率。

（3）当被保护线路是长度在 50km 左右的 110～220kV 线路，或低于 100km 的 330kV 及其以上电压级的线路时，可采用 200kHz 左右的频率。

关于频率的选择，可应用式（7-60）校验，即

$$f = \left(\frac{p_f - (6.949 \sim 8.686) - \beta l_n - p_s - \Delta b}{K l_{xe}}\right)^2(\text{kHz}) \tag{7-60}$$

式中 p_f、p_s ——发信电平及收信电平（dB）；

l_n ——两侧高频电缆长度和（km）；

l_{xe} ——线路长度（km）；

β——高频电缆公里衰耗（dB）；

K——线路类型系数，见式（7-55）；

Δb ——通道余量（dB）。

五、传输单位及电平

1. 传输单位

在电力系统中，通信、远动和继电保护的高频信号常沿着输电线的高频通道传送。当计算从发信端到收信端高频能量的衰耗时，只要计算通道中每个环节的衰耗即可。由于在电信技术中，人们知道，声能响度的增加是声能增加的平方倍，因此，传输效果用输入功率与输出功率比值的对数来衡量，这样衰耗的计算将简单化。对于整个网络的传输效果，只须将各环节比值的对数相加即可。通用的传输单位有奈贝（NP）和分贝（dB）两种。

若取功率（电压、电流）比值的自然对数时，电平的单位是奈贝（Np）。其计算式如下：

$$\left.\begin{aligned} &\text{功率电平} && N_p = \frac{1}{2}\ln\frac{p_1}{p_2}(\text{Np}) \\ &\text{电压电平} && N_u = \ln\frac{u_1}{u_2}(\text{Np}) \\ &\text{电流电平} && N_i = \ln\frac{i_1}{i_2}(\text{Np}) \end{aligned}\right\} \tag{7-61}$$

式中　p_1，u_1 i_1——输入端的功率，电压和电流；

p_2，u_2 i_2——输出端的功率，电压和电流。

若取功率（电压、电流）比值的常用对数时，电平的单位是贝尔或分贝（dB）；在无线电工程中，常用 dB 作为计算单位。其计算式如下：

$$\left.\begin{aligned} &\text{功率电平} && dB_p = 10\lg\frac{p_1}{p_2}(\text{dB}) \\ &\text{电压电平} && dB_u = 20\lg\frac{u_1}{u_2}(\text{dB}) \\ &\text{电流电平} && dB_i = 20\lg\frac{i_1}{i_2}(\text{dB}) \end{aligned}\right\} \tag{7-62}$$

当 $N=1\text{Np}$ 时，折算成分贝数便是 8.686dB，反之当 $dB=1\text{dB}$ 时，折算成奈贝便是 0.115Np。因此 Np 和 dB 的关系式为

$$1\text{NP} = 8.686\text{dB}$$

$$1\text{dB} = 0.115\text{Np}$$

2. 电平的定义

（1）绝对电平：回路中任一点的功率、电压、电流，与规定的标准值之比，取其对数称为该点的绝对电平。

在实际使用时，常以 1mW 和 1mW 在 600Ω 电阻上的电压 0.775V，或 1mW 在 600Ω 电阻上的电流 1.29mA 作为标准值。在这个特殊情况下，电平的计算公式为

$$N_p = \frac{1}{2}\ln\frac{p_1}{1\times 10^{-3}}(\text{Np})$$

$$N_u = \ln\frac{u_1}{0.775}(\text{Np})$$

$$N_i = \ln \frac{i_1}{1.29 \times 10^{-3}} (\mathrm{Np})$$

在使用这些公式时，p_1 的单位是 W，u_1 的单位是 V，i_1 的单位是 A。

（2）相对电平：任一点的功率，电压、电流，与指定点的数值之比，取其对数，称为相对电平。其表示式同式（7-61），其中 p_2、u_2、i_2 为指定点的数值。

（3）绝对电平和相对电平的关系为

$$N_p = \frac{1}{2} \ln \frac{p_1}{p_2} = \frac{1}{2} \ln \frac{p_1 / p_0}{p_2 / p_0} = \frac{1}{2} \ln \frac{p_1}{p_0} - \frac{1}{2} \ln \frac{p_2}{p_0}$$

即两点之间的相对电平，等于两点的绝对电平相减。

同理

$$N_u = \ln \frac{u_1}{u_2} = \ln \frac{u_1}{u_0} - \ln \frac{u_2}{u_0}$$

$$N_i = \ln \frac{i_1}{i_2} = \ln \frac{i_1}{i_0} - \ln \frac{i_2}{i_0}$$

3. 基本换算公式

（1）已知电压 u，求电压电平 N_u。则

$$N_u = \ln \frac{u}{0.775}$$

（2）已知电压电平 N_u ，求电压 u。则

$$u = 0.775 e^{N_u}$$

（3）已知任一阻抗 Z 上的电压 u，求功率 p_w 及功率电平 N_p 。则

$$p_w = \frac{u^2}{Z};$$

$$N_p = \frac{1}{2} \ln \frac{u^2 / Z}{10^{-3}}$$

（4）已知任一阻抗 Z 上的电压电平 N_u ，求功率电平 N_p 。则

$$N_p = N_u + \frac{1}{2} \ln \frac{600}{Z}$$

（5）已知功率 p_w ，求功率电平 N_p 。则

$$N_p = \frac{1}{2} \ln \frac{p_w}{10^{-3}}$$

（6）已知功率电平 N_p ，求功率 p_w 。则

$$p_w = 10^{-3} e^{2N_p}$$

六、利用模分量计算通道衰耗的概念

在生产实践中，人们发现载波信号沿着一条单根导线的线路传播时，信号就很快地衰减。如果将同样的信号加到有二根导线线路的一根导线上时，即使另一根导线是空着的，信号的衰减也有所改变。因而表明，载波信号在有多导线的线路上传播时，其衰减与导线的根数有关。实际上，对于单根导线的那种线路，信号是沿着导线一大地回路传送的，称之为

"相一地波"，现称之为"模"。对于有两根导线的线路，除了上述"模"之外，还有衰减较小的第二组"模"；对于三相线路，则存在着三组"模"，而第三组"模"的衰减比前两种"模"来的更小。由此可以推断，对于有 n 根导线的线路，则必然有 n 组"模"的存在。通过数学推导，可以找到这 n 组"模"的性质和特点，从而认识各组"模"在载波信号传播过程中所起的作用，然后应用矩阵方法求解。

在电力系统中，分析工频参量时，广泛采用对称分量法，即将各序分量按其各自的相序网络及规律，可以分别进行计算，最后根据需要把各序分量合成为各相的电压、电流和功率的实际值。

模分量分析方法的概念和上面所述的方法类似，也是将一个复杂的电力载波信号传播系统，分解为 n 组（对三相线路是三组）"模"分量系统，然后对这 n 组"模"分量系统进行分析计算，最后合成各组"模"分量，求得各相的真实数值，这就是"模"分量分析方法的基本概念。

第 7-7 节　输电线路纵联差动保护整定计算

一、纵联差动保护的工作原理及构成

1. 工作原理

纵联差动（简称纵差）保护是利用导引线传送信息，比较线路两侧流过电流的幅值和相位的保护。从原理上讲，可以快速保护线路全长，且不反应外部故障，不受系统振荡影响，在时间上又不需要与相邻线路配合，是目前较完善的一种保护。

现有的输电线路的纵联差动保护，有两种主要类型：

（1）环流法差动电流保护；

（2）均压法差动电流保护。

纵联差动保护原理接线图，见图 7-7（*a*）、（*b*）。

环流法接线的特点是线路两侧的电流回路按同极性关系连接（由母线流向线路为正方向）。在正常运行及外部故障时，差动回路中有环流流过。当忽略线路电容电流时，则流经两侧电流互感器的电流相等，因此继电器中的电流为零，保护装置不动作。

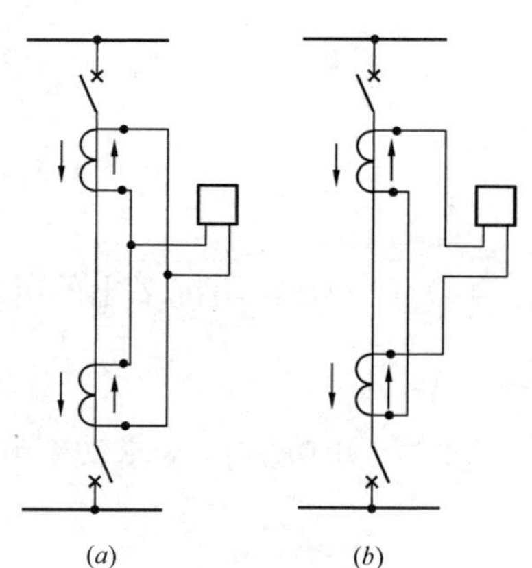

图 7-7　纵联差动保护原理接线
（*a*）环流法；（*b*）均压法

均压法接线的特点，是将线路两侧的电流回路按反极性关系相连接，这样在正常运行及外部故障时，差动回路中没有电流流过，因而继电器不动作。但这样却会使电流互感器运行在空载状态，易产生过热及过电压。为改善上述工作条件，可利用中间电流互感器供电，但却增加了电流互感器的二次负担。

2. 构成

纵差保护主要包括差动元件、电压或电流闭锁元件、导引线监视元件、逻辑元件等主要

部分，通过导引线将两侧装置连接起来，以实现线路两侧的电流幅值和相位比较。为了减少导引线的数量、简化保护接线及较容易地对导引线实现监视，通常利用交流电流综合装置将三相电流输入变成单相电流输出。综合变流器原理接线图，见图 7-8。

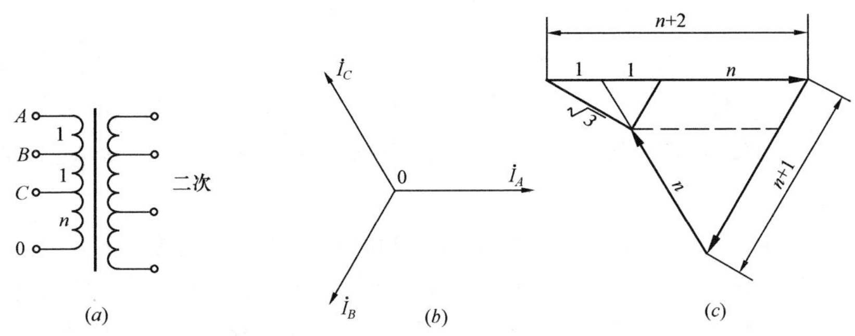

图 7-8 综合变流器

(*a*) 综合变流器原理图；(*b*) 三相电流相量图；(*c*) 变流器磁通相量图

综合变流器实质上是一个将三相电流变成单相电流的变换装置，因而一次绕组带有抽头，电流互感器的 *A*、*B*、*C*、0 相分别接入相应抽头。由于各相至中性点的励磁匝数不等，因此在三相平衡时铁芯中的综合磁通不为零，在二次绕组中将感应出电势。图 7-8 示出了三相平衡输入时的相量图。其他各种故障形式下的相对灵敏度见表 7-4。

表 7-4　　综合变流器在不同故障方式下的相对灵敏度

故障形式	*ABC*	*A*0	*B*0	*C*0	*AB*	*BC*	*CA*
$n=3$ 时相对灵敏度	$\sqrt{3}$	5	4	3	1	1	2
$n=2$ 时相对灵敏度	$\sqrt{3}$	4	3	2	1	1	2

此外，由于导引线的阻抗远大于电流互感器二次侧所允许的阻抗值，因此利用综合变流器变流比可大大减小导引线在电流互感器二次侧的阻抗值。

在辅助导线发生故障的情况下，环流法纵差保护与均压法纵差保护的运行情况是不相同的。

（1）环流法：如果辅助导线短接，当被保护区内短路时保护会拒动。如果辅助导线断开，当外部发生故障时，纵差保护就会误动。

（2）均压法：如果辅助导线短接，保护会切除非故障线路；如果辅助导线断开，它会拒绝动作。

二、纵联差动保护的整定

1. 差动保护中的不平衡电流

在环流法接线的差动保护中，电流继电器线圈接在两电流互感器励磁阻抗和差动回路两臂组成的对角线上。在理想情况下，假设两电流互感器完全同型，则不平衡电流为零。实际上，因电流互感器的励磁阻抗不可能无限大，所以总有励磁电流存在，且其磁化曲线是非线性的。这样在一次电流很大时，铁芯将饱和，励磁阻抗下降，因而将有较大的不平衡电流出现。除稳态情况的误差外，在暂态情况下，一次电流中包含有很大的非周期分量。在一般情况下，非周期分量的传变要坏得多，而这部分电流将使铁芯助磁，造成励磁阻抗下降，使不平衡电流增加。

2. 减少不平衡电流的方法

(1) 采用速饱和变流器，使一次电流中所含非周期分量，作为励磁电流使继电器铁芯饱和，相当于增大了动作电流。待非周期分量衰减到一定程度后，使继电器相当于带时延动作。

(2) 在差动回路继电器线圈中，串一个适当的电阻，这样在外部短路过程中，因电阻的存在，不平衡电流将降低很多。而在内部短路时，当短路电流较小时，铁芯未饱和，励磁阻抗仍很大，所以，电阻的存在不会使继电器动作电流下降。当短路电流较大时，在励磁阻抗下降时，继电器中动作电流将很大，不会影响其灵敏度。此方法对躲过不平衡电流并不理想，但简单易行。一般该电阻约为5～10Ω。

(3) 采用带制动特性的继电器。由于正常运行和外部短路时，通过继电器制动线圈的电流为一侧电流互感器的工作电流，而流入差动回路的电流为两侧电流互感器之差电流，故稳态情况下的不平衡电流，通常仅为电流互感器二次电流的十分之几。因此，只要适当的选择差动线圈和制动线圈的匝数比，当在内部故障时使之工作安匝大于制动安匝，而在外部故障时制动安匝大于工作安匝，就能获得较好的保护特性。

3. 纵差保护起动电流的选择和灵敏度校验

差动保护起动电流定值，应可靠地躲过区外故障时的最大不平衡电流、以及当电流回路二次侧断线时由于负荷电流引起的最大差电流。其计算公式如下：

(1) 按躲过区别故障时的最大不平衡电流整定，即

$$I_{dz} \geqslant K_k K_{fzq} K_{tx} f_i I_{d\cdot\max} \tag{7-63}$$

式中 K_{fzq}——非周期分量系数。当采用速饱和变流器时，取$K_{fzq}=1$；当采用串联电阻时，$K_{fzq}=1.5\sim2$；

K_{tx}——同型系数。在两侧电流互感器同型号时，取$K_{tx}=0.5$；其他情况取1；

f_i——电流互感器最大误差系数，取0.1；

$I_{d\cdot\max}$——流过电流互感器的最大短路电流；

K_k——可靠系数，取1.3～1.5。

(2) 按躲过电流互感器二次回路断线整定，即

$$I_{dz} \geqslant K_k I_{fh\cdot\max} \tag{7-64}$$

式中 $I_{fh\cdot\max}$——该线路在正常运行情况下的最大负荷电流；

K_k——可靠系数，取1.5～1.8。

根据以上两个条件计算结果，选择其中较大的一个数值作为保护装置的整定值。

保护装置的灵敏度校验为

$$K_{lm} = \frac{I_{d\cdot\min}}{I_{dz}} \tag{7-65}$$

式中　$I_{d\cdot\min}$——单侧电源供电时保护范围末端短路的最小电流。

一般要求 $K_{lm}>2$。

只有当灵敏度不满足要求时，才采用带制动特性的差动继电器。

三、LCD-12 型纵差保护的整定

1. 保护装置的工作原理及有关特性规范

LCD-12 型线路纵差保护为环流式电流差动保护，利用导引线将两侧保护装置连接起来，以实现对被保护线路两侧电流幅值和相位的比较。为避免因导引线回路或电流回路断线、短路等原因造成误动作，设置电压元件闭锁回路。该回路由负序电压及相间低电压元件组成。当被保护线路发生相间或接地短路时，能全线快速切除故障线路。该装置的原理接线如图 7-9 所示。图中，综合变流器的次级有中心抽头，接成桥式，导引线和补偿电阻 R_c 为电桥之两臂。继电器的动作线圈 W_g 接在电桥的对角线上。制动线圈与导引线串联，取补偿电阻 $R_c=\frac{1}{2}R'_e$。则在外部短路时继电器动作线圈中电流为零，而在内部短路时，两侧流入电流相等，制动线圈中的电流为零。

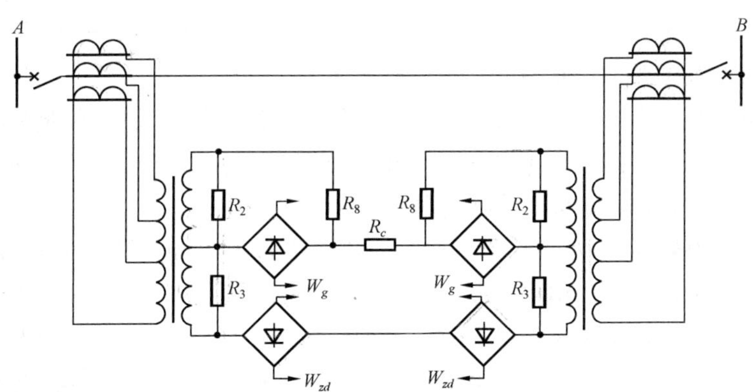

图 7-9　LCD-12 型纵差保护原理图

由此可知，在正常负荷或外部故障时，只有制动电流，继电器不会动作。

当两侧电源供电的被保护线路发生内部短路时：若两侧电源相等，相位差 180°时，相当于辅助导线开路，即制动电流为零，而工作回路有电流，继电器可靠工作；若两侧电源不相等，则电流的大小和相位都不相同，其极限情况相当于单侧电源，因此工作电流与制动电流相等，但由于继电器工作线圈匝数远大于制动线圈匝数，仍能使继电器动作，仅灵敏度要比前一种情况低些。

由于该装置采用的综合变流器一次绕组匝数比为 1∶1∶n，因此继电器对各种故障有不同的动作值。厂家给出的双侧电源供电内部短路时保护装置动作电流，见表 7-5。

单侧电源供电内部短路时保护装置的动作电流，应不大于双侧电源内部短路时动作电流的 3 倍。

各种故障类型下二次输出的相对灵敏度列于表 7-6 中，所谓相对灵敏度，是以 AB 或 BC 故障时作为基准的。因此，保护灵敏度应按 AB、BC 相间短路校验。

表 7-5　　双侧电源内部故障时保护装置动作电流值

整定值 \ 故障种类	ABC	A0	B0	C0	AB	BC	CA
40％额定电流（A）	2	0.69	0.865	1.15	3.46	3.46	1.73
80％额定电流（A）	4	1.38	1.73	2.3	6.92	6.92	3.46

表 7-6　　电流综合装置的相对灵敏度

故障类型		AB0	A0	B0	C0	AB	BC	CA
相对灵敏度	$n=3$	$\sqrt{3}$	5	4	3	1	1	2
	$n=2$	$\sqrt{3}$	4	3	2	1	1	2

2. 有关整定计算及运行注意事项

（1）LCD-12 型纵差保护的整定计算比较简单，因继电器带有制动线圈，故不必按躲外部故障的不平衡电流条件来整定动作电流，又因设有负序和相间电压闭锁回路，保护亦不需要按躲电流回路断线或导引线回路故障时的负荷电流整定。

（2）厂家给出 40％额定电流和 80％额定电流两个定值（为双侧电源相等时的值）。对于二次额定电流为 5A 的电流互感器，其两个定值即为 2A 和 4A，一般运行整定采用 2A。

（3）在线路内部故障两侧电源相等时，导引线中没有电流，即无制动电流，此时按最不利的故障种类（*AB* 或 *BC* 短路），要求灵敏度等于 2。所以，只要两侧提供的两相短路电流均等于或大于 3.46×2＝6.92（A）即可。

（4）在线路内部故障两侧电源不等时，导引线中有电流流过，它对两侧继电器起制动作用，同时使大电源侧工作电流减小。此时，如果小电源侧提供的两相短路电流小于 6.92A，但只要大电源侧提供的两相短路电流大于 6.92A 一定的数值，使得动作安匝达到与两侧电源相等时的同样水平，保护仍能满足灵敏度等于 2 的要求。其极限情况是单侧电源供电时，所提供的短路电流要接近双侧电源的 3 倍，才能得到与双侧电源供电时相同的灵敏度。

（5）运行中注意事项：

1）不论双侧电源是否相等，或是单侧电源内部发生故障，两侧的工作电流、制动电流及动作安匝都分别相等。从原理上讲，两侧继电器的灵敏度是一样的，不存在相继动作问题。

2）当母线差动保护动作跳开相应断路器的同时，要求断开该线路纵差保护的导引线，这是为了考虑断路器与电流互感器间的故障，要由线路对侧纵差保护切除的缘故。

3）负荷电流的制动影响，仅当短路电流水平较低，而负荷电流较大的线路，才予以考虑。一般双侧电源供电线路负荷电流的影响可以不计，仅在单侧电源时，负荷的制动作用相对的比较大。

四、英国 TRANSL AY-S 型导引线纵差保护的整定

（一）保护装置的工作原理及有关特性规范

TRANSL AY-S 型纵差保护是按循环电流方式工作，从本侧与对侧综合电流中分解出二个特殊的比较参量，送入由运算放大器构成的相位比较器进行判断，区分出区内外故障。图 7-10 是 TRANSL AY-S 型纵差保护原理接线图。

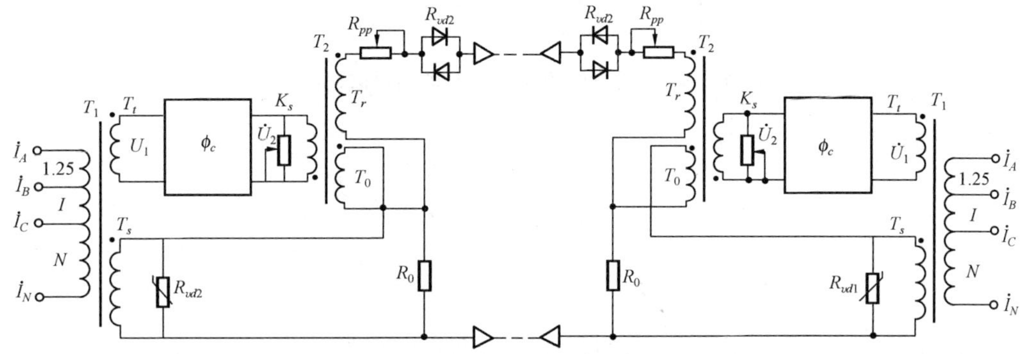

图 7-10　TRANSL AY-S 型纵差保护原理接线

图中 T_1 为综合电流装置，其作用是把三相电流转变为单相电流，纵差继电器就是比较被保护线路两侧的综合电流装置输出的单相电流的幅值和相位，以判别区内外故障。T_1 的一次绕组接到三相电流互感器上，各相的相对匝数比为 $N_A:N_B:N_C=(2.25+N):(1+N):N$。$N$ 为中性回路线圈的整定插头数，可整定在 3 和 6。

T_1 有两个二次绕组 T_s 和 T_t，前者并联为 R_{vd1} 非线性电阻后，向本侧以及对侧的 R_0 输出一个综合的单相电流，后者向相位比较器提供一个比较量——电压 $\dot{U}_1$。T_2 也是变流器，有两个初级绕组 T_0、T_r 和一个二次绕组。其二次绕组并联调整动作电流的 K_s 电阻后，向相位比较器提供另一个比较量——$\dot{U}_2$。

图 7-10 中 R_{pp} 为导引通道衬垫电阻，为了获得理想的特性，厂家规定两侧 R_{pp} 及导引线环路电阻之和为 1000Ω，此时从本侧综合变流装置输出的电流中有 $\frac{2}{3}$ 的电流流入本侧 R_0，而有 $\frac{1}{3}$ 的电流通过导引线再流入对侧 R_0。T_r 和 T_0 绕组的匝数比为 2∶1，则流过电阻 R_0 及变流器 T_2 的电流可从图 7-10 中推导出来。

比较量 $\dot{U}_1$ 引自绕组 T_t，而 T_t 与 T_s 是同相的，由于变流器 T_2 的 T_0 绕组的阻抗甚小，故 $\dot{U}_1$ 与 $\dot{U}_{R0}$ 基本同相，鉴于电阻上的电压与电流的相位相同，所以电压 $\dot{U}_1$ 的相位反映了通过电阻 R_0 的电流相位。

比较量 $\dot{U}_2$ 取自 K_s 电阻的两端电压，其相位是变流器 T_2 的一次绕组中电流的相位。此电流由变流器 T_2 的两个一次绕组所流过的电流的相量和决定。由图 7-11 可得出 A 侧继电器的比较关系。

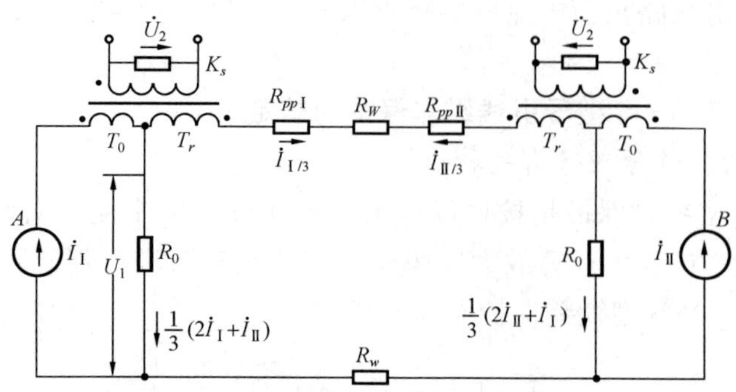

图 7-11　相位比较式纵差保护的对流回路

$$\dot{U}_1 = K\dot{U}_{R0} = K\left(\frac{2}{3}\dot{I}_{\mathrm{I}} + \frac{1}{3}\dot{I}_{\mathrm{II}}\right) = K_1(2\dot{I}_{\mathrm{I}} + \dot{I}_{\mathrm{II}}) \tag{7-66}$$

$$\dot{U}_2 = K\Sigma\dot{I}_{T2} = K\left(t_0\dot{I}_{\mathrm{I}} - t_r\frac{\dot{I}_{\mathrm{I}}}{3} + t_r\frac{\dot{I}_{\mathrm{II}}}{3}\right)$$

当 $t_r = 2t_0$ 时(t_r、t_0 分别为 T_r、T_0 绕组的匝数),上式可写为

$$\dot{U}_2 = K_2(\dot{I}_{\mathrm{I}} + 2\dot{I}_{\mathrm{II}}) \tag{7-67}$$

相位比较器是比较 $\dot{U}_1$ 和 $\dot{U}_2$ 的相位的。如果在两侧电流比的复数 $p = \dot{I}_{\mathrm{II}}/\dot{I}_{\mathrm{I}}$ 平面上描述继电器的动作轨迹，则将式（7-66）及式（7-67）变换为

$$\dot{U}_1 = K_1(2\dot{I}_{\mathrm{I}} + \dot{I}_{\mathrm{II}}) = K_1(2+p)\dot{I}_{\mathrm{I}} = K_1[p-(-2)]\dot{I}_{\mathrm{I}} \tag{7-68}$$

$$\dot{U}_2 = K_2(\dot{I}_{\mathrm{I}} + 2\dot{I}_{\mathrm{II}}) = K_2(1+2p)\dot{I}_{\mathrm{I}} = K_2[p-(-0.5)]\dot{I}_{\mathrm{I}} \tag{7-69}$$

相位比较器的动作方程为

$$\varphi \geqslant \operatorname{avg}\frac{\dot{U}_1}{\dot{U}_2} = \operatorname{avg}\frac{p-(-2)}{p-(-0.5)} \geqslant -\varphi \tag{7-70}$$

当 $\varphi=90°$时，式（7-70）在输出电流之比的复数平面上，纵差元件的动作轨迹是一个以（－2，0）及（－0.5，0）两点为直径的圆。圆外为动作区，圆内为制动区或称稳定区，如图 7-12 所示。

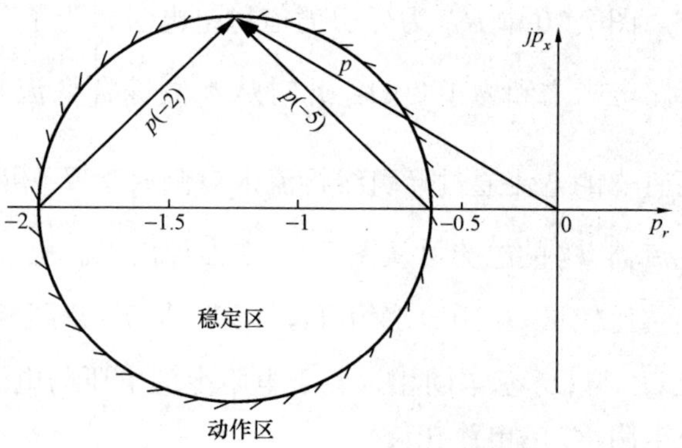

图 7-12　图 7-10 纵差保护的动作特性

从图 7-12 可见，两侧电流差 50%，继电器不会误动作，继电器稳定性能是相当好的。特性圆不包括原点，因而单侧电源能可靠动作。

由于纵差继电器的综合变流器一次绕组的匝数比为 1.25∶1∶N，所以三相电流综合输出为 1.95。厂房提供的在单侧电源供电方式下，各种故障时的动作电流见表 7-7。

当通道开路时，其动作电流约为上表数值的$\frac{1}{2}$。

表中 K_s 为整定刻度，其可调范围为 0.5～2（连续调整）。

各种故障方式下的相对灵敏度见表 7-8。

表 7-7　单侧电源供电时各种故障时的动作电流

整定值 \ 故障种类	AN	BN	CN	AB	BC	CA	ABC
N=3	$0.19K_sI_e$	$0.25K_sI_e$	$0.33K_sI_e$	$0.8K_sI_e$	$1.0K_sI_e$	$0.44K_sI_e$	$0.51K_sI_e$
N=6	$0.12K_sI_e$	$0.14K_sI_e$	$0.17K_sI_e$				

表 7-8　综合变流器的相对灵敏度

故障种类	AN	BN	CN	AB	BC	CA	ABC
N=3 时相对灵敏度	5.25	4.0	3.0	1.25	1	2.25	1.95
N=6 时相对灵敏度	8.25	7.0	6.0				

纵差元件动作灵敏，适用于中性点不直接接地系统中，接地故障的动作电流可达 10% 额定电流以下。单侧电源供电时，两侧继电器具有相同的动作电流。

（二）保护装置的整定计算及应用中应注意的问题

1. 差动继电器

（1）继电器的最小动作电流应躲开被保护线路的充电电流。A 相故障时，差动保护继电器动作电流最小，其动作电流选择如下：

1）对于中性点直接接地系统，由于接地故障时，中性点电压位移小，其动作电流计算为

$$I_{dz\cdot j} \leqslant I_{c\phi/0.9} = 1.1I_{c\phi} \tag{7-71}$$

式中　$I_{dz\cdot j}$ ——A 相故障时纵差继电器的动作电流；

$I_{c\phi}$ ——被保护线路充电电流（二次值，A）。

2）对于中性点非直接接地系统，由于单相接地故障时中性点发生位移，健全相充电电流增大，相角差减小，反映到综合变流器的输出量增大。最严重的情况是 C 相区外故障，中性点电压位移了 $-U_c$，健全相 A、B 的充电电流为 $I_{ch}=\sqrt{3}I_{c\phi}=\sqrt{3}U\omega C$，两健全相充电电流的相角差为 60°，设 $N=3$，则此时线路充电电流的综合量为

$$\begin{aligned} I_s &= I_{ch\cdot A}N_A + I_{ch\cdot B}N_B = \sqrt{3}I_{c\phi}(5.25+4e^{-j60^\circ}) \\ &= 13.92e^{j25.5^\circ}I_{c\phi} \end{aligned} \tag{7-72}$$

式中　$I_{ch\cdot A}$，$I_{ch\cdot B}$ ——为 A、B 健全相的充电电流（二次值，A）；

N_A，N_B ——A，B 相综合变流器等效匝数；

I_s ——综合变流器输出电流。

继电器最小动作电流应躲开上述的最大充电电流的综合量，即

$$I_{dz}N_A \geqslant I_s/0.85$$

$$I_{dz \cdot j} \geqslant \frac{13.92 I_{c\phi}}{0.85 \times 5.25} = 3.12 I_{c\phi} \tag{7-73}$$

式中　0.85——安全系数。

（2）继电器最大动作电流应小于内部故障的最小短路电流，按 B、C 两相故障核算保护灵敏度，其灵敏系数应不小于 2，即

$$\frac{I_{d \cdot \min}^{(2)}}{I_{dz \cdot j}} \geqslant 2 \tag{7-74}$$

$$I_{dz \cdot j} = 1.0 K_s I_e$$

式中　$I_{d \cdot \min}^{(2)}$——B、C 两相短路时的最小短路电流值（二次值，A）；

K_s——整定刻度。

I_e 为额定二次电流。

（3）综合变流器中性回路线圈插头 N 值的选择。被保护线路发生单相短路时，线路两侧的故障电流总是从母线流入线路，即两侧故障电流同相，纵差继电器将正确动作。然而有时在正序阻抗与零序阻抗不等的情况下，非故障相将出现故障电流，其值为 $I_{0f} - I_{1f}$。当某侧的正序阻抗大于零序阻抗时，即 $I_{0f} > I_{1f}$，则非故障相电流为负值，即由线路流向母线。此时故障相电流为正，非故障相电流为负，综合的输出电流是正或负，要视故障相别及非故障相电流的大小而定。最严重的情况是故障相电流通过的匝数最小，非故障电流通过的匝数最多。也就是在 C 相故障和 N 值为最小的条件下，此时可能出现综合的负向输出电流，致保护将拒动。为避免此情况的发生，可改选综合变流器的 N 值。综合输出电流计算为

$$\begin{aligned} I_s &= I_A N_A + I_B N_B + I_C N_C = \{(K_{f0} - K_{f1})[(N+2.25)+(N+1)] \\ &\quad + (2K_{f1} + K_{f0})N\} \\ I_{d1} &= [(K_{f0} - K_{f1})(2N+3.25) + (2K_{f1} + K_{f0})N] I_{d1} \\ &= [(3N+3.25)K_{f0} - 3.25K_{f1}] I_{d1} \geqslant 0 \end{aligned} \tag{7-75}$$

式中　K_{f0}，K_{f1}——零序、正序电流分配系数；

I_{d1}——故障点的正序电流；

$(K_{f0} - K_{f1}) I_{d1}$——非故障相的故障电流；

N——综合变流器的中间绕组等效匝数。

从式（7-75）可知

$$N \geqslant \frac{3.25}{3}\left(\frac{K_{f1}}{K_{f0}} - 1\right) = 1.08\left(\frac{K_{f1}}{K_{f0}} - 1\right) \tag{7-76}$$

N 值愈大，非故障相电流影响愈小，然而 N 值愈大，电流互感器的负担也愈大，也可能影响纵差保护动作的正确性，因此，建议在选取运行方式的最大 K_{f1}/K_{f0} 值时，应按式（7-76）选取 N 的最小值，且两侧的 N 值必须相等，整定抽头为 3 或 6。

2. 相电流继电器

为防止导引线故障误动作，其整定电流按大于正常负荷电流整定。要求在内部故障时灵敏度不小于 2，整定范围为（0.4～2.4）I_e。

3. 零序电流继电器

按线路末端发生故障有灵敏度整定，但可能发生电流回路开路的情况，故尚需按躲开电流回路断线时出现的最大不平衡电流整定。其整定范围为（0.2～1.2）I_e。

4. 现场试验调整

（1）衬垫电阻 R_{pp} 计算为

$$R_{pp}=\frac{1000-\dfrac{R_{p1}}{K_m}}{2}=500-\frac{R_{pl}}{2K_m} \tag{7-77}$$

式中　R_{pl} ——导引线环路电阻（Ω）；

K_m ——隔离变压器阻抗比，有 0.8、1、1.2、1.5、2.5 档抽头。

（2）差动继电器积分时间常数 K_t 的整定。根据电流互感器励磁曲线拐点电压计算公式得

$$U_{kp}\geqslant 0.5NK_t(R_{LH}+K_{jx}R_J)I_e \tag{7-78}$$

式中　N——综合变流器中间绕组匝数；

R_{LH} ——电流互感器二次绕组电阻（Ω）；

R_J——电流互感器到继电器单程电阻（Ω）；

K_{jx} ——接线系数。对四线接线取 1，对六线接线取 2。

当 U_{kp} 已知时，可求得其中 K_t 值。

5. 应用注意问题

（1）被保护线路两侧的整定参数 N、K_t 必须相同，两侧电流互感器变比应相同。

（2）两侧电流互感器的励磁曲线拐点电压不必要求相同，但同侧三相电流互感器要求有大致相同的励磁特性。

（3）由于拐点电压与电流互感器的额定电流成正比，因此选用 1A 或 0.5A 的电流互感器更为有利。

第 7-8 节　算　　例

【例 7-1】图 7-13 示出一计算系统接线及阻抗图，其中在 220kV 双侧电源联络线 AB 上装设有滤过式高频方向保护。图 7-13（b）中Ⅰ为最大运行方式的阻抗，Ⅱ为最小运行方式的阻抗，它们均按 $S_j=100$MVA、$U_j=U_{pj}$ 归算成标么值，示于阻抗图上。两侧电流互感器变比为 600/5，电压互感器变比为 220/0.1，试整定其起动元件及校验方向元件的灵敏度。

一、计算接线及运行方式

图上阻抗均已归算至 $S_j=100$mVA、$U_j=U_{pj}$ 的标么值，则基准电流

$$I_j=\frac{100\times 10^3}{\sqrt{3}\times 230}=251(\text{A})$$

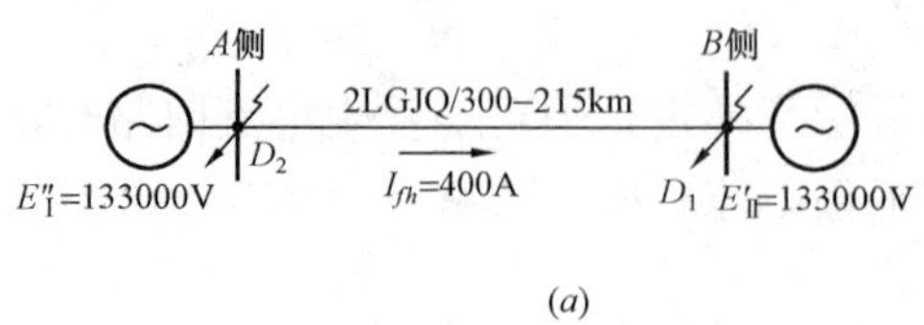

(a)

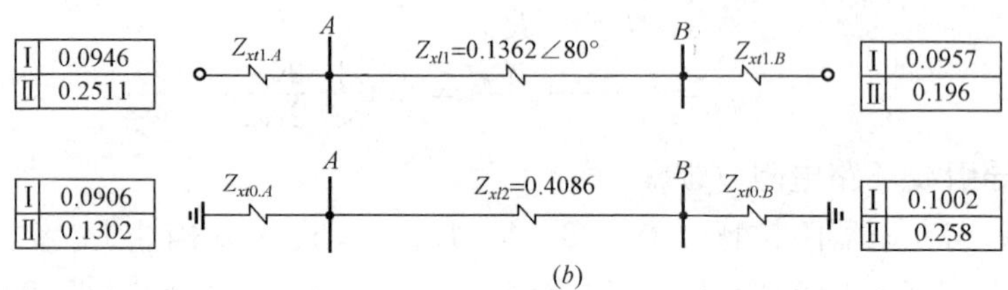

(b)

图 7-13 计算接线及阻抗图

(a) 系统接线；(b) 最大及最小运行方式的正（负）、零序阻抗图

二、短路电流计算

1. D_1 点故障

（1）运行方式Ⅰ（A 侧选取正序阻抗为运行方式Ⅱ，零序阻抗为运行方式Ⅱ；B 侧选取正序阻抗为运行方式Ⅱ，零序阻抗为运行方式Ⅰ）：

1）单相接地时，有

$$Z_1 = (Z_{1xt\cdot A} + Z_{1xl}) // Z_{1xt\cdot B} = (0.2511 + 0.1362) // 0.196$$
$$= 0.3873 // 0.196 = 0.13$$
$$Z_0 = (Z_{0xt\cdot A} + Z_{0xl}) // Z_{0xl\cdot B} = (0.1302 + 0.4086) // 0.1002$$
$$= 0.5388 // 0.1002 = 0.084$$
$$I_1 = \frac{251}{2Z_1 + Z_0} = \frac{251}{2 \times 0.13 + 0.084} = 729.7(\text{A})$$
$$3I_0 = 2189.1(\text{A})$$

线路 AB 的电流分配系数

$$Kp_1 = 0.13/0.3873 = 0.3357$$
$$Kp_0 = 0.084/0.5387 = 0.1559$$

流经线路 AB 的电流为

$$I_{1\cdot AB} = 729.7 \times 0.3357 = 245(\text{A})$$
$$3I_{0\cdot AB} = 2189.1 \times 0.1559 = 341.3(\text{A})$$

2）两相接地短路时，有

$$I_1 = \frac{251}{Z_1 + Z_1 // Z_0} = \frac{251}{0.13 + 0.13 // 0.084} = 1386.5(\text{A})$$
$$I_0 = \frac{251}{Z_1 + 2Z_0} = \frac{251}{0.13 + 2 \times 0.084} = 842.3(\text{A})$$

流经线路 AB 的电流为

$$I_{1\cdot AB}=1386.5\times 0.3357=465.46(\text{A})$$
$$3I_{0\cdot AB}=3\times 842.3\times 0.1559=393.9(\text{A})$$
$$I_{2\cdot AB}=(1386.5-842.3)\times 0.3357=182.68(\text{A})$$

3）两相短路时，有

$$I_{1\cdot AB}=\frac{251}{0.3873}\times\frac{\sqrt{3}}{2}=561.2(\text{A})$$
$$I_{2\cdot AB}=\frac{251}{2\times 0.3873}=324(\text{A})$$

4）三相短路时，有

$$I_{1\cdot AB}=\frac{251}{0.3873}=648(\text{A})$$

（2）运行方式 2（正序Ⅰ-Ⅰ，零序Ⅰ-Ⅱ）：计算过程略。

2. D_2 点故障

同 D_1 点计算方法，计算过程省略，计算结果见表 7-9。

表 7-9　　流经线路 *AB* 短路电流计算结果表（A）

短路点	运行方式选取的阻抗	短路类型							
		$D^{(1)}$		$D^{(1.1)}$			$D^{(2)}$		$D^{(3)}$
		$I_1(I_2)$	$3I_0$	I_1	I_2	$3I_0$	I	I_2	I_1
D_1	正序Ⅱ-Ⅱ 零序Ⅱ-Ⅰ	245	341.3	465.46	182.68	393.9	561.2	324	648
	正序Ⅰ-Ⅰ 零序Ⅰ-Ⅱ	240.88	840.19	634.17	453.73	629	941.79	543.74	1087.5
D_2	正序Ⅱ-Ⅱ 零序Ⅰ-Ⅱ	295.06	246.4	555.7	199.04	297.87	654.2	377.78	755.57
	正序Ⅰ-Ⅰ 零序Ⅱ-Ⅰ	305.5	644.5	673.67	287.47	558.85	937.33	541.18	1082.36

注　正序Ⅱ-Ⅱ表示 *A* 侧为运行方式Ⅱ，*B* 侧为运行方式Ⅱ；零序Ⅱ-Ⅰ表示 *A* 侧为运行方式Ⅱ，*B* 侧为运行方式Ⅰ。余之类推。

三、保护整定计算

1. 负序电压起动元件

按躲过负荷状态下的最大不平衡电压整定，一般取 4V。其灵敏度：

A 侧
$$K_{lm}^{(2)}=\frac{U_{cy2\cdot\min}}{U_{dz}}$$

其中
$$U_{cy2\cdot\min}=I_2 Z_{1xt\cdot A}\frac{U_{pj}^2}{S_j}$$

将表 7-9 中数值代入上式，得

$$K_{lm}^{(2)}=\frac{\sqrt{3}\times 543.74\times 0.0946\times 529}{4\times 2200}=5.35$$

$$K_{lm}^{(1)}=\frac{\sqrt{3}\times 240.88\times 0.0946\times 529}{4\times 2200}=2.36$$

$$K_{lm}^{(1.1)}=\frac{\sqrt{3}\times 453.74\times 0.0946\times 529}{4\times 2200}=4.46$$

B 侧

$$K_{lm}^{(2)}=\frac{\sqrt{3}\times 541.18\times 0.0957\times 529}{4\times 2200}=5.38$$

$$K_{lm}^{(1)}=\frac{\sqrt{3}\times 305.5\times 0.0957\times 529}{4\times 2200}=3.04$$

$$K_{lm}^{(1.1)}=\frac{\sqrt{3}\times 287.47\times 0.0957\times 529}{4\times 2200}=2.859$$

以上灵敏度均满足于规定要求。

2. 负序电力方向元件

在负序滤过器输入端上，负序电力方向元件动作功率按 5.5VA 计。

A 侧

$$K_{lm}^{(2)}=\frac{U_{2cy}I_{d2}}{p_{dzj}n_{LH}n_{YH}}=\frac{543.74\times 0.0946\times 529\times 543.74}{5.5\times 120\times 2200}=10.18$$

$$K_{lm}^{(1)}=\frac{240.88\times 0.0946\times 529\times 240.88}{5.5\times 120\times 2200}=1.989<4$$

$$K_{lm}^{(1.1)}=\frac{453.74\times 0.0946\times 529\times 453.74}{5.5\times 120\times 2200}=7.08$$

B 侧

$$K_{lm}^{(2)}=\frac{541.18\times 0.0957\times 529\times 541.18}{5.5\times 120\times 2200}=10.19$$

$$K_{lm}^{(1)}=\frac{305.5\times 0.0957\times 529\times 305.5}{5.5\times 120\times 2200}=3.24<4$$

$$K_{lm}^{(1.1)}=\frac{287.47\times 0.0957\times 529\times 287.47}{5.5\times 120\times 2200}=2.875<4$$

负序方向元件最低灵敏度要求约为 4，由上计算结果看出，两相短路时功率方向元件灵敏度满足要求，而在单相接地或两相接地时灵敏度均有小于 4 的情况，故应采用灵敏型功率方向继电器，或增装零序功率方向元件。下面对零序功率方向元件灵敏度进行校验。

3. 零序功率方向元件

在零序滤过器输入端的零序方向元件的动作功率按 6.5VA 计算，则灵敏度计算为：

A 侧

$$K_{lm}^{(1)}=\frac{3U_{0cy}3I_0}{p_{dzj}n_{LH}n_{YH}}=\frac{840.19\times 0.0906\times 529\times 840.19}{6.5\times 120\times 2200/\sqrt{3}}=34$$

$$K_{lm}^{(1.1)}=\frac{629\times 0.0906\times 529\times 629}{6.5\times 120\times 2200/\sqrt{3}}=19.1$$

B 侧 $$K_{lm}^{(1)}=\frac{644.5\times 0.1002\times 529\times 644.5}{6.5\times 120\times 2200/\sqrt{3}}=20$$

$$K_{lm}^{(1.1)}=\frac{558.85\times 0.1002\times 529\times 558.85}{6.5\times 120\times 2200/\sqrt{3}}=15$$

以上灵敏度均符合要求。

【例 7-2】 其接线图同〔例 7-1〕接线图，在 AB 线路上装有 BFG-1 型方向比较式高频保护，其已知条件及短路电流计算见〔例 7-1〕，试整定其负序起动元件及负序电流闭锁元件。

本装置系全晶体管化，出口采用干簧管，正反方向最小动作电流为 0.4A，最小负序动作功率为 2VA。

1. 正向动作负序电流元件

按线路末端故障有灵敏度整定，即

$$I_{dzj}=\frac{I_{2\cdot\min}}{K_{lm}n_{LH}}=\frac{182.68}{1.5\times 120}=1(\mathrm{A})$$

2. 反向动作负序电流元件

按与正向动作电流元件配合整定，即

$$I'_{dzj}=\frac{I_{dzj}}{K_p}=\frac{1}{1.6}=0.625(\mathrm{A})$$

3. 负序电流闭锁元件

按等于或小于反向动作负序电流元件整定，同时应大于系统正常运行时的最大不平衡电流，即

$$I''_{dzj}=K_k 0.02 I_{fh}=2.5\times 0.02\times\frac{400}{120}=0.167(\mathrm{A})$$

$$I''_{dzj}=\frac{I'_{dzj}}{1\sim 1.5}=0.68\sim 0.45(\mathrm{A})$$

取 $$I''_{dzj}=0.45(\mathrm{A})$$

4. 晶体管负序功率元件

晶体管负序功率元件灵敏度一般很高，可不作校验。

【例 7-3】 其已知条件同〔例 7-1〕。在线路 AB 上装设 JGBF-50C 型电压相位比较式高频方向保护，试整定之。

（一）方向元件

1. A 侧

（1）零序补偿系数为 $$n=\frac{Z_{\Sigma 0}-Z_{\Sigma 1}}{Z_{\Sigma 1}}\approx 2$$

（2）灵敏系数的计算：

1）按反方向单相接地短路，方向元件不误动为条件，即满足

$$\frac{Z_{1xl}+Z_{1xt\cdot B}-hZ_{1xt\cdot A}}{1+h}\leqslant K_{lm}Z_{1xl}$$

取 $h=1$，并代入上式，有

$$\frac{0.1362+0.196-0.0946}{2}\leqslant 0.1362K_{lm}$$

得
$$K_{lm}\geqslant 0.872$$

2）在满足上述条件下，为在线路非全相和反向各种故障并伴随振荡时不发生误动，还须满足下式

$$K_0K_{lm}Z_{1xl}\geqslant Z_{0xl}+Z_{0xt\cdot B}$$

令 $K_0=1+n=3$，并代入上式，有

$$3K_{lm}\cdot 0.1362\geqslant 0.4086+0.258$$

得
$$K_{lm}\geqslant 1.63$$

3）补偿阻抗值（阻抗角 $\varphi_x=78.6°$）计算为

$$Z_{dz}=K_{lm}Z_{1xl}=1.63\times 0.1362=0.222$$

$$Z_{dzj}=0.222\times\frac{230^2}{100}\times\frac{120}{2200}=6.4(\Omega)$$

2. B 侧

（1）零序补偿系数 $n=2$。

（2）灵敏度：取 $h=1$，其灵敏度计算如下。因为

$$K_{lm}Z_{1xl}\geqslant\frac{Z_{1xl}+Z_{1xt\cdot A}-hZ_{1xt\cdot B}}{1+h}=\frac{0.1362+0.2511-0.0957}{2}$$
$$=0.1458$$

所以
$$K_{lm}\geqslant 1.07$$

又因为 $K_0K_{lm}Z_{1xl}\geqslant Z_{0xl}+Z_{0xl\cdot A}=0.4086+0.1302$，所以当 $K_0=3$ 时，代入上式，得

$$K_{lm}\geqslant 1.4$$

（3）补偿阻抗值：补偿阻抗整定值计算为

$$Z_{dz}=K_{lm}Z_{1xl}=1.4\times 0.1362=0.19068$$

$$Z_{dzj}=0.19068\times\frac{230^2}{100}\times\frac{120}{2200}=5.49(\Omega)$$

（二）方向阻抗元件

方向阻抗元件动作值计算为

$$Z_{dz}=K_{lm}Z_{1xl}=1.3\times 0.1362\times\frac{230^2}{100}=93.5(\Omega)$$

$$Z_{dzj}=Z_{dz}\frac{n_{LH}}{n_{YH}}=93.5\times\frac{120}{2200}=5.1(\Omega)$$

$$\varphi_{lm}=80°$$

精确工作电流校验（当 $I_e=5\text{A}$ 时，$I_{jg}=0.5\text{A}$）：

A 侧 $$I_d^{(2)} = 561.2\text{A}$$

裕度系数 $$K_y = \frac{I_{d \cdot \min}^{(2)}}{I_{jg} n_{LH}} = \frac{561.2}{0.5 \times 120} = 9.35 > 2$$

B 侧 $$I_d^{(2)} = 654.2\text{A}$$

裕度系数 $$K_y = \frac{654.2}{0.5 \times 120} = 10.9 > 2$$

（三）负序及零序电流起动元件

（1）高定值：按线路灵敏度为 2 整定，即

$$\Delta I_2 = \frac{I_{2 \cdot \min}}{K_{lm}}, \Delta 3I_0 = \frac{3I_{0 \cdot \min}}{L_{lm}}$$

A 侧 $$\Delta I_2 = \frac{324}{2} = 162(\text{A}), \Delta 3I_0 = \frac{341.3}{2} = 170.6(\text{A})$$

$$\Delta I_{2j} = \frac{\Delta I_2}{n_{LH}} = \frac{162}{120} = 1.35(\text{A}), \Delta 3I_{0j} = \frac{170.6}{120} = 1.42(\text{A})$$

B 侧 $$\Delta I_2 = \frac{377.78}{2} = 189(\text{A}), \Delta 3I_0 = \frac{246.4}{2} = 123.4(\text{A})$$

$$\Delta I_{2j} = \frac{189}{120} = 1.57(\text{A}), \Delta 3I_{0j} = \frac{123.4}{120} \approx 1(\text{A})$$

为灵敏度配合最佳，两侧取同一值，即

$$\Delta I_{2j} = 1.35(\text{A}), \Delta 3I_{0j} = 1(\text{A})$$

（2）低定值：按与高定值配合整定，得

$$\Delta I'_{2j} = \frac{\Delta I_{2j}}{K_p} = \frac{1.35}{1.6} = 0.84(\text{A})$$

$$\Delta 3I'_{0j} = \frac{\Delta 3I_{0j}}{K_p} = \frac{1}{1.6} = 0.625(\text{A})$$

（四）零序电流速断保护

1. A 侧

（1）按躲过线路末端故障 3 倍零序电流整定，即

$$I_{dz} = K_k 3I_{0 \cdot \max} = 1.3 \times 840.19 = 1092.24(\text{A})$$

（2）按躲过背后母线故障最大 3 倍零序电流整定，即

$$I_{dz} = K_k 3I_{0 \cdot \max} = 1.3 \times 644.5 = 837.85(\text{A})$$

取 $$I_{dzj} = 1092.24 \times \frac{1}{120} = 9.1(\text{A})$$

2. B 侧

其整定计算与 A 侧相同。

（五）相电流速断

（1）按躲过线路末端三相故障时的最大短路电流整定，即

$$I_{dz} = K_k I_d^{(3)} = 1.3 \times 1087.5 = 1413.75(\text{A})$$

（2）按躲过背后母线三相短路时的最大短路电流整定，即

$$I_{dz} = K_k I_d^{(3)} = 1.3 \times 1082.36 = 1407.068(\text{A})$$

（3）按躲最大振荡电流整定，即

$$Z_\Sigma = 0.0946 + 0.1362 + 0.0957 = 0.3265$$

$$I_{zhd\cdot\max} = \frac{2E}{Z_\Sigma} = \frac{2 \times 251}{0.3265} = 1537.5(\text{A})$$

$$I_{dz} = K_k I_{zhd\cdot\max} = 1.3 \times 1537.5 = 1998.8(\text{A})$$

取

$$I_{dz\cdot j} = \frac{I_{dz}}{n_{LH}} = \frac{1998.8}{120} = 16.66(\text{A})$$

两侧定值相同。

（六）反应断路器位置的相电流元件

（1）高定值：按小于线路一相电容电流整定，即

$$I_{dzj} = \frac{I_C l}{K_{lm} n_{LH}} = \frac{34.2 \times 2.15}{1.5 \times 120} = 0.41(\text{A})$$

（2）低定值：为高定值的$\frac{1}{2}$。

【例 7-4】其已知条件同〔例 7-1〕。在线路 AB 上装设 JGX-11C 型高频相差动保护，设整定之。

（一）起动元件

1. 负序电流元件

（1）低定值：

1）按躲过最大负荷下的不平衡电流整定，即

$$I_{dz2j} = \frac{K_k 0.02 I_e}{n_{LH}} = \frac{2.5 \times 0.02 \times 400}{120} = 0.167(\text{A})$$

2）按躲过被保护线路一侧带电投入时，因不同期而出现的负序电容电流整定，即

$$I_{dz2j} = \frac{K_k l}{100 n_{LH}} I_{C2} = \frac{2 \times 215}{100 \times 120} \times 12.7 = 0.455(\text{A})$$

选低定值 $I_{dz2j} = 0.46\text{A}$

（2）高定值：为 2 倍低定值，即 0.92A。灵敏度校验如下：

A 侧

$$K_{lm}^{(2)} = \frac{I_{d2\cdot\min}^{(2)}}{n_{LH} I_{dz2j}} = \frac{324}{120 \times 0.92} = 2.93$$

$$K_{lm}^{(1)} = \frac{I_{d2\cdot\min}^{(1)}}{n_{LH} I_{dz2j}} = \frac{244.8}{120 \times 0.92} = 2.22$$

$$K_{lm}^{(1.1)} = \frac{I_{d2\cdot\min}^{(1.1)}}{n_l I_{dz2j}} = \frac{182.68}{110.4} = 1.65 < 2$$

B 侧

$$K_{lm}^{(2)} = \frac{377.78}{110.4} = 3.42$$

$$K_{lm}^{(1)} = \frac{295.06}{110.4} = 2.67$$

$$K_{lm}^{(1.1)} = \frac{199.04}{110.4} = 1.8 < 2$$

2. 灵敏度校验

因负序电流元件在两相接地故障时灵敏度不满足要求，故需增加零序电流起动元件。

（1）高定值：按线路末端两相接地短路灵敏度为 2 时整定，即

$$I_{dz0j} = \frac{3I_{0\cdot\min}^{(1.1)}}{K_{lm}n_{LH}} = \frac{297.87}{2\times120} = 1.24(\mathrm{A})$$

（2）低定值：为高定值的二分之一。

3. 相电流起动元件

（1）低定值：按躲过被保护线路的最大负荷电流整定，即

$$I_{dzj} = \frac{K_k I_{fh\cdot\max}}{n_{LH}} = \frac{1.5\times400}{120} = 5(\mathrm{A})$$

（2）高定值：为低定值的 2 倍。

（3）灵敏度校验

$$K_{lm} = \frac{I_{d\cdot\min}^{(2)}}{I_{dzj}n_{LH}} = \frac{648}{10\times120} = 0.54$$

因灵敏度不足，故需用阻抗起动元件起动。

4. 阻抗起动元件

（1）按线路末端灵敏度为 1.5 整定，即

$$Z_{dz} = K_{lm}Z_{xl1} = 1.5\times0.1362\times\frac{230^2}{100} = 1.5\times71.9 = 107.86(\Omega)$$

（2）按躲过最小负荷阻抗整定，即

$$Z_{dz} = K_k\frac{0.9U_{\min}}{\sqrt{3}I_{fh\cdot\max}\cos(\varphi_{xl}-\varphi_{fh})} = 0.7\frac{0.9\times230\times10^3}{\sqrt{3}\times400\cos(80^\circ-37^\circ)}$$

$$=285.7(\Omega)$$

取

$$Z_{dzj} = 107.86\frac{n_{LH}}{n_{YH}} = 107.86\times\frac{120}{2200} = 5.88(\Omega)$$

（3）精确工作电流校验：要求线路末端发生两相短路时裕度系数不小于 2，即

$$I_{jg} = \frac{I_{d\cdot\min}^{(2)}}{n_{LH}K_y} = \frac{561.2}{120\times2} = 2.34 > 0.1I_e$$

（二）操作滤过器 K 值

当忽略负荷电流影响时，可按下式求取，即

$$KI_2^{(1.1)} \geqslant 1.5I_1^{(1.1)}$$

则　A 侧
$$K \geqslant 1.5\frac{I_1}{I_2} = 1.5\frac{465.46}{182.68} = 3.82$$

B 侧
$$K \geqslant 1.5\frac{I_1}{I_2} = 1.5\frac{555.7}{199.04} = 4.19$$

取 $K=6$。

（三）闭锁角

闭锁角计算为

$$\delta_{bs} = 37 + 0.06l + \delta_{chd} = 37 + 0.06 \times 215 + 10 = 59.9°$$

选 $\delta_{bs} = 60°$。

（四）收信灵敏度

一般收集灵敏度约整定为 8.686dB，要求通道余量约为 13.029dB，发信电平约为 42.996dB，因此，通道总衰耗要求小于 20.846dB。一般线路皆小于 17.372dB。

【例 7-5】某一系统中，220kV 双回线 5km，装有 LCD-1A 型纵差保护，厂家给出的动作电流为 2A 和 4A，经考虑选用定值 2A，则 AB、BC 相间故障时，继电器动作电流 $I_{dz}=3.46$A，试校验保护装置灵敏度。系统及小电源侧所供短路电流见图 7-14。电流互感器变比为 1200/5。

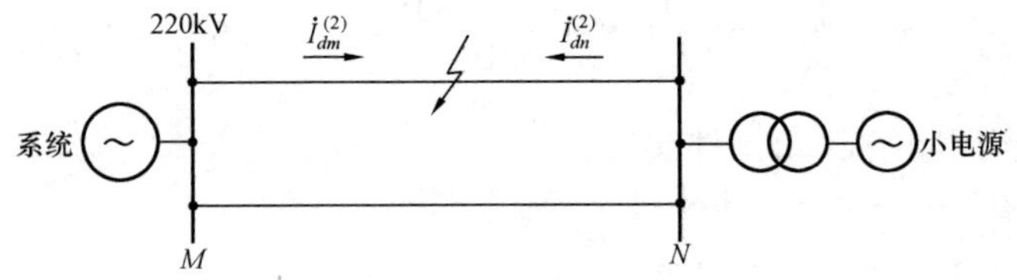

图 7-14　某 220kV 线路接线图

图中
$$I_{dm}^{(2)} = 3.5\text{kA}$$
$$I_{dn}^{(2)} = 0.84\text{kA}$$

均为两侧小方式下两相短路电流值。

保护灵敏度校验：

M 侧
$$\frac{I_{dm}^{(2)}}{n_{LH}} = \frac{3500}{240} = 14.58(\text{A})$$

N 侧
$$\frac{I_{dn}^{(2)}}{n_{LH}} = \frac{840}{240} = 3.5(\text{A})$$

查继电器参数知，极化继电器工作安匝 $W_g=3500$ 匝，制动安匝 $W_z=1000$ 匝，代入动作安匝公式，得

$$AW_{dz} = \frac{K}{2}[(W_g - W_z)I_{dm\cdot j}^{(2)} + (W_g + W_z)I_{dN\cdot j}^{(2)}]$$

$$= 500K[2.5 \times 14.58 + 4.5 \times 3.5] = 26100K(\text{安匝})(K\text{ 为整流系数})$$

继电器在两相短路时所需动作安匝为

$$500K(2.5 + 4.5) \times 3.46 = 12110(\text{安匝})$$

灵敏度 $$K_{lm} = \frac{26100}{12110} = 2.15 > 2$$

单侧电源时，动作电流约为 3.46×3=10.38A。当线路在 M 侧解列运行时，线路短路电流近似取 3.5A，保护灵敏度不够。当线路仅由 M 侧供电时，短路电流近似取 14.58A，灵敏度也小于 2。故特殊运行方式时，将要由后备保护切除故障。

【例 7-6】 某一系统中，110kV 4km 双回线上，分装有英国屈兰斯雷 S 型纵差保护一套，计算用的阻抗图见图 7-15，所需参数均注在该图上，试整定之。电流互感器变比为 600/5。

图中参数是以 100MVA、115kV 为基准值的标么值。

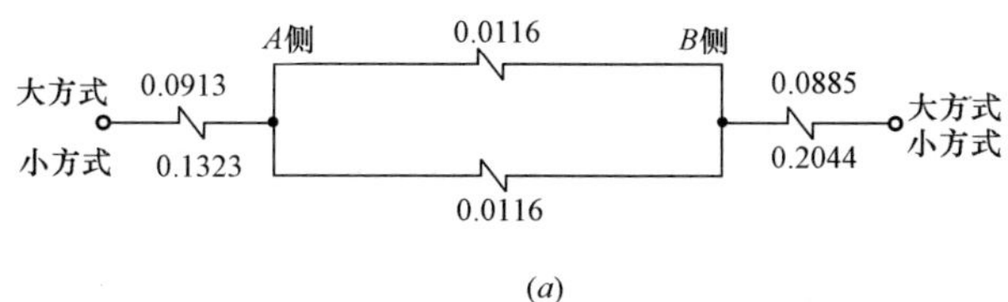

(a)

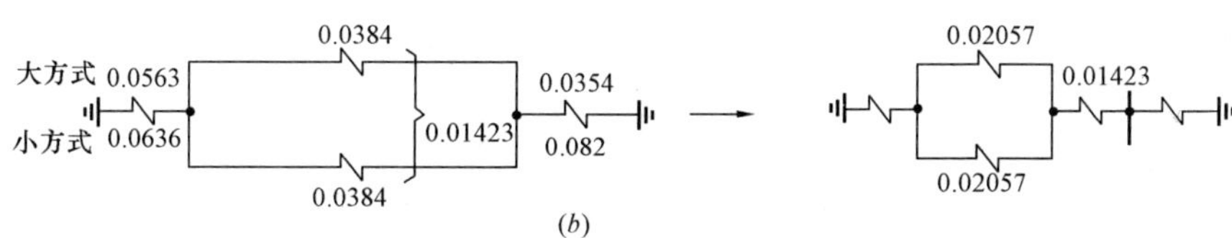

(b)

图 7-15　某系统计算用阻抗图

(a) 正序（负序）阻抗图；(b) 零序阻抗图

（一）差动继电器整定

(1) 最小动作电流应大于被保护线路的充电电流 I_C =0.432A/km，则

$$I_{dzj} = 1.1 I_C l / n_{LH} = 1.1 \times 0.432 \times 4/120 = 0.016(\text{A})$$

(2) 最大动作电流应小于内部故障时的最小短路电流，满足按 BC 相两相短路灵敏度不小于 2 的要求。

1) 当 A 侧短路时，有

$$Z_1 = 0.2044 + \frac{0.0116}{2} = 0.2102$$

$$I_d^{(2)} = 0.866 \times \frac{1}{0.2102} \times \frac{100 \times 10^3}{\sqrt{3} \times 115} = 2068.2(\text{A})$$

2) 一回线中之分流为 1034.1A，折合至二次侧，则

$$I_d^{(2)} = \frac{1034.1}{120} = 8.6(\text{A})$$

3) 继电器两相短路时的动作电流为

$$1.0 K_s I_e = 1 \times 0.5 \times 5 = 2.5(\text{A})$$

4) 灵敏度 $$K_{lm} = 8.6/2.5 > 2$$

（二）综合变流器中性线圈匝数选择

1. B 侧

（1）单回线：

最大正序分流系数 $K_{f1}=\dfrac{0.2044}{0.0913+0.2044+0.0116}=0.673$

最小零序分流系数 $K_{f0}=\dfrac{0.0354}{0.0636+0.0384+0.0354}=0.2573$

则
$$\frac{K_{f1}}{K_{f0}}=\frac{0.673}{0.2576}=2.61$$

（2）双回线：

最大正序分流系数 $K_{f1}=\dfrac{0.2044}{0.0913+0.5\times0.0116+0.2044}\times\dfrac{1}{2}=0.339$

最小零序分流系数 $K_{f0}=\dfrac{0.0354}{0.0636+0.5\times0.02057+0.01423+0.0354}\times\dfrac{1}{2}=0.143$

则
$$\frac{K_{f1}}{K_{f0}}=\frac{0.339}{0.143}=2.3655$$

$$N=1.08\left(\frac{K_{f1}}{K_{f0}}-1\right)=1.08(2.61-1)=1.74$$

则 $N=3$ 匝。

2. A 侧

其计算方法与 B 侧的相同。

（1）单回线时 $\dfrac{K_{f1}}{K_{f0}}=1.78$。

（2）双回线时 $\dfrac{K_{f1}}{K_{f0}}=1.7$。

$\dfrac{K_{f1}}{K_{f0}}$ 值均小于 B 侧的，两侧取同一值，$N=3$ 匝。

（三）积分常数 K_t 整定

两侧电流互感器励磁曲线拐点电压取 120V。

$$U_{kp}=0.5NK_tI_e(R_{LH}+K_{jx}R_j)$$

其中已知：$R_{LH}=0.2116$、$R_j=0.2$、$K_{jx}=1$、$N=3$、$I_e=5$。

将已知参数代入 U_{kp} 式，求出 $K_t=20$。

（四）过电流元件整定

1. 相电流元件

（1）按大于正常负荷电流整定，正常负荷电流按 600A 考虑，则

$$I_{dzj}=\frac{K_k}{K_f}\frac{I_{fh}}{n_{LH}}=\frac{1.2}{0.9}\times\frac{600}{120}=6.7(\mathrm{A})$$

（2）按线路内部故障灵敏度不小于 2 整定：

运行方式：小方式，A 侧短路时

$$Z_1=0.2044+\frac{0.0116}{2}=0.2102$$

$$I_d^{(2)}=0.866\times\frac{0.5}{0.2102}\times\frac{100\times10^3}{\sqrt{3}\times115}=1034.1(\mathrm{A})$$

折合至二次侧 $I_{dj}^{(2)}=1034.1/120=8.6(\mathrm{A})$

灵敏度 $K_{lm}=\frac{8.6}{6.7}=1.28<2$

取 $K_{lm}=2$ 时，得

$$I_{dzj}=4.3(\mathrm{A})$$

正常负荷电流应控制在$\frac{4.3\times120}{1.2}=430\mathrm{A}$。当负荷电流大于 430A 时，才存在导引线故障而使保护误动的可能。

2. 零序电流元件

按保证线路接地故障时有灵敏度整定。

运行方式同“1.”项中的（2），则

$$Z_1=0.2102\ /\!/\ 0.1323=0.08$$

$$Z_0=0.0636\ /\!/\left(\frac{0.02057}{2}+0.01423+0.082\right)=0.0636\ /\!/\ 0.1=0.039$$

$$3I_{0BA}^{(1)}=\frac{3}{2\times0.08+0.039}\times\frac{100\times10^3}{\sqrt{3}\times115}\times\frac{0.039}{0.1}\times\frac{1}{2}=1475(\mathrm{A})$$

二次值 $3I_{0BA}^{(1)}=1475/120=12.3(\mathrm{A})$

取 $K_{lm}=2$ 时，得

$$I_{dzj}=\frac{12.3}{2}=6.15(\mathrm{A})$$

两侧要求取同一值。

（五）导引线通过衬垫电阻 R_{pp} 计算

为了获得理想特性，厂家规定两侧 R_{pp} 及导引线环路电阻之和为 1000Ω，故根据式(7-77)求出

$$R_{pp}=\frac{100-\frac{R_{pl}}{K_m}}{2}=500-\frac{R_{pl}}{2K_m}$$

已知 $K_m=1$、$R_{pl}=82\Omega$，代入 R_{pp} 式，得

$$R_{pp}=459(\Omega)$$

第八章　低压电网及用电设备继电保护整定计算

第8-1节　6～10kV输电线路继电保护整定计算

一、6～10kV输电线路继电保护的构成及装设原则

（一）6～10kV输电线路的相间保护

一般6～10kV输电线路由两相式的电流速断和定时限过电流保护构成，作为线路相间故障的保护装置。对于发电厂及重要变电站的6～10kV出线，一般均由DL型电磁式继电器及时间继电器构成两相式的电流保护，但也有由晶体管元件构成的两段式定时限过电流保护和电流速断保护装置。对于用户的小型变电所中引出的6～10kV输电线路，除采用定时限的电流保护外，也有采用反时限电流保护的，由GL型感应型继电器构成。

对带电抗器的6～10kV输电线路（由大型发电厂或大型变电站出线），因其断路器的遮断容量一般没有按照切除电抗器前的短路电流来选择，故仅能装设带有定时限特性的电流保护装置。电抗器前的短路只应由上一级电源断路器加以切除。

（二）6～10kV输电线路的单相接地保护

1. 零序电流保护

零序电流保护利用故障接地线路的电容电流大于非故障接地线路的电容电流来选择接地线路。

2. 零序功率方向保护

当系统总的电容电流不大时，零序电流保护的灵敏度很低，可采用零序功率方向保护装置。

除采用上述保护装置外，尚可用绝缘监察装置、钳形电流表等方式，以寻找接地故障线路。

二、6～10kV输电线路保护整定计算

（一）6～10kV输电线路的过电流保护整定计算

1. 定时限过电流保护继电器定值计算

定时限过电流保护的继电器动作电流计算为

$$I_{dz}=\frac{K_k K_{zqd} K_{jx}}{K_f n_{LH}} I_{fh\cdot\max} \tag{8-1}$$

式中　K_k——可靠系数，取1.2～1.3；

K_f——返回系数，取0.85；

K_{zqd}——自起动系数，可根据计算、试验或实际运行数据来确定；

K_{jx}——电流互感器接线系数。对于两相两继电器的接线方式，$K_{jx}=1$；对于两相单继电器式接线方式，$K_{jx}=\sqrt{3}$；

n_{LH}——电流互感器变比；

$I_{fh\cdot\max}$——流过线路的最大负荷电流。

2. 反时限过电流保护继电器定值计算

（1）感应型（GL）电流继电器的特性。继电器具有反时限部分及无时限部分，前者由感应原理构成，后者由电磁原理构成。

1）反时限部分：继电器由电流线圈及转动的铝盘构成，当继电器通入的电流为动作电流值的20%～30%时，继电器的转动部分（铝盘）即开始转动，但此时继电器不会动作。而当电流达到动作电流值时，继电器即以与电流平方成反比的反时限特性而动作。继电器的动作特性曲线，如图8-1所示。

为了整定继电器的动作电流，电流线圈设有插头，改变插头位置即可得到不同的动作电流值。若需改变动作特性曲线，可以改变标度盘上的螺杆，进行动作时间特性的调整。

2）无时限电流元件：继电器设有按电磁原理构成的无时限电流速断元件。当通入继电器的电流达到一定倍数的动作电流时，继电器即可以无时限地动作，其动作时间大约为0.05～0.1s。

（2）感应型反时限电流继电器的整定配合计算。当电网中装有感应型电流继电器时，由于其动作具有反时限特性，故与上、下相邻保护之间的相互配合比较复杂。图8-2示出电网电流保护间的特性配合说明。图中保护A为三段式定时限过电流保护，保护B、C为反时限电流保护。当需要整定保护B的动作电流及时限特性时，按以下步骤进行：

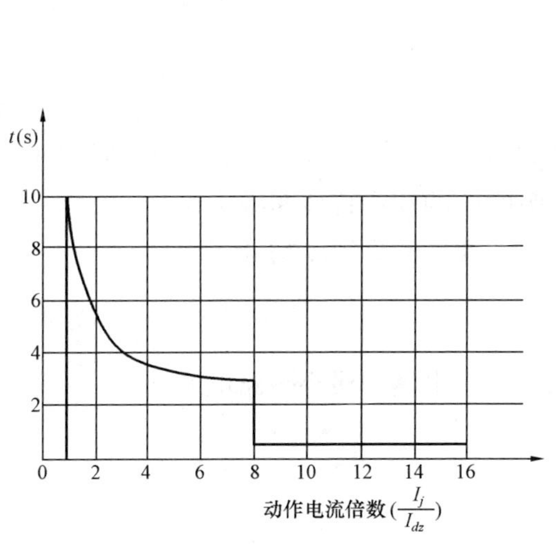

图8-1 感应型（GL）继电器的反时限特性曲线

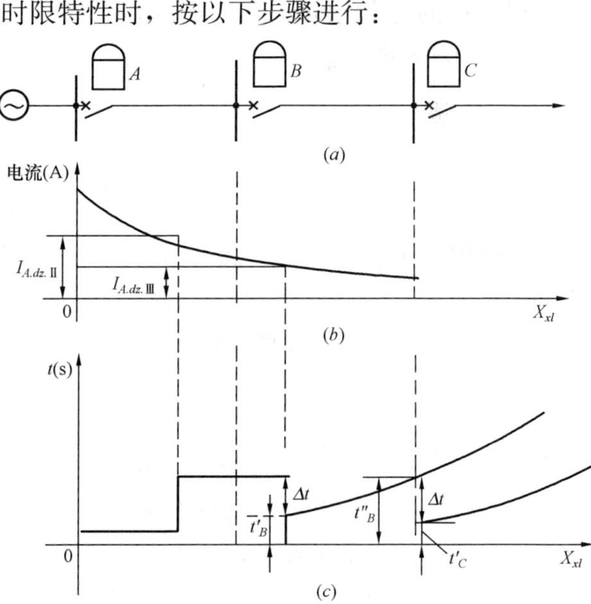

图8-2 电流保护的特性配合

1）计算动作电流，即

$$I_{dz\cdot B}=\frac{K_kK_{jx}}{K_f}K_{zqd}\frac{I_{fh\cdot\max}}{n_{LH}} \tag{8-2}$$

式中 $I_{dz\cdot B}$——保护B的继电器动作电流；

$I_{fh\cdot\max}$ ——线路最大负荷电流；

K_k ——可靠系数，取 1.2～1.3；

K_{jx} ——电流互感器接线系数；

n_{LH} ——电流互感器变比；

K_{zqd} ——自起动系数，一般取 1.2～1.5。

选取接近于计算值的继电器插头作为整定分接头。

2）计算保护 B 的动作时限特性。根据相邻 A 的延时电流速断保护的动作电流 $I_{A\cdot dz\cdot \mathrm{II}}$，计算出电流倍数 $K_{AB}=\dfrac{I_{A\cdot dz\cdot \mathrm{II}}}{I_{dz\cdot B}}$。以此动作电流倍数在保护 B 的继电器动作时间特性曲线组中，查出当动作时限为 $t'_B=t_{A\cdot \mathrm{II}}-\Delta t$ 的曲线，即为所需的保护 B 的动作特性曲线，其中 $t_{A\cdot \mathrm{II}}$ 为保护 A 第Ⅱ段保护动作时间。

3）对于保护 C（反时限特性的电流保护）的动作电流及时限特性，计算如下：

保护 C 的继电器动作电流计算为

$$I_{dz\cdot C}=\frac{K_kK_{jx}}{K_f}\times K_{zq}\times\frac{I_{fh\cdot\max}}{n_{LH}} \tag{8-3}$$

式中 $I_{dz\cdot C}$ ——保护 C 动作电流；

其他符号同式（8-2）。

保护 C 的动作时间特性：计算出 C 母线上短路时的最大短路电流 $I_{d\cdot C\cdot\max}$，分别计算保护 B、C 的动作电流倍数为

$$K_B=\frac{I_{d\cdot C\cdot\max}}{I_{dz\cdot B}},$$

$$K_C=\frac{I_{d\cdot C\cdot\max}}{I_{dz\cdot C}},$$

在保护 B 的特性曲线上找出相应于 K_B 时的保护动作时间 t''_B。则保护 C 在 K_C 时的相应动作时间为 $t'_C=t''_B-\Delta t$，根据 K_C 及 t'_C 即可得到保护 C 的动作特性曲线。

（3）保护的灵敏度计算：对于定时限及反时限过电流保护的灵敏度均计算为

$$K_{lm}=\frac{I_{d\cdot\min\cdot j}}{I_{dzj}} \tag{8-4}$$

式中 $I_{d\cdot\min\cdot j}$ ——最小方式下，相邻线路始端故障时流过继电器的最小短路电流；

I_{dzj} ——继电器的动作电流；

K_{lm} ——灵敏系数，要求不小于 1.2。

（二）6～10kV 线路的电流速断保护整定计算

对不具有电抗器的发电机或大型变电站重要用户的 6～10kV 引出线上，应装设无时限的电流速断保护装置，动作电流计算为

$$I_{dz}=K_kI_{d\cdot\max} \tag{8-5}$$

$$I_{dz\cdot j}=K_kK_{jx}\frac{I_{d\cdot\max}}{n_{LH}} \tag{8-6}$$

式中　$I_{dz\cdot j}$——继电器动作电流：

K_k——可靠系数，取 1.2～1.3；

K_{jx}——接线系数；

n_{LH}——电流互感器变比；

$I_{d.\max}$——被保护线路末端或在配合点故障时，流过保护处的最大短路电流。

计算上述最大短路电流时所选取的故障点，应以能够保证发电厂或大型变电所重要用户负荷所要求的最低残余母线电压为准。对发电厂而言，一般要求母线残余电压值不应低于 0.55 至 0.65 倍额定电压。

当根据最低残压条件所计算出的 6～10kV 线路上的故障点距离变电所母线间的长度超过线路的实际长度，并延伸至相邻 6～10kV 线路时，则无时限电流速断装置将以非选择性方式工作，此时非选择性动作将以自动重合闸或备用电源自动投入装置加以补救。

对于具有电抗器的 6～10kV 线路，一般不应装设无时限电流速断装置，以避免由 6～10kV 出线断路器切除电抗器前的较大的短路电流。因为这类短路应由具有较大遮断容量的上一级电源侧断路器去切除。

（三）6～10kV 输电线路零序电流接地保护整定计算

在 6～10kV 的中性点非直接接地系统中，零序电流保护动作电流计算为

$$I_{dz} = K_k 3U_x \omega C_0 / n_{LH0} \tag{8-7}$$

式中　n_{LH0}——零序电流互感器变比；

K_k——可靠系数。瞬时动作时，取 4～5；延时动作时，取 1.5～2；

C_0——本线路每相对地电容；

U_x——线路相电压。

灵敏度校验：按线路接地故障时，流经保护装置的最小电容电流校验，即

$$K_{lm} = \frac{3U_x\omega(C_{0\Sigma} - C_0)}{I_{dz}} = \frac{C_{0\Sigma} - C_0}{K_k C_0} \tag{8-8}$$

式中　$C_{0\Sigma}$——系统在最小运行方式下各出线每相对地电容之和；

C_0——本线路每相对地电容；

I_{dz}——零序电流保护一次动作电流；

K_{lm}——灵敏度系数。对电缆线路应大于 1.25，对架空线路应大于 1.5。

（四）6～10kV 输电线路电抗器上的纵联差动保护整定计算

对于发电厂 6～10kV 厂用电电抗器，由于线路或电缆很短，一般应设纵联差动保护，其动作电流计算为

$$I_{dz} = K_k K_{tx} f_i I_{d\cdot\max} \tag{8-9}$$

式中　K_k——可靠系数，取 1.3；

K_{tx}——电流互感器同型系数。当电抗器两侧同型号时，可取较小值；不同型号时，取 1；

f_l——电流互感器误差，取为 0.1；

$I_{d\cdot\max}$——外部故障时流过差动保护装置的最大短路电流。

灵敏度校验为

$$K_{lm}=\frac{I_{d\cdot\min}}{I_{dz}} \tag{8-10}$$

式中 $I_{d\cdot\min}$ ——最小运行方式下，差动保护内部故障时，流过保护装置的最小短路电流；

K_{lm} ——灵敏系数，一般要求不小于 2。

第 8-2 节 6～10kV 电力变压器继电保护整定计算

6～10kV 电力变压器（包括电炉变压器、整流变压器等）均为小型变压器，一般装设有过电流保护。当容量在 800kVA 及其以上时，应装有瓦斯保护。

一、6～10kV 电力变压器继电保护装置分类

（一）采用交流操作的过电流保护

1. 用常闭触点的反时限过电流保护

一般采用 GL 系列的 GL-25、GL-26、GL-15、GL-16 型感应继电器。

2. 用常开触点的反时限过电流保护

当带有速饱和变流器时，可用常开触点式的接线方式，其优点为运行安全可靠。

（二）采用直流操作的过电流保护

直流操作的过电流保护分为：

（1）定时限过电流保护：一般均采用两段式，即过电流保护及电流速断保护。

（2）反时限过电流保护：一般采用 GL 系列的 GL-21、GL-22、GL-11、GL-12 型感应继电器。

二、6～10kV 电力变压器继电保护整定计算

（一）反时限过电流保护的整定计算

1. 反时限元件动作电流的整定计算

其动作电流计算为

$$I_{dz}=\frac{K_k K_{jx}}{K_k}\times K_{zq}\times\frac{I_e}{n_{LH}} \tag{8-11}$$

式中 K_f ——返回系数，取 0.8；

I_e ——变压器额定电流；

K_k ——可靠系数，取 1.25～1.3；

K_{jx} ——接线系数；

n_{LH} ——电流互感器变比；

K_{zq} ——负荷自起动系数，一般为 1.2～1.5。

取接近计算值的继电器整定分接头档。

2. 确定继电器二倍反时限动作电流的时间整定值

原则上，应使其保护均能与上级电源断路器处的保护及低压侧出线断路器处的保护进行配合。故要求反时限特性曲线在变压器低压侧为最大短路电流时有 0.5～0.8s 的动作时限

（以便与低压侧出线保护配合），而且要与上一级断路器处的保护至少有 0.5s 的时限级差。一般情况下，两倍反时限动作电流的时限取为 1～1.5s 即可。

3. 电流速断元件动作电流的整定计算（折合为反时限动作电流的倍数）

其动作电流按躲过变压器低压侧的三相短路电流整定，即

$$I_{dz} = K_k K_{jx} \times \frac{I_{d\cdot\max}^{(3)}}{n_{LH}} \tag{8-12}$$

式中 K_k ——可靠系数，取 1.5；

K_{jx} ——电流互感器接线系数；

n_{LH} ——电流互感器变比；

$I_{d\cdot\max}^{(3)}$ ——变压器低压侧三相短路电流的最大值（一般约为变压器额定电流的 15～18 倍）。

将计算所得电流折算至反时限动作电流的倍数，即为电流速断元件动作电流整定时所采用的倍数。

（二）定时限过电流保护的整定计算

1. 电流速断保护的动作电流整定计算

电流速断保护的动作电流计算为

$$I_{dz} = K_k k_{jx} \frac{I_{d\cdot\max}}{n_{LH}} \tag{8-13}$$

式中 $I_{d\cdot\max}$ ——变压器低压侧三相短路电流的最大值；

K_k ——可靠系数，取 1.3；

K_{jx} ——接线系数；

n_{LH} ——电流互感器变比。

2. 定时限过电流保护电流定值计算

动作电流按下述条件计算：

（1）按躲变压器最大负荷电流整定，即

$$I_{dz} \geqslant \frac{K_k K_{jx}}{K_f} \times K_{zqd} \times \frac{I_e}{n_{LH}} \tag{8-14}$$

式中 K_x ——可靠系数，取 1.2～1.3；

K_f ——返回系数，取 0.80～0.85；

K_{zdq} ——负荷自起动系数，取 1.2～1.5；

I_e ——变压器额定电流。

（2）按与上、下级保护装置定值相配合计算，即

$$I_{dz} \leqslant \frac{K_{jx} I'_{dz}}{K_k n_{LH}} \tag{8-15}$$

及

$$I_{dz} \geqslant \frac{K_k K_{jx} I''_{dz}}{n_{LH}} \tag{8-16}$$

式中 K_k ——可靠系数，取 1.1～1.2；

I'_{dz} ——上级保护断路器处过电流保护一次动作电流（应折合至 6～10kV 侧）；

I''_{dz} ——下级保护断路器处过电流保护一次动作电流（应折合至 6～10kV 侧）。

（3）按灵敏度要求计算，即

$$I_{dz}=\frac{K_{jx}I^{(2)}_{d\cdot\min}}{K_{lm}n_{LH}} \tag{8-17}$$

式中　K_{lm} ——变压器低压侧故障时的灵敏度，一般要求不小于 1.3～1.5；

$I^{(2)}_{d\cdot\min}$ ——变压器低压侧故障时的最小两相短路电流。

3. 定时限过电流保护的动作时间整定计算

其动作时间应比上一级定时限过电流保护的动作时间小一个时间级差（一般时间级差 $\Delta t=0.5$s）。通常，低压断路器动作切除故障时间都在 0.1s 左右，故过电流保护动作时间应大于 0.5～0.8s。

（三）电弧炉用电力变压器保护整定计算

由于电弧炉在电弧引燃以及在冶炼时的电流较大（一般为额定电流的 1.2～3.5 倍），持续时间均在 3s 左右，继电保护应能满足这一特点。

电弧炉变压器有一定的过载能力，但继电保护动作电流最大一般不超过额定电流的 3～3.5 倍。一般电弧炉变压器均采用反时限过电流保护。

1. 反时限过电流保护动作电流整定计算

其动作电流计算为

$$I_{dz}=\frac{K_{jx}K_{k}K_{g}}{K_{f}}\times\frac{I_{e}}{n_{LH}} \tag{8-18}$$

式中　K_{g} ——过载系数，取为 1～2，由变压器而定，其他符号同（8-13）式。

2. 两倍反时限动作电流时的继电器动作时间整定计算

一般按 3.5s 左右整定。对于新变压器或认为强度较好的变压器，可按 5～6s 整定；对于旧变压器及强度较差的变压器，可按 2～2.5s 整定。

3. 电流速断元件动作电流整定计算

其动作电流计算为

$$I_{dz}=K_{k}K_{jx}\times\frac{I^{(3)}_{d\cdot\max}}{n_{LH}} \tag{8-19}$$

式中　K_{k} ——可靠系数，取 1.5；

$I^{(3)}_{d\cdot\max}$ ——变压器低压侧的最大三相短路电流，因变压器短路电抗在 10%～20%之间，故电流 $I^{(3)}_{d\cdot\max}=(5\sim10)I_{e}$。

（四）整流用变压器的继电保护整定计算

由于整流用变压器一般不考虑过载运行，当在直流电流一侧发生短路时，其高压侧开关应在 0.15s 之内断开。一般应装设反时限的过电流保护。其整定计算如下：

1. 反时限继电器动作电流整定计算

其动作电流计算为

$$I_{dz}=\frac{K_{k}K_{jx}}{K_{f}}\times\frac{I_{e}}{n_{LH}} \tag{8-20}$$

式中　K_k——可靠系数，取 1.2；

　　K_f——返回系数，取 0.8～0.85；

　　I_e——变压器额定电流。

2. 电流速断元件动作电流整定计算

一般可取 3～4 倍的反时限动作电流作为电流速断元件的动作电流，但仍应计算在直流侧故障时速断保护能在 0.15s 内断开电源。

【例 8-1】 某水银整流变压器、容量为 2080kVA、额定电压为 6.3kV、额定电流为 190.5A、短路阻抗为 9%、电流互感器变比为 300/5、系统短路阻抗为 $X_{xl \cdot \Sigma}=0.8$（以 100MVA 为基准）、装设有两相式反时限过电流保护。试整定保护定值。

（1）反时限继电器的动作电流计算为

$$I_{dz}=\frac{K_k K_{jx}}{K_f}\times\frac{I_e}{n_{LH}}=\frac{1.2\times 1}{0.85}=\frac{190.5}{300/5}=4.5(\mathrm{A})$$

取整定插头为 5A 档。

（2）两倍反时限动作电流的动作时间取为 1s。

（3）电流速断元件动作电流计算：取 3 倍反时限动作电流，即

$$I_{dz \cdot j}=3\times 5=15(\mathrm{A})$$

$$I_{dz}=15\times 300/5=900(\mathrm{A})$$

对于直流电流侧发生短路时的短路电流，因为

$$X_{B*}=0.09\times\frac{100}{2.08}=4.5$$

$$X_{\Sigma *}=X_{B*}+X_{C\cdot\Sigma *}=4.5+0.8=5.3$$

则

$$I_d^{(3)}=\frac{1}{X_{\Sigma *}}\times\frac{100\mathrm{MVA}}{\sqrt{3}\times 6.3\mathrm{kV}}=1730(\mathrm{A})\gg 900\mathrm{A}$$

故在直流电流侧短路时，能保证在 0.15s 内快速切除故障。

【例 8-2】 某变电所装设容量为 560kVA 变压器一台，其电压为 6.3/0.4kV、额定电流为 51.3A/807A、短路阻抗为 5%，装设反时限的过电流保护，电流互感器变比为 100/5，其上一级断路器处装设定时限过电流保护，定值为 $I_{dz}=1500\mathrm{A}$（一次值）、动作时间为 2s。试计算变压器两相式过电流保护的定值。其一次系统接线图及阻抗图示于图 8-3。

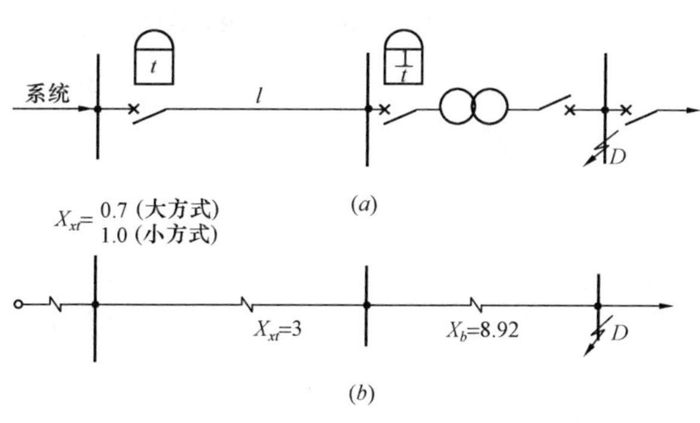

图 8-3　系统接线图及阻抗图
（100MVA 为基准值）

由题知，保护方式为反时限的过电流保护，选用继电器为 GL-21/10 型。

1. 短路电流的计算

由系统阻抗图知：系统阻抗为 $X_{xt\cdot\max}=0.7$、$X_{xt\cdot\min}=1.0$；线路阻抗为 $X_{xl*}=3$；

变压器阻抗为

$$X_{b*}=\frac{5}{100}\times\frac{100}{0.56}=8.92$$

当 D 点发生三相短路时，最大故障电流为

$$I_{d\cdot\max}^{(3)}=\frac{I_j}{X_{\Sigma *}}=\frac{9.17}{0.7+3+8.92}=0.726(\text{kA})=726\text{A}$$

当 D 点发生三相短路时，最小故障电流为

$$I_{d\cdot\min}^{(3)}=\frac{I_j}{X_{\Sigma *}}=\frac{9.17}{1+3+8.92}=\frac{9.17}{12.92}=0.71(\text{kA})$$

$$=710\text{A}$$

2. 保护动作电流的计算

(1) 反时限过电流保护动作电流整定计算为

$$I_{dz}=\frac{K_k K_{jx}}{K_f}\times K_{zq}\times\frac{I_e}{n_{LH}}$$

$$=\frac{1.2\times 1}{0.85}\times 1.5\times\frac{51.3}{100/5}=5.42(\text{A})$$

实际反时限动作电流取为 6A。折算至一次侧（6kV 侧）为

$$I_{dz}=6\times 100/5=120(\text{A})$$

(2) 电流速断元件的动作电流整定计算为

$$I_{dz\cdot j}=\frac{K_k K_{jx}}{n_{LH}}\times I_{d\cdot\max}^{(3)}$$

$$=\frac{1.5\times 1}{100/5}\times 726=\frac{1089}{100/5}=54.5(\text{A})$$

取 8 倍反时限动作电流作为速断元件的动作电流，即

$$I_{dz\cdot j}=8\times 6=48(\text{A})$$

折算至一次侧（6kV 侧），则

$$I_{dz}=48\times\frac{100}{5}=960(\text{A})$$

3. 保护动作时间整定计算

两倍反时限动作电流的时间整定：为了能与变压器低压侧出线断路器处的保护有一时间级差，当在变压器低压侧为最大短路电流时，本保护应有 0.5s 的时限。计算出最大短路电流与反时限动作电流之比为

$$\frac{I_{d\cdot\max}^{(3)}}{I_{dz}}=\frac{726}{120}=6.05(\text{倍})$$

查 GL-21/10 型继电器的反时限特性曲线，在 6 倍动作电流倍数时其时间为 0.5s 的曲线，查得该曲线在两倍反时限动作电流值时的动作时间为 1.1s。上述定值也能与上邻一级定时限过电流保护定值 $I_{dz}=1500\text{A}$、$t=2\text{s}$ 相配合。

第 8-3 节　电动机保护整定计算

一、故障类型及保护方式

电动机内部常见的故障是：

(1) 定子绕组相间短路。

(2) 定子绕组单相接地。

(3) 定子绕组匝间短路。

电动机常见的不正常运行状态是：

(1) 过负荷。

(2) 电压消失或降低。

(3) 同步电动机的异步状态。

电动机的保护方式有以下几种：

(1) 相间短路装设电流保护和纵差保护。对 1000V 电压以下的电动机：容量大的使用自动空气开关，设专用保护，或利用其脱扣器保护；容量较小的用熔断器保护。

(2) 为防止过负荷，装设电流保护和热力保护。

(3) 为防止发生单相接地装设零序电流保护。

(4) 欠电压保护。

(5) 同步电动机的失步保护。

二、电动机的差动保护整定计算

1. 保护构成

当电动机容量大于 2000kW 及其以上时，对于中性点侧有引出线的电动机，可采用差动保护作为电动机的多相短路保护。对于差动保护的构成分两相式接线和三相式接线，后者可以保证在两点接地短路时快速跳闸。

差动保护就是在电动机中性点及进线端装设同样型号及变比的两组电流互感器，用导线按环流法连接。正常运行时，差动继电器流过的电流为两侧电流互感器的二次电流之差，故障时仅通过一侧电流。

2. 保护整定计算

(1) 差动保护动作电流：考虑到二次回路断线时不致误动，差动保护动作电流整定计算为

$$I_{dz} = K_k I_e \tag{8-21}$$

式中　I_e ——电动机额定电流；

K_k ——可靠系数。采用 BCH-2 型继电器时，取 1.3；采用 DL-11 型电流继电器时，取 1.5～2。

(2) 采用 BCH-2 型继电器时平衡线圈和短路线圈的选择：因两侧电流互感器变比相同，平衡线圈可以不用，也可与差动共用。短路线圈匝数选“2-2”或“3-3”。

(3) 采用 DL-11 型电流继电器时的时间选择；由于 DL-11 型电流继电器躲不过电动机

起动时的短时非周期分量电流，故保护要求带 0.1～0.2s 的时限去动作跳闸。

三、电动机的电流保护整定计算

1. 保护构成

考虑到大多数电动机都运行在中性点非直接接地系统中，因此，保护装置可按两相式接线构成，并采用单系统接线方式，即利用一只电流继电器接在两相电流之差上。当应用单系统接线方式不能满足灵敏度要求时，改用两系统接线方式。为了在电动机内部以及电动机与开关间连线发生故障时保护能够动作，电流互感器应尽可能安装在靠近开关侧。

2. 反时限过电流保护整定计算

（1）反时限动作电流：按躲最大负荷电流整定，即

$$I_{dz} = \frac{K_k I_{fh\cdot\max}}{K_f} \tag{8-22}$$

$$I_{dz\cdot f} = \frac{K_{jx} I_{dz}}{n_{LH}} \tag{8-23}$$

式中 K_k ——可靠系数；

K_{jx} ——继电器接线系数；

K_f ——继电器返回系数；

$I_{fh\cdot\max}$ ——最大负荷电流，按电动机负载情况决定；

n_{LH} ——电流互感器变比。

（2）两倍反时限动作电流的时间整定：继电器反时限部分的动作时间都要大于电动机起动电流的持续时间。一般高压电动机起动电流的持续时间为：

鼠笼式电动机空载起动，起动电流持续时间约 5s；

鼠笼式电动机轻载起动，起动电流持续时间约 20s；

绕线式电动机起动电流持续时间约 10～15s。

两倍反时限动作电流的时间可按下述方法求出：先将电动机起动电流折算到二次侧，并算出电动机起动电流与继电器反时限动作电流之比的倍数（如为 4 倍）。若起动电流持续时间为 10s，则要求继电器反时限特性曲线在 4 倍动作电流处对应的时限大于 10s，并利用此曲线查出两倍动作电流处的时间，即为整定的两倍反时限动作电流的时间。

（3）速断保护动作电流的整定：速断保护的动作电流应大于电动机的起动电流，即

$$K_{dz\cdot j} = \frac{K_k K_{jx}}{n_{LH}} \times 1.8 I_{qd} \tag{8-24}$$

式中 K_k ——可靠系数，取 1.3；

K_{jx} ——接线系数；

I_{qd} ——电动机起动电流周期分量的最大值。其参考值如下：单鼠笼电动机，I_{qd} = (5.5～7.0) l_e ；双鼠笼电动机，I_{qd} = (3.5～4.0) l_e ；绕线式电动机，l_{qd} = (2.0～2.5) l_e 。

由于反时限继电器速断部分的返回系数仅为 0.3～0.4，惯性又比较大，所以要考虑电动机起动电流的非周期分量，故乘 1.8 系数。

对于电流速断保护，要求在电动机出口发生金属性两相短路时，其灵敏度大于 2。在满足灵敏度要求的前提下，允许适当提高速断保护动作值。

3. 定时限过电流保护整定计算

（1）电流速断保护动作电流整定：按躲过电动机起动电流最大值整定，即

$$I_{dz\cdot j}=\frac{K_k K_{jx}}{n_{LH}} I_{qd} \tag{8-25}$$

式中 K_k——可靠系数，取 1.5。

电流速断保护的灵敏度要求大于 2。

（2）过负荷保护动作电流整定：按电动机额定电流整定，即

$$I_{dz\cdot j}=\frac{K_k K_{jx}}{K_f}\times\frac{I_e}{n_{LH}} \tag{8-26}$$

式中 K_k——可靠系数，取 1.05～1.2；

K_f——返回系数，取 0.85；

I_e——电动机额定电流。

动作时限：大于电动机起动电流持续时间，一般为 12～20s。

四、电动机的失压保护整定计算

1. 低电压保护的用途

（1）保证重要电动机的自起动。对于电源电压短时降低或中断情况，根据自起动条件，必须切除部分不重要的电动机。

（2）保证工艺过程和技术保安条件，在电压长时间下降或中断时，切除不允许自起动的电动机。

2. 低电压保护整定计算

（1）按保证电动机自起动的条件整定，即

$$U_{dz}=\frac{U_{\min}}{K_k K_f}\approx(0.45\sim0.55)U_e \tag{8-27}$$

式中 $U_{\min}$——保证电动机自起动时，母线的允许最低电压，一般为（0.55～0.65）U_e；

K_k——可靠系数；

K_f——电压继电器的返回系数。

（2）按切除不允许自起动的条件整定：一般取（0.6～0.7）U_e。 (8-28)

以上两种整定值均取 0.5s 的动作时限，以躲过速断保护动作及电压回路断线引起的误动作。

（3）根据保安条件，在电压长时间消失后不允许自起动的电动机，电压保护动作值一般取（0.25～0.4）U_e，失压保护时限取 6～10s。

（4）具有备用设备而断开的电动机，失压保护整定为（0.25～0.4）U_e，动作时限取为 0.5s。

五、电动机的单相接地保护整定计算

当接地电流大于 10A 时，才在电动机上装设单相接地保护。保护装置是借助于连接到

零序变流器上的过电流继电器来实现。零序变流器装在母线侧的电缆始端，这样就把电缆也包括在保护区内，保护装置动作电流一般计算为

$$I_{dz} = K_k I_C \tag{8-29}$$

式中　I_{dz} ——保护装置一次侧起动电流；

I_C ——该线路的电容电流；

K_k ——可靠系数，是为了躲过弧光接地故障所产生的不稳定过程电流而设的。如保护装置不带时限，可取 $K_k = 4 \sim 5$；如带 0.5s 时限，取 $K_k = 1.5 \sim 2$。

保护装置的灵敏度计算为

$$K_{lm} = \frac{I_{C\Sigma} - I_C}{I_{dz}} \tag{8-30}$$

式中　K_{lm} ——保护装置的灵敏度，要求大于 2；

$I_{C\Sigma}$ ——故障点总的电容电流。

从式（8-29）知，保护装置的起动电流，基本上取决于一次侧故障电流的数字。后者愈小，I_{dz} 也愈小，但 I_{dz} 还与继电器及变流器参数有关，在它们的型式已定时，I_{dz} 最小值也就完全给定了。因此，为了能够应用由给定的继电器和变流器作成的保护装置，一次故障电流的最小值也是一定的。

六、电压为 500V 的电动机保护整定计算

电压在 500V 以下的电动机，照例只保护它的短路，通常采用熔断器或空气自动开关。

熔断器的技术指标是额定电压 U_{erd}、额定电流 l_{erd}，熔丝的额定电流 I_{ers}。在选用熔断器作为电动机保护时，熔断器的额定电压应尽可能选取等于供电电网的额定电压 U_e，即

$$U_{erd} = U_e \tag{8-31}$$

当通过熔丝的电流 $I_{rs} \leqslant 1.3\, l_{ers}$ 时，在持续通电 1～2h 内，熔丝不会熔断；当 $I_{rs} = (5 \sim 7)\, l_{ers}$ 时，持续通电 1～4s 后熔丝便熔断。图 8-4 标出熔丝的保护特性，其中阴影部分表示熔断的离散情况。

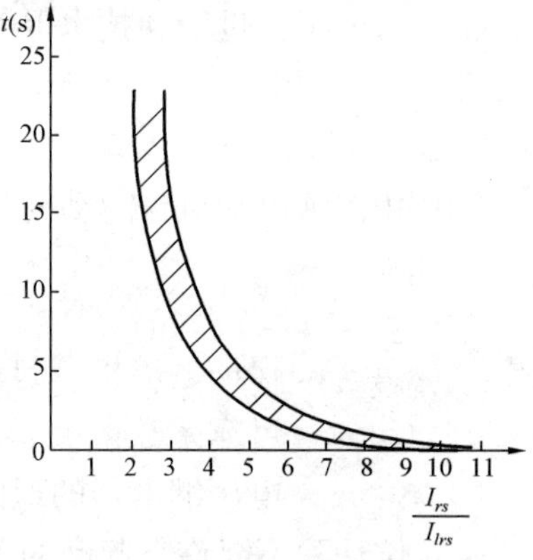

图 8-4　熔丝的保护特性

对在电动机上应用的熔丝的额定电流应按下列条件选择：

（1）由于熔断器只用作短路保护，因此在电动机自起动和短时间机械过载引起过负荷的情况下，熔丝不该熔断。由图 8-1 看出，熔丝不致加速老化而容许持续通电时间为 $t = 2 \sim 4$s 时的最大电流 $I_{max} = 2.5 l_{ers}$。为此，用在电动机上的熔丝应按下列条件选定，即

$$I_{max} \geqslant I_{dqd}（当\ t_{dqd} = t\ 时） \tag{8-32}$$

式中　I_{dqd} ——电动机的起动电流；

I_{dqd} ——电动机的起动时间。

实用上对起动次数不频繁且在轻工作条件下起动的鼠笼式电动机（$t_{dqd} = 2 \sim 5$s），熔丝的额定电流可选为

$$I_{ers} \geqslant \frac{I_{dqd}}{2.5} \tag{8-33}$$

对在重负荷工作条件下起动的电动机（$I_{dad} \geqslant 5 \sim 10\text{s}$），则熔丝的额定电流应选得大一些，即

$$I_{ers} \geqslant \frac{I_{dqd}}{1.6 \sim 2} \tag{8-34}$$

(2) 对于电动机虽在轻工作条件下起动，但起动次数频繁，则熔丝的额定电流应按式(8-34)选择。

(3) 对绕线式异步电动机（$I_{dqd} < 2l_{ed}$），熔丝的额定电流可按下式选择，即

$$l_{ers} \geqslant (1 \sim 1.25) I_{e \cdot d} \tag{8-35}$$

式中　l_{ed}——电动机的额定电流。

(4) 对于向若干台电动机供电的主回路上的熔断器，在选择其熔丝额定电流时，必须考虑最不利的情况。此时，熔丝的额定电流应按下列两个条件中的最大计算值选定，即

1) 按躲过长时间通过的电流整定，即

$$l_{ers} \geqslant \Sigma l_{ed} \tag{8-36}$$

2) 按躲过短时间通过的最大电流整定，特别是供电给轻工作条件下起动的鼠笼式电动机的情况，即

$$l_{ers} \geqslant \frac{\Sigma l_{ed} + (I'_{dqd} - I'_{ed})}{2.5} \tag{8-37}$$

式中　ΣI_{ed}——同时运转的所有电动机额定电流之和；

$(I'_{dqd} - I'_{ed})$——这些电动机中，最大的一台电动机的起动电流与额定电流的差值。

如在实际运行中，同时可能有几台电动机实现起动或自起动，则式(8-37)中应将这些电动机的电流差值之和 $\Sigma(I'_{dqd} - I'_{ed})$ 代入。

熔断器的额定电流应根据已知的熔丝额定电流，按工厂生产标准选择。

此外，在容易过载的电动机上，装设空气自动开关或磁力起动器，在不允许自起动的电动机上装设欠电压保护等。

七、同步电动机的失步保护整定计算

同步电动机的失步保护有几种类型，主要有：

(1) 有限反时限特性的电流保护，通常它用作过负荷保护。保护的动作电流整定为

$$I_{dz} = \frac{K_k}{K_f} I_{ed} = (1.3 \sim 1.4) I_{ed} \tag{8-38}$$

式中　I_{ed}——电动机额定电流。

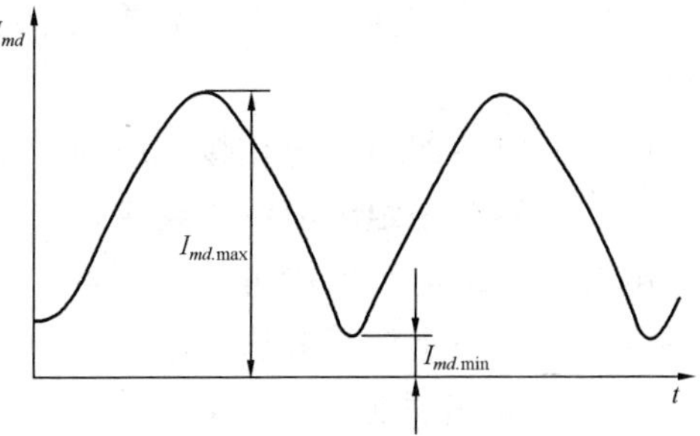

图 8-5　同步电动机失步后，定子绕组中的电流波形

它的反时限特性不变部分的时限应大于电动机起动和自起动时间。在电动机失步后，电动机定子绕组和保护中流过的脉动电流 I_{md}，如图 8-5 所示。

脉动电流最大值要比电动机额定电流大好几倍，但它的最小值比 I_{ed} 要小，为使在此电流下继电器不能达到完全复归位置，就必须在应用 NT-80 系列电流继电器时，使电流 $I_{md\cdot max}$ 比其整定的动作电流 I_{dz} 大 2～4 倍。

（2）反应励磁回路交变电流的专用电流保护装置。保护装置由电流继电器及时间继电器构成。电流继电器接于电流互感器的二次侧，电流互感器的一次绕组串接在电动机的励磁回路内。当同步电动机处在非同期方式下，励磁回路产生交变电流，通过电流互感器使继电器动作。选择装置动作参数时，必须计及励磁回路中直流分量的影响，对于投入电动机时励磁回路的暂态过程及外部短路的冲击等，可用延时躲过。

第 8-4 节　电容器保护整定计算

一、故障类型及保护方式

对于 1kV 及以上电压的并联补偿电容器有以下故障及异常运行方式：

（1）电容器组和断路器之间的连接线短路。

（2）电容器内部故障及其引出线的短路。

（3）如电容器组由若干个电容器并联及串联组成，且在每个电容器上装有熔断器，则当一部分电容器因故障切除后，其余电容器上电压升高可能超过允许值。

（4）电容器组的单相接地故障。

串联电容器组按规定装设以下保护装置：

（1）对电容器组和断路器之间连接线的短路，应装设无时限或带短时限的电流保护，动作于跳闸。

（2）对电容器内部故障及其引出线的短路，可采用下列保护中的一种保护：

1）如电容器的台数较多，可按电容器容量的大小及熔断器的断流容量将电容器分组，在每组上装设熔断器。

2）可将电容器分成两组，装设横联差动保护，动作于跳闸。

（3）对电容器组中由于个别电容器的切除而引起电压升高，可装设横联差动保护或利用电容器内部故障的横差保护。装置在未超过允许值时可作用于信号，超过允许值时应动作于跳闸。

（4）对电容器组的单相接地故障，根据具体条件装设单相接地保护。

二、电容器整组电流保护整定计算

电容器整组电流保护可用熔断器、反时限继电器、定时限继电器和二次电流直接动作等四种方式。其整定计算方法如下：

1. 采用熔断器保护的整定计算

熔断器的熔体电流整定为

$$I_{er} = KI_{eC} \tag{8-39}$$

式中　I_{er} ——熔体额定电流；

K——1.8～2.5（其中谐波系数为 1.35，可靠系数为 1.35～1.8）；用自落熔丝时取为 1.85，用旁路熔丝时取 2.15；

I_{eC} ——电容器组额定电流。当电容器实际运行电压与电容器额定电压不相同时，电容器的实际电流 $I_C = \frac{U_C}{U_{eC}} I_{eC}$。

采用熔断器作电容器组过流保护时，电容器组最大容量是 400kvar。

2. 反时限过电流保护整定计算

（1）反时限过电流保护动作电流整定：按躲电容器额定电流计算，即

$$I_{dz \cdot j} = \frac{K_k K_{bw} K_{jx}}{K_f n_{LH}} I_{eC} \tag{8-40}$$

式中 K_k ——可靠系数，取 1.25；

K_{bw} ——波纹系数，取 1.2～1.25；

K_f ——继电器返回系数，取 0.8。

（2）二倍反时限动作电流的时间整定：一般采用 1s。

（3）速断保护动作电流整定：按躲电容器充电电流计算，即

$$I_{dz \cdot j} = (4 \sim 5) I_{eC}$$

取反时限动作电流的 3 倍。

保护装置灵敏度计算为

$$K_{lm} = \frac{I_{d \cdot \min}^{(2)}}{I_{dz \cdot j} n_{LH}} \geqslant 2 \tag{8-41}$$

3. 二次电流直接动作时的整定计算

这是将断路器的脱扣线圈直接串接在电流互感器的二次回路中，整定断路器跳闸的电流可以通过选择适当的电流互感器变比和调节跳闸线圈的动作电流来达到。

断路器跳闸线圈的动作电流整定为

$$I_{dz \cdot j} = \frac{K_k K_{bw} K_{jx}}{n_{LH}} I_{eC} \tag{8-42}$$

式中 K_k ——可靠系数，取 2；

K_{bw} ——电容器波纹系数，取 1.22～1.25。

4. 定时限过电流保护整定计算

（1）过电流保护动作电流整定：按躲过电容器组额定电流整定，即

$$I_{dz \cdot j} = \frac{K_k K_{bw} K_{jx}}{K_f} \times \frac{I_{eC}}{n_{LH}} \tag{8-43}$$

式中 K_k ——可靠系数，取 1.25；

K_f ——继电器返回系数，取 0.8。

保护装置灵敏度计算为

$$K_{lm} = \frac{\sqrt{3}}{2} \times \frac{I_{d \cdot \min}^{(3)}}{I_{dz}} \geqslant 1.25 \sim 1.5 \tag{8-44}$$

式中　$I_{d\cdot\min}^{(3)}$——最小方式下，保护安装处的三相短路电流。

（2）过电流保护时间整定：一般整定在0.2s左右。

（3）对于定时限过电流保护，必须考虑与下面分组熔断器保护特性相配合，只有当每相在3组及以下时，才需要校核。并可适当提高定时限动作电流整定值以达到配合。

三、电容器分组电流保护整定

该保护包括熔断器、零序保护、横差保护以及中性点电流平衡保护等。其整定计算分述如下：

1. 采用熔断器时

熔断器的额定电流选择与保护整组电容器的熔断器额定电流的选择相同。

2. 零序电流保护整定计算

容量在300kvar及以上的电容器可采用零序电流保护代替分组电流保护的熔断器。

（1）动作电流整定：按躲电容器组三相不平衡电流计算，即

$$I_{dz\cdot j}=\frac{15\% I_{eC}}{n_l} \tag{8-45}$$

式中　l_{eC}——电容器一相额定电流。

（2）时间整定：时间取0.2s或用一个中间继电器达到延时，以避免过电压影响。

3. 横差动（横差）保护整定计算

接成双△的电容器组，可用横差动保护作为分组电容器内部元件的保护，如图8-6所示。

电流继电器接在同相两组电容器的差电流上，正常时横差电流继电器中只有少量的不平衡电流，它的动作电流按下式计算，即

$$I_{dz\cdot j}=\frac{15\% I_{eC}}{n_{LH}} \tag{8-46}$$

式中　I_{eC}——一组电容器额定电流。

时间：0.2s或用一个中间继电器动作作时延。

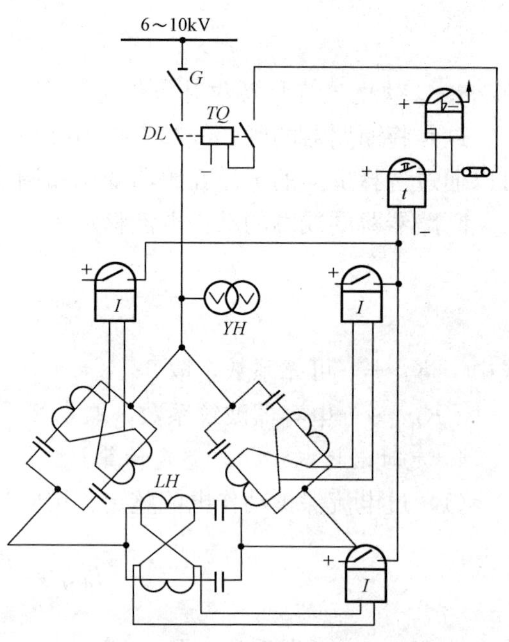

图8-6　电容器横差保护原理图

4. 平衡保护

接成双Y的电容器组可以采用中性点的电流平衡保护作分组电容器内部元件保护，如图8-7所示。

平衡保护工作原理是：在正常运行时，两组对称的电容器组之间或者一组平衡的三相电容器组的三相之间电流基本上是平衡的，当一台或几台电容器故障时，平衡破坏，平衡保护继电器中流过电流而动作，将整组电容器切除。平衡保护动作电流按计算为

$$I_{dz\cdot j}=\frac{15\% I_{eC}}{n_{LH}} \tag{8-47}$$

式中　I_{eC}——一组（一个 Y 接的一相）电容器额定电流。

时间：0.2～0.15s 或用一个中间继电器延时达到。

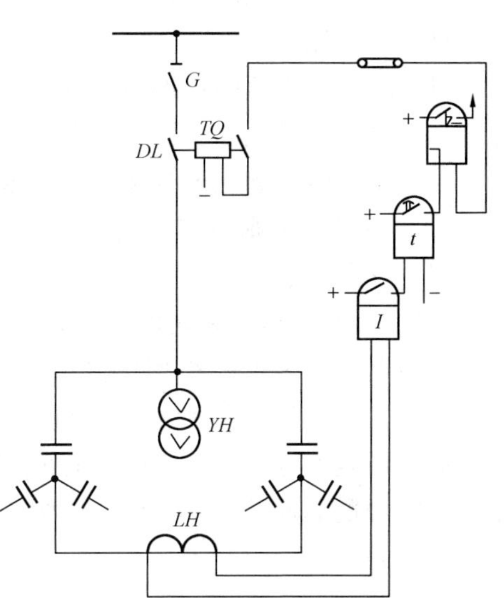

图 8-7　电容器平衡保护原理图

四、电容器接地保护的整定

6～10kV 系统单相接地电流大于 20A 时，需装设单相接地保护。它们的构成原理都是在相间保护的基础上加设反应零序电流的电流保护。其中，有的是用零序电流直接使脱扣器动作将断路器跳闸，也有的是采用定时限零序过流保护来做单相接地保护。

每公里线路接地电流可按下式估算：

架空线　$I_C=\frac{U_e}{350}$　(A/km)　(8-48)

电缆　$I_C=\frac{U_e}{10}$　(A/km)　(8-49)

式中　U_e——电网额定线电压（kV）。

定时限零序过电流保护的动作电流按 20A 整定，即

$$I_{dz\cdot j}=\frac{20}{n_{LH}} \tag{8-50}$$

其动作时间整定不超过 0.5s。

第 8-5 节　小型水（火）电厂与系统并列时联络线保护计算的特点

小型水（火）电厂一般通过低压 6～35kV 线路与系统并列，其典型接线图，见图 8-8。

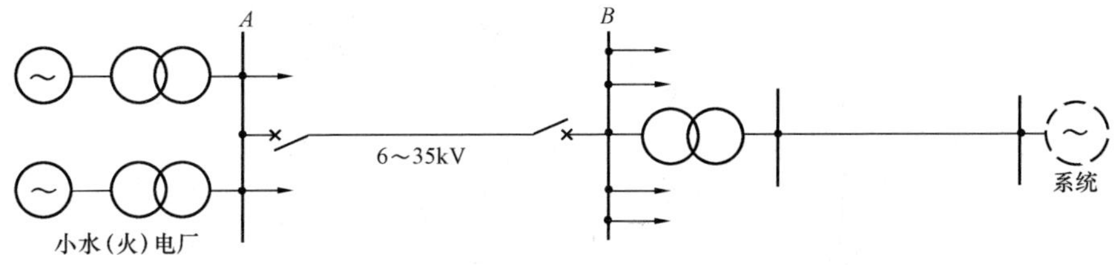

图 8-8　小型水（火）电厂与系统并列接线图

线路 AB 一般配置如下保护：

（1）限时电流速断；

（2）过电流保护；

(3) 同期及无压检定重合闸；

(4) 低压、低频解列装置（见第十二章安全自动装置的整定）。

整定方法如下：

(1) 限时电流速断：加装功率方向元件。按与本线路对侧母线上的出线电流速断保护相配合，并躲过该母线上所接变压器的另一侧故障选择动作值。

灵敏度校验应满足该线保护范围末端故障时母线电压不低于 50%～60% U_e 并在 0.5～1s 内切除故障，否则改用距离保护。

(2) 方向过电流保护：按保护正方向通过的最大负荷电流整定。要求线末灵敏度大于 1.25～1.5，时限与下邻元件最高时限配合。

(3) 重合闸装置：小型水（火）电厂与系统联网的线路上，一般应加装同期及无压检定重合闸，但多数因解列后不易同步而重合闸无法使用。关于非同期重合闸的使用问题，要根据系统与小水（火）电厂与系统联系强弱，经潮流及稳定计算，校验非同期冲击电流对小电源的影响在允许范围之内时，才可采用。否则可仅采用无压检定重合闸，由手动同期补救。

第 8-6 节　算　　例

某工厂由地区变电所 6kV 母线供电，即经长度为 2.25km 的 LJ-120 导线送至厂内变电所母线。地区变电所 6kV 母线在最大运行方式时短路容量为 200MVA，在最小运行方式时短路容量为 120MVA。该厂电气设备一次接线图见图 8-9。

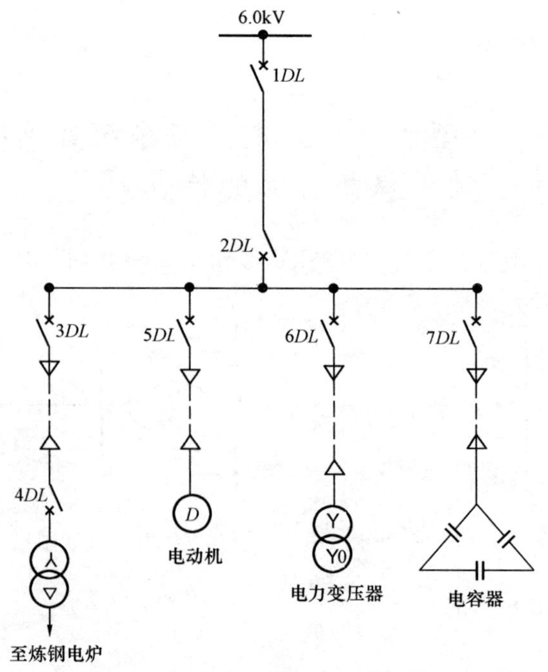

图 8-9　某厂电气设备一次接线图

$2DL$ 是进线总断路器。

$3DL$ 是炼钢电炉变压器的电源断路器。

$4DL$ 是电炉变压器操作断路器。电炉变压器容量为 1000kVA、电压为 6300/220～110V、额定电流为 92/2890A、短路阻抗为 15％，过载能力可按 200％考虑。

$5DL$ 是电动机断路器，经较短电缆向电动机供电。电动机容量为 440kW、电压为 6300V，额定电流为 52A。电动机拖动鼓风机，电动机起动电流是额定电流的 5.5 倍。

$6DL$ 是电力变压器断路器，经 360m 电缆向电力变压器供电。电力变压器容量为 750kVA、电压为 6300/400V、额定电流为 68.8/1082A、短路阻抗为 4.9％，需要考虑低压电动机的自起动问题。

$7DL$ 是电容器断路器，经很短的电缆向电容器供电。电容器容量为 800kvar。

该厂最大负荷为 2000kW，平均功率因数为 0.95。

各断路器所装保护如下：

$1DL$：定时限过电流保护，用 GL-11/50 型继电器，电流互感器变比为 400/5、采用不完全星形接线。

$2DL$：定时限过电流保护，用 GL-11/50 型继电器，电流互感器变比为 300/5、不完全星形接线。

$3DL$：反时限过电流保护，用 GL-22/10 型继电器，电流互感器变比为 200/5、不完全星形接线。

$4DL$：反时限过电流保护，用 GL-11/10 型继电器，电流互感器按三相星形接线、安装在电炉变压器低压侧、变比为 5000/5。

$5DL$：反时限过电流保护，用 GL-11/10 型继电器，电流互感器变比为 100/5、差接线。

$6DL$：反时限过电流保护，用 GL-11/10 型继电器，电流互感器变比为 100/5、不完全星形接线。

$7DL$：定时限过电流保护，用 GL-11/10 型继电器，电流互感器变比为 150/5、不完全星形接线。

试计算各断路器的保护整定值。

1. 系统阻抗归并

阻抗计算时基准容量 S_j 取 100MVA，基准电压 U_j 取 6.0kV，架空线每公里电抗为 0.4Ω，电缆每公里电抗为 0.08Ω，由于变电所内部的部分馈线电缆长度过短，阻抗略去不计。

系统标么阻抗为

$$X_{xt*\max} = \frac{100}{200} = 0.5$$

$$X_{xt*\min} = \frac{100}{125} = 0.8$$

架空线标么阻抗为

$$X_{xl*} = x\frac{S_j}{U_j^2} = \frac{0.4 \times 2.25 \times 100}{6.0^2} = 2.5$$

电炉变压器标么阻抗为

$$X_{4b*}=\frac{x_k\%}{100}\times\frac{S_j}{S_e}=\frac{15\%}{100}\times\frac{100}{1}=15$$

电缆标么阻抗为

$$X_{6*}=\frac{0.08\times0.36\times100}{6.0^2}=0.08$$

电力变压器标么阻抗为

$$X_{6b*}=\frac{4.9\%}{100}\times\frac{100}{0.75}=6.53$$

基准电流 $I_j=\frac{S_j}{\sqrt{3}U_j}=\frac{100}{\sqrt{3}\times6}=9.63(\text{kA})$

所绘计算网络阻抗图，如图 8-10 所示。

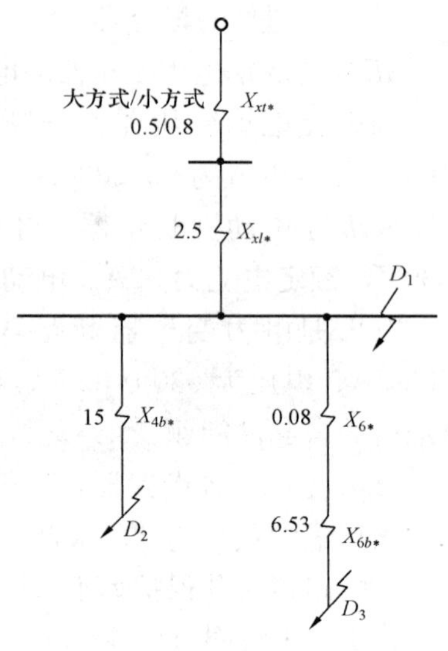

图 8-10　计算网络阻抗图

2. 短路电流计算

(1) D_1 点故障：

大方式 $X_{d1*\max}=X_{xt*\max}+X_{e*}=0.5+2.5=3.0$

$$I_{d1\cdot\max}=\frac{1}{X_{d1*\max}}I_j=\frac{1}{3.0}\times9.63=3.21(\text{kA})$$

小方式 $X_{d1*\min}=X_{xt*\min}+X_{e*}=0.8+2.5=3.3$

$$I_{d1\cdot\min}=\frac{1}{X_{d1*\min}}I_j=\frac{1}{3.3}\times9.63=2.9(\text{kA})$$

(2) D_2 点故障：

大方式 $X_{d2*\max}=X_{xt*\max}+X_{e*}+X_{4b*}=0.5+2.5+15=18$

$$I_{d2\cdot\max}=\frac{1}{X_{d2*\max}}I_j=\frac{1}{18}\times9.63=0.535(\text{kA})$$

小方式 $X_{d2*\min}=X_{xt*\min}+X_{e*}+X_{4b*}=0.8+2.5+15=18.3$

$$I_{d2\cdot\min}=\frac{1}{X_{d2*\min}}I_j=\frac{1}{18.3}\times9.63=0.527(\text{kA})$$

(3) D_3 点故障：

大方式 $X_{d3*\max}=X_{xt*\max}+X_{e*}+X_{6*}+X_{6b*}$

$$=0.5+2.5+0.08+6.53=9.61$$

$$I_{d3*\max}=\frac{1}{X_{d3*\max}}I_j=\frac{1}{9.61}\times9.63=1.0(\text{kA})$$

小方式 $X_{d3*\min}=X_{xt*\min}+X_{e*}+X_{6*}+X_{6b*}$

$$=0.8+2.5+0.08+6.53=9.91$$

$$I_{d3*\min}=\frac{1}{X_{d3*\min}}I_j=\frac{1}{9.91}\times9.63$$

$$=0.97(\text{kA})$$

3. 保护整定计算

（1）7*DL* 过电流保护：按电容器组额定电流整定，即

$$I_{dz\cdot j}=\frac{K_kK_{bw}K_{jx}}{K_f}\times\frac{I_{eC}}{n_{LH}}=\frac{1.25\times1.25\times1}{0.8}\times\frac{800}{\sqrt{3}\times6\times150/5}$$

$$=5.02(\mathrm{A})$$

取 5A，时限取 0.2s。

（2）6*DL* 反时限过电流保护：

1）反时限动作电流：按电力变压器额定电流整定，即

$$I''_{dz\cdot j}=\frac{K_kK_{jx}}{K_f}K_{zq}\times\frac{I_{eb}}{n_{LH}}=\frac{1.2\times1}{0.85}\times1.5\times\frac{68.8}{100/5}=7.3(\mathrm{A})$$

实际动作电流为 7A，折算至一次侧为 $I''_{dz}=7\times100/5=140$（A）

2）速断动作电流：按躲过变压器二次侧故障不动作整定，即

$$I'_{dz\cdot j}=\frac{K_kK_{jx}}{n_{LH}}I_{d3\max}=\frac{1.5\times1}{100/5}\times1000=75(\mathrm{A})$$

取 10 倍反时限动作电流作速断动作电流，即 70A，折算至一次侧，速断动作电流为 $I'_{dz}=7\times10\times\frac{100}{5}=1400(\mathrm{A})$。

3）两倍反时限动作电流的时间整定为：与变压器二次侧馈线断路器有一级时限差，当变压器二次侧为最大短路电流时有 0.5s 时限。由下式可求得最大短路电流与反时限动作电流之比为

$$\frac{I_{d3\max}}{I''_{dz}}=\frac{1000}{140}=7.2$$

查 GL-21/10 型继电器反时限特性曲线在 7 倍动作电流时为 0.5s 的曲线，并由此曲线查得两倍动作电流时的动作时间为 1.3s。

（3）5*DL* 反时限过电流保护：

1）反时限动作电流：按电动机额定电流整定时

$$I''_{dz\cdot j}=\frac{K_kK_{jx}}{K_f}\times\frac{I_e}{n_{LH}}=\frac{1.2\times1.73}{0.85}\times\frac{52}{100/5}=6.35(\mathrm{A})$$

实际动作电流取 7A，折算成一次侧动作电流为

$$I''_{dz}=7\times\frac{100}{5}\times\frac{1}{\sqrt{3}}=81(\mathrm{A})$$

2）速断动作电流：按躲过电动机自起动电流整定，即

$$I'_{dz\cdot j}=\frac{K_kK_{jx}}{n_{LH}}\times1.8I_{qd}=\frac{1.2\times1.73}{100/5}\times1.8\times5.5\times52=53.5(\mathrm{A})$$

取 8 倍反时限动作电流作速断动作电流，即 56A，折算成一次侧速断动作电流为

$$I'_{dz}=7\times8\times\frac{100}{5}\times\frac{1}{\sqrt{3}}=647(\mathrm{A})$$

3）两倍反时限动作电流的时间整定：估计该电动机起动电流持续时间在12s左右，起动电流与继电器反时限动作电流之比为

$$\frac{I_{qd}}{I''_{dz\cdot j}}=\frac{52\times 5.5\times 1.73/100/5}{7}=3.5$$

查GL-22/10特性曲线，找出动作电流倍数为3.5倍时对应时间为12s的曲线，并由此曲线查出2倍动作电流时的动作时间为20s。

（4）4*DL*反时限过电流保护：

1）反时限动作电流：按电炉变压器低压侧额定电流整定，即

$$I''_{dz\cdot j}=\frac{KK_kK_{jx}}{K_f}\times\frac{I_e}{n_{LH}}=\frac{1.2\times 1.2\times 1.0}{0.8}\times\frac{2890}{5000/5}=5.2(\text{A})$$

实际动作电流取6A，折算成一次（0.2kV）侧动作电流为

$$I''_{dz}=6\times\frac{5000}{5}=6000(\text{A})$$

折算成6kV侧动作电流为

$$I''_{dz}=6000\times\frac{200}{6300}=191(\text{A})$$

2）由于电流互感器装于低压侧，所以不考虑速断电流保护。

3）两倍反时限动作电流的时间整定：动作时间取5s。

（5）3*DL*反时限过电流保护：

1）反时限动作电流：按与4*DL*断路器保护定值配合整定，即

$$I''_{dz\cdot j}=\frac{K_{ph}I''_{dz(4\text{DL})}}{n_{LH}}=\frac{1.15\times 191}{200/5}=5.5(\text{A})$$

实际动作电流取6A，折算到一次侧（6kV侧）动作电流为

$$I''_{dz}=6\times 200/5=240(\text{A})$$

保护灵敏度

$$K_{lm}=\frac{I^{(2)}_{d\cdot\min}}{I''_{dz}}=\frac{\sqrt{3}}{2}I^{(3)}_{d\cdot\min}\times\frac{1}{\sqrt{3}}/I''_{dz}=\frac{\sqrt{3}}{2}\times 527\times\frac{1}{\sqrt{3}}/240=1.1<1.5$$

若电流互感器由不完全星形接线改为星形接线时，灵敏度为

$$K_{lm}=\frac{\sqrt{3}}{2}I^{(3)}_{d\cdot\min}\times\frac{2}{\sqrt{3}}/I''_{dz}=527/240=2.2>1.5$$

故应改为星形接线，以提高灵敏度。

2）速断动作电流：按躲过变压器次级故障不动作整定，即

$$I'_{dz\cdot j}=K_kK_{jx}\frac{I^{(3)}_{d\cdot\max}}{n_{LH}}=1.5\times 1\times\frac{535}{200/5}=20.1(\text{A})$$

取3.5倍反时限动作电流作为速断动作电流，即21A，折算至一次（6kV）侧，速断动作电流为

$$I_{dz}=3.5\times 6\times 200/5=840(\text{A})$$

3）两倍反时限动作电流的时间整定：$3DL$ 应与 $4DL$ 相配合，所以在时间上应比 $4DL$ 大 0.5～0.7s。$4DL$ 在 840A 时查曲线为 2.4s，故 $3DL$ 在 840A 时时间 t 应为

$$t = 2.4 + 0.7 = 3.1(\text{s})$$

$$\frac{840}{I''_{dz}} = \frac{840}{240} = 3.5(\text{倍})$$

查 GL-22/10 曲线，查得 2 倍反时限动作电流时间为 6.2s。

由于 $3DL$ 与 $4DL$ 实际上是线路变压器组接线，在时间整定上也可以不分级，故在时间配合上有困难时，可取与 $4DL$ 相同。

（6）$1DL$ 定时限过电流保护：按保证在最小运行方式下，D_1 点两相短路时有足够灵敏度整定，即

$$I_{dz\cdot j} = \frac{I^{(2)}_{d\cdot \min}}{n_{LH}K_{lm}} = \frac{\sqrt{3}/2 \times 2900}{400/5 \times 1.5} = 20.9(\text{A})$$

实际取 20A，换算至 6kV，一次电流为

$$I_{dz} = 20 \times \frac{400}{5} = 1600(\text{A})$$

动作时间按与 $2DL$ 时间配合，即

$$t = 1 + 0.5 = 1.5(\text{s})$$

（7）$2DL$ 定时限过电流保护：

1）电流整定：按大于最大负荷电流整定，即

$$I_{dz} = \frac{K_k I_{fh\cdot \max}}{K_f} = \frac{1.2}{0.85} \times \left(\frac{2000}{\sqrt{3} \times 6 \times 0.95} + 52 \times 5.5\right) = \frac{1.2}{0.85} \times 489 = 689.5(\text{A})$$

按与 $1DL$ 过流保护反配合时整定，即

$$I_{dz} = \frac{I_{dz(1DL)}}{K_{ph}} = \frac{1600}{1.15} = 1390(\text{A})$$

按与下一级 $6DL$ 速断保护相配合，即

$$I_{dz} = K_{ph} I_{dz(6DL)} = 1.15 \times 1400 = 1610(\text{A})$$

由于 $6DL$ 速断保护定值太大，故按与 $6DL$ 反时限过电流保护在 1400A 时动作时间是 0.5s 相配合。这样一来，取继电器动作电流为

$$I_{dz\cdot j} = \frac{1390}{300/5} = 23.2(\text{A})$$

实际动作电流取 23A，折算至 6kV 侧动作电流为

$$I_{dz} = 23 \times \frac{300}{5} = 1380(\text{A})$$

2）时间整定：与 $6DL$ 在 1400A 时相配合，所以时间 t 为

$$t = 0.5 + 0.5 = 1(\text{s})$$

各断路器保护整定值选择见表 8-1。

各保护整定值配合动作曲线见图 8-11。

表 8-1 各断路器保护整定值

断路器编号	被保护设备	电流互感器变比	继电器型号	整定值（二次）
1*DL*	馈线断路器	400/5	DL-11/50	20A，1.5s
2*DL*	进线总断路器	300/5	DL-11/50	23A，1s
3*DL*	电炉变压器电源断路器	200/5	GL-22/10	6A；2×6A，6.2s；3.5×6A，0s
4*DL*	电炉变压器操作断路器	5000/5	GL-11/10	6A；2×6A，5s；无速断
5*DL*	电动机断路器	100/5	GL-22/10	7A；2×7A，20s；8×7A，0s
6*DL*	变压器断路器	100/5	GL-21/10	7A；2×7A，1.3s；10×7A，0s
7*DL*	电容器断路器	150/5	DL-11/10	5A，0.2s

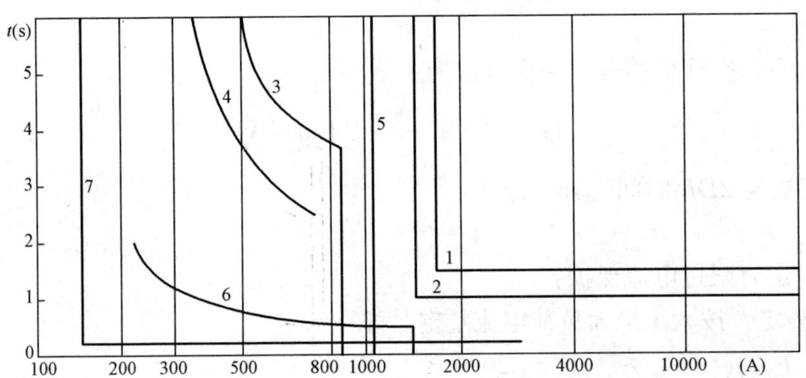

图 8-11 各断路器保护整定值配合曲线

注：图上曲线的编号对应表 8-1 的断路器号，电流值是一次电流。

第九章　自动重合闸整定计算

第9-1节　重合闸整定的基本原则

一、自动重合闸的作用

自动重合闸的采用，是电力系统运行的实际需要。电力系统采用自动重合闸装置有两个目的：一是输电线路的故障大多数为瞬时性的，因此在线路被断开后，再进行一次重合闸，就可能恢复供电；二是保证系统稳定，根据系统实际情况，通过稳定计算，选择合适的重合闸方式，收到了良好的效果。

根据有关统计分析，架空线路的瞬时性故障次数，约占总故障次数的70%左右，重合闸的成功率约50%～70%，因而重合闸对电力系统供电可靠性起了很大的作用。尤其是现代大型电力系统，传送功率容量很大，系统稳定是极为突出的问题，自动重合闸更是必不可少的自动装置之一。

对于重合闸，国内除主要采用DH型系列的重合闸以外，还采用JC-11系列晶体管型重合闸装置，在电压为220kV及以上电压级的线路上多采用ZZC系列、JZZC系列及JZC系列的综合重合闸装置。

当前220kV及以上电压级的电网综合重合闸在运行中出现的问题主要是：

（1）单相重合闸拒动跳三相。

（2）灭弧时间不够，重合后电弧重燃。

（3）选相元件拒动或相继动作。

（4）重合闸的方式选择不当。

一般单侧电源重合闸成功率高，两侧电源线路重合闸成功率低，而单相重合闸和综合重合闸也较低。要提高自动重合闸的成功率，运行维护单位必须在重合闸的整定和调试上给予注意。

二、自动重合闸的配置原则

自动重合闸的配置原则根据电力系统的结构形状、电压等级、系统稳定要求、负荷状况、线路上所装设的继电保护装置及断路器性能，以及其他技术经济等因素决定。其简要原则是：

1. 单侧电源线路

包括辐射状单回线、平行线或环状线路，其特点是仅有一个电源，不存在非同期重合问题，一般采用三相重合闸，装于线路供电侧。

2. 双侧电源线路

双侧电源线路分以下几种情况：

（1）110kV及以下电压级的环状网络，在电源与负荷技术条件允许的情况下，可采用非同期重合闸。

（2）当并列运行的系统或发电厂之间的联络线，在三条以上，且任何时候不会少于两条时，可考虑选用不检查同期的三相重合闸；

（3）当并列运行的系统或发电厂之间，可能出现单回线运行时，应根据计算，在不允许采用非同期重合闸时，可采用检查无压及同期重合闸；

（4）在没有其他连系的双回线上，当不能采用非同期重合闸时，可采用检查相邻线路有电流的重合闸或采用无压、同期检定重合闸；

（5）在双侧电源单回线上，当不能采用非同期重合闸时，可根据具体情况，采用下列重合闸形式：

1）一般采用解列重合闸，由系统向小电源系统输送功率。当线路故障后，系统侧跳开线路断路器，小电源侧从解列点断开，基本上应保证对重要负荷供电，待系统侧检查线路无电压重合成功后，再在解列点使用同期并列。

2）对水电厂可采用自同期重合闸，即系统侧装有无电压检查重合闸，待重合成功后，水轮发电机以自同步方式自动与系统并列。

3）当线路装有全线速动保护和快速的断路器时，在两侧电势实际摆开角度的允许冲击电流范围内，可采用三相快速重合闸。

（6）在超高压电网中，由于传送功率大、稳定问题突出，若具有分相操作机构的断路器时，更适合采用单相重合闸及综合重合闸。

三、断路器的重合闸性能

空气断路器的极限遮断容量在自动重合闸动作时不受影响。但对于油断路器，当其第一次切断故障电流时，由于电弧的作用，使油分解和碳化，因而绝缘性能大为降低，其绝缘性能的恢复需要一定的时间。特别是对具有灭弧室的油断路器，其绝缘油恢复时间较长。因此在使用重合闸时，不得不考虑降低油断路器的遮断容量。在无制造厂提供数据的情况下，油断路器遮断容量降低的修正系数可参考下列数值：

短路电流小于 10kA 时，取为 0.8；

短路电流为 10～20kA 时，取为 0.75；

短路电流为 20～40kA 时，取为 0.7；

短路电流大于 40kA 时，取为 0.65。

四、故障点消弧与重合闸时间

1. 断路器行程与重合闸动作时间

见图 9-1。设线路一侧为 M 侧，另一侧为 N 侧。

2. 重合闸动作时间

原则上应尽可能地短，以利于尽快恢复供电，但是为了提高重合闸成功率，又必须考虑以下因素：

（1）故障消弧及去游离时间 t_{xyl} 。断路器从断开到重新合上的时间，必须足以使故障点的电弧熄灭，并使周围绝缘介质的绝缘强度得到恢复。这就是故障点消弧及去游离时间，其参考数据见表 9-1。

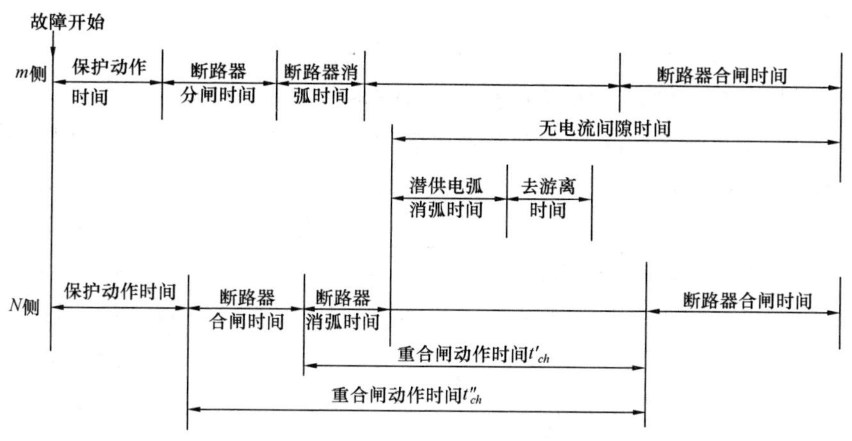

图 9-1　断路器行程与重合闸动作时间

表 9-1　　**故障消弧及去游离时间 t_{xyl}**

额定电压（kV）	6～10	35	110	220	330～500
t_{xyl}（s）	0.1	0.15	0.22	0.3	由实测决定*

* 根据西北地区 330kV、250km 的线路试验证明，投入并联电抗器补偿后，熄弧时间可以从大约 1s 下降到 0.1s 以下。

（2）对于双侧电源或单侧电源环状网络（包括双回平行线路），还应考虑对侧切除故障时间。

（3）断路器操作机构准备好重合的时间 $t_{zb \cdot c}$ 。对于：

电磁操作传动机构　0.3～0.5s

气压或液压操作传动机构≥0.3s

（4）断路器准备好重合时间 $t_{zb \cdot d}$ 。通常该时间应符合下式要求

$$t_{zb \cdot d} \leqslant t_{zb \cdot c} + t_h$$

式中　t_h ——断路器合闸时间。

（5）保护返回时间 t_f 。对于：

电磁式　　$t_f \leqslant 0.1$s

感应式　　$t_f \leqslant 0.2$s

晶体管式　$t_f < 0.01 \sim 0.02$s

（6）潜供电流灭弧和去游离时间 t_{qg} 。对于 220kV 及以上电压级的线路，使用单相重合闸时，要考虑潜供电流的灭弧时间，见图 9-2。

经验证明，对于三相重合闸时间，不应小于 0.3s；对于单相重合闸，视线路有无补偿潜供电流的措施，有小电抗时，重合闸时间不小于 0.4s，一般不小于 0.6～1.5s，视线路长度而定。

至于计算重合闸的动作时间方法，因重合闸起动方式的不同而不同，目前常见的有两种：一种是按断路器位置不对应起动重合闸时间元件的，见图 9-1 中的 t'_{ch}；另一种是保护出

口动作起动重合闸时间元件的，见图 9-1 中的 t''_{ch} 。

3. 重合闸的整组复归时间

(1) 按必须大于重合闸装置造成断路器合闸于永久性故障上，由保护装置以最长动作时间切除故障，而不致引起断路器的多次合闸的条件来选择，即

$$t_{zf} = t_{ch} + t_h + t_{dz\cdot\max} + t_t + t_y \tag{9-1}$$

式中 t_{zf} ——重合闸整组复归时间；

t_{ch} ——重合闸整定时间；

t_h ——断路器合闸时间；

$t_{dz\cdot\max}$ ——后备保护最大动作时间；

t_t ——断路器跳闸时间；

t_y ——裕度时间，一般取 0.5～1s。

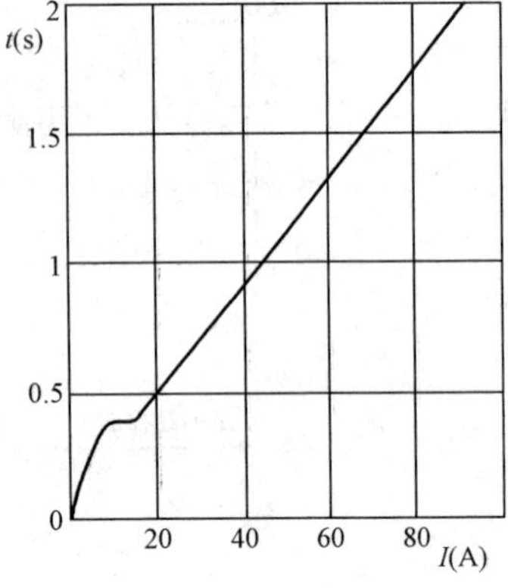

图 9-2 潜供电流灭弧时间试验曲线

(2) 当重合闸成功后，保证好再一次动作时限不小于断路器第二个跳合闸的间隔时间，即

$$t_{zf} = t_{jg}$$

式中 t_{jg} ——间隔时间，考虑到重合闸装置引起断路器去游离能力的降低和恢复时间，一般为 8～9s。

对于按充放电原理构成的重合闸装置，式 (9-1) 中不应引入 t_{ch} 和 t_h ，因为电容器只有当断路器合闸后才可能放充电，所以式 (9-1) 变为

$$t_{zf} = t_{dz\cdot\max} + t_t + t_y \tag{9-2}$$

目前普通三相重合闸，在重合闸后须经 15～25s 时间充电，才能再次合闸。

第 9-2 节 普通三相重合闸整定计算

一、单侧电源三相重合闸的整定

1. 单侧电源线路带有用户负荷

当线路故障断路器跳闸后，用户负荷中不能参加自起动的设备须自动跳闸。允许重新带电的负荷，在断路器重合后恢复供电，重合时间主要决定于故障点去游离时间。

2. 重合闸动作时间的整定

(1) 对于不对应起动方式，其重合闸动作时间整定为

$$t'_{ch} = t_{xyl} + t_y - t_h \tag{9-3}$$

式中 t'_{ch} ——重合闸整定时间；

t_{xyl} ——消弧及去游离时间；

t_y ——裕度时间，一般取 0.1～0.15s；

t_h ——断路器合闸时间。

(2) 对于保护起动方式，其重合闸动作时间整定为

$$t''_{ch} = t_t + t_{xyl} + t_y - t_h \tag{9-4}$$

式中　t''_{ch} ——重合闸整定时间；

t_t ——断路器跳闸时间。

（3）重合闸整定时间图解，见图9-3。前一种起动方式与后一种起动方式比较，其优点是除手动断开断路器外，都将进行重合闸。而对于后一种方式，断路器只能在保护动作跳闸情况下发生重合。

（4）装在单侧电源双回上线或环状网络接线上的重合闸动作时间，还应大于线路对侧可靠切除故障的时间。

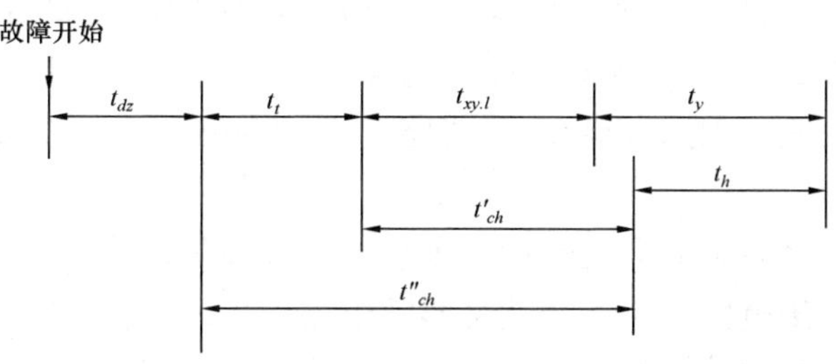

图9-3　单侧电源直馈线重合闸整定时间图解

对于不对应回路起动的方式，其重合闸动作时间为

$$t_{ch}=t_{dz\cdot N\cdot \max}-t_{dz\cdot M\cdot \min}+t_{t\cdot N}-t_{t\cdot M}+t_{xyl}-t_h+t_y \tag{9-5}$$

式中　$t_{dz\cdot N\cdot \max}$ ——线路对侧保护动作的最大时限；

$t_{dz\cdot M\cdot \min}$ ——线路本侧保护动作的最小时限；

$t_{t\cdot N}$、$t_{t\cdot M}$ ——线路对侧或本侧断路器跳闸时间；

t_{xyl} ——消弧及去游离时间；

t_h ——本侧断路器合闸时间；

t_y ——裕度时间。

（5）为了保证瞬时性故障能可靠消除，提高重合闸装置动作的成功率，单侧电源线路重合闸动作时间一般取0.8～1s。

3. 重合闸后加速继电器复归时间的选择

该时间应按自动或手动重合至稳定性故障上时，保证所加速的保护装置来得及动作切除故障线路的条件进行整定。其复归时间应大于所加速保护的动作时间和断路器跳闸时间之和，即

$$t_{jsj}\geqslant t_{dz}+t_t \tag{9-6}$$

一般整定为0.3～0.4s。

二、前加速三相一次重合闸的整定

如图9-4所示，前加速重合闸方式，是在靠近电源首端线路1断路器A上装设非选择性动作的无时限保护及有选择性动作的带时限保护和重合闸装置。而在串联线路2的断路器B上，仅装有带时限的保护装置。

无时限保护按躲过变压器低压故障整定。这样当线路2故障时，无时限保护立即动

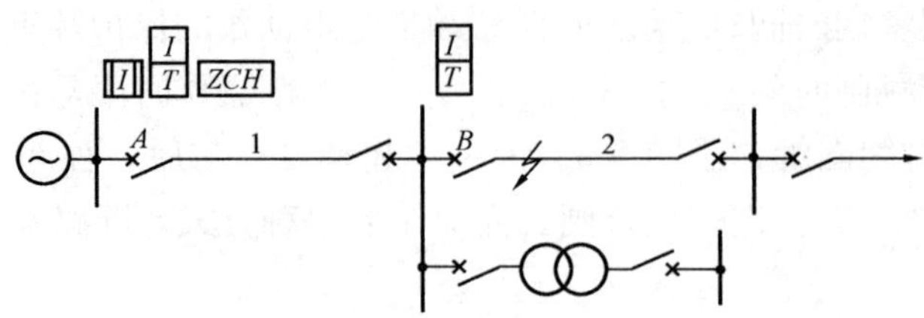

图 9-4　前加速重合闸示意图

作，将断路器 A 断开。然后重合闸动作，将线路 1 重新投入，并将无时限保护退出。假设线路故障是瞬时性的或者是变压器故障，已被本身瞬时保护切除，则可恢复正常供电。如果线路 2 是永久性故障，则重合闸之后线路 2 上的断路器 B，将被带时限的保护有选择性的切除。

为了保证重合闸后带时限的电流保护装置能够有选择的切除故障，无时限电流速断装置被解除动作的时限应大于电网内有选择性带时限电流保护的动作时限。一般必须在故障切除电流继电器返回后，加速继电器约经 0.4s 左右的时限延时返回到原来的位置。

重合闸前加速保护动作的优点是接线简单、切除故障快、重合闸成功的可能性大；其缺点是切除永久性故障时间较长。

三、三相二次重合闸的整定

二次动作重合闸，多用于重要负荷线路，第一次重合闸动作时间按式（9-3）或式（9-4）所述之条件选择。第二次动作时间应满足断路器跳、合闸周期需要的时间，并应考虑断路器绝缘强度恢复和遮断容量的裕度，一般要大于第一次重合闸时间，可取 8～12s。

四、顺序重合闸的整定

在串联线路的放射状电网中，可以采用重合闸前、后都加速，切除线路上永久故障的顺序重合闸装置，如图 9-5 所示。

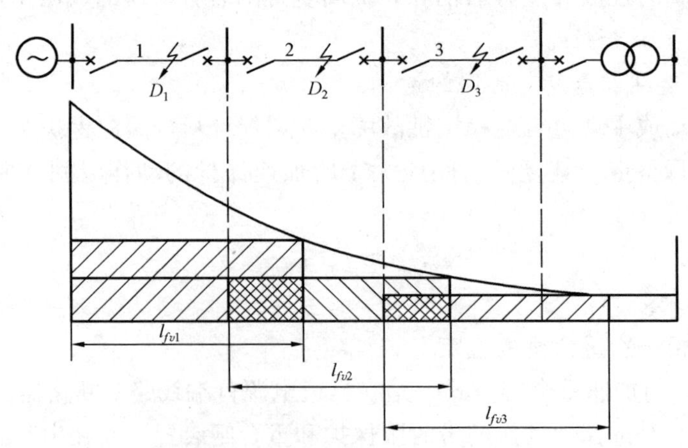

图 9-5　顺序重合闸动作示意图

即在每条线路上装设非选择性动作的保护和带时限动作的保护及重合闸装置，无时限保护经常投入，它的动作范围不伸出下邻元件末端。重合闸动作时限是按阶梯原则选择的，沿着电源向外方向逐级增大，即

$$\left.\begin{aligned} t_{zch1} &= t_{ch\cdot\min} \\ t_{zch2} &= t_{zch1} + \Delta t_{zch} \\ t_{zch3} &= t_{zch2} + \Delta t_{zch} \end{aligned}\right\} \tag{9-7}$$

式中　$t_{ch\cdot\min}$——顺序重合闸的最小动作时限，它通常决定于断路器和传动机构准备好重合的时间；

t_{zch1}、t_{zch2}、t_{zch3}——线路1、2、3顺序重合闸的动作时限；

Δt_{zch}——顺序重合闸的时限级差，它应大于上邻线路速动保护的可靠复归时间。

加速继电器的复归时间：应大于被加速保护的动作时间，一般整定为0.4s。

具有顺序重合闸的电流保护装置动作过程如下：

当线路1上D_1点发生短路时，线路1上装设的无时限电流速断保护动作，将线路1切除。随后重合闸经t_{zch1}的时限将线路1重新投入。无时限电流保护在线路1投入后约0.4s内继续运行。因此若是永久性故障将快速切除。若是瞬时故障，重合后的线路将恢复正常。

假设故障发生在线路2的D_2点，则无时限电流保护1、2将同时动作，将线路1、2切除。经t_{zch1}后线路1投入，由于线路1无故障，所以无时限保护1将不再动作，并经0.4s后保护将被解除动作。线路2经t_{zch2}后重新投入。如果D_2为瞬时性故障，线路2重合闸后将恢复运行；如果是永久性故障，同线路1的无时限保护已被解除，故障切除仅为断开线路2。

假设故障发生在线路3的D_3点，线路1的保护根本不动作，线路2及线路3保护的动作程序同D_2点故障时线路1、2的保护动作程序。

对于变压器中的故障，线路保护动作与上述相似，但由于变压器内部故障通常为永久性故障，因此变压器上不装设重合闸，这样线路3上的无时限电流速断保护在t_{zch3}后就不需要解除动作。

五、算例

【例9-1】试选择图9-6所示110kV单侧电源辐射状线路重合闸方案。其保护配置有阶段式距离、零序保护，保护装置动作时限除瞬动段及后备段外，还有足够灵敏度的第Ⅱ段保护动作时限示于等值网络图上。

1. *DE* 线路

重合闸为单侧电源三相一次重合闸装置，其动作时间主要决定于故障点去游离时间，按保护起动方式计算为

$$t_{ch} = t_t + t_{xyl} + t_y - t_h = 0.15 + 0.22 + 0.5 - 0.5 = 0.37(\text{s})$$

取$t_{ch}=0.5$s。

2. *CD* 线路

为单侧电源双回线路，按不对应起动方式：

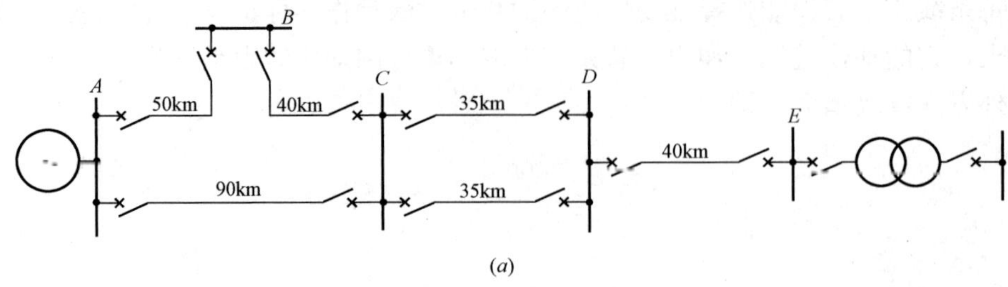

(a)

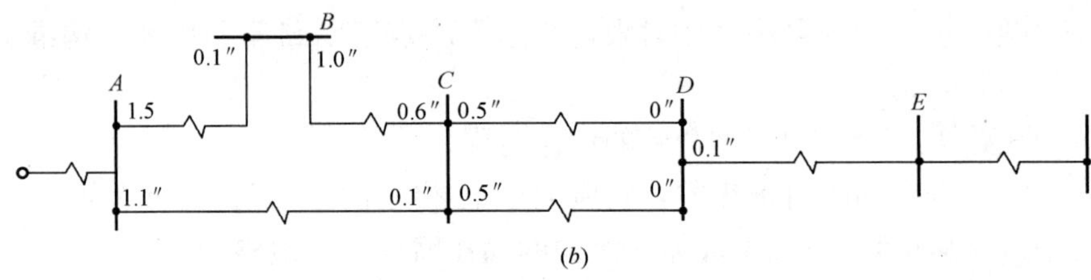

(b)

图 9-6　具有单侧电源重合闸的系统接线

(a) 系统接线；(b) 等值网络

C 侧

$$t_{dh\cdot C}=t_{dz\cdot D\cdot \max}-t_{dz\cdot C\cdot \min}+t_{t\cdot D}-t_{x\cdot C}+t_{xyl}-t_h+t_y$$
$$=0.25-0+0.3-0.15+0.22-0.5+0.5=0.62(\mathrm{s})$$

D 侧

$$t_{dh\cdot D}=t_{dz\cdot C\cdot \max}-t_{dz\cdot D\cdot \min}+t_{t\cdot C}-t_{x\cdot D}+t_{xyl}-t_h+t_y$$
$$=0.5-0+0.15-0.15+0.22-0.5+0.5=0.75(\mathrm{s})$$

两侧均取 0.8～1s。

3. BC 线路

为单侧环网线路，按下列应起动方式：

B 侧

$$t_{dh\cdot B}=t_{dz\cdot C\cdot \max}-t_{dz\cdot B\cdot \min}+t_{t\cdot C}-t_{x\cdot B}+t_{xyl}-t_h+t_y$$
$$=0.6-0+0.15-0.15+0.22-0.5+0.5=0.82(\mathrm{s})$$

C 侧

$$t_{dh\cdot C}=t_{dz\cdot B\cdot \max}-t_{dz\cdot C\cdot \min}+t_{t\cdot B}-t_{x\cdot C}+t_{xyl}-t_h+t_y$$
$$=1.0-0+0.15-0.15+0.22-0.5+0.5=1.22(\mathrm{s})$$

为提高重合闸成功率，B 侧取 1s，C 侧取 1.4s。

4. AB 线路

A 侧

$$t_{dh\cdot A}=0.1-0+0.15-0.15+0.22-0.5+0.5=0.32(\mathrm{s})$$

B 侧

$$t_{dh\cdot B}=1.5-0+0.15-0.15+0.22-0.5+0.5=1.72(\mathrm{s})$$

A 侧取 0.5s，B 侧取 1.8s。

5. AC 线路

A 侧

$$t_{ch\cdot A}=0.1-0+0.15-0.15+0.22-0.5+0.5=0.32(\mathrm{s})$$

C 侧

$$t_{ch\cdot C}=1.1-0+0.15-0.15+0.22-0.5+0.5=1.32(\mathrm{s})$$

A 侧取 0.5s，C 侧取 1.5s。

第 9-3 节　检查无压或同期重合闸整定计算

一、无压与同期重合闸采用的条件

无压与同期重合闸采用的条件如下：

（1）对于与地区电源相连的单回线，当在母线上设有解列点时，在大电源侧适宜采用检查线路无电压的三相重合闸，其优点是可以尽快恢复对用户的供电。

（2）在不能采用非同期重合闸的线路上，在两侧断路器跳闸后，如果其他电气联系仍然存在，电源之间仍保持着同步，则可用检查无压与同期的重合闸。

二、检查线路无电压重合闸的计算

（1）无电压元件：按正常额定电压下有灵敏度整定，即

$$U_{dz}=\frac{U_e}{K_{lm}} \tag{9-8}$$

式中　U_e——线路额定电压；

K_{lm}——灵敏度，一般取 2～4。

通常，电压整定值选 0.5 倍额定电压，即可满足要求。

（2）重合闸动作时间。对于双侧电源三相重合闸的时间，除满足单侧电源线路上所提出的要求外，还要考虑线路两侧保护以不同时限切除故障的可能性。

设线路一侧为 M 侧，另一侧为 N 侧，整定原则是当本侧重合时，应确保对侧已经跳开，并且故障点已熄弧去游离。因此可按下式考虑。

$$t_{ch\cdot M}+t_{h\cdot M}>t_{dz\cdot N\cdot \max}+t_{t\cdot N}+t_{xyl}$$

即

$$t_{ch\cdot M}=t_{dz\cdot N\cdot \max}+t_{t\cdot N}+t_{xyl}-t_{h\cdot M}+t_y \tag{9-9}$$

式中　$t_{dz\cdot N\cdot \max}$——N 侧保护动作最大时限；

$t_{t\cdot N}$——N 侧断路器跳闸时限；

t_{xyl}——消弧去游离时限；

$t_{h\cdot M}$——M 侧断路器合闸时限；

t_y——裕度时限。

这里考虑了最不利的情况，即 M 侧保护动作，断路器跳闸后，N 侧保护才起动。

三、检查线路同期重合闸的计算

检查同期重合闸的特点是在重合闸时要进行同期条件的检查，只有当断路器两侧的电压符合同期条件，即滑差角频率 ω_s 和相角差 δ 在允许范围内时，才能进行重合。

1. 同期继电器动作角的整定

同期继电器 TJJ 实际是带有两个电压线圈的电压继电器，它反应线路电压 $\dot{U}_{xl}$ 与母线电压 $\dot{U}_m$ 之间的电压差 $\Delta\dot{U}$（在两电压幅值相等时，仅反应两电压因频率不同而产生的相角差 δ）。从分析图 9-7 可得 $\Delta\dot{U}$ 与 δ 的关系为

$$\Delta U = 2U\sin\frac{\delta}{2} = 2U\sin\frac{\omega_s t}{2} \tag{9-10}$$

从式（9-10）看出：当 $\delta=0$ 时，$\dot{U}_m$ 与 $\dot{U}_{xl}$ 同相，继电器常闭触点处于闭合状态，重合闸可以起动；当 δ 大到一定数值后，常闭触点断开，将重合闸闭锁。继电器起动值的整定范围为 20°～40°。

图 9-8 示出了同期重合闸的动作过程。

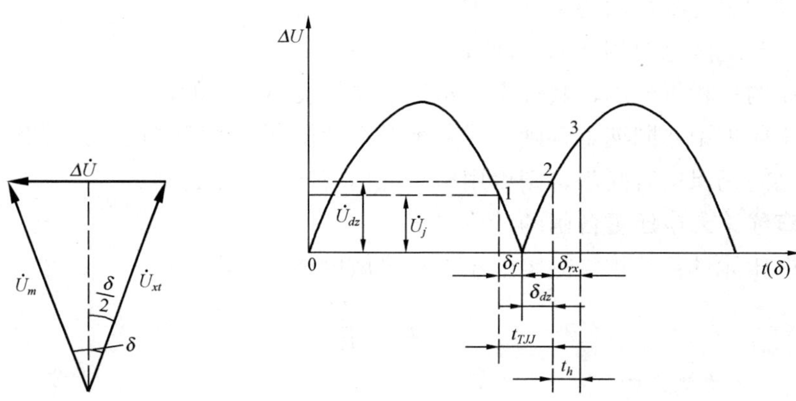

图 9-7　加于同期继电器上的 ΔU 与 δ 的关系

图 9-8　同期重合闸动作过程说明

设同期继电器 TJJ 的动作电压为 U_{dz}，它所对应的相角差为 δ_{dz}；返回电压为 U_f，所对应的相角差为 δ_f 。在 t_{tjj} 这段时间内继电器的常闭触点是闭合的，由图可看出

$$t_{tjj}\omega_s = \delta_{dz} + \delta_f$$

即

$$\omega_s = \frac{\delta_{dz} + \delta_f}{t_{tjj}} \tag{9-11}$$

所以，当 $\dot{U}_m$ 与 $\dot{U}_{xl}$ 之间的滑差角频率 ω_s 越小时，继电器 TJJ 触点闭合的时间 t_{tjj} 就越长。如果重合闸动作时间为 t_{ch} ，则当 $t_{tjj} > t_{ch}$ 时，重合闸将动作，如果 $t_{tjj} < t_{ch}$ 时，重合闸将不能动作。其临界动作条件是当 $t_{tjj} = t_{ch}$ 时，相应的滑差角频率称为允许滑差角频率 ω_{syx} ，有关系式

$$t_{ch}\omega_{syx} = \delta_{dz} + \delta_f$$

即

$$\omega_{syx} = \frac{\delta_{dz} + \delta_f}{t_{ch}} = (1 + K_f)\frac{\delta_{dz}}{t_{ch}} \tag{9-12}$$

式中　K_f ——返回系数，$K_f = \dfrac{\delta_f}{\delta_{dz}}$。

当重合闸装置在临界条件下发出合闸脉冲后，断路器要经过本身的合闸时间 t_h 后才闭合，这时合闸角度不能超过最大允许角 δ_{yx}（ δ_{yx} 的大小是根据发电机允许承受的冲击电流确

定的）。从图 9-8 看出，允许滑差角频率为

$$\omega_{syx} = \frac{\delta_{yx} - \delta_{dz}}{t_h} \tag{9-13}$$

将式（9-12）与式（9-13）合并，得到同期继电器的动作角为

$$\delta_{dz} = \frac{t_{ch}\delta_{yx}}{t_h(1+K_f)+t_{ch}} \tag{9-14}$$

式中 δ_{yx} ——合闸冲击电流允许值所对应的相角差；
t_h ——断路器合闸时间；
t_{ch} ——重合闸动作时间；
K_f ——同期继电器返回系数。

2. 允许频率差与实际频率差

根据在重合闸整定时间内所经过的角度 $\delta_{dz}+\delta_f$，可算出一个周期（即 360°）所需时间为

$$\frac{360^\circ}{T} = \frac{\delta_{dz}+\delta_f}{t_{ch}}$$

即

$$T = \frac{t_{ch}\times 360}{\delta_{dz}+\delta_f}$$

而

$$T = \frac{1}{\Delta f_c}$$

故

$$\Delta f_{cyx} = \frac{\delta_{dz}+\delta_f}{360t_{ch}} \tag{9-15}$$

式中 Δf_c，Δf_{cyx} ——两侧电源频率差及允许值；
T——滑差周期（s）。

一般电力系统，当频率变化为 1%时，负荷变化为 1%～3%，即

$$K_p = \frac{\Delta p\,\%}{\Delta f\,\%} = 1 \sim 3$$

式中 K_p ——负荷频率调节系数；
$\Delta p\,\%$ ——功率缺额的百分数；
$\Delta f\,\%$ ——实际频率与系统额定频率 f_e=50Hz 之差的百分数。

由式（9-15）可算出实际频率差。当实际频率差小于允许频率差时，重合闸才能成功。

3. 重合闸动作时间的整定

按两侧断路器不同时断开的条件整定。

本侧：M 侧

$$t_{ch\cdot M} = t_{dz\cdot N\cdot \max} - t_{dz\cdot M\cdot \min} + t_{t\cdot N} - t_{t\cdot M} - t_{n\cdot M} + t_y \tag{9-16}$$

式中 $t_{ch\cdot M}$ ——本侧重合闸动作时间（即 M 侧）；
$t_{dz\cdot N\cdot \max}$ ——对侧保护动作最大时间（即 N 侧）；
$t_{dz\cdot M\cdot \min}$ ——M 侧保护动作最小时间；

$t_{t\cdot N}$ ——N 侧断路器跳闸时间；

$t_{t\cdot M}$ ——M 侧断路器跳闸时间；

$t_{h\cdot M}$ ——M 侧断路器合闸时间；

t_y ——裕度时间。

对侧：N 侧

$$t_{ch\cdot N} = t_{dz\cdot M\cdot \max} - t_{dz\cdot N\cdot \min} + t_{t\cdot M} - t_{t\cdot N} - t_{h\cdot N} + t_y \tag{9-17}$$

式中 $t_{ch\cdot N}$ ——N 侧重合闸动作时间；

$t_{dz\cdot M\cdot \max}$ ——M 侧保护动作最大时间；

$t_{dz\cdot N\cdot \min}$ ——N 侧保护动作最小时间。

4. 检查同期重合闸的运行

(1) 实际运行时，同一条线路的两端各装一套检查无压同期重合闸装置。在检查无电压一端，同时投入检查同期方式。另一端仅投入检查同期，两端的投入方式可定期切换。

(2) 同期继电器一般整定范围为 20°～40°，故频率差要求很严。在线路断开后，受端系统存在功率缺额情况下，很难以达到同期，因而这种装置的应用受到一定限制。

四、算例

【例 9-2】 设最大允许合闸角 $\delta_{yx}=80°$、断路器合闸时间 $t_h=0.5$s、重合闸动作时间 $t_{ch}=0.9$s、同期继电器的返回系数 $K_f=0.8$，试计算同期继电器的动作角、允许滑差角频率及频率差。

根据式 (9-14) 知同期继电器动作角为

$$\delta_{dz} = \frac{t_{ch}\delta_{yx}}{t_h(1+K_f)+t_{ch}} = \frac{0.9\times 80°}{0.5(1+0.8)+0.9} = 40°$$

允许滑差角频率按式 (9-13) 计算为

$$\omega_{syx} = \frac{\delta_{yx}-\delta_{dz}}{t_h} = \frac{80°-40°}{0.5} = 80°/\text{s}$$

允许频率差为

$$\Delta f_{yx} = \frac{\omega_{syx}}{360°} = \frac{80°/\text{s}}{360°} = 0.22(\text{Hz})$$

第 9-4 节　检查相邻线路有电流重合闸整定计算

在没有其他旁路联系的双回线上，当不能采用非同期重合闸时，可采用检查另一回线上有电流的重合闸，这种重合闸比检查同期重合闸更为简单。

1. 电流元件整定

应满足以下两个条件：

(1) 按大于线路充电电容电流整定，即

$$I_{dz} = K_k I_C \tag{9-18}$$

式中　I_C——线路电容电流；

K_k——可靠系数，一般取 2。

（2）按线路在最小负荷电流下有灵敏度整定，即

$$I_{dz}=\frac{I_{fh\cdot\min}}{K_{lm}} \tag{9-19}$$

式中　$I_{fh\cdot\min}$——回线时最小负荷电流值；

K_{lm}——灵敏系数，取 1.25～1.5。

当以上两条件有矛盾时，应满足下式关系

$$K_kI_C\leqslant I_{dz}\leqslant\frac{I_{fh\cdot\min}}{K_{lm}} \tag{9-20}$$

从上关系式中可求得允许最小负荷电流。当线路负荷电流小于最小允许负荷电流值时，相当于装置退出运行。因此，这种装置多用于送电端负荷变化很小的平行线上。

对于潮流变化较大的联络线，或有双“T”负荷的双回线，由于电流元件在整定选择上的困难，影响了该重合闸的使用效果。

2. 重合闸时间的整定

按线路两侧断路器不同时合闸的条件整定。

当平行线路上采用的是阶段式保护装置时，其动作时限与无压同期重合闸选择方法相同。

当平行线上采用横联差动保护时，其动作时间按先、后合闸方式考虑。

（1）先合侧：设为 M 侧，其重合闸时间为

$$t_{ch\cdot M}=t_{dz\cdot xj\cdot N}-t_{dz\cdot M}+t_{t\cdot N}-t_{t\cdot M}-t_{h\cdot M}+t_{xyl}+t_y \tag{9-21}$$

式中　$t_{dz\cdot xj\cdot N}$——线路对侧横差保护相继动作时间；

$t_{dz\cdot M}$——线路本侧横差保护动作时间；

$t_{t\cdot N}$——线路对侧断路器跳闸时间；

$t_{t\cdot M}$——线路本侧断路器跳闸时间；

$t_{h\cdot M}$——线路本侧断路器合闸时间；

t_{xyl}——消弧及去游离时间；

t_y——裕度时间。

（2）后合侧：设为 N 侧。动作时限应按先合闸侧重合于稳定性故障上，再次跳闸的条件整定，即

$$\begin{aligned}t_{ch\cdot N}=&t_{dz\cdot M}+t_{dz\cdot xj\cdot M}-t_{dz\cdot N}+2t_{t\cdot M}\\&-t_{t\cdot N}+t_{h\cdot M}-t_{h\cdot N}+t_{ch\cdot M}+t_y\end{aligned} \tag{9-22}$$

式中　$t_{dz\cdot M}$——先合侧横差保护动作时间；

$t_{dz\cdot xj\cdot M}$——先合侧横差保护相继动作时间；

$t_{dz\cdot N}$——后合侧横差保护动作时间；

$t_{t\cdot M}$，$t_{t\cdot N}$——先合侧及后合侧断路器跳闸时间；

$t_{h\cdot M}$，$t_{h\cdot N}$——先合侧及后合侧断路器合闸时间；

$t_{dh \cdot M}$ ——先合侧重合闸动作时间；

t_y ——裕度时间。

第9-5节　非同期重合闸整定计算

一、选用非同期重合闸的条件

（1）在两侧电源电势之间的相角差为180°合闸时，所产生的冲击电流，使所有连接的发电机、变压器、调相机均不超过允许冲击电流倍数的规定值。允许冲击电流倍数见表9-2。

允许冲击电流倍数是允许冲击电流与额定电流之比，即

$$K_{cj \cdot yx} = \frac{I_{cj \cdot yx}}{I_e} \tag{9-23}$$

式中　$K_{cj \cdot yx}$ ——允许冲击电流倍数；

$I_{cj \cdot yx}$ ——允许冲击电流值；

I_e ——元件的额定电流值。

表9-2　　允许冲击电流倍数

机组类型		允许冲击电流倍数
汽轮发电机		$\frac{0.65}{X''_d}$
水轮发电机	有阻尼回路	$\frac{0.6}{X''_d}$
	无阻尼回路	$\frac{0.6}{X'_d}$
同步调相机		$\frac{0.84}{X''_d}$
电力变压器		$\frac{1}{X_B}$

注　1. X''_d—同步发电机次暂态电抗标么值；
2. X'_d—同步发电机暂态电抗标么值；
3. X_B—变压器短路电抗标么值。

（2）在非同期合闸所产生的振荡过程中，母线电压变化较大，将造成甩负荷问题，要采取措施减小其影响。

二、非同期重合闸的整定

1. 最大冲击电流的计算

计算最大冲击电流时，一般可不考虑负荷的影响，但当计算结果接近允许值时，则应考虑负荷影响进行补充计算，此时负荷等值电抗标么值可采用0.35（以负荷的千伏安值为基准），负荷的等值电势标么值可采用0.9。

（1）不考虑负荷影响。首先根据系统等值接线，选择实际可能的运行方式，再根据非同期时两个系统之间的等值阻抗，由下式算出最大冲击电流$I_{cj \cdot \max}$。

$$I_{cj \cdot \max} = \frac{E''_{xt1} + E''_{xt2}}{X_{1\Sigma}} = \frac{2 \times 1.05 U_e}{X_{1\Sigma}} \tag{9-24}$$

式中　E''_{xt1}，E''_{xt2} ——线路两侧系统的等值电势；

U_e ——线路额定线电压；

$X_{1\Sigma}$ ——非同期并列的两侧等值系统间的等值串联阻抗。

对所计算的发电机的冲击电流为

$$I_{cj \cdot f} = K_{fz} I_{cj \cdot \max} \tag{9-25}$$

对所计算的发电机的冲击电流倍数为

$$K_{cj} = \frac{I_{cj \cdot f}}{I_{ef}} \tag{9-26}$$

式中　K_{fz} ——所计算的发电机的分支系数；

I_{ef} ——发电机的额定电流。

K_{cj} 应不超过表 9-2 所规定的数值。

（2）考虑负荷影响。首先在系统等值阻抗图上，增加负荷阻抗分支值。即 $E''_{fh*}=0.9$，$X_{fh*}=0.35$，选择实际可能的运行方式，按下列公式计算最大冲击电流 $I_{cj\cdot\max\cdot fh}$。

假定系统 1 为一侧，系统 2 与负荷阻抗为一侧。

$$E_{xt2}=(E''_{xt2}X_{fh}+E''_{fh}X_{c2})/(X_{c2}+X_{fh})$$

$$X_2=X_{c2}X_{fh}/(X_{c2}+X_{fh})$$

则

$$I_{cj\cdot\max\cdot fh}=\frac{E''_{xt1}+E_{xt2}}{X_{c1}+X_{xl}+X_2} \tag{9-27}$$

式中　E''_{xt1}，X_{c1} ——系统 1 电源电势和阻抗；

E''_{xt2}，X_{c2} ——系统 2 电源电势和阻抗；

E''_{fh}，X_{fh} ——负荷分支的电势和阻抗；

E_{xt2}，X_2 ——系统 2 和负荷分支归并后的等值电势和阻抗；

X_{xl} ——线路阻抗。

对所计算的发电机，冲击电流同式（9-25）。

2. 母线电压的计算

任一母线的相电压值为

$$U=I_{cj}X \tag{9-28}$$

式中　I_{cj} ——冲击电流值；

X ——任一点距振荡中心的电抗值。

一般要求母线电压为 $0.7U_e$，用户才能不甩负荷，因而对母线电压降低较大时，对重要负荷要降低低压释放定值或取消该装置。

3. 重合闸时间

（1）两侧均采用不检查线路电压的三相重合闸，其动作时限按对侧保护切除故障及去游离条件决定，即

$$t_{ch\cdot N}=t_{dz\cdot\max\cdot M}-t_{dz\cdot\min\cdot N}+t_{t\cdot M}-t_{t\cdot N}-t_{h\cdot N}+t_{yd} \tag{9-29}$$

式中　$t_{dz\cdot\max\cdot M}$ ——M 侧保护动作的最大时限；

$t_{dz\cdot\min\cdot N}$ ——N 侧保护动作的最小时限；

$t_{t\cdot M}$，$t_{t\cdot N}$ ——M 侧及 N 侧断路器跳闸时限；

$t_{h\cdot N}$ ——N 侧断路器合闸时限；

t_{yd} ——裕度时间。

（2）当一侧不检查电压，另一侧检查线路有电压的重合闸，先重合侧可按式（9-17）计算动作时限。后重合闸侧，其动作时限按保证本侧断路器不重合在稳定性故障上进行整定，即

$$t_{ch\cdot M}=2t_{dz\cdot\max\cdot N}-t_{dz\cdot\min\cdot M}+2t_{t\cdot N}-t_{t\cdot M}+t_{h\cdot N}-t_{h\cdot M}+t_{ch\cdot N}+t_y \tag{9-30}$$

式中　$t_{ch\cdot N}$ ——先合侧重合闸时限；

$t_{dz\cdot \max\cdot N}$ ——N 侧保护动作的最大时限；

$t_{dz\cdot \min\cdot M}$ ——M 侧保护动作的最小时限；

$t_{t\cdot N}$，$t_{t\cdot M}$ ——N 侧及 M 侧断路器跳闸时限；

$t_{h\cdot N}$，$t_{h\cdot M}$ ——N 侧及 M 侧断路器合闸时限。

三、非同期重合闸对线路保护的影响

（1）采用非同期重合闸时，可能引起系统振荡，造成电流、电压及距离保护的误动作。为此，要从整定值上躲过。否则应经振荡闭锁装置闭锁。

（2）由于三相断路器不同时接触，可能短时出现负序及零序分量，从而引起零序保护Ⅰ段及后加速段误动。为此，可在速断段及重合闸后加速回路增设 0.1s 时延。

（3）由于瞬间非同期产生的负序分量，将使振荡闭锁装置起动，因此应使振荡闭锁的复归时间大于本线或其他线路上重合闸周期。

重合闸周期是指当线路一端故障时，两侧断路器不同时断开进行重合闸的全过程。当按断路器跳闸重合闸开始计时算起时

$$t_{zq} = t_{dz} + t_t + t_{ch} + t_h + t_y \tag{9-31}$$

式中　t_{zq} ——重合闸周期；

t_{dz} ——后备保护动作时间；

t_t ——断路器跳闸时间；

t_{ch} ——重合闸动作时间；

t_h ——断路器合闸时间；

t_y ——裕度时间。

一般取重合闸周期为 6～9s。

（4）在采用上述措施后，当本线路重合于永久性故障时，保护也将被闭锁，因而采用重合闸后延时 1.5s 加速距离保护Ⅲ段，以切除永久性相间故障。

四、算例

【例 9-3】 图 9-9 示出某系统的接线及参数，试计算各线上采用非同期重合闸的可能性。

1. 阻抗归并及等值网络图的制作

所有参数计算均以 100MVA 及平均电压为基准值。

火电厂发电机　$X_{hf} = X''_d \times \dfrac{S_j \cos\varphi}{P_{ef}} = 0.125 \times \dfrac{100 \times 0.8}{25} = 0.4$

水电厂发电机　$X_{sf} = X''_d \times \dfrac{S_j \cos\varphi}{P_{ef}} = 0.2 \times \dfrac{100 \times 0.85}{50} = 0.34$

调相机　$X_{tx} = X''_d \times \dfrac{S_j}{S_e} = 0.15 \times \dfrac{100}{15} = 1.0$

A 母线变压器　$X_{b\cdot A} = U_k \times \dfrac{S_j}{S_e} = 0.105 \times \dfrac{100}{31.5} = 0.334$

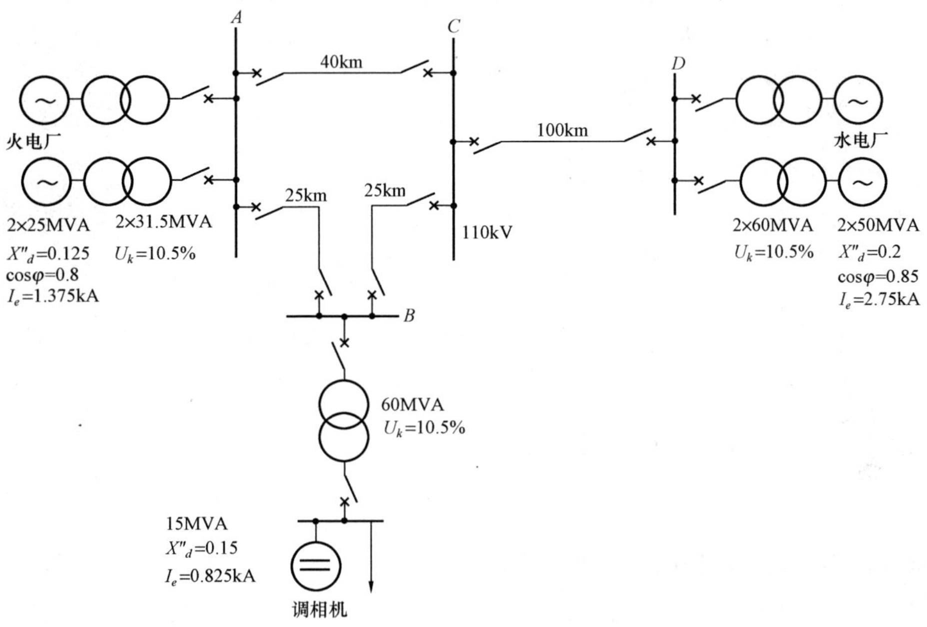

图 9-9　某 110kV 系统接线

B、D 母线变压器　$X_{b\cdot B}=X_{b\cdot D}=U_k\times\dfrac{S_j}{S_e}=0.105\times\dfrac{100}{60}=0.175$

线路 AC　$X_{AC}=0.4l_{AC}\dfrac{S_j}{U^2}=0.4\times40\dfrac{100}{110^2}=0.132$

线路 AB（BC）　$X_{AB}=X_{BC}=0.4l_{AB}\dfrac{S_j}{U^2}=0.4\times25\times\dfrac{100}{110^2}=0.0825$

线路 CD　$X_{CD}=0.4l_{CD}\dfrac{S_j}{U^2}=0.4\times100\times\dfrac{100}{110^2}=0.33$

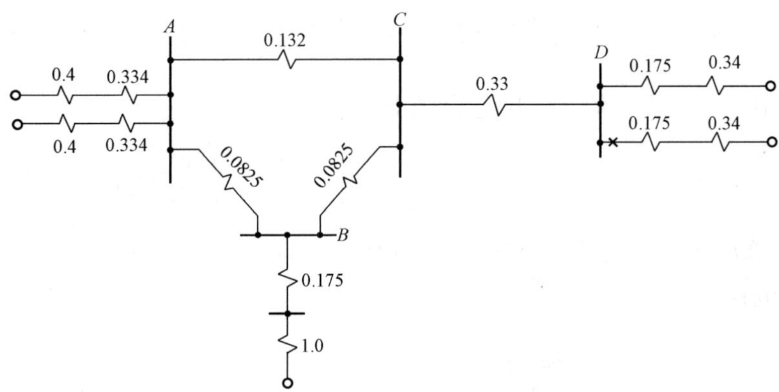

图 9-10　某 110kV 系统接线的等值网络阻抗图

2. 各线路非同期重合闸计算

（1）CD 线路。其计算公式为水电厂单机、其他厂站为大运行方式时

$$X_{\Sigma}=0.339+0.33+0.515=1.184$$

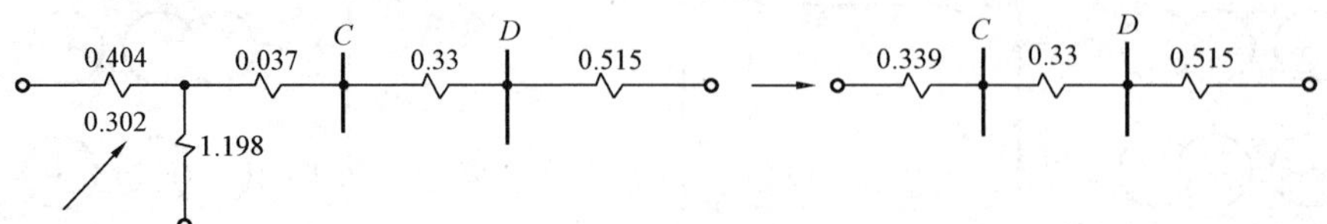

图 9-11 简化图 9-10 阻抗图的步骤（a）、（b）

当 $U=E=1.05$ 时，非同期重合闸周期分量电流的最大值为

$$I_{cj\cdot\max}=\frac{2\times1.05}{X_{\Sigma}}=\frac{2.1}{1.184}=1.7736$$

1）水电厂中一台发电机的非同期重合闸电流为

$$I_{cj\cdot f}=I_{cj\cdot\max}\frac{S_j}{S_{ef}}=1.7736\times\frac{100}{50/0.85}=3.015I_{ef}$$

2）水电厂中每台变压器的非同期重合闸电流为

$$I_{cj\cdot b}=I_{cj\cdot\max}\frac{S_j}{S_{eb}}=1.7736\times\frac{100}{60}=2.956I_{eb}$$

3）调相机的非同期重合闸电流为

$$I_{cj\cdot tx}=I_{cj\cdot\max}K_{cj\cdot tx}\frac{S_j}{S_e}=1.7736\times\frac{0.302}{1.198}\times\frac{100}{15}=2.98I_{etx}$$

4）B 变电站变压器的非同期重合闸电流为

$$I_{cj\cdot b}=I_{cj\cdot\max}K_{cj\cdot b}\frac{S_j}{S_{eb}}=1.7736\times\frac{0.302}{1.198}\times\frac{100}{60}=0.744I_{eb}$$

5）火电厂中一台发电机的非同期重合闸电流为

$$I_{cj\cdot f}=I_{cj\cdot\max}K_{cj\cdot f}\frac{S_j\cos\varphi}{P_{ef}}=1.7736\times\frac{0.302}{0.404}\times\frac{100\times0.8}{25}=4.24I_{ef}$$

6）火电厂中一台变压器的非同期重合闸电流为

$$I_{cj\cdot b}=I_{cj\cdot\max}K_{cj\cdot b}\frac{S_j}{S_{eb}}=1.7736\times\frac{0.302}{0.404}\times\frac{400}{31.5}=4.22I_{eb}$$

按表 9-2 计算出允许非同期重合闸的冲击电流值为：

1）水轮发电机一台时

$$I_{cj\cdot yx\cdot f}=\frac{0.6}{X''_d}=\frac{0.6}{0.2}=3I_{ef}$$

2）汽轮发电机一台时

$$I_{cj\cdot yx\cdot f}=\frac{0.65}{X''_d}=\frac{0.65}{0.125}=5.2I_{ef}$$

3）调相机每台

$$I_{cj \cdot yx \cdot tx} = \frac{0.84}{Y''_d} = \frac{0.84}{0.15} = 5.6 I_{etx}$$

4）电力变压器每台

$$I_{cj \cdot yx \cdot b} = \frac{1}{X_b} = \frac{100}{10.5} = 9.5 I_{eb}$$

由计算可知，实际值接近或小于允许值，故该线上采用非同期重合闸是允许的。

（2）AB 线路。当线路 AC 检修停运时，计算 AB 线路采用非同期重合闸的可能性，计算方式为火电厂单机、其他厂站为大运行方式。简化图 9-9 网络阻抗步骤，如图 9-12 所示。

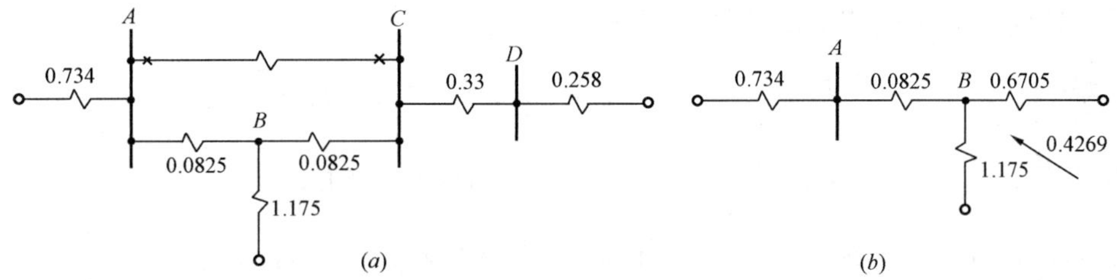

图 9-12　简化图 9-9 网络阻抗步骤（a）、（b）

$$X_{\Sigma} = 0.734 + 0.0825 + 0.4269 = 1.243$$

$$I_{cj \cdot \max} = \frac{2U}{X_{\Sigma}} = \frac{2.1}{1.243} = 1.689$$

1）火电厂中一台发电机的非同期重合闸电流

$$I_{cj \cdot f} = 1.689 \times \frac{100 \times 0.8}{25} = 5.4 I_{ef} > 5.2 I_{ef}$$

2）火电厂中一台变压器非同期重合闸电流

$$I_{cj \cdot b} = 1.689 \times \frac{100}{31.5} = 5.36 I_{eb} < 9.5 I_{eb}$$

3）调相机的非同期重合闸电流

$$I_{cj \cdot tx} = 1.689 \times \frac{0.4269}{1.175} \times \frac{100}{15} = 4.09 I_e < 5.6 I_{etx}$$

4）B 变电站变压器的非同期重合闸电流

$$I_{cj \cdot b} = 1.689 \times \frac{0.4269}{1.175} \times \frac{100}{60} = 1.023 I_{eb} < 9.5 I_{eb}$$

5）水电厂中每台发电机的非同期重合闸电流

$$I_{cj \cdot f} = \frac{1}{2} \times 1.689 \times \frac{0.4269}{0.6705} \times \frac{100 \times 0.85}{50} = 0.914 I_{ef} < 3.0 I_{ef}$$

6）水电厂中每台变压器的非同期重合闸电流

$$I_{cj \cdot b} = \frac{1}{2} \times 1.689 \times \frac{0.4269}{0.6705} \times \frac{100}{31.5} = 1.71 I_{eb} < 9.5 I_{eb}$$

由计算结果可知，在线路 AB 上采用非同期重合闸时，发电机运行中冲击电流超过允许值，是不能采用非同期重合闸的。若在 A 发电厂母线有大负荷接入，还可进一步考虑负荷影响，进行分析计算。

当线路 BC 检修停运时，计算 AB 线路采用非同期重合闸的可能性。其计算方式为火电厂两台机、水电厂两台机，着重校验对 B 变电站变压器及调相机的冲击，即

$$X_{\Sigma}=(0.588+0.132)\ /\!/\ 0.367+1.2575=0.72\ /\!/\ 0.367+1.2575$$
$$=0.243+1.2575=1.5$$

$$I_{cj\cdot\max}=\frac{2.1}{1.5}=1.4$$

B 变电站变压器及调相机的非同期重合闸电流：

变压器 $$I_{cj\cdot b}=1.4\times\frac{100}{60}=2.33I_{eb}<9.5I_{eb}$$

调相机 $$I_{cj\cdot tx}=1.4\times\frac{100}{15}=9.33I_{e}>5.6I_{etx}$$

由计算结果知，在该检修方式下，不能采用非同期重合闸。

(3) BC 线路。当线路 AC 停运，其计算方式为火电厂单机、其他厂站为最大运行方式时，其简化网络见图 9-13。

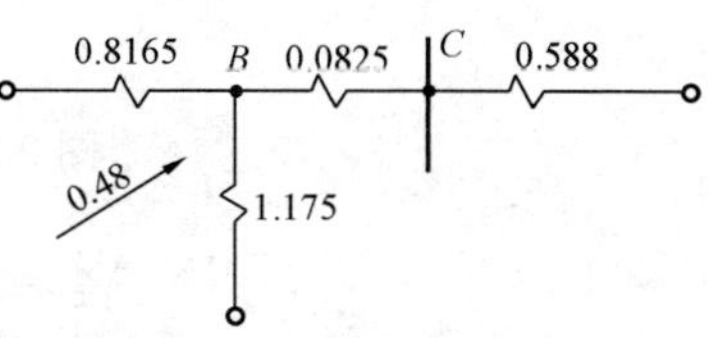

图 9-13　线路 AC 停运时图 9-9 的简化网络

$$X_{\Sigma}=0.48+0.0825+0.588=1.152$$

$$I_{cj\cdot\max}=\frac{2.1}{1.152}=1.82$$

1）火电厂中一台发电机的非同期重合闸电流

$$I_{cj\cdot f}=1.82\times\frac{0.325}{0.4495}\times\frac{100\times0.8}{25}=4.2I_{ef}<5.2I_{ef}$$

2）火电厂中一台变压器的非同期重合闸电流

$$I_{cj\cdot b}=1.82\times\frac{0.325}{0.4495}\times\frac{100}{31.5}=4.17I_{eb}<9.5I_{eb}$$

3）调相机的非同期重合闸电流

$$I_{cj\cdot tx}=1.82\times\frac{0.48}{1.175}\times\frac{100}{15}=4.96I_{etx}<5.6I_{etx}$$

4）B 变电站变压器的非同期重合闸电流

$$I_{cj\cdot b}=1.82\times\frac{0.48}{1.175}\times\frac{100}{60}=1.239I_{eb}<9.5I_{eb}$$

5）水电厂中一台发电机的非同期重合闸电流

$$I_{cj\cdot f}=\frac{1}{2}\times1.82\times\frac{100\times0.8}{50}=1.456I_{ef}<3.0I_{ef}$$

6）水电厂中每台变压器的非同期重合闸电流

$$I_{cj\cdot b}=\frac{1}{2}\times 1.82\times\frac{100}{31.5}=2.89I_{eb}<9.5I_{eb}$$

由以上计算可知，该线路在此检修方式下可采用非同期重合闸。

当线路 AB 停运时，水电厂、火电厂两侧均为最大方式，主要校验 B 变电站变压器及调相机的冲击电流，即

$$X_{\Sigma}=(0.499\ /\!/\ 0.5875)+0.0825+1.175=0.27+0.0825+1.175=1.527$$

$$I_{cj\cdot\max}=\frac{2.1}{1.527}=1.375$$

B 变电站变压器及调相机的非同期重合闸电流：

变压器 $$I_{cj\cdot b}=1.375\times\frac{100}{60}=2.29I_{eb}<9.9I_{eb}$$

调相机 $$I_{cj\cdot t0}=1.375\times\frac{100}{15}=9.16I_{eb\cdot t0}>5.6I_{et0}$$

由计算结果知，在该检修方式下，不能采用非同期重合闸。

（4）AC 线路。分两种情况，一种是 AB 线停运，另一种是 BC 线停运。

1）AB 线停运计算方式为火电厂单机、其他厂站为大运行方式时，其简化网络见图 9-14。

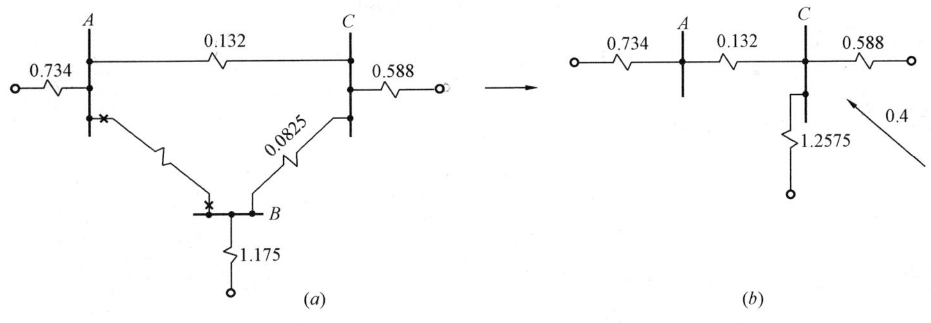

图 9-14　线路 AB 停运图 9-9 简化网络（a）、（b）

$$X_{\Sigma}=0.734+0.132+0.4=1.266$$

$$I_{cj\cdot\max}=\frac{2.1}{1.266}=1.658$$

各元件的非同期重合闸电流计算：

调相机 $$I_{cj\cdot tx}=1.658\times\frac{0.4}{1.2575}\times\frac{100}{15}=3.51I_{etx}<5.6I_{etx}$$

水轮发电机 $$I_{cj\cdot f}=\frac{1}{2}\times 1.658\times\frac{0.4}{0.588}\times\frac{100\times 0.85}{50}=0.959I_{ef}<3.0I_{ef}$$

D 电厂变压器 $$I_{cj\cdot b}=\frac{1}{2}\times 1.658\times\frac{0.4}{0.588}\times\frac{100}{31.5}=1.79I_{eb}<9.5I_{eb}$$

汽轮发电机　　$I_{cj\cdot f}=\frac{1}{2}\times 1.658\times\frac{100\times 0.8}{25}=2.65I_{ef}<5.2I_{ef}$

A 电厂变压器　　$I_{cj\cdot b}=\frac{1}{2}\times 1.658\times\frac{100}{31.5}=2.63I_{eb}<9.5I_{eb}$

B 变电站变压器　　$I_{cj\cdot b}=1.658\times\frac{0.4}{1.2575}\times\frac{100}{60}=0.878I_{eb}<9.5I_{eb}$

由计算结果知，该线在此方式下，可采用非同期重合闸。

2）当 BC 线停运时，简化网络见图 9-15，则

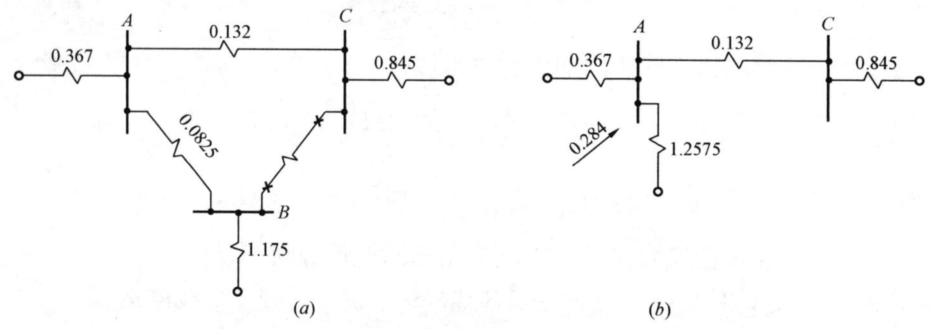

图 9-15　线路 BC 停运图 9-9 简化网络（a）、（b）

$$X_{\Sigma}=0.284+0.132+0.845=1.26$$

$$I_{cj\cdot \max}=\frac{2.1}{1.26}=1.666$$

各元件的非同期重合闸电流：

调相机　　$I_{cj\cdot tx}=1.666\times\frac{0.284}{1.2575}\times\frac{100}{15}=2.5I_{etx}<5.6I_{etx}$

汽轮机　　$I_{cj\cdot f}=\frac{1}{2}\times 1.666\times\frac{0.284}{0.367}\times\frac{100\times 0.8}{25}=2.06I_{ef}<5.2I_{ef}$

A 电厂变压器　　$I_{cj\cdot b}=\frac{1}{2}\times 1.666\times\frac{0.284}{0.367}\times\frac{100}{31.5}=2.04I_{eb}<9.5I_{eb}$

水轮发电机　　$I_{cj\cdot f}=1.666\times\frac{100\times 0.85}{50}=2.83I_{ef}<3I_{ef}$

D 电厂变压器　　$I_{cj\cdot b}=1.666\times\frac{100}{31.5}=5.28I_{eb}<9.5I_{eb}$

B 站变压器　　$I_{cj\cdot b}=1.666\times\frac{0.284}{1.2575}\times\frac{100}{60}=0.626I_{eb}<9.5I_{eb}$

由以上计算可知，该线路在此方式下，可采用非同期重合闸。

【例 9-4】在图 9-16 系统接地中，发电厂装有容量为 2×25MW 的二台发电机，在电厂 110kV 母线上接有 75MVA 的负荷，电厂通过 80km 线路与无限大系统连接，试计算在该线上应用非同期重合闸的可能性。

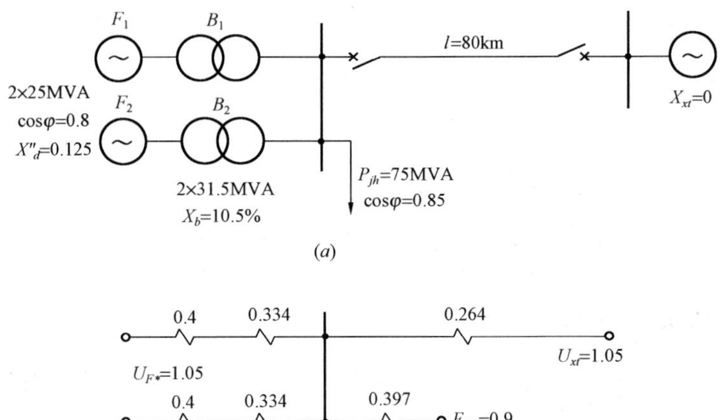

图 9-16 与无限大系统连接的电气一次接线

(a) 系统接线图；(b) 等值阻抗图

取 100MVA、平均电压作基准时，各电抗标幺值表示于等值阻抗图 (b) 中。在等值接线中，不计入负荷时的总阻抗为

$$X_{\Sigma}=\frac{0.4+0.334}{2}+0.264=0.631$$

当 $U=E=1.05$ 时，非同期重合闸电流的最大数值

$$I_{cj}=\frac{U+E}{X_{\Sigma}}=\frac{1.05+1.05}{0.631}=3.33$$

一台发电机的非同期重合闸电流

$$I_{cj\cdot f}=0.5I_{cj}\times\frac{100\cos\varphi}{P_f}=0.5\times3.33\times\frac{100\times0.8}{25}=5.328I_{ef}$$

发电机允许冲击电流为

$$I_{cj\cdot yx}=\frac{0.625}{X''_d}=\frac{0.625}{0.125}=5I_{ef}$$

超过了发电机允许电流值，故需进一步考虑负荷影响作详细计算。

负荷阻抗 $X_{fh}=0.35\times\frac{100}{W_{fh}}=0.35\times\frac{100\cos\varphi}{P_{fh}}=0.35\times\frac{100\times0.85}{75}=0.397$

两台发电机-变压器组的等值电流为

$$X_{fb}=\frac{0.4+0.334}{2}=0.367$$

发电厂和负荷的等值电抗为

$$X_{gz}=\frac{0.367\times0.397}{0.367+0.397}=0.191$$

发电厂和负荷的等值电势为

$$E_{gz} = \frac{1.05 \times 0.397 + 0.9 \times 0.367}{0.397 + 0.367} = 0.977$$

等值接线的总阻抗

$$X_{\Sigma} = 0.191 + 0.264 = 0.455$$

非同期重合闸电流的最大值为

$$I_{cj} = \frac{U + E_{gz}}{X_{\Sigma}} = \frac{1.05 + 0.977}{0.455} = 4.45 I_e$$

发电厂中每台机的非同期重合闸电流

$$I_{cj \cdot f} = 0.5 I_{cj} \times \frac{X_{fh}}{X_f + X_{fh}} \frac{100\cos\varphi}{P_f} = 0.5 \times 4.45 \times \frac{0.397}{0.397 + 0.367}$$

$$\times \frac{100 \times 0.8}{25} = 3.7 I_{ef} < \frac{0.625}{X''_d} = 5 I_{ef}$$

因此考虑了负荷后，精确计算表明，在联络线上采用非同期重合闸是允许的。

第 9-6 节　三相快速重合闸整定计算

三相快速重合闸，就是指在线路上装有全线速动保护和快动断路器设备，从而保证在断开和重合的整个周期中，电源电势之间的相角差来不及拉开。一般断电时间约在 0.4s 左右。

（1）在进行快速重合闸计算时，线路两侧电势所摆开的角度不应大于系统稳定计算所提供的极限角，即

$$\delta \leqslant \delta_{jx}$$

式中　δ——快速重合闸瞬间，线路两侧电源间的振荡角；

δ_{jx}——由暂稳计算所确定的极限角，在缺乏提供的数据时，可按 120°估计。

（2）冲击电流计算。该电流计算为

$$I_{cj \cdot \max} = \frac{2.1 U_e}{X_{1\Sigma}} \times \sin\frac{\delta}{2} \tag{9-32}$$

式中　U_e——系统额定线电压；

δ——在一般情况下，采用 180°进行计算；

$X_{1\Sigma}$——两侧等值系统间的串联综合电抗。

对某一设备，冲击电流的分流值为

$$I_{cj \cdot f} = K_{fz} I_{cj \cdot \max} \tag{9-33}$$

式中　K_{fz}——占总冲击电流比例的分支系数，要求不超过表 9-2 的规定。

（3）重合闸的动作时间。快速重合闸的动作时间，应保证断路器断电间隙大于故障点熄弧及去游离时间，即

$$t_{ch} = t_{xyl} + \Delta t_{dz} + \Delta t_t + t_y \tag{9-34}$$

式中　t_{xyl}——熄弧及去游离时间；

Δt_{dz} ——线路两侧保护动作时间差值；

Δt_t ——线路两侧断路器跳闸时间差值；

t_y ——裕度时间。

第 9-7 节　水电厂自同步重合闸整定计算

（1）当水电厂与电力系统经过单回线路联系时，在联络线上，系统侧装有检查线路无电压重合闸，在水电厂侧则可采用自同步重合闸。这样当线路发生故障时，系统侧跳线路断路器，水电厂侧保护将动作于发电机断路器和灭磁开关。然后系统侧断路器检查线路无电压重合，若重合成功，则水轮发电机断路器自同步并入系统。

自同步方法的缺点是：

1）无励磁的发电机，在投入系统时，不可避免地要在发电机定子中产生冲击电流。

2）发电机接入系统时，要使母线电压下降。

为此，对自同步的要求是：

1）保证发电机能可靠地拉入同步。

2）发电机冲击电流不超过允许值。

3）发电机接入瞬间，母线电压的降低，不影响正常供电。

4）当有两台以上机组时，为保证地区负荷，可考虑使一部分机组与系统解列，继续向地区负荷供电，另一部分机组实行自同步重合。

（2）发电机并入系统瞬间，定子电流和母线电压的计算。

1）发电机投入系统时，合闸瞬间定子的冲击电流

$$I_{cj} = \frac{U_e}{X_c + X'_d} \tag{9-35}$$

式中　I_{cj} ——暂态电流周期分量的有效值；

U_e ——电网电压，以发电机电压为基准；

X_c ——电网电抗，以投入发电机的功率为基准；

X'_d ——发电机暂态电抗。

求得相对于定子额定电流的倍数，应小于表 9-2 的规定，一般冲击电流总是可以满足要求的。

2）在接入系统瞬间，发电机的端电压

$$U_f = I_{cj}X'_d \tag{9-36}$$

由于自同步时要发生电压下降，因此装有低电压保护的一些电动机将被切除。所以在重要电动机上，应使用带延时的低电压保护，或不用低电压保护，在这种情况下，还应保证在短路切除后，这些电动机能够自起动。

（3）重合闸的动作时间。应保证在系统侧断路器重合于故障线路后，来得及再次跳闸。

按“不对应回路”方式起动时，设本侧为 M 侧，系统侧为 N 侧，则

$$t_{ch\cdot M}=2t_{dz\cdot N}+t_{ch\cdot N}+t_{h\cdot N}+2t_{t\cdot N}-t_{dz\cdot M}+t_{yd} \tag{9-37}$$

式中 $2t_{dz\cdot N}$——系统侧线路保护的动作时间，当装有重合闸后加速时，该时间应相应减小；

$t_{ch\cdot N}$——系统侧重合闸时间；

$t_{h\cdot N}$——系统侧断路器合闸时间；

$t_{t\cdot N}$——系统侧断路器跳闸时间；

$t_{dz\cdot M}$——发电厂侧保护动作时间；

t_{yd}——裕度时间。

按“保护装置”方式起动时，式（9-37）改变：

$$t_{ch\cdot M}=t_{dz\cdot N}+t_{ch\cdot N}+t_{h\cdot N}+2t_{t\cdot N}-t_{dz\cdot M}+t_{yd} \tag{9-38}$$

式中符号意义同式（9-37）。

第9-8节　综合重合闸整定计算

一、综合重合闸的功用

220kV及以上电压级的高压输电线路，由于输送功率大、稳定问题突出，采用一般三相重合闸往往不能满足系统要求，特别是高压线路单相接地故障机率高达80%以上，因而在发生单相故障时，断开单相、重合单相可大大提高供电的可靠性和系统并列运行的稳定性。而在发生相间故障时，断开三相，进行三相重合。这样单相重合闸与三相重合闸可综合一起考虑，所以称综合重合闸。

以下介绍综合重合闸实现重合的四种方式。

1. 综合重合闸方式

当线路发生单相故障时，跳开单相，进行单相重合。当重合到永久性故障上时，跳开三相不再进行重合。当线路发生相间故障时，实现三相重合，当重合到永久性故障上时，断开三相不再进行重合。

2. 单相重合闸方式

当线路发生单相故障时，实现单相重合闸。当重合于永久性故障上时，断开三相不再进行重合。当线路发生相间故障时，则断开三相不进行重合闸。

3. 三相重合闸方式

当线路发生任何类型的故障时，均断开三相，实现三相重合闸。当重合于永久性故障上时，断开三相不再进行重合。

4. 停用方式

当线路上发生任何类型的故障时，均直接断开三相，不进行重合闸。

二、综合重合闸的主要元件

综合重合闸装置一般由选相元件、接地故障判别元件、相电流元件、时间元件、中间元件及信号元件组成。对于最近开发的一些保护装置，本身已带有选相功能的，重合闸装置中就不带选相元件了。其中时间元件、中间元件及信号元件，在晶体管保护中均包括在直流逻辑回路内，有的装置还增加了无电压检定元件、同期检定元件及独立跳闸的相电流速断保护。

1. 选相元件

（1）作用：在线路发生单相接地故障时，正确选择故障相别，进行单相切除故障。因此要求故障相的选相元件，在本线路发生单相接地故障时，应保证在各种运行方式下有足够灵敏度，非故障相的选相元件应可靠不动。

（2）分类：选相元件可由电流、电压、电流突变量、对称分量或阻抗元件构成。由于电流及电压选相元件灵敏度低，受运行方式的变化影响较大，因此，多作为辅助选相元件，以消除方向阻抗选相元件的死区。阻抗选相元件又有二种，一种是全阻抗选相元件，另一种是方向阻抗选相元件，前者易受振荡影响，因而在非全相振荡时，非故障相选相元件易误动作，因此，不宜独立工作及闭锁零序电流保护。后者为解决线路出口故障时能正确动作，采用了包含原点的方向阻抗选相元件，因而较易躲开振荡影响。用相电流差突变元件构成的选相元件，目前已大量采用，它的特点是选相性能好、灵敏度高、不需要躲负荷电流、且具有较大的允许故障点经过接地电阻的能力，并可兼作非全相运行故障判别元件，接线简单、可靠性高。

2. 接地故障判别元件

（1）作用；接地故障判别元件能区别线路上发生的是接地故障还是不接地故障。当发生单相接地故障时，该元件动作时间应小于保护装置动作时间，以保证在接地故障时，不误切三相。同时还必须保证在保护未返回之前，该元件不得接通三相跳闸回路；当发生非接地故障时，应立即沟通三相跳闸回路，以便迅速实现三相跳闸。因此，要求接地故障判别元件具有动作快，返回慢的特性。

（2）种类：有零序电压元件，零序电流元件，零序功率元件，零序与负序电压复合回路。

3. 相电流元件

（1）作用：

1）作为辅助选相元件，用来闭锁接于线路电压互感器上的选相元件。

2）检定重合闸后有故障时送出后加速信号。

3）作为断路器失灵保护的分相起动元件及全相运行的判别元件。

（2）构成：该装置采用了按相自保持措施，使非故障相的相电流判别元件不受最小负荷电流的影响，另外由于电容电流的暂态值高于稳态值 3～4 倍，为此必须利用相电流元件延时动作来躲过瞬时充电电流值。

三、JZC，JZZC，ZZC 系列综合重合闸的整定

1. 阻抗选相元件

（1）动作阻抗的计算：

1）应保证在线路末端发生故障时有足够的灵敏度，即

$$Z_{dz} = K_{lm} Z_{xl} \tag{9-39}$$

式中　K_{lm} ——灵敏度，考虑弧光电阻等影响时取 1.5；

Z_{xl} ——被保护线路正序相阻抗。

2）线路末端弧光接地短路时，承受电弧电阻能力的校验，见图 9-17，应考虑对侧断路器先跳开后的情况。

$$Z_{dz}^2 = A^2 + B^2 \tag{9-40}$$

$$A^2 = R_h^2 + Z_{xl}^2 - 2R_h Z_{xl}\cos(180° - \varphi_{xl}) \tag{9-41}$$

$$B^2 = (Z_{dz} - Z_{xl})^2 + R_h^2 - 2(Z_{dz} - Z_{xl})R_h\cos\varphi_{xl} \tag{9-42}$$

将式（9-41）、(9-42）代入式（9-40)，解出

$$R_h = \frac{(Z_{dz} - 2Z_{xl})\cos\varphi_{xl} + \sqrt{(Z_{dz} - 2Z_{xl})^2\cos^2\varphi_{xl} + 4Z_{xl}(Z_{dz} - Z_{xl})}}{2} \tag{9-43}$$

式中 R_h ——电弧电阻；

Z_{xl}，φ_{xl} ——线路阻抗及阻抗角；

Z_{dz} ——保护动作阻抗。

当 $Z_{dz} = 2Z_{xl}$ 时，$R_h = Z_{xl}$，即承受的电弧电阻值与线路阻抗值相等。

规程要求经 20Ω 接地电阻接地时，阻抗选相元件至少能相继动作。

3）按躲过正常最小负荷阻抗时整定，即

$$Z_{dz} = \frac{U_e^2}{K_k K_f S\cos(\varphi_{xl} - \varphi_{fh})} \tag{9-44}$$

式中 U_e ——线路额定电压值；

K_k ——可靠系数，取 1.5～2；

K_f ——阻抗选相元件返回系数；

S——线路负荷视在功率；

φ_{xl} ——线路阻抗相角；

φ_{fh} ——负荷电流相角。

4）校验出口单相接地故障，抗弧光电阻能力。如图 9-18 所示，对于近故障点的保护整定计算为

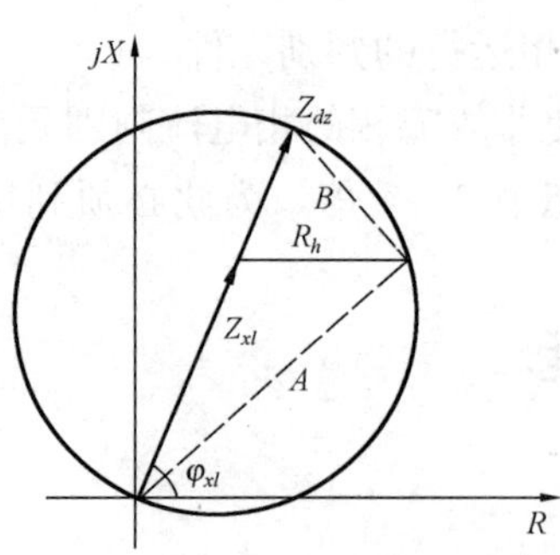

图 9-17　线路末端弧光接地，电弧电阻计算图

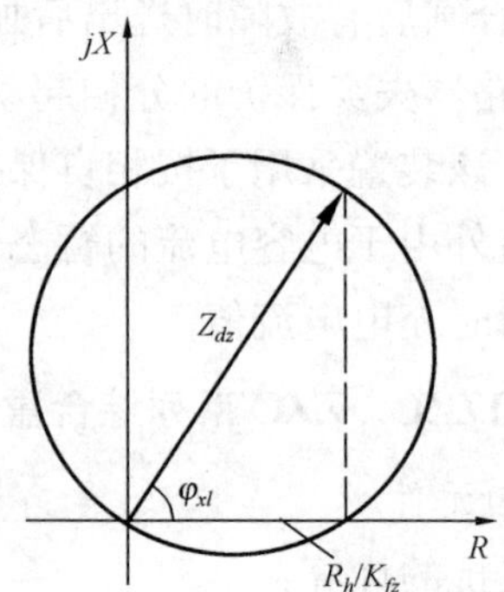

图 9-18　近故障点的保护整定示意图

$$Z_{dz} = \frac{R_h}{\cos\varphi_{xl} K_{fz}} \tag{9-45}$$

式中 R_h ——接地电阻，一般为 10～20Ω；

φ_{xl} ——线路阻抗角；

K_{fz} ——本侧保护通过的电流与故障点电流之比的分支系数。

对于 R_h 的分支系数的计算，见图 9-19。

$$K_{fz} = \frac{\dot{I}_{dM}}{\dot{I}_d} = \frac{\dot{I}_{d1M} + \dot{I}_{d2M} + \dot{I}_{d0M}}{\dot{I}_{d1} + \dot{I}_{d2} + \dot{I}_{d0}}$$

$$= \frac{K_{fz1}\dot{I}_{d1} + K_{fz2}\dot{I}_{d2} + K_{fz0}\dot{I}_{d0}}{3\dot{I}_{d0}}$$

$$= \frac{(2K_{fz1} + K_{fz0})\dot{I}_{d0}}{3\dot{I}_{d0}} = \frac{2K_{fz1} + K_{fz0}}{3} \tag{9-46}$$

一般取正序分支系数或零序分支系数两者中较小值，代入式（9-45），解后得：

$$R_h = Z_{dz}\cos\varphi_{xl} K_{fz} \tag{9-47}$$

当 R_h 值不满足要求时，可采用相电流速断作为补救措施。

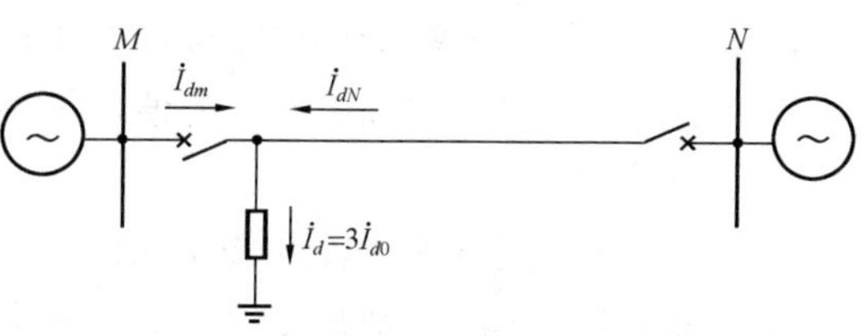

图 9-19 M 侧出口电弧接地电流分布图

5）若在非全相运行时发生故障或重合后系统振荡，选相元件要求独立工作，则其整定值还必须躲过非全相运行再发生故障时继电器端子上所感受的阻抗，并躲过全相振荡再发生故障时继电器端子上的阻抗，即

$$Z_{dz} = K_k Z_{fd} \tag{9-48}$$

$$Z_{dz} = K_k Z_{dan} \tag{9-49}$$

式中 Z_{fd} ——非全相运行再发生故障时，选相元件所感受的阻抗；

Z_{dan} ——重合于振荡时，选相元件所感受的阻抗。

对于上述校验，一般采用阻抗圆作图法，导出阻抗方程式

$$Z = Z_A + \frac{Z_{AB}}{1 - K_i \rho e^{j\theta}} \tag{9-50}$$

式中 Z_A，Z_{AB}，K_i ——与系统阻抗、故障方式及继电器连接方式有关的复数量；

ρ、θ ——两端电势比差及角差。

根据故障的边界条件，绘出相序网络，用对称分量法求其不同故障下 Z_A、Z_{AB} 及 K_i 值，即可得出相应的感受阻抗值。

在满足以上条件时，取最小动作阻抗作为整定值，一般前三条必须满足，后两条不满足时，可采取补救措施。

阻抗元件的二次动作值

$$Z_{dz\cdot j} = Z_{dz}\frac{n_{LH}}{n_{YH}} \tag{9-51}$$

（2）最大灵敏角：一般最大灵敏角按线路阻抗角整定。对于短线路，由于受出口弧光电阻的影响，阻抗圆应适当放大，灵敏角相应取偏低值。

（3）零序电流补偿 K 值：由具体线路参数决定：

$$K = \frac{Z_{0xl} - Z_{1xl}}{3Z_{1xl}} \tag{9-52}$$

式中　Z_{0xl}，Z_{1xl}——线路零序及正序相阻抗。

阻抗元件采用 $K3I_0$ 补偿之后，阻抗元件在各种接地故障时，只反映线路的正序相阻抗。所以其保护范围不受接地故障类型的影响。一般情况下 $Z_{0xl} = 3Z_{1xl}$ 时，K 值约为 0.7，即主变流器零序电流为 1A 时，流入继电器的电流为 0.7A，K 值用自耦变流器按降流法接线。

（4）阻抗元件精确工作电流校验。线路单相接地的最小电流应大于阻抗继电器最小精确工作电流的 2 倍，即

$$K_{jg} = \frac{3I_{0\cdot\min}^{(1)}}{n_{LH} I_{jg\cdot j}} \geqslant 2 \tag{9-53}$$

式中　K_{jg}——精确工作电流裕度系数；

$3I_{0\cdot\min}^{(1)}$——线路末端最小单相接地电流；

$I_{jg\cdot j}$——继电器精确工作电流值，见制造厂说明书。

2. 电流选相元件

电流选相元件通常作为辅助选相元件，按满足以下条件整定：

（1）线路出口单相接地短路，非故障相电流元件不应误动，即

$$I_{dz} = K_k [I_{fh} + (K_{fz0} - K_{fz1}) I_{0\Sigma}] \tag{9-54}$$

式中　K_{fz0}，K_{fz1}——该侧零序电流和正序电流对故障点总电流的分支系数；

$I_{0\Sigma}$——故障点的总零序电流；

I_{fh}——非故障相可能最大负荷电流；

K_k——可靠系数，取 1.2～1.3。

（2）按转入非全相运行开始 0.3s 时间内的最大负荷电流整定，即

$$I_{dz} = K_k I_{fqx} \tag{9-55}$$

式中　K_k——可靠系数，取 1.5；

I_{fqx}——非全相过程开始 0.3s 内非故障相的可能最大电流。

取以上两条件计算的电流整定值的最大值。

3. 电压选相元件

当利用低电压继电器作短线路或小电源侧选相元件时，其电压定值应满足以下要求：

（1）低于系统运行最低电压

$$U_{dz} = \frac{0.9U_e}{K_k} \tag{9-56}$$

式中　K_k——可靠系数，取 1.3；

U_e——线路额定电压。

（2）低于线路末端单相接地故障时，非故障相最低电压

$$U_{dz} = \frac{U_{c\cdot\min}}{K_k} \tag{9-57}$$

式中 $U_{c\cdot\min}$——线路末端单相接地时，非故障相最低残压；

K_k——可靠系数，取 1.3。

（3）按保证线路末端发生单相接地时灵敏度不小于 1.5 整定，即

$$U_{dz} = 1.5U_{c\cdot\max} \tag{9-58}$$

式中 $U_{c\cdot\max}$——线路末端单相接地时，故障相最高残压。

所选定值应小于式（9-56）、（9-57）的计算值，应大于式（9-58）计算值。

4. 相电流差突变量选相元件

相电流差突变量元件不反映稳态的负荷电流，只反映突变的故障电流分量。为了计算各种故障时保护的动作灵敏度，可将故障电流分量转化为对称分量，即

$$\dot{I}_a - \dot{I}_b = \sqrt{3}e^{j30^\circ}(\dot{I}_1 + \dot{I}_2 e^{-j60^\circ}) \tag{9-59}$$

$$\dot{I}_b - \dot{I}_c = -j\sqrt{3}(\dot{I}_1 - \dot{I}_2) \tag{9-60}$$

$$\dot{I}_c - \dot{I}_a = \sqrt{3}e^{j150^\circ}(\dot{I}_1 + \dot{I}_2 e^{j60^\circ}) \tag{9-61}$$

设 $\dot{I}_1$、$\dot{I}_2$ 为流经选相元件的故障电流正序、负序分量。按照各种故障时 $\dot{I}_1$ 与 $\dot{I}_2$ 的关系，代入式（9-59）、（9-60）、（9-61），得相电流差突变量元件的动作量如表 9-3 所示。

表 9-3　相电流差突变量元件在各种故障时的动作量

故障类型	$\frac{d(\dot{I}_a - \dot{I}_b)}{dt}$	$\frac{d(\dot{I}_b - \dot{I}_c)}{dt}$	$\frac{d(\dot{I}_c - \dot{I}_a)}{dt}$
A 相接地 $\dot{I}_1 = \dot{I}_2$	$3\dot{I}_1^{(1)}$	0	$3\dot{I}_1^{(1)}$
三相短路 $\dot{I}_2 = 0$	$\sqrt{3}\dot{I}_1^{(3)}$	$\sqrt{3}\dot{I}_1^{(3)}$	$\sqrt{3}\dot{I}_1^{(3)}$
BC 相短路 $\dot{I}_1 = -\dot{I}_2$	$\sqrt{3}\dot{I}_1^{(2)}$	$2\sqrt{3}\dot{I}_1^{(2)}$	$\sqrt{3}\dot{I}_1^{(2)}$
BC 相短路接地 $\dot{I}_2 = -n\dot{I}_1$	$\sqrt{3(n^2-n+1)}\dot{I}_1^{(1.1)}$ 当 $n=\frac{1}{2}$ 时，最小值为 $\frac{3}{2}\dot{I}_1^{(1.1)}$	$\sqrt{3}(1+n)\dot{I}_1^{(1.1)}$	$\sqrt{3(n^2-n+1)}\dot{I}_1^{(1.1)}$ 当 $n=\frac{1}{2}$ 时，最小值为 $\frac{3}{2}\dot{I}_1^{(1.1)}$

注　表中 $n = \frac{Z_{0\Sigma}}{Z_{1\Sigma} + Z_{0\Sigma}}$，其中 $Z_{0\Sigma}$ 及 $Z_{1\Sigma}$ 分别为从故障点看到的零序和正序综合阻抗。

这种选相元件的整定条件有两个：

（1）按线路末端发生各种故障时，动作灵敏度为 2 整定，即

$$I_{dz} \leqslant \frac{\sqrt{3}I_1}{K_{lm}} \tag{9-62}$$

和

$$I_{dz} \leqslant \frac{\sqrt{3(n^2-n+1)}I_1^{(1.1)}}{K_{lm}} \tag{9-63}$$

式中　I_1 ——分别代入三相短路、两相短路及单相接地短路时的正序电流分量值；

$I_1^{(1.1)}$ ——两相接地短路时正序电流分量值。

综合各种故障条件，应取 I_{dz} 最小值。

（2）若用它作为非全相运行振荡闭锁起动元件，应考虑非全相运行时两侧电势摆至最大角度，并在振荡中心处健全相发生故障时的灵敏度，以便瞬时切除故障。

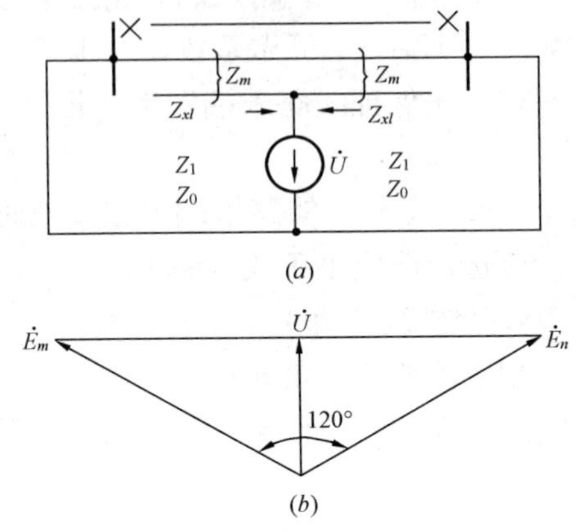

图 9-20　非全相运行中发生接地故障时验算突变元件灵敏度的等值系统和电压相量图

（a）振荡中心发生单相接地时的等值系统；（b）电压相量图

假定电势最大摆角按 120°考虑，则在发生故障前，振荡中心处的电压 $\dot{U}$ 按图 9-20（b）可计算为

$$\dot{U}=|\dot{E}|\cos\frac{120^\circ}{2}=0.5|\dot{E}|$$

在 BC 两相运行中，当振荡中心发生 C 相接地时，见图 9-20（a），假设由故障点看到两侧系统 Z_m 相同，由 C 相电流及互感在 B 相引起的互感电势正好抵销，$\dot{I}_b=0$，$\dot{I}_c$ 由 Z_{xl} 决定

$$Z_{xl}=\frac{2Z_1+Z_0}{3} \tag{9-64}$$

式中　Z_1，Z_0 ——一侧系统的正序及零序阻抗；

Z_{xl} ——线路的"导线一大地"阻抗。

所以

$$I_c=\frac{U}{Z_{xl}} \tag{9-65}$$

在这种情况下，按灵敏度为 1.5 考虑，则

$$I_{dz}\leqslant\frac{I_b-I_c}{K_{lm}}=\frac{I_c}{K_{lm}}=\frac{I_c}{1.5} \tag{9-66}$$

对于一般 220kV 线路，当电流互感器变比为 600/5 时，相电流差突变选相元件定值整定为 2A；变比为 1200/5 时整定为 1A，可以满足要求，一般不需特殊整定。

5. 接地故障判别元件

通常采用零序电流元件或零序电压元件来完成。

（1）零序电流元件。

1）按保证线路末端发生单相接地故障时有足够灵敏度整定，即

$$I_{dz}=\frac{3I_{0\cdot\min}}{K_{lm}} \tag{9-67}$$

式中　$3I_{0\cdot\min}$ ——线路末端发生单相接地故障时通过本保护的最小零序电流；

K_{lm} ——灵敏度，取 1.5～2。

2）按躲过出口三相短路及振荡时出现的最大不平衡电流整定，即

$$I_{dz} = 0.1K_k I_{d\cdot\max}^{(3)} \tag{9-68}$$

或

$$I_{dz} = 0.1K_k I_{zhd\cdot\max} \tag{9-69}$$

式中　$I_{d\cdot\max}^{(3)}$——线路出口三相短路通过本保护之最大电流；

$I_{zhd\cdot\max}$——线路最大振荡电流，可根据稳定计算提出。

（2）零序电压元件。

1）按保证线路末端发生单相接地故障时有足够灵敏度整定，即

$$3U_{0dz} = 3U_{0c\cdot\min}/K_{lm} \tag{9-70}$$

式中　$3U_{0c\cdot\min}$——线路末端发生接地故障时，保护安装处之最小零序电压；

K_{lm}——灵敏系数，一般为2。

2）按躲过正常运行时的最大不平衡零序电压整定，即

$$3U_{0dz} = K_k 3U_{0bp\cdot\max} \tag{9-71}$$

式中　$3U_{0bp\cdot\max}$——最大零序不平衡电压，一般为3～5V，也可根据实测决定；

K_k——可靠系数，取2。

6. 相电流判别元件

1）按躲过线路充电的电容电流整定，即

$$I_{dz} = K_k I_C \tag{9-72}$$

式中　K_k——可靠系数，取1.5～2；

I_C——线路电容电流。

2）按保证线末单相接地有足够灵敏度整定，即

$$I_{dz} = \frac{3I_{0\cdot\min}^{(1)}}{K_{lm}} \tag{9-73}$$

式中　$3I_{0\cdot\min}^{(1)}$——线路末端故障流经保护安装处之最小零序电流；

K_{lm}——灵敏度，取1.5～2。

7. 重合闸时间的计算

重合闸时间回路的起动方式有两种：一种方式是保护动作起动重合闸，跳闸的同时起动重合闸回路；另一种是在跳闸时保护返回之后才起动重合闸回路。不论任何方式，重合闸时间应大于线路两侧可靠切除故障的时间。

（1）单相重合闸时间按保护动作起动重合闸方式计算，即

$$t_{ch} = \Delta t_{dz} + t_t + t_{xye} - t_h + t_{yd} \tag{9-74}$$

式中　Δt_{dz}——两侧保护的最大动作时间差；

t_t——断路器跳闸时间；

t_{xye}——熄弧时间；

t_h——断路器合闸时间；

t_{yd}——裕度时间，一般取0.2～0.3s。

对于单相重合闸，由于潜供电流的影响，熄弧条件变坏，故无补偿设备时，潜供电弧的熄灭较慢，一般时间整定在1～1.5s，有补偿设备的，可整定在0.5～0.8s。

对于在有稳定要求的线路上，由于受系统稳定的限制，其重合闸时间需由稳定计算提

供。一般选在送端机组减速并两侧电势角在摆开后，再摆回来的时间重合上去，对系统冲击最小，合闸后易稳定。也有在两侧电势角未摆开时采用快速重合闸的，如图 9-21 所示。

(2) 三相重合闸时间。整定仍用式 (9-74)，只是三相切除故障熄弧时间较快，故一般多用三相快速重合闸，取 0.5～1s。

对于保护返回起动重合闸方式，三相重合闸时间为

$$t_{ch} = \Delta t_{dz} + t_t + t_{xye} - t_h - t_{fh} + t_{yd} \tag{9-75}$$

式中 t_{fh} ——保护返回时间。

8. 单相重合闸选相元件拒动后备跳三相回路

选相元件拒动，应提供跳三相的后备回路，对该回路的要求是：

(1) 该回路应经重合闸起动继电器接点闭锁，此过程需时间为 0.1s；

(2) 动作时间带延时，以保证单相接地不误跳三相，尤其是在两侧选相元件相继动作的情况下，此时间估计约 0.2～0.25s；

(3) 与相邻上一级保护有一定配合关系。目前时间级差为 0.5s，已不允许后备延时了，因为若后备延时取 0.25s，则与相邻上一级保护时间级差变为 0.5－0.25＝0.25s，因此后备延时应尽量缩短。

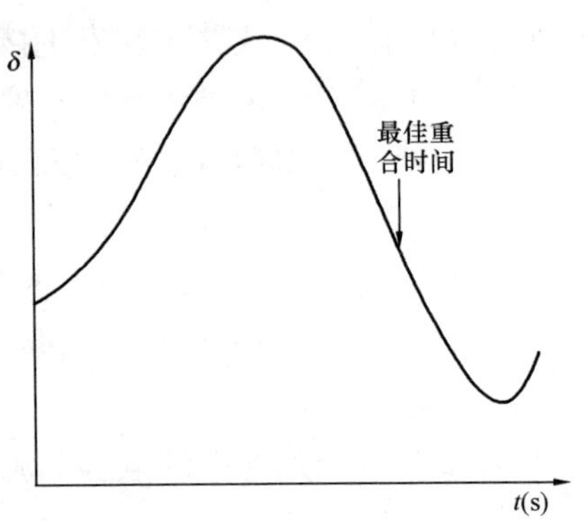

图 9-21 最佳重合时间与电势摆角曲线示意

为满足以上三条要求，运行中一般可取为 0.20～0.25s。

9. 非全相闭锁延时的整定

综合重合闸在非全相过程中，要将可能误动的保护给以闭锁，此闭锁须在断路器跳闸以后再闭锁。其目的是给转换性故障留有保护裕度，不至于使接于"M"端子的保护拒动，造成相邻上一级保护越级。因为根据高压系统运行经验表明，从单相接地故障到非全相运行后 0.4s 之前，系统两侧电势夹角不会摆开到保护误动的情况，因此要求此时间不要大于 0.4s，一般根据经验取 0.2～0.3s。

10. 单相重合闸的接地后加速时间

为防止线路重合成功后，因零序电流继电器延时返回，或因线路电容电流影响而造成后加速回路误动作，单相重合闸中的接地后加速回路应带 0.1s 左右的延时。

11. 综合重合闸整组复归时间的整定

应保证一次断开并重合至永久性故障上时，由后备保护动作第二次切除故障，并不应再进行重合，即装置在此之前不应整组复归，则

$$t_{fg} = t_h + t_{dz} + 2t_t + t_{ch} + t_{yd} \tag{9-76}$$

式中 t_{fg} ——整组复归时间；

t_h ——断路器合闸时间；

t_{dz} ——后备保护动作时间；

t_t ——断路器跳闸时间；

t_{ch} ——重合闸时间；

t_{yd} ——裕度时间。

另外考虑到断路器气压（或液压）恢复时间，一般取 5～9s。

四、综合重合闸装置与继电保护的配合

为了便于与各种不同类别的保护配合，综合重合闸设有 N、M、P、Q 四个保护接入端子。

“N”端子：非全相运行中不会误动的保护；

“M”端子：非全相运行中会误动的保护；

“P”端子：非全相运行中会误动经选相元件闭锁的保护；

“Q”端子：要求三相跳闸并三相重合的保护；

“R”端子：直跳而不进行重合闸的保护，可直接经操作箱跳闸。

对于由各种原理构成的保护装置，在非全相状态下的动作行为，简要分析如下：

1. 高频保护

（1）相差动高频保护。目前的相差动高频保护，均按比较线路两侧 $\dot{I}_1+K\dot{I}_2$ 相位的原理构成，其起动元件 $\dot{I}_2+K\dot{I}_0$ 非全相时已被起动，所以保护这时动作与否，主要取决于两侧 $\dot{I}_1+K\dot{I}_2$ 相位的分析。

在非全相时，由于两侧流过穿越性的相序分量，即相当于区外故障，所以比较两侧 $\dot{I}_1+K\dot{I}_2$ 的比相元件不会误动，可以接在“N”端子上。

但对于以下两种情况，应进行分析采取措施：

1）超高压长线路在非全相时，由于电容电流的影响，在轻负荷时两侧 $\dot{I}_1+K\dot{I}_2$ 的相位可能接近保护闭锁角的极限值，将造成比相元件误动作。但此时起动元件 $\dot{I}_2+K\dot{I}_0$ 的工作条件相应变好，可以互相补充或适当增大闭锁角解决。因此，高频相差动保护的采用，将受到线路长度的限制。

2）同名相断线加接地故障，或两侧单相不同时重合于故障上，为防止后动侧相差保护拒动，必须在先动侧断路器未断开之前，保护已动作至出口并自保持，这时就可避免一侧先断，另一侧拒动问题。

（2）高频闭锁方向保护。高频闭锁方向保护的动作情况，主要决定于两侧的方向元件，如零序、负序功率方向元件。因为这时起动元件在非全相时一般皆动作。在非全相运行时，若电压互感器接在母线上，由于两侧的功率方向元件中电流皆领先电压约 90°，功率方向元件均动作不发闭锁信号，因此装置将误动。若电压互感器接在线路上时，由于非全相所构成的纵向不对称处于线路一侧的保护区外，断开相两侧电压相当于电气上接于一点，反映相同的功率，一侧为正、另一侧必为负，因而能发出闭锁信号，保护装置不误动作。

综上分析，对于高频闭锁方向保护，当采用线路电压互感器时可接于“N”端子上，采用母线电压互感器时，必须接在“M”端子上。

2. 距离保护

到目前为止，距离保护中的测量元件，仍由方向阻抗元件和多相补偿元件组成。这两种元件在非全相运行状态下，在被保护线路两侧电势夹角摆开到一定角度时，均有误动的可能。但一般距离保护第Ⅰ、Ⅱ段均设有振荡闭锁回路，仅将保护投入 0.2～0.35s，在这之前，两侧电势角尚不太大，因此距离保护Ⅰ、Ⅱ段不可能误动作。

实用中对于稳定问题较大的系统，在线路上装有其他快速保护时，为防止非全相振荡时距离保护误动作，习惯于将其Ⅰ、Ⅱ段也有接于“M”端子的，第Ⅲ段因接直跳，其时限应躲过最长重合闸周期。

3. 零序电流方向保护

零序电流方向保护在非全相运行时的动作情况，主要决定于零序电流的大小、时间的长短，以及方向元件的动作情况。

零序功率方向元件，在非全相时，当电压互感器接于线路上时，受端方向元件要动作。当电压互感器接于母线上时，两侧均感受动作方向功率。所以非全相运行时，零序方向元件总是动作的。

对于零序电流元件，如保护Ⅰ段在定值上能躲过非全相出现的零序电流，则可接“N”端子上。若保护Ⅱ段定值与时间均躲不过非全相，则要接于“M”端子或“P”端子。若保护Ⅲ段在时间上大于重合闸周期，则保护将可接直跳。

五、算例

【例 9-5】 图 9-22 表示某 330kV 系统的局部接线，各电气元件的参数示于图上，在 330kV 输电线上均装有二套快速保护、一套后备保护和综合重合闸装置，试作出该部分网络的重合闸整定计算方案（变流比均为 1200/1）。

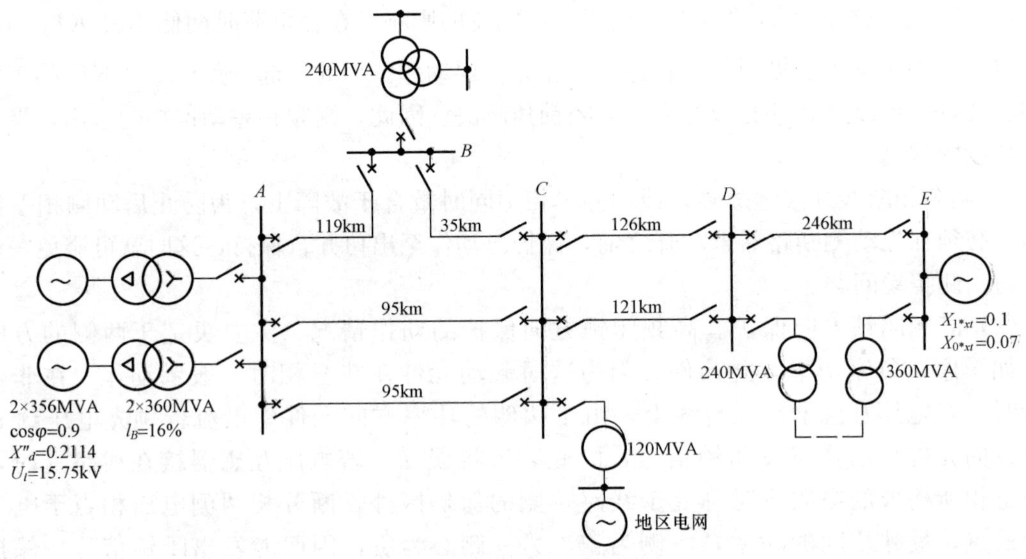

图 9-22　某计算系统接线

取基准功率为 100MVA，基准电压为平均电压，计算的各元件电抗标么值表示于等值阻抗图 9-23 中。

1. 线路 AB

安装有 JZC-11C 综合重合闸装置，线路短路电流计算见表 9-4。

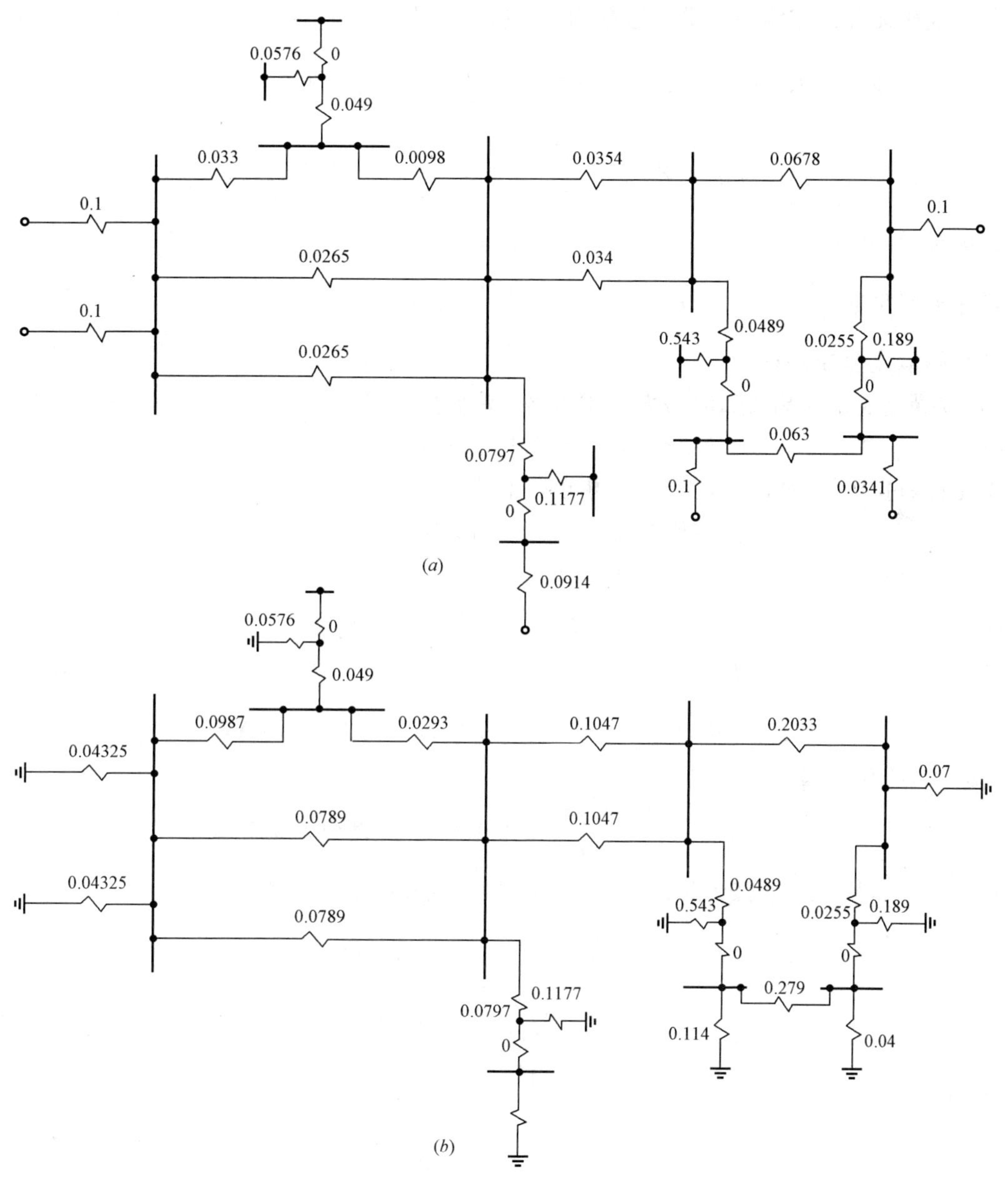

图 9-23 计算系统等值阻抗

(*a*) 正(负)序阻抗图;(*b*) 零序阻抗图

表 9-4　　线路 *AB* 两侧母线故障流过本线路的电流(A)

安装处	运行方式 \ 故障电流类型	$I_d^{(3)}$	$I_d^{(1)}$		$I_d^{(1.1)}$			$I_{d2}^{(2)}$
			I_1	$3I_0$	I_1	I_2	$3I_0$	
A 侧	大方式,不检修	1964	570	1710	1246	724	1530	987
	大方式,*BC* 线路停运	2660	464	2160	1825	843	1455	1335
	小方式	921	217	651	682	238	789	461
B 侧	大方式 *AC* 线路停运	1668	631	933	1197	470	1000	837
	小方式	465	180	441	341	123	534	233

(1) 选相元件：按线路末端灵敏度为 1.5 整定，即

$$Z_{dz} = K_{lm}Z_{xl} = 1.5 \times 0.033 \times \frac{345^2}{100} = 1.5 \times 39.2 = 58.9(\Omega)$$

$$Z_{dz\cdot j} = Z_{dz} \times \frac{n_{LH}}{n_{YH}} = 58.9\,\frac{1200}{3300} = 24.4(\Omega)$$

灵敏角 $$\varphi_{lm} \approx \varphi_{xl} = 80^\circ$$

零序补偿系数 $$K = \frac{Z_{0xl} - Z_{1xl}}{Z_{0xl}} = \frac{2}{3} = 0.67$$

(2) 相电流速断保护：

1) 按躲过线路末端故障时最大三相短路电流整定，即

$$I_{dz} = K_k I_{d\cdot\max}^{(3)} = 1.3 \times 2660 = 3990(\text{A})$$

2) 按躲过背后母线故障时最大三相短路电流整定，即

$$I_{dz} = K_k I_{d\cdot\max}^{(3)} = 1.3 \times 1668 = 2168.4(\text{A})$$

3) 按躲过线路最大振荡电流整定，即

$$Z_{\Sigma *} = 0.0906$$

$$I_{zhd\cdot\max} = \frac{2I_j}{Z_{\Sigma *}} = \frac{2 \times 167}{0.0906} = 3686.5(\text{A})$$

$$I_{dz} = K_k I_{zhd\cdot\max} = 1.3 \times 3686.5 = 4792.45(\text{A})$$

取 $I_{dz} = 4792.45(\text{A})$

$$I_{dz\cdot j} = \frac{I_{dz}}{n_{lh}} = \frac{4792.45}{1200} = 3.99(\text{A}) \quad \text{（两侧定值相同）}$$

(3) 接地判别元件：按保证线路末端单相接地故障时灵敏度为 1.5 整定。

A 侧 $$I_{dz} = \frac{3I_{0\min}^{(1)}}{K_{lm}} = \frac{651}{1.5} = 434(\text{A})$$

$$I_{dz\cdot j} = \frac{434}{1200} = 0.36(\text{A})$$

B 侧 $$I_{dz} = \frac{441}{1.5} = 294(\text{A})$$

$$I_{dz\cdot j} = \frac{294}{1200} = 0.245(\text{A})$$

(4) 非全相判别元件：按躲过线路空载合闸的稳态电容电流整定。已知 330kV 线路每 100km 电容电流为 66.8A。

$$I_{dz} = K_k I_C = 1.5 \times 66.8 \times 1.19 = 119.24(\text{A})$$

$$I_{dz\cdot j} = \frac{119.24}{1200} = 0.099(\text{A})$$

线路末端单相接地时灵敏度

$$K_{lm} = \frac{441}{119.24} = 3.69$$

(5) 无电压及同期检定元件：无电压检定元件是检查线路无电压，作为起动三相合闸的一个条件，动作电压按保护正常额定电压下有灵敏度整定，即

$$U_{dz}=\frac{U_e}{K_{lm}}=\frac{U_e}{2}=0.5U_e$$

当接于相电压时，二次值整定 30V 已满足要求。

同期检定元件按最大允许合闸角整定。这里线路 AB 为环网中线路，且有三回平行线，故视为同期系统，同期继电器动作角选为 40°。

(6) 动作时限：按稳定计算要求及继电保护配置情况（有二套快速保护）投综合重合闸方式，三重为 0.5s，单重为 0.8s。

(7) 其他时限：重合闸整组复归时限为 7s；选相元件拒动跳三相时限为 0.25s；总后备时限为 0.35s。

2. 线路 BC

安装有 JXT-500 型选相跳闸装置与 JCH-500 型重合闸装置，线路短路电流计算见表 9-5。

表 9-5　线路 *BC* 两侧母线故障流过本线路的电流（A）

安装处 \ 运行方式 \ 故障电流类型		$I_d^{(3)}$	$I_d^{(1)}$		$I_d^{(1.1)}$			$I_{d2}^{(2)}$
			I_1	$3I_0$	I_1	I_2	$3I_0$	
C 侧	小方式，CD 单回		622	1137	1187	486	1263	838
	大方式	4222						
B 侧	小方式，CD 单回		115	1117	242	100	1251	172
	大方式	1743						

(1) JXT-500 选相跳闸装置整定：

1) 相电流差突变量选相元件，按保证在线路末端发生各种故障时，动作灵敏度等于 2 整定。

两相短路：

C 侧
$$I_{dz}=\frac{\sqrt{3}I_1}{K_{lm}}=\frac{\sqrt{3}\times 838}{2}=726(\text{A})$$

B 侧
$$I_{dz}=\frac{\sqrt{3}I_1}{K_{lm}}=\frac{\sqrt{3}\times 172}{2}=149(\text{A})$$

单相接地短路：

C 侧
$$I_{dz}=\frac{3I_1}{K_{lm}}=\frac{3\times 622}{2}=933(\text{A})$$

B 侧
$$I_{dz}=\frac{3I_1}{K_{lm}}=\frac{3\times 115}{2}=172.5(\text{A})$$

两相接地短路：

C 侧　短路点综合正序、零序阻抗为

$$Z_{1\Sigma}=0.043;\quad Z_{0\Sigma}=0.048$$

$$I_{dz}=\frac{\sqrt{3}\sqrt{1-\frac{Z_{1\Sigma}Z_{0\Sigma}}{(Z_{1\Sigma}+Z_{0\Sigma})^2}}I_1}{K_{lm}}=\frac{\sqrt{3}\sqrt{1-\frac{0.043\times0.048}{(0.043+0.048)^2}}\times1187}{2}=890(\text{A})$$

B 侧

$$Z_{1\Sigma}=0.048;\quad Z_{0\Sigma}=0.038$$

$$L_{dz}=\frac{\sqrt{3}\sqrt{1-\frac{0.048\times0.038}{(0.048+0.038)^2}}\times242}{2}=182(\text{A})$$

综合各种故障条件，取定值为

C 侧

$$I_{dz\cdot j}=\frac{726}{1200}=0.6(\text{A})$$

B 侧

$$I_{dz\cdot j}=\frac{149}{1200}=0.124(\text{A})$$

2）非全相电流判别元件：

按躲过线路空载合闸时稳态电容电流整定，即

$$I_{dz}=K_kI_C=1.5\times66.8\times0.35=35(\text{A})$$

按线路末端单相接地故障有灵敏度整定，即

$$I_{dz}=\frac{3I_0^{(1)}}{K_{lm}}=\frac{1117}{2}=558.5(\text{A})$$

$$I_{dz\cdot j}=\frac{558.5}{1200}=0.47(\text{A})$$

3）接地故障判别元件，用零序电压判别，按线路末端故障有灵敏度整定，即

B 侧　保护安装处最低残压为

$$3U_{0c}=(3I_0Z_{0\Sigma}-3I'_0Z_{0xl})\frac{345^2}{100}=\left(\frac{3\times167}{2\times0.048\times0.038}\times0.038-1117\times0.0293\right)$$

$$\frac{345^2}{100}=130060(\text{V})$$

二次值

$$3U_{0cy\cdot j}=\frac{3U_{0cy}}{n_{YH}}=\frac{130060}{3300}=39.4(\text{V})$$

C 侧　保护安装处最低残压为

$$3U_{0cy}=\left(\frac{3\times167}{2\times0.043+0.048}\times0.048-1137\times0.0293\right)\times\frac{345^2}{100}=173953(\text{V})$$

二次值为

$$3U_{0cy\cdot j}=\frac{173953}{3300}=52.7(\text{V})$$

取　$3U_{0dz}=6V$，两侧同，灵敏度大于 4。

4）整组复归时限取为 8～9s。

5）准备跳三相时限取为 0.3s。

（2）JCH-500 型重合闸装置：

1）检定无压元件：其整定值为

$$U_{dz}=0.5U_e$$

当接于相电压时二次整定值为 30V。

2）检定同期元件：因有三回路并列，故视为同期系统，整定动作角为 40°。

3）重合闸方式及动作时限：综合重合闸方式，因有两套快速保护，取重合闸时间为 0.6s。

3. 线路 AC

安装有 ZZC-5 综合重合闸装置，线路短路电流见表 9-6。

表 9-6　　线路 AC 两侧母线故障流过本线路的电流（A）

安装处 ＼ 运行方式 ＼ 故障电流类型		$I_d^{(3)}$	$I_d^{(1)}$		$I_d^{(1.1)}$			$I_{d2}^{(2)}$
			I_1	$3I_0$	I_1	I_2	$3I_0$	
A 侧	小方式		208	573	402	160	651	279
	大方式	2135						
C 侧	小方式		300	360	570	200	444	385
	大方式	1755						

（1）选相元件：按线路末端故障灵敏度为 1.5 整定，即

$$Z_{dz}=K_{lm}Z_{xl}=1.5\times0.0265\times\frac{345^2}{100}=1.5\times31.54=47.3(\Omega)$$

$$Z_{dz\cdot j}=47.3\times\frac{1200}{3300}=17.2(\Omega)$$

灵敏角　　$\varphi_{lm}=80°$

零序补偿系数　　$K=0.67$

（2）相电流判别元件整定值为

$$I_{dz}=K_kI_C=1.5\times66.8\times0.95=95.19(A)$$

$$I_{dz\cdot j}=\frac{95.19}{1200}=0.08(A)$$

取 0.1A。

线末灵敏度为

$$X_{lm}=\frac{360}{120}=3$$

（3）接地故障零序电压判别元件：按躲过正常不平衡电压整定，取为 6V。

灵敏度校验：

C 侧　$Z_{1\Sigma}=0.041$、$Z_{0\Sigma}=0.048$、$Z_{0\Sigma}/Z_{1\Sigma}=1.17$，故 $3U_{0c}^{(1)}>3U_{0c}^{(1.1)}$。

$$\because U_{0*y}^{(1.1)}=\frac{1}{2+\dfrac{Z_{1\Sigma}}{Z_{0\Sigma}}}=\frac{1}{2+\dfrac{1}{1.17}}=0.35$$

$$\therefore 3U_{0cy}^{(1.1)}=0.35\times300=105(\text{V})$$

$$K_{lm}>2$$

A 侧　$Z_{1\Sigma}=0.05$、$Z_{0\Sigma}=0.0456$、$Z_{0\Sigma}/Z_{1\Sigma}=0.912$，故 $3U_{0c}^{(1.1)}>3U_{0c}^{(1)}$。

$$\because U_{0*}^{(1)}=\frac{1}{1+2\dfrac{Z_{1\Sigma}}{Z_{0\Sigma}}}=\frac{1}{1+2\times\dfrac{1}{0.912}}=0.313$$

$$\therefore 3U_{0cy}^{(1)}=0.313\times300=93.9(\text{V})$$

$$K_{lm}>2$$

（4）重合闸方式及时限：选用综合重合闸，其时限为 0.6s。

（5）装置整组复归时限为 9s。

4. 线路 CD

安装有 JZC-11C 综合重合闸装置，线路短路电流计算见表 9-7。

表 9-7　线路 *CD* 两侧母线故障流过本线路电流（A）

安装处 \ 运行方式 \ 故障电流类型		$I_d^{(3)}$	$I_d^{(1)}$		$I_d^{(1.1)}$			$I_{d2}^{(2)}$
			I_1	$3I_0$	I_1	I_2	$3I_0$	
C 侧	小方式		220	748.5	465	257	496	361
	大方式	1658.7						
D 侧	小方式		266	471	537	266	475.5	401
	大方式	1501						

（1）选相元件：按保证线路末端故障灵敏度为 1.5 整定，即

$$Z_{dz}=K_{lm}Z_{xl}=1.5\times0.0354\times\frac{345^2}{100}=1.5\times42.13=63.2(\Omega)$$

$$Z_{dz\cdot j}=63.2\times\frac{1200}{3300}=23(\Omega)$$

$$\varphi_{lm}=80^\circ$$

$$K=0.67$$

（2）相电流速断保护：

1）按躲过线路末端故障时最大三相短路电流整定，即

$$I_{dz}=K_kI_{d\cdot\max}^{(3)}=1.3\times1658.7=2156.3(\text{A})$$

2）按躲过背后母线故障时最大三相短路电流整定，即

$$I_{dz}=K_kI_{d\cdot\max}^{(3)}=1.3\times1501=1951.3(\text{A})$$

3）按躲过线路最大振荡电流整定，即

$$Z_{\Sigma}=0.2495$$

$$I_{zhd\cdot\max}=\frac{2\times167}{0.2495}=1338.7(\text{A})<I_{d\cdot\max}^{(3)}$$

取

$$I_{dz\cdot j}=\frac{2156.3}{1200}=1.8(\text{A})$$

（3）接地判别元件：用零序电流继电器判别，按保证线路末端单相接地故障时灵敏度为1.5整定。

C侧

$$I_{dz}=\frac{3I_0^{(1)}}{K_{lm}}=\frac{748.5}{1.5}=499(\text{A})$$

$$I_{dz\cdot j}=\frac{499}{1200}=0.415(\text{A})$$

D侧

$$I_{dz}=\frac{3I_0^{(1)}}{K_{lm}}=\frac{471}{1.5}=336.4(\text{A})$$

$$I_{dz\cdot j}=\frac{336.4}{1200}=0.28(\text{A})$$

（4）非全相判别元件：按躲过线路空载合闸的稳态电容电流整定，即

$$I_{dz}=K_kI_C=1.5\times66.8\times1.26=126.25(\text{A})$$

$$I_{dz\cdot j}=\frac{126.25}{1200}=0.1(\text{A})$$

线路末端单相接地灵敏度 $K_{im}>2$。

（5）无压、同期检定元件：该线路是双回线，但考虑到有同时跳闸的可能，且线路负荷大，解列后两侧不易同期，故不用三相重合闸方式，且不用无压、同期检定。

（6）重合闸方式及时限：根据稳定计算要求采用单相重合闸，时限为0.8s。

第十章　备用电源（备用设备）自动投入装置（BZT）整定计算

第 10-1 节　概　　述

一、备用电源自动投入装置的作用及应用范围

在现代电力系统中，有些情况下为了节省设备投资、简化电力网的接线及其继电保护装置的配置方式，在较低电压等级的电力网（如 10～35kV 的电网）中或在较高电压等级的电网（如 110kV 电网）中的非主干线（非系统主联络线），以及在大多数用户的供电系统中，常常采用所谓放射型的供电方式。在这些系统接线方式中，为提高对用户供电的可靠性，可采用备用电源自动投入装置，简称 BZT 装置，使系统自动装置与继电保护装置相结合。这是一种提高对用户不间断供电的经济而又有效的重要技术措施之一。

对于发电厂厂用电系统，由于其故障所引起的严重后果，必须加强厂用电的供电可靠性。但对电厂厂用电来讲，采用环网供电，往往使厂用电系统的运行及其继电保护装置更加复杂化，反而会造成事故，因而多采用所谓辐射型的供电网络。为了提高其供电的可靠性，往往采用备用电源自动投入装置（BZT）。

二、采用备用电源自动投入装置的接线方式

图 10-1 是几种经常遇到的 BZT 装置典型接线方式图。

（1）在图 10-1（a）中，变电站 C 由发电厂 A 及 B 分别经由线路 XL_1 及 XL_2 供电。为了简化网络及继电保护装置，由线路 XL_1 正常向变电站供电，线路 XL_2 作为备用电源。即正常运行方式下，断路器 $4DL$ 断开。当由于某种原因使线路 XL_1 停电时（如线路事故，断路器 $1DL$ 误动断开等），可使断路器 $4DL$ 自动投入，以保证变电站 C 自动切换为由发电厂 B 及线路 XL_2 供电，提高了变电站 C 的供电可靠性。为此，可在断路器 $4DL$ 上装设 BZT 装置，由于 BZT 装置动作比较快，对用户的用电不会带来很大影响。

（2）在图 10-1（b）中，变电站 C、D 分别在正常方式下由发电厂 A、B 供电。变电站 C、D 之间有一条联络线，断路器 $6DL$ 在断开位置。为提高供电可靠性，可在断路器 $6DL$ 上装设备用电源自动投入装置（BZT）。

（3）图 10-1（c）为发电厂厂用电的供电系统，为了简化厂用电的系统接线、减小短路电流水平、简化厂用电继电保护，断路器 $5DL$ 正常方式断开运行。为提高厂用电的可靠性，在断路器 $5DL$ 上装设备用电源自动投入装置（BZT）。根据需要，尚有双方向的自动投入装置，使Ⅰ、Ⅱ段母线互为备用。

除上述几种外，尚有如图 10-1 所示的其他几种接线。

在有些情况下，备用电源自动投入装置尚可与线路自动重合闸装置配合使用。例如在图 10-1（b）所示的接线方式下，当断路器 $3DL$ 因某种原因自动跳闸后（如因线路瞬间故障或

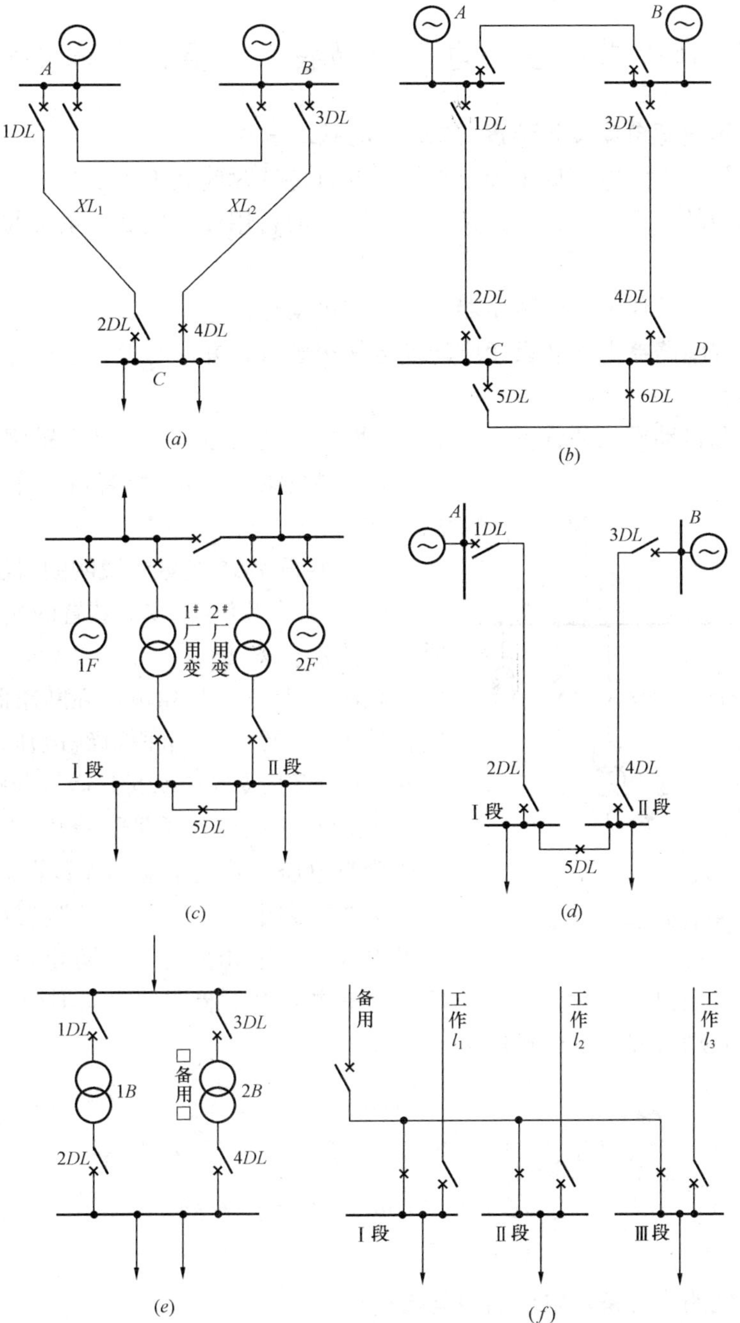

图 10-1　采用 BZT 装置的几种接线图

$3DL$ 因故而误动作等)，可先由自动重合闸自动重合一次。若重合失败（如线路永久性故障)，由备用电源自动投入装置再投入一次，使变电站 D 恢复供电。若是线路 XL_2 为瞬时性故障，则由断路器 $3DL$ 自动重合后，立即恢复了供电。这种方式既减少了断路器 $6DL$ 的动作次数，也加快了恢复为正常运行方式的过程，减少了运行人员的倒闸操作。

第 10-2 节　备用电源自动投入装置的基本要求

一、构成备用电源自动投入装置（BZT）的基本要求

（1）当工作母线上的电压低于预定数值，并且持续时间大于预定时间时，方可动作。

（2）备用电源的电压应运行于正常允许范围，或备用设备应处于正常的准备状态下，方可动作。

（3）必须在断开工作电源的断路器之后，方可动作。

（4）备用电源断路器上需装设相应的继电保护装置，并应与上、下相邻的断路器保护相配合。

（5）备用电源自动投入装置动作投于永久性故障的设备上，应加速跳闸并只动作一次。

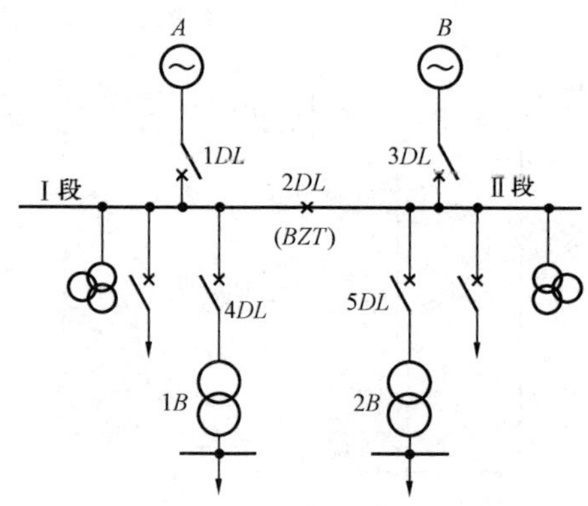

图 10-2　分段断路器装设有 BZT 装置的接线图

（6）根据需要 BZT 装置可以作成双方向互为备用方式。

二、装设 BZT 装置的说明图（图例）：

图 10 2 为装设有 BZT 装置的接线图。正常运行时，断路器 $2DL$ 断开，Ⅰ、Ⅱ段母线分裂运行，分别由电源 A 及电源 B 供电，在断路器 $2DL$ 上装有双向自动投入装置。当Ⅰ段母线电压消失，经过预定时间，由 BZT 装置自动断开运行断路器 $1DL$，然后再投入 $2DL$；在投入断路器 $2DL$ 时，尚应检查Ⅱ段母线确有电压，否则不应动作；在断路器 $2DL$ 上应装有必要的继电保护装置，该装置应与Ⅱ段母线上的继电保护装置相配合，以防止当Ⅰ段母线上存在有永久性故障时，能快速切除，并保证只投入一次。由于装设了双向 BZT 装置，当Ⅱ段母线电压消失时，其动过程与上述相似。

第 10-3 节　备用电源自动投入装置（BZT）构成的原理接线

一、自某条线路作为备用电源的典型接线

图 10-3 所示为典型的 BZT 原理接线。正常运行方式下，线路 XL_1 工作，XL_2 作为备用，断路器 $1DL$ 运行，$2DL$ 备用；当变电站母线失去电压时，电压继电器 1、2 的常闭触点闭合，电压继电器 5 的常开触点闭合（表示 XL_2 的备用电源电压正常），因此时间继电器 $3SJ$ 起动，经预定时间后使断路器 $1DL$ 断开。经 $1DL$ 之辅助触点，中间继电器 4 延时返回。在未返回之前，经 $1DL$ 的辅助触点、中间继电器 4 延时返回触点，自动合上 $2DL$，从而使变电站恢复了供电。当故障点在变电站母线上，断路器 $2DL$ 合上后，若故障未消失，

将由其继电保护装置重新断开 2*DL*，此时由于延时继电器 4 的触点已经返回（延时时间一般很小），故断路器 2*DL* 不会再次投入。

二、变电站分段断路器上的 BZT 装置

图 10-4 为分段断路器上装设的 BZT 原理接线图。该接线比较简单，仅需有一只延时返回的中间继电器即可构成。当断路器 3*DL* 断开时（如变电站的 2 号变压器故障或断路器误跳闸），可联动断开 4*DL*，中间继电器 *ZJ* 线圈失压，但由于其触点延时返回，故通过 4*DL* 的辅助触点及电压继电器触点，自动合上分段断路器 5*DL*，使Ⅱ段母线重新供电。当 5*DL* 合上后，中间继电器触点返回，断开了分段断路器 5*DL* 的合闸回路。若Ⅱ段母线发生永久性故障使 4*DL* 断开，则当分段断路器 5*DL* 自动投入后，将会由其相应的继电保护装置断开 5*DL*，保证了Ⅰ段母线的安全运行。同时，由于中间继电器 *ZJ* 的常闭触点已经返回，这样就保证了 5*DL* 只合一次。

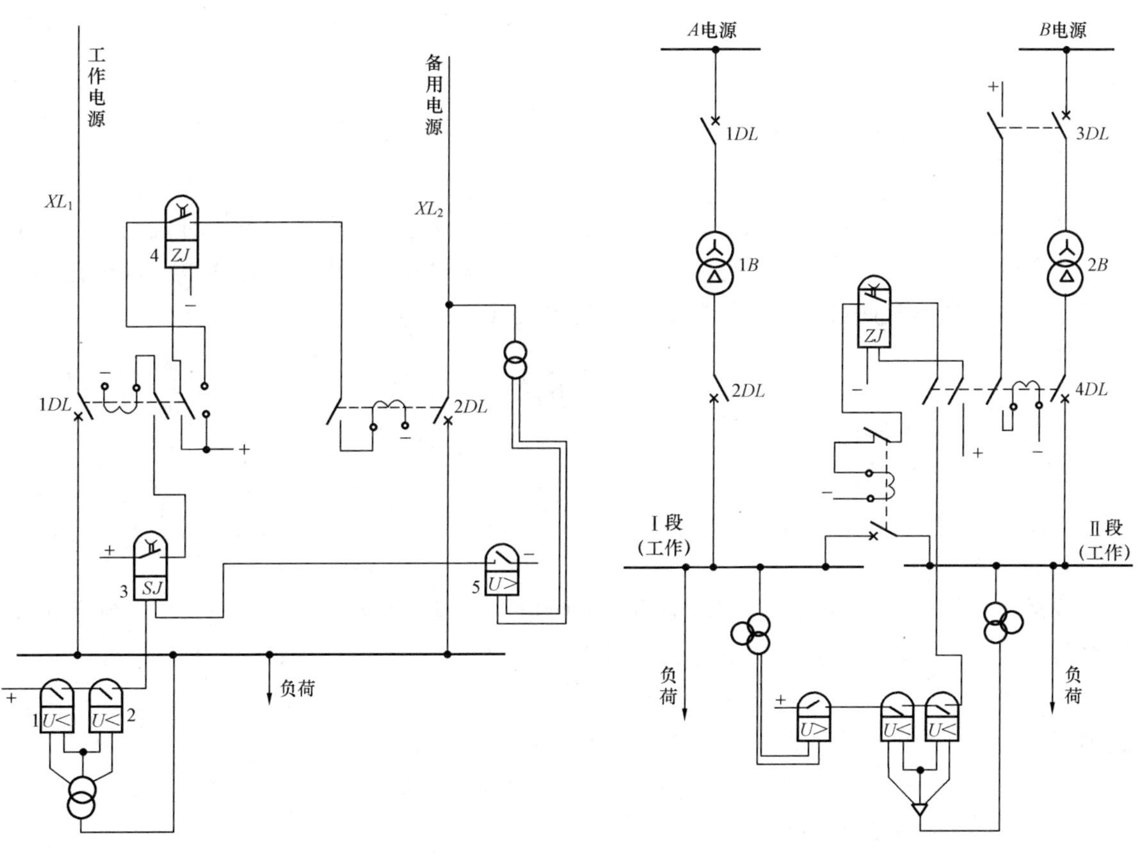

图 10-3　BZT 装置原理接线图

图 10-4　分段断路器装设的 BZT 原理接线图

若需要双方向自动投入时，可再装设一套。

除上述典型接线外，还可构成其他型式的接线图。近年来，也采用生产厂家生产的自动重合闸继电器构成的简单而可靠的 BZT 装置。

第10-4节　备用电源自动投入装置（BZT）有关元件的整定计算

一、BZT装置各元件的定值计算

1. 低电压继电器

为了避免系统发生短路并在短时间内使工作母线电压降低时误将备用电源投入，必须正确选择低电压元件的电压整定值和自动投入装置的动作时间。为了不使备用电源自投装置的动作时间过长（因时间过长将使自动投入装置的投入效果降低），应尽可能将电压元件的动作电压整定的低一些，以使其反应短路的范围缩小。同时，还应避免因负荷自起动引起的电压降低而使BZT装置误动作。其整定值可计算为

$$U_{dz}=\frac{U_e}{K_k} \tag{10-1}$$

式中　U_e——母线的额定电压；

K_k——可靠系数，可取3～4。

2. 过电压继电器

过电压继电器用以判断备用母线（备用电源）是否有电压，即确定备用母线正常情况下是否带有电压的元件，要求备用母线的电压能处于正常的范围之内。当母线电压低于允许的电压范围时，则不允许自动投入装置动作。其定值可计算为

$$U_{dz}=\frac{0.9U_e}{K_kK_f} \tag{10-2}$$

式中　U_e——母线额定电压；

K_k——可靠系数，可取1.1；

K_f——返回系数，取1.2。

3. 时间继电器

按系统接线方式的不同，有时需装设时间继电器。其时间整定原则，可按大于在低电压继电器所反应的范围内，系统中其他设备的继电保护切除短路的时间计算，即

$$t_{dz}=t'_{dz}+\Delta t \tag{10-3}$$

式中　t_{dz}——备用电源自动投入装置时间元件的动作时间；

t'_{dz}——系统中其他设备继电保护切除短路的最长时间；

Δt——时间级差，取0.5～1s。

若要求备用电源自动投入装置与有关的线路自动重合闸配合使用，即由重合闸重合一次，重合失败，再进行备用电源自动投入，以充分发挥两者的作用。此时BZT装置的动作时间除应满足上述条件外，还应大于重合闸周期的时间。

4. 延时返回中间继电器

延时返回继电器的延时返回时间，应保证备用断路器能可靠合闸，并留有裕度。其整定值计算为

$$t_{yf} \geqslant t_{dh} + \Delta t \quad (10\text{-}4)$$

式中 t_{yf} ——中间继电器延时返回时间；

t_{dh} ——备用断路器合闸时间；

Δt ——时间裕度，取 0.2～0.3s。

二、在备用电源自动投入装置所作用的断路器上应装设的继电器保护及其定值整定原则

（1）在自动投入的断路器上，应装设相应的继电保护装置。自动投入装置动作成功后，系统将转入由备用电源供电的方式。在其运行过程中，当设备发生故障时，应能快速地、有选择地切除故障。因此，应装设能与上、下相邻保护装置相配合的继电保护装置。

（2）后加速保护段的设置。若需要在自动投入过程中加速切除故障，可设置备用电源自动投入后加速的保护段。其定值计算原则为：

1）保护动作电流（如设置电流保护）计算为

$$I_{dz} = K_k I_{zq} \quad (10\text{-}5)$$

式中 I_{zq} ——自动投入后加速保护段后，包括负荷电流在内的自起动电流；

K_k ——可靠系数，取 1.2～1.3。

保护灵敏度：应保证在相邻线路或设备主保护范围末端故障时，保护有足够的灵敏度。要求 $K_{lm} \geqslant 1.5$，目的是能切除相邻断路器故障时拒动的情况。

2）后加速保护段的动作时间按 $t=0$s 整定。

第十一章　按频率自动减负荷装置整定计算

第 11-1 节　按频率自动减负荷装置及其整定计算原则

当电力系统功率失去平衡时，将会引起频率的下降，按频率自动减负荷（简称按频率减载）装置就是在电力系统频率严重下降到威胁系统安全运行时，自动切除部分次要负荷，使系统频率迅速恢复到正常运行允许水平的一种自动装置。它与其他自动装置一样，应根据整个电力系统的具体情况，如电网的接线、机炉运行容量，事故情况等，以编制按频率自动减负荷的方案。该方案主要包括减负荷的级数、动作时间以及切除负荷的数量等。

一、按频率自动减负荷装置的装设原则及整定计算原则

（一）切除负荷的总容量和负荷切除的选择原则

1. 切除负荷总容量的确定

在各种典型的运行方式下，考虑到各种可能发生的事故情况，以找出最大的系统功率缺额。对于各地区切除负荷量的要求，除了应按满足全系统要求切除的总负荷量之外，尚应考虑本地区内发生严重事故时的要求。

2. 被切除负荷的选择

按下述原则选择被切除的负荷：

(1) 应考虑切除次要的负荷，且切除之后不会影响到设备及人身的安全。

(2) 切除后不应影响电力系统有关设备的运行安全，例如造成其他运行设备的过载及功率的重新不合理分配。

(3) 必要时，还可切除部分较为重要的负荷。

（二）按频率减载的首级和末级动作频率的确定

1. 首级动作频率

对于以火力发电厂为主的电力系统为 48.5～49Hz；

对于以水力发电厂为主的电力系统为 48～48.5Hz。

2. 末级动作频率

对于高温高压电厂的电力系统为 47～48Hz；

对于无高温高压电厂的电力系统为 47Hz；

按静态稳定所允许的最低频率为 46Hz。

（三）按频率减载装置级差和级数的确定

对于装设机电型频率继电器的电力系统为 0.5Hz；

对于装设数字式频率继电器的电力系统为 0.25Hz。

其级数按式（11-1）确定，即

$$n = \frac{(\text{首级频率} - \text{末级频率})}{0.5(\text{或}\ 0.25)}(\text{级}) \tag{11-1}$$

例如，取首级频率为 49Hz，末级频率为 47.5Hz 时，则

$$n = \frac{49 - 47.5}{0.25} = 6(\text{级})$$

（四）按频率减载装置的基本级和特殊级的整定原则

1. 基本级

分下述两种原则确定：

（1）按动作后仅能作为制止频率下降的原则整定（而频率恢复的任务由特殊级去完成）。

（2）按动作后能够最后使频率恢复，并达到正常运行水平的原则整定（而对于特殊级，此时仅起基本级的后备作用）。

2. 特殊级

当为了使频率恢复至正常运行水平而设置特殊级时，只设一个动作频率，其值可较基本级的第一级频率高一个级差 0.25Hz（或 0.5Hz），或等于基本级最高一级的动作频率，但不宜过高，一般应按 48.5Hz 或 49Hz 整定。

特殊级的动作时间按时间分级（同一动作频率），一般为 15～20s，时间级差为 5s。

（五）按频率减载装置动作时限的整定

（1）基本级动作时限通常取 0.3～0.5s（因为若取动作时限为 0s，则在电压急骤下降时有发生误动作的可能）。

（2）特殊级的动作时限取为 15～20s 即可。

（六）按频率减载装置的安装地点

一般装于输电线路的出线母线上，这样，当线路跳闸后，可以避免因电动机的反馈频率使按频率减载装置误动作而造成线路重合闸不成功。否则，应装设防止电动机反馈误动的闭锁装置。

（七）配合自动重合闸的按频率自动减载装置

在以下几种情况时可以考虑配置有重合闸的按频率减载装置：

（1）以水电为主的电力系统，并有较大的备用容量时。

（2）在无人值班变电站所装的按频率减载装置。

（3）在小型电力系统中，由于切除故障时间较长，使按频率减载装置动作切除了负荷，而在切除负荷之后，又很快能恢复频率时。

对于配置有自动重合闸的按频率减载装置，在重合时，应按时限及按频率恢复水平分段进行重合。

（八）按频率减载装置与其他自动装置的配合

当电力系统中有联络线，而联络线传输负荷约占受电地区总负荷的 30%时，在联络线跳闸后，会引起系统频率严重下降，此时采用按频率减载装置可以保证地区重要负荷的用电。但当联络线输送功率占到地区功率的 50%以上时，则联络线跳闸后，有两种可能性：

一种是引起系统频率严重下降；另一种则可能引起系统电压严重下降（因功率缺额太大）。这样，地区系统的频率下降不多（因电压下降后负荷也随之下降）。有时甚至会使频率升高，此时采用按频率减载装置的作用不大。为此，可采用按频率减载装置和其他联锁装置或自动装置配合使用的方案，如联锁解列装置、系统低频解列装置、低电压解列装置和低电压切负荷装置等。

二、按频率减载装置的定值整定计算

（一）负荷的频率调节系数（或调节效应系数）K_{pf} 的计算

根据负荷的分类及组成，计算出系数 a_1、a_2、a_3、……、a_n 值。按式（11-2）计算出 K_{pf} 值，即

$$K_{pf}=\frac{dp_{fh*}}{df}=\sum_{1}^{n}ma_{m}f_{*}^{m-1} \tag{11-2}$$

式中 a_1、a_2、……、a_n ——与频率的 1、2、3、……、n 次方成正比的负荷占额定负荷之百分数；

p_{fh*} ——整个系统负荷的标么值，$P_{fh*}=\frac{P_{fh}}{P_{fhe}}$，其中 P_{fh} 为系统发生事故之后的实际负荷，P_{fhe} 为系统额定频率下的额定负荷；

f_*、f_*^2、f_*^3、……、f_*^{m-1} ——为标么频率的 1、2、3、……、$m-1$ 次方，其中 $f_*=\frac{f}{f_e}$ 为频率标么值。

（二）基本级仅作为防止频率下降而由特殊级来恢复系统频率的方式

（1）基本级每级切除的负荷，是将基本级切除的总负荷平均分配给所有基本级，则

$$\Delta P_{g*}=\frac{\Delta P_*}{n_{jb}}-\frac{K_{pf}(1-0.9)}{n_{jb}}=\frac{\Delta P_*-0.1K_{pf}}{n_{jb}} \tag{11-3}$$

式中 ΔP_* ——以正常时整个系统负荷为基准值时的标么功率缺额；

n_{jb} ——基本级的级数；

K_{pf} ——负荷的调节效应系数。

式（11-3）是假定某系统的频率由 100%降至 90%时，考虑到负荷调节效应系数时的每级切除负荷值。当在某一 ΔP_* 下，按式（11-3）计算出的 ΔP_{g*} 出现负值时，则表示在功率缺额为 ΔP_* 时，由于存在较大的负荷调节效应，系统频率不可能降至 90%的额定频率，式（11-3）中的值“0.1”应作修正。

（2）特殊级每级切除负荷为

$$\Delta P_{t*}=\frac{0.1K_{pf}}{n_t} \tag{11-4}$$

式中 n_t ——特殊级的级数（按时间分级）。

式（11-4）中是假定基本级切除负荷为 $\Delta P_*-0.1K_{pf}$，因为按频率减载装置切除的总负荷应等于基本级和特殊级应切除负荷之和，此值不应小于最大可能发生的功率缺额。

为了防止过切负荷，特殊级每级所切负荷，不应大于相应级动作后使频率恢复到稳定周波所应切除的负荷值，即

$$\Delta P_{t*} \leqslant K_{pf}(f_{\omega*} - f_{m*})(1 - \Sigma\Delta P_{g*}) \tag{11-5}$$

式中　$f_{\omega*}$ ——稳定频率值；

f_{m*} ——特殊级动作频率；

$\Sigma\Delta P_{g*}$ ——基本级所切负荷的标么值。

（三）基本级作为恢复频率而特殊级仅作为基本级后备的整定方式

此种整定方式的优点是，系统频率恢复时间短；缺点是可能造成过切负荷及不能充分利用水电厂的旋转备用容量。

此方式下的基本级每级切除负荷不是平均分配，而是随动作频率的降低而增大，可计算为

$$\Delta P_{g1*} = K_{pf}(f_{\omega*} - f_{1*}) \times 1$$
$$\Delta P_{g2*} = K_{pf}(f_{\omega*} - f_{2*})(1 - \Delta P_{g1*})$$
$$\Delta P_{g3*} = K_{pf}(f_{\omega*} - f_{3*})(1 - \Delta P_{g1*} - \Delta P_{gz*})$$
$$\Delta P_{gm*} = K_{pf}(f_{\omega*} - f_{m*})\left(1 - \sum_{m=1}^{m-1}\Delta P_{gm*}\right) \tag{11-6}$$

式中　f_{1*}、f_{2*}、f_{3*}、……、f_{m*} ——基本级的第 1、2、3、……、m 级的标么动作频率；

ΔP_{g1*}、ΔP_{g2*}、……、ΔP_{gm*} ——基本级第 1、2、3、……、m 级的标么切除负荷值。

此时基本级所切负荷的总和应等于可能发生的最大功率缺额值。

特殊级每级（按时间分级）切除的负荷数较相应基本级的动作频率下所切除的负荷数略少或相同即可（后备）。

第 11-2 节　计　算　算　例

某电力系统的接线图，如图 11-1 所示。图中注明变电站及发电厂的负荷与出力，试编制出系统按频率减载装置的定值方案。

（一）电力系统的主接线及潮流分布

如题给出的主接线及潮流分布图，如图 11-1 所示。图中未标出各电厂厂用负荷及线路的网损。

（二）确定发生的事故方式

根据图 11-1 系统情况可以拟定出最严重的事故方式，如表 11-1 所示。

表 11-1　　**各种事故方式下的功率缺额**

序　号	事故情况	功率缺额 ΔP (MW)	影响地区[①]
1	线路 D、E 同时故障	400	(1) ～ (7)
2	线路 A、B 同时故障	230	(4) ～ (7)
3	线路 C 故障	100	(7)

① 参见图 11-1。

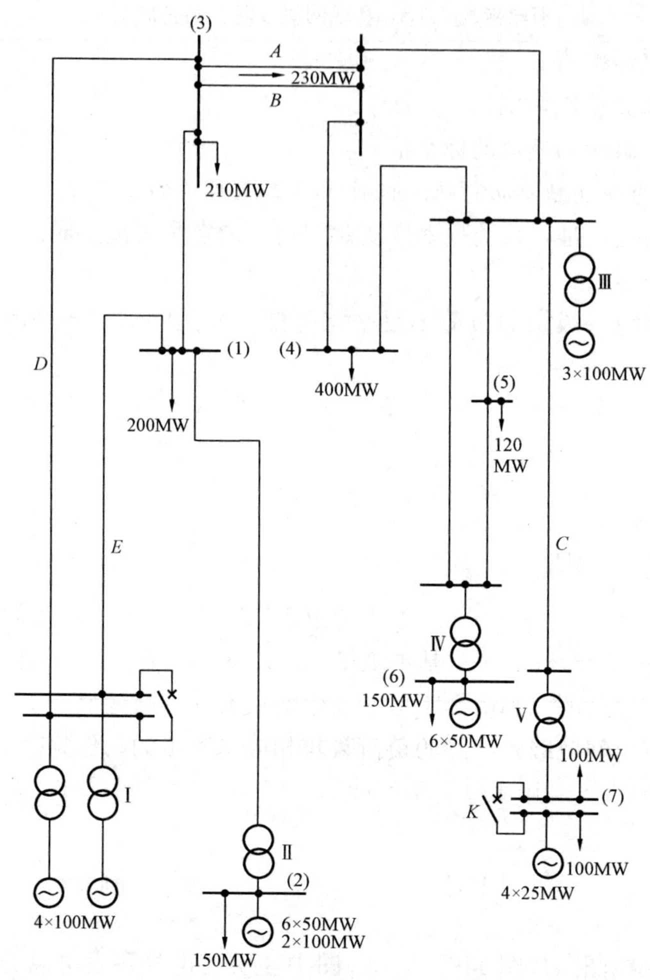

图 11-1　电力系统主接线及潮流分布图

（三）各地区的负荷分类和 K_{pf} 计算

各事故方式下的负荷分类如表 11-2～表 11-4 所示。

表 11-2　　事故方式 1（*D*、*E* 线同时故障）负荷分类

地区 \ 负荷（MW）	P_0	P_1	P_2	P_3	ΣP
(1)	50	95	15	40	200
(2)	50	70	10	20	150
(3)	25	100	15	70	210
(4)	200	90	20	90	400
(5)	40	50	10	20	120
(6)	15	100	15	20	150
(7)	45	50	25	80	200
厂用电		40		70	110
一次网损			60		60
合　计	425	595	170	410	1600
占总负荷百分比（%）	26.6	37.2	10.6	25.6	100

注　表中 P_0、P_1、P_2、P_3 为与频率的 0、1、2、3 次方有关的负荷值（以下各表同）。

表 11-3　　　　事故方式 2（A、B 线同时故障）负荷分类

地区 \ 负荷（MW）	P_0	P_1	P_2	P_3	ΣP
（4）	200	90	20	90	400
（5）	40	50	10	20	120
（6）	15	100	15	20	150
（7）	45	50	25	80	200
厂 用 电		15		25	40
一次网损			20		20
合　计	300	305	90	235	930
占总负荷百分比（%）	32.2	32.8	9.7	25.3	100

表 11-4　　　　事故方式 3（C 线故障）负荷分类

地区 \ 负荷（MW）	P_0	P_1	P_2	P_3	ΣP
（7）	45	50	25	80	200
厂用电		2		6	8
合　计	45	52	25	86	208
占总负荷百分比（%）	21.6	25	12	41.4	100

发生各类事故时，负荷的频率静态特性如图 11-2 所示。实用上可直接按负荷的组成计算出负荷的 K_{pf} 值，而不采用图 11-2 中的曲线。

计算负荷的 K_{pf} 值：

1. 事故方式 1〔地区（1）～（7）〕。

$$K_{pf}=dP_{fh*}/df_*=a_1+2a_2\cdot f_{2*}^2+3a_3f_{3*}^3$$
$$=0.372+2\times0.106+3\times0.256=1.35$$

2. 事故方式 2〔地区（4）～（7）〕

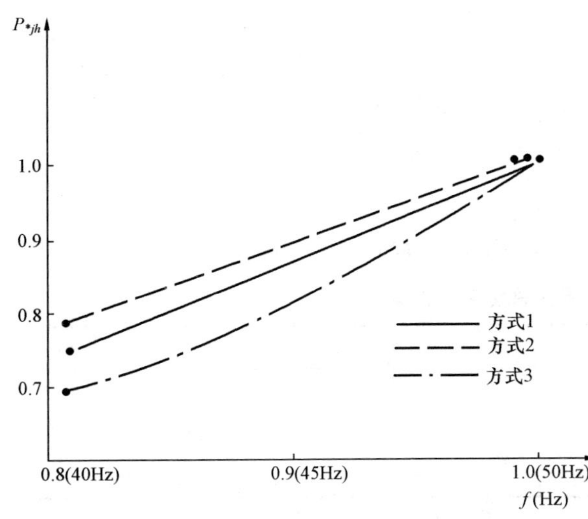

图 11-2　负荷的频率静态特性曲线

$$K_{pf}=dP_{fh*}/df_*$$
$$=0.328+2\times0.097+3\times0.253$$
$$=1.281$$

3. 事故方式 3〔地区（7）〕

$$K_{pf}=dP_{fh*}/df_*$$
$$=0.25+2\times0.12+3\times0.414$$
$$=1.732$$

（四）计算时的几个假定原则

（1）假设系统无备用容量。

（2）K_{pf} 值通过计算取为 1.35（取事故方式 1）。

（3）切除负荷后的频率恢复值取为 49.5Hz（即标么值为 0.99）。

(4) 按频率减载装置分为5级，频率定值为48.5Hz、48Hz、47.5Hz、47Hz、46.5Hz。

(5) 基本级频率继电器动作时限为0.5s。

(6) 所有计算按百分值表示，即：频率按50Hz为100%；功率以整个系统功率1600MW为100%。

（五）计算各基本级切除负荷数值（按基本级动作后频率恢复到49.5Hz的方式计算）

$$\Delta P_{g1*} = K_{pf}(f_{\omega*} - f_{1*}) = 1.35 \times (0.99 - 0.97) = 0.027$$

$$\Delta P_{g2*} = 1.35 \times (1 - 0.027)(0.99 - 0.96) = 0.039$$

$$\Delta P_{g3*} = 1.35 \times (1 - 0.027 - 0.039)(0.99 - 0.95) = 0.051$$

$$\Delta P_{g4*} = 1.35 \times (1 - 0.027 - 0.039 - 0.051)(0.99 - 0.94) = 0.06$$

$$\begin{aligned}\Delta P_{g5*} &= 1.35(1 - 0.027 - 0.039 - 0.051 - 0.06)(0.99 - 0.93) \\ &= 0.063\end{aligned}$$

折算至功率有名值时：

$$\Delta P_{g1} = 1600 \times 0.027 = 43(\text{MW})$$

$$\Delta P_{g2} = 1600 \times 0.039 = 63(\text{MW})$$

$$\Delta P_{g3} = 1600 \times 0.051 = 81(\text{MW})$$

$$\Delta P_{g4} = 1600 \times 0.06 = 96(\text{MW})$$

$$\Delta P_{g5} = 1600 \times 0.067 = 107(\text{MW})$$

合计 $= 390 \approx 400(\text{MW})$

（六）计算特殊级切除负荷值

当按动作频率为48Hz、动作时间为20s整定时，则

$$\begin{aligned}\Delta P_{t1*} &= 1.35 \times (1 - 0.027 - 0.039 - 0.051 - 0.06 - 0.067) \times (0.99 - 0.96) \\ &= 0.31\end{aligned}$$

当按动作频率为48.5Hz、动作时间为20s整定时，则

$$\begin{aligned}\Delta P_{t2*} &= 1.35 \times (1 - 0.027 - 0.039 - 0.051 - 0.06 - 0.067 - 0.031) \times (0.99 - 0.97) \\ &= 0.02\end{aligned}$$

特殊级化为有名值功率时

$$\Delta P_{t1} = 1600 \times 0.031 = 50(\text{MW})$$

$$\Delta P_{t2} = 1600 \times 0.02 = 32(\text{MW})$$

（七）各地区切除负荷的分配方案

各地区次要负荷所占总负荷的百分数（此由用电部门提供），如表11-5所示。

表11-5　各地区次要负荷所占总负荷的百分数

地区	(1)	(2)	(3)	(4)	(5)	(6)	(7)
占总负荷百分数（%）	30	20	40	40	30	20	40

各地区按频率减载切除负荷分配情况，如表11-6所示。

表 11-6　　各地区按频率减载切除负荷分配情况

项　　目	1	2	3	4	5	6	7	总计
可能切除负荷（MW）	60	30	84	160	36	30	80	480
按 390MW 计算出数值	49	25	68	130	29	24	65	390
各级切除数分配	—	—	—	—	—	—	—	—
(1) 48.5Hz 级	6	10	—	10	—	7	10	63
(2) 48Hz 级	—	—	10	40	3	—	10	63
(3) 47.5Hz 级	20	15	10	—	6	10	20	81
(4) 47Hz 级	11	—	13	30	10	7	25	96
(5) 46.5Hz 级	12	—	35	50	10	—	—	107
合计	49	25	68	130	29	24	65	390
特殊级 48Hz、20s	10	—	30	—	10	—	—	50
特殊级 48.5Hz、20s	—	—	—	32	—	—	—	32

第十二章　安全自动装置整定计算

第 12-1 节　低压、低频解列装置整定计算

这种装置主要装设在与大系统并网运行的受电小系统侧，由于小电源所在地区系统，正常多由大系统供给一部分负荷，以满足地区功率的平衡。故在联络中断后，将使地区系统出现功率缺额。在有功功率缺乏时，表现为频率下降；当无功功率缺乏时，将造成电压下降。因此，在功率平衡点装设低频率、低电压解列装置，以保证小电源的安全运行。

低压、低频解列装置装设地点如图 12-1 所示。

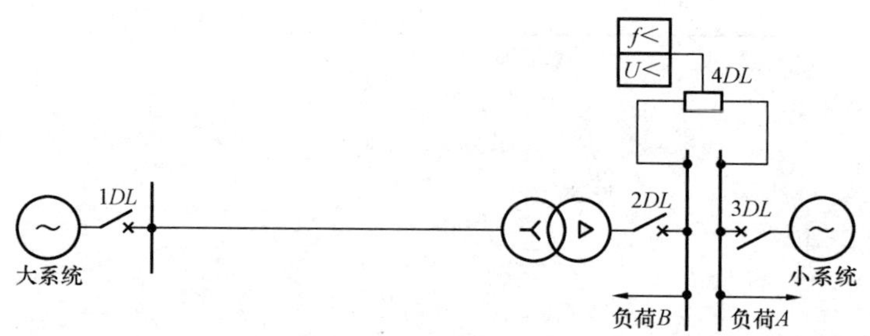

图 12-1　装设低压、低频解列的地点

负荷 A 为受电小系统的主要负荷，其功率与小系统发电容量相平衡；负荷 B 为一般负荷，与大系统同接于一条母线。当因故大、小系统在线路断路器 1DL 处断开时，小系统侧所装低压、低频解列装置动作，跳开母联断路器 4DL，以保持小系统安全运行。

1. 低电压整定

按动力负荷的允许临界电压为 65%～75%U_e，也可根据小系统无功平衡情况取 70%～80%U_e，动作时间应与电压动作范围内故障时的快速保护相配合，一般取 1～2s。

2. 低频率整定

为保证可靠解列，一般整定频率较高，目前大多数地区都整定在 47Hz 左右，有些地区为 46～46.5Hz，也有个别的地区高到 48Hz 左右。该装置多用在地区间的解列点。为防止暂态误动作，装置应带 0.3～1s 的时限。

第 12-2 节　电流（方向）解列装置整定计算

判别过负荷或甩负荷的状态，可利用一个电流元件及时间元件，必要时增加方向元件，构成方向过电流或方向低电流解列装置。它的时间整定一般大于后备保护的动作时间。这种解列装置比断路器联动或保护联切方式显得更加灵活而有效。

1. 方向过电流解列装置整定

方向过电流解列装置安装接线示意图，见图 12-2。

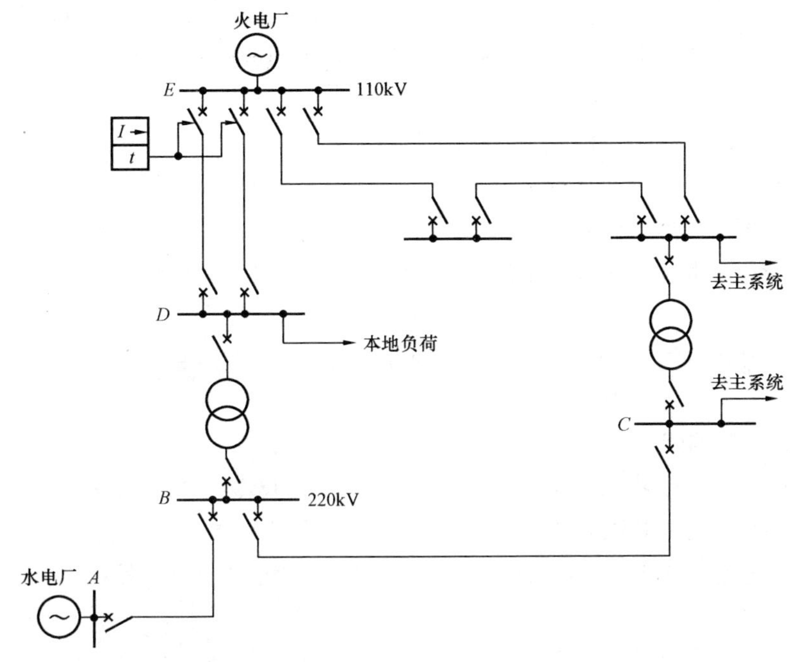

图 12-2 方向过电流解列装置安装接线示意图

正常运行时，水电厂 A 的大量电力通过 220kV AB、BC 线路送往系统，同时与火电厂 E 供给 D 变电站 110kV 地区负荷。当 220kV 线路 BC 故障断开时，如由于远切 A 厂机组的切机装置不能投入，故为防止 DE 双回导线过负荷，而在火电厂 E 侧双回线路出口装设方向过电流解列装置作为后备。其整定为：

电流元件：按 DE 线路允许通过的最大电流整定，即

$$I_{dz}=\frac{K_k I_{\max}}{K_f} \tag{12-1}$$

式中 $I_{\max}$——最大允许电流，可由导线发热或稳定控制决定；

K_k——可靠系数，取 1.1；

K_f——返回系数，取 0.9。

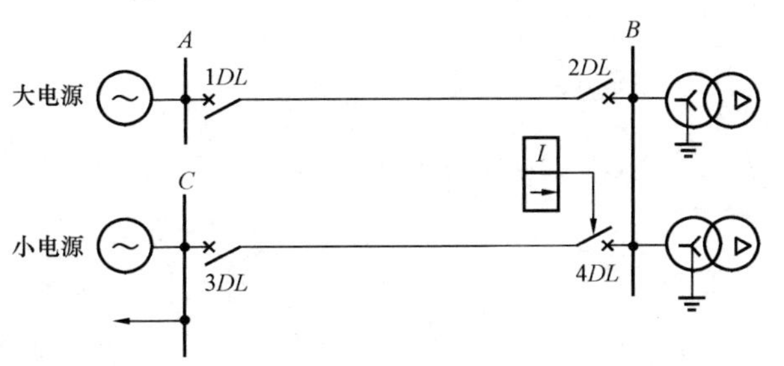

图 12-3 方向低电流解列装置安装接线示意图

方向元件：指向 E 母线时动作。

时限元件：大于线路后备保护动作时间 $1\sim2\Delta t$。

2. 方向低电流解列装置整定

方向低电流解列装置安装接线示意图，见图 12-3。

解列装置安装于 B 变电站，电流元件接 BA 线电流，方向元件接 BC 线电

流、B 母线电压。正常运行时由大电源 A 向 B 变电站及 C 变电站送电。当大电源故障或线路 AB 有永久性故障时，断路器 $1DL$ 和 $2DL$ 跳闸，$2DL$ 上之电流变小，此时 $4DL$ 负荷方向指向母线 B，为了避免拖垮小电源，则在 B 变电站装设方向低电流解列装置。其整定为：

电流元件：按躲过线路 AB 最小负荷电流整定，即

$$I_{dz}=K_k I_{fh\cdot\min} \tag{12-2}$$

式中 $I_{fh\cdot\min}$——线路 AB 正常最小负荷电流；

K_k——可靠系数，取 1.2。

方向元件：指向 B 母线时动作。

时间元件：按躲开大电源系统中故障并与后备保护动作时间配合整定，一般取为5～6s。

第 12-3 节　系统振荡（或失步）解列装置整定计算

一、系统振荡时的阻抗轨迹分析

判别系统振荡，通常采用不同特性的阻抗元件作为起动装置。这是由于系统稳定破坏，保护装置安装处的电流、电压变化，反应在装置端子上的阻抗随之变化，而且其变化的特点是较短路情况下缓慢。图 12-4 示出简化后的两机振荡系统接线及等效网络图。

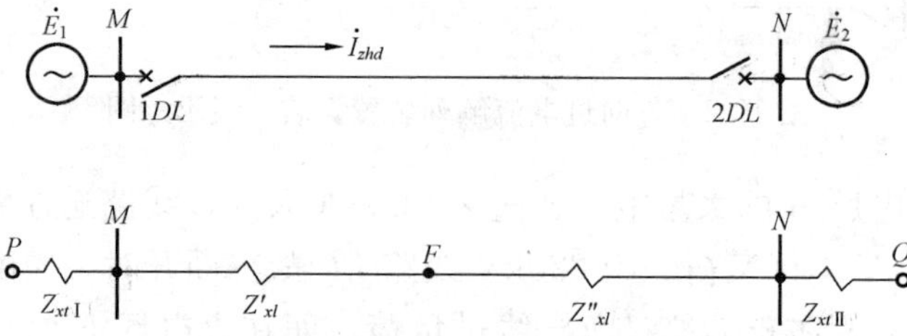

图 12-4　两机振荡系统接线及等效网络

对于安装于母线 M 处，接入同名相电压与相电流的阻抗元件，在系统振荡时感受阻抗为

$$Z_{zhd}=\frac{\dot{U}_m}{\dot{I}_{zhd}}=\frac{\dot{E}_1-\dot{I}_{zhd}Z_{xt\,\mathrm{I}}}{\dot{I}_{zhd}}=\frac{\dot{E}_1}{\dot{I}_{zhd}}-Z_{xt\,\mathrm{I}} \tag{12-3}$$

式中 $\dot{I}_{zhd}$——振荡电流，对于两机系统可表示为

$$\begin{aligned}\dot{I}_{zhd}&=\frac{\dot{E}_1-\dot{E}_2}{X_\Sigma}=\frac{\dot{E}_1-K\dot{E}_1e^{-j\delta}}{Z_{xt\,\mathrm{I}}+Z'_{xl}+Z'_{xl}+Z_{xt\,\mathrm{II}}}\\&=\frac{\dot{E}_1(1-Ke^{-j\delta})}{X_\Sigma}\end{aligned} \tag{12-4}$$

式中 δ——电势 $\dot{E}_1$ 领前 $\dot{E}_2$ 的角度；

K——电势比值 $\frac{E_2}{E_1}$。

将式（12-4）代入式（12-3），得

$$Z_{zhd}=\frac{X_{\Sigma}}{1-Ke^{-j\delta}}-Z_{xt\,\mathrm{I}} \tag{12-5}$$

令 $K=1$ 时

$$Z_{zhd}=\frac{X_{\Sigma}}{1-e^{-j\delta}}-Z_{xt\,\mathrm{I}} \tag{12-6}$$

式（12-5）前一项中，包括一个简单的因子

$$P=\frac{1}{1-Ke^{-j\delta}}$$

当 K＝常数时，用解析法求解 $P=f(\delta)$ 的轨迹为一圆系，见图 12-5。

式（12-6）中 Z_{zhd} 的轨迹是垂直于 X_{Σ} 的一条直线。

若应用复数计算，对于（$1-e^{j\delta}$）可作图 12-6，并代入 δ 具体数值，即可得出：

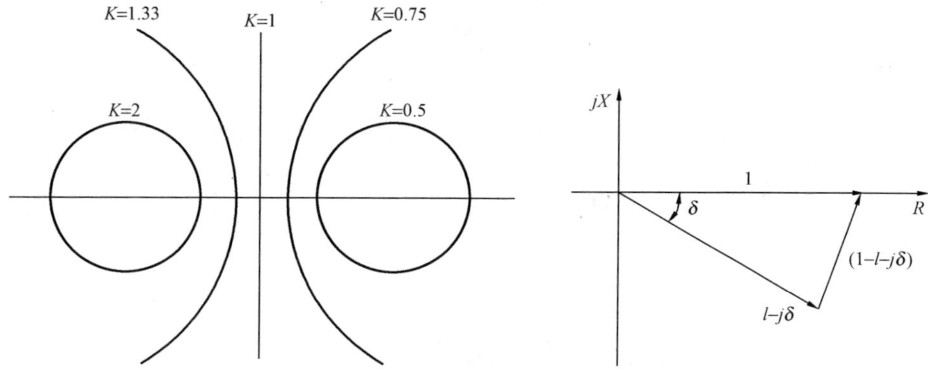

图 12-5　$P=\frac{1}{1-Ke^{-j\delta}}$ 当 K＝常数时的圆系

图 12-6　（$1-e^{-j\delta}$）复数计算法

当 $\delta=0°$ 时，$Z_{zhd}\approx\infty$；

当 $\delta=90°$ 时，$Z_{zhd}=\frac{X_{\Sigma}\angle 90°}{\sqrt{2}\angle 45°}-Z_{xt\,\mathrm{I}}\angle 90°$；

当 $\delta=180°$ 时，$Z_{zhd}=\frac{X_{\Sigma}\angle 90°}{2}-Z_{xt\,\mathrm{I}}\angle 90°$；

当 $\delta=270°$ 时，$Z_{zhd}=\frac{X_{\Sigma}\angle 90°}{\sqrt{2}\angle -45°}-Z_{xt\,\mathrm{I}}\angle 90°$；

当 $\delta=360°$ 时，$Z_{zhd}\approx\infty$。

按以上数据作出阻抗元件感受阻抗在复数平面上的轨迹，如图 12-7 所示。

其轨迹为垂直于 P、Q 的一条直线 OO'，M 及 N 侧感受阻抗已在图上示出。

二、ZZJ-1 型振荡起动装置的整定

1. ZZJ-1 型解列装置原理简述

解列装置使用了 3 个阻抗元件，见图 12-8。

其中，$1ZKJ$ 为可根据需要具有上下移动的阻抗圆特性的阻抗元件，$2ZKJ$ 及 $3ZKJ$ 为具有直线特性的阻抗元件。在系统振荡情况下，线路一侧感受阻抗轨迹变化的规律：若是送电侧（电势领前者），在振荡时阻抗轨迹由右向左移动，先后穿过阻抗元件 1、2、$3ZKJ$，

而且移动速度慢，被判断为振荡；而在短路时，阻抗由 1 进入 2 的时间较短，被逻辑回路判别为短路，装置不动作。

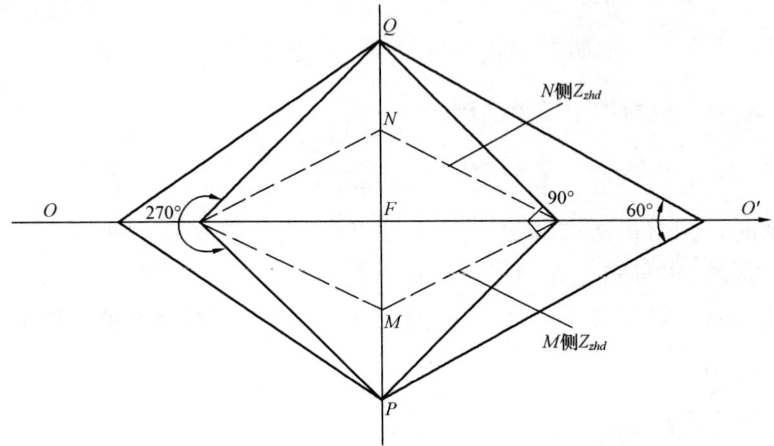

图 12-7　阻抗元件感受阻抗在复数平面上的轨迹

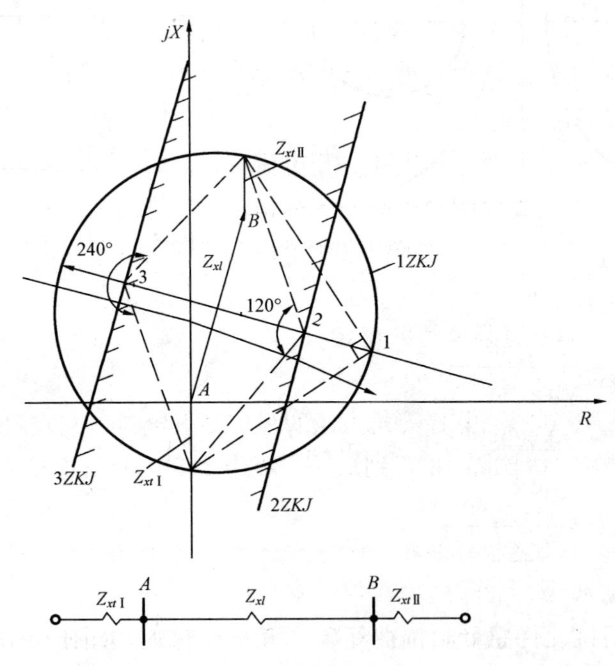

图 12-8　*ZZJ*-1 解列装置阻抗特性

此装置可反应最快的振荡周期约为 0.4s 左右。当振荡周期小于 0.4s 时，则解列装置将拒动。

2. 装置整定计算

（1）1*ZKJ* 圆阻抗值的整定。1*ZKJ* 可实现各种圆特性，即方向阻抗有 25%或 50%的抛球特性，25%或 50%的偏移特性或 100%的偏移特性（即全阻抗）。

首先计算各种运行方式下的振荡中心，确定其变化范围，选择适当的阻抗圆特性，使振荡中心变化范围皆处于圆内，最好落在阻抗圆中心附近来确定阻抗的偏移特性。

其次阻抗定值是以正向最大范围表示，它应按躲过正常最大负荷整定，要求整定角应比负荷角大 30°以上，一般选取起动角为 80°～90°。

（2）$2ZKJ$ 直线阻抗的整定。一般要求在阻抗平面上按直线阻抗与线路阻抗平行的原则整定其最大灵敏角。其整定值则按动作角 120°～130°左右整定。动作角整定过小时，在系统同步振荡时可能动作；整定值过大时，动作就慢；一般情况下不宜超过 130°，以保持线路故障时，故障轨迹皆落在 $2ZKJ$ 动作范围以内，它的整定值是从坐标原点所做的垂直于直线 $2ZKJ$ 的距离。

（3）$3ZKJ$ 直线阻抗的整定。其最大灵敏角整定原则同 $2ZKJ$，整定值按动作角为 220°～240°整定，整定值表示见图 12-9。

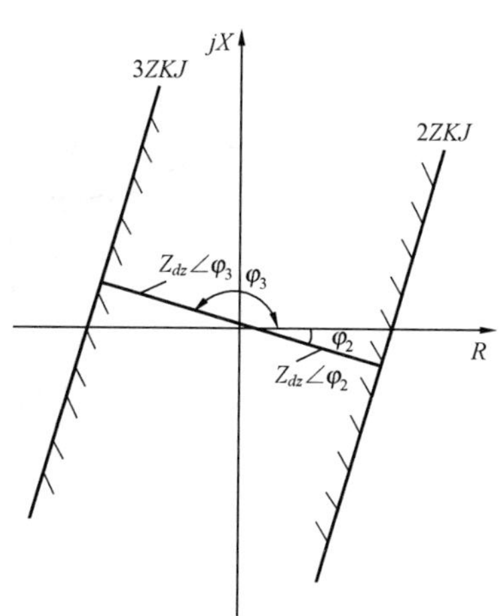

图 12-9　直线特性的阻抗定值

3. 运行使用注意事项

（1）该装置可分散装于有振荡出现的电源连络线上，一般是振荡中心落在哪条线路，即由哪条线路两侧的装置处理，而不反映远处振荡。

（2）由于该装置仅装于一相的相电压、相电流上，它不反映非全相振荡状态。鉴于目前在超高压系统中多采用单相重合闸来提高系统的稳定性，而在非全相运行中发生振荡的机率又是很少的，若为此增加装置的元件去解决非全相振荡问题，其必要性是不大的，所以该装置仍有较大的适应性。

三、SBJ-1A 型系统失步解列装置的整定

1. SBJ-1A 型解列装置原理简述

失步继电器是利用比较两侧电势夹角大小的阻抗型继电器，它在阻抗平面上表现为 6 级阻抗圆特性，从 68°开始每级相隔 18°，到最后一级为 158°的阻抗循环判别方式，如图 12-10 所示。

失步继电器的快跳段继电器必须 6 个区域逐级动作时才有输出，较国内外同类继电器有更高的安全性。在任何故障及故障转换过程中不会误动。

电力系统振荡时，测量阻抗轨迹沿曲线Ⅰ、Ⅱ顺次移动，加速失步时沿曲线Ⅰ的方向，减速失步时沿曲线Ⅱ的方向移动。当判别回路移动 6 级时，快速失步继电器动作。在振荡周期较短时，逻辑回路输出将小于 6 级，这时可由慢速失步继电器出口。

在系统短路时，测量阻抗直接进入短路阻抗所在区域，逻辑回路输出一到二级，失步继电器可靠不动。

由于振荡轨迹是不规则的，因此具有电抗型或四边形特性的继电器边界区非常不明确，采用透镜特性的区域继电器后，不管振荡轨迹如何不规则，只要振荡中心落在整定范围内，阻抗继电器就要动作，反之则可靠不动。区域继电器的特性见图 12-11。

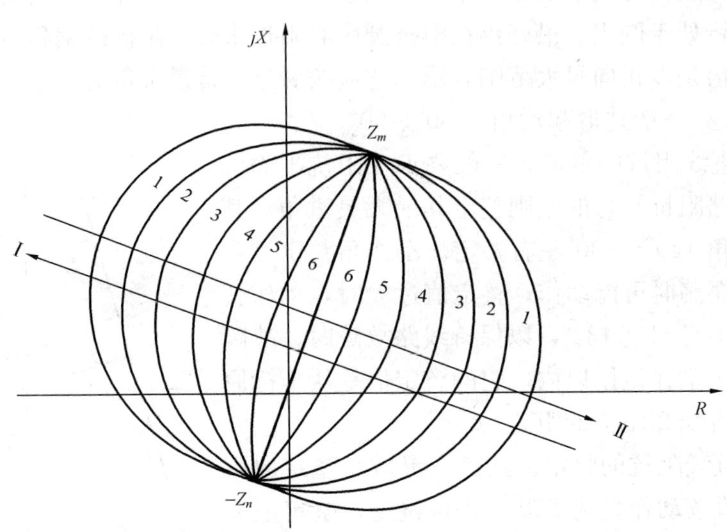

图 12-10　失步继电器的阻抗轨迹

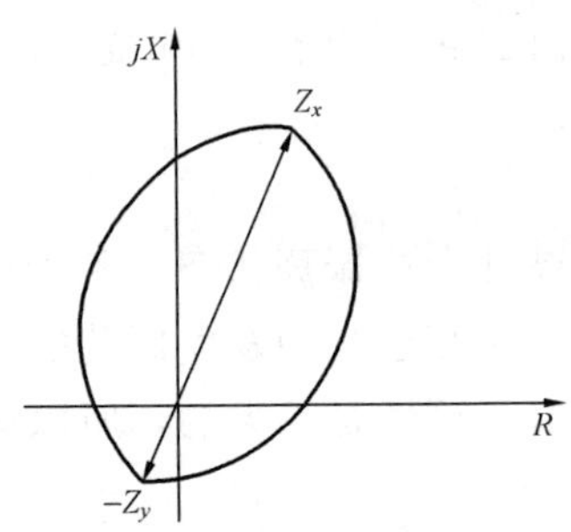

图 12-11　区域继电器的透镜阻抗特性

采用这种区域元件的好处，首先是这种继电器只有在振荡时及 AB 相间故障和三相故障时才动作。因此，在不失步状态下动作的机会极少。另外，由于失步继电器的整定范围大于区域继电器，故区域继电器与失步继电器配合，可使失步继电器的动作特性得以改善，其边界动作特性已无实际意义，且可对出口回路构成双重化闭锁，增加了可靠性。

2. 装置整定计算

(1) 失步继电器阻抗 Z_m、Z_n。Z_m 为失步继电器从装置安装点往线路方向的整定阻抗，Z_n 为往系统方向的整定阻抗。两阻抗值一般与两机等值系统相适应，并应满足正常运行时最外层阻抗 Z_1 不动作，因此可在这二者之间选择合适的数值。

(2) 区域继电器阻抗 Z_x、Z_y。Z_x 为区域继电器从装置安装点往线路方向的整定阻抗，Z_y 为往本侧系统方向的整定阻抗。Z_x、Z_y 的整定值应根据该装置实际需要的保护区整定，即当振荡中心落到整定范围内时允许装置跳闸。

以上定值应满足：$Z_x \leqslant Z_m$；$Z_y \leqslant Z_n$。

(3) 振荡中心电压过零与否的选择。可根据系统稳定需要和断路器遮断容量来选择。当选择不过零位置时，装置失步后，在两侧电势摆开 180°以前快速发出跳闸信号，可以有效地减小失步对系统的影响。当选择过零位置时，装置失步后，电势角摆开 180°后又减小到一定程度跳闸，这时跳闸可减小断路器开断时断口间电压太高对断路器造成的损伤。

(4) 失步周期整定。失步周期可在 2～15 个周期间选择，无论加速失步或减速失步，其慢跳段的跳闸周期可分别整定。失步周期的整定值由系统稳定计算给出。

四、算例

【例 12-1】 某系统局部接线示意图，见图 12-12。图上阻抗标么值是以基准功率为 100MVA，基准电压为 242kV 归算的，现在 B 变电站 BC 线路上装有 ZZJ-1 型振荡解列装置一套，试整定之。

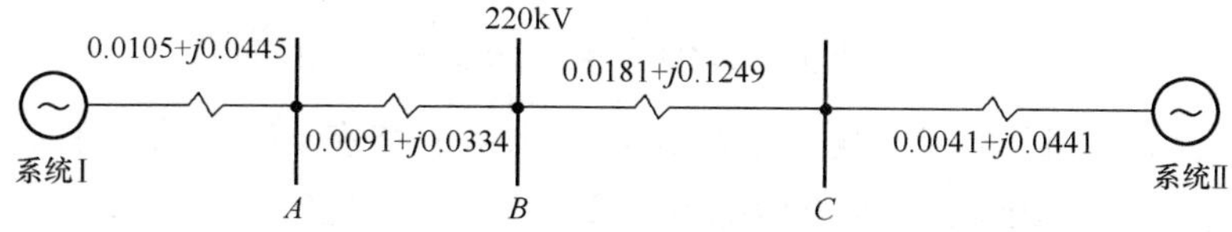

图 12-12　某系统局部接线图

对于已简化为二机系统的阻抗图，求其各种不同运行方式下的振荡中心。这里因为只有一种运行方式，故计算出振荡中心在 BC 线上距 B 站的距离为

$$\frac{0.0445+0.0334+0.1249+0.0441}{2}-0.0445-0.0334=0.04555$$

选择带 25%偏移特性的阻抗圆，根据作图法求出装置整定值如下：

$1ZKJ$　$0.1234\angle 81.75°$，起动角 90°，25% 偏移；

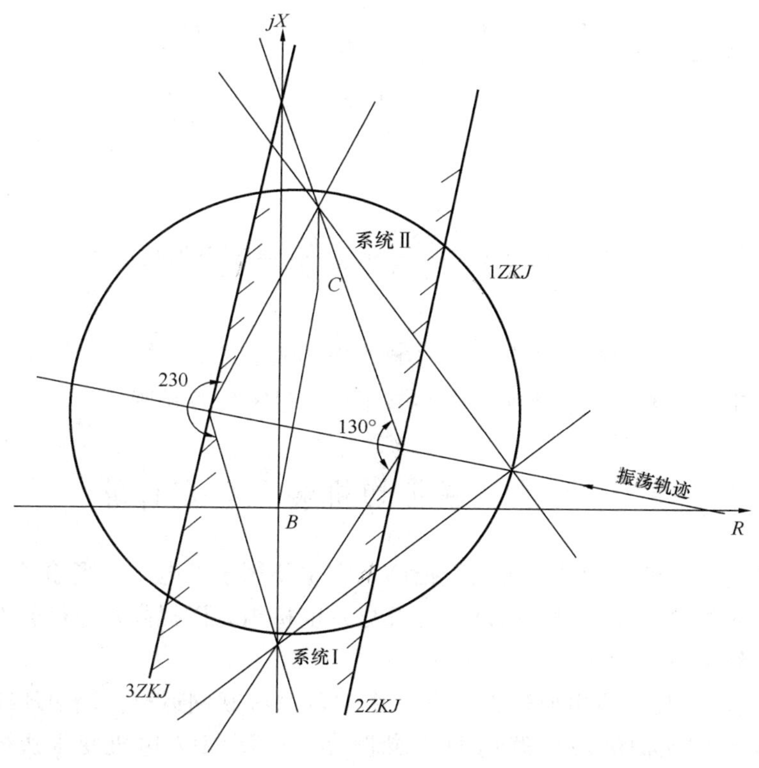

图 12-13　装于 B 站 BC 线路上的 ZZJ-1 整定阻抗图

$2ZKJ$　0.04∠−13°，起动角 130°；

$3ZKJ$　0.04∠167°，起动角 230°。

换算到二次阻抗为

$$1ZKJ \quad 0.1234 \times 484 \times \frac{600/5}{2200} = 3.26(\Omega)$$

$$2ZKJ，\quad 3ZKJ \quad 0.04 \times 484 \times \frac{120}{2200} = 1.1(\Omega)$$

【例 12-2】 如图 12-12 系统接线，在 C 站 CB 线路上装有 SBJ-1 失步解列装置一套，计算用参数与〔例 12-1〕相同，最大负荷电流为 1000A，试整定之。

1. 失步继电器阻抗 Z_m、Z_n 整定

$$Z_m = (0.1249 + 0.0334 + 0.0445) \times \frac{220^2}{100} = 98.15(\Omega)$$

$$Z_n = 0.0441 \times \frac{220^2}{100} = 21.34(\Omega)$$

该阻抗值躲过正常负荷阻抗的校验：

$$Z_{fh} = \frac{200 \times 10^3}{\sqrt{3} \times 1000} = 127(\Omega) > Z_m、Z_n$$

二次值

$$Z_{m \cdot j} = 98.15 \times \frac{600/5}{2200} = 5.35(\Omega)$$

$$Z_{n \cdot j} = 21.34 \times \frac{120}{2200} = 1.16(\Omega)$$

2. 区域继电器阻抗 Z_x、Z_y 整定

$$Z_{x \cdot j} = 0.1249 \times \frac{220^2}{100} \times \frac{120}{2200} = 3.297(\Omega)$$

$$Z_{y \cdot j} = 0.0441 \times \frac{220^2}{100} \times \frac{120}{2200} = 1.16(\Omega)$$

根据系统稳定计算要求，选择振荡中心电压在不过零位置跳闸。

第 12-4 节　联锁切机装置整定计算

线路联切装置是普遍采用的一种安全措施，它主要用于发电厂。当输送能力受到暂态稳定限制时，可在出线之一跳闸时，自动切除部分发电机组，以提高发电厂暂态稳定水平。安装地点的系统接线见图 12-14。

正常时 A 厂向 B 及 C 变电所送出功率，并与 D 系统联网运行。当 AB 线路发生永久性故障时，由 A 侧线路保护跳 $3DL$ 联切 $1DL$ 断路器，切除#1 发电机变压器组，保证运行系统的暂态稳定。

该联切分重合闸前切机和重合闸不成功切机两种方式，具体采用哪种方式可根据系统稳

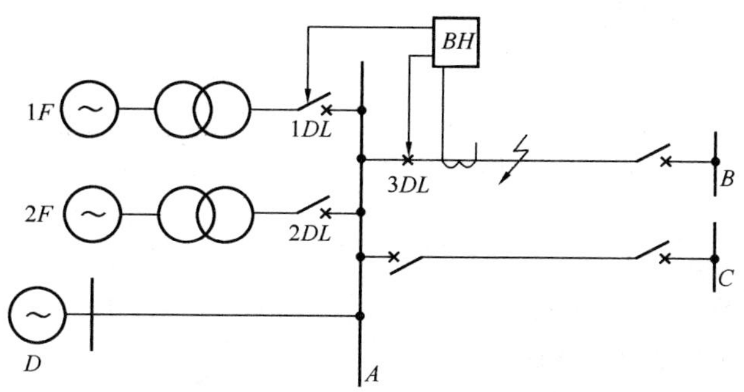

图 12-14　线路保护联切示意图

定计算结果来决定。联切继电器一般由保护出口起动或重合闸三跳继电器起动。由于该联切装置简单、便于实现，在国内各大电网已普遍采用，其缺点是装置随运行方式变化适应能力差，且相邻线路故障不能切机。

第 12-5 节　大小电流联切装置整定计算

一、装设地点

此装置一般用在环网线路或电磁环网中，如图 12-15 所示。

正常时，220kV 与 110kV 合环运行，水电厂除带部分 110kV 地方负荷外，大部分电力通过 220kV 线路 *AB* 送往主系统。当线路 *AB* 故障断开后，*AB* 线路电流减小，110kV *CD* 线路电流增大，装置联切水电厂母联断路器或部分机组，防止造成 110kV 线路过负荷或系统稳定破坏。

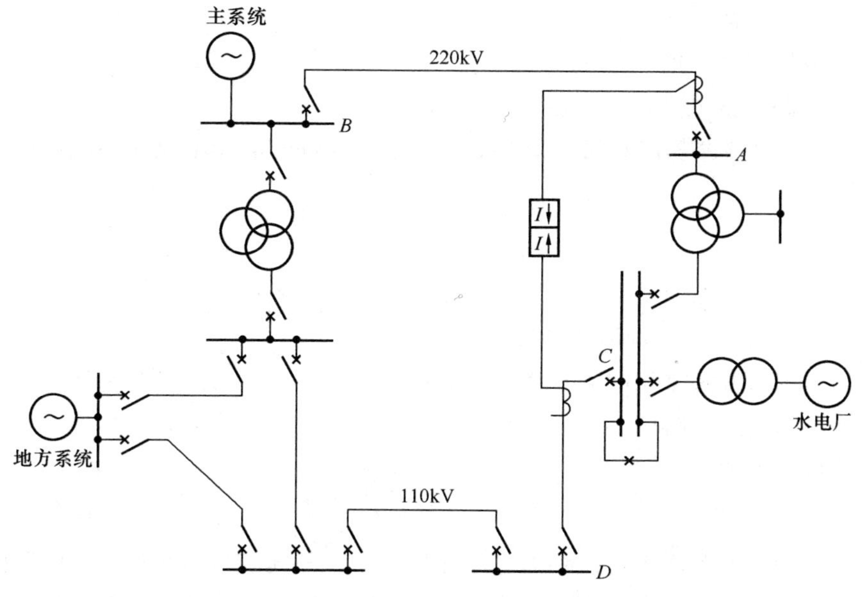

图 12-15　装设大小电流联切的系统示意图

二、大小电流联切装置的整定

1. 小电流元件整定

按以下两条件整定：

（1）按大于线路充电电流整定，使线路在充电情况下，小电流不动作，即

$$I_{dz} = K_k I_c \tag{12-7}$$

式中 K_k——可靠系数，取1.5～2；

I_C——线路充电电容电流值。

（2）按小于线路正常最小负荷电流整定，保证在正常最小负荷电流下可以动作，即

$$I_{dz} = \frac{I_{fh\cdot\min}}{K'_k} \tag{12-8}$$

式中 $I_{fh\cdot\min}$——线路正常最小负荷电流；

K'_k——可靠系数，取1.3～1.5。

故所选定值应满足下式，即

$$\frac{I_{fh\cdot\min}}{K'_k} \geqslant I_{dz} \geqslant K_k I_C \tag{12-9}$$

2. 大电流元件整定

按满足以下两条件整定：

（1）按大于线路正常最大负荷电流整定，避免在正常负荷下动作，即

$$I_{dz} = \frac{K_k}{K_f} I_{fh\cdot\max} \tag{12-10}$$

式中 K_k——可靠系数，取1.2；

K_f——返回系数，取0.85；

$I_{fh\cdot\max}$——线路正常最大负荷电流。

（2）按主要联络线路切除且转移负荷后，大电流元件的动作电流应不超过稳定极限所允许的电流，即

$$I_{dz} = \frac{I_{wy}}{K'_k} \tag{12-11}$$

式中 I_{wy}——系统稳定所允许的线路电流；

K'_k——可靠系数，取1.1～1.2。

故所选定值应满足下式

$$\frac{I_{wy}}{K'_k} \geqslant I_{dz} \geqslant \frac{K_k}{K_f} I_{fh\cdot\max} \tag{12-12}$$

对于这种装置，由于从小电流到大电流元件动作，其间的负荷转移不是瞬时的，功角要有变化，故仅作为简易稳定措施，便于实施，更多的情况是可防止过负荷，比较实用，装置动作可不带时延。

三、使用中应注意的几个问题

（1）为了避免单相重合闸时该装置误动作，采用“小电流元件”分别装于不同的两相上（常闭触点串联）。

（2）由于受到使用条件的限制，所以应根据电网接线特点，检查其邻线故障时是否会引起联切装置动作，并采取针对性的措施。

（3）应建立专用规程，结合实际系统条件，防止在倒闸操作过程中可能的误动作。

第 12-6 节　高频切机装置整定计算

在水电站比重较大的地区电网，通常总以远距离向主电网送电。遇有事故和主电网联系中断时，地区系统将出现高频率运行。频率的偏移会对许多工矿企业等用电部分的工作产生不良的影响，使其产品质量降低；使火电厂的汽轮机产生振动，甚至使其损坏；使系统的弱联络线产生过负荷，故在水电厂大容量机组上一般装设高频切机装置。高频切机装置安装地点见图 12-16。

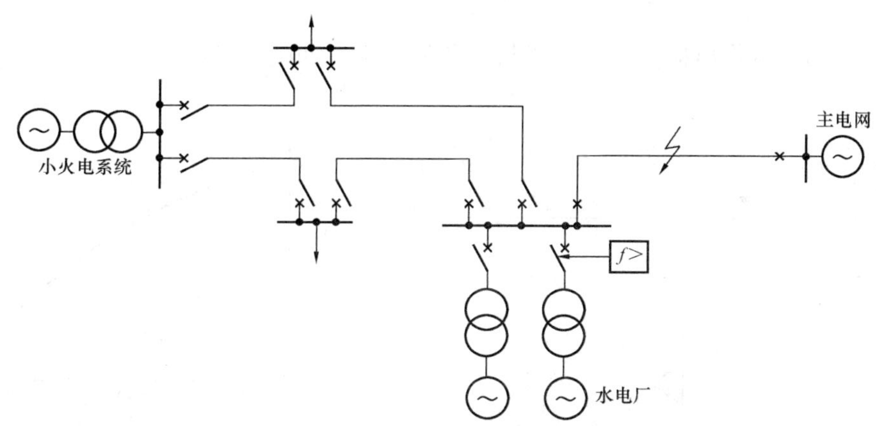

图 12-16　高频切机装置安装地点示意图

一般高频切机装置分两段：

瞬动段。其整定值为 50.6～50.8Hz。为防止系统瞬时频率升高而误动，设有$\frac{df}{dt}$为 1.3～1.5Hz/s的闭锁，它要求频率上升的速度必须大于此值才能动作。

延时段。其整定值为 51.3～51.6Hz，动作经 0.2～0.3s 时限。

为了防止故障情况下或电压回路不正常时误动作，设有过电压闭锁，其整定值为82～85V。

为了区分是出线故障还是相邻变电所与系统失去联络，在出口回路中设有负荷电流鉴别元件。

第 12-7 节　地区电网单回联络线上装设的稳定预测与控制装置整定计算

一、ZZY-1 振荡预测装置的原理及整定

1. 振荡中心电压与系统功角 δ 的关系

保持电力系统稳定运行的基础是系统功角不超过一定的极限允许值。而利用振荡中心电压可以简单的反应系统的功角，如图 12-17 所示。对于一个容易发生振荡的两机电源系统，在系统功角摆开时，系统各点的电压也随着角度的改变而变化。图 $\dot{U}_A$ 为 A 侧母线电压，Z_l 为振荡中心至 A 母线的线路阻抗。

假设两侧电势相等，那么振荡中心电压为

$$U_{dzx} = U_A \cos\frac{\delta_u}{2}$$

即

$$\frac{U_{dzx}}{U_A} = \cos\frac{\delta_u}{2} \qquad (12\text{-}13)$$

由式（12-13）可作出振荡中心电压与功角的关系，如图 12-18 所示。

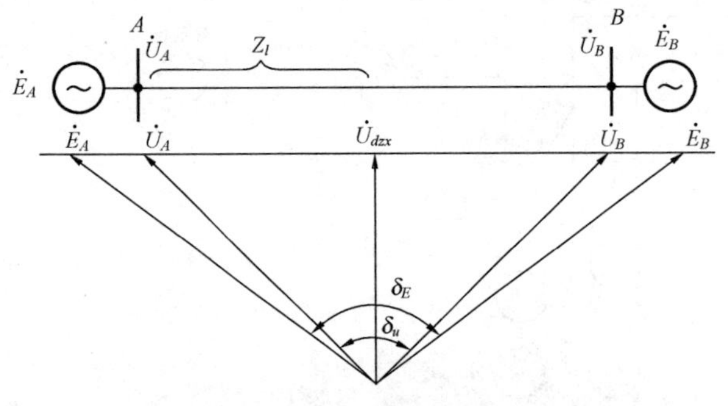

图 12-17　系统电压与功角关系

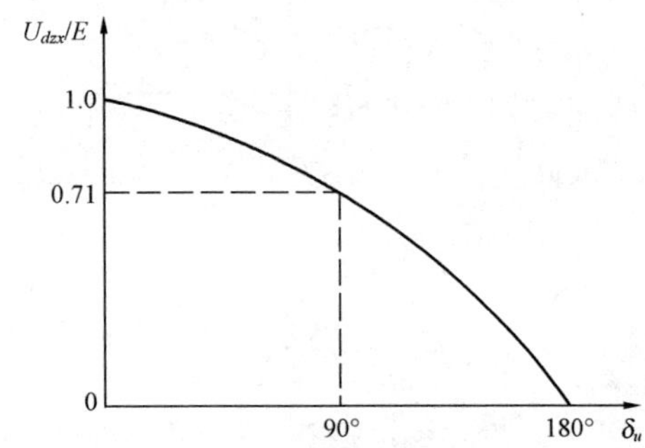

图 12-18　振荡中心电压与功角关系

由图 12-17 看出：δ 小于 60°前，振荡中心电压变化不显著：而在对判断失步最有意义的 60°～120°范围内，振荡中心电压开始明显下降，因此利用振荡中心电压来预告系统稳定是完全可能的。

2. 系统受到冲击时电压变化的特征

系统在受到冲击时，由于功率不平衡，两侧功角要发生摆动，相应地电压也会发生波动。

如果在冲击下发生同步振荡，而没有失步，电压变化如图 12-19 所示。

在冲击下，如果失去同步，那么电压变化如图 12-20 所示。

由图 12-19 及图 12-20 比较看出，$u=f\left(\frac{du}{dt}\right)$ 的关系在失步与不失步过程中有较明显的区分。

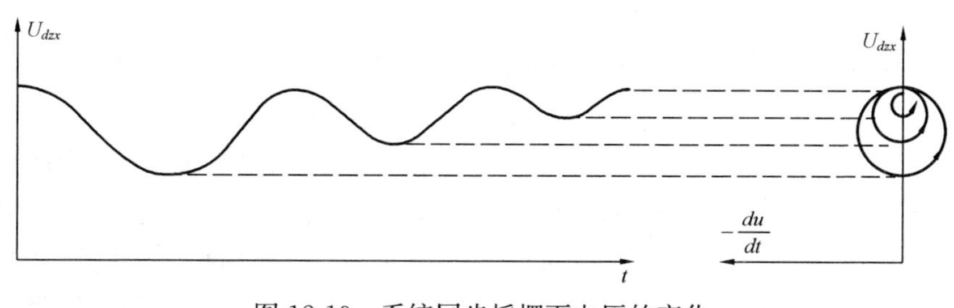

图 12-19　系统同步摇摆下电压的变化

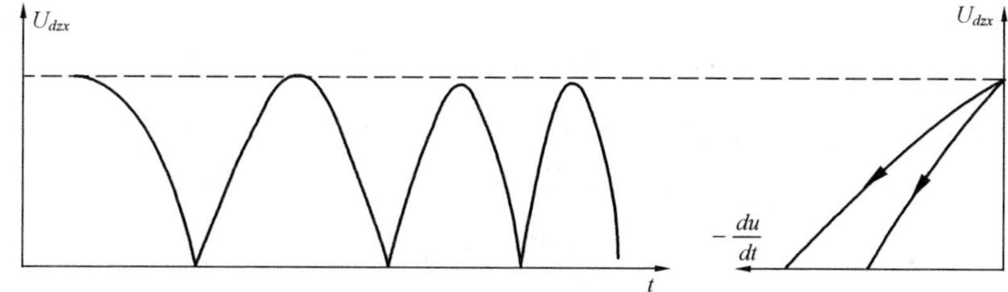

图 12-20　系统失步下振荡中心电压的变化

3. 振荡预测装置的简单原理

利用振荡中心电压的降低，可预测系统有发生静稳定破坏的危险，利用振荡中心电压及其下降率的变化，可以反应各种因素引起的失步过程，按此原理构成的振荡预测继电器的动作特性，如图 12-21 所示。

按此原理构成的继电器，在振荡中心电压较高时，能较早的反应系统的功角变化，就可采取措施，如：压负荷，以避免系统失步；对于具有一定斜率特性的继电器，可以反应失步，因而在失步前可采取相应措施，如切机。

由振荡预测继电器及其逻辑回路构成的 ZZY-1 振荡预测装置的动作特性，见图 12-22。

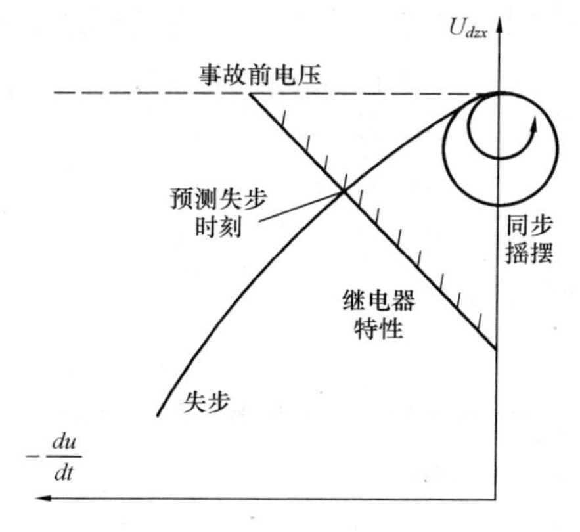

图 12-21　振荡预测继电器特性

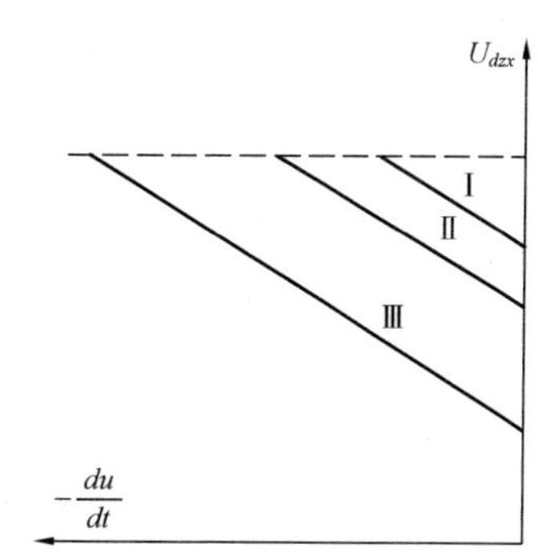

图 12-22　ZZY-1　装置的动作特性

动作特性Ⅰ约在振荡中心电压是（0.8～0.9）U_e 时动作，它可以用来预测静稳定破坏的危险。

动作特性Ⅱ和Ⅰ配合后，实现由于短路等原因造成的电压冲击波动而将装置闭锁的作用。

动作特性Ⅲ用来预测暂态稳定破坏和区分同步摇摆。

短路闭锁与失步执行回路见图 12-23。

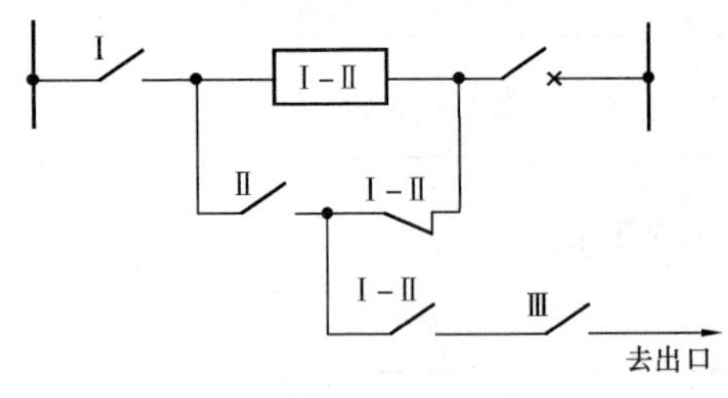

图 12-23　短路闭锁与失步执行回路

当失步时电压是缓慢下降的，因此Ⅰ先动，Ⅰ动作后，Ⅰ-Ⅱ继电器励磁，它的常闭触点断开了Ⅰ-Ⅱ线圈的旁路回路。而其常开触点闭合后准备好接通出口回路。当Ⅱ及Ⅲ动作后，即发出动作命令。

当短路时电压突然下降，Ⅰ、Ⅱ都快速动作，但电路的设计使Ⅰ的动作略为延迟，这样Ⅱ就先动作而将Ⅰ-Ⅱ线圈短接，因此以后即使Ⅰ再闭合，Ⅰ-Ⅱ也不会再动作，因而防止了接通出口回路。

对于振荡中心电压的测量，采用阻抗补偿法，即 $\dot{U}_{dzx}=\dot{U}-Z_l\dot{I}$（见图 12-17），一般按重负荷下测量数值校准装置上的振荡中心电压第一条线的动作电压值，其值应按比例反应静稳极限功率。

4. ZZY-1 装置的整定

（1）线路补偿阻抗：按稳定计算所提供的振荡中心距预测装置安装处的线路阻抗。即

$$Z_{dzj}=Z_l\times\frac{n_{LH}}{n_{YH}}(\Omega) \tag{12-14}$$

式中　Z_l——振荡中心至保护安装处的线路阻抗。

（2）零序补偿 K 值：ZZY-1 装置利用相电压的变化预测失步现象。在系统不对称时，线路一相的压降为（$I_\phi+K3I_0$）Z_l，式中 $K=\dfrac{Z_0-Z_1}{Z_1}$。

（3）阻抗角：当振荡中心距预测装置安装处为单一线路时，其阻抗角即为固有的导线阻抗角。对于振荡中心距预测装置安装处为二段及其以上的线路，且中间挂有变电站或线路上挂有电抗器及较大的分布电容时，线路的阻抗角将根据图 12-24 计算，或在动态模拟系统上测出。

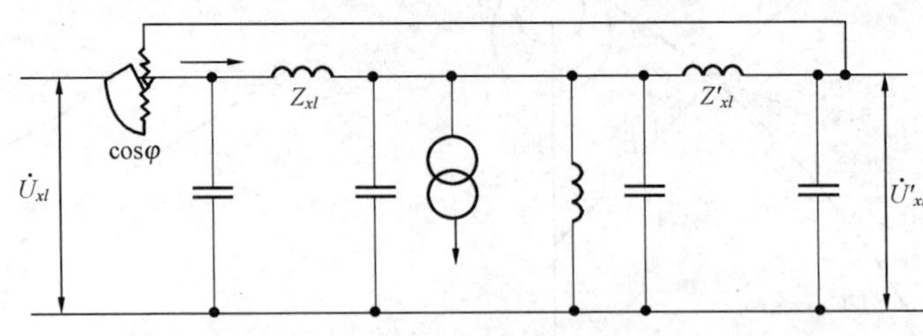

图 12-24　测量或计算线路阻抗角的原理接线

（4）图 12-22 中第Ⅰ条线动作电压：按安装母线电压在额定值时取 10V 表示，对振荡中心的静稳极限电压进行折合，按比例调整。即

$$\frac{\text{静稳极限电压}}{\text{额定电压}}\times10\approx8\sim8.5\text{（V）}$$

（5）图 12-22 中第Ⅱ条线动作电压；一般由第Ⅰ条线随之决定，比第Ⅰ条线动作电压低

1V 左右。

（6）图 12-22 中第Ⅲ条线动作电压：根据稳定计算提出失步前的振荡中心电压值，按其灵敏度分为四档，可供选择。最灵敏档位置是 4V，并带 120ms 延时。

（7）动作特性斜率：根据系统摇摆特性分析计算后得出，其量纲为时间（s）。

二、ZZY-Ⅱ振荡预测装置的原理及整定

ZZY-Ⅱ振荡预测装置，它包括反应联络线功率突变量（加速功率）的功率突变装置和反应发电机转数变化率（加速度）的振荡预测装置。

1. 联络线功率突变装置（简称 ΔP 预测装置）

（1）简单原理。并联运行的系统中，许多事故都会引起联系阻抗 X_Σ 的突然增大，例如：平行线之一切除、联络变压器之一跳闸、环网解环以及一回线单相跳闸等。

当 X_Σ 突然增大时，必然要引起线路传输功率 P_m 的突然下降，如图 12-25 所示。联系阻抗突增将产生原动机加速，如果加速面积不能为减速面积所抵消，系统就会失步。因此，系统是否失步决定于：

1）事故前输送功率，即原动机功率 P_0 越大，则失步的可能性也越大。

2）功率的突变量 ΔP 越大，即 P_m 下降得愈大，则失步的可能性愈大。

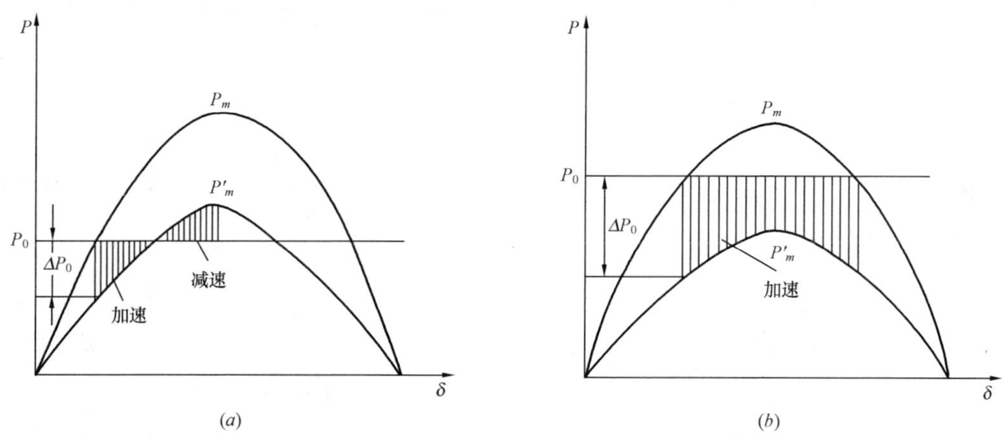

图 12-25　联系阻抗 X_Σ 突增的功角分析

（a）不失步；（b）失步

由作图或分析方法可找出每一个 P_0 下允许的 ΔP_0，其失步与不失步的边界可近似用 $P_0+K\Delta P=P_m$ 来代表（K 值大致等于 2）。其失步区域见图 12-26。

因此，可用 $P_0+K\Delta P\geqslant P_m$ 的关系式来快速预测由于各种阻抗突增引起稳定破坏的过程。对于同步摇摆可采用闭锁的方法，即设两个不同灵敏度的继电器 ΔP_d 和 ΔP_g。当功率突增时，它们同时达到整定值；而在同步摇摆时，ΔP_g 落后 Δt 时间动作，也就是利用两个定值先后动作来达到闭锁同步摇摆的作用。图 12-27 及图 12-28 分别示出同步摇摆及阻抗突增时功率变化的不同。

按照上述要求构成的 ΔP 继电器的执行回路，见图 12-29；与该逻辑电路对应的装置动作特性，如图 12-30 所示。

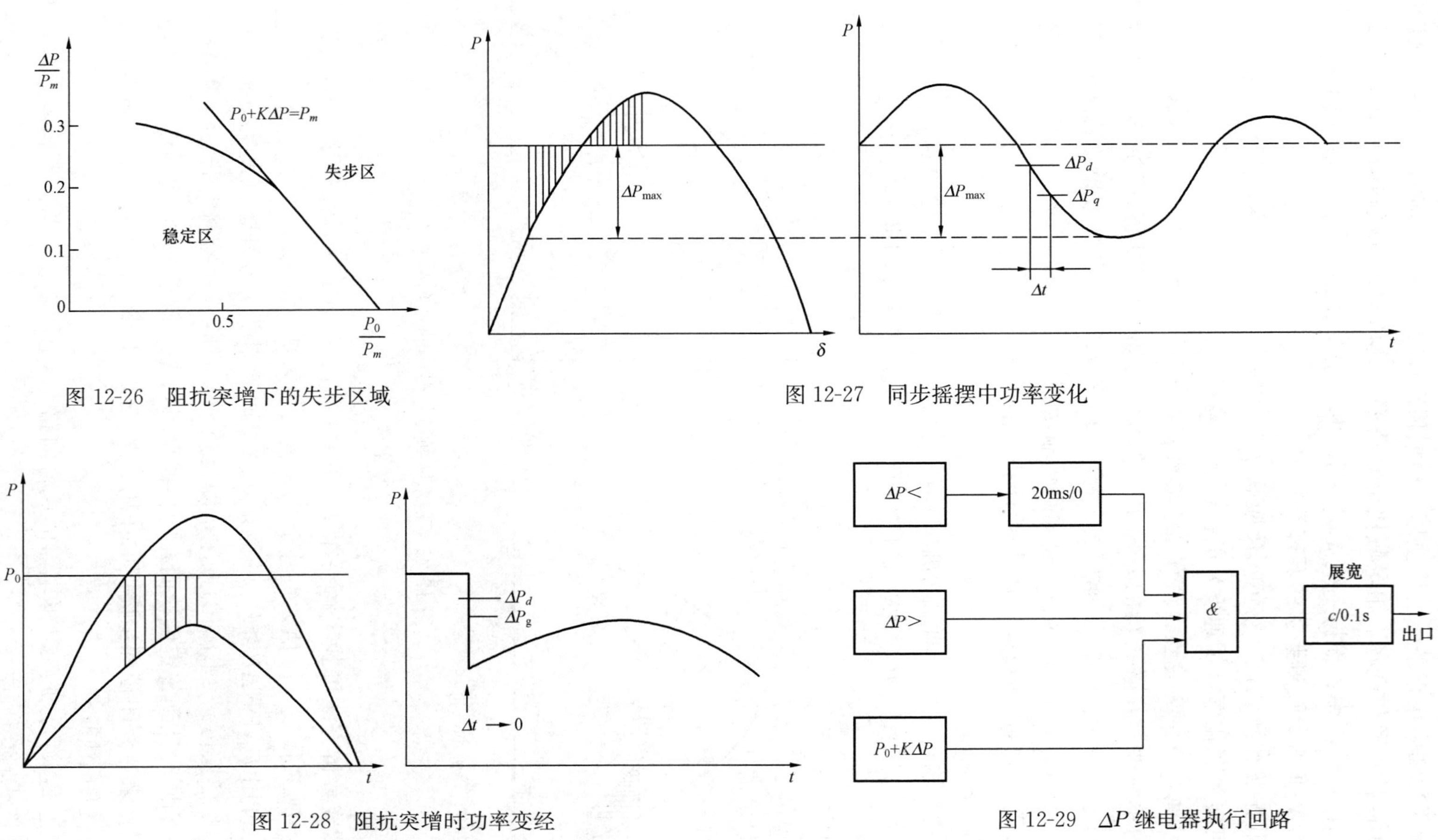

图 12-26　阻抗突增下的失步区域

图 12-27　同步摇摆中功率变化

图 12-28　阻抗突增时功率变经

图 12-29　ΔP 继电器执行回路

从图可见，越是重负荷下 X_Σ 突增时越灵敏，而由于 ΔP_g 的限制，一般性的功率波动不可能使装置误起动。

在实际装置测量电路中，用电流代替了功率，其依据是，经过分析认为长线路的 $P=P_m\sin\frac{\delta}{2}$ 与 $I=\frac{2E}{X_\Sigma}\sin\frac{\delta}{2}=I_m\sin\frac{\delta}{2}$，在 $0.8P_m$ 前电流与功率成正比，见图 12-31。

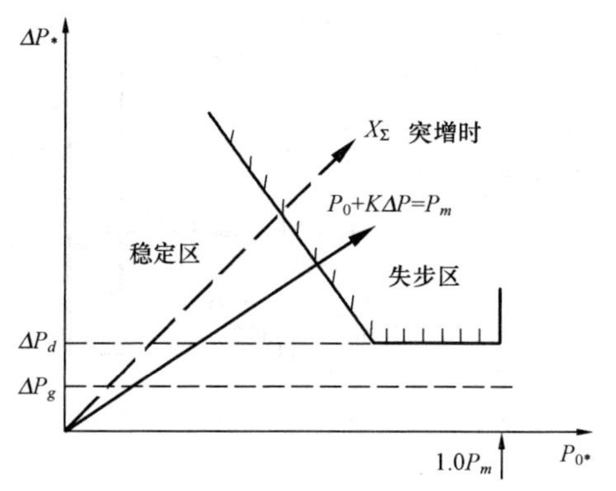

图 12-30　ΔP 继电器动作特性

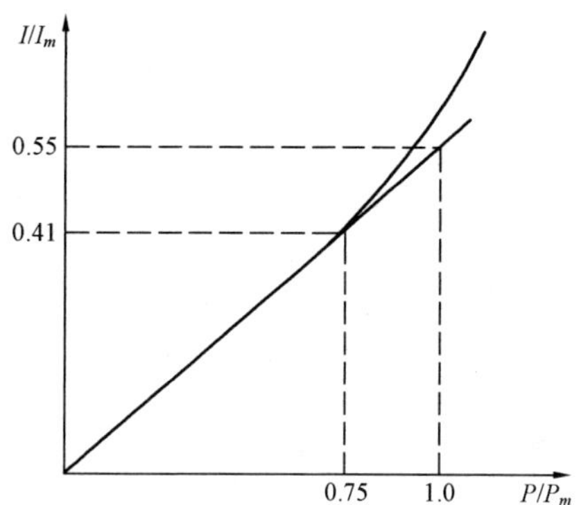

图 12-31　电流与功率的关系

在用电流代替功率后装置的优点是：

1）在短路电流增大时，自动避免误起动；

2）测量电流比测量功率大为简化；

3）动作特性基本不变。

另外，装置还设有解列闭锁，以防线路解列时发生不必要的切机。

（2）ΔP 预测装置的整定：

1）极限功率 P_m：根据系统稳定计算提出。

2）$\Delta P_g=0.1P_m$；

$\Delta P_d=0.05P_m$；

其突变量还可根据系统情况，调整灵敏度。

3）$P_0\geqslant 0.5\sim 0.6P_m$。

4）解列闭锁：一般取（0.2～0.3）P_m。

2. 反应发电机加速度 $\frac{df}{dt}$ 的振荡预测装置

（1）简单原理。在送电系统中，由于事故解列等原因甩掉了大量负荷后，引起发电机明显加速，联络线功率突增，并最后导致系统失步，这种典型事故的系统接线见图 12-32。

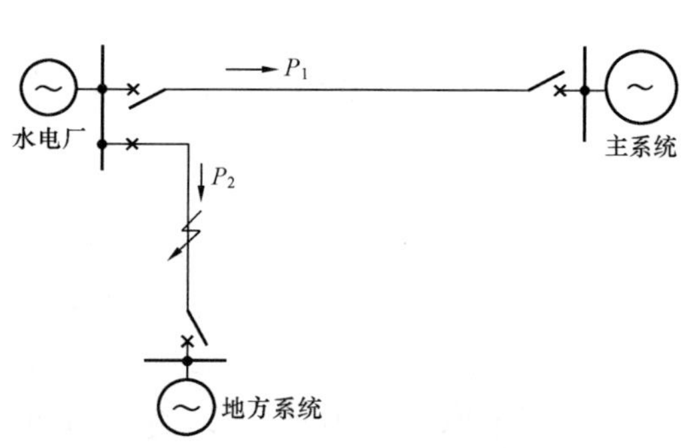

图 12-32　送电系统甩负荷接线图

这种事故的特点是发电功率与负荷功率突然不平衡，因而在系统中产生加速或减速过程，故直接利用发电机的加速度信号 $\frac{df}{dt}$，反应甩负荷事故，是很方便的。

为了反映发电机转速的变化，采用机组测量发电机电压的频率变化比采用发电机母线电压或线路电压都要好，因为它不受系统故障时的暂态影响。加速继电器的动作特性见图12-33。继电器的执行回路见图12-34。

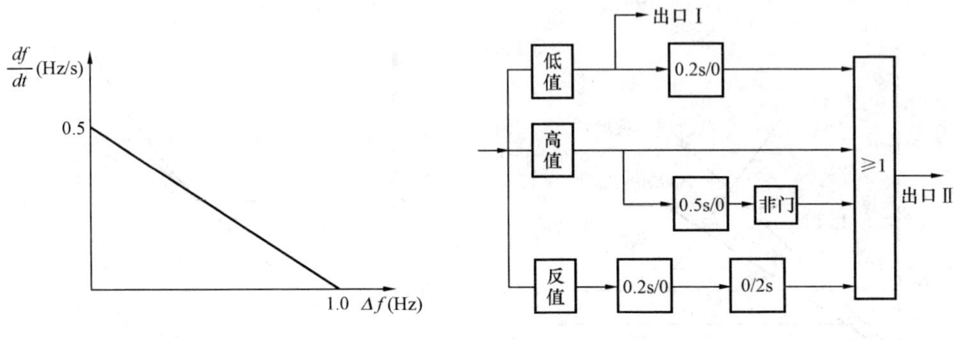

图12-33 加速继电器动作特性　　图12-34 加速继电器执行回路

低定值作用是提供一个表示当时机组是否已加速度特征信号，也可作为ΔP装置或其他的闭锁条件。高定值则作为加速度信号的正式定值，为了防止突然合上交流输入信号引起误动，设置了一个在高定值动作0.5s后自动闭锁的附加回路。为了防止系统由于甩掉大机组及大负荷合闸等引起摇摆下$\frac{df}{dt}$动作，装置中设置了一个负值起动后闭锁出口的安全附加回路。当$\frac{df}{dt}+K\Delta f$信号出现0.2s以上负值时，即将出口闭锁一个摇摆周期，例如2s以上时间。在这里的0.2s时间，是为了防止加速度测量装置在采用系统电压作为输入信号时，在短路瞬间可能会由于扭相作用的干扰而造成误闭锁的危险。

（2）$\frac{df}{dt}$装置的整定。根据发电机转子的运动方程式，以标么值表示为

$$T_g \frac{d^2\delta}{dt_2} = \Delta P \tag{12-15}$$

式中 T_g——归算至基准功率的惯性常数（s）；

δ——发电机电势与受端母线电压间的相位角；

ΔP——加速功率。

当时间以“s”为单位，$\frac{d\delta}{dt}$以Δf（Hz/s）表示时，则

$$\frac{T_g}{f} \times \frac{df}{dt} = \Delta P$$

即

$$\frac{df}{dt} = \frac{f}{T_g}\Delta P \tag{12-16}$$

【例12-3】 取$T_g=10$s，系统容量为500万kW、$\Delta P=50$万kW、$f=50$Hz，求发电机加速度。

解：$\Delta P_{*}=\frac{50}{500}=0.1$

$$\frac{df}{dt}=\frac{50}{10}\times 0.1=0.5\text{Hz/s}$$

故一般根据稳定计算，整定值范围参考以下值：

$$\frac{df}{dt}_{(\text{高值})}\text{约取}(0.5\sim 0.6)\text{Hz/s}$$

$$\frac{df}{dt}_{(\text{低值})}\text{约取}(0.2\sim 0.3)\text{Hz/s}$$

$$\frac{df}{dt}_{(\text{反值})}\text{约取}-(0.2\sim 0.3)\text{Hz/s}$$

三、ZZY-Ⅰ与ZZY-Ⅱ构成的稳定控制装置的应用

由 ZZY-Ⅰ和 ZZY-Ⅱ构成的稳定控制屏，通过逻辑回路完成以下功能：

(1) ΔP、$\frac{df}{dt}$装置经切机机组功率闭锁去控制切机。

(2) 自动减小导水叶开度，达到压机组功率的目的，其压功率分：

1) 系统重大扰动下一次动作的长时间压开度；

2) 防止静稳定破坏的长间隔短脉冲压功率；

3) 恢复同步的反复动作短时间压开度。

为了防止过分地关闭导水叶开度，还设有周波继电器闭锁。

(3) 监视线路静稳定极限，并给出信号。

四、算例

【**例 12-4**】图 12-35 给出一联合电力系统，西部是以大型水电厂 A 为主的地区系统，东部是以火电为主的地区系统，中间经 530km 330kV 线路连接，系统参数示于图上。在西部水电厂 A 装有 ZZY-Ⅰ、ZZY-Ⅱ稳定控制屏，试选择其动作方案及整定值。由稳定计算知，线路输送极限功率为 550MW，电流互感器变比为 1200/1。

根据计算知，系统振荡中心在 B、C 站之间，靠近 B 站一侧为 15.3Ω 处，线路极限功率 P_m=550MW。对 ZZY-Ⅰ型及 ZZY-Ⅱ型分别整定如下：

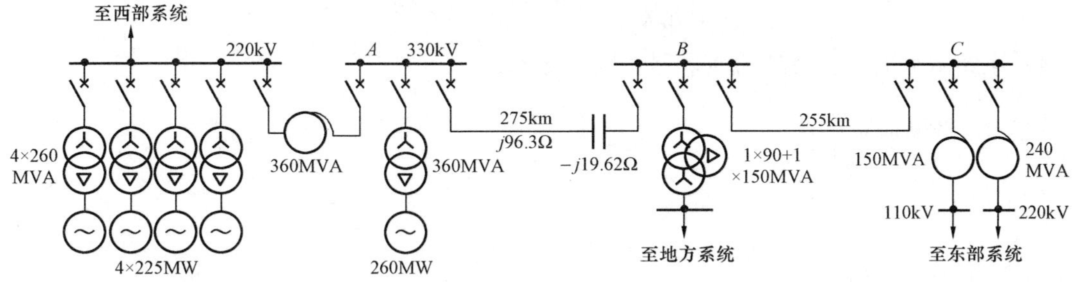

图 12-35　某联合电力系统接线图

1. ZZY-Ⅰ型装置

（1）线路补偿阻抗：指装置安装处至振荡中心的距离，即

$$Z_{dzj} = Z_l \times \frac{n_{LH}}{n_{YH}} = (96.3 - 19.6 + 15.3) \times \frac{1200}{3300} = 33.46(\Omega)$$

（2）零序补偿系数

$$K = \frac{Z_0 - Z_1}{3Z_1}$$

由于线路中间在 B 变电站接有接地变压器，造成零序助增电源，因而 K 值比正常的 0.6～0.7 大，取为 0.8。

（3）阻抗角：从保护安装处到振荡中心，除有很大的电容电流外，还有两个集中的串联电容补偿装置、并联电抗器及中间变电所的负荷。因此，线路等值回路阻抗角的计算十分复杂，经计算得线路固有阻抗角为 78.6。随着输送功率的变化阻抗角也稍有变化。一般以失步前最大功率下的阻抗角进行电压补偿，经动态模拟试验实测为 75°左右。

（4）振荡中心电压整定：可在大负荷下实测，并进行折算。

第一条线动作电压：根据稳定计算知，振荡中心位置在静稳极限时最低电压为 280kV，继电器在最高电压 330kV 调满刻度，为 10V，因而

$$10 : 330 = x : 280$$

$$x = 8.48$$

取其动作电压为 8.5V。

第二条线动作电压：按与第一条线配合整定，其动作电压取 7.8V。

第三条线动作电压：主要区分失步和同步摇摆，故电压整定较低，可取 4V 左右。

（5）动作特性斜率：根据稳定要求 τ=0.4s。

2. ZZY-Ⅱ装置

（1）ΔP 继电器整定：

1）极限功率 P_m：由稳定计算提出，P_m=550MW；

2）摇摆闭锁继电器：$\Delta P_g = 0.1P_m$；

$\Delta P_d = 0.05P_m$。

3）轻负荷闭锁继电器：$1P_0 = 0.4P_m$；

$2P_0 = 0.45P_m$。

4）系统解列时闭锁 ΔP 的继电器：取 $0.2P_m$。

（2）$\frac{df}{dt}$继电器整定：

低定值$\frac{df}{dt^d}$=0.2Hz/s；

高定值$\frac{df}{dt^g}$=0.6Hz/s；

反方向定值$\frac{df}{dt^{ff}}$=−0.2Hz/s。

3. 切机要求

出口可任选，切 A 厂 1～4 号机，切机功率闭锁整定值为 $P_{dz}=160\text{MW}$。

4. 压功率整定

（1）长脉冲减载 1SJ 为 1s；

（2）短脉冲减载 2SJ 为 0.5s；

（3）一次性长脉冲 3SJ 为 5s；

（4）频率闭锁为 49Hz/s。

5. 装置使用意见

（1）部分机组投切机，其他机组投入压负荷；

（2）ΔP 装置经 $\frac{df}{dt}$ 闭锁，$\frac{df}{dt}$ 装置 投切机；

（3）ZZY-Ⅰ总出口投入压功率；

（4）ZZY-Ⅰ静稳定投信号，作监视用。

第 12-8 节　过电压解列装置整定计算

在超高压长距离大容量输电的联络线上，见图 12-36。遇有断路器 $1DL$ 或 $5DL$ 断开时，由于长线路的电容效应，使断开处线路末端电压升的很高，这样将造成高压电网设备绝缘的损坏。有些方式下出现小电源单独带长线的自励磁现象，都因电压太高而威胁高压电网的安全，为此在 B 站加装过电压解列装置，动作后断开 $2DL$～$4DL$。

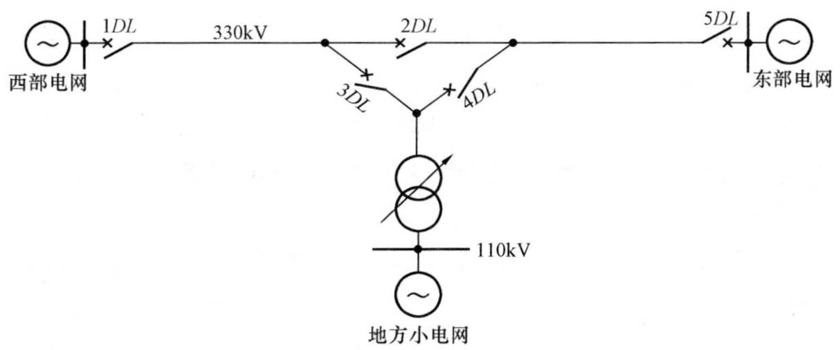

图 12-36　过电压解列装置安装地点示意

过电压解列装置的整定：

（1）电压元件：按躲过正常最高运行电压整定，即

$$U_{dz}=(1.15\sim1.25)U_e \tag{12-17}$$

（2）时间元件：按躲过暂态过电压影响整定，即

$$t_{dz}=0.1\sim0.15\text{s}$$

第十三章　故障录波器整定计算

第13-1节　故障录波器的作用及构成原理

一、故障录波器的作用

故障录波器是电力系统发生故障及振荡时能自动记录的一种装置。正常情况下不起动或只进行数据采集；发生故障或振荡时进行录波。带记忆功能的故障录波器，尚能记录故障前、后全过程的电压、电流、功率变化及继电保护动作情况等，从而为分析系统事故提供科学依据。因此，该装置对提高系统安全运行水平极为重要。

（1）通过故障录波器的录波和分析，找出事故原因，制订反事故措施。系统越大，发生的事故往往越复杂。实践证明，如果不使用故障录波器，事故就难以分析清楚。原因是：①故障情况的复杂性（包括故障的连续性、转换性及故障加振荡或多重故障的重迭性）；②保护装置动作不正常（包括误动、拒动，动作信号异常而形成误判断）；③现场人员事故过程中，忙于处理事故，记录不全，有时次序颠倒，反映情况不真实等。因此，过去无故障录波器时，有时对事故真相搞不清楚，分析非常困难，往往要作各种假设和推理，但还不能自圆其说，以“事故原因不明”告终，不了了之。装上故障录波器后，分析事故准确及时，根据分析结果能找出事故真正原因，并制订相应对策。

（2）为查找故障点提供依据。由故障录波图可判断故障性质（相间短路、接地及故障相别），并根据电流、电压等录波量大小推算故障点位置，微机故障录波器可直接测算故障点位置，使巡线工作缩小到某重点区段，省时、省力，对迅速恢复供电有重要作用。

（3）积累运行经验，提高运行水平。

1）根据故障录波情况的统计分析，对故障性质（如：三相、两相短路；单相、两相接地；单相、两相断线；瞬时、永久性故障及故障电弧熄灭情况等），故障概率统计有了科学数据，以便制订某些技术政策。

2）通过故障录波，对继电保护误动、拒动的原因及保护原理或逻辑回路上存在的缺陷问题，能及时发现，以便改进。

3）对断路器存在的问题给以真实记录，如断路器的拒动、跳跃、掉相及切断空载电流的能力等，均可从故障录波图上分析出来，以便改进；

4）为检修工作提供依据。例如按断路器切除故障次数进行检修是规程规定的。但从故障录波分析发现，有时单相接地故障发生在不同相别，切除故障电流并未集中在断路器的同一相，因此断路器检修工作，应根据录波实际情况而定，可减少停电次数；

5）通过对已查证落实故障点的录波，可核对系统参数的准确性，改进计算工作或修正系统使用参数；

6）统计分析系统振荡时有关参数。故障录波器对系统振荡全过程的录波，可以分析振荡性质（同期或非同期）、振荡周期、振荡中心、振荡电流等，以提供振荡计算中有关的实际参数。

二、故障录波器构成原理

故障录波器目前已有三代产品。第一代是机械—油墨式故障录波器，已被淘汰；第二代是机械—光学式故障录波器，目前仍有运行使用；第三代是微机—数字式故障录波器，现已少量生产和使用，是换代最新产品。

（一）机械—光学式故障录波器构成原理

机械—光学式故障录波器由录波系统（包括光学及摄影部分）、起动系统、信号延迟（记忆元件）及逻辑控制系统等构成。

1. 录波系统

录波系统是故障录波器核心部分。电流、电压或功率等录波量经过附件（分流及降压）接入振子。当振子在输入电气量作用下振动后，其振动情况由振子上的小镜通过光学系统，使胶卷感光（或紫外线感光）。在录波器起动后，起动电动机带动胶卷（或感光纸）起动，此时振子振动情况，如振幅、频率等即在胶卷（或感光纸）上记录下来，经冲印（紫外线感光可直接观察）则可观察到录波量（电流、电压或功率等）的波形（振幅、频率、相位等）。

录波量的多少决定于各种故障录波器振子数量，带记忆元件的故障录波器可将故障前1～2个周波的情况录下。

2. 起动系统

起动系统是故障录波器的重要组成部分，只有当录波器起动部分工作后才能进行录波。为保证在各种故障及系统振荡时均能起动，起动量采用负序电压、零序电流（用来反应不对称故障），低电压、过电流（用来反应对称故障及系统振荡），组成各起动元件。起动元件在故障发生后10ms左右即能起动电动机、光源及逻辑控制回路，进行录波。

3. 信号延迟及控制系统

为获得故障前录波量信息，设置了信号延迟装置；为将故障后全过程录下，设置了录波时间控制元件；为避免装置异常或交流电压失压长时间连续录波，设置了停录控制元件。

（二）微机—数字式故障录波器构成原理

微机—数字式故障录波器是在线运算微机之一，由硬件、软件等部分组成。以南京自动化研究所产品WDS-2型为例，简要说明如下。

1. 硬件部分

由*LH*、*YH*提供的电流、电压32路模拟量经二次电流、电压互感器变成小信号电压，经采样送入*A/D*转换器，将模拟量变成数字量，再送入计算机，经由*CPU*处理后存入存贮器，并进行检测计算，探测故障；另外，断路器位置及保护动作情况等72路开关量状态信号，经开关量接口变成电信号，再经隔离之后，由数字量输入/输出部分，成组送入*CPU*处理存贮。正常情况下：对电流、电压等模拟量仅进行数据采集：对开关量仅进行扫描，不打印输出。当有故障时，*CPU*采集到电流、电压突变量，或过电流、零序电流、开关状态变化等信号时，触发故障录波。由于数据采集是连续的，故可将故障前一定时段的数据及故障后的数据全部采集，并首先计入主缓冲区。当主缓冲区数据充满后，再计入第二缓冲区，连续采集数据，探测故障。在第二缓冲区，可再次记录一次故障波形。存贮器内的故障波形数据由 *CPU* 控制处理，变成打印机控制码，送给打印机打印，在打印纸上给出直观的故障波形曲线图。

2. 软件部分

WDS-2 型微机—数字故障录波器的软件用 8086 汇编语言编写，固化在 *EPROM* 片中，并放在 *CPU* 模块上，控制 *CPU*，完成数据采集、故障探测、录波起动、数据录取和波形处理打印等。故障起动录波一般为 7s，人工起动录波仅打印 0.5s。

3. 远传部分

WDS-2 型微机数字故障录波器，可提供通信接口，将记录的全部数据传送给个人计算机（*PC* 机），由个人计算机进行存软盘复制保存，并经软盘处理分析，得出故障结论，用汉字打印输出。如增加调制解调器，还可以将录波情况远传至调度所，在调度所直接观察现场录波情况。

第 13-2 节　故障录波器整定计算

故障录波器的整定计算与继电保护整定计算不同，前者没有配合关系，仅有录波量设置、幅值限额计算及起动元件整定计算等问题，现分述如下。

一、录波量设置

根据有利于分析系统事故类型来选择录波量。对于 220kV 及以上电压级系统，一般要录取每组母线电压 U_{Am}、U_{Bm}、U_{Cm}、$3U_{0m}$（有线路电压互感器时，还要录取线路电压 U_{Ax}、U_{Bx}、U_{Cx}、$3U_{0x}$）及每条线路电流 i_{Ax}、i_{Bx}、i_{Cx}、$3i_{0x}$ 和变压器电流 $3i_{0b}$ 等。有时要录取线路的功率。对于 110kV 及以下电压级系统，一般录取每组母线电压 U_{Am}、U_{Bm}、U_{Cm}、$3i_{0m}$ 及每条线路和变压器的 $3i_{0b}$，有条件时加录相电流，录的相别要参考对侧及周围线路和元件的录波情况，以便有利于分析事故。当具备条件时，对频率及时标也应录取。

对于保护动作情况及断路器位置等开关量信号，根据分析保护及断路器跳合闸情况的需要进行录取。

二、录波量的幅值限额计算

对于机械—光学式故障录波器，计算录波量的限额是很重要的，整定计算人员必须将每个录波量的最大值提供给调试人员，调试人员按最大值对振子进行限额整定，这样才能避免录波量过大，因超限而烧坏振子。

对于微机—数字式故障录波器，对录波量的幅值限额要求不严，但也需要计算，以提供整定时按输入信号满码值整定的需要。

1. 最大电流量计算

对于录波量 i_A、i_B、i_C、$3i_0$ 最大值计算，需考虑不利的短路类型（有时接地故障电流大于三相短路电流）及不利的运行方式，还要考虑网络结构的变化（检修或事故方式）。故障点的选择为：①单电源线路按出口短路计算；②双回线路、环网线路（包括单电源或双电源），按对侧断路器断开（或线路空投时）出口短路计算；③对于双电源单回线，除考虑出口短路外，还应考虑背后母线短路及振荡电流，取其中最大值。

对于①、②两种情况，计算方法（公式见第二章第 2-4 节）是先计算最大方式下出口最大三相短路电流，再计算该点最大方式下 β 值，然后按下式计算其他各种接地短路时，各故障量最大值，即

$$\left.\begin{aligned}
I_{d\cdot\max}^{(3)} &= \frac{I_j}{Z_{1\Sigma\cdot\max}}\\
I_{d\cdot\max}^{(1)} &= I_{d\cdot\max}^{(3)}\frac{3}{2+\beta}\\
I_{d\cdot\max}^{(1.1)} &= I_{d\cdot\max}^{(3)}\frac{\sqrt{3}}{1+2\beta}\sqrt{1+\beta+\beta^2}\\
3I_{d0\cdot\max}^{(1)} &= I_{d\cdot\max}^{(1)}\\
3I_{d0\cdot\max}^{(1.1)} &= I_{d\cdot\max}^{(3)}\frac{3}{1+2\beta}
\end{aligned}\right\} \tag{13-1}$$

式中 $I_{d\cdot\max}^{(3)}$，$I_{d\cdot\max}^{(1)}$，$I_{d\cdot\max}^{(1.1)}$——三相短路、单相及两相接地短路，故障相最大短路电流（A）；

$3I_{d0\cdot\max}^{(1)}$，$3I_{d0\cdot\max}^{(1.1)}$——单相及两相接地短路最大三倍零序电流（A）；

I_j——计算电压级基准电流（A）；

$Z_{1\Sigma\cdot\max}$——最大方式下计算点正序短路阻抗（标么值）；

β——阻抗系数，$\beta=\dfrac{Z_{0\Sigma}}{Z_{1\Sigma}}$。由图 2-41 可知，$\beta$ 值应取实际可能的最小值。

对于第③种情况，一般按对侧电源最大方式计算背后母线三相短路电流，及两侧均最大方式时计算振荡电流，由图 2-86 得计算式为

$$I_{d\cdot\max}^{(3)} = \frac{I_j}{Z_{1n\cdot\max}+Z_{1xl}} \tag{13-2}$$

$$I_{zhd} = \frac{2J_j\sin\dfrac{\delta}{2}}{Z_{1m\cdot\max}+Z_{xl}+Z_{1n\cdot\max}} \tag{13-3}$$

式中 $Z_{1m\cdot\max}$，$Z_{1n\cdot\max}$——本侧及对侧电源最大方式下短路阻抗（标么值）；

Z_{xl}——线路阻抗（标么值）；

δ——两侧电源电势相角差，当考虑非同期重合方式时，$\delta=180°$。

对于相电流录波量，应取 $I_{d\cdot\max}^{(3)}$、$I_{d\cdot\max}^{(1)}$、$I_{d\cdot\max}^{(1.1)}$、I_{zhd} 之中的最大值作为相电流限额；对于零序电流录波量，应取 $3I_{d0\cdot\max}^{(1)}$、$3I_{d0\cdot\max}^{(1.1)}$之中的最大值作为零序电流限额。

2. 最大电压量计算

短路故障发生后，故障相电压总是降低的，但非故障相电压可能升高。由图 2-41 可知，当 $\beta>1$ 时就出现这种情况。这对于在录取线路电压互感器的电压时，尤应注意。因为当线

路出口发生接地故障时，本侧先跳开后，对侧电源经线路至故障点，β值主要决定于线路阻抗，而线路阻抗一般为 $X_0=3X_1$。当线路较长时，β值可能在 2～3 之间，因此非故障相电压大于额定电压，零序电压也有较大的数值。

电压量最大值计算，可由图 2-41 图解，也可用解析计算，但都需先计算实际可能的最大β值，然后图解或由下式计算，即

$$\left.\begin{aligned}U_{d\cdot fgz}^{(1)} &= \frac{\sqrt{3}}{2+\beta}\sqrt{1+\beta+\beta^2}\\U_{d\cdot fgz}^{(1.1)} &= \frac{3\beta}{1+2\beta}\\U_{d0}^{(1)} &= \frac{\beta}{2+\beta}\\U_{d0}^{(1.1)} &= \frac{\beta}{1+2\beta}\end{aligned}\right\}\tag{13-4}$$

式中 $U_{d\cdot fgz}^{(1)}$，$U_{d\cdot fgz}^{(1.1)}$——单相接地和两相接地短路非故障相电压标么值；

$U_{d0}^{(1)}$，$U_{d0}^{(1.1)}$——单相接地和两相接地短路零序电压标么值，接入装置的零序电压为 $3U_{d0}^{(1)}$ 和 $3U_{d0}^{(1.1)}$。

对于相电压录波量，应取 $U_{d\cdot fgz}^{(1)}$、$U_{d\cdot fgz}^{(1.1)}$ 之中最大值作为相电压限额；对于零序电压录波量，应取 $3U_{d0}^{(1)}$、$3U_{d0}^{(1.1)}$ 之中最大值作为零序电压限额。

标么值换算为有名值时，将标么值乘以额定电压。

三、起动元件整定计算及录波时间整定

微机—数字式故障录波器起动灵敏，整定计算无严格要求，故仅介绍机械—光学式故障录波器的起动元件整定计算。

1. 负序电压及零序电流复合起动元件整定

为保证线路保护（包括相间及接地保护）动作区内发生故障，录波器均能录波，一般按线路保护第Ⅲ段（即后备段）区末故障有一定灵敏度整定。对于负序电压元件，一般为：中、长线路取 $U_2=4$～5V/相；中、短线路取 $U_2=5$～6V/相。对于零序电流元件，一般取小于接入线路的零序保护后备段（第Ⅲ段）定值，即 $3I_0=\frac{I_{dz\text{Ⅲ}}}{1.2}$。

取值后，应校核能否躲开正常最大不平衡电压或不平衡电流。装置在正常情况下，不得频繁起动。如因系统谐波影响使装置频繁起动，则应采取滤谐波措施。在本线路故障时，灵敏度满足要求的前提下，也可适当提高定值。

2. 低电压起动元件整定

按躲开正常最低运行电压整定，一般取 $0.7U_{e2}$（U_{e2}为额定二次电压）。

3. 过电流起动元件整定

按躲开正常最大负荷电流整定，一般取 $1.4I_{fh\cdot\max}$（$I_{fh\cdot\max}$为最大负荷电流二次值）。

4. 录波时间整定

录波控制时间（例如 PGL 型故障录波器中 1SJ）按大于最大重合闸周期整定，一般取

3～4s。当录波控制时间元件是在故障切除后起动时，则按线路最大重合闸时间加裕度整定。

录波停拍时间（例如 PGL 型故障录波器中 $2SJ$）按大于录波控制时间整定，一般取5～6s。如上述 $1SJ$ 时间较短，则 $2SJ$ 时间可相应降低，以免浪费胶卷。

第 13-3 节　故障录波器整定计算算例

一、已知条件及计算内容

某系统简化接线图如图 13-1（a）所示，其中发电厂有两台 75MW 机组和两台 125MW 机组，向 110kV 及 330kV 系统送电。正（负）序及零序阻抗图如图 13-1（b）、（c）所示。图中，阻抗值均为以 100MVA 为基准的标么电抗（不计电阻）。发电厂 330kV 侧装设了 PGL-2S 型故障录波器，试对其进行整定计算。

二、题解

（一）录波量设置

发电厂 330kV 侧为五角型接线，两条线路三台变压器，PGL-2S 有甲、乙两组录波装置，以录两条 330kV 线路的电流、电压为主，即甲乙两组分别录线路Ⅰ，Ⅱ的 I_A、I_B、I_C，$3I_0$ 及线路 YH 的 U_A，U_B，U_C，$3U_0$，剩余振子录主变 $3I_0$。

（二）录波量限额计算

1. 电流最大值计算

发电厂及系统 S_1、S_2 均取最大运行方式，对图 13-1（b）、（c）进行网络简化，得图 13-2。

（1）计算线路Ⅰ电流最大值。线路Ⅰ为单电源线路，故按出口故障计算，出口故障综合电抗由图 13-2 得到，即

$$X_{1\Sigma} = 0.13//0.2225//0.07274 = 0.0386$$

$$X_{0\Sigma} = 0.152//0.1067//0.1//0.1562 = 0.0309$$

$$\beta = \frac{0.0309}{0.0386} = 0.8$$

由式（13-1）得

$$I_{d\cdot\max}^{(3)} = \frac{167.3}{0.0386} = 4334.2(\mathrm{A})$$

$$I_{d\cdot\max}^{(1)} = 4334.2 \times \frac{3}{2+0.8} = 4644(\mathrm{A})$$

$$I_{d\cdot\max}^{(1.1)} = 4334.2 \times \frac{\sqrt{3}}{1+2\times 0.8} \times \sqrt{1+0.8+0.8^2} = 4510(\mathrm{A})$$

$$3I_0^{(1)} = I_{d\cdot\max}^{(1)} = 4644(\mathrm{A})$$

$$3I_{0\cdot\max}^{(1.1)} = 4334.2 \times \frac{3}{1+2\times 0.8} = 5001(\mathrm{A})$$

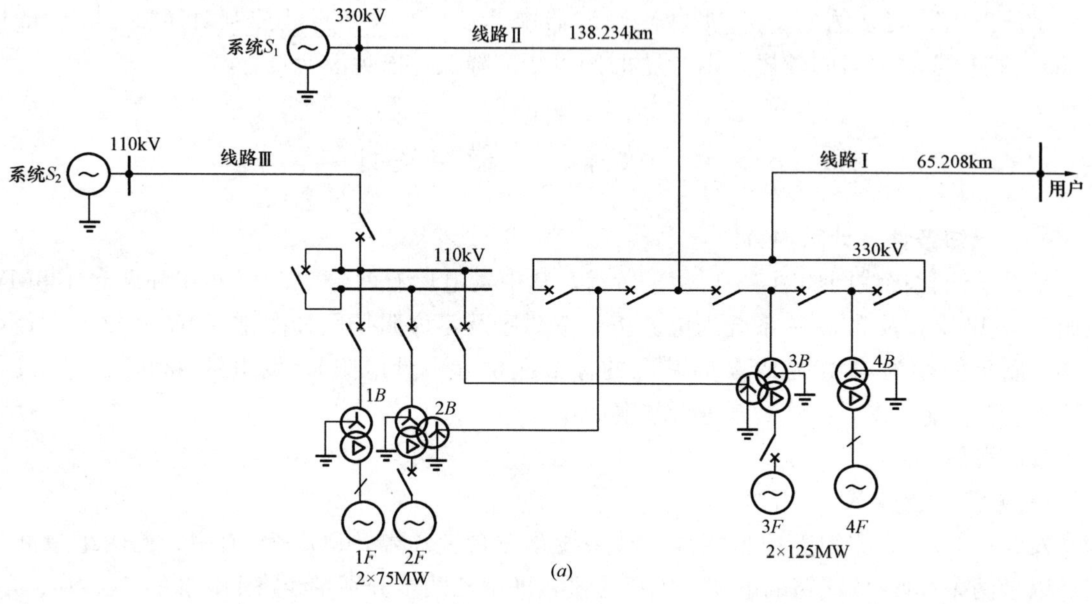

(a)

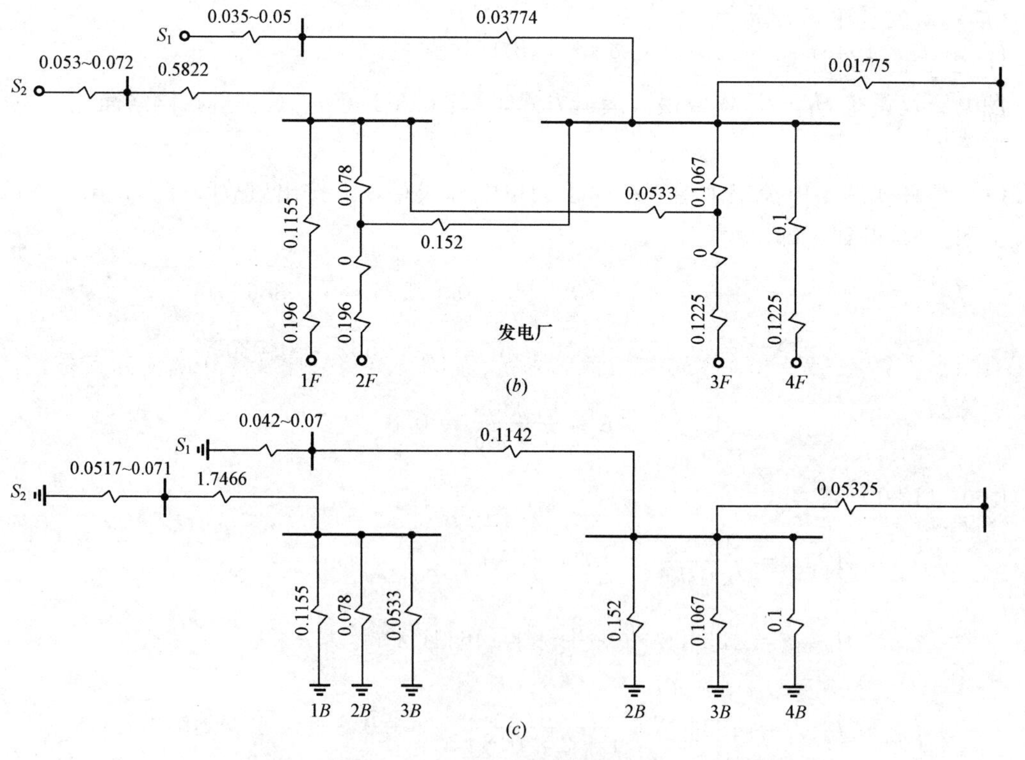

(b)

(c)

图 13-1 故障录波器算例图

(a) 系统简化接线；(b) 正（负）序电抗图；(c) 零序电抗图

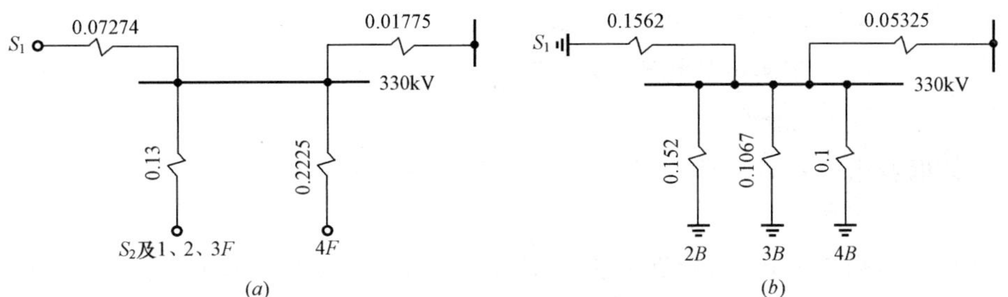

图 13-2　图 13-1 中最大方式下 330kV 母线简化阻抗图

(*a*) 正（负）序电阻；(*b*) 零序电抗

线路Ⅰ录波量限额为：相电流（I_A，I_B，I_C）取 4644A，零序电流（$3I_0$）取 5001A。除以电流互感器变比，即得二次电流限额（以下同）。

（2）计算线路Ⅱ电流最大值。线路Ⅱ为双电源单回线，按以下三种情况计算。

1）最大方式下线路Ⅱ出口短路：由线路Ⅰ出口短路计算得 $X_{1\Sigma}=0.0386$、$X_{0\Sigma}=0.0309$，则线路Ⅱ出口短路，各故障量总电流为

$I_d^{(3)}=4334.2(\text{A})$(同线路Ⅰ出口短路总电流)

$$I_{d1}^{(1)}=I_{d2}^{(1)}=I_{d0}^{(1)}=\frac{I_j}{2X_{1\Sigma}+X_{0\Sigma}}=\frac{167.3}{2\times 0.0386+0.0309}=1548(\text{A})$$

$I_d^{(1)}=3\times 1548=4644(\text{A})$(同线路Ⅰ出口短路总电流)

$$I_{d1}^{(1.1)}=\frac{I_j}{X_{1\Sigma}+X_{2\Sigma}//X_{0\Sigma}}=\frac{167.3}{0.0386+0.0386//0.0309}=3000(\text{A})$$

$$I_{d2}^{(1.1)}=I_{d1}^{(1.1)}\frac{X_{0\Sigma}}{X_{2\Sigma}+X_{0\Sigma}}=3000\frac{0.0309}{0.0386+0.0309}=1333.8(\text{A})$$

$$I_{d0}^{(1.1)}=I_{d1}^{(1.1)}\frac{X_{2\Sigma}}{X_{2\Sigma}+X_{0\Sigma}}=3000\frac{0.0386}{0.0386+0.0309}=1666.2(\text{A})$$

$I_d^{(1.1)}=4510(\text{A})$(同线路 *I* 出口短路总电流)

由图 13-2 计算分支系数及分支电流。系统 S_1 的正（负）序及零序电流分支系数，分支电流计算为

$$K_{1\cdot fzh}=\frac{0.0386}{0.07274}=0.53066$$

$$K_{0\cdot fzh}=\frac{0.0309}{0.1562}=0.1978$$

$I_d^{(3)}=0.53066\times 4334.2=2300(\text{A})$

$I_{d1}^{(1)}=I_{d2}^{(1)}=0.53066\times 1548=821.5(\text{A})$

$I_{d0}^{(1)}=0.1978\times 1548=306(\text{A})$

$I_d^{(1)}=I_{d1}^{(1)}+I_{d2}^{(1)}+I_{d0}^{(1)}=2\times 821.5+306=1949(\text{A})$

$I_{d1}^{(1.1)}=0.53066\times 3000=1592(\text{A})$

$I_{d2}^{(1.1)}=0.53066\times 1333.8=707.8(\text{A})$

$I_{d0}^{(1.1)}=0.1978\times 1666.2=329.6(\text{A})$

故障相：$I_d^{(1.1)}=\sqrt{[(I_{d1}^{(1.1)}+I_{d2}^{(1.1)})\cos30°]^2+[(I_{d1}^{(1.1)}-I_{d2}^{(1.1)})\sin30°+I_{d0}^{(1.1)}]^2}$

$=\sqrt{[(1592+707.8)0.866]^2+[(1592-707.8)0.5+329.6]^2}$

$=2136(\mathrm{A})$

从以上数据看出，背后母线短路时，对侧电源 S_1 经线路Ⅱ的最大短路电流为 23000A（三相短路）。

总电流减去对侧电源 S_1 的分支电流，即得线路Ⅱ出口短路时电厂送出的电流：

三相短路电流为

$$I_d^{(3)}=4334.2-2300=2034.2(\mathrm{A})$$

单相接地短路为

$$I_d^{(1)}=4644-1949=2695(\mathrm{A})$$

$$3I_0^{(1)}=3(1548-306)=3726(\mathrm{A})$$

两相接地短路为

$$I_d^{(1.1)}=4510-2136=2374(\mathrm{A})$$

$$3I_0^{(1.1)}=3(1666.2-329.6)=4010(\mathrm{A})$$

从以上计算可知，出口短路电流大于背后短路电流。

2）最大方式下线路Ⅱ对侧断路器断开，本侧充电线路出口短路计算。由图 13-2 得：

$$X_{1\Sigma}=0.13//0.2225=0.0821$$

$$X_{0\Sigma}=0.152//0.1067//0.1=0.0385$$

$$\beta=\frac{0.0385}{0.0821}=0.4689$$

此方式下线路Ⅱ出口短路电流由式（13-1）得

$$I_d^{(3)}=\frac{167.3}{0.0821}=2038(\mathrm{A})$$

$$I_d^{(1)}=2038\frac{3}{2+0.4689}=2476.4(\mathrm{A})$$

$$I_d^{(1.1)}=2038\frac{\sqrt{3}}{1+2\times0.4689}\sqrt{1+0.4689+0.4689^2}=2367.2(\mathrm{A})$$

$$3I_0^{(1)}=I_d^{(1)}=2476.4(\mathrm{A})$$

$$3I_0^{(1.1)}=2038\frac{3}{1+2\times0.4689}=3155(\mathrm{A})$$

3）线路Ⅱ非同期振荡电流，计算为

$$I_{zhd}=\frac{2\times167.3\sin\frac{180°}{2}}{0.07274+0.0821}=2161(\mathrm{A})$$

综合以上三种情况，线路Ⅱ录波量限额为：相电流取 2695A；零序电流（$3I_0$）取 4010A。

(3) 2、3、4 号变压器中性点零序电流最大值计算。按图 13-2 进行计算，但变压器中性点接地方式按两台计（当变压器中性点绝缘水平按全绝缘设计时，可以采用不接地方式运行），以便使中性点接地的变压器零序电流分配更大些。由图 13-2（b）可知，计算 2、3 号变压器时，4 号变压器中性点不应接地；计算 4 号变压器时，3 号变压器中性点不应接地。

1）2、3 号变压器中性点零序电流计算：在图 13-2 中，$4B$ 中性点不接地运行，330kV 母线故障，短路阻抗为

$$X_{1\Sigma} = 0.0386$$

$$X_{0\Sigma} = 0.1562//0.152//0.1067 = 0.04474$$

$$\beta = \frac{0.04474}{0.0386} = 1.159$$

总的零序电流由式（13-1）得

$$3I_{d0}^{(1)} = 4334.2\frac{3}{2+1.159} = 4116(\mathrm{A})$$

$$3I_{d0}^{(1.1)} = 4334.2\frac{3}{1+2\times 1.159} = 3918.8(\mathrm{A})$$

2 号变压器零序分流最大值为

$$3I_{d0}^{(1)} = \frac{0.04474}{0.152}4116 = 1211.5(\mathrm{A})$$

3 号变压器零序分流最大值为

$$3I_{d0}^{(1)} = \frac{0.04474}{0.1067}4116 = 1725.9(\mathrm{A})$$

2）4 号变压器中性点零序电流计算。在图 13-2 中，$3B$ 中性点不接地运行，330kV 母线故障，短路阻抗为

$$X_{1\Sigma} = 0.0386$$

$$X_{0\Sigma} = 0.1562//0.152//0.1 = 0.0435$$

$$\beta = \frac{0.0435}{0.0386} = 1.127$$

总的零序电流由式（13-1）得

$$3I_{d0}^{(1)} = 4334.2\frac{3}{2+1.127} = 4158(\mathrm{A})$$

$$3I_{d0}^{(1.1)} = 4334.2\frac{3}{1+2\times 1.127} = 3996(\mathrm{A})$$

4 号变压器零序分流最大值：

$$3I_{d0}^{(1)} = \frac{0.0435}{0.1}4158 = 1809(\mathrm{A})$$

2、3、4 号变压器零序电流限额：

2 号变压器 $3I_0$，取 1211.5A；

3 号变压器 $3I_0$，取 1725.9A；

4 号变压器 $3I_0$，取 1809A。

当故障录波器所录零序电流不是取自中性点侧电流互感器，而是取自 330kV 断路器侧电流互感器时，则最大短路电流应按断路器与变压器之间短路计算。例如 4 号变压器断路器与变压器之间故障时，最大 $3I_0$ 为 $3I_{d0}^{(1)}=4116A$；$3I_{d0}^{(1.1)}=3918.8A$。4 号变压器零序电流限额为 4116A。同样，2 号变压器在中性点不接地运行时，断路器与变压器之间故障，经断路器侧电流互感器的零序电流有更大数值。

2. 电压最大值计算

欲计算电压最大值，必须先求出实际可能的 β 最大值。对于线路Ⅰ，对侧无电源，可按最小方式下出口短路计算，对于线路Ⅱ要按出口短路本侧跳开后，由对侧电源向短路点供电计算（此时有最大的 β 值）。

（1）计算线路Ⅰ电压最大值。发电厂 2、4 号发电机、变压器停运，系统 S_1、S_2 均为最小方式，经阻抗归并化简后，如图 13-3 所示。

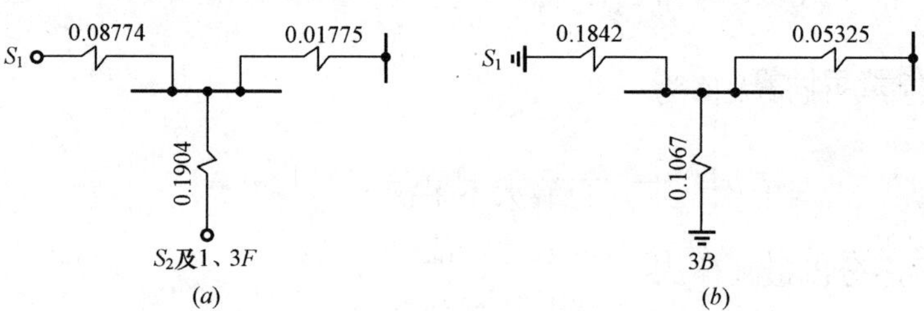

图 13-3　最小方式下 330kV 母线简化阻抗图

（a）正（负）序电抗；（b）零序电抗

线路Ⅰ出口短路综合电抗为

$$X_{1\Sigma}=0.1904//0.08774=0.06$$

$$X_{0\Sigma}=0.1842//0.1067=0.0676$$

$$\beta=\frac{0.0676}{0.06}=1.127$$

按式（13-4）计算出口接地短路非故障相及零序电压最大值为

$$U_{d\cdot fgz}^{(1)}=\frac{\sqrt{3}}{2+1.127}\sqrt{1+1.127+1.127^2}=1.0209$$

$$U_{d\cdot fgz}^{(1.1)}=\frac{3\times1.127}{1+2\times1.127}=1.039$$

$$U_{d0}^{(1)}=\frac{1.127}{2+1.127}=0.3604$$

$$U_{d0}^{(1.1)}=\frac{1.127}{1+2\times1.127}=0.3463$$

线路Ⅰ电压录波量限额取 1.039×57.7=59.95（V），$3U_0$ 取 3×0.3604×100=108.12V（YH 二次额定相电压为 57.7V，开口三角绕组额定相电压为 100V，以下同）。

（2）计算线路Ⅱ电压最大值。由于 330kV 母线为角形接线，录取电压由线路电压互感器来，故按出口短路，本侧断路器断开后计算。S_1 大方式下 $\beta=\frac{0.1562}{0.07274}=2.147$；$S_1$ 小方式下 $\beta=\frac{0.1842}{0.08774}=2.1$。取较大 β 值，按式（13-4）得

$$U_{d\cdot fgz}^{(1)}=\frac{\sqrt{3}}{2+2.147}\sqrt{1+2.147+2.147^2}=1.163$$

$$U_{d\cdot fgz}^{(1.1)}=\frac{3\times 2.147}{1+2\times 2.147}=1.217$$

$$U_{d0}^{(1)}=\frac{2.147}{2+2.147}=0.518$$

$$U_{d0}^{(1.1)}=\frac{2.147}{1+2\times 2.147}=0.4056$$

线路Ⅱ电压录波量限额取 1.217×57.7=70.22V，$3U_0$ 取 3×0.518×100=155.4V。

三、起动元件整定计算

1. 负序电压元件

按躲正常最大不平衡电压整定，当最大不平衡电压小于 3V 时（电压互感器二次）整定值可取 $U_{2\varphi}=5V$，甲乙两组录波器均可取此定值。

线路Ⅱ较长，应先校验线路Ⅱ末端两相短路时的灵敏度。计算方式取电厂侧最大方式，由图 13-2（a）求得线路Ⅱ末端短路时的阻抗图，如图 13-4 所示。

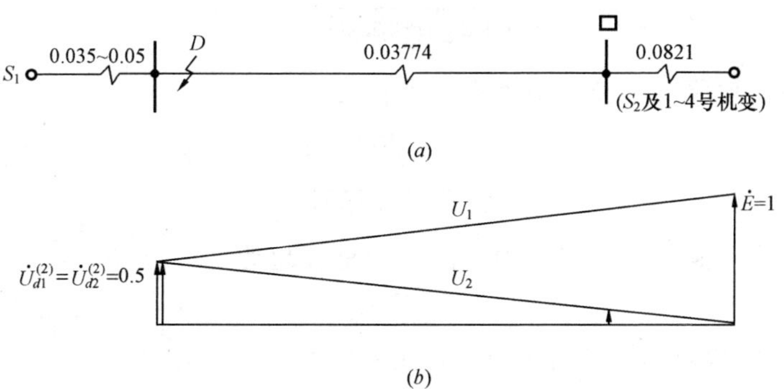

图 13-4　线末两相短路计算图

（a）阻抗图；（b）正、负序电压分布（标么值）

$$U_{2cy}=\frac{0.0821}{0.0821+0.03774}57.7\times 0.5=19.76(\mathrm{V})$$

式中　U_{2cy}——发电厂 330kV 母线负序电压残压（二次）。

$$K_{lm} = \frac{19.76}{5} = 3.95$$

式中　K_{lm}——负序电压元件灵敏度。

线路Ⅰ末端两相短路，灵敏度校验：

由图 13-2 计算。已知电压母线 $X_{1\Sigma}$=0.0386，线路Ⅰ阻抗为 0.01775，则

$$U_{2cy} = \frac{0.0386}{0.0386 + 0.01775} 0.5 \times 57.7 = 19.76(\text{V})$$

$$K_{lm} = \frac{19.76}{5} = 3.95$$

灵敏度均满足要求。

2. 零序电流元件（接线路Ⅰ、Ⅱ的 $3I_0$）

已知线路Ⅰ、Ⅱ零序Ⅲ段定值为 200A 和 230A，则零序电流元件定值为

线路 Ⅰ　$$3I_0 = \frac{200}{1.2} = 167(\text{A})$$

线路 Ⅱ　$$3I_0 = \frac{230}{1.2} = 192(\text{A})$$

由于零序电流元件灵敏度高于零序 Ⅲ段，故灵敏度不必校验。

3. 低电压元件（接相间电压）

其定值取为　$0.7U_e = 0.7 \times 100 = 70(\text{V})$

线路Ⅰ末端三相短路灵敏度（最大方式下）为

$$K_{lm} = \frac{0.7}{\dfrac{0.01775}{0.0386 + 0.01775}} = 2.2$$

线路Ⅱ末端三相短路灵敏度（最大方式下）为

$$K_{lm} = \frac{0.7}{\dfrac{0.03774}{0.0821 + 0.03774}} = 2.2$$

灵敏度满足要求。当不满足要求时可由距离保护Ⅲ段起动。

4. 过电流元件

其定值取为　$1.3I_{fh \cdot \max} = 1.3 \times 700\text{A} = 910(\text{A})$

由于以上各起动元件已保证了各种故障的灵敏度，故过电流元件灵敏度可不作计算，仅要求振荡时起动即可。

第 13-4 节　由故障录波量计算故障点位置及算例

本章第 13-1 节中在介绍故障录波器的作用时，曾提到故障录波图可作为查巡线路故障点位置的依据。本节介绍如何利用故障录波图中的录波量计算线路故障点的位置。

一、故障点位置计算

（一）相间短路故障点位置计算

当故障录波图中零序电压（$3U_0$）、零序电流（$3I_0$）录波量甚小（可能是不平衡因素或谐波影响造成）或为零时，则可认为是相间短路。此时，可由三相电压、三相电流变化情况，判别是三相短路还是两相短路。

（1）三相短路时，三相电压降低、三相电流增大，而且量值大致相同，则可利用其中一相电压及同名相电流，计算故障点至录波器装设地点（即厂、站母线）之间的阻抗值。此阻抗值与故障线路的阻抗之比即为占线路全长的百分数（用 l 表示，以下同），计算为

$$\left.\begin{aligned} Z &= \frac{U_{x\cdot lb}}{I_{x\cdot lb}} \\ l &= \frac{Z}{Z_{1xl}} \end{aligned}\right\} \tag{13-5}$$

式中 $U_{x\cdot lb}$、$I_{x\cdot lb}$、Z——三相短路时，相电压（V）、相电流（A）、录波量（均以一次值表示）及其相应阻抗（Ω）；

Z_{1xl}——故障线路的正序阻抗（Ω）。

当故障方式下故障录波器背后系统阻抗已知时，如图 13-5 中，m 侧 $Z_{1xt\cdot \mathrm{I}}$ 已知、相电流录波量已知，则可参照式（3-30）得

$$\left.\begin{aligned} Z &= \frac{U_{x\cdot e}}{I_{x\cdot lb}} - Z_{1xt\cdot \mathrm{I}} \\ l &= \frac{Z}{Z_{1xl}} \end{aligned}\right\} \tag{13-6}$$

式中 $U_{x\cdot e}$——计算点电压级额定相电压（V）；

$Z_{1xt\cdot \mathrm{I}}$——m 侧系统正序阻抗（Ω）。

用同样方法，也可由 n 侧系统阻抗及录波量计算故障点至 n 侧母线之间的阻抗。

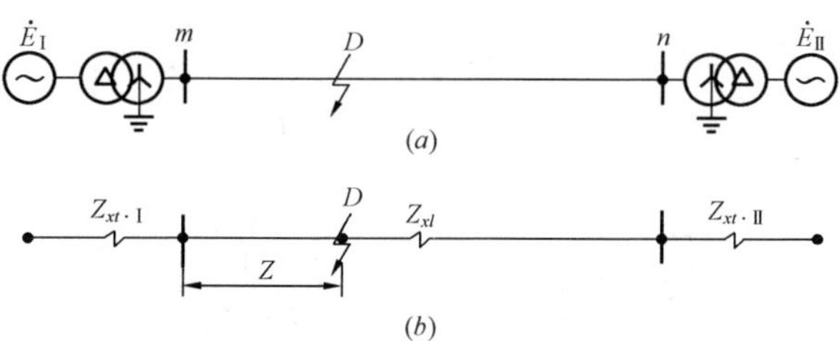

图 13-5 相间短路故障点位置计算图

（a）一次接线；（b）正序阻抗图

（2）两相短路时，例如 B、C 两相短路时，录波图中仅 B、C 相电压降低及 B、C 相电流增大。此时，利用式（2-35）、（2-36）及图 2-36（d）、（f）可得

$$\left.\begin{aligned} Z &= \frac{\sqrt{(U_{mB}^{(2)})^2 - (U_{dB}^{(2)})^2}}{I_{dB}^{(2)}} \text{ 或 } Z = \frac{\sqrt{(U_{mC}^{(2)})^2 - (U_{dC}^{(2)})^2}}{I_{dC}^{(2)}} \\ l &= \frac{Z}{Z_{1xl}} \end{aligned}\right\} \tag{13-7}$$

式中　$U_{dB}^{(2)}$、$U_{dC}^{(2)}$——故障点 B、C 相电压，$U_{dB}^{(2)}=U_{dC}^{(2)}=0.5U_{x\cdot e}$；

$U_{mB}^{(2)}$、$U_{mC}^{(2)}$——m 侧母线相电压录波量（V）；

$I_{dB}^{(2)}$、$I_{dC}^{(2)}$——m 侧相电流录波量（A）。

在图 13-5 中，当 m 侧系统阻抗已知时，可参照式（3-30）得

$$\left.\begin{aligned} Z &= \frac{0.866U_{x\cdot e}}{I_{dlb}^{(2)}} - Z_{1xt\cdot \mathrm{I}} \\ l &= \frac{Z}{Z_{1xl}} \end{aligned}\right\} \tag{13-8}$$

在三相短路或两相短路中，当有相间电压录波量时，可参照式（3-57）得

$$l = \frac{U_{x-x\cdot lb}}{U_{x-x\cdot e} - U_{x-x\cdot lb}} \times \frac{Z_{1xt\cdot \mathrm{I}}}{Z_{1xl}} \tag{13-9}$$

式中　$U_{x-x\cdot lb}$——相间电压录波量（V）；

$U_{x-x\cdot e}$——相间额定电压（V）。

对于相间金属性短路，以上算式是准确的。当经弧光电阻短路时，计算精度降低。但可选择短路开始数个周波（即主保护瞬动段动作时的数个周波，此时弧光电阻很小），或选择录波图中适当区段计算（电压最低、电流最大录波段）也比较准确。

（二）接地短路故障点位置计算

对于大电流接地系统的接地短路，零序电压、零序电流录波量，可作为主要计算参数。由图 2-38（a）及图 2-40（b）可知，双电源单回线接地短路时，零序电压分布如图 13-6（d）所示。

由零序电压分布图可知，不论单相接地或是两相接地，故障点零序电压最高（模值最大），m、n 母线零序电压按零序阻抗比例降低。当零序电流与零序电压降以同方向表示时（以下同），则

$$U_{m0} = U_{d0} - I'_0 l Z_{0xl} \tag{13-10}$$

$$U_{n0} = U_{d0} - I''_0 (1-l) Z_{0xl} \tag{13-11}$$

上两式相减消去 U_{d0}，得

$$l = \frac{U_{n0} - U_{m0}}{(I'_0 + I''_0)Z_{0xl}} + \frac{I''_0}{I'_0 + I''_0} \tag{13-12}$$

式中　U_{m0}、U_{n0}——m、n 两侧母线零序电压（$3U_0$）录波量（V）；

I'_0、I''_0——m、n 两侧零序电流（$3I_0$）录波量（A）；

Z_{0xl}——故障线零序自感阻抗（Ω）。

当已知两侧录波量 $3U_0$、$3I_0$ 时，由式（13-12）可计算故障点至 m 侧母线的线路长度百分数 l。式（13-12）中，l 值与故障点零序电压 U_{d0} 无关，即 l 值的计算不受弧光电阻影响。

对于平行双回线，一般存在零序互感，如图 13-7 所示，计算 l 值时要考虑零序互感影响。

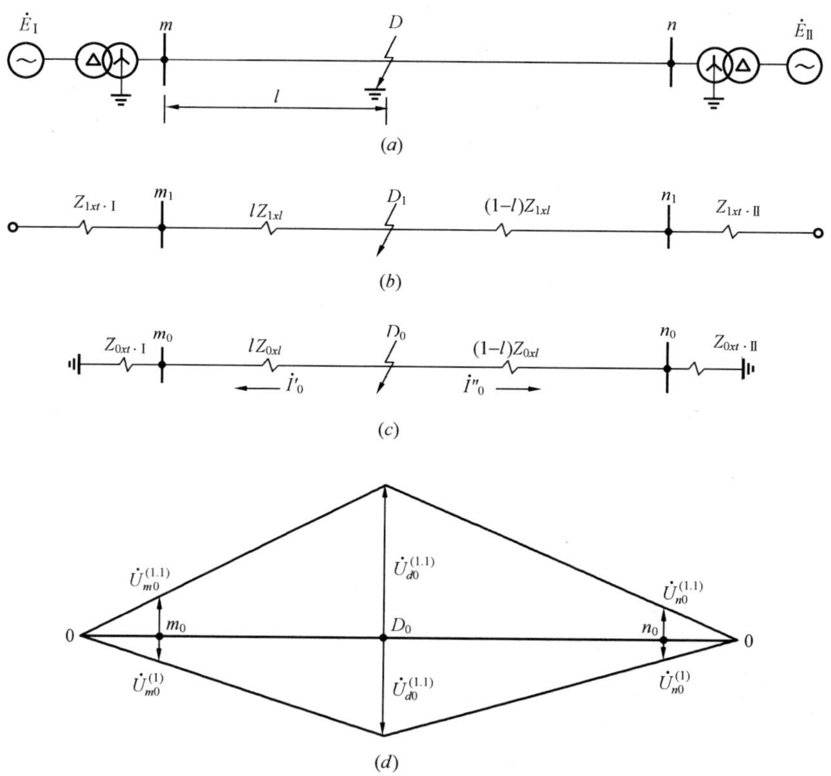

图 13-6　接地短路故障点位置计算图

（a）计算接线图；（b）正（负）序阻抗图；（c）零序阻抗图；（d）零序电压分布图

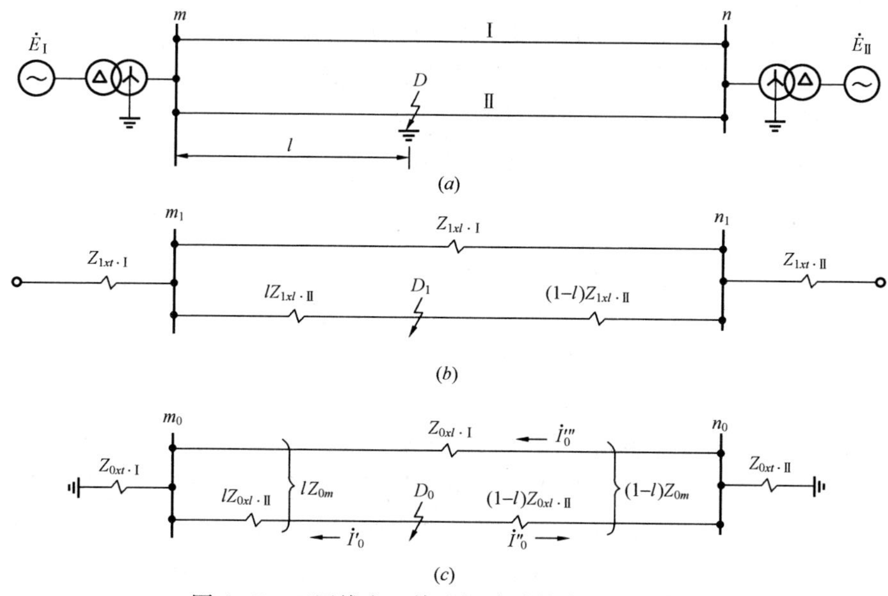

图 13-7　双回线之一接地短路时故障点位置计算

（a）计算接线图；（b）正（负）序阻抗图；（c）零序阻抗图

在图 13-7（c）中，有如下电压方程：

对于 m_0D_0 段 $$U_{m0}=U_{d0}-I'_0lZ_{0xl\cdot\text{II}}-I'''_0lZ_{0m} \tag{13-13}$$

对于 n_0D_0 段 $$U_{n0}=U_{d0}-I''_0(1-l)Z_{0xl\cdot\text{II}}+I'''_0(1-l)Z_{0m} \tag{13-14}$$

对于线路 Ⅰ $$U_{m0}-U_{n0}=-I'''_0Z_{0xl\cdot\text{I}}-I'_0lZ_{0m}+I''_0(1-l)Z_{0m} \tag{13-15}$$

由式（13-13）减去式（13-14），消去 U_{d0}，得

$$U_{m0}-U_{n0}=-I'_0lZ_{0xl\cdot\text{II}}+I''_0(1-l)Z_{0xl\cdot\text{II}}-I'''_0Z_{0m} \tag{13-16}$$

由（13-15）、（13-16）两式得

$$I'''_0=\frac{[l(I'_0+I''_0)-I''_0](Z_{0m}-Z_{0xl\cdot\text{II}})}{Z_{0m}-Z_{0xl\cdot\text{I}}} \tag{13-17}$$

当线路Ⅰ、Ⅱ零序自感阻抗相等时

$$I'''=l(I'_0+I''_0)-I'''_0 \tag{13-18}$$

将式（13-17）代入式（13-16）得

$$l=\frac{(U_{n0}-U_{m0})(Z_{0xl\cdot\text{I}}-Z_{0m})}{(I'_0+I''_0)(Z_{0xl\cdot\text{I}}Z_{0xl\cdot\text{II}}-Z_{0m}^2)}+\frac{I''_0}{I'_0+I''_0} \tag{13-19}$$

当线路Ⅰ、Ⅱ零序自感阻抗相等时

$$l=\frac{U_{n0}-U_{m0}}{(I'_0+I''_0)(Z_{0xl\cdot\text{II}}+Z_{0m})}+\frac{I''_0}{I'_0+I''_0} \tag{13-20}$$

式中 U_{m0}、U_{n0}——m、n 两侧母线零序电压（$3U_0$）录波量（V）；

I'_0、I''_0——线路Ⅱ m、n 两侧零序电流（$3I_0$）录波量（A）；

$Z_{0xl\cdot\text{I}}$、$Z_{0xl\cdot\text{II}}$——线路Ⅰ、Ⅱ零序自感阻抗（Ω）；

Z_{0m}——线路Ⅰ、Ⅱ之间零序互感阻抗（Ω）；

l——故障点至 m 侧母线距离，以线路Ⅱ全长百分数表示。

（三）仅有 $3I_0$ 录波量时故障点位置计算

对于单电源或双电源单回线，有时仅设置 $3I_0$ 录波量，如图 13-8 所示，当系统阻抗已知时，可由 $3I_0$ 直接计算故障点位置。

（1）单相接地短路时，由式（2-41）得

$$\left.\begin{aligned}3I_{d0}^{(1)}&=\frac{3E}{2Z_{1\Sigma}+Z_{0\Sigma}}=\frac{3E}{2Z_{1xt}+Z_{0xt}+2Z_1+Z_0}\\ l^{(1)}&=\frac{1}{5Z_{1xl}}\left(\frac{3E}{3I_{d0}^{(1)}}-2Z_{1xt}-Z_{0xt}\right)\end{aligned}\right\} \tag{13-21}$$

式中 $3I_{d0}^{(1)}$——D 点单相接地短路时 m 侧 $3I_0$ 录波量（A）；

E——相电势，此处可取 D 点所在电压级的额定相电压（V）；

Z_{1xt}、Z_{0xt}——系统至 m 母线的正（负）序、零序阻抗（Ω）；

Z_1、Z_0——故障点 D 至 m 母线之间的线路正（负）序、零序阻抗（Ω）；

一般情况下 $Z_0=3Z_1$（线路零序阻抗等于三倍正序阻抗）；

Z_{1xl}——线路正序阻抗（Ω）。

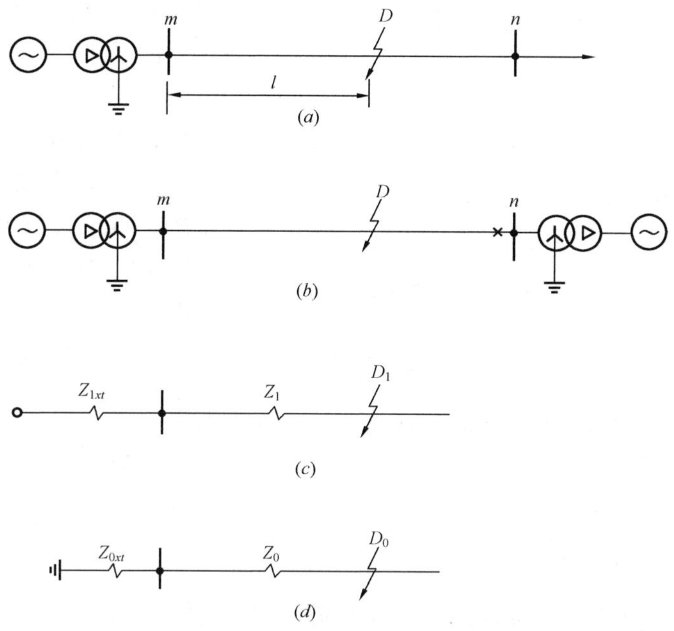

图 13-8　单电源线路接地短路故障点位置计算

(a) 单电源单回线故障；(b) 双电源单回线充电或一侧自动重合时又故障；
(c) 正（负）序阻抗图；(d) 零序阻抗图

当式（13-21）中，各阻抗均以标么值表示时，需用 I_j 代替式中 E，I_j 为短路点所在电压级的基准电流。

（2）两相接地短路时，由式（2-57）得

$$\left.\begin{aligned}3I_{d0}^{(1.1)} &= \frac{3E}{Z_{1\Sigma}+\dfrac{Z_{2\Sigma}Z_{0\Sigma}}{Z_{2\Sigma}+Z_{0\Sigma}}}\times\frac{Z_{2\Sigma}}{Z_{2\Sigma}+Z_{0\Sigma}} \\ &= \frac{3E}{Z_{1\Sigma}+2Z_{0\Sigma}}=\frac{3E}{Z_{1xt}+2Z_{0xt}+Z_1+2Z_0} \\ l^{(1.1)} &= \frac{1}{7Z_{1xl}}\left(\frac{3E}{3I_{d0}^{(1.1)}}-Z_{1xt}-2Z_{0xt}\right)\end{aligned}\right\}\tag{13-22}$$

式中　$3I_{d0}^{(1.1)}$——D 点两相接地短路 m 侧 $3I_0$ 录波量。

其他符号同式（13-21）。

（四）利用短路电流曲线计算故障点位置

按故障时的运行方式，计算出线路的首端、中间、末端三点各种故障电流（可由计算台、计算机等完成），并在计算纸上（一般用厘米方格纸），绘成短路电流曲线（曲线图的横坐标以线路长度百分数表示，纵坐标以短路电流值表示），如图 13-9 所示，则按录波图中的录波量 I_{lb}，查相应短路电流曲线，即可得出 l 值。该方法适用于各种线路，是常用方法之一。

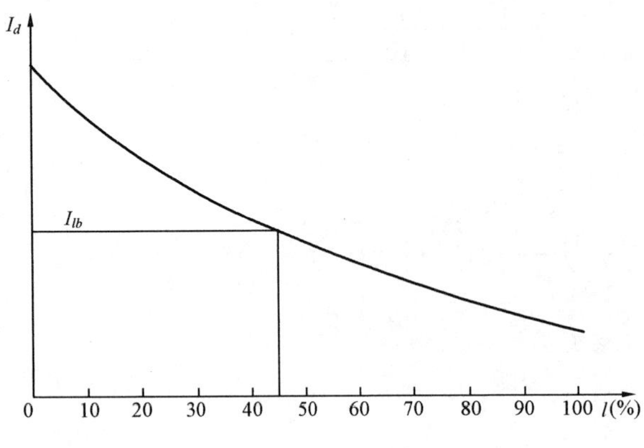

图 13-9　利用短路电流曲线计算短路点位置

二、故障点位置计算算例

该算例采用反证法。即先按第二章介绍的短路计算方法，算出已知点的故障量，再代入本节介绍的公式中，验证公式的正确性。如果故障时录波量足够准确，则故障点位置就可计算准确。

以图 13-7 作为算例。采用标么值计算，设图中 $Z_{1xt\cdot \mathrm{I}}=j0.1$、$Z_{1xt\cdot \mathrm{I}}=j0.15$；$Z_{1xt\cdot \mathrm{II}}=j0.3$、$Z_{0xt\cdot \mathrm{II}}=j0.4$；$Z_{1xl\cdot \mathrm{I}}=Z_{1xl\cdot \mathrm{II}}=j0.2$、$Z_{0xl\cdot \mathrm{I}}=Z_{0xl\cdot \mathrm{II}}=j0.6$；$Z_{0m}=j0.3$，接地故障发生在线路$\frac{1}{2}$处，线路平均电压为 345kV。

（一）单相接地故障计算

由已知阻抗参数及故障点位置，画出计算阻抗图，如图 13-10 所示，则可计算线路$\frac{1}{2}$处单相接地时，有关的短路参数。D 点接地短路时，有

$X_{1\Sigma}=0.025+0.15/\!/0.35=0.13$

$X_{2\Sigma}=X_{1\Sigma}$

$$\begin{aligned}X_{0\Sigma}&=0.0375+(0.15+0.15+0.075)/\!/(0.4+0.15+0.075)\\&=0.0375+0.375/\!/0.625\\&=0.0375+0.2344\\&=0.2718\end{aligned}$$

m 侧零序电流分支系数

$$K_{0\cdot fzh}=\frac{0.2344}{0.375}=0.625$$

n 侧零序电流分支系数

$$K_{0\cdot fzh}=\frac{0.2344}{0.625}=0.375$$

线路Ⅱ m 侧零序电流分支系数

$$K_{0\cdot fzh}=\frac{0.0375+0.075\times 0.625}{0.15}=0.5625$$

线路Ⅱ n 侧零序电流分支系数

$$K_{0\cdot fzh}=\frac{0.0375+0.075\times 0.375}{0.15}=0.4375$$

D 点单相接地时总的零序电流标么值为

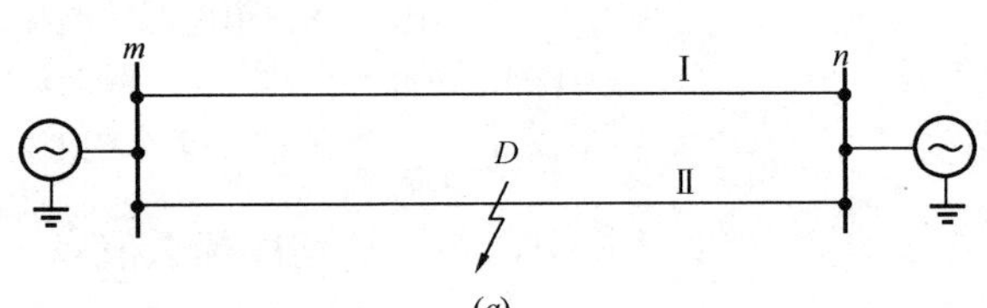

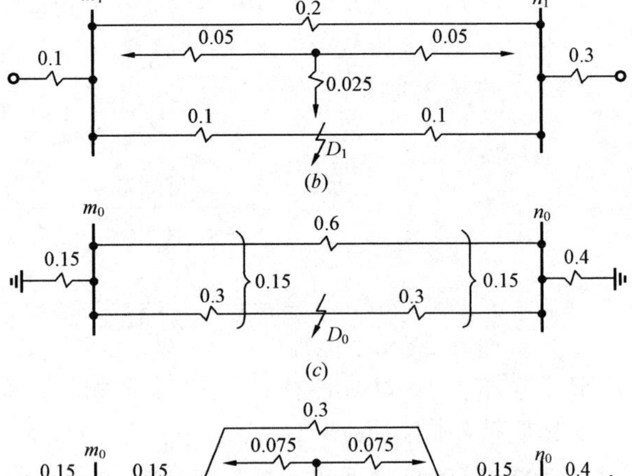

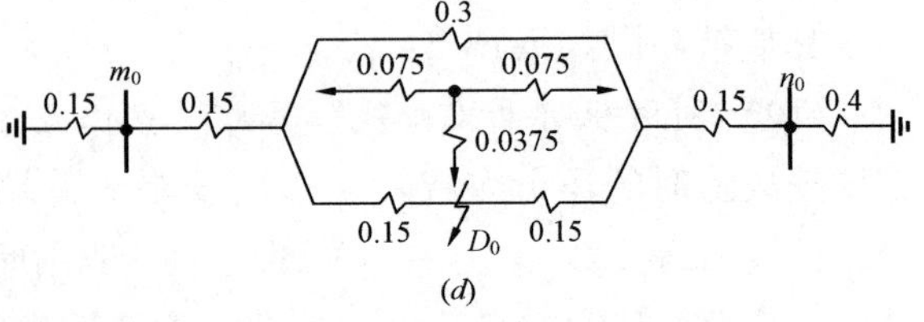

图 13-10　接地故障算例图

（a）一次接线；（b）正（负）序阻抗图；（c）零序阻抗图；（d）零序阻抗等值图

$$3I_{d0}^{(1)}=\frac{3}{2Z_{1\Sigma}+Z_{0\Sigma}}=\frac{3}{2\times 0.13+0.2718}=5.64$$

m 侧零序电流 $3I_{0\cdot m}=0.625\times 5.64=3.525$

n 侧零序电流 $3I_{0\cdot n}=0.375\times 5.64=2.115$

线路 Ⅱm 侧零序电流 $3I_0=I_0'=0.5625\times 5.64=3.1725$

线路 Ⅱn 侧零序电流 $3I_0=I_0''=0.4375\times 5.64=2.4675$

m 侧母线零序电压 $3U_0=U_{m0}=0.15\times 3.525=0.52875$

n 侧母线零序电压 $3U_0=U_{n0}=0.4\times 2.115=0.846$

将以上数值代入式(13-20),得

$$l=\frac{0.846-0.52875}{5.64(0.6+0.3)}+\frac{2.4675}{3.1725+2.4675}=0.5$$

由式（13-20）计算结果与假设故障点位置一致。即两侧录波量为如下数值时，利用式（13-20）可计算出故障点位置为 $l=0.5$。

m 侧母线 $3U_0=0.52875\frac{330}{\sqrt{3}}=100.74(\text{kV})$

(YH 二次侧 $3U_{0.2}=0.52875\times 100=52.88\text{V}$)。

n 侧母线 $3U_0=0.846\frac{330}{\sqrt{3}}=161.2(\text{kV})$

(YH 二次侧 $3U_{0.2}=0.846\times 100=84.6\text{V}$)。

线路Ⅱm 侧 $3I_0=3.1725I_j=3.1725\times 167.3=531(\text{A})$

线路Ⅱn 侧 $3I_0=2.4675I_j=2.4675\times 167.3=413(\text{A})$

（二）两相接地故障计算

D 点两相接地总的零序电流为

$$3I_{d0}^{(1.1)}=\frac{3}{Z_{1\Sigma}+2Z_{0\Sigma}}=\frac{3}{0.13+2\times 0.2718}=4.454$$

m 侧零序电流 $3I_{0\cdot m}=0.625\times 4.454=2.784$

n 侧零序电流 $3I_{0\cdot n}=0.375\times 4.454=1.67$

线路 Ⅱm 侧零序电流 $3I_0=I_0'=0.5625\times 4.454=2.505$

线路 Ⅱn 侧零序电流 $3I_0=I_0''=0.4375\times 4.454=1.949$

m 侧母线零序电压 $3U_0=U_{m0}=0.15\times 2.784=0.4176$

n 侧母线零序电压 $3U_0=U_{n0}=0.4\times 1.67=0.668$

将以上数值代入式(13-20),得

$$l=\frac{0.668-0.4176}{4.454(0.6+0.3)}+\frac{1.949}{4.454}=0.5$$

即两相接地短路时，将两侧录波量代入式（13-20），可得出同样结果。此情况下两侧录波量有名值为

m 侧母线 $$3U_0 = 0.4176 \times \frac{330}{\sqrt{3}} = 79.6(\text{kV})$$

（YH 二次侧 $3U_{0.2}=0.4176\times100=41.76\text{V}$）。

n 侧母线 $$3U_0 = 0.668\frac{330}{\sqrt{3}} = 127.3(\text{kV})$$

（YH 二次侧 $3U_{0.2} = 0.668\times100 = 66.8\text{V}$）。

线路Ⅱm 侧 $3I_0 = 2.505I_j = 2.505\times167.3 = 419.1(\text{A})$

线路Ⅱm 侧 $3I_0 = 1.949I_j = 1.949\times167.3 = 326.1(\text{A})$

再以此值代入式（13-20），得

$$l = \frac{127.3 - 79.6}{(419.1+326.1)(0.6+0.3)1190} + \frac{326.1}{419.1+326.1} = 0.5$$

式中 1190Ω 为 345kV 电压级基准阻抗。

第十四章　发电机保护整定计算

第 14-1 节　发电机保护的种类

根据《继电保护和自动装置技术规程》（DL 400—91）的规定，在容量为 1000kW 以上的发电机上，按不同容量和机组特点的要求，可能装设以下保护装置：

（1）纵联差动保护（简称纵差保护或纵差动保护）；

（2）定子绕组接地保护；

（3）横联差动保护（简称横差保护或横差动保护）；

（4）负序过电流保护；

（5）电压元件闭锁的电流保护和过负荷保护；

（6）失磁保护；

（7）转子回路的接地保护；

（8）强行励磁，强行减磁；

（9）水轮机过电压保护。

对于 1000kW 以下的发电机，当与系统并列运行时，可简化装设电流速断保护，代替纵联差动保护。

第 14-2 节　纵联差动保护整定计算

一、JCD 型发电机差动保护的计算

1. JCD 型差动保护的特点及技术指标

JCD-11 型差动继电器主要用于发电机差动保护，比较整流后的差电压大于整流滤波后的制动电压的时间是否满足预先给定的波宽鉴别时间，以决定继电器动作与否。由于发电机差动保护两侧电流互感器同型号，也没有调压引起的误差，故在外部故障时，差回路中不平衡电流较小，也没有空载投入时的励磁涌流，所以可不反应间断角，而采用鉴别波宽的原理。

继电器的主要技术指标如下：

（1）电抗互感器整定电流调整范围为 3～10A；

（2）动作电流整定范围为 0.1～0.25 倍额定电流。

2. 整定计算

（1）按下式分别计算两组电抗互感器的整定电流 I_{zd_1}，I_{zd_2}

$$I_{zd} = \frac{I_e}{n_{LH}} \tag{14-1}$$

式中 I_e——发电机额定电流；

n_{LH}——电流互感器变比。

一般情况下两侧 I_{zd} 相等，如 I_{zd} 在 3～4A 范围内，则不需改动电抗互感器气隙。但若同相两侧电抗互感器输出电压不相等，则应稍调整气隙，使平衡误差不超过 3%。

（2）计算动作电流 I_{dz}，即

$$I_{dz} = K_k f_{ph} I_e \tag{14-2}$$

式中 f_{ph}——由于各侧电抗互感器不能完全调平衡所引起的误差；

K_k——可靠系数，可取 2～3。

初投入运行时建议取 $I_{dz}=0.15\sim0.2I_e$。

二、BCD-25 型比率制动式发电机差动保护的计算

1. 保护特点、构成原理及技术规范

在正常负荷状态下，电流互感器的误差是很小的，因此这时的差动回路不平衡电流很小。随着外部故障电流的增大，当超过保护动作电流时，纵差保护就要误动。如果将纵差继电器作成这样的特性，即它的动作电流是随外部短路电流的增大而自动增大，而且动作电流的增大比不平衡电流的增大还要快，则上述误动就不会出现。实现这种动作特性的纵差继电器，最简单的方法是继电器除了以差动电流作为动作电流外，还引入外部短路电流作为制动

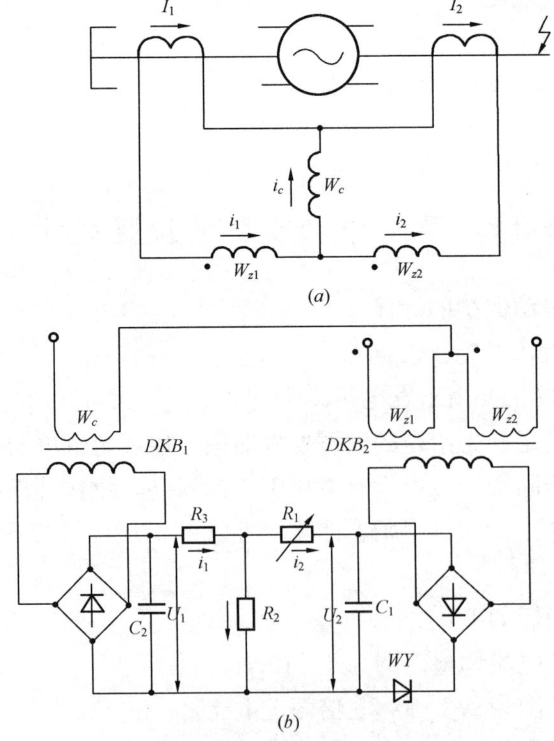

图 14-1 比率制动式差动保护原理接线图

（a）原理接线；（b）比较电路

电流。这样，当外部短路电流增大时，制动电流随之增大，使继电器起动的动作电流必然要相应加大，这种继电器被称之为比率制动式差动继电器。

比率制动式差动保护原理接线见图 14-1。

用于保护的电流互感器二次采用环流接线，保护的交流回路由两个电抗变压器 DKB_1 及 DKB_2 组成，它们分别接于环流回路的差回路及两臂。接在环流回路的 DKB_1 作为保护的动作量（I_{dz}），接在环流两臂的 DKB_2 作为保护的制动量（I_{zd}），分别经整流后进行环流绝对值比较。正常运行情况下，由于保护的动作绕组接于环流回路的差回路中，保护所接受的差电流是很小的，保护不动作。当保护区内短路时，此时差电流急骤增加，而制动电流因一次制动绕组接于电流互感器环流回路的两臂，使它的一次电流互相抵消，因此二次输出很小。这样一来，动作电流比制动电流大很多，环流比较回路输出一很大的动作电压使保护动作。当外部故障时，由于差回路电流仅为不平衡电流，而制动电流则为两臂电流之和，则环流比较回路输出一制动电压，保护不动作。

这种比率制动式差动保护的制动特性，如图 14-2 所示。

该制动特性曲线为一折线，OA 为差动保护的最小动作电流，AB 段无制动作用，这时 $I_{dz} \geqslant OA$ 保护就动作。BC 段有比率制动作用，其制动系数可根据外部故障不平衡电流的情况决定。

BCD-25 型差动保护的动作整定电流有 5 档：即 0.5、1、1.5、2、2.5A；制动系数有 0.2（0.15～0.25）、0.35（0.3～0.4）、0.6（0.5～0.7），可供选择。

2. 比率制动式差动保护的整定

根据比率制动式发电机差动保护的动作特性，需要整定二个定值，即最小动作电流和制动系数。

（1）最小动作电流：按躲过最大负荷下差回路的不平衡电流整定，即

$$I_{dz} = K_k K_h I_e = 0.06 I_e \tag{14-3}$$

式中 K_k——可靠系数，取 2；

K_h——继电器调整误差，取 0.03；

I_e——发电机额定电流。

运行中的设备可由实测决定，但不能小于继电器的固有动作电流，规程要求具有比率制动的发电机差动保护

$$I_{dz} = (0.1 \sim 0.3) I_e$$

一般取 $0.2I_e$。

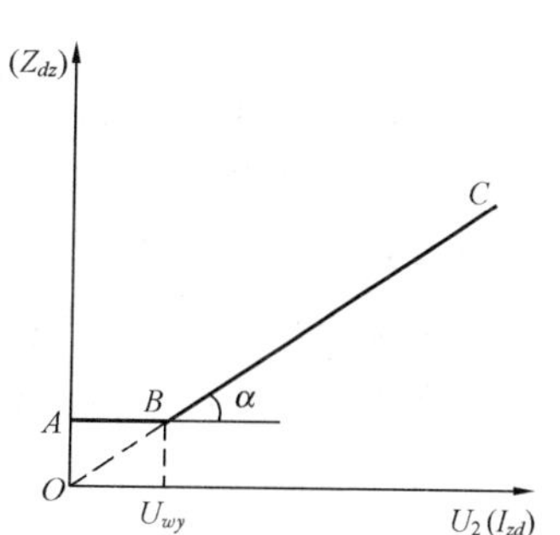

图 14-2　比率制动式差动保护制动特性

（2）制动系数 K_{zd}：比率制动式差动保护防止外部短路误动作的方法，不是依靠增大动作电流，而是借助于当制动电流增大时，动作电流相应地增大，亦即通过制动系数 K_{zd} 的适当选择来加以保证。按定义

$$K_{zd} = \frac{I_{dz}}{I_{zd}} \tag{14-4}$$

式中 I_{dz}——继电器的动作电流；

I_{zd}——继电器的制动电流。

假定外部短路时的最大短路电流为 $I_{d\cdot max}$，则此时流过差回路的电流，即继电器的动作电流为

$$I_{dz}=K_kI_{bp}=K_kK_{fzq}K_{tx}f_iI_{d\cdot max} \tag{14-5}$$

式中 K_{fzq}——非周期分量系数，取 1；

K_{tx}——电流互感器同型系数，取 0.5；

f_i——电流互感器误差，取 0.1；

K_k——可靠系数，取 1.5；

I_{bp}——外部故障时流过继电器之不平衡电流。

而此时的制动电流为

$$I_{zd}=I_{d\cdot max} \tag{14-6}$$

将式（14-5）、（14-6）代入式（14-4），得

$$K_{zd}=K_kK_{fzq}K_{tx}f_i \tag{14-7}$$

取 $K_{zd}=0.075\approx 0.1$。

在工程中，为保证可靠起见，制动系数不宜过小，一般建议取 0.3～0.4。

（3）灵敏系数校验：发电机差动保护灵敏度按发电机孤立运行时机端两相短路校验，设此时短路电流为 $I_{df\cdot min}^{(2)}$，则 $I_{zd}=I_{df\cdot min}^{(2)}/n_{LH}$，根据 I_{zd} 值，查动作特性上相应的 I_{dzj} 值，则灵敏度为

$$K_{lm}=\frac{I_{df\cdot min}^{(2)}}{I_{dzj}n_{LH}} \tag{14-8}$$

要求 $K_{lm}\geqslant 2$，由于 $I_{dz}<I_{ef}$，所以电流互感器二次断线，继电器将误动。为此尽量不在差动保护的电流互感器回路中连接其他元件，并应加强检查维护工作。

三、BCH-2 型发电机差动保护的计算

由 BCH-2 型差动继电器构成的差动保护，因有直流助磁特性，因而当非周期分量出现时，继电器的动作电流就大为增加，从而提高了躲外部短路时暂态不平衡电流的性能。这种继电器在无直流助磁时，继电器的动作安匝为 60±4 安匝；当它用于保护发电机时，其动作电流可在 1.5～12A 范围内调整。差动保护的整定步骤如下：

1. 动作电流的计算

该差动保护的动作电流按以下两个条件选择：

（1）按躲外部故障时的最大不平衡电流整定，即

$$I_{dz}=K_kI_{bp\cdot max}=K_kK_{tx}f_iI_{d\cdot max}^{(3)} \tag{14-9}$$

式中 K_k——可靠系数，取 1.3～1.5；

K_{tx}——电流互感器的同型系数，取 0.5；

f_i——电流互感器的误差，取 0.1；

$I_{d\cdot max}^{(3)}$——发电机出口三相短路电流。

（2）按躲电流互感器二次回路断线整定，即

$$I_{dz}=K_kI_{ef} \tag{14-10}$$

式中　K_k——可靠系数，取1.3；

I_{ef}——发电机额定电流。

选用按上述两条件计算得出的大值作为选用值，并折合至二次侧，这样差动继电器动作值为

$$I_{dzj}=\frac{K_{jx}I_{dz}}{n_{LH}} \tag{14-11}$$

式中　K_{jx}——接线系数。

差动线圈匝数为

$$W_g=\frac{AW_e}{I_{dzj}} \tag{14-12}$$

式中　AW_e——继电器的动作安匝，额定值为60。

2. 短路线圈抽头选择

由于短路线圈的匝数越多，直流助磁作用愈强，躲开非周期分量的性能也愈好。但在保护范围内短路，故障电流初始值中也含有非周期分量，差动继电器要等到非周期分量衰减到一定程度后动作，所以保护动作慢。因此作为发电机差动保护，短路线圈匝数应少一些，一般取“A—A”。

3. 灵敏度校验

灵敏度计算为

$$K_{lm}=\frac{K_{jx}I_{d\cdot\min}^{(2)}}{I_{dzj}n_{LH}}\geqslant 2 \tag{14-13}$$

式中　$I_{d\cdot\min}^{(2)}$——发电机出口两相短路，流过保护的最小短路电流。可取单机方式或当系统最小方式下发电机故障时。

4. 电流回路断线信号

按躲过发电机正常运行情况下最大不平衡电流整定。但对继电器来讲，当电流互感器二次回路断线时，继电器还应满足热稳定的要求。通常这是保护动作电流的决定条件，因此一般选择为

$$I_{dzj}=0.2I_{ef}/n_{LH} \tag{14-14}$$

动作时限应大于发电机后备保护的时限。

四、BCH-2型差动继电器的灵敏接线方式

对于容量在100MW以上的发电机，为了提高其差动保护的灵敏度，要求纵差保护的动作电流，小于发电机的额定电流，并且当电流互感器的二次回路断线时，保护不应误动，为此将继电器各相的平衡线圈反极性串接于中性线回路，其接线见图14-3。下面进行分析计算。

(1) 当电流互感器连接导线一相断线时，沿着断线相的一个差动线圈和三个平衡线圈将有电流流过，此时继电器不动作的条件是

$$K_kI_{ef2}(W_{cd}-W_{ph})\leqslant 60 \tag{14-15}$$

式中　W_{ph}、W_{cd}——继电器平衡与差动线圈匝数；

K_k——可靠系数，取1.3；

l_{ef2}——发电机额定二次电流。

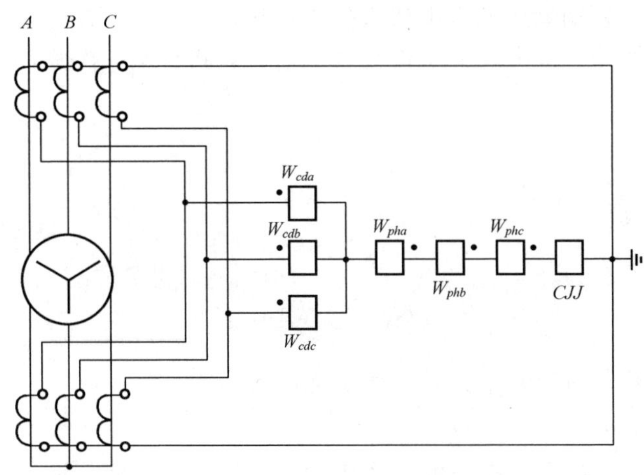

图 14-3 BCH-2 型纵差保护灵敏接线原理图

（2）对于非断线相，差动线圈中无电流流过，平衡线圈中有电流流过，此时继电器应不动作的条件是

$$K_k I_{ef2} W_{ph} \leqslant 60 \tag{14-16}$$

根据式（14-15）及（14-16），可得出平衡线圈与差动线圈的匝数，即

$$W_{ph} = \frac{60}{K_k I_{ef2}} \tag{14-17}$$

$$W_{cd} = \frac{60}{K_k I_{ef2}} + W_{ph} \tag{14-18}$$

（3）当发电机电压系统发生两相接地短路，且其中一点在差动保护范围内时，其灵敏度与通常接线的差动保护相同。但差动线圈的匝数仍按式（14-18）来选择，即

$$W_{cd} = \frac{2(60)}{K_k I_{ef2}} \tag{14-19}$$

当 K_k＝1.1、$I_{dzj} W_{cd}$＝60 时，代入式（14-19）得

$$I_{dzj} = 0.55\frac{I_{ef}}{n_{LH}} \tag{14-20}$$

（4）当发电机内部发生两相或三相短路时，平衡线圈中不通过电流，因而没有制动作用。这样，当差动继电器中流过较小的短路电流时就能动作，其灵敏度按内部短路流过保护之最小短路电流计算，即

$$K_{lm} = \frac{I_{d\cdot\min}^{(2)} W_g}{60 n_{LH}} \tag{14-21}$$

式中 $I_{d\cdot\min}^{(2)}$——发电机内部故障时两相短路电流的最小值。

一般情况下，此方案的灵敏度是原接线的 2 倍。

【例 14-1】 电压为 10.5kV、$\cos\varphi$＝0.8、X''_d＝13.47％、容量为 50MW 的汽轮发电机，装设 BCH-2 型纵差保护，电流互感器变比为 4000/5，试计算其整定值。

1. 原始参数计算

折合至 100MVA、平均电压的发电机次暂态电抗值为

$$X''_{d*} = X''_d \frac{S_j}{S_e} = 0.1347 \times \frac{100}{50/0.8} = 0.2155$$

发电机额定电流为

$$I_e = \frac{S_e}{\sqrt{3}U_e} = \frac{50/0.8}{\sqrt{3} \times 10.5} = 3.437(\text{kA})$$

2. 差动保护整定

(1) 按躲过外部故障最大不平衡电流整定，即

$$\begin{aligned} I_{dz} &= K_k I_{bp} = K_k K_{fzq} K_{tx} f_i I_{d\cdot\max} \\ &= 1.3 \times 1 \times 0.5 \times 0.1 \times \frac{100 \times 10^3}{\sqrt{3} \times 10.5} \times \frac{1}{0.2155} = 1659(\text{A}) \end{aligned}$$

(2) 按躲过电流互感器二次回路断线时整定，即

$$I_{dz} = K_k I_e = 1.3 \times 3437 = 4470(\text{A})$$

取 I_{dz}=4470A，折合至二次侧为

$$I_{dzj} = 4470/4000/5 = 5.6(\text{A})$$

BCH-2 工作线圈匝数为

$$W_g = \frac{60}{I_{dzj}} = \frac{60}{5.6} = 10.7(\text{匝})$$

取 10 匝。

灵敏度校验：发电机出口两相金属性短路时 $I_d^{(2)}$=22100A，则

$$K_{lm} = \frac{I_d^{(2)}}{I_{dz}} = \frac{22100}{6 \times 800} = 4.6 > 2$$

3. 差动电流回路断线信号

其动作电流应大于正常运行情况下的最大不平衡电流，一般取 $0.1I_e$，即 0.5A；

其动作时间 t=9s。

【例 14-2】 电压为 15.75kV、$\cos\varphi$=0.85、容量为 200MW 的汽轮发电机，装有 JCD-11 型晶体管差动保护，机组参数 X''_d=14.44%，电流互感器变比为 12000/5，试计算其定值。

1. 原始参数计算

折合至 100MVA、平均电压的发电机次暂态电抗值为

$$X''_{d*} = X''_{*d} \frac{S_j}{S_e} = 0.1444 \frac{100}{200/0.85} = 0.061$$

发电机额定电流

$$I_e = \frac{S_e}{\sqrt{3}U_e} = \frac{200/0.8}{\sqrt{3} \times 15.75} = 8.625(\text{kA})$$

2. 差动保护整定

(1) 按下式计算两侧电抗互感器的整定电流，即

$$I_{zd1} = \frac{I_e}{n_{LH}} = \frac{8625}{2400} = 3.6(\text{A})$$

$$I_{zd2}=I_{zd1}$$

（2）差动继电器动作电流：按躲过各侧电抗互感器不能完全调平衡引起的相对误差值整定，即

$$I_{dz}=K_kf_iI_e=2.5\times0.1\times8625=2156.25(\text{A})$$

其二次值为

$$I_{dzj}=\frac{2156.25}{2400}=0.9(\text{A})$$

3. 灵敏度校验

发电机出口两相金属性短路时 $I_d^{(2)}=52042\text{A}$，则

$$K_{lm}=\frac{I_d^{(2)}}{I_{dz}}=\frac{52042}{2160}=24$$

按此原则整定时，保护灵敏度完全可以满足规程要求，不必校验。

第 14-3 节　定子绕组接地保护整定计算

一、发电机定子接地故障电流的计算

由于发电机的外壳是接地的，因此定子绕组因绝缘破坏而引起单相接地就比较普遍。工作在发电机电压母线上的发电机，当定子绕组发生单相接地时，有电流流过故障点，其值决定于发电机定子绕组的接地电容电流和与发电机有电联系的电网接地电容电流。当电网中具有消弧设备时，流过故障点的电流是经补偿的电流。当接地电流较大且产生电弧时，将使绕组绝缘和定子铁芯烧坏。因此规程规定：当接地电流等于或大于5A时，定子绕组接地保护应动作于跳闸；当接地电流小于5A时，应作用于信号。

在中性点不接地的发电机中，定子单相接地电流是经过定子绕组和其相连的电网对地电容而流通的，见图14-4。

因此要知道故障电流的大小，就必须知道这些电容的大小。

汽轮发电机的相对地电容

$$C_{0f}=\frac{2.5K_1S_{ef}}{\sqrt{U_{ef}(1+0.08U_{ef})}}(\mu\text{F})\tag{14-22}$$

式中　S_{ef}——发电机额定容量（MVA）；

U_{ef}——发电机额定线电压（kV）；

K_1——决定于绝缘等级的系数，当发电机温度为15～20℃时，$K_1=0.0187$。

水轮发电机的相对地电容

$$C_{0f}=\frac{K_2S_{ef}^{3/4}}{(U_{ef}+3600)n^{1/3}}\quad(\mu\text{F})\tag{14-23}$$

式中　n——转数；

K_2——决定绝缘等级的系数，对 B 级绝缘，当温度为25℃时，$K_2=40$。

发电机的接地电容电流 $\dot I_{jdf}$ 和电网的接地电容电流 $\dot I_{jd}$ 分别为

$$\dot{I}_{jdf} = j3\omega C_{0f\alpha}\dot{U}_{ex} \tag{14-24}$$

$$\dot{I}_{jd} = j3\omega C_{0\Sigma\alpha}\dot{U}_{ex} \tag{14-25}$$

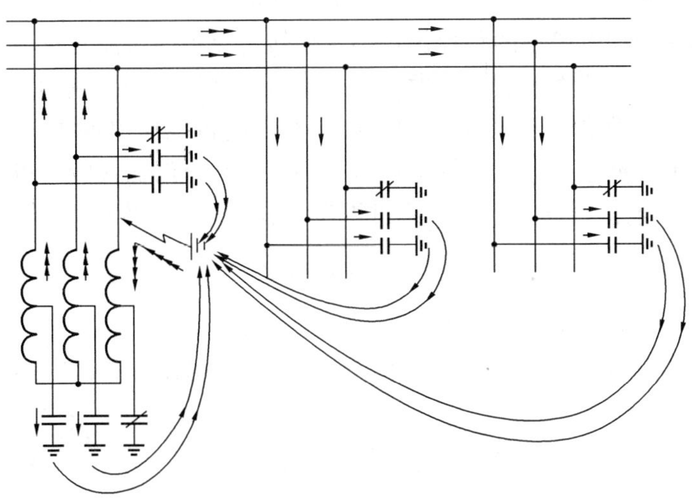

图 14-4　发电机定子单相接地故障电流分布

则接地点的总接地电容电流为

$$\dot{I}_{jd\Sigma} = \dot{I}_{jdf} + \dot{I}_{jd} = j3\omega(C_{0f} + C_{0\Sigma})\alpha\dot{U}_{ex} \tag{14-26}$$

式中　$\dot{I}_{jdf}$——发电机接地电容电流三相值（A）；

$\dot{I}_{jd}$——发电机电压网络的接地电容电流（A）；

C_{0f}——发电机相对地电容（F）；

$C_{0\Sigma}$——电网相对地电容（F）；

ω——角速度，$\omega=2\pi f=314$；

α——接地匝数占部匝数的百分数；

$\dot{U}_{ex}$——发电机额定相电压（V）。

在表 14-1 中列出部分发电机每相定子绕组的对地电容值和单相接地电流，在进行发电机接地保护计算时，可作为参数。

表 14-1　　　　汽轮发电机定子绕组对地电容值和电流值

发电机容量（kVA）	额定电压（kV）	每相对地电容（μF）	单相接地电容电流（A）
15000	6.3	0.1	0.34
15000	10.5	0.08	0.46
31250	6.3	0.2	0.69
58900	10.5	0.25	1.43
117747	10.5	0.16	0.54
235294	15.75	0.2	0.88
352941	15.75	0.23～0.3	1.324

二、利用零序电流构成的定子接地保护

1. 保护构成

助磁式零序电流保护，是用于保护接于汇流母线的发电机定子的接地保护，按发电机引出线的特点分为母线型和电缆型两种保护，为了使接地保护尽可能只反应发电机内部接地故障，因此将零序电流互感器直接装设在发电机引出端。这种保护装置的一次动作电流不应超过 5A；当超过 5A 时，保护应作用于跳闸。如果在发电机电压电网中的接地电流大于 5A、还要求发电机能够带着单相接地点继续运行时，则要求装设消弧线圈，以补偿接地电流。

图 14-5 示出当发电机内部接地时，流过零序电流互感器一次侧的零序电流，即

$$3\dot{I}_0 = j3\omega C_{0\Sigma}\alpha\dot{U}_{ex} \tag{14-27}$$

它是除发电机以外的全系统的电容电流。

图 14-6 示出当发电机外部接地时，流过零序电流互感器的一次侧电流；

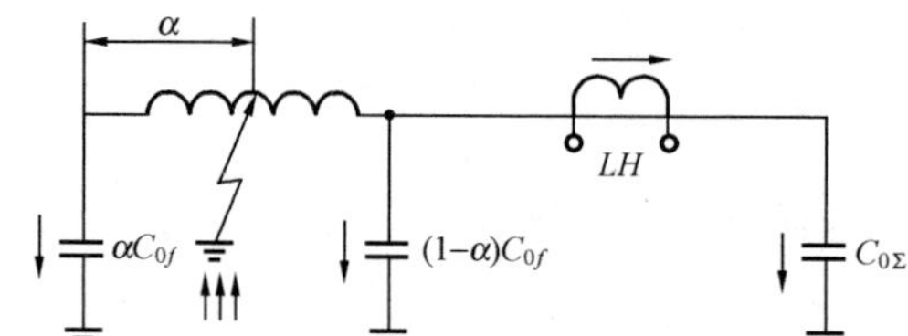

图 14-5　发电机内部发生单相接地时的零序等值网络

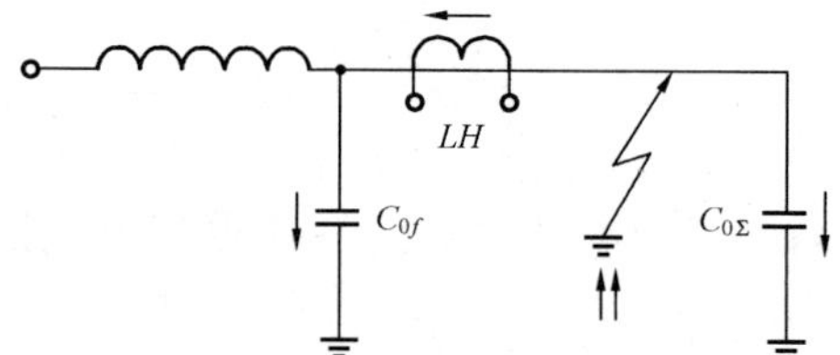

图 14-6　发电机外部电网接地时的零序等值网络

$$3\dot{I}_0 = j3\omega C_{0f}\dot{U}_{ex} \tag{14-28}$$

它是发电机的电容电流。流经接地点的总电流是发电机的电容电流和系统电容电流之和，并与 α 成正比。当在发电机出线端附近接地时，接地电流为最大，其值为 $3\omega(C_{0f}+C_{0\Sigma})U_{ex}$。

由助磁式零序电流互感器构成的单相接地保护原理接线图，如图 14-7 所示。零序电流互感器装在发电机的引出端，它由发电机出口的电压互感器供给交流助磁，零序变流器的二次侧接有电流继电器，用于发电机单相接地保护，它的触点与闭锁继电器触点串联。闭锁继电器由三相过电流继电器控制，当外部发生短路时将接地保护闭锁。这样，接地保护的整定电流就不必考虑躲过外部短路时的不平衡电流。另外，时间继电器整定为 1～2s，主要是为了更好地躲过外部短路时的暂态不平衡电流，以及外部发生单相接地时流过发电机定子的暂态电容电流。

2. 保护整定计算

零序电流动作值：按躲过发电机外部发生单相接地并伴随着两相短路时产生的最大不平衡电流来整定，即

$$I_{dz} = \frac{1}{K_f}(K_k 3I_{cf} + K'_k I_{bp}) \tag{14-29}$$

式中　K_f——继电器的返回系数；

K_k——可靠系数，当接地保护带 0.5～1s 的动作时限时，采用 $K_k=2$～3，其中较大

的动作时间，采用较小的 K_k 值；

K'_k——可靠系数，取 1.5；

$3I_{cf}$——被保护发电机之电容电流；

I_{bp}——发电机外部短路时，变流器产生的最大不平衡电流一次值。为了降低不平衡电流，提高灵敏度，在外部短路时，采用过电流保护进行闭锁。这时计算不平衡电流，只由闭锁电流值决定，其值比短路电流小，提高了灵敏度。

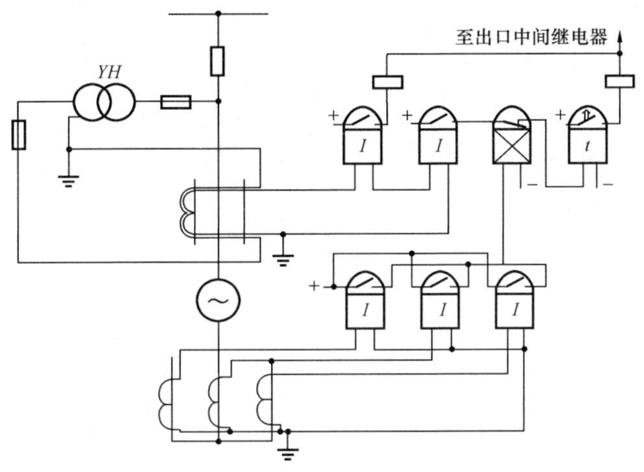

图 14-7　发电机单相接地保护原理接线图

式（14-29）中的一次不平衡电流，因它与多种因素有关，故先计算其二次值，再折算至一次，与计算有关的零序变流器数据见表 14-2。

表 14-2　　　　零序电流互感器构成的接地保护参数表

LXHM 型与 LXH 型零序电流互感器的数据						保护参数			
零序电流互感器型号	额定电流（kA）	二次侧励磁阻抗 Z_{lc2}（Ω）	因助磁引起不平衡电势 $E_{bp\cdot zc}$（mV）	因不对称引起不平衡电势 $E_{bp\cdot bc}$（mV）	二次绕组匝数 W_2（匝）	继电器型号	继电器阻抗 Z_j（Ω）	继电器动作电流 I_{dzj}（A）	保护一次动作电流 I_{dz}（A）
LXHM-1	1.75	10	100	60	39	DD-11/60	并联 9	0.03	2.4
LXHM-2	3.0	10	100	85	39	DD-11/60	并联 9	0.03	2.4
							串联 36	0.015	3.5
LXHM-3	4.5	10	100	100	39	DD-11/60	并联 9	0.03	2.4
							串联 36	0.015	3.5
LXH-2		10	150	17	20	DD-11/0.2	9	0.1	4.0
						DD-11/60		0.03	1.3
LXH-4		10	150	17	20	DD-11/0.2	9	0.1	4.0
						DD-11/60		0.03	1.3

续表

LXHM型与LXH型零序电流互感器的数据						保护参数			
零序电流互感器型号	额定电流（kA）	二次侧励磁阻抗 Z_{lc2}（Ω）	因助磁引起不平衡电势 $E_{bp\cdot zc}$（mV）	因不对称引起不平衡电势 $E_{bp\cdot bc}$（mV）	二次绕组匝数 W_2（匝）	继电器型号	继电器阻抗 Z_j（Ω）	继电器动作电流 I_{dzj}（A）	保护一次动作电流 I_{dz}（A）
LXH-7		10	150	14	27	DD-11/0.2	9	0.1	4.0
						DD-11/60		0.03	1.3
LXH-12		10	150	14	27	DD-11/0.2	9	0.1	4.0
						DD-11/60		0.03	1.3
LXH-16		10	150	14	27	DD-11/0.2	9	0.1	4.0
						DD-11/60		0.03	1.3

二次值计算方法如下：

有助磁时

$$I_{bp2}=\frac{KE_{bp\cdot bc}}{Z_{lc2}+Z_j}+\frac{E_{bp\cdot zc}}{Z_j} \tag{14-30}$$

无助磁时

$$I_{bp2}=\frac{KE_{bp\cdot bc}}{Z_j} \tag{14-31}$$

无助磁是指当助磁回路断线或因两相短路而失去助磁的情况。

式中 $E_{bp\cdot bc}$——在额定电流下，由于一次导线排列不对称在零序电流互感器二次线圈内所引起的不平衡电势，可由表14-2中查出。应注意，表中给出的是电流互感器为额定电流时的值。当发电机额定电流 I_{ef} 与互感器额定电流 I_{eLH} 不等时，应乘以系数，该系数为 I_{ef}/I_{eLH}。

Z_{lc2}——折算至二次侧的励磁阻抗，可由表14-2查得。

Z_j——继电器线圈阻抗。初算时，先假定 $Z_j<Z_{lc2}$，用继电器并联阻抗代入，其值可由表14-2查得。

K——计算倍率系数。当用电流闭锁时，K 值等于电流闭锁动作值对互感器额定电流的倍数；当不用电流闭锁时，K 值等于发电机出口两相短路电流对互感器额定电流的倍数。

$E_{bp\cdot zc}$——由于零序互感器两个铁芯特性不同所引起的二次不平衡电势，可由表14-2查得。

取以上两式中较大的二次值 I_{bp2} 作为计算用二次不平衡电流值，折算到一次侧的电流为

$$I_{bp}=I_{bp2}W_2\left(1+\frac{Z_j}{Z_{lc2}}\right) \tag{14-32}$$

式中 W_2——零序电流互感器的二次线圈匝数，由表14-2查出。

于是可求得保护动作一次电流。初算结果有三种情况，需要分别进行处理：

(1) 当 I_{dz} 小于表14-2中线圈并联时保护的二次动作电流时，即用表中继电器动作电流；

(2) 当 I_{dz} 大于表14-2中线圈并联的动作值，又小于线圈串联的动作值时，即采用实用

计算值；

（3）当 I_{dz} 大于表 14-2 中线圈串联的动作值时，则应按线圈串联之情况，重复上述计算，然后再按（1）及（2）决定。

继电器二次动作值计算为

$$I_{dzj}=\frac{I_{dz}}{W_2\left(1+\dfrac{Z_j}{Z_{lc2}}\right)} \tag{14-33}$$

根据计算得知，保护装置的一次动作电流通常应不超过 5A。

外部短路闭锁继电器动作值整定为

$$I_{dz}=\frac{K_k I_{ef}}{K_f} \tag{14-34}$$

式中　I_{ef}——发电机一次额定电流；

K_k，K_f——可靠系数与返回系数，分别取 1.2 和 0.85。

三、发电机中性点装设消弧线圈时实现接地保护的特点

当发电机电压电网中的接地电流大于 5A 时，应装设作用于跳闸的接地保护。若单相接地故障发生在发电机一相定子绕组上，且要求发电机能够带着单相接地故障继续运行时，则要求装设消弧线圈，以补偿接地电流。

消弧线圈的运行，一般采用过补偿方式，这样在作切换使电网的接地电容电流减小时，可以避免由于对地电容的容抗与消弧线圈的感抗相近而造成串联谐振的危险。此外，也不会出现补偿后残流降低而造成接地保护拒动的情况。补偿后的残流按下式计算，即

$$\dot{I}_{cy}=3\dot{I}_L+3\dot{I}_{Cjd}+3\dot{I}_{Cf}$$

或

$$I_{cy}\ |3I_L-3I_{Cjd}-3I_{Cf}| \tag{14-35}$$

式中　$3\dot{I}_L$——消弧线圈供出的电感电流；

$3\dot{I}_{Cjd}$——发电机电压电网接地电容电流；

$3\dot{I}_{Cf}$——发电机电容电流。

消弧线圈装设位置对零序电流保护的影响：

当消弧线圈装于汇流母线上时，流过零序保护的电流情况，如图 14-8 所示。

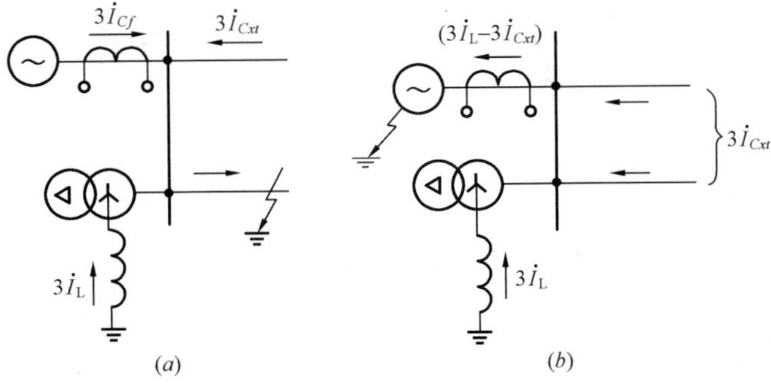

图 14-8　消弧线圈装于汇流母线上

（a）外部接地；（b）内部接地

当消弧线圈装于发电机中性点上时，流过零序保护的电流情况，如图 14-9 所示。

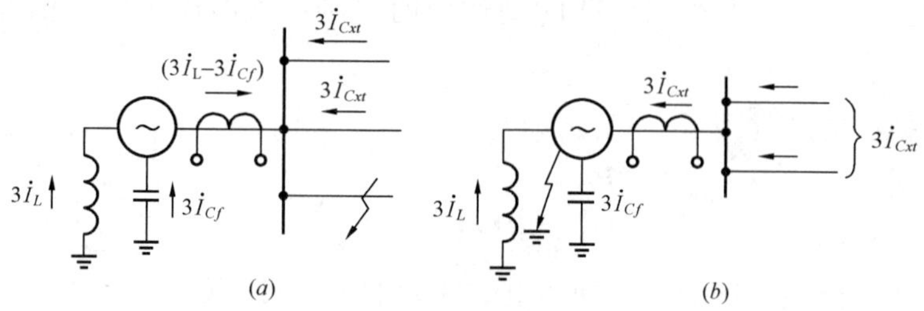

图 14-9　消弧线圈装在发电机中性点上

(*a*) 外部接地；(*b*) 内部接地

由分析可见，当消弧线圈接于发电机中性点上时，采用过补偿，因为 $3I_L \gg 3I_{Cf}$，则 $I_{dz} \geqslant K_k$ $(3I_L - 3I_{Cf})$，将使零序保护动作电流增大，降低了保护的灵敏度，所以必须对保护采取措施，图 14-10 是一种补救办法。

当外部接地时，$3\dot{I}_L$ 在零序保护的磁芯中相互抵消，不会提高动作值。

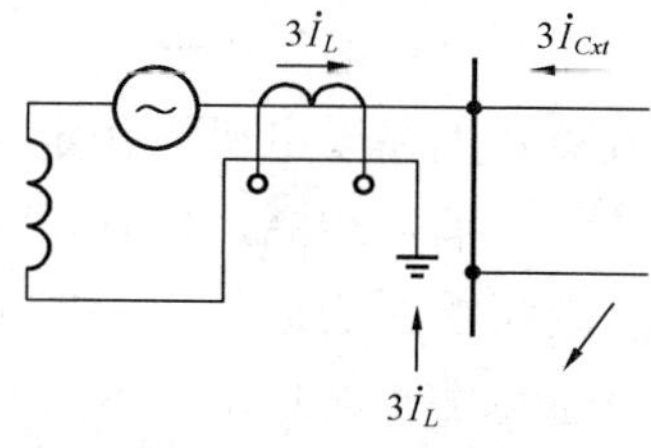

图 14-10　消弧线圈接于发电机中性点上的补救措施

【例 14-3】 电压为 10.5kV、$\cos\varphi = 0.85$、容量为 50MW 的汽轮发电机，静子单相接地保护采用 LXMH-3 型母线式零序电流互感器，且利用动作电流为 $1.4I_{ef}$ 的过电流保护作为外部短路闭锁装置，试计算保护动作电流及选择继电器型式。

(1) 发电机额定电流：由已知条件计算为

$$I_{ef} = \frac{P_{ef}}{\sqrt{3}U_e \cos\varphi} = \frac{50000}{\sqrt{3} \times 10.5 \times 0.85} = 3240(\text{A})$$

(2) LXHM-3 型零序电流互感器额定电流为 4500A，查表 14-1 知：当继电器线圈并联时，保护一次动作电流为 2.4A；当继电器线圈串联时，保护一次动作电流为 3.5A。

(3) 保护动作电流计算：

当有助磁时

$$I_{bp\cdot 2} = \frac{KE_{bp\cdot bc}}{Z_{dz\cdot lc\cdot 2} + Z_j} + \frac{E_{bp\cdot zc}}{Z_j} = \frac{1.4 \times 0.1 \times \dfrac{3240}{4500}}{10 + 9} + \frac{0.1}{9} = 0.0165(\text{A})$$

当无助磁时

$$I_{bp\cdot 2} = \frac{KE_{bp\cdot bc}}{Z_j} = \frac{1.4 \times 0.1 \times \dfrac{3240}{4500}}{9} = 0.0112(\text{A})$$

一次最大不平衡电流为

$$I_{bp\cdot 1} = I_{bp\cdot 2} W_2 \left(1 + \frac{Z_j}{Z_{dz\cdot lc\cdot 2}}\right) = 0.0165 \times 39 \left(1 + \frac{9}{10}\right) = 1.29(\text{A})$$

保护动作电流

$$I_{dz}=\frac{1}{K_f}(K_k3I_{Cf}+K''_kI_{bp\cdot1})=\frac{1}{0.85}(2\times1.43+1.5\times1.29)=5.64(\text{A})$$

（4）因所计算的动作电流不允许超过 5A，故将继电器串联再作一次计算，继电器串联后 $Z_j=36\Omega$。

当有助磁时

$$I_{bp\cdot2}=\frac{KE_{bp\cdot bc}}{Z_{dz\cdot lc\cdot2}+Z_j}+\frac{E_{bp\cdot zc}}{Z_j}=\frac{1.4\times0.1\times\frac{3240}{4500}}{10+36}+\frac{0.1}{36}=0.005(\text{A})$$

当无助磁时

$$I_{bp\cdot2}=\frac{KE_{bp\cdot bc}}{Z_j}=\frac{1.4\times0.1\times\frac{3240}{4500}}{36}=0.0028(\text{A})$$

一次不平衡电流为

$$I_{bp\cdot1}=I_{bp\cdot2}W_2\left(1+\frac{Z_j}{Z_{dz\cdot lc\cdot2}}\right)=0.005\times39\left(1+\frac{36}{10}\right)=0.9(\text{A})$$

保护一次动作电流

$$I_{dz}=\frac{1}{K_f}(K_k3I_{Cf}+K''_kI_{bp\cdot1})=\frac{1}{0.85}(2\times1.43+1.5\times0.9)=4.95(\text{A})$$

该电流小于 5A，故可采用。

（5）继电器动作电流：计算为

$$I_{dzj}=\frac{I_{dz}}{W_2\left(1+\frac{Z_j}{Z_{dz\cdot lc\cdot2}}\right)}=\frac{4.95}{39\left(1+\frac{36}{10}\right)}=0.0277(\text{A})$$

继电器选用 DD-11/60 型。

第 14-4 节　横联差动保护整定计算

1. 保护装置的构成

发电机横差保护是定子绕组匝间短路的保护。当发电机定子绕组接成星形而且每相有引出的并联支路时，宜采用横差保护。

保护装置的一次接线中只需要一个接在两中性点连接线上的电流互感器。不难看出，流经保护装置的不平衡电流，仅由发电机电势波形畸变所产生的高次谐波电流（主要是 3 次谐波电流）和各相电势不对称所产生的零序不平衡电流所组成。为了消除高次谐波对保护的影响，在单继电器或横差保护中，广泛采用 DL-11/b 横差动电流继电器。这种继电器由一个 3 次谐波滤过器和一个电磁式继电器构成。因此，继电器的动作值受 3 次谐波电流的影响就很小。

2. 横差保护的整定

(1) 保护装置动作电流：按躲过外部短路时流过保护装置的最大不平衡电流整定。由于不平衡电流数值难以确定，因此实用上按下式整定，即

$$I_{dz}=(0.2\sim0.3)I_{ef} \tag{14-36}$$

式中 I_{ef}——发电机的额定电流。

电流互感器变比选择：

$$n_{LH}=\frac{0.25I_{ef}}{5}$$

(2) 横差保护动作死区的计算：当一个分支线圈发生匝间短路时，故障相两个并联分支电势平衡的条件遭到破坏。因此在故障相两个并联分支回路中，将有环路短路电流 I'_d 流过，如图 14-11 所示。

电流 I'_d 与环路不平衡电势 E_{bp} 成正比，即

$$I'_d=\frac{E_{bp}}{X_\Sigma} \tag{14-37}$$

式中 X_Σ——一个分支线圈发生匝间短路时，故障相两并联分支回路中的合成电抗。

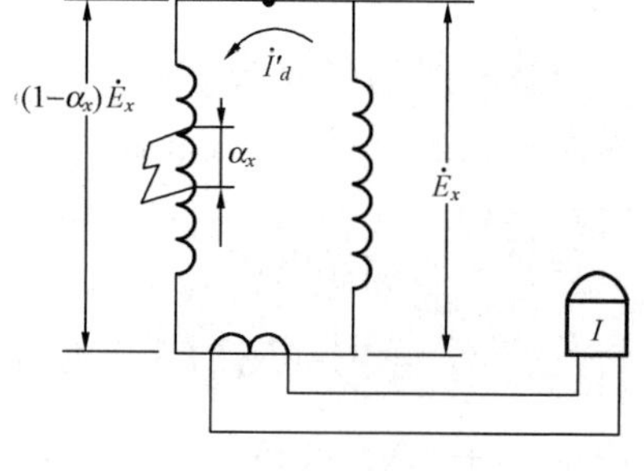

图 14-11 匝间短路时电流分布

由图 14-11 知，一个分支线圈短路份额为 α_x，其不平衡电势为

$$E_{bp}=E_x-(1-\alpha_x)E_x=\alpha_xE_x \tag{14-38}$$

式中 E_x——发电机相电势；

α_x——匝间短路占总匝数份额。

一相两分支回路的总电抗为

$$X_\Sigma=X_{fz}+(1-\alpha_x)^2X_{fz}=(2-2\alpha_x+\alpha_x^2)X_{fz} \tag{14-39}$$

式中 X_{fz}——一相中一个分支线圈的电流。

故障相的环流 I'_d 为

$$I'_d=\frac{E_{bp}}{X_\Sigma}=\frac{\alpha_xE_x}{(2-2\alpha_x+\alpha_x^2)X_{fz}} \tag{14-40}$$

已知 $\frac{E_x}{X_{fz}}$ 是一个分支完全被短路时的电流，该电流等于发电机引出端上单相短路电流 $I_d^{(1)}$ 的一半，即

$$\frac{E_x}{X_{fz}}=\frac{I_d^{(1)}}{2}$$

将其代入式 (14-40)，得

$$I'_d=\frac{\alpha_xI_d^{(1)}}{2(2-2\alpha_x+\alpha_x^2)} \tag{14-41}$$

要使继电器动作，必须使 I'_d 等于保护的动作电流 I_{dz}，则

$$I_{dz}=\frac{\alpha_x I_d^{(1)}}{2(2-2\alpha_x+\alpha_x^2)} \tag{14-42}$$

从上式解出死区 α_x 为

$$\alpha_x=\left(1+\frac{I_d^{(1)}}{4I_{dz}}\right)+\sqrt{\left(1+\frac{I_d^{(1)}}{4I_{dz}}\right)^2-2} \tag{14-43}$$

故短路线匝份额小于 α_x 时，保护装置不动作。

式中 $I_d^{(1)}$——发电机出口单相短路电流。

常用的 DL-11/b 继电器动作电流整定范围是；串联为 2～4A，并联为 4～8A。

（3）动作时间整定：在励磁回路未发生接地故障的情况下，横差保护瞬时动作于跳闸。当励磁回路发生一点接地时，应将横差保护切换到带 0.5～1.0s 的时限跳闸，以防励磁回路发生偶然性的瞬间两点接地时而误动。

第 14-5 节　负序过电流保护整定计算

发电机由于负荷不平衡或外部不对称短路而产生的负序电流，将在转子的某些部分产生附加损失和额外温升。如不及时处理，就可能严重损坏发电机。因此规程要求容量在 50MW 及以上或者可能经常出现负序过负荷的发电机上，应装设负序过电流保护。

1. 定时限负序过流保护

一般用于小机组，作成两段式保护，其整定方法如下：

（1）过负荷部分：作用于信号。保护整定值按躲过发电机长期允许的负序电流值和最大负荷时负序滤过器的不平衡电流整定。对于汽轮发电机长期允许负序电流为 6%～8%额定电流，水轮发电机长期允许负序电流为 12%额定电流。考虑到频率降低对负序滤过器的影响，其动作值为

$$I_{dz}=(0.1\sim0.2)I_{ef} \tag{14-44}$$

式中 I_{ef}——发电机一次额定电流。对于汽轮机取 $0.1l_{ef}$，对水轮机取 $0.2l_{ef}$。

动作时限：一般在 5～10s 给信号。

（2）过电流部分：动作于跳闸。一般表面冷却的发电机，保护装置可采用定时限特性，其动作电流按以下条件整定。

1）按转子发热条件：发电机可以承受的负序电流与允许持续通过时间的关系，可用下面发热过程方程式表示，即

$$I_{*2}^2 t=A \tag{14-45}$$

式中 I_{*2}——以发电机额定电流倍数表示的负序电流有效值；

A——发电机允许过热时间常数，通常由厂家提供。国产空冷汽轮发电机均取 $A=30$；内冷汽轮发电机，容量为 10 万 kW 的，$A=10$；容量为 20 万 kW 的，$A=8$；容量为 30 万 kW 及以上者，$A\leqslant8$。对于水轮发电机 $A=40$；

t——通过负序电流的时间。一般在选择动作电流时，考虑一个计算时间 t_{js}，取为 120s，供值班人员采取措施。当 $t<t_{js}$时，允许发电机跳闸。

因此动作电流的相对值为

$$I_{dz*2}=\sqrt{\frac{A}{t_{js}}} \tag{14-46}$$

将相应的 A 值、$t_{js}=120$s 代入上式，可得：

对于非强迫冷却的汽轮发电机

$$I_{dz2}=0.5I_{ef} \tag{14-47}$$

对于水轮发电机

$$I_{dz2}=0.6I_{ef} \tag{14-48}$$

对于该动作电流值，当三相电流互感器式的滤过器一相发生断线时，出现不平衡电流约为 $0.5I_e$ 时也可躲过。

2）按与相邻元件配合整定，即

$$I_{dz2}=K_kK_{fz2}I'_{dz2} \tag{14-49}$$

式中 I'_{dz2}——相邻元件的负序过流保护动作值；

K_{fz2}——负序电流分支系数；

K_k——可靠系数，取 1.2。

当相邻设备没有负序过电流保护时，则与相邻元件其他相间后备保护配合，即

$$I_{dz2}=K_kI_{d2\cdot\max} \tag{14-50}$$

式中 $I_{d2\cdot\max}$——被配合保护范围末端短路，流过本保护的最大负序电流；

K_k——可靠系数，取 1.2。

（3）按发电机出口两相短路有灵敏度整定，即

$$I_{dz2}=\frac{I_{d2}^{(2)}}{K_{lm}} \tag{14-51}$$

式中 $I_{d2}^{(2)}$——发电机出口两相金属性短路时的负序电流；

K_{lm}——灵敏度，不小于 1.25。

动作时间整定：按与相邻元件后备保护时间配合，也可取与发电机对称过电流保护相同值，一般约为 3～5s 跳闸。

2. 反时限负序过流保护

对于大型发电机组及绕组直接冷却的发电机，A 值一般在 8～10 左右，根据这些数据，发电机变压器组高压侧两相短路时，一般要求在 2～5s 内切除故障，而发电机出口两相短路时，要求在更短的时间内切除。负序电流保护按此时间整定与外部短路无法配合，因此需要采用比较能模拟发电机发热特性的负序反时限过流保护。当流经发电机的负序电流较大时，保护以较小的时限跳闸；当流经发电机的负序电流较小时，保护以较长的时限动作于信号或跳闸。

反时限继电器的动作特性与发电机 A 值之特性相似，继电器动作值整定为

$$A'=\frac{A}{K_k} \tag{14-52}$$

式中 A——发电机允许过热常数；

K_k——可靠系数，取为1.05～1.1。

如图14-12所示。

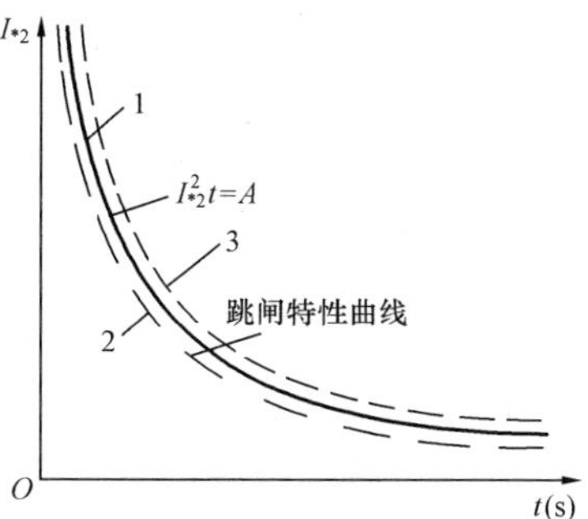

图14-12　跳闸特性与允许负序电流曲线的匹配

1—发电机允许负序电流特性曲线；

2—保护跳闸特性曲线；

3—超过A的曲线

图中曲线1为允许负序电流特性曲线。曲线3在$I_{*2}^2t=A$上面，按转子温升裕度决定其间的距离，这样可避免在发电机还没有达到危险状态时就将它切除。保护装置跳闸特性应具有下式所示的形式，即

$$t=\frac{A}{I_{*2}^2-a} \tag{14-53}$$

式中　a——与发电机转子的温升特性等因素有关的常数。

图中曲线2为保护跳闸特性曲线，在$I_{*2}^2t=A$曲线下面，对发电机来说能确保安全，不致出现转子等局部过热，保护装置的跳闸特性为

$$t=\frac{A}{I_{*2}^2+a} \tag{14-54}$$

第14-6节　电压元件闭锁的过电流保护和过负荷保护整定计算

防止发电机外部故障的过电流保护，对于相邻元件发生短路时一般要求具有必要的灵敏度，例如：升压变压器的高、中压母线，厂用变压器低压侧及发电机电压出线的末端，都要在后备保护范围内。由于外部短路引起的过电流和不正常运行出现的过负荷电流，在数值上可能相差不大。但当发生外部故障时，发电机的过流保护应动作于跳闸；而当发生过负荷时，保护装置应动作于信号。因此，为了能够很好地区别是正常过负荷还是事故过电流，过电流保护通常需要加装低电压元件作为判别用。

（一）电压元件闭锁的过电流保护整定

1. 电压元件

（1）低电压元件：包括三相式及单相式低电压继电器。

对于汽轮发电机，按躲过电动机自起动或发电机失磁而出现非同步运行方式时的最低电压整定。通常可取

$$U_{dz}=(0.5\sim0.6)U_{ef} \tag{14-55}$$

对于水轮发电机，由于不允许在失磁情况下运行，因此低电压继电器的动作电压整定为

$$U_{dz}=0.7U_{ef} \tag{14-56}$$

式中　U_{ef}——发电机额定线电压。

（2）负序电压元件：复合电压闭锁中的负序电压元件按躲过正常运行最大不平衡电压整定，经验公式为

$$U_{dz2} = (0.06 \sim 0.09)U_{ef} \tag{14-57}$$

2. 过电流元件

按发电机额定电流整定，即

$$I_{dz} = \frac{K_k I_{ef}}{K_f} \tag{14-58}$$

式中 K_k——可靠系数，取 1.2；

K_f——返回系数，取 0.85；

I_{ef}——发电机一次额定电流。

3. 时间元件

按大于相邻元件保护最大时限 $t'_{dz \cdot \max}$的（2～3）个时间级差 Δt 整定，即

$$t_f = t'_{dz \cdot \max} + (2 \sim 3)\Delta t \tag{14-59}$$

式中 $t'_{dz \cdot \max}$——相邻元件保护最大时限；

Δt——时间级差，一般为 0.4～0.5s。

4. 灵敏度校验

按作为后备保护范围末端短路进行校验。

（1）过电流元件：灵敏度计算为

$$K_{lm} = \frac{I^{(2)}_{d \cdot \min}}{I_{dz}} \geqslant 1.25 \tag{14-60}$$

式中 $I^{(2)}_{d \cdot \min}$——后备保护范围末端两相短路时，通过本保护的最小短路电流值。

（2）低电压元件：灵敏度计算为

$$K_{lm} = \frac{U_{dz}}{U_{cy \cdot \max}} \geqslant 1.5 \tag{14-61}$$

式中 $U_{cy \cdot \max}$——后备保护范围末端三相短路时，保护安装处最大残压。

（3）负序电压元件：灵敏度计算为

$$K_{lm} = \frac{U_{z \cdot \min}}{U_{dz2}} \geqslant 1.5 \tag{14-62}$$

式中 $U_{z \cdot \min}$——后备保护范围末端两相短路时，保护安装处的最小负序电压值。

（二）过负荷保护整定

对于中、小容量的发电机，过负荷保护动作于信号。

保护装置的动作电流整定为

$$I_{dz} = \frac{K_k}{K_f} I_{ef} \tag{14-63}$$

式中 K_k——可靠系数，取 1.05；

K_f——返回系数，取 0.85；

I_{ef}——发电机额定电流。

动作时限：应比发电机过电流保护动作时限大（1～2）Δt。

对于大型发电机，为了模拟发电机的发热特性，更好地反应定子过负荷能力，发电机定

子过负荷保护，宜采用反时限特性。发电机定子绕组通过电流 I_*（标么值）和相应的允许时间 t（s）有如下关系，即

$$t=\frac{K}{I_*^2-1} \tag{14-64}$$

式中 K——与定子热容量和温升有关的常数。

继电器可整定为

$$t=\frac{K}{I_*^2-(1+a)} \tag{14-65}$$

式中 a——与发电机定子绕组温升特性等因素有关的常数。

保护装置的跳闸特性曲线可在定子绕组负荷曲线的上面，且很靠近，并动作于跳闸。

第 14-7 节　发电机失磁保护整定计算

一、发电机失磁的物理特征

发电机失去励磁时，转子磁通将近似地按指数函数衰减，于是定子内感应电势 E 将减小，从而使发电机电磁功率 $P=\frac{EU}{\Sigma X_1}\sin\delta$ 随之减小。由于原动机输出功率不变，因而转子被加速，$\dot{E}$ 与 $\dot{U}$ 间的夹角增大。当 δ 角超过 90°时，发电机转入异步运行状态。

发电机是否失磁表现在：

（1）由于转子的转速已超过同步转速，因而与同步旋转磁场切割产生电势和电流，此电流产生异步制动转矩，使发电机仍能向系统输出有功功率。由于原动机的调速器在转速增大的影响下，关小汽门，因此有功功率将减小，约为原动机功率的 75%左右，达到新的功率平衡状态。

（2）由并列运行的系统吸收大量无功功率，将使机端电压降低。系统无功储备越小，电压的降低也就越严重，甚至使系统电压崩溃，以致破坏稳定运行。

（3）由于发电机失磁，机组本身因受机械力的冲击而产生振动和局部温升过高的威胁，所以水轮发电机或绑线式转子的汽轮发电机和调相机，都不宜于异步运行，所以应考虑装设失磁保护。

二、发电机失磁保护的构成方式和整定计算

1. 失磁后机端阻抗的变化

发电机失磁到失步这一过程中，由于发电机转子存在惯性，发电机输出有功功率基本上与失磁前一样，而无功功率从正值变为负值，机端测量阻抗由感性变化为容性，在阻抗复数平面上，测量阻抗的轨迹由第一象限进入第四象限。失磁前发电机所带的有功功率不同，测量阻抗将有不同的位置。有功功率越大，阻抗轨迹越靠近 X 轴，在励磁消失之后，如果发电机有功功率不变，对于接到无限大系统的发电机，其机端测量阻抗的轨迹最后将在 X 轴上。滑差 s 大，则失磁发电机的等效电抗表现为暂态电抗 X'_d 的性质；滑差 s 小（极限 $s=0$ 即同步运行），则表现为 X_d，最终一定落在包括 $-jX'_d$ 和 $-jX_d$ 两点在内的阻抗圆内，如图

14-13 所示。如果选取继电器的动作特性圆包含$-X'_d$和$-X_d$两点，即可反应发电机的全部失磁情况。

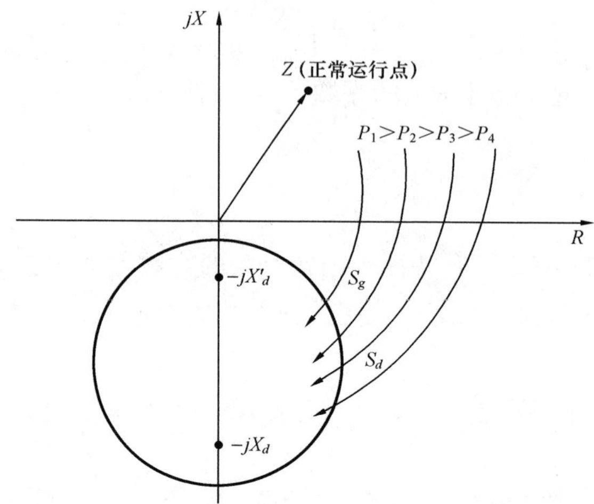

图 14-13　发电机失磁后机端阻抗变化趋势

机端感受阻抗的计算：

$$S=\dot{U}\dot{I}=UI\cos\varphi+jUI\sin\varphi=P+jQ$$

$$|UI|=\sqrt{P^2+Q^2};\ |U^2I^2|=P^2+Q^2$$

$$I^2=\frac{P^2+Q^2}{U^2}$$

等值阻抗为

$$Z=R+jX=\frac{P}{I^2}+\frac{Q}{I^2}=\frac{U^2P}{P^2+Q^2}+\frac{U^2Q}{P^2+Q^2}=\frac{U^2}{P^2+Q^2}(P+jQ) \qquad (14\text{-}66)$$

如已知U、P、Q的变化值，用式（15-66）可算出Z的轨迹曲线。

2. 由方向元件和电压元件构成的失磁保护整定

图 14-14（a）示出由方向元件和电压元件构成的失磁保护的原理方框图，它的动作区见图 14-14（b）。

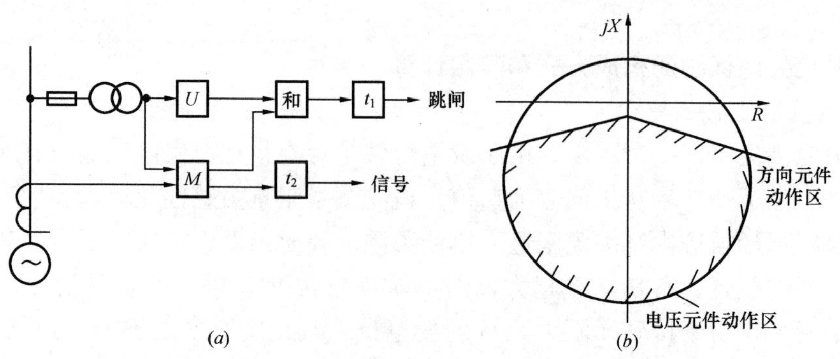

图 14-14　方向元件和电压元件构成的失磁保护

（a）方框图；（b）动作区

各元件的整定原则如下：

（1）方向元件：按发电机以一定的有功功率进相运行时，稳定极限所允许的无功功率整定。

（2）电压元件：按系统稳定所允许的电压临界值整定。低电压元件的动作区是指发电机失磁后，系统某一电压下降到临界值时，机端测量阻抗的轨迹。该轨迹为一圆周，也称为临界电压圆。

（3）时间元件：

t_1：按系统和机组同时允许的无励磁异步运行时间整定。

t_2：按机组安全所允许的无励磁运行时间给出信号，供值班人员检查处理。

3. 由阻抗继电器构成的失磁保护的整定

根据发电机失磁后机端阻抗的变化轨迹，可以采用最大灵敏角为－90°的具有偏移特性的方向阻抗继电器来构成发电机的失磁保护。图 14-15 示出这种保护的方框图及动作特性。

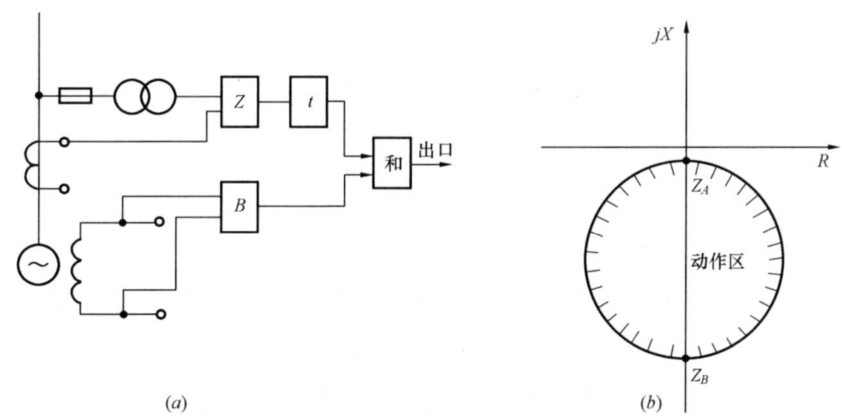

图 14-15　阻抗继电器构成的失磁保护原理图

（a）方框图；（b）动作特性

Z—阻抗元件；B—闭锁元件

各元件的整定原则如下：

（1）阻抗元件：按以下两条件整定。

1）阻抗 Z_A 的整定。当发电机和系统间发生振荡，此时保护不应误动。在极端情况下，是单机对无限大系统，角度摆开 180°时，振荡电流为

$$I_{zhd}=\frac{2E_x}{jX_f+jX_\Sigma}=\frac{2E_x}{jX'_d+0}=-j\,\frac{2E_x}{X'_d} \tag{14-67}$$

机端感受阻抗用 Z_A 表示，为

$$Z_A=\frac{E}{-j\,\dfrac{2E}{X'_d}}=-j\,\frac{X'_d}{2} \tag{14-68}$$

式中　E_x——发电机相电势；

X_f——发电机等值电抗；

X_Σ——系统侧等值电抗。当为无限大系统时，$X_\Sigma \approx 0$；

X'_d——发电机暂态电抗（标么值）。

2）阻抗 Z_B 的整定。当发电机失磁时，保护应可靠动作。发电机失磁时，继电器的感受阻抗用 Z_B 表示，其值与转差率有关。转差率高时，继电器感受阻抗接近 $-jX'_d$；转差率低时，接近 $-jX_d$，为可靠起见，感受阻抗应满足

$$Z_B > -jX_d$$

即

$$Z_B = -K_k X_d \tag{14-69}$$

式中 K_k——可靠系数，取 1.2；

X_d——发电机同步电抗（标么值）。

因此，满足以上两整定条件的阻抗继电器，可整定为

$$\begin{cases} Z_A = -j\dfrac{1}{2}X'_d \dfrac{U_{ef}}{\sqrt{3}I_{ef}}(\Omega) \\ Z_B = -K_k X_d \dfrac{U_{ef}}{\sqrt{3}I_{ef}}(\Omega) \end{cases} \tag{14-70}$$

式中 U_{ef}——发电机额定线电压（kV）；

I_{ef}——发电机额定电流（kA）。

（2）时间元件：按躲过系统振荡周期整定。

（3）闭锁元件：采用转子电压作为系统故障或系统振荡时的闭锁元件，其整定值为在额定有功功率下，对应于静稳极限特性所具有的转子电压的 80%～90%。转子电压的整定还应考虑到发电机在最小有功负荷的正常情况下，转子低电压继电器不应误动，即 $U_{dz} < U_{lc,\min}$。（$U_{lc \cdot \min}$为带有最小有功负荷时发电机的励磁电压值）。

【例 14-4】 电压为 15.75kV、$\cos\varphi = 0.85$、容量为 200MW 的汽轮发电机，$X_d = 198.08\%$、$X'_d = 24.28\%$、额定电流为 8.625kA、配置有 JSL-2 型阻抗圆构成的失磁保护，试计算其失磁保护定值（电流互感器变化为 12000/5，电压互感器变比为 15.75/0.1）。

主判别阻抗圆整定为

$$Z_A = -j\frac{1}{2}X'_d \frac{U_{ef}}{\sqrt{3}I_{ef}} \frac{n_{LH}}{n_{YH}} = -j\frac{1}{2} \times 0.2428 \times \frac{15.75}{\sqrt{3} \times 8.625} \times \frac{2400}{157.5} = 1.95\Omega\angle -90^\circ$$

$$Z_B = -jK_k X_d \frac{U_{ef}}{\sqrt{3}I_{ef}} \frac{n_{LH}}{n_{YH}} = -j1.2 \times 1.9808 \times \frac{15.75}{\sqrt{3} \times 8.625} \times \frac{2400}{157.5} = 38.2\Omega\angle -90^\circ$$

闭锁圆整定：取圆直径比主判别圆大 1.2 倍，即

$$Z'_A = 1.95\angle -90^\circ$$

$$Z'_B = 1.2Z_B = 45.8\angle -90^\circ$$

低电压闭锁元件：按躲系统最低运行电压整定，即

$$U_{dzj} = \frac{0.9U_e}{K_k n_{YH}} = \frac{0.9 \times 15750}{1.2 \times 157.5} = 75(\text{V})$$

时限元件整定：$t_1=1.5$s 时，主判别圆动作跳闸；$t_2=7$s 时，闭锁圆动作发信号。

【例 14-5】 电压为 15.75kV、$\cos\varphi=0.9$、额定容量为 355.6MVA 的水轮发电机，$X_g=1.097$、$X_q=0.733$，经额定电压为 363/15.75kV、额定容量为 360MVA 的双绕组变压器接入系统运行。主变压器阻抗电压为 15.57%，系统等值阻抗 $X_{*xt}=0.023$（以 100MVA 为基值），其上配置有以静稳定极限为主要判据的失磁保护装置 BZ-9 型屏。其方框图见图 14-16，试整定之。

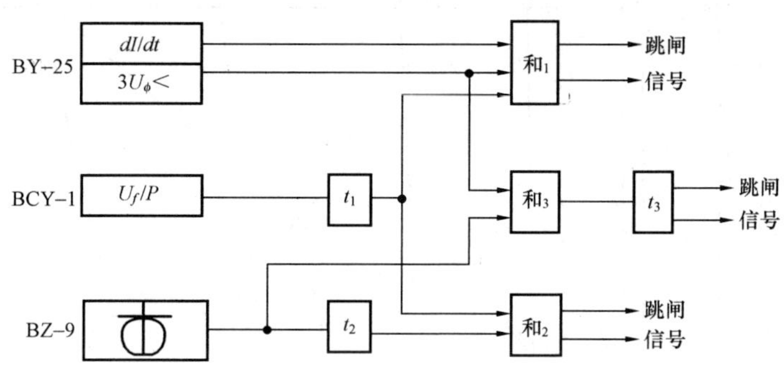

图 14-16　BZ-9 型失磁保护逻辑框图

1. BZ-9 静稳极限阻抗装置整定

以 355.6MVA 为基准的阻抗标么值如下：

$$X_d = 1.097; X_q = 0.733;$$

$$X_B = 0.1557 \times \frac{355.6}{360} = 0.154;$$

$$X_{*xt} = 0.023 \times \frac{355.6}{100} = 0.082$$

系统至机端阻抗为

$$X_{*xt} + X_B = 0.236$$

故

$$X_{d\Sigma} = 1.097 + 0.236 = 1.333; 1/X_{d\Sigma} = 0.75;$$

$$X_{q\Sigma} = 0.733 + 0.236 = 0.969; 1/X_{q\Sigma} = 1.032$$

根据以上参数，划出“苹果圆”阻抗图，见图 14-17。

这种继电器有两个整定值，一个是 $0'M'=(1.1\sim1.15)X_q$；另一个是圆周整定角 θ_z，它的大小由作图决定。

从图 14-17 量出：$\theta_z=65°$；$0'M'=0.806$。

$$Z_d = KX_q \frac{U_{ef}}{\sqrt{3}I_{ef}} \times \frac{n_{LH}}{n_{YH}} = KX_q \frac{U_{ef}^2}{S_e} \times \frac{n_{LH}}{n_{YH}}$$

$$= 0.806 \times \frac{15.75^2}{355.56} \times \frac{15000/5}{15.75/0.1} = 10.7(\Omega)$$

$$K_z = \frac{4}{Z_d} \times 100 = \frac{4}{10.7} \times 10 = 37.38$$

$$t = 1.5\text{s}$$

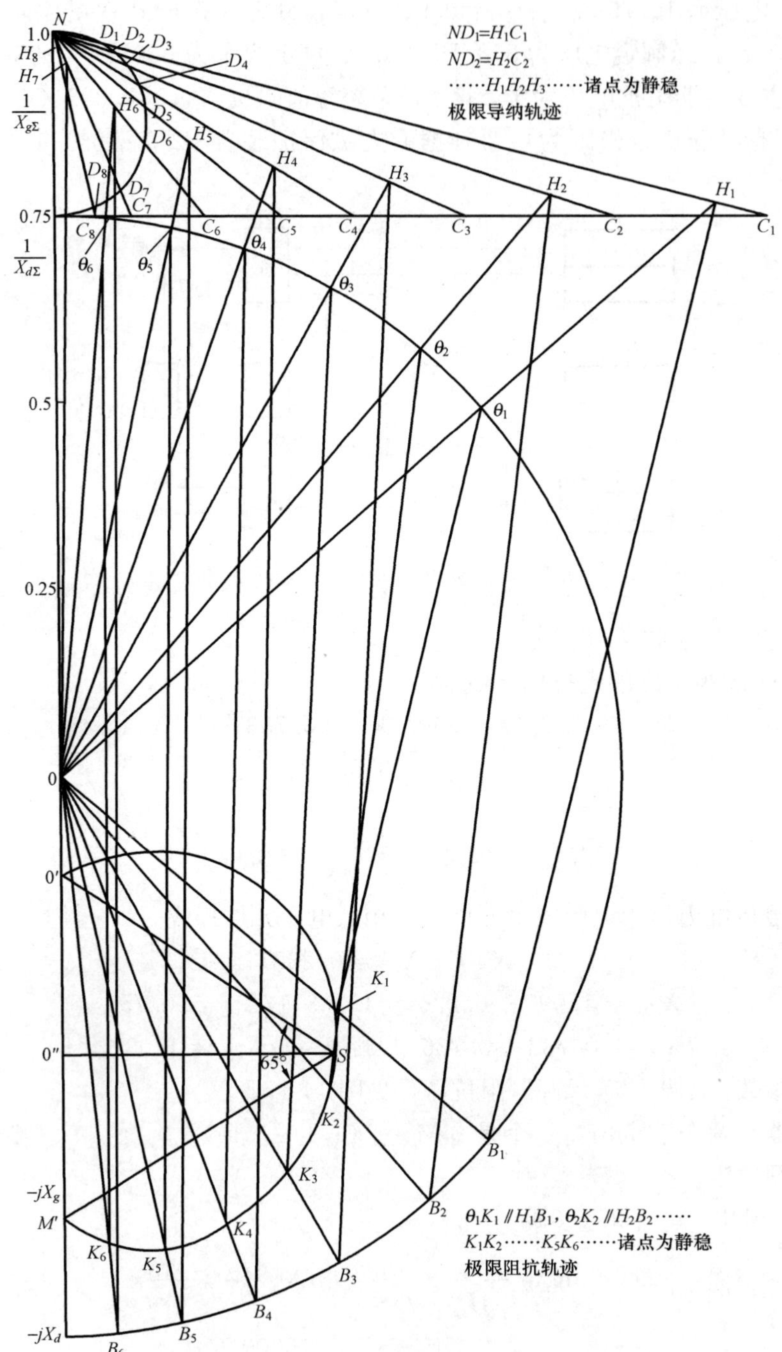

图 14-17　BZ-9 型失磁保护阻抗继电器动作特性

实用中，由于凸极发电机的静稳定极限机端阻抗轨迹比较复杂，为简化起见，考虑到继电器在失磁发电机到达静稳极限时能可靠动作，除取动作特性经0′点外，另两点：

（1）因为阻抗轨迹 $0'M'=X_q$，所以取 $0'M'=(1.1\sim1.15)X_q$；

（2）因为阻抗轨迹的渐近线为以 $\frac{1}{2}X_{d\Sigma}$ 为半径的圆，所以在图14-17中 $0'M'$ 的中垂线上取 $0''S=0.5X_{d\Sigma}$。

根据 $0'M'S$ 三点作圆弧，$0'SM'$ 即失磁阻抗继电器在发电机送出有功时的动作区域。

2. BCY-1 转子低电压保护整定

利用有功功率—转子电压继电器反映凸极机临界失步曲线，见图14-18。

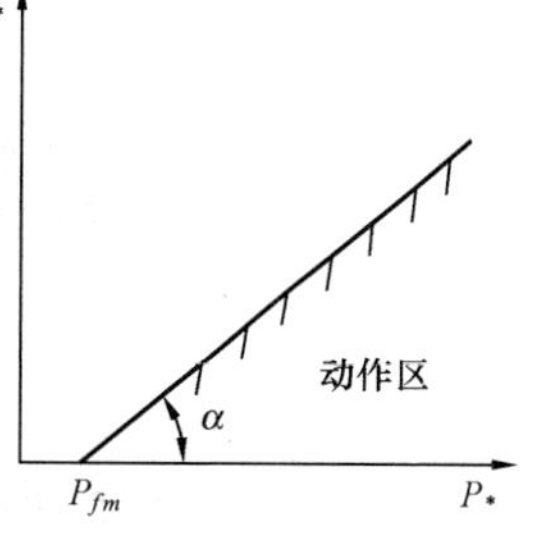

图14-18　有功功率—转子电压继电器动作曲线

需要整定两个值：一个是发电机失步前有功调整范围 P_{fm}，一个是角度 α。

取 $U_{xt*}=1$，功角 $\delta_j=80°$，则

$$P_{fm*}=\frac{U_{xt*}}{2}\times\frac{X_d-X_q}{X_{d\Sigma}X_{q\Sigma}}=\frac{1}{2}\times\frac{1.097-0.733}{1.333\times0.969}=0.141$$

$$\text{tg}\alpha=\frac{-2X_{d\Sigma}\cos2\delta_j}{2\sin^3\delta_j-\cos\delta_j}\cdot\frac{1}{U_{c*}}=\frac{-2\times1.333\cos2\times80°}{2\sin^3 80°-\cos80°}=1.443$$

$$\alpha=55.3°$$

取 $\alpha=60°$，$P_{fm}=0.1P_e$，$t=0.3\text{s}$。

3. BY-25 低电压继电器整定

BY-25低电压继电器由电流增量元件及三相低电压元件构成。

电流增量元件：按一次突变电流为150A考虑（指高压侧），则

$$\Delta I=150\times\frac{363}{15.75}\times\frac{1}{15000/5}=1.15(\text{A})$$

取 $\Delta I=1.2A$。

整定插孔

$$K_i=\left|\left(\frac{\Delta I}{I_j}-1\right)\right|\times100=\left|\left(\frac{1.2}{2}-1\right)\right|\times100=40$$

$$t_f=1\text{s}$$

低电压元件：取 $75\%U_{ef}$，即

$$U_{dz}=0.75U_{ef}\times\frac{0.1}{15.75}=75(\text{V})$$

整定插孔

$$K_u=\left(\frac{U_{dz}}{U_j}-1\right)\times100=\left(\frac{75}{30}-1\right)\times100=150$$

$$t=0.5\text{s}$$

第 14-8 节　转子回路接地保护整定计算

发电机转子回路发生一点接地时，对发电机来说，并无直接危险，但这种故障将是转子回路两点接地的前奏。而对于两点接地，由于转子回路部分被短接，使转子磁场发生畸变，力矩不平衡，因而引起强烈振动，此外接地电流产生电弧，将使转子绕组及铁芯烧坏，因此按规程规定，发电机须加装一点接地信号装置和两点接地保护装置。

1. 发电机转子回路一点接地保护

在中小型机组上采用的保护类型有：直流电桥原理、迭加直流原理、迭加交流原理，或用一个直流电压表定期监视的方式。这几种保护方式都不同程度地存在一定的缺点，因此，对于大型机组或双水内冷机组，目前研制出测量转子回路对地导纳的转子一点接地保护。

（1）保护原理：这种保护是利用转子对地绝缘电导变化作为测量判据。即直接测量转子回路对地绝缘电阻，而与转子回路对地分布电容的大小无关，因而对不同接地点，保护灵敏度不变。

图 14-19 表示转子回路对地绝缘电导 g_{jd} 和对地电纳 b_{jd}（或对地电容 C_{jd}），同时在测量回路内串入一个参考电导 g_c，由此两者构成测量回路的导纳 Y。

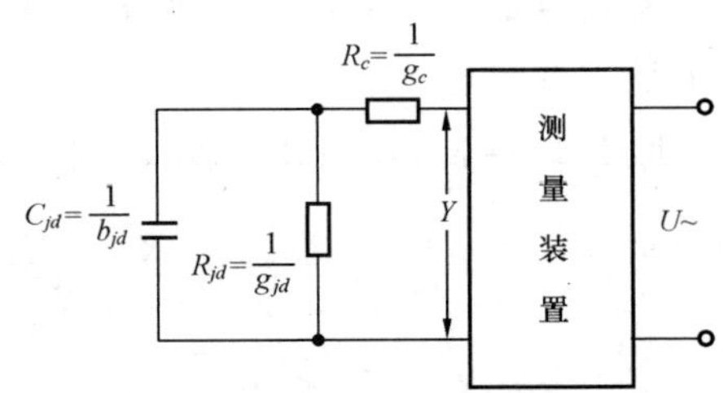

图 14-19　转子绕组对地测量导纳 Y

其方程式为

$$\dot{Y}=\frac{1}{R_c+\frac{1}{Y_{jd}}} \tag{14-71}$$

将 $R_c=\frac{1}{g_c}$、$C_{jd}=\frac{1}{b_{jd}}$、$R_{jd}=\frac{1}{g_{jd}}$ 代入式（14-71），得

$$Y=g_c-g_c^2\frac{1}{(g_{jd}+g_c)+jb_{jd}} \tag{14-72}$$

式中参考电导 g_c 为一常量。导纳 Y 在复数平面上的轨迹，以 R_{jd} 为参考变量分别划出时，我们可以得到以 g_{jd}＝常量、b_{jd}＝变量以及 g_{jd}＝变量、而 b_{jd}＝常量的两组圆特性曲线族，如图 14-20 所示。

保护装置的灵敏度（以保护动作时 R_{jd} 的大小来衡量），不随转子回路对地电容 C_{jd} 的不同而改变。所以保护的特性如图 14-20 中的实线圆所示。对于某一机组来讲，b_{jd} 为一常量，而 g_{jd} 是变化的，所以 Y 的轨迹应在 b_{jd} 为常量的曲线上。导纳相量 Y 的末端从高电阻转向低电阻，最后终止于 $R_{jd}=0$（此时为金属接地故障）。

因此保护装置的动作圆特性见图 14-21。动作边界条件是

$$|\dot{Y}-\dot{Y}_z|=|\dot{Y}_\infty-\dot{Y}_z| \tag{14-73}$$

$|Y-Y_z|<|Y_\infty-Y_z|$ 为保护动作条件；反之，Y 位于动作圆外，保护不动作。式

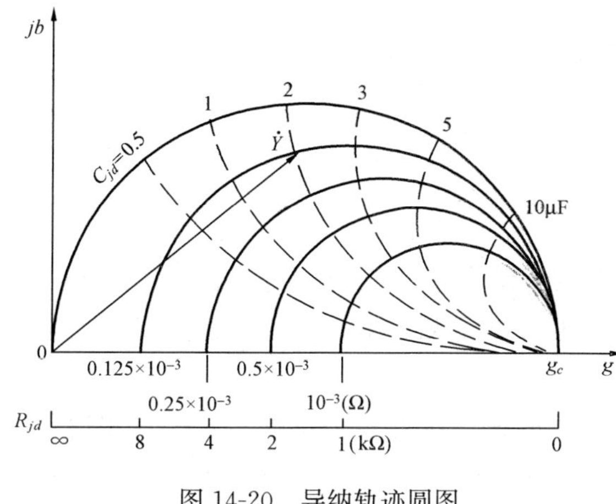

图 14-20　导纳轨迹圆图

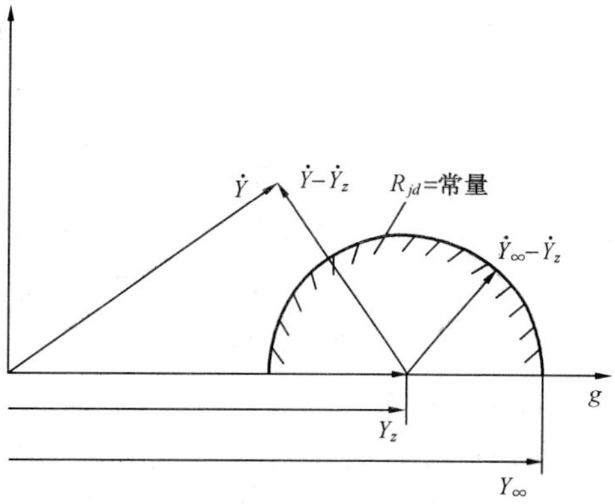

图 14-21　以测量导纳 Y 为判据的继电器动作特性

（14-73）为整定方程式。

圆心为 Y_z，圆半径为 $Y_\infty - Y_z$。

当 $Y_\infty = g_c$ 或 $R_\infty = R_c$ 时，由式（14-72）可得

$$Y_z = g_c - \frac{g_c^2}{2(g_{jd} + g_c)} \text{或} R_z = \frac{2R_c(R_c + R_{jd})}{2R_c + R_{jd}} \tag{14-74}$$

式中的 R_{jd} 即为绝缘电阻的动作值。

（2）保护整定值选择：转子接地电阻整定范围为 0.5～20kΩ。

动作时间取 2～3s。

2. 发电机转子回路两点接地保护

利用四臂电桥原理，当出现一点接地时投入该保护，并调平衡。在两点接地时，保护继电器动作。

保护装置的动作电流，按躲过电桥不能调整得完全平衡而引起的不平衡电流来整定。规程规定其电流为 70mA。

保护装置的动作时限，按躲过瞬时出现的两点接地故障来整定，一般为 1～1.5s。

该保护有死区和不动作区，但简单易行。

第 14-9 节　强行励磁和强行减磁保护整定计算

1. 强行励磁

强行励磁装置是用短接励磁机励磁回路磁场电阻的方法，提高励磁机及发电机励磁的装置，即强行励磁装置。励磁增长的速度决定于励磁机及发电机励磁回路的时间常数。它的构成原理很简单，是由装于发电机出口电压互感器上的电压继电器，在电压降低时触点闭合，去短接励磁机的磁场电阻。一般电压继电器接于线电压，为防止电压互感器熔断器熔断而分别采用两个低电压继电器，并分别接于不同的电压互感器上。

电压继电器的整定：按正常运行之最低电压整定，即

$$U_{dz} = \frac{U_{ef \cdot \min}}{K_k K_f} \tag{14-75}$$

式中 $U_{ef \cdot \min}$——发电机最低运行电压，一般取 $0.9U_{ef}$；

K_k——可靠系数，取 1.05～1.1；

K_f——返回系数，取 0.85～0.9。

根据运行经验，动作电压一般取 $0.8U_e$。由于该装置简单，故不仅在发电机及调相机上要装设，而且在大型同步电动机上也要装设，以便在电力系统故障情况下，动用所有无功电源。

2. 强行减磁

和强行励磁装置相反，当发电机端电压升高偏离额定值时，利用投入磁场外电阻的方法，使其端电压下降的装置，即强行减磁装置。它也是利用电压继电器去完成，其整定原则是躲开正常运行之最高电压，即

$$U_{dz} = \frac{K_k U_{ef}}{K_f} \tag{14-76}$$

式中 K_k——可靠系数，取 1.05；

K_f——返回系数，取 0.85；

U_{ef}——发电机额定线电压。

第 14-10 节　水轮发电机过电压保护整定计算

水轮发电机在突然甩负荷时，由于调速器动作缓慢，转数迅速上升，发电压端电压急剧升高，甚至超出额定电压两倍左右。为防止发电机绕组绝缘遭到破坏，在水轮机上应装设过电压保护。

过电压保护整定为

$$U_{dz} = (1.5 \sim 1.7)U_{ef} \tag{14-77}$$

动作时间一般取 0.5s，以躲过暂态的过电压。

第 14-11 节　发电机电流速断保护整定计算

1000kW 及以下容量的发电机与其他机组或系统并列运行时，应在发电机出口侧装设电流速断保护，作为定子绕组相间短路保护。

电流速断保护的动作电流按以下条件整定：

(1) 按躲发电机引出线故障时流过发电机的最大短路电流整定，即

$$I_{dz} = K_k I_{d \cdot \max}^{(3)} \tag{14-78}$$

式中 K_k——可靠系数，取 1.5～1.8；

$I_{d \cdot \max}^{(3)}$——发电机出口三相短路电流值。

(2) 按躲流经发电机的最大振荡电流整定，即

$$I_{dz}=K_kI_{zhd}=K_k\frac{E_e+U_e}{X_f+X_\Sigma} \tag{14-79}$$

式中 I_{zhd}——流经发电机之最大振荡电流；

E_e、X_f——发电机电势、电抗。对于重合后系统发生振荡时，E_e 用 E''_d、X_f 用 X''_d；如带时限切除故障而产生振荡时，E_e 用 E'_d，X_f 用 X'_d。

U_e、X_Σ——归算到发电机电压侧的系统电压和系统综合阻抗。

保护装置灵敏度

$$K_{lm}=\frac{I_{d\cdot\min}^{(2)}}{I_{dz}}\geqslant 2 \tag{14-80}$$

式中 $I_{d\cdot\min}^{(2)}$——发电机出口两相短路，由系统供给的最小电流。

第 14-12 节 调相机保护整定计算

仅将与发电机保护不同的部分，讨论如下：

1. 低电压保护

当电压消失时，调相机将停止运行。为防止再次出现电压，调相机在无起动电抗器的情况下起动，因此需装设低电压保护。

低电压保护的动作电压一般整定得比较低，当电压下降并且可能导致调相机停运时，保护才动作跳闸。实用上低电压继电器的动作电压可整定为

$$U_{dz}=0.4U_e$$

式中 U_e——调相机额定线电压。

动作时限应较相邻元件保护的最大动作时限大，通常取 8～9s。

应当指出，在调相机上不需装设防止外部短路的过电流保护，因为当系统发生故障电压降低时，正需要调相机送出大量无功，以维持系统电压。

2. 过负荷保护

在电压长期降低情况下，由于电压调整器和强行励磁装置的作用，调相机可能出现过负荷运行情况。因此需装设过负荷保护，装置由接于一相电流的电流继电器及时间继电器构成。

过负荷保护动作电流整定为

$$I_{dz}=K_kI_e \tag{14-81}$$

式中 K_k——可靠系数，取 1.4；

I_e——调相机额定电流。

动作时限可取大于 1min。

3. 解列保护装置

当调相机的电源因故障断开后，为防止变电站低周减载装置因调相机反馈误动作或电源侧重合造成调相机非同期重合，应装设调相机解列保护。

解列保护可选用下列方式：

（1）电流闭锁低周保护：电流闭锁的作用是防止系统低周波时保护误动。其整定按躲过

正常负荷电流即可。

低周取 48～48.5Hz；动作时限一般取 0.5～1s。

(2) 电流闭锁有功功率方向保护：电流闭锁的作用与整定同上。

有功方向保护可避免当外来电源消失后，调相机有功功率反馈而造成低周减载装置误动。其功率方向元件要求用高灵敏度的元件。

动作时限一般取 0.5～1s。

(3) 电流闭锁的低电压保护：电流闭锁同上。

低电压保护按（0.6～0.65）U_e 整定。

动作时限取 0.5～1s。

第 14-13 节　发电机-变压器组保护整定计算

一、发电机-变压器组保护的特点

大型机组多系发电机 - 变压器组接线，其保护方式基本上与发电机、变压器单独工作时装设的保护装置相同。不同的是有些同类型的保护可以合并，如纵联差动保护、过电流保护、过负荷保护；有的保护可以简化，如发电机定子接地保护。因发电机不直接与系统相连，定子接地保护可装设动作于信号的零序过电压保护。这些具体考虑的原则与发电机-变压器组的接线方式和其他一些因素有关，下面将分别叙述其中的一些特点。

发电机-变压器组接线方式示于图 14-22 上。

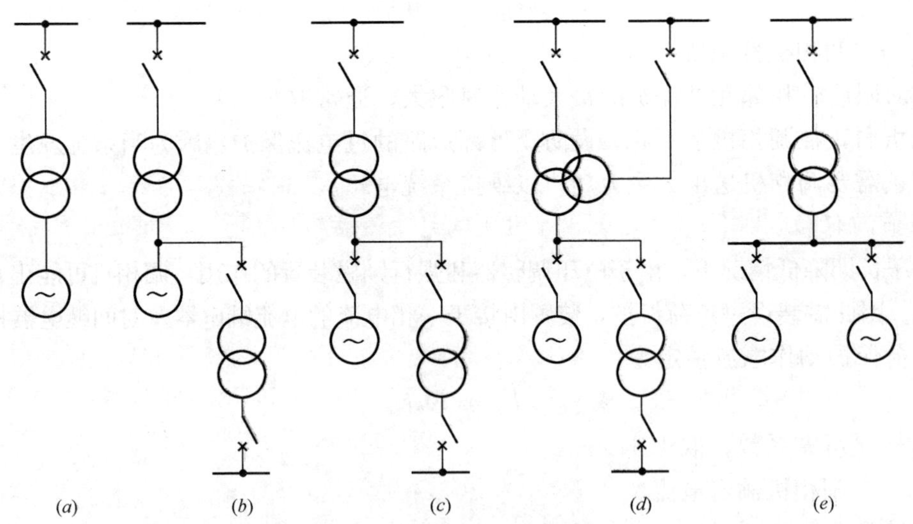

图 14-22　发电机-变压器组接线方式

二、发电机-变压器组大差动保护

发电机-变压器组大差动保护，一般多装于发电机和变压器间无断路器连系的设备上，它的整定计算应注意以下几点：

(1) 当发电机-变压器组间无厂用分支线时，按躲过变压器高压侧三相短路时的不平衡电流进行整定。

(2) 当发电机-变压器组间有厂用分支线，而且分支线上的电流互感器变比与发电机回路的电流互感器变比相同时，应将厂用分支置于大差动保护范围之外，这时厂用分支线出口故障是外部故障之最大电流。当按此电流整定时，若满足不了灵敏度的要求，可装设带有制动特性的纵差动，此时厂用分支可接入制动线圈，差动保护动作电流按变压器高压侧故障选择。这样，既能保证对最大外部短路电流的制动作用，又能保证内部故障时无制动作用，也满足了灵敏度的要求。

(3) 当发电机-变压器间有厂用分支线，而厂用分支线上无电流互感器时，此时差动保护按躲开厂用变低压侧故障整定，即厂用变故障也由大差动保护切除。

(4) 当发电机与变压器间有断路器连系时，为了保证有选择地切除故障，发电机和变压器可采用单独纵差保护。

三、发电机-变压器组后备保护

(一) 后备保护的任务

当发电机-变压器组的主保护或相邻元件的断路器或其保护拒动时，作为后备保护应能切除故障。当为了满足完全后备而使保护装置大为复杂化时，可缩短相邻后备的范围，但对各侧母线故障应有足够灵敏度。

目前在发电机-变压器组上，广泛采用复合电压起动的过电流保护和负序电流保护附加对称过流保护。

现在有些发电机采用自并激的可控硅励磁系统，这在发电机出口或高压侧短路时，由于电压降低使励磁电流减少，以致短路电流迅速衰减，使发电机带时限的后备保护不能可靠动作，此时可采用后备距离保护。

(二) 复合电压起动的过电流保护

电流元件的整定与发电机的过流保护相同。对于电压元件，当电压互感器接于发电机电压时，对汽轮发电机考虑失磁后的异步运行，可取约60%额定电压，水轮发电机及其不考虑异步运行的机组可取70%额定电压。电压取自变压器高压侧时，一般也取70%额定电压。负序电压通常按躲开不平衡电压整定，可取6%～12%额定电压。

对于三侧都有电源的发电机—三绕组变压器组，所有三侧都应装设各自的后备保护。各侧保护装置的电压元件接于本侧的电压互感器上。时间较小的一侧应带有方向元件，以第Ⅰ段时间动作于本侧断路器跳闸，高压侧后备保护以第Ⅱ段时间动作于跳本侧断路器，发电机侧后备保护以第Ⅲ段时间动作于保护总出口。其时限均应考虑与相邻保护配合。

(三) 负序过电流保护

负序电流元件的整定，应以对机组本身的安全为前提，故其整定值应与发电机短时间允许的负序电流特性相配合，此外还应与相邻元件保护配合。

(四) 后备距离保护

1. 全阻抗继电器的整定

(1) 用作近后备时，按以下条件整定：

1) 当保护配置在机端时，按相邻母线故障时有灵敏度整定，即

$$Z_{dz} = K_{lm} Z_b \tag{14-82}$$

式中　K_{lm}——灵敏系数，取 1.5；

Z_b——变压器阻抗值。

2）当保护配置在变压器高压侧时，按与相邻元件主保护配合整定，即

$$Z_{dz} = K_k K_{zz} Z'_{dz} \tag{14-83}$$

式中　K_k——可靠系数，取 0.85；

K_{zz}——助增系数，取最小值；

Z'_{dz}——相邻元件主保护动作值或保护范围阻抗。

3）动作时限按选择性要求，取 0.5～0.7s。

（2）用作远后备时，按以下条件整定：

1）按与相邻元件配合整定，即

$$Z_{dz} = K_p (Z_b + K_{zz} Z'_{dz}) \tag{14-84}$$

式中　K_k——可靠系数，取 0.85；

Z_b——变压器阻抗；

K_{zz}——助增系数；

Z'_{dz}——相邻元件后备保护最小动作值或保护范围阻抗值。

当保护装置配置在变压器高压侧时 $Z_b=0$。

2）按躲过最小负荷阻抗整定，即

$$Z_{dz} = K_k \frac{U_e^2}{S_e} \tag{14-85}$$

式中　K_k——可靠系数，取 0.7；

U_e——保护安装处之额定电压；

S_e——通过保护安装处之视在功率。

3）动作时限：按与相邻元件后备保护配合整定，即

$$t_{dz} = t'_{dz} + \Delta t \tag{14-86}$$

式中　t'_{dz}——相邻元件后备保护最长动作时限；

Δt——时间级差。

2. 偏移特性阻抗继电器的整定

偏移特性阻抗圆特性见图 14-23。

由于偏移特性圆可按保护装设地点，合理安排保护范围，所以应用起来比全阻抗继电器灵活。

（1）当保护位于变压器高压侧时，若出线短，可取反向阻抗在线路侧与之配合，公式同式（14-83）或式（14-84）。

（2）当保护位于机端时，可取正向阻抗在变压器侧，反向阻抗在发电机侧。整定公式同式（14-82）或式（14-83）。

3. 阻抗继电器的接线方式

对于安装于发电机侧的距离保护，为了反应 Y，d11 接线的变压器高压侧相间故障，在

采用不同的继电器接线方式时，感受阻抗如表 14-3 所示。

表 14-3　　变压器 Y 侧短路安装在 d 侧继电器感受阻抗

感受阻抗 / 短路种类	接线方式			
	0°	30°	−30°	U_ϕ/I_ϕ
$D^{(3)}$	Z_b	$\sqrt{3}Z_b$	$\sqrt{3}Z_b$	Z_b
$D^{(2)}$	$Z_b-j\frac{1}{\sqrt{3}}(Z_b+Z_f)$	$j2\sqrt{3}(Z_b+Z_f)$	$-j2\sqrt{3}(Z_b+Z_f)$	Z_B
	$Z_b+j\frac{1}{\sqrt{3}}(Z_b+Z_f)$	$3Z_b-j\sqrt{3}(Z_b+Z_f)$	$3Z_b+j\sqrt{3}(Z_b+Z_f)$	$Z_b+j\sqrt{3}(Z_b+Z_f)$
	∞	$\frac{2}{3}Z_b+j\frac{\sqrt{3}}{2}(Z_b+Z_f)$	$\frac{3}{2}Z_b-j\frac{\sqrt{3}}{2}(Z_b+Z_f)$	$Z_b-j\sqrt{3}(Z_b+Z_f)$

注　Z_b 为变压器正序阻抗；
　　Z_f 为发电机正序阻抗。

由表 14-3 知，以上几种接线，均不能正确反应变压器高压侧两相短路。为此需要用△/Y-1 接线的电压互感器，保护接于线电压，用⅄接线的电流互感器，保护接于相电流，即 $U_\triangle$、$I_⅄$ 的＋30°接线方式，如图 14-24 所示。

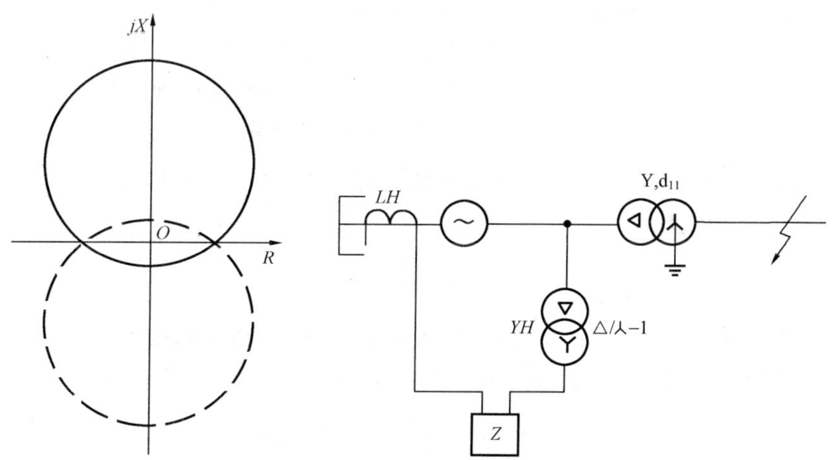

图 14-23　偏移特性圆特性　　　图 14-24　Y，d11 变压器后短路阻抗继电器接线图

这种保护可采用全阻抗特性或偏移阻抗特性，在三相短路时测量阻抗为$\sqrt{3}Z_{dz}$，两相短路时亦为$\sqrt{3}Z_{dz}$。其计算公式为

$$Z_{dzj}=\frac{\sqrt{3}}{2}Z_{dz}\frac{n_{LH}}{n_{YH}} \tag{14-87}$$

式中　$\frac{\sqrt{3}}{2}$——接线系数。

四、发电机-变压器组发电机定子接地保护

1. 利用零序电压构成的定子接地保护

一般大、中型发电机在电力系统中大都采用发电机变压器组的接线方式。在这种情况

下，发电机电压网络中，只有发电机本身、连接发电机与变压器的电缆以及变压器的对地电容。当发电机单相接地后，接地电容电流一般小于5A，对于大容量发电机-变压器组，若接地后的电容电流大于5A，则可在发电机电压网络中装设消弧线圈予以补偿。因此，补偿后的电流将小于5A，这样对于上述两种情况，均可装设作用于信号的接地保护。

发电机内部单相接地的信号装置，一般是反应零序电压而动作，其原理接线图如图14-25所示。

过电压继电器连接于发电机电压互感器开口三角形绕组上。由于在正常运行时，发电机电压中含有3次谐波分量，以及当变压器高压侧发生接地故障时，通过变压器绕组间电容的耦合，发电机端也会产生零序电压。因此在选择保护定值时，均应考虑这些因素。

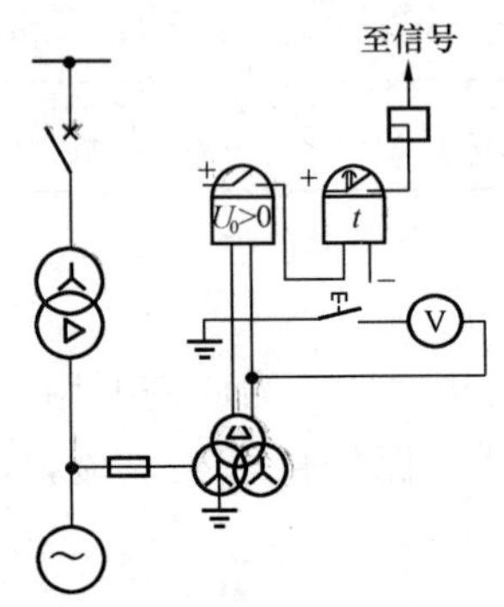

图14-25　发电机-变压器组零序电压保护原理图

电压继电器的动作电压按以下条件选择：

(1) 当发电机-变压器组高压侧为小电流接地系统时，零序电压动作值整定为

$$U_{dz}=\frac{3K_k}{n_{YH}}\sqrt{U_3^2+U_{0f}^2} \tag{14-88}$$

式中　K_k——可靠系数，取1.3～1.5；

U_3　由发电机相电压畸变所引起的3次谐波电压；

U_{0f}——当变压器高压侧单相接地，经高、低压绕组间感应所引起的基波电压。

(2) 当发电机-变压器组高压侧为中性点直接接地系统时，发电机侧零序电压保护动作电压，按躲过发电机相电压畸变所引起的高次谐波电压整定，即

$$U_{dz}=\frac{3K_k}{n_{YH}}U_3 \tag{14-89}$$

一般根据运行经验，取$U_{dz}=15$V，时间按与发电机-变压器高压侧接地保护相配合。

零序电压保护的灵敏度：当发电机定子端部接地时，$3U_0=100$V，则

$$K_{lm}=\frac{100}{15}=6.67$$

对于发电机定子线圈来讲，15V，即在距发电机中性点15%的地方发生单相接地故障时，保护处于动作边缘，即有15%的死区存在。

2. 外加直流电源的100%定子接地保护

JDJ-21型继电器，主要用作发电机-变压器组定子100%接地保护，它可以反应接地故障及绝缘下降，并可用于发电机中性点不接地及消弧线圈接地两种情况。

外加直流电压注入发电机定子系统的方法，是将保护装置接在电压互感器一次侧中性点与大地之间，并将电压互感器一次侧中性点经电容接地。保护装置的动作原理接线见图14-26。

采用外加直流法的原理，就是通过外加直流来检查发电机是否有接地故障。即从电压互感器直接取得电压，经中间互感器、整流、滤波及稳压后取得直流，从电压互感器一次侧中性点注入一次系统。在正常运行时，发电机定子绕组线圈与大地之间良好绝缘，不构成通

路，此时保护不会动作。当发电机定子绕组发生一点接地时，外加直流电压就会与地形成回路，在取样电阻 R 上获得接地故障的直流信号电压，使保护装置执行元件动作。

装置主要技术性能：保护装置对定子绕组各点具有相同的灵敏度。当外加直流电源电压为 200V 时，保护装置的定子接地部分能反应经 10～40kΩ 过渡电阻的接地故障。装置的绝缘下降信号部分，可反应 40～200kΩ 的绝缘降低，时间整定范围为 0.5～16s。

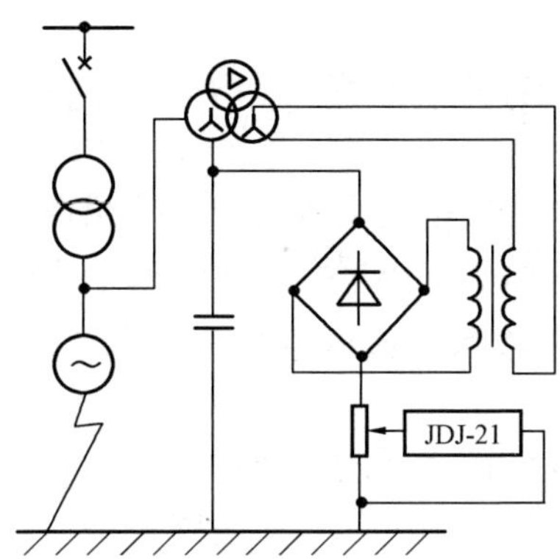

图 14-26　外加直流电源的 100％定子接地保护原理接线图

第十五章　变压器保护整定计算

第 15-1 节　概　　述

变压器是现代电力系统中的主要电气设备之一。按照现在制造的电力变压器的结构，变压器运行的可靠性很高。但是，由于变压器发生故障时造成的影响很大，故应加强其继电保护装置的功能，以提高电力系统的安全运行水平。电力变压器继电保护装置的配置原则一般为：

(1) 应装设反应内部短路和油面降低的瓦斯保护。

(2) 应装设反应变压器绕组和引出线的多相短路及绕组匝间短路的纵联差动保护或电流速断保护。

(3) 应装设作为变压器外部相间短路和内部短路的后备保护的过电流保护（或带有复合电压起动的过电流保护或负序电流保护）。

(4) 为防止中性点直接接地系统中外部接地短路的变压器零序电流保护。

(5) 防止大型变压器过励磁的变压器过励磁保护及过电压保护。

(6) 为防止相间短路的变压器阻抗保护。

(7) 为防止变压器过负荷的变压器过负荷（信号）保护。

第 15-2 节　变压器差动保护整定计算

为了预防变压器内部线圈及引出线的相间及匝间短路，以及在中性点直接接地系统侧的引出线和线圈上的接地短路，应装设变压器的纵联差动保护。纵联差动保护的型式很多，但其基本原理及定值计算所考虑的基本原则是相同的，一般要考虑以下几个方面的因素及影响：第一应躲过当变压器空投及外部故障后电压恢复时的变压器励磁涌流的影响；第二应躲过变压器外部故障时在变压器保护中所引起的最大不平衡电流；第三应躲过变压器差动保护二次回路断线时，在差动回路中引起的差电流的影响。

目前，在一些新型的变压器差动保护装置中，多采用利用变压器励磁涌流特征的制动特性，以躲过变压器励磁涌流对差动保护的影响。这一措施大大提高了变压器差动保护的灵敏度。例如，利用 2 次谐波或变压器励磁涌流具有的间断角，以实现制动作用。但以此原理构成的差动保护，当电流互感器二次回路断线时，将可能误动作。但由于能提高变压器差动保护的灵敏度，而对大型变压器来讲，提高差动保护灵敏度是主要的，电流互感器二次回路断线的机会又很少（目前为防止电流互感器二次回路断线的闭锁装置正在研制之中），所以采用此种办法也是可取的。

一、变压器励磁涌流的特点及其对差动保护的影响

当变压器空投于系统或在系统故障切除后电压恢复时，将产生很大的励磁涌流。由于涌流具有很大的数值和非周期分量，故对变压器差动保护有很大的影响。励磁涌流的特点：

（1）励磁涌流的数值大。在空载投入时，变压器的励磁涌流可达变压器额定电流的6～8倍，即$I_{ly}=(6\sim8)I_e$。对于较小容量变压器为较大倍数，对大容量变压器为较小倍数。在正常运行时，变压器励磁电流很小，一般仅为额定电流的3%～5%，对于大容量变压器甚至可小至$1\%I_e$。

对于自耦变压器，由于铁芯的体积及截面比同容量变压器为小，其励磁电流则更小。其大小取决于变压器的所谓计算容量。自耦变压器的计算容量与其额定容量的关系为

$$S_{js}=\left(\frac{K_{gz}-1}{K_{gz}}\right)S_e \tag{15-1}$$

式中 K_{gz}——自耦变压器高、中压侧之间的变比；

S_{js}——自耦变压器计算容量。

有时励磁涌流会接近甚至大于变压器外部短路时的短路电流。如当某变压器的短路电压为$U_d=8\%$时，若系统阻抗很小（对接近无限大系统，则$X_{xt}\approx0$），则短路电流$I_d^{(3)}\approx12.5I_e$，而$I_{ly}=(6\sim10)I_e$,即两者相近。

（2）励磁涌流中含有大量的非周期分量和高次谐波分量。据分析，谐波中的2次谐波分量很大，如以基波为百分之百，则2次谐波占到50%～60%。非周期分量则是偏到时间轴的一边，具有衰减慢的特点。

（3）励磁涌流之衰减时间与电力系统的时间常数有关。对于小容量的变压器，它衰减较快；对于大容量变压器，它衰减较慢。励磁涌流由最大值衰减到$(0.25\sim0.5)I_e$时，所经历的时间大约为(0.5～0.75)s，此后则衰减变慢。

为了提高变压器差动保护的灵敏度，目前采用了各种能够抑制励磁涌流对差动保护影响的办法。常用的有以下几种：

（1）采用带有速饱和特性变流器的变压器差动保护。例如用电磁式DC-11型电流继电器与FB-1型速饱和变流器组成的差动保护。

（2）带有短路线圈的直流助磁特性的差动保护。例如BCH-2型差动保护。

（3）带有制动和助磁特性的差动保护。例如BCH-1型差动保护。

（4）带有2次谐波制动的差动保护。如BCD-32A、JCD-62、JCD-63型等。

（5）按间断角原理进行制动的差动保护。如JCD-2A、JCD-4A型等。

关于利用励磁涌流的特点构成的各种变压器差动保护性能的分析，可以参考各型保护装置的产品说明书及有关资料。经过对变压器励磁涌流特性的大量分析及试验。初步有以下结论：

（1）在变压器的励磁涌流中，除了基波及非周期分量电流之外，高次谐波电流以2次谐波为最大，这是变压器励磁涌流最明显的特点，可以利用2次谐波制动原理，制成变压器的差动保护。

（2）在变压器励磁涌流中，具有较大的直流分量，但当在变压器内部发生短路时，由于

也具有一定的直流分量（在暂态过程的开始部分），因而对以直流分量作为唯一制动量的差动保护装置，将会延缓其动作时间。对于三相变压器，三相中往往有一相无直流分量，因此这势必增大保护定值，降低保护之灵敏度。总之，差动继电器单纯采用直流分量制动是不够理想的。

（3）励磁涌流有明显的间断角，但进入差动继电器的2次涌流已丧失这一特征，故在差动保护中要充分利用涌流间断角这一特性，就必须采取某些措施才可达到目的。

二、变压器外部短路时产生的不平衡电流的计算及其对差动保护影响的分析

当变压器外部发生短路时，在差动保护的差流回路中会产生很大的不平衡电流。因此，在差动保护的定值计算中，必须正确计算不平衡电流的大小。产生不平衡电流的原因是：

（一）由电流互感器的传变误差产生的不平衡电流

因为电流互感器的传变误差对差动回路各侧而言，为实际相对误差。但考虑到最严重的情况，可以按变压器一侧电流互感器产生最大误差，其他几侧的电流互感器不产生误差来考虑。因此，在外部短路时产生的不平衡电流 $I'_{bp} \approx 0.1 I_{d \cdot \max}$。对于多绕组变压器，最严重为按照流过的总短路电流的百分之十考虑。对安装于变压器同一电压侧的同型号的电流互感器，为了不致使差动保护的定值过大，应计入所谓同型系数 K_{tx}，一般可按 $K_{tx}=0.5$ 考虑，此时的 $I'_{bp}=K_{tx}K_{f}I_{d \cdot \max}$。应指出，对于采用中间电流互感器以进行平衡的方式，认为中间电流互感器与主电流互感器的误差是计在一起的，即要求其总的传变误差不大于10%。

（二）由变压器各侧分接头变动而引起的不平衡电流

由于变压器各侧之电流互感器变比一经选定，则固定不变，而变压器各侧分接头则可能在运行中变动（调整电网的电压），故会产生不平衡电流。在差动保护的定值计算中，只能选用某一分接头进行计算，一般选用各侧的中间分接头。该电流可计算为

$$I''_{bp} = \Delta U I_{d \cdot \max} \tag{15-2}$$

式中 ΔU——变压器电压分接头的百分值，对于一般的变压器，$\Delta U=\pm 10\%$，实际计算应按变压器说明书中的规范确定。对仅一侧有分接头的变压器，ΔU 式中的正、负号均取正号；对两侧有分接头的变压器，则有 ΔU_{I} 及 ΔU_{II} 两侧分接头，不平衡电流 $I''_{bp}=\Delta U_{\mathrm{I}} I_{d\mathrm{I}}+\Delta U_{\mathrm{II}} I_{d\mathrm{II}}$。上式中的 ΔU 有正负之分，但为了考虑最严重的情况，计算中均取正号。I''_{bp} 式中的 $I_{d\mathrm{I}}$、$I_{d\mathrm{II}}$，分别为两组分接头侧流过的短路电流。

（三）由于各侧电流互感器二次电流不完全相等而产生的不平衡电流

一般情况下，变压器各侧电流互感器变比之选择受产品本身实际规范限制，其二次侧的电流是不会相等的，因而产生不平衡电流。通常可采用中间电流互感器，或利用差动继电器中的平衡线圈进行调整，但总不会达到绝对的平衡。这部分不平衡电流可计算为

$$I'''_{bp} = \Delta f I_{d} \tag{15-3}$$

式中 Δf——该侧未被平衡的继电器差流回路的差电流所占应调整到的分接头电流的百分数，如采用中间电流互感器平衡时。

$$\Delta f=\frac{（中间电流互感器计算分接头电流）-（电流互感器实际分接头电流）}{（中间电流互感器计算分接头的电流值）}。$$

对于三绕组变压器，若有两个平衡线圈回路时，即有 Δf_{I} 和 Δf_{II}，且有正、负号之分，一般均取正号（最严重情况），则

$$I'''_{bp}=\Delta f_{\mathrm{I}}I_{d3}+\Delta f_{\mathrm{II}}I_{d4} \tag{15-4}$$

式中　I_{d3}、I_{d4}——流过两个平衡线圈回路的短路电流。

若计算定值的灵敏度不够，且 Δf_{I} 及 Δf_{II} 对定值的影响较大时，可考虑 Δf_{I} 及 Δf_{II} 按实际所计算出的正负号确定，此时的 I'''_{bp}，取其计算值的绝对值。

（四）变压器差动保护不平衡电流的计算

由以上各项即可算出差动保护回路中总的不平衡电流为

$$\begin{aligned}I_{bp\Sigma}&=I'_{bp}+I''_{bp}+I'''_{bp}\\&=K_{tx}\times0.1I_{d}+(\Delta U_{\mathrm{I}}I_{d1}+\Delta U_{\mathrm{II}}I_{d2})+(\Delta f_{\mathrm{I}}d_{d3}+\Delta f_{\mathrm{II}}I_{d4})\end{aligned} \tag{15-5}$$

（五）差动保护在整定计算中非周期分量系数的选择

对于没有躲过非周期分量措施的保护装置，应取 $K_{fzq}=1.8\sim2$（K_{fzq} 为非周期分量系数）；对于差动保护本身具有躲非周期分量的性能时，其定值计算中取 $K_{fzq}=1\sim1.3$ 即可。

（六）在差动保护定值计算中短路故障点的选择

当计算各侧的短路电流时，其故障点应选取在差动保护所连结的所有电流互感器范围之外短路，以算出流过各电流互感器的短路电流值。以下是几种常见的典型情况：

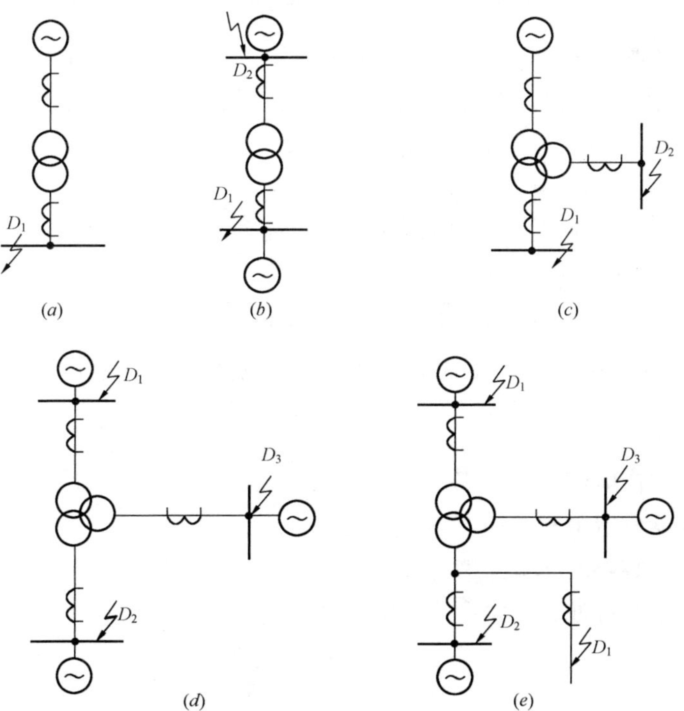

图 15-1　短路电流计算中故障点的选择图

在具体计算中，选用何种情况，与变压器的绕组情况、差动保护的接线方式和电力系统运行方式等有关。

三、由BCH-2型差动继电器构成的差动保护装置定值计算

（一）按平均电压（变压器额定电压及变压器最大额定容量）计算各侧二次额定电流

各侧二次额定电流计算为

$$I_{e2}=\frac{K_{jx}I_e}{n_{LH}} \tag{15-6}$$

式中 I_e——变压器最大额定容量时的额定电流（一次值）；

K_{jx}——电流互感器接线系数。当Δ接线时，$K_{jx}=\sqrt{3}$；

I_{e2}——各侧二次电流；

n_{LH}——各侧互感器变比。

表15-1 **变压器差动保护各侧二次电流计算**

名称	各侧数据		
U_e	$U_{e\text{I}}$(kV)	$U_{e\text{II}}$(kV)	$U_{e\text{III}}$(kV)
I_e	$S_e/\sqrt{3}U_{e\text{I}}$(A)	$S_e/\sqrt{3}U_{e\text{II}}$(A)	$S_e/\sqrt{3}U_{e\text{III}}$(A)
接线方式	电流互感器为Δ接线	电流互感器为Δ接线	电流互感器为Y接线
选用 n_{LH}	$n_{LH\text{I}}$	$n_{LH\text{II}}$	$n_{LH\text{III}}$
各侧 I_{e2}	$\sqrt{3}I_{e\text{I}}/n_{LH\text{I}}$	$\sqrt{3}I_{e\text{II}}/n_{LH\text{II}}$	$I_{e\text{III}}/n_{LH\text{III}}$

取二次电流最大的一侧，作为基本侧。

（二）计算各侧外部短路时的短路电流值

按短路电流计算方法进行各侧短路电流值的计算。

（三）计算差动保护的动作电流

按下述条件计算差动保护的动作电流，并选取最大者。

（1）按躲过变压器空投时和外部故障切除后电压恢复时变压器产生的励磁涌流计算，即

$$I_{dz}\geqslant K_kI_{eb} \tag{15-7}$$

式中 I_{dz}——保护动作电流；

I_{eb}——变压器额定电流（折算至基本侧）；

K_k——可靠系数，取1.3。

（2）按躲过外部短路时的最大不平衡电流计算，即

$$I_{dz}\geqslant K_kI_{bp} \tag{15-8}$$

式中 I_{bp}——不平衡电流；

K_k——可靠系数，取1.3。

1）对于三绕组变压器两侧均有电源时

$$I_{dz} \geqslant K_k I_{bp} = K_k(I'_{bp} + I''_{bp} + I'''_{bp}) \tag{15-9}$$

其中

$$I'_{bp} = K_{fzq} K_{tx} f_i I_{d \cdot \max}$$

$$I''_{bp} = \Delta U_\alpha I_{d(\alpha) \cdot \max} + \Delta U_\beta I_{d(\beta) \cdot \max}$$

$$I'''_{bp} = \Delta f_{zd\,\mathrm{I}} I_{d\,\mathrm{I} \cdot \max} + \Delta f_{zd\,\mathrm{II}} I_{d\,\mathrm{II} \cdot \max}$$

式中 I'_{bp}——由于电流互感器误差引起的不平衡电流；

I''_{bp}——由变压器分接头改变引起的不平衡电流；

I'''_{bp}——由于在平衡线圈实用值不能完全平衡引起的不平衡电流；

f_i——电流互感器最大相对误差，取 0.1；

K_{tx}——电流互感器同型系数。同型号时，K_{fx}=0.5；不同型号时，K_{tx}=1；

K_{fzq}——非周期分量系数，取 K_{fzq}=1（因为 BCH-2 有躲非周期分量之性能）；

ΔU_α，ΔU_β——在变压器两侧（α，及 β 侧）因有调压分接头引起的相对误差，一般可取调整范围之半；

$I_{d \cdot \max}$——最大外部短路电流；

$I_{d(\alpha)}$，$I_{d(\beta)}$——在所计算的外部短路时，流过调压侧相应电流互感器的短路电流周期分量值；

$I_{d\,\mathrm{I} \cdot \max}$、$I_{d\,\mathrm{II} \cdot \max}$——在所计算的外部短路时，流过所计算的Ⅰ、Ⅱ侧相应电流互感器的短路电流；

$\Delta f_{zd\,\mathrm{I}}$、$\Delta f_{zd\,\mathrm{II}}$——继电器整定匝数与计算匝数不等所引起的相对误差。

相对误差计算公式为

$$\Delta f = \frac{W_{ph \cdot js} - W_{ph \cdot sy}}{W_{ph \cdot js} + W_{cd \cdot sy}} \tag{15-10}$$

式中 $W_{ph \cdot js}$——平衡线圈计算匝数；

$W_{ph \cdot sy}$——平衡线圈实用匝数；

$W_{cd \cdot sy}$——差动线圈实用匝数。

因为在开始计算动作电流时，Δf_{I}、Δf_{II} 是未知的，故可先采用中间值（0.05，最大值为 0.09），并取 $\Delta f_{\mathrm{I}} I_{d\,\mathrm{I} \cdot \max}$ 及 $\Delta f_{\mathrm{II}} I_{d\,\mathrm{II} \cdot \max}$ 两项均为正值进行计算。

当三绕组变压器仅一侧有电源时，式（15-9）中的各短路电流为同一值 $I_{d \cdot \max}$。若外部短路电流不流过某一侧，则式中相应项为零。

2）当为双绕组变压器时，式（15-9）改为

$$I_{dz \cdot h} = K_k(K_{fzq} K_{tx} f_i + \Delta U + \Delta f_{\max}) I_{d \cdot \max} \tag{15-11}$$

（3）按躲过电流互感器二次回路断线时计算，即

$$I_{dz} = 1.3 I_{fh \cdot \max} \tag{15-12}$$

式中 $I_{fh \cdot \max}$——正常运行时变压器的最大负荷电流。当不能确定时，采用变压器额定电流。

计算中，各侧所有的短路电流均应归算到基本侧。这样求出的是基本侧的动作电流计算值（$I_{dz \cdot jb \cdot js}$）。

选用上述三条件算得的保护动作电流的最大值作为计算值。

（四）基本侧继电器线圈匝数计算

1. 三绕组变压器

基本侧直接接差动线圈，其余两侧接相应的平衡线圈。

基本侧继电器动作电流计算为

$$I_{dzj\cdot jb\cdot js}=(I_{dz\cdot bh\cdot jb\cdot js}\cdot K_{jx})/n_{LH\cdot jb} \tag{15-13}$$

式中 $I_{dzj\cdot jb\cdot js}$——基本侧继电器动作电流计算值；

$I_{dz\cdot jb\cdot js}$——基本侧保护动作计算值；

$n_{LH\cdot jb}$——基本侧电流互感器变比；

K_{jx}——电流互感器的接线系数。

基本侧继电器线圈匝数（差动线圈匝数）计算为

$$W_{g\cdot jb\cdot js}=W_{cd\cdot js}=\frac{AW_0}{I_{dzj\cdot jb\cdot js}}=\frac{60}{I_{dzj\cdot jb\cdot js}} \tag{15-14}$$

式中 AW_0——继电器的动作安匝，一般可用实测值。若无此值，可采用额定值，即$AW_0=60$；

$W_{cd\cdot js}$——差动线圈匝数计算值（直接接基本侧）。按继电器线圈实有抽头，选用较计算值小而相近的抽头匝数，作为差动线圈的整定匝数（$W_{cd\cdot z}$）。

基本侧实际的继电器动作电流计算为

$$I_{dzj\cdot jb}=\frac{AW_0}{W_{cd\cdot z}} \tag{15-15}$$

保护的实际动作电流计算为

$$I_{dz\cdot jb}=I_{dzj\cdot jb}\frac{n_{LH}}{K_{jx}} \tag{15-16}$$

式中 n_{LH}——电流互感器变比；

K_{jx}——电流互感器接线系数。

2. 双绕组变压器

两侧电流互感器分别接于继电器的两个平衡线圈上。若三绕组变压器有两侧的二次电流相等时，可将此两侧连接于一个平衡线圈，第三侧接另一平衡线圈，这种接法可使继电器的实用匝数和动作电流更接近于计算值。

以二次回路额定电流最大的一侧作为基本侧。基本侧的继电器动作电流及线圈匝数计算方法，同式（15-13）和（15-14）。

选用差动线圈与一组平衡线圈匝数之和（即 $W_{cd\cdot z}+W_{ph\cdot z}$），较 $W_{g\cdot jb\cdot js}$ 小而相近的匝数值，作为基本侧的整定工作匝数（$W_{g\cdot jb\cdot z}$），即

$$W_{g\cdot jb\cdot z}=W_{ph\cdot z}+W_{cd\cdot z} \tag{15-17}$$

（五）非基本侧工作线圈匝数和平衡线圈匝数计算

1. 平衡线圈匝数计算

对于三绕组变压器为

$$W_{ph\cdot fj\cdot js}=\frac{I_{e2\cdot jb}-I_{e2\cdot fj}}{I_{e2\cdot fj}}W_{cd\cdot z} \tag{15-18}$$

对于双绕组变压器为

$$W_{ph\cdot fj\cdot js}=W_{g\cdot jb\cdot z}\frac{I_{ez\cdot jb}}{I_{ez\cdot fj}}-W_{cd\cdot z} \tag{15-19}$$

式中 $W_{ph\cdot fj\cdot js}$——非基本侧的平衡线圈计算匝数；

$W_{g\cdot jb\cdot z}$——非基本侧的平衡线圈实用匝数；

$W_{cd\cdot z}$——差动线圈实用匝数。

选用接近 $W_{ph\cdot fj\cdot js}$ 的匝数，作为 $W_{ph\cdot fj\cdot z}$，即为继电器非基本侧的实用匝数。

2. 非基本侧工作线圈匝数

$$W_{g\cdot fj\cdot z}=W_{ph\cdot fj\cdot z}+W_{cd\cdot z} \tag{15-20}$$

（六）相对误差 Δf 的计算

按式（15-10）计算 Δf。若 $\Delta f>0.05$ 时，应代入式（15-9）及（15-11）重新计算动作电流值。

（七）保护装置灵敏度的计算

灵敏度计算为

$$K_{lm}=\frac{K_{jx}I_{d\Sigma\cdot\min}}{I_{dz\cdot jb}} \tag{15-21}$$

式中 $I_{d\Sigma\cdot\min}$——变压器差动保护范围内短路时总的最小短路电流（归算至基本侧）；

K_{jx}——差动保护的接线系数，见表 15-2。

要求最小灵敏度约为 2，如不满足要求，且算出的 Δf_{zd} 小于初算时采用的 0.05，而动作电流又是按躲过外部短路时的不平衡电流决定的，则可按灵敏度条件选择动作电流，检查此动作电流是否满足式（15-7）、（15-12）的要求。然后确定各线圈的计算匝数和整定匝数，按式（15-10）求出 Δf_{zd}，再按式（15-9）、（15-11）作精确计算。在上述计算中，若不满足选择性要求，则可改用带有制动特性的差动继电器。

四、由带有制动特性的 BCH-1 型差动继电器构成的变压器纵联差动保护的整定计算

（1）选择差动保护用各侧电流互感器一次额定电流，并计算二次回路额定电流（与 BCH-2 的计算相同）。

（2）计算变压器差动保护范围外短路的最大短路电流。

（3）选择制动线圈接入的方式和接入原则。制动线圈接入的原则是：保护装置在外部故障而具有可靠选择性时，保护的动作电流要最小；而在变压器内部故障时，又要求有较大的灵敏度。故制动线圈接入的一般方式为：

1）对双侧电源双绕组变压器，制动线圈接在大电源侧。

2）对单侧电源双绕组变压器，制动线圈接在负荷侧。

3）单侧电源三绕组变压器，制动线圈接在穿越性短路电流最大的一侧；当两受电侧穿越性短路电流相差不大时，并且对提高灵敏度有利时，则应将制动线圈接于电源侧。

4）双侧电源的三绕组变压器，其制动线圈接在无电源侧。但在无制动的情况下，如按躲外部故障时的最大不平衡电流条件选择的保护动作电流较大，以致在内部短路时保护灵敏度不够，可将制动线圈接在大电源侧或调压侧。

5）对三侧电源的三绕组变压器，其制动线圈应接于穿越性短路电流最大的一侧、最大电源侧或调压侧，需根据灵敏度情况选定。

6）所接电流互感器超过三组、且为多侧电源时，制动线圈接在最大穿越性短路电流的一侧，也可将两组电流互感器并联后接入制动线圈，以达到在几种不平衡电流较大的外部故障时均有制动作用。

（4）保护动作电流的计算。按下列条件计算保护的动作电流：

1）按躲过外部短路时的最大不平衡电流计算。计算时，可不计具有制动线圈侧的外部短路，而在其他侧外部短路时，制动线圈侧所供给的短路电流要计及，但可不计及其制动作用。其计算公式及计算方法与BCH-2型差动继电器相同。

2）按躲过变压器空投和外部故障切除后电压恢复时由于变压器励磁涌流所产生的不平衡电流进行计算，此时保护动作电流为

$$I_{dz} \geqslant K_k I_e \tag{15-22}$$

式中 K_k——可靠系数，取1.5。对于单侧单电源的变压器，若制动线圈接在电源侧，则可取1.3；

I_e——变压器一次额定电流。

3）按躲过电流互感器二次回路断线计算保护动作电流为

$$I_{dz} = 1.3 \times I_{fh \cdot \max} \tag{15-23}$$

式中 $I_{fh \cdot \max}$——变压器最大负荷电流，一般可按变压器额定电流整定考虑。

选用以上三个条件计算出的最大值，作为计算的保护动作电流值。

（5）计算继电器的差动线圈及平衡线圈匝数。其计算方法与BCH-2型继电器相同。

（6）计算制动线圈匝数及制动系数。制动系数计算为

$$\begin{aligned} K_{zd} &= \frac{I_{g \cdot j}}{I_{zd \cdot j}} = K_k \left(\frac{I_{bp}}{I_{d \cdot zh}} \right)_{\max} \\ &= K_k \frac{K_{tx} f_z I_{d \cdot \max} + \Delta U_\alpha I_{d\alpha \cdot \max} + \Delta U_\beta I_{d\beta \cdot \max}}{I_{d \cdot zh}} \\ &\quad + \frac{\Delta f_{\mathrm{I}} I_{d \cdot \mathrm{I} \cdot \max} + \Delta f_{\mathrm{II}} \cdot I_{d \cdot \mathrm{II} \cdot \max}}{I_{d \cdot zh}} \end{aligned} \tag{15-24}$$

式中 K_k——可靠系数，取1.4；

$I_{d \cdot zh}$——所计算的外部短路时，流过接制动线圈侧电流互感器的周期分量电流；

$I_{g \cdot j}$——流过继电器工作线圈的电流；

$I_{zd \cdot j}$——流过继电器制动线圈的电流；

ΔU_α、ΔU_β、K_{tx}、f_i 等符号的含义与BCH-2型的相同。

为了防止保护装置在外部故障时误动作，应计算最大的制动系数。使不平衡电流不超过带制动线圈情况下的动作电流，最不利的情况应计算出当制动线圈侧有电源、且不是故障侧时，取制动线圈侧系统运行方式为最小运行方式（即上式中的分母为最小）。

制动线圈匝数计算为

$$W_{zd}=\frac{K_{zd}W_{g\cdot zd}}{n}=\frac{K_{zd}(W_{cd\cdot z}+W_{ph\cdot z})}{n} \tag{15-25}$$

式中　$W_{g\cdot zd}$——接制动线圈侧的工作线圈匝数；

n——继电器最小制动特性曲线的切线（通过坐标原点）之斜率，一般 $n\approx0.9$。取与计算值接近而较大的匝数作为整定匝数。

（7）保护灵敏度计算。保护灵敏度计算为

$$K_{lm}=\frac{AW_g}{AW_{dz}} \tag{15-26}$$

式中　AW_g——保护区内故障时，继电器的工作安匝；

AW_{dz}——由继电器制动特性曲线查出的。当有制动安匝 AW_{zh} 时，继电器的动作安匝。

继电器的工作安匝计算为

$$AW_g=I_{g\cdot Ⅰ}W_{g\cdot Ⅰ}+I_{g\cdot Ⅱ}W_{g\cdot Ⅱ}+I_{g\cdot Ⅰ}W_{g\cdot Ⅲ} \tag{15-27}$$

式中　$I_{g\cdot Ⅰ}$、$I_{g\cdot Ⅱ}$、$I_{g\cdot Ⅲ}$——计算方式下变压器内部故障时，流过各侧的继电器工作线圈中的电流，可按附表 15-2 中之计算方法计算；

$W_{g\cdot Ⅰ}$、$W_{g\cdot Ⅱ}$、$W_{g\cdot Ⅲ}$——继电器相应各侧的工作线圈匝数。

也可近似计算为

$$AW_g=I_{g\cdot jb}W_{cd\cdot z}$$
$$I_{g\cdot jb}=K_{jx}I_{d\cdot\Sigma\cdot\min}/n_{LH\cdot jb} \tag{15-28}$$

式中　$I_{g\cdot jb}$——继电器基本侧工作电流；

K_{jx}——保护的接线系数（对电流互感器按△接线时为$\sqrt{3}$，对 Y 接线时为 1）；

$I_{d\Sigma\cdot\min}$——变压器内部短路时，总的最小短路电流有效值（已归算至基本侧）。

制动安匝应包括流过制动线圈的二次负荷电流和二次短路电流所产生的总制动安匝，即

$$AW_{zd}=I_{2\cdot fh}W_{zd}+I_{2\cdot zd}W_{zd} \tag{15-29}$$

按以上计算出的 AW_g 和 AW_{zd}，可在继电器制动特性曲线上求得继电器的动作安匝。在图 15-2 中、由 AW_g 和 AW_{zd} 值，找出相应的 K 点，再由 $I_{fh}W_{zd\cdot z}=AW_{fh}$ 得出 H 点，连接 KH 直线，与最大制动特性曲线 2 相交于 P 点，P 点的纵坐标即是继电器的动作安匝 AW_{dz}。灵敏系数为 $K_{lm}=\frac{\overline{KQ}}{\overline{PJ}}$。规程要求差动保护最小灵敏系数约为 2。

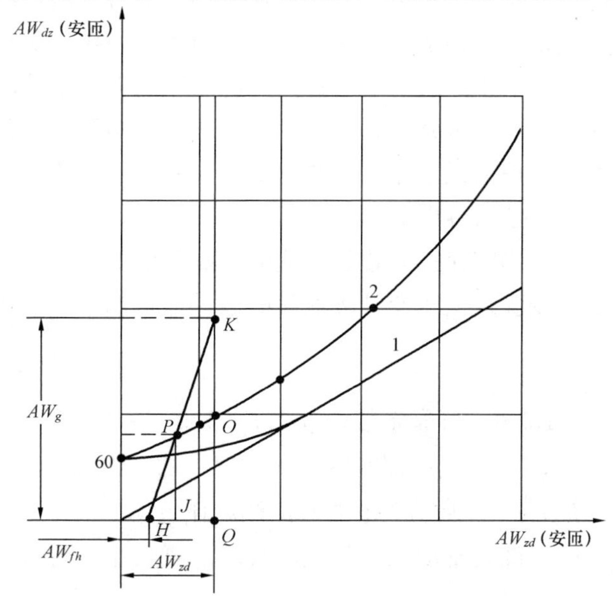

图 15-2　BCH-1 继电器制动特性曲线

（8）制动安匝超过 150 时的校验。在图 15-2 中，若算出的制动安匝超过

150，可能出现以下情况，即上述灵敏度虽可满足要求，但计算所得之工作点 K 很接近曲线 2。考虑到计算中的误差及实际尚应留出的余度，则工作点 K 应较特性曲线 2 稍高出一部分，以保证动作的可靠性（否则，实际故障时可能在曲线 2 之下的非动作区，而发生拒动）。当出现上述情况时，可作如下的验算。即自点 K 作横坐标之垂线交特性曲线 2 于 0 点，求出 $0Q$ 之纵坐标，此即 AW'_{dz}。计算灵敏度 $K'_{lm}\frac{AW_g}{AW'_{dz}}$。要求 K'_{lm} 不小于 1.1～1.15。当特性曲线为实测时，要求不小于 1.2～1.25。

五、带有多侧制动的 BCH-4 型差动继电器的变压器纵联差动保护的计算

由 BCH-4 型（和 DCD-4 型）差动继电器构成的电力变压器纵联差动保护，一般多适用于以下情况：

（1）需要多侧制动的三绕组电力变压器或四绕组电力变压器的差动保护。

（2）具有分裂线圈的多绕组电力变压器的差动保护。

（3）当变压器各侧的断路器数目（或者差动保护用的电流互感器数目）多于三组以上时的差动保护。

（4）当采用 BCH-1、BCH-2 型差动保护不能满足灵敏度要求时。

根据继电器动作原理，由于 BCH-4 差动继电器制动绕组能够起到部分动作作用，因而在内部故障时较 BCH-1 及 BCH-2 型差动继电器的灵敏度为高，按以下步骤计算定值：

（1）按系统平均电压（或变压器额定电压）及最大变压器容量计算变压器各侧中的二次额定电流。计算方法同 BCH-2。

（2）计算变压器各侧在外部故障时之最大短路电流。

（3）确定继电器制动线圈接入方式。根据继电器原理，制动线圈除了制动作用之外，还起部分动作线圈所起之作用。在外部故障时，制动线圈只起制动作用，其有起动作作用的部分磁通则应互相抵消。所以，应将制动线圈接于保护装置之各臂。若接入差动保护装置的电流互感器多于四组时，可将同一电压级的电流互感器并联之后再接入差动继电器。但此时当该侧发生外部短路时，电流互感器并联的两个分支间的穿越性短路电流不流过制动线圈，易于引起保护之误动作。因此，最好选取短路电流较小侧或穿越性短路电流较小侧的电流互感器并联后接入继电器。

（4）确定保护装置基本侧的二次动作电流。以计算出的二次额定电流最大的一侧作为基本侧，按躲过变压器励磁涌流的条件计算基本侧的二次动作电流，即

$$I_{dz\cdot jb}=K_kI_{e2\cdot jb} \tag{15-30}$$

式中　K_k——可靠系数，取 1.3～1.5；

$l_{e2\cdot jb}$——变压器基本侧保护臂内的二次额定电流；

$I_{dz\cdot jb}$——差动继电器基本侧动作电流。

（5）确定制动线圈与差动线圈之匝数比。为保证躲过变压器外部故障，应满足关系式

$$K_k\frac{\Sigma IW_g}{\Sigma\mid I_zW_{zd}\mid}\leqslant \text{tg}\gamma \tag{15-31}$$

式中　K_k——可靠系数，取 1.5；

ΣIW_g——外部故障时总的工作安匝；

$\Sigma\mid I_zW_{zd}\mid$——外部故障时总的制动安匝；

$tg\gamma$——在继电器最小制动特性曲线上相应于外部短路时可能出现的最大工作安匝 $(K_k\Sigma IW_g)_{max}$的一点 B 与坐标原点连线之斜率。如图 15-3 中的$\overline{OB}$线与横坐标之间夹角之正切值。

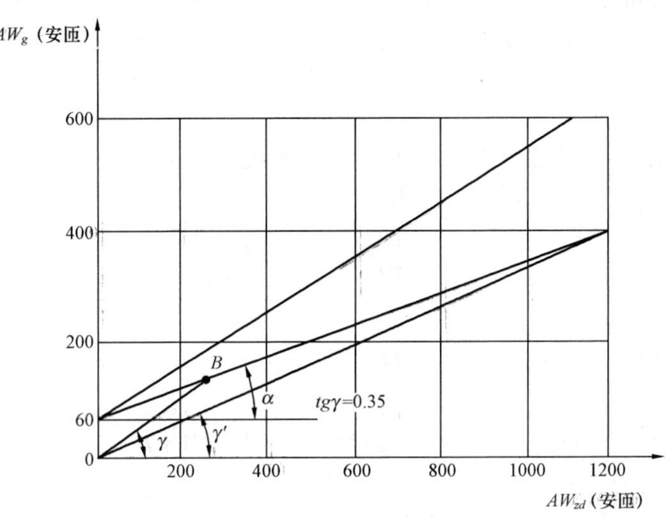

图 15-3　BCH-4 型差动继电器制动特性曲线

当外部短路时，总的工作安匝数由不平衡电流 I_{bp} 产生，则式（15-31）可写成

$$K_k\frac{I_{bp}W_g}{(\mid I_{z\mathrm{I}}\mid+\mid I_{z\mathrm{II}}\mid+\mid I_{z\mathrm{III}}\mid+\mid I_z\mid)W_z}\leqslant tg\gamma \tag{15-32}$$

式中　W_g、W_{zd}——基本侧之工作线圈及制动线圈匝数；

$I_{z\mathrm{I}}$、$I_{z\mathrm{II}}$、$I_{z\mathrm{III}}$、I_z——接入制动线圈的各侧电流互感器和基本侧电流互感器的二次电流值（与 I_{bp}均应归算至同一电压侧）；

I_{bp}——不平衡电流。

不平衡电流计算为

$$\begin{aligned}I_{bp}=&(K_{tx}\Delta f_iI_{d\cdot max}+\Delta U_\alpha I_{d\alpha\cdot max}+\Delta U_\beta I_{d\cdot\beta\cdot max}\\&+\Delta f_{\mathrm{I}}I_{d\mathrm{I}\cdot max}+\Delta f_{\mathrm{II}}I_{d\mathrm{II}\cdot max})\end{aligned} \tag{15-33}$$

式中　K_{tx}——电流互感器同型系数。同型号时为 0.5，异型号时为 1；

Δf_i——电流互感器的误差百分数，取为 0.1；

ΔU_α、ΔU_β——分别为变压器 α 侧及 β 侧的调压抽头调整范围；

Δf_{I}、Δf_{II}——由于各侧工作线圈计算匝数与实用匝数不等而产生的相对误差。

相对误差可计算为

$$\Delta f=\frac{W_{g\cdot js}-W_{g\cdot sy}}{W_{g\cdot js}} \tag{15-34}$$

在式（15-32）中，设

$$\Delta I = K_k = \frac{I_{bp}}{|I_{z\mathrm{I}}| + |I_{z\mathrm{II}}| + |I_{z\mathrm{III}}| + |I_z|} \tag{15-35}$$

则式（15-32）变为

$$\Delta I \frac{W_g}{W_z} \leqslant \mathrm{tg}\gamma \tag{15-36}$$

为了可靠躲过外部故障，应计算各种外部故障时的 ΔI 值，并取其中最大者。

对 BCH-4 型差动继电器，有如下的关系式

$$W_g = W_c + \frac{W_z}{2} \tag{15-37}$$

式中　W_c——继电器差动线圈匝数，其中包括平衡线圈匝数在内。

将式（15-37）代入式（15-36），可得

$$m = \frac{W_z}{W_c} \geqslant \frac{2\Delta I}{2\mathrm{tg}\gamma - \Delta I} \tag{15-38}$$

计算时，一般可取 $\mathrm{tg}\gamma=0.35$。

（6）计算基本侧的差动线圈匝数。根据式

$$W_g I_{dz} = \left(W_c + \frac{W_z}{2}\right) I_{dz} - AW_0 + W_z I_{dz}\,\mathrm{tg}\alpha$$

由标准制动特性曲线图中之最小制动特性曲线找出 $\mathrm{tg}\alpha=0.3$，将 $AW_0=60$ 及 $m=\frac{W_z}{W_c}$ 等代入上式，得基本侧的差动线圈计算匝数 $W_{c.js}$ 为

$$W_{c\cdot js} = \frac{60}{I_{dz}(1 + 0.2m)} \tag{15-39}$$

取接近而小于计算值的匝数作为差动线圈之匝数 W_c。（包括平衡线圈匝数在内）。

（7）确定基本侧的制动线圈匝数。由式（15-38）得到 $W_{z\cdot js}=mW_c$，选取接近而大于计算值的匝数作为制动线圈实用匝数 W_z。

（8）确定各侧的差动线圈匝数。除按"（6）"确定出基本侧差动线圈匝数外，可按下式计算其他侧的差动线圈匝数。

对Ⅰ侧为
$$W_{c\mathrm{I}\cdot js} = W_c \frac{I_{e2}}{I_{\mathrm{I}\cdot e2}} \tag{15-40}$$

对Ⅱ侧为
$$W_{c\mathrm{II}\cdot js} = W_c \frac{I_{e2}}{I_{\mathrm{II}\cdot e2}} \tag{15-41}$$

式中　I_{e2}、$I_{\mathrm{I}\cdot e2}$、$I_{\mathrm{II}\cdot e2}$——基本侧，Ⅰ、Ⅱ侧保护臂内的二次额定电流值。

按接近且小于计算匝数，选作Ⅱ、Ⅱ侧差动线圈匝数（其中包括其平衡线圈匝数在内）$W_{c\mathrm{I}}$、$W_{c\mathrm{II}}$。

（9）计算各侧之制动线圈匝数。各侧之制动线圈匝数计算为

$$W_{z\mathrm{I}\cdot js} = mW_{c\mathrm{I}} \tag{15-42}$$

$$W_{z\mathrm{II}\cdot js} = mW_{c\mathrm{II}} \tag{15-43}$$

选取接近且大于计算值的匝数，作为实用匝数 $W_{z\text{I}}$、$W_{z\text{II}}$。

（10）计算实用匝数与计算匝数间的相对误差 Δf 并核算 m 值。

基本侧工作线圈匝数为
$$W_g = W_c + \frac{W_{zd}}{2} \tag{15-44}$$

其他侧工作线圈匝数为（计算匝数）

$$W_{g\text{I}\cdot js} = W_g \frac{I_{e2}}{I_{\text{I}\cdot e2}} \tag{15-45}$$

$$W_{g\text{II}\cdot js} = W_g \frac{I_{e2}}{I_{\text{II}\cdot e2}} \tag{15-46}$$

式中 I_{e2}、$I_{\text{I}\cdot e2}$、$I_{\text{II}\cdot e2}$——基本侧，Ⅰ侧、Ⅱ侧保护臂内的三次额定电流值。

其他各侧工作线圈的实用匝数 $W_{g\cdot sy}$ 为

$$W_{g\text{I}\cdot sy} = W_{c\text{I}} + \frac{W_{z\cdot\text{I}}}{2} \tag{15-47}$$

$$W_{g\text{II}\cdot sy} = W_{c\text{II}} + \frac{W_{z\text{II}}}{2} \tag{15-48}$$

计算各侧误差 Δf 为

$$\Delta f_{\text{I}} = \frac{W_{g\text{I}\cdot js} - W_{g\text{I}\cdot sy}}{W_{g\text{I}\cdot js}} \tag{15-49}$$

$$\Delta f_{\text{II}} = \frac{W_{g\text{I}\cdot js} - W_{g\text{II}\cdot sy}}{W_{g\text{II}\cdot js}} \tag{15-50}$$

将计算出的 Δf_{I}、Δf_{II} 值代入式（15-33）中，计算出新的 I_{bp} 后，由式（15-35）求出最大的 ΔI 值，再选择适当的运行方式，以求出当外部故障时可能出现的最大工作安匝 $K_k\Sigma IW_g$，然后从特性曲线上重新找出相应的 tgγ，代入式（15-38），计算出新的 m 值。若此新 m 值小于上面曾采用过的 m 值时，则原来计算的结果即可应用。

也可能新计算的 m 值较上次的小很多，这是由于采用了较大的 tgγ 值（开始采用为 0.35）的原因。为了提高保护的灵敏度，可采用新的 m 值继续进行一系列的计算，直至得到的 m 值略小于上次所计算得到的 m 值，或者当出现各侧实际采用的各线圈匝数与上一次计算得到的相同时，则上一次计算结果即可应用。

（11）校验保护装置灵敏度。根据继电器的最大制动特性曲线，保护装置的灵敏度计算为

$$K_{lm} = \frac{AW_g}{AW_{dz}} \tag{15-51}$$

式中 AW_g——在计算的运行方式下，当保护区内故障时，继电器的工作安匝；

AW_{dz}——在有制动作用情况下继电器的动作安匝。可由作图法求得。

继电器的动作安匝可由作图法求得：

先求出工作安匝 AW_g，即

$$AW_g = I_{d\text{I}\cdot\min}W_{g\text{I}\cdot sy} + I_{d\text{II}\cdot\min}W_{g\text{II}\cdot sy} + I_{d\cdot\min}W_g \tag{15-52}$$

式中 $I_{d\text{I}\cdot\min}$、$I_{d\text{II}\cdot\min}$、$I_{d\cdot\min}$——Ⅰ、Ⅱ及基本侧在计算方式下，保护区内部故障，流入该相应侧之最小二次故障电流。

再求出制动安匝 AW_z。制动安匝指变压器各侧二次短路电流所产生的总制动安匝，即

$$AW_z = I_{d\mathrm{I}} W_{z\cdot\mathrm{I}} + I_{d\mathrm{II}} W_{z\cdot\mathrm{II}} + I_d W_z \quad (15\text{-}53)$$

式中 $I_{d\mathrm{I}}$、$I_{d\mathrm{II}}$、I_d——在计算运行方式下，流过各侧制动线圈的短路电流值；

$W_{zd\cdot\mathrm{I}}$、$W_{zd\cdot\mathrm{II}}$、$W_{zd\cdot\mathrm{III}}$——各侧制动线圈匝数。

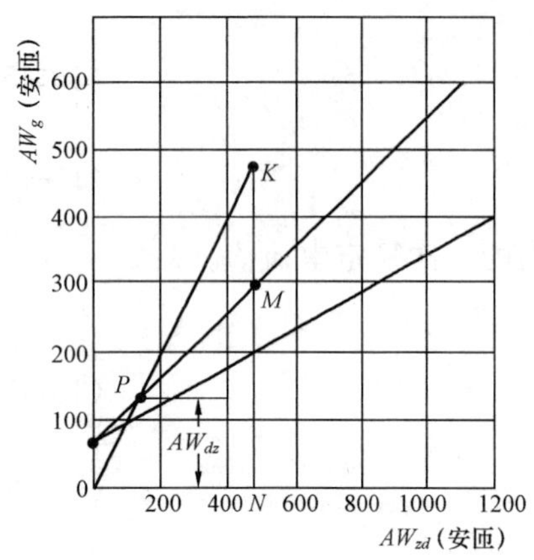

图 15-4　BCH-4 计算灵敏度系数之图解

继电器的动作安匝 AW_{dz} 由以下方法求得：根据已求得的 AW_g 及 AW_z 在图 15-4 中找出相应的 K 点。连接 $K0$，交最大制动特性曲线于 P 点，P 点之纵坐标即为动作安匝 AW_{dz}。最后由式（15-51）求得保护装置的灵敏度。

灵敏度系数要求不小于 2。

对于短时间出现的运行方式，允许适当降低差动保护的灵敏度系数，此时将主要依靠变压器的瓦斯保护切除变压器内部故障，依靠后备保护切除引出线上的故障，但此时后备保护必须有足够的灵敏度。

为了保证继电器动作的可靠性，工作安匝应比在相应制动安匝时继电器的最大制动特性曲线的纵坐标值大10%以上。如图 15-4 所示中，$\overline{KN}$应比$\overline{MN}$大 10%。

六、BCH-4 型差动继电器构成的差动保护定值简化计算法

上述“五”的计算方法虽然详细，但比较繁琐，故可按下述方法加以简化。计算时：

（1）同“五”中之（1）项。

（2）同“五”中之（2）项。

（3）同“五”中之（3）项。

（4）计算差动保护的动作电流。根据二次额定电流的计算，选用二次额定电流最小的一侧作为基本侧（这点与 BCH-1，BCH-2 均不同）。按躲过变压器空投时励磁涌流计算保护动作电流，即

$$I_{dz\cdot j\cdot jb} = K_k I_{e\cdot j\cdot jb} \quad (15\text{-}54)$$

式中 $I_{e\cdot j\cdot jb}$——继电器基本侧的变压器二次额定电流；

$I_{dz\cdot j\cdot jb}$——差动保护动作电流（二次侧值）；

K_k——可靠系数，取 1.5。

（5）计算保护各侧制动线圈之匝数。基本侧选用制动线圈最大的匝数，即 $W_{zd\cdot j\cdot jb}=20$ 匝，其他各侧按照安匝数相等（平衡）的原则计算，即

$$W_{zd\cdot\mathrm{I}} = W_{zd\cdot j\cdot jb} \frac{I_{e\cdot j\cdot jb}}{I_{e2\cdot\mathrm{I}}}$$

及

$$W_{zd\cdot\mathrm{II}} = W_{zd\cdot j\cdot jb} \frac{I_{e\cdot j\cdot jb}}{I_{e2\cdot\mathrm{II}}} \quad (15\text{-}55)$$

式中 $W_{zd\cdot j\cdot jb}$、$W_{zd\cdot\mathrm{I}}$、$W_{zd\cdot\mathrm{II}}$——基本侧、Ⅰ侧、Ⅱ侧的制动线圈匝数；

$I_{e\cdot j\cdot jb}$、$I_{e2\cdot \mathrm{I}}$、$I_{e2\cdot \mathrm{II}}$——基本侧、Ⅰ侧、Ⅱ侧流入继电器的二次额定电流。

（6）计算各侧之差动线圈匝数（包括平衡线圈在内）：

基本侧 $$W_{c\cdot j\cdot jb}=\frac{(AW_0)'}{I_{dz\cdot j\cdot jb}}$$

Ⅰ侧 $$W_{c\cdot \mathrm{I}}=W_{c\cdot j\cdot jb}\frac{I_{e2\cdot j\cdot jb}}{I_{e2\cdot \mathrm{I}}}$$

Ⅱ侧 $$W_{c\cdot \mathrm{II}}=W_{c\cdot j\cdot jb}\frac{I_{e2\cdot j\cdot jb}}{I_{e2\cdot \mathrm{II}}} \tag{15-56}$$

式中 $W_{c\cdot j\cdot jb}$——继电器基本侧差动线圈匝数；

$W_{c\cdot \mathrm{I}}$、$W_{c\cdot \mathrm{II}}$——Ⅰ、Ⅱ侧之差动线圈匝数；

$I_{e2\cdot \mathrm{I}}$、$I_{e2\cdot \mathrm{II}}$——Ⅰ、Ⅱ侧流过继电器之二次额定电流。

式中之（AW_0）$'$按以下方法选取：由于制动匝数中有$\frac{1}{2}$的匝数有动作作用（在内部故障及变压器空投时），故当（AW）$_{zd}=I_{dz}W_{zd}>200$ 安匝时，取（AW_0）$'=50$ 安匝（制动安匝大，则继电器所需动作安匝较小）；当（AW）$_{zd}=I_{dz}W_{zd}<200$ 安匝时，可取（AW_0）$'\approx 55$ 安匝。选取略小而接近的匝数，作为实用匝数。

上述（AW_0）$'$采用 50～55 安匝的原因，可作如下解释：由式（15-39）知

$$W_{c\cdot j\cdot jb}=\frac{60}{I_{dz\cdot j}(1+0.2m)}$$

其中 $$m=\frac{W_{zd}}{W_c}=\frac{2\Delta I}{2\mathrm{tg}\alpha-\Delta I}$$

已知 $\mathrm{ta}\alpha=0.35$ 及 $\Delta I=K_k\dfrac{I_{bp\cdot j}}{|I_{\mathrm{I}\cdot zd}|+|I_{\mathrm{II}\cdot zd}|+|I_{\mathrm{III}\cdot zd}|+|I_{zd\cdot j\cdot jb}|}$。因为外部故障的不平衡电流为

$$I_{bp\cdot j}=K_{tx}f_iI_{d\Sigma\cdot\max}+\Delta U_\alpha I_{d(\alpha)\cdot\max}$$
$$+\Delta U_\beta I_{d(\beta)\cdot\max}+\Delta f_{\mathrm{I}\cdot\max}I_{d\cdot\mathrm{I}\cdot\max}+\Delta f_{\mathrm{II}\cdot\max}I_{d\cdot\mathrm{II}\cdot\max}$$

取 $K_{tx}f_i\approx 0.1$；ΔU_α 及 ΔU_β 为 0.05；$\Delta f_{\mathrm{I}\cdot\max}$及 $\Delta f_{\mathrm{II}\cdot\max}$为 0.05。

现估计：因 $I_{d\Sigma\cdot\max}$为总短路电流，而 $I_{d(\alpha)\cdot\max}$、$I_{d(\beta)\cdot\max}$之和不会大于 $I_{d\Sigma\cdot\max}$，故知

$$I_{bp\cdot j}\leqslant(0.1+0.05+0.05)I_{d\cdot\Sigma\cdot\max}$$

而 $$|I_{\mathrm{I}\cdot zd}|+|I_{\mathrm{II}\cdot zd}|+|I_{\mathrm{III}\cdot zd}|+|I_{dz\cdot j\cdot jb}|_{\max}\geqslant I_{d\cdot\Sigma\cdot\max}$$

则得 $$\Delta I=1.3\times\frac{(0.15\sim0.2)I_{d\Sigma\cdot\max}}{I_{d\Sigma\cdot\max}}=1.3\times(0.15\sim0.2)$$
$$=0.2\sim0.26$$
$$m=\frac{2\Delta I}{2\mathrm{tg}\alpha-\Delta I}=\frac{0.4\sim0.52}{0.7-(0.2\sim0.26)}$$
$$=\frac{0.4\sim0.52}{0.5\sim0.44}=0.8\sim1.18$$
$$W_{c\cdot j\cdot jb}=\frac{60}{I_{dz\cdot j}[1+0.2(0.8\sim1.18)]}=\frac{51\sim49}{I_{dz\cdot j}}$$

故取（AW_0）$'=50$ 即可，见式（15-56）。

（7）继电保护装置的灵敏度校验：按“五”项 BCH-4 型差动保护相应的计算方法。

（8）BCH-4 型差动保护定值简单计算方法的分析。由于 BCH-4 型差动保护定值的计算方法比较繁杂，上述的简化计算法是根据 BCH-4 型继电器的基本原理及其特点，作了适当的简化。因为 BCH-4 差动继电器与 BCH-1、BCH-2 差动继电器的主要差别，在于其制动特性曲线的不同。BCH-1 型差动继电器的制动特性曲线是一条向上弯曲的曲线，即制动作用越大，保护的灵敏度越低：而 BCH-4 型差动继电器的制动特性曲线则是一条直线，故其制动作用的大小对保护灵敏度的影响不大。这主要是因为制动线圈通入电流后，将有二分之一的安匝起动作作用（但在外部故障时，起动作作用的安匝则互相抵消）。由于采用较大或较小的制动匝数，对继电器的灵敏度影响不大，所以也就不必经过繁琐的计算去求出继电器的制动匝数，而是直接采用基本侧的制动线圈匝数为继电器最大可能的匝数（即 20 匝）。这样就可大大简化 BCH-4 差动保护的定值计算工作。

七、BCD-32A 型差动保护的整定计算

BCD 系列的差动保护是利用差动原理制成，并附有比例制动回路和 2 次谐波制动回路，以防止变压器空投及外部故障时发生误动作的保护装置。其定值的整定计算按下述步骤：

（1）计算变压器各侧额定电流，即

$$I_e = \frac{S_e}{\sqrt{3}U_e} \tag{15-57}$$

式中 S_e——变压器的最大额定容量；

U_e——计算侧的额定电压。

（2）计算各侧电流互感器二次绕组对保护装置的输入电流，即

$$K'_{e\text{I}} = \frac{K_{jx}I_{e\text{I}}}{n_{LH\cdot\text{I}}}$$

$$K'_{e\text{II}} = \frac{K_{jx}I_{e\text{II}}}{n_{LH\cdot\text{II}}}$$

$$K'_{e\text{III}} = \frac{K_{jx}I_{e\text{III}}}{n_{LH\cdot\text{III}}} \tag{15-58}$$

式中 $I_{e\text{I}}$、$I_{e\text{II}}$、$I_{e\text{III}}$——各侧变压器的额定电流；

$n_{LH\cdot\text{I}}$、$n_{LH\cdot\text{II}}$、$n_{LH\cdot\text{III}}$——各侧电流互感器变比；

K_{jx}——各侧电流互感器接线系数。

（3）确定保护装置各侧抽头的整定值。各侧抽头的整定值以 n_I、n_II、n_III 代表。取 I'_{e1}、I'_{e2}、I'_{e3} 中之最大者为参考值。其余两侧计算为

$$\frac{I'_{e\text{I}}}{n_\text{I}} = \frac{I'_{e\text{II}}}{n_\text{II}} = \frac{I'_{e\text{III}}}{n_\text{III}} \tag{15-59}$$

在保护装置各插头板上选取最接近上述计算得的 n_I、n_II、n_III，但小于计算值的实际插头整定值，并以 N_I、N_II、N_III 代表。进一步地细调平衡，则由面板上的电位器调节。

（4）计算出各侧在变压器额定容量下流入保护装置各臂的二次额定电流，应不超过表

15-2 所列插头的调节电流。

表 15-2　　流入保护装置各臂的二次额定电流（A）

整定插头位置		3	3.5	4.2	5	8.7
插头调节电流（A）	5	3	3.5	4.2	5	8.7
	1	0.6	0.7	0.84	1	1.74
调节电流下的损耗（VA）		3	3	3	3	5

（5）确定制动系数。制动系数计算为

$$K_z = \alpha + \beta + \gamma \tag{15-60}$$

式中　α——电流互感器误差，取 0.1；

β——变压器带有调节抽头时，取分接头范围之半；一般的可取 0.1；

γ——可靠系数，一般取 0.1～0.2。

（6）整定继电器动作电流。动作电流计算为

$$I_{dz} = (\alpha_1 + \beta + \gamma)I_e \tag{15-61}$$

式中　α_1——正常运行时电流互感器的最大误差（一般取为 0.01～0.05）；

β、γ——与“(5)”项符号意义同；

I_e——变压器的额定电流。

（7）差动电流速断保护整定。为躲过变压器励磁涌流的影响，差动电流速断可按表 15-3 整定。表中 I_e 为变压器额定电流。

表 15-3　　差动电流速断保护整定值选择表

变压器接线组别	额定容量（MVA）	变压器电源	
		在高压侧	在低压侧
Y，y	<10	$20I_e$	$20I_e$
Y，y	>10	$13I_e$	$13I_e$
Y，d（低压）	任何容量	$8I_e$	$13I_e$

（8）差电流闭锁元件整定。差电流闭锁元件的动作电流计算为

$$I_{dz \cdot bs} = 0.8 I_{dz} \tag{15-62}$$

式中　I_{dz}——差动元件动作电流；

$I_{dz \cdot bs}$——差电流闭锁元件动作电流。

八、JCD-2A 及 JCD-4A 差动保护整定

JCD-2A 及 JCD-4A 型差动保护装置均按间断角原理构成，并带有两侧制动及四侧制动

性能的保护装置。JCD-2A 型作为双绕组变压器的差动保护；JCD-4A 型作为三绕组变压器和自耦变压器的差动保护。其定值计算如下：

（1）计算变压器各侧额定电流，即

$$I_e = \frac{S_e}{\sqrt{3}U_e} \tag{15-63}$$

式中 S_e——变压器最大额定容量；

U_e——计算侧额定电压。

（2）计算各侧在额定情况下流入继电器各臂的二次电流，即

$$\begin{aligned} i_{e\text{I}} &= \frac{K_{jx}I_{e\text{I}}}{n_{LH\cdot\text{I}}} \\ i_{e\text{II}} &= \frac{K_{jx}I_{e\text{II}}}{n_{LH\cdot\text{II}}} \\ i_{e\text{III}} &= \frac{K_{jx}I_{e\text{III}}}{n_{LH\cdot\text{III}}} \end{aligned} \tag{15-64}$$

式中 $n_{LH\cdot\text{I}}$、$n_{LH\cdot\text{II}}$、$n_{LH\cdot\text{III}}$——各侧的电流互感器变比；

$I_{e\cdot\text{I}}$、$I_{e\cdot\text{II}}$、$I_{e\cdot\text{III}}$——各侧的额定电流；

K_{jx}——电流互感器接线系数。当为 Y 接线时为 1；当为△接线时为$\sqrt{3}$。

根据式（15-64）计算的 $i_{e\text{I}}$、$i_{e\text{II}}$、$i_{e\text{III}}$，给出保护装置各电压侧电抗互感器的整定电流值，供试验单位作电流平衡调试之用。在产品说明书中规定电流平衡调整范围为 3～10A（当二次回路额定电流为 5A 时）。

（3）差动元件动作电流整定。由于 JCD 系列差动保护系按间断角原理构成，并带有多侧制动作用，故差动元件之动作电流只需按躲开正常运行时的最大不平衡电流整定，即

$$\begin{aligned} I_{dz} &= K_k(K_{tx}f_iI_e + \Delta U_\text{I}I_e + \Delta U_\text{II}I_e) \\ &= K_k(K_{tx}f_i + \Delta U_\text{I} + \Delta U_\text{II})I_e \end{aligned} \tag{15-65}$$

式中 K_k——可靠系数，取 1.5；

K_{tx}——电流互感器同型系数。同型号时取 0.5；异型号时取 1；

f_i——电流互感器误差，取 0.1；

ΔU_I、ΔU_II——分别为Ⅰ、Ⅱ侧调压抽头引起的误差，可取调压范围之半。

例如可得 $I_{dz} = 1.5(0.1 + 0.05 + 0.05)I_e = 0.3I_e$。

一般产品说明书上规定动作电流的整定范围约为 25%～50%额定电流。

（4）电流闭锁元件之整定：可按与差动元件在灵敏度上相配合计算，即

$$I_{dz\cdot bs} = K_pI_{dz\cdot cd} \tag{15-66}$$

式中 $I_{dz\cdot cd}$——差动元件动作电流；

$I_{dz\cdot bs}$——电流闭锁元件动作电流；

K_p——配合系数，取 0.8。

（5）差电流速断保护整定，差电流速断保护仅按差电流原理动作，无间断角闭锁回路，故动作电流计算为

$$I_{dz\cdot cd} = K_k I_e \tag{15-67}$$

式中 K_k——可靠系数，取 8～15。对大型变压器，可取较小值；对小型变压器，取较大值；

$I_{dz\cdot cd}$——差电流元件动作电流；

I_e——变压器额定电流。

（6）计算制动系数。继电器制动系数一般出厂时已经调整好，不必作特别的计算。当需计算时，应为

$$K_{zd} = K_k\left(\frac{\Delta U\%}{100} + 0.1 + \frac{\Delta m\%}{100}\right) \tag{15-68}$$

式中 K_k——可靠系数，取 1.3～1.5；

$\Delta U\%$——变压器调节分接头范围；

0.1——电流互感器误差；

$\Delta m\%$——考虑平衡措施后的变比误差。

变压器保护的 K_{zd} 值一般大于 0.2，取 0.2～0.3 即可。

九、JCD-62 及 JCD-63 型差动保护装置整定计算

JCD-60 系列差动保护是按谐波制动原理构成，具有多侧制动的作用，其定值整定计算的步骤及方法，与 JCD-2A、JCD-4A 型差动保护基本相似，可结合产品说明书及上述“八”的方法计算。该继电器的主要参数为：

（1）继电器的动作电流，其整定范围为：

1）差动元件按 25%～50%的额定电流整定。

2）差动速断元件按 6～12 倍额定电流整定。对大型变压器，应按 10 倍以上额定电流计算。

（2）继电器的各侧电流平衡调整范围为 3～10A。

（3）继电器的制动系数不作特殊的计算及调整。

十、变压器零序电流差动保护及整定计算

（一）变压器零序电流差动的特点及使用

运行经验证明，根据该保护的原理及定值不必躲过变压器的励磁涌流，因此变压器装设零序电流差动保护对于变压器中性点直接接地侧的单相接地故障，较之变压器装设的一般差动保护装置的灵敏度为高。故当一般差动保护对接地故障时灵敏度不够时，可考虑增设零序电流差动保护装置。

（二）变压器零序电流差动保护电流互感器变比的选择

在变压器的零序阻抗等值电路中，变压器各侧零序电流的分布如图 15-5 所示。在自耦变压器等值电路中，各分支电路零序电流的分布为：按等值电路表示时，则以故障点电压级表示，在接地分支电路中的电流代表变压器第三绕组中的零序电流（经过变压器变压比的变换）；对按三相电路方式表示的等值电路中，则以各侧实际电压表示出其零序电流，也即为电路中之实际电流。

从上述电路中零序电流的分布可以看出，其三个分支电路中的零序电流之和等于零，因

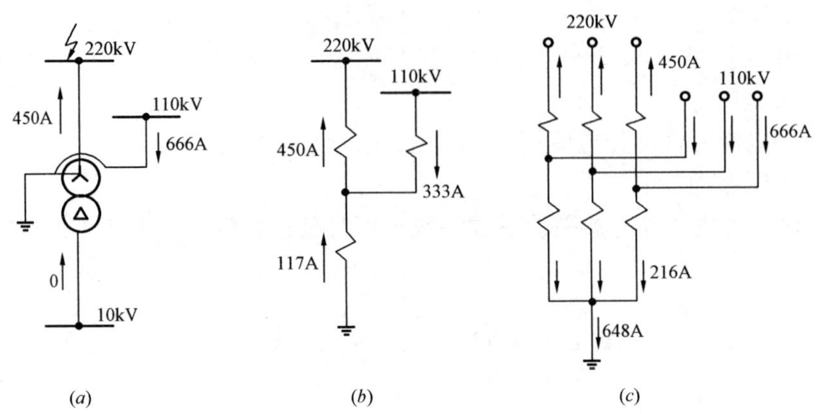

图 15-5　自耦变压器各侧零序电流分布图

（a）原理接线图；（b）等值电路电流分布图（以故障侧母线电压为基准）；
（c）三相电路中的电流分布图

此三个支路中零序电流的变流器变比应该相等。若实际变流器之变流比不同，则可采用平衡的措施，例如采用平衡线圈加以平衡。对于一般变压器也有相同的结论。

（三）零序电流差动保护的接线方式

下面为几种典型的零序电流差动保护的交流回路的接线方式：

1. 对于自耦变压器

图 15-6 示出自耦变压器零序电流差动保护交流回路接线图。其中：图 15-6（a）为变压器中性点侧装设三相电流互感器的接线；图 15-6（b）为变压器中性点侧装设一只电流互感器的接线。

2. 对于三绕组变压器

三绕组变压器零序电流差动保护接线，如图 15-7 所示。其中：图 15-7（a）中设有一套零序电流差动保护；图 15-7（b）中设有两套零序电流差动保护。

3. 对于双绕组变压器

双绕组变压器零序电流差动保护交流回路接线，如图 15-8 所示。其中：图 15-8（a）为中性点侧采用一只电流互感器的接线；图 15-8（b）为中性点侧采用三相电流互感器的接线。

（四）变压器零序电流差动保护整定计算

其定值计算按如下条件进行：

（1）按躲过变压器外部发生接地短路故障时产生的最大不平衡电流计算，即

$$I_{dz0}=K_k(f_i+\Delta f_{\mathrm{I}}+\Delta f_{\mathrm{II}})3I_{0\cdot\max} \tag{15-69}$$

式中　K_k——可靠系数，取 1.3～1.5；

f_i——电流互感器误差，取 0.1；

Δf_{I}、Δf_{II}——差动继电器平衡线圈计算匝数与实际采用匝数不等所引起的相对误差，计算时一般取 0.05。其详细校验可参照相间差动保护（BCH-2）整定计算的有关部分；

$3I_{0\cdot\max}$——外部故障时流过变压器的零序电流（以短路点侧的额定电压为基准表示）最大值。

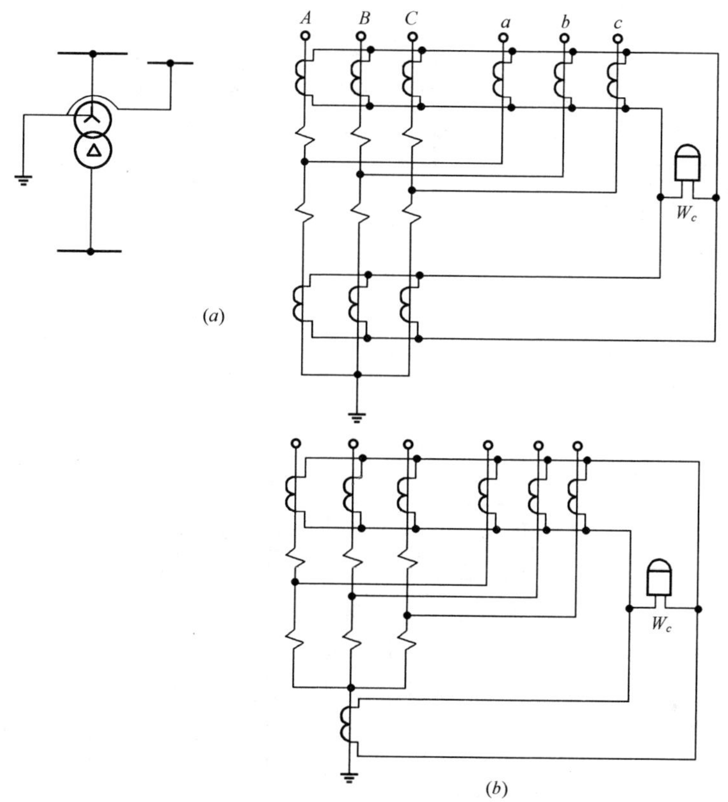

图 15-6　自耦变压器零序电流差动保护交流回路接线图

（a）中性点侧采用三相电流互感器的接线；（b）中性点侧采用一只电流互感器的接线

由于当外部接地故障时，对于零序差动保护而言，总的零序电流之和恒为零（即流入零序差动回路之零序电流等于流出零差回路的零序电流），故计算中不必考虑电压调整分接头的影响。公式中无 Δu 项。

（2）按躲过变压器外部三相短路故障所产生的最大不平衡电流计算，即

$$I_{dz0}=K_k f_i I_{d\cdot\max}^{(3)} \tag{15-70}$$

式中　K_k——可靠系数，取 1.5；

f_i——电流互感器误差，取 0.1；

$I_{d\cdot\max}^{(3)}$——变压器外部三相短路故障时，流过变压器的最大短路电流。

（3）按躲过变压器零序差动保护二次回路断线计算，即

$$I_{dz0}=K_k I_e \tag{15-71}$$

式中　K_k——可靠系数，取 1.3；

I_e——变压器的额定电流（对自耦变压器，应取其最大容量下的额定电流），一般取变压器中压侧的额定电流。

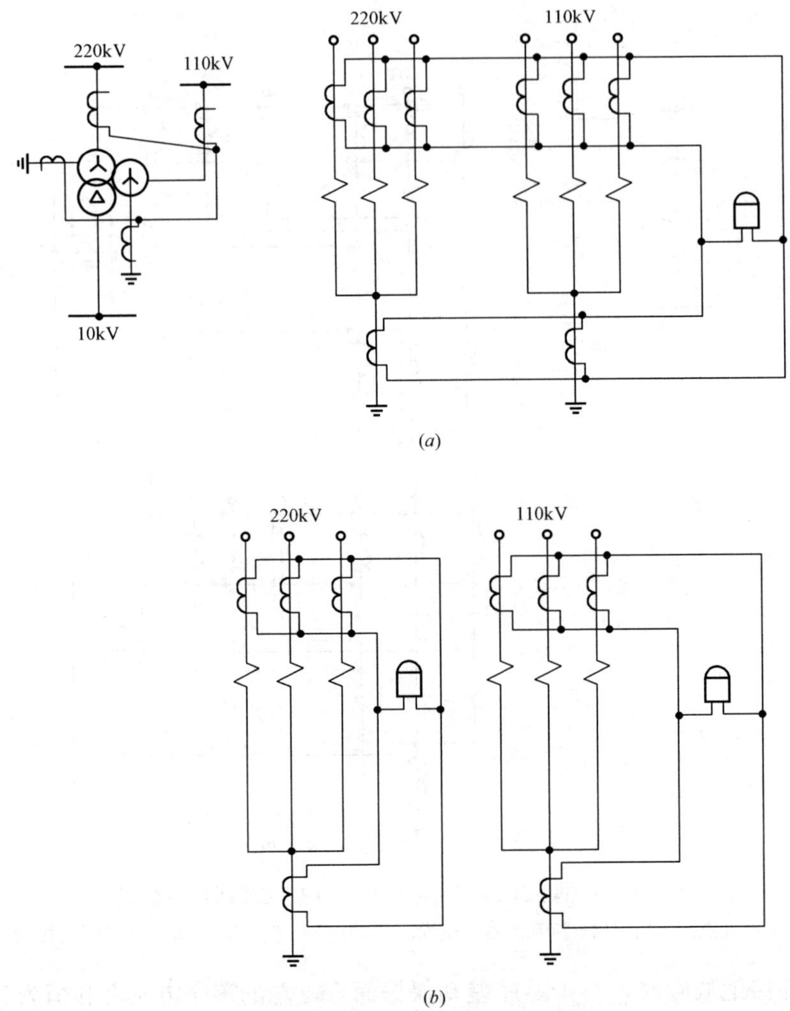

图 15-7 三绕组变压器零序电流差动保护交流回路接线图

(a) 采用一套零序电流差动保护的接线；(b) 采用两套零序电流差动保护的接线

对零序电流差动保护，可以不考虑变压器励磁涌流的影响。因为励磁涌流不流入变压器零序电流差动保护的差回路。

选取上述计算的最大值作为零序电流差动保护的动作电流值。

(五) 继电器差动线圈匝数及平衡线圈匝数计算

零序电流差动保护继电器的动作电流为

$$i_{dz0}=\frac{I_{dz0}}{n_{LH\cdot j}} \tag{15-72}$$

式中 I_{dz0}——零序电流差动保护动作电流；

$n_{LH\cdot j}$——电流互感器变比。

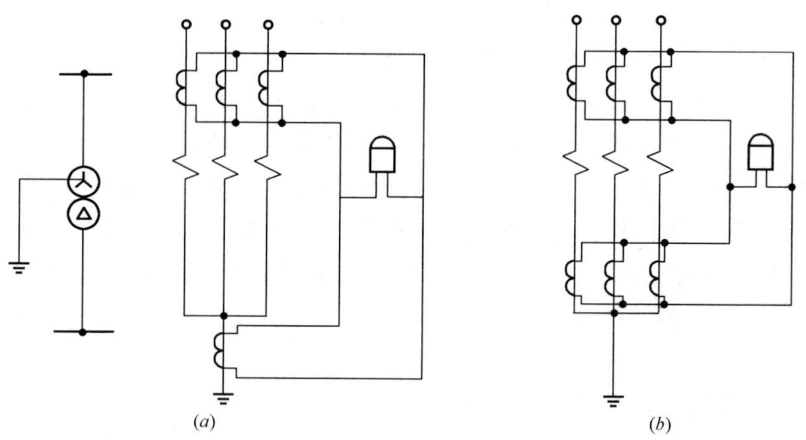

图 15-8 双绕组变压器零序电流差动保护交流回路接线图

（a）中性点侧采用一只电流互感器的接线；（b）中性点侧采用三相电流互感器的接线

则得

$$W_c = \frac{60}{i_{dz0}} \tag{15-73}$$

式中 W_c——继电器差动线圈匝数；

60——差动继电器的动作安匝。

当平衡线圈接于继电器二次电流小的一侧时，则

$$W_c n_{LH\cdot\max} = n_{LH\cdot\min}(W_c + W_{ph\cdot js})$$

$$W_{ph\cdot js} = \frac{W_c n_{LH\cdot\max}}{n_{LH\cdot\min}} - W_c \tag{15-74}$$

式中 $n_{LH\cdot\max}$、$n_{LH\cdot\min}$——电流互感器的最大及最小变比；

W_c——继电器差动线圈匝数；

$W_{ph\cdot js}$——平衡线圈计算匝数。

（六）零序电流差动保护的灵敏度校验

其灵敏度计算为

$$K_{lm} = \frac{3I_{0\cdot\min}}{I_{dz0}} \tag{15-75}$$

式中 $3I_{0\cdot\min}$——变压器内部接地故障时的最小零序短路电流（流入零序电流差动回路的最小零序总电流，以短路点电压表示），短路点选择在中压侧还是高压侧，应经计算比较确定。

十一、按全星形接线的变压器的相间差动保护电流互感器的接线

当变压器几侧绕组均按星形接线时，即所谓全星形接线时，在中性点直接接地系统中，变压器相间差动保护的接线，应该注意避免由于外部接地短路时引起差动保护误动作。因为

当变压器为全星形接线时，差动保护的接线无转角问题。当差动保护电流回路接为星形时(即各侧电流互感器均按星形连接)，将能够反映零序电流。但因相间差动保护电流回路不接入变压器中性点的电流互感器，致使零序电流无法得到平衡。因此，当外部发生接地故障时，从变压器中性点进入的零序电流将形成差电流而引起差动保护的误动作。

根据差动保护定值的计算分析，对于电磁型继电器的差动保护，其动作值一般约为 $I_{dz}=(1.3\sim1.5)I_e$。根据计算，一般全星形接线的差动保护不会误动作。但对晶体管型继电器的差动保护，其动作值一般为 $I_{dzc}=(0.2\sim0.5)I_e$，能否误动作，应作具体的计算分析。

当全星形接线变压器的相间差动保护各侧电流互感器按△形连接方式接线时，则可以避免上述误动作的缺点。

十二、简单的电流差动保护装置定值计算

对于容量在5600kVA以下的小容量变压器，可以考虑装设简单的电流差动保护装置。由于未装设躲过涌流的差动继电器，其躲涌流及非周期分量的性能较差。其定值计算可按下述几个条件进行：

(1) 按躲过励磁涌流整定，即

$$I_{dz}=K_kI_e \tag{15-76}$$

式中 I_e——变压器额定一次电流；

K_k——可靠系数，取3～5。对小容量变压器，取较大值，对大容量变压器取较小值。

(2) 按躲过外部故障时的最大不平衡电流整定，即

$$I_{dz}=K_k(K_{tx}f_iK_{fzq}+\Delta U+\Delta f)I_{d\cdot\max} \tag{15-77}$$

式中 K_k——可靠系数，取1.3～1.5；

K_{tx}——电流互感器同型系数。同型号时，取0.5；异型号时，取1；

f_i——电流互感器误差，取0.1；

K_{fzq}——非周期分量系数，取1.5～2；当短路电流对变压器额定电流的倍数大者，可取较大值；

ΔU——电压分接头调节，可取调节范围之半；

Δf——平衡不准确产生的误差，开始计算时可暂取0.05。一般采用中间变流器平衡。当需代入实际不平衡时的 Δf 时，应首先计算出变压器两侧的二次电流（额定值下）。当两侧二次电流不等时，用中间电流互感器平衡。其接法按能减少传变误差考虑，即应用降流法，以小电流一侧作为基本侧。

取按上述条件计算的较大值作为动作电流定值。

差动保护灵敏度的校验：应按变压器内部故障时的最小短路电流计算，即

$$K_{lm}=\frac{I_{d\cdot\min}}{I_{dz}} \tag{15-78}$$

式中 $I_{d\cdot\min}$——变压器内部故障时的最小短路电流；

I_{dz}——差动保护动作电流值。

要求 K_{lm}应不小于 2。

第 15-3 节　变压器后备保护整定计算

一、概述

为了防止变压器外部故障引起的过电流及作为变压器之后备保护，在变压器上装设带低电压或不带低电压闭锁的过电流保护装置。如果其灵敏度不够，或为了简化保护接线，也可装设带复合电压闭锁的过电流保护。

变压器过电流保护的装设可按以下原则确定：

(1) 对于单侧电源的变压器。后备保护装设于电源侧，作为差动保护、瓦斯保护的后备或相邻元件的后备。

(2) 对于多侧电源的变压器。后备保护应装设于变压器各侧。其作用为：

1) 作为变压器差动保护的后备。要求它动作后起动总出口继电器。对于零序过电流保护，由于变压器中性点接地而使零序电流分布发生变化，往往会使零序电流保护的灵敏度降低，因此要求在变压器的两侧均装设能动作于总出口的零序电流保护段。对于相间过电流保护，则一般可只在主电源侧装设动作于总出口的保护段，但该保护段对变压器各电压侧的故障均能满足灵敏度的要求。

2) 变压各侧装设的后备保护，主要作为各侧母线和线路的后备保护，故要求只动作于跳开本侧的断路器。

3) 作为变压器断路器与其电流互感器之间死区故障的后备保护。

二、变压器的过电流保护

简单的过电流保护，适用于容量不大的单侧电源变压器，作为变压器的后备保护。其整定值可按下述条件计算：

(1) 按躲开变压器可能的最大负荷电流整定，即

$$I_{dz}=\frac{K_k}{K_f}I_{fh\cdot\max} \tag{15-79}$$

式中　K_k——可靠系数，取 1.1～1.2；

K_f——返回系数，取 0.85；

$I_{fh\cdot\max}$——变压器最大负荷电流。当为几台变压器并列运行时，应考虑其中一台大变压器突然断开后，该整定变压器可能增加的负荷电流。

对于容量相同的几台变压器并列运行时，其最大负荷电流计算为

$$I_{fh\cdot\max}=\frac{n}{n-1}I_e \tag{15-80}$$

(2) 按躲过负荷自起动的最大工作电流整定。当系统某处故障而被切除后，因电压恢复，负荷中的动力负荷将产生自起动电流。保护定值计算为

$$I_{dz}=K_kK_{zqd}I_e \tag{15-81}$$

式中　K_k——可靠系数，取 1.2～1.3；

K_{zqd}——自起动系数。对 35kV 及以上电压级负荷，可取 1.5～2；对 6～10kV 电压级负荷，取 1.5～2.5。当综合负荷中的动力负荷比重较大时，取较大的系数值。也可根据实际负荷之组成及自起动负荷的起动系数进行计算；

I_e——变压器额定电流。

（3）按躲过变压器低压母线自动投入负荷整定，即

$$I_{dz} = K_k(I_{fh \cdot \max} + K_{zqd} I_{fh \cdot zt}) \tag{15-82}$$

式中 K_k——可靠系数，取 1.2；

$I_{fh \cdot \max}$——正常运行时的最大负荷电流；

$I_{fh \cdot zt}$——自动投入部分的负荷电流；

K_{zgd}——自动投入负荷的自起动系数，取 1.5～2.5。

（4）按与相邻保护相配合整定。当变压器低压侧具有出线保护时，应相配合。其动作电流计算为

$$I_{dz} = K_k I'_{dz} \tag{15-83}$$

式中 K_k——保护可靠系数，可取 1.2～1.5，主要考虑到有分支负荷电流的影响。当某分支在较远处短路时，若变压器母线之残压较高，对非故障分支负荷电流无大的影响，故应取较大的 K_k 值；

I'_{dz}——变压器低压出线电流保护定值，应取各出线中之最大者。

变压器过电流保护动作时间：按与相邻保护的后备保护动作时间相配合，即

$$t_b = t' + \Delta t$$

式中 t_d——变压器后备过电流保护动作时间；

t'——相邻保护后备保护动作时间。

保护灵敏度校验：按变压器低压母线故障时的最小短路电流计算，即

$$K_{lm} = \frac{I_{d \cdot \min}}{I_{dz}} \tag{15-84}$$

式中 $I_{d \cdot \min}$——变压器低压母线故障最小短路电流。计算时尚应考虑变压器的接线、短路故障的类型及过电流保护的接线方式等因素，取最严重的情况。参见第一章第 1-6 节所述。

三、变压器带电压闭锁的过电流保护

对升压变压器、大容量降压变压器，系统间的联络变压器以及其他负荷电流变化较大的变压器等，均可能出现短时间的过负荷运行方式。当采用一般简单的过电流保护灵敏度不够时，可装设带电压闭锁的过电流保护装置，这样其电流定值计算可不考虑变压器的短时过负荷电流。对于三绕组变压器，应在各侧分别装设电压闭锁的过电流保护。对于装设在主电源侧（大系统侧）的电压闭锁过电流保护，动作后应起动总出口继电器，切除三侧断路器。为了两侧之间的配合，可在主电源侧增装一段带有方向的保护段（其方向指向该侧母线）。

1. 电压闭锁元件定值的整定

（1）三相低电压闭锁方式的接线及定值整定。对于主变压器为 Y，y 接线方式时，电压继电器接入线电压。对于主变压器为 YN，d 接线方式时：若继电器接入线电压，则只能正

确测量在装设低电压元件一侧的不对称短路残压；若继电器接入相电压，则只能正确测量变压器另一侧的不对称短路残压。为了正确反映各侧的不对称短路残压，必要时在各侧均装设一套低电压闭锁元件。

电压元件的动作电压计算为

$$U_{dz}=\frac{U_{e\cdot\min}}{K_kK_f} \tag{15-85}$$

式中 K_k——可靠系数，取 1.2～1.25；

K_f——返回系数，取 1.15～1.2；

$U_{e\cdot\min}$——最低运行电压，取 $0.9U_e$；

U_e——额定电压。

灵敏度计算为

$$K_{lm}=\frac{U_{dz}}{U_{cy\cdot\max}} \tag{15-86}$$

式中 $U_{cy\cdot\max}$——校验点故障时，电压继电器装设母线上的最大残压。

要求 $K_{lm}\geqslant1.25$。

（2）复合电压闭锁元件的定值计算。复合电压闭锁元件，即由接于相间电压上的低电压继电器和接于负序电压上的负序电压继电器组成的电压闭锁元件。由于装设有负序电压继电器，故在后备范围内发生不对称短路时，负序电压元件的灵敏度不受变压器接线方式之影响（即能够测量各侧残压的正确值）。装设于相间电压上的低电压继电器（可只装设一相），则主要反应三相短路时的母线残压。因此，复合电压闭锁元件只需装设于变压器一侧，一般即可正确测量变压器的故障残压，其接线因而比较简单。其电压元件定值计算：

1）对接在相间电压的低电压元件，其定值计算为

$$U_{dz}=\frac{U_{e\cdot\min}}{K_kK_f} \tag{15-87}$$

式中 $U_{e\cdot\min}$——系统最低运行电压，取 $0.9U_e$；

K_k——可靠系数，取 1.2～1.25；

K_f——返回系数，取 1.15～1.2。

2）对于负序电压元件，按躲过正常运行时的最大不平衡电压计算，即

$$U_{dz2}=(0.06\sim0.07)U_e \tag{15-88}$$

灵敏度校验：按变压器另一侧不对称短路时的最低负序电压计算，即

$$K_{lm}=\frac{U_{cy\cdot2\min}}{U_{dz2}} \tag{15-89}$$

式中 $U_{cy\cdot2\cdot\min}$——变压器另一侧短路时保护反应的最低负序电压。

要求 $K_{lm}\geqslant1.25$。

2. 电流元件定值计算

按下述条件计算，取其中最大值。

（1）按变压器额定电流整定，即

$$I_{dz} = \frac{K_k}{K_f} I_e \tag{15-90}$$

式中 I_e——变压器额定电流；

K_k——可靠系数，取 1.15～1.2；

K_f——返回系数，取 0.85。

（2）对于三绕组变压器，除按额定电流条件外，还需考虑变压器两侧保护定值的配合。

1）对于单侧电源变压器，两侧保护定值之间的配合，应考虑因变压器抽头变动所引起的配合系数的影响。

2）对于多侧电源变压器，不带方向保护的电流元件定值的整定，应按配合顺序考虑。例如，对单侧电源变压器电流元件定值之配合，如图 15-9 所示，其定值应计算为

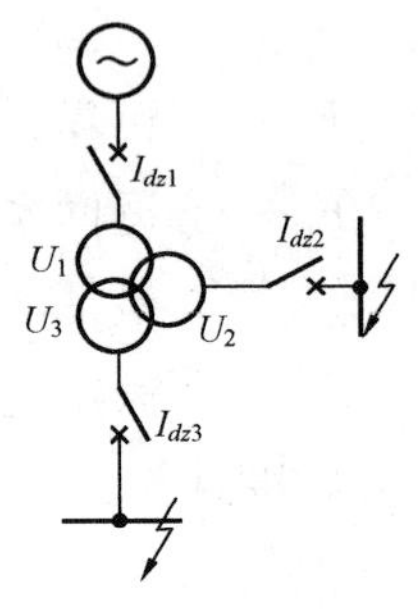

图 15-9 单侧电源变压器电流保护定值配合图

$$\left.\begin{aligned} I_{dz\cdot1} &= K_p I_{dz\cdot2} \\ I_{dz\cdot1} &= K_p I_{dz\cdot3} \end{aligned}\right\}$$

式中 K_p——配合系数，一般取 1.15～1.25。此系数中包括了变压器各侧电压分接头变动引起的影响。对带负荷调压变压器，可取较大数值。此因素可分析如下：以高、中压侧之配合为例，如已知中压侧电流定值为 $I_{dz\cdot2}$，则当高压分接头为 $0.95U_e$，中压侧分接头为 $1.05U_e$，则高压侧电流保护定值尚应考虑以下关系，即 $I_{dz\cdot1} = K'_p \frac{1.05}{0.95} I_{dz\cdot2}$（其中 K'_p 为未考虑电压分接头影响时的配合系数，$I_{dz\cdot2}$ 为已折算至高压侧的中压侧电流定值）。

灵敏度的校验：按变压器另一侧相间短路时，流过保护装置的最小短路电流计算，即

$$K_{lm} = \frac{I_{d\cdot\min}}{I_{dz}} \tag{15-91}$$

式中 $I_{d\cdot\min}$——变压器另一侧短路时的最小短路电流。

要求 $K_{lm} \geqslant 1.25$。

3. 电压闭锁过电流保护的动作时间整定

（1）单侧电源变压器：动作时间应与负荷侧出线保护动作时间相配合，如图 15-10 所示，即

$$t_3 = t_1 + \Delta t$$

$$t_4 = t_2 + \Delta t$$

$$\begin{cases} t_5 = t_3 + \Delta t \\ t_5 = t_4 + \Delta t \end{cases}$$

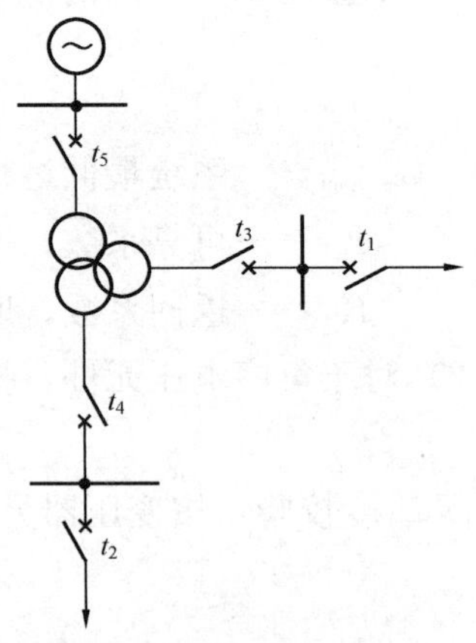

图 15-10 单电源变压器后备保护时间配合

（2）多侧电源变压器：有三侧电源的多绕组变压器，三侧均应装设后备保护，且在动作时间小的一侧尚应加装方向元件。当加装了方向元件后，仍应保证当变压器内部故障时有后备保护段的措施。要求在各种运行方式下，有一侧保护对三侧母线均有足够的灵敏度，动作后切除三侧断路器的时

间段。若灵敏度不满足，必要时可装设负序过电流保护。依据上述原则，保护动作时间的配合为：各侧的后备保护动作时间与各侧出线动作时间相配合。动作后跳三侧断路器的保护段的动作时间，应能与各侧的保护动作时间相配合。例如图 15-11 所示的变压器后备保护动作时间的配合：

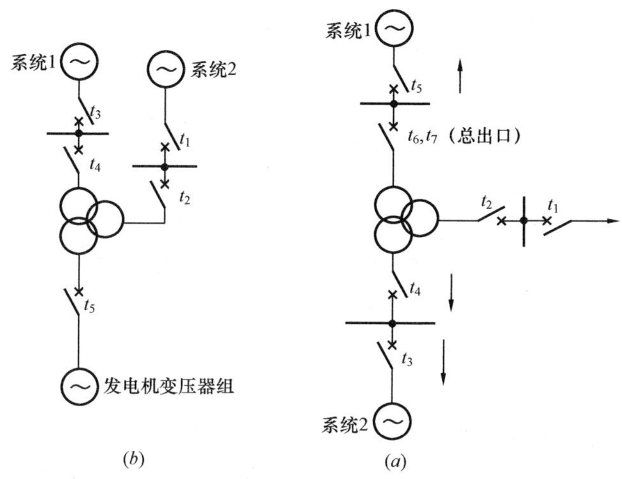

图 15-11　多电源变压器后备保护动作时间配合图

1）对图 15-11（a），有关系式

$$t_2 = t_1 + \Delta t$$

$$t_4 = t_3 + \Delta t (t_4 < t_6 \text{ 时，应加装方向元件})$$

$$t_6 = t_5 + \Delta t$$

$$\begin{cases} t_7 \geqslant t_6 + \Delta t \\ t_7 \geqslant t_4 + \Delta t \\ t_7 \geqslant t_2 + \Delta t \end{cases}$$

t_5、t_3 处的保护带有指向线路的方向元件。

2）对图 15-11（b），有关系式

$$\begin{cases} t_5 \geqslant t_2 + \Delta t \\ t_5 \geqslant t_4 + \Delta t \end{cases}$$

$$t_2 = t_1 + \Delta t (\text{若 } t_2 < t_4\text{，尚应加装方向元件})$$

$$t_4 = t_3 + \Delta t$$

四、变压器的负序电流保护

对于大型变压器，为提高后备保护灵敏度，必要时可装设负序电流保护。其特点是：保护装置的构造简单，在不对称短路时灵敏度高；其缺点为：不能反映三相短路，定值的计算及配合较复杂。负序电流保护定值的整定按下述条件：

（1）按躲过正常运行时负序滤过器的不平衡电流整定，即

$$I_{dz2} = (0.1 \sim 0.2) I_e \tag{15-92}$$

式中　I_e——变压器额定电流。

(2) 对中性点直接接地系统，当线路一相断线时，应与相邻线路零序电流保护在灵敏度上相配，如图 15-12 所示系统。负序电流保护动作电流计算为

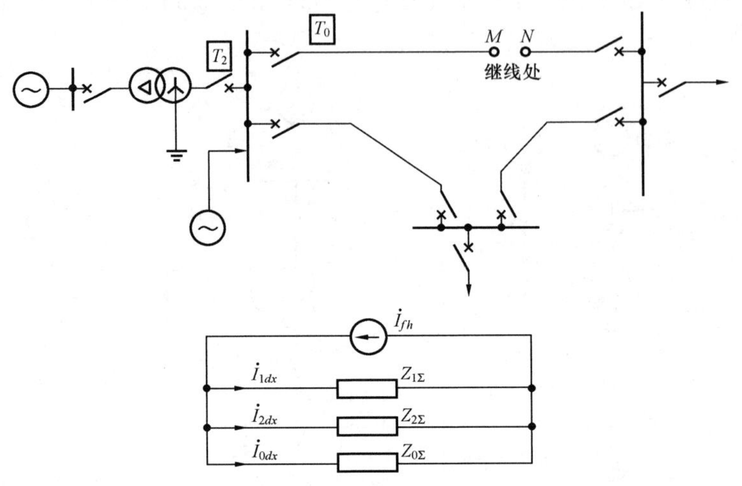

图 15-12　一相断线时，确定负序电流系统结线图及序网图

$$
\begin{aligned}
I_{dz\cdot 2} &= K_k K_{2\cdot fz} I_{2\cdot dx} \\
&= K_k K_{2\cdot f2} \frac{I_{dz\cdot 0}}{3} \times \frac{Z_{0\Sigma}}{Z_{2\Sigma}}
\end{aligned}
\tag{15-93}
$$

式中　K_k——可靠系数，取 1.2；

$K_{2\cdot fz}$——负序电流分支系数，等于流过保护安装处的负序电流与流过断线点负序电流之比；

$I_{dz\cdot 0}$——断线线路零序电流保护后备段的动作电流；

$I_{2\cdot dx}$——流过断线点的负序电流（相应于发生断线线路上的零序电流保护后备段处于动作边缘）；

$Z_{0\Sigma}$、$Z_{2\Sigma}$——分别为断线点的零序及负序综合输入阻抗。在计算时，应考虑最严重的运行方式，即选择使 $K_{2\cdot fz}$ 及 $Z_{0\Sigma}/Z_{2\Sigma}$ 数值最大的运行方式。

(3) 在中性点直接接地系统中，应与相邻线路上的零序电流保护在灵敏度上相配合。当相邻线路零序电流保护后备段末端发生接地故障时，为了简化计算，假定故障线路对端断路器已先断开，此时负序电流保护动作电流按下述情况计算：

1) 对两相短路接地故障，计算为

$$
I_{dz2} \geqslant K_k^{(1.1)} \frac{K_{2\cdot fz}}{K_{0\cdot fz}} \times \frac{I_{dz0}}{3} \times \frac{Z_{0\Sigma}}{Z_{2\Sigma}}
\tag{15-94}
$$

式中　$K_{0\cdot fz}$——零序电流分支系数；

其他符号含义与式 (15-93) 中的相同。

2) 对单相接地短路时，计算为

$$I_{dz2} = K_k^{(1)} \frac{K_{2 \cdot fz}}{K_{0 \cdot fz}} \times \frac{I_{dz \cdot 0}}{3} \tag{15-95}$$

式中　$K_k^{(1)}$、$K_k^{(1.1)}$——可靠系数。$K_k^{(1)}$ 取 1.1～1.2；$K_k^{(1.1)}$ 取 1.2～1.3。

I_{dz0}——零序电流保护后备段的动作电流。

$K_{0 \cdot fz}$——零序电流分支系数，即流过零序保护安装处的零序电流与流过故障线零序电流之比。

$Z_{2\Sigma}$、$Z_{0\Sigma}$——系统对接地故障处的负序、零序综合阻抗。

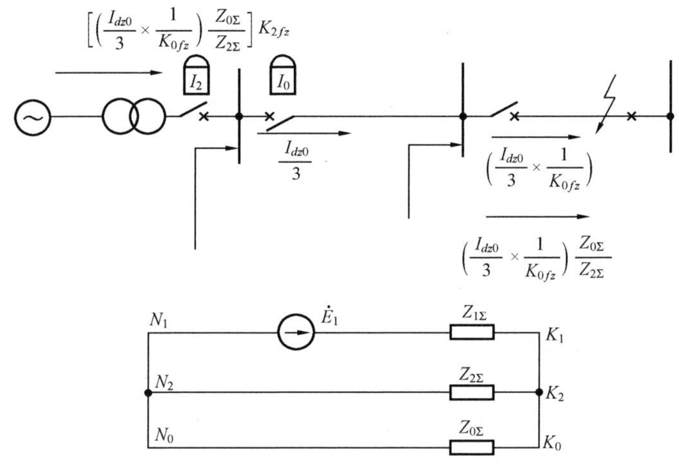

图 15-13　变压器负序电流保护与相邻零序电流保护定值配合图

（4）按与相邻线路距离保护后备段（Ⅲ段）末端故障且假定故障线对端的断路器已先断开时相配合整定，即

$$I_{dz2} \geqslant K_k K_{2 \cdot fz} \frac{E_\varphi}{2Z_\Sigma} \tag{15-96}$$

式中　E_φ——系统相电势；

K_k——可靠系数，取 1.1～1.2；

$K_{2 \cdot fz}$——负序电流分支系数，即流过保护处的负序电流与流过故障线路的负序电流之比；

Z_Σ——在最大运行方式下，系统至距离保护Ⅲ段范围末端的阻抗值。

（5）变压器负序电流保护整定时应注意以下几点：

1）在按灵敏度配合时，允许只考虑主要的常见运行方式。

2）在中性点直接接地系统中，允许只考虑与相邻线路的零序电流保护（接地保护）相配合。

3）当线路的后备保护对其后备范围末端有足够灵敏度时，则变压器负序电流保护可不与这些线路上的后备保护在灵敏度上相配合，而只要求与其动作时间相配合。负序电流保护之动作电流可按保证在变压器后备保护范围末端有足够灵敏度时计算即可。

（6）变压器负序电流保护灵敏度的校验：其灵敏度计算为

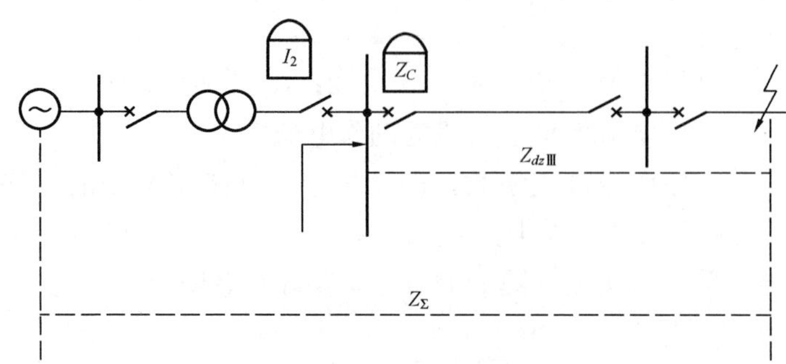

图 15-14　变压器负序电流保护与相邻距离保护相配合图

$$K_{lm}=\frac{I_{d2\cdot\min}}{I_{dz2}} \tag{15-97}$$

式中　$I_{d2\cdot\min}$——变压器后备保护范围末端故障时流过保护安装处的最小负序电流。

要求 $K_{lm}\geqslant 1.25$。

五、变压器的零序电流保护

（一）变压器零序电流保护的装设及作用

（1）在中性点直接接地系统中，变压器增设零序电流保护。对于一般变压器，零序电流保护接于变压器中性点的电流互感器回路中（虽然也可接于各侧零序电流滤过器回路，但其保护范围不如接于中性点处的电流互感器上好）；对于自耦变压器，零序电流保护必须接于各侧的零序电流滤过器回路中。

（2）对于双绕组变压器，只在高压侧装设接地保护；对有两个中性点接地的三绕组变压器，和有三个电压等级的自耦变压器，应在两侧分别装设接地保护。

（3）中性点直接接地变压器的零序电流保护，主要为切除母线故障；在相邻线路上发生接地故障和在变压器内部发生故障时尽可能起后备保护作用。

（4）对单侧中性点接地变压器（包括兼有两侧系统为中性点接地系统，但变压器为一侧中性点接地）的零序电流保护，其第Ⅰ段零序电流定值可与线路接地保护Ⅰ段相配合，动作时间级差取为 Δt，动作之后跳母联开关；第Ⅱ段保护动作电流定值及动作时间与线路零序电流保护最后一段相配合，动作后跳变压器两侧开关；对三绕组变压器的第Ⅱ段保护还可有两个时限，以较小时限跳本侧开关，以较大时限跳主变压器三侧开关。

对有两侧中性点直接接地的三个电压等级的变压器，零序电流保护第Ⅰ段，一般可与线路零序电流保护的躲非全相一段相配合（必要时可带有方向），动作后以 0.3s 跳母联开关，以 0.5s 跳本侧开关；其零序电流保护Ⅱ段（根据配合需要可带方向或不带方向）可与线路零序电流保护最后一段相配合，动作后以较短时限跳本侧开关，以较长时限跳其他各侧开关。

（5）对降压变压器，如果中、低压侧没有电源（无发电机）时，即使高压侧中性点接地运行，其中性点的零序电流保护也没必要运行。

（二）变压器零序电流保护的定值计算

1. 带有方向的零序电流保护（方向指向本侧母线）

其定值计算为：

$$I_{dz0}=K_kK_{fz}I'_{dz0} \tag{15-98}$$

式中 K_k——可靠系数，取 1.1～1.15；

K_{fz}——零序电流分支系数；

I'_{dz0}——本侧母线上线路零序电流Ⅰ段或最后一段的动作电流。如线路采用单相重合闸，则此Ⅰ段动作值应指躲开非全相运行Ⅰ段而言。

2. 不带方向的零序电流保护

除按上述的配合方式与本侧母线上出线的零序电流保护的最后一段配合外，尚应与变压器其他侧的零序电流保护相配合，即

$$I_{dz0}=K_kK_{fz}I''_{dz0} \tag{15-99}$$

式中 I''_{dz0}——变压器另一侧的零序电流保护动作电流；

其他符号含义同式（15-97）。

保护灵敏度的校验：灵敏度计算为

$$K_{lm}=\frac{I_{d0\cdot\min}}{I_{dz0}} \tag{15-100}$$

式中 $I_{do\cdot\min}$——母线故障时，流过变压器的最小零序电流；

I_{dz0}——零序电流保护动作电流。

（三）变压器零序电流保护的动作时间

一般可按较相应配合的保护段动作时间大一个时间级差。但当两台变压器并列运行，而其中一台主变压器中性点不接地运行时，还应增加首先跳开中性点不接地变压器的跳闸回路（当该变压器为分级绝缘时），如图 15-15 所示。图中以 t_1 时间经 $3U_0$ 闭锁回路，先跳中性点不接地运行变压器；而以（$t_1+\Delta t$）的时限，再跳中性点接地的变压器开关；最后以 $t_1+2\Delta t=t_3$ 的时限，跳开接地运行变压器的三侧开关。

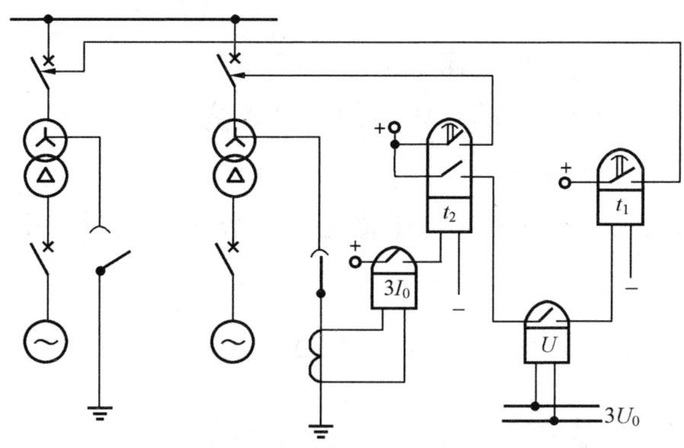

图 15-15 变压器零序过电流及零序过电压保护原理接线图

对于先跳不接地运行的变压器时，一般是动作于总出口较好，但应根据具体情况决定。有时为了加速切除母线故障（当母线无母差保护时），或者为了作为开关失灵保护之后备保护时，也可增加先跳母联开关的一个时间段，一般可取动作时间为0.5s。

（四）当线路采用单相重合间时变压器零序电流保护的定值计算

当线路采用单相重合闸时，在单相重合的过程中，系统出现非全相运行状态。对于线路保护接于M端子的保护段已经退出工作，故变压器零序电流保护应按与线路接于N端子或R端子的保护段相配合整定，以防止在线路重合闸过程中变压器零序电流保护越级动作跳闸。

六、变压器的零序过电压保护

在中性点直接接地系统中，为了使变电站的零序阻抗在各种运行方式下保持不变，以及为了降低整个电力系统的接地短路电流水平，必须限制变电所变压器中性点接地的数量和容量。例如当母线上有并列运行的变压器时，只允许一台或两台变压器中性点接地运行，其余变压器中性点按不接地方式运行。为防止系统产生的工频过电压对不接地运行变压器的危害，必须根据具体情况采取相应的措施。由于保护回路的构成不同，其定值的整定也不同。

（一）零序过电压保护的定值计算

在并列运行的变压器中，为保护中性点不接地变压器的安全运行，采用下述保护方案（参见图15-15），即按中性点接地运行变压器的零序过电流元件经过零序过电压元件后，以较短时限t_1切除中性点不接地运行的变压器。若此时零序电流仍未消失，则以较长时限$t_2=t_1+\Delta t$，切除中性点接地运行的变压器。此种保护方式将不会出现短暂的中性点不接地系统，因而其零序电压也不会太高，故保护的电压定值可以整定为较小值，即按下述条件计算：

(1) 按与变压器零序过电流（若有两段者可按与第Ⅱ段）保护范围相配合，使零序过电压保护范围不至于限制零序电流保护范围（即较零序电流保护范围大些）

$$U_{dz0}=\frac{I_{dz0}Z_{b0}}{K_k} \tag{15-101}$$

式中　I_{dz0}——变压器零序电流保护动作电流（$3I_0$）；

Z_{b0}——装设零序过电流保护的变压器的零序阻抗；

K_k——可靠系数，取1.3～1.5。

(2) 按躲过正常运行的最大不平衡电压整定，一般正常运行的不平衡电压大约为3～5V（以实测值为准），即

$$U_{dz0}=K_k\Delta U_{bp} \tag{15-102}$$

式中　K_k——可靠系数，取2；

ΔU_{bp}——正常运行不平衡电压（一般为3～5V）。

或按经验公式，即

$$U_{dz0} = (0.05 \sim 0.1)\frac{3U_{0e}}{n_{Y\cdot H0}} \tag{15-103}$$

式中　U_{0e}——电压互感器零序一次额定电压。在中性点直接接地系统中，U_{0e}为额定相电压$U_{\varphi e}$；

$n_{Y\cdot H0}$——电压互感器零序电压变比，在中性点直接接地系统中$n_{Y\cdot H0}=\frac{U_{\varphi\cdot e}}{0.1}$。

例如：在110kV系统中

$$U_{dz0} = (0.05 \sim 0.1)\frac{3\times\frac{110}{\sqrt{3}}}{\left(\frac{110}{\sqrt{3}}\right)/0.1} = (0.05 \sim 0.1)\times 300$$

$$= 15 \sim 30(\text{V})$$

一般取较低值。

灵敏度校验：灵敏度计算为

$$K_{lm} = \frac{U_{d0\cdot\min}}{U_{dz0}} \tag{15-104}$$

式中　$U_{d0\cdot\min}$——母线故障时的最低零序电压（$3U_0$）；

选用上述计算结果中的较小值。

（3）在中性点直接接地系统中，接地故障点的零序电压与故障点的综合正序及综合零序阻抗有关，其关系曲线如图15-16所示。

1）单相接地故障时，故障点的零序电压为

$$\dot{U}_0 = -\dot{I}_0 Z_{\Sigma0} = \frac{-\dot{E}_1}{Z_{1\Sigma}+Z_{2\Sigma}+Z_{0\Sigma}}Z_{0\Sigma}$$

$$= -\frac{\dot{E}_{a1}}{\frac{Z_{1\Sigma}}{Z_{0\Sigma}}+\frac{Z_{2\Sigma}}{Z_{0\Sigma}}+1} \tag{15-105}$$

当$Z_{1\Sigma}=Z_{2\Sigma}$时，得

$$\dot{U}_0 = \frac{-\dot{E}_1}{1+\frac{2Z_{1\Sigma}}{Z_{0\Sigma}}} = \frac{-\dot{E}_1\beta}{2+\beta} \tag{15-106}$$

其中
$$\beta = \frac{Z_{0\Sigma}}{Z_{1\Sigma}}$$

2）两相接地故障时：故障点的零序电压为

$$\dot{U}_0 = \frac{\dot{E}_1 Z_{2\Sigma}Z_{0\Sigma}}{Z_{1\Sigma}Z_{2\Sigma}+Z_{2\Sigma}Z_{0\Sigma}+Z_{0\Sigma}Z_{1\Sigma}} \tag{15-107}$$

当$Z_{1\Sigma}=Z_{2\Sigma}$时，得

$$\dot{U}_0 = \frac{E_1 Z_{1\Sigma} Z_{0\Sigma}}{Z_{1\Sigma}^2 + 2Z_{1\Sigma} Z_{2\Sigma}}$$

$$= \frac{\dot{E}_1}{2 + \frac{Z_{1\Sigma}}{Z_{0\Sigma}}} = \frac{\dot{E}_1 \beta}{1 + 2\beta} \qquad (15\text{-}108)$$

其中
$$\beta = \frac{Z_{0\Sigma}}{Z_{1\Sigma}}$$

（二）变压器中性点经放电间隙接地时零序过电压保护的整定

对于并列运行的中性点不接地的变压器，其中性点可经放电间隙接地。此时，为防止变压器过电压，可采用零序过电压保护；或用零序过电流保护。当采用零序过电压保护（参见图 15-17）时，电压定值整定为 U_{dz0} =180V，动作时间 0.5s，动作后跳开各侧开关。当采用零序过电流保护（参见图 15-17）时，动作电流整定为 I_{dz0}≤100A（一次电流），动作时间为 0.3～0.5s，动作后跳开变压器各侧开关。

上述零序过电压的动作值（≈180V）不宜过大。因为电压互感器在系统电压升高时铁芯将会饱和，故电压不能完全按变比传变至二次侧。经验证明，虽然额定电压最大值为 $3U_0$=3×100V=300V，而实际上只能传变出的电压约为 220～230V。所以，当母线发生接地故障时（变压器中性点不接地），其保护灵敏度应为

$$K_{lm} = \frac{220}{180} = 1.22$$

上述零序过电流保护整定值≤100A，是由于在正常运行方式时，放电间隙无电流流过，所以动作电流允许整定得灵敏些。

上述零序过电压保护及零序过电流保护的动作时间可整定得尽量短一些，这是由于放电间隙一般是不会轻易放电的，变压器零序电压一般也不会轻易升高至 180V，故动作时间可以整定得短些。但一旦动作，则应尽快切除该变压器。中性点经放电间隙接地的变压器零序电流保护及零序电压保护的原理接线，如图 15-17 所示。

七、变压器的电流速断保护

规程规定，对于小容量的变压器（5600kVA 以下），一般可装设电流速断保护，以加速切除变压器高压绕组内的故障。其定值按下述条件计算：

（1）按躲过变压器外部短路故障时流过变压器的最大短路电流整定，即

$$I_{dz} = K_k I_{d \cdot \max} \qquad (15\text{-}109)$$

式中 K_k——可靠系数，取 1.4～1.5。当采用反时限特性继电器时，可取 1.6～1.8；

$I_{d \cdot \max}$——变压器外部故障时流过保护的最大短路电流。

（2）按躲过变压器空投时的励磁涌流计算，即

$$I_{dz} = K_k I_e \qquad (15\text{-}110)$$

式中 K_k——可靠系数，取 3～5。对变压器额定容量较大者，取较小值；反之，取较大值；

I_e——变压器额定电流。

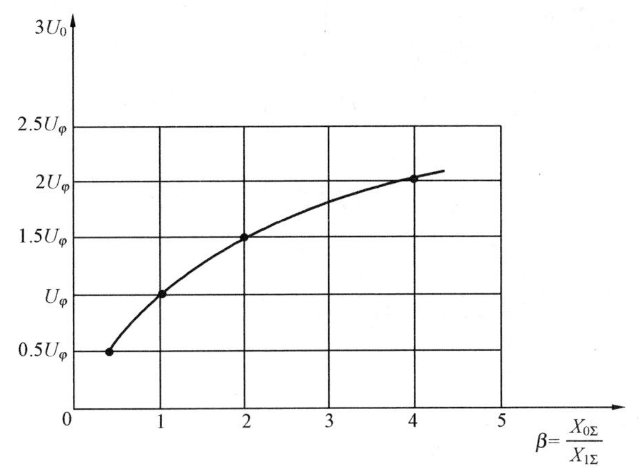

图 15-16　大接地电流系统中单相接地故障时零序电压与 $\beta=\frac{X_{0\Sigma}}{X_{1\Sigma}}$ 的关系曲线

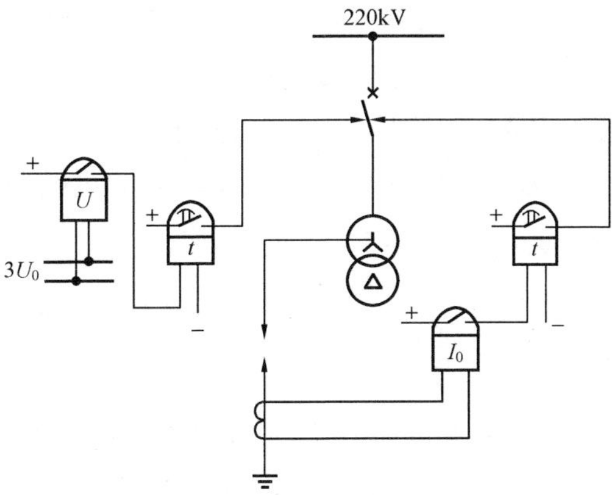

图 15-17　中性点经放电间隙接地变压器的零序电流及零序电压保护接线图

取上述计算值之较大者。

灵敏度校验：按保护安装处之母线最小运行方式下的短路故障计算，即

$$K_{lm}=\frac{I_{d\cdot\min}}{I_{dz}}$$

式中　$I_{d\cdot\min}$——保护安装处母线短路时的最小短路电流。

灵敏度 K_{lm} 不应小于 2。当灵敏度不满足要求时，若保护定值系按躲过励磁涌流的条件决定，则可使电流速断保护带有少许延时（如带 0.2s 延时），这样定值计算中的 K_k 值不必取 3～5 倍，而可适当减小（如取 2～3 倍），以提高保护的灵敏度。

八、变压器的过励磁保护

（一）变压器的过励磁

根据变压器的电压表达式

$$U=4.44fWBS\times10^{-8} \tag{15-111}$$

式中　f——频率；

W——变压器绕组的匝数；

S——变压器铁芯的截面积；

B——变压器的工作磁通密度；

U——电压。

由上式可知

$$B=K\frac{U}{f} \tag{15-112}$$

式中　K——比例系数，$K=\frac{10^8}{4.44WS}$。

当 U 或 f 变化时，变压器的工作磁密可达额定值的 1.3～1.4 倍。此时，变压器的励磁电流可达变压器额定电流值。但由于励磁电流为非正弦波，含有大量的高次谐波分量，使变压器的铁芯饱和，铁损加大，从而使变压器的温度升高。尤其对于大型变压器，工作磁通密度提高，易于发生过励磁。因此，对于造价高、运行中不易停电检修、事故后影响较大的大型变压器，应装设专用的过励磁保护装置。

为了正确计算及分析变压器的过励磁，对于大型变压器，应采用变压器的过励磁倍数曲线 $n=f(t)$，如图 15-18 所示。

图中的 $n=\dfrac{U/U_e}{f/f_e}$，其中 U_e 为额定电压、U 为加于变压器的实际电压、f_e 为额定频率、f 为实际频率。

（二）变压器过励磁保护的构成原理及定值整定

1. 变压器过励磁保护的构成原理

以往有时采用发电机出口所装设的过电压保护和低频率保护来兼作升压变压器的过励磁保护。但这种办法不能正确地反映出量 n 的变化，因为 $n=\dfrac{U/U_e}{f/f_e}$。因此，应该设置专用的过励磁保护装置，即设置能直接反映出量 n 的变化的保护装置。装置的原理接线，如图 15-19 所示。

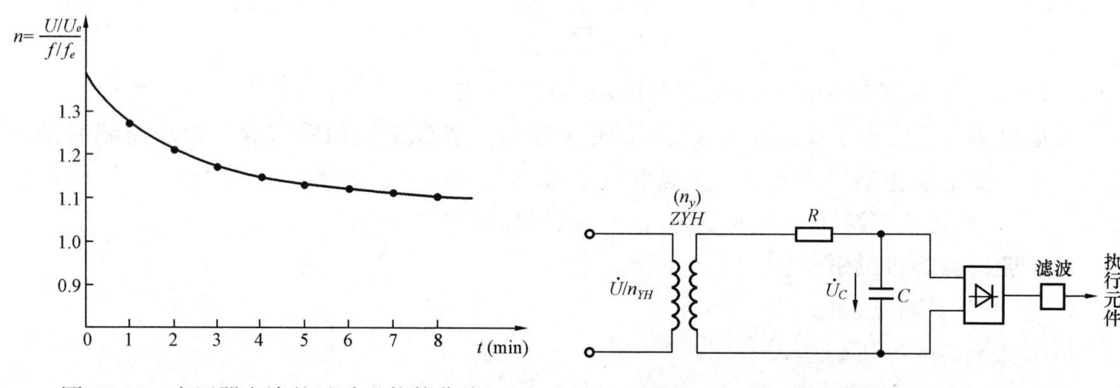

图 15-18　变压器允许的过励磁倍数曲线

图 15-19　变压器过励磁保护原理接线图

由图 15-19 知，保护动作电压为 U_C，则

$$U_{dz}=U_C=\frac{U}{n_y n_{YH}\sqrt{(2\pi RC)^2+1}}$$

式中　U——电压互感器的一次电压；

R——电阻（Ω）。

当 $(2\pi fRC)\gg1$ 时，则令 $K'=\dfrac{1}{n_y n_{YH}2\pi RC}$，可得

$$U_C=K'\frac{U}{f}=\frac{K'}{K}B \tag{15-113}$$

故知电压 U_C 之大小反映了工作磁通密度 B 随电压与频率的变化关系。

2. 变压器过励磁保护的定值整定

一般按变压器铁芯的饱和磁通密度 B_s 确定，例如英国规定对变压器的 $B_e=1.7\text{T}$，其 $B_s=1.9\text{T}$ 时，按照饱和磁密 B_s 值（由式 $U_C=\dfrac{K'}{K}B_s$ ）整定 U_C 值。经过 $t=4\text{s}$ 延时，动作于降低变压器磁密；经过 $t=120\text{s}$，动作于变压器跳闸。

九、变压器的阻抗保护

变压器阻抗保护目前采用得较少，根据实际需要，可以装设全阻抗或方向阻抗继电器构成的阻抗保护装置，有两段式或三段式的，其中的零秒段可以不用（如有变压器差动保护时）。

阻抗保护定值的计算与配合，应根据具体的电网接线及相邻保护的构成情况确定。例如对于装设于发电机—变压器组的发电机出口处的全阻抗保护装置，如图 15-20 所示，其定值计算可按下述情况进行：

（一）当保护作为远后备保护时

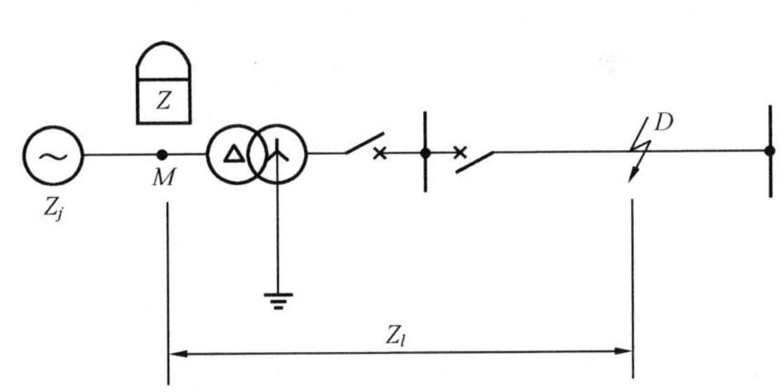

图 15-20 发电机-变压器组的变压器阻抗保护图

（1）按躲过最低负荷阻抗整定，即

$$Z_{dz}=K_kK_bK_f\frac{U_e^2}{S_e}\qquad(15\text{-}114)$$

式中 K_k——可靠系数，取 0.85；

K_b——计及变压器抽头引起的误差，取 0.9；

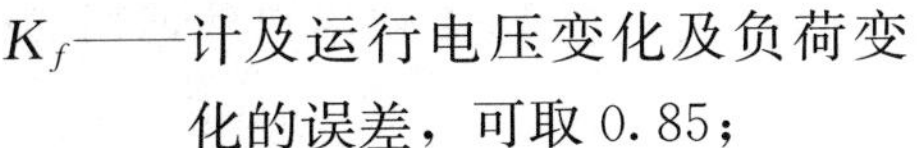

K_f——计及运行电压变化及负荷变化的误差，可取 0.85；

U_e——保护安装处的额定电压；

S_e——通过保护装置的额定视在功率。

一般可计算为

$$Z_{dz}=0.65\times\frac{U_e^2}{S_e}$$

（2）按与相邻元件之后备保护相配合整定，即

$$Z_{dz}=K_pK_fK_b(Z_b+K_{fz}Z'_{l\cdot\min})\qquad(15\text{-}115)$$

式中 K_p——配合系数，取 0.9；

Z_b——变压器阻抗；

K_{fz}——助增系数（取可能的最小值）；

$Z'_{l\cdot\min}$——相邻元件后备保护段的最小动作区对应的阻抗值。

其他符号含义同上述式（15-114）中的符号。

当阻抗保护配置于升压变压器的高压侧时，系数 $K_b=1$、$Z_b=0$。

保护动作时间

$$t=t'+\Delta t$$

式中 t'——相邻元件后备保护段的动作时间。

（二）当作为近后备保护时

当作为近后备保护时，其动作阻抗可按与相邻元件主保护相配合整定，即

$$Z_{dz} = K_p K_k K_b (Z_b + K_{fz} Z'_{l\cdot\min}) \tag{15-116}$$

式中 $Z'_{l\cdot\min}$——相邻元件主保护最小动作区对应的阻抗；

其他符号含义同式（15-113）、(15-114）。

当保护装置装设于发电机机端时，还可按相邻母线短路时保护有足够灵敏度计算，即

$$Z_{dz} = K_{lm} Z_b \tag{15-117}$$

式中 Z_b——变压器阻抗；

K_{lm}——最小灵敏度，要求 $K_{lm}>1.25\sim1.5$。

保护动作时间：按与相邻保护段配合整定，即

$$t = t' + \Delta t$$

式中 t'——相邻元件主保护动作时间。

十、变压器的过负荷保护（信号）

装设于变压器一相上的过负荷信号装置（由于正常运行的变压器三相负荷基本对称），动作后延时给出信号。

对于多绕组变压器，其过负荷信号装设于哪一侧或哪几侧，需以能够反映变压器各绕组可能的过负荷情况确定。

当过负荷保护动作后，仅给出信号，以引起值班人员的注意，因为变压器允许一定范围的过负荷。过负荷运行的允许倍数与连续运行的时间有关。表 15-4 列出自然通风冷却变压器，在事故情况下允许过负荷的情况。

表 15-4　　变压器事故过负荷倍数与时间的关系

过负荷对额定值倍数	1.3	1.5	1.75	2	2.4	3
允许的持续时间（min）	120	30	5	7.5	3.5	1.5

对于正常过负荷，需根据变压器油的温升和过负荷倍数来确定允许时间，特别对强迫循环冷却方式的大型变压器，有其特殊的要求。允许的过负荷倍数应按变压器运行规程来确定。由于过负荷信号装置为预报性质的，故可按变压器正常运行情况下允许过负荷倍数为 1.25 时，动作时间为 25min 考虑。其动作电流计算为

$$I_{dz} = \frac{K_k}{K_f} I_e \tag{15-118}$$

式中 K_k——可靠系数，取 1.05；

K_f——返回系数，取 0.85；

I_e——变压器额定电流（系中间分接头表示值）。

对于自耦变压器，公共线圈的过负荷保护，同样可按式（15-118）计算，但式中之 I_e 应为自耦变压器公共线圈的额定电流值。

过负荷信号装置之动作时间，应比同一设备之过电流保护之最长动作时间大，一般取为 9～10s 即能满足要求。

第 15-4 节　变压器继电保护整定计算算例

【例 15-1】 某降压变压器装设有 BCH-1 型差动保护装置，变压器的参数为：

容量　　31.5/20/31.5MVA；

电压　　110±4×2.5%/38.5±2×2.5%/11kV；

接线　　YN，y，d11；

短路电压　　$U_{g\cdot z}\%=10.5\%$；

$U_{g\cdot d}\%=17\%$；

$U_{g\cdot z}\%=6\%$。

一次接线及以 100MVA 为基准的等值阻抗图，如图 15-21 所示。

（一）计算变压器各侧在 31.5MVA 容量下的一、二次电流值并选择电流互感器的变比

可按表 15-5 计算。

表 15-5　　变压器各侧一、二次电流

名　称	变压器各侧数据		
额定电压（kV）	110	38.5	11
额定电流（A）	$\frac{31500}{\sqrt{3}\times110}=165$	$\frac{31500}{\sqrt{3}\times38.5}=473$	$\frac{31500}{\sqrt{3}\times11}=1650$
电流互感器接线	△	△	Y
电流互感器变比	300/5	1000/5	2000/5
二次额定电流（A）	$\frac{\sqrt{3}\times165}{60}=4.75$	$\frac{\sqrt{3}\times473}{200}=4.1$	$\frac{1650}{400}=4.12$

由以上计算可知，110kV 侧二次电流最大，作为基本侧。

（二）计算各种方式下的短路电流值

根据图 15-21，可知：

（1）当 35kV 母线发生三相短路故障时，最大短路电流为

$$I_{d\cdot\max}^{(3)}=\frac{502}{0.11+0.34+(-0.0079)}$$

$$=\frac{502}{0.44}=1136(\text{A})$$

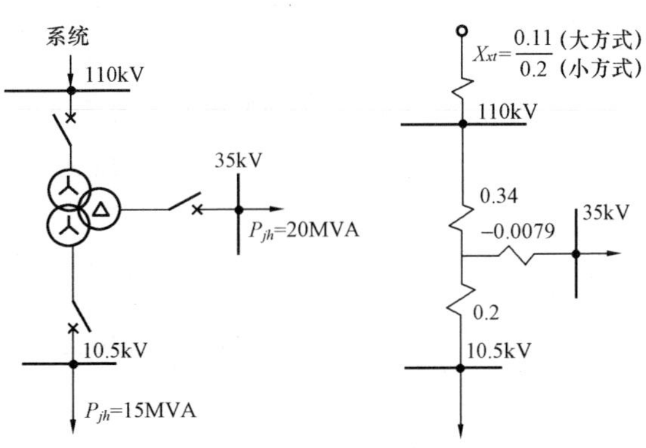

图 15-21　31.5MVA 变压器一次接线及等值阻抗图

（2）当 10.5kV 母线发生三相短路故障时，最大短路电流为

$$I_{d\cdot\max}^{(3)}=\frac{502}{0.11+0.34+0.2}=\frac{502}{0.65}=772(\text{A})$$

（三）确定制动线图的接入方式

制动线圈接入 38.5kV 侧。因为该侧的外部发生故障短路时，流过差动保护的短路电流

最大。

（四）计算差动保护一次动作电流

（1）按躲过10.5kV侧外部故障时的最大不平衡电流整定。因为38.5kV侧接有制动线圈，故动作电流计算为

$$I_{dz \cdot bh} = K_k(K_{tx} f_i + \Delta U_{110} + \Delta f_{zd}) I_{d \cdot \max}^{(3)}$$
$$= 1.3(1 \times 0.1 + 0.1 + 0.05) \times 772 = 250.9(\text{A})$$

（2）按躲过变压器励磁涌流计算，即

$$I_{dz \cdot bh} = K_k I_e = 1.5 \times 165 = 284(\text{A})$$

（3）按躲过LH二次回路断线计算，即

$$I_{dz \cdot bh} = 1.3 \times I_e = 1.3 \times 165 = 214.5(\text{A})$$

选取$I_{dz \cdot bh}$=260A。

（五）差动继电器动作电流和差动线圈匝数计算

$$I_{dz \cdot j \cdot jb \cdot js} = \frac{\sqrt{3} \times I_{dz \cdot bh \cdot jb \cdot js}}{n_{LH \cdot jb}} = \frac{\sqrt{3} \times 260}{60} = 7.50(\text{A})$$

差动线圈匝数

$$W_{cd \cdot js} = \frac{60}{I_{dz \cdot j \cdot jb \cdot js}} = \frac{60}{7.50} = 8(\text{匝})$$

选取$W_{cd \cdot z}$=8匝。

继电器的实际动作电流为

$$I_{dz \cdot j \cdot jb \cdot z} = \frac{60}{8} = 7.5(\text{A})$$

保护实际动作电流（一次值）为

$$I_{dz \cdot bh \cdot jb} = 7.5 \times n_{LH} / \sqrt{3} = 7.5 \times 60 \sqrt{3} = 260(\text{A})$$

（六）其他侧工作线图和平衡线图匝数的计算

$$W_{ph \cdot js(10)} = \frac{I_{e2(110)} - I_{e2(10)}}{I_{e2(10)}} \times W_{cd \cdot z}$$
$$= \frac{4.75 - 4.12}{4.12} \times 8 = 1.22(\text{匝})$$

$$W_{ph \cdot js(35)} = \frac{I_{e2(110)} - I_{e2(35)}}{I_{e2(35)}} \times W_{cd \cdot z}$$
$$= \frac{4.75 - 4.1}{4.1} \times 8 = 1.27(\text{匝})$$

选用$W_{ph(10)} = W_{ph(35)}$=1匝，则

$$W_{g \cdot z(10)} = W_{g \cdot z(35)} = 1 + 8 = 9(\text{匝})$$

（七）整定匝数与计算匝数不等引起的相对误差

$$\Delta f_{zd(10)} = \frac{W_{ph \cdot js(10)} - W_{ph \cdot z(10)}}{W_{ph \cdot js(10)} + W_{cd \cdot z}}$$
$$= \frac{1.22 - 1}{1.22 + 8} = \frac{0.22}{9.22} = 0.024 < 0.05;$$

$$\Delta f_{zd(35)} = \frac{W_{ph\cdot js(35)} - W_{ph\cdot z(35)}}{W_{ph\cdot js(35)} + W_{cd\cdot z}}$$

$$= \frac{1.27 - 1}{1.27 + 8} = \frac{0.27}{9.27} = 0.029 < 0.05$$

故可不必校核保护动作电流。

（八）制动系数和制动线圈匝数的计算

由于系单侧电源，故制动系数计算为

$$K_{zd} = K_k(K_{tx} f_i + \Delta U_{(10)} + \Delta U_{(35)} + \Delta f_{zd(35)})$$

$$= 1.3 \times (1 \times 0.1 + 0.1 + 0.05 + 0.029) = 0.363$$

制动线圈匝数计算为

$$W_{zd\cdot z} = \frac{K_{zd} W_{g\cdot z}}{n} = \frac{0.363 \times 9}{0.9} = 3.63(\text{匝})$$

选取 $W_{zd\cdot z}=4$ 匝。

（九）校验保护灵敏度

当最小方式下、在 10kV 侧发生两相短路时的短路电流为

$$I_{d\cdot \min}^{(2)} = \frac{502 \times 0.866}{0.2 + 0.34 + 0.2} = 587(\text{A})$$

则

$$AW_g = \frac{587 \times \sqrt{3}}{300/5} \times 8 = 16.9 \times 8 = 135.2(\text{安匝})$$

$$AW_{zd} = I_{fh\cdot 2(35)} W_{zd\cdot z} + I_{zd\cdot 2} W_{zd\cdot 2}$$

$$= \frac{300 \times \sqrt{3}}{1000/5} \times 4 + 0 = 10.38 \text{ 安匝}$$

由继电器特性曲线查得（可查典型曲线）：

当 $AW_g=135.2$ 安匝、$AW_{zd}=10.38$ 安匝时

$$AW_{dz} = 66 \text{ 安匝}$$

则

$$K_{lm} = \frac{135.2}{66} = 2.05$$

【例 15-2】某用户降压变电所，装设双绕组降压变压器一台，变压器参数为：

容量　$S_e=15$MVA；

接线　Y，d11；电压　35±2×2.5％/6.6kV；

短路电压　$U_d=8\%$。

变压器装设有 BCH-2 型差动保护。

变压器由 35kV 侧自系统供电，一次接线及以 100MVA 为基准的等值阻抗图如例图 15-22 所示。试计算差动保护整定值。

（一）计算变压器各侧的一次及二次电流值（在额定容量下）并选择电流互感器的变比

可按表 15-6 计算。

由于 6.6kV 侧二次电流大，因此以 6.6kV 侧为基本侧。

（二）计算差动保护一次动作电流

按 6.6kV 侧（基本侧）计算。

（1）按躲过变压器空投和当外部故障切除后电压恢复时，变压器的励磁涌流计算为

$$I_{dz\cdot bh} = K_k I_e$$
$$= 1.3 \times 1315 = 1710(\text{A})$$

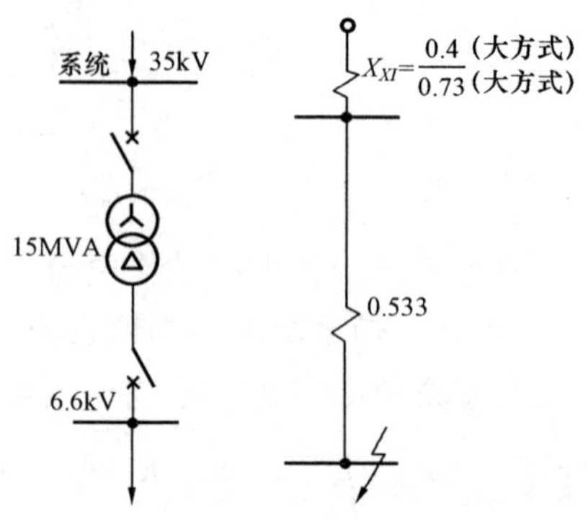

图 15-22　降压变压器一次接线及等值阻抗图

表 15-6　　变压器各侧一、二次电流

名　称	各侧数值	
额定电压（kV）	35	6.6
额定电流（A）	$15000/\sqrt{3}\times35=248$	$15000/\sqrt{3}\times6.6=1315$
电流互感器接线	△	Y
电流互感器变比	600/5	1500/5
二次电流（A）	$\frac{\sqrt{3}\times248}{120}=3.57$	$\frac{1315}{300}=4.38$

（2）按躲过外部短路时的最大不平衡电流计算。变压器 6.6kV 侧母线故障，在系统最大运行方式下的最大三相短路电流为

$$I_{d\cdot\max}^{(3)} = \frac{8760}{0.4+0.533} = 9389(\text{A})\ (6.6\text{kV 级})$$

$$I_{dz\cdot bh} = K_k I_{bp} = K_k(K_{tx} f_i + \Delta U + \Delta f) I_{d\cdot\max}^{(3)}$$
$$= 1.3 \times (1 \times 0.1 + 0.05 + 0.05) \times 9389$$
$$= 2441(\text{A})$$

上式中的 Δf 按 0.05 计算。

（3）按躲过电流互感器二次回路断线计算，即

$$I_{dz} = 1.3 \times I_{fh\cdot\max} = 1.3 \times 1315 = 1709(\text{A})$$

故取 $$I_{dz\cdot bh} = 2441\text{A}$$

（三）确定继电器基本侧线圈匝数及各线圈接法

对于双绕组变压器，平衡线圈工、Ⅱ分别接入 6.6kV 及 35kV 侧。

计算基本侧继电器动作电流为

$$I_{dz\cdot j\cdot jb\cdot js}=(I_{dz\cdot jb\cdot js}K_{jx})/n_{LH\cdot jb}$$
$$=2441\times 1/300=8.13(\text{A})$$

基本侧继电器线圈匝数为

$$W_{g\cdot jb\cdot js}=\frac{AW_0}{I_{dz}}=\frac{60}{8.13}=7.38(\text{匝})$$

选取 $W_{g\cdot jb\cdot z}=7$ 匝。

确定基本侧线圈之接入匝数为

$$W_{g\cdot jb\cdot z}=7=W_{ph\cdot \text{I}\cdot z}+W_{cd\cdot z}=1+6$$

即平衡线圈Ⅰ取 1 匝，差动线圈取 6 匝。

（四）非基本侧工作线圈匝数和平衡线圈匝数计算

对于双绕组变压器

$$W_{ph\cdot fj\cdot js}=W_{g\cdot jb\cdot z}\frac{I_{e2\cdot jb}}{I_{e2\cdot fj}}-W_{cd\cdot z}$$
$$=7\times\frac{4.38}{3.75}-6=2.6(\text{匝})$$

确定平衡线圈Ⅱ实用匝数为

$$W_{ph\cdot \text{II}\cdot z}=W_{ph\cdot fj\cdot z}=3(\text{匝})$$

（五）计算由于实用匝数与计算匝数不等引起的相对误差

其相对误差计算为

$$\Delta f_{zd}=\frac{W_{ph\cdot \text{II}\cdot js}-W_{ph\cdot \text{II}\cdot z}}{W_{ph\cdot \text{II}\cdot js}-W_{cd\cdot z}}=\frac{2.6-3}{2.6+6}=-0.0465$$

因 $|\Delta f_{zd}|<0.05$，故不需核算动作电流定值。

（六）选取短路线圈匝数

对于一般变压器用差动保护，可选用较多的短路线圈匝数，故取“*C-C*”抽头。

（七）校验保护灵敏度

计算最小运行方式下 6.3kV 侧两相短路的最小短路电流为

$$I_{d\cdot\min}^{(2)}=\frac{8760\times 0.866}{0.73+0.533}=6010(\text{A})$$

折算至 35kV 侧时

$$I_{d\cdot\min}^{(2)}=1082(\text{A})$$

二次侧电流为

$$I_{d2\cdot\min}=\frac{\sqrt{3}\times 1082}{600/5}=15.6(\text{A})$$

35kV 侧的保护动作电流为

$$I_{dz}=\frac{AW_0}{W_{ph\cdot \text{II}}+W_{cd}}=\frac{60}{3+6}=\frac{60}{9}=6.67(\text{A})$$

则

$$K_{lm}=\frac{I_{d\cdot\min}}{I_{dz}}=\frac{15.6}{6.67}=2.33>2$$

【例 15-3】 某电厂升压变压器为三绕组变压器，装设有 BCH-4 型差动保护，变压器参数为：

容量　　$S_e=120\text{MVA}$；

电压　　242±2×2.5%/38.5±2×2.5%/13.8kV；

接线　　⅄/⅄/△-12-11

升压变压器主接线，如图 15-23 所示。

根据系统运行方式，已计算出各短路点的短路电流如表 15-7 所示，表中数值系已折算至 220kV 侧电压级的电流值（A）。

试计算装设 BCH-4 型继电器的定值。

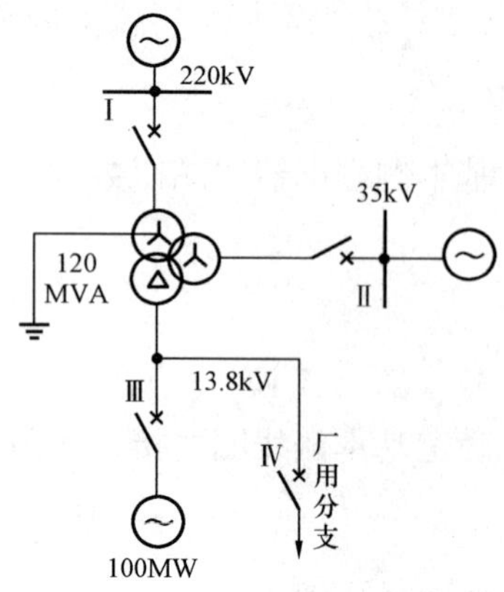

图 15-23　升压变压器主接线图

表 15-7　　　　**短路电流计算表**

运行方式	短路点位置	$I_{d\text{Ⅰ}}$	$I_{d\text{Ⅱ}}$	$I_{d\text{Ⅲ}}$	$I_{d\text{Ⅳ}}$
最大方式	220kV 侧三相短路	1051	115	936	0
最大方式	35kV 侧三相短路	923	1887	964	0
最大方式	发电机侧三相短路	1744	228	1972	0
最大方式	厂用分支三相短路	1679	228	1872	3779

（一）计算变压器各侧一、二次电流并选择电流互感器变比

计算结果如表 15-8 所示。

表 15-8　　　　**变压器各侧一、二次电流**

名　称	各　侧　数　据		
额定电压（kV）	242	38.5	13.8
额定电流（A）	$\frac{120000}{\sqrt{3}\times242}=286$	$\frac{120000}{\sqrt{3}\times38.5}=1795$	$\frac{120000}{\sqrt{3}\times13.8}=5022$
电流互感器接线	△	△	⅄
电流互感器变比	600/5	3000/5	6000/5
二次电流（A）	$\frac{\sqrt{3}\times286}{120}=4.13$	$\frac{\sqrt{3}\times1795}{600}=5.19$	$\frac{5022}{1200}=4.18$

（二）确定制动线圈接入方式

四个制动线圈分别接入四侧的电流互感器上，平衡线圈分别接在 220kV、35kV 和 13.8kV 三侧。

（三）计算保护基本侧二次动作电流值

由项“（一）”知35kV侧二次电流最大，故为基本侧，则

$$I_{dz}=K_kI_{e2}=1.4\times5.19=7.26(\text{A})$$

（四）确定差动线圈与制动线圈之匝数比

首先计算 $$\Delta I=K_k\frac{I_{bp}}{|I_{z\text{I}}|+|I_{z\text{II}}|+|I_{z\text{III}}|+|I_{z\text{IV}}|}$$

分以下几种情况：

（1）当厂用分支侧三相短路时，则

$$\begin{aligned}I_{bp}&=0.1\times3779+0.05\times1679+0.05\times228+0.05\times1679+0.05\times1872\\&=650.8(\text{A})\end{aligned}$$

$$\Delta I=K_k\frac{650.8}{7558}=1.5\times0.086=0.129$$

（2）当发电机侧三相短路时，则

$$\begin{aligned}I_{bp}&=0.1\times1972+0.05\times1744+0.05\times228+0.05\times1744+0.05\times1972\\&=482(\text{A})\end{aligned}$$

$$\Delta I=K_k\frac{482}{3945}=1.5\times0.122=0.183(\text{A})$$

（3）当35kV侧三相短路时，则

$$\begin{aligned}I_{bp}&=0.1\times1887+0.05\times923+0.05\times1887+0.05\times923+0.05\times964\\&=424(\text{A})\end{aligned}$$

$$\Delta I=K_k\frac{424}{3775}=1.5\times0.112=0.168(\text{A})$$

（4）当220kV侧三相短路时，则

$$\begin{aligned}I_{bp}&=0.1\times1051+0.05\times1051+0.05\times115+0.05\times1051+0.05\times936\\&=263(\text{A})\end{aligned}$$

$$\Delta I=K_k\frac{263}{2103}=1.5\times0.125=0.188(\text{A})$$

取 ΔI=0.188，并先取 tgγ=0.35，则由公式得

$$\begin{aligned}m&=\frac{W_z}{W_c}\doteq\frac{2\times\Delta I}{2\text{tg}\gamma-\Delta I}\\&=\frac{2\times0.188}{2\times0.35-0.188}=0.735\end{aligned}$$

（五）确定基本侧差动线圈匝数

由公式知

$$W_{c\cdot js}=\frac{60}{I_{dz}(1+0.2m)}$$

$$= \frac{60}{7.26(1 + 0.2 \times 0.735)} = 7.21$$

取 $W_c = 7$ 匝。

（六）确定基本侧制动线圈匝数

由公式得

$$W_{z \cdot js} = mW_c = 0.735 \times 7 = 5.14$$

取 $W_z = 6$ 匝。

（七）确定其他各侧差动线圈匝数（包括平衡线圈）

$$W_{c \cdot 220 \cdot js} = W_c \frac{I_{e2}}{I_{e2(220)}} = 7 \times \frac{5.19}{4.13} = 8.8(\text{匝})$$

$$W_{c \cdot 13.8 \cdot js} = W_c \frac{I_{e2}}{I_{e2(13.8)}} = 7 \times \frac{5.19}{4.18} = 8.69(\text{匝})$$

取 $W_{c \cdot 220} = W_{c \cdot 13.8} = 9$ 匝。

（八）计算其他各侧制动匝数

220kV 侧

$$W_{z(220) \cdot js} = mW_c = 0.735 \times 9 = 6.61(\text{匝})$$

13.8kV 侧

$$W_{z(13.8) \cdot js} = 0.735 \times 9 = 6.61(\text{匝})$$

取 $W_{z(220)} = W_{c(13.8)} = 7$ 匝。

（九）计算相对误差 Δf、被算 m 值

基本侧工作线圈匝数为

$$W_g = W_c + \frac{W_z}{2} = 7 + \frac{6}{2} = 10(\text{匝})$$

其他各侧工作线圈匝数为

$$W_{g(220) \cdot js} = W_g \frac{I_{e2}}{I_{e2(220)}} = 10 \times \frac{5.19}{4.13} = 12.56(\text{匝})$$

$$W_{g(13.8) \cdot js} = W_g \frac{I_{e2}}{I_{e2(13.8)}} = 10 \times \frac{5.19}{4.18} = 12.41(\text{匝})$$

其他各侧工作线圈实用匝数为

$$W_{g(220) \cdot z} = W_{c(220)} + \frac{W_{z(220)}}{2} = 9 + \frac{7}{2} = 12.5(\text{匝})$$

$$W_{g(13.8) \cdot z} = W_{c(13.8)} + \frac{W_{z(13.8)}}{2} = 9 + \frac{7}{2} = 12.5(\text{匝})$$

$$\Delta f_{(220)} = \frac{W_{g(220) \cdot js} - W_{g(220) \cdot z}}{W_{g(220) \cdot js}} = \frac{12.56 - 12.5}{12.56} = 0.0047$$

$$\Delta f_{(13.8)}=\frac{W_{g(13.8)\cdot js}-W_{g(13.8)\cdot z}}{W_{g(13.8)\cdot js}}=\frac{12.41-12.5}{12.41}=0.0072$$

再次求出 ΔI 值为

$$I_{bp}=0.1\times1051+0.05\times1051+0.05\times115+0.0047\times1051+0.0072\times936$$
$$=175(\text{A})$$

$$\Delta I=K_k\frac{175}{2103}=1.5\times0.083=0.124(\text{A})$$

再计算当外部短路时的最大动作安匝，以求出实际之 $\text{tg}\gamma$ 值。由于在厂用分支三相短路时 I_{bp} 最大，即

$$I_{bp\cdot\max}=0.1\times3779+0.05\times1679+0.05\times228+0.0047\times1679+0.0072\times1872$$
$$=494.6(\text{A})\ (220\text{kV 电压级})$$

归算至基本侧（35kV 级），则

$$I_{bp\cdot\max}=494.6\times\frac{220}{35}=3109(\text{A})$$

二次侧电流为

$$I_{bp\cdot2}=\frac{\sqrt{3}\times3109}{600}=8.96(\text{A})$$

$$K_k\Sigma IW_g=1.5\times8.96\times12.5=168(\text{安匝})$$

由曲线上查得 $\text{tg}\gamma=0.49$。核算 m 值为

$$m=\frac{W_z}{W_c}\geqslant\frac{2\Delta I}{2\text{tg}\gamma-\Delta I}$$

$$=\frac{2\times0.124}{2\times0.49-0.124}=0.29<0.735$$

由于 m 小于原计算值 0.735，故可以应用。

（十）校验保护灵敏度

（1）当 220kV 和 35kV 断开，由发电机侧投入变压器，而在变压器的 220kV 侧故障时，流过差动保护的最小电流为

$$I_{d\cdot\min}^{(2)}=16400\text{A}(13.8\text{kV 电压级})$$

则
$$I_{j\cdot\min}=\frac{16400}{6000/5}=\frac{16400}{1200}=13.66(\text{A})(\text{短路计算略})$$

故
$$AW_g=13.66\times12.5=170.7(\text{A})$$
$$AW_z=13.66\times7=95.6(\text{安匝})$$
$$AW_{zd\cdot fh}=0$$

由特性曲线查得 $AW_{dz}=78$ 安匝，则

$$K_{lm}=\frac{170.7}{78}=2.19>2$$

（2）当 220kV 和 35kV 侧断开，由发电机侧投入变压器，而在变压器 220kV 侧发生单相接地故障时，短路电流为 1340A（短路计算略）（220kV 级电压），则流入继电器的电

流为

$$I_{dz(13.8)j}=\left(1340\times\frac{220}{13.8}\right)\times\frac{1}{\sqrt{3}}\times\frac{1}{6000/5}=10.4(\text{A})$$

故 $$AW_g=10.4\times12.5=130(\text{安匝})$$

$$AW_z=10.4\times7=72.8(\text{安匝})$$

由曲线知 $AW_{dz}\approx78$ 安匝，则

$$K_{lm}=\frac{130}{78.0}=1.66$$

从图查知，继电器的动作安匝比在相应制动安匝时继电器的最大制动特性曲线纵坐标值大10%以上。

【例15-4】 同〔例15-3〕，试按简化计算方法计算BCH-4差动继电器的定值。

（一）计算变压器各侧一、二次电流并选择电流互感器变比

同〔例15-3〕。

（二）确定制动线圈接法

四个制动线圈分别接于四侧电流互感器上，平衡线圈分别接于220、35和13.8kV三侧。

（三）计算继电器的动作电流

按二次额定电流最大侧计算动作电流，即

$$I'_{dzj}=K_kI_{e\cdot2}=1.5\times5.19=7.78(\text{A})\quad(38.5\text{kV侧})$$

（四）计算制动线圈匝数

以保护臂二次额定电流最小侧为基本侧，取220kV侧 $W_{zh(220)}=20$ 匝，则按安匝数相等原则得

$$W_{zd(13.8)\cdot js}=20\times\frac{I_{e\cdot2\cdot jb}}{I_{e\cdot2(13.8)}}=20\times\frac{4.13}{4.18}=19.76(\text{安匝})$$

取 $W_{zh(13.8)\cdot z}=20$ 匝，则

$$W_{zd(38.5)\cdot js}=\frac{I_{e\cdot2\cdot jb}}{I_{e\cdot2(38.5)}}=20\times\frac{4.13}{5.19}=15.9(\text{安匝})$$

取 $W_{zh(38.5)}=16$ 匝。

（五）计算差动线圈匝数（包括平衡线圈匝数）

当 $(AW)_z=I_{dzj}W_{zd}-7.78\times16=124.5$ 安匝<200安匝，故取继电器的 $(AW_0)'=55$ 安匝，则

$$W_{c(38.5)\cdot js}=\frac{(AW_0)'}{I_{zd(38.5)}}=\frac{55}{7.78}=7.07(\text{匝})$$

取 $W_{c(38.5)\cdot z}=7$ 匝。

（六）计算其他各侧差动线圈匝数（包括平衡线圈）

$$W_{c(220)\cdot js}=W_{c(38.5)\cdot z}\times\frac{I_{e\cdot 2(38.5)}}{I_{e\cdot 2(220)}}=7\times\frac{5.19}{4.13}=8.79(\text{匝})$$

取 $W_{c(220)\cdot z}=9$ 匝。

$$W_{c(13.8)\cdot js}=W_{c(38.5)\cdot z}\frac{I_{e\cdot 2(38.5)}}{I_{e\cdot 2(13.8)}}=7\times\frac{5.19}{4.18}=8.69(\text{匝})$$

取 $W_{c(13.8)\cdot z}=9$ 匝。

（七）验算保护灵敏度

（1）220 和 35kV 侧断开，由发电机侧供电。当 220kV 侧故障时，最小短路电流为（计算略）

$$I_{d\cdot \min}=16400\text{A}(13.8\text{kV 电压级})$$

$$I_{d\cdot 2\min}=\frac{16400}{6000/5}=13.66(\text{A})$$

则

$$\begin{aligned}AW_{g(13.8)}&=13.66\times W_{g(13.8)}\\&=13.66\times\left[W_{c(13.8)\cdot z}+\frac{W_{zh(13.8)\cdot z}}{2}\right]\\&=13.66\times\left(9+\frac{20}{2}\right)=13.66\times 19=259.5(\text{安匝})\end{aligned}$$

$$AW_{z(13.8)}=13.66\times 20=273.2(\text{安匝})$$

$$AW_{z\cdot fh}=0$$

由特性曲线查知，$AW_{dz}=120$ 安匝，则

$$K_{lm}=\frac{259.5}{120}=2.16$$

（2）220 及 35kV 侧断开，由发电机供电，当变压器 220kV 侧发生单相接地故障时，短路电流为 1340A（计算略），则流入 13.8kV 侧继电器的电流为

$$I_{dz(13.8)\cdot j}=1340\times\frac{220}{13.8}\times\frac{1}{\sqrt{3}}\times\frac{1}{6000/5}=10.4(\text{A})$$

得

$$\begin{aligned}AW_{g}&=10.4\times\left[W_{c(13.8)\cdot z}+\frac{W_{zh(13.8)\cdot z}}{2}\right]\\&=10.4\times\left(9+\frac{20}{2}\right)=10.4\times 19=197.6(\text{安匝})\end{aligned}$$

$$AW_{z}=10.4\times 20=208(\text{安匝})$$

$$AW_{z\cdot fh}=0$$

由特性曲线查知，$AW_{dz}\approx 120$ 安匝，则

$$K_{lm}=\frac{197.5}{120}=1.65$$

【例 15-5】某电厂装设升压变压器，其参数为：

容量　　$S_e=120\text{MVA}$；

电压　　242±2×2.5%/13.8kV；

电流　　286±2×2.5%/5020A；

接线　　　　　　YN，d11；

短路电压　　　　$U_d\%=13.5\%$。

其主接线及阻抗图，如图 15-24 所示（以 100MVA 为基准值）。

图中发电机参数为：容量为 100MW，额定电压为 13.8kV，额定电流为 4920A，短路电压为 $U_d\%=24.3\%$。

发电机与变压器接成发电机-变压器组，装设有 BCD-32A 型差动保护（大差动）。试计算差动保护定值。

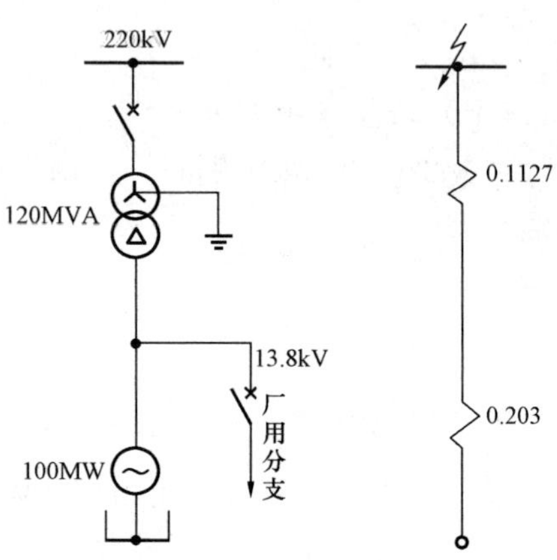

图 15-24　某电厂升压变压器主接线及阻抗图

按下述步骤计算：

（一）计算发电机变压器组三侧一、二次额定电流，选择电流互感器变比

1. 发电机-变压器组各侧一次电流

220kV 侧　$I_e=\dfrac{120\times10^3}{\sqrt{3}\times242}=286(\text{A})$；

发电机 13.8kV 侧　$I_e=\dfrac{120\times10^3}{\sqrt{3}\times13.8}=5020(\text{A})$；

厂用电 13.8kV 侧　$I_e=\dfrac{120\times10^3}{\sqrt{3}\times13.8}=5020(\text{A})$。

2. 电流互感器变比

220kV 侧　$\sqrt{3}\times286/5=495/5$，选 600/5；

13.8kV 侧 5020/5，发电机侧选 6000/5，厂用分支侧选 6000/5。

3. 保护装置各臂电流计算

220kV 侧　$I_e=\dfrac{\sqrt{3}\times286}{600/5}=4.12$（A）；

发电机侧　$I_e=\dfrac{5020}{6000/5}=4.18$（A）；

厂用分支侧　$I_e=\dfrac{5020}{6000/5}=4.18$（A）。

（二）确定保护装置各臂的插头位置

取 $n_1=4.12\text{A}$，$n_2=n_3=4.18\text{A}$；

用实际接近上述数值的抽头调整平衡。

（三）制动系数的确定

$$K_z=\alpha+\beta+\gamma=0.1+0.05+0.2=0.35$$

（四）保护动作电流整定

$$\begin{aligned}I_{dz}&=(\alpha_1+\beta+\gamma)I_e\\&=(0.03+0.05+0.2)I_e=0.28I_e\end{aligned}$$

对 220kV 侧　　$I_{dz(220)} = 0.28 \times 4.12 = 1.15(\text{A})$

对 13.8kV 侧　　$I_{dz(13.8)} = 0.28 \times 4.18 = 1.17(\text{A})$

（五）差电流速断元件整定

其动作电流整定为

$$I_{dz} = 13 \times I_e$$

对 220kV 侧　　$I_{dz} = 13 \times 4.12 = 53.6(\text{A})$；

对 13.8kV 侧　　$I_{dz} = 13 \times 4.18 = 54.3(\text{A})$

（六）差电流闭锁元件整定

其动作电流整定为

$$I_{dz \cdot bs} = 0.8 I_{dz} = 0.8 \times 54.3 = 43.4(\text{A})$$

（七）校验保护灵敏度

（1）当 220kV 侧断开，由发电机投入变压器时，若 220kV 侧发生两相短路故障，则流入 13.8kV（发电机）侧之短路电流为

$$I_{d \cdot \max}^{(2)} = \frac{251 \times \dfrac{220}{13.8} \times 0.866}{0.203 + 0.1127} = 10970(\text{A})$$

归算至二次侧时

$$I_{d \cdot 2 \cdot \min}^{(2)} = \frac{10970}{6000/5} = 9.1(\text{A})$$

灵敏度

$$K_{lm} = 9.1/1.17 = 7.77$$

（2）当 220kV 侧断开，由发电机投入变压器，至 220kV 侧发生单相接地故障时

$$I_{d \cdot \min}^{(1)} = \frac{751}{x_{0\Sigma *} + Z_{x1\Sigma *}} = \frac{751}{0.1127 + 2 \times (0.1127 + 0.203)}$$

$$= \frac{751}{0.738} = 1020(\text{A})$$

归算至 13.8kV 级时

$$I_{d \cdot \min}^{(1)} = 1020 \times \frac{220}{13.8} = 16260(\text{A})$$

流入 13.8kV 侧的一次电流为

$$I_{d \cdot \min} = 16260 \times \frac{1}{\sqrt{3}} = 9388(\text{A})$$

13.8kV 侧二次电流为

$$I_{d \cdot 2 \cdot \min} = 9388/6000/5 = 9388/1200 = 7.8(\text{A})$$

$$K_{lm} = 7.8/1.17 = 6.6$$

由此可知，该型差动保护的灵敏度一般均是足够的。

【例 15-6】某电厂联络变压器参数如下

额定容量　　300/300/150MVA；

额定电压　　242±2×2.5%/121±2×2.5%/13.8kV；

额定电流　　716/1432/6276A；

短路电压　　$U_{\text{Ⅰ-Ⅱ}}\%=13.4\%$；

$U_{\text{Ⅱ-Ⅲ}}\%=9.33\%$；

$U_{\text{Ⅲ-1}}\%=5.83\%$。

装设JCD-4A型差动保护。

（一）计算各电压侧一次电流、电流互感器变比、二次电流值

按表15-9计算。

表15-9　变压器各侧一、二次电流

额定电压（kV）	242	121	13.8
额定电流（A）	$\frac{300\times10^3}{\sqrt{3}\times242}=716$	$\frac{300\times10^3}{\sqrt{3}\times121}=1432$	$\frac{300\times10^3}{\sqrt{3}\times13.8}=12566$
电流互感器接线	△	△	Y
电流互感器变比	1200/5	2000/5	8000/5
二次额定电流（A）	$\frac{\sqrt{3}\times716}{1200/5}=5.17$	$\frac{\sqrt{3}\times1432}{1200/5}=6.2$	$\frac{12566}{8000/5}=7.85$

（二）确定保护装置各臂电流插头位置

按（一）项表中计算的继电器各侧二次电流值，取较近似值插头进行电流的平衡调整，即取：

$$I_{zd1}=5.17\text{A};$$
$$I_{zd2}=6.2\text{A};$$
$$I_{zd3}=7.85\text{A}$$

（三）计算差动电流元件动作电流

（1）按躲过无制动情况下的不平衡电流计算，即

$$I_{dz}=K_k(K_{tx}f_i+\Delta U_{\text{Ⅰ}}+\Delta U_{\text{Ⅱ}})I_e$$
$$=1.5\times(1\times0.1+0.05+0.05)I_e=0.3I_e$$

对220kV侧　　$I_{dz}=0.3\times5.17=1.55$（A）

对110kV侧　　$I_{dz}=0.3\times6.2=1.86$（A）

对13.8kV侧　　$I_{dz}=0.3\times7.85=2.35$（A）

（2）按躲过变压器励磁涌流计算。根据继电器的性能，当动作定值在25%～30%变压器额定电流时，能很好地躲过变压器励磁涌流，故不再计算。

按上述条件"(1)"确定差动电流元件动作电流。

（四）电流闭锁元件整定

按与差动电流元件定值相配合整定，即

$$I_{dz\cdot bs}=K_kI_{dz}$$

对 220kV 侧　　　$I_{dz\cdot bs}=0.8\times1.55=1.24$（A）

对 110kV 侧　　　$I_{dz\cdot bs}=0.8\times1.86=1.488$（A）

对 13.8kV 侧　　　$I_{dz\cdot bs}=0.8\times2.35=1.88$（A）

（五）差动电流速断元件整定

其动作电流计算为

$$\begin{aligned}I_{dz\cdot sd}&=K_kI_e=15I_e\\&=15\times5.17=77.5(\text{A})\quad(\text{对 }220\text{kV})\end{aligned}$$

（六）制动系数

一般制动系数不需特殊计算，厂家已经调整好了。若需计算，可按下式校核，即

$$\begin{aligned}K_{zd}&=K_k\left(\frac{\Delta U\%}{100}+0.1+\frac{\Delta m\%}{100}\right)\\&=1.4(0.1+0.1+0.02)\\&=1.4\times0.22=0.308\end{aligned}$$

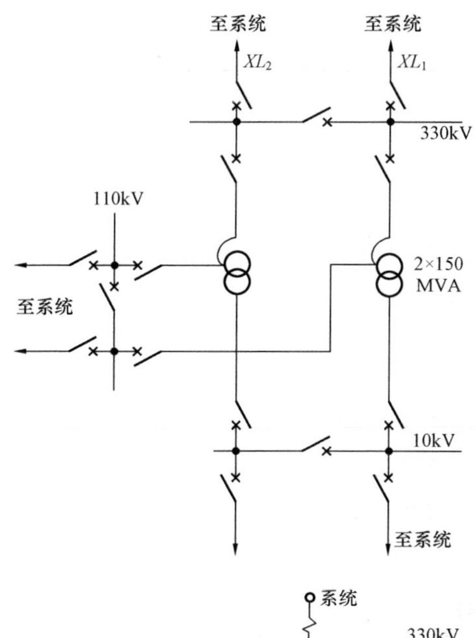

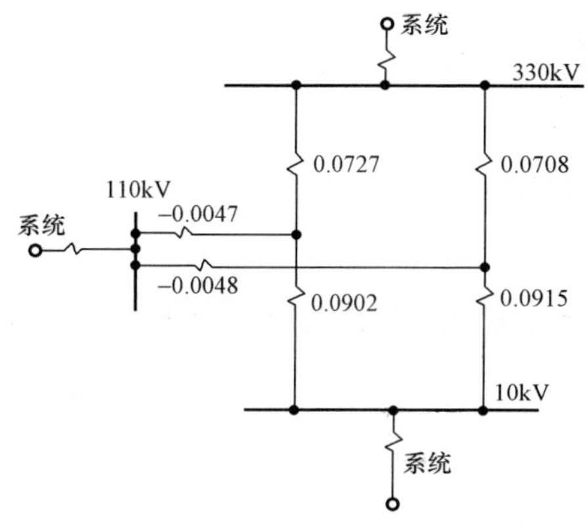

图 15-25　变电站主接线及阻抗图

（七）灵敏度校验

因其动作电流值远小于变压器的额定电流，一般情况下不必校验灵敏度。

【例 15-7】 某系统中心变电站，装设两台 150MVA 自耦变压器。变电站的主接线及已归算至 100MVA 为基准的阻抗图，如图 15-25 所示。

主变压器装设有以下保护装置，试计算保护定值。

（1）JCD-4A 型差动保护。

（2）330kV 侧负序电流方向保护，两段时限，t_1 动作于 330kV 侧断路器，t_2 动作于总出口跳三侧断路器。

（3）330kV 方向低电压过电流保护，两段时限，t_1 动作于 330kV 侧断路器，t_2 动作于总出口跳三侧断路器。

（4）330kV 零序方向过电流保护，分两段时限，t_1 动作于 330kV 侧断路器，t_2 动作于总出口跳三侧断路器。

（5）330kV 零序过电流保护，作用于总出口跳三相断路器。

（6）330kV 过负荷（信号）。

（7）110kV 侧负序电流保护。t_1 跳母联断路器，t_2 跳 110kV 侧断路器，t_3 跳三侧断路器。

(8) 110kV 侧低压闭锁过电流保护。t_1 跳母联断路器，t_2 跳 110kV 侧断路器，t_3 作用于总出口跳三侧断路器。

(9) 110kV 侧零序方向过电流保护，t_1 跳母联断路器，t_2 跳 110kV 侧断路器，t_3 作用于总出口跳三侧断路器。

(10) 110kV 零序过电流保护，作用于总出口跳三相断路器。

(11) 公用线圈的过负荷（信号）。

(一) JCD-4A 型差动保护定值计算

(1) 计算变压器各侧电流，确定电流互感器变比，见表 15-10。

表 15-10　变压器各侧一、二次电流

额定电压（kV）	330	121	11
额定电流（A）	$\frac{150000}{\sqrt{3}\,330}=262$	$\frac{150000}{\sqrt{3}\,121}=716$	$\frac{150000}{\sqrt{3}\,11}=7873$
电流互感器接线	△	△	Y
电流互感器变比	600/1	1200/1	5000/5
各臂电流（A）	0.757	1.033	7.873

(2) 计算各侧动作电流。其计算公式为

$$I_{dz} = 0.3I_e$$

闭锁角为 65°。

330kV 侧　$I_{dz(330)} = 0.3 \times 0.757 = 0.227(\mathrm{A})$

110kV 侧　$I_{dz(110)} = 0.3 \times 1.033 = 0.31(\mathrm{A})$

11kV 侧　$I_{dz(11)} = 0.3 \times 7.873 = 2.36(\mathrm{A})$

(3) 计算闭锁元件动作电流。其动作电流计算为

$$I_{dz \cdot bs(330)} = 0.25 \times 0.757 = 0.19(\mathrm{A})$$

$$I_{dz \cdot bs(110)} = 0.25 \times 1.033 = 0.26(\mathrm{A})$$

$$I_{dz \cdot bs(11)} = 0.25 \times 7.873 = 1.97(\mathrm{A})$$

(4) 计算差动速断元件定值。其动作值计算为

$$I_{dz \cdot sd} = K_k I_e = 8I_e$$

当从 330kV 侧通电流时，则

$$I_{dz \cdot sd} = 8 \times 0.757 = 6.055(\mathrm{A})$$

(5) 灵敏度计算。

1) 当主变压器 110kV 侧母线故障，从 330kV 侧由系统充电，且两台主变压器并列运行时，经短路电流计算得

$$3I_{d0 \cdot \min} = 490\mathrm{A}$$

则
$$K_{lm} = \frac{490}{0.227 \times 600/1} = 3.6 > 2$$

2）当主变压器 330kV 侧故障，从 110kV 系统充电时，经短路电流计算得

$$3I_{d0 \cdot \min} = 2000\text{A}$$

则
$$K_{lm} = \frac{2000}{0.31 \times 1200/1} = \frac{2000}{372} = 5.37 > 2$$

（二）主变压器 110kV 侧负序电流保护（不带方向）定值计算（LH 变比为 1200/1）

1. 定值计算

按保证 110kV 侧母线故障时，灵敏度大于 2 计算。在 330kV 侧系统为最小运行方式下，110kV 系统为大运行方式下，当 110kV 侧母线上发生两相短路故障时，经短路电流计算（略）得流经保护的负序电流为

$$I_{d2 \cdot \min} = 1000\text{A}$$

则
$$I_{dz2} = \frac{1000}{K_{lm}} = \frac{1000}{2} = 500\text{A}$$

2. 校核在其他故障方式下的灵敏度

（1）110kV 系统为大运行方式，在 330kV 母线上发生单相接地故障时，经计算流经保护的负序电流为

$$I_{d2 \cdot \min} = 200\text{A}$$

则
$$K_{lm} = \frac{200}{500} < 1$$

（2）110kV 系统为大运行方式，当 330kV 母线上发生两相短路时，流经保护的负序电流为 1300A，则

$$K_{lm} = \frac{1300}{500} = 2.6$$

故该保护应与 110kV 及 330kV 两侧出线保护在时限上相配合。

（3）当 11kV 侧两相短路，而 330kV 侧断路器未断开时，若 110kV 侧按正常方式运行，则经计算，流过 110kV 侧的负序电流为 750A（计算均略），则

$$K_{lm} = \frac{750}{500} = 1.5$$

取 I_{dz2}=500A 时，继电器动作电流为

$$I_{dzj} = \frac{500}{1200/1} = 0.415(\text{A})$$

（4）时限配合。已知 110kV 及 330kV 后备保护动作时间为 3.5s，故取动作时间为：

t_1=4s　　作用于 110kV 母联断路器；

t_1=4.5s　　作用于 110kV 主变压器断路器；

t_3=5s　　作用于主变压器三侧断路器。

（三）主变压器 330kV 侧负序方向电流保护（电流互感器变比为 600/1）定值计算（方向指向 330kV 母线）

1. 定值计算

（1）按保护在 330kV 母线故障时有足够灵敏度计算。当 330kV 母线发生两相短路时，330kV 出线对侧断路器断开方式下由 110kV 侧供电，110kV 系统为正常运行方式，经计算（略），流经保护的负序电流为 $I_{dz\cdot\min}$=300A，则

$$I_{dz}=\frac{300}{K_{lm}}=\frac{300}{1.5}=200\text{A}$$

（2）按与主变压器 110kV 侧负序电流保护相配合，则

$$I_{dz}=\frac{1}{K_b}I'_{dz}=\frac{1}{1.1}\times\left(\frac{110}{330}\right)\times500=151(\text{A})$$

取 I_{dz}=151A，继电器动作电流为

$$I_{dzj}=151\times\frac{1}{600}=0.251(\text{A})$$

2. 保护动作时限整定

因 110kV 侧主变压器负序电流保护时限为 4.5s，330kV 出线后备保护时限为 3.5s，故取：

t_1=4s，作用于主变压器 330kV 侧断路器；

t_2=4.5s，作用于主变压器三侧断路器。

（四）330kV 侧方向低电压闭锁过电流保护（电流互感器变比为 600/1）定值计算（方向指向 330kV 母线）

1. 电流元件定值

其定值计算为

$$I_{dz}=\frac{K_k}{K_f}I_e=\frac{1.2}{0.85}\times262=370(\text{A})$$

2. 电压元件定值

按躲正常运行工作电压计算，取 U_{dzj}=70V。

3. 灵敏度校验

对于电流元件，当 110kV 为正常运行方式，在 330kV 母线发生三相短路时，经计算得流经保护的最小短路电流为 $I_{d\cdot\min}^{(3)}$=380A，则

$$K_{lm}=\frac{380}{370}\approx1$$

4. 时限整定

按与出线后备保护时限配合，为了留有余度，取：

t_1=5s，作用于 330kV 侧断路器；

t_2=5.5s，作用于主变压器三侧断路器。

（五）主变压器 110kV 侧低电压闭锁过电流保护定值计算（电流互感器变比为 1200/1）

1. 电流元件定值

其定值计算为

$$I_{dz}=\frac{K_k}{K_f}I_e=\frac{1.2}{0.85}\times 716=1010(\mathrm{A})$$

继电器动作电流为

$$I_{dzj}=\frac{1010}{1200}=0.84(\mathrm{A})$$

2. 电压元件定值

按躲正常系统运行工作电压计算，取 $U_{dzj}=70\mathrm{V}$。

3. 灵敏度校验

对于电流元件，当 110kV 系统为正常运行方式下，在 330kV 母线上发生两相短路故障时，经计算得

$$I_{d\cdot\min}^{(2)}=750\mathrm{A}$$

$$K_{lm}=\frac{750}{1010}<1$$

4. 保护动作时限整定

按与各侧相间后备保护段最长时间（4s）配合，取：

$t_1=4.5\mathrm{s}$，作用于 110kV 母联断路器；

$t_2=5\mathrm{s}$，作用于主变压器 110kV 侧断路器；

$t_3=5.5\mathrm{s}$，作用于主变压器三侧断路器。

（六）主变压器 330kV 侧零序电流方向保护（方向指向 330kV 母线）定值计算（电流互感器变比为 600/1）

1. 零序电流动作定值

按与 330kV 出线零序电流保护Ⅱ段定值相配合计算。已知 330kV 出线零序电流Ⅱ段定值为：

XL_1　　$I_{dz0}=800\mathrm{A}$，$t=0.6\mathrm{s}$；

XL_2　　$I_{dz0}=880\mathrm{A}$，$t=1.1\mathrm{s}$。

计算出零序分支系数（最大值）（计算略）为：

对于线路 XL_1 为 $K_{fz}=0.45$；对于线路 XL_2 为 $K_{fz}=0.41$。则得变压器零序电流保护动作电流为

$$I_{dz0}=1.1\times K_{fz}\times 800=1.1\times 0.45\times 800=396(\mathrm{A})$$

或

$$I_{dz0}=1.1\times K_{fz}\times 880=1.1\times 0.41\times 88=396.9(\mathrm{A})$$

取 $I_{dz0}=396.9\mathrm{A}$，则

$$I_{dz0j}=\frac{396.9}{600/1}=0.66(\mathrm{A})$$

2. 动作时限

按与相应保护段配合整定，取：

t_1＝1.1＋0.5＝1.6s，作用于主变压器330kV侧断路器；

t_2＝1.6＋0.5＝2.1s，作用于主变压器三侧断路器。

（七）主变压器330kV侧零序过电流保护

电流互感器变比为600/1。按以下条件计算动作电流：

1. 按与330kV出线零序电流后备段（Ⅲ段）配合

已知330kV出线零序电流Ⅲ段定值为：

$$XL_1 \quad I_{dz0} = 240\text{A}, t = 3.5\text{s};$$
$$XL_2 \quad I_{dz0} = 200\text{A}, t = 3.5\text{s}。$$

则得

$$I_{dz0} = 1.1 \times K_{fz} \times 240 = 1.1 \times 0.45 \times 240 = 118.8(\text{A})$$

或
$$I_{dz0} = 1.1 \times 0.41 \times 200 = 90.2(\text{A})$$

2. 按与主变压器110kV零序电流保护后备段配合

已知110kV主变压器零序电流保护定值为：I_{dz0}＝280A，t＝4s（见本题第“九”项计算）。

根据零序阻抗计算零序电流分支系数。按330kV系统正常运行方式下，一台主变压器运行，在110kV母线故障，计算得K_{fz}＝0.55，则

$$I_{dz0} = K\,K_{fz}I'_{dz0} = 1.1 \times 0.55 \times 280 \times \frac{110}{330} = 56.2(\text{A})$$

3. 按在110kV母线发生单相接地故障时保护有一定灵敏度计算

当330kV系统为最小运行方式下，在110kV母线发生单相接地故障时，经计算，流过保护装置的零序短路电流为

$$I^{(1)}_{d\cdot\min} = 3I_{0\cdot\min} = 330\text{A}$$

则
$$I_{dz0} = \frac{330}{K_{lm}} = \frac{330}{1.3} = 253.8(\text{A})$$

取I_{dz0}＝254A，则

$$I_{dz0j} = \frac{254}{600/1} = 0.423(\text{A})$$

动作时限：按t＝4＋0.5＝4.5s整定，作用于主变压器330kV侧断路器。

（八）110kV侧方向零序电流保护（LH变比1200/1）

保护方向指向110kV出线。

1. 动作电流按与110kV出线零序电流保护配合

已知110kV侧出线共计4条，其定值为：

XL_3　I_{dz0}＝650A，t＝0.1s；I_{dz0}＝330A，t＝1.2s；I_{dz0}＝167A，t＝2.7s。

XL_4　I_{dz0}＝2600A，t＝0.1s；I_{dz0}＝1485A，t＝0.7s；I_{dz0}＝250A，t＝2.6s。

XL_5　I_{dz0}＝1500A，t＝0.1s；I_{dz0}＝270A，t＝0.7s；I_{dz0}＝200A，t＝2.1s。

XL_6　I_{dz0}＝1400A，t＝0.1s；I_{dz0}＝350A，t＝0.7s；I_{dz0}＝300A，t＝2.7s。

上述定值中，2600A、0.1s，定值最大，计算分支系数 $K_{fz}=0.8$，则

$$\begin{aligned} I_{dz0} &= K_p K_{fz} I'_{dz0} \\ &= 1.1 \times 0.8 \times 2600 = 2280(\text{A}) \end{aligned}$$

校验灵敏度：灵敏度计算为

$$K_{lm} = \frac{I_{d\cdot\min}}{2280}$$

计算 $I_{d\cdot\min}$。当 330kV 系统在最小运行方式下，双台主变压器并列运行时，若 110kV 母线故障，则流经保护的最小零序电流（计算略）为 $I_{d\cdot\min}=3I_0=2800\text{A}$，则

$$K_{lm} = \frac{2800}{2280} = 1.22$$

故按与 110kV 出线零序Ⅱ段配合计算，上述零序Ⅱ段最大零序电流为 1485A，0.7s，则

$$\begin{aligned} I_{dz0} = K_p K_{fz} I'_{dz0} &= 1.1 \times 0.8 \times 1485 \\ &= 1307(\text{A}) \end{aligned}$$

$$K_{lm} = \frac{2800}{1307} = 2.1$$

故取 $I_{dz0}=1307\text{A}$，则

$$I_{dz0j} = \frac{1307}{1200/1} = 1.09(\text{A})$$

2. 动作时限

与相邻线路 XL_3 的Ⅱ段时限 1.2s 配合，取：

$t_1=1.2+0.5=1.7\text{s}$，作用于 110kV 母联断路器；

$t_2=1.7+0.5=2.2\text{s}$，作用于主变压器 110kV 侧断路器；

$t_3=2.2+0.5=2.7\text{s}$，作用于主变压器三侧断路器。

（九）110kV 主变压器零序电流保护定值计算

电流互感器变比为 1200/1。

1. 电流定值计算

按下述条件计算：

(1) 按与 110kV 出线保护Ⅲ段定值配合计算，110kV 出线定值如项“（八）”中所列，Ⅲ段定值最大值为 300A、2.7s，则

$$I_{dz0} = 1.1 \times 0.8 \times 300 = 270(\text{A})$$

(2) 与 330kV 出线零序电流保护Ⅲ段定值配合计算，330kV 出线定值如项“（七）”中所列。最大定值为 240A、3.5s。计算出 330kV 出线分支系数 $K_{fz}=0.33$（计算过程略），则

$$I_{dz0} = K_p K_{fz} I'_{dz0} = 1.1 \times 0.33 \times 240 \times \frac{330}{110} = 260(\text{A})$$

(3) 按保证 330kV 母线故障时有一定灵敏度计算。当 110kV 系统为最小运行方式时，若 330kV 母线上发生单相接地故障，则流经保护的最小电流为 $I_{d0\cdot\min}^{(1)}=3I_0=364\text{A}$，则得

$$I_{dz0}=\frac{364}{K_{lm}}=\frac{364}{1.3}=280(\text{A})$$

取 $I_{dz0}=280\text{A}$，则

$$I_{dz0j}=\frac{280}{1200/1}=0.233(\text{A})$$

2. 动作时限

按 $t=3.5+0.5=4.0$ (s) 整定，保护动作后作用于主变压器 110kV 侧断路器。

第十六章　母线保护与断路器失灵保护整定计算

第 16-1 节　概　　述

一、母线保护

发电厂、变电站的母线上，都连接着许多断路器（连接有发电机、变压器、线路等重要电气设备）。当母线发生故障时，对电力系统的安全稳定运行影响非常严重，通常表现为：

（1）电力系统解列；

（2）大面积停电；

（3）引起系统失去稳定性，甚至使电力系统崩溃瓦解。

虽然母线在发电厂、变电站运行的环境条件相对较好，但是由于各种原因引起母线发生故障还是常有的。运行经验证明，母线故障的机率是比较大的，据我国统计分析，110kV及以上电压等级的母线，故障率约为 0.05 次/（年・条）。值得提出的是，双母线中两条母线连续发生故障的情况也常出现。特别是发电厂、变电站内的变电装置，当采用高层布置和半高层布置型式时，双母线采用了上、下层的布置方式，更增大了双母线同时故障的机率。因此，母线保护显得非常重要。母线保护在运行中一旦发生误动作，其后果也是相当严重的，同样会给电力系统造成干扰，甚至酿成大事故。所以，对母线保护的可靠性要求极高，要求采取有效的措施提高其运行的可靠性。一般用增加故障判别元件的方法，例如采用电压元件闭锁的方法。

对母线保护的要求：

（1）动作迅速，灵敏度高；

（2）保护性能良好，无死区，双母线中两条母线相继故障时，能可靠切除；

（3）有防止误动作的可靠措施；

（4）运行方式灵活，双母线上的各元件应能任意切换。

母线保护的装设条件，原则上取决于电力系统稳定性的要求及发电厂厂用电可靠性的要求。一般电压等级较高的母线及高温、高压的火力发电厂母线，应考虑装设母线保护。

母线保护动作后应跳开三相断路器，一般不起动重合闸。只有采用母线重合闸时，才允许对某些断路器实现自动重合。

二、断路器失灵保护

在电压等级较高且结构复杂的电网中，利用相邻的上一级保护做后备的远后备保护方式，由于保护的灵敏度不够，往往难以实现后备作用，这时就需采用专门的就地（当地）后备保护方式，即称为近后备保护方式。断路器失灵保护就是近后备保护的一种，它对断路器失灵起后备保护作用。当断路器失灵而不能切除短路故障时，失灵保护动作后，将连接于拒绝动作的断路器所在母线上的其他断路器全部切除，以消除故障。对双母线的接线，失灵保护还力图保留一条母线继续运行。对一个生断路器接线的母线，由于有死区的存在，还必须配以远方跳闸装置，同时跳开线路对侧的断路器，才能有效地切除故障。如图 16-1 所示。

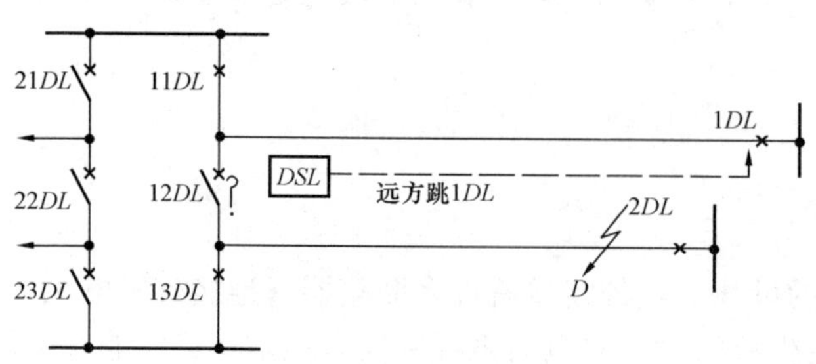

图 16-1　$1\frac{1}{2}$接线母线断路器失灵保护动作示意图

—×—已跳闸；—拒绝跳闸；DSL—失灵保护

同母线保护一样，失灵保护在运行中一旦发生误动作后果也非常严重。统计表明，失灵保护的正确动作率非常低，所以防止其误动作的措施更加重要。对失灵保护的要求有：

（1）母线上某断路器的保护确已起动而不返回是起动失灵保护的条件之一。通常由各种保护的出口继电器提供信息。

（2）判断该断路器确实未被断开是起动失灵保护的条件之二。通常用通过断路器的电流有无来判断。

（3）增加故障判别元件。为提高可靠性，判别元件的接点应接于出口跳闸的回路中，并采取“一对一”的接线方式，即每一跳闸回路串有一对判别元件触点。避免一对判别元件触点控制几个跳闸回路。

（4）失灵保护动作后应闭锁重合闸，避免再重合于故障。

第 16-2 节　不完全电流差动保护整定计算

6～10kV 的母线上，当部分引出线带有限流电抗器时，可采用不完全电流差动保护。这种保护的特点是，带有限流电抗器的断路器，其电流互感器不接入母线差动保护回路，一般装设电流速动段和过电流段两段保护。不完全电流差动母线保护的接线示意图，如图16-2 所示。

一、电流速动段的整定

此段保护的主要任务是保护母线，但当限流电抗器内部发生短路时，也按母线故障对待，不要求有选择性。电流速动定值应按满足以下条件整定。

（1）按躲开差动保护外部短路的最大不平衡电流整定，即

$$I_{dz} = K_k K_{LH} K_{fzq} I_{d\cdot\max} \tag{16-1}$$

式中　K_k——可靠系数，取 1.3；

K_{LH}——电流互感器变比误差，取 0.1；

K_{fzq}——非周期分量系数。一般电流继电器取 1.5～2，对带有躲非周期分量性能的继电器取 1～1.3；

$I_{d\cdot\max}$——母线差动保护外部短路时流过保护的最大短路电流。

（2）在限流电抗器后发生短路时：流过差动保护中的差电流等于故障点的总短路电流；同时，由于电抗器的作用使母线上残余电压较高，还须计及其他健全出线的负荷电流的影响。所以，电流动作值计算为

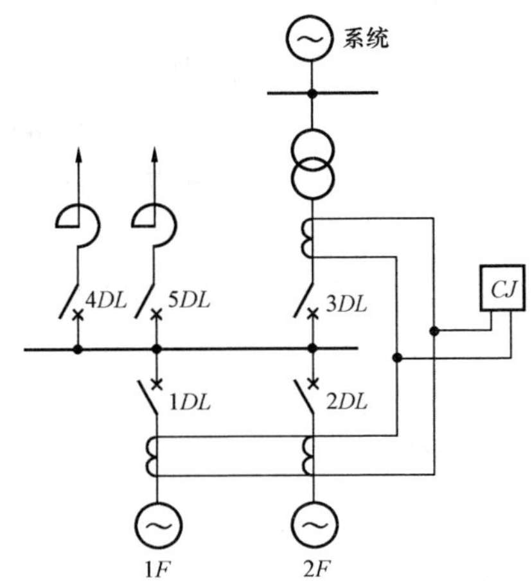

图 16-2　不完全电流差动保护接线示意图

$$I_{dz}=K_k(I_{d\cdot\max}+K_{fh}I_{fh})\qquad(16\text{-}2)$$

式中　K_k——可靠系数，取 1.25～1.3；

$I_{d\cdot\max}$——某一出线电抗器后短路的最大短路电流；

I_{fh}——考虑电动机因电压降低引起的电流增大系数，取 1.2～1.3；

I_{fh}——除故障出线以外所有未接入差动保护回路的出线总负荷电流。

保护动作不带延时。

灵敏度按母线短路校验，最低不应小于 1.5。

二、过电流段保护的整定

此段保护作为母线故障和限流电抗器故障的后备保护，按满足以下条件整定。

（1）按躲开未接入差动保护的出线总负荷电流整定，即

$$I_{dz}=K_k(I_{fh}+K_{zqd}I'_{fh})\qquad(16\text{-}3)$$

式中　K_k——可靠系数，取 1.25～1.3；

I_{fh}——本母线上未接入差动保护的出线总负荷电流；

I'_{fh}——其他母线上转移至本母线的负荷总电流；

K_{zdq}——电动机负荷自起动系数，取为 1.5～2.5，也可按实际自起动条件进行计算。

（2）按本母线的出线电抗器后面短路，而在切除短路后母线差动保护能可靠返回的条件整定，即

$$I_{dz}=\frac{K_k}{K_f}K_{fh}(I_{fh}+I'_{fh})\qquad(16\text{-}4)$$

式中　K_k——可靠系数，取 1.2～1.3；

K_f——返回系数，按实际继电器类型选取；

I_{fh}、I'_{fh}、K_{fh}——同式（16-2）及（16-3）。

保护动作时间按大于未接入母线差动保护的各出线中过电流保护最长动作时间整定。

灵敏度按出线电抗器后短路校验，灵敏系数最低不应小于1.2。

【例 16-1】试对图 16-3 中的不完全母线差动保护进行整定计算。

1. 已知条件

(1) 不完全母线差动保护为两段式电流差动保护，差动继电器为电磁型继电器；

(2) 接入差动保护的电流互感器变比均为5000/5；

(3) 未接入差动保护的出线最大总负荷电流为1500A；

(4) 差动保护内、外部三相短路电流情况如表 16-1 所示；

(5) 10kV 出线的保护最长整定时间为2.5s；

(6) 其他母线转移来的负荷电流为300A。

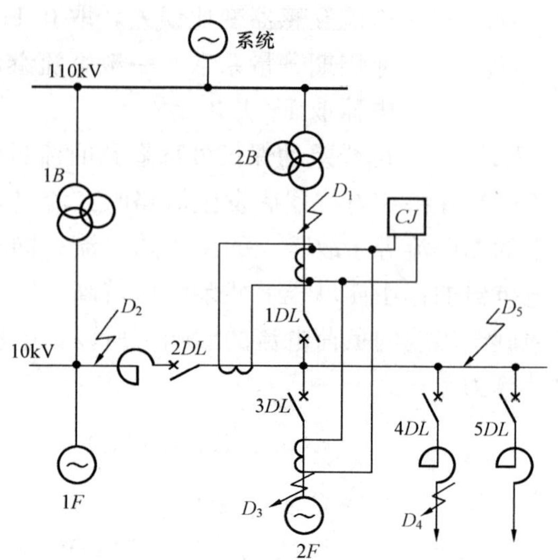

图 16-3 〔例 16-1〕的系统接线图

表 16-1 **差动保护内、外部三相短路电流表**

短路点	最大方式	最小方式
D_1	流过母线差动保护的电流 51500A	
D_2	流过母线差动保护的电流 15200A	
D_3	流过母线差动保护的电流 52700A	
D_4	流过母线差动保护的电流 9270A	流过母线差动保护的电流 8373A
D_5	流过母线差动保护的电流 79000 A 各分支路中电流为： 1F+1B 25200A 2F 26300 A 2B 27500A	不同方式下的总电流 ① 停1DL时 51500 A ② 停3DL时 52700 A ③ 停2DL时 53800A

2. 整定计算

(1) 电流速动段保护：

1) 按躲开外部短路最大不平衡电流整定，按式 (16-1)，考虑到该保护为发电机端母线的母线保护，故取 $K_{fzq}=2$。据已知条件 D_3 点短路电流最大，则

$$I_{dz} = K_k K_{LH} K_{fzq} I_{d\cdot\max} = 1.3\times 0.1\times 2\times 52700 = 13702(\text{A})$$

2) 按躲开未接入母差保护的分支电抗器后短路的最大短路电流整定，按式 (16-2) 得

$$I_{dz} = K_k(I_{d\cdot\max} + K_{fh} I_{fh}) = 1.25\times(9270 + 1.2\times 1500) = 13837(\text{A})$$

比较上述两个条件，选取整定值为13837A。

按运行变化考虑只停一个元件校验灵敏度，故最小运行方式中以停1DL最严重，则

$$K_{lm}=\frac{I_{d\cdot\min}}{I_{dz}}=\frac{51500}{13837}=3.72$$

满足要求

时间整定为0s。

继电器二次定值为

$$I_{dzj}=\frac{I_{dz}}{n_{LH}}=\frac{13837}{5000/5}=13.8(\mathrm{A})$$

（2）过电流段保护：

1）按躲开母线上最大负荷电流整定，据已知条件并按式（16-3），则

$$\begin{aligned}I_{dz}&=K_k(I_{fh}+K_{zqd}I'_{fh})\\&=1.25(1500+2\times300)=2625(\mathrm{A})\end{aligned}$$

2）按外部短路被切除后，保护能可靠返回的条件整定，据已知条件并按式（16-4），则

$$\begin{aligned}I_{dz}&=\frac{K_k}{K_f}K_{fh}(I_{fh}+I'_{fh})\\&=\frac{1.2}{0.85}\times1.2\times(1500+300)=3049(\mathrm{A})\end{aligned}$$

比较上述两个条件，选取整定值为3049A。

按出线电抗器后短路最小电流校验灵敏度，据已知条件得

$$K_{lm}=\frac{I_{d\cdot\min}}{I_{dz}}=\frac{8373}{3049}=2.75$$

满足要求。

过电流段时间按大于出线保护的最长时间整定，已知出线保护为2.5s，则

$$t=2.5+\Delta t=2.5+0.5=3(\mathrm{s})$$

继电器二次定值为

$$I_{dzj}=\frac{I_{dz}}{n_{LH}}=\frac{3049}{5000/5}=3(\mathrm{A})$$

（3）整定结果：

电流速动段整定值为13837A、0s。

过电流段整定值为3049A、3s。

第16-3节　单母线电流差动保护整定计算

单母线电流差动保护是将母线上所有连接元件的电流互感器全部差接后接入差动继电器，一般是分相式。为防止电流互感器回路断线，通常采用接于零序电流回路的断线闭锁，其作用是经延时闭锁母线差动保护并发出告警信号。为防止漏接某一元件的电流互感器，采

用接于一相差电流回路的闭锁元件。为防止各种可能的原因引起正常运行的母线差动保护发生误动作，可装设电压闭锁元件，电压闭锁回路以装于出口跳闸回路效果最佳。电压闭锁元件有两种构成方式，一种是三个相间电压方式；另一种是复合电压方式。根据母线故障电压元件灵敏度较高的特点，选择电压闭锁元件构成方式时，主要应考虑能正确反映各种短路故障即可。图 16-4 是单母线电流差动保护接线示意图。

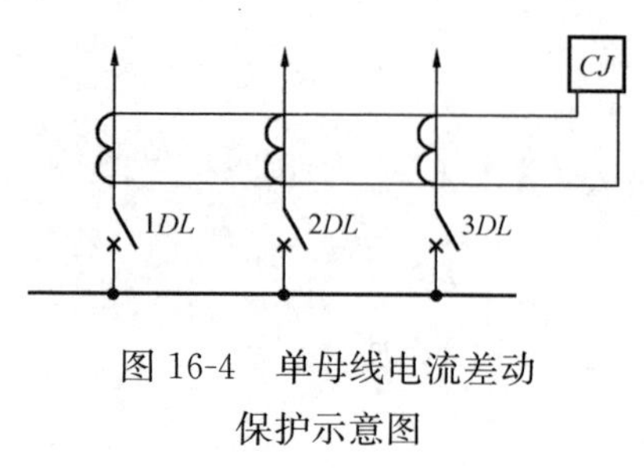

图 16-4　单母线电流差动保护示意图

一、差电流起动元件整定

差电流起动元件的动作电流按满足两个条件整定。当母差保护装有电压闭锁元件时，第二条件即不再考虑。

（1）按躲开母线外部短路时的最大不平衡电流整定，即

$$I_{dz} = K_k K_{LH} K_{fzq} I_{d\cdot\max} \tag{16-5}$$

式中符号意义同式（16-1）。

（2）按躲开接于母线差动保护中任一元件的最大负荷电流整定，即

$$I_{dz} = K_k I_{fh\cdot\max} \tag{16-6}$$

式中　K_k——可靠系数，取 1.3～1.5；

$I_{fh\cdot\max}$——接于母线上的某一元件最大负荷电流。当不能获得实际负荷电流时，一般可按电流互感器额定电流选取。

灵敏度校验按最小运行方式下母线短路进行，灵敏系数不应小于 2。

二、电压闭锁元件整定

（1）三个相间电压元件的动作电压按躲开正常运行的最低电压整定，即

$$U_{dz} = \frac{KU_e}{K_k K_f} = \frac{(0.9 \sim 0.95)U_e}{K_k K_f} \tag{16-7}$$

式中　K——最低运行电压系数，取 0.9～0.95；

U_e——母线额定相间电压；

K_k——可靠系数，取 1.1；

K_f——返回系数，按继电器型式选取，电磁型继电器取 1.2。

由于母线短路时电压闭锁元件的灵敏度较高，为简化计算一般可直接选取 $U_{dz\cdot j}$ = 60～65V。

（2）复合电压闭锁元件的整定：

1）负序电压元件的动作电压按躲开正常运行时的最大不平衡电压整定。一般可按经验公式取

$$U_{dz2} = (0.06 \sim 0.09)U_e \tag{16-8}$$

式中　U_e——母线额定相间电压。

2）零序电压元件的动作电压按躲开正常运行时的最大不平衡电压整定。因电压互感器开口不平衡电压一般不大于 5V，故可按经验公式取

$$U_{dz0j} = 15 \sim 20\text{V} \tag{16-9}$$

3）零序电压元件和负序电压元件的灵敏度，应高于差电流起动元件的灵敏度。按母线短路进行校验，灵敏度应大于 2。

三、电流回路断线闭锁元件整定

接于零序电流回路的元件和接于相电流差回路的元件，均按躲开正常运行时的最大不平衡电流整定。一般按经验取

$$I_{dz} = (0.1 \sim 0.2) I_{LH \cdot e} \tag{16-10}$$

式中 $I_{LH \cdot e}$——电流互感器的额定一次电流。

断线闭锁元件的动作时间，按大于母线连接元件中后备保护的最大动作时间整定，以免母线外部故障时发生不必要的闭锁母线差动保护。其动作时间计算为

$$t = t_{bh} + 2\Delta t \tag{16-11}$$

式中 t_{bh}——母线上连接元件的后备保护动作时间；

$2\Delta t$——两倍的时间级差。

第 16-4 节　双母线固定分配式电流差动保护整定计算

双母线上连接的所有元件，是按预定的要求分别固定连接在两条母线上，分别将电流互感器差接、并接入差电流起动元件，此元件称为选择元件。因此，这种差动保护的实质是由两个单母线差动保护组成。所不同的是，还有一个接于总差电流回路的起动元件，担任两条母线差动保护的起动任务。由于各元件是固定连接在某一母线上的，所以运行中元件不能任意倒换连接的母线。按此道理，在母联断路器断开的运行方式下，母线差动保护仍能正确工作。同单母线保护一样，也装设电压闭锁元件和断线闭锁元件，以提高母线差动保护的可靠性。图 16-5 是双母线固定分配式电流差动保护示意图。

起动元件的动作电流按式（16-5）整定。但式中的外部短路电流 $I_{d \cdot \max}$，应选择双母线上所有元件中外部短路电流最大的。

选择元件的动作电流按式（16-5）整定。但式中的外部短路电流 $I_{d \cdot \max}$，应选择另一条母线短路时流过母联断路器的最大短路电流。

电压闭锁元件和断线闭锁元件的定值，按式（16-7）、（16-8）、（16-9）、（16-10）、（16-11）整定。

灵敏度的要求与单母线电流差动保护的要求相同。

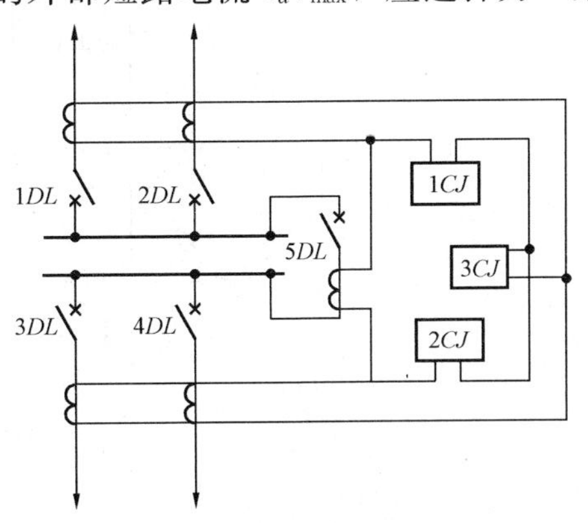

图 16-5　双母线固定分配式电流差动保护示意图

1CJ、2CJ—选择元件；3CJ—起动元件

【例 16-2】 试对图 16-5 的固定分配式母线差动保护进行整定计算。

1. 已知条件

（1）母线差动保护的起动元件与选择元件均为电磁式的 BCH-2 型继电器；

（2）母差保护带有相间电压及零序电压闭锁元件；

(3) 母差保护用的电流互感器变比为 600/5；电压互感器变比为$\frac{110000}{\sqrt{3}}/\frac{100}{\sqrt{3}}/100$；

(4) 用线上短路时，最小短路电流 $I_d^{(2)}=4630A$，最小零序电压二次值为 $3U_{d\cdot 0}=65V$；

(5) 母线上最大短路电流分布情况，如图 16-5 (a)、(b) 所示；

(6) 母线上各元件的后备保护最长时间为 6s；

2. 整定计算

(1) 起动元件；因有电压闭锁元件，故可只按双母线外部短路的最大不平衡电流整定。由于 $1B$ 及 $2B$ 均为无电源变压器，故在该两元件断路器外侧短路时，流过母线差动保护的电流为母线短路的总电流，所产生的不平衡电流最大。根据已知条件和图 16-6 可知，三相短路电流大于单相短路电流，由于采用 BCH-2 差动继电器，故取 $K_{fzq}=1$，取 $K_{LH}=0.1$、$K_k=1.3$，起动电流为

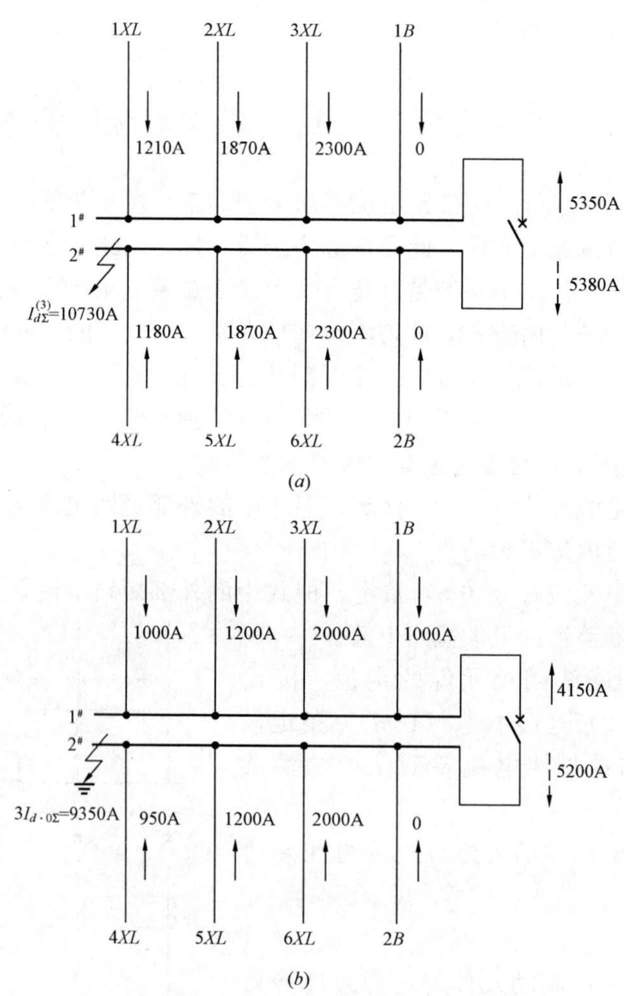

图 16-6 〔例 16-2〕的计算数据图

$$I_{dz} = K_k K_{lh} K_{fzq} I_{d\cdot\max}$$
$$= 1.3 \times 0.1 \times 1 \times 10730 = 1394.9(\text{A})$$

二次电流为 $$I_{dz\cdot j} = \frac{1394.9}{600/5} = 11.62(\text{A})$$

BCH-2 差动匝数为 $$W_{cd} = \frac{(AW)}{I_{dz}} = \frac{60}{11.62} = 5.16(\text{匝})$$

式中 （AW）——BCH-2 继电器的动作安匝。

取 $W_{cd}=5$ 匝，$I_{dzj}=12\text{A}$。由于母差保护是用于 110kV 系统中，非周期分量相对小些，故取 BCH-2 短路线匝 W_d 抽头为"B—B"。

起动元件的灵敏度计算

$$K_{lm}^{(2)} = \frac{I_{d\cdot\min}^{(2)}}{I_{dz}} = \frac{4630}{12 \times 600/5} = 3.22$$

满足要求。

（2）选择元件：选择元件动作电流按躲开另一条母线上短路的最大不平衡电流整定。由图 16-6（a）、（b）知，三相短路电流较大，同时两母线分别发生短路故障时流过母联断路器的电流，两个方向的数值差不多，故两个选择元件取同一定值

$$I_{dz} = K_k K_{lh} K_{fz} I_{d\cdot\max}$$
$$= 1.3 \times 0.1 \times 1 \times 5380 = 699.4(\text{A})$$

二次电流及 BCH-2 差动匝数为

$$I_{dz\cdot j} = \frac{699.4}{600/5} = 5.83(\text{A})$$

$$W_{cd} = \frac{W_{dz}}{I_{dz}} = \frac{60}{5.83} = 10.29(\text{匝})$$

取 $W_{cd}=10$ 匝，则

$$I_{dzj} = 6\text{A}$$

同起动元件的理由一样，取 W_d 抽头为"B—B"。选择元件的灵敏度计算为

$$K_{lm}^{(2)} = \frac{4630}{6 \times 600/5} = 6.43$$

满足要求。

（3）电压闭锁元件：

相间电压元件 取 $U_{dzj} = 60\text{V}$。

零序电压元件 取 $U_{dz0j} = 18\text{V}$,其灵敏度为

$$K_{lm} = \frac{3U_{d0}}{U_{dz0j}} = \frac{65V}{18V} = 3.61$$

满足要求。

（4）电流回路断线闭锁元件：取

$$I_{dzj} = 0.15 I_e = 0.15 \times 5 = 0.75(\text{A})$$

$$t = t_{Bh} + 2\Delta t = 6\text{s} + 2 \times 0.5\text{s} = 7(\text{s})$$

(5) 整定结果：

起动元件　12A，5 匝，W_d 取“B—B”；

选择元件　6A，10 匝，W_d 取“B—B”；

相间电压元件　65V；

零序电压元件　18V；

断线闭锁元件　0.75A，7s。

第 16-5 节　比较母联断路器电流相位的双母线电流差动保护整定计算

此保护简称比相式母线差动保护。顾名思义，这种母线差动保护的特点，是以比较母联断路器中电流相位来判断双母线中的故障母线的。比较母联断路器电流相位的元件，即是选择元件。它还设有差电流起动元件，担任母线差动保护的起动任务。图 16-7 为电磁型比相式母线差动保护示意图。按此道理可判断，当母联断路器断开运行时，比相元件（选择元件）失去了两个比较量之一而不能判别故障母线，则造成保护拒动的后果。由进一步分析可知，当双母线的两条母线连续发生故障时，对后发生故障的母线，其母线保护也将拒动，实践证明这是一个很严重的缺点。此保护的优点是，双母线上的元件可按需要连接于任一母线而不受限制。同样，为提高母线差动保护的可靠性，也装设电压闭锁元件和断线闭锁元件。

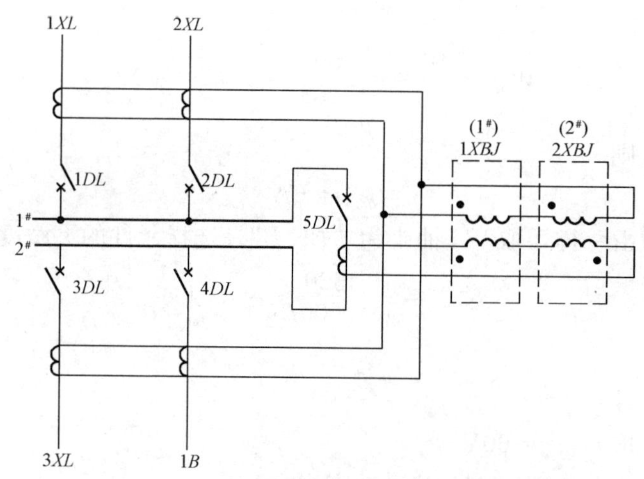

图 16-7　电磁型比相式母线差动保护示意图

1XBJ、2XBJ——分别为 #1 及 #2 母线的比相元件

比相式母线差动保护中各元件动作值的整定，除比相元件不需整定（其最小动作电流约为 1A 左右）外，其他各元件的整定均可参照固定分配式母线差动保护的整定原则，此处不再整述。

【例 16-3】试对图 16-7 中双母线的比较母联电流相位的母线差动保护进行整定计算。

1. 已知条件

（1）母线差动保护的选择元件为 LXB-2 型电流相位比较继电器；

（2）其余的已知条件与〔例 16-2〕完全相同。

2. 整定计算

由于已知条件与〔例 16-2〕完全相同，而电流相位比较继电器又不需要整定，故整定结果也与之相同。整定结果为：

起动元件　12A，5 匝，W_d 取“B—B”；

相间电压元件　65V；

零序电压元件　18V；

断线闭锁元件　0.75A，7s。

第 16-6 节　晶体管全电流比较相位式母线差动保护整定计算

一、保护的特点

晶体管全电流比较相位式母线差动保护是由晶体管构成的，它将电流互感器的电流变换为电压信号进行相位比较，以判断母线的内、外部故障。所谓全电流比较相位，就是将连接于一条母线上所有元件的电流全部参加比较相位，包括母联断路器元件，其实质就是两个单母线差动保护。由于电流量变换为电压量，所以在电压回路中可以进行切换。对双母线而言，所有连接的元件均可以按需要灵活地进行切换。电流比较相位应为分相式，不但灵敏度较高，而且对单相接地故障不致因非故障相的负荷电流的影响而造成保护拒动。图 16-8 为 JMC-4 型晶体管全电流比较相位式母线差动保护的原理框图。

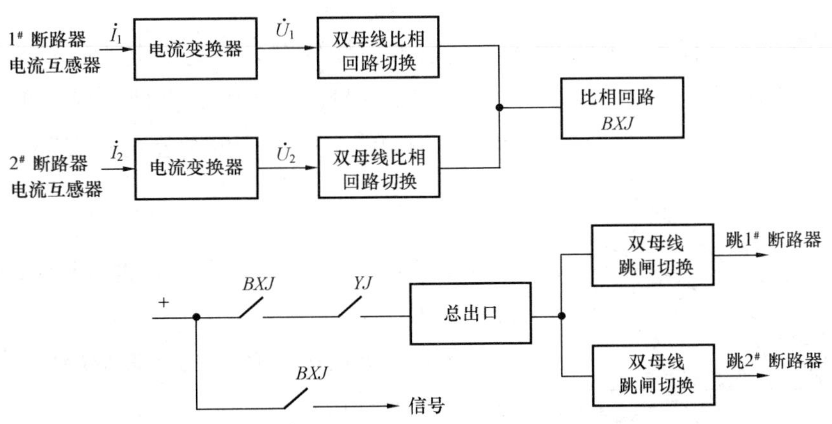

图 16-8　JMC-4 型晶体管全电流比相式母线差动保护原理框图

BXJ —比相元件；*YJ* —电压闭锁元件

二、保护中各元件的整定

（1）比相元件的闭锁角按躲开母线外部短路时产生的最大角误差整定。角误差包括电流互感器、电流变换器以及调试等项误差。闭锁角一般整定为 56°～60°。

（2）电压闭锁元件按式（16-7）、（16-8）、（16-9）整定。

（3）电流回路断线闭锁元件按式（16-10）、（16-11）整定。

【例 16-4】 试对图 16-5 中的双母线 JMC-4 型晶体管母线差动保护进行整定计算。

1. 已知条件

（1）JMC-4 型母差保护的比相元件动作电流不大于 1A，电压闭锁元件动作电压为 40～80V，断线闭锁元件动作电流为 0.5～2.5A，闭锁角为 55°～60°，各电流变换器要求电流互感器变流比差别不超过 1 倍。

（2）母线短路电流数据如图 16-6 中所示。

（3）其余的已知条件与〔例 16-2〕完全相同。

2. 整定计算

（1）比相元件闭锁角选取 $\delta_{bs}=60°$。

（2）电压闭锁元件定值同〔例 16-2〕。

（3）电流回路断线闭锁定值同〔例 16-2〕。

第 16-7 节　比率制动母线差动保护整定计算

一、特点

母线外部短路时，母线差动保护的差回路中将有不平衡电流 I_{bp} 流过，其数值的大小与电流互感器比误差和角误差的大小有关。I_{bp} 与流过母线差动保护的总电流 $I_{d\Sigma}$ 之比可用 tgα（I_{bp}、$I_{d\Sigma}$ 直角坐标图上的斜率）表示，如图 16-9 中曲线 1 所示，即

$$\text{tg}\alpha=\frac{I_{bp}}{I_{d\Sigma}} \tag{16-12}$$

如将流过母线差动保护中的总短路电流取出一部分作为差动继电器的制动量 I_{zd}，以差动电流 I_{cd} 作为动作量，这就是比率制动差动保护构成的基本原理。保护的制动特性如图 16-9中曲线 2 所示，可用公式表示为

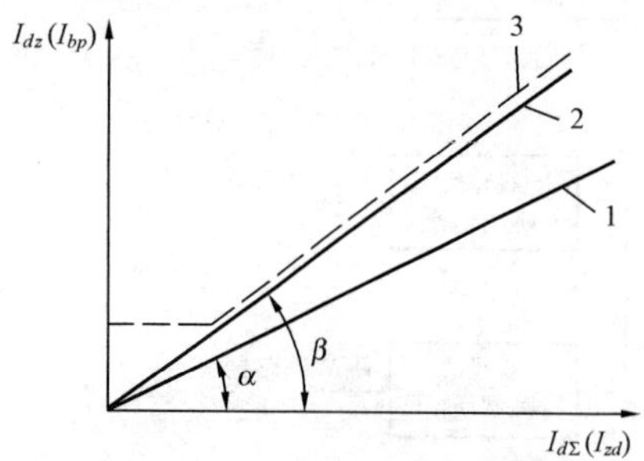

图 16-9　比率制动母线差动保护的制动特性曲线

1—母线外部短路时产生的最大斜率；2—继电器理想的斜率；3—继电器实际特性曲线

$$\text{tg}\beta=\frac{K_{zd}I_{d\Sigma}}{I_{d\Sigma}}=K_{zd} \tag{16-13}$$

K_{zd} 称为保护的制动系数，也就是制动特性曲线的斜率 tgβ。

显然，欲使保护在母线外部短路时不动作，必须满足以下关系式

$$\text{tg}\beta>\text{tg}\alpha \tag{16-14}$$

$$\text{tg}\beta\geqslant K_{zd} \tag{16-15}$$

比率制动母线差动保护的构成方式多种多样，下面以常用的一种构成方式说明其原理，保护的动作方程为

$$A > B \tag{16-16}$$

$$A = |\dot{I}_1 + \dot{I}_2 + \cdots\cdots + \dot{I}_n| = |\Sigma\dot{I}| \tag{16-17}$$

$$B = K_{zd}\{|\dot{I}_1| + |\dot{I}_2| \cdots\cdots + |\dot{I}_n|\} \tag{16-18}$$

式中　A——差动保护的动作量；

B——差动保护的制动量；

K_{zd}——差动保护的制动系数；

$\dot{I}_1$，$\dot{I}_2$，$\dot{I}_n$——母线上连接的各元件中的电流，支路由 $1\sim n$。

比率制动特性差动保护装置，因其制动特性提高了保护的可靠性，为增加保护装置的可靠性，一般也设有电压闭锁元件和电流回路断线闭锁元件。

二、比率制动母线差动保护整定

比率制动母线差动保护的构成方式有两种基本型式（电流型和电压型），因其具体构成方法不同，整定内容和方法也不尽相同。所以，具体的整定应根据具体装置的技术条件进行。但是，作为具有比率制动差动原理的保护，其基本元件的整定原则是相同的。此外，如制造厂提供出推荐整定原则或整定值时，也可参考采用。

（1）差电流元件（包括差电流起动元件）的动作值，按躲开母线上任一元件的最大负荷电流整定。即保证在母线上任一元件电流互感器回路断线时母线差动保护不误动。当母线差动保护设有电压闭锁元件时，差电流元件整定值可不按上述条件整定，即整定值可小于任一元件的最大负荷电流。

（2）制动系数的选择。根据制动特性的原理，与制动系数有关的因素有：

1）电流互感器的比误差和角误差的大小；

2）短路电流中直流分量的大小；

3）各分支短路电流的相角差；

4）保护装置回路中各变换元件的相角差。

制动系数的选择原则是，保护装置的整定斜率大于实际产生的斜率。保护装置的制动系数一般在 0.5～0.8 之间，有可供选择的抽头。制动系数应根据母线差动装设系统电压等级的高低、电流互感器特性的好坏和工作倍率等情况，选择适当的数值，而不需精确的计算。

电压闭锁元件和电流回路断线闭锁元件的整定，均可参照式（16-7）、（16-8）、（16-9）、（16-10）、（16-11）进行计算。

第 16-8 节　断路器失灵后备保护整定计算

一、电流判别元件整定

电流判别元件定值，按线路末端故障有足够灵敏度的前提下，应尽可能大于负荷电流，即

$$I_{dz} = K_k \frac{I_{fh\cdot\max}}{K_f} \tag{16-19}$$

式中　K_k——可靠系数，取为1.1；

K_f——返回系数，按具体继电器数据选取；

I_{fh}——最大负荷电流。

其灵敏度按母线上连接的所有元件的保护范围末端短路校验，灵敏度最低不应小于1.5。如果按上式的大于负荷电流整定不能满足灵敏度要求时，则应服从灵敏度的需要。

另外，当变压器瓦斯保护动作后，虽然断路器已经断开，但变压器内瓦斯气体可使瓦斯保护继续动作而不复归，从而造成失灵保护误动作。为此，起动失灵保护宜用差动保护出口中间继电器，而瓦斯保护出口中间继电器应独立作用于跳闸，不起动失灵保护。当差动、瓦斯保护共用同一出口中间继电器时，不应起动失灵保护。

二、电压闭锁元件整定

电压元件的作用是为防止误动作提高可靠性的，因此要保证有足够的灵敏度。可按式(16-7)、(16-8)、(16-9)计算。按母线上连接的所有元件的保护范围末端短路校验，灵敏度最低不小于1.5。

应当指出，电压元件的灵敏系数有时较难满足要求。例如，长度较长的线路末端短路或变压器低压侧短路时，母线的残余电压较高；特别是正序电压元件残压更高。对分相操作的断路器，考虑到三相同时拒动的机率极低，可以降低对正序电压元件灵敏度的要求。但是，必须保证负序电压元件及零序电压元件的灵敏度。否则，应考虑取消电压闭锁元件，改用其他方法提高可靠性。例如，采用逻辑回路闭锁的办法，但其效果不如用电压元件。

三、时间的整定

（一）时间整定公式

$$t = t_d + t_{sj} + t_{sf} + t_y \tag{16-20}$$

式中　t_d——断路器跳闸时间；

t_{sj}——时间继电器的负误差。根据时间元件的型式及规范而定；

t_{sf}——失灵保护返回时间，一般取20ms；

t_y——裕度时间，取0.05～0.1s。

按式(16-20)计算时：对于用电磁式时间继电器构成的失灵保护，整定时间约为0.3～0.4s；对用高精度时间继电器构成的失灵保护，整定时间约为0.15～0.25s。

整定中应注意：在起动失灵保护回路中，是否还有其他延时元件应考虑计入计算公式。例如JZZC-3型综合重合闸装置起动失灵保护回路中，尚有FJJ分相加速继电器带有延时，需要一并计入。

（二）断路器失灵保护跳闸的整定使用

按其设置的不同，整定也不同。下面分别说明。

(1) 单母线及$1\frac{1}{2}$母线方式，一般是设置一段延时，因此整定时即取一个时间级差。

对于超高压系统的$1\frac{1}{2}$母线，设两段跳闸回路，以无时限去重跳一次失灵的断路器；然后再以短延时去跳其他的断路器。

（2）双母线方式，一般设两段延时。第一个延时跳开母联断路器；第二个延时跳开拒动的断路器所在母线上的全部断路器。

第二个延时按公式（16-20）计算。而第一个延时只是插入在一个时间级差之内，约取半个时间级差。

（3）失灵保护与相邻保护的选择性问题。选择性问题也是保护的整定配合问题，一方面是失灵保护与母线上出线保护之间的配合；另一方面是失灵保护与相邻上一级保护之间的配合。断路器失灵保护是在远后备保护方式不满足要求时而设立的近后备保护，但它不是按系统中一级保护来设置的，在系统保护整定配合时，失灵保护也不按一级保护参与整定，而是独立进行整定。

1）失灵保护与同母线上出线保护的配合问题。单母线和 $1\frac{1}{2}$ 母线的失灵保护一般设一段时间，并按一个时间级差 Δt 整定，可保证与出线保护的选择性。双母线失灵保护一般设两段时间，第一段时间动作跳开母联断路器，争取保留一条正常母线的系统。因此第一段时间整定不能大于半个时间级差 $\Delta t/2$，否则，将不能实现上述意图。采用 $\Delta t/2$ 就不能保证失灵保护与出线保护的选择性，可能会出现母联断路器与出线断路器同时跳开的情况，这一点在一般情况下对系统影响是不大的，相比是利大于弊，故被采用。第二段时间整定一个时间级差，可保证与出线保护的选择性。

2）失灵保护与相邻上一级保护的配合问题。母线接线不论是何种方式，如果要求相邻上一级保护与失灵保护取得选择性，就需把失灵保护当做一级保护来配合整定，这种配合整定法，将使系统中各级保护时间整定大为提高，是系统所不允许的，因而是不可取的。

【例 16-5】试对图 16-10 系统中 N 变电站母线上断路器失灵保护进行整定计算。

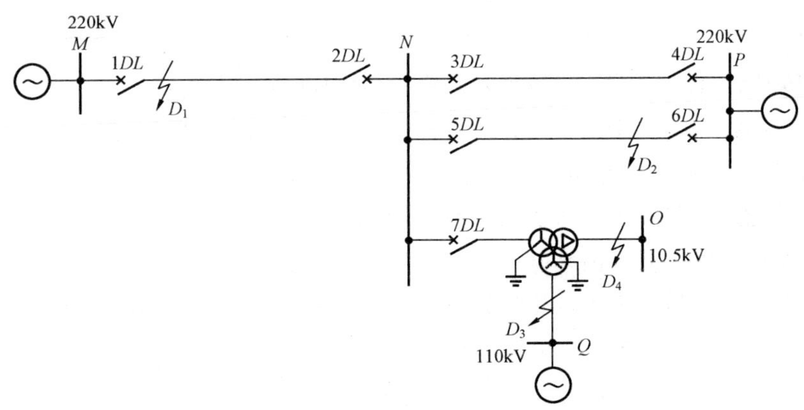

图 16-10 〔例 16-5〕的系统图

1. 已知条件

（1）系统接线图如图 16-10 所示。

（2）失灵保护为电磁式，设两段延时，2*DL*、3*DL*、5*DL*、7*DL* 均为 SW6-220 型断路器，各断路器起动回路均采用 JZZC-3A 型综合重合闸中的起动回路。变压器保护不起动失灵保护。

(3) 在 D_1、D_2、D_3、D_4 点短路时，N 母线各序电压如表 16-2 所列。

表 16-2　　断路器失灵保护计算用电压表

短路点	运行方式	N 变电站母线短路电压值（V）				
		序电压	$D^{(2)}$	$D^{(3)}$	$D^{(1)}$	$D^{(1.1)}$
D_1	正常方式	U_1	68.04	36.09	80.9	59.39
		U_2	31.96	—	19.1	23.3
		U_0	—	—	19.88	18.01
	2DL 重合于故障	U_1	56.44	12.87	69.38	40.25
		U_2	43.56	—	30.62	27.38
		U_0	—	—	17.76	18.77
	NP 变电站间双回线中停一回线	U_1	65.05	30.4	78.85	55.37
		U_2	34.25	—	21.15	25.26
		U_0	—	—	20.78	19.03
D_2	正常方式	U_1	63.2	26.39	74.46	49.89
		U_2	36.8	—	25.54	23.49
		U_0	—	—	12.93	13.49
	5DL 重合于故障	U_1	79.82	57.84	87.66	73.42
		U_2	21.08	—	12.34	15.57
		U_0	—	—	10.74	9.57
D_3	正常方式	U_1	58.6	82.5	9.2	91.2
		U_2	11.7	—	8.7	11.6
		U_0	—	—	6.3	8.6
D_4	正常方式	U_1	61.2	88.7	—	—
		U_2	9.8	—	—	—
		U_0	—	—	—	—

(4) D_1 点短路，流过 2DL 的最小短路电流为 2100A。

D_2 点短路，流过 3DL 及 5DL 的最小短路电流分别为 1250A。

D_3 点短路，流过 7DL 的最小短路电流为 1420A。

D_4 点短路，流过 7DL 的最小短路电流为 830A。

(5) 每回线路的最大负荷电流均为 600A。

(6) 2DL、3DL、5DL、7DL 的电流互感器变比均为 600/5，电压互感器变比为 $\frac{220000}{\sqrt{3}}/\frac{100}{\sqrt{3}}/100$。

2. 整定计算

(1) JZZC-3 型综合重合闸中起动失灵保护的相电流判别元件定值，按大于负荷电流整定，即

$$I_{dzj}=\frac{K_k I_{fh\cdot\max}}{K_f n_{LH}}=\frac{1.1\times600}{0.85\times600/5}=6.47(\text{A})$$

选取 6.5A。

灵敏度校验：

2DL $$I_{dj}=\frac{I_d}{n_{LH}}=\frac{2100}{600/5}=17.5(A)$$

$$K_{lm}=\frac{I_{d\cdot j}}{I_{dz}}=\frac{17.5}{6.5}=2.69$$

3DL 及 4DL $$I_{dj}=\frac{I_{dj}}{n_{LH}}=\frac{1250}{600/5}=10.4(A)$$

$$K_{lm}=\frac{I_{dj}}{I_{dz}}=\frac{10.4}{6.5}=1.6$$

均满足要求，可以选定。

（2）电压闭锁元件：

1）相间电压元件：按躲开正常最低运行电压整定，即

$$U_{dz}=\frac{KU_e}{K_kK_{fh}}=\frac{0.95\times 220000}{1.1\times 1.2}=158333(V)$$

二次值 $$U_{dzj}=\frac{158333}{220000/100}=71.97(V)$$

选取　$U_{dz}=72V$。

灵敏度校验：由表 16-2 查得三相短路的残压。对短路点 D_3 及 D_4 灵敏度均低于 1.0，对短路点 D_2 灵敏度也低于 1.5，均不满足规定要求。

2）负序电压元件：按躲开正常的最大不平衡电压整定，由于不平衡电压很小，故可按灵敏度整定。由表 16-2 查得，D_4 点两相短路时最小负序电压为 9.8V，则

$$U_{dz2j}=\frac{U_{z\cdot\min}}{K_{lm}}=\frac{9.8}{1.5}=6.53(V)$$

选取　$U_{dz2j}=6V$。

3）零序电压元件：按躲开正常最大不平衡电压整定，由于不平衡电压很小，故可按灵敏度整定。由表 16-2 查得，D_3 点短路最小零序电压为 6.3V，则

$$U_{dz0j}=\frac{U_{0\cdot\min}}{K_{lm}}=\frac{6.3V}{1.5}=4.2(V)$$

选取　$U_{dz0j}=4V$。

（3）时间整定：第一个延时跳母联断路器，取 0.2s。第二段延时取 0.4s。

（4）整定结果：电压闭锁回路中的电压元件，对 D_2、D_3、D_4 短路点灵敏度均不足，按有关规定，对分相操作的断路器可不考虑三相同时拒绝跳闸的情况，故对相间电压元件的灵敏度不做考核。断路器失灵保护整定结果如下：

相电流判别元件 6.5A；

相间电压元件 72V；

负序电压元件 6V；

零序电压元件 4V；

第一段跳闸时间 0.2s；

第二段跳闸时间 0.4s。

第 16-9 节　母线接地信号保护整定计算

在中性点非直接接地系统中，母线接地故障时，只有不大的电容电流。因此用母线电压互感器的开口电压，构成零序过电压保护，动作于信号。保护动作电压按躲开正常运行之最大不平衡电压整定。经验数据为

$$U_{dz0j} = (15 \sim 20)\text{V} \tag{16-21}$$

如果电压继电器的最小刻度值能降低，上述定值还可整定得小一些。

动作时间按躲开短暂瞬时性的接地情况，一般可取 0.5～1s。

在中性点直接接地系统中，零序过电压保护的动作电压，也按上述原则整定。

第 16-10 节　母线充电保护整定计算

母线由备用状态转为运行状态，首先要给母线充电加压。如果由于某种原因（例如地线未被拆除）发生短路故障，则需要快速切除故障。对于装设了母线保护的母线，多数母线保护带有兼做充电保护的功能。若母线保护没有这种功能或是未装设母线保护，则需要专用的充电保护。专用的充电保护通常是三相式电流的方式或两相式电流加零序电流的方式，装在母联断路器上。充电保护的定值按保证母线故障有足够灵敏度整定。应当注意，这个保护只有在充电的短时间投入工作，然后由自动或手动将其退出工作。

充电保护按下式整定，即

$$I_{dz} = \frac{I_{d\cdot\min}}{K_{lm}} \tag{16-22}$$

式中　$I_{d\cdot\min}$——母线短路最小短路电流；

　　K_{lm}——灵敏系数，取 2。

参 考 文 献

1.《110～220kV 电网继电保护与安全自动装置运行条例》（配置与整定部分）电力工业部生产司编 1979.7。

2.《继电保护和安全自动装置技术规程》水利电力出版社 1991.7。

3.《高压电网继电保护运行技术》王梅义、蒙定中、郑奎璋、谢葆炎、王大从著　电力工业出版社 1981.6。

4.《高压电网继电保护原理与技术》朱声石著　电力工业出版社　1981.3。

5.《高压输电线路高频保护》葛耀中编　水利电力出版社　1987.9。

6.《电力系统继电保护》许敬贤、张道民著　中国工业出版社　1964.10。

7.《大型机组继电保护理论基础》王维俭，侯炳蕴　水利电力出版社　1982.12。

8.《继电保护的应用》陈志强译　水利电力出版社　1984.10。

9.《保护继电器检验》水利电力部生产司编　水利电力出版社　1978.8。

10.《电力系统继电保护原理》天津大学编　电力工业出版社　1980.6。

11.《电力系统继电保护》山东工学院、山东省电力工业局《电力系统继电保护》编写组　水利电力出版社 1979.5。

12.《电力系统运行操作和计算》东北电力管理局调度局　水利电力出版社　1977.10。

13.《电力工程设计手册》西北电力设计院、东北电力设计院编　上海人民出版社　1973.2。

14.《电力设备》水利电力部生产司组编　水利电力出版社　1985.2。

15.《继电保护》水利电力部生产司组编　水利电力出版社　1985.2。

16.《短路电流实用计算方法》西安交通大学等编著　电力工业出版社　1982.7。

17.《电力系统故障分析》华北电力学院主编　电力工业出版社　1980.6。

18.《电力系统故障分析》〔美〕P·M·安德逊著　王际强等译　电力工业出版社　1980.1。

19.《电力系统非全相状态中的短路》〔苏〕阿·伯·奇尔宁　燃料工业出版社　1955.5。

20.《发电机、变压器晶体管型保护继电器原理》清华大学等编　电力工业出版社　1980.9。

21.《JGX-11C 型晶体管相差动高频保护装置技术说明书》南京电力自动化设备厂　1987.1。

22.《JSF-11C 型晶体管收发信机技术说明书》南京电力自动化设备厂　1985.6。

23.《JJ-12C 型晶体管距离保护装置说明书》南京电力自动化设备厂　1985.5。

24.《JJL-21 型接地距离保护装置说明书》南京电力自动化设备厂　1984.12。

25.《JL-11C 型晶体管零序电流方向保护装置说明书》南京电力自动化设备厂　1985.4。

26.《JZC-11C 型晶体管综合自动重合闸装置说明书》南京电力自动化设备厂　1985.4。

27.《JC-11C 型晶体管检查同期或无电压重合闸装置技术说明书》南京电力自动化设备厂　1985.8。

28.《动力系统及其运行情况》〔苏〕N·M·马尔柯维奇著　电力工业出版社　1956.5。

29.《超高压输电线路故障分析与继电保护》贺家李、葛耀中编著　科学出版社　1987.9。

30.《高压电力网继电保护原理》〔苏〕N·И·阿塔别柯夫著　吕继绍译　中国工业出版社　1964.3。

31.《110～220kV 大电流接地系统中一些故障参数的图解及其应用》崔家佩　西北电力技术　1981 年第三期。